彩图 1-31 辣椒菌核病近地面
5cm以上的茎部或茎分权处
产生灰白色病斑并绕茎一周

彩图 1-32 辣椒枯萎病坐果期
根及根茎腐烂状

彩图 1-33 辣椒黄萎病

彩图 1-34
辣椒炭疽病病果惨状

彩图 1-35 辣椒黑斑病病果

彩图 1-36
辣椒青枯病病株

彩图 1-37 辣椒疮痂病病叶

彩图 1-38
辣椒细菌性叶斑病病叶

彩图 1-39 辣椒软腐病

彩图 1-40 辣椒白星病病叶

彩图 1-41 辣椒褐斑病病叶

彩图 1-42 辣椒叶枯病病叶

彩图 1-43　辣椒斑枯病病叶

彩图 1-44
辣椒黑霉病病果

彩图 1-45　辣椒白绢病病
茎基部生白色菌丝

彩图 1-46
辣椒花叶病毒病

彩图 1-47
辣椒根结线虫病

彩图 1-48　辣椒紫斑果

彩图 1-49
棉铃虫为害辣椒果实

彩图 1-50
烟青虫幼虫为害青椒

彩图 1-51
白粉虱成虫为害辣椒叶片

彩图 1-52
茶黄螨为害辣椒叶片状

彩图 1-53
为害辣椒幼苗的小地老虎幼虫

彩图 1-54
斜纹夜蛾为害辣椒惨状

彩图 1-55
甜菜夜蛾为害辣椒叶片

彩图 1-56　瘤缘蝽成虫若虫
在辣椒叶片面上为害

彩图 1-57　桃蚜为害辣椒秧
苗嫩茎叶

彩图 1-58
西花蓟马为害辣椒花器

彩图 1-59
扶桑绵粉蚧为害辣椒叶片状

彩图 1-60　茄子开花期

彩图 1-61
早春茄子大棚促成栽培

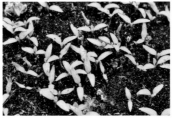

彩图 1-62
茄子塑料大棚冷床育苗出苗期

彩图 1-63　茄子顶壳苗

彩图 1-64　茄子沤根现象

彩图 1-65　茄子穴盘育苗

彩图 1-66
茄子再生栽培换头

彩图 1-67
茄子露地地膜覆盖栽培

彩图 1-68
茄子吊蔓栽培示意

彩图 1-69
茄子插架固定植株

彩图 1-70　药肥浓度过高
导致茄子卷叶

彩图 1-71　茄子僵茄

彩图 1-72　茄子裂果

彩图 1-73　茄子弯曲果

彩图 1-74　茄子日烧果

彩图 1-75　适时采收茄子果实

彩图 1-76　茄子猝倒病

彩图 1-77　茄子早疫病病叶

彩图 1-78
茄子绵疫病病果挂在树枝上状

彩图 1-79　茄子青枯病，
茎基部木质部变褐色

彩图 1-80　茄子细菌性
褐斑病病叶

彩图 1-81　茄子叶萎蔫状
（黄萎病暴发）

彩图 1-82　茄子枯萎病病株

彩图 1-83　茄子褐纹病病果

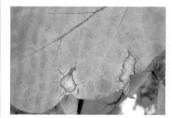
彩图 1-84　茄子褐斑病病叶

彩图 1-85　茄子煤斑病病叶

彩图 1-86　茄子叶霉病病叶

彩图 1-87
茄子褐色圆星病病叶

彩图 1-88 茄子黑斑病病叶

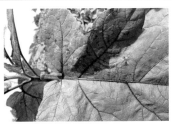

彩图 1-89 茄子赤星病病叶

彩图 1-90 茄子炭疽病病果

彩图 1-91 茄子病毒病植株

彩图 1-92 茄子根结线虫病

彩图 1-93 茄子灰霉病

彩图 1-94 茄子白粉病病叶

彩图 1-95 茄子菌核病

彩图 1-96 茄子果实疫病

彩图 1-97
茄子黑根霉果腐病

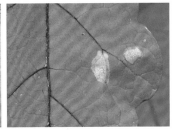

彩图 1-98
茄子褐轮纹病病叶

彩图 1-99 茄二十八星瓢
虫成虫为害茄子叶片状

彩图 1-100 茄黄斑螟幼虫

彩图 1-101 番茄花

彩图 1-102
番茄冷床越冬育苗

彩图 1-103　番茄穴盘育苗

彩图 1-104
番茄营养块育苗

彩图 1-105
番茄大棚早春栽培

彩图 1-106
番茄春露地地膜覆盖栽培

彩图 1-107　珍珠番茄

彩图 1-108　樱桃番茄

彩图 1-109　番茄人字架

彩图 1-110　给番茄喷花

彩图 1-111　番茄条状裂果

彩图 1-112　番茄指突果

彩图 1-113　番茄空洞果

彩图 1-114　番茄冻害苗

彩图 1-115　番茄生理性卷叶

彩图 1-116　番茄缺镁

彩图 1-117
文丘里施肥器安装图

彩图 1-118　采收的番茄果实

彩图 1-119　番茄灰霉病病叶

彩图 1-120　番茄早疫病
发病后期症状

彩图 1-121　番茄晚疫病病枝

彩图 1-122　番茄软腐病病果

彩图 1-123　番茄青枯病的
田间发病状

彩图 1-124
番茄溃疡病的田间发病状

彩图 1-125　番茄细菌性髓部坏死
病发病状 (黑褐色斑，长出不定根)

彩图 1-126
番茄枯萎病病株

彩图 1-127
番茄厥叶型病毒病病叶

彩图 1-128　番茄白粉病病叶

彩图 1-129　番茄叶霉病叶
背发病状

彩图 1-130　番茄煤霉病发
病后期可见褐色霉层

彩图 1-131
番茄煤污病叶片

彩图 1-132　番茄绵腐病

彩图 1-133
番茄黑斑病病果

彩图 1-134　番茄菌核病

彩图 1-135
番茄白绢病菜籽状菌核

彩图 1-136　番茄小斑型
灰叶斑病发病表现

彩图 1-137
番茄根结线虫病

彩图 1-138　番茄芽枯病

彩图 1-139
番茄脐腐病病果

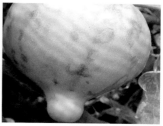

彩图 1-140
番茄筋腐病病果

彩图 2-1　黄瓜花

彩图 2-2　黄瓜穴盘育苗

彩图 2-3　黄瓜营养钵育苗

彩图 2-4　春提早大棚覆地膜
加小拱棚栽培黄瓜

彩图 2-5　早春黄瓜露地
地膜覆盖栽培

彩图 2-6　露地夏秋黄瓜栽培

彩图 2-7
水果黄瓜大棚越夏避雨栽培

彩图 2-8　黄瓜徒长苗

彩图 2-9　黄瓜化瓜现象

彩图 2-10　黄瓜"花打顶"

彩图 2-11　黄瓜缺钙

彩图 2-12　黄瓜缺镁

彩图 2-13
黄瓜生理性萎蔫

彩图 2-14　黄瓜弯曲瓜

彩图 2-15　黄瓜大肚瓜

彩图 2-16　黄瓜盐渍害

彩图 2-17
黄瓜除草剂药害

彩图 2-18　黄瓜流胶

彩图 2-19　普通黄瓜果实

彩图 2-20　黄瓜栽培张挂
黄板诱蚜效果图

彩图 2-21
黄瓜猝倒病病苗

彩图 2-22
黄瓜霜霉病病叶

彩图 2-23　黄瓜细菌性角
斑病病叶叶背

彩图 2-24
黄瓜细菌性缘枯病

彩图 2-25　黄瓜炭疽病病
叶后期穿孔

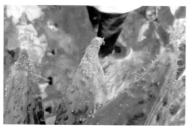

彩图 2-26
黄瓜灰霉病病果

彩图 2-27
黄瓜白粉病病叶

彩图 2-28
黄瓜病毒病病株

彩图 2-29
黄瓜黑星病病瓜

彩图 2-30　黄瓜枯萎病瓜
蔓基部流胶状

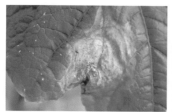

彩图 2-31　黄瓜蔓枯病叶
缘向内的近圆形病斑

彩图 2-32
黄瓜根结线虫病

彩图 2-33　黄瓜典型病
叶棒孢叶斑病

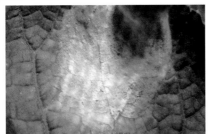
彩图 2-34
黄瓜红粉病病斑

彩图 2-35
黄瓜菌核病发病瓜条

彩图 2-36　黄瓜斑点病

彩图 2-37　瓜蚜

彩图 2-38　瓜实蝇成虫

彩图 2-39
瓜亮蓟马为害黄瓜瓜条状

彩图 2-40　瓜绢螟成虫

彩图 2-41　黄瓜叶片上的
斜纹夜蛾成虫

彩图 2-42　黄足黄守瓜为
害黄瓜叶片

彩图 2-43　温室白粉虱

彩图 2-44　冬瓜雌花

彩图 2-45
冬瓜营养钵育苗

彩图 2-46　冬瓜爬地栽培

彩图 2-47
冬瓜地膜覆盖栽培

彩图 2-48　冬瓜搭架栽培

彩图 2-49　网袋套瓜

彩图 2-50　冬瓜早秋矮棚栽培

彩图 2-51　节瓜

彩图 2-52　冬瓜化瓜

彩图 2-53
冬瓜弯瓜

彩图 2-54　冬瓜日灼果

彩图 2-55　冬瓜枯萎病

彩图 2-56　冬瓜疫病病果

彩图 2-57
冬瓜病毒病病叶

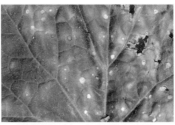
彩图 2-58　冬瓜炭疽病发
病初期病叶

彩图 2-59
冬瓜蔓枯病茎蔓

彩图 2-60
冬瓜白粉病病叶

彩图 2-61
冬瓜霜霉病病叶

彩图 2-62
冬瓜细菌性角斑病病叶

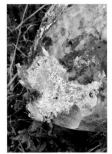

彩图 2-63　冬瓜绵疫病病果　　　　　彩图 2-64　冬瓜菌核病

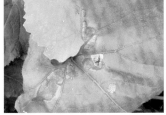

彩图 2-65
冬瓜褐斑病病叶

彩图 2-66
冬瓜灰斑病病叶

彩图 2-67
冬瓜叶点霉菌叶斑病

彩图 2-68　冬瓜黑斑病病瓜

彩图 2-69　冬瓜软腐病

彩图 3-1　豇豆开花结荚期

彩图 3-2　豇豆营养钵育苗

彩图 3-3
豇豆塑料大棚早春栽培

彩图 3-4
豇豆春露地地膜覆盖栽培

彩图 3-5　豇豆直播出苗

彩图 3-6
豇豆缺钙黄边

彩图 3-7　豇豆生理性黄叶

彩图 3-8　豇豆落花

彩图 3-9　豇豆鼠尾现象

彩图 3-10　豇豆嫩荚

彩图 3-11
豇豆立枯病病株

彩图 3-12　豇豆病毒病

彩图 3-13
豇豆枯萎病病株

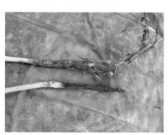

彩图 3-14
豇豆根腐病病根

彩图 3-15　豇豆锈病夏孢
子堆具晕圈

彩图 3-16　豇豆煤霉病

彩图 3-17　豇豆炭疽病苗
期茎基部现黑色小粒点

彩图 3-18　豇豆菌核病

彩图 3-19
豇豆灰霉病叶片发病状

彩图 3-20　豇豆斑枯病

彩图 3-21　豇豆红斑病叶片上的典型病斑

彩图 3-22　豇豆灰斑病

彩图 3-23
豇豆白粉病病叶

彩图 3-24
豇豆轮纹病病叶

彩图 3-25
豇豆细菌性疫病

彩图 3-26
美洲斑潜蝇为害豇豆叶片状

彩图 3-27
豇豆荚螟幼虫及豇豆蛀孔微距

彩图 3-28
豆蚜为害豇豆微距图

彩图 3-29
斜纹夜蛾蛀食嫩豆荚状

彩图 3-30
豇豆花里的甜菜夜蛾幼虫

彩图 3-31　温室白粉虱在豇豆叶背上为害状

彩图 3-32　小地老虎咬断豇豆幼苗造成缺苗

彩图 3-33　蝼蛄成虫

彩图 3-34
蓟马为害豇豆荚状

彩图 3-35
菜豆开花结荚期

彩图 3-36　菜豆直播育苗

彩图 3-37
菜豆大棚早熟栽培

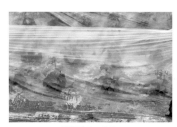

彩图 3-38
菜豆地膜覆盖加小拱棚栽培

彩图 3-39
菜豆春露地地膜覆盖栽培

彩图 3-40
菜豆夏秋露地栽培

彩图 3-41　适期采收的菜豆

彩图 3-42　菜豆猝倒病

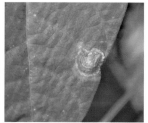

彩图 3-43
菜豆灰霉病病叶

彩图 3-44　菜豆根腐病

彩图 3-45　菜豆枯萎病叶尖、
叶缘出现不规则形褪绿斑块似
开水烫伤状

彩图 3-46　菜豆炭疽病

彩图 3-47　菜豆锈病病叶
正面病斑(微距)

彩图 3-48
菜豆细菌性疫病

彩图 3-49　菜豆白绢病发
病茎基部

彩图 3-50　菜豆菌核病
第1分枝处白色菌丝

彩图 3-51
菜豆病毒病植株

彩图 3-52　菜豆白粉病

彩图 3-53　菜豆细菌性叶
斑病叶病斑边缘具明显黄
色晕环

彩图 3-54　菜豆细菌性晕
疫病叶病斑四周具黄色褪
绿晕圈

彩图 3-55　菜豆黑斑病褐
色近圆形病斑

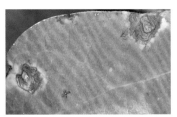
彩图 3-56　菜豆红斑病
（尾孢叶斑病）叶病斑圆
形，红色或红褐色

彩图 3-57　菜豆角斑病荚
果呈中间黑色、边缘紫黑色
不凹陷的斑

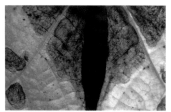
彩图 3-58　菜豆褐纹病病
斑呈具轮纹状的近圆形褐
色斑

彩图 4-1　大白菜莲座期

彩图 4-2　大白菜直播育苗

彩图 4-3　大白菜营养块育苗

彩图 4-4　大白菜穴盘育苗

彩图 4-5　春大白菜栽培

彩图 4-6
夏大白菜遮阳网覆盖栽培

彩图 4-7
秋大白菜露地栽培

彩图 4-8 散叶大白菜
（快菜）露地密植栽培

彩图 4-9
大白菜缺硼植株剥开

彩图 4-10 大白菜束叶促包心

彩图 4-11 大白菜冻害

彩图 4-12 受涝害的大白菜

彩图 4-13 大白菜焦边嫩叶
边缘呈水渍状半透明

彩图 4-14 大白菜未熟抽薹

彩图 4-15
大白菜打捆塑料膜包装

彩图 4-16 大白菜猝倒病
茎基部绕茎缢缩成线状

彩图 4-17 大白菜立枯病
嫩茎基部缢缩根腐烂

彩图 4-18 大白菜病毒病病株

彩图 4-19
大白菜莲座期软腐病发病状

彩图 4-20
大白菜霜霉病叶发病状

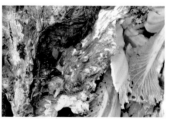

彩图 4-21 大白菜菌核
病海绵状表面粗糙

彩图 4-22 大白菜黑斑病叶片

彩图 4-23
大白菜细菌性角斑病病叶

彩图 4-24 大白菜灰霉病，潮湿时病部长出灰色霉状物

彩图 4-25 大白菜白粉病病叶产生白粉状霉层

彩图 4-26 大白菜黑腐病发病叶片V字型病斑

彩图 4-27 大白菜黑胫病病株的根和短缩茎中空枯朽

彩图 4-28
大白菜褐斑病病叶

彩图 4-29
大白菜细菌性褐斑病病叶

彩图 4-30 大白菜褐腐病叶球湿腐状

彩图 4-31 大白菜根肿病根部肿大呈瘤状

彩图 4-32
大白菜炭疽病病叶叶柄

彩图 4-33
大白菜白锈病病叶

彩图 4-34　大白菜白斑病
病叶现圆形、近圆形或卵圆
形灰白色病斑

彩图 4-35　大白菜细菌性叶
斑病病叶

彩图 4-36　大白菜黄叶病整
株黄化或枯死

彩图 4-37　大白菜根上
的根结线虫病表现

彩图 4-38　蚜虫为害大
白菜叶片背面

彩图 4-39　菜螟为害大
白菜心叶造成无头苗

彩图 4-40　菜叶蜂幼虫

彩图 4-41
大白菜里的蛞蝓

彩图 4-42
猿叶虫成虫

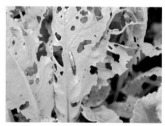

彩图 4-43　斜纹夜蛾幼
虫为害大白菜

彩图 4-44　甜菜夜蛾幼
虫为害大白菜

彩图 4-45　黄曲条跳甲成虫

彩图 4-46　地种蝇幼虫
根蛆危害大白菜根

彩图 4-47　小菜蛾幼虫
咬食大白菜叶球状

彩图 4 48　菜粉蝶成虫

彩图 4-49
春小白菜育苗栽培

彩图 4-50　小白菜大棚
越夏直播栽培

彩图 4-51　防虫网浮面
覆盖防小白菜害虫效果

彩图 4-52　采收小白菜

彩图 4-53　小白菜黑胫
病根部病斑为长条形，紫
黑色引起侧根腐烂

彩图 4-54　小白菜白锈
病叶片背面现淡黄色斑
点，后为乳白色

彩图 4-55　小白菜黑斑
病田间发病状

彩图 4-56　小白菜软腐病

彩图 4-57　小白菜霜霉
病病叶叶背

彩图 4-58　小白菜黑腐
病典型病叶

彩图 4-59　小白菜菌核
病病部表面产生浓密絮
状白霉

彩图 4-60　小白菜褐腐
病苗期大田发病状

彩图 4-61　小白菜褐斑
病发病叶上的黄白色斑

彩图 4-62
小菜蛾为害小白菜状

彩图 4-63　菜青虫为害
小白菜苗状

彩图 4-64　斜纹夜蛾幼虫为害小白菜叶

彩图 4-65　甜菜夜蛾为害小白菜

彩图 4-66　蚜虫为害小白菜

彩图 4-67　黄曲条跳甲为害小白菜（被害状）

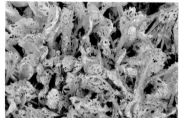

彩图 4-68　猿叶甲为害的小白菜苗

彩图 4-69　菜心开花期

彩图 4-70　菜心直播

彩图 4-71　菜心大棚育苗移栽

彩图 4-72　春菜心直播栽培

彩图 4-73　采收菜心

彩图 4-74　菜心菌核病病株

彩图 4-75　菜心根肿病表现症状

彩图 4-76　黄曲条跳甲幼虫为害菜心根部造成死苗

彩图 4-77　菜心上的小菜蛾蛹

彩图 4-78　甜菜夜蛾为害菜心状

彩图 5-1　结球甘蓝莲座期

彩图 5-2
结球甘蓝露地撒播育苗

彩图 5-3　结球甘蓝穴盘育苗

彩图 5-4
结球甘蓝春季露地栽培

彩图 5-5
甘蓝早春塑料大棚栽培

彩图 5-6
结球甘蓝裂球现象

彩图 5-7
结球甘蓝不结球现象

彩图 5-8
结球甘蓝未熟抽薹

彩图 5-9
结球甘蓝缺钙现象

彩图 5-10　适宜采收的京
丰一号春甘蓝

彩图 5-11　结球甘蓝黑腐
病发病叶片"V"字形病斑

彩图 5-12
结球甘蓝黑斑病病叶

彩图 5-13
结球甘蓝细菌性
黑斑病

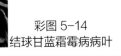
彩图 5-14
结球甘蓝霜霉病病叶

彩图 5-15
结球甘蓝灰霉病病株

彩图 5-16
结球甘蓝菌核病

彩图 5-17
结球甘蓝病毒病

彩图 5-18
结球甘蓝软腐病

彩图 5-19　甘蓝枯萎病病叶

彩图 5-20　甘蓝煤污病

彩图 5-21　甘蓝夜蛾成虫

彩图 5-22　斑须蝽成虫

彩图 5-23　短额负蝗

彩图 5-24
花椰菜大棚遮阴育苗

彩图 5-25
花椰菜秋季露地栽培

彩图 5-26　花椰菜缺钙

彩图 5-27　花椰菜折叶盖花

彩图 5-28　花椰菜花球散花

彩图 5-29　花椰菜青花现象

彩图 5-30　花椰菜紫花现象

彩图 5-31　花椰菜不结花球

彩图 5-32　花椰菜小花球

彩图 5-33　花椰菜冷害

彩图 5-34　花椰菜采收

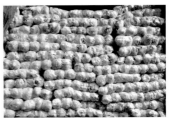
彩图 5-35
椰花菜泡沫加塑料膜包装

彩图 5-36　花椰菜立枯病

彩图 5-37
花椰菜黑腐病典型病叶

彩图 5-38　花椰菜病毒病病株

彩图 5-39　花椰菜霜霉病

彩图 5-40
花椰菜灰霉病花球

彩图 5-41
花椰菜细菌性软腐病花球

彩图 5-42　花椰菜黑斑病

彩图 5-43　花椰菜根肿病病株

彩图 5-44　花椰菜菌核病花球

彩图 5-45
菜青虫为害花椰菜幼苗

彩图 5-46
斜纹夜蛾为害花椰菜苗状

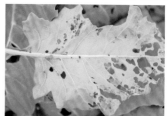

彩图 5-47
甜菜夜蛾为害花椰菜

彩图 6-1
春萝卜地膜覆盖栽培

彩图 6-2
冬春萝卜白色地膜覆盖栽培

彩图 6-3
夏秋撒播萝卜苗期塌地盖防虫
网防虫

彩图 6-4
秋冬萝卜露地栽培

彩图 6-5　樱桃萝卜

彩图 6-6　叶用萝卜

彩图 6-7　萝卜芽菜

彩图 6-8　萝卜未熟抽薹

彩图 6-9　缺水的糠心萝卜

彩图 6-10　萝卜裂根

彩图 6-11　有歧根的萝卜

彩图 6-12　萝卜黑心

彩图 6-13　萝卜表皮粗糙

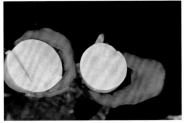
彩图 6-14　缺硼萝卜根茎横剖面

彩图 6-15　收获偏晚受霜冻后烂在土里的萝卜

彩图 6-16　萝卜网袋包装运输

彩图 6-17　双生病毒引起的萝卜叶柄变白

彩图 6-18　萝卜黑腐病叶片叶脉变黑叶缘变黄

彩图 6-19　萝卜霜霉病病叶

彩图 6-20　萝卜白锈病病叶背面

彩图 6-21　萝卜白斑病病叶正面

彩图 6-22　萝卜黑斑病叶面上的黑斑

彩图 6-23　萝卜软腐病根部发病症状

彩图 6-24　萝卜褐斑病病叶

彩图 6-25　萝卜根肿病

彩图 6-26　黄曲条跳甲成虫为害萝卜

彩图 6-27　菜螟为害萝卜

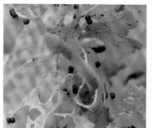

彩图 6-28
萝卜叶片上的菜青虫

彩图 6-29
猿叶虫为害萝卜叶片状

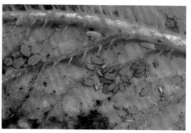

彩图 6-30
菜蚜为害萝卜叶片

彩图 6-31　小菜蛾为害萝
卜叶片成天窗状

彩图 6-32
胡萝卜夏秋栽培

彩图 6-33
胡萝卜种绳播种

彩图 6-34　胡萝卜杈根

彩图 6-35　胡萝肉质根开裂

彩图 6-36　胡萝卜青肩

彩图 6-37
胡萝卜塑料袋包装运输

彩图 6-38　胡萝卜黑腐病

彩图 6-39　胡萝卜菌核病

彩图 6-40　茴香凤蝶幼虫

彩图 7-1　韭菜栽培

彩图 7-2　韭菜大棚栽培

彩图 7-3　韭菜基质盆栽

彩图 7-4　韭菜盆栽

彩图 7-5　韭菜"跳根"现象

彩图 7-6　韭菜干尖

彩图 7-7　示范割韭方法

彩图 7-8　韭菜净菜上市

彩图 7-9　韭菜疫病

彩图 7-10　韭菜锈病

彩图 7-11　韭菜细菌性软腐病

彩图 7-12　韭菜灰霉病湿腐型叶片上生大量灰霉

彩图 7-13　秋播大蒜露地栽培（覆草）

彩图 7-14　大蒜地膜覆盖栽培

彩图 7-15　青蒜露地栽培

彩图 7-16
大蒜的二次生长现象

彩图 7-17　采收蒜薹

彩图 7-18　大蒜叶枯病梭形斑

彩图 7-19　大蒜煤斑病

彩图 7-20　大蒜紫斑病

彩图 7-21　大蒜病毒病

彩图 7-22
大蒜灰霉病从老叶尖开始发病

彩图 7-23　大蒜疫病

彩图 7-24
大蒜白腐病田间发病症状

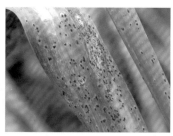
彩图 7-25　大蒜锈病

彩图 7-26　大蒜叶疫病

彩图 8-1
越冬芹菜遮阴育苗

彩图 8-2
春芹菜露地栽培

彩图 8-3　水芹菜栽培

彩图 8-4　芹菜　　　彩图 8-5　芹菜缺硼症　　　彩图 8-6　芹菜连根掘收
先期抽薹现象

彩图 8-7　西芹产品　　　彩图 8-8　芹菜猝倒病　　　彩图 8-9　芹菜灰霉病病株

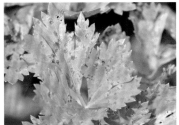

彩图 8-10　芹菜软腐病　　　彩图 8-11　芹菜斑枯病叶片正　　　彩图 8-12　芹菜早疫病
面病斑上的小黑点

彩图 8-13　芹菜细菌性叶枯　　　彩图 8-14　芹菜菌核病　　　彩图 8-15　芹菜花叶病毒病
病病叶　　　　　　　　　　　　　　　　　　　　　　　　叶片表现畸形扭曲

彩图 8-16　芹菜心腐病病株　　　彩图 8-17　芹菜黑腐病根部　　　彩图 8-18　芹菜黑斑病病叶

彩图 8-19　芹菜叶点病

彩图 8-20
芹菜根结线虫病

彩图 8-21　菠菜大棚栽培

彩图 8-22
秋菠菜露地直播栽培

彩图 8-23　菠菜抽薹现象

彩图 8-24　菠菜采收

彩图 8-25　菠菜猝倒病

彩图 8-26　菠菜炭疽病

彩图 8-27
菠菜霜霉病叶背淡紫色霉层

彩图 8-28　菠菜灰霉病病叶
正面产生很多灰色霉层

彩图 8-29　菠菜斑点病

彩图 8-30　菠菜白斑病

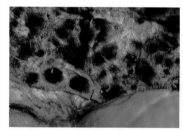

彩图 8-31　菠菜黑斑病叶片发
病后期病斑上的黑色霉状物

彩图 8-32　菠菜病毒病

彩图 8-33　菠菜心腐病植株
外叶黄化，心叶坏死

现代
蔬菜栽培技术手册

王迪轩　主编

化学工业出版社
·北京·

本书根据当前主要蔬菜栽培的发展形势,详细介绍了茄果类蔬菜(包括辣椒、茄子、番茄)、瓜类蔬菜(包括黄瓜、冬瓜)、豆类蔬菜(包括豇豆、菜豆)、白菜类蔬菜(包括大白菜、小白菜、菜心)、甘蓝类蔬菜(包括结球甘蓝、花椰菜)、根茎类蔬菜(包括萝卜、胡萝卜)、葱蒜类蔬菜(包括韭菜、大蒜)以及绿叶类蔬菜(包括芹菜、菠菜)18种主要蔬菜全程栽培中的关键技术要点,将"安全、高效"栽培理念有机融入育苗和栽培技术中,重点介绍了蔬菜栽培中主要病虫害的防控技术。另外,本书文前附有近500张第一手高清彩色图片,便于读者对照参考。

　　本书通俗易懂,图文并茂,非常适合蔬菜合作社、蔬菜公司、蔬菜协会、家庭农场、广大菜农等使用,为蔬菜生产进行规范化、程式化管理提供指导。

图书在版编目(CIP)数据

现代蔬菜栽培技术手册/王迪轩主编 . —北京:化学工业出版社,2018.11(2023.7重印)

　ISBN 978-7-122-32943-1

　Ⅰ.①现… 　Ⅱ.①王… 　Ⅲ.①蔬菜园艺—技术手册 Ⅳ.①S63-62

　中国版本图书馆 CIP 数据核字(2018)第 200922 号

责任编辑:刘　军　冉海滢　　　　　　　　装帧设计:关　飞
责任校对:王素芹

出版发行:化学工业出版社(北京市东城区青年湖南街 13 号　邮政编码 100011)
印　　刷:北京云浩印刷有限责任公司
装　　订:三河市振勇印装有限公司
710mm×1000mm　1/16　印张 39½　彩插 17　字数 947 千字　2023 年 7 月北京第 1 版第 7 次印刷

购书咨询:010-64518888　　售后服务:010-64518899
网　　址:http://www.cip.com.cn
凡购买本书,如有缺损质量问题,本社销售中心负责调换。

定　　价:98.00 元

《现代蔬菜栽培技术手册》
编审委员会

主　　任　廖振坤

委　　员　（按姓名汉语拼音排序）

　　　　　曹建安　董超英　何永梅　谭建华

　　　　　谭一丁　汪端华　王迪轩

《现代蔬菜栽培技术手册》
编写人员名单

主　　编　王迪轩

副 主 编　谭一丁　何永梅

编写人员　（按姓名汉语拼音排序）

曹冰兵	曹一辉	陈　广	陈水良	陈天奇
符满秀	何永梅	胡　卉	胡　为	李积才
李丽蓉	李　荣	李　艳	罗美庄	彭鼎明
彭学茂	谭　丽	谭卫建	谭一丁	汤伏莲
王　灿	王迪轩	王贵珍	王靖南	王秋芳
王赛英	王雅琴	王　哲	王政波	夏　妹
徐　洪	杨利明	杨毅然	张建萍	周建民

前　言

近年来，蔬菜种植发生了一些新的变化。一是蔬菜质量逐步向高端发展，由原来的无公害蔬菜向绿色及有机蔬菜发展；二是蔬菜种植主体逐渐向专业种植集中，蔬菜合作社、蔬菜公司、家庭农场等在国家有关政策支持下蓬勃发展，专业化育苗、专业化种植、专业化销售等专业性得到进一步加强；三是蔬菜设施设备逐步推进，如大棚、防虫网、遮阳网等设施促进了大棚蔬菜的发展，杀虫灯、性诱剂等物理防控手段的应用面积越来越广，喷滴灌、冷库、播种机、移栽机、旋耕机、盖膜机等机械设备应用面积逐步加大。蔬菜栽培逐步走向现代化，这些现代元素也使蔬菜产业得到了稳步发展。另外，蔬菜栽培也呈现了一些新的问题，如土壤盐渍化、酸化，原来的一些次要病虫害上升为主要病虫害等问题，成为制约现代蔬菜发展的因素。

从事蔬菜生产要不要技术？答案是肯定的，可现实是相当一部分人对蔬菜技术不重视。一是品种乱用，某蔬菜合作社种植秋辣椒，盲目从外地邮购辣椒种子，结果出现辣椒植株长势好，但果实结得少，或与包装上的标识不一，100 亩（1 亩＝667m²）秋辣椒损失二三十万元；二是不根据当地的气候条件确定播种期和定植期，如某蔬菜合作社在 9 月份还在定植茄子、辣椒等，结果到初霜时期，花是开了，由于后期气温低，只开花不坐果；三是不讲究精细育苗，没有苗好半成收的观念，不讲究育苗的基质、消毒、管理、苗龄，导致徒长苗、带病苗、超龄苗；四是不精细整土定植，如某合作社不讲究施基肥，或只注重施用氮磷钾大量元素肥，没有施用有机肥的观念，不注重土壤的酸碱度调节，不注重土壤消毒，有的盖膜不到位，有的甚至不作畦定植，出现盐渍害、酸化、连作障碍、后期缺素现象等；五是田间管理不到位，如对瓜果类、豆类蔬菜不及时插架，没有对需要整枝、摘叶的植株进行调整的观念，放任生长，植株间密不透风或营养生长与生殖生长不协调，影响产量，不注重中后期的追肥，往往出现缺硼、缺钙、缺镁、缺锌等现象，或追肥方式方法不正确，出现肥害现象，不注重生殖生长阶段的水分管理，往往出现裂瓜裂果、化瓜等生理病害，不讲究病虫害的防治技术、方式方法，出现药害或药不对症的病虫危害。此类情况在一个合作社一季多品种种植时表现尤为严重。

一个合作社几百亩或上千亩单季种植一个品种的，对蔬菜技术的重视度和把控相对较好。如某莲藕公司，技术员对选用品种、精细育苗、适时定植、肥水管理、病虫害防治有一套完整的标准化栽培技术规程，能精确把握到必须在规定的时间内定植完，并提前做好定植前的土壤整理工作，什么时候追肥、追什么肥、追几次肥、追多少肥，何时开始要注意蚜虫、斜纹夜蛾，病毒病、腐败病、棒孢叶斑病等病虫害的防治也有一个时间表，因而能达到预期的产量。

也有些合作社仅单季种植一个蔬菜品种，在蔬菜技术上也有把控不到位的，如某合作社单季种植 600 余亩高山大白菜，聘请的外地技术人员，盲目照搬外地经验，在大白菜莲座期出现普遍缺硼、黑腐病流行的情况，严重影响生产。此外，还存在田间不起垄种植、水分管理不匀、追施尿素方法不正确造成烧苗、茎叶除草不到位造成部分草害、8 种肥药混用导致肥药害、个别地块病毒病流行、黑斑病有扩大危害趋势等九大技术措施不到位，损失 30％左右。更不要说那些一季种植多个蔬菜品种的基地了。

编者多次去山东寿光考察学习，当地菜农对蔬菜种植技术非常重视，能把控到"我的大棚蔬菜之所以比你的产量低，是因为我的棚内温度比你的低了 1℃"，他们对品种的讲究，是考虑到产品的市场需要什么类型的品种、产品的销售客户需要何种果型、颜色、大小的品种，对肥料的使用是根据自己的土壤有什么养分、所种蔬菜的肥料需求量来确定需要补充什么肥料、补充多少肥料等，高度标准化。有专门的育苗公司和营销公司，菜农只管把生产过程搞好，投入和产出均能在下种前算得清清楚楚，明明白白，产量越高，产品越优，效益越好。

近些年，农民合作社越来越多，从事蔬菜种植的占相当大的一部分，许多从事蔬菜种植的合作社尝尽了酸、苦、辣，却难以感受到甜，这之间除了管理不善原因、人财物有限外，不能做到标准化生产，未产出高产、优质的理想产品也是一个重要因素。

为此，编者结合现代蔬菜发展形势，编写《现代蔬菜栽培技术手册》一书。按传统的分类标准成章，以蔬菜种类为节，对每种蔬菜从生长发育周期及对环境条件的要求、栽培季节及茬口安排、主要育苗技术、主要栽培技术、生产关键技术要点、主要病虫害防治技术要点六个方面较为全面、系统地总结，把现代元素融入栽培技术中。为避免篇幅过长，笔者将栽培技术中的关键点单列出来进行较为详细的叙述，并将生产中可能出现的病虫害单列出来，蔬菜病虫害以图呈现，重点阐述其综合防治要点。

本书的出版得到了湖南省人民政府蔬菜领导小组办公室、湖南省农业委员会经作处和湖南省蔬菜产业协会的支持。本书参考了现行有关蔬菜的国家指导性生产技术规范、农业农村部推荐性生产技术规程以及一些地方的蔬菜生产技术规程。在此一并致谢。

由于编者水平有限，疏漏和不当之处难免，恳请同行批评指正。

王迪轩
2018 年 7 月

目　录

第一章　茄果类蔬菜 /1

第二章 瓜类蔬菜 /151

第三章　豆类蔬菜 /237

第四章　白菜类蔬菜 /298

第五章　甘蓝类蔬菜 /365

第六章　根茎类蔬菜 /422

第七章　葱蒜类蔬菜 /495

参考文献 /607

第一章 ▶▶▶

茄果类蔬菜

第一节 辣 椒

一、辣椒生长发育周期及对环境条件的要求

1. 辣椒各生长发育阶段的特点

（1）发芽期 从种子萌动到子叶展开、真叶显露。在温湿度适宜、通气良好的条件下，从播种到现真叶约需 10~12d。这一时期种苗由异养过渡到自养，开始吸收和制造营养物质，生长量比较小。管理上应促进种子迅速发芽出土，否则种子内的养分耗尽，种苗又不能及时由异养转入自养，容易使幼苗纤细柔弱。

辣椒种苗出土的时间，主要取决于苗床的湿度、温度及通气状况。种子首先要充分吸水才能发芽。应根据不同品种和技术条件选择适当的浸种时间，播干籽的更应注意苗床保持湿润。在适温范围内，保持较高的床温则发芽出苗快。此外，辣椒种子发芽出土过程中还需要良好的土壤通气条件。若床土太湿缺少氧气，易引起烂种缺苗。

（2）幼苗期 从第一片真叶显露到第一花现蕾。幼苗期的长短因苗期的温度和品种熟性的不同而有很大差别。一般早熟品种在适宜温度下育苗，幼苗期约 30~40d。而长江流域采用普通冷床育苗，秧苗基本上是在低温寒冷、弱光寡照的逆境条件下缓慢生长，苗期长达 120~150d。在正常育苗条件下，大多数品种幼苗期约需 80~90d。

幼苗期虽然生长量不太大，但是生长速度很快，幼苗期末期其形态大致是：苗高 14~20cm，茎粗 0.3~0.4cm，叶片数 10~13 枚，单株根系鲜重 1.5~2.2g，生长点还孕育了多枚叶芽和花芽。当辣椒苗长有 2~3 片或 3~4 片真叶时，即开始进行花芽分化。环境条件对花芽分化的进程有极大的影响。适宜的昼温、较低的夜温，光照充足而日照时间较短，良好的氮、磷营养，则花芽分化早而快，花数增加，花芽素质提高。到定植时辣椒秧苗已分化了 3~4 朵花。这一时期，应合理调控温、光、水、肥，创造适宜的苗床环境，并及时在 2 叶 1 心前进行移苗，使秧苗营养生长健壮，正常进行花芽分化，对获得辣椒早熟高产具有重要意义。

(3) 开花结果期　自第一朵花开花、坐果到采收完毕。结果期长短因品种和栽培方式而异，短的 50d 左右，长的达 150d 以上。这一时期植株不断分枝，不断开花结果，继门椒（第一层果）之后，对椒（第二层果）、四母斗椒（第三层果）、八面风椒（第四层果）、满天星椒（第五层以上的果）陆续形成，先后被采收。此期是辣椒产量形成的主要阶段，应加强肥水管理和病虫防治，维护茎叶正常生长，延缓衰老，延长结果期，提高产量。

2. 辣椒对环境条件的要求

辣椒性喜温暖，害怕寒冷，尤怕霜冻，又忌高温和暴晒，喜潮湿又怕水涝，比较耐肥。

(1) 温度　辣椒在气温 15～34℃ 的范围内都能生长，但最适是白天 23～28℃，夜间 18～23℃。白天气温 27℃ 左右对同化作用最为有利，而夜间 20℃ 左右最有利于同化产物的运转，并可减少呼吸消耗，增加光合产物积累。

种子发芽的适温是 25～30℃，发芽需 5～7d。低于 15℃ 或高于 35℃ 时种子不发芽。苗期要求较高的温度，白天 25～30℃、夜间 15～18℃ 最为有利，适宜的昼夜温差是 6～10℃。此间温度低时，幼苗生长缓慢。幼苗不耐低温，应注意防寒。随着幼苗的生长，对温度的适应性也逐渐增强，定植前经过低温锻炼的幼苗，能在 0℃ 以上低温下不受冷害。

开花结果初期的适温是白天 20～25℃，夜间 15～20℃，低于 10℃ 不能开花。但进入盛果期适当降低夜温对结果有利，即使气温降到 8～10℃，果实也能较好地生长发育。辣椒怕炎热，气温超过 35℃，花粉变态或不孕，不能受精而落花，如果再遇到湿度大时，又会造成茎叶徒长。温度降到 0℃ 就要受冻。辣椒根系生长的最适地温是 23～28℃。结果期如果地温过高，再加上阳光直射地面，对根系发育尤为不利，严重时使暴露的根系变褐死亡，且易诱发病毒病。

(2) 光照　辣椒对光照的要求因生育期不同而异。种子发芽要求黑暗避光的条件，育苗期要求较强的光照，生育结果期要求中等光照强度。辣椒的光饱和点为 30000lx，比番茄、茄子都要低。光补偿点是 1500lx。光照不足，影响花的素质，引起落花落果，减产。光照过强，则茎叶矮小，不利于生长，也易发生病毒病和日烧病。辣椒对日照时间长短要求并不严格，只要温度适合，光照时间长短一般对辣椒的影响不大。但日照时间过短会影响光合作用的时间，日照 10～12h 开花结果较快，对较长时间的日照一般也能适应。

(3) 水分　辣椒对水分要求严格，不耐旱也不耐涝，喜欢较干爽的空气条件，其植株本身需水量虽不多，但由于根系不很发达，故需经常浇水才能获得丰产。特别是大果型品种，对水分的要求更为严格。土壤水分过多易发生沤根，造成萎蔫死秧。辣椒被水淹数小时植株就会出现萎蔫，严重时死亡。幼苗期需水较少，要适当控水，以利发根，防止苗徒长。结果期要有充足的水分，如果缺水，果实膨大缓慢，果面皱缩、弯曲，色泽暗淡，影响产量和品质。辣椒喜土壤适度湿润而空气较干燥的环境，土壤相对含水量 80% 左右，空气相对湿度 60%～80% 时，对辣椒的生长有利。所以，栽培辣椒时，土地要平整，浇水和排水都要方便，若在保护地栽培，通风排湿设施一定要好。

(4) 空气　辣椒种子萌发过程中，需要充足的氧气。辣椒是果菜中对土壤的通气状况比较敏感的作物。如果土壤通透性差，氧气浓度降低，则影响辣椒根系的呼吸作用和吸收功能，因而地下部和地上部的生长都有极端被抑制的倾向。如土壤通透性好，土壤中氧气含量高，结果数就显著增加，产量提高。为此，必须通过土壤耕作和多施有机肥，促进土壤团粒结构的形成。另外，做成深沟、高畦，排水通畅，可避免因土壤过湿造成土壤中氧气不足，也有利于辣椒的生长和结果。空气中的二氧化碳含量保持在300mg/kg的自然条件下，能正常进行光合作用，但不能满足辣椒同化作用的需要。特别是在田间郁蔽通风不良，或设施密闭栽培时，二氧化碳浓度常低于300mg/kg，绿色植物处于饥饿状态。设施栽培中对辣椒进行二氧化碳施肥能增产。

（5）土壤与营养　辣椒在中性和微酸性土壤上都可种植。但其根系对氧气要求严格，宜在土层深厚肥沃、富含有机质和通透良好的砂壤土上种植。辣椒生育要求充足的氮、磷、钾营养，但苗期氮肥和钾肥不宜过多，以免茎叶生长过旺，延迟花芽分化和结果。磷对花的形成和发育具有重要作用，钾是果实膨大必需的元素。生产上必须做到氮、磷、钾配合施用，在施足底肥的基础上，适时追肥，以满足提高产量和改善品质的需要。除需要大量元素外，辣椒对硼等微量元素也比较敏感，辣椒硼素营养的临界期在现蕾前后。若缺硼，则根系生长差，根的木质部变黑腐烂，叶色发黄，心叶生长慢，叶柄上产生肿胀环带，阻碍养分运输，花期延迟，花而不实，产量降低。在花期根外喷硼有较好的增产效果。

二、辣椒栽培季节及茬口安排

长江流域辣椒生产的大棚茬口主要有冬春季大棚栽培、秋延后大棚栽培及温室长季节栽培，露地茬口有春季栽培、秋季栽培、高山栽培等，具体参见表1-1。

表1-1　辣椒栽培茬口安排（长江流域）

种类	栽培方式	建议品种	播期/（月/旬）	定植期/（月/旬）	株行距/（cm×cm）	采收期/（月/旬）	亩产量/kg	亩用种量/g
辣椒	冬春季大棚	兴蔬301、辛香2号、湘早秀	10/上～11/上	2/中～3/上	（30～35）×（55～60）	4/上中～7	3000	75～80
	春露地	湘研11号、19号、兴蔬205	10/下～11/中	3/下～4/上	（35～40）×（50～60）	5/下～7	2500	40～50
	夏露地	湘研21号、湘抗33、红秀八号	6/上	7/上	（35～40）×（55～60）	8/下～10	3000	40～50
	秋露地	红秀八号、鼎秀红	7/上	8/上	（35～40）×（55～60）	9/下～11	3000	40～50
	秋延后大棚	汴椒2号、洛椒早4号、杭椒	7/中下	8/中下	33×40	11/下～2/中	2000	40～50

三、辣椒主要育苗技术

1. 辣椒冷床越冬育苗技术要点

利用大棚冷床进行越冬育苗是多年来的一种主要方法，培育的秧苗可供大中棚早春栽培或春露地栽培。节省用种量，提高土地利用率，提早上市季节，提高产量。

（1）冷床育苗设施与建造

① 苗床地选择　选择避风向阳、地势高燥、排水良好、土壤疏松肥沃、2～3年内未种过茄果类蔬菜的地块。东西伸长，坐北朝南。四周深开排水沟，沟比床坑稍深。

② 冷床建造（彩图1-1）　可采用塑料小拱棚作播种床，在苗床四周筑高15～20cm、宽30cm左右土埂，苗床宽1.2～1.3cm，长20cm左右，在土埂上每隔0.5m插

一根拱架。拱架上覆盖农膜。也适宜于冬季气候较暖和的地方作移苗床。天气寒冷时，小拱棚外层加盖草帘等不透明覆盖物。

塑料大、中棚一般用作移苗床，也可作播种床，苗床设置同上。在冬季气候寒冷的地区，应在大、中棚内再套盖小拱棚，必要时小拱棚上再加盖草帘。

(2) 苗床土制备　育苗土是根据蔬菜苗期的生长发育特点以及对环境的要求特点，把一定种类的肥、土以及农药等按照一定的配方比例混合，制成的适合菜苗生长的肥沃土壤。

① 优良的育苗土应具备的条件　营养成分齐全、含量充足，有机质含量高，土质疏松、透气性好，保水保肥能力强。土壤酸碱度为中性至微酸性。不带有病菌和虫卵。土质清洁，不受污染，不含对秧苗生长有害的成分。用育苗土育苗，不仅幼苗根系发育好，生长较快，易于培育出壮苗，而且育苗期间的病虫危害也比较轻。

② 床土制备　一般育苗土中的田土与有机肥的用量比应不高于 6∶4。

(a) 田土　从土壤酸碱度中性、无污染、最近 4～5 年内没有种过同科作物的地块中挖取，土质以壤土为最好。与肥料混拌前，先用铁锹将土块打碎，并用筛子筛出其内的石块、土块、杂物和杂草等，条件许可时，最好能摊开暴晒几天。

(b) 有机肥　选用质地疏松、透气性好的马粪等，尽量不用鸡粪，也可用腐熟的碎草、草炭等代替。有机肥至少应有一个月以上的腐熟期，粪块较大时，先将粪块搓碎，筛出其中的大粪块和杂物。

(c) 加肥药　在混拌肥土时，每平方米营养土中还应混入 1.5kg 左右的复合肥或 1kg 磷酸二氢钾、800g 尿素，150～200g 多菌灵或甲基硫菌灵等杀菌剂以及 150～200g 的辛硫磷或敌百虫等杀虫剂。

(d) 混匀　田土、粪肥以及化肥、农药等要充分混拌均匀。

(e) 捂盖　混好后的育苗土不要急于用来育苗，要先培成堆，上用塑料薄膜捂盖严实，让农药在土堆内充分挥发和扩散，捂盖时间应不短于一周。

(f) 保湿　育苗土配制好后，一般应于原地培成堆，并保持育苗土有一定的湿度（适宜的湿度为手握成团，落地即散），使一些速效性化肥的颗粒得以溶于湿土中。可以采取以下办法：取土时，取表层下的潮湿土，用潮土配制育苗土；对偏干的育苗土结合喷洒农药，将农药配制成一定浓度的药液，边混拌育苗土边用喷雾器将药液喷到土中增湿；对偏干的育苗土不能结合喷药补湿时，可结合混拌育苗土，用喷雾器喷入适量的水雾。

(g) 调酸碱度　测定育苗土的酸碱度较准确的方法是电位测定法，用酸度计测定出土壤的酸碱度，也可用比色法等。如辣椒育苗适宜的土壤酸碱度为中性至微酸性，适宜 pH 为 5.6～6.8。如果偏碱性，可用石膏、磷石膏、明矾、绿矾等降低 pH，如果偏酸性，可用石灰粉提高 pH。

(h) 加大氮、磷肥用量　如越冬育苗的辣椒等茄果类苗期生长较为缓慢，木质化较早，氮肥不足，秧苗生长慢，株型低矮，叶小，幼苗瘦弱，花芽分化不良，花蕾瘦小，易形成老化苗。磷肥不足，花芽分化质量差，短柱花数量增多，根群小。可选择土质肥沃的园土来配制育苗土；增加育苗土中优质有机肥的用量；增施适宜的氮素化肥和磷肥。

(3) 辣椒种子浸种消毒　辣椒种子浸种消毒有温汤浸种、药剂消毒和干热处理等方法。以下方法可任选一种或配合使用。

① 温汤浸种　该法操作简便易行，能够起到浸种和消毒的双重作用，通过适当的温度处理，能够杀死附在种子表面和部分潜伏在种子内部的病菌。

步骤一：先将种子放在常温水中浸15min。目的是先将种子浸胀，以尽量减少烫种时对种胚的影响，并促使种子上的病原菌萌动容易被烫死。

步骤二：后转入55～60℃的温汤热水中，用水量为种子量的5倍左右。期间要不断搅动以使种子受热均匀，并及时补充热水，使水温维持在55～60℃范围内10～15min，以起到杀菌作用。

步骤三：降低水温至28～30℃或将种子转入28～30℃的温水中，继续浸泡8～12h。

步骤四：洗净辣椒种皮上的黏质。

注意事项：温汤浸种要求严格掌握烫种的水温和时间，才能达到既能杀死病菌，又不致烫伤种子的目的。处理时要用温度计一直插在所用的热水中测定水温，以便随时调节。加入热水时切记不要直接冲在种子上，以避免烫伤种子。

② 药剂消毒　应针对防治的主要病害选取不同的药液。目前生产上常用的药液有10%磷酸三钠溶液、2%氢氧化铜溶液、1%硫酸铜溶液、0.1%高锰酸钾溶液和40%甲醛溶液等。

先用温水将种子预浸4～5h。起水后再将种子浸入调配好的药液中，浸种时间根据主要防止的病害和所选用药液而异，具体见表1-2。用药剂浸种后，应用清水洗净，才能催芽或直接播种，以免发生药害。采用此法浸种消毒时，药水的浓度和浸种时间应该严格掌握。

表 1-2　不同辣椒病害常用的药液浓度及处理时间

防治的病害	药液	药液浓度/%	处理方式	处理时间/min
病毒病	磷酸三钠	10～20	浸种	15
	氢氧化钠	2	浸种	15
	高锰酸钾	1	浸种	15
早疫病	甲醛	1	浸种	15～20
疮痂病	硫酸链霉素	0.1	浸种	30
青枯病	硫酸链霉素	0.1	浸种	30
炭疽病	硫酸铜	1	浸种	5
猝倒病	百菌清	0.1	拌种	
	福美双	0.1	拌种	
	克菌丹	0.1	拌种	
细菌性病害	升汞	0.1～0.3	浸种	5
	高锰酸钾	1	浸种	10
立枯病	敌磺钠	70	拌种	
细菌性角斑病	硫酸铜	1	浸种	5

③ 干热处理　将充分干燥的种子置于70℃恒温箱内干热处理72h，可杀死许多病原物，而不降低种子发芽率。尤其对防止病毒病效果较好。

（4）辣椒种子播种前催芽　播种时气温和床温较高的，一般直接播干籽。寒冷季节播种，一般先行浸种催芽。播前催芽是保证出苗快而齐的一项关键措施。催芽主要是满足种子萌发时所需的温度、氧气和湿度等重要条件。

① 催芽设施　根据种子量的多少，可选择恒温培养箱、催芽室或催芽床，使用电灯（制作简易催芽纸箱）、炉灶余热催芽，或放在盛半瓶热水的保温瓶中、发热的堆肥中催芽。少量种子也可用湿布包好，再包一层塑料薄膜，放在贴身衬衣袋里或孵鸡窝里，利用体温催芽。保湿可采用潮湿的纱布、毛巾等将种子包好，包裹种子时使种子保

持松散状态，以保证氧气的供给。

② 变湿处理　温度对催芽影响较大。辣椒种的催芽温度范围是 25~35℃。由于种子成熟度和种子袋内温度及氧气分布不均，采用恒温催芽，种子萌芽往往不整齐，而且为了达到一定的发芽率，易出现部分长芽。因此，为了保证出苗壮而整齐，可进行变温催芽，即高低温交替催芽。通常辣椒种子采用变温催芽的高温是 30~35℃，低温是 20~25℃。每日进行一次变温催芽，高、低温处理的时间分别为 10h 和 14h。变温催芽既能加快出芽速度，又能得到较好的芽苗质量。

③ 催芽管理　催芽过程中要注意调节湿度进行换气。每隔 4~5h 翻动种子一次，进行换气，并及时补充一些水分。种子量大时，每隔一天用温水洗种子一次。当有 75%左右种子破嘴或露根时，应停止催芽，等待播种。一般 4d 左右即可发芽。

④ 种子催芽易出现的问题及解决办法

（a）出芽慢，催芽需时较长　主要原因是温度偏低。可借助身体保温、电热保温、热水保温等措施提高温度。

（b）容易烂种　可能是温度长时间偏低，催芽时间过长，或种皮的含水量长时间过高、透气不良，或种皮上附着的黏物物过多。应尽量把种子放在适宜的温度下催芽。浸种或淘选种子后，要把种子表面上多余的水分用干布擦吸掉或晾干后，再催芽。催芽期间每隔 10~12h 用温水淘洗一遍。

（c）出芽率不高　可能是种子质量不高，使用了陈种子，或新、陈混杂的种子以及受潮了的种子，或使用了尚未完全通过休眠的种子；或催芽期间温度偏低；或浸种不当。播种前应对种子质量进行检测；保持适宜的催芽温度，最低不低于 15℃；催芽用赤霉酸浸泡种子可增强发芽势，一般用 5 万单位的赤霉酸 5000~10000 倍液浸种 5~6h，捞出种子后再进行催芽；如用热水浸种，要注意水温不宜过高，不超过 60℃，浸种时间不超过 15min。

（5）辣椒种子的播种　生产上大批量育苗，多采用直接播种法。直接播种法尤其适用于床土育苗。近年来，随着栽培技术水平的提高，营养育苗盘（穴盘）播种法亦受到了重视，但成本较高，对培养土基质的要求也更加严格。

① 直接播种法　按要求铺好床土，将覆盖在上面的培养土整平。播种前一天充分浇足底水（如果是下午播种，也可在上午浇水），使 10cm 深的培养土全层湿润。播种时先将畦面耙松，随后将催好芽的种子撒播在畦面上。播种量要严格掌握，适宜的播种量按浸种前的干种子计算，10m² 苗床 75~100g。为播种均匀，可将催芽后的湿种子拌适量干细土或糠灰、细砂后再进行播种，分 2~3 次撒播。播种后要及时覆一薄层（约 0.5cm 厚）经消毒过的盖籽培养土或松砂土，或添加糠灰较多的培养土，并用洒水壶喷一层薄水，冲出来的种子再用培养土覆盖。最后，为提高保湿保温效果，并防止土表板结，在温度较高时应覆上遮阳网，温度较低时应覆盖地膜。

② 育苗盘（穴盘）播种法　播种前要先将调整好 pH 的培养土装入育苗穴盘中，将基质刮平稍压，然后用喷水壶浇水，浇水量随基质的成分及基质本身的干湿度而定，一般浇水后使基质持水量达 80%左右，从外观看以不溢水为准，待水渗透后即可播种。在育苗盘中播种多采用点播，播种后覆一层 0.5cm 左右干基质，并轻轻压紧，以防出现幼苗"带帽"的现象。再用喷雾器喷一层薄水，使盖籽基质呈湿润状态，最后覆上遮阳网或塑料地膜。

（6）辣椒越冬育苗苗期管理

① 出苗前管理　从播种到2片子叶微展为出苗期,一般需3～4d。其特点是生长迅速,基本上无干物质积累,管理上主要采取促的措施,即主要是控制较高的湿度和较高的温度。因此,播种前应及时浇透苗床。遇低温时应做好覆盖保温,出苗期控制在22～26℃之间,高、低温限分别为30℃和18℃。

② 间苗与移苗管理　直播苗,当子叶充分展开、现露真叶时及时间苗。间苗后,床土松动,可洒一些水,或撒一层疏松细土护苗。不移苗的,苗距5～6cm;移苗的,苗距2～3cm。

播后30d左右,2叶1心时单株或双株移植,拉大苗距直接移栽,或移入营养钵(块),苗距约8cm×8cm。移植前几小时苗床要浇水,并随起随栽;选择连续3～4d之内不变寒的晴天,于上午9点至下午3点前移植;移栽深度比原入土稍深,幼根栽入土中不能弯曲;移栽后随即浇足水,以床面能见到水为宜;随栽随盖农膜。中午前后太阳较强时,应稀疏地盖几块草帘防晒。移栽后1～2d之内,均应短时间遮阴护苗。最好将秧苗移栽入营养钵,秧苗栽入营养钵后,要整齐排放在苗床里,排平、排紧,钵之间的缝隙用培养土填没。

③ 温度管理　种子发芽适宜温度为25～30℃,温度过高、过低都不利于出苗和秧苗生长。冬春季育苗外界气温较低,应采用增加透光、密闭棚室、夜间增加草苫等增温保温措施。具体温度管理见表1-3。

表1-3　辣椒苗期适宜温度管理表

时期	适宜日气温/℃	适宜夜气温/℃	需通风温度/℃	适宜地温/℃	短时间最低夜温不低于/℃
播种至齐苗	25～30	20～22	30	22	10
齐苗至分苗	25～28	18～20	30	22	10
分苗至缓苗	25～30	18～20	32	20	15
缓苗至定植前	23～28	15～17	30	20	10
定植前5～7d	20～25	15～10			10

④ 湿度管理　一般不轻易浇大水,宁干勿湿。要浇水也要"少浇勤浇",并选择在连续3～4d之内都是晴朗温和的天气才浇。初冬晴好天气可隔3d左右浇一次水,寒冷、阴湿天气一般不浇。1月至2月上旬,控制浇水,春季一般不浇水。临近定植时更要控制苗床浇水,床内3cm以下的床土相当干燥(床土含水量16%～17%以下)才浇水。

浇水时,最好在上午10时至中午1时用温和的井水浇。浇后盖上窗或薄膜,过1～2h床温回升后再通风,让苗上的水蒸发干,到傍晚盖草帘之前,苗叶上应没有水珠。

空气湿度调控,应把握好苗床浇水和通风;在移苗成活后,应结合除草松土;湿度过大时,可撒干细土或草木灰,或在床内放置石灰包吸水。撒干细土,应在中午温度高、幼苗叶面干燥时进行,撒土后用扫帚扫去叶面的土,每次撒土不超过0.5cm厚。

⑤ 追肥管理　一般不追肥。但春暖后秧苗表现缺肥,可用10%去渣腐熟人粪尿浇施,或按0.3%～0.5%的浓度将三元复合肥或尿素溶解在水中,用喷壶喷洒。施肥后喷少量清水,洗净叶面上的肥料,防止烧叶,而后敞开苗床通风。

⑥ 光照管理　用新无滴膜覆盖,在能基本维持苗床适温的前提下,覆盖物要尽量

早揭晚盖，阴雨天也要揭开，晴好天气中午前后，部分或全部揭开覆盖物。及时间苗、移苗。

（7）辣椒育苗期易出现的问题及解决办法

① 不出苗　播种后经过一定时间（干籽冷床15d左右，温床8d左右）后仍不出苗。检查种子，种胚白色有生气的，可能是由于苗床条件不适造成不出苗，对温度低的要设法增加床温，对床土过干的要适当浇水，对床土过湿的要设法排水降湿。若种子已死亡，应及时重播。

② 出苗不齐　表现在出苗时间不一致和出苗疏密不一致，播种技术和苗床管理不好是造成出苗不整齐的重要原因。应选用发芽率高、发芽势强的种子播种，床土土面平整，播种均匀，播后用细孔壶浇水。已经出苗不一致时，对出苗早、苗较高的地方适当控水，晴天增加对出苗迟的地方的浇水次数。

③ 焦芽　萌芽阶段的种子易发生焦芽现象。若床温过高（35℃以上），尤其是床温高、床土又较干燥时，胚根和胚芽易烧坏，产生焦芽。应保持床土湿润，晴天中午前后床温过高，应立即在玻璃窗或拱棚上疏散地盖草帘遮阳降温。

④ 顶壳　秧苗带着种皮出土的现象，又称"带帽"现象（彩图1-2）。原因是床土湿度不够或盖籽土太薄。应浇足底水，出苗期间也要保持床土湿润。若遇阴雨，可在床面撒一薄层湿润细土。发育不充实或染病的种子也易造成顶壳，要选用健壮饱满种子。出现顶壳苗时可先喷水，待种壳吸湿后，用毛刷轻轻将帽壳扫掉。

⑤ 秧苗徒长　徒长苗（彩图1-3）的茎长、节稀、叶薄、色淡，组织柔嫩，须根少。原因是阳光不足，床温过高，密度过大，以及氮肥和水分过多。要改善苗床光照条件，增施磷钾肥，适度控制水分，加强通风。

育苗过程中，秧苗刚出土的一段时间容易徒长，易出现"软化苗"或"高脚苗"。防止方法是播种要稀，要匀；及时揭去土面覆盖物；基本出齐苗后降低苗床的温度和湿度；早间苗，稀留苗。

另一个容易徒长的时期是在定植之前。应昼夜揭去覆盖物，加强光照，降低床温，将苗钵排稀或切块囤苗，还可喷一次1：500倍高产宝。多喷几次1：1：200倍的波尔多液，有很好的防病、壮苗、防徒长效果。选用的抑制剂主要是多效唑，喷雾浓度50mg/kg，或喷洒500mg/kg的矮壮素，或者5mg/kg的缩节胺，均能显著克服秧苗徒长和提高壮苗率。

⑥ 秧苗老化　当秧苗生长发育受到过分抑制时，常成为老化的僵苗。这种苗矮小、茎细、节密、叶小、根少。定植后也不容易发棵，常造成落花落果，产量低。造成秧苗老化的主要原因，是床土过干和床温过低，或床土中养分贫乏。苗期水分管理中，怕秧苗徒长而过分控制水分，容易造成僵苗。用苗钵育苗的，因地下水被钵隔断，容易干，若浇水不及时、不足量，最容易造成僵苗。

在阴雨连绵、温度低、光照弱的条件下，辣椒苗可能出现生长停滞、顶芽萎缩、叶变小、色发黄的"缩脑"现象，这也是秧苗老化的一种表现。除提高床温、加强光照外，可对秧苗喷施一次10～20mg/kg的赤霉酸＋0.3%的尿素，7～10d可开始见效，秧苗逐渐恢复正常生长。

另外，分苗成活后用0.5%尿素＋0.5%红糖＋0.5%磷酸二氢钾＋0.1%杀菌剂混合液叶面喷洒。定植前用病毒灵、抗病威、植病灵等1000倍液，灌根带喷洒叶面，对预防病毒病有较好作用。

⑦ 药害　施药量过大、浓度过高，易使幼嫩秧苗产生药害。应科学合理用药，用药前苗床保持湿润。如已产生药害时，要及时喷清水或喷缓解药物，如因退菌灵导致的药害可喷 0.2％硫酸锌溶液，辛硫磷药害可喷 0.2％硼砂或硼酸溶液，多效唑药害可喷0.05％赤霉酸。

⑧ 冻害　当床温下降到超过秧苗能够忍耐的下限温度时，就会发生冻害（彩图1-4）。轻微的冻害在形态上没有特殊表现，受害重时苗的顶部嫩梢和嫩叶上会出现坏死的白斑或淡黄色褐色斑，严重时秧苗大部分叶片和茎呈水渍状，慢慢干枯而死。

育苗期间，突然来寒流，温度骤然降低很多，秧苗易受冻害。如果温度是缓慢降低，则不易结冰受冻。如果温度虽然不太低，但低温持续时间很长，特别是低温与阴雨相伴随——这种情况叫"湿冷"，秧苗也很容易发生冻害。秧苗受冻害的轻重，还与低温过后气温回升的快慢有关。若气温缓慢回升，秧苗解冻也慢，易恢复生命活力；如果升温和解冻太快，秧苗的组织便易脱水干枯，造成死苗。

防止冻害的方法有：

（a）改进育苗方法　利用人工控温育苗方法，如电热温床和工厂化育苗等，是彻底解决秧苗受冻问题的根本措施。

（b）增强秧苗抗寒力　避免秧苗徒长，低温寒流来临之前，尽量揭去覆盖物，让苗多照光和接受锻炼。在连续雨、雪、低温期间，也要尽可能揭掉草帘，每天至少有 1～2h 让苗照到阳光。雨雪停后猛然转晴时，中午前后要在苗床上盖几块草帘，避免秧苗失水萎蔫。若床内湿度大，秧苗易受冻害，所以寒潮降临之前要控制苗床浇水，床内过湿的可撒一层干草灰。

（c）合理施肥　增施磷钾肥，苗期使用抗寒剂。秧苗喷施 0.5％～1％的红糖或葡萄糖水，可增强抗寒力。3～4 叶期喷施两次（间隔 7d）0.5％的氯化钙，可增强抗冷性。

（d）保温防冻　寒潮期间要严密覆盖苗床。进行短时间通风换气时，要防止冷风直接吹入床内伤苗。夜晚要加盖草帘，苗床上盖的草帘应干燥。有的将稻草外层枯叶撒在床内秧苗上，寒潮过后再清除。下雪天停雪后，及时将雪清除出育苗场地。

（e）冻害补救　对已造成冻害的秧苗，可喷施营养液，配方是绿芬威 2 号 30g，加白糖 250g、赤霉酸 1g、生根粉 0.3g，对水 15L。

⑨ 沤根　沤根是一种生理病害，表现为病株地下根部表皮呈锈褐色，然后腐烂，不发新根或不定根，地上部叶片白天中午前后先萎蔫，逐渐变黄、焦枯，病苗整株易拔起，严重时，幼苗成片干枯，似缺素症状。主要是由苗期管理不善、床土温度过低、浇水过量或连续阴雨湿度大、苗床通风不良、光照不足等引起。如果采用的是低畦面苗床育苗，由于苗床通风效果比较差，长时间保持较高的湿度，更容易诱发苗期沤根等病，苗畦内容易发生积水，不利于秧苗的根系生长。辣椒秧苗在整个育苗期间，包括分苗后，沤根现象均有可能发生，解决办法主要是针对其发生原因，加强苗期的各项管理。

⑩ 气害　辣椒大棚越冬育苗需要保温，菜农经常闭棚，如果在配制营养土时，加入了未腐熟的粪肥或易挥发性的氮肥，往往容易发生二氧化氮气害（彩图1-5）。如把大棚揭开，常可闻到一股浓浓的刺鼻氨味。处在大棚中央处的辣椒苗容易最先表现症状，两片子叶的中间部位明显失绿呈水浸状，叶片尚未软塌，严重的已变白并软塌下来，而子叶尖端和末端完好，辣椒苗中心完好，拔出病株，茎部和根还很健壮。靠近大棚的两

侧一般发生较慢，但仔细观察，可以发现有些子叶有颜色变淡和透明的症状。气害的主要来源是所施用的基肥。如在配制育苗床时施用了含氮较高的复混有机肥，加上长时间低温，闭棚时间过长，通风透气不足，棚内积累了较多的二氧化氮等有害气体，而这种气体只要每立方米有2mL的含量就可造成危害。

一旦出现氨害，最主要的措施是勤通风，特别是当发觉设施内有特殊气味时，要立即通风换气。对已造成受害严重的地块，应及早施肥浇水，促发新枝。值得提醒的是，在育苗培养土配制时，有机肥料应充分腐熟，不用或少用挥发性强的氮素化肥，深施追肥，不地面追肥，如果在低温阶段进行人工加温，应选用含硫低的燃料加温等，防止出现其他气害。

2. 辣椒穴盘育苗技术要点

穴盘无土育苗是指用穴盘作育苗容器，以草炭、蛭石等为育苗基质的一种无土育苗方式。为近几年新发展的育苗方式，特别为一些上规模的蔬菜合作社、公司所采用，也是大型育苗场育苗的主要方式。其种子消毒和催芽方法同冷床越冬育苗。该育苗方式可用于越冬育苗，但最适用于苗期较短的夏季、秋延后。

所用育苗盘是分格的，播种时一穴一粒或两粒，成苗时一穴一株或两株，植株根系与基质紧密结合在一起，不易散落，不伤根系，根坨呈上大下小的塞子状。穴盘育苗，省时、省工、省力、省地，苗龄短，易成活，定植后基本不需缓苗。

（1）选择穴盘　穴盘为定型的硬制塑料制品，其上有很多小穴，小穴上大下小，底部有小孔，供排水通气之用。每穴育1～2株幼苗。穴盘具有各种规格，见表1-4。进行辣椒育苗，冬春季育2叶1心子苗选用288孔苗盘；育4～5叶苗选用128孔苗盘；育6叶苗选用72孔苗盘。夏季育3叶1心苗选用200孔或288孔苗盘。

表 1-4　黑色 PS 标准穴盘规格　　　　　　　　　　单位：cm

规格穴	穴盘		孔穴		
	长	宽	上口	下底	深度
28	52	32	6.5	3.3	6.5
50	54	28	5	2.5	5.5
50	54	28	5	2.5	5
72	54	28	3.8	2.2	4.2
105	54	28	3.2	1.4	4.5
128	54	28	3	1.3	4

（2）混配基质　可用多种基质育苗，如蛭石、珍珠岩、煤渣、平菇渣、炭化稻壳、草木灰、锯末、草炭、甘蔗渣等，但最常用基质是蛭石、珍珠岩、草炭。基质材料可单独使用，但最好是按适当的比例将2～3种基质混合使用，混配成的复合基质通气性、保水性好，营养均衡。

最常用的复合基质配方是草炭、蛭石，冬春育苗按草炭：蛭石＝1:1（体积比）或2:1混合，或平菇渣：草炭：蛭石＝1:1:1。夏季育苗基质配方为草炭：蛭石：珍珠岩＝1:1:1，或草炭：蛭石：珍珠岩＝2:1:1。

在配制基质时还应加入一定量的肥料，一般每立方米基质中加入烘干的粉碎鸡粪10kg、优质复合肥1～2kg，或每立方米基质中加入硫酸铵1～1.5kg、过磷酸钙1.5～2.5kg、硫酸钾2～2.5kg。

（3）基质用量　每1000盘需用基质：288孔苗盘备用基质2.8～3.0m³；128孔苗

盘备用基质 3.7~4.5m³；72 孔苗盘备用基质 4.7~5.2m³。按通常亩用苗数 3000~4000 株计算，若采用 72 孔苗盘共需 42~56 盘，需基质 0.25~0.3m³。

（4）基质装盘　将基质按预定比例混合均匀，装入穴盘，表面用木板刮平。然后，将装好基质的 7~10 个穴盘垒叠在一起，用双手摁住最上面的育苗盘向下压，上边穴盘的底部会在其下面穴盘基质表面的相应位置压出深约 0.5cm 的凹坑。

（5）播种　将经过处理的辣椒种子点播在穴盘内，每穴播种 1~2 粒。72 孔盘播种深度 1.0cm；128 孔、200 孔和 288 孔盘播种深度 0.5~1.0cm。人工或机械播种后覆盖蛭石，盖没种子，并与育苗盘平齐，再用木板刮平。用喷壶浇透水，而后覆盖塑料地膜或报纸，减少水分蒸发。出苗后及时除去覆盖物，防止幼苗徒长，及时间苗。单株定植，每穴只留 1 株幼苗，多余的幼苗用剪刀从茎基部剪断；双株定植，每穴留 2 株健壮幼苗。

（6）苗期管理　由于育苗基质中常用的草炭来源于腐烂的枯枝败叶、苔藓或杂草，营养十分丰富，所以一般不再施肥。

育苗穴盘只需浇清水即可，采用喷灌方式浇水，一般夏季每天喷水 2~3 次，冬季每 2~3d 喷一次水。

如果育苗期比较长，在育苗后期，可结合浇水，定期浇灌营养液，补充营养。用草炭、蛭石混合基质育苗，多用浓度为 0.2%~0.3% 的氮磷钾三元复合肥，喷浇基质。一般夏季每 2d 喷浇一次，冬季每 2~3d 喷浇一次。

播种 10d 以后，幼苗可能出现生长缓慢、叶片黄化等现象，这时需要补充营养，可喷复合肥配成的营养液，开始时采用 0.1% 浓度，第一片真叶出现后浓度提高到 0.2%~0.3%。

由于穴盘的容积有限，基质容量少，基质的保水能力远远低于土壤，这种特性保证了幼苗不易发生涝害，但浇水的次数却要比营养钵育苗频繁，几乎每天都要喷一次水，阴天可两天喷一次水。由于基质的湿度比较高，容易发生旺长，控制办法是：定期控水，对辣椒苗定期低湿度蹲苗，发现辣椒苗有徒长迹象时，叶面喷洒助壮素、矮壮素等，辣椒苗长大后，应逐渐加大苗盘间距，保持辣椒苗充足的光照。

另外，有的种植者用普通的营养土代替基质（彩图 1-6），结果往往不能育出壮苗，这是由于营养土的养分含量、理化性质远远逊色于基质，而每个穴的容积又远远小于营养钵，营养空间小，不能满足幼苗正常的生长发育的需要。

无土育苗的辣椒苗龄不宜过大，苗龄大小以苗盘内辣椒苗不发生明显拥挤为宜（彩图 1-7）。定植时手指捏住幼苗基部，往上一提，幼苗从穴盘中提出，根系不受损失，定植后不用缓苗。

（7）夏季辣椒育苗应注意的事项　夏季辣椒育苗，易受高温多雨、干旱等天气影响，秧苗病虫害发生严重。为保证秧苗正常生长，应采取以下措施。

① 防止高温危害　选择通风良好的地块作苗床，搭建遮阴棚，用遮阳网覆盖，也可用树枝遮阴，或在塑料薄膜上喷洒泥浆水。播种后，宜用稻草覆盖苗床，特别是采用穴盘育苗的，更要使用稻草进行覆盖，可保持苗床湿度，减少水分蒸发，利于种子发芽，且不至于出现覆盖地膜而灼伤种苗的问题。待有 60%~70% 幼苗出土时立即去除苗床覆盖物。秧苗生长期内，可通过床面洒水的方式控制苗床的湿度，尽量不要大水漫灌，以免造成秧苗徒长。

② 防止秧苗徒长　秧苗徒长主要原因是光照不足，光合作用弱，制造的养料少，

温度高，特别是夜温高，呼吸作用强，消耗养料多，使体内干物质含量减少，加之氮肥和水分充足，促进了徒长。另外，秧苗密度过大，互相遮挡，光照不足，苗床内不通风，秧苗周围受光少，只有顶部受光多，促使幼茎迅速伸长，易引起徒长。

③ 防止干旱危害　播种前，要测试种子发芽率，根据测试结果确定播种量，在苗床中浇足底水后播种或充分灌水，然后整地，播种用水不能用污水、脏水，最好用地下水。播种前，苗床要遮阳保湿，根据天气情况，可在早晨或傍晚用喷壶向苗床喷少量水，防止苗床干旱，保持苗床见干见湿，并及时间苗和分苗，只要不下雨，棚膜要敞开，便于通风透光排湿，阴雨天，揭除遮阳物，只留塑料薄膜防雨，争取较多散射光照。

④ 防止大风暴雨危害　选择地势较高、四周有排水沟的地块做苗床，遇暴雨能及时排出渍水。遮阴降温的覆盖方式最好采用"一网一膜"覆盖法，即在塑料薄膜上再覆盖遮阳网，其遮阴降温、防暴雨的性能比单一遮阳网覆盖的效果好。在暴雨来临前，将塑料薄膜拉下，放风口合严，四周用土埋严，防雨水流入苗床，压膜线固定好，防止被大风吹开。如果苗床进水而使土壤板结，不利种子发芽出土，易造成大量死苗。

⑤ 防治病虫危害　受高温影响，病毒病、蚜虫、菜青虫等病虫极易发生。施肥要施充分腐熟的有机肥，苗床用多菌灵或甲醛等药剂处理消毒，种子需要温汤浸泡或用药剂处理，避免土传病害发生。播种后，可在苗床内和四周撒毒饵，毒杀蝼蛄等地下害虫，并且还可在"一网一膜"的基础上再加防虫网，防止害虫潜入。要从苗期开始就要做好病毒病的预防。及时喷药，可选用百菌清，或多菌灵、代森锰锌、吗啉胍·乙铜、植病灵、嘧菌酯、苯醚甲环唑等药剂防治病害，用噻虫嗪、阿维菌素等喷雾或灌根防治地下害虫和地表害虫。

3. 辣椒营养块（坨）育苗技术要点

营养块（坨）育苗是一种介于常规冷床育苗和穴盘育苗之间的，对保护根系较好，成本较低的育苗方式（彩图1-8）。目前国内有许多专业生产营养块（坨）的厂家。该方式广泛应用于越冬、越夏、秋延后育苗。

（1）营养块（坨）选择　选用圆形小孔40～50g的营养块。

（2）播种前准备

① 修建苗畦　播种前在育苗（温室、大棚、中小棚）地作畦，畦埂高8～10cm，畦宽1.2～1.5m，长度依据育苗场所和育苗数量而定。将畦地面整平、压实。

② 摆放营养块　畦地面不铺薄膜，踩平压实。按间距1（冬季）～2（夏季）cm把营养块摆放在苗畦上，叉开摆放。

③ 给营养块浇水　播种前先用喷壶由上而下向营养块浇透水，薄膜有积水后停喷，积水吸干后再喷，反复3～5次（约30min）。浇水量以每100个育苗营养块浇水15kg左右为宜。吸水后待营养块迅速膨胀疏松时，用竹签扎刺营养块检测（1块/m²，检验比率≥1%），如有硬心需继续补水，直至全部吸水膨胀为止。营养块完全膨胀后，5～24h之内播种。

（3）播种　每营养块的播种穴里播1粒露白的种子，种子平放穴内，上覆1～1.5cm厚的蛭石或用多菌灵处理过的细砂土，不用重茬土覆盖。刚吸水膨胀后的营养块暂时不移动或按压，育苗块间隙不填土，严禁在加盖土中加入肥料和农药。播种后，冬季苗床覆盖地膜，夏季盖草，以便保湿，待苗出70%以后再揭去。

（4）苗期管理　播种后不得移动、按压营养块，2d后恢复强度方可移动。播后视营养块的干湿和幼苗的生长情况，保持营养块水分充足，防止缺水烧苗或短时间干旱造成死苗。喷水时间和次数根据温度高低调整。苗期发现缺水，从营养块下部用水管浇水，水面高度应是营养块高的1/3，湿透块即可，不可用喷壶在苗上浇水。苗期不施肥。

（5）定植　定植时间要比营养钵适当提前，当根系布满营养块，嫩根稍外露时及时定植。营养块苗定植前2～3d停止浇水炼苗。将营养块一起定植，掩浇透水，水渗后再栽苗，在营养块上面覆土1～2cm。

4. 辣椒嫁接育苗技术要点

辣椒由于连作障碍，青枯病、疫病、根结线虫病等土传病害发生严重，尤其是疫病多在结果期发生，常导致毁灭性损失。除采用换土、药剂消毒等方法外，也可进行嫁接育苗，进行防病栽培。

（1）砧木选择　常用砧木品种为辣椒的野生种，如台湾农友种苗有限公司选育的PFR-K64、PER-S64、LS279品系，是辣椒嫁接栽培专用砧木。甜椒类可用"土佐绿B"。有些茄子嫁接用砧木，如超抗托巴姆、红茄、耐病VF也可用于辣椒嫁接栽培中。

（2）嫁接方式　当砧木具4～5片真叶、茎粗达0.5cm左右，接穗长到5～6片真叶时，为嫁接适期。嫁接用具主要是刀片和嫁接夹。使用前，将刀片、嫁接夹放入200倍的甲醛溶液浸泡1～2h进行消毒。嫁接场地的光照要弱，距苗床要近。嫁接苗床在温度较低的冬季或早春，应选用低畦面苗床，高温和多雨季节，选择高畦面苗床。嫁接场地周围洒些水，保持90%以上较高的空气湿度，气温宜在25～30℃，保持散射光照，嫁接场地应用500倍多菌灵药液，或600倍百菌清药液，对地面、墙面以及空中进行喷雾消毒。用长条凳或平板台作嫁接台。嫁接前一天，用600倍的百菌清或500倍的多菌灵对嫁接用苗均匀喷药，第二天待茎叶上的露水干后再起苗。嫁接前，将真叶处的腋芽打掉。采用插接、靠接等嫁接方法。

①插接法　插接一般在播种后20～30d进行，砧木有4～5片真叶时为嫁接适期，辣椒苗应较砧木苗少1～2片叶，苗茎比砧木苗茎稍细一些。嫁接时，在砧木的第一或第二片真叶上方横切，除去腋芽，在该处顶端无叶一侧，用与接穗粗细相当的竹签按45°～60°角向下斜插，插孔长0.8～1cm，以竹签先端不插破表皮为宜，选用适当的接穗，削成楔形，切口长同砧木插孔长，插入孔内，随插随排苗浇水，并扣盖拱棚保护。辣椒苗插接过程示意见图1-1。

②靠接法　嫁接后接穗的根仍旧保留，与砧木的根一起栽在育苗钵中，嫁接后接穗不易枯死，管理容易，成活率高。每个育苗钵内栽一株砧木苗和一株辣椒苗，高度要接近，相距约1cm远。先在砧木苗茎的第二至三片叶间横切，去掉新叶和生长点，然后从上部第一片真叶下、苗茎无叶片的一侧，由上向下呈40°角斜切1个长1cm的口子，深达苗茎粗的2/3以上。再在接穗无叶片的一侧、第一片真叶下，紧靠子叶，由下向上呈40°角斜切1个1cm的口子，深达茎粗2/3，然后将接穗与砧木在开口处互相插在一起，用嫁接夹将接口处夹住即可。辣椒苗靠接过程示意见图1-2。

在生产中，菜农还摸索用气门芯代替塑料嫁接夹固定的嫁接方法——气门芯法，具有取材方便（自行车气嘴上使用的气芯）、嫁接成活率高等特点，其要点为：嫁接时，砧木苗龄5～6片期，接穗4～5片期，茎粗2mm左右为宜（因气门芯直径较小）。将砧木株高11cm左右处，45°向下斜切去头；接穗第一片真叶以下1cm处45°向上斜切。气门芯长 0.6～1.0cm，先将砧木的斜面一头插入气门芯至中部，然后将接穗套进气门芯的另一头，最后使两个斜切面吻合。在选择砧木、接穗时，尽量使切面处茎粗与气门芯口径相当。

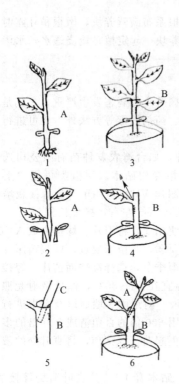

图 1-1　辣椒苗插接过程示意

A—辣椒苗；B—砧木苗；C—竹签

1—辣椒苗起苗；2—辣椒苗削切；3—砧木苗平茬；

4—砧木去腋芽；5—砧木插孔；6—辣椒苗插接

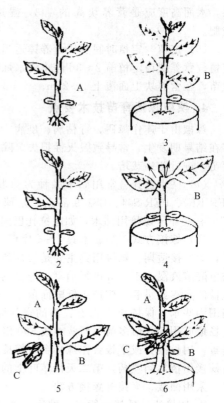

图 1-2　辣椒苗靠接过程示意图

A—辣椒苗；B—砧木苗；C—嫁接夹

1—辣椒苗；2—辣椒苗削切；3—砧木苗平茬；

4—砧木苗削切、去腋芽；5—接合；

6—固定接口后，两苗相距 1cm 远栽入地里

（3）嫁接后苗床管理

① 温度管理　嫁接苗愈合的适温，白天为 25～26℃，夜间 20～22℃。温度过低或过高都不利于接口愈合，影响成活，温度超过 32℃，要用草苫、遮阳网等对苗床进行遮阴，最低不能低于 20℃，低温期要安排在晴暖天进行，并加强苗床的增温和保温工作。

② 湿度管理　在接口后头 3d，必须使空气湿度保持在 90％以上，以后几天也要保持在 80％左右，可于嫁接后扣上小拱棚，棚内充分浇水，盖严塑料薄膜，密闭一段时间，使小棚内空气湿度接近饱和状态，以小棚塑料薄膜内表面出现水珠为宜。

③ 通风管理　接口基本愈合后，在清晨或傍晚空气湿度较高时开始少量通风换气，以后逐渐延长通风时间并增大通风量，但仍应保持较高的湿度，每天中午喷雾 1～2 次，

直至完全成活。

④ 光照管理　嫁接后的前 3～4d 要完全遮光，以后改为半遮光，逐渐在早晚以散射弱光照射。在能保持温、湿度不会大波动的情况下，应使嫁接苗早见光、多见光，但光不能太强，随着愈合过程的推进，要不断延长光照时间，10d 以后恢复到正常管理水平。阴雨天可不遮光。

⑤ 病害防治　嫁接过程中，如果遇到茎叶带泥土的苗，要先用稀释好的百菌清或多菌灵药液漂洗干净，晾干后再进行嫁接。嫁接苗培育期间，还要定期喷药保护。

⑥ 其他管理　辣椒苗上长出的不定根要及早去掉，砧木上的侧芽也要及早抹掉。嫁接苗成活后，对靠接苗，还要选阴天或晴天下午，用刀片将辣椒苗茎从接口下切断，使辣椒苗与砧木完全进行共生，断茎后的几天里，要对苗床适当遮阴，一周后，转入正常管理。成活后在高温、高湿及光照不足的情况下，嫁接苗易徒长，应采取控制措施。

四、辣椒主要栽培技术

1. 辣椒春露地栽培技术要点

（1）品种选择　近郊以早熟栽培为主，远郊及特产区以中晚熟栽培为主。露地栽培一般应采用地膜覆盖形式（彩图 1-9），最好选用早熟品种。

（2）培育壮苗　先年 10 月中下旬至 1 月下旬，用大棚冷床或温床越冬育苗方式播种育苗。苗龄 30～35d，3～4 片真叶时，选晴朗天气的上午 10：00 至下午 3：00 及时分苗。定植前 7d 炼苗。有条件的或大型蔬菜合作社建议采用穴盘育苗。

（3）整土施肥　红壤土宜选用早熟品种，河岸砂壤土选用晚熟品种，稻田土宜选用中熟品种，水旱轮作，及早冬耕冻土，挖好围沟、腰沟、厢沟。黏重水稻田栽辣椒，最底层土块通常大如手掌，切忌湿土整地。

深沟窄畦，畦面宽 1.5～2.0m。地膜覆盖栽培要深耕细耙，畦土平整。每亩施腐熟堆肥 2500kg、过磷酸钙 50kg、饼肥 100kg。地膜覆盖栽培基肥要在此基础上增加近一倍。

（4）及时定植　南方早熟品种 3 月下旬至 4 月上旬，中熟品种 4 月中下旬，晚熟品种可迟至 5 月上旬晴天定植。株行距，早熟品种 0.4m×0.5m，可栽双株，中熟品种 0.5m×0.6m，晚熟品种 0.5m×0.6m。地膜覆盖栽培定植时间只能比露地早 5～7d，有先铺膜后定植和先定植后铺膜两种定植方法。

（5）田间管理

① 中耕培土　成活后及时中耕 2～3 次，封行前大中耕一次，深及底土，粗如碗大，此后只行锄草，不再中耕。早熟品种可平畦栽植，中、晚熟品种要先行沟栽，随植株生长逐步培土。地膜覆盖的不进行中耕。中、晚熟品种，生长后期应插扦固定植株。

② 追肥　结合浅中耕，淡肥轻施腐熟猪粪尿水提苗，不宜多施尿素、硫酸铵及人粪尿。自第一花现蕾至第一次采收前，视情况追肥 1～2 次。自第一次采收至立秋前，采收一次追肥一次，共追 4～5 次。立秋和处暑前后各追施一次。

地膜覆盖栽培宜采用"少吃多餐"，在门椒采收前后第一次追肥，少量勤施，5 月底以前以追稀粪为主，6 月中旬至 8 月上旬以追复合肥为主。

盛果期可根外追施 0.5% 磷酸二氢钾和 0.3% 尿素液肥。也可在垄间距植株茎基部 10cm 挖坑埋施复合肥、饼肥，施后用土盖严。

③ 灌溉　6 月下旬进入高温干旱期可进行沟灌，灌水前要除草追肥，且要看准天气

才灌，要午夜起灌进，天亮前排出，灌水时间尽可能缩短，进水要快，湿透心土后即排出，不能久渍，灌水逐次加深，第一次齐沟深1/3，第二次1/2，第三次可近土面，但不宜漫过土面。每次灌水相隔10～15d，以底土不现干、土面不龟裂为准。

地膜覆盖栽培，定植后，在生长前期灌水量比露地小，中后期灌水量和次数稍多于露地。

④ 防落花落果　开花时温度过低、过高易落花落果，可用30～40mg/kg对氯苯氧乙酸（番茄灵、坐果灵、防落素）喷花保果。

⑤ 地面覆盖　高温干旱前，在畦面覆盖一层稻草或秸秆等起保水保肥、防止杂草丛生的作用，一般在6月份雨季结束，辣椒已封行后进行，覆盖厚度为4～6cm。

⑥ 及时采收　早熟品种5月上旬始收，中熟品种6月上旬始收，晚熟品种6月下旬始收。

2. 辣椒夏秋露地栽培技术要点

夏秋辣椒的上市期主要是9、10月份，可起到"补秋淡"的作用。

（1）品种选用　选用耐热、耐湿、抗病毒病能力强的中、晚熟品种。

（2）培育壮苗　从播种育苗到开花结果需要60～80d，在与夏收作物接茬时，可根据上茬作物腾茬时间、所用品种的熟期等，向前推70d左右开始播种育苗。苗床设在露地，采用一次播种育成苗的方法，可选用前茬为瓜豆菜或其他旱作物、排灌两便的地段作苗床，床宽1～1.2m，每66.7m² 地苗床施腐熟厩肥200kg、火土灰100kg、复合肥4kg、石灰10kg，浅翻入土，倒匀，灌透水。第二天按10cm×10cm规格用刀把床土切成方块，种子用10%磷酸三钠浸泡消毒15min后，冲洗干净后点播在营养土块中间。苗期保证水分供应，防止因缺水影响秧苗正常生长或发生病毒病。前期温度低可采用小拱棚覆盖保温，温度高时可在苗床上搭设1.2m高的遮阳网，遇大雨，棚上加盖农膜防雨。

有条件的可采用穴盘育苗。

（3）整地定植　上茬作物收获后及时灭茬施肥，每亩施优质农家肥4000～5000kg、过磷酸钙50～75kg。耕翻整地，起垄或做成小高畦。

采用大小行种植，大行距70～80cm，小行距50cm，穴距33～40cm，每穴1株。选阴天或晴天的傍晚定植，起苗前的一天给苗床浇水，起苗时尽量多带宿根土，随栽随覆土并浇水。缓苗前还需再浇2次水。

（4）田间管理

① 遮阴　七、八月温度高，最好覆盖遮阳网，在田间搭建若干1.6m左右高的杆，将遮阳网固定在杆上，9月中旬前后可撤去遮阳网。定植后在畦上覆盖5～7cm厚的稻草，可降低地温、保墒、防止地面长草。

② 追肥　缓苗后立即进行一次追肥浇水，每亩追施腐熟人粪尿1500kg，或尿素15kg，顺水冲施。门椒坐果后追第二次肥，每亩冲施腐熟人粪尿2500kg，或尿素25kg，结果盛期再追肥1～2次。

③ 浇水　开花结果前适当控水，做到地面有湿有干，开花结果后要适时浇水，保持地面湿润，注意水不能溢到畦面，及时排干余水。7～8月份温度高，浇水要在早、晚进行。遇有降雨，田间发生积水时，要随时排除，遭遇"热闷雨"时，要随之浇井水，小水快浇，随浇随排。降雨多时土壤易板结，要进行划锄，同时喷洒磷酸二氢钾。

④ 保花保果　当有30%植株开花时，用20～30mg/kg的对氯苯氧乙酸药液喷花或

涂抹花，每 3～5d 处理一遍，天气冷凉后不用再用药处理。花期喷用磷酸二氢钾 500 倍液，也有较好的保花保果作用。

（5）采收保鲜　凡是进行贮藏保鲜的，多采收绿果。作为冬贮菜椒一般是霜前一次性采收，采用沙藏或窖藏等方法。

3. 辣椒大棚春提早促成栽培技术要点

"塑料大棚＋地膜＋小拱棚"春提早促成栽培（彩图 1-10）可比露地春茬提早定植和上市 40～50d，春末夏初应市。盛夏后通过植株调整，还可进行恋秋栽培，使结果期延迟到 8 月份，每亩再采收辣椒 750～1000kg，是提高早春大棚辣椒收入的重要途径。

（1）品种选择　选用抗性好，低温结果能力强，早熟、丰产、商品性好的品种。

（2）播种育苗　长江中下游地区一般 10 月中旬至 11 月上旬，利用大棚进行越冬冷床育苗，或 11 月上旬至下旬用酿热温床或电热线加温苗床育苗。2～3 叶期分苗，加强防寒保温等的管理。有条件的可采用穴盘育苗。

（3）适时定植　选择土层深厚肥沃、排灌方便、地势高燥的地块，前茬收获后，每亩施腐熟农家肥 3000～4000kg、生物有机肥 150kg、三元复合肥 20～30kg，底肥充足时可以地面普施，肥料少时要开沟集中施用。

开沟时沟距 60cm，沟宽 40cm，深 30cm。施后要把肥料与土充分混匀，搂平沟底等待定植，整成畦面宽 0.75m、窄沟宽 0.25m、宽沟宽 0.4m、沟深 0.25m 的畦。整地后可在畦面喷施芽前除草剂，如 96% 精异丙甲草胺乳油 60mL，或 48% 仲丁灵乳油 150mL，对水 50L，喷施畦面后盖上微膜，扣上棚膜烤地。

5～7d 后，棚内最低气温稳定在 5℃ 以上，10cm 地温稳定在 12～15℃，并有 7d 左右的稳定时间即可定植。在长江中下游地区，定植时间一般在 2 月下旬到 3 月上旬，不应盲目提早，大棚内加盖地膜或小拱棚可适当提早。

选晴天上午到下午 2 时定植，相邻两行交错栽苗，穴距 30cm，每穴栽 2 株，2 株苗的生长点相距 8～10cm。边栽边用土封住栽口，可用 20% 恶霉·稻瘟灵（移栽灵）乳油 2000 倍液进行浇水定根，对发病地块，可结合浇定根水，在水内加入适量的多菌灵、甲基硫菌灵等杀菌剂，也可浇清水定根，但切勿用敌磺钠溶液浇水定根。定植后，及时关闭棚门保温。

（4）田间管理

① 温湿度管理　定植到缓苗的 5～7d 要闭棚闷棚，不要通风，尽量提高温度。闭棚时，要用大棚套小拱棚的方式双层覆盖保温，保持晴天白天 28～30℃，最高可达 35℃，尽量使地温达到和保持 18～20℃。

缓苗后降低温度。辣椒生长以白天保持 24～27℃，地温 23℃ 为最佳，缓苗后通过放风调节温度，保持较低的空气湿度。

当棚外夜间气温高于 15℃ 时，大棚内小拱棚可撤去，外界气温高于 24℃ 后才可适时撤除大棚膜。注意防止开花期温度过高易落果或徒长。

② 肥水管理　一般在分株浇 2 次水的基础上，在定植 4～5d 后再浇一次缓苗水。此后连续中耕 2 次进行蹲苗，直到门椒膨大前一般不轻易浇肥水，以防引起植株徒长和落花落果。

门椒长到 3cm 长大小时开始追肥浇水，每亩可追施 10～15kg 复合肥加尿素 5kg，以后视苗情和挂果量，酌情追肥。

盛果期 7～10d 浇一次水，一次清水一次水冲肥。一般可根施 0.5%～1% 的磷酸二氢钾 1.5kg，加硫酸锌 0.5～1kg，加硼砂 0.5～1.0kg。

进入结果盛期，可进行叶面喷施磷酸二氢钾，配合使用光合促进剂、光呼吸抑制剂、芸苔素内酯等，每 7～10d 喷用一次，共喷 5～6 次。雨水多时，要注意清沟排渍，做到田干地爽，雨停沟干。棚内干旱灌水时，可行沟灌，灌半沟水，让其慢慢渗入土中，以土面仍为白色、土中已湿润为佳，切勿灌水过度。

③ 保花保果　定植后叶面喷用 3000～4000 倍的植物多效生长素；开花期喷用 4000～5000 倍的矮壮素；开花前后喷用 30～50mg/kg 增产灵或 6000～8000 倍的辣椒灵，共 3 次。使用如下方法保花保果。

方法一：用对氯苯氧乙酸喷花和幼果。用 1% 对氯苯氧乙酸水剂，对水 333～500 倍，于盛花前期到幼果期，在上午 10 时前或下午 4 时后，用手持小喷雾器向花蕾、盛开的花朵和幼果上喷洒，也可蘸花或涂抹花梗。对氯苯氧乙酸在温度高时要多加水，温度低时少加水，当温度超过 28℃ 时，加水量可为原液的 667 倍。与腐霉利、乙烯菌核利、异菌脲等农药，及磷酸二氢钾、尿素等混用，可同时起到预防灰霉病和补充营养的作用。使用时不要喷到生长点和嫩叶上，若发生药害，可喷 20mg/kg 赤霉酸加 1% 的白糖解除。

方法二：用 2,4-滴蘸花或涂抹花梗。用 20～30mg/kg 2,4-滴水溶液，于傍晚前用毛笔蘸药涂抹花梗或花朵。棚温高于 15℃ 时，用低浓度；低于 15℃ 时，用高浓度。药液要当天配当天用，使用时间最好在早晨和傍晚，可加入 0.1% 的 50% 乙烯菌核利可湿性粉剂，预防灰霉病。

④ 植株调整　门椒采收后，门椒以下的分枝长到 4～6cm 时，将分枝全部抹去，植株调整时间不能过早。

4. 辣椒大棚秋延后栽培要点

(1) 品种选择　选择果肉较厚，果型较大，单果重、商品性好、高抗病毒病，且前期耐高温、后期耐低寒的早中熟品种。如丰抗 21、湘研青翠、兴蔬皱皮椒等。

(2) 培育壮苗　长江中下游地区一般在 7 月中下旬播种，选用肥沃、富含有机质，未种过茄科蔬菜的砂壤土作苗床，苗床消毒一般采用 60～80 倍的甲醛溶液，每平方米 1～2kg 泼浇在床土上，用薄膜覆盖一周左右再揭膜松土，隔几天等气味散净后可播种，也可每平方米用 50% 多菌灵可湿性粉剂 8～10g 进行土壤消毒。

种子要采用 30% 硫菌灵悬浮剂 500 倍液，或 10% 磷酸三钠，或 0.1% 的高锰酸钾浸种消毒，捞出洗净后即可播种，不必催芽，播后盖稻草保湿，2 叶 1 心期采用营养钵分苗一次，也可直接播在营养钵上。

苗期要用遮阳网覆盖降温防雨，即在盖膜的大棚架上加盖遮阳网，也可在没有盖膜的大棚架上盖遮阳网，然后在棚内架小拱棚，雨天加盖塑料薄膜防雨。及时浇水，一般播种后 1～2d 就要喷一次水，播种后苗床温度控制在 25～30℃，3～4d 即可出苗，出苗后，保持气温白天 20～23℃，夜间 15～17℃。视幼苗情况适当喷施 0.3% 磷酸二氢钾，或 0.5% 硫酸镁、0.01%～0.02% 喷施宝等。从苗期开始就要注意防治蚜虫、茶黄螨、病毒病等。定植前 5～7d，施一次起身肥，喷一次吡虫啉农药防蚜虫。

有条件的，也可采用穴盘育苗。

(3) 适时定植　定植地块应早耕、深翻，每亩穴施或沟施腐熟有机肥 2500～4500kg、复合肥 50kg 或过磷酸钙 25kg、钾肥 15kg 或草木灰 100kg。

秋延后大棚栽培辣椒的苗龄不宜过长，以 35d 左右为好，否则幼苗容易老化，选择

8～10片真叶、叶色浓绿、茎秆粗壮、无病虫危害的幼苗定植。一般在8月15～25日之间定植，以8月20日左右定植完较好。

栽苗前1d喷1次保护性防病药剂，如百菌清、多菌灵等。栽植株行距一般为40cm×40cm，双株定植。选阴天或晴天傍晚天气较凉时移栽，在膜上打孔定植，边移栽边浇定根水，定根水中可添加生根药剂，并在大棚膜上加盖遮阳网。

定植后3d内，应早晚各浇一次水，保持根际土壤湿润，降低过高的土温，促进根系生长发育。

（4）缓苗期管理　移栽后5d，全园检查，发现病苗、死苗，及时补苗，喷施百菌清等保护性药剂防病，注意蚜虫的防治。

（5）及时盖揭棚膜　棚膜一般在辣椒移栽前就盖好，但10月上旬前棚四周的膜基本上敞开，辣椒开花期适温白天为23～28℃，夜间15～18℃，白天温度高于30℃时，要用双层遮阳网和大棚外加盖草帘，结合灌水增湿保湿降温。

10月上旬气温开始下降，应撤除遮阳网等覆盖物。

到10月下旬，当白天棚内温度降到25℃以下时，棚膜开始关闭。但要注意温度和湿度的变化，当棚温高于25℃以上时，要揭膜通风。阴雨天棚内湿度大时，可在气温较高的中午通风1～2h。

11月中旬以后，气温急剧下降，夜间温度降到5℃时，在大棚内应及时搭好小拱棚，并覆盖薄膜保温（彩图1-11）。小拱棚的薄膜可以白天揭，夜晚盖。

第一次寒流来临后，紧接着就会出现霜冻天气，因此，晚上可在小拱棚上盖一层草帘并加盖薄膜，在薄膜上再覆盖草帘，这样既可以保温，又可防止小拱棚薄膜上的水珠滴到辣椒上产生冻害。采用这种保温措施，在长江中下游地区气候正常的年份，辣椒可安全越冬。在管理上，每天要揭开草帘，尽量让植株多见光。一般上午9时后揭开小拱棚上的覆盖物，如晴天气温高，也可适当揭开大棚的薄膜通风10～30min，下午4时覆盖小拱棚。

进入12月份以后，日照时间短，光照强度又弱，加上覆盖物又多，这种光照强度远远达不到辣椒的光饱和点，除了尽可能让植株多见光外，要经常擦除膜上的水滴和灰尘，保持大棚薄膜的清洁透明，增加薄膜的透光率。这一阶段外界气温低，土壤和空气湿度不能过高，应尽可能少浇或不浇水，这样可有效防止病害和冻害的发生，减少植株的死亡和烂果。此时，植株生长缓慢，需肥少，可以停止追肥。

（6）肥水管理　定植后7～10d追施1～2次稀粪水或1%的复合肥，切忌过量施用氮肥。

第一批果坐稳后，结合浇水，每亩追施尿素10kg、磷酸二铵8kg。定植后棚内土壤保持湿润，11月上旬应偏湿一些，浇水要适时适度，切忌在土壤较热时浇水和大水勤灌，每隔2～3d灌一次小水。

结果盛期叶面喷施0.3%磷酸二氢钾1～2次。追肥灌水时，可结合中耕除草、整枝打杈。

11月中旬以后，以保持土壤和空气湿度偏低为宜，不需或少浇水，停止追肥。寒冷天气大棚要短时间勤通风降湿。

（7）整枝疏叶　在植株坐果正常后，摘除门椒以下的腋芽，对生长势弱的植株，还应将已坐住的门椒甚至对椒摘除。辣椒的侧枝要及时抹除。

当每株结果量达到12～15个果实时，应将植株的生长点摘掉。

在畦的四周拉绳，可避免辣椒倒伏到沟内。

在条件不适宜的情况下，可用浓度为 $40\sim50mg/kg$ 的对氯苯氧乙酸溶液喷洒，防止落花落果。

5. 辣椒再生栽培技术要点

利用辣椒老株再生新枝叶第二次结果，比用种子育苗栽培辣椒，开花结果早、省种、省工，每亩产量可达 $1500\sim2000kg$，卖价好，效益佳。

(1) 大棚早春辣椒换头越夏栽培　利用大棚早春辣椒作越夏栽培的，不要掀去大棚膜，将棚两边的薄膜掀起至棚腰，进入 6 月份以后，应在大棚顶加盖遮阳网。在盛夏后结果已达上层，结果部位远离主茎，要进行枝条修剪更新，在天气转冷凉前 20d 左右，对植株多次打顶掐尖，不使其再生出新的花蕾，而使其下部侧枝及早萌出。修剪时从"四母斗"果枝的第二节前 $4.5\sim6cm$ 处短截，弱枝宜重，壮枝宜轻，修剪后叶面积将减少 3/4，应抓紧冲施粪稀和速效氮肥，一般每亩可用复合肥 $20\sim30kg$ 加尿素 5kg，以后视苗情及挂果量追肥 $1\sim2$ 次，连续灌水 $2\sim3$ 次，并注意排涝。经 $4\sim5d$ 即有新枝萌出，2 周后又形成大量枝叶，同时出现花蕾，30d 后小果形成，实行恋秋生产。植株长势好的，还可扣盖棚膜进行秋延生产至秋末初冬结束。

(2) 露地栽培夏季修剪换头栽培

① 修剪时间　要使修剪后新生枝条的结果期处于适宜结果的凉爽的秋季。一般修剪后 $5\sim7d$ 开始萌生新枝，两周后形成许多新枝叶，1 个月新枝即挂果。一般可于 7 月中旬至 8 月上旬对越夏辣椒老株进行修剪。

② 修剪程度　剪得过轻，难以刺激植株下部抽生新枝；剪得过重，则会萌生许多侧枝，营养分散，形成一定大小的健壮营养体需要较长的时间，开花结果延迟，结的果也小。适度的修剪是从植株"四母斗"果枝第二节前 $4\sim5cm$ 处开剪，弱枝重剪，壮枝轻剪，一般新枝发出后，每个一级分枝选留两条粗壮侧枝（相当于原来的两条二级分枝）进行开花结果。保留的侧枝继续按原来的四干整枝法或多干整枝法进行整枝。再生枝大多斜向生长，应及早上架固定好。剪枝后，及时清理残枝枯叶，并用 500 倍的恶霜灵或代森锰锌注液均匀喷洒植株防止病菌感染剪口，还可用石蜡将剪口涂封。如果新生侧枝杂乱丛生时，先选择上部 $3\sim4$ 条健壮的侧枝保留，多余的去掉，几天后再从中选择 $2\sim3$ 条侧枝作为结果枝。

③ 加强管理　重追一次速效肥，每亩施尿素 15kg，接连浇几次水，充分保证水分供应，促发新枝叶。结果期间追肥 $1\sim2$ 次，天气转凉后可施腐熟人粪尿。新生嫩枝叶，在高温干旱条件下易感病毒病等病害，除注意肥水管理外，要加强灭蚜，并喷施高产宝1000 倍液加 20%盐酸吗啉胍·铜可湿性粉剂 1000 倍液防治病毒病。

(3) 就地留茬越冬栽培　适宜气候温和地区采用。凡准备留茬越冬的辣椒，在 9 月下旬至 10 月初重施一次肥，浇水，深中耕一次，促发新根。

11 月上旬，用剪刀将辣椒秆从地面处剪去，浅锄表土，撒上细砂或营养土拌入腐熟猪粪，架小棚盖上薄膜。开始外界气温高，白天小棚要通风，以免温度过高。随气温下降盖严薄膜，加强保温。

立春后气温上升，要注意适当通风。冬季要稍偏干，2 月下旬后老兜上开始萌发幼芽，要适当浇水。一株保留一个壮芽，抹去其他的芽。

3 月中下旬即开花结果，此后要加强肥水，短期盖膜增温。4 月中旬前后便可采收。

(4) 秋辣椒老兜移入保护地再生栽培　长江流域可于 10 月下旬至 11 月上旬，霜冻之前将衰老的辣椒植株离地面 15～20cm 高处剪去顶冠，挖起辣椒老蔸，植于保护地苗床，进行再生辣椒的秧苗培育。苗床宽 1.3m 左右，深 25～30cm，床内施足腐熟厩肥，适量火土灰。按（10～12）cm×（10～12）cm 将老蔸栽在床内，栽后视土壤干湿，每亩浇施 1200～2500kg 稀粪水。用竹片在床上拱成矮棚，覆盖塑料薄膜。苗床温度和湿度可稍高于种子育苗的苗床。晴好天气，床温高于 30℃，可揭开两头薄膜通风。膜上水珠少，床土发白要及时浇水。严寒天气可在薄膜棚上加盖草帘。春暖后，辣椒残株萌发幼芽时，保留一个壮芽，其他的抹去，追施稀粪水加少量尿素（浓度 0.5%），每隔 10～15d 追施一次，促进再生苗生长。苗高 10cm 左右时，停止施肥水。逐渐揭膜炼苗 3～5d 即可定植。

适当密植。行距约 70cm，窝距约 40cm，每窝栽双株，连根带土移栽。栽后将地膜按栽苗的位置划开一个孔，让苗从孔中伸出，把薄膜铺在地面上作地膜。定植后至开花前，及结果期间要勤追肥，加强管理。一般 4 月初可开花，有的边发芽边现蕾、开花。4 月即可采收上市，前期要注意及时采收，果小一点就带嫩采摘，以利发棵。

（5）秋延辣椒老蔸越冬再生栽培（彩图 1-12）　准备留茬越冬作种的辣椒，在采摘后及时保苗，翌年 2 月初的中午高温时，用枝剪将辣椒秆离地面 3cm 处剪去，浅锄表土，撒上拌有腐熟猪粪和敌磺钠（根腐灵）的营养土，每 100kg 营养土用敌磺钠 50g，架设小拱棚并盖上薄膜，2 月下旬后老蔸上开始萌芽，每株选留 2～3 个侧芽。重施、勤施提苗发棵肥、壮果肥，前期注意防寒保温，及时防治病虫害。一般在 3 月底至 4 月初即可开花，4 月便可采收上市。利用辣椒蔸越冬再生栽培，省工、省种、早熟、稳产、高产、高效，成活率高达 95%～98%，比用种子育苗移栽提早 50～60d 上市，且能防止烂苗、死苗和地下害虫危害。

（6）老蔸移入窖越冬　霜降后，选生长健壮、分枝多、无病虫害的辣椒老株，留 3～4 个侧枝，从离地 20cm 左右处把上部剪断，然后连根带土拔起来，移到土窖或窑洞中过冬。窖建在高燥处，深 1m，上口宽 1.3m，下口宽 0.8m。内放辣椒残株 2～3 层，每层间铺一层厚约 3cm 的干稻草。洞口用稻草及草帘盖住，防寒、防雨雪，窖内湿度过大时要通风，防止植株霉烂。第二年晚霜过后，选萌发有小幼芽的残株栽入大田，比普通用种子育苗的辣椒应栽密一些，重施提苗发棵肥。

6. 辣椒大棚"四膜"覆盖促成栽培技术要点

辣椒大棚"四膜"（大棚膜＋中棚膜＋小拱棚膜＋地膜）覆盖栽培（彩图 1-13），可以使冬春辣椒棚内温度较常规大棚提高 4～6℃，当地秋延辣椒采收期从元旦延长至春节，早春辣椒始收期从 5 月上旬提早到 4 月上旬。

（1）播期安排　长江流域秋延后大棚辣椒四膜覆盖栽培 7 月中下旬播种育苗（播种过早易发生病毒病，播种过晚产量低），8 月下旬定植，9 月下旬至翌年 2 月采收。早春大棚辣椒四膜覆盖栽培 10 月上旬播种育苗，翌年 1 月下旬定植，4 月上旬至 8 月上旬采收。

（2）大棚搭建　大棚常见跨度为 6m 和 8m，长 30～100m，顶高 2.8m，肩高 1.5m。大棚膜一般采用厚 0.08mm 的聚乙烯长寿无滴膜，中棚膜和小拱棚一般采用厚 0.03mm 的塑料薄膜。定植前用尼龙绳或铁丝在钢架大棚中搭好中棚架子，即在大棚内距棚顶膜 20cm 处纵向拉 1 根尼龙绳，在大棚内两侧棚肩距地面约 1.5m 处拉 2 根尼龙绳，再用尼龙绳横向固定这 3 根纵向拉紧的尼龙绳，每隔 1 根镀锌钢管固定 1 次。中棚膜采用 4 大块 3 条缝覆盖法，即大棚两侧分别用 2m 宽的薄膜，下边埋入地下，与大棚裙膜距离约 20cm，上边与中棚顶膜相接并用夹子夹紧密封，使大棚膜和中棚膜之间形成密闭空间，从而提高棚内气温和地温。

（3）品种选择　应选择早熟、耐低温弱光、抗逆性强、丰产性好且符合当地消费习惯的优质辣椒品种，如佳美 2 号、苏椒 5 号、杭椒 1 号、湘研 812 等大棚辣椒主栽品种。

（4）培育壮苗　冬春育苗要在床面上铺设地热线，再覆盖一层地膜，播种前盖好大棚膜，提高棚温和地温，种子浸种催芽后播种，穴盘、营养钵或营养土块护根育苗。冬春育苗注意保温保湿促齐苗。

夏季育苗注意遮阴降温保墒，晴天 9：00～16：00 覆盖遮阳网，早晚揭膜透光。

（5）整地施肥　选前 2 年未种过茄果类的壤土或砂壤土大棚，前茬罢园后及时清园，深翻炕晒熟化土壤，每亩大棚均匀撒施优质腐熟有机肥 3000kg 和氮磷钾含量各 15％的三元复合肥 50kg 作基肥。翻耕细耙，使肥土混合均匀。定植前按 1.2m 包沟作畦，畦宽 0.8m，沟宽 0.4m，畦高 0.2m，畦面盖好地膜，并开好畦沟、腰沟和围沟，三沟相通。

（6）及时定植　深沟高畦栽培，双行定植，春提早栽培一般 1 月下旬定植，苗龄 80d 左右，苗高 15～22cm，真叶 8～12 片，选晴天起苗定植，株行距 40cm×60cm，每亩定植 2800 株左右，定植后搭好小拱棚，把大棚膜、中棚膜和小拱棚膜盖严，闭棚 7d，加快缓苗。

秋延后栽培一般 8 月下旬定植，苗龄 35d 左右，苗高 15～20cm，真叶 7～10 片，选阴天或晴天下午起苗定植，株行距 33cm×60cm，每亩定植 3400 株左右，定植后浇定根水，3d 后再浇 1 次缓苗水，保持土壤湿润，降低地温，促进根系发育。缓苗期间，注意检查是否缺苗，发现缺苗及时补苗。

（7）田间管理

① 温度管理　缓苗后，春季大棚前期管理以保温为主，小拱棚白天揭开，增加光照，夜间盖严保温，当白天气温超过 30℃时注意适时通风降温，使棚内白天温度保持在 25℃左右。清明（4 月 4 日左右）前后可撤去小拱棚和中棚膜，5 月上旬揭掉大棚两边的裙膜，只留顶膜。

秋季大棚前期管理以遮阴降温为主，有条件的可以在大棚上覆盖遮阳膜。进入 10 月以上，扣上大棚裙膜，此时正值开花坐果期，晚间要注意闭棚保温，使夜间温度不低于 15℃，白天仍要注意放风降温。11 月下旬以后气温快速下降，及时在大棚内扣好中棚膜，如气温降至 5℃以下，可在辣椒上面覆盖薄膜保温（有条件的最好搭小拱棚后再覆盖薄膜），小拱棚膜早揭晚盖，增加光照。

② 肥水管理　缓苗后结合浇水，每亩追施尿素 5kg 或清粪水提苗，然后适当控制肥水蹲苗，促根系下扎，开花后视土壤墒情适时浇水追肥，每亩可用三元复合肥 15kg 或辣椒专用冲施肥追肥 1 次。门椒采收后加大肥水，多追施磷钾肥，每亩可用红钾王 4kg＋复合肥 10kg 追施 3～5 次，也可叶面喷施氨基酸水溶性肥，追施肥水后及时通风排湿。

③ 植株调整　辣椒发棵后及时中耕除草，培土上畦，搭立支架，及早抹除门椒以下的侧枝，门椒开花后，可喷施硼肥、锌肥或防落素保花保果。门椒、对椒要适当早摘。长势旺的植株，可摘除上部顶心及空果枝，摘顶心时果实上部应留 2 片叶。长势弱的植株前期花蕾应及时摘除，不可让其结果，以免影响植株生长。

（8）采收　秋延辣椒一般9月下旬至春节采收，春提早辣椒一般4月上旬至8月采收。特别注意前期采收要及时，尽量采收嫩果，采收标准是果皮颜色变深发亮，触摸有一定硬度。

7. 干辣椒露地栽培技术要点

干辣椒（简称干椒）栽培以采收生理成熟果实（即红椒）加工成干制品为目的，干辣椒可加工成调味品或做加工调味品的原料，可提取色素和辣椒素等，也是外贸出口的重要农产品之一。一般每亩产干椒200kg，高的达250～300kg。

（1）播种育苗

① 品种选择　露地栽培干辣椒应选择中熟、生育期较长、丰产、抗病性（尤其抗病毒病）较强、辣干物质含量高的朝天椒类品种（彩图1-14）。

② 播种期　干辣椒适宜苗龄为60～70d，根据当地露地干椒的定植时期，按照要求的苗龄前推播种期。采用阳畦或塑料棚半程覆盖育苗，每亩用种70～80g。

③ 催芽　播种前晒种2d，再用55～60℃温水浸种15min左右，捞出种子后，用10%磷酸三钠或0.1%高锰酸钾浸种20min，或1%硫酸铜浸种5min，用清水漂洗4～5次，放入30℃以下的冷水中浸种8～10h，捞出后，用布包好，于25～30℃的温水中淘洗后催芽，当80%的种子"露白"时播种。

④ 播种　育苗床土可用腐熟圈肥1份，过筛田园土2份，混合均匀制成营养土，铺在苗床上。播种当天，将苗床浇透水，水渗后将床面铺一层薄细土，然后撒施2/3的药土（每平方米用50%多菌灵可湿性粉剂8～10g对细土3kg），水洇上后播种，覆盖剩下的1/3药土，再盖营养土0.5～0.8cm厚。

⑤ 育苗管理　发芽期间保持20～30℃，出苗后适当降至白天20～28℃，夜间10℃以上。定植前一周炼苗，白天温度16～25℃，夜间8～12℃。大部分种子开始顶土出苗时和齐苗时分别将床面均匀撒盖一层2～3mm厚的育苗土或药土。以后每浇一次水，撒一次土，共2～3次。浇足播种水后，齐苗前一般不浇水，齐苗时喷一次水，以后经常保持床面土半干半湿状态。齐苗后开始间苗，2～3叶期分苗到纸钵或塑料钵内，每钵2株。

（2）适时定植

① 整土施肥　选用耕层深20cm左右，有机质含量高，地势高燥，雨季排水性能好、非茄子、番茄、马铃薯等茄科作物连作的地块。每亩施腐熟土杂肥3000kg，过磷酸钙或钙镁磷肥75～100kg，磷酸二铵30～50kg，硫酸钾10～15kg。作畦高15～20cm，畦面宽70～80cm或140～160cm，深沟上口宽30～40cm。

② 适时定植　日平均气温达到19℃，最低气温达到15℃以上后开始定植。定植前覆盖地膜有利于提高地温、减少杂草及疫病等的危害。

按大小行定植，大行距60cm，小垄距30cm，穴距30cm左右，每穴双株，每亩栽苗4000穴左右。高肥力地块，每亩栽3500穴左右；中等肥力的，每亩定植4000穴；低肥力田，5000穴左右。定植时应灌透定植水。

（3）田间管理

① 浇水　定植缓苗后，立即浇缓苗水，开花前视土壤墒情浇水，随后中耕培土。植株封垄后，田间郁闭，可7～10d浇一次水，保持地面湿润即可。进入雨季要注意防涝，雨后及时排除积水。开花期要控制浇水，盛果期要及时浇水，保持土壤湿润，防止过分干旱和雨涝，进入红果期，要减少或停止浇水。

② 追肥　结合浇水，冲施提苗肥。在植株大量开花而果实不多时，追施开花肥。一般每亩施人粪尿 1500kg 或尿素 15kg。将肥撒入垄沟内，结合封垄前的中耕，混入上层土壤内。

对椒坐果后第二次追肥，每亩施复合肥 25kg，在植株旁揭膜穴施，施肥后重新盖好地膜。

侧枝大量坐果后第三次追肥。后期要控制追肥，特别是控制氮肥用量。

结果后期植株上大量坐果后，可叶面喷施 0.1% 磷酸二氢钾或硫酸铵等 2～3 次。

③ 整枝摘心　门椒下的一级结果枝长出后，及早抹掉下部的多余侧枝，第四级分枝坐果后，再发出的侧枝适当疏删，保持结果枝良好的通风透光性。对一些封顶晚的品种应适时摘心。

④ 催红采收　制干椒的，必须在果实全部红熟而尚未干缩变软时采收。收获前 10～15d，用 700～800 倍的乙烯利喷洒植株，有利于辣椒催红。采收的果实及时晾晒，使含水量在 14% 以下即可。最后一次采收干椒可整枝拔下。

8. 彩色观赏辣椒栽培技术要点

彩色观赏椒主要是指彩色甜椒（彩图 1-15），是多种不同果色的甜椒的总称，又称为"七彩大椒"。我国在 20 世纪 90 年代中后期从荷兰、以色列、美国等国家引入，具有果型大、果肉厚、果皮光滑、色泽艳丽多彩、口感甜脆、营养价值高、采摘时间长、耐低温、耐弱光等特点，深受广大消费者喜爱，也可做节日装箱礼品菜。

（1）品种选择　应根据当地市场需求和气候特点选择果型大、颜色鲜艳、果实方灯笼形、果皮光滑、口感脆甜、抗病性强的杂交一代种。

（2）培育壮苗　每平方米苗床用 50% 多菌灵可湿性粉剂 8～10g 与适量细土混拌均匀后撒施，种子先用清水浸 8～12h 后，再用 10% 磷酸三钠溶液浸 20min，清水洗净后，置 25～30℃ 下催芽 5～7d，种子露白后播种。育苗时可采用 72 穴塑料穴盘或 6cm×8cm 营养钵育苗。冬、春季节做好保温和人工加温措施，夏、秋季采取多种措施降温。

（3）施肥定植　每亩施腐熟有机肥 3000kg 以上，或活性有机肥（膨化鸡粪加生物菌制成）1000kg 以上，畦宽 80cm，双行，株距 30～40cm，每亩定植 1800～2500 株，覆盖银灰色地膜。

（4）田间管理　整枝是保障产量形成和果实大小的关键措施，每株选留 2～3 条主枝，门椒和 2～4 节的基部花蕾应及早疏去，从第四至第五节开始留椒，以主枝结椒为主，及早剪除其他分枝和侧枝，密度较小时，植株中部侧枝可留 1 个椒后摘心，每株始终保持有 2～3 个主枝条向上生长。

一般从坐稳果后每隔 15d 左右追肥一次，每亩可选用活性有机肥 100kg 加硫酸钾 5kg 穴施。生长期间 10d 左右选用 0.2% 尿素加 0.3% 磷酸二氢钾叶面喷肥一次，可结合喷施农药一起进行。

保护地保持白天 25～30℃，夜间 13～18℃。冬、春季节需增温、保温和人工加温；夏、秋季采取多项措施降低温度。

有条件的在坐果后人工施用二氧化碳气肥可增产 20% 以上。

五、辣椒生产关键技术要点

1. 辣椒的土壤消毒方法

（1）育苗土的土壤消毒　育苗土的土壤消毒方法有药物消毒和物理消毒，这里只介绍药物消毒，简便易行。其方法有如下几种，可任选一种。

① 多菌灵　50％可湿性粉剂，结合混拌育苗土，每立方米土中混入200g。

② 代森铵　50％液剂，配制成200～400倍液，每平方米畦面浇灌2～4L。

③ 高锰酸钾　对辣椒苗期立枯病和猝倒病有特效，播种前用500倍液浇灌育苗土，浇透为止。

④ 甲醛　每立方米土用200～250g原液，配成100倍液，结合翻土，将药液均匀混拌入土内，之后用塑料薄膜捂盖实，闷2～3d后，翻堆，充分散发药气后播种。

⑤ 制作药土作种子的垫土与盖土　这是一种最简单的方法，即每平方米苗床用50％甲基硫菌灵可湿性粉剂或50％多菌灵可湿性粉剂8～10g，加半干细土10～15kg，拌匀，制成药土，播种前将1/3的药土均匀撒在床面上，作为种子的垫土，然后播种。播种完后，再将余下的2/3药土均匀撒在种子上作为盖土。

用药剂消毒时，要注意农药与育苗土充分搅拌均匀，育苗土的干湿度要适宜，以半干半湿为宜，湿度不足时，应先用喷雾器均匀喷水，湿度过大时，应事先摊开晾晒。

(2) 移栽土壤消毒　移栽土壤消毒主要是针对土传病害而言，方法有以下几种：第一，水旱轮作是最根本的一种防病制度，旱土不能水旱轮作的，至少要间隔一年不栽培辣椒和其他茄科作物（茄子、番茄、马铃薯）；第二，用石灰消毒，不但可杀菌，而且可调节土壤酸碱度，释放土壤中被固定的肥料；第三，可翻耕后利用夏季高温烤晒，或高温闷棚杀菌灭虫；第四，可用化学药剂甲醛消毒（参见育苗土的土壤消毒）；第五，局部消毒，在辣椒定植后，在定根水中加入恩益碧、多菌灵、甲基硫菌灵或生根剂等效果较好。

对于棚室保护地栽培，可在定植前10～15d，结合高温闷棚喷洒5％菌毒清水剂400～450倍液或2％宁南霉素水剂500倍液，对墙面、地面、立柱面、旧棚膜内面全面喷洒消毒。连作3年以上的温室、大棚普遍发生根结线虫和死棵，有的甚至造成毁灭性的损失，目前，防治效果最好的大棚土壤消毒方法是氰氨化钙（石灰氮）消毒法。操作方法是在前作收获后，一般在7～9月，每亩施用稻草或秸秆等有机物1000～2000kg，用氰氨化钙颗粒剂80kg均匀混合后撒施于土层表面，再深翻入土30cm以上，用透明薄膜将土壤表面完全覆盖封严，从薄膜下灌水，直至畦面灌足湿透土层为止，密闭棚室，使地表温度上升到70℃以上，持续15～20d，即可杀灭土壤中的真菌、细菌、根结线虫等，然后翻耕畦面，3d以后方可播种定植。

2. 辣椒配方施肥技术要点

(1) 需肥规律　辣椒为吸收量较多的蔬菜，每生产1000kg约需氮5.19kg、五氧化二磷1.07kg、氧化钾6.46kg。

(2) 营养土配制　幼苗床土配制，用腐熟草炭5份，腐熟马粪或猪粪渣3份，田土2份；或腐熟马粪5份，腐熟大粪干2份，田土3份。土壤酸度较高时可加入适量石灰，黏重时可加入适量的细砂。

假植床土配制，用1/2的田土、1/4草炭、1/4腐熟马粪或猪粪渣混合而成，并在每立方米营养土中加入3kg速效化肥。

(3) 苗期追肥　苗床施肥以基肥为主，控制追肥，在假植之前一般不追肥。当幼苗展开1～2片真叶后，如床土不够肥沃，秧苗表现缺肥时，可追施10％的充分腐熟人粪尿水，或0.1％的尿素，配合施用少量的磷钾肥，床土肥沃的可少施或不施追肥，浓度不宜过大，追肥后随即用清水将沾在叶片上的粪水冲洗掉，追肥应在晴天中午前后进行。带水施肥后，应待幼苗叶片上水珠干后方可闭棚。

（4）大田基肥　基肥以有机肥为主，一般每亩用腐熟有机肥 3000～5000kg、过磷酸钙 50～80kg、饼肥 50～100kg，2/3 铺施，1/3 施入定植沟内。

大棚栽培施基肥量要大，一般每亩施入优质农家肥 7500kg、饼肥 300kg、过磷酸钙 60kg、碳酸氢铵 50kg。

（5）追肥

① 露地栽培追肥　生长前期，每隔 5～6d 浇一次小水，随水冲入少量的粪稀。到 7 月份后，以化肥为主，分 3 次追施化肥：门椒收获后，结合培土第一次追肥，每亩施尿素 10～15kg；对椒迅速膨大时第二次追肥，施尿素 10～15kg；在第三层果迅速膨大时第三次追肥，每亩施尿素 20～25kg。过了 8 月份，可在浇水时随水冲施粪稀，追施化肥以穴施为主，将肥料埋入土下，根际 5～10cm 处，如果施肥时土不是很干，可先不浇水，过两天后再浇水。

② 早春大棚栽培追肥　当门椒果实达到 2～3cm 大时，及时浇水追肥，每亩施腐熟人粪尿 500～1000kg 或硫酸铵 15～25kg，施完肥后及时中耕。门椒采收，对椒长到 2～3cm 大时，施硫酸铵 10kg、硫酸钾 10kg，也可喷施过磷酸钙浸出液。第三层果实已经膨大，第四层果已经坐住，进入采收高峰期，加大追肥量，每亩施硫酸铵 20kg、硫酸钾 10kg，结果后期再追肥浇水 2～3 次。前期追肥，可穴施，也可撒施，注意离根系远点。后期追肥随水浇施。

（6）二氧化碳施肥　棚栽辣椒施用二氧化碳肥，从初花期始连续用 15d 以上为宜，浓度以晴天 750mg/L，阴天 550mg/L 较好。

（7）微量元素的使用　一般酸性土容易缺钙，可亩施 50～70kg 石灰，还可起到改良土壤、中和酸性、释放土壤潜在养分的作用。

进入果实采收盛期，镁吸收量增加，缺镁时，可用 1%～3% 的硫酸镁或 1% 的硝酸镁，每亩喷施肥液 50kg 左右，连喷几次。缺硼时，可用 0.1%～0.25% 的硼砂或硼酸溶液，每亩每次喷施 40～80kg 溶液，6～7d 一次，连喷 2～3 次。

3. 保护地辣椒水肥一体化技术要点

（1）水肥方案　冬春季节不宜浇明水，适合采用膜下滴灌或暗灌。土壤含水量，冬春季保持在 60%～70%，夏秋季节保持在 75%～85%。

基肥一般每亩施用腐熟有机肥约 5000kg、复合肥（15-15-15）40kg 及过磷酸钙 50kg；定植前浇足底水，定植一周后浇缓苗水，水量不宜多；底肥充足时，定植至坐果前可不追施肥。

开花至坐果期滴灌 3 次，每次灌水 14000L，其中滴灌施肥 1 次，施用水溶性肥料（20-10-20）15kg 或组合施用尿素 6.5kg、磷酸二氢钾 3.0kg 及硫酸钾（工业级）4.0kg，以促秧棵健壮。

开始采收至盛果期，主要抓好促秧、攻果，采摘成熟果要结合滴灌追肥 5 次，每隔一周左右滴灌追肥一次，每次灌水 9000L，追肥可施用滴灌专用肥（16-8-22）8.7kg 或组合施用尿素 3.0kg、磷酸二氢钾 1.4kg 及硫酸钾（工业级）3.0kg。

每次滴灌时，参照滴灌施肥制度表（表1-5）提供的养分数量选择适宜的肥料。不宜使用含氯化肥，采收期间可加入钙、镁等肥料。结合滴灌施肥技术采取起垄地膜覆盖栽培措施，有效调控根系水分和棚室温、湿度，在苗期缓苗水后进行适度蹲苗，促进根系生长。

表 1-5　辣椒滴灌施肥制度

生育时期	灌溉次数/次	亩灌水定额/(L/次)	每次每亩灌溉加入的纯养分量/kg				备注
			N	P_2O_5	K_2O	$N+P_2O_5+K_2O$	
定植前	1	20000	6.0	13.0	6.0	25.0	施基肥,定植后沟灌
定植—开花	2	9000	1.8	1.8	1.8	5.4	滴灌,可不施肥
开花—坐果	3	14000	3.0	1.5	3.0	7.5	滴灌,施肥1次
采收	6	9000	1.4	0.7	2.0	4.1	滴灌,施肥5次

（2）肥料选择　选择的肥料在常温条件下要完全能够溶于灌溉水，不溶物含量应在5％以下；能与其他肥料混合应用，基本不产生沉淀；保证两种或两种以上的养分能够同时进行施肥，不会引起灌溉水 pH 的剧烈变化，也不会与灌溉水产生不利的化学反应；对灌溉系统和有关控制部件的腐蚀性要小，以延长灌溉设备和施肥设备的使用寿命。微灌施肥系统底肥的施用品种与传统施肥相同，追肥的肥料品种必须符合国家标准或行业标准，要求纯度高、杂质少、溶解性好。选择适宜配方的水溶性肥料最佳；也可以尿素和磷酸二氢钾为主配制使用。

4. 辣椒心叶黄化的原因与解决办法

辣椒根系活力弱或造成伤根，使根系的吸收能力大幅度降低，也造成根系对一些微量元素吸收不足，导致植株上部叶片及心叶黄化（彩图1-16），但一般叶片形态不变。若伤根持续时间过长，可造成植株上部叶片持续黄化至白化，生长点萎缩并坏死。辣椒伤根多发生在冬春季节，也易在夏秋季高温定植时发生。

（1）发生原因　施用未腐熟或劣质有机肥，导致烧根。

定植不当，如定植过深、定植时浇水过多，土壤通气性差。

低温影响，设施保温性差、温度低，或由于浇水过多造成地温降低。

（2）防止措施　加强温度管理。辣椒冬春茬栽培要增强设施内的保温措施，尽量保持地温在10℃以上，防止造成根系损伤、生长点异常，影响植株的生长发育。浇水原则：浇小水（控制水量），少浇水（减少浇水次数）。早春天气波动频繁剧烈，昼夜温差大，对拱棚内辣椒的种植极为不利，容易造成低温伤根，使辣椒生长点出现异常，因此应该加强对根系的养护，少施氮磷钾肥，多施用养根肥料，如甲壳素、腐植酸、海藻素等。

平衡施肥。施肥时应降低氮肥的用量，适量施用钾肥，从而降低土壤中盐分含量，减轻离子间的拮抗作用，使土壤中钙离子的有效性增加；选用优质合格有机肥，有机肥一定要腐熟，并使土肥混合均匀。

合理定植。辣椒幼苗定植的深度要适宜，一般定植深度以土坨与地面相平为宜。冬春季节定植应在晴天进行，并以暗水定植（即按株距开定植穴，浇水后将幼苗摆好，水渗后封穴）为宜，以减少浇水量，利于地温回升，促进缓苗。

5. 辣椒整枝抹杈技术要领

在辣椒管理上，很少有人采取整枝抹杈的管理措施，特别是春连秋栽培，田间栽培时间长，导致辣椒结果的中后期，枝叶纵横，田间郁蔽，通风透光不良，极易引起灰霉病、炭疽病、软腐病、疫病等病害，造成大幅度减产减收，而且商品果率不高，还浪费了营养。因而，菜农应引起高度重视，辣椒种植必须整枝。

（1）辣椒整枝抹杈的优点

① 提高商品果率　辣椒植株上不同部位的分枝，其结果能力有所差异，商品果率也不同。一般植株的第一、二级分枝的结果能力最强，商品果率也最高，以后分枝，随着分枝数量的增加，其平均营养供应逐渐减少，结果能力下降，商品果率不高。采用整枝技术，疏去植株上多余的分枝，使营养集中供应保留的结果枝，满足结果的营养需求，从而有利于提高整个植株的结果率和商品果率。

② 减少无效结果枝对营养的消耗，提高养分利用率　四门斗椒后，植株上的细弱分枝数量增多，这些分枝一般不能正常结果，但却大量消耗植株的各种营养，降低养分的利用率，也不利于提高生产效率。

③ 保持植株下部良好的光照环境，提高果实的颜色质量　适宜的光照对辣椒果实着色、增加光泽等十分必要。光照充足时，果色鲜艳，有光亮，商品性状好；反之果实着色浅，色暗，商品性状差。

④ 改善栽培环境，防病　由于辣椒分枝数量是按照 $2n$ 级数增加的，分枝级数越高，分枝数量越多，越容易造成田间幽闭，通风透光性下降，因此需要对植株进行整枝，保持田间适宜的叶片分布密度。

（2）辣椒整枝抹杈的方法　适合辣椒的整枝方法比较少，常见的主要有三干整枝、四干整枝、多干整枝、不规则整枝等几种，见图1-3。

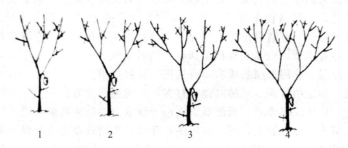

图 1-3　辣椒的几种整枝方法
1—三干整枝法；2—四干整枝法；3—多干整枝法；4—不规则整枝法

① 三干整枝法　门椒下的侧枝全部抹掉。四门斗椒坐果后，将粗壮一级分枝上的两个二级分枝和细弱一级分枝上长出的侧枝，按留强去弱原则，保留强分枝结果，构成三条结果枝干。适于较大果型品种的高产优质栽培。

优点：营养供应比较集中，有利于果实发育，商品果率高；单株的株型小，适合密植，利于早期产量。缺点：整枝麻烦，用苗量大等。

② 四干整枝法　也叫双杈整枝法。门椒下的侧枝全部抹掉。四门椒上长出的4对分枝，各保留其中的一条粗壮侧枝作为结果枝开花结果，另一条侧枝抹掉，保留四根枝干。适于大多数甜椒类和牛角椒类品种高产优质栽培。

优点：植株根系发达，生长期长，高产；植株营养集中供应，有利于果实发育，商品果率高；单株的株型大小适中，兼顾了早期产量和总产量。缺点：单株留枝较多，通风透光较差；种植密度小，早期产量偏低。

③ 多干整枝法　门椒下的侧枝全部抹掉。四门椒上长出的8条分枝，保留5～6条健壮的三级侧枝作为结果枝，进行开花结果，其余侧枝抹掉。适于多数羊角椒类品种和牛角椒类品种。

优点：植株保留茎叶较多，根系发达、结果期长，高产；植株营养集中供应，有利于果实发育，商品果率高；单株的株型大小适中，兼顾了早期产量和总产量。缺点：单株留枝较多，株内通风透光较差，种植密度小，早期产量偏低。

④ 不规则整枝法　侧枝长到15cm左右长后，将门椒下的侧枝打掉。结果中后期，根据田间的封垄情况以及植株的结果情况，对过于密集处的侧枝进行适当疏枝。适于羊角椒类品种，其他类型品种的早熟栽培以及露地粗放栽培。

优点：管理比较省事，植株根系发达，生长期长，有利于高产，种植密度小，用苗少，省种。缺点：植株留枝较多，营养供应分散，结果能力差，上部果实发育不良，商品果率低，通风透光不良，易于发病，种植密度小，早期产量低。

（3）辣椒不同的栽培方式宜采取的整枝方法

① 温室冬春茬辣椒　温室冬春茬辣椒选用结果期比较长的中晚熟品种，大果型品种选用三干整枝法或四干整枝法，小果型品种可选用四干整枝法或多干整枝法。

② 温室秋冬茬辣椒　大果型品种，种植密度偏大时，适宜选择四干整枝法，反之则选择多干整枝法。小果型品种，单株定植的，采用多干整枝法或不规则整枝法，双株定植的，采用四干整枝法或多干整枝法。

③ 温室再生栽培辣椒（指7月下旬至8月上旬进行剪枝再生）　剪枝时，从对椒下剪断，将剪下的枝条连同杂草等清理出大棚后追肥浇水，促发新枝。新枝发出后，每个一级分枝选留两条粗壮侧枝（相当于原来的两条二级分枝）进行开花结果。保留的侧枝继续按原来的四干整枝法或多干整枝法进行整枝。

④ 塑料大棚春茬辣椒栽培　植株开展度大的的大果型品种采取四干整枝或多干整枝法。植株低矮、开展度小的品种采取多干整枝法或不规则整枝法。

⑤ 塑料大棚春连秋茬辣椒栽培　主要采用四干整枝和多干整枝法。

⑥ 塑料大棚春连秋辣椒栽培再生整枝（7月中旬前后进行整枝再生）　将植株从四门斗椒上剪断，将剪下的枝条连同杂草等清理出大棚后追肥浇水，促发新枝。新枝发出后，选留4～5条粗壮侧枝进行开花结果。

⑦ 小拱棚春季早熟栽培辣椒　采用不规则整枝法。

⑧ 春连秋地膜覆盖栽培辣椒　采用不规则整枝法。

（4）注意事项

① 门椒下的侧枝应及早全部抹掉。

② 时间要适宜　为减少发病，要选晴暖天上午整枝，不要在阴天以及傍晚整枝，以免抹杈后伤口不能及时愈合，感染病菌，引起发病。

③ 时机要适宜　抹杈不要太早，利用侧枝诱使根系扩展，扩大根群。待侧枝长到10～15cm长时开始抹杈。

④ 位置要适宜　要从侧枝基部1cm左右远处将侧枝剪掉，留下部分短茬保护枝干。不要紧贴枝干将侧枝抹掉，避免伤口染病后，直接感染枝干。同时，也避免在枝干上留下一个大的疤痕。

⑤ 用具要适宜　要用剪刀或快刀将侧枝从枝干上剪掉或割掉，不要硬折硬劈，避免伤口过大或拉伤茎干表皮。

⑥ 不要伤害茎叶　抹杈时的动作要轻，不要拉断枝条，也不要碰断枝条，或损伤叶片。

⑦ 及时抹杈，不要漏抹　辣椒的侧枝生长较快，要勤抹杈，一般每3d左右抹杈一次。

⑧ 要与防病结合进行　抹杈后，最好叶面喷洒一次农药，如 500 倍的恶霜灵或代森锰锌，保护伤口免受病菌侵染。

6. 采用"测土浇水"法给辣椒浇水技术要领

辣椒既不耐旱，也不耐涝，虽然辣椒植株本身需水量不大，但因根系不发达，需经常浇水才能获得高产。辣椒开花坐果期，如果土壤干旱，水分不足，极易引起落花落果，并影响果实膨大，使果面多皱缩、少光泽，果形弯曲。但如果土壤水分过多，极易造成水大伤根，或引起其他并发症，如根腐病、茎基腐病、菌核病、疫病等，轻者植株发生萎蔫，严重时成片死亡。为了避免盲目浇水，在辣椒进入结果期后，菜农摸索了一个"测土浇水"法，不妨一试。

方法是：先按照"Z"字形，在棚室内或一块辣椒地里，选择 5～10 个具有代表性的测试点。然后，揭开种植行内的地膜，去除小沟中央的表土（厚度 5cm 左右），抓取下部的土壤，略用力握一下后，再把手散开。如果发现土壤一松即散，表示土壤缺水，需及时灌溉；若把土壤一松后，90％以上保持原来状态，则表示土壤不缺水，无需浇水。按此方法，每隔 7～10d 测试一下。按照这种方法来浇水，辣椒既不会旱，也不会涝，比较准确。

此外，为了做到蔬菜科学浇水，还要重点把握浇水"三看"原则：看天，阴雨天不浇水，晴天浇水；看地，即用"测土浇水"法；看植株，如蔬菜顶部略显萎蔫时，及时补水。

7. 辣椒使用 2,4-滴点花技术要领

由于温度过高或过低、湿度大、光照不足，影响辣椒（特别是春季大棚设施栽培的辣椒）的正常开花坐果，除了要加强温、湿度管理，改善光照，加强病虫害防治外，开花前用外源激素处理花蕾，补充花蕾内源激素的不足，可提高坐果率。在辣椒上，常用 2,4-滴或对氯苯氧乙酸等。用 2,4-滴处理，辣椒坐果能力强，在大棚栽培中常用。但方法不正确，常会造成皱叶、早衰、花蕾黄化等现象。用 2,4-滴处理辣椒的正确方法如下。

（1）浓度　适宜的 2,4-滴浓度为 20～30mg/L，浓度过高，涂抹花朵后，往往在涂抹处会出现褪绿的斑痕，即发生了烧花，被烧了的花大多过早脱落。使用低浓度针装药液，使用时只需按说明的对水量勾兑即可。粉状 2,4-滴由于未经过处理，不溶于水，并且浓度较高，配制起来也困难，不要选用。配制点花药时，还可加入适量腐霉利，或异菌脲、多·霉威等药剂，防止灰霉病。

（2）方法　2,4-滴对辣椒的茎叶能够产生药害，所以只能处理花朵。涂抹花柄是用毛笔蘸药，在花柄上轻轻涂抹。浸花法是把开放的花轻轻按入 2,4-滴药液中，让整个花朵均匀蘸上 2,4-滴药液。两种方法以涂花柄的方法较好，处理的果实商品性状较好，不易发生果实畸形，是目前主要的处理方法。

（3）对同一朵花不作重复处理　重复处理同一朵花，会因花上的 2,4-滴量过大，而发生烧花。为避免重复处理，在配制好的 2,4-滴药液中，要加入滑石粉、红土等带有颜色的指示物作为标记，但不要用碱性或酸性较强的材料作指示剂，如红墨水等，最好先做试验，确定其不会对花产生伤害后，再使用。

（4）处理时期　适宜的处理时期是花半开前后。花蕾过小，其耐药性较差，容易烧蕾；处理过晚，花已开放多时，保花效果不理想，一般涂花时间最迟不超过花后 48h。

（5）辣椒用 2,4-滴点花时容易出现的问题及解决方法

① 皱叶　用2,4-滴处理花朵后，有时出现植株皱叶的现象，主要原因是2,4-滴的使用浓度过大，处理花朵后，大量的2,4-滴从花朵进入茎叶中，当茎叶中的2,4-滴含量达到一定浓度时，便会引起叶片皱缩。其次是植株水分供应不足，引起茎叶中的2,4-滴相对浓度过高造成皱缩。此外，高温下处理花朵，特别是晴暖天中午前后处理花朵，此时植株中的水分含量较低，即使用正常浓度的2,4-滴处理花朵后，也会因茎叶中的2,4-滴相对浓度偏高，而引起叶片皱缩。出现皱叶后，应及时浇一次水，增加茎叶中的水分含量，稀释茎叶中的2,4-滴，同时叶面喷水。

② 花蕾黄化　2,4-滴浓度过高，会直接引起花蕾发生药害，引起花蕾黄化，最后脱落。处理过早，花蕾过于嫩、小，耐药能力尚比较弱，易引起药害，发生黄化。重复处理同一朵花，花蕾中的2,4-滴浓度过高也会黄化。

③ 早衰　用激素处理的植株，结果能力增强，结果数多，对植株的营养消耗也相应增多，植株的营养生长势削弱明显，易早衰。因此，要加强田间的肥水管理，增施肥料，合理密植，及时采收果实。

④ 花冠不脱落　如果抹花时将2,4-滴弄到了花托上，谢花时，花冠不容易脱落，并易感染灰霉病菌，诱发灰霉病。要防止这种现象发生，最好采用涂抹花柄法涂花，不用蘸花法。一定要采用浸花处理花朵时，也不要将花托浸入药液中。

8. 辣椒采用地膜覆盖技术要领

春季采用地膜覆盖栽培辣椒，这项技术是从20世纪80年代就开始推广的成熟技术，可以增温、保肥、稳定土壤水分、防板结、加速养分转化、增强近地面株间光照、增加土壤中二氧化碳、减少病虫草害、促进辣椒提早上市10d左右，还能增加早期产量和总产量，产出远大于投入，因而很受菜农欢迎，特别是在早春蔬菜的生产中推广应用多，凡能用地膜覆盖栽培的作物，应用率几乎达到100%。但许多菜农由于不懂或忽视地膜覆盖的操作要求，因而根本未起到应有的作用，有些甚至比露地栽培的还差。辣椒采用地膜覆盖要把握以下要点。

(1) 品种要早熟　地膜覆盖只能提高地温，对辣椒苗地上部几乎没有防寒保温作用，所以要选择耐寒性较强的品种。又由于地膜覆盖栽培的辣椒生长旺盛，有的甚至容易徒长，因此，宜选用长势较弱、营养体不过旺的品种。

(2) 秧苗要提前培育　地膜覆盖栽培的辣椒定植时间比露地早，因而相应地要提早播种、育苗。在湖南，可以提前到头年10月中下旬播种，如果延迟到元月播种，最好采用电热温床育苗，并用营养钵护根，培育带花蕾的大壮苗。

(3) 地势要高燥、排水良好　如果地势低洼，降雨时雨水顺着畦面的地膜流入畦沟，既难于排走，又由于地膜阻隔表土蒸发，散失水分也困难，大部分雨水将渗入畦内，使土壤水分处于饱和状态，地温也不容易升高，这样很容易沤根死苗。低洼地上地膜覆盖起了反作用。

(4) 土壤要轮作、洗盐　要选用二三年未种过茄科类蔬菜的地块，辣椒的根结线虫病、枯萎病、青枯病等土传病害，主要是由连作引起的，特别是采用了地膜覆盖，病菌长期积累，还有盐渍现象，导致植株水分失调。因此，最好与瓜豆类或葱蒜类蔬菜地进行轮作，同时，一季作物罢园后，应用大水冲盐洗土。

(5) 基肥要施足　盖地膜的辣椒生长量大，产量高，吸收消耗的养分比露地栽培的多，而盖膜后追肥又不方便，所以基肥数量一定要充足，最好一次施足全生育期所需要的肥料。肥料种类要以充分腐熟的优质有机肥为主，适当配以氮磷钾三元复合肥。仅施复合肥，不施用有机肥，会导致土壤板结，透气性不强，加上微量元素的不足，影响辣椒发新根。

(6) 作畦要精细适当　针对早春季节雨水较多的特点，要深沟高畦窄垄，便于排水防畦和盖膜，畦高以 25~30cm 为宜。1.2m 宽的薄膜，适合作畦宽 70~80cm，沟宽 40cm 左右，整成龟背形。许多椒农由于作畦过宽，薄膜难以盖严。

(7) 盖膜要及时到位　盖膜之前先用铁锹拍打畦面，使之非常平整，土细碎，如果畦面坑坑洼洼，则地膜不能紧贴地面，影响土壤增温，又易长杂草。盖膜时，要将膜平铺于畦面上，膜四周压入土中，地膜要求铺平、盖紧、埋牢。一般定植前 7~10d 盖好地膜，预先提高地温，可避免肥烧根。生产中，常有菜农施入较多的复合肥后盖地膜，并当即栽苗，造成烧死现象。盖膜时土壤湿度要适中而比较干爽。土壤过湿，黏结成块，盖地膜后地里的湿气难以蒸发，栽下去的苗不发根，生长极差，甚至死苗；反之，土壤过干也不利椒苗生长，并可能因基肥较多又缺水而烧根、灼苗。

(8) 定植要适时　地膜覆盖栽培的辣椒只能比露地栽培的提早 7~10d 定植。株行距应比露地栽培的稍大一些，比一般露地栽培栽深一点。一般是先盖膜后定植，即按株行距用刀划破膜，或用移苗器打孔，苗栽下后施定根水、覆土，将定植孔周围的薄膜压紧，封死孔穴，并稍高出地面呈一小土堆，起到固定植株的作用，防止大风把苗吹得摇晃，并能防止雨水从定植穴渗进，造成烂根死苗，还可防止天晴温度高时，地膜内的热气从定植穴往外溢而灼伤。

(9) 后期管理要勤　应经常下田检查，发现地膜有裂口时应及时用土封严，以免裂口扩大，发现膜边被风掀起，应及时埋牢，多数椒农在这点上未注意，而失去了地膜覆盖的保温作用。高温季节来临后，植株尚未封行的，膜下浅土层的地温可达 35~38℃以上，这将损伤根系，根很快老化，也易引起地上早衰。可在膜上盖土，或在地膜上盖草，以降低地温。只要底肥充足，辣椒生长正常，地膜中途不揭，常常可一盖到底。当地膜辣椒发生了严重的青枯病、枯萎病、白绢病时，应揭去地膜，降低地温，以便于灌药防治。如果辣椒生长势衰弱，表现严重缺肥，应揭去地膜，补充追肥。

(10) 肥水管理要加强　雨季要加强排水，雨季过后正值高温干旱季节，要加强水分管理。当膜内表面水珠很少、植株生长缓慢、叶色发暗时，需立即灌水，地膜覆盖条件下，主要采取沟灌水，再渗透入畦中。地膜辣椒基肥充足，前期可酌情进行几次叶面喷肥，结果盛期要追肥 2 次左右，天气不热时可追施人粪尿，气温高时则追施尿素或复合肥等。人粪尿和尿素可兑水点蔸，或浇水时施入畦沟中，随水渗入畦中，复合肥可在行间破膜开穴埋肥。开穴应远离蔸部，以减少伤根和避免肥料烧根。有些菜农仅把基肥一施，后期不管理肥水只管收获的做法是不可取的，这也是辣椒到后期早衰、果实变小的主要原因。

9. 早春辣椒结果期防止徒长的技术要领

早春大棚栽培的辣椒在缓苗后至结果前属于开花坐果期，植株的生长势比较强，长势旺，在肥水供应充足、温度也较高的情况下，极易发生徒长，造成结果前植株过高过大，发生拥挤，影响通风透气，灰霉病等病害容易发生，影响生殖生长，花器易脱落，门椒难以留住，推迟坐果。

(1) 徒长特征　茎叶生长过旺，正常植株的茎叶不过厚，一般结果节上枝叶厚度为 20~25cm，或开花节位上方有 3~4 片叶，如果茎叶过厚，超过 20~25cm，则表示植株发生了徒长。茎干过粗，节间显著伸长。叶片偏大、色浅，中午前后容易萎蔫。花蕾小，花蕾质量差，开花晚，容易脱落。

（2）诱发因素　定植缓苗后，土壤中水分过多。门椒没有坐住，使养分集中供给茎叶生长。棚室中空气相对湿度高于50%～60%，影响授粉受精的正常进行，均可造成植株徒长，落花落果。

（3）预防措施

① 培育适龄壮苗。

② 提前扣棚膜暖地。若土壤墒情不好，需先浇水造墒。每亩施腐熟有机肥4000～7000kg和过磷酸钙50～80kg作基肥。采用小高畦宽窄膜下暗浇水的种植方式。

③ 当地温不低于15℃时，在晴天上午定植，每穴栽双株（子叶要与畦面平、子叶方向要垂直于垄向）。浇定植水后，把棚温维持在32℃左右。过5～7d植株缓苗（心叶的颜色变浅并开始生长），浇缓苗水后控水蹲苗。适宜温度白天25～30℃（30℃左右的温度在一天中不超过3h），前半夜间18～20℃，后半夜不低于15℃，地温20℃左右。

④ 在门椒坐住后（长3cm左右），结合浇水追一次肥，以后每隔2～4d浇水追肥一次。每亩可随水追施硫酸铵25kg，或腐熟的稀人粪尿2000kg，或尿素10kg，或硫酸钾10kg，或复合肥7～8kg。酌情采用二氧化碳施肥技术。

⑤ 在土面发白、10cm以内土壤见干时就可浇水。浇水应在晴天上午进行，采取小水勤浇的方法，注意通风排湿，把空气相对湿度控制在50%～60%、土壤相对湿度控制在80%左右。

⑥ 当株高约25cm时，将分杈下的叶片及侧芽全部摘除。在门椒结果后，发现植株上有膛内生长的徒长枝，也应剪除。及时摘除枝条下部的黄叶，适时打顶。

⑦ 在门椒、对椒开花时，用10～15mg/L 2,4-滴溶液涂抹花柄，或用20～30mg/L对氯苯氧乙酸溶液喷花。

⑧ 采取多种措施，注意在生长前期增加光照，而在生长后期降低光照强度。

（4）补救措施

① 控制浇水量　一般浇足缓苗水后至坐果前，保持土壤适度干燥，土壤表面呈半干半湿状。植株不发生明显干旱，表现出缺水症状时，不再浇水，必须浇水时，也要在植株开花前浇水，不得在开花期浇水，特别是不要在坐果期浇水。雨天要注意防水，避免雨水进入棚室内。地里发生积水时，要及时排掉。

② 控制植株生长量　进入发棵期后，植株大量发生侧枝，如果不对侧枝的数量和生长势加以控制，会造成植株的株形过大，引起营养生长过快，而发生徒长。因此，进入发棵期后，要及时将门椒下的侧枝抹掉，避免株形过大。

③ 加强棚室通风管理，防止温度偏高　通风能够降低棚室内的温度，气流吹到植株上后，引起植株摇摆，也有防止植株旺长的作用，还可降低棚室内的空气湿度，减少灰霉病的发生，排除棚室内的有害气体，补充新鲜的空气和二氧化碳气体。因此，此期要多通风、通大风，使白天温度保持在25℃左右，最高不高于32℃。

④ 化学预防　高肥水地块以及辣椒苗长势比较旺时，可结合定植辣椒苗，在定植水中加入适量的矮壮素，对抑制徒长、促进生根效果较好；也可以在缓苗后，对有徒长苗头的地块，叶面喷洒甲哌鎓（助壮素），控制旺长。

10. 茄果类蔬菜杂草防除技术要领

茄子、番茄、辣椒等茄果类蔬菜，多采用育苗移栽的栽培方式，生育期长，杂草多，主要有马唐、狗尾草、牛筋草、千金子、马齿苋、藜、小藜、反枝苋、铁苋等。特别是采用地膜覆盖栽培的，常常被杂草刺破地膜，失去其保温保湿功能，影响产量和收成，正确采用化学除草，可较好地控制。茄果类的蔬菜应分播前除草、栽前除草和栽后除草几个阶段进行，才能比较彻底、干净地消除杂草。为避免伤及菜苗，不同生育阶段应选用不同的除草剂。

（1）育苗田（畦）或直播田除草　苗床或覆膜直播田墒情好，肥水充足，杂草易发生，若不及时进行杂草防治，将严重影响幼苗生长。同时，地膜覆盖后田间白天温度较高，昼夜温差较大，苗瘦弱，对除草剂的耐药性较差，易产生药害，应注意选择除草剂品种和施药方法。

① 在茄果类蔬菜播种前，每亩可选用72%异丙甲草胺乳油100～150mL，加水50L作播前土壤处理；或每亩用48%甲草胺乳油150～200mL，加水50L喷雾浅混土；或每亩用96%精异丙甲草胺乳油50mL，加水50L喷雾，然后播种；或每亩用50%丁草胺乳油100～125mL，加水50L喷雾。干旱天气应浇水保持土壤湿润，再喷药。

② 在茄果类蔬菜播后芽前，每亩可选用33%二甲戊灵乳油40～60mL，或45%二甲戊灵微胶囊剂30～50g、20%萘丙酰草胺乳油75～150mL、72%异丙甲草胺乳油50～75mL、96%精异丙甲草胺乳油20～40mL、72%异丙草胺乳油50～75mL，对水40L喷雾，可防除多种一年生禾本科杂草和部分阔叶杂草。

也可以亩用48%仲丁灵乳油100～150mL，对水40L喷雾，施药后及时混土2～5cm，该药易于挥发，混土不及时会降低药效。该类药剂比较适合于墒情较差时土壤封闭处理，但在冷凉、潮湿天气时施药易于产生药害，应慎用。

③ 对于禾本科杂草和阔叶杂草发生较多的田块，为提高除草效果和对作物的安全性，可选用33%二甲戊灵40～60mL＋50%扑草净可湿性粉剂30～50g，或96%精异丙甲草胺乳油20～40mL＋50%扑草净可湿性粉剂30～50g、72%异丙甲草胺乳油50～75mL＋50%扑草净可湿性粉剂30～50g、20%萘丙酰草胺乳油75～100mL＋50%扑草净可湿性粉剂50～75g、33%二甲戊灵乳油40～60mL＋24%乙氧氟草醚乳油10～20mL、20%萘丙酰草胺乳油75～100mL＋24%乙氧氟草醚乳油10～20mL、96%精异丙甲草胺乳油20～40mL＋24%乙氧氟草醚乳油10～20mL、72%异丙甲草胺乳油50～75mL＋24%乙氧氟草醚乳油10～20mL、33%二甲戊灵乳油50～75mL＋25%恶草酮乳油50～75mL、20%萘丙酰草胺乳油75～100mL＋25%恶草酮乳油50～75mL、96%精异丙甲草胺乳油20～40mL＋25%恶草酮乳油50～75mL、72%异丙甲草胺乳油50～75mL＋25%恶草酮乳油50～75mL，对水40L均匀喷雾，可有效防除多种一年生禾本科杂草和阔叶杂草。

（2）移栽田杂草防除　茄果类蔬菜多为育苗移栽，封闭性除草剂一次施药可保持整个生长季节没有杂草危害。一般于移栽前喷施土壤封闭性除草剂，移栽时尽量不要翻动土层或尽量少翻动土层。

① 移栽前1～3d施药，移栽时尽量不要翻动土层或尽量少翻动土层。可选用33%二甲戊灵乳油150～200mL，或20%萘丙酰草胺乳油200～300mL、50%乙草胺乳油150～200mL、72%异丙甲草胺乳油175～250mL、72%异丙草胺乳油175～250mL，对水40L喷雾，施药后移栽。

有些农民习惯于移栽后施药，易发生药害。

② 对长期施用除草剂的老蔬菜田，马唐、狗尾草、牛筋草、铁苋、马齿苋等一年生禾本科杂草和阔叶杂草发生都比较多，可于移栽前选用33%二甲戊灵乳油100～

200mL＋50％扑草净可湿性粉剂50～75g，或50％乙草胺乳油100～150mL＋50％扑草净可湿性粉剂50～75g、72％异丙甲草胺乳油100～200mL＋50％扑草净可湿性粉剂50～75g、72％异丙草胺乳油100～200mL＋50％扑草净可湿性粉剂50～75g、33％二甲戊灵乳油100～200mL＋24％乙氧氟草醚乳油10～30mL、50％乙草胺乳油100～150mL＋24％乙氧氟草醚乳油10～30mL、72％异丙甲草胺乳油100～200mL＋24％乙氧氟草醚乳油10～30mL、72％异丙草胺乳油100～200mL＋24％乙氧氟草醚乳油10～30mL、33％二甲戊灵乳油100～200mL＋25％恶草酮乳油50～75mL、50％乙草胺乳油100～150mL＋25％恶草酮乳油50～75mL、72％异丙甲草胺乳油100～200mL＋25％恶草酮乳油50～75mL、72％异丙草胺乳油100～200mL＋25％恶草酮乳油50～75mL，对水40L，均匀喷雾，可防除多种一年生禾本科杂草和阔叶杂草。不要随便改动配比，否则易发生药害。

（3）茎叶处理除草　对于前期未除草或除草效果差的情况，应在田间杂草基本出苗，且杂草处于幼苗期时及时施用茎叶除草剂。

①防治一年生禾本科杂草，如稗、狗尾草、牛筋草等，应在杂草3～5叶期，选用10％精喹禾灵乳油40～60mL，或10.8％高效氟吡甲禾灵乳油20～40mL、10％喔草酯乳油40～80mL、15％精吡氟禾草灵乳油40～60mL、10％精恶唑禾草灵乳油50～75mL、12.5％烯禾啶乳油50～75mL、24％烯草酮乳油20～40mL，对水30L，均匀喷施。该类药剂无封闭除草效果，施药不宜过早，特别是在禾本科杂草未出苗时施药效果不佳。

②部分辣椒和番茄田，在生长中后期，田间发生马唐、狗尾草、马齿苋、藜、苋等杂草，可选用10％精喹禾灵乳油50mL＋48％苯达松水剂150mL，或10.8％高效氟吡甲禾灵乳油20mL＋25％三氟羧草醚水剂50mL、10％精喹禾灵乳油50mL＋24％乳氟禾草灵乳油20mL，对水30L，定向喷施，施药时要戴上防护罩，切忌将药液喷施到茎叶上，否则会发生严重的药害。

③在田间杂草较多且处于雨季时，为达到杀草和封闭双重功能，还可以喷施上述配方加入封闭除草剂，可选用10％精喹禾灵乳油50mL＋48％苯达松水剂150mL＋50％乙草胺乳油150～200mL，或10.8％高效氟吡甲禾灵乳油20mL＋25％三氟羧草醚水剂50mL＋50％乙草胺乳油150～200mL、10％精喹禾灵乳油50mL＋48％苯达松水剂150mL＋72％异丙甲草胺乳油150～250mL、10％精喹禾灵乳油50mL＋48％苯达松水剂150mL＋72％异丙甲草胺乳油150～250mL、10.8％高效氟吡甲禾灵乳油20mL＋25％三氟羧草醚水剂50mL＋72％异丙甲草胺乳油150～250mL、10％精喹禾灵乳油50mL＋24％乳氟禾草灵乳油20mL＋72％异丙甲草胺乳油150～250mL，对水30L，定向喷雾，施药时要戴上防护罩，切忌将药液喷施到茎叶上，否则会发生严重的药害。施药时视草情、墒情确定用药量。

（4）注意事项

①苗床除草，应尽量采用农业防除，苗床选择历年杂草发生草害少、土质肥沃的砂壤土田块。苗床所使用的猪粪、牛粪等有机肥料必须充分腐熟，假植所用的营养基质不带杂草种子。

②土壤处理除草剂，要注意使用方法、施药时期，要在杂草出土前施药，其对已出土杂草效果极差，且要求土壤湿润，干旱条件下施药后要浅混土。覆膜移栽田，一般应在喷药后2～3d再覆膜，然后移栽辣椒，以防药害。

③ 施用芽前除草剂时，除草剂药量过大，田间土壤过湿，温度过高或过低，特别是遇到持续低温多雨条件下菜苗可能会出现暂时的矮化、生长停滞，低剂量下能恢复正常生长；膜内温度过高，严重时可能会出现死苗现象。乙草胺、氟乐灵、仲丁灵易造成药害，轻则植株矮化、叶片皱缩、变厚脆弱，重则影响生长乃至致死。

④ 仲丁灵、二甲戊灵施药后立即混土 $3\sim5cm$ 深，然后覆盖地膜打孔移栽或露地移栽。

异丙甲草胺在茄果类蔬菜上使用浓度偏高时，易产生药害，应慎用，或先试后用。

氟乐灵在茄果类蔬菜直播时，或播种育苗时，不能使用。

用过二氯喹啉酸的稻田不可种茄果类蔬菜。

在茄果类蔬菜的播种期，使用丁草胺有一定的药害，应用时应慎重。

辣椒对乙草胺较敏感，低温时段使用乙草胺对辣椒菜苗的生长会有一定的抑制作用，慎用。

扑草净对菜苗安全性较差，不能随意加大剂量。

乙氧氟草醚与恶草酮为触杀性芽前封闭除草剂，要求施药均匀，药量过大时会有药害。

⑤ 最好不用茎叶处理剂除草。非用不可时，切忌将药液喷到作物叶片上。

⑥ 整土时要深翻暴晒。薄膜覆盖时要平整，紧贴地面，不留空隙。发现薄膜破裂，要及时用湿土封好。结合人工松土、培土，及时拔除杂草。

⑦ 使用多数除草剂在大棚栽培的茄果类蔬菜上容易产生药害。根据多年试验，每亩用 20% 敌草胺乳油 200mL 于菜苗定植前进行土壤处理比较安全，除草效果可达 95% 左右。大棚内除草剂用量应比露地用量减少 1/3 左右，且必须先进行试验示范，再大面积推广。

11. 在辣椒生产上正确使用植物生长调节剂技术要领

(1) 对氯苯氧乙酸　可防止落花。夏秋季节高温、干旱，干旱后突遇雷雨，均易引起落花落果，可在夏秋辣椒开花期间，用 1% 对氯苯氧乙酸水剂对水配制成 $333\sim500$ 倍液，即 1 支 20mL 的 1% 对氯苯氧乙酸水剂对清水 $6.65\sim10L$，浓度相当于 $20\sim30mg/L$，下午 4 时以后或上午 10 时以前，用手持式小型喷雾器向花蕾、盛开的花朵、幼果上喷洒，也可采用蘸和涂抹花梗的方法。对氯苯氧乙酸的使用浓度与气温高低有很大关系，气温高时，浓度要低，加水量取上限；气温低时，浓度要高，加水量取下限。气温高于 28℃ 时，浓度应更低一些，可对清水 667 倍，浓度相当于 15mg/L。

(2) 2,4-滴　蘸花或涂花梗可保花保果。处理即将开放和已经开放的花，用浓度为 $20\sim30mg/L$ 的 2,4-滴水剂蘸花，或用毛笔蘸药涂抹花梗。施药时要注意，当温室内气温高于 15℃ 时，使用浓度为 20mg/L，即每升清水中加入 1.25% 的 2,4-滴药剂 50 滴，摇匀；当温室气温低于 15℃ 时，使用浓度为 30mg/L。当天配制当天使用，使用时间宜在早上或傍晚，严禁烈日下施药。勿任意降低或提高浓度及重复蘸花，尽量不要喷在嫩芽、嫩叶、生长点上，以防产生药害。配药时，同时兑上 0.1% 的腐霉利可湿性粉剂，可预防灰霉病。

(3) 矮壮素　可防止徒长。辣椒育苗期间秧苗徒长或者生长瘦弱时，可于初花期或花蕾期，喷洒浓度为 $20\sim25mg/L$ 的矮壮素液，以叶面喷湿为宜，或用 $250\sim500mg/L$ 的矮壮素浇施（土壤温度较高效果好），能抑制茎、叶徒长，使植株矮化粗壮，叶色深绿，增强抗寒和抗旱能力。

（4）芸苔素内酯

① 保花保果　在辣椒挂果初期用浓度 0.17mg/L 的芸苔素内酯药液（5g 0.1％芸苔素内酯对水 30kg）喷洒全株，可防止门椒、对椒等花柄变黄、脱落，使花蕾发育正常、及时现蕾，提高坐果率。

② 防治花叶病毒病　当辣椒出现花叶病毒病时，及时按每 30kg 水中加医用病毒唑 5 支和 0.1％芸苔素内酯（需先用 55～60℃温水溶解稀释）5g 混合液，混匀后喷洒全株，7～10d 一次，连喷 2～3 次，或对病株灌根，每株 200g 药液。病毒病症状消失很快，一般不再复发，治愈率高。

③ 促进生长　整个生育期用浓度为 0.01mg/L 的芸苔素内酯喷雾 5 次，从排苗后 10d 开始喷，隔 6d 再喷一次，开花始期至结果盛期隔 15d 喷一次，共喷 3 次，能促进幼苗生长，提高幼苗素质，促使植株提早开花结果，提高单株结果数和单果重，提早或延缓植株产量，增产 10％～25％。

（5）萘乙酸

① 促进生根　辣椒侧枝或侧蔓（主枝亦可）约 2～3 节，在基部用稀释 500～1000 倍的萘乙酸或吲哚乙酸或吲哚丁酸溶液快速浸蘸，可在 10～15d 后生根。

② 防止落花　开花期用浓度为 50mg/L 的萘乙酸喷花，7～10d 喷一次，共喷 4～5 次，能明显提高坐果率，促进果实生长，增加果数和果重，但留种田不能使用，因萘乙酸对辣椒种子的形成和发育有一定影响。

③ 促进无籽果实形成　在开花初期，用 1％萘乙酸羊毛脂或 500mg/L 萘乙酸水溶液处理花朵，能获得正常的无籽果实。

（6）赤霉酸

① 打破休眠　辣椒种子发芽用浓度为 50～100mg/L 的赤霉酸处理，可促进打破种子休眠，促进发芽。

② 保花保果　用浓度 20～40mg/L 的赤霉酸，在花期喷花一次，可促进坐果，增产。

（7）植物抗寒剂 CR-4　抗寒防寒，用于辣椒的浸种。将药剂稀释 20 倍，浸种 4h，晾干后播种，能提高植物抗寒、防寒能力，可使春作物提前播种，防止冷害死苗，保证作物健壮生长，提早成熟。

（8）乙烯利　促进成熟。辣椒于采收后，用 1000～3000mg/L 乙烯利浸果 1min，也可用 250～500mg/L 喷洒植株上的果实，可催熟。注意应在植株上已有 1/3 的红椒时喷洒，不要过早使用乙烯利对青果催熟，这样反而会严重影响品质。后期若一次性罢园，提早收获，可再喷一次。

（9）"5406" 细胞分裂素　培育壮苗。辣椒育苗期喷 "5406" 菌种粉（1:4），再隔 10d 喷一次。定植前每亩施用 1.5kg "5406" 菌种粉，掺拌在粗粪里沟施，然后覆土作小高畦，定植浇水。定植缓苗后每 7d 左右喷一次 600 倍的 "5406" 细胞分裂素，连喷 3 次（多与杀虫剂混喷），可培育壮苗，促进花芽分化，早坐果。

（10）糠氨基嘌呤（激动素）　延长保鲜。青椒用 10mg/L 的激动素溶液进行表面喷洒，每千克青椒用药液 60mL。喷雾时，一边喷，一边翻动、吹风，以减少药液流失，可以延缓贮藏期间青椒的衰老，延长保鲜期。注意，激动素原粉不溶于水，应先用少量的氢氧化钠或盐酸溶液使它完全溶解，然后加水稀释至所需浓度，配成母液后再稀释。

（11）复硝酚钠（爱多收）　促进生长。辣椒初花期、盛花期，在晴天下午 4 时后或阴天用爱多收 9000 倍液加 0.2%～0.3% 磷酸二氢钾叶面喷施，保果率 85% 以上，且幼果生长迅速，果柄粗壮，不易摘下，采收时最好用剪刀剪下，以防损伤结果枝。

（12）丰收素　促进生长。当辣椒第一花现蕾时，开始用丰收素 6000 倍液连喷 3 次，隔 7d 一次。植株生长旺盛，叶面宽大，色深，增产 30% 左右，青枯病减轻。

（13）多效唑

① 促进坐蔸　选用带花蕾、具有二次分枝的辣椒壮苗，用 100mg/L 的多效唑液浸根 15min 后移栽，叶片宽厚、根系发达、茎秆粗壮，抗病性、抗倒伏明显增强，对生长及产量均有显著促进和提高作用。浓度过低，效果不明显；过高，反使产量大幅度下降。

② 防止徒长　在辣椒苗高 6～7cm 时，用 10～20mg/L 的多效唑溶液叶面喷洒，每亩药液用量为 20～30L，能防止苗期徒长。注意，该方法仅适于徒长田块，施药时要严格把握使用时间和使用浓度，喷雾要均匀，尽量减少喷入土壤中的药量。

12. 辣椒缺素症的表现及防止措施

（1）缺氮　植株生长不良，植株瘦小，老叶易显症，叶片由深绿色转为淡绿到黄绿，并变小、变薄，黄化从叶脉间扩展至全叶，从下位叶向上位叶扩展，后期叶片脱落，叶柄和叶基部变为红色。开花节位上升，出现靠近顶部开花的现象。严重时出现落花落果现象。生长初期缺氮，植株生长基本停止。

防止措施：在根部随水追施硝酸铵，同时在叶面喷洒 300～500 倍液的尿素加 100 倍液的白糖和食醋。

（2）缺磷　植株生长不良、矮小，老叶易显症，叶片深绿，下部叶片叶脉之间发红带紫，顶部叶片呈深绿色，表面不平，叶尖变黑或枯死、生长停滞，下位叶的叶脉发红，由下而上落叶。易形成短花柱花，结果晚、果实小，成熟晚或不结果。有时绿色果实上出现没有固定形状、大小不一的紫色斑块，少则 1 块、多则数块，严重时半个果面布满紫斑。

防止措施：根部追施速效磷肥，或叶面喷洒磷酸二氢钾 500 倍液、过磷酸钙浸提液 200 倍液等。

（3）缺钾　花期显症，果实膨大时开始在成熟叶上出现。下部叶片叶尖及叶缘开始发黄，然后沿叶脉在叶脉间形成黄色斑点，对比清晰，叶缘渐渐干枯，与叶脉附近的深绿部分对比分明，由内扩展至全叶呈灼伤状或坏死状。严重时，叶片变黄枯死，下部大量落叶，从老叶向心叶、从叶尖端向叶柄发展。或叶缘与叶脉间有斑纹，叶片皱缩。植株易失水，造成枯萎。花期缺钾，植株生长缓慢，叶缘变黄，叶片易脱落，果实畸形，膨大受阻，果实小，易落。

防止措施：叶面喷洒 500 倍磷酸二氢钾，或 1% 草木灰浸提液补充钾肥。

（4）缺钙　花期缺钙，植株矮小，顶叶叶尖以及叶缘部分黄化，下位叶还保持绿色，生长点及其附近叶片的周缘变褐枯死或停止生长，后期这些叶片从边缘向内干枯。也有部分叶片的中肋突起，引起果实顶部褐变腐烂。后期缺钙，叶片上出现黄白色圆形小斑，边缘褐色，叶片从上向下脱落。后全株呈光秆状，果实小而黄或产生脐腐病或"僵果"。

防止措施：对于缺钙土壤及需钙较多的辣椒等果菜类蔬菜要适当增施钙肥。建议每亩增施硝酸铵钙 50～75kg，并配合生物菌肥、有机肥施用，为钙肥的吸收创造良好的土壤环境。植株开花前期，在新叶及新长出的花序上叶面喷施钙肥。可用 160g/L 雅苒钙宝水剂 800 倍液＋0.016％芸苔素内酯水剂 1000 倍液＋花果灵 800 倍液，5～7d 喷施 1 次，连续喷 2 次，既补充钙肥又促进花芽分化。

由缺钙导致辣椒生长点发育异常，可用下列方法进行防治。一是叶片喷施补钙叶肥，配方：0.016％芸苔素水剂 500 倍液＋40g/L 阿米卡（氨基酸叶面肥）水剂 800 倍液＋160g/L 雅苒钙宝水剂 500 倍液，有病害侵染的建议与补钙叶肥配方间隔 5d 轮换使用。二是冲施养根补钙肥，配方：每亩冲施 100g/L 氨基酸液体冲施肥 10kg＋440g/L 磷钙肥（雅苒翠康）水剂 1kg＋硝酸铵钙 5.0～7.5kg。一般冲施 1 次，配合叶面喷施 2 次能有效改善症状。

（5）缺硫　植株生长缓慢，分枝多，茎坚硬木质化，叶黄绿色，结果少或不结果。

防止措施：施用硫酸铵等含硫肥料。

（6）缺镁（彩图 1-17）　生长初期多不发生症状，直到果实膨大时症状方才出现。靠近果实叶片的叶脉间开始发黄，后期，除叶脉残留绿色外，叶脉间均变为黄色，严重时黄化部分变褐叶片脱落，植株矮小，果实稀疏，发育不良。一般酸性土壤容易发生缺镁。单株结果越多，缺镁的现象越严重，导致植株矮小，坐果率低。

防止措施：在植株两边追施钙镁磷肥，叶面喷洒 1％～2％的硫酸镁水溶液，每周 2 次。

（7）缺硼　根系不发达，生长点死亡，花发育不全，果实畸形，果面有分散的暗色或干枯斑，果肉出现褐色下陷和木栓化。前半夜温度长期过低（15℃以下）易引起辣椒皱叶型的缺硼症，叶面鲜绿发黄，心叶生长慢，叶缘上卷，叶肉凸起，叶脉下凹，皱缩不平。

防止措施：叶面喷 400～800 倍液的硼砂或硼酸，每次间隔 7～10d。前半夜室温尽可能提高到 20℃，下半夜 15℃，使光合产物及营养正常运转。

（8）缺钼　多发生在开花以后，果实膨大时开始出现症状。首先出现在老叶上，新叶出现症状较迟。缺钼叶片叶脉间失绿、变黄，易出现斑点，叶缘向上卷曲呈杯状，叶肉脱落残缺或发育不全。缺钼症状很像缺氮症状，但缺钼出现斑点。

防止措施：叶面喷 0.05％～0.1％的钼酸铵溶液，每次间隔 7～10d。

（9）缺铁　顶端新叶、幼叶呈黄化、白化，叶脉残留绿色，以后整叶完全失绿。育苗期间有时出现幼苗的中心叶黄化，也是缺铁症状，且苗期根数明显减少，大多是苗床中施入了过多的没有腐熟的有机肥所致。

防止措施：用 0.02％～0.1％硫酸亚铁溶液叶面喷施，每次间隔 7～10d。

（10）缺锰　植株缺锰，上位叶叶脉仍为绿色，叶脉间浅绿色且有细小棕色斑点，叶缘仍保持绿色。严重时叶片均呈黄白色，同时茎秆变短、细弱，花芽常呈黄色。新叶的叶脉间变黄绿色，叶脉仍为绿色，变黄部分不久变为褐色。

防止措施：用 0.05％～0.1％的硫酸锰溶液叶面喷施，每次间隔 7～10d。

（11）缺锌　自新叶开始出现症状，渐向较大叶上发展。幼叶变小，叶小丛生、卷曲或皱缩，形成簇叶，出现小叶病。新叶上发生黄斑，逐渐向叶缘发展，至全叶枯黄或脱落，黄斑部分与绿色部分对比鲜明。

防止措施：用 0.1％～0.2％硫酸锌溶液叶面喷施，每周一次。

此外，要注意辣椒营养缺乏症状与相似症状的区分，见表 1-6。

表 1-6　辣椒营养缺乏症状诊断表

症状发生部位	主要特异症状	诊断	与相类似症状的区分
整个植株生长不良,尤其是老叶容易出现症状	基部叶片开始变黄,逐渐向新叶发展,植株长势弱,叶小、果小	缺氮症	
	叶小,顶叶浓绿,下部叶带紫色	缺磷症	
从果实膨大开始,在成熟的叶片上出现症状	下部叶尖和叶缘变黄,有黄色小斑,而后向叶中肋部发展,叶尖和叶缘呈黄褐色,与叶脉附近的浓绿色部分形成鲜明对比。植株下部叶片脱落	缺钾症	缺钾与缺镁的区别:缺钾从叶缘开始失绿,并向叶中部发展,褪色部分与绿色部分对比清晰;缺镁是从叶子中间开始失绿
	叶脉间出现黄斑,叶缘向内侧卷曲,硝态氮多时容易发生	缺钼症	土壤酸性容易发生,中性和碱性土壤多不出现
症状出现在靠近果实的叶片上,生长初期多不发生,直到果实膨大时症状才会出现	果实膨大时,靠近果实的叶片的叶脉间才开始发黄。在生长后期除叶脉残留绿色外,叶片间均已变为黄色,严重时黄化部分变为褐色,叶片脱落	缺镁症	缺镁与缺锌的区别:缺镁症状不在新叶上出现,缺镁多在 pH 较低的时候发生
顶端新叶上表现症状	幼叶和新叶呈黄白色,叶脉残留绿色	缺铁症	缺铁与缺锰的区别:缺铁的顶叶近黄白色。叶面喷用硫酸亚铁 2～3d 可使叶色变绿,可以判定为缺铁
	顶叶黄化,变凋萎	缺硼症	中性到偏碱性土壤上容易发生
从新叶开始出现症状,并逐渐向较大的叶片上发展	新叶的叶脉间变为黄绿色,但叶脉仍为绿色。变黄部分不久即变为褐色	缺锰症	缺锰与缺锌的区别:缺锰时新叶变黄;缺锌时黄斑部分与绿色部分对比鲜明
	叶小呈丛生状,新叶上发生黄斑,逐渐向叶缘发展,至全叶黄化	缺锌症	
茎及叶柄上出现症状	顶端茎及叶柄折断看时,内部变黑色。茎上有木栓状龟裂	缺硼症	中性至偏碱性土壤上易发生
果实上出现症状	辣椒果实顶部腐烂	缺钙症	多发生在酸性土壤上

13. 辣椒药害的发生原因与防止措施

(1) 发生症状　辣椒药害的发生有多种症状,常见的症状主要有斑点、黄化、畸形、枯萎、生长停滞等情况。

① 斑点　主要发生在叶片上,有时也发生在茎秆或果实表皮上,常见的有褐斑、黄斑、网斑等。

② 黄化　主要发生在辣椒的茎叶部位,以叶片居多。

③ 畸形　由药害引起的畸形可发生在辣椒茎叶、果实和根部,常见的有卷叶、丛生、根肿、果实畸形等。

④ 枯萎　药害引起的枯萎往往是整株都有的症状,一般是由除草剂施用不当造成的。

⑤ 生长停滞　过量使用三唑类农药往往表现为植株受到抑制,缩头、叶片畸形变小,菜农常误认为是病毒病。激素中毒,多由为保花保果施用对氯苯氧乙酸、2,4-滴不当引起,为了控长或保长使用赤霉酸、助壮素、复硝酚钠等,主要表现为叶片卷缩、丛生。

(2) 发生原因　一是误用了不对症的农药;二是施用农药浓度过大或者连续重复施

药；三是在高温或高湿条件下施药；四是施用了劣质农药；五是土壤施药不够均匀；六是连阴天喷施农药。

（3）防止措施

① 喷水冲洗　若是叶片和植株因喷洒药液而引起药害，可在早期药液尚未完全渗透或被吸收时，迅速用大量清水喷洒叶片，反复冲洗 3～4 次，尽量把植株表面的药液冲刷掉，并配合中耕松土，促进根系发育，使植株迅速恢复正常生长。由于大多数农药遇碱性物质都比较容易减效，可在喷洒清水中加适量 0.2% 小苏打溶液或 0.5% 石灰水，进行淋洗或冲刷。

② 追施速效肥料　产生药害后，要及时浇水并追施尿素等速效肥料。此外，可叶面喷施 1%～2% 尿素或 0.3% 磷酸二氢钾溶液，以促使植株生长，提高自身抵抗药害的能力。

③ 施用解毒剂或植物生长调节剂　根据引发药害的农药性质，采用与其性质相反的药物中和。例如，喷施硫酸铜过量后可喷施 0.5% 生石灰水。喷施三唑类药剂产生药害，或喷激素类药物中毒后，要以细胞分裂素或赤霉酸作为解毒剂，剂量以 20～30mg/kg 为宜，通常以 1mL 赤霉酸加 1mL 细胞分裂素对 15L 水即可。另外，使用芸苔素内酯 600 倍液喷雾，效果也比较理想。

④ 及时摘除蔬菜受害的果实、枝条、叶片，防止植株体内的药剂继续传导和渗透。

14. 辣椒肥害的发生原因与防止措施

（1）发生症状　辣椒肥害症状有三种：第一种是未腐熟肥造成的氨气中毒，产生叶脉间黄化或叶缘出现水浸状斑纹，或褪绿斑驳；第二种是未腐熟有机肥或过量化肥烧根，表现为辣椒幼苗根系呈褐色，不长新根，植株萎蔫枯死（彩图 1-18），植株生长缓慢、叶片黄化；第三种是叶面肥过量，使叶片僵化、变脆、扭曲、畸形，茎秆变粗，抑制生长。

（2）发生原因　设施栽培的辣椒在移栽定植时有一个高温闷棚提温和生根促成活的过程，但是，如果仅仅注意棚室温度，忽视了基肥的腐熟程度，就会造成氨气中毒，表现为叶脉间或叶缘出现水浸状斑块，从而呈现黄化斑驳症。在营养土（苗床土）的配制中，掺入未腐熟的有机肥如鸡粪干，或施入过量化肥，也会对幼苗造成烧灼为害。表现为秧苗根系呈褐色，不长新根，作物吸肥受阻，从而影响叶片和整个植株生长发育，叶片边缘因营养不足而脱肥黄化。有些不法厂商在叶面肥、冲施肥中加入对作物起刺激速效作用的激素类物质，剂量一多就会产生叶面肥害（有时是激素药害），表现为叶片僵化，变脆扭曲畸形，茎秆变粗，抑制了生长，造成微肥中毒。

（3）防止措施　棚室栽培的辣椒，定植后一定要注意棚室的通风透气。同时施入的底肥一定要腐熟，深施，不要露出地表，以免产生的氨气对叶片熏蒸造成肥害。配制育苗营养土时，应严格准确控制化肥的用量，不能估计用量，或尽量不用化肥作营养土的肥源，加足量腐熟好的有机肥配制即可。喷施叶面肥时，准确掌握剂量，做到合理施肥，配方施肥。夏季或高温季节追施化肥时，应尽量沟施、覆土，避开中午时间施肥，傍晚施肥及时浇水通风。有条件的棚室提倡滴灌施肥浇水技术，可有效避免高温烧叶和肥水不均。

15. 辣椒盐害的发生原因与防止措施

（1）发生症状　盐碱地区或经多年栽培的保护地易发生辣椒盐害。土壤发生盐害，地表出现白色的结晶物，特别在土层干旱时和大棚休闲期易发生。个别严重的地块出现青霉和红霉，为磷、钾过剩所滋生的微生物（彩图 1-19）。土壤积盐能造成作物的生长发育不良，种子播后发芽受阻，出苗差，根系细而少，植株生长缓慢，茎细，叶呈暗绿色，叶片微卷缩，严重时植株凋萎死亡。

（2）发生原因　棚室栽培辣椒不同于露地。露地栽培时，一部分肥料被作物吸收，其余未被吸收的氮、钾多随雨水流失，残留在栽培田土壤中的很少。然而棚室无流失的条件，因此剩余的肥料全部残留在土壤中。由于常年聚积使土壤浓度过高，磷酸类肥料大部分被土壤吸收，不能溶解出来。而硝酸铵、氯化钾、硫酸铵等能溶解在土壤溶液中，促使土壤表层盐类积聚，对蔬菜产生不同程度的危害。而且棚室内温度较高，土壤水分蒸发量大，肥料中的盐分容易通过毛细作用随水分上升，将土壤所含盐类带至地表，很容易造成棚室内盐分积累，这种盐分加大了土壤溶液浓度，致使蔬菜根系水分外流，影响蔬菜对水分和养分的吸收，造成蔬菜营养失调和各种缺素症。棚室的土壤随着栽培年数的增加，土壤盐渍化日趋严重，从而影响辣椒产量和品质。

（3）防止措施

① 测定土壤含盐量　有条件的，可根据棚室的使用年限，在育苗或定植之前，进行土壤含盐量的测定，以便及时采取措施，控制和降低土壤含盐量。当土壤盐分较高时，可以换土或深翻，甚至更换棚室地址，避免土壤盐害。

② 隔离层育苗、分苗　在苗床底部铺隔离物，隔离物可用稻壳、稻草、碎柴草等，厚 5～10cm，铺均压实。上面铺放配好的营养土，播种床厚 6～8cm，分苗床 10～12cm。营养土的配比为腐熟马粪∶肥料田土∶腐熟人粪（鸡猪粪）干或马粪，或园田土∶堆肥∶人粪（鸡猪粪）干＝1∶1∶0.5。另外加入 1% 的草木灰，0.1%～0.3% 的硫酸铵和 0.3% 的磷酸二氢铵或过磷酸钙。如土质黏重，可加入适量的过筛细沙或炉渣，将 pH 调整到 6.5～7.0（呈中性或微酸性）。这一营养土配方的优点是通透性好，地温高，具有隔盐和淋盐作用，秧苗质量好，根系发达。同对照比较，可提早 3～5d 缓苗，成活率提高，抗盐能力明显增强。

③ 灌水洗盐　积累的盐分有溶于水的特点，在夏季棚室休闲期可采用大水灌溉的方法洗盐。灌水至棚室内土壤表面积水 3～5cm，浸泡 5～7d，然后排出积水，使盐分随水排出，或适时揭去棚膜接受雨水淋洗，并深挖棚室周围的排水沟，使耕层内的盐分随水排走，降低棚室土壤含盐量。

④ 合理施肥　受盐分障害较为严重的棚室，应抓住拉秧后的空闲时期，大量埋施生秸秆，利用含氮低而含碳很高的秸秆来吸收土壤中游离的氮素。这项工作可结合温室的土壤消毒来进行。方法是：在蔬菜拉秧后，将稻草、高粱、玉米等秸秆，切成 3～4cm 长，均匀地撒施在田间（每亩约 1000～2000kg），深翻后灌大水，同时封闭棚室，尽可能地提高温度。一个月后，揭膜晾晒。这样可起到除盐、培肥、杀菌等作用。

重施农肥如堆肥、绿肥、厩肥等，掺入适量炉渣，与耕层土壤充分混合，可改善土壤理化性状，降低盐分含量。经测定，在 pH 为 8.0 的地块连续 5 年每亩施有机肥 5000kg，可使有机质含量由不足 1% 增加到 2% 以上，全氮量达到 1% 以上，pH 降至 7.5。重施有机肥料能明显改善土壤理化性状，有机肥料在分解过程中，将不断消耗耕作层中的盐分和氮源，同时有机肥料能吸收部分盐分和隔断部分上升的毛细管，有抑制盐分积累的作用。

巧施化肥，坚持少量多次的施肥原则，减少化肥的施用量，避免施入有较多副作用的化肥，如硫化物和氯化物，因为蔬菜不吸收硫酸根和氯离子，这些离子多是滞留在土壤溶液中，盐类浓度也随之升高。可适量地施用尿素和碳酸氢铵或磷酸二氢铵，尽量不施氯化铵，避免表层土壤板结和盐分浓度增高。改单一追施氮肥的方法为追施复合肥。棚室蔬菜产量高，对磷、钾和钙等养分的需求量很大，棚室盐害症状，在很多方面与缺钙症状相似，因此，追施磷、钾肥的时间不宜太晚，可以前期追施氮磷复合肥，磷肥以含钙的普通过磷酸钙为宜。

⑤ 加强管理，防止返盐　定植时浇大水，冲盐压盐，抑制返盐，提高成活率。冬春季温度较低，而此期采取浇水压盐又会降低地温，因此要增加中耕松土次数，深度控制在 2～4cm，切断土壤表层细管，可提高地温，提高土壤的通透性，控制盐分上升，促进盐分下渗。覆盖地膜，或将稻草、秸秆覆盖于行间，封闭地面，具有明显的减少蒸发、控制返盐的作用，另外还可降低室内湿度，控制侵染性病害的发生。合理密植，增加叶面积指数和覆盖率，避免阳光直射地面，减轻因地面蒸发造成的返盐，并能降低病毒病的发病率。

16. 辣椒高温障碍的发生原因与防止措施

(1) 发生症状　塑料大棚或温室栽培甜椒、辣椒，常发生高温为害。叶片受害，初期叶绿素褪色，叶片上形成不规则形斑块或叶缘呈漂白状，后变黄色。轻的仅叶缘呈烧伤状，重的波及半叶或整个叶片（彩图 1-20），终致永久萎蔫或干枯。

(2) 发生原因　病因主要是棚室温度过高，当白天棚内高于 35℃ 或 40℃ 左右高温持续时间超过 4h，夜间高于 20℃，湿度低或土壤缺水，放风不及时或未放风，就会灼伤甜椒、辣椒叶片表皮细胞，致茎叶损伤，叶片上出现黄色至浅黄褐色不规则形斑块或果实异常，其影响程度与湿度、土壤水分等环境条件有关。田间在干旱的夏季，植株未封垄，叶片遮阴不好，土壤缺水及暴晒，也可引起高温障碍。

(3) 防止措施　因地制宜选用耐热品种；阳光照射强烈时，可采用部分遮阴法，或使用遮阳网防止棚内温度过高；喷水降温；移栽大田可遮阴，还可降低土温，以免产生高温为害；与玉米等高秆作物间作，利用花期降温。

17. 青椒采后处理技术要领

(1) 采前防病　需贮藏或长途运输的青椒，栽培品种应选择抗病性强、果皮角质厚、色深绿、较耐贮藏的品种。采前 10～15d，可喷洒适当杀菌剂，如 10% 乙磷铝可湿性粉剂 200 倍液或 70% 代森锰锌可湿性粉剂 400 倍液，减少田间病原菌的密度和数量。

(2) 采收要求　采收时已显红色的果实，采后衰老较快，只能作短期贮藏。长期贮藏应选择果实已充分膨大、坚硬、果面有光泽的绿熟果。青椒不耐霜冻，采收必须在初霜降临前几天进行，受霜冻的果实不能贮藏。采前 3～5d 停止灌水，保证果实质量。采收最好用锋利的剪刀或刀片剪（割）断果柄。摘下的青椒，轻轻放入布袋或垫纸的筐中。

(3) 挑选整修　注意剔除有病虫害及有伤的果实。用剪刀将入贮青椒的果柄剪平，将挑选、修整好的青椒用克霉灵或 3% 的噻唑灵烟剂熏蒸处理。方法是：将挑选好的青椒放入一密闭容器中，按每 10kg 青椒用 2mL 克霉灵，取一定量药剂，用碗、碟等盛取或用棉球、布条等蘸取，分多点均匀放在筐缝处，密闭熏蒸 24h。挑选整修与分级一同进行。

(4) 分级（表 1-7、表 1-8）

表 1-7　辣椒等级规格 （NY/T 944—2006）

商品性状基本要求	大小规格	特级标准	一级标准	二级标准
新鲜；果面清洁，无杂质；无虫及病虫造成的损伤；无异味	长度和横径/cm 羊角形、牛角形、圆锥形长度 大：>15 中：10~15 小：<10 灯笼形横径/cm 大：>7 中：5~7 小：<5	外观一致，果梗、萼片和果实呈该品种固有的颜色，色泽一致；质地脆嫩；果柄切口水平、整齐（仅适用于灯笼形）；无冷害、冻害、灼伤及机械损伤，无腐烂	外观基本一致，果梗、萼片和果实呈该品种固有的颜色，色泽基本一致；基本无绵软感；果柄切口水平、整齐（仅适用于灯笼形）；无明显的冷害、冻害、灼伤及机械损伤	外观基本一致，果梗、萼片和果实呈该品种固有的颜色，允许稍有异色；果柄劈裂的果实数不应超过2%；果实表面允许有轻微的干裂缝及稍有冷害、冻害、灼伤及机械损伤

表 1-8　长辣椒购销等级要求 （SB/T 10452—2007）

商品性状基本要求	特级标准	一级标准	二级标准
具有同一品种特征，适于食用；果实新鲜洁净，发育成熟，果形完整，果柄完好，不留叶片，果面平滑；无异味，无异常水分；具有适于市场购销和贮藏要求的新鲜度和成熟度；无腐烂、雹伤及冻伤等缺陷	具有果实固有色泽，自然鲜亮，颜色均匀；具有果实固有形状，弯曲度在15°以下；果实丰实，不萎蔫，果柄新嫩；无机械伤及病虫伤；整齐度与平均长度的误差≤±5%；同批次不合格品率不超过10%	具有果实固有色泽，较鲜亮，颜色较均匀；具有果实固有形状，弯曲度在15°~20°；果实丰实，不萎蔫，果柄较新嫩，略皱；有轻微机械伤及病虫伤；整齐度与平均长度的误差≤±7.5%；同批次不合格品率不超过10%	具有果实固有色泽，不够鲜亮，略有杂色；具有果实固有形状，弯曲度在20°~30°；果实丰实，无明显萎蔫，果柄不够新嫩；有较明显机械伤及病虫伤；整齐度与平均长度的误差≤±10%；同批次不合格品率不超过15%

（5）预冷　青椒采收入库贮藏前可先进行预冷，待青椒温度达到库温后再包装入贮，减少贮藏中的结露现象。当果实温度为 26.7℃ 或更高时，用水预冷，使之在 3~4h 内降至 12.8℃ 以下。而一般情况不用水预冷，因为水冷会增加腐烂。用厚度为 0.03~0.04mm 的聚乙烯薄膜，制成 50~60cm 长、30cm 宽的塑料袋，在袋口下方三分之一处，用打孔器打 2~3 个对称的小孔，随后装入青椒，封住袋口，放于菜架上贮藏。

（6）包装　用于产品大包装的容器如塑料箱、纸箱（彩图 1-21）、竹筐等应按产品的大小规格设计，同一规格应大小一致，整洁、干燥、牢固、透气、美观、无污染、无异味，内壁无尖突物，无虫蛀、腐烂、霉变等，纸箱无受潮、离层现象。塑料箱应符合 GB/T 8868 的要求。按产品的品种、规格分别包装，同一件包装内的产品需摆放整齐紧密。每批产品所用的包装、单位质量应一致，每件包装净含量不得超过 10kg，误差不超过 2%。每一包装上应标明产品名称、产品的标准编号、商标、生产单位（或企业）名称、详细地址、产地、规格、净含量和包装日期等，标志上的字迹应清晰、完整、准确。包装应在低温或冷库环境下进行。

（7）贮藏　青椒贮藏方法有沙藏、埋藏、窖藏，贮藏适温 (10±1)℃，低于适温越低越容易产生冷害；高于适温，越高越容易衰老和腐烂，不能久贮。适宜相对湿度为 90%~95%。青椒对二氧化碳也较为敏感，所以要注意通风换气。

贮藏场所要在青椒入贮前彻底清扫，老库房要进行药剂消毒，每立方米用硫黄粉 5~10g，与少量干锯末、刨花混匀放在干燥的砖上点燃，立即关闭库门，密闭 24h 后充分通风即可。喷洒其他广谱杀菌剂如多菌灵、甲基硫菌灵等也有杀菌效果。

机械冷库是最理想的贮藏场所，因为温度可以自动控制，能保持恒定。采用其他简易贮藏方式贮藏青椒要特别注意管理。青椒入贮初期，由于外界气温较高，窖内温度也相对较高，所以需要在晚上打开通风口或换气口降温；贮藏中期需要关闭通风口以降温；贮藏后期需要加温。还要采用在地面喷水的办法增加相对湿度。贮藏期间应勤检查，入贮 1 个月后应翻倒检查一次，以后每隔 15d 倒一次，剔除烂果及转红果。

青椒气调贮藏在商业上很少应用。辣椒运输中的气调条件可为：4%～8%氧气，2%～8%二氧化碳。据报道，甜椒在 8.9℃贮温下，在 5%氧气和 10%二氧化碳中可贮藏 38d，但在空气中只能贮藏 22d。

（8）贮藏期病害　青椒贮藏期常发生炭疽病、青霉病、果腐病、疫病、根霉蒂腐病、软腐病、萎蔫症、冷害、二氧化碳害等。采收时带柄采收，最好用无锈剪刀。轻拿轻放，采用适宜的包装物，做好预冷工作，控制适宜的温度、湿度和二氧化碳浓度。对包装材料进行消毒灭菌，对贮藏果品可进行必要的药剂处理，如用 50%腐霉利防治灰霉病。改善贮藏微环境，如在包装物上打孔或于贮藏帐内、贮藏垛旁放置硝石灰，调节二氧化碳浓度。定期检查、翻库，及时清理烂果、病果等，可减少病害的发生。

（9）运销　销往远距离城市的辣椒采收后精选入纸箱，需要在 8～10℃、相对湿度85%～90%的冷库中预冷 8～12h 后"保温"运输。如果用保温车运输最有利于保持辣椒的商品性。没有保温车的可以用"普通卡车＋棉被"或"卡车＋棉被＋冰块"进行运输，但货架期仅 48h 左右，损失在 10%以上。运输过程中注意防冻、防雨淋、防晒、通风散热。

进入超市前要进行配送小包装，方法有：①托盘或箱外一道薄膜包装，即在青椒装入包装后，在托盘或箱外缠一道收缩膜，托盘和箱的容量以不超过 1kg 为限（彩图1-22）。②便携式薄膜袋和纸袋包装方法。方便袋可在袋上部 1/3 的表面打孔，孔径5mm，5 个孔即可，一般每袋容量不超过 2～3kg。超市销售蔬菜冷柜温度一般控制在5～10℃，常温销售柜台要少摆放，随时从冷库取货补充柜台。

六、辣椒主要病虫害防治技术

1. 辣（甜）椒病虫害综合防治技术要点

（1）加强管理　冬耕冬灌，冬季白茬土在大地封冻前进行深中耕，有条件的耕后灌水，能提高越冬蛹、虫卵死亡率。

幼苗期，育苗用无病苗床土，培育无病壮苗，露地育苗苗床要盖防虫网，保护地育苗通风口要设防虫网，防止蚜虫、潜叶蝇、粉虱进入为害传毒，出苗后要撒干土或草木灰填缝。加强苗期温湿度管理，施入的有机肥要充分腐熟，采用营养钵育苗、基质育苗，出苗后尽可能少浇水，在连阴天也要注意揭去塑料等覆盖物，苗床温度白天控制在25～27℃，夜间不低于 15℃，逐步通风降湿，发现病株及时拔出销毁。在苗床内喷 1～2 次 0.15%～0.2%等量式波尔多液。出苗后可喷施 0.1%磷酸二氢钾溶液，苗期施用微生物肥，有利于增强光合作用和抗病毒病能力。

定植至结果期，选无病壮苗，高畦栽培，合理密植。施足腐熟有机肥，定植后注意松土、及时追肥，促进根系发育。定植缓苗后，每 10～15d 用 0.2%～0.4%等量式波尔多液喷雾，浓度由低到高。盖地膜可减轻前期发病。及时摘除病叶、病花、病果，拔除病株深埋或烧毁，决不可弃于田间或水渠内。及时铲除田边杂草。及时通风、降湿、降温，控制浇水，不可大水漫灌，最好采用软管滴灌法，提倡适时灌水，根据墒情浇水，减少灌水次数。田间出现零星病株后，要控水防病，棚室更应加强水分管理，务必降低湿度，通风透光。改进浇水方式，推行膜下渗灌或软管滴灌，应选择晴天的上午浇水，浇水后提温降湿。

(2) 实行轮作　与非茄科作物实行 3 年以上轮作，推广菜粮或菜豆轮作。

(3) 种子处理　选用抗病、耐病、高产优质的品种，各地的主要病虫害各异，种植方式不同，选用抗病虫品种要因地制宜，灵活掌握。种子消毒，可选用 1％高锰酸钾溶液浸种 20min，或 10％磷酸三钠溶液浸种 20min、1％硫酸铜液浸种 5min。浸种后均用清水冲洗干净再催芽，然后播种。也可用 56℃的恒温水处理种子 10min，冷水冷却后浸种催芽。

(4) 土壤及棚室消毒　棚室消毒，即在未种植作物前，对地面、棚顶、顶面、墙面等处，用硫黄熏蒸消毒，每 100m³ 空间用硫黄 250g、锯末 500g 混合后分成几堆，点燃熏蒸一夜。在夏季高温季节，深翻地 25cm，撒施 500kg 切碎的稻草或麦秸，加入 100kg 熟石灰，四周起垄，灌水后盖地膜，保持 20d，可消灭土壤中的病菌。

(5) 物理防治　田间插黄板或挂黄条诱杀蚜虫、粉虱、斑潜蝇。还可用黑光灯、频振式杀虫灯、高压汞灯等诱杀大多数害虫。在害虫卵盛期撒施草木灰，重点撒在嫩尖、嫩叶、花蕾上，每亩撒灰 20kg，可减少害虫卵量。用糖醋液或黑光灯可诱杀地老虎。还可利用性诱剂诱杀。在保护地的通风口和门窗处罩上纱网，可防止白粉虱和蚜虫等昆虫飞入。

(6) 生物防治　用 72％硫酸链霉素可溶性粉剂 4000 倍液，防治各种细菌性病害。用 1％武夷菌素水剂 150～200 倍液，木霉菌 600～800 倍液，1.5％多抗霉素可湿性粉剂 150 倍液等药剂喷雾防治灰霉病、炭疽病。有条件的可利用自然天敌，如释放赤眼蜂等，将工厂化生产的赤眼蜂蛹，制成带蜂蛹的纸片挂在菜田内植株中部的叶内，用大头针别住即可，每亩放 5 点。定植前喷一次 10％混合脂肪酸水剂 50～80 倍液。幼苗期和大田，随时注意用 0.9％阿维菌素乳油 3000 倍液防治害螨、蚜虫、粉虱、斑潜蝇和棉铃虫等。用 2000 单位的苏云金杆菌乳剂 500 倍液，防治棉铃虫。喷施多角体病毒，如棉铃虫核型多角体病毒等，与苏云金杆菌配合施用效果好。

(7) 药剂防治

① 疮痂病　可选用 77％氢氧化铜可湿性粉剂 500 倍液，或 100 万单位的新植霉素 4000 倍液、27％碱式硫酸铜悬浮剂 400 倍液等喷雾防治。可兼治软腐病、疮痂病、叶斑病和青枯病。

② 炭疽病　可选用 2％嘧啶核苷类抗菌素水剂 200 倍液，或 2％武夷菌素水剂 200 倍液等喷雾。

③ 病毒病　苗期可喷 10％混合脂肪酸水剂 100 倍液。定植后，可选用 50％氢氧化铜可湿性粉剂 500 倍液，或磷酸三钠 500 倍液等，于缓苗期、初果期、盛果前、后期各喷一次。

④ 根腐病　可选用 50％琥胶肥酸铜可湿性粉剂 400 倍液，或 40％络氨铜•锌水剂 800～1000 倍液、47％春雷•王铜可湿性粉剂 600～800 倍液等喷雾防治。

2. 辣椒主要病害防治技术

(1) 苗期猝倒病（彩图 1-23）　又叫小脚瘟、卡脖子、绵腐病，是辣椒苗期主要病害，多发生在早春育苗床或育苗盘上。该病在成株期表现为绵腐病，主要为害果实，引起果腐，在潮湿条件下病部生大量白霉，果实失去食用价值。

苗床消毒。选择地势较高，背风向阳，排水方便，无病原的地块建苗床。最好用无病新土或进行土壤消毒。苗床土最好提前到伏天配制，经长时间堆沤和烈日暴晒消毒。药剂消毒，可在播种前3周，每平方米用100倍液的甲醛2～4kg浇在苗床上，用地膜覆盖一周，再揭膜透气2周后播种。也可用72%霜脲·锰锌可湿性粉剂或69%烯酰·锰锌可湿性粉剂1～1.5kg/亩拌细土40～50kg，2/3药土均匀撒在苗床上，1/3盖种。

种子处理。用50%克菌丹可湿性粉剂或40%福·拌可湿性粉剂，按种子质量的0.3%～0.4%的药量拌种。

加强管理。适当稀播，及时间苗。尽量少浇水，发现病苗及时拔除，如遇阴雨，床土过湿，可在苗床撒一薄层干细土或草木灰。加强苗床通风，晴好天中午前后揭去全部覆盖物。寒冷天做好防寒保温工作。

药剂防治。出现少数病苗时，可选用64%恶霜灵可湿性粉剂600倍液，或75%百菌清可湿性粉剂1000倍液、68%精甲霜·锰锌水分散粒剂600～800倍液、3%恶霜·甲霜水剂1000倍液、15%恶霉灵水剂700倍液、72.2%霜霉威水剂600倍液、69%烯酰·锰锌可湿性粉剂800倍液、25%甲霜铜可湿性粉剂1200倍液、25%甲霜灵可湿性粉剂800倍液等喷雾防治，随后可均匀撒干细土降低湿度。苗床湿度大时，不宜再喷药水，而用甲基硫菌灵或甲霜灵等粉剂拌草木灰或干细土撒于苗床上。

（2）辣椒立枯病（彩图1-24）　一般多发生在苗期，尤其是幼苗中后期，严重时可成片死苗。

加强管理。防止苗床内出现高温、高湿状态。增施磷钾肥，增强秧苗抗病力。喷洒辣椒植宝素75～90倍液，或磷酸二氢钾500～1000倍液，可提高幼苗抗病能力。不移栽带病苗，移栽时带药下田。整土施肥浇足底水后再进行地膜覆盖移栽，并及时浇定根水。定植穴封苑时，只需把定植穴封严即可，勿堆置过多的泥土，埋没茎秆。定植缓苗后用甲基硫菌灵或多菌灵灌根一次预防。

种子处理。用干种子质量0.2%的40%福·拌可湿性粉剂拌种杀菌。用2.5%咯菌腈悬浮种衣剂12.5mL，对水50mL，充分混匀后倒在5kg种子上，快速搅拌，直到药液均匀分布在每粒种子上，晾干播种。或将种子湿润后用种子质量0.3%的75%福·萎可湿性粉剂或50%甲基立枯磷或70%恶霉灵可湿性粉剂拌种。拌种时加入0.01%芸苔素内酯乳油8000～10000倍液，有利于抗病壮苗。

苗床消毒。育苗时进行土壤消毒，每立方米苗床土可用50%多菌灵可湿性粉剂8g，加营养土10kg拌匀成药土进行育苗，播前一次性浇透底水，等水渗下后，取1/3药土撒在畦面上，把催好芽的种子播上，再把余下的2/3药土覆盖在上面，即下垫上覆使种子夹在药土中间，生长期可同时喷洒0.1%磷酸二氢钾溶液，以提高抗病力。

药剂防治。发病初期，可选用36%甲基硫菌灵悬浮剂500倍液，或5%井冈霉素水剂1500倍液、20%甲基立枯磷乳油1200倍液、15%恶霉灵水剂450倍液、72%霜霉威水剂400倍液、25%甲霜铜可湿性粉剂1200倍液等。一般每7d喷一次，连喷2～3次。当苗床同时出现猝倒病和立枯病时，可喷72.2%霜霉威水剂800倍液加50%福美双可湿性粉剂500倍液的混合液，喷药时注意喷洒茎基部及其周围地面。还可用95%恶霉灵原粉4000倍液浇灌。

（3）辣椒疫病（彩图1-25）　主要为害叶片、果实和茎，尤其茎基部发病最重。田间一般于5月中旬前后开始发病，表现为明显的发病中心或中心病株，6月至7月上旬为流行高峰期。

种子处理。选择抗病品种。种子浸入55℃热水，并不断搅拌，烫种30min后自然冷却至 30℃，浸种 8h，再催芽播种。也可用 1％硫酸铜浸种消毒，或 72.2％霜霉威水剂 600 倍液，或 20％甲基立枯磷乳油 1000 倍液浸种 12h，洗净后播种或催芽。

无病土育苗。土壤消毒可用 25％甲霜灵，或 40％乙磷铝，或 75％百菌清等药剂，每平方米用药 8g 加 10～15kg 细土拌匀，1/3 垫苗床，2/3 盖土。培育适龄壮苗，适度蹲苗。

药剂防治。定植时或缓苗后，用 72.2％霜霉威水剂或 64％恶霜灵可湿性粉剂 500 倍液浇定植穴，每株浇 250mL。发病前，喷 1∶1∶200 波尔多液，或用 58％甲霜·锰锌可湿性粉剂、69％烯酰·锰锌可湿性粉剂 8～10g/m³ 与细土 4～5kg 混拌均匀，在苗床浇足底水的前提下，先取 1/3 毒土撒在床面上，播种后再将 2/3 毒土覆上。田间发现中心病株后，及时剪除病株、病枝，可选用 50％甲霜铜可湿性粉剂 500～600 倍液，或 60％琥·乙磷铝可湿性粉剂 500 倍液、77％氢氧化铜可湿性粉剂 500 倍液、75％百菌清可湿性粉剂 800 倍液、68％精甲霜·锰锌水分散粒剂 500～600 倍液、68.75％氟菌·霜霉威水剂 800 倍液、25％嘧菌酯悬浮剂 1000～1500 倍液、72％霜脲·锰锌可湿性粉剂 800 倍液、50％烯酰吗啉可湿性粉剂 2500～3000 倍液、25％双炔酰菌胺悬浮剂 800 倍液、72.2％霜霉威水剂 800 倍液等喷雾，7～10d 一次，连续 2～3 次，严重时每隔 5d 一次，连续 3～4 次。

保护地栽培，除加强通风换气，还可用 45％百菌清烟雾剂，每亩每次用 250g，或用 5％百菌清粉剂，每亩 1kg，每 7～10d 一次，连续 2～3 次。

（4）辣椒灰霉病（彩图 1-26）　主要在温室和塑料棚等保护地内发生，在辣椒苗期和成株期均普遍发生，为害幼苗、叶、茎、枝条、花器和果实等器官。棚室定植前亩用 6.5％硫菌·霉威粉尘 1kg 喷粉，或 50％多·霉威可湿性粉剂 600 倍液、50％异菌·福粉剂 1000 倍液喷雾灭菌；发病初期，可选用 50％腐霉利可湿性粉剂 1500～2000 倍液，或 50％异菌脲可湿性粉剂 1000～1500 倍液、50％乙烯菌核利水分散粒剂 1000 倍液、40％菌核净可湿性粉剂 800 倍液、40％嘧霉胺悬浮剂 1200 倍液、40％嘧菌环胺水分散粒剂 1200 倍液、50％多霉清可湿性粉剂 800 倍液、50％多·福·疫可湿性粉剂 1000 倍液、25％嘧菌酯悬浮剂 1500 倍液等喷雾防治，7～10d 一次，共 2～3 次。大棚还可用 10％腐霉利烟熏剂，亩用药 250～300g，或 5％百菌清烟熏剂，亩用 1kg，或 20％噻菌灵烟熏剂，每亩 300～500g。

（5）辣椒白粉病（彩图 1-27）　仅为害叶片。一般从 6 月份始发，一直可延续到 10 月下旬。发病初期，可选用 20％三唑酮乳油 2000 倍液，或 2％嘧啶核苷类抗菌素或武夷菌素水剂 200 倍液、50％多·硫胶悬剂 400 倍液、10％苯醚甲环唑水分散粒剂 2500～3000 倍液、50％硫菌灵可湿性粉剂 500～1000 倍液、43％戊唑醇悬浮剂 3000 倍液、70％代森联干悬浮剂 600 倍液、2％春雷霉素水剂 400 倍液、6％氯苯嘧啶醇可湿性粉剂 1500 倍液、25％嘧菌酯悬浮剂 1500 倍液、75％百菌清可湿性粉剂 600 倍液、62.25％腈菌·锰锌可湿性粉剂 600 倍液、40％氟硅唑乳油 8000～10000 倍液、25％腈菌唑乳油 500～600 倍液、30％氟菌唑可湿性粉剂 1500～2000 倍液、25％丙环唑乳油 3000 倍液等喷雾防治，或直接喷撒细颗粒的硫黄粉（气温 24℃以上），7～15d 一次，连防 2～3 次。严重时成株期用 25％苯甲·丙环唑乳油 3000 倍液等喷雾防治。

（6）辣椒叶霉病（彩图 1-28）　一般 3 月下旬至 4 月份遇到连阴雨天气，保护地内光照过弱，通风不良而湿度长期较高，有利于叶霉病的扩展和加重为害。棚室定植前，用硫黄粉熏蒸大棚或温室。发病前或发病初期，可选用 47％春雷·王铜可湿性粉剂 800

倍液，或 10％多抗霉素可湿性粉剂 800 倍液、2％武夷菌素水剂 100～150 倍液、65％乙霉威可湿性粉剂 1000 倍液、75％百菌清可湿性粉剂 600 倍液、40％氟硅唑乳油 4000 倍液、70％甲基硫菌灵可湿性粉剂 800～1000 倍液、10％苯醚甲环唑可湿性粉剂 2000 倍液、50％甲硫悬浮剂 800 倍液等喷雾防治，隔 7～10d 喷一次，连续 3～4 次。

保护地内除喷雾防治外，还可使用 5％百菌清粉尘剂或 6.5％硫菌·霉威粉尘剂，每亩用量为 1.5～1.8kg，也可使用 45％百菌清烟剂。采收前 3d 停止用药。

（7）辣椒污霉病（彩图 1-29） 又称煤污病，主要为害叶片、叶柄及果实，是棚室辣椒上的特有病害。棚室栽培，要注意改善棚室小气候，提高透光性和保温性，调控好湿度。露地栽培，选择通风、高燥的田块，采取深沟高畦栽培，注意雨后及时排水，防止湿气滞留。及时防治蚜虫、粉虱及介壳虫。发病初期及时喷药，可选用 40％多·硫悬浮剂 800 倍液，或 50％甲基硫菌灵可湿性粉剂 500 倍液、78％波尔·锰锌可湿性粉剂 600 倍液、25％嘧菌酯悬浮剂 1000 倍液、68％精甲霜·锰锌水分散粒剂 600 倍液、40％多菌灵胶悬剂 600 倍液、50％混杀硫悬浮剂 500 倍液、50％苯菌灵可湿性粉剂 1000～1500 倍液、40％敌菌丹可湿性粉剂 500 倍液、40％灭菌丹可湿性粉剂 400 倍液、50％乙霉灵可湿性粉剂 1500 倍液、65％硫菌·霉威或 50％多霉清可湿性粉剂 800～900 倍液等喷雾防治，每隔 10d 左右喷一次，连续防治 2～3 次。棚室也可用百菌清烟剂熏治。采收前 7d 停止用药。

（8）辣椒早疫病（彩图 1-30） 是一种常见病害。主要为害叶片，一般在开花结果后开始发病，结果盛期达到发病高峰。重病区尽量与非茄科蔬菜实行轮作。选择地势高、向阳田块，或离水源近的缓坡地种辣椒，雨季易排水，旱季易抗旱。发病早期及时拔除病株或摘除病叶。幼苗期喷药，带药定植。播种时可用 50％多菌灵可湿性粉剂按 1∶（300～500）的比例拌干细土灰，播撒适量药土覆种。待辣椒出苗后每隔 10d 左右，撒施少量药土。露地栽培在发病前，开始喷 50％异菌·福可湿性粉剂 800 倍液，或 50％多菌灵可湿性粉剂 500 倍液、50％多·硫悬浮剂 500 倍液、75％百菌清可湿性粉剂 600 倍液、64％恶霜灵可湿性粉剂 500 倍液、68％精甲霜·锰锌水分散粒剂 300 倍液、44％精甲霜·百菌清悬浮剂 500～650 倍液，药剂防治宜早，要喷在叶背，隔 7～10d 喷一次，连续 3～4 次。

棚室栽培在发病初期，每亩喷撒 75％百菌清粉尘剂 1kg，隔 9d 喷撒一次，连续 3～4 次。或每亩施用 45％百菌清烟剂或 10％腐霉利烟剂 200～250g。

（9）辣椒菌核病（彩图 1-31） 是冬春保护地栽培中的毁灭性病害，苗期及成株期均可发生，保护地栽培中发生较严重，在 10～12 月或 2～4 月有两次萌发高峰期。主要为害茎，也可为害叶、花、果实和果柄。清除混在种子中的菌核，或将种子用 50℃温水浸种 20min 消毒，或用占种子质量 0.4％～0.5％的 50％异菌脲可湿性粉剂，或 50％多菌灵可湿性粉剂拌种。苗床消毒。发现病株及时拔出销毁、深埋，并结合药剂防治，可选用 50％乙烯菌核利干悬浮剂 1000 倍液，或 40％菌核净可湿性粉剂 1000～1500 倍液、50％甲基硫菌灵可湿性粉剂 500 倍液、50％多菌灵可湿性粉剂 500 倍液、50％腐霉利可湿性粉剂 1500 倍液、25％嘧菌酯悬浮剂 1500 倍液、75％百菌清可湿性粉剂 600 倍液、40％嘧霉胺悬浮剂 1200 倍液、50％异菌脲可湿性粉剂 600 倍液、50％多霉清可湿性粉剂 800 倍液、66.8％丙森·缬霉威可湿性粉剂 600 倍液、50％多·福·疫可湿性粉剂 800 倍液、10％苯醚甲环唑水分散粒剂 800 倍液、45％噻菌灵悬浮剂 800 倍液、40％嘧菌环胺水分散粒剂 1200 倍液等喷雾防治，10d 一次，共 2～3 次，注意药剂交替使用。

保护地栽培，可使用10%腐霉利烟剂或45%百菌清烟剂熏治，每亩每次用药250g，7～10d一次，连续2～3次。

（10）辣椒枯萎病（彩图1-32）　又称萎蔫病，是一种维管束病害，一般从花果期表现症状至枯死历时15～30d。高温高湿的环境下发病严重。种子用50%多菌灵可湿性粉剂500倍液浸种1h，洗净后催芽或晾干后播种。苗床可用50%多菌灵可湿性粉剂，每平方米苗床用药10g，拌细土撒施。育苗用的营养土在堆制时用100倍的甲醛喷淋，并密封堆放，营养土使用前用97%恶霉灵原粉3000～4000倍喷淋。定植前用敌磺钠可湿性粉剂1000倍液进行土壤消毒。移栽时用敌磺钠可湿性粉剂800倍液或抗枯灵可湿性粉剂600倍液、97%恶霉灵原粉3000倍液浸根10～15min后移栽。发病初期，可选用50%多菌灵可湿性粉剂500倍液，或25%咪鲜胺乳油2000倍液、50%抗枯灵可湿性粉剂1000倍液、40%多·硫悬浮剂600倍液、47%春雷·王铜可湿性粉剂600～800倍液、50%琥胶肥酸铜可湿性粉剂400倍液等喷雾，连续2～3次。也可以用50%多菌灵可湿性粉剂500倍液，或14%络氨铜水剂300倍液、10%混合氨基酸铜水剂200倍液灌根，每株50～100mL，连续灌3次。

（11）辣椒黄萎病（彩图1-33）　多发生在辣椒生长的中后期。苗床土壤消毒，每平方米用40%棉隆10～15g，与15kg过筛细土充分拌匀，撒到畦面，耙入15cm深的土层，搂平浇水，覆盖地膜，10d以后再播种或定植。在苗期或定植前，喷施50%多菌灵可湿性粉剂600～700倍液，每亩定植田用50%多菌灵可湿性粉剂2kg进行土壤消毒。定植缓苗后用20.67%恶酮·氟硅唑可湿性粉剂2000倍液＋70%甲基硫菌灵可湿性粉剂600倍液＋保得土壤接种剂600倍液灌根，每株用300mL，7～10d一次，连用2～3次。发病中心病株用50%甲羟镓可湿性粉剂800倍液＋15%恶霉灵水剂1000倍液喷淋植株基部，每平方米用药液1～2L，用1～2次有较好的防效，可以在病株周围直径1m的范围内集中用药。发病初期，可选用10%治萎灵水剂300倍液，或80%多菌灵盐酸盐可湿性粉剂600倍液，或50%氯溴异氰脲酸水溶性粉剂1000倍液、80%多·福·锌可湿性粉剂800倍液、50%苯菌灵可湿性粉剂1000倍液、50%琥胶肥酸铜可湿性粉剂350倍液、15%恶霉灵水剂1000倍液、5%菌毒清水剂400倍液、12.5%增效多菌灵可溶性粉剂200～300倍液等浇灌。

（12）辣椒炭疽病（彩图1-34）　一般6月开始发生，7～8月盛发，主要为害果实，叶片和茎也可受害，老熟叶片和果实或过成熟果实更易发病。田间发现病株后，可选用80%炭疽福美可湿性粉剂800倍液，或1∶1∶200波尔多液、75%百菌清可湿性粉剂500～600倍液、70%代森锰锌可湿性粉剂400～500倍液、70%甲基硫菌灵可湿性粉剂600～800倍液、50%多·硫悬浮剂500倍液、50%多菌灵可湿性粉剂500倍液、25%嘧菌酯悬浮剂1500倍液、40%氟硅唑乳油5000～6000倍液、10%苯醚甲环唑水分散粒剂800～1000倍液、2%春雷霉素水剂600倍液、70%代森联干悬浮剂600倍液、25%吡唑醚菊酯乳油1500倍液、32.5%苯甲·嘧菌酯悬浮剂1000倍液、20.67%恶酮·氟硅唑乳油1500倍液＋75%百菌清可湿性粉剂600倍液的混合液等喷雾，7～10d一次，共3次。喷药时加入1∶800倍高产宝效果更佳。

（13）辣椒黑斑病（彩图1-35）　是常见真菌性病害，该病的发生与日灼病有关，多发生在日灼处，高温多雨或多露易发病。进行地膜覆盖栽培，栽培密度要适宜。适时采收，防止果实过度成熟。在开花结果期应及时、均匀浇水，保持地面湿润，增施磷钾肥，促进果实发育，减轻病害。防治其他病虫害，减少日灼果的产生，防止黑斑病病菌借机侵染。发现病果要及时摘除，收获后彻底清除田间病残体并深翻土壤。发病初期，可选用58%甲霜·锰锌可湿性粉剂500倍液，或60%琥·乙膦铝可湿性粉剂500倍液、50%腐霉利可湿性粉剂1000倍液、75%百菌清可湿性粉剂600倍液、64%恶霜灵可湿性粉剂500倍液、75%百菌清可湿性粉剂500～600倍液、40%克菌丹可湿性粉剂400倍液等喷雾防治，隔7～10d喷一次，连续2～3次。

（14）辣椒青枯病（彩图1-36）　又称细菌性枯萎病，一般6月上旬开始发生，6月下旬至7月初发病最严重。选用抗病品种，从无病株上采种，或进行种子消毒，可采用52℃温水浸种，或新植霉素4000～5000倍液，或50%琥胶肥酸铜可湿性粉剂500倍液浸种30min，洗净后催芽播种。用营养钵育苗。及时拔除病株，并向病穴及周围土壤里灌20%甲醛液，或灌20%石灰水消毒，同时停止灌水，多雨时或灌溉前撒消石灰也可。发病前，预防性喷淋50%琥胶肥酸铜可湿性粉剂500倍液，或14%络氨铜水剂300倍液、0.02%硫酸链霉素＋0.3%高锰酸钾、5%井冈霉素水剂1000倍液、77%氢氧化铜可湿性粉剂500倍液、27.12%碱式硫酸铜悬浮剂800倍液、50%代森铵水剂1000倍液等，7～10d一次，连续3～4次。也可用50%敌枯双可湿性粉剂800倍液，或12%松脂酸铜乳油1000倍液灌根，每株300～500mL，10d一次，共2～3次。

（15）辣椒疮痂病（彩图1-37）　又叫落叶瘟或细菌性斑点病，是辣椒的一种主要病害。从幼苗期至结果盛期均可感染，可为害幼苗、叶、茎和果实，引起落叶、落花、落果，以叶片受害严重。早辣椒6月上中旬为发病高峰期，中晚熟辣椒在6月下旬至7月上旬为发病高峰期。发病初期，可选用77%氢氧化铜可湿性粉剂500倍液，或新植霉素4000～5000倍液、72%硫酸链霉素可溶性粉剂4000倍液、2%多抗霉素可湿性粉剂800倍液、78%波尔·锰锌可湿性粉剂500倍液、47%春雷·王铜可湿性粉剂800倍液、60%琥·乙膦铝可湿性粉剂500倍液、65%代森锌可湿性粉剂500倍液、27.12%碱式硫酸铜悬浮剂800倍液、14%络氨铜水剂300倍液、50%琥胶肥酸铜可湿性粉剂400～500倍液等喷雾防治，7～10d一次，共2～3次，注意药剂要轮换使用。每亩用硫酸铜3～4kg撒施浇水处理土壤可以预防疮痂病。用辣椒植宝素，每包粉剂对水15kg喷雾，有防病增产效果。

用37.5%氢氧化铜750倍液＋硫酸链霉素200mg/kg，或20.67%恶酮·氟硅唑乳油1500倍液＋25%氯溴异氰脲酸600倍混合液喷雾，有很好的防治效果。还可用750倍的三氯异氰尿酸粉剂＋磷酸二氢钾喷施叶片，有较好的防治效果。

（16）辣椒细菌性叶斑病（彩图1-38）　是保护地生产中的一种重要病害。一般在7～8月份的高温多雨季节，易发生和流行，造成辣椒大量落叶、落花、落果。发病初期，可选用50%琥胶肥酸铜可湿性粉剂500倍液，或47%春雷·王铜可湿性粉剂600倍液、14%络氨铜可湿性微粒粉剂300倍液、57.6%氢氧化铜干粒剂600倍液、72%硫酸链霉素可溶性粉剂4000倍液、95%链·土可溶性粉剂4000～5000倍液、30%氧氯化铜悬浮剂700倍液、2%春雷霉素水剂600倍液＋72%硫酸链霉素4000倍液、20%叶枯唑可湿性粉剂1000倍液、33.5%喹啉铜悬浮剂750倍液、20%盐酸吗啉胍·铜可湿性粉剂600倍＋硫酸链霉素2000倍＋椒多收600倍液、20%乙酸铜可湿性粉剂500倍液＋椒多收600倍液喷施、20%叶枯唑可湿性粉剂600倍液＋椒多收600倍液等喷雾防治，隔7～10d喷一次，连续2～3次。

（17）辣椒软腐病（彩图1-39）　在高温高湿、密植荫闭的环境条件下最易发生，主要为害果实，也可为害茎。可用种子质量 0.4％的 77％氢氧化铜可湿性粉剂拌种消毒。可在雨前雨后及时喷洒药剂，可选用 72％硫酸链霉素可溶性粉剂 4000 倍液，或新植霉素 4000 倍液、50％代森铵水剂 600～800 倍液、70％琥·乙膦铝可湿性粉剂 2500 倍液、50％敌磺钠原粉 500～1000 倍液、50％琥胶肥酸铜可湿性粉剂 500 倍液、77％氢氧化铜可湿性粉剂 500 倍液、78％波尔·锰锌可湿性粉剂 500 倍液、50％氯溴异氰尿素可溶性粉剂 1200 倍液、14％络氨铜水剂 300 倍液等喷雾防治，6～7d 一次，连喷 3～4 次，注意药剂交替使用。40 万单位青霉素钾盐对水稀释成 5000 倍液也有效。

最好喷用硫酸链霉素 200mg/kg＋37.5％氢氧化铜悬浮剂 750 倍液。严重时则喷用 88％水合霉素可溶性粉剂 1500 倍液＋25％氯溴异氰脲酸 600 倍液。

（18）辣椒白星病（彩图 1-40）　又称斑点病，在露地辣椒上点片发生，严重时可造成植株落叶早衰，影响产量，但一般不造成毁灭性危害。在开花坐果后开始预防性施药，或在发病初期施药，可选用 1∶1∶200 倍液波尔多液，或 14％络氨铜水剂 300 倍液、58％甲霜·锰锌可湿性粉剂 500 倍液、40％敌菌丹可湿性粉剂 400 倍液、50％异菌脲可湿性粉剂 1500 倍液、50％腐霉利可湿性粉剂 1500 倍液、77％氢氧化铜可湿性粉剂 400～600 倍液、70％甲基硫菌灵可湿性粉剂 800 倍液、70％代森锰锌可湿性粉剂 600 倍液、75％百菌清可湿性粉剂 600 倍液、50％胂·锌·福美可湿性粉剂 500～1000 倍液、50％琥胶肥酸铜可湿性粉剂 500 倍液等喷雾防治，10d 一次，连防 2～3 次，注意药剂应交替使用。

（19）辣椒褐斑病（彩图 1-41）　是一种常见病害，主要为害叶片，有时也为害茎。病害常始于苗床，高温高湿持续时间长，有利于该病扩展。在夏季高温空闲季节，耕翻棚室内的土壤，浇水、覆盖塑料薄膜，或每亩用稻草 100kg，切成 4～6cm 小段，撒在地面，再撒施石灰 100kg，然后翻地、灌水、覆膜，最后封闭棚室闷棚，利用太阳能进行消毒。发病初期，可选用 75％百菌清可湿性粉剂 400～500 倍液，或 1∶1∶200 波尔多液、75％百菌清可湿性粉剂 500～600 倍液、50％代森锌可湿性粉剂 500 倍液、50％多·硫悬浮剂 500 倍液、36％甲基硫菌灵悬浮剂 500 倍液、10％苯醚甲环唑水分散粒剂 1500 倍液、70％代森联干悬浮剂 600 倍液、50％多·福·疫可湿性粉剂 500 倍液、50％嘧霉胺可湿性粉剂 500 倍液、25％嘧菌酯悬浮剂 1500 倍液等喷雾防治，隔 7～10d 喷一次，连续 2～3 次。

（20）辣椒叶枯病（彩图 1-42）　又称灰斑病，是辣椒的一种重要病害。苗期和成株期均可发生。黄河流域 4 月上、中旬叶片上病斑增多，引起苗期落叶，成株期在 6 月上旬出现中心病株。随着雨水增多，病害迅速发展，6 月中、下旬进入高峰期。病初期，可选用 68％精甲霜·锰锌水分散粒剂 300 倍液，或 44％精甲霜·百菌清悬浮剂 500～650 倍液、80％代森锰锌可湿性粉剂 800 倍液、75％甲基硫菌灵可湿性粉剂 600 倍液、40％氟硅唑乳油 8000～10000 倍液、50％混杀硫悬浮剂 500 倍液、2％武夷菌素水剂 200 倍液、64％恶霜灵可湿性粉剂 500 倍液、50％甲霜铜可湿性粉剂 600 倍液、50％多·硫悬浮剂 600 倍液、1∶1∶200 倍波尔多液、75％百菌清可湿性粉剂 600 倍液等喷雾防治，隔 10～15d 喷一次，连喷 2～3 次。

（21）辣椒斑枯病（彩图 1-43）　主要为害叶片，高温高湿利于发病。如遇多雨，特别是雨后转晴易发病。发病初期，可选用 50％甲硫悬浮剂 800 倍液，或 20％二氯异氰脲酸钠可溶性粉剂 400 倍液、80％代森锰锌可湿性粉剂 800 倍液、75％百菌清可湿性粉剂 600 倍液、50％混杀硫悬浮剂 800 倍液、58％甲霜·锰锌可湿性粉剂 500 倍液、20％

松脂酸铜·咪鲜胺乳油 750～1000 倍液、10％苯醚甲环唑水分散粒剂 1500 倍液＋70％甲基硫菌灵可湿性粉剂 1000 倍液、25％咪鲜胺锰盐可湿性粉剂 1000～1500 倍液、0.05％核苷酸水剂 800～1200 倍液、64％恶霜灵可湿性粉剂 500 倍液等喷雾防治，每 7～10d 左右一次，连防 2～3 次。采收前 7d 停止用药。

（22）辣椒黑霉病（彩图 1-44）　温暖潮湿适宜病害发生。病情较重时，可选用 75％百菌清可湿性粉剂 600 倍液，或 80％异菌·福可湿性粉剂 800 倍液、58％甲霜·锰锌可湿性粉 500 倍液、50％腐霉利可湿性粉剂 1000 倍液、50％琥胶肥酸铜可湿性粉剂 500 倍液、14％络氨铜水剂 300 倍液等喷雾防治，每 7d 喷药一次，连续防治 2～3 次。

（23）辣椒白绢病（彩图 1-45）　俗称霉蔸。6 月中下旬开始发病，7 月上旬为发病高峰期，严重时死株率达 30％～40％，是晚熟辣椒普遍发生的一种病害。及时拔除病株烧毁或深埋，病穴撒石灰消毒。用培养好的木霉菌在发病前拌土或制成菌土撒施均可，每亩用菌 1kg，用菌量约占菌土的 0.3％～1.2％，防效可达 70％以上。发病初期用敌磺钠 300 倍液灌蔸，或用 25％三唑酮可湿性粉剂拌细土（1∶200）撒施于茎基部。植株蔸部撒石灰有一定防效。用 40％氟硅唑乳油 7500 倍液＋50％氯溴异氰脲酸可溶性粉剂 600 倍液喷雾，还可用 50％代森铵可湿性粉剂 800 倍液，或 25％三唑酮可湿性粉剂 2000 倍液、20％甲基立枯磷乳油 1000 倍液、70％代森锰锌可湿性粉剂 600 倍液等喷雾或灌根，灌根时，每穴用药液 250mL，10～15d 一次，连续防治 2～3 次。

（24）辣椒病毒病（彩图 1-46）　一般高温干旱天气发病重，蚜虫重的田块病毒病发生重。对于棚内已经表现病毒病症状的，可喷用 2％宁南霉素水剂 500 倍液或 0.5％菇类蛋白多糖水剂 200～300 倍液或 3.85％三氮唑核苷混宁南霉素 300 倍液、乙蒜素等药剂，并喷施 1.4％复硝酚钠水剂 6000 倍液促进辣椒生长，注意叶面补充含锌叶面肥。

严防棚内白粉虱、蚜虫等刺吸式口器昆虫传播。夏天强光、高温时，可间作高秆作物如玉米、菜豆或覆盖遮阳网等防止高温和强光暴晒。

对于常年病毒病高发区，可采用如下的保守防治方法：20％盐酸吗啉胍·铜或盐酸吗啉胍可湿性粉剂 400～500 倍液于发病初期使用，7d 一次，共 3 次；在 2～3 叶期，移栽前 7d，缓苗后 7d 各用 10％混合脂肪酸水剂 100 倍液可增强免疫能力；定植后、初果期、盛果期用植物病毒钝化剂"912"，每亩早晚各用 1 袋（75g）药粉，加入少量温水调成糊状，用 1kg 100℃开水浸泡 12h 以上，充分搅拌，晾后对水 15kg。也可用 0.5％菇类蛋白多糖水剂 200～300 倍液，从苗期开始 7d 一次，共 4～5 次；或用 5％菌毒清水剂 200～300 倍液，发病初期 7d 一次，共 3 次；发病初期，用 0.1％高锰酸钾或 20mg/kg 萘乙酸或 1％过磷酸钙对花叶病毒有一定的防效。

（25）辣椒根结线虫病（彩图 1-47）　主要为害植株根部或须根。无虫土育苗，选大田土或没有病虫的土壤与不带病残体的腐熟有机肥以 6∶4 的比例混匀，每立方米营养土加入 1.8％阿维菌素乳油 100mL 混匀用于育苗。棚室高温闷烤或水淹土壤灭菌，辣（甜）椒拉秧后的夏季，深翻土壤 40～50cm，每亩混入生石灰 200kg，并随即加秸秆 500kg，挖沟浇大水漫灌后覆盖棚膜高温闷棚，15d 后深翻地再次大水漫灌闷棚持续 20～30d，可有效降低线虫病的为害。处理后的土壤栽培前注意增施磷、钾肥和生物菌肥。氰氨化钙处理，前茬蔬菜拔秧前 5～7d 浇一遍水，拔秧后将未完全腐熟的农家肥或农作物碎秸秆均匀地撒在土壤表面，立即将 60～80kg/亩的氰氨化钙均匀撒施在土壤表层，旋耕土壤 10cm 使其混合均匀，再浇一次水，覆盖地膜，高温闷棚 7～15d，然后揭去地膜，放风 7～10d 后可做垄定植。处理后的土壤栽培前应注意增施磷、钾肥和生物菌肥。药物防治，定植前每亩沟施 10％噻唑磷颗粒剂 2.5～3kg，施后覆土、洒水封闭盖膜，一周后松土定植，或每亩沟施 10％硫线磷颗粒剂 3～4kg，或每亩用 3％氯唑磷颗粒剂 3～5kg 均匀施于定植沟穴内，或用 40％辛硫磷乳油 2kg＋1.8％阿维菌素乳油 200g 混施穴灌处理。

(26) 辣椒紫斑果（彩图 1-48）　主要在露地栽培辣椒晚秋气温降低时始发；棚室或反季节栽培时，在一、二月份低温期或 5 月份以后进行侧面换气时发生多。主要搞好综合防治，要选用早熟耐低温的品种，如湘研 19 号辣椒基本上没有这种情况发生。大棚栽培的低温期要提高棚室温度，把地温提高到 10℃以上，一般不再产生花青素。大棚膜在后期最后留天膜防雨，对减少病害使植株健康生长也有好处。加强肥水管理，雨季及时排涝，干旱时及时浇水，保持土壤湿润，促进植株生长和磷的吸收。科学施肥，多施腐熟有机肥，改良土壤，提高土壤中磷的有效性。注意施用镁肥，由于缺镁会抑制植株对磷素的吸收。在果实生长期，适时喷布磷酸二氢钾 200～300 倍液 2～3 次。

3. 辣椒主要虫害防治技术

(1) 棉铃虫和烟青虫（彩图 1-49、彩图 1-50）　生物防治，二代棉铃虫卵高峰后 3～4d 及 6～8d，连续两次喷洒细菌杀虫剂（BT 乳剂、HD-1 等苏云金芽孢杆菌制剂）或棉铃虫核型多角体病毒，可使幼虫大量染病死亡。化学防治，当虫蛀果率达到 2％以上时，可选用 5％S-氰戊菊酯可湿性粉剂 3000 倍液，或 1.8％阿维菌素乳油 1000 倍液、2.5％氯氟氰菊酯乳油 2000～3000 倍液、5％氟啶脲或氟虫脲乳油 1000 倍液、15％茚虫威悬浮剂 3500～4000 倍液、24％甲氧虫酰肼悬浮剂 2000 倍液、2.5％联苯菊酯乳油 3000 倍液、50％辛硫磷乳油 1000 倍液等喷雾，每季菜各药剂最多只宜施用 2 次。最好交替使用生物农药和化学农药进行防治。注意农药使用安全间隔期。如果待 3 龄后幼虫已蛀入果内，施药效果则很差。

(2) 温室白粉虱（彩图 1-51）　白粉虱对黄色敏感，有强烈趋性，可在温室内设置黄板诱杀成虫。扣棚后将棚的门、窗全部密闭，用 35％吡虫啉烟雾剂熏蒸大棚，也可用灭蚜灵、敌敌畏熏蒸，消灭迁入温棚内越冬的成虫。当被害植物叶片背面平均有 10 头成虫时，进行喷雾防治。选用 25％噻嗪酮可湿性粉剂 2500 倍液喷雾，或 10％吡虫啉可湿性粉剂 1000 倍液、1.8％阿维菌素乳油 2000 倍液、0.3％印楝素乳油 1000 倍液、25％噻虫嗪水分散粒剂 3000～4000 倍液、25％噻虫嗪水分散粒剂 3000 倍液＋2.5％高效氯氟氰菊酯水乳剂 1500 倍液混用。

(3) 茶黄螨（彩图 1-52）　在点、片发生期及时防治，可选用 5％氟虫脲乳油 1000～2000 倍液，或 15％哒螨灵乳油 1500 倍液、9.5％喹螨醚乳油 2000～3000 倍液、1％阿维菌素乳油 800～1000 倍液、73％炔螨特乳油 1500 倍液、5％噻螨酮乳油 2000 倍液等喷雾。重点喷植株上部嫩叶背面、嫩茎、花器、生长点及幼果等部位，尤其是顶端几片嫩叶的背面，一般隔 10～14d 喷一次，连喷 3 次，并注意交替用药。

(4) 小地老虎（彩图 1-53）　1～2 龄幼虫抗药力低，多在植株嫩心为害，防治适期为 1～2 龄幼虫盛期，用喷雾或毒土法防治。喷雾法是在蔬菜后茬田挖翻前，用 50％辛硫磷乳油 1000～1500 倍液，或菊酯类农药 1500 倍液喷雾。

(5) 斜纹夜蛾（彩图 1-54）　采用黑光灯、频振式杀虫灯诱蛾。化学防治，最佳防治期是卵盛孵期至 2 龄幼虫始盛期。可用 10％虫螨腈悬浮剂 1500 倍液，或 0.8％甲氨基阿维菌素乳油 1500 倍液、斜纹夜蛾核型多角体病毒制剂 800～1200 倍液、15％茚虫威悬浮剂 4000 倍液、5％虱螨脲乳油 800 倍液、2.5％多杀霉素悬浮剂 1200 倍液、

2.5％联苯菊酯乳油 2000 倍液、5％氟啶脲乳油 2000 倍液等喷雾防治。

（6）甜菜夜蛾（彩图 1-55）　生物防治，使用苏云金杆菌制剂进行防治。物理防治，在成虫始盛期，在大田设置黑光灯、高压汞灯及频振式杀虫灯诱杀成虫，同时利用性诱剂诱杀成虫。化学防治，施药时间应选择在清晨最佳。用 5％氟啶脲乳油 1500～3000 倍液，或 1.8％阿维菌素乳油 2000～3000 倍液等生物农药对甜菜夜蛾具有理想的防治效果。幼虫孵化盛期，于上午 8 时前或下午 6 时后，选用 5％增效氯氰菊酯乳油 1000～2000 倍液与菊酯伴侣 500 倍混合液，或 2.5％高效氟氯氰菊酯乳油 1000 倍液＋氟虫脲乳油 500 倍混合液，或 5％高效氯氰菊酯乳油 1000 倍液＋5％氟虫脲可分散液剂 500 倍混合液，或 10％虫螨腈悬浮剂 1000 倍液、24％甲氧虫酰肼悬浮剂 2000 倍液、15％茚虫威悬浮剂 3500～4000 倍液等喷雾防治。

（7）瘤缘蝽（彩图 1-56）　一般选择高效、低毒、低残留农药，在瘤缘蝽若虫孵化盛期施药，若世代重叠明显，间隔 10d 左右视虫情进行第二次施药，可选用 10％虫螨腈悬浮剂 1000～2000 倍液，或 4.5％高效氯氰菊酯乳油 1000～1500 液、20％氰戊菊酯乳油 1000～2000 倍液、5％氟啶脲乳油 1000～2000 倍液、50％辛硫磷乳油 1500～2000 倍液、25％噻虫嗪水分散粒剂 4000 倍液、2.5％高效氯氟氰菊酯乳油 2000 倍液、2.5％溴氰菊酯乳油 1500 倍液等喷雾防治。

（8）桃蚜（彩图 1-57）　利用蚜虫对黄色有较强趋性的原理，在田间设置黄板，上涂机油或其他黏性剂诱杀蚜虫。还可利用蚜虫对银灰色有负趋性的原理，在田间悬挂或覆盖银灰膜，每亩用膜 5kg，在大棚周围挂银灰色薄膜条（10～15cm 宽），每亩用膜 1.5kg，可驱避蚜虫，也可用银灰色遮阳网、防虫网覆盖栽培。化学防治，选择有触杀、内吸、熏蒸作用的药剂。在桃蚜发生期，可选用 1.1％百部·楝·烟乳油 1000 倍液，或 5％顺式氯氰菊酯乳油 10000 倍液、20％吡虫啉浓溶剂 5000 倍液、20％苦参碱可湿性粉剂 2000 倍液、20％氰戊菊酯乳油 3000 倍液、10％氯氰菊酯乳油 2000 倍液等喷雾防治。喷雾时，喷头应向上，重点喷施叶片反面。空气相对湿度低时，要加大喷液量。

（9）西花蓟马（彩图 1-58）　辣椒定植后 10d 即可挂蓝板。辣椒西花蓟马的盛发期处于花期，但盛花期喷洒农药会影响授粉，容易影响辣椒果实品质。在花瓣脱落、刚形成果实的时期喷洒农药比较有效，因为此时授粉已经结束，西花蓟马主要集中在开放的花朵和小果实上，此时喷洒农药，害虫极易接触到农药，从而可以提高防治效果。药剂可选用 50％辛硫磷乳油 1500 倍液，或 2.5％多杀菌素乳油 1000 倍液、0.3％印楝素乳油 400 倍液、1.8％阿维菌素乳油 2000 倍液、10％溴虫腈乳油 2000 倍液、2.5％高渗吡虫啉乳油 1500 倍液等喷雾防治，每隔 5～7d 喷药一次，连用 2～3 次。大棚辣椒也可在坐果后和采摘安全间隔期前选用 80％敌敌畏乳油 500 倍液，于傍晚喷雾后闷棚熏蒸。西花蓟马易产生抗药性，要注意不同的农药交替使用，或采用作用方式不同的农药混合作用。

（10）扶桑绵粉蚧（彩图 1-59）　在若虫分散转移期，分泌蜡粉形成介壳之前喷洒 70％吡虫啉水分散粒剂 5000 倍液，或 20％啶虫脒乳油 1500～2000 倍液、40.7％毒死蜱乳油 1200 倍液、5％氯氰菊酯乳油 3000～4000 倍液、5.7％高效氯氟氰菊酯乳油 3000～4000 倍液、24％螺虫乙酯悬浮剂 2500 倍液、65％噻嗪酮可湿性粉剂 2500～3000 倍液、33％吡虫啉·高效氯氟氰菊酯微粒剂 2.31～2.64g/亩、25％噻虫嗪水分散粒剂 5000 倍液（灌根时用 2000～3000 倍液）等喷雾防治。

由于该虫分泌蜡粉，施药时如用含油量 0.3％～0.5％柴油乳剂或黏土、柴油乳剂混用，可增加防治效果。

该虫世代重叠，要尽量选择低龄若蚧高峰期进行，喷雾时要整株喷药，上下正反喷洒周到。发生严重的地方要向土壤施药，使药剂能够渗入到根部，以消灭地下种群。

第二节 茄 子

一、茄子生长发育周期及对环境条件的要求

1. 茄子各生长发育阶段的特点

（1）发芽期 从种子吸水萌动到第一片真叶出现，约20d。种子发芽首先要吸足水分，一般将干种子浸泡8h左右即可，在温度适宜的条件下，经5～6d胚根从种子发芽孔伸出，即可播种于苗床中。此期应给予较高的温湿度，出苗后应光照充足，以防止徒长。

（2）幼苗期 从第一片真叶出现到现蕾，约50～60d。在幼苗期，营养生长和生殖器官分化同时进行。幼苗4叶期以前，主要是营养生长，3～4叶期开始花芽分化。在真叶十字期（4片真叶期）后，幼苗的生长量猛增，苗期生长量的95％是在这个阶段完成的。根据幼苗期生长的这个特点，在育苗时，就应该在真叶十字期前（2～3片真叶时）进行分苗移植。苗期昼温25℃左右，夜温保持15～20℃较为适宜。棚室昼夜温度长期低于10～15℃将严重影响花芽分化。

（3）开花结果期 从门茄现蕾后即进入开花结果期（彩图1-60）。茄子的结果习性是相当有规律的，这与茄子分杈有关，每分一次杈就结一层果实。按果实出现的先后顺序称为门茄、对茄、四门斗、八面风、满天星。开花数字呈几何倍数增长。前三层的分杈和果实分布比较准确，后面由于各分枝营养的不均衡，会有不太规律的果实分布。果实从开花到瞪眼、到成熟约需18～25d，到种子成熟还需要30～40d。

茄子的采收幅度较大，据此可以根据植株的生长状态，通过适当的提早或推迟采摘果实，达到调节生殖生长与营养生长之间的关系。如植株长势较差，除加强肥水外，可提早采摘果实，甚至疏去发育不良的幼果，使养分集中供应枝叶的生长，为下阶段的果实发育提供良好的条件；反之，植株长势过旺，可适当推迟采摘果实，达到抑制营养生长、促进生殖生长的目的。在茄子的生长周期中，门茄的现蕾开花是营养生长与生殖生长的过渡阶段，这个时期营养生长占优势，生产管理上的要点是注意节制水肥供应，防止因水肥过多引起落花、落果，影响早期产量。门茄"瞪眼"期后，营养生长逐渐减弱，生殖生长逐渐加强，植株的营养物质分配已转到以果实生长为中心。此时果实与生长点之间，下层果实与上层果实之间互相争夺养分，应供给植株充足的水肥，并通过整枝、采收等技术措施保持营养生长与生殖生长之间的平衡。

2. 茄子对环境条件的要求

（1）温度 茄子喜温，不耐寒冷，其对温度的要求比番茄、辣椒等作物高，耐热性较强，但在高温多雨季节易产生烂果。

茄子发芽期以30℃为宜，最低温度不能低于11℃，最高温度不要超过40℃。在恒温条件下，种子常发芽不良，目前较多采用的是30℃处理16h、20℃处理8h，在这种

变温处理条件下，种子发芽快，出芽齐而壮。

茄子幼苗期生长最适温度为 22～30℃，最高温 32～33℃，最低温为 15～16℃，气温低于 10℃，会引起幼苗新陈代谢紊乱，导致植株停止生长，低于 7～8℃，茎叶就会受害。

茄子进入开花结果期后，白天温度应控制在 25～30℃，夜温 18～20℃，地温以 17～20℃最为适宜。当白天温度高于 35℃或低于 20℃时，都会造成授粉受精和果实发育不良。夜温长期低于 15℃，则植株生长缓慢，易产生落花，同时不利于果实发育。

（2）光照　茄子是喜光性作物，对光照要求不是很严格。光补偿点为 2000lx，饱和点为 40000lx。光照强时，光合作用旺盛，有利于干物质的累积，植株生长迅速，果实品质优良，产量增加；光照弱时，光合能力降低，茄子同化量降低，植株生长弱，产量低，并且果实的色素不易形成，茄子果实着色不良，从而影响茄子的商品价值。

此外，不同的光照长度对茄子花芽分化的早晚以及花的形成质量都有所影响。光照延长，则生长旺盛，尤其在苗期，在 15～16h 的长光照下，花芽分化早，着花节位低；相反，如果光照不足，则花芽分化晚，开花迟，甚至长柱花减少，中花柱和短花柱增加。因此，在苗期花芽分化阶段，尤其要注意保证幼苗充足的光照时间。

棚室栽培茄子对塑料薄膜有一定要求，需使用紫光膜即醋酸乙烯转光膜或聚乙烯白色无滴膜，以保证茄子着色均匀，商品性好。

（3）水分　茄子枝叶繁茂，产量高，需水量大，通常土壤最大持水量以 70%～80%为宜，空气相对湿度为 70%～80%，但不同生育阶段对水分的要求有所不同。

在幼苗生育初期，要求床土湿润，空气比较干燥。在光照度和温度等条件适宜的情况下，如果苗床水分充足，能促进幼苗健壮生长和花芽顺利分化，并能提高花的质量。所以育苗时，应选择保水能力强的壤土作床土，同时浇足底水，以减少播种后的浇水次数，稳定苗床温度。

开花坐果期，应以控为主，不旱不浇水。

结果期，即门椒迅速生长后需水量逐渐增多，直到对茄收获前后需水量最大，栽培上要尽量满足茄子对水分的需求，否则就会影响其生长发育，水分不足，结果少，果实小，果面粗糙，品质差。

但是，茄子不耐通气不良、过于潮湿的土壤。因此，要防止土壤过湿，否则易出现沤根现象。在多雨季节要注意排水，做到雨过地干。需灌溉时应沟灌，水不能漫过畦面，待畦中土壤湿润时即应排水，使土壤中保留一定量的气体，防止沤根现象的发生。

（4）空气　茄子植株在生长发育过程中，要求土壤和空气中的二氧化碳和氧气等气体含量要高，才能满足其进行呼吸和光合作用的需要。一般空气中的氧气含量大约为 21%，能够满足植株地上部分所需要的氧气。但是，一般耕地土壤中的氧气含量较少，特别是在排水不良或表土板结的黏性土壤上栽培茄子易发生因根部缺氧而沤根，造成植株生长不良。育苗时，如果土壤表层板结，透气性差，则种子萌芽、出土困难，重者会造成烂种。

茄子果实的发育与空气中的二氧化碳含量有密切的关系。在适宜的温度和光照条件下，适当增加空气中的二氧化碳浓度，能够提高植株进行光合作用的强度，尤其是在保护地条件下。但空气中二氧化碳含量过高，又会对茄子植株产生抑制作用。

另外，在温室、大棚等保护地环境条件下栽培茄子，由于其较密闭，易造成氨气、亚硝酸气体、二氧化硫、一氧化碳等有毒气体的积累，当其含量累积到一定程度，会使茄子的生长发育受到毒害。

（5）土壤和营养　茄子对土壤的要求不太严格，但最好选择排水良好、土层深厚、富含有机质的壤质土壤。茄子适宜种植在中性至微碱性土壤上。如果土壤干旱和瘠薄，则果实皮厚肉硬，种子变老，风味不佳，产量降低。茄子喜肥耐肥，对氮肥需求量较高，钾肥次之，磷肥较少。在育苗时，要选用肥沃床土和多施有机肥料，无机肥的施用量要少。以后随着植株的长大，需肥量逐渐增加，但一般在定植前施足底肥的情况下，直到门茄坐果前不进行追肥。进入结果期以后，果实迅速膨大，要求供应大量的营养元素，尤其对磷、钾肥的需求量增大。对长势较差的植株可利用植株的叶片能快速直接吸收营养的特性，于叶面喷施 0.2%～0.3% 的尿素和磷酸二氢钾，及时补充肥料的不足。

茄子对某些微量元素也很敏感，如土壤缺少镁，就会使叶脉附近特别是主脉周围变黄失绿，在砂质土壤中镁易被雨水淋失，大量施用钾肥也易引起缺镁，可叶面喷施 0.05%～0.1% 硫酸镁溶液 2～4 次。如果土壤缺钙，叶片上的网状叶脉就会变褐而出现"铁锈"状叶，整土时，每亩可撒施石灰 150～250kg 补充土壤中的钙含量。

二、茄子栽培季节及茬口安排

长江流域茄子生产的大棚茬口主要有冬春季大棚栽培（彩图 1-61）、秋延后大棚栽培及温室长季节栽培，露地茬口有春露地栽培、秋露地栽培、高山栽培等，具体参见表 1-9。

表 1-9　茄子生产茬口安排（长江流域）

种类	栽培方式	建议品种	播期/（月/旬）	定植期/（月/旬）	株行距/（cm×cm）	采收期/（月/旬）	亩产量/kg	亩用种量/g
茄子	冬春季大棚	早红茄一号、黑冠早茄、国茄 8 号	10/下～11/中	2/下～3/上	（30～33）×70	4/中～7	3500	60
	春露地	亚华黑帅、早红茄一号、国茄 8 号	11/中下	3/下～4/上	33×60	5/下～7	3000	60
	夏秋露地	紫龙 7 号、韩国将军	4/上～5/下	5/下～6/上	（40～60）×60	7～11	3000	60
	秋露地	黑龙长茄、世纪茄王、紫龙 7 号	6/上	7/上	33×60	8/下～10	2500	80
	秋延后大棚	黑龙长茄、黑秀、紫丽长茄	6/中	7/中	33×60	9/下～11/下	2500	80

三、茄子主要育苗技术

1. 茄子越冬大棚冷床育苗技术要点

（1）营养土配制

① 配制方法　一般茄子育苗土中园土与有机肥的用量比应不高于 6∶4。

园土要从土壤酸碱度中性、无污染、最近 4～5 年内没有种过茄子、番茄、辣椒、瓜类蔬菜和马铃薯的地块中挖取，最好从刚种过豆类、葱蒜类、芹菜等地块取土，并以 15cm 内的表层土最好。与肥料混拌前，先用铁锨将土块打碎，并用筛子筛出其内的石块、土块、杂物和杂草等，条件许可时，最好能摊开暴晒几天，熟化园土并消灭部分病菌和虫卵。

有机肥应选用优质的猪粪、羊粪、马粪等，尽量不要使用鸡粪。为防止烧根以及避免将粪肥中的腐生线虫、地蛆等地下害虫带入育苗土内，在配制育苗土前，有机肥至少应有一个月以上时间的腐熟期，使肥充分腐熟。配制育苗土用的粪肥要细碎，以使粪、土混拌均匀，避免粪块烧种或苗，粪块较大时，要先将粪块搓碎，并筛出其中的大粪块和杂物。

为确保育苗土中的有效营养成分含量，在混拌肥土时，每立方米肥土中还应混入1.5kg左右的复合肥或1kg磷酸二氢钾、0.8kg尿素。此外，每立方米育苗土中还要加入150～200g的多菌灵或甲基硫菌灵等杀菌剂以及150～200g的辛硫磷或敌百虫等杀虫剂，对育苗土进行灭菌消毒，预防苗期病虫害。

园土、粪肥以及化肥、农药要充分混拌均匀。混好后的育苗土不要急于用来育苗，要先培成堆，上用塑料薄膜捂盖严实，让农药在土堆内充分挥发和扩散，对土堆内的病菌和害虫进行灭杀。捂盖时间应不短于一周。

播种床的床土一般厚约10cm，每平方米床面需用床土100～120kg。床土面应高出床外的土面4～7cm。

② 床土消毒　常用的消毒方法有以下几种。

（a）粉剂农药消毒　40%五氯硝基苯粉剂、50%福美双可湿性粉剂、25%甲霜灵可湿性粉剂等量混合，每平方米用混合药剂8g。将混合药剂与15kg细土混拌均匀制成药土，将2/3的药土撒入已浇透底水的床土上或播种沟内然后播种，其余1/3药土盖于种子上面，最后覆土，可防治猝倒病、立枯病。

（b）甲醛苗床消毒　每平方米用40%甲醛30～50mL加水1～2kg，播种前20d，浇在苗床土上，然后用塑料膜或麻袋覆盖熏蒸4～5d，除去覆盖物后将床土耙松，再晾2周后播种，可防治猝倒病、立枯病和菌核病。

（c）液体农药消毒　用50%多菌灵可湿性粉剂800～1000倍液，加58%甲霜·锰锌可湿性粉剂800～1000倍液制成混合液，用作苗床水、移植水和定植水，对茄子的黄萎病有一定的防治效果。

（d）太阳能消毒　夏季高温季节，大棚或温室中，把床土挖松，覆盖薄膜，关闭所有通风口，在日光暴晒下使土温达60℃，连续维持7～10d，可消灭床土中的部分病原菌。

（2）浸种与催芽　在准备了育苗设施、培养土和种子，确定播种期后，播种前5～7d即可进行浸种催芽工作。

① 种子选购　根据栽培季节选用合适的品种，种子质量应符合国家最低要求，见表1-10。

表1-10　茄子种子质量要求　　　　　　　　　　　　单位：%

名称	级别	纯度	净度	发芽率	水分
常规种	原种	≥99.0	≥98.0	≥75.0	≤8.0
	大田用种	≥96.0			
亲本	原种	≥99.9	≥98.0	≥75.0	≤8.0
	大田用种	≥99.0			
杂交种	大田用种	≥96.0	≥98.0	≥85.0	≤8.0

摘自 GB 16715.3—2010《瓜菜作物种子　第3部分：茄果类》

② 浸种　方法有清水浸种、热水浸种和药水浸种等。

（a）清水浸种　将种子浸入到清洁的常温水中，水温20～30℃。捞去瘪籽、果皮等物，再另换清水浸泡。浸种时水量以种子全部浸没或水面略高于种子为宜，浸种时间为 8～10h，浸种后，再反复多次搓洗，清水洗净。稍晾后，可播种或催芽。

(b) 热水浸种（温汤浸种）　先将种子放在常温水中浸 15min，然后投入 55～60℃ 的热水中烫种 15min，水量为种子体积的 5～6 倍。烫种过程中要及时补充热水，使水温维持在所需范围内。然后将种子转入 30℃ 的温水中继续浸泡 8h 左右。也可用 75℃ 的水，水量仍为种子的 5～6 倍，烫种过程中不必另加热水，搅拌至水温 30℃ 左右时即可静置浸种。

(c) 药水浸种　药液浓度和浸泡时间必须严格掌握，以免产生药害。药液要高于种子 5～10cm。常用的药剂有 50% 多菌灵可湿性粉剂 1000 倍液，浸种 20min；甲醛 100 倍液，浸种 10min；10% 磷酸三钠，浸种 20min；0.2% 高锰酸钾，浸种 10min。浸种后，反复用清水洗净，然后催芽播种。夏季高温干旱，茄子播种后不易发芽，可采用浓度为 5mg/kg 的赤霉酸浸种 12h。清洗后播种，发芽整齐一致。

③ 催芽　把充分吸胀的种子，用干净的湿毛巾或布袋包好，放在盆钵中，盆底用竹竿搭成井字架，种子放在架子上，种子袋上面再盖几层湿毛巾保持湿度，然后放置在 25～30℃ 适温处催芽。

催芽期间要经常检查温度，每天翻动种子 2～3 次，发现种子发黏，应立即用清水把种子和包布清洗干净。一般每隔一天清洗一次，清洗后控出水分，继续催芽。

茄子种子在恒温下发芽不齐，最好采用变温处理，即每天在 25～30℃ 条件下催芽 16h，再在 20℃ 条件下催芽 8h，经 4～5d 即可出芽。浸种时，若在清水中加入 50～100mg/kg 赤霉酸，可促进种子发芽。在恒温条件下催芽，也能完全发芽，可省去变温处理。

(3) 播种　春提早栽培大棚冷床育苗，播种期宜于 10 月下旬至 11 月上旬。茄子种子每克 200～250 粒，每平方米播种 20～25g。

播种前应先浇足底水，标准是 8～10cm 内的土层都湿润。水量过大，出苗慢，幼苗出土子叶发黄，会出现锈根或烂根，引起猝倒病发生；水量过小，影响种子发芽出苗，必须浇水补救。底水全部渗下去之后，先在床面撒一薄层过筛消毒细土。然后将种子与干土或细煤灰拌和后播种，播后要及时覆过筛消毒细土 1～1.5cm 厚，覆土过薄或过厚，均不利于种子出苗。覆土后用喷壶薄洒一层水，再盖地膜保温保湿。

播种宜选晴天的上午进行，若播种时间过迟，外界温度低，在大棚内育苗最好加盖小拱棚，以利尽快出苗。

(4) 苗期管理

① 播种到出苗期管理　保持出苗期气温，白天 25～30℃，夜间 15～20℃，地温白天 23～25℃，夜间 19～20℃，发芽快而整齐。若温度合适，土壤湿度过大时，会导致发芽缓慢或烂种。温度过高且床土较干，难成壮苗。幼苗在顶土期要降低苗床温度，温度过高易引起幼苗徒长，约有 20%～30% 的幼苗出土时，应拱起地膜见光。

② 出苗到分苗期管理（彩图 1-62）

(a) 控温　幼苗顶土至齐苗期，要逐渐降低苗床温度。齐苗后床温要更低些，白天 20～25℃，夜间 15～20℃，晴天注意通气降温，中午前后无风，露地气温在 15℃ 以上时，可揭小拱见光；夜间露地气温在 5～10℃ 以上时可不盖草帘。进行低温锻炼时床温要逐步降低，若播种较迟，出苗时已在严寒季节，床温已偏低，可不必炼苗。对子叶苗低温锻炼后，到第一片真叶露尖时，应把床温提高到白天 25～28℃，夜间 15～20℃。茄子苗一般于发生 2～3 片真叶时进行分苗，分苗前 2～3d 适当降低苗床温度 3～5℃。

（b）增光　尽可能减少床架的遮光；选用新膜覆盖，在保温的前提下对覆盖物尽量早揭、晚盖，延长光照时间。阴天只要有一定的光照就应掀开覆盖物，晴天温度较高时可把透明覆盖物也揭开，但要防止冷风直接吹入苗床。

（c）降湿　主要是防止床土湿度过高，可用开窗通风，甚至全部把透明覆盖物掀开，通风降湿，前提是根据当时天气状况，以秧苗不会受冻为原则，气候寒冷时要兼顾保温。其次是利用松土和撒土的办法减少浇水次数，当苗床湿度过大时可撒干土，偏干时可撒较湿润肥土。

（d）追肥　在必须追肥的情况下，要选晴天上午10～12时进行。可用稀释10～20倍的腐熟人粪尿或猪粪尿做追肥，追肥后要立即用喷壶盛清水洗掉沾在茎叶上的粪液，防止烧叶。在浇粪后几小时内应开窗通气。若用化肥作追肥不可过浓，一般尿素浓度为0.1%～0.2%，最好用复合肥。

③ 及时分苗

（a）分苗时间　分苗可在1～2片真叶期或4～5片真叶期进行，移入育苗钵中。分苗要避开严寒期，选雨后放晴时，或"冷尾暖头"的晴朗无风天气，在上午10时到下午3时之间进行为好。

（b）分苗方法　取苗时手应握住秧苗的子叶，栽植宜浅，一般以子叶高出土面1～2cm为宜。

（c）分苗密度　以10cm×10cm为宜。用冷床作假植床必须对幼苗进行低温锻炼。分苗前一天苗床浇水，便于挖苗，秧苗移栽满一床后，应及时覆盖小拱棚保持湿度，如阳光强，可再盖草帘或遮阳网防止秧苗萎蔫，分苗后3～4d苗床内以保温保湿为主。

④ 分苗到定植前管理

（a）浇水追肥　用营养钵育苗时，钵内土易变干，要多浇水，保持土壤湿润。若秧苗缺肥，要及时追肥，追肥常与浇水结合进行。

（b）防止轧苗　用营养钵育苗或河泥块育苗的，当相邻苗株的叶片相碰时，要把钵苗或泥块搬稀，防止轧苗。搬稀后苗钵或泥块间的空隙用细土弥缝。不用营养钵的，按苗株把床土切块搬稀，切入深度10cm左右。

（c）低温锻炼　定植前7～10d，对苗床要逐渐降温，白天床温可降低到15～20℃，夜间10℃左右。定植前1～2d，即使没有发现病害，也应普遍喷一次防病药剂，使秧苗带药定植。

（5）播种后易出现的问题及解决方法

① 土面板结　由于土质不好，或浇水方法不当，土质黏重，腐殖质含量少导致板结。

防止措施：可在配制床土时用含腐殖质多的堆肥、厩肥搭配到土中去，种子上覆盖也要用这种培养土，并可加入草木灰或腐熟的牛粪，打足底水，播种后至出苗前不浇水。若床土太干不应大水漫灌，可用细孔喷壶洒水，一次浇足。对已形成的板结，要用细铁丝或竹签耙松土面。

② 不出苗　主要是因为种子质量低劣，或苗床环境条件不良。因床温过低、床土过干或过湿导致的不出苗，如及时改善环境条件，仍可出苗。

③ 出苗不整齐　由于种子成熟度不一致，或播种技术和苗床管理不善，苗床内环境条件不一致，或播种技术不过关，播种不均匀等导致出苗时间不一致。

防止措施：应采用发芽率高、发芽势强的种子，床土整平，浇好底水，播种均匀，覆土一致，注意防治病虫害，加强苗床管理。

④ 顶壳　由于出土过程中表土过干，使种皮干燥发硬，播种时覆土太薄，种皮易变干，或种子质量不好，成熟度不足，种子生活力弱等，导致茄子幼苗出土后，种皮不脱落，夹住子叶（彩图1-63）。

防止措施：要在播种前打足底水，覆土的薄厚要适当，太薄的可加盖一层过筛细土，已顶壳的幼苗，可在早期少量洒水，于苗床内湿度较高、种皮较软时人工辅助脱壳。

⑤ 僵化　床土长期过干和床温过低，易导致秧苗的生长发育受到过分抑制，成为僵苗，茎细、叶小、根少，不易发生新根，易落花落果，产量低。

防止措施：一是要给秧苗以适宜的温度和水分条件，促使秧苗正常生长；二是利用冷床育苗时，要尽量提高苗床的气温和地温，适当浇水和炼苗。对已有僵苗，除提高床温、适当浇水外，还可喷 10～30mg/kg 的赤霉酸，每平方米用稀释液 100g 左右。

⑥ 徒长　由于光照不足和温度过高，使苗茎纤细，节间长，叶薄色淡，组织柔嫩，根系少。

防止措施：增强光照和降低温度，发现徒长苗，应适当控制浇水，降低温度，喷施磷钾叶面肥。苗期可喷浓度为 20～50mg/kg 的矮壮素水剂，每平方米用药水 1kg 左右。

⑦ 沤根、寒根及烧根　秧苗沤根，是由于苗床土壤水分经常处于饱和状态，湿度太大，缺少空气，根系易沤烂，地上部停止发育，叶灰绿色，逐渐变黄（彩图1-64）。

防止措施：一旦发生沤根，应及时通风排湿，可撒干土吸湿，或松土增加土壤蒸发量。

寒根，是由苗床地温太低所引起。

防止措施：控制苗床浇水量，在必须浇水时，应分片按需水量浇洒。

秧苗烧根，是由苗床肥料过多，土壤溶液浓度过大所致，烧根后根系很弱，变成黄色，地上部叶片小，叶面发皱，植株矮小。

防止措施：施肥量要适当，施用腐熟有机肥，追肥时控制浓度。已发生烧根现象的可适当多浇水，以降低土壤溶液浓度并提高床温。

⑧ 病害　主要是猝倒病和立枯病。幼苗感染猝倒病后，下胚轴出现水浸状病斑，扩大到基部一周后，幼苗基部缢缩，导致倒伏，连续阴天后突然转晴，幼苗生长弱，易出现成片倒伏，且在病苗及其附近床面上常出现白色棉絮状菌丝，高湿是其发病主因。

幼苗感染立枯病，多在育苗中期，茎基部产生椭圆形暗褐色病斑凹陷，白天萎蔫，夜间恢复，当暗褐色病斑绕茎基一周时，小苗枯死，但不倒伏，高湿也是发病主因。

防治方法：一是加强苗期管理，严格控制土壤湿度，在连续阴天转晴时，不能让强烈阳光直接照射幼苗，在中午前后要放草苫遮阴，2～3d 后才能进行正常管理。床土过湿，可撒一薄层干细土或干草木灰，撒后要拂去叶上的土灰。发现病苗及时连土拔除。二是发病时用 50% 多菌灵可湿性粉剂 600 倍液＋64% 恶霜灵可湿性粉剂 500 倍液，或 75% 百菌清可湿性粉剂 600 倍液喷施，7～10d 一次，共 2～3 次。

2. 茄子嫁接育苗技术要点

(1) 品种选择　砧木品种可选用野大哥，托鲁巴姆等。以野大哥为佳，极抗枯萎病、青枯病、黄萎病、根结线虫病等，且种子发芽率高、出苗快、生长快，幼苗耐低温。接穗品种宜选用当地主推品种。

(2) 嫁接育苗　早春茄子于 10 月中下旬育苗，11 月中下旬嫁接，翌年 2 月中下旬定植。

①浸种催芽　每亩用砧木种7g，接穗种12g以上。砧木种用40℃水泡6h，放入棉布袋内，用塑料薄膜包好，放入恒温箱中，保持28～30℃，一般2～3d可出芽。接穗种子用40～45℃水泡6～8h，放入棉布袋内，用塑料薄膜包好，放入恒温箱中，保持28～30℃，一般3～5d可出芽。砧木催芽播种需比接穗晚5～7d，待接穗出芽之后浸种砧木种子。

②播种　冬春栽培采用温室育苗，用70孔穴盘点播，营养土为70%草炭、25%珍珠岩、3%～4%有机肥、1%～2%无机肥及消毒药。将种子点入穴盘后，浇足水，放在保温床上，晴天白天不超过30℃，晚上不低于10℃，阴天白天不超过20℃，夜间10～13℃，天气寒冷时适当增温，尽量提高床温，促进出苗。

③出苗后的管理　苗期白天温度25～30℃，夜间12～16℃，如夜温不足，可扣小拱棚保温。苗期喷洒1次多菌灵防治猝倒病。

（3）适时嫁接　当番茄砧木长至6～8片真叶，茄子接穗5～7片真叶，茎粗3～5mm，茎秆半木质化时为最佳嫁接时期。砧木苗在嫁接前要处于略缺水状态，这样切口处汁液黏稠利于嫁接苗成活。嫁接后再浇水，砧木和接穗之间汁液流动更快，更有利于伤口愈合。尽量避免风沙、雨水或阳光直射。

（4）嫁接方法　采用劈接法、靠接法或套管嫁接法。

①劈接法　选茎粗细相近的砧木和接穗配对，在砧木2片真叶上部，用刀片横切去掉上部，再于茎横切面中间纵切深1.0～1.5cm的切口；取接穗苗保留2～3片真叶，横切去掉下端，再小心削成楔形，斜面长度与砧木切口相当，随即将接穗插入砧木切口中，对齐后，用固定夹子夹牢。其劈接过程见图1-4。

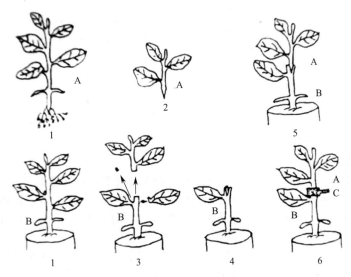

图1-4　茄苗劈接过程示意图

A—茄苗；B—砧木苗；C—嫁接用夹

1—起苗；2—茄苗削切；3—砧木苗平茬、去叶和去腋芽；

4—砧木劈切；5—插接；6—固定接口

② 靠接法　将砧木和接穗均削成30°斜面，切面贴合在一起，用套管固定。靠接过程示意见图1-5。

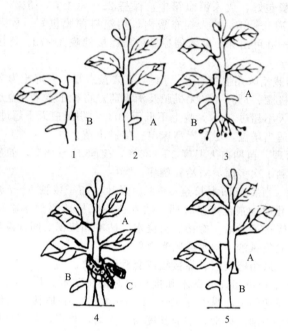

图 1-5　茄子苗靠接过程示意图
A—茄子苗；B—砧木苗；C—嫁接夹
1—砧木苗削切；2—茄苗削切；3—接合；4—固定接口后，
两苗相距 1cm 远栽入地里；5—嫁接苗成活后，切断茄子苗的根颈

③ 套管嫁接法　在砧木高 3cm 处用刀片，按茎 45°方向向上斜切一刀，保留下部 1～2 片真叶，接穗按同样方法，向下削 45°的斜面，保持上部有 1～2 片真叶，然后用 1.0～1.5cm 长的套管，先套入砧木切面，再将接穗的切面对应插入套，两个切面完全吻合，嫁接过程完成。该方法比劈接速度快一倍左右。刀片每嫁接 50 棵左右幼苗后，在 75％酒精溶液中浸泡消毒。套管嫁接法示意见图 1-6。

（5）嫁接后管理

① 温湿度管理　嫁接后前 3d 是接口愈合的关键时期，在管理上要特别注意。将嫁接苗放在电热温床上便于控温，嫁接苗浇透水（注意接口不能沾水，以防止错位和感染），在苗床的拱架上扣一层塑料膜密闭，外加一层遮阳网，遮光 3d，白天温度保持 25～28℃，夜间 20～22℃，相对湿度 95％以上。

② 放风管理　随着伤口的愈合，在第 4 天开始，早上适当打开小拱棚顶部进行通风换气，中午前关闭，以后每天逐渐延长通风时间，增大通风缝。第 8 天后，早晨可将小拱棚全部打开，晚上关闭。3d 后必须注意放风排湿，否则极易发生伤口腐烂现象。注意防止棚膜上的水直接滴落到嫁接苗上。

③ 浇水管理　嫁接 3d 后，开始使嫁接苗见弱光通风，小拱棚打开通风后，拱棚内湿度会迅速降低，甚至低于 75％，需要给拱棚内增加湿度，但不能用喷水的方法来增

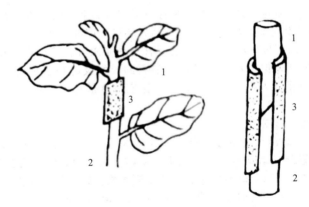

图 1-6 茄子套管嫁接法示意图
1—茄苗；2—砧木苗；3—塑料套管

湿，因为嫁接伤口遇水易感病腐烂，需要采取地面给水的方法增加空气相对湿度。第 8 天左右时，可以小水浇灌，使水能渗透穴盘为止，注意伤口不能沾水，浇水后推迟小拱棚关闭时间，控制拱棚内空气相对湿度在 75%～80% 即可。

④ 追肥管理 嫁接后第 10 天拆掉小拱棚，将嫁接苗移至规格为 10cm×10cm 的营养钵内，此时便可判断嫁接苗存活与否，存活后便转入常规管理。中午用遮阳网遮阴，白天温度保持 22～25℃，夜间 12～15℃，空气相对湿度降低到 75% 以下。因野生茄子生长势强，需及时抹除砧木上新萌发的侧枝。

由于嫁接茄子长势茂盛，营养钵小，保水保肥能力差，因此水肥一定要跟上，一般 2～3d 浇一次水，当伤口已经全部愈合，不会再发生伤口感染时，可采用喷灌的方法进行浇水，10～15d 追一次肥。

⑤ 病虫害防治 苗期主要病害是猝倒病、立枯病、枯萎病。嫁接苗成活后可选用 50% 多菌灵可湿性粉剂 800 倍液、75% 百菌清可湿性粉剂 600 倍液或 72% 霜霉威水剂 600～800 倍液等，每 7～10d 喷一次进行防治。

虫害主要有粉虱、螨虫、蚜虫。粉虱利用黄板诱杀，螨虫选用 73% 克螨特乳油 2000～3000 倍液防治，蚜虫选用 10% 吡虫啉可湿性粉剂 1500～2000 倍液防治。

（6）及时定植 嫁接后 30d 便可定植，要求植株直立，茎半木质化，株高 20cm 以上，6～9 片叶，门茄现蕾。

3. 茄子穴盘育苗技术要点

（1）基质准备 茄子幼苗比较耐肥，喜肥沃疏松、透气性好、pH 值 6.2～6.8 的弱酸性基质。基质材料的配制比例为草炭：蛭石 =2:1 或 3:1。配制的基质每立方米加入 15-15-15 氮磷钾三元复合肥 3.2～3.5kg，或每立方米基质加入烘干鸡粪 3kg。基质与肥料混合搅拌均匀后过筛装盘。育苗穴盘通常选用 50 孔或 72 孔规格，以 50 孔穴盘育苗较为适宜，可以有效避免一些常见病害的发生，有利于培育壮苗。

（2）播种催芽 茄子的穴盘育苗通常是采取干籽直播。播种方式有机播和人工播种两种。播种前要检测种子的发芽率，选择发芽率大于 90% 的优良种子。为了提高种子的萌发速度，可对种子进行活化处理。即将种子浸泡在 500mg/kg 赤霉酸溶液中 24h，风干后播种。播种深度为 1cm 左右，播种后覆盖蛭石或基质，浇透水并看到水滴从穴盘底孔流出即可。然后将播种穴盘移入催芽室或育苗温室，催芽的环境条件为白天温度在 25～30℃ 之间，夜间温度在 20～25℃ 之间，环境湿度要大于 90%。在育苗温室中催芽，要注意保持室内湿度，经常观察，及时补充基质水分。可以在穴盘表面覆盖地膜，保持水分，提高温度，但要注意种子萌发显露的时候及时揭去地膜。催芽开始 4～5d 后，当 60% 左右种子萌发出土时，迅速将催芽穴盘从催芽室移到育苗温室开始进行幼苗培育。

（3）育苗管理（彩图 1-65）

① 温度管理　幼苗培育的温度管理基本上是白天温度 20～26℃，夜间温度 15～18℃。在幼苗出现 2～3 片真叶以前，如果温室内夜间温度偏低，低于 15℃ 时可以采取加温或临时加温措施，以免幼苗的生长发育受到影响，减少猝倒病和根腐病的发生。当幼苗出现 2 叶 1 心以后，夜间温度降至 15℃ 左右，但不要低于 12℃。在 3 叶 1 心至成苗期间，白天温度控制在 20～26℃，夜间温度控制在 12～15℃。如果夜间温度低于 10℃，则幼苗的生长发育会受到阻碍，尤其是根际温度低于 15～18℃，幼苗根系会发育不良。

② 水分管理　在催芽穴盘进入温室至 2 片真叶出现以前，适当控制水分，根据出苗情况，调节基质中有效水分含量在 60%～70% 之间。在幼苗的子叶展开至 2 叶 1 心期间，基质中有效水分含量为最大持水量的 70%～75%。在苗期 3 叶 1 心以后有效水含量为 65%～70%。白天酌情通风，降低空气湿度使之保持在 70%～80%。结合浇水进行 1～2 次营养液施肥，可用 2000 倍氮磷钾三元复合肥溶液追施。补苗要在 1 叶 1 心时抓紧完成。

③ 病虫防治　茄子苗期的主要病虫害是猝倒病和蚜虫。猝倒病的防治方法主要是避免重复使用陈旧基质，或是在播种前进行基质消毒。降低湿度，控制浇水，注意通风，对幼苗根部喷洒百菌清、多菌灵、代森锌等药剂。蚜虫的防治方法是增设防虫网或进行黄板诱杀，也可喷施乐果、氯氟氰菊酯、阿维菌素等药剂进行防治。

4. 茄子泥炭营养坨育苗技术要点

（1）播种前的准备

① 苗床选择　选地势平坦、通风向阳、排水良好、靠近水源的温室作苗床。在温室中部，作宽 1.2～1.4m、深 10cm、长 15～20m 的阳畦，整平压实苗床底部。阳畦内铺设地热线。

② 铺膜摆块　苗床准备好后，在苗床底部平铺一层塑料薄膜，四周延伸到畦埂上，防止幼苗根系扎入床土，移栽时造成伤根。将营养基质块整齐均匀地摆放在塑料薄膜上，间距 1～2cm，防止营养块吸水膨胀后造成挤压。

③ 胀块检查　胀块是使用营养基质块最关键的操作步骤，应掌握"一喷、二灌、三再喷"的原则。"一喷"就是先对摆好的营养块自上而下雾状喷水 1～2 次，使块体有一个全面湿润过程，以引发大量吸水。"二灌"就是用小水流从苗床边缘灌水到淹没块体，水吸干后再灌 1 次，直到营养块完全疏松膨胀（细铁丝扎无硬心），苗床无积水为止。3d 之内不准移动营养块，否则营养块会破碎。

（2）播种

① 浸种催芽　先用 55℃ 温水浸种 10～15min，并不断搅拌，然后转入 30℃ 常温水中继续浸泡 24h。将浸过的种子用洗涤灵洗掉种子表面的黏膜，再用干净的湿纱布包好，外面用湿毛巾保湿，放在 28～30℃ 的光照培养箱中进行催芽，注意调节湿度和进

行换气。一般每隔 6h 把种子翻动 1 次，同时补充水分。待 3～5d 后，70%～80% 的种子破嘴时即可播种。

② 播种覆土　选连续 3～5d 没有雨雪天的晴天上午播种。用小镊子将出芽的种子平放于营养块孔内（每孔 1～2 粒种子），覆土厚约 1cm，避免带帽出土。

（3）苗期管理

① 出苗期管理　播种至出齐苗期间，接通电热线，白天温度保持在 25～30℃，夜间阳畦上要加盖塑料薄膜和草苫，最低温度不能低于 13℃，并给予充足的水分，但苗床内不能有积水。

② 幼苗期管理　茄子出齐苗（第 1 片真叶显露）至定植前 10d，要增加光照时间，温度保持在白天 25～30℃，夜间 10～20℃。同时注意浇水，营养块见干见湿，促进生长。定植前 10d 开始低温并停水炼苗，缺水时应从营养块间浇小水。

四、茄子主要栽培技术

1. 茄子大棚春提早促成栽培技术要点

茄子大棚春提早促成栽培，是利用大棚内套小拱棚加地膜设施，达到提早定植、提早上市的目的，效益较好。

（1）品种选择　选抗寒性强、耐弱光、株型矮、适宜密植的极早熟或早熟品种。

（2）培育壮苗　采用塑料大棚冷床育苗方式，播种期可提早到先年 10 月，也可采用酿热加温大苗越冬育苗。播种后 30～40d，当幼苗有 3～4 片真叶时，选晴天用 10cm×10cm 的营养钵分苗。定植前一个星期，应对秧苗进行锻炼。

（3）及时定植

① 整土施肥　大棚应在冬季来临前及时整修，并在定植前一个月左右抢晴天扣棚膜，以提高棚温。在前作收获后及时深翻 30cm 左右。

定植前 10d 左右作畦，宜作高畦，畦面要呈龟背形，基肥结合整地施入。一般每亩施腐熟堆肥 5000kg、复合肥 80kg、优质饼肥 60kg，2/3 翻土时铺施，1/3 在作畦后施入定植沟中。有条件的可在定植沟底纵向铺设功率为 800W 的电加温线，每行定植沟中铺设一根线。覆盖地膜前一定要将畦面整平。

② 定植　定植期可在 2 月中下旬，应选择"冷尾暖头"的晴天进行定植。采取宽行密植栽培，即在宽 1.5m 包沟的畦上栽两行，株行距（30～33）cm×70cm，每亩定植 3000 株左右。定植前一天要对苗床浇一次水，定植深度以与秧苗的子叶下平齐为宜。若在地膜上面定植，破孔应尽可能小，定苗后要将孔封严，浇适量定根水，定根水中可掺少量稀薄粪水。

（4）田间管理

① 温湿度管理　秧苗定植后有 5～7d 的缓苗期，基本上不要通风，控制棚内气温在 24～25℃，地温 20℃ 左右，如遇阴雨天气，应连续进行根际土壤加温。缓苗后，棚温超过 25℃ 时应及时通风，使棚内最高气温不要超过 28～30℃，地温以 15～20℃ 为宜。

生长前期，当遇低温寒潮天气时，可适当间隔地进行根际土壤加温，或采取覆盖草帘等多层覆盖措施保温。进入采收期后，气温逐渐升高，要加大通风量和加强光照。当夜间最低气温高于 15℃ 时，应采取夜间大通风。进入 6 月份，为避免 35℃ 以上高气温危害，可撤除棚膜转入露地栽培。

② 水肥管理　定植缓苗后，应结合浇水施一次稀薄的粪肥或复合肥。进入结果期

后，在门茄开始膨大时可追施较浓的粪肥或复合肥。结果盛期，应每隔10d左右追肥一次，每亩每次施用复合肥10～15kg或稀薄粪肥1500～2000kg，追肥应在前批果已经采收，下批果正在迅速膨大时进行。设施栽培还可用0.2％磷酸二氢钾和0.1％尿素的混合液进行叶面追肥。

在水分管理上，要保持80％的土壤相对湿度，尤其在结果盛期，在每层果实发育的始期、盛长期以及采收前几天，都要及时浇水，每一层果实发育的前、中、后期，应掌握"少、多、少"的浇水原则。每层果的第一次浇水最好与追肥结合进行。每次的浇水量要根据当时的植株长势及天气状况灵活掌握，浇水量随着植株的生长发育进程逐渐增加。

③ 整枝摘叶　采取"自然开心整枝法"，即每层分枝保留对权的斜向生长或水平生长的两个对称枝条，对其余枝条尤其是垂直向上的枝条一律抹除。摘枝时期是在门茄坐稳后将以下所发生的腋芽全部摘除，在对茄和四母茄开花后又分别将其下部的腋芽摘除，四母茄以上除了及时摘除腋芽，还要及时打顶摘心，保证每个单株收获5～7个果实。

整枝时，可摘除一部分下部叶片，适度摘叶可减少落花，减少果实腐烂，促进果实着色。为改善通风透光条件，可摘除一部分衰老的枯黄叶或光合作用很弱的叶片。

摘叶的方法是：当对茄直径长到3～4cm时，摘除门茄下部的老叶，当四母茄直径长到3～4cm时，摘除对茄下部的老叶，以后一般不再摘叶。

④ 中耕培土　采用地膜覆盖的，到了5月下旬至6月上旬，应揭除地膜进行一次中耕培土，中耕时，为不损坏电加温线，株间只能轻轻松动土表面。行间的中耕则要掌握前期深、中后期浅的原则，前期可深中耕达7cm，中后期宜浅中耕3cm左右，中后期的中耕要与培土结合进行。

⑤ 防止落花落果　当气温在15℃以下，光照弱、土壤干燥、营养不良及花器构造有缺陷时，就会引起落花落果。生长早期的落花，可以用2,4-滴和对氯苯氧乙酸等植物生长调节剂来防止。如处理花器，处理适宜时期是在花蕾肥大、下垂、花瓣尖刚显示紫色到开花的第二天之间。对花器处理可分别采用喷雾器逐朵喷雾、药液沾花和用毛笔涂抹果梗三种方法。花器处理的浓度：2,4-滴20～30mg/kg，对氯苯氧乙酸25～40mg/kg，温度高时浓度低，温度低时浓度高。处理时，应严格掌握浓度和喷雾量，避开高温时喷药，喷药时不要喷向树冠上部，第二次应在第一次喷药后3～4d进行，以后的间隔时间以7～10d为标准，注意不要重复喷药。

2. 早春促成栽培茄子越夏再生栽培要点

用于越夏栽培的茄子，是选用适宜的早、中、晚熟品种配套，利用大棚早熟栽培后的植株，在夏季通过肥水管理，整枝换头（彩图1-66），在大棚上盖遮阳网遮阴降温，秋末防风避霜，一茬到底，即从4月底5月初一直供应到初霜前后，连续不断地开花结果。该法比重新种一茬秋茄子提高了土地利用率，且省工省成本，高产高效，值得提倡。在管理上，前期要搞好大棚早熟茄子栽培的播种育苗、定植和病虫防治，后期要加强入夏后的田间管理。

（1）栽培密度　由于越夏栽培品种多选用生长势强、生育期长、开花坐果多的品种，因此，凡进行越夏栽培的，早春栽培时应适当稀栽，一般畦宽1.0～1.2m，行距0.6～0.7m，株距0.5～0.6m，采用梅花眼定植，每亩栽植1700～2000株为宜。前期春季盖大棚膜，为了提高早期产量和产值，在每行的两株中或晚熟品种之间再定植一株早熟品种，最好在采收对茄后将早熟植株扯掉。

（2）整枝打叶　由于越夏栽培中早熟品种与中晚熟品种间作，一般在采收对茄后将早熟品种植株拔除，掀掉棚膜。对于准备越夏的中晚熟品种要覆盖遮阳网，并采用双权整枝法，将根茄以下的侧枝全部摘除，并将基部老叶分次摘除，植株生长旺盛的可适当多摘，天气干旱、茎叶生长不旺时要少摘。在植株生长中后期把病、老、黄叶摘除，适当修剪部分过密而瘦弱的枝条。最后一层果开花坐果后及时对所有侧枝进行摘心。

（3）植株换头　进入盛夏季节，气温高，干燥少雨，要配合覆盖遮阳网遮阴降温，同时进行植株换头。一般在7月上、中旬进行。在四门茄收获后将前期双权整枝后的植株的一权在对茄着生上部15～20cm处截断，让其萌发新枝，选留靠近对茄附近的粗壮侧枝1～2个，其余摘除，20d后再将另一权同样进行换头。注意再生侧枝选留的方向不要重叠，剪下的枝叶要清理出棚，也可将双权同时换头。剪后的伤口用硫酸链霉素1g加80万国际单位的青霉素1支加75%的百菌清可湿性粉剂30g，加水25～30mL，调成糊状，涂到剪口处，防止感染。

剪枝结束后，要浇灌一次大肥大水，每亩追施人畜粪2000kg、尿素15kg、钾肥15kg，或复合肥50～60kg、饼肥150kg，然后浇一次小水，促再生侧枝早生快发，8～10d后就可定枝。每株按不同方向选留5～6个侧枝，其余侧枝打掉，萌发的新枝25d后即可开花，40d后采收上市。

（4）温度管理　一般在5月下旬6月初撤膜以后即在大棚顶盖银灰色遮阳网，东西两边挂遮阳网，晴挂阴撤，昼挂夜撤，上午挂东边，下午挂西边。在后期白天温度低于30℃时撤掉遮阳网，夜温低于15℃时要覆盖大棚膜，大棚内气温持续低于5℃时，将果实全部采收上市或保温贮藏。

（5）肥水管理　当50%的植株见果后，要给足肥水，第一次每亩追施腐熟大粪稀1000kg，以后每隔8～10d浇一次水。当茄子第一次采收后，每亩再追施磷酸二铵15kg，并始终保持茄地土壤湿润，8月底至9月初外界气温逐渐降低，浇水的次数和数量要减少。

（6）保花保果　在开花时，用15～20mg/kg的2,4-滴，或30～40mg/kg的对氯苯氧乙酸处理花蕾，可保花保果。

3. 茄子露地及地膜覆盖栽培技术要点

（1）品种选择　进行露地及地膜覆盖栽培的茄子（彩图1-67），品种应根据当地的消费习惯选用，早、中、晚熟品种均可。

（2）培育壮苗　露地早春栽培，北方于元月中旬至2月上旬温室育苗，4月中旬至5月上旬定植。南方于先年10月下旬至11月上旬大棚越冬育床育苗或元月上中旬电热温床育苗，4月上中旬定植。地膜覆盖栽培播期同露地栽培，也可提早10d左右。苗床制作、浸种催芽及苗床管理可参考早春大棚茄子促成栽培技术。

（3）及时定植

① 整土施肥　选择有机质丰富、土层深厚、排水良好、与茄果类蔬菜间隔三年以上的土壤。深沟高畦窄畦，深耕晒垡。畦宽1.3～2.0m，沟深20～30cm。每亩用腐熟堆肥3000～5000kg、50kg磷肥和30kg钾肥。2/3铺施，1/3沟施。地膜覆盖栽培要一次性施足基肥，可较露地增加一倍左右。

② 定植　露地栽培在当地终霜期后，日平均气温15℃左右定植。在不受冻害的情况下尽量早栽，中熟品种可与早熟品种同期定植，也可稍迟。地膜覆盖栽培定植期可较

露地提前 7d 左右，趁晴天定植。早熟品种每亩约栽植 2200～2500 株，中熟种约 2000 株，晚熟种约 1500 株。

③ 定植方法　北方常用暗水稳苗定植，即先开一条定植沟，在沟内灌水，待水尚未渗下时将幼苗按预定的株距轻轻放入沟内，水渗下后及时壅土、覆平畦面。南方多采用先开穴后定植，然后浇水的方法。

地膜覆盖定植可采用小高畦地膜覆盖栽培，先盖膜，后定植，畦高 10～25cm 不等。也可采用沟畦栽种地膜覆盖栽培，即茄子先沟栽，后盖膜，幼苗顶膜后破膜引出，此法适用于北方。

（4）田间管理

① 追肥管理　一般定植后 4～5d，结合浅中耕，于晴天土干时用浓度为 20%～30% 的人畜粪点苞或化肥提苗。阴雨天可每亩追施尿素 10～15kg，或用浓度为 40%～50% 的人畜粪点苞，3～5d 一次，一直施到茄子开花前。

开花后至坐果前适当控制肥水。基肥充足可不施肥，生长较差的可在晴天用浓度为 10%～20% 的人畜粪浇泼一次。南方雨水较多，若肥水不加控制，枝叶生长过旺，常造成落花落果或果实僵化现象，这是茄子早熟丰产的关键技术之一。

根茄坐住时至第三层果实采收前应及时供给肥水。晴天每隔 2～3d 可施一次浓度为 30%～40% 的人畜粪，雨天土湿时 3～4d 一次，用浓度为 50%～60% 的人畜粪。

第三层果实采收以后供给水分为主，结合施用浓度为 20%～30% 的肥料即可，采收一次追一次肥。

地膜覆盖栽培宜"少吃多餐"，或随水浇施，或在距茎基部 10cm 以上行间打孔埋施，施后用土封严，并浇水。中后期追施为全期追肥量的 2/3，还可隔 5～7d 叶面喷 0.3%～0.5% 的尿素和磷酸二氢钾液。

② 水分管理　茄子要求土壤湿度 80%，生长前期需水较少，土壤较干可结合追肥浇水。第一朵花开放时要控制水分，果实坐住后要及时浇水。结果期根据果实生长情况及时浇灌。高温干旱季节可沟灌。注意灌水量宜逐次加大，不可漫灌，要急灌、急排。高温干旱之前可利用稻草、秸秆等进行畦面覆盖，覆盖厚度以 4～5cm 为宜。地膜覆盖栽培，注意生长中、后期结合追肥及时浇水，可采用沟灌、喷灌或滴灌。

③ 中耕培土　定植后结合除草中耕 3～4 次。封行前进行一次大中耕，挖 10～15cm 深，土坨宜大，如底肥不足，可补施腐熟饼肥或复合肥埋入土中，并进行培土。中晚熟品种，应插短支架防倒伏。

④ 整枝摘叶　双杈整枝即把根茄以下的侧枝全部抹除。三杈整枝是除保留根茄以上的两根枝条外，再保留根茄下第一叶腋内抽出的侧枝，共为三杈，其余侧枝全部抹除。一般早熟品种多用三杈整枝，中晚熟品种多用双杈整枝。植株封行以后分次摘除基部病、老、黄叶，植株生长旺盛可适当多摘，反之少摘。

⑤ 防止落花　为防止茄子落花，应有针对性地加强田间管理，改善植株营养状况，使用生长调节剂能有效地防止因温度引起的落花。如使用浓度为 20～30mg/kg 的 2,4-滴，使用方法有浸花和涂花二种。也可用浓度为 40～50mg/kg 的对氯苯氧乙酸直接向花上喷洒，使用时期是含苞待放的花蕾期或花朵刚开放时。

⑥ 病虫害防治　茄子露地及地膜覆盖栽培主要的病虫害有绵疫病、褐纹病、黄萎病等病害，防治技术见本书有关部分。红蜘蛛、蚜虫和茶黄螨等，可选用 1.8% 阿维菌素乳油 4000 倍液、20% 杀螨酯可湿性粉剂 1000 倍液等喷雾。

4. 夏秋茄子栽培要点

夏秋茄子一般露地播种育苗，早秋淡季开始上市直至深秋，其间有中秋、国庆两大节日，故经济效益较高。其栽培技术要点如下。

(1) 品种选择　选用耐热，抗病性强，高产的中晚熟品种。

(2) 培育壮苗　夏秋茄子一般在 4 月上旬至 5 月下旬露地阳畦育苗。苗床经翻耕后，加入腐熟农家混合肥作基肥，畦宽 1.7m，整土，浇足底水，表面略干后，划成规格为 12cm×12cm 的营养土坨，每坨中央摆 2~3 个芽，覆土 1.0~1.5cm 厚，1 叶 1 心时，每坨留 1 株。

也可把种子播到苗床，待出土长到 2 片真叶后移植，苗距 12cm×12cm，浇水或降雨后及时在床面上撒干营养土，苗期不旱不浇水。如缺肥，可结合浇水加入 1% 尿素和 1.5% 磷酸二氢钾混合液。若提早到 3 月份播种，须注意苗期保温。5 月以后高温时期育苗，应搭荫棚或遮阳网。播种后可在畦面覆盖薄层稻草湿润，开始出苗后揭除，适当控制浇水防徒长，出苗后要及时间苗，2 叶 1 心时分苗，苗距 13cm 左右，稀播也可不分苗。

有条件的可采用穴盘育苗。

(3) 及时定植　选择 4~5 年内未种过茄科蔬菜、土层深厚、有机质丰富、排灌两便的砂壤土。亩施腐熟有机肥 5000kg 以上，复合肥 30~50kg 左右。

早播苗龄 60d 左右，迟播苗龄 50d 左右，具 7~8 片叶，顶端现蕾即可定植。深沟高畦，畦宽 1m 左右，沟深 15~20cm，栽 2 行，行株距 60cm×(40~60)cm，亩栽植 2500 株左右。

(4) 田间管理

① 雨后立即排水防沤根　门茄坐住后及时结合浇水追肥，亩施尿素 20kg，以后每层果坐住后及时追一次肥，每次每亩追施尿素 20kg、磷肥 15kg、钾肥 10kg。6 月中旬到 7 月中下旬定植的（最迟不宜超过立秋），高温干旱时期需经常灌水，并在畦面铺盖 4~5cm 厚稻草或茅草。

② 定植后结合除草及时中耕 3~4 次　封行前进行一次大中耕，深挖 10~15cm，土坨宜大，如底肥不足，可补施腐熟饼肥或复合肥埋入土中，并进行培土。株型高大品种，应插短支架防倒伏。

③ 把根茄以下的侧枝全部抹除　植株封行以后分次摘除基部病、老、黄叶。如植株生长旺盛可适当多摘，反之少摘。

④ 温度过高（38℃以上），病虫危害等易造成落花　应有针对性地加强田间管理，用浓度为 30mg/kg 的 2,4-滴浸花或涂花，不能喷花。浸花是将花在盛放 2,4-滴的容器内浸沾一下后立即取出，以花柄浸到为度。涂花是用毛笔蘸上药液涂至花柄上即可，凡处理过的花朵要做标记，避免重复处理。也可用浓度 50mg/kg 的对氯苯氧乙酸在含苞待放的花蕾期或花朵刚开放时直接向花上喷洒。

5. 茄子大棚秋延后栽培技术要点

在 9 月份以后上市的茄子效益非常可观，但茄子大棚秋延后栽培技术难度很大，主要是前期高温季节病虫害危害重，难以培育壮苗。应在整个栽培过程中，加强病虫害的预防，做好各项栽培管理，方能取得理想的效果。

(1) 播种育苗

① 品种　选择生育期长、生长势强健、耐热、后期耐寒、抗性强、品质好、耐贮运的中晚熟品种。

② 播期　一般6月10日至15日播种，过早播种，开花盛期正值高温季节，将影响茄子产量；过迟播种，后期遇到寒潮，茄子减产。

③ 育苗　可露地播种育苗，最好在大棚内进行。选地势较高、排水良好的地块作苗床，要筑成深沟高畦。种子要经磷酸三钠处理后进行变温处理，催芽播种。撒播种子时要稀一些，播种时浇足底水，覆土后盖上一层湿稻草，搭建小拱棚，小拱棚上覆盖旧的薄膜和遮阳网，四周通风，在秧苗顶土时及时去掉稻草。当秧苗2～3片真叶时，一次性假植进钵，营养土中一定要拌药土，假植后要盖好遮阳网。

也可直接播种于营养钵内进行育苗，但气温高时要注意经常浇水，做到晴天早晚各一次，浇水时可补施薄肥，如尿素、稀淡人粪尿等。

定期用50%多菌灵可湿性粉剂800倍液喷雾或浇根，也可用10%混合氨基酸铜络合物水剂300倍液喷雾或浇根。发现蚜虫及时消灭。在2～3片真叶期，为抑制秧苗徒长可用3000mg/kg的矮壮素溶液喷雾。此外，还要注意防治红蜘蛛、茶黄螨、蓟马等虫害。

有条件的可采用穴盘育苗。

（2）整地施肥　前茬作物采收后清除残枝杂草，每亩用50%多菌灵可湿性粉剂2kg进行土壤消毒。每亩施腐熟厩肥6000～7000kg或复合肥50kg（穴施）、磷肥50kg，于定植前10d左右施入。每个标准大棚做成四畦，整地后用氟乐灵、丁草胺等除草剂喷洒，每亩用药0.1kg，对水60kg。

（3）及时定植　定植前一天晚上进行棚内消毒，按每立方米用硫黄5g，加80%敌敌畏乳油0.1g和锯末20g混合于暗火点燃，密闭熏烟一夜。定植宜选在阴天或晴天傍晚进行。一般苗龄40d，有5～6片真叶时及时定植，每畦种两行，株距40cm。定植后施点根肥，覆盖遮阳网，成活后揭去遮阳网，在畦面上覆盖稻草以降温保湿。

（4）田间管理

① 肥水管理　定植后浇足定植水，缓苗后浇一次水，并每亩追施腐熟沤制的饼肥100kg。多次中耕培土，蹲苗。早秋高温干旱时，要及时浇水，并结合浇水经常施薄肥，保持土壤湿润，每次浇水后，应在半干半湿时进行中耕，门茄坐住后结束蹲苗。

进入9月中旬后，植株开花结果旺盛，要及时补充肥料。一般在坐果后，开始2～3次以复合肥为主，每亩每次施15～20kg，后2～3次以饼肥为主，每亩每次用10～15kg。以后以追施腐熟粪肥为主，约10～12d一次。每次浇水施肥后都要放风排湿。进入11月中旬后，如果植株生长比较旺盛，可不再施肥。

② 植株调整　进入9月中旬，植株封行后，适当整枝修叶，低温时期适当加强修叶，一般将门茄以下的侧枝全部摘除，将门茄下面的侧枝摘除后一般不整枝。

③ 吊蔓整枝　门茄采收后，转入盛果期，此时植株生长旺盛，结果数增加，要及时吊蔓（或插杆），防止植株倒伏。采用吊架引蔓整枝（彩图1-68），吊蔓所用绳索应为抗拉伸强度高、耐老化的布绳或专用塑料吊绳，而不用普通的塑料捆扎绳。将绳的一端系到茄子栽培行上方的8号铁丝上，下端用宽松活口系到侧枝的基部，每条侧枝一根绳，用绳将侧枝轻轻缠绕住，让侧枝按要求的方向生长。绑蔓时动作要轻，吊绳的长短要适宜，以枝干能够轻轻摇摆为宜。

④ 温度管理　前期气温高、多雷阵雨、时常干旱，可在大棚上盖银灰色遮阳网

（一般可在还苗后揭除）。9月下旬以后温度逐渐下降，如雨水多可用薄膜覆盖大棚顶部。10月中旬以后，当温度降到15℃以下时，应围上大棚围裙，并保持白天温度在25℃左右，晚上15℃左右。11月中旬后，如果夜间最低温度在10℃以下时应在大棚内搭建中棚，覆盖保温。大棚密封覆盖后，当白天中午的温度在30℃以上时，应通风。

⑤ 保花保果　开花初期及后期，由于温度较高或过低，应及时用30～40mg/kg的对氯苯氧乙酸或20～30mg/kg的2,4-滴等点花。

⑥ 病虫害防治　加强白粉病、褐纹病、菌核病、蚜虫、红蜘蛛、茶黄螨等病虫害的防治。

（5）适时采收　一般从9月下旬前后开始及时采收，可一直采收到11月，甚至元月。

6. 茄子套袋栽培技术要点

（1）茄子套袋的优点　茄子套袋技术简单，套袋后可减少棉铃虫等病虫害的危害，烂果率明显减少，可避免农药与茄子果实直接接触，农药用量和用药次数少，产品的质量大大提高。茄子果实套袋后不影响其生长，并可起到促进生长作用，可使其提早成熟3～5d，前期产量和总产量均提高。茄子果实着色均匀，光泽鲜艳亮丽，商品性好，市场价格高。

（2）茄子套袋操作技术

① 品种选择　宜选用中晚熟大果优质高产抗病品种。

② 袋子选择　可选用纸袋，纸袋要具有防水、抗晒、防菌、防虫的性能。也可选择22cm×20cm×0.008mm的可降解透明薄膜袋。据试验，采用42cm×24cm×0.0015mm的超薄型紫色透明聚乙烯塑料袋效果最好。

③ 套袋前的准备　套袋前喷洒一遍异菌脲或恶霜灵等杀菌剂和灭虫螨、灭螨猛等杀虫剂，以起到杀菌和净化果面的作用，避免病虫在袋内为害。

④ 套袋时间及方法　套袋时间在茄子"瞪眼"期，即开花坐果后，幼果直径为2～2.5cm时较为适宜，选择无病虫果套袋。以晴天上午8时至下午5时套袋为好，但要避开中午气温高的时段，防止果实灼伤。套袋前将整捆的纸袋放在潮湿处，使纸袋湿润、柔韧。将袋子直接套在幼果上，并用线绳将袋口与果柄扎在一起，在套袋过程中应尽量让幼果在袋内悬空，捆扎不要过紧。为保持一定的通气性，建议采用橡皮筋将袋口扎住。

⑤ 套袋管理　套袋茄子应加强肥水管理，每隔7～10d喷洒一遍光合微肥。植株进入结果后期，每隔7d每亩地冲施15kg碳酸氢铵。及时摘除老叶、病叶，雨后及时排水，并加强烟青虫及棉铃虫等的防治。注意记下套袋及开花时间，一般茄子开花后20～23d，萼片处果面色泽和白色环带由亮变暗、由宽变窄时即可采摘。采收后可将袋子摘下重复使用，也可连同袋子一起采摘上市，价格更高。

7. 袖珍茄子栽培技术要点

（1）栽培季节　塑料大棚栽培，播种期为12月上中旬，苗龄110d左右，3月中下旬定植，5月上旬开始采收。温床育苗，播种期为1月上中旬，苗龄70d左右，3月中下旬定植。越冬栽培，播种期为8月底至9月上中旬，苗龄50～60d，10月底至11月初定植在温室内，12月中旬前后开始采收。

（2）播种育苗　种子用60℃热水浸20min，不断搅拌直到水温降到30℃左右，浸泡 12～24h，搓去黏液，用清水淘洗干净，用纱布包好，每天淘洗 2 次，保持湿润，放在 25～30℃的恒温下催芽，4～6d 露白即可选晴暖天气播种。盆栽茄子可用浅盆播种，用园土、堆厩肥（8∶2）配成营养土。

（3）苗期管理　播前 7d 用 70％敌磺钠可溶性粉剂 500 倍液，或 50％多菌灵可湿性粉剂 1000 倍液消毒苗床，整平后撒播，每平方米播种 5～10g，盖营养土 1～1.5cm 厚，并扣严塑料薄膜，夜间加盖草苫，保持温度白天 25～30℃，夜间 14～22℃。苗出齐后适当降温，第一片真叶展开后，白天提高温度到 25～28℃，夜温 15～20℃，地温 12～15℃，分苗前 5～7d 再适当降温炼苗，幼苗破心后喷一次百菌清防病。

从播种至分苗，冷床育苗为 60～80d，温床育苗为 30d 左右，选晴暖天气上午分苗，株行距为 10cm×10cm。有条件的，可用营养钵分苗。保持白天温度 25～28℃，夜温 16～18℃，地温 16～20℃，活棵后再适当降温，保持土壤湿润。越冬栽培茄子的苗期，前期外界温度较高，应采用大通风或遮阴的措施降温。育苗后期温度降低，应通过覆盖薄膜保持温度。

有条件的，还可采用穴盘育苗。

（4）施肥定植　结合深翻，每亩施腐熟有机肥 5000～6000kg，过磷酸钙 50kg，或三元复合肥 50kg。定植前 15～20d，大棚应覆盖塑料薄膜，夜间加盖草苫保温。定植时，选晴暖天上午进行，带土坨起苗，定植株行距 40cm×50cm，栽后浇水。定植后，扣严塑料薄膜，夜间加盖草苫保温。

盆栽用圆盆，用园土 6 份、堆厩肥 2 份、沙 2 份混合配制基质，盆底应填上瓦片，施入 0.2～0.5kg 的鸡粪或饼肥。

（5）温光管理　定植后覆膜保温，白天温度 25～30℃，夜温 15～20℃。缓苗后适当降温，开花后保持充足阳光，白天温度保持 25～30℃，夜温 15～18℃，门茄坐稳后，外界气温已达 20℃，夜温 15℃以上时可撤除覆盖物。

（6）肥水管理　缓苗后门茄坐果前，如不干要少浇水，中耕松土保墒。门茄坐果后及时追肥浇水。盆栽时每盆施腐熟人畜粪水 1～2kg 或豆饼水或复合肥，每 5～7d 浇透水一次，保持盆土见干见湿。采收期，中后期要加大肥水，随水追肥，少施勤施，并可 5～7d 喷一次 0.2％磷酸二氢钾和 0.5％尿素。

（7）植株调整　门茄开花时，保留门茄下的分杈，抹去其余腋芽。门茄采收后，摘除近地面老叶。四门斗茄坐果后，摘除顶尖，抹去主茎与第一二分枝上的杈子，每一花序留 1～5 个果，余果疏去。盆栽茄子，不宜用 2,4-滴、对氯苯氧乙酸保果及矮壮素控制植株高度。

（8）病虫害防治　袖珍茄子栽培主要病虫害有褐纹病、绵疫病、黄萎病、灰霉病、茶黄螨、红蜘蛛等。

五、茄子生产关键技术要点

1. 茄子配方施肥技术要领

（1）需肥规律　以有机肥为主，配合化学肥料。推荐施肥量为：每生产 10000kg 茄子果实，在土壤营养条件达到水解氮 70mg/kg、速效磷 80mg/kg、速效钾 120mg/kg 时，应施入农家肥 3000kg 和纯氮 17.5kg、纯钾 20kg。磷肥的 80％、氮肥和钾肥的 50％～60％用作基肥。土壤肥力分级及茄子目标产量所需氮、磷、钾的养分指标见表 1-11。

表 1-11　土壤肥力分级及茄子目标产量施肥指标

肥力等级	菜田土壤养分测试值					目标产量/(kg/亩)	养分需要量		
	全氮/%	有机质/%	碱解氮/(g/kg)	磷(P_2O_5)/(g/kg)	钾(K_2O)/(g/kg)		氮/(kg/亩)	磷/(kg/亩)	钾/(kg/亩)
低肥力	0.10～0.13	1.0～2.0	60～80	100～200	80～150	10000	32.4	9.4	44.9
中肥力	0.13～0.16	2.0～3.0	80～100	200～300	150～220	12000	34.48	11.2	53.88
高肥力	0.16～0.20	3.0～4.0	100～120	300～400	220～300	15000	48.6	14.1	67.35

(2) 营养土配制　床土一般用园土、厩肥和速效化肥配制。园土 6 份加厩肥 4 份混匀，每立方米粪土加鸡粪 25kg、硫酸铵 1kg、草木灰 15kg 或硫酸钾 0.25kg。厩肥和鸡粪使用前必须充分腐熟，园土和厩肥使用前过筛。分苗床土的土和粪的比例为 7∶3。育苗床土和分苗床土配好后进行消毒。

(3) 苗期追肥　幼苗期尽量少施追肥，如果床土不够肥沃，秧苗出现茎细、叶小、色淡带黄等缺肥症状时，选晴天上午 10～12 时，用稀释 10～12 倍的腐熟人粪尿或猪粪尿追肥，追肥后立即用喷壶或清水洗掉沾在茎叶上的粪液，开窗或搁窗通气几小时。用化肥作追肥不可过浓，一般硫酸铵浓度 0.2%～0.3%，尿素 0.1%～0.2%，最好用复合肥，也可叶面喷施 0.2% 的磷酸二氢钾，补充养分。如秧苗徒长，可喷施浓度为 20～50mg/kg 的矮壮素溶液。

(4) 基肥　一般每亩施用有机肥 5000kg、磷肥 50kg，全部作为底肥施入，过磷酸钙最好与有机肥堆沤后再用。再加入硫酸铵 10kg、硫酸钾 10kg，随有机肥一次施入，深耕。将 2/3 的基肥铺施，深翻作畦，1/3 施入定植沟内。

保护地基肥，每亩施用腐熟有机肥 6000kg，如果是旧棚可以减少施用量，加施 20～30kg 硫酸钾，有机肥和钾要全面撒施，随后翻入土中，充分混合。

(5) 露地追肥　定植后，到门茄坐住前，一般不提倡追肥，若秧苗素质差，可在成活后至开花前，一般在定植后 4～5d，轻施淡施提苗肥，结合中耕进行。晴天土干，可用 20%～30% 浓度的人畜粪点苑，阴雨天可追施尿素，每亩 10～15kg，或用 40%～50% 浓度的人畜粪点苑，每隔 3～5d 追肥一次直至开花前。开花后至坐果前，应严格控制肥水供应。门茄坐住，幼果直径 3～4cm 时，应每亩施入硫酸铵 15～20kg 或尿素 8～10kg，在根际处开沟或开穴施入，施后当天不浇水，待 2～3d 尿素转化为植株可吸收状态再浇水。门茄采收，对茄果实长到 4～5cm 左右时，应追施硫酸铵 20kg，或尿素 10kg，硫酸钾 5kg，沟施或穴施。

当四门茄已长到 4～5cm 时，追肥量应以茄子的生长状况而定，如果植株长势旺盛，结果多，可顺水追施硫酸铵 20kg 左右，一般情况，施入硫酸铵 15kg 即可。如天气干旱雨水较少，每隔 5～7d 随水追施少量粪稀。原则上每采收一次，应追肥一次。

(6) 保护地追肥　定植后至开花坐果期一般不需要施肥，主要加强温度管理。如果茄秧茎较细、叶小、色淡、花小，可叶面喷施 0.2% 的尿素或磷酸二氢钾。门茄坐住后，每亩施入硫酸铵 20kg，沟施或穴施。门茄采收后，随水施入尿素 15kg 或大粪稀 1000kg。对茄进入采收期，应每隔 7～8d 浇一次水，每隔一次水施一次肥，有机肥与化肥交替使用，施用量为硫酸铵 15～20kg 或大粪稀 1000kg。对茄采收后加施硫酸钾 10kg。大棚浇水施肥后，要立即放风 2h，以排除氨气和湿气。采收盛期还可叶面喷施 0.3% 尿素，0.1%～0.2% 磷酸二氢钾。

(7) 二氧化碳施肥　保护地茄子栽培，可从结果期开始进行二氧化碳施肥，一直持续到揭膜或拉秧。利用稀硫酸与碳酸氢铵定量反应，释放出定量二氧化碳。

浓硫酸的稀释比例为1∶3，即将一份浓硫酸溶入到3份水中。本反应分为简易法和成套装置法两种。

简易法：该法一般按40m²左右的面积设置塑料桶，塑料桶悬挂到棚架下，距地面约1m高，以使二氧化碳气体均匀扩散，每桶内加入约三分满的稀硫酸。把碳酸氢铵按桶分包，并用塑料袋包好，带入室内。反应时，把每个袋上插几个小孔后，投入硫酸中，并用重物把塑料包压入酸内，使碳酸氢铵与硫酸充分反应。

成套装置法：该法是把硫酸和碳酸氢铵集中于一个大塑料桶内进行反应，产生的二氧化碳气体经清水过滤后，再由一长塑料管送入温室内。成套装置的基本结构见图1-7。

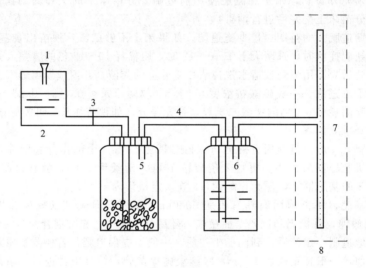

图1-7　二氧化碳气体发生装置

1—漏斗；2—盛酸桶；3—开关；4—导管；5—反应瓶（盛碳酸氢铵）；
6—过滤瓶（盛清水）；7—散气管；8—保护地

（8）微量元素施用　缺镁时，可叶面喷施0.5%～0.1%的硫酸镁溶液。缺锌，可叶面喷施0.5%硫酸锌水溶液，每隔10～15d喷一次。缺硼，可向土中施用含硼化合物，或叶面喷施。缺钙，可在整地时，每亩撒施石灰150～250kg。

2. 茄子植株调整技术要领

茄子是双杈分枝作物，早春栽培由于密度大、光照弱、通风不良，如果不及时进行植株调整，就会造成茄秧营养过旺，中后期很容易"疯秧"，光长秧不结果。对茄子进行植株调整，可改善通风透光条件，使养分集中于果实生长，促进早熟，提高茄子坐果率，提早上市，是早春茄子大棚促成栽培成功的重要保障。

（1）整枝　由于茄子的枝条生长及开花结果习性相当规则，在露地栽培中，一般不行整枝，即使整枝，也只把门茄以下靠近根部附近的几个侧枝除去。在保护地栽培中常见的有单干整枝、双干整枝、三干整枝、四干整枝等几种方法，见图1-8。

① 单干整枝　将门茄下的侧枝全部抹掉，门茄上长出的一级分枝，保留其中的一条粗壮侧枝作为结果枝，进行开花结果，另一条侧枝上结果后，在果前留1～2叶摘心。

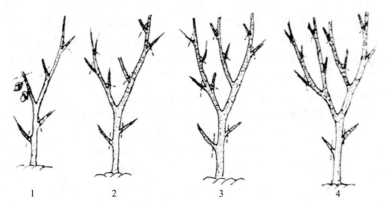

图 1-8　茄子的整枝方式

1—单干整枝；2—双干整枝；3—三干整枝；4—四干整枝

采用该法种植密度大，早期结果多，产量高。但植株容易发生早衰，用苗量大，用种多，育苗比较麻烦。

② 双干整枝　双干整枝是在茄子第一次分杈时，保留 2 个分枝同时生长，以后每次分枝时只保留 1 个分枝，及时抹除多余萌芽，使植株整个生长期保留 2 个结果枝。当茄秧长到 1m 时要插杆搭架，防止倒伏。为改善茄子通风透光的条件，应摘除第一花朵以下的侧枝。当门茄、对茄收获以后，基部叶片影响通风透光，应打去黄叶、老叶以减轻病害发生，增强果实色泽。

采用该法植株的株型比较小，适合密植，早期产量高，植株的营养供应比较集中，有利于果实发育，果实的质量好，商品果率高。但用苗比较多，育苗工作量比较大，植株的根系扩展范围小，植株容易早衰。

③ 三干整枝　该法是在双干整枝的基础上，将粗壮一级分枝上的两个二级分枝也保留下来进行开花结果，两条二级分枝与一条一级分枝构成三条结果枝干。三条枝干上再长出的分枝，选留其中粗壮的一条侧枝进行结果，其余侧枝随长出随打掉。

采用该法植株的营养供应比较集中，有利于果实发育，高品果率高，单株的株型小，适合密植，有利于提高早期产量。但整枝比较麻烦，用苗量大。

④ 四干整枝　又叫双杈整枝法。以四条二级分枝为骨干枝，各枝干上再长出的侧枝，选留其中的一条粗壮枝开花结果，其余的打掉。

植株根系发达，生长期长，有利于高产，植株营养集中供应，有利于果实发育，商品果率高。单株的株型大小适中，兼顾了早期产量和总产量。但单株留枝较多，株内通风透光较差，种植密度小，早期产量偏低。四干整枝要求稀植，水肥条件充足，后期也要进行枝条固定，搭架栽培。

⑤ 换头整枝　对茄以上的枝条，采用换头的方法进行植株调整，提高茄子的整齐度和商品性，降低植株高度，延长茄子的收获期。换头就是对茄坐住以后，在果实上方留 2~3 片叶子，去掉主干生长点，保留下部 1 个侧枝，侧枝第一个果实坐住后，依然保留 2~3 片叶子摘心，使其下面的侧枝萌发。依次类推，直到茄子生长结束。当茄秧长到 1m 时要插杆搭架，防止倒伏。为改善茄子通风透光的条件，应及时摘除多余的侧枝。

用换头整枝的方式，茄子的大小一致，颜色黑亮，可以提高茄子的整齐度和商品性，增加茄子的产值。嫁接茄子植株生长旺盛，采用换头整枝效果比较好。

（2）抹杈　棚室茄子生长快，加上土质疏松、土壤湿度大等原因，根系入土浅，扩展范围也比较小，因此，从有利于茄子根系扩展的角度出发，茄子整枝不宜过早，应通过适当晚整枝，诱导根系向土壤深层扩展。一般一级分枝下的侧枝，应在侧枝长到15cm左右长时抹掉为宜，以后的各级侧枝也应在分枝长到10～15cm长时打掉。

为减少发病，应选晴暖天上午抹杈，不要在阴天以及傍晚抹杈，以免抹杈后伤口不能及时愈合，感染病菌，引起发病。抹杈时要从侧枝基部1cm左右远处将侧枝抹掉，留下部分短茬保护枝干。不要紧贴枝干将侧枝抹掉，避免伤口染病后，直接感染枝干。同时，也避免在枝干上留下一个大的疤痕，妨碍枝干的营养流动。要用剪刀或快刀将侧枝从枝干上剪掉或割掉，不要硬折硬劈。抹杈时的动作要轻，不要拉断枝条，也不要碰断枝条，或损伤叶片。茄子的侧枝生长较快，要勤抹杈，一般每3d左右抹杈一次。抹杈后，最好叶面喷洒一次农药，保护伤口，免受病菌侵染。

（3）摘叶　叶片是蔬菜制造有机营养的工厂，担负着制造和供应营养的重要功能，叶片制造的营养占茄子生物学总量的90％以上。在整枝的同时，还可摘除一部分叶片。适度摘叶可以减少落花，减少果实腐烂，促进果实着色。但摘叶不能过量，尤其不能把功能叶摘去，因为茄子的果实产量大小与叶面积的多少有密切关系，每一果实所供给营养的叶面积多，果实生长就快，摘去功能叶会造成植株营养不良而早衰。但为改善通风透光条件，可摘除一部分衰老的枯黄叶或光合作用很弱的叶片。

① 摘叶方法　当对茄直径长到3～4cm时，摘除门茄下部的黄叶、老叶、病残叶；当四母茄直径长到3～4cm，摘除对茄下部的黄叶、老叶、病残叶。摘叶时，不要硬劈硬掐，要用剪刀将叶柄剪断，减少伤口，并避免拉伤枝干。为保护枝干，摘叶时，不要把叶片从叶柄基部去掉，要留下1cm左右长的叶柄，保护枝干。另外，摘叶要在晴暖天上午温度较高时进行，使留下的叶柄伤口及早愈合，避免病菌侵染。摘掉的老叶、病叶要集中起来，带到田外堆放或埋掉。

② 摘叶原则　摘叶一般从果实坐住开始，由下到上依次摘除，摘叶时要分次进行，不要一次摘得太多，使植株下部几乎成为光秆。主枝坐果前，一般情况下不要摘叶，因为下部叶片还担负制造营养供应根系生长的重要作用，但若下部叶片虫卵多或黄化重，则应及时摘除。

主枝结果期间，摘叶应本着摘除下部老叶、病叶和黄叶的原则进行，一定要保证主枝最下部的果实下面保留2片功能叶，后随着果实的逐渐采摘，逐步将下部叶片摘去。当主枝长至180cm左右时，上部留2～3片叶摘心。

对于侧枝上的叶片，也应以不摘或少摘为宜，这些小叶对田间通风透光影响小，不会造成郁蔽的环境，同时这些小叶还担负着制造营养供应根系生长的作用，因此，在低温季节尽量不要进行摘除。若侧枝过长，超过10cm时，留2～3片叶摘心即可。

茄子进入生长旺盛期后，下部侧枝萌生速度快，此时除应摘除杂杈外，其余侧枝结果枝应采用摘心的方法控制叶片数量，防止田间郁蔽。

此外，肥水较少，生长不旺的要少摘叶，天气干旱时应少摘叶。

（4）摘心　茄子摘心即当植株长到一定大小后，将枝干的生长点摘掉。摘心能够使营养集中流向果实，提高果实的质量，也能够防止植株生长过高，避免田间过于密闭，也能防止植株徒长，显著增加早期产量与总产量。一般秋茬或秋延茬茄子由于果实供应季节性比较强，对果实品质要求比较高，对光照要求也比较严格，需要对某些枝干进行摘心。早春栽培为了争取前期产值，或不影响下茬生产，也可进行摘心栽培。可以留3个或5个茄子，然后在顶茄上留2～3片叶打顶摘心，这种方法在对茄全部上市后，栽种下茬毫无影响。所留的3个茄子是指1个门茄，2个对茄；5个茄子是指1个门茄，2个对茄，2个四母茄子。摘心要选在晴暖天上午进行，不要在阴天或傍晚进行摘心，避免摘心后伤口染病。适宜的摘心时机是：枝干顶到棚膜前，或拔秧前30d左右。另外，一些漏抹的侧枝已经长大后，因不便于从基部全部抹掉，也需要采取摘心措施，控制侧枝的生长。摘心时不要紧贴花蕾或果实摘心，要在花蕾上保留1～2片叶后摘心。留下的叶片，一是可以为果实的发育提供营养；二是能够保护花蕾，避免摘心后花蕾黄化、脱落等。

（5）插扦或吊架　早春保护设施内栽培的茄子，一般长势较旺，坐果多，为防止倒伏或吹断，可沿作业沟的边行按穴插一些小竹竿固定植株（彩图1-69）。秋冬棚室茄子种植密度比较大，单株留枝数量少，适宜采用吊架栽培，选用布绳或专用塑料吊绳，普通塑料捆扎绳容易老化断裂，不要选用。在茄子侧枝伸长，中上部开始下弯前用吊绳固定枝干。将绳的一端系到茄子栽培行上方的粗铁丝上，下端用宽松活口系到侧枝的基部，每根侧枝一根绳。用绳将侧枝轻轻缠绕住，使侧枝按要求的方向生长。吊架引蔓时应注意缠蔓的动作要轻，不要折断枝蔓，吊绳不要太紧，防止拉断侧枝或将植株从地里拔出，适宜的吊绳松紧度是缠枝蔓后，枝干能够在小范围内四下摇摆。要选晴暖天午后，植株枝干失水、质地变得较柔软时进行引蔓。系蔓的绳扣不要太紧，防止勒断枝干。适宜的绳口是"Y"形活扣，用长绳压住短绳，不要系死扣。要定期松动绳扣，避免由于枝干变粗后，绳扣勒进枝干内。一般植株生长旺盛期，每20～30d松动一次绳扣。松扣时，将绳扣解开，重新用大扣系住。结合缠蔓，将枝干上的老叶、病叶以及病果等打掉。

3. 防止茄子落花落果的技术措施

茄子花朵开放后3～4d从离层处脱落，为落花。幼果不能继续膨大而脱落，甚至长至10cm时还脱落，为落果。在露地栽培或保护地栽培均可发生。

（1）发生原因　花朵是畸形花；开花期因遇连阴天，或植株间茎叶郁闭等，造成光照不足；土壤中缺乏肥料，或偏施氮肥，或土壤盐渍化等；白天温度超过35℃，夜间温度高于20℃或低于15℃等；土壤中水分过大，或空气相对湿度超过85%；在没有坐住门茄时，就浇水追肥，或植株徒长，或植株生长衰弱等；不合理使用植物生长调节剂，如处理花朵时间或过早或偏晚，或处理花朵时环境温度超过30℃，或使用浓度偏大，或处理短柱花、植株长势弱的花、植株徒长的花等；病虫危害。上述因素均可造成落花和落果。

（2）保花保果措施

① 加强栽培管理　加强苗期管理，培育适龄壮苗，避免形成畸形花。适期育苗（特别是露地和塑料大、中、小棚等早春栽培），定植壮苗，淘汰弱小苗和僵苗，酌情摘掉门茄花朵。合理控水蹲苗，避免形成徒长苗和老化苗。一定要坐住门茄后再浇透水并追肥。保护地栽培，要适度密植，适时整枝打老叶。在冬、春季采取措施增加光照（特别是遇连阴雨天时）和保持适温，在夏、秋季需采取傍晚浇水、加大通风、覆盖遮阳网等措施降温。进入结果期后，适时浇水，使土壤保持湿润，一次追肥量不宜过大，做到少量多次。对已坐住的幼果，需根据植株长势保留适当果数。保护地栽培酌情采用二氧

化碳施肥技术和注意通风排湿。

② 熊蜂授粉　棚室温度低于15℃或高于30℃时易引起落花落果，设施栽培中使用熊蜂授粉技术在一定程度上解决了这一问题。熊蜂授粉的优点是果实整齐一致，无畸形果，品质优，省工省力，简单易掌握。一般500～667m²的棚室放一群蜂，给予一定的水分和营养，将蜂箱置于棚室中部距地面1m左右的地方即可。蜂群寿命不等，一般40～50d，短季节如春季或秋季栽培一箱可用到授粉结束。利用熊蜂授粉，坐果率可达95％以上。

③ 药剂喷花　药剂保花保果的方法主要是使用外源激素，如甲硫·乙霉威（果霉宁）、对氯苯氧乙酸、沈农2号等，进行蘸花或喷花。重点是防止低温弱光引起的落花。使用激素的适宜期是在茄子花含苞待放到刚刚开放时，过早或过晚效果都不太好。一般在上午8～10时，用毛笔将药剂涂抹花柄有节（离层）处，或将花放到药水中浸泡一下，或用小喷壶喷花，药液中加入0.2％的嘧菌环胺或腐霉利或异菌脲，并加红色做标记，禁止重复使用。通常使用激素后，往往造成花冠不易脱落，这样不仅影响果实表面的着色而且容易形成灰霉病的侵染源，所以，在果实膨大后还需注意将花冠轻轻摘掉。

茄子蘸花加防灰霉病复配药剂参考配方：用于辅助保花保果的药品有果霉宁2号1mL药液对1500mL水、丰产素2号20mg原液对900mL水、2,4-滴10～20mg原液对1L水、对氯苯氧乙酸20～30mg原液对1L水。同时在配好的蘸花药液中每1500～2000mL加上10mL 2.5％咯菌腈悬浮剂（红色的）或3g 5％嘧菌环胺水分散粒剂或4g 50％腐霉利可湿性粉剂预防灰霉病。

使用对氯苯氧乙酸处理后，果实发育比较快，对肥水需求量增加，应适当加强肥水管理，效果才能好。对于发棵不好的植株，如坐果过早，对以后生长不利，应考虑推迟使用生长调节剂。

药剂辅助保花技术，虽可保证产量，但也带来诸多问题，比如使用浓度不当，造成畸形花果，直接影响品质，降低价值。

④ 使用药剂保花保果的注意事项

（a）浓度与标记　无论用哪种激素，也无论用哪种方法，一定按照产品说明书要求的浓度操作。浓度小，影响效果；浓度大，易造成畸形果，直接影响品质和效益。药液中加入红色或墨汁作标记，避免重复蘸、涂或喷花。生产中常用含有红色颜料的咯菌腈种子包衣剂配置在蘸花药剂中，其红色起标记作用，杀菌药可预防茄子灰霉病，具有良好的效果。

（b）避开高温时间　避免中午高温时操作，一般选上午10：00前和下午4：00后操作。

（c）防止药液碰到茎叶或生长点　如果药液溅到茎叶或生长点，将导致茎叶皱缩、僵硬，影响光合作用，严重时生长受阻，产量下降。如果药液溅到茎叶上，应及时尽快喷施3.4％赤·吲乙·芸苔素（碧护）可湿性粉剂5000倍液解除药害。

4. 茄子缺素症的表现与防止措施

（1）缺氮　先从下部老叶失绿变黄，向新生组织转移，严重时呈淡黄色，且失绿的叶片色泽均一，一般不会出现斑点或花斑，叶片小而薄，叶柄与茎的夹角变小，呈直立状。严重缺氮时，老叶黄化干枯脱落，心叶变小，大部分花蕾都枯死脱落，不结果或结果少且小而黄。根系最初比正常的根系色白而细长，但根量很少，后期停止生长，呈现褐色。

防止措施：以有机氮肥为主，加少量化学氮肥，以混施深施为好。

(2) 缺磷　缺磷从基部老叶开始，逐渐向上部发展，叶暗绿色或灰绿色，缺乏光泽，有紫红色斑点或条纹，严重时叶片生理失调、枯萎脱落。植株生长迟缓，矮小瘦弱而直立。根系不发达。雌花着生少，或不形成花芽，或花芽形成显著推迟。缺磷多是施用氮肥、锌制剂和石灰过多，或光照不足所致。

防止措施：根据土壤酸碱度选择磷肥品种，与酸性有机肥、厩肥、腐植酸肥、动植物残体混施效果好，根据土质定向施肥，一般露地每亩施有机肥5000kg以上就不需施磷肥。

(3) 缺钾　在植株缺钾不严重时，缺钾症与氮素过剩症极为相似。下位叶片发黄、柔软，易感病。当植株缺钾严重时，初期心叶变小，生长慢，叶色变浅。后期叶脉间组织失绿，出现黄白色斑块，叶尖叶缘渐干枯，上位叶簇生，后叶片脱落。果实不能正常膨大，果实顶部变褐。生产上茄子缺钾症较为少见。

防止措施：多施有机肥，施入足够钾肥，缺钾时，可叶面喷施0.2%～0.3%磷酸二氢钾，或1%草木灰浸出液。

(4) 缺钙　生长快的地方首先表现症状，幼叶卷曲、畸形，新生叶易腐烂，继而硝酸等在叶内积累而造成酸害，出现叶缘焦枯现象，叶片出现灼烧状，生长点萎缩干枯。有时出现"铁锈"叶，即叶面上的网状叶脉变褐，形似铁锈状。缺钙植株的果实常出现脐腐病。

防止措施：酸性土壤中每亩施石灰70～100kg，碱性土壤施氯化钙20kg或石膏50～80kg。高温、低温期叶面喷施0.3%～0.5%氯化钙溶液或300倍液过磷酸钙、米醋浸出液。干旱期傍晚浇水与生物菌剂，在适温期溶解分化土壤钙素，促进植株吸收。发生缺钙，停施氮、磷、钾肥，追施硼、锰、锌肥缓解。

(5) 缺镁　叶绿色含量下降，出现叶片、整株、群体失绿，叶脉间叶肉变黄失绿，叶脉仍呈绿色，并逐渐从淡绿色转为黄色或白色，出现大小不一的褐色或紫红色斑点或条纹。严重缺镁时，整个植株的叶片出现坏死现象，开花受抑制，花的颜色苍白。缺镁前期下部叶片的脉间变为淡绿色，再变为深黄色，并发生黄色小点，但初期叶片基部和叶脉附近仍保持绿色，后期叶缘向下卷曲，由边缘向内发黄，提早成熟，产量不高。生产上，茄子缺镁的症状较为多见。

防止措施：氧化镁或硫酸镁在碱性土壤中施用，追肥宜早。用1%～3%的硫酸镁或1%的硝酸镁，每亩喷施肥液50kg左右，连续喷施几次。硝酸镁喷施效果优于硫酸镁。

(6) 缺硫　植株整体失绿，后期生长受抑制。初期先在幼叶（芽）上开始黄化，叶脉先失绿，之后遍及全叶，严重时老叶变黄、变白，有时叶肉长时间呈绿色。茎细弱，根系细长不分枝，开花结果推迟，空果、果少。供氮充足时缺硫症状主要发生在茄子植株的新叶上，供氮不足时缺硫症状发生的茄子的老叶上。

防止措施：用石膏作肥料施入土壤。旱地作基肥，每亩用15～25kg石膏粉撒施于地表，耕耙混匀；作种肥，每亩用量为3～4kg。或基施、追施硫黄，每亩用5kg左右。

(7) 缺锰　缺锰从新叶开始，表现为叶肉失绿，斑点突出，边缘皱，叶脉绿，黄斑呈网状，严重时失绿叶肉呈烧灼状，小片圆形，相连后枯叶，停止生长。中位叶边缘失绿为重，叶缘下垂。叶近叶柄处失绿为重，叶尖叶色深绿。严重时整叶褪绿变淡绿色，叶脉间有小褐色。叶片中部褪绿为重，继而褐腐干枯等。

防止措施：每亩施 5000kg 有机肥的，一般不缺锰，可不施锰肥。砂性、石灰性、碱性土壤，每亩可基施硫酸锰 10～20kg，中性土壤 7～10kg。干旱勤浇水，可促进锰还原。缺锰时停施碳酸钙肥。干旱、低中温期，每隔 7～15d 叶面喷一次多菌灵·锰锌、乙磷铝·锰锌、甲霜·锰锌等含锰农药，既可抑菌杀菌，又可防病促长。

(8) 缺锌　植株缺锌时，顶部叶片中间隆起呈畸形，生长差，茎叶硬，生长点附近节间缩短。叶小呈丛生状，新叶上发生黄斑，逐渐向叶缘发展，致全叶黄化。心叶变黑变厚，果实变僵硬等。

防止措施：低温期用 96％硫酸锌 700 倍液、高温期用 1000 倍液叶面喷洒；灌根用 1000～1500 倍液，每穴浇 0.3～0.5kg；随水浇施时，每亩限量 1kg。以单用效果明显，每茬作物限用 1～2 次。

(9) 缺铁　植株矮小失绿，失绿症状首先表现在顶端幼嫩部分，叶片的叶脉间出现失绿症，在叶片上明显可见叶脉深绿，脉间黄化，黄绿相间很明显。严重时叶片上出现坏死斑点，并逐渐枯死。茎、根生长受阻，根尖直径增加，产生大量根毛等，或在根中积累一些有机酸。幼叶叶脉失绿呈条纹状，中、下部叶片为黄绿色条纹，严重时整个新叶失绿发白。土壤缺铁比较普遍，尤其是石灰性土壤，酸性土壤中过量施用石灰或锰的含量过高，会诱发缺铁。

防止措施：可用硫酸亚铁作基肥，叶面喷施或注射。基施时应与有机肥混合施用，叶面喷施，浓度为 0.2％～0.5％，一般需多次喷施，溶液应现配现用，并在喷液中加入少量的展着剂。

(10) 缺钼　叶脉呈浅绿紫色，叶肉米黄色，叶脉间发生黄斑，叶缘内卷，花序萎缩。硝态氮多时易发生缺钼。

防止措施：酸性土壤要追施钼酸铵、钼酸钠等含钼肥。防止锰肥、锰农药用量过大、过频，造成钼吸收障碍。干旱高温、低温期，叶面上喷 0.02％钼酸铵。

(11) 缺硼　植株叶色暗绿，生长点萎缩明显变细，顶芽弯曲，花蕾枯腐，秆茎裂口，花蕾不开放，膨大慢；幼果僵化空洞呈缩果扁圆状，果皮无光泽，有爪挠状龟裂，果肉变褐，近萼部果皮受害明显，生长慢，产量低；叶脉皱缩，叶片凹凸不平展，茎叶发硬，生长发育受阻，叶片积累花青素而形成紫色条纹。

防止措施：重施牛粪、秸秆肥或腐植酸肥，症状轻的用硼砂 0.5kg，症状重的用 0.7kg，一般叶面喷洒以 1000～2000 倍液为好。

5. 茄子药害的表现与防止措施

(1) 药害症状

① 烧叶　最常见的是叶脉间变色，叶缘尤其是滴药液处变白或变褐色，叶表受到较轻药害时失去光泽。气害则多是中部叶及功能叶严重，边缘及叶反面严重，可与药害相区别。

② 叶变黄或脱落　在根部受药害、肥害及大水闷根时心叶小、叶变黄。对药物敏感则大叶变黄，如茄子上用含代森锰锌等药物过量，会引发叶黄甚至脱落。

③ 叶片果实着生黑斑、黑点　如果农药使用浓度偏高时，铜制剂可使茄子果实生黑点，特别黑亮且擦不掉，菌核净可以使叶部生黑褐斑，嘧霉胺可以使茄子叶片生片状褐斑。

④ 抑制生长　特普唑等不少三唑类药物也会使多种蔬菜生长变慢，叶小果小，生

长受抑制。使用多效唑或特普唑量大时也会使下季或下茬蔬菜生长缓慢。

⑤ 叶果畸形　点花药物如 2,4-滴、对氯苯氧乙酸等在使用浓度太高或用量大时很容易引发生长点叶变厚、变窄、呈扭曲畸形状，或引发病毒病，果实变形、僵而不长或开裂。

（2）防止措施

① 喷施中和剂　针对导致药害的药物，使用与其性质相反的药物进行中和缓解。如发生硫酸铜药害后，可喷 0.5% 的生石灰水解救。如受石硫合剂药害后，在水洗的基础上，喷 400～500 倍的米醋液可减轻药害。有机磷类农药产生药害时，可喷 200 倍的硼砂液 1～2 次。

② 使用解毒剂　发生药害后可用某些特定的解毒剂进行补救。如多效唑等抑制剂或延缓剂造成危害时，可喷施赤霉酸溶液解救。

③ 喷施生长调节剂　根据需要，选用叶绿宝、多得、康培、细胞分裂素等叶面营养调节剂和植物激素进行叶面喷施，能促进作物恢复生长，减轻药害造成的损失。

④ 喷施强氧化剂　高锰酸钾是一种强氧化剂，对多种化学农药都具有氧化、分解作用，可用 3000 倍高锰酸钾溶液进行叶面喷施。

⑤ 灌水降毒　因土壤施药过量造成药害，可灌大水洗田，一方面满足作物根系的吸水需求，增加茄子植株细胞水分含量，降低体内农药的相对浓度，另一方面灌水能降低土壤中农药浓度，减轻农药对茄子的毒害。

⑥ 及时增施肥料　作物发生药害后生长受阻，长势减弱。若及时补施氮、磷、钾肥或腐熟有机肥，可促使受害植株恢复生长。如果药害是由酸性农药引起的，可在地里撒生石灰或草木灰，药害较重的还可用 1% 漂白粉液叶面喷施。对碱性农药引起的药害，可用硫酸铵、过磷酸钙等酸性肥料。

⑦ 无论何种性质的药害，叶面喷施 0.1%～0.3% 的磷酸二氢钾溶液，或用 0.3% 的尿素加 0.2% 的磷酸二氢钾溶液混合喷施，每隔 5～7d 一次，连喷 2～3 次，均可显著降低因药害造成的损失。

6. 茄子卷叶的表现与防止措施

茄子栽培，特别是夏季露地茄子栽培中，经常发生卷叶现象，轻者只是叶片的两侧微微上卷或下卷，重者往往卷成筒状。茄子卷叶的原因很多，土壤干旱，供水不足是一种因素，高温、强光照、叶面肥害、药害，果叶比例失调，肥水供应不足，病虫危害等，其中任何一项都有可能造成茄子卷叶，如果是几种因素叠加在一起，卷叶现象就显得更严重了。茄子卷叶事小，但找不对原因，不及时采取相应措施，加强综合管理，也会对后期坐果丰产造成较大的影响。

（1）茄子卷叶表现

① 高温下易卷叶　高温下，植株失水加快，易发生卷叶。如果高温同时供水又不足，卷叶将更为严重。夏季强光照射，也会引起叶片体温上升快过高，加速失水，发生卷叶，所以夏季露地茄子比较容易发生卷叶。这种卷叶一般是向下卷。

② 药肥浓度过高易卷叶（彩图 1-70）　茄子叶面喷洒农药、叶面肥的浓度过高，或高温期中午前后喷洒农药、叶面肥，易引起叶片卷曲。菜农在茄子病虫害危害高峰期，经常打药，而且用药量大，有时几种药剂混合在一起喷雾，无形中会加大农药的剂量。

③ 留果过多易卷叶　下层植株留果过多，而叶面积又不足时，叶片容易因自身营养不良发生卷曲。通常摘心过早或摘心时留叶不足的情况下，较容易发生卷叶。

④ 激素处理不当易卷叶　有些菜农使用坐果激素处理，进行茄子的保花保果，这样使果实生长势增强，但同时从叶片中争夺的营养量也增多，如果不加强肥水管理，保证肥水供应，会引起叶片过早衰老，发生卷曲。

⑤ 虫害危害卷叶　红蜘蛛、蚜虫、白粉虱危害严重时，也很容易引起叶片卷曲。

（2）防止措施　茄子卷叶的防止，要针对各种可能的原因，加强管理。

① 掌握适宜的用药用肥浓度和使用方法，防止用药浓度过大所引起的卷叶　叶面追肥和施药的浓度、时机要适宜，应按照要求的浓度配药、配肥，不要随意提高药剂浓度，特别是几种药剂混合施用时，要在先小试的基础上，确保不会出现问题时，才能大面积推广应用，高温期也不要在强光照的中午前后进行叶面喷肥和喷药。

② 浇水遮阴降温防止高温卷叶　随着茄子进入生长盛期，也进入了高温季节，无论是露地茄子，还是保护地茄子，均要防止高温危害引起的卷叶。保护地栽培，定植时要浇足底水，缓苗期要注意盖好棚室，保持高温高湿促缓苗，防止脱水。同时，高温期间要加强温度管理，防止温度过高，一般最高温度应不超过35℃。缓苗期可采用棚膜上盖遮阳网等措施遮阴降温。茄子露地栽培要在盛夏到来前封垄，避免强光照射。

③ 实行地膜覆盖栽培，加强栽培管理，防止生理卷叶现象　地膜覆盖，植株长势强，肥水利用率高，保肥保水能力强，一般不会出现失水发生的卷叶现象。茄子产量高，要加强肥水管理，防止脱肥和脱水，要施足腐熟有机肥作基肥，每亩7000kg左右。蹲苗期间，要根据所用品种的类型、植株长势和天气情况等确定蹲苗的时间长短，适时浇施肥水，避免蹲苗过度，引起卷叶。特别是结果期要加强肥水管理，经常保持土壤湿润，结果盛期要进行叶面追肥，补充根吸收的不足。

④ 及时防治病虫害　病虫危害产生的卷叶现象，一般容易识别，要及时防治害虫，不要忽视。如用5%抗蚜威可湿性粉剂2000～3000倍液等防蚜虫，用25%噻嗪酮乳油2500倍液或2.5%联苯菊酯乳油2000～3000倍液防温室白粉虱，用73%炔螨特乳油1000倍液或25%灭螨猛乳油1000～1500倍液等防红蜘蛛。

7. 茄子空洞果（凹凸果、空泡果）的表现与防止措施

茄子空洞果，又叫凹凸果、空泡果，是在茄子生产中由于外界环境不良和栽培管理不当，在果实上发生的一种生理性病害。茄子果实为浆果，开花受精后由子房膨大发育而成，果肉则由果皮和胎座及心髓等构成。其中胎座特发达，由海绵组织组成，用于贮存养分和水分，是供食用的部分。空洞果是果皮部与果实内部发育不平衡形成的。从生理角度来说，就是果实胎座发育不良，与果壁间产生空腔所致。空洞果果实外形有棱角，果肉物质不发达，种子极少，甚至没有种子。果实的外表粗硬，果色暗淡，果肉纤维含量高，果实无任何食用价值和商品性。在生产上要引起高度重视，加强栽培管理，提早预防，否则一旦发现，将造成较大损失。

（1）产生原因

① 授粉不良　由于开花时外界温度偏高，干旱，雄蕊不成熟，花粉增多，授粉后不能正常受精，导致胎座发育不良，不能形成种子。

② 生长激素使用不当　生长激素使用的浓度和方法不当，过多地使用生长激素处理未开放的花蕾，也会导致空洞果的发生。此外，用坐果激素处理后坐住的果实出现空洞果的概率较大。

③ 果实供水不足　果实膨大期需水比较多，此期如果供水不足，易形成空洞果。

④ 果实营养供应不足　植株生长不良或营养生长过旺或坐果过多等情况下，由于果实的营养供应不足，发育不良，易形成空洞果。

⑤ 温度偏低　土壤温度偏低时，根系的吸收能力降低，肥水供应不足易引起空洞果。

⑥ 采收过晚　果实采收不及时，种子发育大量吸收胎座内的营养，导致胎座组织崩溃，在种子周围形成空腔。

（2）防止措施

① 在开花当天用花粉振动器进行辅助授粉，提高授粉率，使果实多产生种子，避免空洞出现。

② 在花期用浓度为 5～10mg/kg 的赤霉酸液人工处理，能促进胚座部分发达。

③ 在高温时段，及时采取通风降温措施，可减少空洞果的发生。

④ 若夜温过高，要根据白天光合产物的多少，灵活掌握夜间温度的管理。

⑤ 通风良好，光照充足，控制施氮和灌水，促使植株正常生长发育，以减少空洞果的产生。在茄子定植缓苗后，进入旺盛生长期，可每隔 10d，喷 100～300mg/kg 生殖促进剂（或甲哌鎓）一次，共喷 2 次；或在茄子旺盛生长期喷一次 5～20mg/kg 的烯效唑，均可使茄子植株矮化，根系发达，增强光合作用，促进花果发育，早熟增产。

⑥ 用激素处理，一般在开花时使用，而且浓度要适当，浓度过高，也会出现空洞果。

⑦ 空洞果的空洞程度与心室数的多少有关，心室数少，空洞的程度明显。因此，要选用适宜的品种，并采用低温育苗，使花芽发育充实，以减少空洞果的产生。

8. 茄子僵茄（僵果、石茄、石果）的表现与防止措施

有菜农问：茄子长得很小时就不长了，紫色茄子的"屁股"是白的，摸起来很硬，掰开看里面没有种子，并且有种子的地方变黑褐色，但是不烂，这是怎么回事？这是一种茄子僵茄现象（彩图 1-71），又称僵果、石茄、石果，是茄子畸形果的一种。一般果实较小，颜色淡，果实僵硬，不膨大，海绵组织紧密，皮色无光泽，果皮发白，有的表面隆起，果肉质地坚硬，适口性差，完全丧失了食用价值。在日光温室越冬茬栽培时，多数温室在 1 月份前后，容易产生僵茄。在夏季茄子果实膨大期，受高温环境的影响，尤其是在夜温偏高的条件下发生更严重。一般圆茄品种比长茄品种僵果多。防止僵茄现象，关键要提前搞好预防。

（1）发生原因

① 在幼苗期，由于苗床内温度过高或过低，或苗床土干燥，或光照不足等，使育成的幼苗质量不高（如苗龄短、根系少、长势弱、短柱花增多等）。

② 授粉受精不良　在保护地栽培期间，用植物生长调节剂处理花朵的时间不对，或用植物生长调节剂处理易脱落的花朵，或土壤较干燥时用植物生长调节剂处理花朵；或在开花结果期，白天温度高于 35℃ 或昼夜温差小等；在开花结果期，遇低温天，夜间低于 15℃（使授粉过程受阻），或遇连阴雨雪天、光照不足、空气湿度过高等。

③ 营养不良　空气干燥、水分不足，植株同化作用减弱，营养缺乏，易形成僵果。低温弱光或高温强光期正值果实膨大时，氮、钾、硼的吸收量增多，磷相对需要量较少，如磷素投入量过大，必然影响钾、硼的吸收，使果实僵化。

④ 坐果过多　植株生长势较弱，如果用生长调节剂处理，使单株坐果数过多时，一些坐果晚或位置不佳的果实，往往会由于得不到足够的营养供应，形成僵茄。

⑤ 栽培环境不良　在茄子果实生长发育期，栽培管理不及时，缺少水肥；或施肥过多，发生了烧根；或病虫严重为害，果实停止生长发育，形成质硬、果形小的僵茄。

（2）防止措施　苗期严格进行温度管理，最低气温不能低于 14～15℃，地温 16～17℃，白天注意增加采光，棚温控制在 30℃ 以下，及时通风换气，防止高温引起僵茄。分苗时尽量采用大的营养钵，充分利用增光技术。花期气温不应低于 20℃，同时要防止超过 30℃ 的高温。调整保花保果剂施用时机，用 30～50mg/kg 的对氯苯氧乙酸蘸花促进果实膨大，一般保花保果剂处理花朵最佳时间只有 3d，即花朵开放的当天和开放前 2d，均可用激素处理，但以开放当天处理效果最佳。植株坐果数量要适宜，应根据植株的长势留果，对多余的果实应及早疏掉。发现单性结实的僵果，最好尽早摘除，并增施肥料促壮秧，保持氮磷钾肥份平衡结果前期适当控水控肥，中耕松土。可施用芸苔素内酯等调节生长，同时也要加强田间管理，供应充足的水肥，及时防治病虫害等。结果期注重施用钾肥，叶面喷施 1% 尿素＋0.3% 磷酸二氢钾液肥，促进植株生长。

9. 茄子裂果的发生原因与防止措施

在一场大雨过后，有的茄子籽粒外露，失去商品价值，这种现象叫茄子裂果（彩图 1-72），是一种生理病害。茄子裂果是指果实的表皮或果肉或花萼发生了开裂的现象，分为萼裂和果裂两种。

（1）萼裂发生原因　萼裂即果实从花萼处开裂，果实的幼嫩部位外露，容易遭受病虫危害，或受到高温、强光照危害，过早停止生长，也容易诱发形成畸形果，其发生原因有以下几点。

① 激素防落花处理不当　如激素浓度过高，或在中午高温时使用，或多次反复使用，都会产生花萼开裂果。在多氮、多钾、干燥的情况下，若花缺钙时再用激素来处理，更容易出现花萼开裂果。但是，缺钙的花朵在早晨和傍晚温度低的时间用适宜浓度的激素进行处理，较少发生花萼开裂果。

② 摘心促进果实膨大时，容易出现花萼开裂果。

③ 枝叶生长过旺的植株容易发生花萼开裂果。

④ 高温危害　特别是夏季强光直射幼果，花萼的温度上升过快、过高，容易发生开裂。

（2）果裂发生原因　果裂的开裂部位大部分是从花萼以下开始，而且开裂比较严重，也有从果顶和果实中部开裂，裂口大小、深浅不一，轻者仅在果蒂下边出现轻微裂口，重者裂口可致整个茄果纵裂。有的在果实底部开裂，种子外翻裸露。果裂多是由于果实生长的初期处于受抑制的环境，以后生长突然加快，果皮被撑开。在高温多雨的环境下容易引发绵疫病而大量烂果。

① 用热风炉加温或补温的温室里，由于燃烧不完全，产生的一氧化碳使果实膨大受到阻碍，突然给水时导致果实急剧膨大。

② 秋延晚茬茄子在露地期间果皮已经硬化，转入棚内后果肉再度生长，也会大量出现裂果。

③ 露地夏秋栽培的茄子，白天高温干燥，傍晚浇水易引起裂果，尤其是在较长时间干旱的情况下，突降暴雨或灌大水，更易产生裂果。果实底部开裂、花芽分化时温度低能造成裂果。

④ 果皮较硬的品种，给水不均，在突然浇大水时出现裂果。

⑤ 多云天气或雾天，光照比较弱。在这种情况之下，植株根系活动能力比较弱，产生激素（细胞分裂素）量少，不能保证地上部分正常生长，天气转晴之后浇水施肥，果肉生长速度大于果皮，出现裂果现象。

⑥ 茶黄螨或蓟马为害幼果，使果实表皮增厚、变粗糙，而内部胎座组织仍继续发育，造成内长外不长，导致果实开裂，这种情况在露地比较多见，果实质地坚硬，味道苦涩。

（3）防止措施

① 萼裂预防措施　合理使用激素，不过量使用和重复使用激素，也不要在中午高温时使用，可在定植后，把10万单位的对氯苯氧乙酸配成30mg/kg的水溶液，对门茄进行喷花，可有效地防止保护地或露地茄子产生裂果；均匀浇水，不要过度控水，保持田间水分均衡供应；合理密植，特别是夏季露地茄子要保持适宜的叶面积，防止强光直射幼果。

② 果裂预防措施

（a）浇水管理　结果期间应合理浇水，均匀浇水，防止土壤忽干忽湿；天气转晴之后，不要立即浇水追肥，应该给地温一个缓慢升温的过程，否则不仅容易伤根，而且会出现大量裂果。夏季露地栽培，雨后及时排除田间积水。

（b）施肥管理　追施腐植酸、微生物肥料混掺化学肥料（钾、钙含量高），或叶面补充含钙叶面肥混掺萘乙酸。茄子缺硼时，纤维素含量增加，直接导致果皮细胞壁加厚，可塑性降低，当果肉细胞突然吸水膨大时，果皮组织反应迟钝，造成果皮组织撕裂，建议生长过程中采用含硼的多元素冲施肥或给予补充叶面肥，以降低茄果缺硼造成的裂果损失。避免连阴天或者天晴之后使用膨果激素含量高的叶面肥。天气晴好后，叶面喷施细胞分裂素、芸苔素内酯，可恢复果实生长点生长活性。

（c）及时防治茶黄螨、蓟马等害虫　注重喷幼嫩部位，翻过喷头向上喷叶背，可选用15%哒螨灵乳油3000倍液或1.8%阿维菌素乳油2000倍液喷雾，连喷2～3次。

（d）喷药防病　在烂果前或发病初期开始喷药，重点保护植株中下部的茄果，并注意喷洒地面，雨季还要喷药保护嫩枝。可选用75%百菌清可湿性粉剂600倍液、65%代森锌可湿性粉剂500倍液、72.2%霜霉威水剂800倍液等喷雾。

10. 茄子弯曲果的发生原因与防止措施

弯曲果（彩图1-73）是指长茄的果实不能伸直而呈弯曲状，致使商品性变差。

（1）发生原因　在雌花花芽分化期，外界的环境条件不适宜，导致胎座组织发育不均衡，从而出现果实弯曲。另外受精不完全，仅子房一侧的卵细胞受精，导致整个长茄发育不平衡也会形成弯曲。植株长势弱、果实膨大期缺肥的造成弯曲，另外营养生长过旺而生殖生长不足也会形成弯曲。田间茎叶郁闭，光照不足、坐果过多、坐果晚的果实，易形成弯曲。在果实膨大期，温度偏低，果实生长不均匀，或高温强光引起水分、养分供应不足易造成弯曲。若正在伸长的茄子碰到阻碍物也会造成弯曲，如植株底部的茄子因着地就易弯曲。果面受到虫害或幼果表面受到机械损伤，使果实两面发育速度不一致，缺乏微量元素硼也能造成果实弯曲。在2,4-滴点花药液中加入赤霉酸的含量偏大，也可形成弯曲。

（2）防止措施

① 培育适龄壮苗，苗期创造适宜的温度及光照条件，以利于花芽分化。白天控制棚温30℃左右，夜间以22℃为宜。茄子对光照时间和强度的要求较高，光照强度补偿

点为 20001x，饱和点为 400001x，在自然光照下，日照时间越长，果实发育越好。因此，夏季大棚种长茄苗期不可过度遮光，而要努力确保光照时间，以防果实发育不良。

② 采用高畦栽培方式，合理密植，及时定植，缩短缓苗期，适时整枝、摘叶、疏果。施足有机肥，基肥应亩用畜禽圈肥 5000kg 左右，并在花前补施硼肥，膨果期以追施含氮、钾的肥料为主。茄子是需肥较多的蔬菜，在采果盛期对肥料的吸收量达到了高峰，因此要注意补充，不可脱肥，可用随水冲施和叶面喷施两结合的方法进行追肥，硼肥应选择吸收率高的硼尔美等。同时，要注意预防植株旺长，以免生殖生长不足造成果实弯曲。可通过拉大昼夜温差，降低棚内温湿度，叶面喷施多效唑或烯唑醇的办法抑制旺长。

③ 对于机械损伤造成的果实弯曲，可在缠蔓、整枝时及时消除阻挡因素而使果实正常下垂即可解决。

④ 降低点花药的浓度。夏季温度高，要适当降低 2,4-滴和赤霉酸的浓度，可用 5% 的 2mL 2,4-滴混 2 滴（约 0.1mL）赤霉酸对水 0.3kg。在点花时，可使弯曲状的果顶内侧着药（指弧形的内侧），纠正果实弯曲，且弯曲度越大，点药部位应越靠近花萼处。

11. 茄子日烧果的发生原因与防止措施

茄子日烧果（彩图 1-74），是指果实向阳面首先出现白色或浅褐色斑，以后逐渐扩大，呈淡黄色或灰白色，皮层变薄，组织坏死，干后呈革质状。日烧斑部易感染病害，湿度大时，长出霉层或腐烂。

（1）发生原因　主要是栽植过稀或管理不当，使果实暴露在强光下，致果实局部过热引起的。或在保护地栽培时棚膜上水滴滴在果实上，经阳光照射后聚光吸热，致使果皮细胞灼伤。炎热的中午或午后，土壤水分不足、雨后骤晴都可致果面温度过高，引起日烧，一些稀叶品种种植密度不够大、栽植过稀或管理不当，在土壤干旱或空气干热时易发病。

（2）防止措施　选用早熟或耐热品种。

合理密植，实行宽窄行定植，尽量采用南北垄，使茎叶相互掩蔽，使果实少受阳光直接照射。

对发生高温伤害的茄子要加强肥水管理，促进植株恢复，可喷施微肥或激素。如叶面喷施促丰宝液肥 600～800 倍液，或植宝素 2500 倍液，或芸苔素内酯 3000 倍液，或保得生物肥等叶面肥，隔天一次，共喷 3～4 次，促使植株枝叶茂盛。

采用遮阳网覆盖，避开太阳光直接照射。在高温季节或高温条件下，要适时灌溉补充土壤水分，使植株水分循环处在正常状态，防止植株体温升高。

合理进行枝叶调整，适当保留枝叶量。

用 15% 三唑酮可湿性粉剂 500 倍液喷雾，防治早期落叶病。

12. 茄子使用植物生长调节剂技术要领

（1）赤霉酸　将茄子种子放在 55℃ 的热水中浸泡 15min，捞出后，再放在 200mg/L 的赤霉酸溶液中浸泡 2h，溶液的用量以浸没种子为度。之后，在清水中洗去种子表面的黏液，晾干后即可播种，可以提高茄子的萌发率。用 30～50mg/L 的赤霉酸喷洒花朵和幼果 1～2 次，可防止花果脱落，提高坐果率，增加产量。

（2）萘乙酸　茄子苗期长达 70～120d，利用插条繁殖，可大大地缩短育苗时间，提高生产效率。为促进茄子插枝生根，可使用 2000mg/L 的萘乙酸溶液，浸泡枝条基部

3～5s，晾干后进行扦插，可提高成活率和缩短缓苗时间。

（3）甲哌鎓（助壮素）、烯效唑　在茄子移栽缓苗之后，茄子进入旺盛生长期时，叶面喷洒100～300mg/L的助壮素液，隔10d一次，共喷2次。或在3～5叶期时叶面喷洒5～20mg/L的烯效唑液，可使植株矮化，根系发达，叶片增厚，促进花果发育、早熟高产，用量以叶面喷洒湿润为度。

（4）细胞分裂素　在茄子定植后30d，开始用85g"5406"细胞分裂素，对水50L，叶面喷雾，每隔10d喷一次，连喷两次。可保花保果，降低黄萎病和病毒病的发生率。

（5）矮壮素　对出现徒长趋势的秧苗，可用矮壮素处理，方法如下。

① 喷雾法　当茄子长到2～4片真叶、苗高30～50cm时，用矮壮素300mg/L叶面喷雾。以晴天下午3时以后喷施为宜。

② 浇施法　用矮壮素500mg/L液浇洒秧苗。选用细孔径的洒水壶均匀洒施。

应用矮壮素防止秧苗徒长，要严格掌握浓度，喷雾法与浇施法二者浓度是不相同的，不能用错。要控制使用次数，一般苗期施用一次即可，不要多次重复施用，并且要防止重喷。

（6）多效唑　当秧苗开始出现徒长趋势时，喷施多效唑溶液，可控制秧苗的徒长，使植株矮壮，叶色浓绿，叶片硬挺。当植株有5～6片真叶时，用10～20mg/L浓度的多效唑液叶面喷雾。每亩用药液量20～30L，喷施时雾点要细而均匀，不能重复喷施。一般整个秧苗期喷施一次即可，最多不超过2次。

（7）2,4-滴　茄子用2,4-滴点花，能有效地防止落花，增加早期产量。方法有点花和浸花法两种。点花法，即用毛笔或棉花球等涂于花柄上。浸花法，是将2,4-滴药液盛于小酒盅或小碗中，将花浸入后迅速取出，让整个花朵均匀蘸上2,4-滴，然后刮去残留于花朵上的药液。浸花法使用的2,4-滴浓度应适当低些，最适浓度为20～30mg/L，塑料中棚、大棚栽培的茄子，其浓度应为20～25mg/L，以在花朵初开放时处理为宜。一般气温低，浓度可适当提高到25～30mg/L；气温高，使用浓度以20～25mg/L为宜。2,4-滴药液不能接触枝、叶，特别是嫩芽，以免出现叶片皱缩等药害现象。使用时，为防止对同一朵花重复处理，在配制好的2,4-滴药液中，要加入滑石粉、红土等带有颜色的指示物。2,4-滴原粉不溶于水，应先配成母液，再稀释。

（8）对氯苯氧乙酸　用对氯苯氧乙酸喷花，可减轻药害，节省人工，并可明显地增加早期产量，适宜浓度为30～50mg/L。若气温在15～20℃以下时，浓度以40～50mg/L为宜；气温在20～30℃时，浓度以30～40mg/L为宜。对当天开放的花及前后1～2d开放的花喷洒，以喷湿为度，或用毛刷点涂，花开即喷（或涂），每间隔3～4d喷（或涂）一次，连续数次。能明显防止早期落花，增加结果数，加快果实生长，提早采收，提高前期产量。如同时在浸涂液中加入0.2%的乙烯菌核利或腐霉利，对预防灰霉病传播有一定的效果。

（9）乙烯利　5～30mg/L的乙烯利液，对茄子的花粉萌发有不同程度的抑制作用。浓度越高，抑制作用越显著。当乙烯利溶液浓度达到50mg/L时，花粉破裂较多。60mg/L的乙烯利溶液严重阻碍了花粉的萌发与生长，造成花粉管破裂、变形和弯曲，不能正常生长发育。如果在盛花期使用100mg/L的乙烯利，能起到疏花、疏果作用。

13. 茄子采后处理技术要领

（1）采收　商品茄子以采收嫩果上市（彩图1-75），果实一般在开花后15～20d即可采收。鉴别茄子果实是否达到商品采收标准，可以通过观察果实萼片下面锯齿形浅色条带的宽窄。条带宽，说明果实正在旺盛生长，条带由宽变窄，是采收的最佳时期，这时的果实产量最高，品质最好。采收过早，果实未充分发育，产量低；采收过晚，种皮坚硬，果皮老化，影响销售，食用价值降低。门茄原则上应尽量提早采收，以减少与茎叶生长的营养竞争。果实的采收适期，还应根据植株长势而定。长势旺盛，适当早收；长势较差，适当迟收。

采收时间选择在早晨为佳，果实新鲜柔嫩，特别是长途运输，要注意这点。采收果实时，不要碰坏枝条和叶片，果实采收要用剪刀，不能强拉硬拽。

(2) 挑选整理　在田间采收后，应随即于阴凉通风处对产品进行挑选和整理。采收的果实不留果柄，将柄齐果肩切齐，擦去果实表面泥土、污物，剔除病果、虫果、受伤果、裂果和僵果。

(3) 分级　茄子品种繁多，不同品种其果实形状、大小、色泽不同。同一品种在不同环境条件或不同栽培技术下果实的形状、大小、色泽也有差异。同一批商品茄子，其果实形状、色泽、大小应相对一致。茄子按其品质分为特级、一级和二级等3个等级，每个等级按果实的大小分为大果、中果、小果3种规格。茄子的长度指果柄到果尖之间的距离，横径指垂直于纵轴方向测量获得的茄子的最大长度。果实大小的整齐度用变异幅度来表示，其计算公式如下：长茄和圆茄用果长的平均值乘以（1±10)%表示；圆茄用横径乘以（1±5)%表示。规格不作为茄子产品分级的依据，也与等级质量无关，但对包装的选择具有实际意义。茄子等级规格的划分见表1-12。

表1-12　茄子等级规格（NY/T 1894—2010）

商品性状基本要求	大小规格		特级标准	一级标准	二级标准
同一品种或果实特征相似品种；已充分膨大的鲜嫩果实，无籽或种子已少量形成，但不坚硬；外观新鲜；无任何异常气味或味道；无病斑、无腐烂；无虫害及其所造成的损伤	长茄(果长/cm) 大：>30 中：20~30 小：<20		外观一致，整齐度高，果柄、花萼和果实呈该品种固有的颜色，色泽鲜亮，不萎蔫；种子未完全形成；无冷害、冻害、灼伤及机械损伤	外观基本一致，果柄、花萼和果实呈该品种固有的颜色，色泽较鲜亮，不萎蔫；种子已形成，但不坚硬；无明显的冷害、冻害、灼伤及机械损伤	外观相似，果柄、花萼和果实呈该品种固有的色泽，允许稍有异色，不萎蔫；种子已形成，但不坚硬；果实表面允许稍有冷害、冻害、灼伤及机械损伤
	圆茄(横径/cm) 大：>15 中：11~15 小：<11				
	卵圆茄(果长/cm) 长：>18 中：13~18 小：<13				

(4) 预冷　高温不利于茄子产品的保存，应进行预冷，预冷方法包括风冷、水冷、冰冷、真空预冷和差压预冷。在用水冷和冰冷预冷时，需保证用水的洁净，注意水冷法中的交叉污染与消毒剂禁用问题。

贮藏、运输或将放入控温货柜销售的茄子，经分级等处理后可装入容量为10~20kg的塑料筐或纸箱等容器中，尽快入预冷库，并在9~12℃下预冷。采收后立即上市并在常温下销售的茄子不可进行预冷处理。有条件的可采用真空预冷和差压预冷法。

(5) 包装　用于包装的容器（箱、筐等）应大小一致，整洁、干燥、牢固、透气、美观，无污染，无异味；内部无尖突物，外部无钉刺；无虫蛀、腐朽、霉变现象。纸箱无受潮、离层现象；塑料箱应符合GB/T 8863中的有关规定。重复利用的包装容器，要清洗容器上的污垢。

产品应按等级、规格分别包装，每批茄子的包装规格、单位净含量应一致，每件包装的净含量不得超过10kg。将长短、粗细相近、颜色一致的茄子放进一个塑料袋或纸包装。装袋时，把每层茄子头对头、尾对尾摆好放一层，再摆放另一层茄子，茄子与茄子之间不能互相碰撞。

包装分运输包装和销售包装两种。用于茄子的运输包装的主要有竹筐、纸箱、木箱、塑料箱等。包装材料应耐水、耐高温、耐低温，并具有一定的机械强度，在搬运中不至于变形和损坏。销售包装尽可能使用一次性材料，且无毒、卫生，能够再生利用，主要有纸、泡沫塑料和塑料薄膜。茄子净菜上市小包装主要有托盘包装和收缩包装，托盘包装也叫泡罩包装，是将茄子整齐地放在塑料托盘上，以透明材料或其他薄膜封合。收缩包装是以收缩薄膜为材料进行产品包装，当加热时薄膜收缩紧贴产品，形成一层保护屏障。收缩包装可单果包装，也可将几个茄子放在一起包装。销售包装必须保证包装内产品的质量好、重量准确。

每个包装上均应标明产品名称、产品的标准编号、商标、生产单位名称、详细地址、产地、等级、规格、净含量和包装日期等，标志上的字迹应清晰、完整、准确。

（6）贮藏　采收后的鲜嫩果新陈代谢旺盛，含水量高，不宜久贮，即使在低温条件下贮藏也比较困难，应及时投入市场。为了延长秋茄子的供应期，达到堵缺增效的目的，在晚秋后，采用一些贮藏技术，对茄子果实可起到一定的保鲜作用。茄子的贮藏方式有气调贮藏、冷藏、通风贮藏、埋藏和贮藏室贮藏等。

采收的茄子宜尽快放入预冷库，将茄子预冷到9～12℃后再进行贮存，贮温保持10～14℃，空气相对湿度90%～95%。

贮藏时须按品种、等级与规格分别存放。堆码时要小心谨慎，轻卸、轻装，严防挤压碰撞，严防果实损伤。堆码方式须保证气流能均匀地通过垛堆。贮藏库须有通风换气装置，贮藏期间应定期检查，及时剔除皱缩果或病虫害果。

气调贮藏要求的气体指标是：氧气含量2%～5%，二氧化碳含量3%～5%。可贮藏20～30d。

用通风贮藏库贮藏茄子时，应预先对贮藏库存进行熏蒸和药物消毒处理，但要严防熏蒸剂和药物残留造成茄子产品污染。

临时贮存须在阴凉、通风、清洁、卫生的条件下存放，严防暴晒、雨淋、高温、冷冻、病虫害及有毒物质的污染。如空气过分干燥，果皮易皱，果实上应加盖聚乙烯薄膜，防止果实萎蔫。茄子在常温（23～30℃）下的保鲜期为5d左右，而小包装茄子（托盘包装）在12℃下的保鲜期为14d左右。

此外，晚秋后棚室温度低，植株不能正常生长，但能维持一段时间不死，让果实继续挂在植株上不摘下来，比采摘下来贮藏保鲜效果好得多，但时间不宜过长，一般10～15d。

用苯甲酸洗果，单果包装，温度控制在10～12℃，贮藏30d，好果率可达80%以上。

（7）运输　运输工具主要有卡车、火车、货轮、飞机等。运输工具应清洁、卫生、无污染。每次使用时，必须预先对运输工具的装货空间进行清扫和熏蒸消毒。货厢内要有支撑，以稳固装载，堆码不宜过高，并留有适当空间，运输时，应做到轻装、轻卸，严防机械损伤。短途运输时，严防日晒、雨淋；长途运输时，在装运之前宜将温度预冷到9～12℃。运输过程中温度宜保持在10～14℃。在冬季运输或在寒冷地区运输，可用保温车或保温集装箱；在夏季运输时，用冷藏车或冷藏集装箱，没有冷藏设备的，运输距离不宜过长。运输过程中货箱内的空气相对湿度应维持在90％～95％。

六、茄子主要病虫害防治技术

1. 茄子病虫害综合防治技术要点

（1）种子处理　选用抗耐病虫、适应能力强、高产优质的良种。考察良种培育的进展，各品种在当地的表现，因地制宜地选用。

温水浸种，将种子先在冷水中预浸3～4h，然后用50℃温水浸种30min，或用55℃温水浸种15min，立即用凉水降温，备用。也可用10％的磷酸三钠浸种20～30min，洗净后催芽。

（2）工厂化育苗　提倡在洁净的自然环境或棚室内，用有机或无机的消毒基质，用隔离网室或用现代化的冬暖大棚控制温、光、水、肥、气各种条件，并与外界隔离培育茄子苗，防止病虫害传播，为大面积定植提供优质的商品苗。

（3）日光消毒　对苗床或定植田进行日光消毒。在夏季高温季节，土壤深翻25cm，每亩撒施500kg切碎的稻草或麦秸，加100kg熟石灰混匀后四周起垄，灌水铺地膜，密闭20d，能消灭大部分土壤中的细菌或害虫。

（4）农业防治　菜田冬耕冬灌，将越冬害虫源压在土下，菜田周围的杂草铲除烧掉。与非茄科作物轮作3年以上，或水旱轮作1年，能预防多种病害，特别是黄萎病。苗期，播种前清除病残体，深翻减少菌、虫源；要控制好苗床温度，适当控制浇水，保护地要撒干土或草木灰降湿；摘除病叶，拔除病株，带出田外处理；及时分苗，加强通风。嫁接防治黄萎病接穗用本地良种，砧木用野茄2号或日本赤茄，当砧木4～5片真叶，接穗3～4片真叶，采用靠接法嫁接。

露地栽培要盖地膜，小拱棚栽培要及时盖草帘，防止冻害。定植后在茎基部撒施草木灰或石灰粉，可减少茎部茄子褐纹病、绵疫病等的发生。结果期，及时摘除病叶、病果和失去功能的叶片，清除田间及周围的杂草；在斑潜蝇的蛹盛期中耕松土或浇水灭蛹；适时追肥，大棚注意通风降湿，适当控制浇水，防止大水漫灌，施足腐熟有机肥。

（5）人工机械防治　根据害虫的发生、栖息和活动特点，直接用人工和简单的机械进行捕杀。如利用马铃薯瓢虫成虫假死性，一手拿盆放在茄子植株下边，一手拍打植株，振落捕杀，或将产卵片叶摘下或用手将卵挤破，可降低发生程度，减轻为害。红蜘蛛的成虫、蛞蝓、马铃薯瓢虫和茄二十八星瓢虫的卵和幼虫都在叶片上，可通过摘除虫叶来捕杀。

（6）生物防治　用5％井冈霉素水剂500～800倍液喷雾，可防治立枯病、猝倒病。用2％武夷菌素水剂200倍液或40％井冈·蜡芽菌（纹霉星）可湿性粉剂200倍液防治灰霉病。用72％硫酸链霉素4000倍液或50％琥胶肥酸铜可湿性粉剂500倍液喷雾防治青枯病。用0.9％阿维菌素乳油3000倍液防治红蜘、斑潜蝇和烟粉虱。用10％浏阳霉素乳剂1500倍液，0.9％阿维菌素乳油3000倍液等防治朱砂叶螨。利用天敌消灭有害生物，如在温室内释放丽蚜小蜂对防治温室白粉虱有一定的效果。每亩用苏云金杆菌600～700g，或0.65％茴蒿素水剂400倍液，或2.5％苦参碱乳油3000倍液喷雾防治温室白粉虱，也可用20％～30％的烟叶水喷雾或用南瓜叶加少量水捣烂后2份原汁液加3份水进行喷雾。

（7）生态防治　防治灰霉病，保护地栽培可采用变温管理，晴天上午晚放风，使温度迅速升高到 31～33℃，达 34℃时开始放风，温度降至 25℃时仍继续放风，使下午温度保持在 20～25℃，下午温度降至 20℃时闭风，保持夜温 15～17℃，外界最低温度达到 16℃以上时即不再闭风，放风排温。

（8）物理防治

① 黄板诱杀　利用蚜虫和白粉虱的趋黄性，在田间设置黄色机油或在温室的通风口挂黄色黏着条诱杀蚜虫和温室白粉虱。

② 银膜避蚜　银灰色反光膜对蚜虫具有忌避作用，可在田间用银灰色塑料薄膜进行地膜覆盖栽培，在保护地周围悬挂上宽 10～15cm 的银色塑料挂条。

③ 转移诱杀　为了减轻马铃薯瓢虫对茄子的为害，可在茄田附近种植少量马铃薯，使瓢虫转移到马铃薯上来，再集中消灭。

④ 设置防虫网　在温室、大棚的通风口覆盖防虫网，可减轻虫害及昆虫传播的病害。

（9）诱杀成虫　斜纹夜蛾、小老虎等，可用黑光灯诱杀和糖、酒、醋液诱杀，后者是用糖 6 份、酒 1 份、醋 3 份、水 10 份，并加入 90％敌百虫 1 份均匀混合制成糖酒醋诱杀液，用盆盛装，待傍晚时投放在田间，距地面高 1m，第二天早晨，收回或加盖，防止诱杀液蒸发。

棉铃虫，可在成虫盛发期，选取带叶杨树枝，剪下长 33.3cm 左右的部分，每 10 枝扎成 1 束，绑挂在竹竿上，插在田间，每亩插 20 束，使叶束靠近植株，可以诱来大量蛾子，隐藏在叶束中，于清晨检查，用虫网振落后，捕捉杀死。

2. 茄子主要病害防治技术

（1）茄子猝倒病（彩图 1-76）　是茄子苗期的主要病害，可使幼苗成片死亡。以加强苗床管理为主，药剂防治为辅。种子处理，用 55℃温水浸种，边浸边搅拌，保持水温恒定，15min 后放在常温下浸种 24min，将种子捞出洗净后放在 25～30℃条件下催芽。也可每千克种子用 20％氟酰胺可湿性粉剂 1.5～3.0g 对适量水浸种 15min。也可使用包衣种子，用 2.5％咯菌腈悬浮剂 10mL＋35％精甲霜灵乳化种衣剂 2mL，对水 150～200mL 包衣 3kg 种子，可有效地预防苗期猝倒病和立枯病、炭疽病等苗期病害。

用旧苗床育苗，应对床土消毒，用 65％代森锌粉剂 60g/m³，混合拌匀后用薄膜覆盖 2～3d，撒去薄膜待药味挥发后使用。或用五代或五福合剂（五氯硝基苯：代森锰锌或福美双＝1：1）或甲代合剂（甲霜灵：代森锰锌＝9：1），每平方米用药 8～10g，与适量细土配成药土，下铺上盖进行苗床消毒。

发病初期，用 72％霜脲·锰锌可湿性粉剂 600 倍液，或 69％烯酰·锰锌可湿性粉剂 800 倍液、75％百菌清可湿性粉剂 600 倍液、64％恶霜灵可湿性粉剂 500 倍液、58％甲霜·锰锌可湿性粉剂 600 倍液、68％精甲霜·锰锌水分散粒剂 500～600 倍液、72.2％霜霉威水剂 1000 倍液、30％恶霉灵水剂 800～1000 倍液等喷雾防治，每隔 5～7d 用一次，视病情程度防治 2～3 次。

（2）茄子立枯病　苗期常见病害，多发生于育苗的中后期，严重时可成片死苗。土壤处理，用 40％福·拌可湿性粉剂，每平方米 8g，加细土 4.0～4.5kg 拌匀，播种时将 1/3 药土撒在畦面上，其余 2/3 药土覆盖在播完的种子上。或太阳能消毒，即在夏季高温季节，每亩铺施碎稻草或麦秸 1000～2000kg，或马粪 750kg，混匀后耕地、灌满水、覆盖地膜，最后密闭大棚，使土温升高，保持地下 20cm 处地温在 45℃以上 20d。此法可以杀死土壤中大部分病菌，同时也可杀死地下害虫，并改善土壤的通透性，利于植物生长。

发病初期，用 5％井冈霉素水剂 500～800 倍液，一般每 7d 喷洒一次，连续喷洒

2～3次。当苗床发现立枯病和猝倒病同时发生时，可以喷洒72%霜霉威水剂800倍液加50%福美双可湿性粉剂800倍液，或70%甲基硫菌灵可湿性粉剂800倍液、50%多菌灵可湿性粉剂500倍液、20%甲基立枯磷1200倍液、15%恶霉灵水剂450倍液、75%百菌清可湿性粉剂800倍液，喷药时注意喷洒茎基部及其周围地面，7～8d喷一次，连续2～3次。

(3) 茄子早疫病（彩图1-77）　保护地栽培发病率高，特别是苗期受害尤为严重。可侵染叶、茎和果实。苗期用药要早，发病初期，可选用50%甲霜铜可湿性粉剂500倍液，或64%恶霜灵可湿性粉剂400～500倍液、50%异菌脲可湿性粉剂1000倍液、50%春雷·王铜可湿性粉剂500倍液、70%代森锰锌可湿性粉剂500倍液、70%乙磷铝·锰锌可湿性粉剂400倍液、20%二氯异氰尿酸可溶性粉剂300～400倍液、75%百菌清可湿性粉剂500倍液、50%多菌灵可湿性粉剂500倍液、50%福·异菌可湿性粉剂600～800倍液等喷雾防治，7～10d一次，连防2～3次，注意药剂要交替使用。

(4) 茄子绵疫病（彩图1-78）　是夏天雨季各地普遍发生的一种病害，俗称掉蛋、烂茄子或水烂。主要在梅雨季节盛发，为害果实，还可为害叶、茎和花。

定植前，先将茄苗均匀喷1∶1∶200的波尔多液保护。定植时，用甲霜灵、霜脲·锰锌、恶霜灵等药剂浇灌或配成药土撒入定植穴内。地面喷药，可向地面喷施100倍液的硫酸铜溶液，以喷湿地面为准。喷此类药时不要喷到植株上，以免产生药害。

发病初期，可选用70%乙磷铝·锰锌可湿性粉剂500倍液，或58%甲霜·锰锌可湿性粉剂600倍液、68%精甲霜·锰锌水分散粒剂600倍液、40%乙磷铝可湿性粉剂300倍液、56%氧化亚铜可湿性粉剂500倍液、77%氢氧化铜可湿性微粒粉剂500倍液、64%恶霜灵可湿性粉剂800倍液、25%甲霜灵可湿性粉剂800倍液+50%福美双可湿性粉剂800倍液、72%霜脲·锰锌可湿性粉剂500倍液、72.2%霜霉威水剂600倍液、69%烯酰·锰锌可湿性粉剂800倍液、52.5%恶酮·霜脲水分散粒剂2500倍液、6.25%恶唑菌酮可湿性粉剂1000倍液、25%双炔酰菌胺悬浮剂1000倍液、62.5%氟菌·霜霉威悬浮剂800倍液、10%氰霜唑悬乳剂1500倍液、55%福·烯酰可湿性粉剂700倍液、50%嘧菌酯水分散粒剂2000倍液等喷雾防治，重点喷果实，7～10d一次，连喷3～4次，注意药剂应交替使用。

保护地可喷施5%百菌清粉尘，每亩每次1kg。

(5) 茄子青枯病（彩图1-79）　又称细菌性枯萎病，是茄子的一种主要病害。一般苗期不发生，进入开花结果期后开始出现症状。病原菌主要是从根部或茎基部的伤口侵入，因而必须做好蛴螬、蝼蛄等地下害虫的防治工作，每亩可用3%毒·唑磷颗粒剂2～4kg。定植时，用青枯病拮抗菌MA-7、NOE-104浸根。

发病初期，可选用77%氢氧化铜可湿性微粒粉剂500倍液，或72%硫酸链霉素可溶性粉剂4000倍液、14%络氨铜水剂300倍液、50%琥胶肥酸铜可湿性粉剂500倍液、20%噻菌铜悬浮剂600倍液、25%噻枯唑可湿性粉剂500倍液、20%二氯异氰尿酸钠可溶性粉剂300倍液、42%三氯异氰尿酸可溶性粉剂3000倍液、50%氯溴异氰尿酸可溶性粉剂1500倍液、3%金核霉素水剂300倍液、20%噻森铜悬浮剂300倍液、20%噻唑锌悬浮剂400倍液、20%噻菌茂可湿性粉剂600倍液等喷淋或灌根，每株灌药液250～500mL，隔7d灌一次，连灌3～4次，注意药剂要交替使用。

发现较晚时，应及时拔除病株，防止病害蔓延，在病穴撒少许石灰防止病菌扩散。

(6) 茄子细菌性褐斑病（彩图1-80）　多发生在低温期。主要为害叶片和花蕾，也可为害茎和果实。发病初期用药液灌根，可选用72％硫酸链霉素可溶性粉剂4000倍液，或30％碱式硫酸铜悬浮剂400倍液、78％波尔·锰锌可湿性粉剂500倍液、60％琥铜·乙铝·锌可湿粉剂500倍液、77％氢氧化铜可湿性微粒粉剂500倍液、56％氧化亚铜水分散微颗粒剂600～800倍液、47％春雷·王铜可湿性粉剂800～1000倍液，隔7～10d灌1次，连续2～3次。采收前3d停止用药。

（7）茄子黄萎病（彩图1-81）　又叫茄子凋萎病、半边疯、黑心病等，是茄子的重要病害，主要发生在门茄坐果以后。最好的防治方法是采用嫁接栽培，用野生茄子、日本赤茄、托鲁巴姆等作砧木，茄子作接穗，采用劈接法或贴接法嫁接。

定植时，用生物农药处理，即撒药土，用10亿活孢子/g枯草芽孢杆菌按1∶50的药土比混合，每穴撒50g，可以有较好的防病效果。

整地时，每亩用50％多菌灵可湿性粉剂4kg加细土100kg拌匀撒施。苗期或定植前，可选用50％多菌灵可湿性粉剂500倍液，或70％甲基硫菌灵可湿性粉剂600～700倍液喷雾防治，也可用70％甲基硫菌灵可湿性粉剂1500倍液浸根30min。

定植后或发病初期，可选用50％多菌灵可湿性粉剂500倍液，或70％甲基硫菌灵可湿性粉剂400倍液、10％双效灵2号水剂200倍液、70％敌磺钠可湿性粉剂500倍液、50％琥胶肥酸铜可湿性粉剂400倍液、20％噻菌铜悬浮剂600倍液、38％恶霜·菌酯水剂600～800倍液等灌根，每株灌药液250～300mL，5d灌一次，连灌2次。采收前20d停止用药。叶面结合喷施0.3％尿素＋0.3％磷酸二氢钾溶液。

（8）茄子枯萎病（彩图1-82）　又称茄子萎蔫病，常伴随黄萎病发生，是保护地栽培的重要病害。苗期和成株期均可发生，多发生在成株期，春、夏季多雨的年份发病重。以托鲁巴姆作为茄子嫁接砧木，嫁接苗高抗枯萎病、青枯病、黄萎病和线虫病，多采用劈接法。

苗床用50％多菌灵可湿性粉剂10g/m³，加土4～5kg拌匀，先将1/3的药土撒在床面上，然后播种，再将其余的药土撒在种子上。每亩用50％多菌灵可湿性粉剂4kg，混入细干土，拌匀后施于定植穴内。

发病初期，可选用50％多菌灵可湿性粉剂500倍液，或36％甲基硫菌灵悬浮剂500倍液、30％琥胶肥酸铜可湿性粉剂600倍液、75％敌磺钠可湿性粉剂800倍液、50％苯菌灵可湿性粉剂1000倍液、20％甲基立枯磷乳油1000倍液、5％菌毒清水剂400倍液、15％恶霉灵水剂1000倍液、38％恶霜·菌酯水剂800倍液、30％甲霜·恶霉灵水剂600倍液等灌根，每穴药液量为250mL，每隔7～10d灌一次，连续灌3～4次。

（9）茄子褐纹病（彩图1-83）　又叫褐腐病、干腐病，该病对茄子的叶、茎和果实均能造成危害，主要发生在秋茄上，以果实受害最重。

定植前，将茄苗喷1∶1∶200波尔多液保护。定植时，用甲霜灵、霜脲·锰锌、恶霜灵等药剂浇灌，或配成药土撒入定植穴内。

发病初期，可选用75％百菌清可湿性粉剂600倍液，或1∶1∶200倍波尔多液、40％多·硫悬浮剂500倍液、70％甲基硫菌灵可湿性粉剂800倍液、70％乙膦·锰锌可湿性粉剂500倍液、70％代森锰锌可湿性粉剂450倍液、40％氟硅唑乳油5000～6000倍液、58％甲霜·锰锌可湿性粉剂500倍液、47％春雷·王铜可湿性粉剂600倍液、64％恶霜灵可湿性粉剂500倍液、25％丙环唑乳油6000倍液、5％亚胺唑可湿性粉剂800倍液、10％多抗霉素可湿性粉剂1000倍液、2.5％咯菌腈悬浮剂1500倍液、25％咪鲜胺乳油3000倍液、10％苯醚甲环唑水分散粒剂1500倍液、56％嘧菌·百菌清悬浮

800倍液、32.5％苯甲·嘧菌酯悬浮剂1000倍液、70％代森联干悬浮剂600倍液、25％吡唑醚菌酯乳油1500倍液、6％氯苯嘧啶醇可湿性粉剂1500倍液等喷雾防治，还可使用0.1％高锰酸钾＋0.2％磷酸二氢钾＋0.3％细胞分裂素＋0.3％琥胶肥酸铜杀菌剂混合溶液喷雾，重点喷洒植株下部，7～10d一次，连喷2～3次，注意药剂交替使用。

(10) 茄子褐斑病（彩图1-84） 又叫叶点病，常发生在茄子生长中后期，主要为害叶片。发病初期，可选用50％乙烯菌核利干悬浮剂1000～1300倍液，或75％百菌清可湿性粉剂500倍液、64％恶霜灵可湿性粉剂500倍液、68％精甲霜·锰锌水分散粒剂300倍液、25％嘧菌酯悬浮剂1500倍液、56％嘧菌·百菌清悬浮剂1000倍液、32.5％苯甲·嘧菌酯悬浮剂1200倍液、10％苯醚甲环唑水分散粒剂1500倍液、80％代森锰锌可湿性粉剂600倍液、70％代森联干悬浮剂600倍液、50％多·福·疫可湿性粉剂500倍液、50％嘧霉胺可湿性粉剂500倍液等喷雾防治，隔7～10d喷一次，连续3～4次。

(11) 茄子煤斑病（彩图1-85） 属高温病害，多见于棚室，主要为害叶片。发现病株或点片发生时喷药防治，可选用70％甲基硫菌灵悬浮剂800～1000倍液，或50％多·霉威可湿性粉剂1000倍液、60％多菌灵盐酸盐超微可湿性粉剂800倍液、50％苯菌灵可湿性粉剂1500倍液等喷雾防治，每隔7～10d防治一次，共防治1～2次，采前7d停止用药。

发病初期及时喷洒40％多·硫悬浮剂800倍液，或50％甲基硫菌灵可湿性粉剂500倍液、50％混杀硫悬浮剂500倍液、50％苯菌灵湿性粉剂1000～1500倍液，隔10d左右一次，连续防治2～3次。

(12) 茄子叶霉病（彩图1-86） 主要为害叶片，严重时也为害叶柄和嫩茎。发病初期喷药防治，喷药要安排在上午。可选用40％氟硅唑乳油9000倍液，或65％硫菌·霉威可湿性粉剂1000倍液、50％多菌灵可湿性粉剂800倍液、10％苯醚甲环唑水分散粒剂2000倍液、50％甲硫悬浮剂800倍液、47％春雷·王铜可湿性粉剂800～1000倍液等喷雾防治，隔10d喷一次，连续2～3次。保护地定植前，用硫黄粉熏蒸大棚或温室，每亩大棚用250～300g。

(13) 茄子褐色圆星病（彩图1-87） 主要为害叶片，天气温暖多湿，或地块低洼潮湿，株间郁闭，易发病。北方始见于7～8月，南方只要有茄子栽培，本病皆可发生。发病初期，可选用50％多菌灵可湿性粉剂800倍液＋70％代森锰锌可湿性粉剂800倍液，或40％多·硫悬浮剂600倍液、75％百菌清可湿性粉剂500倍液、50％苯菌灵可湿性粉剂1000倍液、36％甲基硫菌灵悬浮剂500倍液、25％嘧菌酯悬浮剂1000～1200倍液、50％异菌脲可湿性粉剂1000～1500倍液、70％甲基硫菌灵可湿性粉剂1000倍液、70％敌磺钠可湿性粉剂250～500倍液、80％代森锌可湿性粉剂800倍液等喷雾防治，每隔7～10d喷一次，连续防治2～3次。

(14) 茄子黑斑病（彩图1-88） 主要为害叶片和果实，在育苗期始见，成株期也可发病，高温高湿的环境下易发病。发病初期，可选用80％代森锰锌可湿性粉剂600倍液，或47％春雷·王铜可湿性粉剂500倍液、50％多菌灵可湿性粉剂500倍液等喷雾防治，每隔7～10d喷一次，连续防治2～3次。

(15) 茄子赤星病（彩图1-89） 主要为害叶片，温暖潮湿的气候，连阴雨天气多的年份或地区，易发病。发病初期，可选用75％百菌清可湿性粉剂600倍液，或40％甲霜铜可湿性粉剂600～700倍液、58％甲霜·锰锌可湿性粉剂500倍液、64％恶霜灵可湿性粉剂500倍液、50％苯菌灵可湿性粉剂1000倍液、70％乙磷·锰锌可湿性粉剂500倍液、27％碱式硫酸铜悬浮剂600倍液等喷雾防治，每隔10d左右喷一次，连续防治2～3次。

（16）茄子炭疽病（彩图1-90） 主要为害果实，多发生在生活力弱的果实上，病害多在7～8月发生和流行。发病初期，可选用50％苯菌灵可湿性粉剂1500倍液，或50％多菌灵可湿性粉剂500倍液、80％炭疽福美可湿性粉剂600倍液、50％咪鲜胺锰络合物可湿性粉剂1000倍液、10％恶醚唑水分散颗粒剂800倍液、68.75％恶唑菌酮·锰锌水分散粒剂1000倍液、65％多抗霉素可湿性粉剂700倍液、25％咪鲜胺乳油1500倍液、10％苯醚甲环唑水分散粒剂1500倍液、60％吡唑醚菌酯水分散粒剂500倍液、50％醚菌酯干悬浮剂3000倍液、25％嘧菌酯悬浮剂500倍液、30％苯甲·丙环唑乳油3000倍液等喷雾防治。

（17）茄子病毒病（彩图1-91） 主要发生在露地秋茄上，在成株期显症，系统发病，保护地较少发生。早期防治蚜虫和红蜘蛛，可在温室、大棚内悬挂银灰色膜条，或垄面铺盖灰色尼龙沙、夏季盖银灰色遮阳网避蚜。发病初期，叶面喷红糖或豆汁、牛奶等，可缓减发病，与药一起使用，能增强药剂的防治效果。苗期分苗前后和定植前后用混合脂肪酸100倍液喷洒，可增强植株的抗病毒能力，减少发病。还可喷施病毒钝化剂盐酸吗啉胍或20％盐酸吗啉胍·铜可湿性粉剂400～500倍液、0.5％菇类蛋白多糖水剂300倍液、高锰酸钾1000倍液、2％宁南霉素水剂200倍液等，隔7～10d喷一次，连喷2～3次，对控制病毒的增殖有较好效果。

（18）茄子根结线虫病（彩图1-92） 茄子苗期和成株期均可发生根结线虫病。选用无病土育苗，或苗床用药剂处理。可用1.8％阿维菌素乳油1～1.2g/m²，加适量水稀释后喷浇苗床，并耕翻覆盖，或用10％噻唑磷颗粒剂2～3g/m²均匀撒施于苗床。

氰氨化钙处理。前茬蔬菜拔秧前5～7d浇一遍水，拔秧后将未完全腐熟的农家肥或农作物碎秸秆均匀地撒在土壤表面，立即将60～80kg/亩的氰氨化钙均匀撒施在土壤表层，旋耕土壤10cm使其均匀混入，再浇一次水，覆盖地膜，高温闷棚7～15d，然后揭去地膜，放风7～10d后可作垄定植。处理后的土壤栽培前注意增施磷、钾肥和生物菌肥。

化学防治。每亩用10％噻唑磷颗粒剂1.5～2kg，先将药与50kg细干土混匀，均匀撒到土表，用耙深耙20cm，也可将药土撒入定植穴底，浅覆土后再定植。或在定植沟内以1mL/m²的量施用1.8％阿维菌素乳油（用前加一定量的水稀释）。也可用50％辛硫磷乳油1500倍液，或80％敌敌畏乳油1000倍液、90％敌百虫晶体800倍液等药液灌根，每株灌药液0.25～0.5kg，以熏杀土壤中的根结结虫。

（19）茄子灰霉病（彩图1-93） 对茄子全株均能造成危害，但多发生在成株期为害门茄和对茄。一般盛发期为3月下旬至4月下旬。开花时结合蘸花在2,4-滴或对氯苯氧乙酸中加入0.1％的65％硫菌·霉威可湿性粉剂或50％腐霉利可湿性粉剂、50％异菌脲可湿性粉剂、50％多菌灵可湿性粉剂等。保护地在傍晚可喷5％百菌清粉尘、6.5％乙霉威粉尘、5％氟吗啉粉尘等，亩用量1kg，隔9d左右再喷一次。也可用10％腐霉利烟剂，或45％百菌清烟剂，亩用量250g，熏一夜。

发病初期，可选用50％腐霉利可湿性粉剂1500倍液，或50％异菌脲可湿性粉剂1500倍液、2％武夷菌素水剂150倍液、70％甲基硫菌灵可湿性粉剂800倍液、50％多菌灵可湿性粉剂500倍液、40％嘧霉胺悬浮剂1000～1200倍液、50％异菌脲悬浮剂1000倍液、25％咪鲜胺悬浮剂1200倍液、2％丙烷脒水剂1000倍液、50％烟酰胺水分散粒剂1500倍液、25％啶菌恶唑乳油2500倍液、40％木霉素可湿性粉剂600倍液、50％异菌·福可湿性粉剂800倍液、50％乙烯菌核利可湿性粉剂1500倍液、25％嘧菌酯悬浮剂1500倍液、50％嘧菌环胺水分散粒剂1200倍液、50％多·福疫可湿性粉剂1000倍液等喷雾防治。在病菌对腐霉利、多菌灵、异菌脲有抗药性的地区，可使用65％硫菌·霉威或50％多·霉威可湿性粉剂1000倍液喷雾，每隔7～10d喷一次，连喷2～3次。

（20）茄子白粉病（彩图1-94） 是常见病害，露地栽培、保护地栽培时均可发生危害，但保护地栽培明显重于露地栽培。长江中下游地区主要发病盛期为4～6月，茄子的感病敏感生育期在开花结果期。定植前每100m³空间用硫黄粉200～250g，锯末500g掺匀，密闭熏一夜。发病初期及时用药，可选用50％醚菌酯干悬浮剂3500倍液，或62.25％腈菌·锰锌可湿性粉剂600倍液、25％嘧菌酯悬浮剂1500倍液、56％嘧菌·百菌清悬浮剂1000倍液、32.5％苯甲·嘧菌酯悬浮剂1200倍液、70％代森联干悬浮剂600倍液、2％春雷霉素水剂400倍液、6％氯苯嘧啶醇可湿性粉剂1500倍液、43％戊唑醇悬浮剂6000倍液、25％咪鲜胺乳油1000倍液、25％抑霉唑乳油500倍液、30％氟菌唑可湿性粉剂2000倍液、40％氟硅唑乳油4000倍液、12.5％烯唑醇粉剂2000倍液、15％三唑酮可湿性粉剂1000倍液等喷雾防治，每隔7～10d一次，连续防治2～3次。很多药剂对植株有抑制作用，注意用药不要过量。生长后期可以选用30％苯甲丙环唑乳油3000倍液喷雾。棚室拉秧后及时用硫黄熏蒸消毒。

（21）茄子菌核病（彩图1-95） 是常见病害之一，主要发生在保护地，茄子各生育期均可发生，但主要是成株期发病，为害茎基部。4～8月正值高温多雨季节，大棚内湿度较高是茄子菌核病发生的主要原因，此期也是病害发生较重的时期。生产上，茄子菌核病易与青枯病和枯萎病混淆，要注意区别。

苗期发病初期，适时喷施50％多菌灵可湿性粉剂500～800倍液，或50％咯菌腈乳油4000～8000倍液，每5～7d喷一次，连用2～3次。

发现中心病株时，立即选用50％腐霉利可湿性粉剂1000倍液，或50％异菌脲可湿性粉剂1500倍液、50％乙烯菌核利可湿性粉剂1000倍液、40％菌核净可湿性粉剂600倍液、25％多菌灵可湿性超微粉剂250倍液、65％硫菌·霉威可湿性粉剂600倍液、50％异菌·福可湿性粉剂600～800倍液、50％混杀硫悬浮剂500倍液、36％甲基硫菌灵悬浮剂500倍液、50％咯菌腈乳油1000～2000倍液、25％嘧菌酯悬浮剂1500倍液、10％苯醚甲环唑水分散粒剂800倍液、56％嘧菌·百菌清悬浮剂1000倍液、32.5％苯甲·嘧菌酯悬浮剂1200倍液、66.8％丙森·缬霉威可湿性粉剂600倍液、50％多·福·疫可湿性粉剂800倍液等药剂喷雾，10d一次，共喷2～3次，注意药剂交替使用。

（22）茄子果实疫病（彩图1-96） 主要为害果实，有时也为害幼苗和嫩梢。田间发病高峰多在降雨后出现，长江流域一般在5～6月份的梅雨季节和8～9月份的秋雨季节，北方一般在7～8月份的雨季，易发病。

雨季来临前及时喷洒30％碱式硫酸铜悬浮剂300～400倍液，或77％氢氧化铜可湿性粉剂500倍液、1：1：160倍式波尔多液。发病高峰期喷洒72％霜脲·锰锌可湿性粉剂800～1000倍液，或使用70％乙膦·锰锌可湿性粉剂500倍液、72.2％霜霉威水剂600～700倍液、58％甲霜·锰锌可湿性粉剂500倍液、64％恶霜灵可湿性粉剂500倍液、50％甲霜铜可湿性粉剂600倍液等喷雾防治，隔10d喷一次，连续2～3次。对上述杀菌剂产生抗药性的地区，可选用69％烯酰·锰锌可湿性粉剂或水分散粒剂1000倍液。采收前3d停止用药。

也可用25％甲霜灵可湿性粉剂800倍液＋40％福美双可湿性粉剂800倍液灌根，隔7～10d一次，病情严重时可缩短至5d，连续防治3～4次。

（23）茄子黑根霉果腐病（彩图1-97） 主要为害果实。发病初期，选用30％碱式硫酸铜悬浮剂 400～500 倍液，或 77%氢氧化铜可湿性粉剂 500 倍液、50%混杀硫悬浮剂 500 倍液、50%琥胶肥酸铜可湿性粉剂 500 倍液、50%甲硫悬浮剂 800 倍液、36%甲基硫菌灵悬浮剂 600 倍液、56%氧化亚铜水分散粒剂 700～800 倍液、47%春雷·王铜可湿性粉剂 800～1000 倍液、40%多·溴·福可湿性粉剂 700 倍液、50%咪鲜胺可湿性粉剂 1000 倍液等喷雾防治，隔 10d 喷一次，连续 2～3 次。采收前 5d 停止用药。

（24）茄子褐轮纹病（彩图 1-98）　主要为害叶片。发病初期，可选用 50%异菌脲可湿性粉剂 900 倍液，或 75%百菌清可湿性粉剂 600 倍液、50%甲基硫菌灵悬浮剂 700～800 倍液、70%代森锰锌干悬浮粉剂 500 倍液、50%混杀硫悬浮剂 500 倍液、20%苯醚甲环唑微乳剂 1500 倍液、47%春雷·王铜可湿性粉剂 700 倍液、25%嘧菌酯悬浮剂 2000～2500 倍液、10%氟嘧菌酯乳油 1500～3000 倍液、25%吡唑醚菌酯乳油 2000～3000 倍液、24%腈苯唑悬浮剂 2500～3200 倍液、50%咪鲜胺锰络化合物可湿性粉剂 500～2000 倍液、70%甲基硫菌灵可湿性粉剂 800～1000 倍液＋75%百菌清可湿性粉剂 600～800 倍液等喷雾。视病情隔 7～10d 一次。

棚室保护地可用 45%百菌清烟剂，每亩 250g 熏烟，隔 7～10d 一次，连续防治 2～3 次。

3. 茄子主要虫害防治技术

（1）茄二十八星瓢虫（彩图 1-99）　在幼虫分散前及时用药防治，药剂喷在叶背面，对成虫要在清晨露水未干时防治。可选用 70%吡虫啉水分散粒剂 20000 倍液，或 2.5%氟氯氰菊酯乳油 4000 倍液、20%氯氰菊酯乳油 6000 倍液、21%增效氰·马乳油 5000 倍液、25%噻虫嗪水分散粒剂 4000 倍液、50%辛硫磷乳油 1000 倍液、90%晶体敌百虫 1000 倍液等喷雾。重点喷施叶片背面，注意药剂要轮换使用。

（2）茄黄斑螟（彩图 1-100）　幼虫孵化始盛期防治，可用生物制剂苏云金杆菌乳剂 250～300 倍液，化学防治可选用 70%吡虫啉水分散粉剂 20000 倍液，或 1%甲氨基阿维菌素苯甲酸盐乳油 2000～4000 倍液、5%氯虫苯甲酰胺悬浮剂 2000～3000 倍液、15%茚虫威悬浮剂 3000～4000 倍液、21%增效氰·马乳油 1500～3000 倍液、10%联苯菊酯乳油 2000～3000 倍液、0.36%苦参碱水剂 1000～2000 倍液、20%氰戊菊酯乳油 2000 倍液、50%辛硫磷乳油 1000 倍液、80%敌敌畏乳油 1000 倍液、5%氟啶脲乳油 30～50mL/亩、5%氟虫脲乳油 50～75mL/亩等喷雾防治，注意药剂交替轮换使用，严格掌握农药安全间隔期。喷药时一定要均匀喷到植株的花蕾、子房、叶背、叶面和茎秆上，喷药液量以湿润有滴液为度。

第三节　番　茄

一、番茄生长发育周期及对环境条件的要求

1. 番茄各生长发育阶段的特点

（1）发芽期　从种子萌发到第一片真叶出现（露心、破心、吐心）为番茄的发芽期。在正常温度条件下，发芽期为 7～9d。为了培育壮苗，出苗前着重创造适宜的土壤温湿度条件，促进幼苗出土，防止出苗时间过长、苗芽衰弱甚至烂种现象的发生。出土后应注意适当降低温度，保持适宜的昼夜温差，增进昼间的光合强度，有效地控制徒

长。特别是在出土后子叶未展开前，夜间高温极易引起胚轴徒长，管理不当，只要1～2d幼苗就会徒长。番茄种子较小，内含的营养物质不多，发芽时很快被幼芽所利用。因此，幼苗出土后要及时保证必要的营养。

（2）幼苗期　从第一片真叶出现至开始现大蕾的阶段，需50～60d。从真叶破心至2片或3片真叶展开（即花芽分化前）为基本营养生长阶段，这个阶段的营养生长为花芽分化及进一步营养生长打下基础。培育肥厚、深绿色的子叶及较大叶面积的真叶，是培育壮苗不可忽视的基础。2片或3片真叶展开后，花芽开始分化，进入花芽分化及发育阶段，表现出生殖发育对营养生长的抑制作用及各器官生长的调整。从此时起营养生长与花芽发育同时进行。一般播种后25～30d分化第一花序，35～40d分化第二花序，再经10d左右分化第三花序。创造良好的条件，防止幼苗的徒长和老化，保证幼苗健壮生长及花芽的正常分化与发育，是此阶段栽培管理的主要任务。

（3）开花坐果期（彩图1-101）　番茄是连续开花和坐果的蔬菜，从第一花序出现大蕾至坐果为开花坐果期。开花期的早晚直接影响番茄的早熟性。开花期决定于品种、苗龄及定植后温度高低等条件。成熟的番茄花，由花柱的伸长进行自花授粉，正常的授粉受精使子房内生长素含量增加，就可以正常坐果。在没有授粉或授粉受精不良或养分供给不足的情况下，子房内生长素浓度降低，会造成落花落果。因此，在这种情况下人工施用生长调节剂，可有效防止落花，促进结实。此期营养生长与生殖生长的矛盾也十分突出，是协调两者关系的关键时期。无限生长型的中晚熟品种容易营养生长过旺甚至徒长，引起开花结果的延迟或落花落果，特别是在过分偏施氮肥、日照不良、土壤水分过大、高夜温的情况下发生严重。反之，有限生长型的早熟品种，在定植后容易出现堕秧的现象，特别是蹲苗不当的情况下易发生。应根据不同情况，通过采取适当的栽培措施，及早地协调营养生长和生殖生长的关系。

（4）结果期　从第一花序着果到拔秧为结果期。这一阶段秧果同时生长，营养生长与生殖生长的矛盾始终存在，营养生长与果实生长高峰相继地周期性出现，但是这种结果峰期的突出或缓和与栽培管理技术关系很大。一般高产番茄二者矛盾比较缓和；反之，矛盾突出，产量分布不均匀而且低。如果在开花坐果期调节好秧果关系，且肥水管理适当，这一时期不至于出现果堕秧的现象。相反，整枝、打杈及肥水管理不当，还可能出现疯秧的危险，必须注意控制。小架番茄（3穗果或4穗果）结果期较短，一般进入茎叶与果实生长旺盛期后不久即拉秧，病害严重和管理不当提前败秧，严重影响产量和质量。大架番茄（5穗果以上）入伏后，由于高温多雨及病虫害的影响，出现败秧现象，败秧的程度与品种、气候条件及管理技术有关。入秋后，气温又较适宜，植株恢复正常生长，结果增多，再一次出现结果高峰。无限生长型品种，只要条件适宜，结果期均可延长。保护地内栽培的番茄结果期要比露地长得多。

2. 番茄对环境条件的要求

（1）温度　番茄是喜温性蔬菜，最适宜温度20～25℃。低于15℃，不能开花、授粉，受精不良导致落花。10℃以下停止生长，长时间5℃以下引起低温危害。30℃以上同化作用显著降低，升高至35℃以上时，生殖生长受到干扰与破坏，即使是短时间45℃的高温，也会产生生理性干扰，导致落花落果或果实不发育。

种子发芽的适温为25～30℃，最低12℃。幼苗期白天适温20～25℃，夜间10～15℃。开花期对温度反应比较敏感，尤其是开花前5～9d和开花后2～3d时间内对温度要求严格。白天适温为20～30℃，夜间适温为15～20℃，15℃以下或35℃以上都不利于花器官的正常发育。结果期若温度低，果实生长速度缓慢，温度高，果实生长速度较快，但着果较少，夜温过高不利于营养物质积累，果实发育不良。

(2) 光照　番茄是喜光性作物，在一定范围内，光照越强，光合作用越旺盛，其光饱和点为70000lx，在栽培中一般应保持30000～35000lx以上的光照强度，才能维持其正常的生长发育。番茄对光周期要求不严格，多数品种为中光性植物。在11～13h的日照下，植株生长健壮，开花较早。发芽期不需要光照。幼苗期光照不足，则植株营养生长不良，花芽分化延迟，着花节位上升，花数减少，花的素质下降，子房变小，心室数减少，影响果实发育。开花期光照不足，容易落花落果。结果期在强光下坐果多，单果大，产量高；反之在弱光下坐果率降低，单果重下降，产量低，还容易产生空洞果和筋腐果。露地栽培如果在盛夏密度较低情况下，强光伴随高温干燥，可能引起卷叶或果面灼伤。在保护地栽培，易出现光照弱，特别是冬季温室栽培光照很难满足，所以常出现茎叶徒长、坐果困难、果实空洞等问题。

(3) 水分　番茄属于半耐旱蔬菜。虽茎叶繁茂，蒸腾强烈，但根系发达，吸水力较强。既需要较多的水分，又不必经常大量灌溉。番茄对空气相对湿度的要求以45％～50％为宜。若空气湿度大，不仅阻碍正常授粉，而且在高温高湿条件下病害严重。幼苗期对水分要求较少，土壤湿度不宜太高。但也不宜过分控水，土壤相对湿度以60％～70％为宜。番茄幼苗的徒长主要是因密度过大或光照不足、温度过高（特别是夜间高温）所致。在温度适宜、光照充足、营养面积充分的情况下，保持适宜的水分可促进幼苗生长发育，缩短育苗期，防止老化。第一花序坐果前，土壤水分过多易引起植株徒长，根系发育不良，造成落花落果。第一花序果实膨大后，需要增加水分供应。盛果期需要大量的水分，若供水不足会引起顶腐病、病毒病，但结果期土壤湿度过大，排水不良，会阻碍根系的正常呼吸，严重时烂根死秧。土壤湿度以维持在60％～80％为宜。结果期土壤忽干忽湿，特别是土壤干旱后又遇大雨，容易发生大量裂果，故应注意勤灌匀灌，大雨后排涝。

(4) 土壤　番茄适应性较强，对土壤条件要求不太严格，但以土层深厚、排水良好、富含有机质的肥沃壤土为宜。番茄对土壤通气性要求较高，土壤中含氧量降至2％时，植株枯死，所以低洼易涝、结构不良的土壤不宜栽培番茄。砂壤土通透性好，地温上升快，在低温季节可促进早熟。黏壤土或排水良好的富含有机质的黏土保肥保水能力强，能促进植株旺盛生长，提高产量。番茄适于微酸性土壤，pH以6～7为宜，过酸或过碱的土壤应进行改良。

二、番茄栽培季节及茬口安排

1. 番茄露地栽培季节

番茄露地栽培只能安排在无霜期内，我国部分城市的番茄露地栽培季节见表1-13。

表1-13　我国部分城市的番茄露地栽培季节

城市	栽培季节	播种期/(月/旬)	定植期/(月/旬)	收获期/(月/旬)
北京	春番茄	1/下～2/下	4/中、下	6/中～7/下
	秋番茄	6/中～7/上	7/下	9/上～10/上
济南	春番茄	1/中～1/下	4/中、下	6/上～7/下
	秋番茄	6/下	7/中	9/中～10/中

城市	栽培季节	播种期/(月/旬)	定植期/(月/旬)	收获期/(月/旬)
西安	春番茄	1/上	4/上	6/上～7/中
	秋番茄	7/下	8/下	10/上～11/上
兰州	春番茄	2/下	4/下～5/上	6/下～8/上
太原	春番茄	2/上	4/下～5/上	6/下～9/中
沈阳	春番茄	2/下	5/中	6/下～7/下
哈尔滨	春番茄	3/中	5/中、下	7/中～8/下
上海	春番茄	12/上、中	3/下～4/上	5/下～7/下
武汉	春番茄	12/下～1/上	4/上	6/上～7/下
成都	春番茄	12/上～1/上	3/下～4/上	6/上～8/上
广州	春番茄	12～翌年1	2	3～5
	秋番茄	2～3	3～4	5～6

2. 番茄温室栽培季节

设施番茄栽培主要是温室、塑料大棚和小拱棚栽培。小拱棚主要进行春季早熟栽培，一般于当地断霜前10～15d定植。塑料大棚主要进行春茬、秋茬和全年茬栽培，春茬的适宜定植期为当地断霜前30～50d，秋茬应在大棚内温度低于0℃前120d以上播种。番茄温室的栽培季节见表1-14。

表1-14 番茄温室的栽培季节

栽培季节	播种期/月	定植期/月	收获期/月	备注
冬春茬	8	9	11～翌年4	可延后栽培
春茬	12～翌年1	2～3	45～6	保护地育苗
夏秋茬	4～5	直播	8～10	
秋冬茬	6～7	8～9	10～翌年2	

3. 番茄茬口安排

长江流域番茄生产的大棚茬口主要有冬春季大棚栽培、秋延后大棚栽培及温室长季节栽培，露地茬口有春露地栽培、秋露地栽培、高山栽培等，具体参见表1-15。

表1-15 番茄栽培茬口安排（长江流域）

种类	栽培方式	建议品种	播期/(月/旬)	定植期/(月/旬)	株行距/(cm×cm)	采收期/(月/旬)	亩产量/kg	亩用种量/g
番茄	春露地	世纪红冠、宝大903、合作903	12/上中	3/下～4/上	(40～45)×(55～60)	5/下～7/上	3000	40
	夏秋露地	西优5号、火龙、美国红王	3/中～4/下	5/中～6/上中	(25～33)×(60～66)	7～9	2000	40
	秋露地	西优5号、火龙、美国红王	7/中下	8/上中	(40～45)×(55～60)	10/下～11/下	2000	40
	冬春季大棚	合作903、改良903、红峰、红宝石	11/上中～12/上中	2/上中～3/上	25×50	4/中～7/上	4000	40
	冬春大棚四膜覆盖	金棚1号、金棚M8、巴菲特、西粉3号、佳粉	11/上	12/中	(35～40)×50	3～7	4000	40
	秋延后大棚	西优5号、美国红王、世纪红冠	7/中下	8/中下	30×33	10/下～2/中	3000	40

三、番茄主要育苗技术

1. 早春番茄大棚越冬育苗技术要点

（1）播期确定　番茄育苗天数不宜过长，南方60～80d可育成带大花蕾适于定植的秧苗。各地应从适宜定植期起，按育苗天数往前推算适宜的播种期。冷床越冬育苗（彩图1-102）一般在11月上中旬播种，如采用电热育苗可在12月中下旬播种，于2月中下旬定植大棚，元月上中旬可采用大棚温床育苗，秧苗供3月中下旬地膜或露地定植。

（2）选购品种　选用耐弱光品种。种子质量要求满足表1-16的最低要求。

表1-16　番茄种子质量要求　　　　　　　　　　　　　　　单位：%

名称	级别	纯度	净度	发芽率	水分
常规种	原种	≥99.0	≥98.0	≥85.0	≤7.0
	大田用种	≥95.0			
亲本	原种	≥99.9	≥98.0	≥85.0	≤7.0
	大田用种	≥99.0			
杂交种	大田用种	≥96.0	≥98.0	≥85.0	≤7.0

摘自 GB 16715.3—2010《瓜菜作物种子　第3部分：茄果类》

（3）浸种催芽

① 种子消毒　一般不用温汤浸种和热水烫种法，以药剂消毒为主。先用清水浸种3～4h，漂出瘪种子，再进行消毒处理。药剂消毒可采取粉剂干拌法或药液浸泡消毒法。用甲醛100倍液浸20min后捞出，密闭2～3h，用清水洗净，可防早疫病。用10%磷酸三钠和2%氢氧化钠水溶液浸种20min后取出，用清水洗净，可防病毒病。

② 浸种催芽　种子经药液浸种消毒后用20～30℃清水浸种5～6h（粉剂干拌消毒后不能再浸种）。出水后晾干表面浮水，在25～28℃温度下催芽，隔4～5h翻动一次，每天中午用温水淘洗一次。为增强抗寒性，可在极个别种子破嘴时即停止催芽，转入0℃左右低温下锻炼5～6h，再逐渐升温至催芽的适宜温度，70%种子出芽可播。

（4）苗床播种

① 床土消毒　营养土的配制，由腐熟堆肥7份与肥沃园土3份，经混合后过筛，每100kg营养土中加入硫酸铵0.1kg、过磷酸钙0.4kg、草木灰1.5kg，充分混匀。

② 播种　将刚露白的种子拌细砂或细土，均匀撒播在床面上，播种后覆盖厚约1cm细土，覆土后床面喷洒乐果、敌敌畏等杀虫农药，防治地下害虫。用营养钵育苗的，装入营养土的钵依次排紧放入床内，趁湿播入发芽种子2～3粒，用消毒细土盖没，接着撒土填满钵间空隙，喷一层薄水。用药土播种的底水要大些。每平方米播种8～10g为宜，每亩大田用种量50g左右。播后盖地膜保温保湿。

（5）苗期管理

① 出苗前　播种后要盖严棚膜，不要通风，保持白天25～26℃，夜间20℃左右。幼芽拱土时撤掉塌地膜受光，拱土前一般不浇水，撤地膜后盖土易干燥，可少量喷水，把盖土湿透。

② 出苗至破心期　经常擦拭透明覆盖物，尽量多见光，间拔过密苗，出现戴帽，可在傍晚盖棚前用喷雾器把种壳喷湿，可自动脱帽，或喷湿后人为帮助摘帽，不能干摘帽，若因覆土过薄出现顶壳，应立即再覆土一次。控制白天气温16～18℃，夜间10～

15℃。地床播种，一般不浇水。育苗盘播种，床土易干燥，应当在子叶尖端稍上卷时喷透水。注意防止低温多湿，必要时应加温。

③ 破心至分苗期　改善苗床光照，提高床温，水分以半干半湿为宜，育苗盘播种浇水次数要多些。白天气温超过 30℃时应在中午前后短期放风，降温排湿。如床土养分不够，可结合浇水喷施 0.1%复合肥。

④ 分苗　2～3 片真叶前，选"冷尾暖头"晴天分苗，以容器分苗最好。密度10cm×10cm，深度以子叶露出土面为度。及时浇压苑水。

⑤ 分苗床管理　分苗后 3～5d 要闷棚不通风促缓苗，晴天还应盖遮阳网，保持高温高湿促缓苗，白天地温 20～22℃，夜间 18～20℃，白天气温 24～30℃，夜间 16～20℃。遇寒潮侵袭时应加强保温和加温，可在大棚内套小拱棚，小拱上加盖草帘等防寒，可用地热线加温，注意不可用煤火或木炭加温。

缓苗后苗床气地温应比缓苗期降低 3～4℃，但夜间气温不能低于 10℃。4～5 片真叶时易徒长，容器育苗时应及时拉开苗钵的距离进行排稀，使秧苗充分受光。对已发生徒长的幼苗可用矮壮素 50mg/kg 喷洒。保持床土表干下湿。

秧苗迅速生长期至秧苗锻炼前应注意追肥，可叶面喷施 0.3%尿素＋0.1%磷酸二氢钾混合液，隔 7～10d 喷一次，共 2～3 次。及时揭盖保温覆盖物，逐渐加大白天通风量，降温排湿，即使是阴天也要在中午透气 1～2h。

定植前 5～7d 炼苗，逐渐加大白天通风量，至昼夜通风，在不发生冻害的前提下，可以昼夜去掉覆盖物，控制浇水使床土露白。

2. 番茄穴盘基质育苗技术要点

(1) 育苗设施　集约化育苗主要场所有日光温室、大拱棚、连栋温室等，此外，需配套催芽室、基质搅拌机、温控设备、水肥系统和穴盘等。

(2) 育苗场所及穴盘消毒

① 育苗场所消毒　主要有高温闷杀、喷杀法和熏杀法 3 种方法。高温闷杀一般在6～8 月进行，白天室温可达 60℃左右，5～10cm 土层温度可达 60～70℃，能有效杀死大部分病毒、细菌、真菌和害虫。喷杀法可选用 0.5%高锰酸钾溶液、50%多菌灵或70%甲基硫菌灵可湿性粉剂等均匀喷雾杀菌，同时加入阿维菌素等杀虫卵。熏杀法主要采用硫黄熏杀，每立方米用硫黄 4g 加 8g 锯末，相隔 2m 一个点，点燃熏杀，24h 后放风排烟；也可用甲醛＋高锰酸钾熏杀，即亩用 40%甲醛 1.65kg＋高锰酸钾粉剂 1.65kg对 95℃以上热水 8.4kg，产生烟雾反应，封闭 48h 消毒。

② 穴盘规格　冬春季育 2 叶 1 心子苗选用 288 孔苗盘；育 4～5 叶苗选用 128 孔苗盘；育 6 叶苗选用 72 孔苗盘，或 50 孔苗盘。夏季育 3 叶 1 心苗选用 200 孔或 288 孔苗盘。

③ 穴盘消毒　可用 40%甲醛 100 倍液或高锰酸钾 500～1000 倍液浸泡 10～15min后晾干，或用 45%百菌清烟剂或 10%腐霉利烟剂熏杀。

(3) 基质准备　基质要求疏松透气、肥沃均匀、酸碱适中、不含虫卵。常用配方为草炭：珍珠岩：蛭石＝6：3：1 或草炭：牛粪：蛭石＝1：1：1。夏季育苗可减少珍珠岩含量，保持水分；冬季育苗可适量增加珍珠岩含量，加速水分蒸发。配制过程中采用40%甲醛 300～500 倍液或 50%多菌灵可湿性粉剂灭菌消毒。覆盖可用基质或蛭石。基肥施用量为：每立方米基质中加入 15-15-15 氮磷钾三元复合肥 2.5kg，或每立方米基质中加入复合肥 0.75kg 和烘干鸡粪 3kg（或者腐熟羊粪 4kg）。基质与肥料要充分搅拌混合均匀后过筛装盘。

每 1000 盘需备用基质：288 孔苗盘备用基质 2.8～3.0m³；128 孔苗盘备用基质 3.7～4.5m³；72 孔苗盘备用基质 4.7～5.2m³。按照通常亩用苗数 3000～4000 株计算，若采用 72 孔苗盘共需 42～56 盘，需基质 0.25～0.3m³。

（4）装盘与压窝

① 装盘　播种前 1d 进行基质装盘。配好的基质（含水量 60%）用硬质刮板轻刮到苗盘上，填满为宜，将多余的基质用刮板刮去，至穴盘格清晰可见，穴盘基质忌压实、忌中空。当天装不完的基质，第二天需上下翻一遍，保证装盘的基质干湿度基本保持一致。

② 压窝　将装好基质的穴盘上下对齐重叠 5～10 层压窝，覆盖地膜保湿，便于次日点种。压窝深度不宜超过 1.5cm，适宜深度为 0.5cm，每次压窝用力要均匀，深浅一致，过深不利于出苗，过浅容易"戴帽"出苗。

（5）播种催芽　播前最好对种子进行发芽率检测。选择种子发芽率高于 90% 以上的籽粒饱满、发芽整齐一致的种子。

采取机械化播种方法，需要选用丸粒化种子。人工播种则需要精细，做到每穴 1 粒。播种数量要计算安全系数，以保证供苗的数量和质量。通常番茄穴盘育苗的安全系数为 10%～20%，如果供苗量为 1 万株，则播种量为 1.2 万粒。通常 1 个人工每天可人工播种 1 万粒左右，所以要根据育苗数量的要求计算人工用量。在蔬菜穴盘育苗中，如果采取人工播种，播种时间是用人最多的时期，一定要及早安排人力资源，力争在最短时间内完成播种。

播后覆盖和浇水。此次浇水一定要浇透，要看到穴盘底部的穴孔中有水滴流出为止。

播种完成后将穴盘运送到催芽室或温室中催芽。催芽室的温度设置为白天 26～28℃、夜间 20℃ 左右，空气相对湿度为 90% 以上。经 2～3d，当苗盘中 60% 的种子萌发出土时，即可将苗盘移入育苗温室。这个时期一定要注意观察种子的萌发情况，把握 60% 的萌发率，一旦达到转移标准就应立刻将苗盘移入育苗温室，以免幼苗的下胚轴伸长，导致徒长而难以控制。如果没有催芽室，可直接将播种盘放入育苗温室中，环境条件要尽可能地符合催芽室的标准。为了保持湿度可以在穴盘表面覆盖地膜，但要在 30%～40% 的种子萌发出土时及时除去，以免灼伤幼苗。

也可先催芽后播种。将种子置于 28～30℃ 恒温条件下催芽，3～4d 后开始发芽。为提高出芽整齐度，可采取适当的变温处理，即每天 16h 30℃＋8h 20℃ 处理，催芽过程中每天用清水淘洗 1 次。70% 种子露白时即可播种。

（6）育苗管理（彩图 1-103）

① 子叶展开至 2 叶 1 心期的水分管理　基质中有效水含量为持水量的 65%～70%，3 叶 1 心以后水分含量为 60%～65%。番茄幼苗在水肥充足时生长很快，所以不必浇水太勤，但宜浇匀浇透（浇水不匀会使幼苗生长不齐），浇水后应加大通风。定植前 1 周控水，起苗前 1d 或当天浇一次透水，易于提苗定植。

② 温度管理　2 叶 1 心前的温度管理以日温 25℃、夜温 16～18℃ 为宜。2 叶 1 心后夜温可降至 13℃ 左右，但不要低于 10℃。白天酌情通风，降低空气相对湿度。

③ 光照管理　番茄光饱和点和补偿点分别为 70000lx、2000lx，生长发育光照适宜范围为 30000～35000lx，夏季育苗注意遮阳，冬季育苗用反光幕、补光灯等补光。

④ 追肥管理　育苗期间一般不追肥。视苗势补肥，如果 2 叶 1 心时番茄叶片薄而叶色浅、茎细弱，可随水补喷磷酸二氢钾液 1 次，4 叶 1 心时有针对性地补充 0.1% 尿素、0.2% 磷酸二氢钾液。补肥应少量多次，以免烧苗。

⑤ 病虫害防治　主要是防治猝倒病、立枯病、早疫病、病毒病、蚜虫和白粉虱。防治猝倒病和立枯病的主要方法是基质消毒、控制浇水和通风排湿。夜温不得低于 10℃，环境湿度不得高于 70%。防治重点在 2 叶 1 心以前。也可使用百菌清或多菌灵等药剂进行防治。防治早疫病的主要方法是使用甲醛等药剂进行种子处理，喷施百菌清或波尔多液等药剂防治。防治病毒病主要是安装防虫网、消灭蚜虫，注意遮阴降温，保持环境湿度。防治蚜虫的主要方法是喷施乐果、阿维菌素等药剂。防治白粉虱的主要方法是喷施噻嗪酮等药剂，或采用黄板诱杀。

3. 大果型番茄两段漂浮育苗技术要点

早春番茄的苗期较长，温度较低，在漂浮池中出苗率极低。为提高育苗的整齐度与健苗率，改常规的漂浮育苗为两段漂浮育苗，第二段育苗的成活率达 100%，且整齐度高。两段漂浮育苗即先在基质苗床集中育小苗（2 片子叶全展至第 1 片真叶出现），再将小苗假植到漂浮盘内使小苗在漂浮池中完成整个生长过程的育苗方式。

（1）第一阶段育苗

① 温汤浸种　将番茄种子在 25～28℃ 水中浸泡 30min 左右，促使种子表面的茸毛吸水湿透，以免烫种时种子浮在水面，以及使热量传导到种子内部而烫伤种子。然后把种子放在 52℃ 左右的温水中，并不断搅拌，根据温度变化的情况随时补充热水，使水温严格控制在 50～52℃，浸泡 20min 后，人为降至 46℃ 让其自然冷却。浸种时，必须准确掌握温度和时间，水温低就失去杀菌作用，高于 60℃ 又会降低种子的发芽率。

② 催芽　用沸水消毒过的棉质湿布将种子包好，放入 25～28℃ 的恒温箱内，保持种子在湿润情况下催芽 2～3d，待种子露白即可播种。

③ 母床（第一段育苗地）的选择及消毒　在地势平坦、向阳、地温回升快、靠近可用水源、离蔬菜基地 50～100m 的地块育苗。铺上长约 5m 的地膜，再铺厚 6cm 的育苗基质即可播种。由于番茄苗在 2 片子叶平展至第 1 片真叶出现就可假植于漂浮池内，所以可大大提高播种密度，一个标准漂浮育苗池 4800 株有效苗只需 2m² 的母床即可满足。为提高播种的均匀度，可用种子体积 5 倍的煤灰或非常细的细泥与种子充分混合均匀后撒播。用种量根据需育苗量的多少进行精确计算。

（2）第二段育苗　第二段育苗是将经母床育好的 2 片子叶平展至第 1 片真叶出现的小苗假植于漂浮育苗盘中，使小苗在漂浮池中成苗的过程。第二段育苗的苗池选择、建造、消毒及营养液的配制技术、装盘、浮盘入池后的检查等环节的技术与莴笋的育苗相同。

① 假植苗龄　2 片子叶全展至第 1 片真叶出现时移植效果最好。每孔假植 1 株。

② 促假植成活的管理　假植后 3～5d 内的管理目标是促苗整齐快速成活。管理重点是合理控制温湿度及光照，若太阳大、光线强，可用遮阳网遮光，避免强光直射造成苗失水过多而影响快速成活，温度以 25℃ 为宜。同时注意查苗补缺，补缺的苗一定要选 1 叶龄期的健壮苗，以保成活后与前期移栽的苗整齐一致。

③ 苗成活后的管理

（a）温度管理　当移植苗成活后，温度保持在 22～25℃；现第 3 片真叶，温度保持在 18～22℃ 为宜，决不能高于 25℃，否则容易出现高脚苗；3～5 片真叶时逐渐揭去膜让幼苗适应外界的温度条件,但若外界温度低于12℃则注意保温。温度的控制通过揭(或盖)棚膜来实现,注意揭膜时不能揭防虫网。若有电热丝升温的苗床,开启控温档在12~16℃。若外界温度低,不能把漂浮池的温度调得太高,否则会影响移栽时苗体对大田的适应。

(b)肥料管理 苗成活后每标准苗池需加入烤烟专用1号肥、2号肥各150g。当苗龄达3叶时,每标准苗池加入2号肥400g。若无烤烟专用肥,可用云峰复合肥代替1号肥,可用云峰复合肥与尿素按3:1的比例配合使用代替2号肥。要避免假植后立即施肥,否则会影响苗的成活速度。

(c)苗池青苔的防治 关键是不让苗池内的水见光。当苗池内出现青苔时,每标准苗床用硫酸铜7.5g溶于水后,均匀地倒入苗池内。随着时间的推移,青苔可能又会长出,此时可根据青苔发生轻重按每标准苗床用硫酸铜10~15g的标准来防治。若青苔过多,进行2次育苗时,必须换水。

(d)剪叶处理 由于番茄的生长点与外叶片生长高度基本一致,剪叶有伤及生长点的危险,所以不主张剪叶。但若苗较大,天气不适合移栽的情况下,可直接剪下部1~2片老叶。

(e)炼苗 炼苗后幼苗根系发达,白根多,加强了苗体对干旱环境的适应,能有效提高苗的抗逆能力,提高大田移栽的成活率。番茄3叶1心至4叶后,只要不下雨就可开始炼苗,每天早上露水干后移出苗床,直到苗开始萎蔫才抬进苗池,这样连续炼苗3~5d或间断炼苗3次即可。

(f)病虫害防治 保持床面清洁及叶面干燥,尤其在植株2~3片真叶后,要揭膜保持苗床通风,但防虫网一定要封闭。幼苗3片真叶后,用波尔多液隔7d喷1次,共喷2~3次,波尔多液的浓度为1:1:(150~200)(用药浓度随苗龄的增大而加大),以防病菌的侵入。管理人员洗手消毒后方可操作,非管理人员不能随意接触苗床。出现病株要及时拔出,并把拔出的苗带到远离苗床之处进行处理。

4. 番茄营养块育苗技术要点

(1)营养块选择 选用圆形小孔、40~50g的营养块(彩图1-104)。

(2)播种前准备

① 修建苗畦 播种前1d以上,在育苗地(温室、大棚、中小棚)作畦,畦埂高8~10cm,畦宽1.2~1.5m,长度依据育苗场所和育苗数量而定。将畦地面整平、压实。

② 铺农膜与摆放营养块 畦地面铺一层聚乙烯薄膜,并盖住畦埂。按间距1(冬季)~2(夏季)cm把营养块摆放在苗畦上,又开摆放。

③ 给营养块浇水 播种前先用喷壶由上而下向营养块浇透水,薄膜有积水后停喷,积水吸干后再喷,反复3~5次(约30min)。浇水量以每100个育苗营养块浇水15kg左右为宜。吸水后待营养块迅速膨胀疏松时,用竹签扎刺营养块检测(1块/m²,检验比率≥1%),如有硬心需继续补水,直至全部吸水膨胀为止。营养块完全膨胀后,5~24h之内播种。

(3)播种 每营养块的播种穴里播1粒露白的种子,种子平放穴内,上覆1~1.5cm厚的蛭石或用多菌灵处理过的细砂土。刚吸水膨胀后的营养块暂时不移动或按压。育苗块间隙不填土,以保持通气透水,防止根系外扩。严禁在加盖土中加入肥料。播种后,冬季苗床覆盖地膜,夏季盖草,以便保湿,待苗出70%以后再揭去。

（4）苗期管理　播种后不得移动、按压营养块，2d后恢复强度方可移动。播后视营养块的干湿和幼苗的生长情况，保持营养块水分充足，防止缺水烧苗，喷水时间和次数根据温度高低调整。苗期发现缺水，从营养块下部用水管浇水，水面高度应是营养块高的1/2，湿透块即可，不可用喷壶在苗上浇水。苗期不施肥。

（5）定植　定植时间要比营养体适当提前，当根系布满营养块，嫩根稍外露及时定植。泥炭苗定植前2～3d停止浇水炼苗。将营养块一起定植，埯浇透水，水渗后再栽苗，在营养块上面覆土1～2cm。

5. 番茄秋延后栽培扦插育苗技术要点

番茄秋延后栽培育苗正值高温季节，如果采用工厂化穴盘育苗，由于气温高，苗期管理难度大，高温高湿条件容易形成徒长苗，且病害重，幼苗质量差。湖北宜昌地区将春季番茄的侧芽进行扦插育苗，用于秋延后生产，效果较好。

（1）扦插育苗时间　扦插育苗最佳时间为6月上旬，过早，定植后遇高温，幼苗成活率低，易感病毒病，且前1～2花穗不易坐果；过晚，则霜冻来临前红果率低，效益低。

（2）母株管理　选取品种表现纯正、无病害、长势健壮的植株作为采芽母株，提前15～20d对留芽田块母株进行整枝、打顶、去病叶及中下部老叶。

（3）育苗棚设施准备　提前1～2d在育苗棚外搭天膜，棚的四周围好围膜，卷起棚两侧裙膜，以利于通风降温，在裙膜位置设置50目的防虫网，再在天膜上盖一层遮光率为45%的遮阳网，最后在棚的四周开挖一条排水沟。

（4）扦插芽选取　整个植株以基部萌发的萌蘖最好，这种萌蘖芽多数带有少量新根或已产生愈伤组织，容易成活且生长速度快。但在生产中，萌蘖芽一般不够用，需用侧芽扦插，一般长10cm左右、粗0.5cm左右、带3～4片叶的侧芽最合适。侧芽太小的，木质化程度低、幼嫩、易失水萎蔫，不易成活；侧芽太大，木质化程度高，不易生根，也不易成活。

（5）整芽　对下部叶片较大的芽，剪去其下部叶片的1/3～1/2，以减少水分蒸发。

（6）消毒　扦插芽放入25%多菌灵可湿性粉剂500倍液或50%甲基硫菌灵可湿性粉剂800倍液中浸泡消毒5min，之后捞起放在阴凉处阴干15min。若在消毒液中加入100mL/L的ABT生根粉，效果更好。

（7）营养基质的搅拌、装盘　侧芽消毒的同时可进行营养基质的配备、装盘。营养基质选择保水性较好的草炭育苗基质，对于保水性一般的基质可加入适量的经过暴晒消毒的黏性细土，以利保水。扦插容器可选72孔穴盘。

（8）扦插　将芽的下端2cm插入营养基质即可，插后立即端放在床架上，用洒水壶装清水浇透基质。然后在床架上用细竹搭建一层小拱，再在小拱上覆盖一层普通塑料薄膜保湿。整个扦插过程中做到随扦插、随摆放、随浇水、随盖膜。

（9）扦插后的管理

① 温光管理　扦插后5d小拱棚（床架小拱上覆盖的普通薄膜）须一直盖严，保持拱棚内温度30℃左右，如中午拱膜内温度超过35℃可在拱膜上再加盖一层遮光率为20%的遮阳网降温。钢架大棚外的遮阳网可每天10时盖，下午4时揭（阴、雨天需全天揭开遮阳网），定植前3～5d可在11～14时覆盖遮阳网，以高温炼苗。

② 水肥管理　扦插后6d，每天早上浇1次透水（阴、雨天除外），如果中午及下午叶片出现萎蔫还需用喷雾器对叶面喷水1～2次。第2天可叶面喷施0.3%尿素溶液，第

4 天可叶面喷施 0.2% 磷酸二氢钾溶液，第 8 天左右叶面喷施 0.3% 尿素溶液并加适量的微量元素肥。之后每隔一星期随水追施速效大量元素肥 1000 倍液，整个苗期施用 2 次即可。

③ 扦插　扦插育苗苗龄约 25d 即可定植，定植前 3d 掐掉所有花穗，以利定植后长成健壮的植株。

④ 苗期注意防治茎基腐病、晚疫病等。

6. 番茄斜切针接法和茎段套管嫁接育苗技术要点

番茄传统的嫁接方法有靠接法、劈接法等，但这几种方法嫁接效率较低、缓苗慢。斜切针接嫁接法成活率高、伤口愈合快、简单易学、嫁接效率高，且能有效地调整徒长苗。利用番茄顶芽和截取的茎段进行套管嫁接，1 粒种子可以同时取 2～3 个接穗，育苗成本降低，且嫁接速度快，成活率高。

（1）斜切针接法

① 品种和嫁接材料

（a）砧木　选择抗性较为全面，可兼抗青枯病、枯萎病、根结线虫病等多种病害的番茄砧木，如久留大佐、坂砧一号、大维番茄根砧、春树等。

（b）接穗　根据栽培季节、气候等条件选择适合当地栽培的番茄品种。

（c）嫁接材料　嫁接针为长 15mm，直径 0.3mm 的钢针。

② 育苗　将接穗和砧木同时播种，若所选砧木生长较慢，可提前几天播种。采用基质穴盘育苗，先将基质拌湿拌匀后装入 72 孔或 105 孔穴盘中，将基质稍压实后每穴播入一粒种子，覆土后将水浇透。

③ 嫁接

（a）嫁接时期　待接穗和砧木长出 3～4 片真叶，下胚轴直径为 3.5mm 左右时进行嫁接。

（b）嫁接部位　嫁接时砧木保留 1 片真叶较适宜，成活率高，且较高的刀口位置，利于防止定植后土传病菌的侵染。此外，嫁接时砧木留 1 片真叶，嫁接苗在生长前期形成了较强的光合系统和生殖生长基础，为早熟、高产、抗病打下基础。

（c）嫁接方法　嫁接时选砧木和接穗粗细一致的苗子，先用刀片在砧木第一片真叶上方 1～1.5cm 处将砧木向上斜切，去掉上部，其切线与轴心线呈 45°角，要求切面平滑。然后在砧木切面的中心沿轴线将接针插入 1/2，余下的 1/2 插接穗。用同样的方法将接穗呈 45°角向下斜切，将切下的接穗插在砧木上。要求砧木和接穗的切面紧密对齐，以利伤口愈合。然后用塑料薄膜将切口裹住，用回形针夹紧，栽入育苗钵中。嫁接过程中一定要注意切面卫生，以防感染病菌，降低成活率。

④ 嫁接后的管理　苗子接好后进行底部供水，吸足水后摆放在小拱棚中，扣棚保湿，光照强时，棚上覆遮阳网。苗床白天温度控制在 25～28℃，夜间 18～22℃，最好不超过 30℃或不低于 15℃。棚内湿度保持在 85%～90%，浇水时用小喷壶往棚膜上喷水，切勿将水溅到伤口处。番茄嫁接后，前 3～4 天完全密闭、遮光，第 5～7 天早晚适当通风，第 8～10 天早晚通风且摘去遮阳网，10d 以后正常管理。在此期间，注意去除砧木萌芽。

（2）茎段套管嫁接法

① 品种选择

（a）砧木选择　嫁接砧木要求根系发达，生长强旺，同时兼抗番茄枯萎病、根结线虫等多种病害，与接穗的亲和力和共生性好，如宝砧1号、桂蔬福砧等。

（b）接穗品种　要求与砧木嫁接亲和力强，抗病、高产、商品性好，适应当地气候条件。

② 种子处理　番茄砧木和接穗种子同时播种育苗。播前进行种子处理，一般多采用温汤浸种。浸种结束后将种子洗净、滤干，用干净的湿毛巾包好并挤干水分，然后将种子平铺开置于25～30℃环境下催芽，待20～30h后出芽率达90％以上开始播种。

③ 播种育苗　采用穴盘基质育苗，当砧木和接穗幼苗长出6～8片真叶、株高20cm左右时开始进行嫁接。

④ 截取番茄茎段套管嫁接　利用顶芽和截取的茎段直接作接穗，1粒种子可以同时取2～3个接穗，减少接穗种子用种量，降低生产成本。同时由于采用专用嫁接套管，既可保持切口周围水分，又能阻止病原菌侵入，且嫁接成活后套管自然风化脱落，不用人工去除，嫁接速度快，成活率高。

嫁接前先准备内径为2.0mm、2.5mm、3.0mm的3种不同规格的嫁接专用套管备用，并提前对砧木和接穗幼苗进行消毒处理。可用72.2％霜霉威水剂800倍液＋75％百菌清可湿性粉剂800倍液＋0.003％丙酰芸苔素内酯水剂3000倍液喷雾防病。

嫁接时可根据接穗幼苗的高度和叶片数分别取顶芽和茎段直接作接穗，茎段每段保留1～2片真叶，每株可取接穗2～3个。然后在砧木8～10cm处留2片真叶用嫁接剪剪出一个斜面，套上套管，套管要高于砧木；同时把接穗剪出相反方向的同角度斜面，将接穗切面对齐砧木切面插牢，要求一定要插到底不留缝隙，使砧木切口与接穗切口紧密结合。根据砧木和接穗的粗细选用不同规格的套管。嫁接好后搭建小拱棚保温保湿，并视天气情况覆盖遮阳网避免阳光直射。

⑤ 嫁接苗管理　嫁接后的管理直接影响嫁接苗成活率的高低。前3d要求白天温度在25～28℃、夜间17～20℃，湿度保持在95％左右；当棚内温度超过30℃、相对湿度大于95％时，应适当揭膜放风排湿，放风时间不宜过长。3d后逐渐降低温度和湿度，白天22～25℃、夜间15～18℃，湿度维持在75％～80％。每天早晨都要掀开拱棚膜甩干，避免膜上水滴滴到嫁接苗上造成烂苗，也可防止苗床内长时间湿度过高。约10d后揭掉小拱棚和遮阳网进行正常育苗管理，加强病虫害防治，并及时摘除砧木腋芽，拔除未成活的嫁接幼苗和感病苗。当嫁接12～15d伤口已愈合、嫁接苗成活后要及时定植大田。

四、番茄主要栽培技术

1. 番茄大棚早春栽培技术要点

番茄大棚早春栽培（彩图1-105），是先年11月播种育苗，翌年采用大棚套地膜的一种栽培方式，可达到提早播种、提早上市的目的，效益较好。

（1）品种选择　应选用耐低温、耐弱光，对高湿度适应性强，分枝性弱，抗病性强（对叶霉病、灰霉病及早疫病、晚疫病有较强抗性），早熟丰产，品质佳，符合市场需求的品种。如江南红、钻红1号、钻红2号等。

（2）播种育苗　番茄育苗天数不宜过长，南方60～80d可育成带大花蕾适于定植的秧苗。各地应从适宜定植期起，按育苗天数往前推算适宜的播种期。越冬冷床育苗一般在11月上中旬播种，如采用电热育苗可在12月中下旬播种，于2月中下旬定植大棚。

（3）整地施肥　于前作收获后，土壤翻耕前每亩撒施生石灰150～200kg，提高土壤 pH，使青枯病失去繁殖的酸性环境。土壤翻耕后，每亩施入腐熟人畜粪 3000kg、饼肥 75kg、三元复合肥 50kg，采用全耕作层施用的方法，即肥与畦土充分混合。土壤翻耕施肥后，立即整地作畦，畦宽 1m，畦沟宽 0.5m，沟深 0.3m，畦面平整，略呈龟背形，然后覆盖地膜，整地施肥工作应在移栽前 10d 完成。

（4）及时定植　番茄大苗越冬后，应提早到 2 月上、中旬抢晴天定植在大棚或小拱棚内，每畦栽两行，株行距 25cm×50cm，每亩栽 4000～4500 株。定植时，每苠撒入 1∶1500 的五氯硝基苯药土 50g，定植后浇 75％百菌清可湿性粉剂 600～800 倍液作定根水，并用土杂肥封严定植孔。

（5）田间管理

① 温湿度调节　缓苗期，白天适宜温度为 25～28℃，夜间 15～17℃，地温 18～20℃。定植后 3～4d 内一般不通风。为保持较高的夜温，可在棚内加设塑料小拱棚，遇寒冷天气，加盖草帘、塑膜等多层保温，有地热线的，可进行通电加温，维持土温 15℃。

缓苗后，开始通风降温，随气温升高，加大通风量。白天控制在 20～25℃，夜间 13～15℃。开花结果初期，白天 23～25℃，夜间 15～17℃，空气相对湿度 60％～65％。低温阴雨天气，可于上午通电加温 2～3h，维持地温 8～10℃以上。

盛果期，加大通风量，保持白天 25～26℃，夜间 15～17℃，地温 20℃左右，空气相对湿度 45％～55％。外界最低气温超过 15℃，可把四周边膜或边窗全部掀开，阴天也要进行放风。到 5 月下旬至 6 月上旬后，随着外界气温升高，可把棚膜全部撤除。

② 肥水管理　通过灌水与控水维持土壤湿度，缓苗期 65％～75％，营养生长到结果初期 80％，盛果期可达 90％。定植时浇定根水，土温低不宜过量。缓苗后，视情况浇 1～2 次提苗水，一般不追肥，也可视生长情况轻施一次速效肥。始花到开始坐果，地不干不浇水。待第一批果的直径长到 3cm 时结合追肥浇一次水，盛果期后再浇 2～3 次壮果水，结合采收追肥 2～3 次，每亩每次追施浓度为 30％的人粪尿 200kg 或复合肥 10～15kg，还可结合喷药叶面喷施 1％的过磷酸钙或 0.1％～0.3％的磷酸二氢钾。灌水宜于上午进行，忌大水漫灌。灌水后应加强通风，后期高温，应保持土壤湿润。

③ 植株调整　缓苗后进入旺盛生长时要及时插架，选用单立架或篱笆架。整枝宜采用单干整枝法，只留主干，所有侧枝全部摘除，每株留 3～4 穗果，也可每株除主干外，还保留第一花序下的第一侧枝，此侧枝仅留 1 穗果后即摘心。摘芽宜在侧芽长 6～10cm 时选晴天中午进行，摘叶是摘去第一果以下的衰老病叶。早熟品种单干整枝，留 2～3 穗果，晚熟品种留 5 穗果后摘心，注意果穗上方留 2 片叶。

④ 保花保果　开花结果期易落花落果，可使用调节剂如 2,4-滴、对氯苯氧乙酸等处理花朵提高番茄坐果率。2,4-滴处理浓度 10～20mg/kg，前期温度低时可选用 15～20mg/kg，中后期 10～15mg/kg。可采用喷雾法，用小喷雾器喷到花朵上，但要用遮盖物挡住植株；或者蘸点法，用毛笔或棉球蘸药液在每朵花的柱头和花柄上；或者浸花法，将药液放在容器中，把番茄花逐朵浸入药液。处理时间应在晴天上午，选择即将开放或正在开放而尚未授粉的花朵处理。对氯苯氧乙酸处理浓度为 20～50mg/kg，气温低时适当偏高，反之偏低。当每一花序上有 3～4 朵花盛开时处理，每朵花处理一次即可，一般 4～5d 处理一次，气温较高一个花序喷一次，处理时要对准应该处理的花朵进行喷射。

⑤ 催熟　在番茄着色期应用乙烯利促进果实成熟。可用浸果法，即在果肩开始转

色时采收后，用 2000～3000mg/kg 乙烯利浸果 1～2min，浸后沥干，放入 20～25℃下，约经 5～7d 可转红。也可采用植株喷雾法，约在采收前半个月，第一、二穗果进入转色期时，喷洒 500～1000mg/kg 乙烯利一次，间隔 7d 后再喷一次，可提早 6～8d 成熟。

2. 番茄春露地栽培技术要点

番茄露地栽培通常以早熟、丰产为栽培目的，一般是在早春低温期利用保护地播种育苗，晚霜过后定植于露地，多采用地膜覆盖栽培（彩图 1-106），是番茄栽培的主要形式。

（1）品种选择　应根据不同地区的气候特点、消费习惯、栽培形式及栽培目的等，选择适宜本地区的品种。早熟栽培宜选择自封顶生长类型的早熟丰产的品种，晚熟栽培宜选择生长势强的无限生长类型品种。

（2）培育适龄壮苗　育苗期温度低，多采用温室或大棚铺地热线、酿热温床、冷床播种育苗，2 叶 1 心期分苗，最好在小拱棚或大棚冷床分苗。不采用基质育苗。苗间距 10cm 左右。3 叶期以后进入蹲苗期，加强管理，培育壮苗。苗龄 60～70d，成苗 7 片叶左右，苗高 20cm，茎粗 0.7mm，出现大花蕾。育苗技术可参考早春大棚冷床育苗。

（3）整地作畦　选用土层深厚的砂壤土栽培为好，番茄不宜连作，要与非茄科作物进行 2～3 年的轮作。栽培番茄的地块，深翻 25～30cm，整地前进行土壤消毒，每亩用 50% 多菌灵可湿性粉剂或 70% 敌磺钠可溶性粉剂 1kg，加 50% 辛硫磷乳油 0.5～1.0L，对水喷雾地面，或配成 1000 倍液浇灌土壤。预防枯萎病可沿垄沟浇甲醛 100～200 倍液，用塑料薄膜密封 5d 后，耕耙，待药剂完全挥发后才可整地定植。多采用起垄、宽窄行、覆地膜栽培。一般定植前 10～15d 开始整地作畦，每亩施腐熟优质有机肥 4000kg 左右，饼肥 100kg，过磷酸钙 50kg，硼酸 1～2kg，基肥施用最好采用沟施，也可采用撒施。整平，畦宽 1.0～1.5m（包沟），定植前一周左右铺盖地膜升温。

（4）及时定植

① 定植时间　春番茄一般都在当地晚霜期后，耕层 5～10cm 深的地温稳定通过 12℃时立即定植。长江流域一般在 3 月下旬定植。定植还要根据天气情况来确定，遇到阴雨大风天气，应适当延晚定植。在适宜定植期内应抢早定植。

② 定植密度　定植密度决定于品种、生育期长短及整枝方式等因素。早熟品种一般每亩栽 4000 株，提早打顶摘心的，栽 5000～6000 株，中晚熟品种栽 3500 株左右。中晚熟品种双干整枝，高架栽培栽 2000 株左右；早熟品种一般采用畦作，畦宽 1.0～1.5m，定植 2～4 行，株距 25～33cm；晚熟品种采用畦作，畦宽一般为 1.0～1.1m，每畦栽 2 行，株距 35～40cm。采用垄栽一般垄距为 55～60cm，株距 35～40cm，亩栽 3500 株左右。

③ 定植方法　定植最好选择无风的晴天进行。定植的前一天下午，在苗床内灌水，以便第二天割坨。纸袋育苗的可带袋定植，塑料钵育苗的随定植随将塑料钵取下，定植后可先栽苗后灌水（干栽），或先灌水后栽苗（水稳苗），栽苗时不要栽得过深或过浅。如果番茄苗在苗床因管理不善而徒长，定植时可进行卧栽（露在上面的茎尖稍向南倾斜）。定植后将地膜的定植孔封严，随即浇定根水。

（5）田间管理

① 中耕除草　番茄栽培除地膜覆盖外，要及时进行中耕除草。浇缓苗水后，或在雨后或灌水后，待土壤水分稍干后均要及时进行中耕除草，整个生育期 3～5 次。第一次中耕要深一些，并结合培土，将定植孔封严，后期逐渐变浅。地膜覆盖栽培一般不进

行中耕，除草时一般就地取土把草压在地膜下，大草要人工拔除。结果期后，结合除草再浅中耕1～2次。

② 浇水　定植时浇一次缓苗水，5～7d后再浇一次缓苗水，浇水量不可过多。缓苗后到第一花穗坐果期间，如不遇特别干旱，一般不浇水，要进行蹲苗。一般早熟品种植株长势弱，花器分化早、开花早、结果早，其蹲苗时间不宜过长，中晚熟品种植株长势旺，要严格控秧，蹲苗时间可适当延长。待第一穗果长到核桃大时，应结束蹲苗。有限生长的早熟品种，结果早，宜及时灌水。进入结果期后，视天气和土质情况，4～6d浇一次水，灌水量要逐渐增大，整个结果期保持土壤湿润。采用滴灌的田块，每天滴灌一次，每次2～3h。阴天少浇或不浇水。生长中后期高温干旱，有时雨水多，要同时做好灌溉和排水工作，做到雨住沟干，畦内不积水。

③ 追肥　在基肥不足的情况下，早施提苗肥，在浇缓苗水时施入，一般每亩追施腐熟稀薄粪尿500kg，或缓苗后结合中耕每亩穴施（穴深10cm，距离植株15～20cm）500kg腐熟有机肥，或5kg尿素。

第一果穗坐果以后，结合浇水要追施一次催果肥。一般每亩可施尿素15～20kg、过磷酸钙20～25kg，或磷酸二铵20～30kg。缺钾地块应施硫酸钾10kg，也可用1000kg腐熟人粪尿和100kg草木灰代替化肥施用。

以后在第二穗果和第三穗果开始迅速膨大时各追肥一次，一般每亩追施尿素15kg、硫酸钾20kg，或氮磷钾复合肥40kg。

高架栽培第四穗果开始迅速膨大时也要追肥，每亩追施氮素化肥15～20kg、硫酸钾20kg。拉秧前15～20d停止追肥。

追肥可以土埋深施，也可随水浇灌。前者要注意深施、封严，后者要注意施肥量，以防烧苗。番茄栽培除土壤追肥外，还可进行叶面追肥，可选用0.2%～0.4%的磷酸二氢钾，或0.1%～0.3%的尿素，或2%的过磷酸钙水溶液对叶面喷施，或喷多元复合肥。

④ 插架与绑蔓　番茄多蔓生，一般都要搭架绑蔓。番茄定植后到开花前要进行插架绑蔓，防止倒伏。春旱多风地区，定植后要立即插架绑蔓。插架可用竹竿、秫秸、细木杆及专用塑料杆。高架多采用人字架和篱笆架，矮架多采用单干支柱、三角架、四角架或六角架等。绑蔓要求随着植株的向上生长及时进行，严防植株东倒西歪或茎蔓下坠，绑蔓要松紧适度。绑蔓要把果穗调整在架内，茎叶调整到架外，以避免果实损伤和果实日烧，提高群体通风透光性能，并有利于茎叶生长。

⑤ 植株调整

（a）整枝　早熟栽培时，自封顶类型番茄和无限生长类型番茄一般采用单干整枝法，自封顶品种进行高产栽培和无限生长番茄幼苗短缺稀植时可用双干整枝、改良式单干整枝或换头整枝法。

（b）打杈　结合整枝要进行疏花疏果，摘除老叶、病叶，原则上，除应保留的侧枝以外，其余侧枝应全部摘除，注意第一次打杈不宜过早，特别是生长势弱的幼苗。当侧枝生长到5～7cm长时开始打杈，若侧枝已木质化，应适当留叶摘心。以后打杈，原则上见杈就打，但生长势弱或叶片数量少的品种，应待侧枝到3～6cm长时，分期、分批摘除，必要时在侧枝上留1～2片叶摘心。自封顶品种封顶后，顶部所发侧枝可摘花留叶，防止日灼。

（c）摘心　自封顶类型的番茄长到2～3个果穗后即自行封顶，不必摘心，但无限生长类型品种在留足果穗数后应上留 2 片叶左右摘心。春露地番茄一般留果 4~6 穗，摘心时间在拉秧前 50d 左右。

（d）疏果　一般自封顶类型的品种和部分无限生长类型品种，应视生长势适当疏去一部分花果，弱者多疏少留，强者少疏多留，以疏去花和小果为主。一般第一穗留果 2 个左右，第二穗以后每穗留 3 个果左右。

（e）摘叶　第一穗果开始成熟采收时，可及时将下部的叶片打掉。当行间郁闭时，可适当疏除过密的叶片和果实周围的小叶。

⑥ 保花保果　春茬露地番茄保花保果的主要措施是培育壮苗，花期使用坐果激素及振动授粉。除盐碱地或特别干旱外，花期控制灌水，花期要进行叶面喷肥。用 1% 对氯苯氧乙酸水剂 2mL 对水 0.65~0.9L 喷花或蘸花，或对水 1~3L 涂抹花柄，保花保果效果好。注意不能重复蘸花，高温时用低浓度，低温时用高浓度。

（6）及时采收　露地番茄在定植后 60d 左右便可陆续采收。鲜果上市最好在转色期或半熟期采收，贮藏或长途运输最好在白熟期采收，加工番茄最好在坚熟期采收。番茄采收时要去掉果柄，根据大小、颜色、果实形状，有无病斑和损伤等进行分级包装。

在植株上用 1000mg/kg 乙烯利手工涂抹或小喷雾器直接喷洒白熟果（注意不能喷到叶上，以防药害），可提早红熟，提早上市。采后催熟可用 2000mg/kg 乙烯利浸泡果实 1~2min，然后贮存在 25℃ 左右条件下催熟，大约 4~5d 即转色变红。采收后催熟必须严格控制温度，低于 20℃ 催熟慢，低于 8~10℃ 时易受冻害腐烂，高于 30℃ 也易引起腐烂。在最后一批果实成熟前，可用 2000~4000mg/kg 乙烯利全田整株喷洒，可提早 4~6d 采收。

3. 番茄越夏露地栽培技术要点

在无霜期较长的地区、夏季冷凉地区或一年一季作地区均可进行番茄的越夏露地栽培。一般 4 月下旬至 5 月上旬露地育苗，6 月中旬左右定植，7 月下旬至 8 月上旬开始采收上市，于高温淡季和国庆节前后供应市场，可延迟至霜降拉秧。播种至采收 100d 左右。若茬口适宜，也可提前至 3 月下旬播种，主要供应 7、8 月份番茄市场淡季。

（1）土地选择　我国大部分地区夏番茄生长结果期正处于雨季，所以首先要选择地势高燥、排水良好的地块，尽可能不与茄果类蔬菜重茬。施足基肥，作南北短畦，挖好排水沟，做到"旱能浇，涝能排"。

（2）品种选择　选择耐热、耐强光、抗病毒能力强、抗裂、耐贮运、生长势强的中熟和中晚熟高产品种。

（3）播种育苗

① 播期确定　高温到来之前植株生长已很旺盛，能荫蔽地面，并使产量集中在 7~9 月份夏番茄淡季是夏番茄播种期的确定原则。一般于 3 月中旬至 4 月下旬播种，5 月中旬至 6 月上中旬定植。苗龄 30~45d。早播可使发棵良好，结果期提前；晚播，定植后气温高、光照强、雨水多，由于苗小，不能荫蔽地面，地温高，易发生病毒病，高夜温和多雨很容易使幼苗徒长，导致花芽分化、发育不良、难坐果。

② 育苗方法　多采用露地营养方、营养钵育苗或扦插育苗。可按（8~10）cm×（8~10）cm 左右的苗距直播，或播种于直径 10cm 左右的营养钵。出苗后，留 1 棵壮苗。由于春季光照强，播种后苗畦经暴晒，苗床易干燥，地表温度高，尤其采用地膜覆盖保湿时，易发生烫伤种芽或抑制发芽问题。因此，播种后晴天要注意遮阴，同时还要防止雨水淋入苗畦。采用撒播育苗时，幼苗生长快，分苗时温度高，根系老化快，易感

染病害，分苗宜早不宜晚，尽量少伤根。注意防治病毒病、地下害虫等，避免大水没顶灌溉或雨水浸泡苗床。最好做成遮阴防雨棚育苗。遮阴只是在中午前后高温强光期进行，早晚可撤去遮阴物。全天遮阴，幼苗生长缓慢或徒长，开花结果期推迟。

（4）小苗定植　一般4~5片真叶时定植。夏番茄定植期正值初夏高温时期，根系伤口容易老化、不易发生新根，且易感病。小苗根量小，移栽时伤根少、缓苗快，可减少病毒病等感染的机会。由于夏番茄生长期长，因此定植密度要适宜。原则上是保证行间通风透光，避免株间郁闭。多采用宽行密植栽培，一般行距60~66cm，株距25~33cm。采用双干整枝时株距适当大一些。一天内适宜的定植时间是上午10时以前和下午4时以后，随定植随浇定植水，避免中午高温灼伤幼苗。注意水不能漫过畦埂。

（5）田间管理

① 整枝打杈　夏季温度高、光照强，易发生果实灼伤和植株生长势衰弱等。为了促进根系发育，增加植株营养面积，可采用双干整枝或改良式单干整枝的方式。双干整枝的番茄根系比单干整枝强很多，植株生长健壮，抗逆性较强。果穗周围的侧枝适当留叶摘心，保护果实免受灼伤。一般单株结果5~6穗，拉秧前50d在最上层花序上边留2~3片叶顶。对于叶量减少或生长势衰弱的品种，上部侧枝只摘花不打杈，以保证足够的叶面积，制造足够的养分供上部果实生长。

② 保花保果　夏季番茄落花的主要原因是高温高湿。当夜温高于20℃和日温高于32℃时，花粉发芽率降低，花粉管伸长迟缓，影响受精和子房的发育。对于发育正常的花朵，必须及时用激素保花保果。方法同春露地番茄。

③ 水肥管理　前期浇水应适当控制，促使根系往深处扎，浇水应避开中午高温，在早晚天气凉爽时浇水。雨季注意排水，暴雨过后浇凉井水，随浇随排，目的是降低地温和田间温度。夏番茄浇水勤，土壤养分流失严重，因此进入果实膨大期后追肥应掌握少量多次，不能偏施氮肥，以防徒长、花芽发育不充实导致落花，或茎秆嫩，抗高温灼伤能力下降，引发芽枯病。在基肥充足的情况下，一般追施2~3次硫酸铵，每次每亩15~20kg，或尿素15kg、硫酸钾10kg，或氮磷钾复合肥30kg，或番茄专用肥40kg。进入雨季，适当加大施肥量，同时喷施叶面肥，均衡植株养分供应，防止裂果、茎穿孔等生理性病害的发生。立秋后气温降低，可追施1~2次稀粪水，促使植株生长势的恢复，提高后期产量。也可用1%~2%的过磷酸钙或10%的草木灰浸出液喷洒叶面1~2次，以延长采收期。

④ 遮阴降温　进入雨季后，可以进行地面覆盖，以降低土温、防止土壤板结等，促进根系生长、增加吸收能力，还可降低田间湿度和避免雨水将泥浆溅射到下部叶片和果实上引发的病害。一般用麦秸、玉米秆等覆盖地面，或浇施河泥浆，能降低土温2~3℃，并能减少土壤水分蒸发。也可隔行种植玉米，起到遮阴降温的作用。玉米的密度要小，下部的叶子及时打掉。8月下旬以后，气温下降，光照减弱，应及时铲除玉米。

⑤ 病虫防治　主要有病毒病、叶斑病、茎基腐病、绵腐病、根结线虫病、棉铃虫等，以及由于强光照引起的果实灼伤、高温障碍引起的芽枯病、干叶边、果实射裂等，暴雨（热雨）和涝灾引起的裂果，根系呼吸受阻引发的根腐病，继发脐腐病和植株枯死等，应加强防治。

4. 番茄越夏保护地栽培技术要点

番茄越夏保护地栽培主要供应8~11月份番茄市场淡季，可采收至霜降。采用多层覆盖可延迟至11月底以后拉秧。多利用春季老棚及其棚膜进行生产，避免了露地栽夏番茄产量低、品质差、病害重，尤其是病毒病和芽枯病极易大面积发生等不足。从播种开始，全程保护栽培，防暴雨、防高温、防虫害、防强光，选择地势高、通风和排水良好的地块。

（1）品种选择　越夏番茄的生长期处于高温多雨的季节，应注意选用耐强光、耐高温、耐潮湿、抗病性强、耐贮运的品种。

（2）播种育苗　适宜的播种期在4月中旬至6月中下旬，从种子开始预防病毒病，一般用高锰酸钾或磷酸三钠溶液浸种消毒，用湿布包裹，塑料布保湿，自然催芽。播种过早，与春番茄后期同时上市，价格低；播种过晚，留果穗数少，产量低，同时收获期推迟，与秋番茄同期上市，效益也差。

最好选用营养钵直播育苗法或无土育苗法。营养钵的直径和高均为8～10cm，盖土厚度1～1.5cm。播种后，在苗畦上搭拱棚，晴天上午10时至下午4时，用薄草帘、遮阳网等遮阴降温，若用银灰色遮阳网还可起到驱避蚜虫的作用。雨前用塑料布防雨。最好采用防虫网覆盖，防止害虫进入苗床为害或传播病害。保护地夏番茄育苗期温度高，苗龄较短，从播种到定植约30d，5片真叶，株高12～15cm即可定植。营养方育苗的必须带土坨定植，其他同露地夏秋番茄育苗。

（3）栽培设施　遮阴防雨是该茬番茄栽培的重要措施，一般利用冬季使用的大棚，保留棚顶薄膜，因为这层薄膜春季用过，上面灰尘多，在防雨的同时还起到遮阴的作用。移栽前仔细检查棚膜是否有破损，及时修补，不能让雨水进入棚内。光线过强时棚膜上覆盖遮阳网或撒泥浆遮阴降温。有条件的地方，在大棚周围及其他通风处用防虫网盖严，防止害虫进入。

（4）整地施肥　前茬作物收获后立即进行腾茬、深耕，晒垡15d左右。结合深耕施足基肥。有机肥一定要充分腐熟。有的地方喜欢施入黄豆、玉米等作基肥，施前一定要煮熟，否则起不到应有的施肥效果。一般每亩施煮熟的玉米、黄豆或麸皮等50kg。深翻后耙平作畦。

（5）移栽定植　由于温度高、浇水勤，多采用马鞍形栽培，不用地膜。定植株行距0.3m×0.6m，每亩定植3700株左右，小行距50cm，大行距70cm。栽后浇一次水，2d后再浇一次水。

（6）田间管理　定植后用遮阳网遮光降温，使棚内温度不超过30℃，防止高温危害。缓苗后至坐果前要注意适当蹲苗，中午发现叶片轻度萎蔫时应适当补水。这样可有效控制芽枯病的发生。如遇阴雨，棚内湿度大，昼夜温差小，夜温高，加上光照差，会有徒长现象，可喷洒150mg/L助壮素控制徒长。棚内多采用吊蔓栽培。

采用单干整枝法，留4～5穗果，9月上中旬打顶。及时打杈，剪老叶、黄叶，增加田间通风透光性能。畦面要与吊绳铁丝对应，以备吊蔓。

保花保果。开花期正值6～8月份高温期，不利于授粉、受精，需用对氯苯氧乙酸保花保果。蘸花时间在每天上午无露水时和下午4时以后，避开中午高温期。使用浓度30mg/L，防止产生畸形果。

疏花疏果。在果实长到核桃大小时，果形已经明显。每穗选留健壮、周正的大果3～4个，其他幼果和晚开的花全部摘除，使植株集中养分供养选留的果实，以加速果实的生长膨大。

开花期不要浇水，以免影响坐果。当第一穗果长到核桃大时开始追肥浇水，以后每次浇水都要施肥，每亩冲施氮磷钾复合肥15kg，腐熟鸡粪0.3m³。保护地周围挖排水沟，及时将雨水排走，雨水温度高，应防止流入棚内。注意要在一天中的早、晚浇水，小水勤浇，中午高温期不浇水。

进入 9 月份，气温逐渐降低，适合番茄生长，光照强度降低，应换上新棚膜，增加光照。10 月中旬气温进一步下降，为防止早霜危害，周围拉上棚膜。拉棚膜前一周浇一次水，打一遍药防病。拉上棚膜前放风量要大，以后逐渐减少。秋季昼夜温差大，盖上棚膜后，果面结露时间长，易引起果皮开裂，降低商品性，应及时摘除果实周围的小叶，减少结露。进入 11 月份，当白天气温降至 18℃ 以下时，要及时拉二道幕，四周围草帘。注意夜间保温，否则番茄成熟慢，影响越冬茬蔬菜的种植。

5. 番茄大棚秋延后栽培技术要点

番茄大棚秋延后栽培，生育前期高温多雨，病毒病等病害较重，生育后期温度逐渐下降，又需要防寒保温，防止冻害。由于秋延后大棚番茄品质好，上市期正处于茄果类蔬菜的淡季，市场销售前景好，经济效益高。

（1）品种选择　选择抗病毒能力强、耐高温、耐贮、抗寒的中、早熟品种。

（2）培育壮苗

① 种子处理　先用清水浸种 3～4h，漂出瘪种子，再用 10% 磷酸三钠或 2% 氢氧化钠水溶液浸种 20min 后取出，用清水洗净，浸种催芽 24h。

② 苗床准备　选择两年内没有种过茄果类蔬菜、地势高燥、排水良好的地块作苗床。畦宽 1.2m，耙平整细，铺上已沤制好的营养土 5cm。播前 15d 用 100 倍甲醛液喷洒土壤，密闭 2～3d 后，待 5～7d 药气散尽后播种。播前浇足底水。

③ 适时播种　应根据当地早霜来临时间确定播期，不宜过早过迟，过早正值高温季节，易诱发病毒病，过迟则由于气温下降，果实不能正常成熟，一般在 7 月中旬播种为宜。每亩栽培田用种 40～50g。

④ 苗床管理　播种后，在苗床上覆盖银灰色的遮阳网，出苗后每隔 7d 喷施 40% 乐果乳油 800 倍药液防治蚜虫。1～2 片真叶时，趁阴天或傍晚，在覆盖银灰色遮阳网的大棚内排苗，最好排在营养钵中。排苗床要铺放消毒后的营养土，苗距 10cm×10cm，及时浇水。高温季节若幼苗徒长，可从幼苗 2 叶 1 心期开始到第一花序开花前喷 100～150mg/kg 的矮壮素 2 次。

（3）定植

① 整地施肥　选择阳光充足、通风排水良好、两年内没种过茄果类蔬菜的大棚。定植地附近不要栽培秋黄瓜和秋菜豆，因二者易互相感染病毒。对连作地，清茬后应及时深耕晒土，在 6～7 月用水浸泡 7～10d，水干后按每亩施 100～200kg 生石灰与土壤拌匀后作畦，并用地膜全部覆盖，高温消毒。每亩施腐熟有机肥 4000～5000kg，复合肥 30～50kg 或饼肥 200～300kg，深施在定植行的土壤深处。高畦深沟，畦宽 1.1m，棚外沟深 35cm 以上。

② 及时定植　苗龄 25d 左右，3～4 片真叶时，选择阴天或傍晚定植，南方一般在 8 月下旬至 9 月初，北方稍早。及时淋定根水，4～5d 后浇缓苗水。

③ 定植密度　有限生长类型的早熟品种或单株仅留 2 层果穗的品种，每亩栽 5000～5500 株；单株留 3 层果穗的无限生长类型的中熟品种，每亩栽 4500 株。每畦种两行，株距 15～25cm。苗要栽深一些。

（4）田间管理

① 遮阴防雨　定植后，在大棚上盖上银灰色的遮阳网，早揭晚盖，盖了棚膜的应

将大棚四周塑料薄膜全部掀开，棚内温度白天不高于30℃，夜间不高于20℃。有条件的最好畦面盖草降低地温。

② 肥水管理　在施足基肥的前提下，定植后至坐果前应控制浇水，土壤不过干不浇水，看苗追肥，除植株明显表现缺肥外，一般情况下只施一次清淡的粪水作"催苗肥"，严禁重施氮肥。果实长至直径3cm大小时，若肥水不足，应重施一次30%的腐熟人粪水。采收后看苗及时追肥。追肥最好在晴天下午，可叶面喷施0.2%～0.5%的磷酸二氢钾＋0.2%的尿素混合液。灌水时不要漫过畦面，最好不要大水漫灌，灌水宜在下午进行，若能采用滴灌和棚顶微喷则更好，秋涝时应及时排水。

③ 保花保果　开花坐果正值高温，易落花落果，可用10mg/kg的2,4-滴或20～25mg/kg的对氯苯氧乙酸蘸花或喷花，每朵花蘸一次，每花序喷一次。坐果后，每穗果留3～4个果后其余疏去。

④ 植株调整　定植成活后，结合浇水用300mg/kg矮壮素浇根2～3次防徒长，每次间隔15d左右。边生长边搭架，防倒伏。发现病株要及时拔除，发病处要用生石灰消毒。及时摘除植株下部的老叶、病叶。采用单干整枝，如密度不足5000株，可保留第一花序下的第一侧枝，坐住一果以后，在其果穗上留1～2叶摘除。侧芽3.3～6.7cm长时及时抹除。主枝坐住2～3穗果后，在最上一穗果上留2～3叶后摘心。

⑤ 保温防冻　当外界气温下降到15℃以下时，夜间及时盖棚保温，白天适当通风，11月上中旬要套小棚，12月以后遇寒潮还要加二道膜或草帘，保持棚内白天温度20℃，夜间10℃以上。棚内气温低于5℃时，及时采收、贮藏。

6. 番茄冬春"四膜"覆盖促早栽培技术要点

在冬春季节利用大中棚设施进行番茄生产，采用"四膜"覆盖（即棚外膜＋棚内膜＋小拱棚＋地膜）栽培，极低气温时加盖草帘，棚温可以增加13℃左右，当外界温度在−5℃时，小拱棚内的温度仍可保持8℃，有非常明显的保温防冻效果。番茄3月底开始上市，较通常设施生产可提早上市10～15d。

（1）品种选择　选择耐低温弱光、早熟、高产、优质的品种，如金棚一号、金棚M8、马菲特、西粉3号、佳粉等。

（2）播种育苗　11月上旬采用温室内套小拱棚电热温床育苗。种子采用温汤浸种催芽。选用50孔穴盘育苗。

（3）扣棚整地　番茄促早栽培应于10月底开始进行大棚的加固、整修和铺膜，在播种工作完成时进行棚内二道膜的架设，整地施肥起垄后铺设滴灌带，然后铺地膜，定植后架设小拱棚，在极端气候时还应在小拱棚上加盖草帘，保温降湿。

整地前一周进行大棚消毒处理，每亩用硫黄3kg，锯末6kg，分10堆点燃熏蒸10～12h，再打开棚膜放风3d。

基肥以有机肥为主，翻耕前每亩施腐熟有机肥4500kg、复合肥50kg、钙肥30kg，深翻混匀后耙平，按1.2m宽包沟开厢作高畦，8m宽大棚作6畦，12m宽大棚作10畦待用。

（4）定植　12月中旬，当苗高达15cm，具6片真叶，第1花穗初现，苗龄45d左右时选晴天定植。每畦定苗2行，株距35～40cm，每亩定植2800株左右。定植后及时浇足定根水，并用干细土封破膜口。

（5）田间管理

① 增温补光　定植后头3d要密闭大棚，提高棚温，以利缓苗。若棚内温度超过

33℃，应适当放风；若棚温降至 28℃，则应封闭棚膜。缓苗后白天保持在 22～28℃，夜间保持在 15～18℃。若遇极端低温时，及时加盖草帘，以利保温。

为增加棚内光照，薄膜要选用新的无滴膜，晴天及时揭帘；若遇长期阴雨天气，还应加挂反光幕，在棚内加白炽灯等临时加热设备增温补光。

② 湿度调控　湿度的调节主要靠通风来控制。低温时期以保温为主、降湿为辅，应晚通风、早闭棚。揭膜时应在背风面进行，揭膜时也应先开小口，拱棚膜先揭半边，待拱棚内温度与二道膜内温度平衡时再揭开拱棚膜。棚温过高时才通过迎面通风或延长通风时间来调节，也可通过调节土壤湿度来控制空气湿度，而土壤湿度可通过补水或中耕来调节。

③ 整枝吊蔓　采用单干整枝，主干留 4 穗果后摘心。幼苗期和营养生长期整枝时间视天气和植株长势确定。阴雨天尽量不整枝；气温高、植株长势过旺时先保留底部 2～3 个侧枝，离第一花穗较近的侧枝去除；进入结果期后去除所有侧枝和底部黄化老叶。当植株高约 35cm 时吊蔓，随着植株生长及时绕蔓上架。

④ 保花保果　植株开花时用 10～15mg/L 的 2,4-滴点涂花柄或用 20～25mg/L 的番茄灵喷花。第 1 穗选留 3 个果，第 2 穗选留 4 个果，第 3～4 穗选留 5～6 个果形好、大小一致的果，其余的及早去除。

⑤ 水肥管理　幼苗期适当控制肥水，追肥以氮肥为主；营养生长期小水小肥，追肥以氮肥、钾肥为主；结果盛期根系吸水肥能力下降，此时应加强叶面补肥，5～7d 一次，连喷 2～3 次，有利于延缓植株衰老，延长采收期。

⑥ 病虫害防治　主要病害有猝倒病、根腐病、疫病、灰霉病等，主要害虫有烟粉虱、蚜虫等，应及时防治。

(6) 采收　当果实膨大至转白期，可用毛笔蘸取 40％乙烯利 100～200 倍液，点在果柄以上的花穗分枝梗上，促进提早成熟和着色，增加单果质量。

7. 香蕉番茄的栽培技术要点

香蕉番茄是指果形长圆形、椭圆形及洋梨形等一类的特色番茄，以观赏、生食、菜肴点缀为主，丰富了番茄市场，具有较好的应用前景。

(1) 栽培季节　春季栽培 11 月至翌年 1 月播种育苗，3 月中旬后大棚定植，4 月上旬露地定植；秋季栽培 7 月上中旬播种育苗，8 月上中旬定植，10～12 月采收。

(2) 育苗　播种前种子先用 55℃温水浸种 15min，用湿纱布包好，置 25～30℃下催芽，大部分种子露白后播种。穴盘或营养钵育苗，床土按大田土、优质厩肥 7:3 的比例配制，过筛后 1m³ 床土中加氮磷钾三元复合肥 1.5kg，草木灰 10kg，混匀后填入苗床或营养钵备播。每钵播种 1～2 粒，播后覆土 1.5cm。出苗前床温白天 28～30℃，夜间 18～20℃，出苗后苗床保持昼温 26℃左右，夜温 12～15℃。2～3 片真叶时分苗，苗高 18～25cm，茎粗 0.5cm 左右，5～7 片叶时大田定植或上盆。

(3) 定植　选土层深厚，有机质含量丰富的壤土。定植前每亩施优质有机肥 5000kg，过磷酸钙 100kg，硫酸钾 30kg，耕翻、耙平，按 70cm×50cm 的大小行起垄。选晴天上午定植，株距 28cm，浇定根水。

(4) 盆栽　上盆用 20～25cm 的塑料盆，盆土用园土、堆厩肥、河沙以 4:4:2 配制而成，每盆加三元复合肥 5～10g，磷酸二铵 4～5g，硫酸锌和硼砂各 0.5g，生石灰 1g。每盆栽一株，将 4～5 盆摆放在 1m 宽的畦上，步道 30cm，浇足定根水。栽培床用小高床，宽行距 70cm，窄行距 50cm，株距 45cm，定植前每亩施入腐熟鸡粪 2000～

3000kg，草木灰 100kg，过磷酸钙 120kg，复合肥 70～80kg，生石灰 100kg。

(5) 管理

① 保温追肥　大棚栽培，定植后温度保持白天 28～30℃，夜间不低于 10℃。当第一穗坐住后可追施一次氮钾肥。盆栽每盆用氮钾复合肥 5～10g，大田每亩 15～20kg，以后每坐住一穗果后浇水追肥一次，一般用氮磷钾三元复合肥。结果盛期，每隔 15d 喷施 0.2%磷酸二氢钾及 0.3%尿素液。

② 植株调整　单干整枝，以主蔓结果为主，其余侧蔓全部摘除，每层果绑蔓一次。大拱棚内可采用支架栽培，露地种植采用无支架栽培，主茎留 2～3 穗后打顶。

③ 保花保果　定植后开花前，用矮丰素 1000 倍液浇灌，每株 200～250mL，促进开花结果，在花初展时用 15～20mg/kg 的 2,4-滴或 25～30mg/kg 对氯苯氧乙酸蘸花或涂抹花柄。

(6) 病虫害防治　晚疫病可采用 50%烯酰吗啉可湿性粉剂 1500～2000 倍液，或 72.2%霜霉威水剂 800 倍液防治。灰霉病可用 50%多·霉威可湿性粉剂 1000～1500 倍液喷雾，或 6.5%硫菌·霉威粉尘 1kg/亩喷粉防治。病毒病用 20%盐酸吗啉胍·铜可湿性粉剂 500 倍液喷雾防治。

(7) 采收　当果实呈鲜红亮泽或金黄色时，分期分批采收。

8. 珍珠番茄栽培技术要点

珍珠番茄（彩图 1-107）又名长寿果、圣女果等，色泽鲜艳，营养丰富，味道甜美，果小玲珑，果肉脆嫩，糖度高，每穗结果 7～15 个，全株 20～30 穗，像挂满全株的珍珠，具有润肺、提神、解暑、养颜美容等功效，既可作花卉观赏，又可当水果品尝，因而近年来栽培越来越广泛。

(1) 育苗　春播 12 月初浸种催芽后播于棚室，当幼苗长到 2 叶 1 心时塑料钵分苗，白天保持温度 20～25℃，夜间不低于 10℃，不高于 35℃，春播苗龄 60d。

夏秋 8 月上中旬至 9 月中下旬播种，10 月中下旬至 11 月底采收，夏秋播 30～40d，5～6 片真叶，待第一花序现蕾后定植或入盆栽培。

(2) 定植　大田栽培宜选土层深厚、疏松、富含有机质、排灌两便的田块，前作最好是水稻田，有条件的可采用基质栽培。定植前每亩施腐熟堆厩肥 1000kg、复合肥 50kg、过磷酸钙 50kg、硫酸钾 10kg，整地作高畦，畦宽 1.5m，株距 50cm，双行单株栽植。

(3) 盆栽　选直径 20～30cm 的白色塑料花盆，可当花卉栽培。盆土用园土、堆厩肥、过筛炉灰渣、沙以 4:4:1:1 配制，每盆加少量化肥，按 $1m^3$ 营养土加磷酸二铵 0.8kg、硫酸钾 0.5kg 拌匀。花盆每 3 行摆成一畦，走道留 40cm，每盆栽一株，用地膜覆盖花盆，走道上用旧农膜覆盖。栽后一周，春播以防寒保温为主，用薄膜加草帘多层覆盖；秋播以遮阴降温为主，可盖遮阳网和防雨棚，白天保持 20～25℃，夜温 10～15℃，出棚前炼苗。

(4) 管理

① 施肥　大田每亩施尿素 15～20kg、硫酸钾 10kg，或复合肥 25kg，以后每隔 10～15d 追肥一次，每亩施复合肥 15kg。结果盛期重施肥，每隔 2 周施复合肥 20kg。为防止早衰，每隔 10～15d 还可喷一次 1%的磷酸二氢钾，保持湿润，防止忽干忽湿。

② 植株调整　当株高约 35cm 时，及时插竹竿、绑蔓，双干整枝，即除留主干外，还留第一花序下的第一个侧芽，其余长出来的侧芽及时抹去，同时，应及时修剪老叶和

结果采收后的老果枝，整枝修剪应在晴天进行。

③ 保花保果　可用 2,4-滴或对氯苯氧乙酸涂柄或喷花序，防止落花。

④ 遮阴　夏、秋高温季节，要注意棚外遮阳降温。盆栽的，上盆成活后一周施一次提苗肥，每盆施尿素 5g，每亩 5kg，在坐果后及第二、三穗果膨大时各施一次促果肥，每次每盆用磷酸二铵 5g，随水浇入盆内。盆土表面不干燥不浇水，但在果实迅速膨大期，对水分要求增大，结果盛期一般 3～5d 浇一次透水。水分管理上以见干见湿为好，每次浇水量不宜大，以湿润盆土为度。整枝时外面包上棕皮可增加观赏性。

9. 樱桃番茄栽培技术要点

樱桃番茄（彩图 1-108）食用范围广（蔬菜、水果兼用）、栽培方式多样（庭院栽培与专业种植均可）、抗逆性较强，形状多样、颜色多彩、营养丰富、栽培范围大、栽培简单、效益较高。近几年种植面积不断扩大。

（1）播种育苗　采用塑料大棚春茬栽培，11 月上中旬至 12 月上旬播种，2 月中下旬定植；秋茬栽培，6 月下旬至 7 月上旬播种，7 月中旬至 7 月下旬定植。还可进行春露地栽培和冷凉地越夏栽培。种子采用温汤浸种后，于 25～28℃下催芽，露胚后播种，用营养钵或塑料穴盘育苗最好。点播，每穴 2～3 粒。2 叶 1 心时分苗，每穴留一株壮苗。

（2）施肥定植　每亩施有机肥 5000kg 以上，作宽 1.4～1.6m（包沟）的高畦，按行距 70～80cm、株距 30～40cm，每畦两行，选晴天定植。

（3）田间管理

① 缓苗　定植后 5～7d，适当高温促缓苗，以后以白天 25～28℃、夜间 10～15℃为宜，开花后适当提温，结果期降低夜温。

② 浇水　定植成活后，灌水不宜过多，以保持畦土湿润稍干为宜，第一穗果实膨大期要浇一次催果水，以后视情况浇水，以小水勤浇为宜。

③ 追肥　在第一次果穗开始膨大时开始追肥，每亩开穴施有机肥 200kg，或随水冲施复合肥 20kg，以后每隔 15d 左右追肥一次。生长期间每隔 7～10d 叶面喷施磷酸二氢钾等有利增产。

④ 植株调整　单干整枝，株高达 25cm 时，用银灰色塑料绳吊蔓固定植株，及时去除侧枝和下部黄叶、老叶。

⑤ 其他管理　保护地种植冬、春季采取保温增温措施，夏、秋季采取多项措施降温，开花结果期以白天 23～30℃、夜间 12～15℃为宜。保护地采用二氧化碳施肥可增产，采用人工辅助授粉可提高结实率。

10. 番茄套袋栽培技术要点

番茄套袋栽培是近几年来无公害蔬菜生产上兴起的一项保护性生产技术，可有效防止蔬菜生产中喷施农药污染果实，减轻灰霉、煤霉等病害的侵染，防止蛀果（污果）害虫、蚜虫、白粉虱等的排泄物污染果面，对发展无公害蔬菜生产具有积极的作用。

（1）番茄套袋的好处　番茄套袋技术简单，可操作性强，采用套袋技术的同时，能有效地防治金龟子和棉铃虫的为害，并能预防脐腐病、早疫病、晚疫病等果实病害，避免烂果、裂果，病虫危害轻、农药用量和次数少，避免了果实与农药的直接接触。可以促进番茄果实早红，提早成熟 5～7d，避免用化学药剂催红果实所造成的化学污染。薄膜袋不仅不影响果实生长发育，还能起到促进生长作用，增加前期产量和总产量，使果实着色均匀，颜色鲜艳，光泽度好，口感和风味佳，果实商品性好，市场价格高。

（2）番茄套袋操作技术

① 袋子选择　番茄套袋应根据不同品种果型大小和留果多少，选用20cm×30cm或30cm×35cm、透光率高、耐湿性强的白色普通纸袋，或采用规格为16cm×19cm、厚0.08mm的无色透明聚乙烯袋。也可以使用厚0.008mm的超薄可降解薄膜袋，或利用苹果的包装袋作为番茄的套袋。

② 套袋前准备　套袋前要疏除裂果、病果、畸形果，每穗疏果后留3～5果。并对果实用甲基硫菌灵、多菌灵、恶霜灵等保护性、广谱性防病药剂处理，以起到杀菌、防病、净化果实表面的作用。

③ 套袋时间　在番茄开花授粉后，幼果直径为1～1.5cm时套袋为宜，套袋早影响授粉，套袋晚达不到防病虫的效果。一般套袋时间宜在晴天的上午露水干后的8～11时和下午2～5时，避开中午高温期。

④ 套袋方法　套袋时要选择无病、无斑、无虫的果实套袋，套袋前一定要使纸袋子湿润柔韧。套袋时，撑开袋口，将果穗放入袋内，套袋过程中尽量让幼果在袋子内悬空，使果袋鼓起，以免碰损果面及果柄。然后将纸袋上端集聚并用线绳绕果柄一周扎好或用橡皮筋（具有一定的松紧度可随果柄的增长而扩大）扎好，但不要太紧，否则会影响果柄的横向生长。大型果每袋只套一个，樱桃番茄等小果可套一串。

⑤ 套袋后管理　番茄果实套袋后，植株管理按正常栽培管理进行，应注意观察所套果实的长势，发现有破损的和在袋内受到病菌侵染的果实，要及时摘除和销毁。套袋番茄在套内自然着色，可从袋外观察其着色程度，当果面着色80%～90%，轻轻摘下纸袋，将成熟的单果摘下，然后再将袋套好，待最后一个单果成熟后，取下纸袋，可重复利用。也可在果实采摘后带薄膜袋形成小包装直接上市，价格更高。

五、番茄生产关键技术要点

1. 番茄配方施肥技术要领

（1）需肥规律　生产5000kg番茄果实需从土壤中吸收氮17kg、磷5kg、钾26kg。

（2）营养土配制

① 播种床土　肥沃菜园土6份，腐熟有机肥3份，砻糠灰1份，再加入0.1%（质量比）的进口复合肥，忌用尿素。园土黏性较大时，可加适量细砂。

② 移苗床土　肥沃园土2/3，腐熟有机肥1/3，每立方米床土加硫酸铵0.3～0.4kg，过磷酸钙2～3kg，适量的草木灰。

床土配好后应在夏季6～7月间经过堆腐，秋季翻堆，再过细筛。苗床应分层填土。在播种床上先铺7cm厚的床土，浇一次透水，水渗下后，再铺一层3cm厚的床土。播种前再在苗床上浇一次小水。播种完后盖1cm左右的细土。

（3）苗期施肥　对早熟、特早熟品种，如果生育后期养分不足，可结合浇水追施腐熟淡粪水，或0.1%～0.2%的尿素，或0.1%磷酸二氢钾。如果是温室内育苗，可以增施二氧化碳。

（4）基肥　一般中等肥力地，每亩施入腐熟农家肥8000kg左右，复合肥40～50kg或过磷酸钙50～75kg、硫酸铵30kg。2/3耕地时施入，1/3施入定植行内。磷肥最好和畜粪及各种有机肥堆沤后使用。

春大棚栽培，基肥一般每亩施腐熟有机肥4000～5000kg，或腐熟鸡粪2000～3000kg，磷酸二铵15～20kg，硫酸钾10kg。

秋季大棚栽培，基肥用量为每亩腐熟有机肥2000kg左右，过磷酸钙15kg。在畦中间沟施过磷酸钙15kg，钾肥15kg，尿素10kg，或复合肥25kg。

(5) 追肥

① 露地追肥　定植后10~15d的发棵期，结合浇水每亩追施人粪尿500kg，或硫酸铵10kg。追肥后立即中耕培土，适当蹲苗。第一穗果开始膨大时第二次追肥，每亩施硫酸铵20kg，过磷酸钙8kg，或人粪尿800kg，草木灰50~80kg（干重），但草木灰不可与含氮的肥料混施。第一穗果采收、第二穗果膨大时第三次追肥，每亩施硫酸铵15~20kg，或人粪尿1000kg。以后每采收一次果实，每亩随水追施速效氮肥10kg左右。

② 大棚追肥　春大棚栽培，定植后一般不施缓苗肥。坐果前控制施肥，当第一穗花开花坐住果后，果实核桃大小时，结合浇水第一次追肥，一般每亩施复合肥或硫酸铵10~15kg。到第一穗果采收、第二穗果膨大、第三穗果坐住时，进行第二次追肥，施复合肥或硫酸铵15~20kg或尿素10kg加硫酸钾10kg。一般只追2次肥即可。

秋大棚栽培，第一穗果坐住，果实核桃大小时，第一次追肥，每亩施用硫酸铵10kg。当第二穗果膨大时，第二次追肥，每亩施硫酸铵10~15kg，磷酸二铵10kg，硫酸钾10kg。第三穗果膨大时，第三次追肥，施硫酸铵10~15kg。

(6) 叶面施肥　当植株表现缺肥症状时，可喷施0.2%的磷酸二氢钾。出现番茄脐腐病，喷施0.5%的氯化钙溶液。苗期生育后期养分不足，可叶面喷施0.1%~0.2%的尿素。喷磷时，一般使用过磷酸钙浸出液，方法是1.5kg过磷酸钙，加水5kg（要求50℃左右的热水），不断搅动，放一昼夜后，取上层澄清液，再加水50kg，即成3%的过磷酸钙浸出液。喷洒时要求叶面、叶背都要喷到，最好在傍晚进行。保护地叶面施肥浓度低于露地。喷洒次数和间隔期与缺素种类和程度有关，移动性差的元素间隔期短，喷洒次数相对较多。保护地番茄成株期叶面施肥种类和适宜浓度见表1-17。

表1-17　保护地番茄成株期叶面施肥种类和适宜浓度

肥料名称	适用浓度/%	注意事项	肥料名称	适用浓度/%	注意事项
过磷酸钙	1~1.5	浸泡24h后去残渣,用上清液喷洒全株叶面	硫酸亚铁	0.2~0.5	
			氯化钙	0.5	
硫酸钾	0.2~0.4		草木灰	2~3	浸泡后去残渣,喷洒全株,不能与氮肥同时施用
硝酸钾	0.5~1.0				
硫酸铜	0.02~0.03		磷酸二氢钾	0.2~0.4	
硫酸锰	0.1				
硫酸锌	0.2~0.3		尿素	0.2~0.4	
硼砂	0.3~0.5				
钼酸铵	0.02~0.05				

(7) 保护地二氧化碳施用　二氧化碳浓度达到0.08%~0.15%时，产量最高。生产上常用硫酸与碳酸氢铵反应释放出二氧化碳。每亩大棚用4~5个塑料桶，吊在棚架上，桶口高出植株50cm左右（二氧化碳较空气重，易下沉）。桶内先放6cm深清水，每日将碳酸氢铵和硫酸平均加入各桶中，倒时注意安全，倒入后搅拌。不同浓度二氧化碳条件下，碳酸氢铵和硫酸的用量见表1-18。桶上残液要经常清除。该法操作简便，成本低，原料来源广，效益较高。

表 1-18　温室二氧化碳浓度和碳酸氢铵、硫酸的用量

碳酸氢铵亩用量/kg	硫酸亩用量/kg	二氧化碳释放量/kg	二氧化碳浓度/(μL/L)
1.8	1.15	1.05	500
2.88	1.84	1.68	800
3.6	2.30	2.09	1000
5.4	3.45	3.14	1500

2. 番茄植株调整技术要领

植株调整可使群体透光好，提高光能利用率，从而提高单位面积的产量，平衡茎生长与果实生长，利于果实膨大并提高产品质量。

（1）支架绑蔓　番茄多蔓生，需搭架栽培。将番茄绑缚在架杆上，向上生长，群体通风透光好，有利于提高番茄的产量和质量。一般在第一穗花开放时，就应该搭架。搭架的方式有多种，每一种都要求架材必须结实耐用，经得起风雨，架内要有足够的空间，防止拥挤、郁闭。按照栽培方式可分为高架与矮架 2 种。高架多采用人字架形（彩图 1-109）和篱笆架形，矮架多采用单干支柱、三角架、四角架或六角架等。人字架形、篱笆架形和六角架形具有较强的抗风能力，可减少土壤水分的蒸发。搭架时期应在浇过缓苗水后，趁墒插架，多风地区还应更早一些，防止大风甩断幼苗。架杆与定植平行，距离植株 10cm 左右，插匀，保证绑蔓后植株疏密均匀。架杆与植株间的距离过近易伤根，过远时不能及时绑蔓。

搭架后，进入开花期进行第一次绑蔓，以后在每穗果处都要绑一道蔓。绑在花穗之下，起到支撑果穗的作用。在温度较低、光照强度小的地区或时节，绑蔓时可使果穗的方向朝向架的外侧，有利于果实的正常发育和减少果实表面结露引起病害或裂果，也便于以后进行蘸花和摘果。否则，果穗应朝向架的内侧，可防日灼，甚至轻微的雹灾。绑蔓时要把茎蔓与架材绑牢，防止绳结脱落，注意绑绳不可过紧，以能插进手指为宜，为茎以后生长留有余地，否则茎长粗时会受伤。可采用"8"字形绑缚的方式。如果植株徒长，可将蔓绑紧些，可抑制其生长。

（2）整枝　番茄主茎长到一定叶数后，每个叶腋间都可生出侧芽（枝），以后侧枝上每个叶腋间又可生出二级侧枝，二级侧枝上还可生出三级侧枝，如果放任生长，就不可能良好地开花结果，获得高产。所以，只能选留一条或几条壮枝开花结果，而把其余的侧枝、腋芽都除掉，这就是整枝打杈。整枝的形式依栽培要求和品种类型而异，进行早熟栽培时，自封顶类型番茄和无限生长类型番茄均采用单干整枝，自封顶品种进行高产栽培和无限生长番茄幼苗短缺稀植时可用双干整枝、改良式单干整枝或换头整枝等，见图 1-9。

① 单干整枝　番茄最基本的整枝形式是单干整枝，即只留 1 条主茎结果，其余侧枝、侧芽都除掉，主干也在具有一定果穗数时摘心（即打尖）。果穗也要适当疏掉，根据不同的品种，留的果穗数不一，例如一般大果型品种每穗应留 3～4 个果，中果型品种每穗应留 4～5 个果，小果型品种每穗可留 5 个以上。

这种整枝方式的好处是植株养分集中，开花结果较早，第一穗果成熟早、上市早，适于密植、早熟栽培或生长季节较短的地区采用。缺点是在大棚中随植株上长，结果部位上移，当第八至第十花序开放时株高已达 2.5m，触及棚膜，不便管理，每亩用苗数多，用种量较大。单干整枝法可在留 4～8 穗果实后，在最后一穗果上面留 2 片叶留心。

② 双干整枝　在单干整枝的基础上，除留主干外，再留一条侧枝作为第二主干结

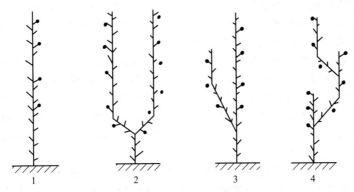

图 1-9　番茄整枝示意图
1—单干式；2—双干式；3——干半式；4—换头式

果枝，故称"双干"。将其他侧枝及双干上的再生枝全部摘除。第二主干一般应选留第一花序下的第一侧枝。双干整枝的双干管理即所留第二个结果枝的管理，分别与单干整枝法的管理相同。

这种整枝方式具有根群发达，生长势旺，栽培株数少，省苗、省工等特点，可以增加单株结果数，提高单株产量，但早期产量和总产量以及单果重量均不及单干整枝。这种整枝方式适用于土壤肥力水平较高的地块和植株生长势较强的品种，双干整枝用种量可比单干整枝减少一半。

③ 改良式单干整枝　又称一干半整枝法。对主干单干式整枝的同时，保留第一花序下面的第一个侧枝，待其结1～2穗果后留2片叶摘心。

该整枝法兼有单干整枝法和双干整枝法的优点。

④ 连续摘心整枝　当主干第二花序开花后留2片叶摘心，留下紧靠第一花序下面的1个侧枝，其余侧枝全部摘除，第一侧枝第二花序开花后用同样的方法摘心，留下1个侧枝，如此摘心5次，共留5个结果枝，可结10穗果。每次摘心后，要扭枝，使果枝向外开张80°～90°角，以后随着果实膨大、重量增加，结果枝逐渐下沉。

通过多次摘心和人为的扭枝可降低植株高度，有利于养分的集中运输，但扭枝后植株开张度大，需减少密度，靠单株果穗多、果实大来增加产量。

⑤ 换头整枝　即主干结3～4穗果后，上留2～3片叶打顶，当上部花序坐稳后选留上部一强壮侧枝代替主枝继续结果，侧枝留足果穗数后再进行打顶，如此反复。一般换2次头，结1次秧，结9～12穗果实。

⑥ 结果枝一边倒法　这是一种新型的整枝方式，该法通过连续摘心换头的方法培育5个结果枝，并将这5个结果枝分别吊到植株的北面。其整枝方式与连续摘心换心方式相似，当番茄长出第一花穗和第二花穗时，在第二花穗上方留2片叶摘心，作为第一结果枝；第一结果枝的第一花穗下面的第一侧枝作为第二结果枝，同样方法，在第二结果枝的第一花穗下的第一侧枝保留为第三结果枝，第三结果枝的第一花穗的第一侧枝保留为第四结果枝，第四结果枝的第一花穗下的第一侧枝保留为第五结果枝。这五个结果枝与地面的夹角保持为30°～45°，这样便于其充分利用光照，提高产量，是一种新型的效益较好的整枝方式，生产上值得大力推广。

（3）打杈　番茄侧芽的萌发力很强，除应保留的侧枝以外，其余侧枝应全部摘除。

打杈应掌握适宜时期。第一次打杈不宜过早，应待侧枝长到8～10cm时开始分期分批去除，因为刚定植的植株根系比较小，打杈过早会影响根系发育；过晚则消耗养分，影响第一花序坐果、主枝的生长和果实发育。以后打杈，原则上见杈就打，但对有些生长势弱，或叶片数量少的品种，应待侧枝长到3～6cm长时，分期、分批摘除，必要时在侧枝上留1～2片叶摘心。自封顶品种封顶后，上部叶量少，顶部所发侧枝可摘花留心，以加大叶片同化面积，促进果实生长，同时为果实遮阴，防止日灼等。同时在整枝打杈时，要注意手和剪枝工具的消毒处理，以免传染病害。当发现有病毒病病株时，应先进行无病株的整枝打杈，以后进行病株的整理，尤其要注意手和工具的消毒。消毒可用75％的酒精溶液。

（4）摘叶 摘叶就是在作物生长中后期将一部分叶片（通常是病叶、黄叶、老龄叶）摘除。作物的叶片要经过幼龄期、壮龄期和老龄期。幼龄期需要得到营养，壮龄期主要是光合作用制造营养，而到了老龄期则主要是消耗营养，而且老龄叶抗性下降，很易被病害侵染，所以老龄期的叶片应及时摘除。摘叶不仅可减轻植株负担，减少染病条件，而且可减少遮光，增强通风。摘叶时，一般需到第一果穗（成熟）全部收完后，才将其下部的叶片全部摘除，以后随着上位果穗（成熟）的收获，逐步分次摘叶，不可过早或过迟。此外，还应根据叶片生育状况，病叶、黄叶可适当早摘，绿叶、壮叶可适当迟摘。

（5）摘心 也叫打顶，是植株长到一定叶数后，摘去茎蔓顶端生长芽。摘心不仅可调整植株姿态，截留茎蔓养分，而且还可促进新芽新枝生长。所以，摘心可用于两种情况，一是当坐果达到一定的节位后进行摘顶，以截留养分向果实转移。通常春露地番茄留果4～6穗，摘心时间在拉秧前50d左右。二是需要培养新芽新枝时剪除该茎枝的顶端。自封顶类型的番茄长至2～3个果穗后即自行封顶，故不必摘心。无限生长类型的品种在留足果穗数后上留2片叶左右摘心（见图1-10），以利供应果实养分并保护该果不被日光灼伤。

图 1-10 番茄摘心示意图

（6）疏花疏果 一般自封顶类型的品种和部分无限生长类型品种成花量大、结果数多，叶片不能制造足够的养分使每个果实都能长成一定大小的商品果，应适当疏去一部分。具体疏多疏少要根据秧苗的生长势而定，弱者多疏少留，强者少疏多留。以疏去花和小果为主，留形状好的果。一般第一穗少留，每穗留3个左右，第二穗以后，每穗留4个果左右，保证果实生长迅速且整齐一致，提高商品果率。

3. 番茄徒长（疯秧）的发生原因与防止措施

植株进入开花结果期后，茎叶生长过旺而徒长，引起落花落果、坐不住果的现象，叫番茄徒长，又叫疯秧。

（1）发生原因 由于在冬季育苗时遇低温弱光照，幼苗形成的花芽质量低，易落花落果。定植缓苗后至第一穗果实坐住前，过早地追肥浇水，坐不住果。保护地内偏施氮肥，浇水过多，加上夜间温度偏高等，易诱发植株徒长。一般中晚熟品种易徒长。连续阴雨天气、下雨多造成土壤过湿，光照不足，定植过密，或通风透气不良，易徒长。未及时整枝打杈、点花保果，也易造成徒长与坐不住果。

（2）预防措施

① 培育壮苗 合理配制各类营养均衡的育苗土，进入幼苗花芽分化阶段后，采取多种措施保温增加光照，维持每日适宜的昼夜温差和日照时数，促进花芽正常分化，培育适龄壮苗。

② 控制苗龄，及时定植 严格控制苗龄，如一般早熟番茄品种的苗龄宜80d左右，中晚熟品种宜90～100d；秋番茄苗龄宜25d左右。

③ 早作定植准备 在定植前10～30d做好整地、施基肥、覆盖大棚顶膜和裙边、大棚四周开沟排水等，使秧苗定植时棚内湿度较低，温度较高，有利于缓苗。

④ 及时放底风 对保护地栽培的番茄，植株缓苗后，在保持一定温度下，要大胆放风，降低棚内湿度。一开始开花坐果，就要下裙膜放底风。夜间外界最低温不低于15℃时，昼夜都要通风。进入炎夏高温季节，可将塑料薄膜撤除，如同露地栽培。

⑤ 控制肥水 采用测土施肥技术，合理施用氮肥，控制氮肥用量，采用深沟高畦栽培，促进根系生长。浇足定植水，以浸湿苗坨及附近土壤即可，定植水过大，影响扎根。浇好缓苗水后，控制浇水蹲苗，并中耕松土5次左右，深度在3～5cm，靠近番茄根部适当浅些。维持适宜的昼夜温差，促进幼苗扎根和花芽正常分化。如底肥水充足，一般在开花坐果前不要施肥水，特别是采用了地膜覆盖的。在坐稳果后，才开始视情况适量追施肥水。酌情使用二氧化碳施肥技术。

⑥ 防病 在定植缓苗后，每隔15d左右用等量式波尔多液或77%氢氧化铜可湿性粉剂500～700倍液喷雾植株，能控制植株营养生长，提高植株抗病性。

⑦ 药液保花保果 适时适量整枝打叶、搭架，使通风透气良好，并用对氯苯氧乙酸等生长调节剂喷花促进坐果，抑制过度营养生长。药液浓度宜掌握在20～50mg/kg，气温低时适当偏高，反之应适当降低，否则会出现畸形果现象。处理时期以每一花序上有3～4朵花盛开时最适宜，每朵花处理一次即可，一般4～5d处理一次，可用毛笔点涂，或用小型手提喷雾器对准花朵喷射。以喷湿为度，并尽量避免将药液溅到嫩叶上，否则嫩叶会出现叶柄、叶片增厚，先向下卷曲再向上生长的现象。

（3）补救措施 若有徒长现象时，可对症采取控水或降温措施。或在绑蔓时，适当加大捆绑力度或适当推迟采收时间。

对樱桃番茄徒长，在植株高40cm左右，将植株下部20～30cm的茎蔓直接压倒，用土固定。或在用植物生长调节剂处理第三、第四穗花朵时，将上部20cm的茎蔓弯曲或者压倒，可调节植株生长，保持同一高度，也便于管理。

在秋冬茬徒长苗有6～8片真叶时，在主茎第一节间部位下（注意避开节痕），用1根铜丝（普通电线中的铜芯）对折绕茎秆一周并勒紧，随着主茎的生长，铜丝被埋入表皮内。

4. 番茄落花落果的发生原因与防止措施

在早春或高温季节栽培番茄，落花、落果常普遍而严重，有时第一穗花果可能全部脱落，第二穗花果大部分脱落。

（1）落花落果发生原因

① 品种原因　果型大小与落花落果关系密切，一般大果型品种落花落果多，小果型品种落花落果少。

② 秧苗素质差　在番茄育苗期间，由于温度过高（或过低）、光照不足、磷肥缺乏以及管理粗放等缘故，造成秧苗素质差，致使花粉少，雌蕊花柱长或花柱短，这样就因不能正常授粉而引起落花。

③ 气温过高或过低　在番茄开花结果期间，最适宜的气温白天为 22～28℃、夜间 15～18℃，如果白天气温低于 12℃ 或高于 32℃，夜间气温低于 12℃ 或高于 20℃ 时，均不利于授粉受精和开花结果，容易造成落花落果。

④ 土壤和空气湿度过干或过湿　主要是土壤干旱或空气湿度太大，湿度低于 45%，柱头分泌物少，干缩，花粉不发芽；但空气湿度超过 75%，花药不开裂，花粉不能散出，也不能授粉结实，果柄处形成离层，造成落花。土壤过于干旱，使植株生长量减少，甚至停止，花粉失水，引起落花或落果。

⑤ 光照不足　如果遇到长时间的阴雨天气，或栽培密度过大，田间郁蔽，透光不良，会使光合作用减弱，植株营养状况恶化，花朵生长发育不良，直接或间接地影响花朵和果实的正常发育，从而引起落花落果。

⑥ 营养不平衡　定植时伤根过多，低温缓苗慢，氮肥不足，或整枝打杈不及时，以及偏施氮肥，造成植株徒长，营养生长抑制生殖生长，花器不发达，会引起落花落果。当下层果穗坐果较好，由于追肥不及时，花果间营养竞争失调，上层花朵养分供应不足，造成"瞎花"或脱落。

⑦ 病害　越冬和早春茬番茄灰霉病、菌核病、晚疫病等和夏秋茬番茄的病毒病，会破坏叶片的光合作用或减少光合产物，使植株因营养供应失调而造成落花落果。

⑧ 药害影响　不正确的使用激素或农药，植株不同程度地受到药害后，也会造成落花落果。

（2）防止措施

① 培育壮苗　加强苗期管理，在幼苗花芽分化期间掌握适宜的温度、水分、营养、光照等，培育壮苗、大苗，避免形成徒长苗和老化苗。分苗和定植时减少伤根。

② 改善温湿条件　春季防低温，夏秋季采用遮阳网降温，在傍晚浇水降温，保持地面干爽，高温时叶面喷水雾以降温护花保果。喷施光合微肥，提高对强光、高温的忍耐能力。

③ 保证营养供应　增施有机肥，提高地温，保证土壤养分平衡供给。中、后叶面喷施 0.2%～0.3% 的磷酸二氢钾。对有明显缺肥早衰症状的，要及时补施速效性肥料。叶面喷施硼、锌、钙营养液，促使花粉管伸长；喷施米醋与葡萄糖液，可提高抗寒能力，米醋浓度为 100～300 倍液，葡萄糖浓度为 100 倍液。

④ 加强授粉　可使用对氯苯氧乙酸（彩图 1-110）和 2,4-滴。

对氯苯氧乙酸的使用浓度为 20～40mg/kg，一般喷、浸蘸花朵用 25～30mg/kg，蘸花梗用 30～35mg/kg，春季防低温落花用 35～40mg/kg，夏季防高温落花用 25mg/kg。

2,4-滴使用浓度为 10～20mg/kg，高温季节浸花或喷花浓度稍低，反之稍高，但易产生药害，形成畸形果，生产上不提倡使用。

最好采用振动授粉，即利用手持（带电池）振动器或采用人工振荡的方法，在晴天上午对已开放的花朵进行振动，促使花粉散出，落在柱头上授粉、受精。还可采用熊蜂辅助授粉的方法，来提高坐果率，这样果实内有种子，比用激素处理的番茄果实品质好。

⑤ 改善光照　使用无滴膜，要保持膜的清洁度，增加透光率；在不影响室温的阴天，揭开草苫让植株多接受散射光。也可在后墙挂反光膜，可明显提高棚室内北半部的光照量，并有增加地温、气温的效果。有条件的可用白炽灯、荧光灯、高压水银灯、金属卤素物灯等补充光照，由于成本高，只作改善棚室内光照条件的应急措施。叶面喷施生物菌剂或硫酸锌700倍液，以提高花粉粒的活力。

⑥ 加强病虫害防治　及时防治早疫病、叶霉病、灰霉病、溃疡病等病害，使植株叶片能正常进行光合作用，制造养分，促使果实生长。发病初期可用波尔多液进行防治，后期可用70%甲基硫菌灵可湿性粉剂800～1000倍液、75%百菌清可湿性粉剂600倍液喷雾防治。虫害主要有棉铃虫、菜青虫、蚜虫等，可用苏云金杆菌、吡虫啉等喷雾防治。

⑦ 及时采收　及时采收商品果，避免大果与小果争夺养分。

5. 番茄应用植物生长调节剂技术要领

（1）乙烯利　一是抑制徒长。育苗期间由于高温、高湿及移植或定植不及时引起幼苗徒长，在3叶1心、5片真叶时，用300mg/kg的乙烯利喷叶，可控制徒长，使幼苗健壮，叶片增厚，茎秆粗壮，根系发达，抗逆性增强，早期产量增加。浓度不宜过高过低。

二是用于催熟，方法有：

① 涂花梗　在果实白熟时，用300mg/kg的乙烯利涂在花序的倒二节梗上，3～5d可红熟。

② 涂果　用400mg/kg的乙烯利涂在白熟果实花的萼片及其附近果面，提早6～8d红熟。

③ 浸果　将转色期果实采收后放在2000～3000mg/kg的乙烯利溶液中浸泡10～30s，再捞出放在25℃、空气相对湿度为80%～85%的地方催熟，4～6d后即可转红，应及时上市，但催熟的果实不如植株上的鲜艳。

④ 大田喷果　在番茄生长后期，外界条件不适合其生长，加工一次性采收时，用800～1000mg/kg乙烯利，在果实正常成熟前10d喷2次，中间间隔5～7d，只喷果实，不易产生药害，能促使果实转红。

注意要随用随配，使用温度在16～32℃，低于20℃应适当加大浓度。不宜对青熟果使用，应在番茄果实的绿熟期（又称白熟期，指果实顶部发白，整个果实由绿色变为白绿色，果实已充分长足）和变色期（又称转色期，指果实顶部着色约占果实的1/4，果实坚硬，种子基本成熟）使用。植株生长矮小时应慎用。

若使用乙烯利浓度过高，或单果上着药液量过多，或药液滴在叶片上时，易产生乙烯利药害。其药害表现为：受害叶片小而畸形，小叶一般向上扭曲，重者发黄枯死；受害果实果皮薄，果肉软，果实表面出现白晕区，并产生凹陷斑，病斑呈灰褐色或浅褐色，边缘褐色。

（2）赤霉酸　可促进坐果。开花期，10～50mg/kg喷花或蘸花1次，可保花保果，促进果实生长，防空洞果。

（3）多效唑　可防止徒长。番茄苗期徒长时喷施 150mg/kg 多效唑，能控制徒长，促进生殖生长，利于开花坐果，收获期提前，增加早期产量和总产量，早疫病和病毒病的发病率及病情指数明显下降。无限生长型番茄用多效唑处理后，受抑制期短，在定植后不久，就可恢复生长，有利于茎秆变粗壮、抗病性增强。

春番茄育苗中必要时进行应急调控，可在幼苗刚出现徒长，离定植期较近而又必须控苗时，以 40mg/kg 为宜，可适当增加浓度，以 75mg/kg 为宜。多效唑在一定浓度下抑制的有效时间为三周左右，若控苗过度，可叶面喷射 100mg/kg 赤霉酸并增施氮肥来解除。

（4）矮壮素　可防止徒长。在番茄育苗过程中，有时由于外界气温过高、肥水过多、密度过大、生长过快等原因而造成秧苗徒长，除进行分苗假植、控制浇水、加强通风外，可于 3～4 叶至定植前 7d，用 250～500mg/kg 矮壮素土壤浇施，防止徒长。秧苗较小，徒长程度轻微的，可喷雾，以秧苗的叶和茎秆表面完全均匀地布满细密的雾滴而不流淌为度；秧苗较大，徒长程度重的，可喷洒或浇施。一般 18～25℃ 时，选择早、晚或阴天使用。施药后要禁止通风，冷床需盖上窗框，大棚必须扣上小棚或关闭门窗，提高空气温度，促进药液吸收。施药后 1d 内不可浇水，以免降低药效。中午不可用药，喷药后 10d 开始见效，效力可维持 20～30d。如秧苗没有出现徒长现象，最好不用矮壮素处理，即使番茄秧苗徒长，使用矮壮素的次数也不可过多，以不超过 2 次为宜。

（5）2,4-滴　可保花保果。开花期间夜温低于 13℃ 或高于 22℃，都会发生大量落花。在番茄花刚开至半开时，在晴天上午露水干后（上午 8～10 时）或下午（3～5 时），用毛笔蘸取浓度为 10～25mg/kg 的 2,4-滴药液，在花柄与花梗连接的离层处涂抹，尽量做到每个花序同时处理数朵花（否则会造成果实大小不整齐），温度低时浓度高些，反之，浓度低些，可有效地防止落花，提早 10～15d 成熟，增加早期产量。使用时注意 2,4-滴不能碰到嫩叶和芽，否则会产生药害，不要在中午时分蘸（抹）花，不能重复涂抹或浸蘸。留种田不能使用。

一般在初花期每隔 1～2d 蘸（抹）花一次，在盛花期每天蘸（抹）花一次，当日开的花处理得太早易形成僵果、太晚易形成脐裂果，浓度偏大易形成桃形果。蘸（抹）花前，先看花朵上是否有标记，以防重复用药或用药量过大。最好使用带盖容器或小口容器盛装溶液（防浓度变化）。处理花朵后注意适时浇水追肥。在开放的花朵多时，宜使用对氯苯氧乙酸。在早熟品种上不宜使用 2,4-滴。对不耐蘸花的品种宜采用涂抹花梗法。

使用 2,4-滴浓度过大，使用时或使用后棚温过高，或局部喷药过多或重复喷药等，均易产生药害。药害主要表现在叶片和果实上。第一类是以植株中上部枝叶受害重，受害叶片增厚下弯、僵硬细长，小叶片不展开、多纵向皱缩，叶缘畸形，小枝或叶柄扭曲。该类症状可在整棚或棚内局部地块发生。受害枝叶分布均匀，并且受害叶的叶位一致。第二类是叶片表现为更严重的畸形、卷曲、细长和增厚，在叶片、小枝和茎秆等处常出现黄绿色至浅褐色坏死斑点，严重时还出现隆起的疱斑。该类症状以局部枝叶受害。在果实上出现脐裂果、僵果等。第三类是受害叶片向下弯曲、僵硬细长，小叶不能展开、纵向皱缩，叶缘扭曲畸形，出现桃形果、僵果等。发现使用 2,4-滴溶液浓度偏大，在没有出现症状前，立即喷洒清水并降低棚温。

（6）对氯苯氧乙酸　可保花保果。如夜温低于 13℃ 或高于 22℃，就会发生大量落花。当花穗有 2～3 朵花开放时，用 10～50mg/kg 对氯苯氧乙酸喷雾。气温高于 30℃时，用 10mg/kg；20～30℃ 时，用 25～30mg/kg；低于 20℃，用 50mg/kg。将对氯苯氧乙酸溶液装在小型喷雾器内，用左手食指和中指轻轻夹住花梗，并用手掌遮住生长点和嫩叶，右手拿小型喷雾器对准花朵喷雾，每朵花处理 1 次即可，以喷湿不下滴为度。或者当每个花序上有 3～4 朵花盛开时，用 20～50mg/kg 对氯苯氧乙酸溶液，将溶液装在一个小碗内，把花序在溶液中浸蘸一下，然后用小碗边轻轻接触花序，让花序上多余的溶液流回碗内。能防止落花，提早 10～20d 成熟，增产 14%～30%，比 2,4-滴浸花提高工效 5 倍多，还可避免株间接触，减少病害传播。喷时应尽量减少对嫩叶嫩尖过多的植株用药，且留种田不能使用。对在小气候环境较好的高山夏番茄，使用对氯苯氧乙酸后，可促进果实生长，加快成熟，减少后期青果，增加红果产量。

应注意使用对氯苯氧乙酸溶液浓度过大，或喷到嫩枝叶上，容易产生药害。表现在植株顶部 2～3 层嫩叶上，受害叶片不能正常展开。从新叶生长开始皱缩，然后向上叶片逐渐变细，有些叶片单叶呈线状。而基部刚萌发侧枝上的叶片正常或皱缩不明显，下部叶片不皱缩。新生叶片可逐渐恢复正常。当发现对氯苯氧乙酸药害后，每亩用腐熟人畜粪对水 750～1000L 稀释后，可在晴天上午挖坑追肥，并喷洒惠满丰液肥 2～3 次，每次间隔 5～7d。同时把棚温调控在 20～25℃（白天）。

（7）钙盐 可减少裂果。采收前半个月用 1000mg/kg 钙盐溶液喷洒植株，可减轻裂果程度。将果实在 1000mg/kg 钙盐溶液中浸一下，能减轻运输途中和贮藏期间的裂果。

（8）芸苔素内酯 可提高坐果率，增加前期产量。在第一花序开花期时，用 0.02～0.05mg/kg 的芸苔素内酯喷花，或涂花、涂果。

（9）萘乙酸 可促进生长。

① 播前浸种或育苗前使用 可用 5～10mg/kg 萘乙酸药液浸种 10～12h，清水洗净，催芽播种后，出苗整齐，幼苗壮，抗寒性提高，可预防苗床内的疫病。

② 苗床使用 出苗后，如果幼苗生长细弱，叶片发黄，用 5～7mg/kg 萘乙酸药液全株喷洒一次，可恢复正常生长。中后期，苗床温度 26～28℃，用 5～7mg/kg 药液喷洒一次尤为必要，可防治早疫病。

③ 定植前后使用 定植前 6～7d，用 5mg/kg 药液喷洒一次，壮棵，促使早现蕾。定植复活后每 10～15d 喷洒一次 5mg/kg 药液，共喷 2 次，可防止早疫病、病毒病。

④ 盛果期使用 幼果生长到鸡蛋大小时，用 10mg/kg 药液每 7d 喷洒一次，连喷 2 次，促使果实膨大，提高品质，果肉增厚，含糖量增加。

⑤ 后期使用 无限生长型的番茄，在结果后期，用 10mg/kg 药液全株喷洒一次，可防植株早衰，延长采收期，提高总产量。

整个生育期，除浸种外，可喷洒萘乙酸液剂 5～6 次。

（10）甲哌鎓（其他名称缩节胺、助壮素） 可保花保果。第一次于移栽前，第二次在初花期，用 100mg/kg 缩节胺喷雾。可抑制腋芽生长，促进开花，防止落花落果，早期结果率增加 50%～100%，总产量增加 20%～30%。缩节胺适用于肥沃土壤或生长旺盛田块，应注意加强肥水等栽培管理。若抑制过头产生药害，可加大肥水或喷施一定浓度的赤霉酸来缓解。

（11）调节安 可保花保果。在初花期喷施一次，若气候条件适宜，用 60mg/kg 浓度；若雨水多，可提高到 80mg/kg；若气候干燥，植株生长瘦弱，可用 40mg/kg。喷后

6h内遇雨及时补喷，连续阴雨天气，补喷尤为重要。可达到控调适当，不旺不滞，株型紧凑，增产增值的目的。

6. 设施番茄熊蜂授粉技术要领

设施番茄采用熊蜂授粉技术，与农户常规使用的激素点花技术相比，可增加产量，降低畸形果率，提高坐果率。

（1）熊蜂的购置　目前，我国设施作物授粉的熊蜂主要来源于科研院所和国内外昆虫授粉公司，农户自己饲养熊蜂还未能实现。因此，农户购买熊蜂可选择科研院所，也可选择信誉好的公司。

（2）适宜熊蜂授粉的番茄品种　采用熊蜂授粉技术要求种植的番茄品种抗病性好、产量高，且品种特征符合市场需求。

（3）种植前棚室准备　使用40目的防虫网将大棚两侧和两头的棚门封住，棚门处宜将两片防虫网重叠，方便进出大棚进行调查和农事操作。检查大棚，确保棚膜和防虫网无破损、无漏洞。盖新膜的大棚应适当通风换气，以减少棚膜气味对熊蜂的影响。

番茄定植前20～30d采用灭蚜烟剂和百菌清烟剂对棚室和土壤进行消毒。定植前5d可喷施1次肥水和进行1次病虫害防治，不宜采用缓释性杀虫或杀菌剂。

（4）熊蜂入棚时期　待5%番茄花开放时及时放置授粉熊蜂，每箱熊蜂的授粉寿命约为45d，过早放蜂会导致1箱熊蜂无法满足整个花期授粉需求，过晚放蜂会推迟番茄上市，影响经济效益。春季熊蜂授粉时期一般为4月上中旬至5月中下旬，秋季熊蜂授粉时期一般为9月中下旬至11月初。授粉熊蜂需提前7～15d预定，因此农户在观察大棚有一半植株已经现蕾就可以预定授粉熊蜂。

（5）蜂箱的摆放　1箱熊蜂能够同时给2个1亩左右的大棚授粉。在大棚正中央处挖60cm×60cm×80cm（长×宽×深）的坑，坑底及坑内壁铺塑料膜防潮，坑内放置塑料小板凳，4个凳脚下放置装水的小碟，坑上30～40cm处采用硬纸板和遮阳网控温防潮。深坑准备好后，就可将蜂箱放置于小板凳上，保持巢门朝南。

（6）熊蜂管理　于喷药前1d晚上打开蜂箱"进"巢门，关闭"进出"巢门，使熊蜂全部回巢。喷药当天一早将蜂箱放置于另一授粉大棚，静置1h后，打开巢门让熊蜂授粉。喷药3d后可将蜂箱依同样方法搬回之前的番茄棚。

定植观察授粉花朵，如发现花朵整个柱头上都呈现褐色授粉标记，表明此时花粉量不能满足该熊蜂群，应在蜂箱上放置一个小碗，碗内盛装1∶1的新鲜糖水，同时在碗内放置叶片、小树枝等供熊蜂取食时攀附，以防其淹死。

（7）授粉期间棚室管理　授粉期间，应加强棚室内的温湿度管理，于晴好天气打开裙膜和两头棚门（关好纱门），以通风换气、降温降湿。定期检查棚膜和防虫网，及时修补破损和漏洞，防止熊蜂逃逸。

7. 番茄裂果（纹裂果）的发生原因与防止措施

裂果是指果实近果柄处果肩部分出现裂缝的果实。为常见生理性病害之一，影响果实的商品价值。保护地蔬菜、露地蔬菜栽培时均有可能发生。主要有环状裂果、放射性裂果、条状裂果（彩图1-111）和细碎纹裂果等。

（1）识别要点

① 环状裂果（同心圆状纹裂）　又称环裂，多在果实成熟前出现裂纹，是以果蒂为中心，在附近果面上发生数条同心圆状的细微裂纹，严重时呈环状开裂。

② 放射性裂果　又称射裂、纵裂，一般在果实绿熟期出现裂纹，是以果蒂为中心，向果肩部延伸，呈放射状深裂，多为干裂，转色前 2～3d 裂痕明显。

③ 条状裂果（混合型裂果）　又称侧裂、靫裂、爆裂，是在果顶花痕部，呈横向或纵向不规则条状开裂。

④ 细碎纹裂果　通常以果蒂为圆心在果面出现数量众多的木栓化纹裂，纹裂宽 0.5～1mm、长 3～10mm，呈同心圆状排列或呈不规则形随机排列。

（2）发生原因　裂果与品种关系很大，果皮薄的易发生纹裂。同时也受栽培条件影响，在果实发育后期遇夏季高温、强光、干旱、暴雨、阵雨等，以及土壤水分突然变化，特别是与久旱突然遇雨或浇水有关。因久旱遇水，会使果肉与已经老化的果皮不能同步膨大而产生纹裂。冬季寒冷，保护地栽培棚室内昼夜温差太大，也可导致裂果。偏施氮肥、土壤忽干忽湿、雨后积水、整株摘叶过度、温度调控不当的田块发生重。植株缺钙或缺硼可导致裂果。由于果面有露水或供水不均，果面潮湿，老化的果皮木栓层吸水涨裂，形成细碎纹裂。果实发生纹裂后易感染疫病，或被细菌侵染而腐烂。

（3）防止措施

① 选择不易裂果的品种。一般果皮厚、圆形果和小型果不易裂果，大型果、扁圆形果易裂果，故应选用中小型、高圆形果品种。在果实颜色上，一般红色果较粉色果抗裂，尤其近年来引进的一些红色果实的国外品种抗裂性较好，罐藏品种比鲜食品种抗裂。

② 覆盖遮阳网。有条件的可采用遮阳网覆盖栽培，防止降雨造成土壤水分急剧增加和阳光强烈照射。推广间作，与高秆作物间作。

③ 深耕土壤，多施有机肥，避免施氮肥过多。促进根系深扎，以缓冲土壤水分的剧烈变化。增施钙肥和硼肥等微肥，喷洒 0.5％氯化钙溶液，或 2000～3000mg/L 丁酰肼溶液，或 0.1％硫酸锌溶液，提高植株的耐热抗裂果性。

④ 适当浇水，保持土壤湿润，合理灌水，避免忽干忽湿，尽量不要大水漫灌，雨后及时做好清沟排水、降湿工作。

⑤ 适当密植，合理整枝，摘心不宜太早。摘心时应在花穗上部保留 2 片叶，摘底叶不宜过狠，以防果实受强光照射。整枝操作时注意不要损伤花柱。

⑥ 温室大棚避免水滴直接滴溅到果实上，特别是通风口处更应注意。冬季夜间注意保温，以防昼夜温差过大导致裂果。

（4）补救措施　在采收前 10～15d，喷洒 0.7％～1％氯化钙溶液。

8. 番茄畸形果的发生原因与防止措施

番茄畸形果是番茄常见的生理病害之一。多发生在保护地栽培、露地栽培的冷凉季节，保护地重于露地，使果实品质降低或失去商品价值。发病盛期 1～3 月，感病敏感生育期是幼苗花芽分化期（即 2～8 叶期），故防治番茄发生畸形要从苗期就着手。偏施氮肥、温度调控不当发生重，冬春低温多雨发生较重。

（1）发生症状　畸形果是指番茄在低温、光照不足、肥水管理不善、激素使用不当等时致使器和果实不能充分发育而造成的椭圆形果、大脐果、链索斑果、开窗果、尖嘴果，或养分过多集中输送到正在分化的花芽中，致使花芽细胞分裂过旺，心皮数目增多，从而形成多心室的畸形果，有的呈现种子外露。畸形果的花表现为萼片比正常的花多 1～2 个，萼片较长且肥大，花瓣退化、变短，有的甚至尚未经分化已经粘到萼片上，花蕊短，花粉少，柱头不分化。

① 椭圆果　又称扁圆果。果实为椭圆形，其长（横）、短（纵）果直径的比值在 1.08 以上，脐部有横条状黄褐色疤斑。

② 桃形果　又称乳头果、尖顶果、尖嘴果。果脐部特别突出。

③ 指突果（彩图 1-112）　又称为瘤状果。果实表面近萼片处有 1 个或几个手指状（瘤头）突起，形状如突指，又称为突指瘤。

④ 裂果　若果脐部分果皮开裂、果肉外露，开裂部分呈褐色，称为顶裂果（脐裂果）；若果脐部分以外的果皮开裂、果肉外露，开裂部分呈褐色，称为侧裂果（又称为开窗果、拉链果、腹裂果）。

⑤ 穿孔果　果实上有孔洞，能看到内部的果肉组织。

⑥ 多心果　在同一个花托上生有 2 个以上的"果实"，有的分离，有的则基部愈合在一起，而上部分离（双身果）。

⑦ 菊花果　果实脐部（形成凹凸不平的疤状）有许多棱状突起，其外观似菊花瓣状（菊花顶），但种子不外露。

⑧ 链斑果　从果实脐部至蒂部有 1 条或数条呈纵向链索状的黄褐色疤斑。

⑨ 混发果　在果实上同时发生 2 种或 2 种以上类型的畸形症状。

⑩ 其他类型　还有偏圆果（歪果）、大脐果（脐部过大）、凹顶果、多棱果（蟠桃果）等。畸形果造成品质和产量下降。

（2）发生原因

① 种植了畸形果率高的品种，如在早春种植大果型中晚熟品种。

② 主要是花芽分化不正常，导致花芽分化不正常的原因是苗期和花芽分化期间低温、水分充足和氮素营养过多，导致花芽过度分化，形成多心皮畸形花，果实则成桃形、瘤形等。花芽分化期间连续 5～6d 遇到 3～4℃ 的低夜温，极易出现畸形花和畸形果。夜温 8℃ 左右，白天温度低于 20℃ 时发生率也较高。

③ 涂花的植物生长调节剂的浓度过高或重复涂花，或在温度高时涂花，或浸花、蘸花、喷花（子房顶端受药后发育异常），易形成尖嘴果。使用植物生长调节剂后缺水肥。

④ 遇低温或干旱过长，幼苗生长受到抑制，花器易木栓化，当条件适宜后，木栓化组织不能适应内部组织的迅速生长，而形成疤痕或籽外露果实。

⑤ 植株营养积累过多，易使花畸形，并导致果畸形。苗期追肥浇水过多，茎叶生长过于旺盛，易产生畸形果。

（3）防止措施

① 选用良种，因地制宜选择产量高、抗逆性强、对低温不敏感、不易产生畸形的优良品种，如小果型早熟品种。

② 育苗期间要采取保温措施，苗床温度不宜过低，尤其是 2～4 片真叶展开期的温度不能连续低于 12℃，促使秧苗健壮生长。也不要在地温与气温偏低时过早定植。

③ 加强育苗期的肥水管理，在适当控制肥水的同时，要防止偏施氮肥，做到氮、磷、钾合理配施，防止秧苗徒长。

④ 水分及营养必须调节适宜，防止过干过湿、氮肥过多，特别是花芽分化期肥水不宜过多。适时适量浇水，做到干时不缺水，雨时不积水。

⑤ 发现畸形花应尽早摘除，各花序的第一朵花容易产生畸形花，可在蘸花前疏掉。

⑥ 使用生长调节剂时，要在第一穗花序中有 50％ 的花开放时进行蘸花处理，蘸花

时间以上午 8～10 时和下午 3～4 时为宜。并应根据温度高低适当调整使用的浓度，一般温度低，浓度高些；温度高，浓度低些。不要重复点花。

⑦ 植株徒长时，应采取适度通风降温和控制湿度等措施，并喷 2000mg/L 丁酰肼溶液，但不能造成低温、干旱的条件来控制幼苗生长。

（4）补救措施　幼果膨大至横径有 1～2cm 时，及时检查摘除畸形果。

9. 番茄空洞果的发生原因与防止措施

番茄空洞果（彩图 1-113）是果实内有空洞，果实胚座发育不良与果壁间产生空腔，在春露地栽培的中后期及保护地冬春季栽培易发生，在第三、第四穗果中发生较重。

（1）发生症状　果实外观有棱状鼓起，不周正，横剖面呈多角形。果实剖开可见果皮与胎座分离，种子腔成为空洞，果肉不饱满，果胶少，汁味淡，品质差，有些果虽无棱状，但果内也有空腔。

（2）发生原因

① 种植了易发生空洞果的品种，如早熟品种。

② 受精不良。花粉形成时遇高温、低温或光照不足，致使花粉不足，不能正常受精，种子形成过程中所产生的果胶物质少，使果实内部发育不完全而造成空腔。

③ 使用植物生长调节剂蘸花用药浓度过大或重复蘸花，或蘸花时花蕾较小，或过多地用生长素处理未成熟的花蕾。

④ 果实生长发育时，温度偏高（超过 35℃），或光照不足，或缺肥少水，造成光合养分不能满足果实膨大的需求。

⑤ 根系受伤，或植株生长衰弱等。

（3）防止措施

① 选种　选用多心室或早熟小果型的品种可避免空洞果的产生。

② 控温　苗期 2～4 片真叶展开期的温度不能连续低于 12℃，夜间温度控制在 17℃ 左右，可应用地热线或地热水加温育苗。开花期避免 35℃ 以上高温对受精的危害。结果期温度不宜过高，防止光照不足和白天温度过高。

③ 正确蘸花用药　从第一花序的花 50% 以上开花时开始使用生长素蘸花，不要蘸花过早。蘸花 3d 后，如见子房开始膨大，说明果已坐住，应及时选留 3～4 个果，其余的花和果全部疏掉，以保证养分的集中供应，防止因营养不良而造成空洞果。此外，药液浓度不宜过高，避免重复蘸花。避免高温下蘸花。

④ 加强生育后期管理　及时补肥，尤其要注意采收后期的肥水供应。进行叶面喷肥，每亩用磷酸二氢钾 125～150g，加尿素 250～300g，对水 50kg 喷叶，选晴天喷叶背面，每隔 10d 喷一次，连喷 3～4 次。酌情采用二氧化碳施肥技术，以满足果实膨大的需求。并根据光照条件调控适宜的温度。如用新棚膜，白天温度为 28℃；如用旧棚膜，白天温度为 25℃。根据植株长势，确定每一花序上的留果数，适时整枝打顶。

⑤ 采用蜜蜂授粉或用振动器辅助授粉，促进授粉受精正常与种子的发育。

10. 大棚番茄气象灾害的发生特点与防止措施

（1）低温

① 为害特点　番茄生长最适宜气温在 20～25℃，如果低于 10℃ 就会停止生长，5℃ 以下就会出现冷害，0℃ 以下就会出现冻害（彩图 1-114）。冻害出现后，叶肉组织细胞因受冻而死亡，对植株或花果破坏大，叶片褪绿发黄，严重时茎叶干枯，可导致整株

绝收。受冻害后植株生长迟缓，茎叶缩小，花器官发育不良，极易造成畸形花，严重时全株死亡。

② 形成原因　番茄的低温为害一般发生在 12 月至翌年 3 月。低温是由冷空气及辐射降温造成，冷空气引起阴雨降温，但是仅仅由冷气团到达南方引起的平流降温一般只是降温幅度较大，若持续时间较长就会出现冷害，但气温绝对值并不会特别低，基本上不会达到冻害界限温度以下。在冷高压控制本地后，夜间天空云系大大减少，地表辐射散热剧增，后半夜到凌晨就容易出现 0℃ 以下低温，形成冻害。

③ 防止措施　一是防止设施大棚内气温下降到为害温度以下。一般通过多层覆盖保暖、锅炉加热、简易煤球炉加热、太阳能加热、燃烧酒精加热等。该方法见效快，但各种加热保暖方法也均有各自的缺点。多层覆盖保暖提温幅度有限；锅炉、太阳能加热需要在设施建设时建造；简易煤球加热成本低，但容易出现一氧化碳过量导致中毒；燃烧酒精加热要有专业自动化工具才能节省人工。二是在低温来临前和低温影响后喷施药剂，增强植株抵抗力。这种方法能够在一定程度上增强植株抵抗力从而削弱低温带来的不利影响，操作也比较方便，但在严重低温时只能作为辅助手段。

（2）阴雨高湿

① 为害特点　番茄生长最适湿度在 60% 左右，如果湿度高于 80% 就容易出现裂果、果实形成斑点等问题，高于 85% 则有利于灰霉病等真菌性病害的发生，易导致番茄植株长势变弱，严重的会造成大幅度减产，即使已经接近成熟的果实也会由于发生病害而失去利用价值。如果在定植前出现持续的阴雨天气，还会影响正常的作畦等农事活动。

② 形成原因　阴雨高湿一般出现在春季。南方暖湿气流活跃，冷暖空气交汇多，本地连续多降水天气，大棚内水汽无法通过通风等措施排出，使棚内湿度无法降低。棚内由于作物的蒸腾、呼吸作用，空气中的水汽不断增加，又无法外排，导致棚中空气相对湿度达到为害的临界值以上，形成湿害。

③ 防止措施　主要是在白天降水间隙湿度相对较低时间段进行通风降湿。如果一直下雨，通风条件一直不适宜，持续关闭棚膜的时间最好不要超过 2d。不能通过通风降低棚内湿度时，可以通过在棚内地表铺草木灰等进行降湿。在阴雨天气前要对地表和沟铺设薄膜，减少土壤中水向空气中蒸发。对于长时间连续阴雨导致的棚内湿度过高问题，目前仍然缺乏有效的控制手段。

（3）弱光

① 为害特点　番茄是喜阳作物，适宜光照强度为 30000～50000lx。弱光时，番茄光合作用减弱，叶片发黄，抵抗力下降，坐果不良，多畸形果，产量、品质均受影响。7d 以上的寡照天气后，即使恢复光照 16d，最大光合作用速率仍然不到正常的 60%；9d 以上的寡照天气后，即使恢复光照 16d，最大光合作用速率仍然只有正常的 10%。

② 形成原因　弱光在冬、春季节都可能出现，在初春出现频率最高。弱光形成的天气系统背景与阴雨天气一致，一般也是与阴雨天气伴随，只有在少数的时候连续无日照而基本没有降水。持续多天维持浓厚云系，没有太阳光直接照射地面，设施大棚的棚膜又进一步削弱入棚光线，使棚内番茄较长时间光照不足，对植株形态、结构、生理生化过程甚至基因表达产生不利影响，形成弱光为害。

③ 防止措施　首先是通过采用无滴水膜增加透光率，加设光幕增加光利用率，定植前适当增高垄高，增加植株的受光率等改善光照条件。若持续无日照时间超过 5d，

应采用日光灯或高压汞灯进行人工补光。此外，可以采用药物处理花体，减少落花、落果，或适当喷施钙素配方肥，抑制徒长，减少落叶，提高全株干质量和壮苗指数。

（4）高温

① 为害特点　番茄生长最适宜气温在20～25℃，如果高于30℃就会影响生长，高于35℃就会产生热害。热害主要表现为落花、畸形果，并导致病毒病、青枯病等的发生。

② 形成原因　大棚番茄的高温为害一般出现在春季。冬季过后，大棚外界气温总体上仍然较低，但是在日照较好的天气中，外界气温上升到15℃以上时，若管理不善，未及时通风的大棚内就很容易出现35℃以上的高温。高温胁迫使叶片的超微结构发生变化，植株缺水，营养不能正常输送，光合作用受到抑制，形成热害。

③ 防止措施　主要通过揭膜通风降低棚内气温。当出现外界气温达15℃以上的多云或晴朗天气时，在上午太阳开始照射到大棚后，根据棚内实际气温变化情况开始两端通风，如果仍然达不到降温要求，应揭膜通风，加盖遮阳网。高温防御中要特别注意的是，有时外界气温较高，日照看似较弱而散射辐射强烈，这种天气下若不及时通风，仍然会导致气温过高，形成热害。

（5）突发阵雨或雷雨

① 为害特点　番茄喜空气湿度低，突发性的淋雨对番茄的生长影响较大，极易出现裂果。

② 形成原因　大棚番茄的突发阵雨、雷雨为害一般出现在春季或夏初。在日照较强、气温较高的天气中，大棚多处于开棚通风状态，为了达到更好的通风效果，顶棚也被打开。此时，如果遇到强对流天气，出现突然性的阵雨或雷雨，大棚没有及时关闭，设施内处于高温状态的番茄果实，就会因突遇冷水而出现热胀冷缩不均匀，直接导致裂果，影响产量和品质。

③ 防止措施　突发阵雨、雷雨，是在防御高温时揭膜通风过程中可能遇到的为害性天气。所以，在揭膜后一定要密切关注气象台的短时临近天气预报和本地天气变化，并且要在大棚番茄附近留有一定的人员，确保在降水出现前盖上顶膜，防止突发阵雨、雷雨淋到番茄。

（6）暴雨

① 为害特点　番茄不耐涝，如果遭遇水淹，植株呼吸作用会受到抑制，青枯病蔓延速度加快，使植株枯萎，严重的造成绝收。

② 形成原因　大棚番茄的暴雨为害一般出现在秋季和春季。秋季中期南方沿海地区仍然多台风影响，台风在附近登陆或近海紧擦大陆北上时，往往会使本地出现大到暴雨以上级别的降水；春季强对流天气较多，易出现短时强降水，使地表径流大幅增加，当水流超过原有排水渠道过水能力时，水流溢到大棚番茄地块内，造成积水，为害番茄生长。

③ 防止措施　加强周围排水设施建设，在天气预报可能出现暴雨前检查周边，清理沟渠，使地表径流顺沟渠流走，不漫入番茄田块。如果大棚番茄离河道很近，地下水位较高，最好在种植前挖出土壤，在番茄根部生长层以下铺设隔水层，再回填土壤种植，以防地下水上渗形成渍害。

11. 番茄卷叶的发生原因与防止措施

番茄叶片两边向上卷曲（彩图1-115），严重时卷叶呈筒状，叶片变厚、发脆。卷叶是番茄栽培中常见的一种症状，其轻重程度差异很大。从整株看，有的植株仅下部叶片卷叶，有的中下部叶片卷叶，有的顶部叶片卷叶，有的整株叶片都卷叶。卷叶会使日灼果数增加，影响光合作用。

（1）发生原因

① 卷叶与品种特性有关，有些早熟品种在果实开始采收时，植株叶片从下到上普遍卷曲。

② 摘心过早，整枝、摘叶过多、过重，植株上留的叶片过少，叶片蒸腾作用加剧，易引起卷叶。

③ 温度过高，土壤和空气湿度不充足时，会导致叶片气孔关闭、上卷，常出现在植株下部叶片，严重时整株叶片卷曲呈筒状，变脆。

④ 连阴天后遇骤晴天，或保护地内温度高而突然大通风。

⑤ 土壤中干旱缺水，或土壤水分过多造成根系缺氧，或土壤中有机质含量偏低，或土壤中缺少磷、钾、钙及镁、铁、锰、铜等营养元素引起卷叶。番茄生育后期植株生长发育衰弱时易引起卷叶。

⑥ 植株染上病毒病、叶霉病，或受到螨害，或出现2,4-滴药害。均易诱发植株卷叶。

（2）预防措施　生产上应防止前期生理卷叶，后期生理卷叶对产量影响不大，但影响果实品质。选用不易卷叶或抗逆性强的品种。采用营养钵护根育苗或适时分苗，培育适龄无病虫壮苗。选择地势高燥、排水良好的地块栽培，施足腐熟有机肥作追肥，采用地膜覆盖栽培，进入结果期后合理浇水追肥，使植株生长健壮不徒长，雨后及时排水。定植后至坐果前进行抗旱锻炼。保护地栽培在低温季节要采取保温措施，在高温季节要采取通风降温措施，避免突然通大风或长时间通风。预防高温，浇水降温，覆盖遮阳网。适时摘心，适量适度整枝打杈。合理使用植物生长调节剂处理花朵，以防药害。在结果期叶面喷0.3%磷酸二氢钾，或复合微肥等叶面肥料，有较好的效果。注意防治病毒病、叶霉病、螨害等。

（3）补救措施　对症采取管理措施，改善环境条件。注意避免发生日灼果。

（4）注意事项　每种因素引发的卷叶，会伴随有其他症状以供识别。因植株长势较弱，在盛果期易发生卷叶。因在生长中后期通风不适，在通风口处的植株卷叶较重。因营养元素施用不足，叶片细小、畸形、坏死斑，叶色变紫、变黄、变褐色。因铵态氮过多，成熟复叶上的小叶中肋隆起，小叶呈翻转的船底形。因硝态氮过多，小叶卷曲。因2,4-滴药害，新生叶片畸形皱缩。因病毒病，叶片褪绿、变小，叶面皱缩，果面呈凸凹不平状。因叶霉病，叶面出现黄斑，叶背有灰褐色绒状霉。因茶黄螨，叶片变窄、僵硬直立、皱缩或扭曲畸形，最后秃尖。

12. 番茄缺素症的表现与防止措施

番茄是一种大宗的蔬菜作物，适种性广，栽培面积大，由于广大菜农注重无机复合肥的施用，而很少施用有机肥，导致生产上常有缺素症的发生，而菜农往往对番茄缺素症缺乏认识，许多都是当作病来治，总是解决不了问题。解决缺素症，一是要正确识别，把因缺素引起的一些生理失调症状与病害发生症状区别开来；二是要施用有机肥，发现症状及时进行补施叶面肥等。

（1）缺氮　植株缺氮时，生长缓慢呈纺锤形，矮化，易早衰，初期下位的老叶先从叶脉间呈黄绿色后黄化，逐渐扩展到全叶。小叶细小直立而薄，后期全株呈浅绿色。花序外露,俗称"露花"。叶片主脉由黄绿色变为紫色或紫红色,下位叶片更明显。后期下位黄叶上出现浅褐色小斑点(缺硝态氮时)。茎秆变硬,呈深紫色。花芽分化延迟,花芽数减少、易落脱。植株未老先衰,结果数少。

防止措施:增施腐熟有机肥,尤其增施氮肥,如尿素、硝态铵等氮肥,应急时,也可叶面喷洒0.2%碳酸氢铵,或0.2%尿素。

(2)缺磷 植株缺磷时,幼苗下位叶片变为绿紫色,并向上位叶扩展。植株矮化,叶色暗绿无光泽,叶小而发硬。初期叶背呈紫红色(呈紫红叶苗),叶片出现褐色斑点,后扩展到整叶上,叶脉逐渐变为紫红色。下位叶易衰老、向上卷曲,出现不规则的褐色或黄色斑。叶尖变成黑褐色枯死。结果少,成熟晚。生育初期易缺磷,低温时易缺磷。

防止措施:育苗时床土要施足磷肥。土壤缺磷时要增施磷肥,如0.2%~0.3%磷酸二氢钾,或0.5%~1%过磷酸钙水溶液,或磷酸二铵等。

(3)缺钾 植株缺钾,中上位叶片的叶缘出现黑褐色针状斑点,叶缘黄化,逐渐向叶脉间扩展最后变褐枯死。老叶片的小叶呈灼烧状,叶缘卷曲,叶脉之间褪绿,后老叶脱落。茎部出现黑褐色斑点,变硬或木质化,不再增粗。根系发育不良,较细弱,常变成褐色。果实缺钾,果实成熟不均匀,果型不规整,果实中空、变软、无色泽,缺乏应有的酸度,口味差。生育期土壤易缺钾,其他时期一般不发生缺钾,但果实膨大期易出现缺钾症。

防止措施:增施有机肥,增施钾肥,特别是在结果初期更要注意增施钾肥。砂土地一般易缺钾。保护地冬春栽培时,日照不足,地温低时易发生,要注意增施钾肥。也可叶面喷洒0.2%~0.3%磷酸二氢钾或1%草木灰浸出液。

(4)缺钙 植株缺钙时,顶端幼叶边缘发黄皱缩,出现褐色斑,叶柄扭曲,生长点幼芽变小黄化,严重时坏死。中位叶片出现大块的黑褐色斑,第一果穗下的叶片易褪绿变黄。花蕾变褐焦枯脱落。植株瘦弱萎蔫,根系不发达,根短、分枝多、褐。后期全株叶片上卷,果实易发生脐腐病、心腐病及空洞果。

防止措施:充足施用生石灰,注意深耕,多灌水,防止干旱,氮肥和钾肥不宜施用过多,及时对叶面喷施0.3%~0.5%氯化钙水溶液,每周2~3次。

(5)缺镁(彩图1-116) 植株缺镁时,多在第一果穗实膨大期显症。中下位叶片的叶脉间组织失绿黄化、向叶缘扩展,并向上位叶发展。老叶只有主脉保持绿色,其他部分黄化,在叶脉间出现枯斑,而小叶周围常有一小窄绿边,或全叶干枯。果实小而产量低。缺镁严重时全株变黄。

防止措施:土壤中缺镁时要补充镁肥,及时对叶片喷施1%~2%硫酸镁水溶液,每周喷3~5次。

(6)缺硫 植株缺硫时,多在中后期显症。中上位叶片的叶色变浅卷曲、叶脉间黄化,严重时变成淡黄色,出现不规则坏死斑。茎变紫,节间缩短。叶片变小,结果少,植株呈浅绿色或黄绿色。缺硫是从上部叶开始。

防止措施:施用硫酸铵等含硫肥料。应急时叶面喷施0.01%~0.1%硫酸钾溶液。

(7)缺硼 植株缺硼时,植株萎蔫,新叶停止生长,附近嫩茎节变短,上位叶片的叶脉间组织褪绿呈黄色或橘红色,小叶片内有斑块,并向内卷曲,叶柄脆弱易折断,叶片脱落。生长点变黑或变暗,严重时凋萎死亡。茎蔓弯曲易脆,茎内侧有褐色木栓化龟裂。根系褐色,生长不良。果实小而畸形,果皮上有木栓化褐色斑,严重时斑块连接成片,并产生深浅不等的龟裂,病部果皮变硬。

防止措施：土壤缺硼可提前施入硼肥，每亩施硼砂 0.5～1.2kg 作基肥。植株缺硼可及时喷施 0.1%～0.3% 的硼砂水溶液，一般喷 2～3 次。

(8) 缺铁　植株缺铁时，顶部叶片（包括侧枝上的叶片）的叶脉间或叶缘失绿黄化，初末梢保持绿色，后逐渐全叶黄化变白，叶片较小（呈黄白苗）。从顶叶向下位老叶发展，并有轻度组织坏死。果实成熟后，果色不呈红色而变为橙色。

防止措施：可喷施 0.5%～1% 硫酸亚铁水溶液，或 100～120mg/kg 柠檬酸铁水溶液，或 0.02%～0.05% 的螯合铁。

(9) 缺锰　植株缺锰时，中下位叶片主脉间变黄变白，叶脉仍保持绿色、呈绿色网状脉，并出现褐色小枯斑点。新生叶也失绿。植株变短细弱，花芽呈黄色。严重时不能开花、结实。

防止措施：叶面喷洒 1% 硫酸锰水溶液 1～2 次。

(10) 缺锌　植株缺锌时，先从新生叶和生长点附近的叶片显症。叶脉及其附近组织失绿变白，以至叶脉变成紫红色。小叶柄和叶脉间有干枯棕色斑，严重时叶柄朝后弯曲呈圆圈状。植株矮化，顶部叶片细小，老叶比正常叶小、不失绿。受害叶片迅速坏死，几天内可完全枯萎脱落。

防止措施：不要过量施用磷肥。磷肥和锌肥分期施用，可每亩施硫酸锌 1～2kg。应急时可叶面喷施 0.1%～0.5% 硫酸锌溶液。

(11) 缺钼　植株缺钼时，一般从老叶向幼叶发展。小叶叶缘和叶脉间的叶肉呈黄色斑块，叶缘向上卷，叶尖焦萎。严重时叶片枯死，常造成开花不结果。

防止措施：采取多种措施改良土壤，避免土壤酸化，合理轮换肥料种类，不宜过多施用铵态氮肥和含硫肥料等。应急时，可在苗期或开花期，叶面喷施 0.05%～0.1% 钼酸铵溶液。

(12) 缺铜　植株缺铜时，节间变短，全株呈丛生枝。初期幼叶变小，老叶脉间失绿，叶片卷曲，顶端小叶相对呈管状卷曲。严重时叶片呈褐色枯萎，幼叶失绿萎蔫，抗病性降低。

防止措施：施用酸性肥料，改良土壤。应急时叶面喷施 0.05%～0.1% 硫酸铜溶液，或用含铜农药防治病害。

此外，应注意多施充分腐熟的有机肥、生物有机肥或微生物活性有机肥，采用配方施肥技术。叶面喷施惠满丰液肥，每亩用 450mL，稀释 400 倍，喷叶 3 次。或绿风 95 植物生长调节剂 600 倍液等。

13. 大棚番茄水肥一体化技术要领

(1) 整地、施基肥、铺设喷带和覆膜　于定植前 10d，每亩大棚内施入优质腐熟猪粪肥 4000kg 左右，或腐熟鸡粪 1500～2000kg，或菜籽饼 150～200kg，再加高效三元复合肥（15-15-15）75～100kg，深翻并整成高畦。畦整好后先于畦面中间耙约深 5cm、宽 5cm 的小浅沟，小浅沟底部应做到平整，接着在小沟内铺设 ϕ25mm 或 ϕ32mm 微喷带，为保证肥水喷均匀，喷带长度应不超过 40m。微喷带铺好后再于畦面覆盖黑色或白色地膜，膜宽 120～150cm。以上工作做好后，密闭大棚，利用定植前晴天光照，提高棚内土壤温度，促进番茄苗定植后快速活棵。

(2) 定植　定植时，先用地膜打孔器打定植孔，然后再定植。苗定植后随即用微喷带浇定根水，浇水时间 30～40min，第 2 天再用干细土将穴口封闭。

(3) 肥水一体化管理

① 供水、浇水及施肥设施选择　供水设施选用 $\phi40$ PE 管或 $\phi50$ 软管带加相应配套管件，浇水设施选用 $\phi25$ 或 $\phi32$ 微喷带，施肥设施主要选用文丘里施肥器，可少量选用 MixRite 比例式施肥器。

② 施肥器安装　施肥器安装时，文丘里施肥器与主供水管道串联，MixRite 比例式施肥器与主供水管道并联，且施肥器两侧及主供水管并联部分各安装一个控制阀。

③ 肥料选择　选用水溶性好，与其他肥料混合后不产生沉淀的固体肥或高浓度的液体肥。如尿素、高效三元复合肥（15-15-15）、高浓度液态生物有机冲施肥。

④ 喷灌施肥方案　开花挂果前，掌握不干不浇的原则，适当控水，促进植株早开花挂果。若真正田干，引起中午高温时期植株萎蔫时，可于晴天 10∶00～12∶00 进行浇水，浇水量要小，供水速度以 3t/h 为准，喷灌时间不超过 30min。第一台果核桃大、第二台果蚕豆大、第三台果花蕾刚开放时，开始灌第 1 次大水，每亩灌水量约 10t，追 1 次重肥，每亩用尿素 10～15kg、高效三元复合肥 10～15kg、高浓度液态生物有机冲施肥 100kg。以后每隔 10～15d 灌 1 次大水，并结合灌水追肥，每亩施尿素 10kg、高效三元复合肥 10kg。一共灌水追肥 3～4 次。开花后，还可用 0.2％磷酸二氢钾液＋0.2％尿素对番茄进行叶面喷雾，叶面施肥可配合病害防治进行。叶面施肥一般每 10d 一次。

⑤ 喷灌施肥操作方法　喷灌时，对于文丘里施肥器，先关闭吸肥管上的阀门，再完全打开施肥器主管上的阀门，最后打开施肥器前主管供水管上的阀门；对于 MixRite 比例式施肥器，先关闭施肥器两端支供水管上的阀门，再打开与施肥器并联的主供水管上的阀门。通过调节主供水管上的阀门打开程度控制微喷带中的水压和灌水速度。

按照加肥方案要求，于施肥前一天下午将肥料溶解于 100～150kg 水中，施肥时用纱布或过滤网将肥液过滤后倒入敞开的容器中。

文丘里施肥器施肥（彩图 1-117），先将文丘里施肥器的吸头放入盛放肥液的敞开容器中，吸头应安装过滤网，且吸头不要触及容器的底部。施肥时，先打开施肥器前主供水管上的阀门，并调节阀门，使供水速度控制在约 3t/h，然后打开文丘里施肥器主管的上阀门和吸肥软管上的阀门，并调节施肥器主管上的阀门，使吸管能够均匀稳定地吸取肥液，且使水肥液混合比控制在约 10∶1，肥液吸完后，按灌水要求继续灌溉到所需时间。

MixRite 比例式施肥器施肥，先将施肥器的吸头放入盛放肥液的敞开容器中，吸头应安装过滤网，且吸头不要触及容器的底部。施肥时，主供水管上的阀门不要打开，先调节施肥器上肥水比例控制器，使水肥液混合比控制在约 10∶1，然后缓慢打开施肥器两侧水管上的阀门，并调节前侧阀门，使供水速度控制在约 3t/h，肥液吸完后，按灌水要求继续灌溉到所需时间。

14. 番茄采后处理技术要领

（1）品种　不同番茄品种的耐贮性、抗病性差异大。用于贮藏的番茄应选择耐贮、抗病品种。果皮较厚、果肉致密、子室少、干物质含量高的品种较耐贮；果皮薄、易裂果的品种不耐贮。

（2）采收　采收前 7～10d，在田间用 25％多菌灵可湿性粉剂 500 倍液＋40％乙磷铝可湿性粉剂 250 倍液（简称多·乙合剂）喷施一次防病。一般在晴天上午气温不太高时采收，雨后或果实表面水分未干时不要立即采收。用于贮藏或长距离运输的番茄应在绿熟期至微熟期采收，绿熟期果实已充分长大，内部果肉已变黄，外部果皮泛白，果实坚硬，微熟期果实表面开始转色，顶部微红，又称顶红果（彩图 1-118）。

采摘时,左手抓住果柄与花序连接处,右手抓着果实,左手大拇指扶着果柄往下按,其他手指握住果实向上摆。在采摘或运输、贮藏中搬运番茄时要注意轻拿轻放,避免摔、砸、压,造成机械损伤。采摘时,最好将带有果柄的果蒂去掉。

(3)预冷 秋大棚番茄应在棚内最低温度出现 0℃ 以前采收,严防受冻。采收后,先放在通风良好的空房内或遮阴处,散除田间热,严格挑选,剔除有病虫害的果、机械伤果、畸形果及过熟果。

(4)分级 (表 1-19、表 1-20)

表 1-19 普通番茄等级 (NY/T 940—2006)

商品性状基本要求	大小规格	特级标准	一级标准	二级标准
相同品种或外观相似品种;完好,无腐烂、变质;外观新鲜、清洁、无异物;无畸形果、裂果、空洞果;无虫及病虫导致的损伤;无冻害;无异味	直径大小/cm 大:>7 中:5~7 小:<5	外观一致,果形圆润无筋棱(具棱品种除外);成熟适度、一致;色泽均匀,表皮光洁,果腔充实,果实坚实,富有弹性;无损伤、无裂口、无疤痕	外观基本一致,果形基本圆润,稍有变形;已成熟或稍欠熟,成熟度基本一致,色泽较均匀;表皮有轻微的缺陷,果腔充实,果实坚实,富有弹性;无损伤、无裂口、无疤痕	外观基本一致,果形基本圆润,稍有变形;稍欠成熟或稍过熟,色泽较均匀;果腔基本充实,果实较坚实,弹性稍差;有轻微损伤,无裂口,果皮有轻微的疤痕,但果实商品性未受影响

表 1-20 樱桃番茄等级 (NY/T 940—2006)

商品性状基本要求	大小规格	特级标准	一级标准	二级标准
相同品种或外观相似品种;完好,无腐烂、变质;外观新鲜、清洁、无异物;无畸形果、裂果、空洞果;无虫及病虫导致的损伤;无冻害;无异味	直径大小/cm: 2~3	外观一致;成熟适度、一致;表皮光洁,果蒂鲜绿,无损伤;果实坚实,富有弹性	外观基本一致;成熟适度、较一致;表皮光洁,果蒂较鲜绿,无损伤;果实较坚实,富有弹性	外观基本一致,稍有变形;稍欠成熟或稍过熟;表皮光洁,果蒂轻微萎蔫,无损伤,果实弹性稍差

(5)包装 用于产品包装的容器如塑料箱、纸箱等应按产品的大小规格设计,同一规格应大小一致、整洁、干燥、牢固、透气、美观、无污染,内壁无尖突物,无虫蛀、腐烂、霉变等,纸箱无受潮、离层现象。塑料箱应符合 GB/T 8868 的要求。

(6)贮藏 方法有冷库贮藏,冬季利用通风库或窖贮藏,夏季利用人防工事或山洞贮藏等,关键在于控制适宜的温度条件。

(7)运输 运输前应进行预冷,运输过程中注意防冻、防雨淋、防晒、通风散热。

番茄运输过程中,搬运包装筐要轻拿轻放,晚秋或冬季从温室内采收番茄,一定要用暖筐运输。暖筐制作方法:将三层苇席缝在筐的内壁周围,然后在底部垫上几层纸或纸板,放好番茄后,在上面盖纸苇席,再加上筐盖,依气温情况运输时可加上棉被或用冷藏车运输。

长途运输时,不要把筐码得太高,如果运输时间超过 24h,最好将车内温度保持在 10~13℃,不要在温度低于 5℃ 的条件下长途运输。如果途中运输时间超过 5d 以上,最好采用气调包装。

六、番茄主要病虫害防治技术

1. 番茄病虫害综合防治技术要点

（1）日光消毒　播种前，先深翻 25cm，每亩撒施 500kg 切碎的稻草或麦秸，加入 100kg 熟石灰，与土壤混合均匀，周围起垅，灌透水，铺地膜。在 7 月份的高温天气保持 20d，能消灭土壤中的病菌和害虫。

（2）种子处理　选用抗病品种，各地的主要病害不同，品种特性也不尽相同，选用抗病品种时，要根据本地的主要病害，结合丰产优质条件，因地制宜地选用。种子消毒，可采用温水浸种，用 55℃ 温水浸种 10～15min，不断搅拌待水温降到 30℃ 时，继续浸泡 6～8h，即可催芽。药剂处理，可用 10％磷酸三钠溶液，常温下浸种 20min，捞出后清水洗净催芽，可预防病毒病。

（3）农业防治　实行与非茄科作物 3～4 年轮作。幼苗期，出苗后撒适量干土或草木灰填缝，逐步通风降湿，露地育苗盖防虫网，防止蚜虫、粉虱传毒，发现病苗，立即拔除，带出田外深埋。苗床温度白天保持 25～27℃，夜间不低于 15℃。

选用无病壮苗，高畦栽培，合理密植，保护地注意通风。施足腐熟有机肥。酸性土壤应每亩施石灰 150～300kg 调节，还可杀菌。盖地膜可减轻前期发病。定植至结果期，及时整枝打杈摘除病叶、病花、病果和下部老叶，带出田外销毁。田间整枝前用磷酸皂水洗手或肥皂水洗手。适时通风降湿，控制浇水。保护地通风口设 30 目的尼龙纱作防虫网。

（4）生物防治　定植前和定植缓苗后各喷 1 次 10％混合脂肪酸水剂 50～80 倍液，或用 0.9％阿维菌素乳油 3000 倍液喷雾防治斑潜蝇。在棉铃虫孵化盛期喷施 200 单位的苏云金杆菌乳剂 100 倍液，或 0.9％阿维菌素乳油 2000 倍液，可兼治粉虱、斑潜蝇等。用 2％宁南霉素水剂 200 倍液防治病毒病。用 1％武夷菌素水剂 150 倍液防治灰霉病、叶霉病、早疫病。用 10％浏阳霉素乳油 1500 倍液，防治茶黄螨和叶螨。用 72％硫酸链霉素可溶性粉剂 4000 倍液或 100 万单位的新植霉素 3000 倍液，防治细菌性病害。有条件的，可在棚内释放丽蚜小蜂控制温室白粉虱、烟粉虱等害虫。

（5）物理防治　设黄板或黄条诱杀蚜虫、粉虱、潜叶蝇。也可在大棚周围挂银灰膜，条宽 15cm，间距 15～20cm，纵横拉成网眼状。

（6）药剂防治

① 病毒病　可选用 1.5％植病灵 1000 倍液，混合脂肪酸 200 倍液、磷酸三钠 500 倍液、高锰酸钾 1000 倍液等喷雾防治。结合叶面喷施葡萄糖。

② 晚疫病　可选用 27％碱式硫酸铜悬浮剂 400 倍液，34％松脂酸铜乳油 500 倍液等喷雾防治。

③ 青枯病、溃疡病　发病初期，可用 77％氢氧化铜可湿性粉剂 500 倍液灌根，每株灌药液 500mL，隔 10d 左右再灌一次。选用 72％硫酸链霉素可溶性粉剂 4000 倍液、50％琥胶肥酸铜可湿性粉剂 500 倍液，50％氢氧化铜可湿性粉剂 500 倍液，34％松脂酸铜乳油 500 倍液，27％碱式硫酸铜悬浮剂 400 倍液等喷雾防治。

2. 番茄主要病害防治技术

（1）番茄猝倒病　又叫绵腐病，俗称小脚瘟、歪脖子，为番茄苗期常见病害。在幼苗第一片真叶出现前后最易感病。发病初期，可选用 72％霜脲•锰锌可湿性粉剂 600

倍液，或 69％烯酰・锰锌可湿性粉剂 800 倍液、64％恶霜灵可湿性粉剂 500 倍液、72.2％霜霉威水剂 600 倍液等喷雾防治，隔 7～10d 喷一次，视病程度防治 1～2 次。在苗床湿度大时，可使用 45％百菌清粉尘进行防治或撒施草木灰降低湿度。

（2）番茄立枯病　在秋棚内 10 月上旬始发，10 月中下旬至 11 月上旬是发病高峰期。苗床可用 50％多菌灵可湿性粉剂 8g/m²，加营养土 10kg 拌匀成药土进行育苗，播前一次性浇透底水，待水渗下后，取 1/3 药土撒在畦面上，把催好芽的种子播后，再把余下的 2/3 药土覆盖在上面，即下垫上覆使种子夹在药土中间。也可使用太阳能进行床土高温消毒。

定植后发病，及时用药防治，选用 5％井冈霉素水剂 1500 倍液，或 50％异菌脲可湿性粉剂 1000～1500 倍液、20％甲基立枯磷乳油 1200 倍液、36％甲基硫菌灵悬浮剂 500 倍液、15％恶霉灵水剂 450 倍液等喷淋，隔 7d 灌药一次，连灌 3～4 次。猝倒病、立枯病混合发生时，可用 72.2％霜霉威水剂 800 倍液＋50％福美双可湿性粉剂 800 倍液喷淋，每平方米 2～3L。视病情隔 7～10d 一次，连续防治 2～3 次。

（3）番茄灰霉病（彩图 1-119）　为保护地番茄的重要病害。主要为害第一穗果，还可为害花、叶片及茎。典型症状是在病部产生鼠灰色霉层。一般 12 月至翌年 5 月，气温 20℃左右，低温、弱光、相对湿度持续 90％以上的高湿状态易发病。选地势较高、易排水的地块作高畦育苗。旧苗床土表面灭菌，可选用 65％硫菌・霉威可湿性粉剂 400 倍液，或 50％异菌・福可湿性粉剂 800 倍液、50％多・霉威可湿性粉剂 500 倍液等喷洒表面。收获后和种植前彻底清除棚室内病残体，生产棚室定植前用 6.5％硫菌・霉威粉尘 1kg/亩喷粉，或用 50％多・霉威可湿性粉剂 600 倍液、50％异菌・福可湿性粉剂 800 倍液，对棚膜、地面、架材和墙面进行表面灭菌。加强通风换气，调节温、湿度，避免结露。可选用 10％腐霉利烟剂，或 45％百菌清烟剂、3％噻菌灵烟剂等烟熏 2～3h，每亩每次用药 250g。也可选用 5％百菌清粉尘剂，或 6.5％硫菌・霉威粉尘剂、10％异菌・福粉尘剂等喷粉，每亩每次用药 1kg，7～10d 一次，连喷 2～3 次。

化学防治，重点抓住移栽前、开花期和果实膨大期三个关键时期用药。移栽前，用 50％腐霉利可湿性粉剂 1500～2000 倍液，或 50％异菌脲可湿性粉剂 1500 倍液喷淋幼苗。开花期蘸花药，最好改蘸花为喷花。用对氯苯氧乙酸保果时，喷花药液里加入 0.2％～0.3％的 50％多・霉威可湿性粉剂，或 50％异菌・福可湿性粉剂，或 65％硫菌・霉威可湿性粉剂等。果实膨大期，重点喷花和果实，可选用 50％嘧霉胺可湿性粉剂 1100 倍液，或 50％腐霉利可湿性粉剂 1000 倍液、50％多・霉威可湿性粉剂 1000～1500 倍液、2％武夷菌素水剂 100 倍液、50％乙烯菌核利可湿性粉剂 1500 倍液、45％噻菌灵悬浮剂 3000～4000 倍液、50％异菌脲可湿性粉剂 1000 倍液、65％硫菌・霉威可湿性粉剂 1000～1500 倍液等喷雾。由于灰霉病菌易产生抗药性，应尽量减少用药量和施药次数，必须用药时，要注意轮换或交替及混合施用。

（4）番茄早疫病（彩图 1-120）　又称夏疫病、轮纹病等。苗期、成株期均可染病，主要侵害叶、茎、花和果。露地一般在结果初期开始发生，结果盛期为发病高峰。保护地发病，可选用 45％百菌清烟剂，或 10％腐霉利烟剂，每亩用 250g，密闭熏 2～3h。也可喷撒 5％百菌清粉尘剂，或 5％春雷・王铜粉尘剂，每亩每次 1kg，隔 9d 一次，连续防治 3～4 次。茎部发病，可用 50％异菌脲可湿性粉剂 180～200 倍液，用毛笔涂抹病部，必要时还可配成油剂。

发病前先用 1000 倍的高锰酸钾喷施一遍，或每亩用 25％嘧菌酯水悬浮剂 24～

32mL，或 10％苯醚甲环唑水分散粒剂 50～70g，或 68.75％恶唑菌铜·锰锌水分散粒剂 75～95g，加水 75kg，均匀喷雾，隔 7～10d 喷一次，连喷 2～3 次。

田间初现病株立即喷药，可选用 50％异菌脲可湿性粉剂 1000～1500 倍液，或 75％百菌清可湿性粉剂 600 倍液、47％春雷·王铜可湿性粉剂 800～1000 倍液、80％代森锰锌可湿性粉剂 600 倍液、58％甲霜·锰锌可湿性粉剂 500 倍液、70％代森联干悬浮剂 500～600 倍液、64％恶霜灵可湿性粉剂 1500 倍液、50％多·霉威可湿性粉剂 600～800 倍液、77％氢氧化铜可湿性粉剂 500～750 倍液等药剂喷雾，每种药剂在番茄整个生育期限用 1 次，共喷药 2～3 次，注意药剂轮换使用。

（5）番茄晚疫病（彩图 1-121）　又称疫病，是一种流行性很强的真菌病害，大棚、露地均可发生。番茄整个生长期都可发生，棚室中以秋季 9～10 月，春季 3～5 月最易流行。保护地采用烟雾法，亩施用百菌清烟剂，每次 200～250g，预防或熏治，隔 7～8d 再熏一次。或喷撒 5％百菌清粉尘剂，或 5％霜霉威粉尘剂，每亩每次 1kg，隔 9d 一次。烟剂和粉尘，一般在傍晚使用效果好，避免在阳光条件下施药。

苗期可进行保护性喷药，定植前再喷一次，可用波尔多液 1：1：（200～250）倍液（盛花期不能用波尔多液）。定植后，在雨季来临之前 5～7d 施药一次，当田间出现中心病株后，立即拔除深埋或烧毁，并用硫酸铜液喷洒地面消毒，并立即全面喷药，反复 3～4 次喷药封锁。可选用 69％烯酰·锰锌可湿性粉剂 600～800 倍液，或 72.2％霜霉威水剂 800 倍液、40％甲霜铜可湿性粉剂 700～800 倍液、40％乙膦·锰锌可湿性粉剂 300 倍液、72％霜脲·锰锌可湿性粉剂 600 倍液、64％恶霜灵可湿性粉剂 1000 倍液、70％代森联干悬浮剂 500～600 倍液、68％精甲霜·锰锌水分散粒剂 600～800 倍液、50％氟吗·乙铝可湿性粉剂 500～700 倍液等喷雾防治。

番茄晚疫病发生重时，必须多用几种药才能治住，如 68％精甲霜·锰锌水分散粒剂 500 倍液＋25％吡唑醚菌酯乳油 1500 倍液，或 52.5％恶酮·霜脲氰水分散粒剂 1000 倍液＋50％烯酰吗啉可湿性粉剂 800 倍液等。

田间应用表明，用 68.75％氟菌·霜霉威悬浮剂 600 倍液或 72.2％霜霉威水剂 600 倍液分别加 70％丙森锌可湿性粉剂 600 倍液等轮换使用，防治番茄晚疫病效益尤佳。

晚疫病易产生抗药性，要注意交替轮换用药，5～6d 喷一次，连续用药 2～3 次，收获前 7d 停止施药。

灌根，可选用 50％甲霜铜可湿性粉剂 600 倍液，60％琥·乙磷铝可湿性粉剂 400 倍液等，每株灌药液 300mL 左右即可。

（6）番茄软腐病（彩图 1-122）　属细菌性病害，主要为害茎和果实。将 50％多菌灵可湿性粉剂加 72％硫酸链霉素悬浮剂用水调成糊状涂抹保护伤口，有效地防止病原侵染。发病初期，选用 50％氯溴异氰尿酸可溶性粉剂 1500 倍液，或 47％春雷·王铜可湿性粉剂 800 倍液、20％噻菌酮悬浮剂 500 倍液、25％络氨铜水剂 500 倍液、50％琥胶肥酸铜可湿性粉剂 500 倍液、77％氢氧化铜可湿性微粒粉剂 500 倍液等喷雾，隔 7d 一次，连续 3 次。

（7）番茄青枯病（彩图 1-123）　又称细菌性萎蔫病，是一种全株性萎蔫的细菌性病害，苗期症状不明显，当番茄株高 30cm 左右开花坐果时，青枯病株开始显症，南方常年发生，一般连阴雨或降大雨后暴晴，土温随气温急剧回升引发病害流行。定植时，用青枯病拮抗菌 MA-7、NOE-104，进行大苗浸根。发病前，可选用 25％琥胶肥酸铜可湿性粉剂 500～600 倍液，或 70％琥·乙膦铝可湿性粉剂 500～600 倍液、47％春雷·王铜可湿性粉剂 1000 倍液等喷雾，每 7～10d 喷一次，连续喷 3～4 次。发病初期，可选用 3％中生菌素可溶性粉剂 600～800 倍液喷雾，或 72％硫酸链霉素可溶性粉剂或新植霉素 4000 倍液、50％敌枯双可湿性粉剂 800～1000 倍液、50％琥·乙膦铝可湿性粉剂 400 倍液、20％噻菌铜悬浮剂 600 倍液、80％波尔多液可湿性粉剂 500～600 倍液、12％松脂酸铜乳油 500 倍液、25％络氨铜水剂 500 倍液、77％氢氧化铜可湿性微粒剂 400～500 倍液、50％琥胶肥酸铜可湿性粉剂 400 倍液灌根，每株灌配制好的药液 300～500L。隔 10～15d 一次，连灌 2～3 次，注意交替用药。

(8) 番茄溃疡病（彩图 1-124） 又称萎蔫病、细菌性溃疡病，为番茄的毁灭性病害，由细菌引起，幼苗至结果期均可发生。反季番茄发病较迟，7～8 月份为发病高峰期。苗床与整个生长期都应进行药剂保护，发病前，喷洒 1：1：200 波尔多液。发病后，全田选用 14％络氨铜水剂 300 倍液，或 77％氢氧化铜可湿性粉剂 500 倍液、50％琥胶肥酸铜可湿性粉剂 500 倍液、60％琥·乙膦铝可湿性粉剂 500 倍液、72％硫酸链霉素可溶性粉剂 4000 倍液、新植霉素 4000 倍液、47％春雷·王铜可湿性粉剂 800 倍液、12％松脂酸铜乳油 500 倍液等药剂交替喷雾。7～10d 一次，视病情防治 3～4 次。中心发病区，可用上述药剂灌根。

(9) 番茄细菌性髓部坏死病（彩图 1-125） 为番茄生产中的重要病害，尤其在 3～6 月份发生严重。主要为害番茄茎和分枝，叶、果也可被害。露地番茄于 6 月上旬青果生长期发病。保护地发生较露地早，可于 3 月下旬初见发病，至 4 月份番茄青果生长期病株增多。4～6 月份遇夜低温或高湿天气，容易发病。田间出现发病中心株时，即应开始施药防治。可选用新植霉素 200mg/kg，或 90％链·土可溶性粉剂 3000 倍液、2％中生菌素水剂 1000～1500 倍液、72％硫酸链霉素可溶性粉剂 3000 倍液、14％络氨铜水剂 300 倍液、50％琥胶肥酸铜可湿性粉剂 500 倍液、47％春雷·王铜可湿性粉剂 800 倍液、57.6％氢氧化铜水分散粒剂 1000 倍液、78％波尔·锰锌可湿性粉剂 600 倍液、25％叶枯唑可湿性粉剂 500 倍液＋72％硫酸链霉素 3000 倍液、20％噻菌铜悬浮剂 800 倍液、85％三氯异氰尿酸可溶性粉剂 1500 倍液等喷雾防治，隔 7d 喷一次，连续喷 3～4 次。若发病较重，可采用注射法进行防治，使用注射器将上述药剂从病部上方注射到植株体内进行治疗，3～5d 一次，连用 3～4 次。也可用浓度大的药液与白面调和药糊涂抹在轻病株的病斑上，如 85％三氯异氰尿酸可溶性粉剂 500 倍液、新植霉素 3000 倍液、77％氢氧化铜可湿性粉剂 300 倍液、50％琥胶肥酸铜可湿性粉剂 300 倍液、14％络氨铜水剂 200 倍液，白面适量，能粘住即可。

(10) 番茄枯萎病（彩图 1-126） 又叫半边枯、萎蔫病，是一种侵染维管束组织的土传病害，田间发病率高达 60％以上，严重时，造成绝收。长江中下游地区主要发病盛期为春季 4～6 月、秋季 8～10 月。番茄的感病敏感生育期是开花结果盛期。本病的病程进展较慢，一般 15～30d 才枯死，无乳白色黏液流出（别于青枯病）。木霉菌剂是一种很好的生物杀菌剂，移栽时每株施用木霉菌剂 2g。发病初期用药液灌根，可选用 3％多抗霉素可湿性粉剂 600～900 倍液，或 50％多菌灵可湿性粉剂、36％甲基硫菌灵悬浮剂 500 倍液、75％百菌清可湿性粉剂 800 倍液、50％甲霜铜可湿性粉剂 600 倍液、72.2％霜霉威水剂 800 倍液、10％双效灵水剂 200 倍液、50％立枯净可湿性粉剂 1000 倍液等交替灌根，每株灌配制好的药液 250mL，隔 7～10d 一次，连灌 3～4 次。

最好是定植淋定根水时就用上述药剂淋药液，每株 250mL，隔 5～7d 一次，连续 3 次，到开花期再加强 2 次。

(11) 番茄病毒病（彩图 1-127） 是番茄最重要病害之一，严重者可能造成绝产绝收。发病率以花叶型最高，蕨叶型次之，条斑型较少；危害程度以条斑型最重，甚至造成绝收，蕨叶型居中，花叶型较轻。在番茄分苗、定植、绑蔓、打杈前，先喷 1％肥皂水加 0.2％～0.4％的磷酸二氢钾或 1∶(20～40)的豆浆或豆奶粉，预防接触传染。发病初期，可选用 1.5％植病灵乳剂 1000 倍液，或 5％菌毒清可湿性粉剂 400 倍液、20％盐酸吗啉胍·铜可湿性粉剂 500 倍液、0.5％菇类蛋白多糖水剂 200～300 倍液（喷灌结合）、高锰酸钾 1000 倍液等喷雾，7～10d 一次，连喷 3～5 次。此外，喷施增产灵 50～100mg/L 及 1％过磷酸钙、1％硝酸钾，或 50～100mg/kg 增产灵作根外追肥，均可提高耐病性。

(12) 番茄白粉病（彩图 1-128） 以温室、大棚发生多。露地多发生于 6～7 月或9～10 月，温室或塑料大棚则多见于 3～6 月或 10～11 月。发病前或发病初期喷药保护，可选用 2％武夷菌素水剂 150 倍液，或 2％嘧啶抗生素水剂 150 倍液、62.25％腈菌·锰锌可湿性粉剂 500 倍液、25％丙环唑乳油 3000 倍液、40％氟硅唑乳油 8000～10000 倍液、30％多·唑酮可湿性粉剂 4000 倍液、80％代森锰锌可湿性粉剂 500 倍液、70％甲基硫菌灵可湿性粉剂 1000 倍液、10％苯醚甲环唑水分散粒剂 1000 倍液、30％氟菌唑可湿性粉剂 1500～2000 倍液、50％醚菌酯水分散粒剂 1500～3000 倍液、25％吡唑醚菌酯乳油 2000～3000 倍液、15％三唑酮乳油 1000 倍液、50％硫黄悬浮剂 200～300倍液等喷雾防治，隔 7～15d 喷一次，连续 2～3 次。棚室可选用粉尘剂或烟雾法，于傍晚喷撒 10％多·百粉尘剂，每亩每次 1kg。或施用 45％百菌清烟剂，每亩每次 250g，用暗火点燃熏一夜。

(13) 番茄叶霉病（彩图 1-129） 又叫黑霉病，俗称黑毛、黑毛叶斑病等。是一种高温高湿病害，最适感病生育期为封行、坐果期，长江中下游地区番茄叶霉病的主要发病盛期，春季在 3～7 月，秋季在 9～11 月，一般春季发病重于秋季。主要为害叶片，严重时也为害茎、花和果实。发病初期，用 45％百菌清烟剂，每亩每次 250～300g，熏一夜。也可于傍晚选用 7％嘧霉胺·多抗霉素粉尘剂，或 5％春雷·王铜粉尘剂、5％百菌清粉尘剂、10％敌托粉尘剂等喷撒，每亩每次 1kg，隔 8～10d 一次，连续或交替轮换施用。生物防治，可选用 1∶1∶200 波尔多液，或 47％春雷·王铜可湿性粉剂 500 倍液、2％武夷菌素水剂 100～150 倍液、48％碱式硫酸铜悬浮剂 800 倍液、12.5％松脂酸铜乳油 600 倍液等喷雾防治。化学防治，可选用 60％咪鲜胺可湿性粉剂 800 倍液，或60％噻菌灵可湿性粉剂 700～800 倍液、50％异菌脲可湿性粉剂 1000 倍液、30％苯甲·丙环唑乳油 3000 倍液、10％苯醚甲环唑水分散颗粒剂 1000 倍液、70％丙森锌可湿性粉剂 500～600 倍液、25％嘧菌酯悬浮剂 1000～2000 倍液、75％百菌清可湿性粉剂 600～800 倍液、50％腐霉利可湿性粉剂 1000 倍液、50％醚菌酯干悬浮剂 3000 倍液、47.2％抑霉唑乳油 2500～3000 倍液、70％甲基硫菌灵可湿性粉剂 800～1000 倍液、65％乙霉威可湿性粉剂 600 倍液、65％硫菌·霉威可湿性粉剂 600 倍液、50％多·霉威可湿性粉剂 800 倍液、60％多菌灵盐酸盐超微粉 600 倍液、70％代森联干悬浮剂 500～600 倍液、40％氟硅唑乳油 10000 倍液等喷雾，防治时每亩用药液量 50～65L，隔 7～10d 一次，连续防治 2～3 次。喷洒药液要注意叶背的防治，并注意药剂要交替使用。

(14) 番茄煤霉病（彩图 1-130） 主要为害叶片，也能为害茎和叶柄。发病初期，可选用 40％多·硫悬浮剂 800 倍液，或 50％甲基硫菌灵可湿性粉剂 500 倍液、50％混杀硫悬浮剂 500 倍液、80％代森锰锌可湿性粉剂 500 倍液、50％多菌灵可湿性粉剂 500

倍液、50％苯菌灵可湿性粉剂 1000～1500 倍液、77％氢氧化铜可湿性粉剂 1000 倍液、50％腐霉利可湿性粉剂 1000 倍液、30％氧氯化铜悬浮剂 500 倍液等喷雾，隔 10d 喷 1 次，连续 2～3 次。

(15) 番茄煤污病（彩图 1-131） 主要为害叶片，也为害果实。荫蔽、湿度大的棚室，以及梅雨季节，发病重。在点片发生阶段喷 40％灭菌丹可湿性粉剂 400 倍液，或 40％敌菌丹可湿性粉剂 500 倍液、40％多菌灵悬浮剂 600 倍液、2％武夷菌素水剂 200 倍液、50％多·霉威可湿性粉剂 1500 倍液、65％硫菌·霉威可湿性粉剂 1500～2000 倍液，隔 15d 喷一次，根据发病情况防治 1～2 次。采收前 3d 停止用药。及时防治蚜虫、粉虱及介壳虫等传播介体，可有效预防病害的发生。

(16) 番茄绵腐病（彩图 1-132） 是一种常见病害，长江中下游地区主要发病盛期为 4～6 月。年度间以春夏多雨，尤其是梅雨期间多雨的年份发病重。不需要单独防治，可结合防治其他病害兼治。发病后喷 25％甲霜灵可湿性粉剂 800 倍液，或 40％乙膦铝可湿性粉剂 250 倍液、64％恶霜灵可湿性粉剂 500 倍液、72％霜脲·锰锌可湿性粉剂 800 倍液、50％烯酰吗啉可湿性粉剂 2000 倍液、15％恶霉灵水剂 450 倍液、72.2％霜霉威水剂 800 倍液等，隔 7～8d 喷一次，连续 2～3 次。

(17) 番茄黑斑病（彩图 1-133） 又称钉头斑病、指斑病，是番茄的一种常见病害。年度间以番茄结果期多雨、高湿的年份发病重。长江中下游地区发病盛期为 5～6 月，番茄感病敏感生育期在果实成熟期。从青果期开始选用 50％异菌·福可湿性粉剂 800 倍液，或 80％代森锰锌可湿性粉剂 600 倍液、50％异菌脲可湿性粉剂 1000～1500 倍液、10％苯醚甲环唑水分散粒剂 1500 倍液、68％精甲霜灵·锰锌水分散粒剂 600～800 倍液、75％百菌清可湿性粉剂 600 倍液等喷雾防治，每隔 7～10d 喷施一次。棚室中每亩每次用 45％百菌清烟剂 200g 熏治。

(18) 番茄菌核病（彩图 1-134） 北方菌核病多在 3～5 月萌发，南方则有 2 个时期，即 2～4 月和 10～12 月。番茄感病敏感生育期是成株期至结果中后期。与禾本科作物实行 3～5 年轮作。深翻土地，使菌核不能萌发。覆盖地膜可以抑制菌核萌发及子囊盘出土。保护地栽培，在发病初期每亩用 10％腐霉利烟剂 250～300g 熏一夜，或喷撒 5％百菌清粉尘剂 1kg，隔 7～9d 喷撒一次。露地栽培，发病初期，可选用 50％乙烯菌核利干悬浮剂 1500～2000 倍液，或 50％醚菌酯干悬浮剂 2500～3000 倍液、43％戊唑醇悬浮剂 3000～3500 倍液、50％腐霉利可湿性粉剂 1000 倍液、40％菌核净可湿性粉剂 500 倍液、65％硫菌·霉威可湿性粉剂 500～800 倍液、80％多菌灵可湿性粉剂 600 倍液等喷雾防治，隔 7～10d 喷一次，连续 3～4 次。

(19) 番茄白绢病（彩图 1-135） 俗称霉蔸、菜籽病。苗期和成株期都可为害，主要侵染近地面茎基部和根部，引起植株死亡甚至成片死亡。在菌核形成前，及时拔除病株，病穴撒 50％代森铵水剂 400 倍液等杀菌剂，或石灰消毒。发病初期，可撒施或喷洒 50％腐霉利可湿性粉剂 1000 倍液，或 50％异菌脲可湿性粉剂 1000 倍液、80％多菌灵可湿性粉剂 600 倍液、50％混杀硫或 36％甲基硫菌灵悬浮剂 500 倍液、20％三唑酮乳油 2000 倍液等，每亩施药液 60～70L，隔 7～10d 一次，至控制病情止。

(20) 番茄灰叶斑病（彩图 1-136） 灰叶斑病是由匍柄霉属真菌引起的，是番茄的一种重要病害。在 6 月中旬采果盛期流行，夏播番茄在 8 月中旬第三薹花开花期发病。棚室栽培在发病初期，使用保护杀菌剂喷雾。可以选用 20％噻菌铜悬浮剂 500 倍液，或 57.6％氢氧化铜粉剂 1000 倍液、75％百菌清可湿性粉剂 600 倍液、80％代森锰锌可湿性粉剂 600 倍液、70％代森联干悬浮剂 600 倍液。阴雨天大棚、温室内湿度大时，宜用百菌清烟剂等熏烟防病。

发病初期，使用具有治疗效果的杀菌剂及其与保护性杀菌性的混配剂。可选用 10％苯醚甲环唑水分散粒剂 1500 倍液，或 25％嘧菌酯悬浮剂 1500 倍液、12.5％腈菌唑乳油 2500 倍液、70％甲基硫菌灵可湿性粉剂 600 倍液、50％醚菌酯水分散粒剂 4000 倍液、20％噻菌铜悬浮剂 500 倍液、64％恶霜灵可湿性粉剂 400 倍液、52.5％恶酮·霜脲氰水分散粒剂 1800 倍液、68.75％恶酮·锰锌水分散粒剂 1300 倍液、47％春雷·王铜可湿性粉剂 700 倍液、25％吡唑醚菌酯乳油 1500 倍液等喷雾防治。隔 7～10d 一次，连续防治 2～3 次。

或用 43％戊唑醇悬浮剂 3000 倍液＋33.5％喹啉铜悬浮剂 750 倍液，或 60％唑醚·代森联水分散粒剂 1500 倍液＋33.5％喹啉铜悬浮剂喷雾防治，每隔 7d 喷洒一次，连用 3～4 次，效果较好。

(21) 番茄根结线虫病（彩图 1-137）　在温室休闲季节，每亩施入生石灰 60～70kg，连续保水 20d 左右，可收到较好的防治效果。也可在播种或定植前 15d，用 10％噻唑磷颗粒剂，或 1.1％苦参碱粉剂等药剂均匀撒施后耕翻入土，每亩用药量 3～5kg。还可在定植行中间开沟条施或沟施，每亩施入上述药剂 2～3.5kg，覆土踏实。如果穴施，则每亩用上述药剂 1～2kg，施药拌土。

定植后，在棚室内植株局部受害时，可选用 1.8％阿维菌素乳油 2000 倍液，或 50％辛硫磷乳油 1500 倍液、90％敌百虫结晶 800 倍液、80％敌敌畏乳油 1000 倍液灌根，或每亩用 5％根线灵颗粒剂 2.5kg、0.3％印楝素乳油 100mL、0.15％阿维·印楝素颗粒剂 4kg，用湿细土拌匀后撒施于垄上沟内，盖土后移栽。

(22) 番茄芽枯病（彩图 1-138）　根据当地气候条件，露地夏番茄可适当早播种，保护地秋延后番茄可适期晚播，以避开高温期。在育苗期或定植后，酌情采取喷清水降温、适量浇水保持地面湿润、通风、覆盖遮阳网等措施，维持适温。采用测土配方施肥技术，适当增施硼、锌等微肥。定植缓苗后至第一穗果实膨大前，要适当蹲苗，控制第一穗果膨大前的肥水供应，保证第一穗正常坐果。发现植株萎蔫时适当补水。在苗期和定植后，酌情用 0.1％～0.2％硼砂溶液叶面喷洒，每隔 7～10d 喷一次，连喷 2～3 次。也可喷洒 0.136％芸苔·吲乙·赤霉酸（碧护）可湿性粉剂 10000 倍液。对发生芽枯病的植株，除加强水肥管理外，可选留在第二花（果）穗或第三花（果）穗下部萌生的侧枝来代替主枝开花结果。

(23) 番茄脐腐病（彩图 1-139）　又称尻腐病、蒂腐病、顶腐病，俗称黑膏药、贴膏药、烂肚脐，为难以防治的世界性难题，对春季露地栽培的番茄危害性大，多发生在结果盛期较大的果实上，直接影响果实的商品价值。适时浇水，必须保证水分的均衡供应，尤其是结果期更要注意水分的均衡供应。第一水定植时和第二水开始坐果时，水量均不能太大，第三花序开完以后，第一穗果如鸡蛋大小时，才浇大水，保持土壤湿润。干旱地区定植后行间覆盖麦秸，或使用遮阳网覆盖，可减少水分蒸发，田间浇水宜在早晨或傍晚进行。

改良土壤。应选择保水力强、土层深的地块种植，增施有机肥，确属土壤缺钙的，每亩可用消石灰或碳酸钙 50kg，均匀撒施地面并翻入耕层中。

加强栽培管理。在开花结果后，及时摘除枯死花蒂和病果，并适当整枝和疏叶，减少植株水分蒸腾，摘心可促进钙向果实转移。采用地膜覆盖可保持土壤水分相对稳定，能减少土壤中钙质养分淋失，是预防本病方法之一。

合理施肥。以腐熟有机肥为主，结合整地施用过磷酸钙，避免氮肥过多。根外追肥，番茄着果后1个月内是吸收钙的关键时期，当头穗花结果后，喷洒1%的过磷酸钙，或0.5%氯化钙＋5mg/L萘乙酸、0.1%硝酸钙＋1.4%复硝酚钠水剂5000～6000倍液，从初花期开始，10d左右一次，连喷3～5次。使用氯化钙及硝酸钙时，不可与含硫的农药及磷酸盐（如磷酸二氢钾）混用，以免产生沉淀。

（24）番茄筋腐病（彩图1-140）又称条腐病、带腐病、乌心果、条斑病、黑筋或铁皮果等，是保护地番茄果实常发生的生理病害。越冬栽培的番茄多在第二、第三穗果大量发生，冬春栽培的多在第一、第二穗果大量发生，病果在转红期暴露病症。

培育壮苗。科学确定播种期、定植期，不要过早播种。改两次分苗移栽为育苗钵内单粒种子直播。秋延后栽培的，夏季高温分苗比钵内单粒种子直播发病多几倍到几十倍。苗期最低温度不能长期低于10℃，高温不超过25℃，定植后以13～27℃为好。

增强光照。挂银膜补光增加光照，选用透光率高、保温性能好的覆盖材料，保持薄膜清洁。

加强管理。发病较重的保护地实行轮作换茬。及时中耕，尤其是冬季低温期，有利于增强土壤通透性，防止土壤板结引起筋腐病的发生。适当稀植，适时整枝打杈，及时摘除病叶。

科学施肥。增施农家肥和磷钾肥。每100m长大棚施用酵素菌沤制的堆肥或充分腐熟有机肥8～10m³，尿素5～7kg，过磷酸钙70～80kg（最好不施用二铵），硫酸钾30～35kg（不能施用氯化钾），混匀撒施后翻地。最好能采用配方施肥技术。

及时追肥。果实膨大期少施氮肥，多施钾肥和铁元素。可叶面喷施磷酸二氢钾2000倍液、0.2%的葡萄糖＋0.1%磷酸二氢钾混合液、磷酸二氢钾和氨基酸钙的混合液、金维素800倍液、邦龙鱼蛋白有机肥80倍液、农乐2000倍液等叶面肥。有条件的，可在冬季增施二氧化碳气肥。

适时浇水。看天、看地、看作物，适时适量浇水。保护地内冬季连阴天后骤晴不要急于浇水，以防土壤温度长期处于过低状态，待土壤温度恢复后再浇水。阴雨天不浇水，晴天上午浇水。有条件的采用膜下暗灌或微滴灌。忌大水漫灌，雨后及时排水。

注意防治病毒病（注意筋腐病与病毒病病果的区别，病毒病一般会有花叶、条斑等全株性症状，而筋腐病仅在果实上产生症状而在植株茎叶上一般不产生症状）。

（25）番茄细菌性斑疹病　又称细菌性微斑病、细菌性叶斑病、细菌性斑点病、黑秆病，为番茄重要的细菌性病害。发病初期，可选用77%氢氧化铜可湿性粉剂400～500倍液，或20%噻菌灵悬浮剂500倍液、72%农用硫酸链霉素可溶性粉剂3000～4000倍液、10%苯醚甲环唑微乳剂600倍液、88%水合霉素可溶性粉剂1500～2000倍液、23%氢铜•霜脲可湿性粉剂800倍液、20%噻菌铜悬浮剂1000～1500倍液、20%噻唑锌悬浮剂400～500倍液、14%络氨铜水剂300倍液、50%琥胶肥酸铜可湿性粉剂500倍液等喷雾，每隔10d喷一次，连续1～2次。也可喷施3%中生菌素可湿性粉剂600～800倍液或2%春雷霉素液剂400～500倍液，10d喷一次，连续喷3～4次。药物之间最好不要混配，与其他农药混配时也要慎重。若遇雨季，雨过天晴后要及时喷施。药剂防治时要宜早不宜迟，以防为主，无病先防。

第二章 ▶▶▶

瓜类蔬菜

第一节 黄 瓜

一、黄瓜生长发育周期及对环境条件的要求

1. 黄瓜各生长发育阶段的特点

黄瓜的一生，即从种子萌发至新种子形成、植株自然衰老枯死，一般历时 90～130d，长者可达 300d。经历种子发芽期、幼苗期、抽蔓期和结果期等 4 个完全不同的生育阶段。

（1）发芽期　自播种后种子萌动到子叶完全展开，约 8～10d，最快 5d 左右。种子发芽期所需要的营养，依赖种子内贮存的养分转化。影响此阶段的条件，一是种子本身的素质，即种子的饱满度，贮藏时间长短及本身的发芽率高低；二是种子发芽所需要的温度、湿度、氧气和育苗环境是否适宜等，人工浸种催芽等技术也直接影响到发芽期的进程与效果。此期应给予较高的温湿度和充足的光照，有条件的地方可采用地膜覆盖。出苗后要及时进行肥水管理，培育壮苗，防止徒长。

（2）幼苗期　从子叶伸出地面完全展开到 4～5 片真叶的定植期，历时 30～40d。春季利用阳畦育苗时，第一真叶平展时，苗端已分化 16 片叶，且 12 片叶以下的叶已完全分化，当幼苗 3 片叶时，幼苗已分化出 22 片真叶，15 叶腋已见花器分化，表明这个阶段已进行不同器官的分化，对整个生育阶段黄瓜的生长发育、产量与品质的影响很大，故在育苗过程中，加强对幼苗的管理，培育适龄壮苗至关重要。

（3）抽蔓期　又称甩蔓期或始花期（彩图 2-1），由 4～5 片真叶经历第一雌花出现、开放，到第一瓜坐住，约 25d。多数品种此时从第四节开始出现卷须，节间加长，蔓的生长加快，有的品种出现侧枝，并陆续出现、开放雌花和雄花。根瓜的瓜把由黄绿变深绿即"黑把"时，标明根瓜已稳住，抽蔓期结束。抽蔓期终止时黄瓜植株的高度已达1m 左右，子叶生长至最大，主根深达 40～50cm，已展开的真叶 10 片以上，第一雌花

开放并坐果，即根瓜瓜把色泽转浓呈"黑把"。此阶段植株生长，在以茎叶生长为主的同时，花芽继续分化，标志着营养生长向生殖生长过渡。植株从原来的直立生长转向蔓性生长，故在栽培管理上应及时搭架。抽蔓后阶段应适当通过控制肥水来适当控制营养生长过旺。

（4）结果期　自第一果坐住，经过连续不断的开花结果到植株衰老、拉秧为止，结果期的持续时间因栽培模式不同而不同。春提早、秋延后栽培模式持续40～60d，越冬长季节栽培模式可持续6～7个月。此期植株各节的叶、卷须、侧蔓、雄蕊、雌蕊陆续生长成形，主蔓叶片的生长和叶面积最大化，蔓的生长速度与生长量也大，雌花出现与开放比率提高，雌花一旦坐果后幼瓜生长速度也加快，瓜长瓜粗的日增长量加大。但根瓜生长慢，腰瓜生长快。植株的营养生长与生殖生长同步进行，主蔓与侧蔓连续生长的同时，又连续不断地开花结果。此时可通过人工打顶、去杈等措施予以调节，限制植株的营养生长，进而转向以开花结果为主，有利于多结果争高产。栽培管理上应加强科学的肥水管理和病虫害的综合防治。在设施栽培中既要注意增温保温，防寒保暖，也应注意多见光和及时通风、降湿以及二氧化碳施肥。

2. 黄瓜对环境条件的要求

（1）温度　黄瓜是典型的喜温短日照植物。黄瓜生长发育所要求的温度条件因不同的生育阶段而有所不同。在田间自然条件下，以15～32℃为宜。其种子发芽适温为27～29℃。植株生长发育适温，幼苗期白天22～25℃，夜间15～18℃，开花结果期白天25～29℃，夜间18～22℃。

根系适宜地温的范围与夜温相近。最适地温为20～25℃，低于20℃根系活动减弱。当地温下降至12～13℃时根系停止生长，但高于25℃时呼吸增强，易引起根系衰弱死亡。白天光合作用适温为25～32℃，32℃以上时呼吸量加大，净同化效率下降。最高温度达35℃时为光合作用补偿点，超过35℃时，破坏了光合作用与呼吸作用的平衡，导致生理失调，同化作用效率下降，易形成苦味瓜。连续45℃以上温度时，叶片失绿，雄花不开花，花粉发芽不良，出现畸形果。短期50℃时茎叶坏死。

黄瓜不耐寒，温度低于适宜范围亦对黄瓜的生长发育产生不良影响。10～13℃时易引起生理活动紊乱，停止生长；4℃时受冷害，表现为生长延迟和生理障碍等；0℃时引起植株冻害。在低温及高温条件下，根系生长及吸收功能受到影响。

（2）光照　黄瓜对日照长短的要求因生态环境不同而有差异，在低温、短日照条件下，雌花出现早而多，9～10℃的低夜温和8h的短日照有利于雌花花芽的分化。一般华南型品种对短日照较为敏感，而华北型品种对日照的长短要求不严格，但8～11h的短日照能促进花芽的分化和形成。黄瓜是果菜类蔬菜中耐弱光的一种，是保护地蔬菜生产的主要品种，只要满足了温度条件，冬季也可以进行种植。但是一般由于冬季日照时间短，光照弱，黄瓜生长比较缓慢，产量较低。炎热夏季光照过强，也不利于植株正常生长。一般生产上夏季采用遮阳网，冬春季覆盖无滴膜，都是为了调节光照，促进黄瓜正常生长发育。

（3）水分　黄瓜对水分极其敏感，喜湿怕旱又怕涝。其根系浅，叶面积大，其所吸收的水分绝大部分通过叶面蒸腾而消耗，以维持植株热量平衡和其他生理功能。如果水分供应不及时，很容易造成"中午缺水性萎蔫"，必须经常浇水才能保证黄瓜正常生长结果。但其吸收能力亦弱，浇水过多又容易造成土壤板结和积水，影响土壤的透气性，不利于植株的生长。特别是早春、晚秋季节种植，土壤温度低、湿度大时极易发生寒根、沤根和猝倒病。在管理上要做到雨天排干积水，晴天勤于淋水。

黄瓜对空气相对湿度的适应能力比较强，可以忍受 95％～100％的空气相对湿度。但是空气相对湿度过大容易发生病害，造成减产。所以，棚室生产阴雨天以及刚浇水后，空气湿度大，应注意放风排湿。在生产上采用膜下暗灌等措施使土壤水分比较充足，湿度较适宜，此时即使空气相对湿度低，黄瓜也能正常生育，且很少发生病害。

黄瓜不同的生育阶段对水分的要求有别。一般浸种催芽要求水分多，以利种子吸水膨胀和种子内贮藏养分的转化运转与利用，促进种子发芽。苗期要求适当的水分供应，适宜土壤湿度为田间持水量的 60％～70％，不能过多，水分多容易发生徒长，但也不能过分控水，否则易形成老化苗。进入抽蔓期特别是结果期要求充足的水分供应，但亦不能过多，适宜土壤湿度为田间持水量的 80％～90％，空气湿度白天为空气相对湿度的 80％，夜间为空气相对湿度的 90％。高的空气湿度是病害发生的诱因，因此，在黄瓜生产中病害要以预防为主，不能盲目控制空气湿度。

（4）气体　空气中的氧、二氧化碳和有毒气体都会对黄瓜的生长发育、产量和品质构成影响。黄瓜的光合作用需要二氧化碳，空气中二氧化碳浓度直接影响到黄瓜的光合强度。黄瓜生长适宜二氧化碳浓度为 $1000～1500\mu L/L$，低于 $500\mu L/L$，黄瓜产量受影响。一天内二氧化碳浓度变化很大，下午二氧化碳浓度一般低于 $500\mu L/L$。在大量施用有机肥的温室内，掀草苫时二氧化碳浓度可达到 $1500\mu L/L$，配合相应的温度及水肥措施，可大幅度提高黄瓜产量。当二氧化碳不足时，施二氧化碳肥可显著提高产量。

空气中的有毒气体如二氧化硫、一氧化氮以及氟化氢、氯气等会污染黄瓜，不仅妨碍黄瓜植株的生长发育，而且会对产品造成污染，影响其食用品质和安全性。

（5）土壤与肥料　黄瓜适宜于疏松肥沃及中性（pH6.5～7.0）的砂壤土中生长，才能获得优质高产。在其他土壤中种植虽能生长，但产量不高，效益不好。在 pH 高的碱性土壤上种植，幼苗容易烧死或发生盐害；而在酸性土壤上种植，易发生多种生理障碍，植株黄化枯萎，尤其在连作情况下更差，易发生枯萎病。黄瓜根系呼吸强度较大，需氧量较高，为土壤含氧量 10％。黄瓜耐盐碱性差。

黄瓜对三大营养要素的吸收量以钾最多，其次是氮，磷最少。施足基肥是稳产高产的关键之一。黄瓜对基肥反应良好，在整地时，深耕增施腐熟有机肥，以改良土壤，提高肥力。一般每亩施有机肥约 2000kg、复合肥 20～30kg 作基肥。植株出现 2～3 片真叶时，开始追肥，以促进蔓叶生长和开花结果，苗期施用磷肥可以起到培育壮苗的作用。但由于黄瓜根系吸收能力弱，对高浓度肥料反应敏感，所以追肥以勤施、薄施为原则，结果期每隔 6～8d 追肥 1 次，以促进植株的生长从而延长结果期。

二、黄瓜栽培季节及茬口安排

黄瓜生产茬口安排见表 2-1。

表 2-1　黄瓜生产茬口安排（长江流域）

种类	栽培方式	建议品种	播期 /(月/旬)	定植期 /(月/旬)	株行距 /(cm×cm)	采收期 /(月/旬)	亩产量 /kg	亩用 种量/g
黄瓜	冬春季 大棚	津优 1 号、30 号、 津春 4 号、 5 号	1/中下～ 2/中	2/中下～ 3/上	(20～25) ×(55～60)	4/上～ 7/上	2500	100～150
	春露地	津研 4 号、津优 1 号、津春 4 号、9 号	2/中下～3	3/下～4	20×60	5～7	2000	100～150
	夏露地	津春八 号、津优 108 号、津 优 40、中 农八号	5～8/上	直播	(20～25) ×(55～60)	7～10	2500	150～200
	夏秋 大棚	津春 8 号、津优 108、中农 八 号、津 优 40	6～7/下	直播	(20～25) ×(55～60)	8～10	2500	150～200
	秋延后 大棚	津春 8 号、津优 108、津绿 3 号	7/中～ 8/上	8/上～ 8/下	25×60	9/中～ 11/下	2000	100～150

三、黄瓜育苗技术

1. 黄瓜穴盘育苗技术要点

（1）穴盘选择　不同规格的穴盘对秧苗生长及适宜苗龄等影响很大，育苗孔大（每盘孔穴数少），有利于秧苗生长，但基质用量大、生产成本高；而育苗孔小（每盘孔穴数多），则穴盘苗对基质湿度、养分、氧气、pH 值等的变化敏感，同时使得秧苗对光线和养分的竞争更加剧烈，不利于秧苗生长，但相对基质用量少、生产成本较低。因此，育苗生产中应根据蔬菜种类、秧苗大小、不同季节生长速度、苗龄长短等因素来选择适当的穴盘。在黄瓜育苗中，冬春季育 2 叶 1 心子苗选用 288 孔苗盘；育 4～5 叶苗选用 128 孔苗盘；育 6 叶苗选用 72 孔苗盘，或 50 孔苗盘。夏季育 3 叶 1 心苗选用 200 孔或 288 孔苗盘。

越冬长季节黄瓜育苗第一片真叶展开时即进行嫁接，所以选用 72 孔穴盘即可。如重复使用的穴盘，在使用前应进行消毒处理，穴盘消毒可用高锰酸钾液浸泡 1h，或用百菌清 500 倍液浸泡 5h，或用多菌灵 500 倍液浸泡 12h，或用 2% 的漂白粉充分浸泡 30min，用清水漂洗干净备用。

（2）基质配方　由于穴盘育苗时每株种苗根系的生长空间独立，且生长空间远小于传统的育苗方式，有限的育苗基质降低了对水分和养分的缓冲能力，也限制了根系的生长空间，因此根系的生长环境与传统苗床生长环境有很大的差异，对基质的质量要求较高，基质的质量是穴盘育苗成功的关键因素之一。

目前生产中育苗所用基质大多以草炭、蛭石、珍珠岩3种原料为主。按体积计算草炭：珍珠岩为3：1，因为苗龄较短，每立方米基质加入复合肥1～1.5kg（如果是冬春季节育苗，每立方米基质要加入复合肥2kg），或每立方米基质加入1.5kg尿素和1.2kg磷酸二氢钾，肥料与基质混拌均匀后备用。用喷壶喷上一些水，用铁锨将其搅拌均匀，至以手握成团、撒手后散开程度时将拌好的基质装入育苗盘中，确保每个穴孔装满基质，然后用木板将穴盘上抹平，可露出穴盘网格。将装满基质的穴盘放在地上，上面放一空穴盘，均匀用力下压，使其下压1.0～1.5cm，或者直接用手指在每个孔穴中央用力按1.5cm深的小孔。

另外，生产者可以根据当地情况就地取材，充分利用农业生产中的一些废弃物，如食用菌生产的菌渣、椰糠、作物秸秆粉碎物、醋糟等代替草炭，按照一定比例加入珍珠岩调节孔隙度，配成育苗基质。

首次使用的干净基质一般不进行消毒，重复使用的基质最好进行消毒，可用0.1%～0.5%的高锰酸钾溶液浸泡30min后，用清水洗净。也可用甲醛对水，均匀喷洒在基质上，将基质堆起密闭2d后摊开，晾晒15d左右，等药味挥发后再使用。

（3）基质用量　每1000盘需用基质：288孔苗盘备用基质2.8～3.0m³；128孔苗盘备用基质3.7～4.5m³；72孔苗盘备用基质4.7～5.2m³。通常以亩用苗数3000～4000株计算，若采用72孔苗盘共需42～56盘，需基质0.25～0.3m³。

（4）播种

① 播种时间　冬春季节育苗主要为日光温室冬春茬和塑料大棚早春茬栽培供苗，一般育苗期为35～45d，若定植时间在2月中旬至3月下旬，则播种期应从12月底到1月中下旬。

夏季育苗苗期短，一般从6月中下旬到7、8月份均可播种育苗，可根据栽培目的确定播种期。

越冬茬长季节黄瓜一般10月初育苗，10月底至11月上旬定植。

② 种子选择　选用优质、抗病、丰产品种，种子质量应符合表2-2的最低要求。

表2-2　黄瓜种子质量标准（摘自GB 16715.1—2010）　　　单位：%

种子类别		品种纯度不低于	净度（净种子）不低于	发芽率不低于	水分不高于
常规种	原种	98.0	99.0	90	8.0
	大田用种	95.0			
亲本	原种	99.9	99.0	90	8.0
	大田用种	99.0		85	
杂交种	大田用种	95.0	99.0	90	8.0

③ 种子处理　如果所购买的是已经包衣的种子，可以直接播种。如果是没有包衣的种子，则需进行种子处理。

方法一：用2.5%咯菌腈悬浮剂10mL＋68%精甲霜·锰锌水分散粒剂2g，对水100～120mL，可以对3kg黄瓜种子包衣，晾干后即可播种。

方法二：用2份开水、1份凉水配成的约55℃温水浸种半小时后，用5%的2.5%咯菌腈悬浮剂＋1%的35%金普隆乳化剂浸泡种子20min，或用75%百菌清可湿性粉剂500倍液处理30min，可有效预防苗期病害发生。

最好采用药剂包衣处理种子，这样既省事又安全，效果还好。

④ 播种　播种前先将苗盘浇透水，以水从穴盘下小孔漏出为标准，等水渗下后播种，经过处理的种子可拌入少量细砂，使种子散开，易于播种，播种深度1cm左右，

播种后覆盖蛭石，喷 68％精甲霜•锰锌水分散粒剂 600 倍液封闭苗盘，预防苗期猝倒病，并在苗盘上盖地膜保湿。

（5）苗期管理（彩图 2-2）

① 水分管理　子叶开始拱土时，及时从催芽室推出见光。基质水分以见干见湿为原则，浇水宜在清晨进行，冬天时要注意浇水温度，不宜直接用冷水浇苗，应用 25℃左右的温水喷洒。幼苗展开第一片真叶时，土壤水分含量应为最大持水量的 75％～80％，苗期 2 叶 1 心后，结合喷水进行 1～2 次叶面喷肥，3 叶 1 心至商品苗销售，水分含量为 75％左右。水分少，易出现老化苗。

② 追肥管理　子叶拱土至真叶吐心期，依靠基质提供养分可以满足需要，不必施肥。真叶吐心到成苗期，可施用育苗专用肥料，每次用肥浓度为 0.1％～0.15％，每 7d 左右施用 1 次。成苗到定植期间，停止浇肥。

③ 温度管理　从播种至齐苗阶段重点是温度管理，白天 25～28℃，夜间 18～20℃，这一期间温度过高易造成小苗徒长，温度过低子叶下垂、朽根，或出现猝倒，特别注意阴天时温度管理不要出现昼低夜高逆温差。齐苗后降低温度，白天 22～25℃，夜间 10～12℃。

④ 防治病害　猝倒病，可用 75％百菌清可湿性粉剂 1000 倍液喷雾，或 64％恶霜灵可湿性粉剂 400 倍液喷雾。

霜霉病，可选用 70％甲基硫菌灵可湿性粉剂 1000 倍液，或 72.2％霜霉威水剂 600～800 倍液、64％恶霜灵可湿性粉剂 400 倍液等轮换喷雾。

病毒病，在夏季高温干旱条件下，易发生病毒病，在播种植前用 10％的磷酸三钠浸种 20min，取出冲洗干净。

蚜虫、蓟马、潜叶蝇、菜青虫等，可选用 1％阿维菌素乳油 3000 倍液，或 50％灭蝇胺可湿性粉剂 5000 倍液等轮换喷雾。

注意杀虫杀菌剂要交替轮换使用，每 7～10d 喷雾一次，预防效果好。三唑酮等三唑类杀菌剂对瓜类生长会产生药害，应避免使用。

⑤ 补苗和分苗　一次成苗的需在第一片真叶展开时，抓紧将缺苗孔补齐。用 72 孔育苗盘育苗，大多先播在 288 孔苗盘内，当小苗长至 1～2 片真叶时，移至 72 孔苗盘内，这样可提高前期大棚有效利用率，减少能耗。

（6）苗龄与商品苗标准

① 苗龄指标　见表 2-3。

表 2-3　黄瓜无土穴盘商品苗标准

季节	穴盘/孔	株高/cm	茎粗/mm	叶片/片	花蕾大小	日历苗龄/d
冬春季	72	13～15	4～5	6～7	部分见花蕾	40～50
	128	12～15	2.5～3	5～6	见很小花蕾	30～40
	288	8～10	1.5～2.0	真叶顶心	无	10～15
夏季	72～128	15～18	3.5～4.5	4～5	见很小花蕾	21～25

② 根系状况　幼苗根系将基质紧紧缠绕，苗子从穴盘拔起时不出现散坨现象。可层层排放在纸箱内，远距离运输，其定植成活率可达 100％。

2. 黄瓜营养块育苗技术要点

（1）营养块选择　一般选用 40g 营养块。嫁接育苗选用圆形大孔 60g 的营养块。采用靠接育苗的选用圆形双孔，插接选用单孔营养块。

（2）播种前准备

① 作苗畦　播种前在育苗温室（大棚、中小棚）中作畦，畦埂高8～10cm，畦宽1.2～1.5m，长度依据育苗场所和育苗数量而定。将畦地面整平、压实。

② 铺农膜与摆放营养块　畦地面铺一层聚乙烯薄膜，并盖住畦埂。按间距1（冬季）～2（夏季）cm把营养块摆放在苗畦上，叉开摆放。

③ 给营养块浇水　播种前先用喷壶由上而下向营养块浇透水，薄膜有积水后停喷，积水吸干后再喷，反复3～5次（约30min）。浇水量以每100个育苗营养块浇水15kg左右为宜。吸水后待营养块迅速膨胀疏松时，用竹签扎刺营养块检测（1块/m²，检验比率≥1%），如有硬心需继续补水，直至全部吸水膨胀为止。营养块完全膨胀后，5～24h之内播种。

（3）播种　每营养块的播种穴里播1粒露白的种子，种子平放穴内，上覆1～1.5cm厚的蛭石或用多菌灵处理过的细砂土，不用重茬土覆盖。刚吸水膨胀后的营养块暂时不移动或按压，育苗块间隙不填土，严禁在加盖土中加入肥料和农药。播种后，冬季苗床覆盖地膜，夏季盖草，以便保湿，待苗出70%以后再揭去。

（4）苗期管理　播种后不得移动、按压营养块，2d后恢复强度方可移动。播后视营养块的干湿和幼苗的生长情况，保持营养块水分充足，防止缺水烧苗。喷水时间和次数根据温度高低调整。苗期发现缺水，从营养块下部用水管浇水，水面高度应是营养块高的1/2，湿透块后即可，不可用喷壶在苗上浇水。苗期不施肥。

（5）定植前后管理　定植时间要比营养钵适当提前，当根系布满营养块，嫩根稍外露及时定植。营养块苗定植前2～3d停止浇水炼苗。将营养块一起定植，掩浇透水，水渗后再栽苗，在营养块上面覆土1～2cm。

（6）壮苗标准　日历苗龄30～50d，株高18～20cm，真叶4～6片，茎粗，节间短，子叶完整，真叶肥厚且叶面积大，根系发达，白根多而有毛，叶腋间有花簇或雌花花蕾出现，无病虫害。

3. 黄瓜营养钵育苗技术要点

（1）营养土与播种床　选取无病虫源的田土与充分腐熟的农家肥按1∶1的比例混合，每1000kg床土用50%多菌灵30g加50%辛硫磷30mL对水15kg，边喷雾边混拌营养土，拌匀后用塑料膜覆盖，2～3d后即可使用。按照种植计划准备足够的播种床，一般每株苗的营养面积为（3.0～3.5）cm×（3.0～3.5）cm，将配制好的营养土均匀铺于播种床上，厚度为10cm。

（2）播种方法　冬春育苗采用催芽播种，当种子70%以上破嘴（露白）即可播种；夏秋育苗直接用消毒后的种子播种。播种前苗床浇足底水，湿润至床土深10cm。水渗下后用营养土薄撒一层，找平床面，均匀撒播。播后覆营养土0.8～1.0cm，苗床再用50%多菌灵8g/m²喷淋于床面上。冬春播种育苗床面上覆盖地膜，夏秋播种床面覆盖遮阳网，70%幼苗顶土时撤除床面覆盖物。

（3）分苗　子叶出土至平展期为移苗适期，分苗于直径8～10cm的营养钵中（彩图2-3），摆入苗床，结合防病喷75%百菌清500倍液或80%代森锰锌500倍液。分苗初期以控水控肥为主。在秧苗3～4叶时，结合苗情追施提苗肥，同时移动营养钵扩大营养面积。

（4）炼苗　早春定植前7d开始炼苗，白天气温15～20℃，夜间10℃，地温15℃；夏秋育苗逐渐撤去遮阳网，适当控制水分。

（5）壮苗指标　子叶完好、茎壮粗、叶色浓绿，无病虫害。冬春育苗，株高 15cm 左右，5～6 片叶，35～45d 育成苗；夏秋育苗，2～3 片叶，株高 10～15cm，20d 左右育成苗。

4. 黄瓜嫁接育苗技术要点

（1）营养土配制　砧木用营养钵育苗，钵体直径不少于 10cm，高 10cm，装好营养土后紧密排放在苗床内，每亩大棚需占用苗床面积 50m²。苗床设置视栽培茬口而定，越冬茬黄瓜可在定植大棚南侧，冬春茬大棚黄瓜应在大棚内建电热温床。

接穗苗用育苗盘育苗，培养基质可用炭化稻壳或粮田土和清洁河沙各半混合，每立方米中加入 1kg 氮磷钾复合肥，配好后装入盘中，厚度 5cm。

（2）播期确定　采用不同的嫁接方法，砧木和接穗的播种时间不同。如黄瓜，采用插接法，砧木比接穗播种早 3～5d；采用靠接法，砧木比接穗迟播 3～4d。

砧木和接穗种子，在播种前按一般种子处理要求进行消毒、浸种、催芽。砧木苗每钵播种一粒种子，接穗苗按 2cm×2cm 距离点播。播后苗床管理同一般育苗。嫁接前 1d 给砧木和接穗苗浇足水，喷用 1200 倍高锰酸钾液消毒。

常用的嫁接方法有插接法和靠接法两种。

（3）插接法（图 2-1）

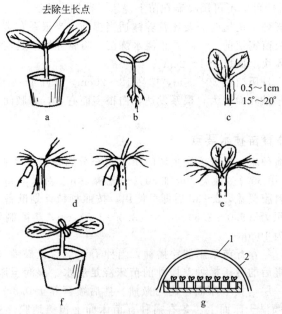

图 2-1　黄瓜插接法示意图

a—砧木苗；b—接穗苗；c—削成的接穗；d—插入竹签；e—插入；f—嫁接苗；g—苗床

1—小拱棚；2—遮阳网

① 插接苗态　此法操作简便，成活后不需要再次断根，但嫁接后对温湿度管理要求严格。以黑籽南瓜嫁接黄瓜为例，嫁接前，先配好营养土，装入营养钵中，并准备好单面刀片和竹签作插接工具；竹签长 20cm，粗 0.2～0.3cm，前端从两侧用刀削成楔形。插接时要求黄瓜苗稍小些，砧木苗应大些，黑籽南瓜需提前 3～5d 播种，再播黄

瓜。播后保持 25～28℃，3d 可出齐苗。出苗后，保持白天 22～24℃，夜间 12～15℃。一般砧木苗播后 9～11d，子叶完全展平，第 1 片真叶开始展开，黄瓜苗 2 片子叶展平，第一片真叶冒出至展平前嫁接最好。黄瓜接穗用育苗盘或大盆装满湿沙或蛭石进行育苗。

② 插接时间　嫁接时间根据天气灵活掌握，阴天可全天嫁接，晴天时最好在上午进行。接穗和砧木在夜间和阴天时，蒸腾作用小，含水量相对较高，削口伤流液多，有利于伤口愈合。晴天的下午，幼苗经过一上午的蒸腾，含水量相对较少，伤流液也少，成活率相对降低。

③ 插接前准备　在嫁接前一天，准备好比较平整的苗床，适当洒水后扣上小拱棚，使棚内湿度达到 100%，温度控制在 20～24℃。用作砧木的黑籽南瓜苗要浇足水。嫁接前半小时，将接穗带根提出，用清水洗掉根部的泥沙，放在干净碗内，加适量的水，使接穗的根部和下胚轴浸泡在水中，保持接穗的水分，增加接穗的含水量。嫁接一般都在露地小拱棚或大棚中进行。为防止阳光直射，造成接穗失水过多，嫁接场地要适当遮阴。嫁接环境温度最好保持在 20～24℃，嫁接时还要在周围适当晒水，以提高嫁接环境的湿度，减少接穗失水。

④ 砧木处理　嫁接时先去掉黑籽南瓜苗的真叶，在砧木上用竹签插孔，削黄瓜接穗，插入接穗固定好，使砧木维管束、韧皮部与接穗的相应部位接通。插接有直插法和斜插法，一般提倡斜插法，选直径 3mm 左右、长 12cm 左右的竹签，将其一端削成 1cm 长的半圆锥形，其尖端 0.5cm 处的粗度在 2.5mm 左右，相当于黄瓜苗胚茎的粗度。嫁接时去掉砧木的心叶和生长点，插竹签时，用右手捏住竹签，左手拇指、食指捏住砧木下胚轴，使竹签的前端紧贴砧木一片子叶基部的内侧向另一片子叶的下方斜插，插的深度一般为 0.5cm 左右，穿孔时要一次完成，不得重复，并且要准，深度适宜，竹签尖端不可穿破表皮。

⑤ 接穗处理　削接穗时，用左手拇指和无名指捏住黄瓜两片子叶，食指和中指夹住黄瓜苗靠根的部分，将黄瓜下胚轴拉直，右手大拇指和食指捏住刀片，从黄瓜子叶下 0.8～1.0cm 处入刀，向下斜削至茎的 3/5，切口斜面长 0.5cm 左右，再从另一面下刀，把下胚轴削成楔形。刀口一定要平滑，要一刀削准，不得复刀。

⑥ 插接　削好的接穗，其刀口的长短、接穗的粗细，一定要与竹签插进砧木的小孔相同，使插后砧木与接穗相吻合，并使接穗子叶与南瓜子叶排成十字形。接穗削好后，随即将竹签从砧木中拔出，插入接穗。插接穗时不能用力太大，以免破坏接穗的组织结构。接穗插入的深度，以削口与砧木插孔平齐为度。从削接穗到插接穗的整个过程，都要做到稳、准、快。

有的地区采用横插接法，即用竹签从砧木南瓜子叶下的一侧横插到另一侧，也不要刺破对面的表皮，其他操作与斜插接法相同，横插接法能使接穗与砧木创面接触加大，更有利于愈合，生长势优于一般插接法。

(4) 靠接法　将接穗与砧木苗在子叶下切口舌接相靠而成，接好后去掉砧木真叶，同栽于一个营养钵内，各自利用自己的根系吸收营养，待靠接成活后切断接穗根系，即成长为一株嫁接苗。该法简单易学，成活率高，是生产上常用的嫁接方法。其嫁接过程示意见图 2-2。

① 靠接苗态　靠接时两种苗的大小应力求接近，但黄瓜苗生长慢，靠接法砧木比接穗迟播 3～4d，苗床要适当多浇水并提高夜温，促使下胚轴迅速伸长，当下胚轴伸长

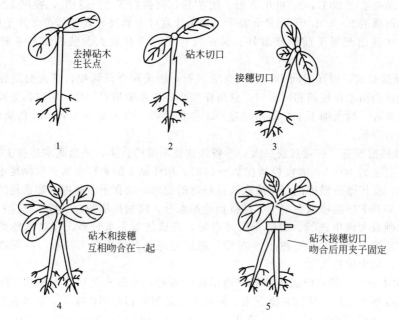

图 2-2　黄瓜靠接法示意图

到 7～8cm 时，如茎较细，再降夜温，使茎放粗。接穗苗播后 10～12d，当第一真叶开始展开，此时正值砧木苗播后 7～9d，其子叶完全展开，第 1 片真叶刚要展开为嫁接适期。过迟，南瓜苗下胚轴出现空腔，会影响嫁接成活率。

　　② 砧木苗处理　先从苗床中起出砧木苗和接穗苗，用湿布或湿毛巾盖好根部，一次性取苗最多 300 株左右，不要太多，以免时间过长失水萎蔫。去掉南瓜真叶及生长点，用左手拇指、中指捏住幼苗胚轴，子叶向上靠在食指上，右手持刀片，然后在 2 片子叶连线的垂直的一个侧面上，在生长点的下 0.5～1cm 处，用刀片以 45°角向下斜切一刀，深达胚轴的 2/5～1/2，长约 1cm。

　　③ 接穗苗处理　取一接穗在子叶下 1.5～2.0cm 处，用刀片向上以 45°斜切，深达胚轴的 1/2～2/3，长度与砧木相等。

　　④ 靠接　将砧木和接穗的切口互相嵌入，起码使斜面的一个边互相对齐，用手轻轻地捏住接口，不要松动，防止接口错位。用嫁接夹固定接口，嫁接夹的下沿应与接合口的下位取平。接后黄瓜子叶高于南瓜子叶呈十字形。也可用塑料膜条来缠绕固定，可减少切口水分蒸发，膜条需要提前剪裁好。也有用曲别针进行固定的。

　　⑤ 栽植　靠接好后，立即把苗栽到营养钵内。栽植时，用左手轻轻地抓住嫁接苗的接口部位，不使接口错位，将根放在钵内，右手抓住将根固定。为便于去掉接穗根系，应将嫁接苗栽成“人”字形。接口要距营养土面 3～4cm，避免接穗与土壤接触发生不定根。嫁接时只掘起黄瓜苗的，嫁接方法完全同上，但嫁接完成后，须把黄瓜的根扯到营养钵的边上用一点土埋住后浇水。无论用哪种方法嫁接，都要随嫁接随把苗假植或摆放到已覆盖上塑料薄膜的拱棚里，栽好后浇足水。靠接成活以前，砧木和接穗均自带根，各自吸收水分和营养，嫁接初期管理比较方便。

　　(5) 黄瓜嫁接苗的管理　嫁接后的黄瓜苗应立即移入苗床里或育苗钵中，一般采取边嫁接边移栽边浇水的方法。把嫁接苗整齐地排入苗床中，用细土填好钵间缝隙，扣小拱棚，每排满 1m，即开始灌水，全畦排满后，封好棚膜，白天覆盖草苫子遮阴。

① 保温　嫁接后从嫁接到切口完全愈合，大约要 7～10d。伤口愈合的适宜温度为 25℃左右。在早春嫁接时气温尚低，床温受气候影响很大，接口在低温条件下愈合很慢，影响成活速度。因此，幼苗嫁接后应立即放入小拱棚内，苗子排满一段后，及时将薄膜的四周压严，以利保温、保湿。苗床温度的控制，一般嫁接后 3～5d 内，白天保持 24～26℃，不超过 27℃，夜间 18～20℃，不低于 15℃，地温 25℃左右，成活率最高。气温过高时只能通过遮光来调节，而不能采用通风的方法，上午 10 时至下午 4 时采取遮阳网等遮阴的方法避免强光直射。温度不足可采用地热线保证。3～5d 以后开始通风，并逐渐降低温度，白天可降至 22～24℃，夜间降至 12～15℃。

② 保湿　嫁接苗移栽后，对湿度要求较高。如果嫁接苗床的空气湿度比较低，接穗易失水引起凋萎，会严重影响嫁接苗成活率。因此，保持湿度是关系到嫁接成败的关键。嫁接前，苗床应浇足底水，嫁接后 3～5d 内，苗子要用小拱棚覆盖起来，小拱棚内相对湿度应保持在 90% 以上，插接应保证在 95% 左右。必要时可向苗床空间喷雾，以防幼苗萎蔫；采用营养钵培育嫁接苗时，在放置营养钵的床面上要普遍洒水，营养钵内需经常浇水，苗床土壤充分浇水，但营养钵内土壤湿度不要过高。假植愈合期湿度不足时，不能用喷壶直接向秧苗上洒水，以免烂苗，可采取地面洒水的方法。嫁接苗成活后，苗床应及时通风，降温、降湿（空气湿度 70%～80%），转入正常管理。

③ 遮光　在棚外覆盖稀疏的苇帘或遮阳网，避免阳光直接照射秧苗而引起接穗凋萎，夜间还起保温作用。在温度较低的条件下，应适当多见光，以促进伤口愈合；温度过高时适当遮光。一般嫁接后 3～5d 内，苗床应全天遮阳（只遮直射光，不遮散射光），嫁接后 5～8d，苗床可在早晚揭除草帘以接受弱的散射光，中午前后覆盖遮光。采用插接法嫁接时，嫁接后 10～12d，当幼苗生长点有 1 或 2 片新叶长出时，表明伤口已完全愈合，即可转入正常光照管理。而采用靠接法嫁接时，必须要等到接穗胚轴切断后 2～3d 才可完全撤除遮阳转入正常光照管理。遮光可用遮阳网、报纸、无纺布、苇帘、草席、树枝等半透光性遮光物。

④ 通风　嫁接后 3～5d 嫁接苗开始生长时可开始通风。初始通风口要小，以后逐渐增大，通风时间可逐渐延长，一般 9～10d 即可进行大通风。开始通风后，应注意观察苗情，发现萎蔫及时遮阴喷水，停止通风，避免因通风过急或时间过长而造成损失。

⑤ 摘除砧木侧芽　采用靠接法嫁接后 8～10d，当幼苗有 1 或 2 片真叶长出时，应将黄瓜接穗胚根及时切断，即用平头剪刀从嫁接夹下沿的接合口下位剪一刀，再从营养钵土表剪一刀，让黄瓜苗的根、茎完全断开，以免重新愈合，过 3～5d 再拿掉夹子。无论采用哪种嫁接方法，砧木切除生长点后，会促进不定芽的萌发，侧芽的萌发会与接穗争夺养分，因而直接影响接穗的成活，应及时除去子叶节所形成的不定芽。一般在嫁接后 1 周开始进行，2～3d 一次。此外，还要细心检查砧木心叶是否因切削时未彻底切除，有时会重新长出来，与黄瓜争夺养分而影响接穗的正常生长。如发现砧木心叶长出应及时除去，但要注意不要因掐心方法不当把愈合口分开。

⑥ 促进雌花形成　冬春季节黄瓜播种育苗时环境条件不利于雌花分化，为提高植株雌花形成比例，降低第一雌花节位，可在嫁接苗 2 片真叶展开后至定植缓苗前使用 0.2mL/L 的乙烯利溶液连续喷洒 2～3 次，每次间隔 7～10d。

黄瓜嫁接成活后（10d 后），白天温度保持在 25～30℃，前半夜 15～18℃，后半夜

11~13℃，早晨揭苫前10℃左右，5cm地温保持13℃以上，水分不需要过分控制。在苗期管理上，主要以适宜水分、充足光照、加大昼夜温差来防止幼苗徒长。一般3~4片叶，13~14cm高，苗龄30~40d即可定植。定植时深度不能过深，嫁接口不能入土，其他同一般黄瓜栽培。

5. 秋延迟黄瓜育苗技术要点

秋延迟黄瓜，7月中旬至8月上旬播种，正值高温酷暑季节，培育壮苗要把握好如下几点。

（1）有良好的遮阴措施　必须在旧塑料薄膜覆盖条件下进行，可在大棚、中棚或小拱棚内进行，四周卷起通风。在温室内育苗，揭开前底脚，后部外通风口，形成凉棚，可避免高温强光对幼苗生长的影响。

也可直接在地面做成宽1~1.2m、长6m左右的育苗畦，每畦撒施过筛优质有机肥50kg，翻10cm深，划碎土块，粪土掺匀，耙平畦面即可移苗或直播。畦面搭起0.8~1m高的拱架，覆上旧膜，起遮雨和夜间防露水作用。

（2）育苗　分两种形式。一种是在育苗畦直播。播前种子先用芸苔素内酯浸种催芽。育苗畦内浇足水，按10cm×10cm株行距划方格，在每个方格中央摆一粒催芽种子。芽朝下，覆盖2cm厚营养土。

另一种是在育苗畦移植。事先做好播种沙床，铺8~10cm厚过筛河沙，耙平，浇透水，把黄瓜干种均匀撒播在沙上。上覆2cm厚细沙，浇足水，始终保持细沙湿润，3~4d两片子叶展开即可移植。

移植方法是在育苗畦内由一端开始，按10cm行距开沟，沟内浇足水，按10cm株距进行移苗。采用移苗主要好处是可对黄瓜两片子叶苗进行选择，使幼苗整齐一致，通过移植避免幼苗徒长。

（3）搞好苗期管理　育苗期正值初秋高温、多雨季节，在管理中应注意适当降温、降低光照强度，保持湿度，防止大雨拍苗，中耕除草，防止徒长等。通过塑料薄膜或遮阳网遮光降温。

在育苗期间，因高温、昼夜温差小，不利于雌花分化和发育，为了促进雌花形成和防止苗期徒长，必须用乙烯利处理，即在苗期黄瓜2片真叶展开时，用100mg/kg乙烯利抑制幼苗徒长，促进雌花形成，7d后再喷一次。

在黄瓜出苗后每10d灌一次25％甲霜灵可湿性粉剂600~800倍液，预防霜霉病和疫病的发生。要保持畦面见干见湿，浇水在早晨、傍晚进行，每次浇水以刚流满畦面为止。一般播种后20d，幼苗3片叶时即可定植。

有条件的，也可采用穴盘育苗。

四、黄瓜主要栽培技术

1. 春黄瓜大棚栽培技术要点

春提早黄瓜大棚栽培（彩图2-4），产量高，上市早，经济效益特别明显，采用电热加温线育苗，大棚多层覆盖栽培，可提早到4月上旬上市。

（1）品种选择　选择早熟性强，雌花节位低，适宜密植，抗寒性较强，耐弱光和高湿，较抗霜霉病、白粉病、枯萎病等病害的品种。

（2）培育壮苗

① 苗床制作　培养土配方为：3 年未种过黄瓜的肥沃园土或大田土 5 份，充分腐熟的猪粪渣 3 份，炭化谷壳 2 份，每平方米再加入 50% 硫菌灵可湿性粉剂或 50% 多菌灵可湿性粉剂 80~100g，25% 敌百虫可湿性粉剂 60g，掺和后过筛备用。

黄瓜一般于 2 月上中旬于大棚内播种育苗。采取电热加温育苗，播期可在 12 月下旬至元月中下旬，电热加温功率选取 60~80W/m²，其中播种床 80W/m²，分苗床 60W/m²，每亩需种量 250~350g，每平方米苗床播种 50~70g。

② 催芽播种　浸种可用热水烫种法或药剂消毒浸种法。浸种处理后的种子要迅速移入培养箱中催芽，70% 的种子露白时即可播种。播种时，应选温度较高的中午，先把苗床浇透底水，待水渗下后，再把刚催好芽的种子均匀横播在床面上，覆盖 1~1.5cm 厚营养土，薄浇面水，并盖好塑料地膜，封闭大棚。

播种后 7~10d，幼苗破心后及时分苗。在苗龄 1 叶 1 心和 2 叶 1 心时，各喷一次 200~300mg/kg 的乙烯利，可促进雌花增多，节间变短，坐瓜率高。若使用了乙烯利处理，田间应加强肥水管理，当气温达 15℃ 以上时要勤浇水施肥，不蹲苗，一促到底，施肥量增加 30%~40%，中后期用 0.3% 磷酸二氢钾进行 3~5 次叶面喷施。

有条件的，可采用穴盘育苗，一次成苗。

（3）整土施肥

① 选地　黄瓜栽培应选择地势较高、向阳、富含有机质的肥沃土壤，并在定植前 20d，选择晴天扣棚以提高棚内温度。不宜与瓜类作物连作，最好是冬闲大田，前作收获后早翻土烤晒或冻垡。

② 施基肥　亩施生石灰 100kg，优质腐熟堆肥 4000~5000kg，饼肥 60kg，复合肥 50kg，饼肥在整地时铺施，复合肥与腐熟堆肥混合后施入定植沟；有条件的可选用功率为 1000W 的电加温线纵向铺设在定植沟底，若没有，则要在作畦后覆盖地膜以保温。

③ 作畦　定植前 10d 左右作畦，双行种植，畦宽为 1.6m 包沟，单行种植，畦宽 1.0m，做成龟背型高畦，畦高 30cm。

（4）及时定植　大中棚套地膜，宜于 3 月上中旬，有 4~5 片真叶时，选晴天的上午进行定植，若是大中棚配根际加温线，定植期可提早到 2 月中下旬。

若是双行单株种植，株距 22cm，亩栽 3300~3400 株；双株定植，穴距 34cm，亩栽 4900~5000 株。若为窄畦单行单株种植，株距 18cm，亩栽 3600~3800 株；双株定植，穴距 28cm，亩栽 4700~4900 株。

定植深度以幼苗根颈部和畦面相平为准，定植时幼苗要尽量多带营养土，地膜上定植，破孔尽可能小，定苗后及时封口，浇定根水，盖好小拱棚和大棚膜。

（5）田间管理

① 温湿度调节　定植后 5~7d 一般不通风，可用电加温线进行根际昼夜连续或间隔加温促缓苗，缓苗后在晴天早晨要使棚内气温尽快升到 20℃ 以上，中午最高温度尽量不超过 35℃，下午 3 时以后，要适当减少通风，使前半夜气温维持在 15~20℃，午夜后 10~15℃。

中后期要注意高温危害。一是利用灌水增加棚内湿度；二是在大棚两侧掀膜放底风，并结合折转天膜换气通风。通风一般是由小到大，由顶到边，晴天早通风，阴天晚通风，南风天气大通风，北风天气小通风或不通风。晴天当棚温升到 20℃ 时开始通风，下午棚温降到 30℃ 左右停止通风，夜间棚温稳定通过 14℃ 时，可不关天膜进行夜间通风。

② 水肥管理 黄瓜好肥水，在施足基肥的基础上，结合灌水选用腐熟人粪尿和复合肥进行追肥。追肥应掌握勤施、薄施、"少食多餐"的原则，晴天施肥多、浓，雨天施肥少、稀，一般在黄瓜抽蔓期和结果初期追施 2 次 0.2%～0.3%的复合肥，每次每亩 15～20kg，也可用 1%尿素进行叶面喷施。到结果盛期结合灌水在两行之间再追 2～3 次人粪尿，每次每亩约 1500kg，或复合肥 5kg，注意地湿时不可施用人粪尿。

定植时轻浇一次压根水，3～5d 后浇一次缓苗水，缓苗后至根瓜采收前适当灌水，浇 2～3 次提苗水，保持土壤湿润。采收期中，外界温度逐渐升高，应勤浇多浇，保持土壤高度湿润。但要使表土湿不见水、干不裂缝、不渍水，每隔 3d 左右浇一次壮瓜水。灌水宜早晚进行，降雨后及时排水防渍。

③ 激素应用 坐瓜期使用对氯苯氧乙酸（番茄灵），主要作用在于防止或减少落花与化瓜，提高坐瓜率，增加早期产量，使用浓度为 100～200mg/kg，使用方法是在每一雌花开花后 1～2d，用毛笔将稀释液点到当天开放的新鲜雌花的子房或花蕊上。也可进行人工授粉，于上午 8～10 时雄花开放，去掉花瓣，用花粉涂抹在雌花柱头上，促进坐瓜。

④ 二氧化碳施肥 使用时间在日出后 1h 开始，到日出后 2h 左右棚内气温达 28℃时即停止，停施 2h 后开始通风，下午和阴雨天不施。施用浓度为 1000～1500mg/kg。二氧化碳的来源，可采用烧焦炭的二氧化碳发生器，使用二氧化碳气体钢瓶或应用二氧化碳干冰，也可采用化学发生剂或增施大量含碳量高的有机肥料。每 100m² 大棚内用 540g 碳酸氢铵与 330g 硫酸反应生成，设 5～7 个发生点，用塑料盆悬挂与生长点平行，从缓苗起开始施用，每天一次，到结瓜盛期末结束。

⑤ 整枝绑蔓 黄瓜于幼苗 4～5 片叶开始吐须抽蔓时设立支架，可设人字架。大棚栽培也可在正对黄瓜行向的棚架上绑上竹竿纵梁，再将事先剪断的纤维带按黄瓜栽种的株距均匀悬挂在上端竹竿上，纤维带的下端可直接拴在植株基部处。当蔓长 15～20cm 时引蔓上架，并用湿稻草或尼龙绳绑蔓，以后每隔 2～3 节绑蔓一次，一般要连续绑蔓 4～5 次，绑蔓时要摘除卷须，绑蔓宜于下午进行。

植株调整应在及时绑蔓的基础上，采取"双株高矮整枝法"。即每穴种双株，其中一株长到 12～13 节时及时摘心，另一株长到 20～25 节摘心。如果是采取高密度单株定植，则穴距缩小，高矮株摘心应相隔进行。黄瓜生长后期，要打掉老叶、黄叶和病叶等，利于通风。

⑥ 病虫害防治 主要病害是霜霉病、枯萎病和白粉病等，防治措施应将选用抗病品种、调节环境条件和药剂防治三者结合起来。主要虫害是黄守瓜、瓜蚜和瓜绢螟等。注意采收前 15d 停止用药，主要通过加强田间管理，采用生物方法或物理方法防治病虫害的发生。

2. 春露地黄瓜栽培技术要点

春季露地栽培上市期接早春大棚设施栽培，投入少，产量高，效益也非常可观。多采用塑料大、中棚或小拱棚播种育苗，终霜后定植于露地，多采用地膜覆盖栽培（彩图 2-5）。

（1）品种选择 露地栽培在完全自然的条件下进行，高温、强光、干热风、暴雨等环境因素变化幅度大，一般要求品种适应性强、苗期耐低温、瓜码密、雌花节位低、节成性好、生长势强、抗病、较早熟、优质、高产，适宜当地栽培和市场要求。

（2）育苗移栽 露地黄瓜应在当地断霜前 35～40d 育苗。育苗前期低温，后期温暖，要加强农膜和不透明覆盖物的管理。播种至出土，保持白天温度25～30℃，夜温16～18℃，此期应注意防止有轻微的霜冻出现。出苗后至炼苗期，白天25～28℃，夜间14～15℃，定植前5～7d进行炼苗，白天降到20～23℃，夜间10～12℃，逐渐撤除塑料薄膜，使之处于露地条件下，提高适应能力。一般不施肥水，发现秧苗较弱时，可叶面喷雾0.1％尿素及0.1％磷酸二氢钾1～2次。在浇足底水的情况下，后期可视情况进行补水，选晴天上午喷淋20℃以上的温水，切忌大水漫灌。

（3）整地施肥　选择3年以上没有种植瓜类的地块，要求土壤肥沃、透气性良好、能灌水、排水。耕深25～30cm，结合翻耕施基肥，一般每亩施优质腐熟圈肥5000kg，饼肥100kg，复合肥40kg或过磷酸钙40～50kg。耙平，做成宽1.2～1.3m的高畦。

（4）定植　早春露地黄瓜应在10cm地温稳定在13℃以上时，选寒尾暖头的晴天定植，阴天定植或定植后遇雨对缓苗和生长十分不利，应尽量避免。定植不能过密，定植过密虽对早期产量有一定作用，但在结瓜盛期常造成行内郁闭，通风不良，化瓜严重，加重病害发生。一般在定植时先在畦内开两条沟，施上肥掺匀后，按20～25cm的株距定植，一垄双行，每亩栽3500～4000株。

移苗要带坨，栽植不宜过深，栽后立即浇水，3d后补浇小水，促进缓苗。也可采用先浇水，在水未渗下时将带坨的秧苗按株距放入沟内，等水渗下后立即封沟，这种先浇水后栽苗的方法有利于提高地温，防止土壤板结，促进缓苗发根。地膜覆盖的因在定植前已浇透水，故多采用开穴点水定植。

（5）田间管理

① 中耕松土　露地春黄瓜定植后，缓苗期为5d左右。土壤干旱时应浇缓苗水，然后封沟平畦，中耕松土保墒。从黄瓜缓苗后到根瓜坐住，应控制浇水，主要以多次中耕松土保墒、提高地温、促进根系生长为主，即"蹲苗"。出现干旱时也应中耕保墒，不宜浇水。出现雨涝时应及时排水、中耕松土，提高地温。开花前采用细锄深松土，至根瓜坐住期间要粗锄浅松土，结果盛期以锄草为主。一般中耕3～4次。

② 追施肥水　在根瓜坐住后追一次肥，双行栽植的可在行间开沟，小畦单行栽植的可在小畦埂两侧开沟追肥，一般每亩施腐熟细大粪干或细鸡粪500kg，与沟土混合后再封沟，也可在畦内撒施100kg草木灰，施后进行划锄、踩实，然后浇水。

结果期要根据植株长势及时追肥，露地黄瓜土壤养分易淋失或蒸发，一次性施肥量过大易导致肥料浪费和污染地下水源，因此在施肥盛期应掌握少施勤施的原则，一般7～8d追肥一次，每亩追施硫酸氢铵10kg左右，或腐熟人粪尿300kg左右。后期为了防止植株脱肥，还可喷施叶面肥料。

一般在定植时浇透水的情况下，前期吸收水少，不需浇水。根瓜坐住后，可结合第一次追肥浇催果水。在实际生产中，除了根据幼果长势加以诊断以外，还要根据黄瓜品种、植株状况、土壤湿度、当时的天气情况等综合判断是否应浇水，不能以根瓜坐住与否作为开始浇催果水的唯一标准。如在未浇缓苗水或基肥造成烧根的情况下，如不及时浇水，专等根瓜坐住，反会误事，这种情况可以在根瓜坐住前浇一次小水，也不致引起化瓜。

在根瓜采收后，要加强浇水，但应小水勤浇，保持地面见干见湿即可，不能一次性浇大水或因等天气下雨而不浇水，一般每5～7d浇一次水。结果盛期需水较多，应每隔3～5d浇一次水，浇水量相对较大。结瓜后期适当减少浇水量。每次浇水时间以清晨或傍晚为佳。

③ 搭架整枝　一般在蔓长 25cm 左右不能直立生长时，开始搭架、绑蔓。搭架所用架材不宜过低，一般用 2.0～2.5m 长的竹竿，每株插一竿，呈"人"字形花架搭设，插在离瓜秧约 8cm 远的畦埂一面，这样不至伤瓜。第一次绑蔓一般在第四片真叶展开甩蔓时进行，以后每长 3～4 片真叶绑一次。第一次绑蔓可顺蔓直绑，以后绑蔓应绑在瓜下 1～2 节处，最好在午后茎蔓发软时进行。瓜蔓在架上要分布均匀，采用"S"形弯曲向上绑蔓，可缩短高度，抑制徒长。

当蔓长到架顶时要及时打顶摘心。以主蔓结瓜为主的品种，要将根瓜以下的侧蔓及时抹去。主、侧蔓均结瓜的品种，侧蔓上见瓜后，可在瓜的上方留 2 片叶子打顶。黄瓜卷须对其生长不起作用，可在每次绑蔓时顺手摘掉。当黄瓜进入结瓜盛期后，可摘除下部的黄叶、老叶及病叶，并携出田外集中烧毁。摘叶时要在叶柄 1～2cm 处剪断，以免损伤茎蔓。

3. 夏秋黄瓜露地栽培技术要点

夏秋黄瓜露地栽培（彩图 2-6），秋淡上市，生产成本低，种植技术简单，无风险，经济效益也较好，但由于受天气影响较大，有时也导致失收。搞好夏秋黄瓜栽培应掌握如下关键技术。

(1) 品种选择　5 月上中旬至 6 月下旬播种的，有的称为"夏黄瓜"，选用植株长势强、抗病、耐热、耐涝、丰产的品种。如果在 7 月上中旬直播或育苗移栽的，有的称为"秋黄瓜"，应选用适应性强，苗期较耐高温，结瓜期较耐低温，抗病性较强的品种。

(2) 整土作畦　选择能灌能排、透气性好的壤土种植。前茬作物收获后，及时整土施肥，最好能多施腐熟的圈肥、堆肥或粉碎的作物秸秆，一般每亩施腐熟农家肥 5000～7500kg 作基肥，条施饼肥 100kg，过磷酸钙 50kg。

针对多雨的季节特点，耕地不宜深，15cm 左右即可，深耕易积水受涝。平整地扇时，按东西向每两扇地作灌水渠，对口浇水；同时每两扇地也要做出东西向的一条排水沟。每扇地按南北向作畦。在作畦的方式上，可选用几种不同的筑畦方式，如图 2-3 所示。

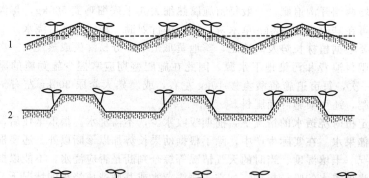

图 2-3　露地夏秋黄瓜畦式示意图

1—瓦垄畦；2—小高畦；3—高垄

其一，称作瓦垄畦。按 130～150cm 间距作畦，在畦当中开沟，将土翻至两侧，再用平耙将沟的两侧耙成斜面，呈覆瓦状。播种时，在垄背的两侧划沟播种，播种沟的位置在水线上端，位置高了洇水困难，影响出苗；低了水淹，也不利出苗。所以，播种位置的确定至关紧要。播种后用锄平推覆土，脚踩镇压，然后浇水。

其二，称作小高畦。高畦宽 60cm，畦沟宽 70cm，高畦上种植 2 行，行距为 40～45cm，为通道留出较大空间，便于操作。

其三，称作高垄。畦沟宽 50cm，兼作通道，高畦面宽 80cm。由高畦中部刨沟，深20cm，如此便将高畦分成 2 条垄。以平耙对垄稍加镇压，在垄背上开小沟点籽，由于垄的面积较小，而且两侧临水，水较易洇到种子。播种后要进行镇压，然后再浇水，过3～4d 再浇一次水，苗基本上可以出齐。水量大小根据墒情和天气而定。

（3）播种　采用浸种催芽播种比干籽点播好，在高畦两边用小锄各开 10～12cm宽、10～15cm 深的小沟，沟内灌足水，待水将要渗完时，将催好芽的种子，按株距25cm 点播 2 粒种芽，覆湿土，然后搂平。若是雨涝天，宜播种后盖沙。播种后遇雨，应用铁锄划松畦面。

有条件的，可采用穴盘育苗。

（4）培育壮苗　直播苗在幼苗出土后抓紧中耕松土。幼苗表现缺水时，及时浇水，配合浇水追施少量提苗肥。雨后地面稍干时，要及时中耕松土和除草。苗期追肥，应在雨前或浇水前进行，每亩施复合肥 10～15kg。如雨水过多，土壤养分流失，幼苗表现黄瘦，可结合田间喷药根外追施 0.3%～0.5% 的尿素，7～10d 一次。出苗后，为降低地温，可采取覆草（稻草、麦秸等）措施，晴天可使 10cm 下地温降低 1～2℃，阴天降低 0.5～1.0℃，并能防止土壤板结，减少松土用工。有条件的，还可在架顶覆盖防虫网，既能遮光降温，又能防治地上害虫。

（5）肥水管理　夏秋露地气温高，土壤水分蒸发快，黄瓜植株蒸腾作用大，应注意增加浇水次数，但每次灌水量不宜太大，浇水要在清晨或傍晚进行，最好浇井水，比未灌的 10cm 地温可降低 5～7℃。下过热雨后要及时排水，并立即用井水冲灌一遍，俗称"涝浇园"。

根瓜坐瓜后追肥，每亩撒施大粪干或腐熟鸡粪 400～500kg，然后中耕。根瓜采收后第二次追肥，以后每采收 2～3 次追一次肥，每次每亩施 20kg 硫酸铵或 500kg 人粪尿。

（6）搭架绑蔓　当黄瓜苗长至 7～8 片叶时，植株已有 20～25cm 高，必须及时插架，插架应插篱笆花架，每根竹竿至少与 4 根交错，有利于瓜蔓遮阴。夏秋黄瓜植株生长较快，要及时绑蔓，下部侧蔓一般不留，中上部侧蔓可酌情多留几叶再摘心。及时打去下部老叶及病叶。此外，夏秋灌水多，易生杂草，应注意及时拔除。

4. 秋延迟大棚黄瓜栽培技术要点

秋延迟大棚黄瓜栽培，是指利用大棚设施，于 7 月中旬至 8 月上旬播种，8 月上旬至 8 月下旬定植，9 月中旬至 11 月下旬供应市场的栽培方式，一般价格较高，经济效益好。因为后期气温低，大棚提温保温能力有限，所以要注意播种期不要太迟，否则达不到理想产量。

（1）品种选择　选择前期耐高温后期耐低温、雌花分化能力强、长势好、抗病力强、产量高、品质好的品种。如津春 2 号、津优 1 号等。

（2）培育壮苗

① 搭建遮阳棚　秋延迟黄瓜育苗，应在大棚、中棚或小拱棚内进行，四周卷起通风。在大棚内育苗，揭开前底脚，后部外通风口，形成凉棚。也可直接在地面做成宽

1.0～1.2m、长 6m 左右的育苗畦。每畦撒施过筛的优质有机肥 50kg 作育苗基肥，翻 10cm 深，粪土掺匀，耙平畦面即可移苗或直播，畦上搭起 0.8～1.0m 高的拱架，覆上旧膜，起遮雨和夜间防露水作用。

② 育苗移植　秋延迟黄瓜可以直播，但最好采用育苗移植的形式育苗，一般不采用嫁接苗。做好黄瓜播种沙床，播种床铺 8～10cm 厚的过筛河沙，耙平，浇透水，把黄瓜籽均匀撒播在沙上。再盖上 2cm 厚的细沙，浇足水，始终保持细沙湿润，3～4d 后两片子叶展开即可移苗。在育苗畦内由一端开始，按 10cm 行距开沟，沟内浇足水，按 10cm 株距进行移苗。目前采用更多的是营养钵育苗。

③ 苗期管理　育苗期间，因高温、昼夜温差小，不利于雌花分化和发育，为促进雌花形成和防止苗期徒长，必须用乙烯利处理，即在幼苗 1.5～2 片真叶展开时，喷 100mg/kg 乙烯利，7d 后再喷一次。喷施宜在午后 3～4 时进行，喷后及时浇水。幼苗期高温多湿，易发生霜霉病和疫病，应在黄瓜出苗后每 10d 灌一次甲霜灵可湿性粉剂 600～800 倍液。苗期气温高，蒸发量大，要保持畦面见干见湿，浇水在早晨、傍晚进行，每次浇水以刚流满畦面为止。

有条件的，可采用 50 孔或 32 孔穴盘育苗，一次成苗。

(3) 整地施肥　前作收获后，及时整地施肥，一般每亩施用优质腐熟圈肥 5000kg、过磷酸钙 100kg、草木灰 50kg 作为基肥，并喷洒 1.5kg 50% 多菌灵可湿性粉剂或 50% 甲基硫菌灵可湿性粉剂进行土壤消毒。然后灌水，待土壤干湿适宜时翻地，整平后起垄，整成畦底宽 80cm 的大畦，中间开 20cm 的小沟，形成两个宽 30cm、高 10cm 的小垄。两个大畦间有 40cm 的大沟，每个小垄栽植一行。也可做成 40cm 等行距小高畦，单行栽植。

(4) 定植或直播　定植前，在育苗畦灌大水，然后割坨，选择生长健壮、大小一致的秧苗，按株距 20～25cm，每亩栽植 4500～5000 株。栽植时先把苗摆入沟中，覆土稳坨，沟内灌大水，1～2d 后土壤干湿合适时先松土再封埋。定植深度以苗坨面与垄面相平为宜，不宜过深。

也可采用露地直播的方法，在扣棚前直播，能节省育苗移栽用工，也不会移栽伤根，而且苗壮。按大行距 70cm，小行距 50cm，高畦或起垄栽培，播种前 2～3d 浇透水，开沟 3cm 深，将催好芽的种子按 25cm 株距点播，每穴播种 2～3 粒，播后覆土 1.5cm。如果墒情不足，出苗前要灌水催苗。若遇雨天，应盖草防止土壤板结，一般播后 3d 可出苗，2 片真叶后定苗。发现缺苗、病苗、畸形苗及弱苗时，应挖密处的健苗补栽。

(5) 田间管理

① 温湿度调节　结瓜前期气温高，应将棚四周的薄膜卷起只留棚体顶部薄膜，进行大通风。及时中耕划锄，降低土壤湿度。

结瓜盛期，到 10 月中旬时，外界气温下降较快，当月平均气温下降到 20℃，夜间最低温度低于 15℃ 时要及时扣棚。覆盖棚膜前，可先喷施 50% 多菌灵可湿性粉剂 800 倍液预防霜霉病，覆膜初期不要盖严，根据气温变化合理通风，调节棚内温度，白天棚内温度宜保持在 25～30℃，夜间 13～15℃。当最低温度低于 13℃ 时，夜间要关闭通风口。

结瓜后期，外界气温急剧下降，要加强保温管理。盖严棚膜，当夜间最低温度低于 12℃ 时要按时盖草苫；白天推迟放风时间，提高温度；积极采取保温措施，使夜间保持较高温度，尽量延长黄瓜生育时间。当棚内最低温度降至10℃时，可采取落架管理，即去掉支架，将茎蔓落下来，并在棚内加盖小拱棚，夜间再加盖草苫保温，可延长采收期。

② 肥水管理　定植后因高温多雨，应防止秧苗徒长，控制浇水，少灌水或灌小水，少施氮肥，增施磷、钾肥，或采用0.2%磷酸二氢钾液根外追肥2～3次。插架前可进行一次追肥，每亩施腐熟人粪尿500kg或腐熟粪干300kg。施追肥后灌水插架或吊蔓。盛瓜期一般追肥2～3次，每次每亩用尿素10kg或腐熟人粪尿500～750kg，随水冲施。还可结合防病喷药，喷施0.2%尿素和0.2%磷酸二氢钾溶液2～3次。温度高时浇水可隔4d浇一次，后期温度低时可隔5～6d浇一次，10月下旬后隔7～8d浇一次。11月份如遇连阴天、光照弱时，可用0.1%硼酸溶液叶面喷洒，有防止化瓜的作用。

③ 中耕与植株调整　从定植到坐瓜，一般中耕松土3次，使土壤疏松通气，减少灌水次数，控制植株徒长，根瓜坐住后不用再中耕。盛瓜期及后期应适当培土。秋延迟栽培黄瓜易徒长，坐瓜节位高，应及时上架和绑蔓，可采用塑料绳吊蔓法吊蔓，当植株高度接近棚顶时打顶摘心，促进侧枝萌发。一般在侧蔓上留2片叶1条瓜摘心，可利用侧蔓增加后期产量。

④ 生长调节与增产措施　大棚黄瓜秋延迟栽培，苗期处于高温长日照的自然条件，不利于黄瓜的雌花分化，应在瓜苗2～6片真叶期间喷施2次黄瓜增瓜灵；定植前喷1次4000倍爱多收，定植后用600倍天达-2116＋3000倍99%恶霉灵药液灌根，每株200～300mL；生长期用4000倍爱多收＋200倍白糖＋400倍磷酸二氢钾液，600倍天达-2116＋150倍红糖＋500倍尿素液，500～600倍液芸苔素交替喷雾，每隔7～10d一次。

⑤ 病虫害防治　秋延后黄瓜病害主要有霜霉病、枯萎病、白粉病、细菌性角斑病等，虫害主要有蚜虫、美洲斑潜蝇、瓜绢螟等，应及时防治。

5. 水果型黄瓜常规栽培技术要点

水果型黄瓜是近几年推广的黄瓜新品种，与普通黄瓜相比，具有瓜型短小、表皮光滑、强雌性、果皮薄、心室小等特点。一般长12～18cm，直径2～3cm，无刺无瘤，易清洗，瓜码密，每株结瓜达60条以上，最多结瓜达85条。在国外，进行无土栽培，亩产量可达30000kg左右，果肉比重大，风味浓郁、品质好，脆嫩多汁，清香爽口。

(1) 播期确定　水果型黄瓜单株结瓜多，高产潜力大，适宜在保护地内生长栽培。早春塑料大棚栽培，1月下旬至2月上旬播种，苗龄30d左右。早秋大棚栽培，可于7月中下旬播种，苗龄25d左右。

(2) 培育壮苗　种子用55～56℃温水浸种，不停搅动至30℃，再浸种4～6h，然后在10%浓度的磷酸三钠溶液浸种20～30min，捞出沥干后，用布包好置25～30℃下催芽。最好采用塑料穴盘或营养钵育苗，营养土按每立方米加50%多菌灵可湿性粉剂100g消毒。幼苗出土时保持较高温度，苗齐后适当降温，定植前7d降温炼苗。

(3) 施肥定植　每亩施腐熟有机肥3000kg以上，整土成25cm高畦，铺上银灰色地膜，按行距80～100cm，株距30～40cm，每亩栽2000～2500株，选晴天定植。

(4) 田间管理　采用小水勤浇，结瓜采瓜期保证水分均衡供应，忌大水漫灌。采瓜期开始追肥，每隔15d一次（滴灌5～7d一次），少吃多餐，每次每亩施三元复合肥15kg，叶面喷施0.3%磷酸二氢钾＋0.5%尿素效果好。去掉1～5节位的幼瓜，从第六节开始留瓜。用银灰色塑料绳吊蔓，及时引蔓、去老叶，加强棚内光照、温度、湿度的调节。有条件的除加强通风换气外，可采取人工二氧化碳施肥，使生长盛期浓度达

1000mg/kg，可增产 20%～25%。

（5）病虫害防治　霜霉病可用 72%霜脲·锰锌可湿性粉剂 800 倍液，或 72.2%霜霉威水剂 800 倍液防治，保护地用 5%百菌清粉尘剂，或 5%春雷·王铜粉尘剂喷粉，还可采用常温烟雾防治，效果更好。细菌性角斑病可选用 47%春雷·王铜可湿性粉剂 600 倍液，或 77%氢氧化铜可湿性粉剂 500 倍液喷雾防治。瓜蚜可用 10%醚菊酯悬浮剂 1500～2000 倍液，或 2.5%联苯菊酯乳油 2000～3000 倍液防治。

6. 水果黄瓜春提早栽培技术要点

（1）品种选择　选用适合当地耐寒、耐荫的特早熟或早熟品种，如赛维斯、康蜜等。

（2）培育壮苗　一般于 2 月上旬在大棚内采用电热加温育苗，亩用种量 2000～2200 粒。在大棚内平整床底，底宽 1.1m，长度 12m 左右，再铺 10cm 厚的稻草作隔热层，然后布电热线，用细土盖没电热线。再将 32 孔穴盘装好基质后整齐置于苗床上，浇足底水，每孔播种 1 粒，盖好基质后随即覆盖地膜，再加盖小拱棚保温保湿，维持床温 25℃左右。

幼苗开始拱土时揭开地膜，随后降温降湿，加强光照。保持床温 15～20℃，气温 20～25℃，做到尽量降低基质湿度，基质不露白不浇水。幼苗子叶充分展开破心时，加强肥水管理，干湿交替。白天床温 15℃以上时揭开小拱棚，夜晚盖上保温。待幼苗长至 3 叶 1 心时准备移栽。

（3）整地施肥　于前作收获后土壤翻耕前，每亩撒施生石灰 100～150kg，进行土壤消毒。土壤翻耕后，每亩撒施饼肥 100～150kg 或商品有机肥 300kg、硫酸钾型复合肥 50kg、钙镁磷肥 50kg。用旋耕机旋耕土壤 1～2 遍，将肥料与土壤混匀，然后进行整地作畦。8m 宽大棚作畦 4 块，畦面宽 100cm，略呈龟背形，沟宽 70cm，沟深 30cm，整地后每畦铺设滴灌一条，随即覆盖无色透明地膜。整地施肥工作应于移栽前 1 周完成。

（4）适时定植　在 3 月上中旬选择晴天下午定植，每畦栽 2 行，穴距 40cm，每亩定植 1900 株，浇足定根水。缓苗后可用噻唑膦稀释后灌苑预防根结线虫病，随即用土杂肥封严定植孔。若棚内气温低，要加盖小拱棚保温促进生根发苗。

（5）田间管理

① 温湿度管理　定植后以闭棚保温保湿为主，促苗成活，早生快发。当晴天气温回升快时，应于中午前后 2h 揭膜或卷膜通风。阴雨寒潮天气闭棚保温，若阴雨时间长，棚内湿度大，要注意短时间揭膜或卷膜通风，排除湿气，做到勤揭勤盖。当气温稳定通过 15℃以上时，应拆除棚内小棚，加强大棚卷膜通风，无风雨的夜晚大棚两边卷膜不放下，促苗稳健生长。当气温稳定在 20℃以上时可把卷膜全打开，但天膜不拆除，仍可作避雨之用，以防连续阴雨造成田间湿度大，诱发病害流行。

② 植株调整　当蔓长 0.3m 时，应及时吊绳引蔓。分别在定植行的地面上拉一条绳子和上方拉 1 道镀锌钢丝，钢丝下方每隔 6～8m 打一木桩以支撑钢丝，防钢丝下沉，同时减少大棚两端的承受力。然后每亩做 1500 个双"V"形的镀锌钢丝钩，将 6～8m 长的渔网绳绕于镀锌钢丝钩上，再将绕有渔网绳的镀锌钢丝钩挂于上方镀锌钢丝上（每株挂 1 个），并将渔网绳下放缚绑于地面镀锌钢丝上，再将黄瓜蔓绕绳而上，每隔 2～3d 绕一次，绕蔓应在下午进行。

对于侧蔓发生多的品种要及时剪去侧蔓。当黄瓜主蔓长至上方镀锌钢丝时，基部果实已采收完毕，基部叶片衰老变黄时，剪去基部老叶，并将镀锌钢丝钩上的绳索下放30cm左右，使黄瓜蔓自然下落。如此反复进行，蔓长可达6～8m。

③ 肥水管理　采一次果追一次肥。生长前期视生长情况每周用滴灌追肥一次；结果期每采一次果用滴灌追一次肥。追肥最好用全量冲施水，施用浓度0.2%～0.3%。

④ 病虫害防治　病害主要有枯萎病、疫病、霜霉病、细菌性角斑病、白粉病、根结线虫病。枯萎病用30%恶霉灵水剂600～800倍液或30%甲霜·恶霉灵水剂800～1000倍液灌苑；疫病、霜霉病、细菌性角斑病可分别用氢氧化铜、甲霜灵、农用链霉素等喷雾。

虫害主要有黄守瓜、斑潜蝇、蚜虫、白粉虱、红蜘蛛。黄守瓜用20%氰戊菊酯乳油或2.5%溴氰菊酯乳油4000倍液喷雾；蚜虫可用吡虫啉喷雾防治；白粉虱发生初期在大棚内张挂白粉虱黏虫板（30张/棚）进行诱杀，发生盛期采用联苯菊酯或呋虫胺叶面喷雾杀卵；红蜘蛛发生初期释放捕食螨预防，发生盛期用33%阿维·螺螨酯悬浮剂5000～6000倍液喷雾。

⑤ 及时采摘上市　大棚春提早栽培黄瓜于4月中、下旬就可始收，可采收至7月上中旬罢园。

7. 水果黄瓜大棚避雨越夏栽培技术要点

水果黄瓜采用大棚越夏避雨栽培技术（彩图2-7），产品抢在春提早和秋延后栽培黄瓜的市场空档期上市，效益较好。

（1）品种选择　选用抗病、耐热、品质和商品性俱佳的品种。

（2）培育壮苗

① 浸种消毒　晒种2～3h后，将种子置于60℃温水中浸种15min并不断搅拌，等水温降至30℃时再浸泡4h。药剂消毒可用50%多菌灵可湿性粉剂500倍液浸种2h，或用50%多菌灵可湿性粉剂按种子质量的0.4%拌种。

② 催芽　将处理过的种子晾干，用湿纱布包好，四周裹上拧干的湿毛巾，置于30℃左右处催芽。种子包要摊平，每天用清水淘洗1～2次，半数种子露白后即可播种。

③ 适期播种　一般6～8月均可播种，但因播种越晚气温越高，种植难度也越大，应适当早播。播前苗床浇透水，使基质渗透，如使用穴盘育苗，每穴播1粒种子。用苗床育苗，播种应均匀撒播。播后撒1cm厚基质覆盖种子，再覆盖一层塑料薄膜保湿，膜的四周要压实，当50%幼苗破土时，揭除覆盖物。最好搭建高度在1m以上的育苗棚，上盖一层遮阳网，降雨前再加盖一层防雨膜。

④ 苗期管理　出苗后第一片真叶出现前，要尽量降低夜温，防止高脚苗。浇水以控为主，不干不浇，但高温烈日天气需每天坚持补水1次。遮阳网于9：00覆盖，16：00揭开。苗期一般不用补肥，如果幼苗淡绿、细弱，可用温水将磷酸二氢钾和尿素按照1∶1比例配制成0.5%的溶液喷施2次，间隔期3d以上。定植前，幼苗2片真叶时可逐步揭开遮阳网增加光照进行炼苗。

（3）定植

① 整地施肥　选择透气性好、排灌条件较好，且3年内未种过瓜类作物的地块。水果黄瓜叶片较大、结瓜期早、瓜码密，但根系较浅，定植前要精细整地。水果黄瓜鲜食，对品质要求更高，应适当增施有机肥，以充分腐熟的鸡粪或饼肥为好。结合整地，每亩施腐熟有机肥5000kg、过磷酸钙30kg、钾肥15kg，做成1.0～1.2m宽小高畦，中央开沟条施优质三元复合肥50kg，覆盖地膜，膜下安装滴灌软管。

② 适时定植　幼苗定植标准为 2～4 片真叶时，苗龄 25d。定植行距 60cm，株距 30cm，每亩栽 3200 株左右，定植后立即浇稳苗水，利于根系向周围伸展。

（4）田间管理

① 水肥管理　定植后 3～4d，见心叶生长后，浇一次缓苗水，同时进行中耕 3～5cm，促使根系发育。夏天水分蒸发快，要根据植株长势和土壤墒情适时浇水。根瓜去除后，及时浇水追肥，可施用水溶性速效肥，每亩每次施 4～5kg。进入盛瓜期后，浇水要勤，一般视天气情况，每 7～10d 浇水追肥一次，浇水宜在傍晚或早晨进行。生长中后期，植株长势逐步减弱，需喷施 0.2%～0.3% 磷酸二氢钾溶液进行根外施肥，防止植株早衰。

② 植株调整

（a）吊蔓　采用塑料绳进行吊蔓，相对于传统用的竹竿等架材，吊绳更加经济且便于操作。吊蔓在植株 3～4 片叶开始抽蔓时进行，将吊绳上端固定于沿大棚纵向捆绑的钢丝上。

（b）整枝打杈　吊蔓栽培适宜主蔓结瓜，为了减少营养消耗，在整个生长过程中应及时除去所有分枝。

（c）落蔓　当植株生长点接近棚顶时进行落蔓。落蔓应选择在晴天午后进行，落蔓前要去除老叶、病叶，将吊绳顺势落于地面，使茎蔓沿同一方向盘绕于畦的两侧，一般每次落蔓长的 1/4～1/3，保持有叶茎节距地面 15cm，功能叶 15～20 片。

（d）留瓜　水果黄瓜一般为全雌性，每节有雌花，有的 1 节有 2 个以上的雌花，留瓜不当会导致果实畸形、植株早衰。第五节以下的幼果要及时摘除，早期植株生长旺盛，可以按照 1 节 1 瓜或 5 节 4 瓜的方式留瓜。随着植株长势逐渐衰弱，应适当减少留瓜数量，可按照 4 节 3 瓜或 5 节 3 瓜的比例留瓜，以保证优质和高产。

③ 降温　整个生长期保留大棚顶膜覆盖，可避雨防病。高温季节，晴天的 9：00～16：00 需外加一层遮阳网降温，避免黄瓜受高温危害。另外，有条件的可用稻草覆盖畦面或畦沟，厚度约 3～5cm，有利于降低地温，减少水分蒸发。

④ 病虫害防治　夏季黄瓜病虫害发生较重，虫害主要有蚜虫、瓜绢螟、烟粉虱等，病害主要有霜霉病、白粉病、细菌性角斑病等，重点防治病毒病，应做到预防为主，早防早治。

8. 黄瓜套袋栽培技术要点

黄瓜套袋后可防止害虫叮咬，防止病菌浸染，且瓜条顺直美观，粗细均匀一致，商品性好，畸形瓜少，生长速度快，可比未套袋的黄瓜提早 1～2d 上市。套袋黄瓜采摘后，因为袋内有水汽存在，湿度大，所以贮藏期长、保鲜期长，并耐运输。带袋采摘后，可连同袋一起包装上市，比其他蔬菜价格高出 0.3～0.5 元。

另据报道，黄瓜摘花后套袋还是一种防治灰霉病的办法，黄瓜摘花后使灰霉病菌失去最佳侵染部位，套袋阻隔了病原菌的入侵，从而使黄瓜灰霉病发病率显著降低。开花前及花开败前分别是套袋及摘花防治黄瓜灰霉病的最佳时期。摘花时间以上午 9 时后为宜，以利摘后伤口愈合。

（1）黄瓜专用果袋袋型　白纸淋膜袋，袋长 38cm、宽 10cm。果袋两侧封口，上下开口。

（2）果袋适用范围　该袋型规格适用于温室或塑料大棚栽培的黄瓜或水果型黄瓜（果袋长度减半）。

（3）套袋方式　单瓜套袋，采摘后上移果袋，果袋可重复使用8～10次。

（4）套袋时期　套袋适宜时期为坐果期，此时瓜长5～6cm。

（5）套袋方法　选瓜，当黄瓜长5～6cm时套袋。套袋前，将果袋压边的两侧对折，撑开果袋，以便透气。将菱蔫的花瓣全部摘除，不得留有花瓣残痕。袋口撑开，套住黄瓜。在瓜把处用嫁接夹固定袋口。整理纸袋，使其呈蓬起状态，以便通风透气。套袋后黄瓜生长期间，农事管理按照常规进行即可。待袋内黄瓜成为商品瓜时，也可带袋采收作为高级补品蔬菜上市。

据实验，黄瓜套蓝色膜袋生长畸形果实最少，并且果实色泽鲜亮。袋体上端为套入口，套口宜小不宜大，下端留一个透气孔。套袋时间应避开中午高温时段，以免高温灼伤幼瓜。

五、黄瓜生产关键技术要点

1. 黄瓜秧苗"闪苗"防止措施

"闪苗"是指幼苗受害，由于秧苗长期处于阴雨寡照的天气中突遇阳光强烈的天气，容易出现光害，造成叶片白干，严重的中午茎叶菱蔫下垂，早晚恢复正常，最后植株菱蔫数日后死苗、死棵。另外，过量施用氮肥也易造成氨气中毒而"闪苗"。这种现象在整个苗期都可发生，以定植前最易发生。

（1）"闪苗"产生原因　"闪苗"与苗质、温度、空气湿度、光照都有关系，如果幼苗在苗床较长时间不进行通风，苗床内温度较高，湿度也大，幼苗生长幼嫩，光照又强，这时突然放风，外界温度低，空气干燥，幼苗会因突然失水出现凋萎现象，叶细胞由于突然失水，很难恢复，重者整个叶片干枯，轻者使叶片边缘干枯卷曲，再轻者使叶片边缘或叶脉之间叶肉组织变白或干黄。

春天放风过急也易造成"闪苗"，春天风多风大，晴天时光照好，棚温升得快，有些菜农因为棚多照顾不过来，春天急于放风降温，一次性把放风口开得过大过急，放风后就不再管了，直到傍晚才关闭放风口，往往发现造成了"闪苗"。特别是早春小黄瓜缓苗后不久，就因春天放风过急，造成水分蒸发加快，小黄瓜失水后叶片很快出现菱蔫。

发生"闪苗"主要是因为育苗技术不成熟，是人为造成的，不是不可抗拒的环境因素。特别是连续阴天之后，猛晴天或定植前，有的人总认为光照、气温高，对幼苗不会有什么影响，突然将苗床薄膜或玻璃大揭或干脆撤掉而造成的"闪苗"。

（2）防止措施　培育壮苗，使幼苗经常通风换气。叶片较厚，叶色较深，一般不会出现"闪苗"现象；即使苗子幼嫩或稍有徒长，只要按的需要坚持由小到大逐渐放风锻炼，幼苗由弱变强，也可避免"闪苗"。出现因幼苗嫩、徒长、通风少，阴天过后揭开覆盖物后的菱蔫现象，要立即再把覆盖物盖好，短时菱蔫还可恢复。改为轮换揭盖，反复数次，使幼苗逐渐适应栽培地的环境气候，再大揭或撤掉覆盖物。

大棚放风不可过急，要先开一小口，然后再慢慢地拉大放风口，不要认为放开风口就万事大吉了，要经常到棚室转转，及时根据棚温适当拉大或关小放风口。

已经"闪"了的幼苗，要根据"闪苗"严重程度，采取相应的技术措施。一般外叶完好，仅有零星黄斑，可进行定植，对生产影响较小。如有部分叶片边缘干黄，定植后加强管理，如可往植株上喷些清水，也可喷核苷酸（绿风95）、甲壳素（甲壳丰）或6000倍的1.4%复硝酚钠水剂（爱多收），可使其尽快恢复生长，虽影响第一条根瓜的产量，但后期也能取得丰收。如"闪苗"严重，真叶全部干枯，只留生长点完好，最好弃去不用，这类苗即使定植后能重新长出真叶，但对整个根瓜，甚至部分腰瓜影响较大，上市期推迟，前期产量降低。

2. 黄瓜秧苗冻害防止措施

黄瓜幼苗受冻害，主要是由于温度降低到超过幼苗能够忍受的界限，冻害往往是育苗失败的主要原因，即使是在秧苗只受到轻微冻害时，虽然外部形态变化不大，但生理机能已明显下降，不仅严重影响秧苗生长，也影响花芽分化和发育，易造成花果脱落或畸形。

（1）造成黄瓜秧苗冻害的原因　幼苗会不会发生冻害，一方面取决于低温的程度；另一方面取决于幼苗抗寒性的强弱。

① 温度过低，引起冻害　当幼苗植株周围环境的温度，降低到黄瓜幼苗细胞间隙内的溶液形成冰晶体时，水分减少，溶液的浓度增高，引起细胞内的水分被夺取，使细胞液内水分外流，同时在细胞间隙结冰。由于冰的体积比水大，所以随着细胞间隙里冰体的不断增大，挤压细胞受机械损伤，损伤细胞内的原生质。同时由于细胞液失水，导致原生质收缩，情况严重的，使原生质丧失生命活力，而产生冻害，引起局部或整体干枯或死亡。

② 秧苗徒长，抗冻能力弱　溶液开始结冰时的温度称为冰点。水的冰点是0℃。在水中溶解其他物质成为溶液后，随着溶液浓度的高，冰点降低。幼苗体内含糖量越多，细胞液浓度越高，冰点越降低，就越不容易结冰。壮苗的细胞液浓度比徒长苗的高，不易结冰，因而壮苗抗寒力比徒长苗强，徒长苗更易遭受冻害。

③ 温度突然降低，最易发生冻害　在温度缓慢降低的情况下，幼苗体内的淀粉在酶的作用下，转变成糖。由于糖溶解在水中，可提高细胞液的浓度，因此幼苗的抗寒力逐渐增强。如果气候突然变化，温度骤然降低很多，由于幼苗体内所含淀粉来不及大量地转变成糖，幼苗容易受冻害。

④ 低温后突然升温，易造成伤害　因恶劣天气的变化，低温使幼苗的细胞间隙结冰后，如果气温缓慢回升，则解冻也慢，能使细胞内的原生质逐渐吸回细胞间隙解冻融化的水分，而恢复生命活动。如温度骤然升高突然解冻，设施内相对湿度骤然降低，叶面水分的蒸腾量很大，细胞间隙的冰很快融化成水散发掉，造成植株茎叶在短时间内发生萎蔫，继而弯倒，最后干枯。此外，当幼苗晒到太阳时，设施内的气温升高快，而地温升高慢，当幼苗的茎叶大量蒸发水分时，它的根还不能很好地从土壤中吸收水分，造成幼苗迅速干枯。

⑤ "湿冷"比"干冷"更易使幼苗发生冻害　"湿冷"是指阴雨多、温度低的气候，"干冷"是指晴朗而温度低的气候。在阴雨多时阳光弱，幼苗的光合作用差，制造的淀粉和糖等养分少，所以在"湿冷"情况下，幼苗体内细胞液浓度低，容易受冻害。在"干冷"情况下，阳光强，幼苗进行光合作用制造的养分多，它的体内细胞液浓度高，因而抗寒力强，不易受冻害。

⑥ 长期不见光抗寒力降低　遇到阴、雨、雪天，如果为了苗床保温，白天也不揭去不透明保温覆盖物，造成苗床整天黑暗，幼苗长期照不到阳光，缺乏养分，抗寒力削弱，秧苗更容易遭受冻害。有的还由于怕幼苗受冻，苗床不敢通风，以致床内温度较高，被呼吸作用消耗掉的养分增多，在黑暗又温度较高的环境中，幼苗体内养分含量更少，抗寒力更弱。因此，即使是雨、雪、阴冷期间，白天也应揭开不透明覆盖物透光

（散射光）和适当通风。

⑦ 与苗床的湿度、肥料、移苗等有关 湿度过高、氮肥偏多等凡能促进幼苗徒长的因素，都会削弱幼苗的抗寒力，加重冻害程度。此外，移苗后幼苗在缓苗（活棵）前抗性弱，遇到寒流低温，容易受冻害。移苗时浇水、缓苗前苗床覆盖严密，使床内保持较高的湿度和温度，这些措施都是为了促进新根的发生，但在新根发生之前遇上低温，幼苗易受冻害。所以，移苗日期应安排在寒流来临前能缓苗为宜。也有在缓苗后因浇水、施氮肥过多，以致幼苗生长过快、组织柔嫩，这时遇到低温，也易发生冻害。所以在严寒期间要适当控制肥、水，使幼苗稳长，防止生长过快和过嫩。

此外，幼苗受冻害，还与它是否经受低温锻炼有关，在育苗过程中，经常进行低温锻炼的幼苗，增强了适应低温的能力，不容易受冻害。如用冷床培育的幼苗，比用温室培育的抗寒性强。如果有雪水或玻璃、薄膜上的结冰水漏入苗床内，落到幼苗上，会发生局部嫩尖、叶受冻害。冷风直接吹到植株，也会受冻害。

（2）防治黄瓜秧苗冻害的措施 黄瓜秧苗冻害在育苗的各个时期都能发生，但以定植前夕发生的可能性较大。育苗前期在春季虽然温度较低，但保护得好，管理用心，很少发生冻害。定植前夕天气渐渐转暖，正值炼苗期间，遇上突然来临的寒流袭击，稍有疏忽，短时间会将幼苗全部冻坏，造成不应有的损失。预防冻害应从以下几方面着手。

① 培育壮苗，注意炼苗，增强植株的抗寒力 经过低温锻炼的黄瓜幼苗比较壮实，能短时间忍受 0～1℃ 的低温。增强光照，控制湿度，加大昼夜温差，适当通风，合理施肥，增施磷、钾肥，可增强幼苗抗寒力，幼苗逐渐受低温锻炼，使糖分转化，浓度增高，降低苗床温度。喷施 1∶100 的葡萄糖溶液，不施过量的氮肥，培育抗冻壮苗。

② 注意天气变化，及时保暖防冻 天气预报寒流来临时，或小毛毛雨过后天气转晴，一般会出现霜冻，这时要加强防寒保温。在育苗前期，遇到极严寒时，夜间要把保温覆盖物盖厚盖好盖严。阳畦育苗要注意苗床的南侧、两端，往往冻苗先从这些地方发生。定植前，特别是去掉覆盖物准备定植的苗床，或是上有透明覆盖物而夜晚没有保温覆盖物的苗床，遇到 0℃ 以下的寒流，受害最重。一旦北风骤停，有寒流可能发生时，应备好覆盖物，加盖保温。如有寒流温度在 0℃ 或 0℃ 以下，应立即采取防寒保暖措施。

③ 临时加温 最好采用电热温床育苗或工厂化育苗等先进手段。寒潮来临时，还可架设空气电加温线于地表幼苗行间，可将幼苗周围小气候温度局部提高，能有效地防止冻害。也可在苗床周围点明火，提高空气温度，使苗床免遭寒冷侵袭，但要注意不让明火落到塑料薄膜或保温覆盖物上，以防酿成火灾。

④ 加强对冻伤苗的管理 黄瓜苗发生冻害后，第二天上午不要把不透明覆盖物全部撤除，应进行适当遮阴，没有保温覆盖物的，在太阳出来之前就开始放风。

3. 黄瓜幼苗徒长的防止措施

黄瓜徒长苗（彩图 2-8）的茎长、节疏、叶薄、色淡绿，组织柔嫩，根短且少。徒长苗的干物质少、根部重量比壮苗轻，根弱小，吸收能力差，而蔓和叶柔嫩，表面的角质层不发达，故水分的蒸腾量大，定植后容易萎蔫，新根发生慢，定植后缓苗慢，抗性差，容易受冻害和染病。由于营养不良，徒长苗的花芽形成和发育都较慢，花芽数量较少且晚，往往形成畸形果，雌花容易化掉，即使不化瓜也发育不良，因此用徒长苗定植不能早熟高产。

（1）造成徒长苗的原因

① 阳光不足、通风不良（风量少、风速小）或昼夜温差小、夜温偏高，氮肥和水

分过多　阳光不足，幼苗不能很好地进行光合作用，制造的碳水化合物少，使幼苗体内干物质含量少，成为虚弱状态。通风不良，植株周围环境湿度偏大，植株蔓和叶的角质层形成慢，通风不良在不进行人工追施二氧化碳的情况下，叶子周围环境的二氧化碳浓度过低，植株处于二氧化碳的饥饿状态，光合作用受到了限制。昼夜温差小，夜温偏高，幼苗的呼吸作用强，制造的养分少，消耗的养分多，使幼苗体内的干物质含量更减少，苗更虚弱。在营养土或营养液中氮肥和水分过多的情况下，徒长现象更加严重。

② 幼苗拥挤，茎叶互相遮阴。由于幼苗发生拥挤，相邻植株的茎叶互相遮阴，是造成幼苗光照不足的重要原因。在定植前的一段时间，春季由于气候逐渐转暖，幼苗生长加快，幼苗植株大，容易互相拥挤，互相挡光荫蔽，最容易造成幼苗徒长。由于苗床面积较小或到预计的定植期遇连阴雨天气，不能把已长大的幼苗及时栽出去，导致了徒长。

另一个容易发生幼苗徒长的时间，是在出苗过程中和出苗到齐苗前后。最常见的是在苗出土后，由于不及时揭土面的覆盖物（地膜、无纺布、遮阴网、旧棚膜等）或设施上的不透明覆盖物，每天揭开晚、覆盖早，所造成的"软化苗"，以及由于播种密度大，又不及时透风，所造成的"高脚苗"。

（2）防止措施

① 选好苗床基地　在选定苗床基地时，应选向阳、开阔、地势较高的地方，苗床可多照阳光。

② 加强通风，减少遮阴，增强光照　加强通风，降低幼苗周围环境的空气湿度，可使凝结在透明覆盖物上的水珠消除。在建造育苗设施时，尽量缩小建筑材料的遮阴面积。要经常揩刷透明覆盖物上的灰尘。在保证床内幼苗对温湿度的要求外，尽量使太阳光直接照入床内。如采用温床育苗，床温较高，白天可比冷床多通气，增强阳光照度，上午提早揭去草苫，下午延迟盖草苫，延长光照时间。

③ 播种密度适宜，及时匀苗间苗　播种密度不要过大，要合理、均匀，阴雨天的白天要注意揭去不透明覆盖物，及早间苗、匀苗，并降低苗床的温度和湿度。可防止出苗到齐苗期间徒长。

④ 摆稀营养钵（块）　后期囤苗时，及时把营养钵和营养土方（苗钵或河泥块）摆稀，扩大行距，防止过分遮阳，加大植株的营养面积。可防止定植前苗徒长。

⑤ 喷施生长抑制剂　在发生徒长初期，可通过控制浇水、喷施磷、钾肥或利用植物生长调节剂抑制生长。当黄瓜秧苗趋向徒长或者将拥挤时，可用50%的矮壮素2500～3000倍液喷洒幼苗，可延缓黄瓜苗的生长速度，增强幼苗抗性，减少病害和冻害。

4. 黄瓜的水分促控管理技术要领

黄瓜植株高大，柔嫩多汁，叶片多而大，果实多次采收，果实含水量达95%以上，对水分的需要量也很大，但黄瓜根系分布较浅，吸水能力弱，要求土壤的绝对含水量在20%左右。因此，只有根据黄瓜不同生育期对水分的需求，及时供给，才能获得高产。

（1）浇水"三看"

① 看龙头　正常叶色从下到上由深到浅，龙头舒展肥壮，有2片以上未放展的幼叶拢包，颜色鲜绿，毛茸发达，各小叶生长均匀，叶柄与茎呈45°角，叶片平展。缺水时，龙头瘦小而尖，已放展的叶片与龙头间距离近，叶色发黑隔夜不变色，叶柄与茎的夹角增大，叶片稍下垂。水分过多时，叶色淡、叶片薄、叶柄与茎的夹角缩小。

② 看卷须　正常卷须粗壮，卷须与茎呈 45°角。缺水时，卷须呈弧状下垂。水分过多时，卷须直立。

③ 看瓜　缺水时，瓜色深绿，瓜条锥形。水分过多时，瓜色淡，瓜未长大而弯曲或尖顶。浇水不匀，出现大肚瓜或细腰瓜。

此外，灌溉与否及灌水量的大小，还要看天气变化情况，是晴天还是阴雨天，看土地的干湿状况，测试土壤含水量，看土壤负压指示表，进行综合判断，采取相应灌溉措施。

（2）浇水时期

① 缓苗期浇水　定植后到幼苗开始生根长新叶的时期，春黄瓜定植时最好不灌明水（浇暗水），定植后 3～4d 再在定植行间开小沟或挖穴灌水，即能缓苗。

② 苗期浇水　一般浇缓苗水后不再浇水，进行蹲苗，以中耕为主，促根系发达，控茎叶生长。但蹲苗要适当，切不可过度，应根据品种特性、生育状况、土壤等情况灵活掌握，早熟品种宜轻蹲苗。蹲苗后的第一水对协调瓜与秧的生长关系至关重要，浇水过早营养生长偏旺，幼瓜发育迟缓，甚至产生"化瓜"。

但在未浇缓苗水或基肥烧根的情况下，如不及时浇水，专等根瓜坐住，反会误事，以致瓜秧不长，叶子抽缩，光合产量下降，也会引起化瓜或助长根瓜苦味的发生，故在根瓜坐住前浇一次小水，也不致引起化瓜。

浇水过迟，水分不足，植株生长受挫，严重时发生"花打顶"。一般在根瓜瓜把发黑，瓜长达 15cm 左右，叶色深绿，生长点缺乏光泽，叶片中午略有萎蔫，而傍晚尚能恢复时结束蹲苗，及时浇催促秧水。

③ 结瓜期浇水　进入结瓜期后需水量逐渐增加，此期缺水，不但影响植株生长，且成瓜速度缓慢，会出现尖嘴瓜，严重影响瓜的品质和产量，但浇水宜小水勤浇，保持湿润。灌水后进行浅锄，否则连续灌水地面板结，蒸发更快。有条件的最好采用渗灌。

结瓜初期，气温低，植株小、结瓜不多，以龙头下 2 片真叶黄绿色时为灌水指标，一般每隔 5～7d 浇一水。

盛瓜期，产品大量形成，气温升高，需水量大增，以龙头下 3 片叶子黄绿色时为灌水指标，每隔 2～3d 浇一次水或隔日浇水，促幼瓜迅速膨大。春露地栽培，雨量多时，灌水次数可适当减少，保护地内灌水次数相应增加。

采收后期，植株衰老，根系吸收能力降低，结瓜数减少，以不缺水为原则。浇水宜在采收前一天进行，每次浇水后加强通风降湿，防止病害发生。

（3）浇水方法

① 冬暖大棚浇水　因冬季气温低、光照弱，应不浇明水或少浇水防止地温下降。

② 高畦浇水　可从沟中少浇水洇畦，或在定植时将小高畦整成双高垄，即每隔 1.2m 左右做成 2 个宽 30cm、间距 20cm、高 15cm 的小垄，垄间小沟深 10cm 左右，浅于垄沟，用一幅膜将两垄和畦沟盖住，每垄栽秧 1 行，浇水时在畦头掀起地膜顺小沟在膜下小水洇浇。

③ 平畦浇水　应开小沟洇浇或点浇，大水漫灌会使黄瓜停止生长或锈根死亡。

④ 根据温度浇水　天气转暖，温度升高，浇水可加强，但应控制湿度。白天温度高时可通风调节，夜间温度低，空气相对湿度易增大，并在叶片凝结水珠，促使霜霉病发生。除保持土壤湿度适宜外，夜间开小通风口通夜风，适当降低湿度和夜温。

⑤ 及时扫雪　春暖棚室坡度小，大雪有压倒棚室的危险，要冒雪清扫。雨天要将

棚室封闭，防止雨水滴入棚内。为防棚膜凝水滴湿瓜秧，可采用无滴膜。

⑥ 雨后排涝　黄瓜一方面对水分需要量较大，要求土壤湿度较高，不耐干旱；但另一方面又不耐雨涝和灌溉积水。有条件的可软管灌溉或喷灌，高温季节，下午利用地下井水可有效降低地温 $3\sim5\,℃$，大雨或暴雨后及时排水。

5. 黄瓜瓜蔓整理技术要领

对早春保护地栽培、以主蔓结瓜为主的早熟品种，瓜蔓整理是一项极重要的增产技术。有时主蔓上叶腋中萌发出侧芽来，若在根瓜未坐住之前萌发出来，与叶片生长的同时，侧芽萌发生成侧枝，消耗大量养分，主蔓结果减少，摘瓜推迟，品质下降，产量降低，且侧蔓互相遮蔽，影响通风透光，病虫害加重。及时打去侧枝、卷须、雄花、顶芽和老叶，使养分能保证瓜蔓正常旺盛生长，并大量运往果实中，使主蔓上的瓜条迅速长大，可保证主蔓结瓜，及早上市，提高效益。具体工作如下。

(1) 打杈　要及时除去黄瓜主蔓上的侧枝。春黄瓜刚缓苗后瓜秧生长缓慢，为了促进根系生长和发棵，最初打杈可适当推迟，一般长足 3 片叶时先将侧枝的头打去，主蔓旺盛生长时再将全部杈摘除。以晴天打杈较好，不要在阴天或露水未干时打杈，否则易引起伤口腐烂，传染病害。

(2) 疏花　黄瓜早熟品种在低温短日照时期育苗，雌花很多，有的整个植株节节有瓜，甚至一节有 $2\sim4$ 个雌花，坐果过多，茎叶养分供应能力有限，化瓜率增加，或畸形果增加。应在雌花开放前疏果。一般每株瓜留一条即将成熟的瓜、一条半成品瓜、一条正在开花的瓜，各 $1\sim2$ 叶留一雌花。但夏、秋种植的中晚熟品种雌花本来就少，一般不疏雌花。

(3) 打头　又叫摘心。有些大棚黄瓜直到藤蔓长到棚顶了才开始打头，是不正确的做法，因为这时候侧枝过多，杈蔓过长，与主蔓瓜竞争养分，降低产量。黄瓜应在长足 $30\sim35$ 片真叶时打头。摘心后生长点停止分化生长，能将叶片制造的养分集中运送到果实，使果实生长加速，品质提高，采摘期提前。摘心后在雌花上留 2 片保护叶，能使顶部果实有充足营养供应，长足长大。易结回头瓜的品种摘心时间一般在拔秧前 30d 为宜。摘心过早，产量低；摘心过晚，不能发挥结回头瓜的作用。

(4) 掐卷须去雄花　卷须能消耗大量养分。掐去黄瓜卷须，便于养分集中向果实和植株运输。一般应在卷须长至 $3\sim4cm$ 时掐去；晚了掐不动，也消耗过多的养分。黄瓜可以单性结实，又可以用外源激素处理，使黄瓜迅速生长。雄花必须借助于昆虫传粉，早春保护地黄瓜由于温度低昆虫还未出来活动，或保护地温度过高，昆虫无法进入，不能帮助授粉。雄花消耗不少养分，应人工去雄花。去雄花应在看到花蕾时进行。

(5) 打老叶　黄瓜生长后期下部叶片黄化干枯，失去光合机能，影响通风透光。可将黄叶、重病叶、个别内膛互相遮阴的密生叶打去，深埋或烧掉。但摘叶必须合理，如果看到有些田块植株1m多高，由于叶片大些就将下部老叶和绿叶一齐剪去，下部光剩果实，这样摘叶会因果实周围无足够的叶片制造养分而使产量和品质降低。

摘叶标准是：只要叶片大部分呈绿色，能进行光合作用又不过度密蔽，就不必摘除。

6. 黄瓜设施栽培增施二氧化碳气肥技术要领

(1) 增施二氧化碳的来源

① 增施有机肥料　马粪、秸秆等有机肥经微生物的分解发酵可释放出二氧化碳

气体。

② 通风换气　晴天日出后，大棚内温度升高时及时进行通风换气，可使大气中二氧化碳气体补充入大棚内。

③ 人工增施二氧化碳

(2) 施肥时期　苗期一般不进行二氧化碳施肥。黄瓜设施栽培一般在开花坐果期施用，过早施用容易使茎叶繁茂，经济产量并无明显提高。除阴雨天外，可连续使用至采收盛期。

(3) 施肥浓度　大多数蔬菜适宜的二氧化碳浓度为 $800 \sim 1200mg/kg$。黄瓜以晴天 $1000mg/kg$，阴天 $750mg/kg$ 为佳。

(4) 施肥时间　一般在日出后 1h 开始施用，停止施用应根据温度管理及通风换气情况而定，一般在棚温上升至 30℃ 左右、通风换气之前 $1 \sim 2h$ 停止施用。中午强光下蔬菜大都有"午休"现象，而晚上没有光合作用，不需进行二氧化碳施肥。阴天、雨雪天气，一般也不必施用。

(5) 施肥方法　二氧化碳施肥方法有多种，有钢瓶法、燃烧法、干冰法、化学反应法、颗粒法等。

① 钢瓶法　利用酒精等工业的副产品产气，利用钢瓶盛装，直接在棚的室内施放，优点是施放方便，气量足，效果快，易控制用量和时间，缺点是气源难，搬运不便，成本高。

② 燃烧法　通过燃烧白煤油、液化石油气、天然气、沼气等产生二氧化碳气体，优点是二氧化碳纯净，产气时间长，缺点是易引起有毒气体危害，成本高，还要注意防火。

③ 干冰法　利用固体的二氧化碳（俗称干冰），在常温下升华变成气态二氧化碳，运输时需要保温设备，使用时不要直接接触。

④ 化学反应法　通过酸和碳酸氢铵进行化学反应产生二氧化碳气体，这种方法贮运方便，操作简单，经济实用，安全卫生，价格低廉，环境污染少。方法是：先将 98％工业浓硫酸按 1∶3 比例稀释，放入塑料桶内，每桶每次放 $0.5 \sim 0.75kg$，每亩棚室内均匀悬挂 $35 \sim 40$ 个，高于作物上层，每天在每个容器中加入碳酸氢铵 $90 \sim 100g$，即可产生二氧化碳。目前，国外多利用大型固定装置燃烧天然气、丙烷、石蜡、白煤油等，来产生二氧化碳气体，南方多采用化学反应法。

此外，还可采取菇菜间套种，食用菌分解纤维素、半纤维素，释放出蔬菜所需要的二氧化碳和热能。

(6) 注意事项

① 及时闭棚　大棚黄瓜喷施二氧化碳后大棚要密闭 $1 \sim 2h$，以利作物有足够的时间吸收二氧化碳。

② 加强管理　大棚黄瓜喷施二氧化碳后，在栽培管理技术上要采取相应措施，适当控制生长，促进发育，加强肥水管理，增施有机肥，降低棚内湿度和增加光量。要想提高棚室中晚间二氧化碳的生成量，除注意严密闭棚外，在菜地中施用大量的农家有机肥是主要措施。一般每年每亩地施入禽畜粪、秸秆沤制肥达 5000kg 左右。

③ 注意使用量、使用次数、使用时间　二氧化碳气肥也不能过量施用，多了会发生严重的副作用。

一般一天只用一次，最多用两次。使用次数太多，当二氧化碳浓度超高时就会反过来影响光合作用的正常进行。

④ 搞好棚室中的二氧化碳调节　蔬菜大棚中从傍晚闭棚后二氧化碳浓度都会不断升高，在棚里农家有机肥用量较多时，由于其分解产生二氧化碳的量会很大，有机肥充足的大棚里二氧化碳通过一晚上的不断积累，其浓度会达到 $1500 \sim 2000 mg/kg$，这个浓度是棚外空气中二氧化碳浓度的 5 倍以上，所以，利用好这些二氧化碳是提高棚室蔬菜产量的潜力所在。一个棚室中一晚上积累的二氧化碳约可供棚中蔬菜 1h 光合作用的需要，同在 1h 内由于棚室中二氧化碳浓度高，蔬菜生成的光合物质要比通常大气中生成的量明显增加。因此，在太阳升起后的 1h 内一定不能放风。

大棚见光 1h 后如果不进行人工增施二氧化碳，就要及时放风，使室外空气中的二氧化碳早进棚，以使蔬菜的光合作用继续进行下去，故这段时间若温度条件允许放风就应及时。

为使二氧化碳在光合作用中充分发挥作用，不使其浪费，应在停止追施后 2h 开始通风。增施二氧化碳时，要降低设施内的湿度，透光要良好，否则收不到好效果，而且易引起徒长。

7. 大棚黄瓜水肥一体化技术要领

(1) 铺毛管　黄瓜定植结束后铺设水肥一体化所需的毛管，根据黄瓜垄双行种植的特点，2 条毛管铺设在 2 行黄瓜的内侧，选用的毛管滴头间距为 $25 \sim 30cm$，滴头的滴水速度以 1.65L/h 为宜。然后覆盖地膜，膜两边扯紧压实，并用湿土封好口。

(2) 建立喷灌系统　农户可根据实际需要选择合适的水泵，同时需要选择不同规格的管材、连接管件、底阀、滴灌（喷灌）头等。采用 3 级管网铺设，即主干管、支管、毛管（已铺设），在输水管上安装主控阀和水表，用来控制水的流量，然后顺着大棚走向布设支管，支管的前端与主干管相接，支管末端用堵头堵住，毛管与支管垂直连接。喷灌系统安装简单，操作方便。

(3) 建立施肥系统　包括蓄水池和混肥池的建立。简便方法是在水泵前端利用连接管件和 1 只用于盛放肥料的塑料大桶相连，连接管件上装控制阀门，不施肥时关闭阀门。安装过滤器，防止杂质堵塞毛管。最好加装自压微灌系统施肥装置，通过阀门和三通与给水管连接，可调节肥料母液流量和施肥时间，精确控制施肥量。安装时注意所有接口必须密封严实，不能漏气。

(4) 肥料选择　主要有英国海德鲁光合有限公司生产的翠康系列、绿芬威系列产品，德国康朴公司生产的狮马牌系列、康朴牌系列产品，寿光三宁农化有限公司生产的圣诞冲施肥以及中国北京世纪阿姆斯生物技术股份有限公司生产的水肥一体化产品等。

(5) 水分管理　移栽后滴定根水，第一次滴水要滴透，直到整个畦面湿润为止。使用滴灌的主要目的是使根系层湿润，因此要经常检查根系周围水分状况，挖开根系周围的土用手抓捏，土壤能捏成团块表明水分够，如果捏不成团表明不够湿润，要开始滴灌，以少量多次为好，直到根系层湿润为止。田间经常检查滴灌管是否有破损，若有应及时维修。

(6) 施肥管理　黄瓜生育期不同阶段对矿质元素的吸收和分配不同，同时养分的吸收和利用受气候、土壤条件的影响较大，因此要根据黄瓜生长规律选择合适的冲施肥种类和浓度。

8. 瓜类蔬菜化瓜原因与防止措施

黄瓜、冬瓜、丝瓜、瓠瓜、西瓜和南瓜等瓜类蔬菜，雌花未开花或开花后，子房不膨大，瓜条不再生长发育，逐渐变黄而自行萎蔫，这种现象称为化瓜（彩图 2-9）。瓜类化瓜现象十分普遍，尤其是日光温室栽培，由于管理不当，化瓜现象十分严重，有时高达 30%。

（1）化瓜原因

① 营养生长不足或过旺　早期植株的营养供给不足，如水肥供应不足，土壤含水量低于 20%，根系发育不好，植株瘦弱，雌花营养供应不足，易化瓜。

或水肥过多，土壤含水量过高，特别是氮肥过多，植株徒长，养分大部分用于枝叶生长，仅少量供给果实的发育，空气湿度大，容易引起病害，化瓜多。

② 气候条件不适　花期阴雨连绵，昼夜温差大，养分消耗多，阴雨天或昆虫活动少时，授粉受精不良。

温度过高，白天超过 35℃，夜间高于 20℃，瓜蔓徒长，造成营养不良而化瓜。

温度过低，白天低于 20℃，夜间低于 10℃，造成营养饥饿而化瓜。或定植密度过大，温室、大棚内阳光过于不足，易化瓜。

③ 种植过密　黄瓜根系主要集中在近地表，密度大，根系竞争土壤中养分，地上部分茎叶竞争空间，使透光性及透气性降低，光合效率低，消耗增加。

④ 病虫害影响　如黄瓜霜霉病、细菌性角斑病、白粉病、炭疽病、黑星病等叶部病害直接为害叶片，造成叶片坏死，导致化瓜。在保护地内栽培，多因灰霉病发生而引起化瓜。

蚜虫、茶黄螨、白粉虱、红蜘蛛等害虫，通过吸取叶片汁液，造成黄瓜生长不良而引起化瓜。

⑤ 与品种特性有关　单性结实能力强的品种一般不易化瓜，相反化瓜多。

⑥ 不合理采收影响化瓜　当商品瓜成熟以后，或有畸形瓜、坠秧瓜，如果不及时采收，会使刚开放的雌花养分供应不足而造成化瓜。或将蔓上的半成品也全部采收，植株上全剩下刚开放或未开放雌花，营养集中供给植株生长，造成徒长，导致严重化瓜。

⑦ 二氧化碳浓度不够　黄瓜喜温耐光，对气体浓度非常敏感，温室中二氧化碳不足时能引起化瓜。氨气、二氧化硫、乙烯等气体过多，亦可引起化瓜。

（2）防止措施

① 培育壮苗，增强抗逆能力，定植前加强锻炼，保护地栽培在低温时注意加温，高温时及时放风，白天温度保持在 20～25℃，夜晚 15～18℃。为弥补植株间的光照不足，栽培的密度要根据季节、品种、形式而定，早熟品种可比中晚熟品种密度大些，夏季栽培、露地可比冬季栽培、保护地栽培密度大些。架型的选择直接影响光照，应根据栽培的需要选择架形。

② 加强前期肥水管理，促进发根，增强根系吸收能力，中后期追肥要根据植株长势进行，促控结合。保护地栽培，容易出现二氧化碳浓度过低，可通过放风、空气对流，增加棚内二氧化碳浓度，或补充二氧化碳施肥，或在棚内增加有机肥施用量，加强光合作用，减少化瓜，增加产量。施用充分腐熟的厩肥、鸡粪、人粪尿、豆饼等有机肥，氮素化肥最好和过磷酸钙混合使用或深施到土壤里，少用尿素，追肥后加强通风。

③ 阴雨天和昆虫少时，进行人工授粉刺激子房膨大，化瓜率可下降 72.5%，并提高坐果率。

④ 尽量选择单性结实能力强，坐果率高的品种。品种要根据季节、栽培环境（露地、保护地）的不同进行选择。早春保护地栽培应选择耐低温、弱光的品种；夏季露地

栽培要选择抗高温、长日照的晚熟品种；秋季栽培要选择苗期耐高温、后期耐低温的中晚熟品种；冬季栽培一定要选择耐弱光、短日照、抗严寒的品种。

⑤ 绑蔓整枝等田间操作时仔细，避免损伤幼瓜。

⑥ 加强病虫害的防治，密切注意病虫害发展动态，对病害首先是"防"，其次是"治"，对虫害早治。保护地栽培时，要加强通风换气，增强光照，减少病害发生。

⑦ 幼果生长旺盛期用磷酸二氢钾或高效复合肥进行根外追肥。如黄瓜雌花开花后，可分别喷雾赤霉酸、吲哚乙酸、腺嘌呤等，化瓜率下降 50%～75%，单瓜增重 15～30g，采收时间提前 0.9～5.5d。亩用农用稀土 30g，温水稀释成一定浓度进行叶面喷洒，对减少化瓜促果实生长具明显作用。

⑧ 适时采收已达商品成熟度的果实，以利幼果成长，采收瓜时，及时多收商品成熟瓜、畸形瓜和坠秧瓜，不要抢摘半成熟的小商品瓜。

9. 黄瓜"花打顶"的表现与防止措施

黄瓜藤顶端不形成心叶，出现"花抱头"现象，即形成雌花和雄花间杂的花簇，是"花打顶"的典型症状（彩图 2-10）。"花打顶"不仅延迟黄瓜发育，同时影响产量和质量。这种情况在早春、晚秋或冬季种植黄瓜时，苗期至结瓜初期经常出现，其产生原因有多种，要有针对性地采取预防措施。

（1）营养障碍型"花打顶"   当天气恶劣、气温低、夜间温度低于 10℃时，影响白天光合作用同化物质的输送，而且叶变成了深绿色，叶面凹凸不平，植株矮小。

防止措施：采取早闭棚、加强覆盖、提高夜温的措施，前半夜气温要求达 15℃，保持 4～5h，后半夜保持 10℃左右。

（2）沤根型"花打顶"   棚温低于 10℃，棚内湿度太高，造成沤根现象，一般土壤相对湿度高于 75%，土壤潮湿，根系生长受抑也会造成沤根型"花打顶"。

防止措施：提高棚室地温到 10℃以上，发现地面出现灰白色水浸症状时，要停止浇水，及时中耕，提高地温，降低土壤含水量。遇到大暴雨天气，要搞好排水，防止棚内积水。

（3）伤根型"花打顶"   有些瓜苗或植株根系受到伤害，造成植株吸收养分受抑，还会出现伤根型"花打顶"。

防止措施：中耕时要注意不要伤根，要采用保秧护根措施，提高根系活力。采用营养钵移栽更好。

（4）烧根型"花打顶"   如果定植时穴施有机肥过量，土壤溶液浓度过高，或肥料不腐熟，或不细碎导致根系水分外渗，加上定植后又不及时浇水，棚室土壤干旱，还会形成烧根型"花打顶"，根系和叶片变黄，叶片、叶脉皱缩，秧苗也不长。

防止措施：及时浇水，使土壤持水量达 22%，相对湿度达 65%，浇水后中耕，不久就可恢复正常生长。

此外，造成沤根、烧根、伤根的，还可采用 5mg/L 萘乙酸水溶液和复硝酚钠 3000倍混合液，或其他具有明显促根壮根的药剂和肥料进行灌根，刺激新根加速发展。摘除植株上可以见到的全部大小瓜纽和雌花，对植株实行最彻底的减负。对植株喷用芸苔素内酯、三十烷醇等可促进茎叶快速生长的激素或复合叶肥。追用氮肥（硝酸铵钙、硝酸磷钾肥）。

10. 瓜类蔬菜杂草防除技术要领

黄瓜、西瓜、甜瓜、南瓜、冬瓜、西葫芦、丝瓜、苦瓜等瓜类蔬菜，除个别采用直播方式外，大多采用育苗移栽的方法，草害严重，主要杂草有马唐、狗尾草、牛筋草、反枝苋、凹头苋、马齿苋、铁苋、藜、小藜、灰绿藜、稗草、双穗雀稗、鳢肠、龙葵、苍耳、繁缕、早熟禾、画眉草、看麦娘等。瓜类蔬菜对除草剂比较敏感，以往除草剂用得较少，但只要掌握施药适期和使用方法，有些除草剂对瓜类是安全的。

（1）育苗田（畦）或覆膜直播田杂草防除　肥水大、墒情好，特别有利于杂草的发生，育苗田（畦）地膜覆盖或覆膜直播田，白天温度较高，昼夜温差较大，瓜苗瘦弱，除草剂对瓜苗易产生药害。对于施用化学除草剂的瓜育苗田（畦）或覆膜直播田不宜过湿，除草剂用量不宜过大。降低除草剂用量一方面是因为覆膜田瓜苗弱、田间小环境差以降低对瓜苗的药害；另一方面是因为瓜育苗田（畦）生育时期较短，药量大会造成不必要的浪费。

① 防除育苗田（畦）或覆膜直播田一年生禾本科杂草　可选用 33％二甲戊灵乳油 40～60mL，或 45％二甲戊灵微胶囊剂 30～50g、20％萘丙酰草胺乳油 75～150mL、96％精异丙甲草胺乳油 20～40mL、72％异丙草胺乳油 50～75mL，对水 40L，均匀喷施，可防除多种一年生禾本科杂草和部分阔叶杂草。

也可用 48％仲丁灵乳油 100～150mL，对水 40L 均匀喷施。施药后及时混土 2～5cm，该药易于挥发，混土不及时会降低药效。适于墒情差时土壤封闭处理，但在冷凉、潮湿天气时施药易于产生药害，应慎用。

② 防除育苗田（畦）或覆膜直播田一年生禾本科杂草和阔叶杂草　为提高除草效果和对作物的安全性，可选用 33％二甲戊灵乳油 40～50mL＋50％扑草净可湿性粉剂 50～75g，或 20％萘丙酰草胺乳油 75～100mL＋50％扑草净可湿性粉剂 50～75g、72％异丙草胺乳油 50～60mL＋50％扑草净可湿性粉剂 50～75g，对水 40L，均匀喷施，可有效防除多种一年生禾本科杂草和阔叶杂草。但扑草净用药量不能随意加大，否则会有一定的药害。

③ 防除老菜区覆膜直播田阔叶杂草和一年生禾本科杂草　老菜区阔叶杂草发生严重，为提高除草效果和对作物的安全性，可选用 33％二甲戊灵乳油 40～50mL＋24％乙氧氟草醚乳油 10～20mL，或 33％二甲戊灵乳油 40～50mL＋25％恶草酮乳油 50～75mL、20％萘丙酰草胺乳油 75～100mL＋24％乙氧氟草醚乳油 10～20mL、72％异丙草胺乳油 50～60mL＋24％乙氧氟草醚乳油 10～20mL、33％二甲戊灵乳油 40～50mL＋25％恶草酮乳油 50～75mL，对水 40L 喷雾，可防除多种一年生禾本科杂草和阔叶杂草。但乙氧氟草醚和恶草酮易发生触杀性药害，用药量不能随意加大、施药务必均匀，施药时要适当加大喷水量，否则会有一定的药害。

对于未与任何作物套作的覆膜直播瓜田，也可以分开施药。对于膜内施药可以按照上面的方法进行；膜外露地，可以参照下面的移栽田杂草防治技术进行定向施药。

（2）大棚瓜田杂草防除　大棚瓜种植，由于棚内高温高湿的小气候条件有利于杂草的萌发和生长，因而一般在瓜苗定植前就形成了出苗高峰，并迅速发展。恶性杂草的滋生，不但与瓜苗争水、肥、光，而且加重瓜菜病虫害的发生。目前尚未找到对大棚西瓜等瓜类蔬菜田内阔叶杂草有特效的药剂。

防治一年生禾本科杂草，宜在定植前土壤密闭处理，在平整畦面后，选用 50％萘丙酰草胺水分散粒剂或可湿性粉剂 75～100g，对水 50L 均匀喷雾，也可用 48％仲丁灵乳油或 48％氟乐灵乳油 75～100mL，对水 50L 均匀喷雾，而后浅混土，进行土壤密闭处理，施药后 3～5d 播种，宜将瓜子适当深播。施用封闭除草剂后平铺地膜，药后 4～

5d覆盖棚膜移栽瓜苗。

（3）直播田杂草防除　直播瓜田内温度高、墒情好，特别有利于杂草的发生，如不及时防除，易形成草荒。直播瓜田，生产上宜采用封闭性除草剂，一次施药保持整个生长季节没有杂草危害。要注意种子催芽一致，播种时以3～5cm为宜，播种过浅易发生药害。

①对于墒情较好的土地，宜在播种后当天，或第二天及时施药，施药过晚易将药剂喷施到瓜芽上而发生药害。每亩可选用48％仲丁灵乳油200mL，或33％二甲戊灵乳油80～120mL、20％萘丙酰草胺乳油150～200mL、72％异丙草胺乳油100～150mL等，加水40～50L，均匀喷雾于土表，防除一年生本科杂草及藜、苋、苘麻等阔叶杂草。瓜类对该类药剂较为敏感，施药时一定视条件调控药量，切忌施药量过大。药量过大时，瓜苗可能会出现暂时的矮化、粗缩，一般情况下能恢复正常生长，但药害严重时，会影响苗期生长，甚至出现死苗现象。

②对于墒情较差的土地或砂土地，最好在播前施药。可选用48％仲丁灵乳油150～200mL，施药后及时混土2～3cm，该药易于挥发，混土不及时会降低药效，施药后3～5d播种，宜将瓜子适当深播。也可在播后芽前施药，但药害大于播前施药。

③对长期施用除草剂的老瓜田，一般铁苋、马齿苋等阔叶杂草较多，可在播前施药。选用33％二甲戊灵乳油75～100mL＋50％扑草净可湿性粉剂50～100g，或20％萘丙酰草胺乳油150～200mL＋50％扑草净可湿性粉剂50～100g，72％异丙草胺乳油100～120mL＋50％扑草净可湿性粉剂50～100g，对水40L喷雾，可防除多种一年生禾本科杂草和阔叶杂草。因该法大大降低了单一药剂的用量，故对瓜苗的安全性大大提高。应均匀施药，不宜随便改动配比，否则易发生药害。

（4）移栽田杂草防除　瓜类蔬菜育苗移栽为生产上普遍采用的栽培方式，宜采用封闭性除草剂，一次施药保持整个生长季节没有杂草危害。

①对于墒情较好的土地，可于移栽前1～3d喷施土壤封闭性除草剂，移栽时尽量不要翻动土层或尽量少翻动土层。可选用33％二甲戊灵乳油150～200mL，或20％萘丙酰草胺乳油200～300mL、50％乙草胺乳油150～200mL、72％异丙草胺乳油175～250mL，对水40L均匀喷施土表。

②对于墒情较差的土地或砂土地，可选用48％氟乐灵乳油150～200mL，或48％仲丁灵乳油150～200mL，施药后及时混土2～5cm，该药易挥发，混土不及时会降低药效。

③对长期施用除草剂的老瓜田，铁苋、马齿苋等阔叶杂草较多，可选用33％二甲戊灵100～150mL＋50％扑草净可湿性粉剂100～150g，或33％二甲戊灵乳油100～150mL＋24％乙氧氟草醚乳油20～30mL、20％萘丙酰草胺乳油200～250mL＋50％扑草净可湿性粉剂100～150g、20％萘丙酰草胺乳油200～250mL＋24％乙氧氟草醚乳油20～30mL、50％乙草胺乳油100～150mL＋50％扑草净可湿性粉剂100～150g、50％乙草胺乳油100～150mL＋24％乙氧氟草醚乳油20～30mL、72％异丙草胺乳油150～200mL＋50％扑草净可湿性粉剂100～150g，对水40L，均匀喷施，可防除多种一年生禾本科杂草和阔叶杂草。均匀喷施，不宜随便改动配比，否则易发生药害。

④瓜类蔬菜移栽活棵后，苗高15cm左右时，每亩用48％氟乐灵乳油100mL，或33％二甲戊灵乳油100～150mL，或20％敌草胺乳油200mL，或48％仲丁灵乳油250mL等，加水40～50L，喷于土表，施后最好浅混土。能防除牛筋草、马唐、小藜、

凹头苋等杂草。

对于移栽田施用除草剂的瓜田，移栽瓜苗不宜过小、过弱，否则会发生一定程度的药害，特别是低温高湿条件下药害加重。

（5）生长期杂草茎叶处理防除　前期未能采用化学除草或化学除草失败的瓜田，应在田间杂草基本出苗且杂草处于幼苗期时施药，对于稗草、狗尾草、野燕麦、马唐、虎尾草、看麦娘和牛筋草等一年生禾本杂草，应在杂草 3～5 叶期，选用 10％精喹禾灵乳油 40～60mL，或 10.8％高效氟吡甲禾灵乳油 20～40mL、10％喔草酯乳油 40～80mL、15％精吡氟禾草灵乳油 40～60mL、10％精恶唑禾草灵乳油 50～75mL、12.5％烯禾啶乳油 50～75mL、24％烯草酮乳油 20～40mL，对水 30L 喷雾。该类药剂没有封闭除草效果，施药不宜过早，特别是在禾本科杂草未出苗时施药没有效果。在气温较高、雨量较多地区，杂草生长幼嫩，可适当减少用量；相反，在气候干旱、土壤较干地区，杂草幼苗老化耐药，要适当增加用药量。防治一年生禾本科杂草时，用药量可稍减低；防治多年生禾本科杂草时，用药量应适当增加。

在瓜田禾本科杂草较多较大时，应抓住前期及时防治，并适当加大药量和施药水量，喷透喷匀，保证杂草都能接受到药液。可选用 10％精喹禾灵乳油 50～125mL，或 10.8％高效氟吡甲禾灵乳油 40～60mL、10％喔草酯乳油 60～80mL、15％精吡氟禾草灵乳油 75～100mL、10％精恶唑禾草灵乳油 75～100mL、12.5％烯禾啶乳油 75～125mL、24％烯草酮乳油 40～60mL，对水 45～60L 均匀喷雾，施药时视草情、墒情确定用药量，可有效防除多种禾本科杂草。但在天气干旱、杂草较大时死亡时间相对缓慢。杂草较大、密度较高、墒情较差时适当加大用药量和喷液量。否则，杂草接触不到药液或药量较小，影响除草效果。

（6）除草剂药害与解除措施　瓜类蔬菜受害后，叶片急速萎蔫下垂，以幼嫩的叶片受害最为严重。但是此种情况与植株的急速失水萎蔫不同，植株的急速失水萎蔫一般出现在冬季雨雪天气的久阴突晴或夏季极度高温的情况，失水萎蔫的植株在通过补水或温湿度适宜时可以自行恢复到正常的生长状态；受除草剂药害的瓜类植株叶片，即使补水也不能恢复到原来的正常状态，并且受害严重的叶片会在短时间内失水变干，对植株的整体影响较大。

发现作物出现受害症状时，要及时喷洒清水，减轻药害；并在傍晚时分补喷 1500 倍的植物细胞分裂素＋6000 倍的复硝酚钠溶液，缓解药害。

（7）注意事项

① 瓜类蔬菜田要精选不夹带杂草种子，施用腐熟有机肥料，合理密植。移栽前，大田要耕翻或锄田，或施用草甘膦等灭生性除草剂。

② 严禁使用乙草胺。乙草胺活性较高，在黄瓜、西瓜、甜瓜等瓜田使用，极易产生药害，轻则植株矮化、叶片皱缩、枝蔓细短，造成一定程度的减产。

③ 二甲戊灵对黄瓜有轻微的药害，但受害黄瓜很快能恢复。

用过二氯喹啉酸的田不可种瓜类蔬菜。

甲草胺、异丙甲草胺、克草胺、利谷隆等除草剂均对黄瓜等瓜类蔬菜敏感，易产生药害，不宜使用。

④ 由于栽培形式多样，加之黄瓜是蔬菜作物中对除草剂最为敏感的品种之一，使用除草剂时必须十分谨慎。如在黄瓜直播时，或播种育苗时，不能使用氟乐灵。

直播或苗床除草时使用仲丁灵除草不要随意加大剂量。

移栽黄瓜田除草使用二甲戊灵，在黄瓜5片真叶以下时不能使用，移栽缓苗后应采用定向喷雾，避免药剂与瓜秧接触。

⑤ 大棚、拱棚西瓜容易因气温陡升、掀膜不及时而引起热害，此时若选用挥发性较强的除草剂，引起空气中药剂浓度过高产生药害，危害更严重。瓜田排水不畅，西瓜生长季节雨水较多，有些药剂如异丙甲草胺等在土壤渍水情况下，活性大幅度提高，安全性急剧下降，极易造成药害。此外，在砂质土壤、有机质含量低的土壤中，有些除草剂遇雨易渗漏，进而对西瓜根系产生药害。

⑥ 茎叶处理除草，施药时应用挡板隔开蔬菜，以保安全。并注意选择无风的天气进行喷洒，防止随风飘移产生药害。

⑦ 喷洒过除草剂的药械要认真地清洗，最好做到专用（即蔬菜田管理过程中可以专用一个喷雾器，坚决不能喷施除草剂一类的药剂）。

⑧ 凡前茬作物施用了含有氟磺胺草醚成分、含有氯嘧磺隆成分、含有咪唑乙烟酸成分、含有异噁草酮成分等的除草剂，这些除草剂在土壤中残效期长，按照标准计量施药，下茬如要种植瓜类作物，至少要间隔24个月以上。

⑨ 大面积使用除草剂，最好先做小型试验，以免出现施用品种或方法不当造成药害。

11. 黄瓜高温闷棚技术要领

进入三四月后，早春大棚栽培黄瓜进入生长高峰期，也是霜霉病容易发生的时期，采用高温闷棚可经济有效地防治住。

(1) 高温闷棚方法　闷棚的前一天要浇上小水，提高棚内湿度，并适当提高夜温。闷棚应在晴天中午进行，封严棚室，事先不能放风排湿。闷棚时在棚内中部的黄瓜秧生长点的高度，分前、中、后各挂一支温度表。温度上升到40℃时，通过调节风口，使温度慢慢上升到45℃时就开始计时，每隔5～10min观察一次，保持45℃，最高不得超过48℃，连续2h。闷杀后，适当通风，使温度缓慢下降，逐渐恢复到正常温度，病害重时，可间隔2d再进行一次闷杀，完全可以控制霜霉病的继续为害。

(2) 易出现的问题　温度已超过45℃，但闷棚的时间又没到2h，这时不可开通风口放风降温。因为高温放风的同时要排出大量湿空气，这样再继续闷棚就要灼伤生长点。只能放几块草苫或遮阳网来遮光降温，这样才能达到安全降温的目的。闷棚时间到达后，要从棚顶部慢慢加大放风口，使室温缓慢下降。高温闷棚后应加强水肥管理，叶面喷施"尿素0.25kg（氮肥）＋糖（红糖、白糖均可）0.5kg＋水50kg"的糖氮液，再加上0.3%磷酸二氢钾，隔5d一次，连续4～5次，即有防治霜霉病的作用，还可促使植株恢复生长。

(3) 注意事项

① 高温闷棚只适用于在瓜秧生长健壮旺盛，且略有徒长趋势的棚室里进行。前期苗弱小，后期瓜秧衰老，生长中期叶薄、色淡、瘦弱的均不宜进行。闷棚要掌握在晴好的天气进行，以确保本地的日照和温度条件及棚室的密闭保温条件能够达到闷棚时所要求的温度。

② 连阴天后马上晴天，这时病害重而地温低，瓜秧正处在饥饿缺水状态，这时绝对不能进行高温闷棚，否则就有灼死全部瓜秧而毁棚的危险。

③ 闷棚前一天必须灌水，当天早上不能放风，闷棚第二天还要及时再灌一次小水，才能保证瓜秧不受伤害。

④ 闷棚前切忌喷洒杀菌剂。喷一次杀菌剂，常由于高温而发生药害。实际上，高温闷棚前在植株上喷洒杀菌剂没有必要，因为棚内高温足以杀死霜霉病等的病菌、孢子，再喷杀菌剂是多此一举。若其他病虫害严重，确需喷药防治时，应调整到闷棚后进行。如果在高温闷棚前出现喷洒杀菌剂已发生药害，可采取向植株上喷水，冲刷掉叶片上残留的药液，或摘除药害严重的叶片，但摘叶一定要适度，药害严重的植株，可仅将叶片干枯部分摘除，还可以喷洒 0.2% 的碱面或 0.5% 的石灰水。药害发生后，可追施尿素等速效肥，促进根系早发、枝叶生长，或叶面喷施复硝酚钠 6000 倍液或芸苔素内酯 1500 倍液，缓解药害症状。

⑤ 不同品种耐热性不同，因此，闷棚时必须经常到棚内观察瓜秧表现。如温度已在 43℃ 以上，发现上部叶片不上卷或生长点的小叶片萎缩时，说明土壤缺水或空气干燥，也可能地温低，瓜秧吸水困难，瓜秧表现出不能适应高温，这时应马上停止升温，由顶部慢慢打开通风口，结束闷棚，改用百菌清、恶霜灵、霜霉威、烯酰吗啉、琥·乙膦铝、甲霜铜锰锌等药剂进行化学防治。

⑥ 高温闷棚后放风须缓，防"闪苗"。闷棚时间到达后，一定要从棚的顶部缓慢放风，防止由于放风过速造成叶片受伤。若放风后蔬菜出现萎蔫，可向植株上喷洒温水缓解。

采用高温闷棚防治黄瓜霜霉病经济有效，但千万要注意正确操作，切不可"一闷了之"。

12. 黄瓜生长期植株徒长的发生特点与防止措施

保护地黄瓜定植后进入生长期，遇连续晴朗天气，温度高、湿度大、光照足，容易造成黄瓜节间过长、叶柄过长以及叶片过大，叶片颜色变淡黄色，卷须细长发白，营养生长过旺，侧枝长出得早，摘心后出现小蔓。雌花少、长势弱，子房小，瓜条和叶片大小不相称，化瓜普遍或瓜纽多但迟迟不见甩瓜，畸形瓜多，难以正常坐果，引起大幅度减产。通常称为"虚症"。

(1) 发生特点　黄瓜植株徒长由多方面原因造成。如品种不耐高温；春季保护地黄瓜栽培播种期过迟，生长期间遇上高温强光照的气候条件；通风不及时、温度过高，氮肥使用过多，首次肥水施用过早，水分充足，或种植过密、光照不足、夜温偏高、昼夜温差小等管理不当都有可能发生。

(2) 防止措施　徒长不是单方面原因，一旦出现，要采取多方面的措施进行补救，否则会推迟上市时间，影响产量。

① 选好品种　夏秋黄瓜宜选择较耐高温的品种。

② 配方施肥　平衡施肥，增施有机肥，注意氮、磷、钾肥的配合，要注意稳氮、增磷、补钾，适量施用微肥。

③ 合理浇水　浇水不可太多、太勤。白天加强放风，降低棚室内和黄瓜叶片内的水分含量，以抑制茎叶生长速度。

④ 叶面喷药　叶面喷洒相当于正常使用浓度 1.7～2 倍液的微肥（叶肥），或某些营养治疗药剂如核苷酸等。高浓度药液或肥液可能导致叶片出现临时畸形，但等自然恢复后能得到控制徒长和促进雌花的效果。也可喷用甲派鎓等抑制生长的激素，但不要喷用多效唑。

⑤ 控制温度　及时通风透光，掌握不同生育阶段的适宜管理温度，控制合适温、湿度条件，保持足够的昼夜温差。喷药必须结合降低夜间管理温度，可从最低温度

12℃降低到8℃左右，连续处理5～6d，造成尽量大的昼夜温差，控制茎叶生长，促进生殖生长。

13. 黄瓜缺素症的表现与防止措施

（1）缺氮　苗期缺氮，茎细小而较硬，叶色淡绿，生长缓慢。成长期缺氮，植株矮小，从下向上叶片逐渐变黄，严重时浅黄色，全株黄白色，叶脉突出，茎细而脆。果实细短，亮黄色或灰绿色，多刺，果蒂浅黄色或果尖畸形。

防止措施：施足基肥，定植后苗期追施2～3次速效氮肥，瓜藤上架前及盛果期各追肥一次，黄瓜喜硝态氮肥，但为控制土壤溶液浓度过高，要适当控制基肥用量，待追肥时再分期施用。发现黄瓜植株有缺氮症状时，及时追施速效氮肥，如埋施已经腐熟的饼肥、人粪、鸡粪和尿素等。在低温条件下，宜施用硝态氮肥，如硝酸铵、硝酸钾等，也可叶面喷施氨基酸液肥等叶面肥，或喷洒0.3%尿素溶液，结合浇水冲施速效氮肥等。

（2）缺磷　苗期缺磷，茎细长，叶片呈暗绿色，根系不发达，植株矮化，生长迟缓。生长期缺磷，幼叶细小僵硬，深绿色，子叶和老叶出现大块水浸状斑，向幼叶蔓延，下位叶变褐干枯脱落。

防止措施：配制营养土时，要有一定的磷素营养。施入大田的基肥中也要有足够的磷肥。苗期特别是播种后20～40d，磷的作用格外明显，黄瓜整个生长期不可缺磷，对于固定作用强的土壤，施用磷肥时应接近种子或植株，必要时可采取叶面喷施过磷酸钙溶液，或0.2%～0.3%磷酸二氢钾2～3次。

（3）缺钾　钾可在植株体内移动，植株缺钾时老叶中的钾就会向生长旺盛的新叶移动，从而导致老叶呈缺钾症。苗期缺钾，叶呈暗青黑色，叶绿黄化，叶脉间有白斑，生长不良。生长期缺钾，植株矮化，节间短，叶片小，叶片暗绿，叶尖、叶缘变浅黄色边，而后变成浅褐色直至枯干坏死。叶向外侧卷曲，主脉下陷，症状从植株基部向顶部发展，瓜条短，膨大不良，或成"大肚瓜"。

防止措施：全生育期都不可缺钾，特别是生长盛期，一定不可缺钾。黄瓜栽培要施用硫酸钾，而不可施用氯化钾。土壤缺钾时可每亩施入3～4.5kg硫酸钾。应急时，可叶面喷施0.2%～0.3%磷酸二氢钾或1%草木灰浸出液。缺钾时也会影响铁的移动、吸收，因此补充钾肥的同时，应该及时补铁，二者同时进行，可用第三代螯合微肥系列救治，如用螯合铁、瑞培绿、新禾铁＋0.3%～1%硫酸钾、氯化钾喷施，或施用生物钾肥及时补充速效钾等。

（4）缺钙（彩图2-11）　幼叶叶缘和脉间呈现透明白色斑点，多数叶片脉间失绿，主脉尚可保持绿色。植株矮化，节间短，尤以顶部附近最明显，上位叶片小，叶缘枯死，叶形呈蘑菇状或降落伞状，逐渐从边缘向内干枯；严重时，叶柄脆，易脱落。

防止措施：对缺钙的土壤，在大田中定植前，要特别注意钙肥的使用，如在充分腐熟的有机肥料中掺入石灰肥料、碳酸钙、过磷酸钙、次氯酸钙等。在生产上如果因钾肥和氮肥施用过量而造成缺钙，对此也应引起注意。应急时，可叶面喷施0.3%氯化钙溶液3～4次。

（5）缺镁（彩图2-12）　常是瓜条附近的几张叶片首先发病，夏、秋季缺镁较重。植株下部叶片叶脉之间叶肉逐渐退绿黄化，叶脉、细脉仍保持绿色，形成清晰的网状花叶，叶片发硬，急剧缺镁时，失绿迅速发生，仅主脉为绿色，有时出现大块下陷斑。最后全株呈黄白色，致叶片枯死。缺镁症状和缺钾相似，区别在于缺镁是先从叶内侧失绿，缺钾是先从叶缘开始失绿。

防止措施：对检测出的缺镁地块，结合基肥施入钙镁磷肥、碳酸镁、镁石灰、水镁矾、钾镁铁矾，施基肥时应避免氮肥施用过量。应急时，可叶面喷施 1%～2% 的硫酸镁溶液和螯合镁 2～3 次。补镁的同时应该加补钾肥、锌肥，多施含镁、钾肥的厩肥。

（6）缺锌　从中位叶开始褪色，老叶叶尖叶缘橘黄色枯边，叶缘枯死，叶片稍外翻或卷曲。

防止措施：土壤中不可过量施用磷肥，缺锌地块，每亩施用硫酸亚锌 1kg 作底肥。应急时，可叶面喷洒 0.1%～0.2% 硫酸亚锌水溶液。

（7）缺铁　植株新叶、腋芽开始变黄白，上位叶及生长点附近叶片和新叶叶脉先黄化，逐渐失绿，但叶脉间无坏死斑。

防止措施：不过量施用石灰，保持土壤湿润，缺铁地块，加施螯合铁肥，每亩 1～2kg。应急时，可叶面喷洒 0.1%～0.2% 硫酸亚铁水溶液或螯合铁微肥等。

（8）缺硼　黄瓜缺硼时生长点坏死，花器发育不完全。生长点附近节间明显短缩，叶缘呈现黄化边，叶缘黄化向纵深枯黄呈叶缘宽带黄化症，叶脉有萎缩现象，果实表皮木质化或有污点（网状木栓化果），叶脉间不黄化。

防止措施：缺硼地，施基肥时加入硼砂 1.5～2kg，足以预防缺硼。或采用配方施肥技术，保持土壤湿润，不过多施用石灰。应急时，可叶面喷洒螯合硼，如速乐硼、瑞培硼、新禾硼。避免因单一使用化学元素硼砂类物质对土壤造成二次碱性伤害。

（9）缺锰　植株顶端及幼叶间失绿呈浅黄色斑纹，初期末梢仍保持绿色，显现明显的网状纹，脉间出现下陷死斑，老叶白化最重，最先死亡，芽生长严重受抑，新叶细小。

防止措施：改善土壤或施用钙剂时，尽量避免过多施用石灰，可改石膏作为钙剂，追施过磷酸钙能促进锰的吸收。应急时，可叶面喷施 0.2% 的碳酸锰溶液 2～3 次。

（10）缺铜　幼叶和生长点叶缘、叶尖部分发白，叶缘干枯，随着幼叶、幼芽的生长受白化干枯叶缘的限制，幼叶和生长部位的植株长势呈簇状或弯曲和勺状。

防止措施：预防病害时可补充含铜元素的农药，如波尔多液、碱式硫酸铜、春雷·王铜等。应急时，可叶面喷施 0.2%～0.4% 硫酸铜液。

14. 黄瓜生理性萎蔫的发生原因与防治

黄瓜采瓜初期至盛期，植株生长发育一直正常，有时在晴天中午，突然出现急性萎蔫枯萎症状，到晚上又逐渐恢复，这样反复数日后，植株不能再复原而枯死。从外观上看不出异常，切开病茎，导管也无病变。这种现象叫黄瓜生理性萎蔫（彩图 2-13）。

（1）发生原因　主要是由于种植黄瓜的瓜田低洼，雨后积水使黄瓜根部较长时间浸在水中或大水漫灌后土壤中含水量过高，造成根部窒息；或处在嫌气条件下，土壤中产生有毒物质，使根中毒也可引起发病；土壤干旱，也会出现生理性萎蔫现象。此外，黄瓜嫁接质量差或砧木与接穗的亲和性不高或不亲和均可发生此病。在北方露地栽培的秋黄瓜易发病。

（2）防治措施　露地栽培时，要选用高燥或排水良好、土壤肥沃的地块，切忌选择低洼地。例如，栽培过水稻的地块是不宜栽培黄瓜的，如果确实需要在低洼地种植黄瓜，则一定要采用高畦栽培方式。雨后及时排水，严禁大水漫灌，雨后和浇水后及时中耕保持土壤通透性良好。在晴天，湿度低、风大、蒸发量也大时要增加浇水量。露地栽培时，在 6 月中旬前后容易遇到高温、大风天气，特别是当空气较干燥时，应适当增加浇水量。此外，要注意选择性状优良适宜的砧木和接穗，千方百计保证嫁接苗的质量。

15. 黄瓜畸形瓜的表现及防止措施

正常生长的黄瓜结出的瓜条顺直，先端稍尖。但如黄瓜生长发育过程中，遇到营养不良，光照不足，管理不善等环境条件，特别是大棚反季节栽培过程中，常因某些条件不能满足黄瓜的生长要求而出现瓜条畸形现象，从而影响黄瓜的商品价值和产量。只有找准产生的原因，及时采取措施，才能保证黄瓜的正常生长。

(1) 弯曲瓜（彩图2-14）　表现为瓜条中部向一侧弯曲，是外物阻挡或仅子房一边卵细胞受精，果实发育不平衡所致。原因是在采收后期植株老化、叶片发生病害、肥料不足、光照少、干燥等引起营养不良，或种植过密、结果较多，或摘叶多、雌花小、发育不全、干旱伤根等；也有的品种结的弯瓜多；还有的子房（小瓜纽）是弯曲的；染上黑星病的瓜条从病斑处弯曲；由于绑绳、吊绳、卷须等缠住了瓜纽而弯曲；光照、温度、湿度等条件不适，或水肥供应不足，或摘叶过多，或结果过多，也会出现弯曲瓜。

防止措施：加强田间管理，避免土壤过干过湿，适时适量追肥，提高光合效率。温室冬茬生产光照弱，应做成南低北高梯度畦，适当稀植。适时防治黑星病。

(2) 大肚瓜（彩图2-15）　表现为瓜条中部到顶端部分膨大变粗，又称粗尾瓜。黄瓜受精不完全，只先端产生种子，由于种子发育，吸收养分较多，所以，先端果肉组织特别肥大，成大肚瓜。钾、氮和钙素不足、密植、光照不足、摘叶较多、高温易产生大肚瓜；秋延后及冬茬温室栽培营养不良；喷用了含有类似多效唑类型的生长延缓剂的药剂发生药害；瓜在膨大过程中，如前期与后期缺水，而中期不缺水，也可形成大肚瓜。

防止措施：水肥要充足而均匀，不要摘除功能叶，选择适宜架形整蔓，增加下部叶片光照。温室张挂反光幕，防止叶片过早枯萎，减缓植株衰老。

(3) 尖头瓜　表现为瓜条中部到顶端逐渐变细变尖，又称细尾瓜、尖嘴瓜，单性结果弱的品种、未受精者，易成为尖头瓜。原因是受精遇到障碍，近脐部无种子形成的单性结实造成；水分不足，干燥，下层果采收不及时，长势弱，特别是果实肥大后期，结瓜多、肥水不足、营养不良、干旱，或土壤盐分浓度高、植株衰老、强行过多地打叶或遭受病虫为害。

防止措施：及时灌水，防止土壤干燥；供肥充足；冬春栽培应保温增光，提高叶片同化机能；适时早收，防止不必要的养分消耗。

(4) 蜂腰瓜　表现为瓜条中部较细，又称细腰瓜，纵剖变细部位，果肉已经空洞，出现龟裂，整个果实变得发脆。由雌花受粉不完全或因受精后植株干物质产量低，养分分配不足引起。高温干旱，水分供应不足，花芽发育受阻、植株长势衰弱或生长过旺，果实分配养分不足，果实发育受阻，或低温多湿，多氮缺钾，缺钙和硼等微量元素。

防止措施：增施厩肥，基肥中每亩应施入硼砂1kg左右，叶面喷洒0.1%～0.2%硼砂液2～3次效果更好。

(5) 裂果　瓜条呈现纵向开裂，多是在土壤长期缺水，猛然浇水，或在叶面上喷施农药和营养液时，近乎僵化的瓜条突然得到水分之后易发生。

防止措施：合理浇水，满足植株对水分的需要，实行沟灌，小水勤浇，杜绝大水漫灌。

防止以上畸形瓜的总原则是：合理密植，摘除下部的黄叶，增加光照，增强光合作用。防止大水漫灌，加强通风降湿。增施有机肥，及时补施钾肥和硼肥。

16. 黄瓜苦味瓜的形成原因与防止措施

黄瓜生产中,有菜农遇到开始一段时间的黄瓜味道正常,一段时间黄瓜出现苦味,特别是夏季高温时段,后来黄瓜又不苦了。经对其栽培管理过程进行分析,这不是种子的原因,而是疏于管理导致的生理病害。

黄瓜的果实常会出现苦味物质,从而影响其食用,一般多在"瓜把"部位即近果柄的一端带有苦味。这种苦味物质是一种葫芦苦素,现已研究确定,黄瓜苦味素有两种异构体,即葫芦苦素 B、葫芦苦素 C 两种结构。黄瓜果实发生苦味物质的原因,既受遗传因子的影响,也受栽培条件所左右。

黄瓜中的苦味是一种返祖现象,与遗传因子有关。如用苦味的黄瓜植株与不带苦味的黄瓜植株杂交,其子代果实也带苦味。在相同的栽培条件下,有的品种带苦味的瓜比较多,而有的品种中苦味瓜则较少。根据果实中苦味物质的发生情况,可将黄瓜品种分为四类,即无苦味的、极少苦味的、时生苦味的、易生苦味的。

不同年龄的黄瓜植株亦有所差别,通常较老的植株上的果实、过成熟果实带苦味的多,根系受损、植株生长不良时所结的果实带苦味的多。

栽培条件亦有影响,高温、干旱时易发生苦味瓜,温室栽培黄瓜早收的苦味瓜少,迟收的苦味瓜较多。露地栽培黄瓜早期低温下所结的瓜易生苦味,而正常生长的瓜苦味少,生长滞缓的瓜苦味瓜多。防止与减少苦味瓜要根据不同的情况采取相应的措施。

(1) 选用无苦味瓜的品种 发现苦味瓜植株及时拔除,以免传粉。

(2) 合理浇水 根瓜期水分控制不当,或生理干旱形成苦味。生产上要合理浇水,浇水要做到少量多次,水温不可过低,应尽量采用膜下暗灌。定植后蹲苗不应过度,否则根瓜易苦。棚土手握成团可不浇,浇水应做到见湿见干。

(3) 科学施肥 氮肥偏高,瓜藤徒长,在侧弱枝上结出的黄瓜容易出现苦味瓜。生产上要采取平衡施肥,在基肥中每亩普施过磷酸钙 50kg,或条施 50kg 磷酸二铵于定植沟中;盛花期按照氮磷钾 5:2:6 的比例施肥;在苗期、始花期、幼瓜期各喷一次稀土微肥,可提高植株抗病能力,提高含糖量;生育后期叶面喷施磷酸二氢钾,或尿素液,不仅能增加黄瓜产量,还能改善黄瓜品质。

(4) 合理调控温度 地温低于 12℃,植株生理活性降低,养分和水分吸收受到抑制,造成苦味瓜。当棚温高于 30℃,且持续时间过长,营养失调也会出现苦味瓜。冬春栽培要加强覆盖保温,早揭晚盖,使用无滴防老化膜,延长光照。搞好温湿调控,调整放风口,使上午温度保持在 25～30℃,相对湿度 75%;下午温度保持在 20～25℃,相对湿度 70%。

(5) 合理密植 定植过密,植株衰弱,光照不足以及真菌、细菌、病毒的侵染或黄瓜发育后期植株生理机能的衰老也易产生苦味瓜。应合理密植,改善通风透光条件,提高坐瓜率、产量和抗病能力,调节黄瓜营养生长与生殖生长、地上部和地下部间的生长平衡,这是防止苦味发生的根本措施。

(6) 护根 农事操作时引起根系损伤,易加重黄瓜苦味。在移栽时要尽量少伤根,分苗应用营养钵或穴盘育苗,采用垄作地膜覆盖栽培,中耕锄地时要避免伤根。

17. 黄瓜连作障碍形成原因与防止措施

大棚在使用一定年限后,其内部生态环境,尤其是土壤理化性状发生了很大变化,会出现一些障碍问题。主要表现为土壤贫瘠,植株生长发育受抑制,产量降低。

(1) 障碍形成 黄瓜连作障碍是多种因素共同作用的结果。

① 土壤养分不均衡 在同一块地上连续种植某种作物，就可导致土壤中某些元素过度消耗。黄瓜是镁元素需求量比较高的作物，黄瓜连作首先导致土壤中镁元素亏缺。连续大量施用性质相同或相似的肥料，由于特定作物对肥料的选择性吸收，使一些养分急剧减少，而另一些养分日益积累，造成土壤养分不均衡，特别是微量元素缺乏引起生育障碍。同时，温室连作的盐类障害也会增加铁、铝、锰的可溶性，降低钙、镁、钾、钼的可溶性，离子的拮抗作用等也可诱发作物发生营养元素缺乏或过剩，造成生育障碍。

② 盐渍化（彩图2-16） 随着种植年限的增加，土壤表层出现盐类积累，盐渍化可能是造成大棚蔬菜连作障碍的主要因素之一。温室条件改变了自然状态下土壤水分平衡和溶质的传输途径，得不到自然降雨对土壤溶质的冲刷和淋洗，使得盐分在土壤表层聚集。

③ 土壤水分亏缺 由于大棚内气温和地温均较高，容易形成较为干燥的生态环境，导致地面蒸发作用强烈，使土体内水分多是沿着毛管孔隙由下至上向土表运动，造成土体中的水分缺乏。有时土表并不缺水，但土体中出现干旱状态。

④ 土壤pH降低 温室连作，常超量施用氮素肥料，氮肥分解后形成的硝酸积累于土壤中使之酸化。同时过量施用生理酸性肥料如氯化钾、硫酸钾等也会加重土壤的酸化。

⑤ 土壤酶活性的变化。

⑥ 土壤微生物区系的变化 黄瓜连作导致土壤养分不均衡、水分亏缺、土壤pH值、酶活性等变化，引起土壤中微生物优势种群发生变化。

(2) 防止措施

① 除盐

(a) 生物除盐 利用温室夏季高温休闲期种植生长速度快、吸肥能力强的苏丹草或玉米，可从土壤中吸收大量游离的氮素，从而降低土壤溶液浓度。

(b) 换土除盐 如果盐类障害难以消除，可用大田或其他优质土壤更换温室内土壤，以消除盐害。

(c) 深翻和淋雨 利用休闲期深翻，使含盐多的表层土与含盐少的深层土混合，起到稀释耕层土壤盐分的作用。或在夏季揭开薄膜，利用雨水淋盐。

(d) 合理施肥与轮作 进行测土配方施肥，根据土壤情况、不同生育时期进行配方施肥，以较少的肥料投入，产生更好的环境效果，尽量多施有机肥，少施化肥，改善土壤物理结构，增加土壤有益微生物和土壤缓冲力，减少盐类危害。同时与其他作物轮作，与耐盐作物如结球生菜、番茄等轮作，通过净化植物吸收多余盐分来降低盐分浓度。

② 自毒作用克服 可增加土壤中有益微生物，如多施有机肥等，利用土壤中有益微生物分解自毒物质。也可利用自毒物质对瓜类蔬菜生长具有促进作用来进行嫁接克服自毒作用。

③ 土传病虫害治理 轮作与间套作是解决连作障碍的最为简单有效的方法，通过与病原菌非寄主植物的轮作、间套作，土壤中病原数量可显著降低。利用太阳能或蒸汽在夏季高温季节温室休闲期间提高土壤温度，从而起到灭菌作用。

18. 黄瓜肥害的发生症状与防止措施

(1) 发生症状 黄瓜盛果期一般都是气温较高的季节，追加化肥（碳酸氢铵肥料）如果不注意棚室温度，就会造成氨气中毒，叶脉间或叶缘出现水浸状斑纹，随后斑纹变褐色干边呈烧叶症状。一次性施肥过量会造成大面积疑似炭疽病症的叶片干枯现象。在营养土的配制中，将未腐熟的有机肥如鸡粪干掺入营养土中，或施入过量化肥，也会对幼苗造成烧伤危害。因肥料不腐熟，会使秧苗根系呈褐色，不长新根，使根吸收受阻而影响叶片和整个植株生长发育，叶片边缘因营养不足而脱肥黄化、枯干，叶片颜色浓绿，多向上卷曲。

有些不法厂商在叶面肥、冲施肥中加入对作物起刺激速效作用的激素类物质，剂量一多就会产生叶面肥害（有时是激素药害），造成叶片僵化、变脆、扭曲畸形，茎秆变粗，抑制了植株生长，造成微量中毒。

（2）防止措施　喷施叶面肥应准备掌握剂量，做到合理施肥，配方施肥。夏季或高温季节追施化肥时，应尽量沟施、覆土。施肥应避开中午时间，傍晚进行并及时浇水通风。有条件的棚室提倡滴灌施肥浇水技术，可有效避免高温烧叶及肥水不均状况。

19. 黄瓜药害的症状表现与防止措施

（1）药害症状　黄瓜产量高，效益好，但病虫害多，因此用药较多，有些菜农形容"黄瓜是用药灌出来的"。但如果长期使用一种药剂，或随意混配药剂，频繁进行高浓度喷药，容易引起药害（彩图2-17），特别是春季大棚中更是常见。其主要表现归纳如表2-4。

表 2-4　黄瓜药害症状表现及发生原因

主要症状特点	症状表现	所见症状发生的原因
植株死亡	黄瓜植株萎缩枯干死亡	苗期喷用了辛硫磷乳剂。历史上用六六六、DDT灌根都发生过这种情况
		秋冬茬黄瓜苗期误用甲霜·锰锌淋茎灌根，使茎和根受到灼伤或抑制
植株萎缩不长或生长受阻	黄瓜节间明显缩短，所育出的黄瓜苗如同甘蓝苗一样	用三唑酮500倍液防治韭菜灰霉病时，对黄瓜苗床进行了喷洒造成的药害
	植株一直处于生长势极度衰弱状态。生长缓慢、中下部叶片叶脉褪绿，出现不规则白色小斑点。有的叶片甚至失绿或白化。植株顶部花器坏死，结出的瓜粗细不匀	利用硫酸铜防病或作土壤消毒时，如果用量过大，就会产生药害。这是因为铜属于微量元素，黄瓜需要量很少。土壤中一旦进入过量的铜，一时又很难清除。铜在黄瓜体内不能移动，一旦吸收过量，极易受到伤害
黄瓜叶缘干枯	黄瓜小苗叶缘呈灰绿色干枯，随后长出的新叶缺刻消失，如同杨树叶一样。后新长出的叶片才恢复正常	苗期喷用乙烯利促进雌花发生时，喷用的药液浓度大，或者重复喷洒，或者喷洒药液量大，或者高温时喷洒和喷后遇高温，均可发生这种情况
	成株黄瓜叶缘呈灰绿色干枯，受灼伤的部分在叶片继续生长中表现为缺失，叶片畸形，缺失部分上部的叶肉发生皱缩	此种情况在多个温室经常可以见到，多是在喷洒代森锰锌等农药时，喷洒的药液量过大，药液在叶缘聚集，对叶组织发生灼伤的结果
	黄瓜苗展开或长出的真叶上，初期叶缘小叶脉和附近叶肉褪绿变黄白，进而呈不均匀的坏死，坏死部呈白色薄膜状，有的叶片还会产生皱缩	防治黄瓜苗期病害时，如果使用内吸性药剂如苯醚甲环唑、丙环唑、多菌灵等进行浇灌，当用药量过大时，药液从根系进入植株体内后，部分药随水分输导到叶缘的水孔，在那里积聚后便可发生药害
	叶缘和叶尖失绿，迅速失水呈青绿色干枯斑，叶面有白色至枯黄色不规则枯斑	使用敌敌畏药液浓度过高或使用过于频繁
	叶缘开始失绿白化，进而向叶中间发展，致使大叶脉叶肉失绿、白化、腐烂、破碎	释放百菌清烟雾剂时用量大，堆放点少或集中，造成局部烟雾浓度过高造成的危害（也可视为烟害）

主要症状特点	症状表现	所见症状发生的原因
黄瓜叶片扭曲畸形	定植不久的黄瓜幼苗上部叶片叶缘稍褪绿，呈水浸状向叶子中部均匀扩展，叶缘生长受到抑制，叶片出现扭曲、变形	为防疫病、枯萎病等，在定植沟(穴)里使用五代合剂、苯醚甲环唑·丙环唑等药剂，当使用过量时，就会产生药害
	叶片明显缩小发皱且上举，类似豌豆的新生枝叶一样	对徒长坐不住瓜的植株喷洒防落素、坐果灵后普遍出现的症状
	黄瓜叶片普遍扭曲下垂，并无灼伤或坏死的现象	喷用某些激素(有时是叶面肥或微肥)浓度过大时，黄瓜叶片很快普遍出现这一症状
	开始展开叶小叶脉失绿变白，进而大部或全部叶脉失绿变白，形成白色网状脉。较小叶片皱缩畸形，卷须变白、缢缩	黄瓜对辛硫磷敏感，成株喷洒辛硫磷乳剂时，如果两次间隔的时间过短，即产生药害
黄瓜叶面灼伤、斑枯	叶面出现边缘清楚、大小不一的乳白色斑点	喷洒多菌灵可湿性粉剂，开始和接近喷洒结束时，喷出的药点大，对叶面组织造成灼伤
	露地高温时喷药，黄瓜叶脉间叶肉出现明显斑点或枯斑，枯斑有时破碎穿孔。在连续高温下喷药时，除了枯死斑、穿孔外，还会导致叶面皱缩、畸形	高温下给黄瓜喷洒杀菌剂时，由于水分迅速蒸发，药液浓度在局部迅速提高，致使叶面组织造成灼伤。局部组织发生灼伤后，健部组织仍在继续生长时，就会导致叶面皱缩、畸形、扭曲
黄瓜结瓜异常	结出的黄瓜变得又短又粗	喷用多效唑控制黄瓜植株徒长，在控制茎蔓抽生生长的同时，也抑制了瓜条的伸长
	棚室早春黄瓜定植后，植株由下而上节节出现大量雌花密生在一起，一节少者也有4~5条瓜，能长成的瓜却很少	冬季和早春育苗，温度和日照时间就有利于雌花的分化和形成。如果品种的节性好，又使用乙烯利或增瓜灵进行处理，就会产生过量的雌花。由于雌花间相互争夺养分，所以结成的瓜反而更少

（2）不同农药药害症状表现与药害发生条件　现将一些容易引起黄瓜药害的农药、发生药害的症状表现和发生条件列于表2-5。

表2-5　容易引起黄瓜药害的农药、发生药害的症状表现和发生条件

农药名称	药害症状表现	药害发生条件
多菌灵	叶面产生边缘清晰乳白色近圆形的斑点	开始和结束喷药时，喷出雾化不好的大药点
敌菌灵	叶面上出现细微的枯死斑点	配制的药液浓度太大
百菌清	植株上位叶的叶脉间产生明显的失绿	使用浓度过高时，位于上部高温、高湿下叶片极易产生药害
噻菌灵	叶缘黄化，叶片畸形	苗细弱，施药过量时
甲霜醇	叶缘部分坏死，进而叶脉间失绿，但叶脉仍保持绿色	药液浓度过大
无机铜制剂	叶缘黄化	幼苗或生长细弱部分易产生药害
毒杀芬	节间变短，植株矮化状，叶缘干枯	苗期喷用药液浓度过大
灭螨锰	叶面出现失绿斑或褐色坏死斑	药液浓度过大
马拉硫磷	植株生长点生长障害，继而叶片出现畸形	幼苗时喷用此药，而且药液浓度偏大
地亚农	症状与马拉硫磷危害相同	药液浓度大
伏杀硫磷	叶片失绿黄化	药液浓度大
丁苯威	抑制叶脉伸长，叶片缩小	药液浓度过大，尤其在苗期喷用
抗蚜威	叶缘干枯	药液浓度大或喷药量大
异恶唑磷	抑制生长，推迟生长期	保护地内，土壤消毒时用药量过大

农药名称	药害症状表现	药害发生条件
草胺威	抑制生长,推迟生长期	保护地里,土壤消毒时用药量过大
乙烯利	直接受害叶片叶缘失绿干枯,再现新叶缺刻消失,似杨树叶状	药液浓度大,重复喷洒或喷洒药液量大,或者高温时喷洒
激素	叶片扭曲下垂或变得细小	凡是使用浓度过大均易造成叶片扭曲下垂。喷洒防落素可能使叶片变得细小扭曲如病毒病为害样
多效唑	节间明显变短、变粗;叶片明显变小增厚,边缘向下卷曲略呈降落伞状;瓜条明显变短粗或结出大肚瓜	为控制植株延长错误地喷用多效唑,某些高效促控剂掺有多效唑或相似成分
化学除草剂	不同的除草剂和不同的施用方法,受害的黄瓜可能表现的症状不一样。主要表现有: 沿叶脉叶肉褪绿呈黄褐色,心叶坏死,叶片死亡(如植株喷洒氟乐灵); 叶片黄化,部分叶缘枯焦,叶片枯死(移栽前在地面喷洒异丙隆); 生长受抑制,植株矮化,新叶皱缩,根量减少(播后芽前地面喷洒乙草胺); 茎叶扭曲,叶面皱缩,心叶畸形呈蕨叶状,如同病毒病状(飘移来的玉米田除草剂)	在黄瓜生产上,发生除草剂药害主要有以下情况:一是前茬作物使用后在土壤中残留;二是邻近地块喷洒时飘移到黄瓜植株上;三是误将用于土壤处理的除草剂进行植株喷洒;四是给黄瓜田进行化学除草时选用除草剂错误等

（3）防止措施

① 正确选用药剂。在蔬菜作物中，黄瓜对农药是比较敏感的，要求使用剂量也较严格。特别是苗期用药浓度和药液量更应该严格掌握，需要减量或使雾滴均匀。不同的农药在不同的蔬菜作物上的使用剂量是经过大量试验示范后才推广应用的，在施用时应尽量遵守农药包装袋上推荐使用的安全剂量，不宜随意提高用药浓度。

② 尽量使除草剂与其他农药分别使用喷雾器，避免交叉药害的发生。施过除草剂的不能种黄瓜，比如施过氟乐灵除草剂的，土壤有残留量，如果育黄瓜苗或种黄瓜，就会出现药害。所以，对除草剂用过的器械或喷过的地块，要小心，最好不用、不种。

③ 用药时机和方法要得当。高温时喷药，浓度要降低，同时，避免炎热中午喷药，特别是保护地。喷药不能马虎，不要重复喷药，不得随意加大浓度，否则容易产生药害。有些药对黄瓜敏感的不要选用。如果选用，浓度要降低，或先喷几株，观察没有药害才推广使用。农药喷多了、喷浓了，不仅容易产生药害，而且易污染环境和黄瓜。所以，对病虫危害，要以预防为主，综合防治，少用化学农药，并掌握防治技术，混用药要合理，不能盲目随意混用。

④ 出现药害后，如果受害秧苗没有伤害到生长点，可以加强肥水管理促进快速生长。小范围的秧苗可尝试喷施赤霉酸或芸苔素内酯等生长调节剂缓解药害。加强水肥管理，中耕松土，既可解毒，又可增强植株恢复能力。黄瓜种植田周围如果有人使用除草剂，可用鲜牛奶250mL对水15L，或均衡微肥喷雾解除除草剂危害。

20. 黄瓜流胶死秧的表现与防止措施

在黄瓜生产中，尤其是保护地栽培，黄瓜植株发病后常见流胶的现象（彩图2-18）。黄瓜茎蔓流胶后，其上方逐渐萎蔫直至死亡。瓜条流胶后，其商品性差，甚至出现畸形或软腐而无食用价值。轻者减产20%～30%，重者绝产，严重影响瓜农的经济效益。流胶是黄瓜叶片的光合产物，是黄瓜生长所必需的营养物质。植株发病后，韧皮部的输导组织被切断，导致光合产物溢出而产生流胶。黄瓜流胶主要由黄瓜黑星病、黄瓜疫病和黄瓜蔓枯病引起，也可能是生理性病害。

这三种病害的病菌可以通过种子传播，因此用 55℃ 温水浸种 15min 后催芽播种，或用 40％甲醛 100 倍液浸种 30min，洗净晾干后播种。

(1) 黑星病　除了果实流胶外，叶片还会伴有菌核病、灰霉病。发现病株后及时深埋或烧毁，同时喷 70％甲基硫菌灵可湿性粉剂 800 倍液，或 50％多菌灵可湿性粉剂 500 倍液与 50％甲霜灵可湿性粉剂 800 倍液混合液防治。

(2) 疫病　喷 75％百菌清可湿性粉剂或 58％甲霜灵·锰锌可湿性粉剂 500 倍液防治，发现中心病株及时处理病叶、病株。

(3) 蔓枯病　黄瓜施肥时氮素超标，就会影响钾的移动和硼的吸收，会令瓜蔓变得特别脆，瓜容易崩裂，即患上蔓枯病，实际上蔓枯病与施肥中的氮过剩引发钾移动和钙镁吸收障碍有直接的因果关系，导致黄瓜裂开后流胶。可喷 10％苯醚甲环唑或 50％百菌清或 70％甲基硫菌灵可湿性粉剂 500 倍液防治，茎蔓染病可用上述任一种药的 50 倍米汤药糊涂抹患处效果更好。

(4) 生理性病害　流胶病也和老种植棚有关，有的老棚管理比较粗放，植株伤口多，污染重，土壤盐渍化问题突出，导致氮肥超标，钾肥、硼肥不足，黄瓜容易崩裂，尤其在黄瓜植株长得又高又快时。另外，昼夜温差大，黄瓜有伤口时，也会产生流胶。预防办法是保证黄瓜有适当的种植密度，降低棚室湿度，打掉老叶。

21. 黄瓜生产上正确使用植物生长调节剂技术要领

(1) 萘乙酸

① 促进生根

(a) 速蘸法　从黄瓜植株上剪取侧蔓，每段二三节，分别用 2000mg/kg 的萘乙酸和 1000mg/kg 的吲哚丁酸混合溶液快速浸渍茎基部切口 5s。

(b) 浸根法和灌根法　可用 20mg/kg 萘乙酸和 15mg/kg 吲哚丁酸混合液浸根 8～24h 或灌根。

(c) 浸种和拌种法　用 10mg/kg 萘乙酸和 15mg/kg 吲哚丁酸混合液拌种或浸种。

用萘乙酸和吲哚丁酸混合处理的原因主要是萘乙酸诱导的根比较粗短，且侧根的数目增多，而吲哚丁酸诱导的根比较细长，两者混合起到很好的促进和互补作用。

② 增加雌花、提高坐果率　在黄瓜长出 1～3 片真叶后，用 5～10mg/L 萘乙酸溶液喷洒黄瓜植株，可使雌花比例；在结果期喷洒 10mg/kg 萘乙酸，可起到保花保果、膨果和增甜的作用。

注意：一定要注意使用浓度，当萘乙酸浸根、灌根和浸种浓度超过 100mg/kg 时，就会抑制根的生长；喷洒浓度过高时，也会出现药害，严重的会造成黄瓜萎蔫；可与生长素、复硝酚钠、杀菌剂和肥料混配使用。

(2) 乙烯利　为促进雌花分化，乙烯利在生产上应用较多。育苗条件不利于雌花形成时，用乙烯利处理效果明显，但是乙烯利有抑制生长的作用，使用时应慎重。冬春茬育苗时，因昼夜温差大，日照较短，对雌花形成有利，一般不需用乙烯利处理。

① 夏黄瓜或生长旺盛的黄瓜　可在 1 叶 1 心和 2 叶 1 心时各喷一次浓度为 200～250mg/kg 的乙烯利药液，可使雌花增多，提早 3～5d 上市，前期产量、总产量提高。40％乙烯利水剂的适宜浓度为 2000～2500 倍液。

② 秋黄瓜　可在 3 叶 1 心时喷纯乙烯利 200mg/kg 左右。

③ 在结瓜期生长较旺盛的黄瓜　可喷纯乙烯利 100mg/kg 左右，乙烯利在黄瓜上的

应用主要是促进雌花分化，使节间变短，坐瓜率提高。

注意：要求在晴天16：00以后喷施，将药液均匀喷施在全株叶片及生长点上。浓度要适宜，浓度低，增产效果不显著；浓度高，幼苗生长会受到抑制，出现矮化趋势；浓度过高或使用次数过多，会导致空节的形成，降低雌花率。

经乙烯利处理的黄瓜秧苗，应注意加强肥水管理，否则雌花虽多，大量幼瓜得不到足够的营养也不能很好生长。一般当气温在15℃以上时要勤浇水多施肥，不蹲苗，一促到底，施肥量增加30%～40%，中后期用0.3%磷酸二氢钾叶面喷肥3～5次。

使用浓度过高的乙烯利会影响黄瓜幼苗的生长，使黄瓜幼苗趋向于老化苗，可用浓度为10mg/kg的赤霉酸液喷叶处理，能有效地逆转黄瓜幼苗的生长，使幼苗趋向于壮苗指标。

（3）赤霉酸

① 诱导雄花　用于黄瓜制种，用浓度为50～100mg/kg的赤霉酸液，在幼苗2～6片真叶时喷洒，可以减少雌花，增加雄花。随浓度增加，雄花数随着增加，雌花数则减少。用于全雌花的黄瓜品种，可使全雌株的植株上产生雄花，成为雌雄株，再进行自交，可繁殖全雌性系的黄瓜品种，有利于黄瓜品种保存和培育杂种一代。

② 保花保果促进生长　开花期用70～80mg/kg赤霉酸液喷花一次，可促进坐果，增产；幼果期用35～50mg/kg喷幼果一次，可促进果实生长，增产。

③ 延缓衰老及保鲜　收获前，瓜条9～10cm长时，用25～35mg/kg赤霉酸喷瓜一次，可增加瓜重并延长贮藏期。

④ 防治"花打顶"　棚室黄瓜因低温、生长衰弱或结瓜太多等原因出现"花打顶"时，用纯赤霉素20～25mg/kg的溶液喷洒。

⑤ 防止低温化瓜　越冬黄瓜用纯赤霉素100mg/kg的溶液喷花，可促进瓜条生长，防止低温化瓜。

注意：不能与碱性物质混用，与尿素混用增产效果更好；水溶液易分解，不宜久放，宜现配现用；使用赤霉素后要增加水肥供应，以提高产量；要掌握适宜的使用浓度和使用时期，浓度过高会出现徒长，甚至畸形，浓度过低作用不明显。

（4）矮壮素　黄瓜育苗期间，秧苗徒长或者生长瘦弱时，用250～500mg/kg的矮壮素浇施（以土温较高效果好），5～6d后，叶色浓绿，茎的生长减慢，节间短而植株矮壮，增强抗寒、抗旱能力。抑制作用逐渐消失后，仍能继续生长。

（5）多效唑

① 壮苗　用纯多效唑50mg/kg浸种，可抑制黄瓜幼苗徒长，培育壮苗，增强黄瓜幼苗的抗逆性。

② 防止徒长　在黄瓜4叶期或徒长时，用浓度为35mg/kg的多效唑处理，可提高植株对霜霉病和白粉病的抗性，提高植株的抗寒性，单株结果数增多，从而达到高产。

注意：黄瓜对多效唑比较敏感，一定要注意使用浓度，浓度过低，抑制徒长的效果不明显；浓度过高，植株生长受抑制程度过大产量下降。叶面喷雾一般不要超过40mg/kg，一般每15kg水对15%多效唑悬浮剂3g。

（6）对氯苯氧乙酸　又叫防落素。夏秋黄瓜生长前期高温干旱，病虫害严重，影响植株生长，后期温度趋向冷凉，影响果实生长，生育期短，产量降低。除了选用耐热、抗病品种，采取相应的管理措施外，在夏秋黄瓜生长期间，在每一雌花开花后1～2d，用A-4型对氯苯氧乙酸100～200mg/kg喷幼瓜，可以防止化瓜，促进黄瓜果实生长。

据报道，春黄瓜和秋黄瓜，用35mg/kg的对氯苯氧乙酸加12mg/kg的赤霉酸混合液（即 10kg 水中加 3.5g 对氯苯氧乙酸和 1.2g 赤霉酸），在黄瓜雌花开放时进行喷花，可比单一使用 35mg/kg 对氯苯氧乙酸的植株坐果提前 7d 以上，坐果节位降低 5 节左右，前期每株挂果数增加，瓜条生长迅速，上市期提前 7～9d；前期产量提高 54.9%，整个上市期的平均单果重增加 19.9%。注意喷施后的黄瓜植株，生长后期必须加强肥水的管理，防止早衰。

（7）芸苔素内酯

① 促进生长　用 0.05～0.01mg/kg 芸苔素内酯喷施黄瓜，可使第一雌花节位下降，花期提前，坐果率明显提高，增产 20%～25%。在低于 10℃ 的临界低温下喷施，可减轻低温下叶绿黄化症状，其叶面积、株高、根部干重、总根长增加。

② 增强耐寒性　用 0.05mg/kg 芸苔素内酯浸泡黄瓜种子 24h，在早春低温下，其发芽势、发芽率明显提高，幼苗无遭受冻害现象。

注意：喷药时间最好在 10：00 前，15：00 后。

（8）氯吡脲　又称吡效隆、调吡脲。主要作用是促进黄瓜膨大。在黄瓜开花当天用纯氯吡脲 10～20μg/g，即用 0.1% 氯吡脲 10mg 对水 0.5～1kg 浸或涂开花中的整个瓜胎。氯吡脲具有促使黄瓜膨大、增加糖含量、减少种子数量、带花采摘等作用。

注意：由于氯吡脲不具有内吸传导性，用氯吡脲处理的部位为整个小瓜，不是花朵和瓜柄，否则易出现畸形果；温度高时使用浓度可低些，温度低时使用浓度可高些，浓度不能随意加大，否则容易出现苦味、空心、畸形果实等现象；药液应随配随用，施药后 6h 如遇雨应予以补施；使用时间为傍晚或早晨，不可重复施用。

（9）复硝酚钠

① 浸种提高幼苗的抗逆性　用纯复硝酚钠 3mg/kg 药液浸泡种子 12h，可使种子发芽快、根系发达，苗壮，提高抗病能力。

② 增产　在黄瓜生长期和花蕾期用纯复硝酚钠 4mg/kg 药液均匀喷雾，可调节黄瓜的生长，防止落花落果，增加产量。

③ 促生根和提高肥料的利用率　用纯复硝酚钠 5mg/kg 药液灌根，可防止根系老化，促进新根的生成；每亩用纯复硝酚钠 8g 随水冲施，也可用 6g 纯复硝酚钠和肥料混合使用，可增加肥料的利用率，促进根系的生长。

④ 解除药害　当黄瓜发生药害时，可用纯复硝酚钠 3mg/kg 喷雾，可减轻药害的为害，促进黄瓜恢复生长发育。

注意：一定要注意使用浓度，复硝酚钠的使用浓度尽量不要超过 10mg/kg，尤其是在苗期，否则会出现抑制黄瓜生长，心叶皱缩卷曲，叶片黄化，甚至枯死的现象；复硝酚钠可以和萘乙酸、杀菌剂和肥料混配使用。

（10）胺鲜酯

① 增产防病　黄瓜幼苗期、初花期、坐果后各喷 1 次纯胺鲜酯 6mg/kg，可使黄瓜苗壮、抗病、抗寒性增强，开花数增多、结果率提高、瓜条粗长、品质提高，早熟、拔秧晚、增产。

② 解毒　使用纯胺鲜酯 8mg/kg 可解除除草剂药害，所以可与除草剂复配使用。

注意：不能与碱性农药和肥料混用；使用浓度不要过大，否则对黄瓜的生长有抑制作用；可与肥料、杀菌剂、杀虫剂和除草剂等混用。

（11）植宝素　在黄瓜苗定植缓苗后，用植保素 7500 倍液喷雾，全生育期喷 3 次，5～6 叶期喷一次，根瓜期一次，结瓜盛期一次。植株生长势壮，叶片肥大，叶面积的增加，前期瓜条数显著增多，前期产量显著增加，增产 27%～28%。苗期喷施有利于早成瓜，提高前期产量。

（12）红糖　幼苗叶面喷施 0.2% 的糖液，秧苗粗壮、高大，心叶长得快。结瓜期喷 0.75%～1% 的糖溶液，每天一次，对霜霉病有较好的抵抗作用，瓜条直、产量高，增产 15% 左右，若配以 0.3% 的磷酸二氢钾，效果更好。黄瓜定植 10 叶片后，易患类似病毒病，用 1% 的糖溶液 5～7d 喷一次，其及时防治效果比盐酸吗啉胍·铜、植病灵好得多。

（13）其他　在黄瓜定植 1 月后开始喷施浓度为 100mg/kg 的亚硫酸氢钠，以后每隔 7d 喷一次，共 3 次，能显著地增加黄瓜的产量，增产 34%；在黄瓜开花前、后 1d 用瓜果丰（保果灵）喷洒幼瓜，可防止化瓜，加速瓜条的生长，特别是温室或塑料大棚栽培更为有效；将植物抗寒剂 CR-6 药剂稀释 20 倍，浸黄瓜种子 4h，晾干后播种，能提高黄瓜抗寒、防寒能力，提前播种，防止冷害和死苗，使黄瓜健壮生长，提早成熟；在黄瓜开花后 1～2d，用浓度为 200mg/kg 的 6-苄基腺嘌呤喷雾子房，能促进果实生长，增加产量。

目前，市场上植物生长调节剂种类繁多，它们在不同蔬菜种类、不同品种上的作用有所不同，对同品种蔬菜的不同生育期、不同器官的控制也有差异。往往是低浓度起促进作用，高浓度时则起抑制作用，甚至产生毒害。所以要正确掌握其使用时期、方法和用量，并与栽培管理措施相结合，才能达到预期效果。

22. 黄瓜采收技术要领

作为商品的黄瓜上市，应在商品成熟期采摘（彩图 2-19），随摘随上市。但黄瓜的采收有讲究。黄瓜采收的过程，某种意义上也是调整营养生长和生殖生长的过程。适当早摘根瓜和矮小植株的瓜，可以促进植株的生长，空节较多的生长过旺植株，要少摘瓜，晚点摘可控制植株徒长。采收黄瓜绝不是见瓜就摘，也不是养成大瓜才摘。而是幼果长到一定的大小时，要及时摘，过早过晚采收，都会影响产量的提高。要使产量的提高不受影响，应根据黄瓜果实生育规律，掌握采摘时期与方法。

（1）生长规律　黄瓜一天中从 13～17 时，果实生长量少，平均每小时只长 0.3～0.6mm，但从 17～18 时的 1h 内，突然平均伸长 2.7mm，是果实生长最旺盛时期。此后，生长量随时间的推移逐渐减少，到次日 6 时几乎停止生长。因此，下午采收是不划算的。

（2）成熟天数　黄瓜从开花到商品瓜成熟需要的天数与品种、栽培季节、栽培方式、温度变化有关。正常情况下，开花后 3～4d 内瓜的生长量较小，从开花后 5～6d 起迅速膨大，果实重量大约每天增加近一倍，到 10d 左右稍稍变缓，但每天也增重 30%。日平均温度 13℃时，瓜条生长天数为 20d，16℃时为 16d，18℃时为 14d，23℃时为 6～8d。

（3）采收时期　一般应在早晨摘瓜，不要在下午摘瓜。下午摘瓜，温度高，果柄伤口失水多，影响品质，产量降低，经济效益差，病菌也易从伤口侵入。初期每 2～3d 采收一次，结瓜盛期每 1～2d 采收一次。露地黄瓜拉秧，市场价格逐日上升，此期应降低采收频率，适当晚采收，保持一部分生长正常的黄瓜延迟采收，以获得更高的经济效益。最后拉秧一次采下的黄瓜可贮藏一段时间，待价格上扬时上市。

（4）采收标准　一般采摘商品成熟瓜，同时也要摘掉畸形瓜、坠秧瓜和疏果瓜。采收初期，由于植株矮小，叶片营养面积小，一般一条瓜 100g 左右，早采收可促进营养生长，使采瓜盛期早日到来。结瓜盛期，一般一条瓜200g左右，这时植株生长旺盛，有条件将果实长的大些，也不会因为采瓜后导致植株旺长。结瓜后期，植株逐渐衰老，根系吸收能力减弱，叶片同化作用降低，采收的商品瓜小些，一般一条瓜重150g左右。无论什么时期采收，商品瓜的统一标准应是果实表皮鲜嫩，瓜条通顺，未形成种子并有一定重量。

(5) 采收方法　幼果采摘时，要轻拿轻放，为防止顶花带刺的幼果创伤，最好放在装20～30kg重的竹筐、木箱或塑料箱中，箱周围垫蒲席和薄膜，这样可以长途运输。

23. 黄瓜采后处理技术要领

(1) 预冷　采后宜放于阴凉场所或预冷库中预冷散热，避免将产品置阳光下暴晒。

(2) 分级　不同国家对黄瓜的分级标准有所不同（表2-6～表2-8）。

表2-6　中国黄瓜分级标准（NY/T 1587—2008）

作物种类	商品性状基本要求	大小规格	特级标准	一级标准	二级标准
黄瓜	同一品种或相似品种；瓜条已充分膨大，但种皮柔嫩；瓜条完整；无苦味；清洁、无杂物、无异常外来水分；外观新鲜、有光泽、无萎蔫；无任何异常气味或味道；无冷害、冻害；无病斑、腐烂或变质产品；无虫伤及其所造成的损伤	长度/cm 大:>28 中:16～28 小:11～16 同一包装中最大果长和最小果长的差异/cm 大:≤7 中:≤5 小:≤3	具有该品种特有的颜色，光泽好；瓜条直，每10cm长的瓜条弓形高度≤0.5cm；距瓜把端和瓜顶端3cm处的瓜身横径与中部相近，横径差≤0.5cm；瓜把长占瓜条长的比例≤1/8；瓜皮无因运输或包装而造成的机械损伤	具有该品种特有的颜色，有光泽；瓜条较直，每10cm长的瓜条弓形高度>0.5cm且≤1cm；距瓜把端和瓜顶端3cm处的瓜身与中部的横径差≤1cm；瓜把长占瓜条长的比例≤1/7；允许瓜皮有因运输或包装而造成的轻微损伤	具有该品种特有的颜色，有光泽；瓜条较直，每10cm长的瓜条弓形高度>1cm且≤2cm；距瓜把端和瓜顶端3cm处的瓜身横径与中部的横径差≤2cm；瓜把长占瓜条长的比例≤1/6；允许瓜皮有少量因运输或包装而造成的损伤，但不影响果实耐贮性
水果黄瓜	具本品种的基本特征，无畸形，无严重损伤，无腐烂，果顶不变色转淡，具有商品价值	长度/cm 大:10～12 中:8～10 小:6～8	果形端正，果直，粗细均匀；果刺完整、幼嫩；色泽鲜嫩；带花；果柄长2cm	果形较端正，弯曲度0.5～1cm，粗细均匀；带刺，果刺幼嫩，果刺允许有少量不完整；色泽鲜嫩；可有1～2处微小疵点；带花；果柄长2cm	果形一般；刺瘤允许不完整；色泽一般；可有干疤或少量虫眼；允许弯曲，粗细不太均匀；允许不带花；大部分带果柄

表2-7　日本销售的黄瓜外观品质等级标准

Ⅰ级	Ⅱ级	Ⅰ级	Ⅱ级
具有本品种的特征（形状、颜色、刺），色泽鲜艳	具有本品种的特征（形状、颜色、刺），色泽鲜艳	无大肚、蜂腰和尖嘴	有轻微大肚、蜂腰和尖嘴
瓜条生长时间适中（适时采收）	瓜条生长时间适中（适时采收）	无腐烂、变质	无腐烂、变质
		无病害、虫害和损伤	无病害、虫害和损伤
瓜条弯曲度在2cm以内	瓜条弯曲度在4cm以内	外观清洁，无其他附着物（如残留农药）	外观清洁，无其他附着物（如残留农药）

表 2-8　日本销售黄瓜大小、重量分级标准

级别	瓜长/cm	单瓜重/g	级别	瓜长/cm	单瓜重/g
2L	23 以上	120 以上	M	19～21	80～100
L	21～23	100～120	S	16～19	65～80

（3）包装　分级后的黄瓜小包装，可用聚酯泡沫盒单条、双条和多条盛装后，用厚0.08mm 的保鲜膜贴体密封包装，也可用规格为 40～50cm、厚 0.08mm 的塑料袋包装，每袋装 2.5～3kg，然后装箱上市或贮运。箱内衬垫碎纸屑，切勿使果实在箱内摇动。须强制通风预冷处理的包装箱，其通风孔面积占总表面积的 5% 以上，且必须离棱角处5～7.5cm，少数大的通风孔（孔径 1.3cm 以上）比大量小的通风孔好。

出口日本的黄瓜标准包装为 5kg 或 10kg 一箱，包装材料采用瓦楞纸箱，规格见表2-9。纸箱上下两面用长 15mm、宽 2mm 以上的封口钉钉牢，外包装上注明品种名称、外观品质等级、规格、重量、生产单位及商标。

表 2-9　包装箱的规格

大小/kg	长/mm	宽/mm	高/mm
5	390	250	95
10	390	250	190

包装箱应质轻坚固、清洁、干燥、无污染、无不良气味，且大小适当，以便于堆放和搬运，内部平整光滑，不造成蔬菜损伤，一般可选用上蜡纸箱、聚酯泡沫箱、木条箱或塑料筐等，最大承重能力达到 300kg。包装箱的边缘或内表面粗糙，可用廉价纤维板或软纸等衬垫来防止产品在搬运处理时造成损伤。箱内产品装得不宜过松或过紧，净重误差应小于 2%，并于包装物上标明品种名称、质量标准、规格、净含量、产地、生产者名称和包装日期等。获得认证的要标记认证标志。

（4）贮藏处理　黄瓜在包装入贮时应在包装箱内加用用过饱和高锰酸钾浸泡过的蛭石或碎砖块吸除乙烯，防止黄瓜黄衰。可将乙烯吸收剂用 2 层纱布包成小包放到垛或筐的上层或小塑料袋内。黄瓜与高锰酸钾吸收剂的比例为 20∶1。为防止黄瓜腐烂，还要用克霉灵进行熏蒸处理。小袋包装或塑料薄膜衬垫贮藏的黄瓜可在装袋前用克霉灵熏蒸24h；罩帐垛藏的黄瓜可用布条或棉球蘸取克霉灵药液，多点分散放到垛或筐缝隙处。

（5）贮藏方法　黄瓜贮藏方式有缸藏、水窖贮藏、通风窖贮藏和冷库贮藏。贮藏方法有塑料帐罩垛、塑料薄膜衬垫贮藏、塑料袋小袋包装贮藏等。其中缸藏和水窖贮藏受地区、气候等条件的限制，仅适合个体农户小规模贮藏。

（6）贮藏管理　黄瓜适宜的贮藏温度为 12～13℃，10℃ 以下易遭受冷害，15℃ 以上很快变黄。1～2 周的短期贮藏，可采用 10℃，抑制黄衰，适宜相对湿度 90%～95%，故多采用塑料薄膜包装的方法防止失水。在冷库贮藏时更需特别注意采用保水包装。

贮藏场所可采用克霉灵或噻唑灵烟剂熏蒸。将挑选好的黄瓜放入一密闭容器中，按每 10kg 黄瓜用 2mL 克霉灵计算，取一定量药剂，用碗、碟等盛取或用棉球、布条等蘸取，分多点均匀放在筐缝处，密闭熏蒸 24h。

简易贮藏要注意温度的保持和稳定，防止冷害。采用塑料帐罩垛的方法贮藏黄瓜成本低、操作简便，但效果不稳定。贮藏中应经常用奥氏气体分析仪或氧、二氧化碳分析仪测定帐内氧气和二氧化碳气体浓度，当二氧化碳气体浓度高于 5%，氧气浓度低于

5％时，应打开帐子经常适当地通风换气。贮藏中应注意定期检查，一般入贮 10d 以后，每隔 5～6d 检查一次，挑出腐烂瓜。

（7）运输　黄瓜收获后应就地整修，及时包装、运输。临时贮存应在通风、清洁卫生的条件下或预冷库中按品种规格分别贮藏。防止日晒雨淋、冻害、病虫危害、机械损伤和有害物质的污染。运输时间在 10h 内可用保温车，超过 10h 要用冷藏车。夏天外界温度高于 30℃时，超过 8h 要用冷藏车，温度控制在 12℃，湿度 95％～100％，篷车运输要在包装箱内用塑料袋装碎冰或薄冰直接冷却的简易方法保持低温。夏季长途运输用圆竹筐包装的，筐内加衬纸，中央用竹笼作通风管。装车前可在车厢内垫衬一层较厚的稻草，小型货车的平板上可以铺垫草席或麻袋，产品顶部不可装载其他物品。堆码时必须尽量减少产品与地板、产品与车厢壁的接触面积。在车厢的地板上应垫衬木板或其他物品，包装箱采用错开堆码的方式装载，产品堆间应留 10～15cm 空间。运输时，应做到轻装轻卸，运输工具应清洁、卫生。

（8）洁净包装超市销售　黄瓜也可以采用洁净菜进行包装后进入超市销售，选新鲜、洁净的黄瓜 2～3 条，重量为 500g 左右，用保鲜膜包装，进入超市销售。迷你型水果黄瓜表皮光滑无刺，质脆、味甜、口感好，进行洁净菜包装尤为适合，同时还可以用礼品盒进行包装，作为节日馈赠礼品销售。

六、黄瓜主要病虫害防治技术

1. 黄瓜病虫害综合防治技术

（1）合理轮作　进行合理轮作，选择 3～5 年未种过瓜类及茄果类蔬菜的田块、棚室种植，可有效减少枯萎病、根结线虫及白粉虱等病虫源。

（2）土地及棚室处理　消灭土壤中越冬病菌、虫卵，入冬前灌大水，深翻土地，进行冻垄，可有效消灭土壤中有害病菌及害虫。春季大棚栽培，提早扣棚膜、烤地，增加棚内地温。选用流滴薄膜。棚室栽培的要对使用的棚室骨架、竹竿、吊绳及棚室内土壤进行消毒。在播种、定植前，每亩棚室可用硫黄粉 1～1.5kg，锯末 3kg，分 5～6 处放在铁片上点燃熏蒸，可消灭残存在其上的虫卵、病菌。

（3）种子处理　播种前对种子进行消毒处理。可用 55℃温水浸种 15min。用 100 万单位硫酸链霉素 500 倍液浸种 2h 后洗净催芽可预防细菌性病害。还可进行种子干热处理，将晒干后的种子放进恒温箱中用 70℃处理 72h 能有效防止种子带菌。

（4）嫁接育苗　可防止枯萎病等土传病害的发生。如培育黄瓜，砧木采用黑籽南瓜、南砧 1 号等。嫁接苗定植，要注意埋土在接口以下，以防止嫁接部位接触土壤产生不定根而受到侵染。

（5）培育无病壮苗　育苗床选择未种过瓜类作物的地块，或专门的育苗室。从未种植过瓜类作物和茄果类作物的地块取土，加入腐熟有机肥配制营养土。春季育苗播种前，苗床应浇足底水，苗期可不再浇水，可防止苗期猝倒病、立枯病、炭疽病等的发生。适时通风降湿，加强田间管理，白天增加光照，夜间适当低温，防止幼苗徒长，培育健壮无病、无虫幼苗，苗床张挂环保捕虫板，诱杀害虫。夏季育苗，应在具有遮阳、防虫设施的棚室内育苗。

（6）加强田间管理　定植时，密度不可过大，以利于植株间通风透气。栽培畦采用地膜覆盖，可提高地温，减少地面水分蒸发，减少灌水次数。棚室内栽培，灌水以滴灌为好，或采用膜下暗灌，以减低空气湿度。禁止大水漫灌。棚室内浇水寒冷季节时应在晴天上午进行，浇水后立即密闭棚室，提高温度，等中午和下午加大通风，排除湿气。高温季节浇水，在清晨或下午傍晚时浇水。采收前 7～10d 禁止浇水。多施有机肥，增施磷、钾肥，叶面补肥，可快速提高植株抗病力。设施栽培中，棚室要适时通风、降湿，在注意保温的同时，降低棚室内湿度。冬春季节，开上风口通风，风口要小，排湿后，立即关闭风口，可连续开启几次进行。秋季栽培，前期温度高，通风口昼夜开启，加大通风，晴天强光时，应覆盖遮阳网遮阴降温。及时进行植株调整，去掉底部子蔓，增加植株间通风透光性。根据植株长势，控制结瓜数，不多留瓜。

（7）清洁田园　清洁栽培地块前茬作物的残体和田间杂草，进行焚烧或深埋，清理周围环境。栽培期间及时清除田间杂草，整枝后的侧蔓、老叶清理出棚室后掩埋，不为病虫提供寄主，成为下一轮发生的侵染源。

（8）日光消毒　秋季栽培前，可利用日光能进行土壤高温消毒。棚室栽培的，利用春夏之交的空茬时期，在天气晴好、气温较高、阳光充足时，将保护地内的土壤深翻 30～40cm。破碎土团后，每亩均匀撒施 2～3cm 长的碎稻草和生石灰各 300～500kg，再耕翻使稻草和石灰均匀分布于耕作土壤层，并均匀浇透水。待土壤湿透后，覆盖宽幅聚乙烯膜，膜厚 0.01mm，四周和接口处用土封严压实，然后关闭通风口，高温闷棚 10～30d，可有效减轻菌核病、枯萎病、软腐病、根结线虫、红蜘蛛及各种杂草的为害。

（9）高温闷棚　黄瓜霜霉病发生时，可采用高温闷棚抑制病情发展。选择晴天中午密闭棚室，使其内温度迅速上升到 44～46℃，维持 2h，然后逐渐加大放风量，使温度恢复正常。为提高闷棚效果和确保黄瓜安全，闷棚前一天最好灌水提高植株耐热能力，温度计一定要挂在龙头处，秧蔓接触到棚膜时一定要弯下龙头，不可接触棚膜。严格掌握闷棚温度和时间。闷棚后要加强肥水管理，增强植株活力。

（10）物理诱杀

① 张挂捕虫板（彩图 2-20）　利用有特殊色谱的板质，涂抹黏着剂，诱杀棚室内的蚜虫、斑潜蝇、白粉虱等害虫。可在作物的全生长期使用，其规格有 25cm×40cm、13.5cm×25cm、10cm×13.5cm 三种，每亩用 15～20 片。也可铺银灰色地膜或张挂银灰膜膜条进行避蚜。

② 张挂防虫网　在棚室的门口及通风口张挂 40 目防虫网，防止蚜虫、白粉虱、斑潜蝇、蓟马等进入，从而减少由害虫引起的病害。

③ 安装杀虫灯　可利用频振式杀虫灯诱杀多种害虫。

（11）生物防治　有条件的，可在温室内释放天敌丽蚜小蜂控制白粉虱虫口密度，即在白粉虱成虫低于 0.5 头/株时，释放丽蚜小蜂"黑蛹" 3～5 头/株，每隔 10d 左右放一次，共 3～4 次，寄生率可达 75% 以上，防治效果好。

（12）非化学合成药剂防治　霜霉病、白粉病，在发病初期可用 47% 春雷·王铜可湿性粉剂 600～800 倍液等喷雾防治。白粉病发病前，可用 27% 高酯膜乳剂 100 倍液、2% 武夷菌素水剂 200 倍液、2% 嘧啶核苷类抗菌素水剂 200 倍液等喷雾防治。细菌性病害，可用新植霉素或硫酸链霉素 5000 倍液，或 50% 琥胶肥酸铜可湿性粉剂 500 倍液、77% 氢氧化铜可湿性微粒粉剂 400 倍液、47% 春雷·王铜可湿性粉剂 600 倍液，或波尔多液 1∶1∶（200～300）倍液预防。白粉虱、蓟马零星发生时用生物肥皂 100 倍液，严重时用 50 倍液喷雾防治，喷施时注意药液要均匀喷洒到叶面、叶背的虫体上，每隔 5～7d 喷 1 次。蚜虫可用除虫菊素水剂 500 倍或 0.6% 氧苦·内酯水剂 500 倍液防治。

2. 黄瓜主要病害防治技术

(1) 黄瓜猝倒病（彩图2-21） 俗称卡脖子、小脚瘟、掉苗，是早春黄瓜育苗期苗床上发生最普遍、为害最严重的苗期病害。严重时幼苗成片死亡，甚至全部毁种重播。该病主要在幼苗长出1~2片真叶期发生，低温、高湿、光照不足有利于发病。

① 种子处理 种子用55℃温水浸泡15min后催芽播种。也可采用种子包衣处理，即选2.5%咯菌腈悬浮剂10mL+35%金普隆拌种剂2mL，或6.25%精甲·咯菌腈悬浮种衣剂10mL对水150~200mL包衣3kg种子，可有效地预防苗期猝倒病和立枯病、炭疽病等苗期病害。

② 床土消毒 床土选用无病新土，最好进行苗床土壤消毒。

方法一：每平方米苗床用50%拌种双可湿性粉剂7g，或25%甲霜灵可湿性粉剂9g+70%代森锰锌可湿性粉剂1g对细土4~5kg拌匀。1/3药土垫籽，2/3药土盖籽，盖籽土应有1~2cm厚。

方法二：用甲醛消毒床土，即每平方米床土用甲醛30~50mL，稀释60~100倍，用塑料膜盖严床土，闷4~5d，把松放气2周后播种。

方法三：取大田土与腐熟的有机肥按6:4混匀，并按每立方米苗床土加入100g68%精甲霜·锰锌水分散粒剂和2.5%咯菌腈悬浮剂100mL拌土一起过筛混匀。用这样的土装入营养钵或作苗床土表土铺在育苗畦上，并用600倍的68%精甲霜·锰锌水分散粒剂药液封闭覆盖播种后的土壤表面。

③ 草木灰降湿防治 遇到苗床土壤湿度过大时，最简易的方法，可以施少量的草木灰（没有草木灰，只好用干细土），既可降低土壤湿度，又可当作肥料之用。

④ 生物防治 苗床整地时，每平方米苗床施入250g"5406"菌，可抑制猝倒病的发生；或250~300g种子用增产菌5g拌种后再播。个别发生或刚发生时，可喷5%井冈霉素水剂800~1000倍液，结合放风降湿。

⑤ 药剂防治 发病初期，可选用5%井冈霉素水剂1500倍液，或72.2%霜霉威水剂600倍液、15%恶霉灵水剂450倍液、25%甲霜铜可湿性粉剂1000~1500倍液、75%百菌清可湿性粉剂600倍液、64%恶霜灵可湿性粉剂500倍液、70%敌磺钠可湿性粉剂800倍液、58%甲霜·锰锌可湿性粉剂600倍液、68%精甲霜·锰锌水分散粒剂600~800倍液、70%代森锰锌可湿性粉剂500倍液、69%烯酰·锰锌可湿性粉剂600倍液等喷洒防治，苗床湿度大时，可用上述药剂对水50~60倍，拌适量细土或细沙在苗床内均匀撒施。7~10d防治一次，连防2~3次。

(2) 黄瓜立枯病 俗称死苗病、霉根病，也是苗床上的苗期重要病害之一，多在床温较高或育苗后期发生。

① 种子处理 用55℃温水浸种子15min。选择地势较高、排水良好和比较肥沃的新地作苗床，或用无病土育苗。播种不要过密，及时间苗、松土。调节好苗床温度，做到适量通风换气，浇水必须选晴天适当喷洒或小水浇灌，并增强光照，促使幼苗健壮生长，防止苗床高温、高湿出现。要施经过充分腐熟、不带菌的粪肥，增施磷、钾肥。苗期喷植保素8000~10000倍液，增强幼苗抗病能力，若土壤湿度过大，可撒施一些草木灰，或干细土。

② 生物防治 发病初期，可喷5%井冈霉素水剂1000~1500倍液。

③ 苗床土壤消毒 旧苗床，可选用50%灭霉灵可湿性粉剂，或50%异菌·福可湿性粉、50%多菌灵可湿性粉剂、多福粉（50%多菌灵可湿性粉剂与50%福美双可湿

性粉剂，1∶1混合而成），每平方米用药8g，加细土2kg，混匀后均匀施入湿润苗床土层内。也可用甲醛消毒床土土壤。

④ 药剂喷雾　发病初期，可选用50％多·霉威可湿性粉剂800倍液，或20％甲基立枯磷乳油1000倍液、30％恶霉灵水剂800倍液、72.2％霜霉威水剂800倍液、3.2％恶·甲水剂300倍液等喷雾防治，隔7d喷一次，连喷2～3次。

（3）黄瓜霜霉病（彩图2-22）　又称黑毛、火龙、跑马干，有的叫瘟病、痧斑。选用抗病品种，种子用50％多菌灵可湿性粉剂500倍液浸种30min，然后用清水冲洗干净，也可用0.5g增产菌可湿性粉剂拌种250～300g。

① 生物杀菌　用尖椒、生姜或紫皮大蒜各250倍液混合喷洒，3d喷一次，连喷2次。或在发生前，用2％嘧啶核苷类抗菌素水剂200倍液，5～6d一次，连喷2～3次。

② 烟雾熏蒸　发病前45％百菌清烟剂，或刚发病时用25％百菌清烟剂，每亩200～250g，于发病前傍晚将温室密闭，把烟熏剂均匀分成5～6处，用暗火点燃，烟熏一夜，每7d左右烟熏一次，连熏5～6次。

③ 喷粉　大棚内可用10％敌菌灵粉尘剂，或5％百菌清粉尘剂，每亩喷粉500g，喷后闭棚1h后才可放风，7～10d一次，共喷5～6次。

④ 高温闷棚　发病严重时，选择晴天中午密闭棚室，使瓜秧上部温度达42～45℃，维持2h后放风降温。隔7～10d处理一次，连续处理2～3次。闷棚前若土壤干燥应浇水一次，增加湿度以防高温伤害，温度不宜超过47℃或低于42℃，否则易受害或效果不明显。注意闷棚前不宜施用杀菌剂，以免出现药害。

⑤ 药剂防治　发病初期，可选用80％恶霉灵可湿性粉剂400倍液，或40％乙磷铝可湿性粉剂200倍液、75％百菌清可湿性粉剂600倍液、58％甲霜·锰锌可湿性粉剂800倍液、70％乙磷·锰锌可湿性粉剂500倍液、72.2％霜霉威水剂800倍液、20％二氯异氰尿酸钠可溶性粉剂300～400倍液、10％氰霜唑悬浮剂1500倍液、6.25％恶唑菌酮可湿性粉剂1000倍液、50％敌菌灵可湿性粉剂500倍液、50％氟吗·锰锌可湿性粉剂4～5g/亩、25％嘧菌酯悬浮剂1500倍液、25％双炔酰菌胺悬浮剂1000倍液、56％嘧菌·百菌清悬浮剂800倍液、68％精甲霜·锰锌水分散粒剂100～120g/亩、70％代森联干悬浮剂100～120g/亩、18％百菌清·霜脲悬浮剂150～155mL/亩等交替使用，7～10d一次，连喷3～6次。

用68.75％氟菌·霜霉威悬浮剂600倍液或72.2％霜霉威水剂600倍液分别加70％丙森锌可湿性粉剂600倍液轮换使用，或66.8％丙森·缬霉威可湿性粉剂500倍液喷雾防治。防治黄瓜霜霉病效果不错、见效快，持效时间长达20d以上，既具有保护作用又具有治疗作用，同时可兼治混合发生的黄瓜炭疽病。

（4）黄瓜细菌性角斑病（彩图2-23）　是黄瓜生产中为害较大的病害之一，以保护地受害最重。整个生育期均可为害，主要为害成株期叶片，严重时，也为害叶柄、茎秆和瓜条等。

① 种子处理　干种子用70℃处理72h，或用55℃温水浸种15min，或用新植霉素3000倍液浸种2h，或用甲醛150倍液浸种1.5h。或用100万单位硫酸链霉素500倍液浸种2h，用清水洗净药液后再催芽播种。

② 生物防治　发病初期，可选用72％硫酸链霉素可溶性粉剂或用新植霉素4000倍液，农抗751水剂100倍液、90％链·土可溶性粉剂4000倍液等喷雾防治，6～7d一次，连喷3～4次。

③ 药剂喷雾 浇水后发病严重，因此，每次浇水前后都应喷药预防。发病初期，可选用77％氢氧化铜可湿性粉剂400倍液，或14％络氨铜水剂300倍液、27.12％碱式硫酸铜悬浮剂800倍液、80％乙蒜素乳油1000倍液、2％宁南霉素水剂260倍液、0.5％氨基寡糖素水剂600倍液、20％松脂酸铜乳油1000倍液、58％氧化亚铜水分散粒剂600～800倍液、1％中生菌素可溶性粉剂300倍液、30％氧氯化铜悬浮剂600倍液、30％硝基腐殖酸铜可湿性粉剂600倍液、30％琥胶肥酸铜可湿性粉剂500倍液、20％噻森铜悬浮剂300倍液、20％噻唑锌悬浮剂400倍液、20％噻菌茂可湿性粉剂600倍液等喷雾防治，每5～7d一次，连喷2～3次。

与霜霉病同时发生的，可选用58％甲霜灵可湿性粉剂，或50％甲霜铜可湿性粉剂、47％春雷·王铜可湿性粉剂、60％琥·乙膦铝可湿性粉剂等500倍液喷雾防治，6～7d一次，连喷3～4次。用硫酸铜每亩3～4kg撒施浇水处理土壤可以预防细菌性病害。

④ 喷粉 保护地发病初期，可选用5％春雷·王铜粉尘剂，或5％防细菌粉尘剂喷雾。与霜霉病同时发生时，可喷12％乙滴粉尘剂，或用7％敌菌灵粉尘剂＋5％防细菌粉尘剂，每亩每次喷1kg，7d一次，连喷3～4次。

（5）黄瓜细菌性枯萎病 又称青枯病、细菌性萎蔫病，保护地嫁接黄瓜发生较重。种子用次氯酸钙300倍液浸种30～60min，或用40％甲醛150倍液浸1.5h，或用100万单位硫酸链霉素500倍液浸种2h，然后冲洗干净，催芽播种。

发病初期，及时喷施14％络氨铜水剂300～400倍液，或72％硫酸链霉素4000倍液、新植霉素4000倍液，隔7～10d喷一次，连续喷3～4次。或用60％琥·乙膦铝500倍液、72％硫酸链霉素可湿性粉剂4000倍液灌根，每株用150～200mL，隔10d灌根一次，连续2～3次。

（6）黄瓜细菌性缘枯病（彩图2-24） 是大棚黄瓜的一种重要病害，主要为害叶片、叶柄、茎、卷须、瓜条。发病期间，可选用30％琥胶肥酸铜可湿性粉剂500倍液，或60％琥·乙膦铝可湿性粉剂500倍液、2％春雷霉素水剂400～750倍液、3％中生菌素可湿性粉剂800倍液、72％霜脲氰·锰锌可湿性粉剂600倍液、23％氢铜·霜脲可湿性粉剂800倍液等喷雾防治。

（7）黄瓜炭疽病（彩图2-25） 一般5～6月发病。苗期和成株期均可危害，以生长中、后期发病较重。一般为害叶片，但也可为害叶柄、茎秆和瓜条。生物防治，可喷2％嘧啶核苷类抗菌素，或1％武夷菌素水剂150～200倍液。化学防治，可选用70％甲基硫菌灵可湿性粉剂500倍液，或80％炭疽福美可湿性粉剂800倍液、50％福美双可湿性粉剂500～600倍液、25％嘧菌酯悬浮剂1500倍液、68.75％恶唑菌酮·锰锌水分散粒剂1000倍液、60％吡唑醚菌酯水分散粒剂500倍液、50％醚菌酯干悬浮剂3000倍液、56％嘧菌·百菌清悬浮剂800倍液、10％苯醚甲环唑水分散粒剂1500倍液、30％苯甲·丙环唑乳油3000倍液、2％春雷霉素水剂600倍液、20％氟硅唑·咪鲜胺水乳剂55～66mL/亩、40％多·福·溴菌可湿性粉剂400～600倍液、50％咪鲜胺可湿性粉剂1000～2000倍液、80％福·福锌可湿性粉剂800倍液等喷雾防治，6～7d喷一次，连喷3～4次。

另外，该病感病初期易与常发病害黄瓜疫病相混，疫病病斑为浅灰色圆斑，初染病时叶片呈水浸状圆斑，病斑中心呈浅灰色，大块病斑逐渐出现褐色晕圈，只是比炭疽病斑感染面积稍大，颜色一直呈浅灰色，扩展后病斑连片呈萎蔫症状，后期长出白色霉菌，可与炭疽病区别。防治可用72％霜脲·锰锌可湿性粉剂600倍液，或68％精甲霜·锰锌水分散粒剂 600 倍液，或 25％嘧菌酯悬浮剂 1500 倍液等进行治疗。

保护地黄瓜，可采用喷粉或烟熏的办法，在发病初期，喷 5％百菌清粉尘，或 5％灭霉灵粉尘剂，每亩喷 1kg，傍晚或早上喷，7d 一次，连喷 4～5 次。或用 45％百菌清烟熏剂，每亩每次 200～250g，傍晚进行，密闭棚室熏一夜，7d 一次，连熏 4～5 次。

(8) 黄瓜灰霉病（彩图 2-26）　以保护地为害严重，苗期和成株期均可为害。花期最易感病，一般从 3 月中下旬雨季开始时，棚内光照少，棚温在 15℃上下，发生多。温度 20℃左右。

① 生物防治　发病前或刚发病时，喷 40％噻菌灵悬浮剂 2000～2500 倍液，或 2.5％日光霉素可湿性粉剂 100 倍液，或 1％武夷菌素水剂 150 倍液，5～6d 一次，连喷 3～4 次。

② 烟熏　保护地，发病前或发病初期，用 3.3％噻菌灵烟剂，或 10％腐霉利烟剂，或 15％多·霉威烟剂，或 40％百菌清烟剂等密闭烟熏，每亩用药 250g，7d 一次，连熏 4～5 次。

③ 喷粉　保护地栽培，在发病前或发病初期，选用 5％百菌清粉尘剂，或 6.5％硫菌·霉威粉尘剂，或 5％灭霉灵粉尘剂，或 5％福·异菌粉尘剂等喷雾，每亩每次喷 1kg，7d 一次，连喷 4～5 次。

④ 药剂喷雾　因黄瓜灰霉病侵染老化的花器，预防用药一定要在黄瓜开花时开始喷药，首先用 2.5％咯菌腈悬浮剂 600 倍液或 50％多·福·疫可湿性粉剂 500 倍液，对黄瓜雌花进行蘸花或喷花。

黄瓜整个生长期最好提前进行预防，可选用 2 亿活孢子/g 木霉菌可湿性粉剂 300～600 倍液，或 50％腐霉利可湿性粉剂 800 倍液、70％甲基硫菌灵可湿性粉剂 800 倍液、50％福·异菌可湿性粉剂 800 倍液、25％嘧菌酯悬浮剂 1500 倍液、75％百菌清可湿性粉剂 600 倍液、50％乙烯菌核利干悬浮剂 1000 倍液、50％多·霉威可湿性粉剂 800 倍液、50％多·福·疫可湿性粉剂 1000 倍液、65％硫菌·霉威可湿性粉剂 600～800 倍液、50％异菌脲可湿性粉剂 800～1000 倍液、40％嘧霉胺悬浮剂 600～800 倍液、25％咪鲜胺乳油 2000 倍液、30％百·霉威可湿性粉剂 500 倍液、20％恶霉唑可湿性粉剂 2000 倍液、2％丙烷脒水剂 1000 倍液、50％烟酰胺水分散粒剂 1500 倍液等交替喷雾，7d 喷一次，连喷 2～3 次。要注意喷施嘧霉胺类杀菌剂，易使黄瓜叶片产生褪绿性黄化药害。

(9) 黄瓜白粉病（彩图 2-27）　俗称"白毛病"，华北黄瓜白粉病俗称"挂白灰"，是黄瓜主要病害之一，保护地比露地严重。

① 生物防治　发病初期，用 1％武夷菌素水剂 100～150 倍液，或 2％嘧啶核苷类抗菌素水剂 200 倍液喷雾防治，10d 一次，连喷 3～4 次。刚发病时，可用小苏打 500 倍液溶液，隔 3d 喷一次，连喷 5～6 次。

② 烟熏　保护地黄瓜，消毒苗房，可每 100m³ 用硫黄粉 150g，锯末 500g，于傍晚烟熏消毒。定植大田后，将要发病时，用 30％或 45％百菌清烟剂，前者每亩 300g，后者 250g，密闭棚室熏一夜，7d 一次，连熏 4～5 次。

③ 喷粉　保护地黄瓜，发病初期，可喷雾 5％百菌清粉尘剂，或 5％春雷·王铜粉尘剂，或 10％多·百粉尘剂，每亩每次 1kg，7d 喷一次，连喷 3～4 次。

④ 药剂喷雾　采用 25％嘧菌酯悬浮剂 1500 倍液预防较好。发病初期，可选用 15％三唑酮可湿性粉剂 800～1000 倍液，或 50％甲基硫菌灵可湿性粉剂 1000 倍液、

10%苯醚甲环唑水分散粒剂 2500～3000 倍液、32.5%苯甲·嘧菌酯悬浮剂 1500 倍液、43%戊唑醇悬浮剂 3000 倍液、2%春雷霉素水剂 400 倍液、40%克百菌悬浮剂 500～600 倍液、45%硫黄胶悬剂 300～400 倍液、40%多·硫悬浮剂 300 倍液、30%氟菌唑可湿性粉剂 3500～5000 倍液等喷雾防治。

发生较重时，可交替使用 47%春雷·王铜可湿性粉剂 500～600 倍液，或 40%氟硅唑乳油 4000 倍液、50%醚菌酯干悬浮剂 3000 倍液、25%乙嘧酚悬浮剂 1000 倍液、25%苯甲·丙环唑乳油 4000 倍液等喷雾防治，7～10d 一次，连喷 2～3 次。喷 27%高脂膜乳剂 80～100 倍液，不仅可防止病菌侵入，还可造成缺氧条件使白粉菌死亡，每隔 5～6d 喷一次，连续喷 3～4 次。

（10）黄瓜病毒病（彩图 2-28）

① 种子处理　选用抗病品种。从无病株上采种，或干种子用 70℃ 处理 120h。也可用 10%磷酸三钠浸种 30min 消毒。

② 防蚜　可喷雾 10%吡虫啉可湿性粉剂 2000 倍液，或 20%甲氰菊酯乳油 2000 倍液，或 2.5%高效氯氟氰菊酯乳油 3000 倍液等。保护地还可用 20%灭蚜烟剂，每亩每次 250g，或 30%敌敌畏烟剂，每亩每次 200g 烟熏。

③ 喷药　发病前，从育苗期开始，喷 0.5%菇类蛋白多糖水剂 300 倍液，或高锰酸钾 1000 倍液，7～10d 一次，连喷 2～3 次，或用细胞分裂素 100 倍液浸种，当黄瓜 2 叶 1 心时喷 600 倍液，10d 喷一次，连喷 3～4 次，或喷混合脂肪酸 100 倍液，在定植前后各喷一次。

发病前，或刚发生时，可选用 20%盐酸吗啉胍·铜可湿性粉剂 500 倍液，或 1.5%植病灵乳油 600～800 倍液、5%菌毒清水剂 300 倍液、4%宁南霉素水剂 500 倍液、10%混合脂肪酸水乳剂 100 倍液等喷雾防治，7d 喷一次，连喷 3～4 次。

（11）黄瓜疫病　又叫死藤、瘟病等。露地黄瓜降雨早、次数多、量大，疫病易流行。开花之前，在浇水时，可先将硫酸铜均匀施入沟水中，每亩 250g，加 30kg 细土，拌匀后，均匀施入，然后浇水，整个生育期施药 2～3 次。

发病初期，可选用 50%甲霜铜可湿性粉剂，或 60%琥·乙磷铝可湿性粉剂、77%氢氧化铜可湿性粉剂、70%敌磺钠 1000 倍液、52.5%恶酮·霜脲氰水分散粒剂 2500 倍液、6.25%恶唑菌酮可湿性粉剂 1000 倍液、10%氰霜唑悬浮剂 1500 倍液、25%烯肟菌酯乳油 1000 倍液、69%烯酰·锰锌水分散粒剂 600～700 倍液、70%乙膦铝·锰锌可湿性粉剂 500 倍液、72.2%霜霉威水剂 600～700 倍液、72%霜脲·锰锌可湿性粉剂 600～700 倍液、78%波尔·锰锌可湿性粉剂 500 倍液、25%嘧菌酯水分散粒剂 2000 倍液、68%精甲霜·锰锌水分散粒剂 500 倍液等，喷灌结合，先灌后喷，每株灌根 250～300mL 稀释液，隔 7～10d 再喷灌 1 次。

（12）黄瓜黑星病（彩图 2-29）　为塑料大棚和温室黄瓜毁灭性病害，露地黄瓜有时发生。苗期和成株期均可被害，除根部之外均可发生，以幼嫩部分受害最重。

① 喷粉　发病前或发病初期，用 10%多·百粉尘剂，或 6.5%硫磷·霉威粉尘剂，或 5%灭霉灵粉尘剂，或 5%福·异菌粉尘剂等，每亩用药 1kg，7d 一次，连喷 4～5 次。

② 烟熏　发病前，每亩用 45%百菌清烟剂 300～350g，7d 一次，连熏 4～5 次。

③ 喷雾　发病初期，可选用 1%武夷菌素水剂 100 倍液，或 40%氟硅唑乳油 8000～10000 倍液、50%多菌灵可湿性粉剂 500 倍液、50%苯菌灵可湿性粉剂 1000～1200 倍液、75%百菌清可湿性粉剂 500～600 倍液、50%异菌脲可湿性粉剂、65%硫

菌·霉威可湿性粉剂、50%灭霉灵可湿性粉剂 800～1000 倍液、40%氟硅唑乳油 8000～10000 倍液、80%敌菌丹可湿性粉剂 500 倍液、50%腙·锌·福美双可湿性粉剂 500～1000 倍液、80%代森锰锌可湿性粉剂 500～600 倍液、20%腈菌唑·福美双可湿性粉剂 100～130g/亩、12.5%腈菌唑乳油 24mL/亩等喷雾防治，7d 一次，连喷 3～4 次。晴天上午进行，喷后加强放风，重点喷幼嫩部分。

发病中后期，可选用 40%腈菌唑可湿性粉剂 8000 倍液，或 10%苯醚甲环唑可分散粒剂 6000 倍液喷雾防治，隔 5～7d 施一次，视病情连续喷施 2～3 次，可轮换用药，同时严格控制施药浓度，防止产生药害。

（13）黄瓜枯萎病（彩图 2-30） 又称萎蔫病，有的叫死秧病，为黄瓜的一种重要的土传病害，特别是保护地黄瓜发病重。主要在结瓜期为害茎基部。一般开花结瓜期开始显症，结瓜盛期发病最多。

① 土壤消毒 田间土壤可采用高温消毒。也可用药剂消毒，如用 50%多菌灵可湿性粉剂每亩 2.0kg，或 70%敌磺钠可湿性粉剂 1.5kg，加细土 50～100kg，均匀消毒病田土壤，或施在播种沟内或定植沟内，过后播种或栽苗。

② 嫁接换根 利用南瓜根系发达，对黄瓜枯萎病原有较强抗性的特点，将南瓜作砧木，黄瓜作接穗，进行嫁接换根，防治效果达 90%以上。

③ 药剂灌根 发病初期或发病前，选用 10 亿芽孢/g 枯草芽孢杆菌可湿性粉剂 1000 倍液，或 2%嘧啶核苷类抗菌素水剂 200 倍液、60%多菌灵盐酸盐可湿性粉剂 600 倍液、70%敌磺钠可湿性粉剂 600～800 倍液、2.5%咯菌腈悬浮剂 1500 倍液、50%甲基硫菌灵可湿性粉剂 500 倍液、30%恶霉灵水剂 600～800 倍液、50%腙·锌·福美双 600 倍液、50%多菌灵可湿性粉剂 500 倍液等药剂灌根，每株灌 250mL，7～10d 灌一次，连灌 2～3 次。

④ 药剂涂茎 茎基部半边纵裂时，用 70%敌磺钠粉剂 200 倍液，或 50%多菌灵可湿性粉剂 200 倍液、50%甲基硫菌灵可湿性粉剂 300 倍液涂茎。

（14）黄瓜蔓枯病（彩图 2-31） 又称蔓割病、黑腐病，是黄瓜重要的病害，可导致黄瓜提前拉秧，该病主要在成株期发病，为害黄瓜叶片和茎，有时也为害瓜条。

① 烟熏或喷粉 保护地栽培，在发病前，可选用 45%百菌清烟剂，每亩每次 250g，密闭烟熏一个晚上，但不能直接放在黄瓜植株下面，7d 一次，连熏 4～5 次。或喷 6.5%硫菌·霉威粉尘剂或 0.5%灭霉灵粉尘剂，每亩每次喷 1kg，早、晚进行，关闭棚室，7d 一次，连喷 3～4 次。

② 药剂喷雾 及时发现病害初发症状，可在发病初期，采用喷药或涂茎的办法，有一定的治疗作用。可选用 70%甲基硫菌灵可湿性粉剂 600～800 倍液，或 1:0.7:200 波尔多液、50%灭霉灵可湿性粉剂 600～800 倍液、75%百菌清可湿性粉剂 500～600 倍液、40%氟硅唑乳油 8000～10000 倍液、50%混杀硫悬浮剂 500～600 倍液、20.6%恶酮·氟硅唑乳油 1500 倍液、25%嘧菌酯悬浮剂 1500 倍液、10%苯醚甲环唑可分散粒剂 1500 倍液等喷雾防治，5～6d 一次，连喷 3～4 次。也可用 50%或 70%甲基硫菌灵可湿性粉剂 50 倍液，或 40%氟硅唑乳油 500 倍液，蘸药涂抹茎上病斑，然后全田喷药液防治。

（15）黄瓜根结线虫病（彩图 2-32） 为黄瓜的一种毁灭性病害，菜农俗称根上长土豆或根上长瘤子。棚室中在 5 月上旬容易造成线虫大发生。

① 生态防治 无虫土育苗，选大田土或没有病虫的土壤与不带病残体的腐熟有机

肥按6:4的比例混匀，每立方米营养土加入1.8%阿维菌素乳油100mL混匀用于育苗。

②棚室高温、水淹灭菌　黄瓜拉秧后的夏季，土壤深翻40～50cm混入沟施生石灰每亩200kg，可随即加入松化物质秸秆每亩500kg，挖沟浇大水漫灌后覆盖棚膜高温闷棚，或铺施地膜盖严压实。15d后可深翻地再次大水漫灌闷棚持续20～30d，可有效降低线虫病的为害。处理后的土壤栽培前应注意增施磷、钾肥和生物菌肥。

③氰氨化钙消毒　棚室在高温条件下用氰氨化钙消毒。方法是：在前茬蔬菜拔秧前5～7d浇一遍水，拔秧后立即每亩均匀撒施60～80kg氰氨化钙于土壤表层，也可将未完全腐熟的农家肥或农作物碎秸秆均匀地撒在土壤表面，旋耕土壤10cm使其混合均匀，再浇一次水，覆盖地膜，高温闷棚7～15d，然后揭去地膜，放风7～10d后可作垄定植。处理后的土壤栽培前应注意增施磷、钾肥和生物菌肥。

④药剂灌根　在黄瓜播种或移植前15d，每亩用0.2%高渗阿维菌素可湿性粉剂4～5kg，或10%噻唑膦颗粒剂2.5～3kg，加细土50kg混匀撒到地表，深翻25cm，进行土壤消毒，均可达到控制线虫为害的效果。或用10%硫线磷颗粒剂每亩3～4kg，沟施用药，或3%氯唑磷颗粒剂每亩4kg均匀施于定植沟穴内。

发病初期，可用1.8%阿维菌素乳油1000～1200倍液，或50%辛硫磷乳油1000～1500倍液等药剂灌根。每株灌药液250～500mL，每隔7～10d灌1次，共灌2～3次。

（16）黄瓜棒孢叶斑病（彩图2-33）　又名靶斑病、褐斑病、小黄点病，是一种在高温高湿环境下易发生的病害，主要为害叶片，严重时蔓延至叶柄、茎蔓和果实。以保护地受害严重，多发生于黄瓜生长中后期，引起落叶。春保护地一般在3月中旬开始发病，4月上中旬后病情迅速扩展，至5月中旬达到发病高峰。在生产上，黄瓜靶斑病常与霜霉病、细菌性角斑病等混合发生，成为黄瓜常发性三大病害之一。

①撒施药土　可用50%异菌脲可湿性粉剂1份＋适量杀虫剂＋50份干细土（苗床床底撒施薄薄一层药土，播种后用药土作种子的覆盖土）。

②烟熏或喷粉　保护地栽培，可在定植前10d，用硫黄粉2.3g/m³，加锯末混合后分放数处，点燃后密闭棚室熏一夜。或用45%百菌清烟剂200g/亩、6.5%硫菌·霉威粉尘剂、5%百菌清粉尘剂1kg/亩喷粉。隔7～9d一次，连续2～3次。

③药剂喷雾　发病初期，可选用41%乙蒜素乳油2000倍液，或0.5%氨基寡糖素水剂400～600倍液、53.8%氢氧化铜干悬浮剂600倍液、47%春雷·王铜可湿性粉剂800倍液、80%福美双水分散粒剂1200倍液、50%多菌灵可湿性粉剂500倍液、75%百菌清可湿性粉剂700倍液、40%嘧霉胺悬浮剂500倍液、25%咪鲜胺乳油1500倍液、40%氟硅唑乳油8000倍液、50%异菌脲可湿性粉剂1000～1500倍液、50%乙烯菌核利可湿性粉剂1000倍液、40%腈菌唑乳油3000倍液、25%嘧菌酯悬浮剂1500倍液、25%吡唑·嘧菌酯可湿性粉剂3000倍液、43%戊唑醇悬浮剂3000倍液、6%氯苯嘧啶醇可湿性粉剂1500倍液、60%唑醚·代森联水分散粒剂1500倍液等药剂喷雾防治。隔7～10d喷一次药，连续3～4次，重点喷洒中、下部叶片，药剂要轮换使用。在喷药液中加入600倍的核苷酸等叶面肥效果更好。

复配剂可选用60%唑醚·代森联水分散粒剂1200倍液＋72%硫酸链霉素可溶性粉剂2000倍液，或43%戊唑醇悬浮剂3000倍液＋33.5%喹啉铜悬浮剂1500倍液等喷雾防治，每5～7d喷一次。

（17）黄瓜红粉病（彩图2-34）　是近年来塑料大棚或温室黄瓜等瓜类作物生产中新发生的病害之一，一般发生在黄瓜生育中、后期，10～20片叶开始发病。重点是在苗期下雨前后和发病初期摘去病叶后施药，每隔5～10d再行用药，连治3～4次。可选用50％硫菌灵可湿性粉剂500倍液，或64％恶霜灵可湿性粉剂500～600倍液、80％炭疽福美可湿性粉剂800倍液、25％溴菌腈可湿性粉剂500倍液、10％苯醚甲环唑水分散粒剂1000～1500倍液、20％噻菌铜悬浮剂500倍液、50％咪鲜胺锰盐可湿性粉剂1500倍液、25％三唑酮可湿性粉剂1000～1500倍液、20.67％恶酮·氟硅唑乳油1500倍液等喷雾防治。5～7d喷一次，连续3次，注意轮换用药。采收前3d停止用药。在上述药液中加入72％硫酸链霉素可溶性粉剂3000～4000倍液，可以提高防效。露地栽培的黄瓜，要在高温多雨季节，用50％多菌灵可湿性粉剂500～600倍液喷雾预防。

保护地栽培，在发病初期每亩用15％百菌清烟雾剂250～300g，熏烟；或喷10％百菌清粉尘剂，每亩1kg。

（18）黄瓜根腐病　是一种毁灭性土传病害，一般在结瓜期发病，蔓延快、为害重、损失大，主要为害根部和地下的茎基部。

① 苗床土壤消毒　旧苗床，土壤要消毒，可选用50％多菌灵可湿性粉剂，或70％敌磺钠可湿性粉剂、50％甲基硫菌灵可湿性粉剂、50％多菌灵可湿性粉剂与70％敌磺钠可湿性粉剂（1∶1）等量混匀，每平方米用药8g。与5kg细土混匀后，将1/3药土均匀施入床面上，播上种子，再施上2/3的药土作为盖土，盖土不够厚，可再在上面施上一层经细筛过的无病细土。

② 大田土壤消毒　病田播种前或定植前，可选用70％敌磺钠可湿性粉剂，或50％多菌灵可湿性粉剂、70％敌磺钠可湿性粉剂＋50％多菌灵可湿性粉剂（1∶1）混匀，每亩施2kg药，或用50％苯菌灵可湿性粉剂，各亩施1kg，与细土50kg拌匀后，施入播种沟内，再盖上一层薄土，然后播种或定植黄瓜苗。

③ 药液灌根　病害发病前或病害刚刚发生时，即灌根防治，越早越好。可选用12.5％增效多菌灵可溶液剂200～300倍液，或60％多菌灵盐酸盐可湿性粉剂500～600倍液、50％苯菌灵可湿性粉剂1000～1200倍液、50％甲基硫菌灵可湿性粉剂500～600倍液、70％敌磺钠可湿性粉剂600～800倍液、40％多·硫悬浮剂500～600倍液等灌根，每株灌稀释液250mL，隔7～10d再灌一次，连灌2～3次。也可以配成药土撒在茎基部。

（19）黄瓜腐霉根腐病　黄瓜腐霉根腐病在大水漫灌或滴灌后就覆盖地膜，发病严重。如果遇到连阴天后天气突然转晴，日光温室的温度变幅较大，此时将加重根腐病的发生。在根瓜采收期发病最为严重。定植前，可用95％恶霉灵50g掺细土10kg，撒在定植穴中。缓苗后15d，可用95％恶霉灵3000倍液进行灌根处理，每株灌药液量200～250mL。若发现田间植株发病中心后，应立即拔除病株，并在病株周围撒石灰消毒，同时避免大水漫灌，以防病害传播。发病初期可用95％恶霉灵或77％硫酸铜钙可湿性粉剂500倍液及生根剂进行交替灌根处理，每株灌药液量300～500mL，隔5～7d一次，连续灌根3～4次。

（20）黄瓜菌核病（彩图2-35）　在全生育期均能发生，是保护地黄瓜中的一种重要病害。南方2～4月和11～12月，容易发病。在北方，一般在3～5月发病多。叶片、瓜条、茎均可感病。盛花期喷雾防治，可选用50％腐霉利可湿性粉剂1500倍液，或50％乙烯菌核利可湿性粉剂1000倍液、50％异菌脲可湿性粉剂800～1000倍液、65％硫菌·霉威可湿性粉剂600～800倍液、50％咪鲜胺可湿性粉剂1500倍液、50％福·异菌可湿性粉剂500～1000倍液、50％多·腐可湿性粉剂1000倍液、50％百·菌核可湿性粉剂750倍液、50％多·霉威可湿性粉剂600～800倍液、40％菌核净可湿性粉剂800～1000倍液、50％灭霉灵可湿性粉剂＋70％敌磺钠可湿性粉剂（1∶1）600倍液等喷雾防治，每隔 8～9d 防治一次，连续防治 3～4 次。药剂喷施部位主要是瓜条顶部残花以及茎部、叶片和叶柄。

（21）黄瓜白绢病　主要发生在南方高温多雨的地区，主要为害茎基部，还能为害靠近地面的瓜条。

① 生物防治　可施人工培养好的哈茨木霉菌 0.4～0.5kg，加细土 50kg，混匀后，把菌土撒施在病株茎基部，每亩施 1kg，效果良好。也可用 5％井冈霉素水剂 1000 倍液灌病株茎基部，每株灌 500mL 稀释液，隔 7～10d 再灌一次。

② 苗床药剂土壤消毒　旧苗床，用 15％三唑酮可湿性粉剂，每平方米 8g，加细土 5kg，拌匀后，均匀施入苗床内，进行土壤消毒。

③ 田间病穴消毒　发病初期，拔除病株之后带出田外深埋或烧毁，对病株穴立即灌注 50％代森铵水剂 400 倍液杀菌消毒，可控制病菌扩展。

④ 田间病株施毒土防治　发病初期，可用 50％甲基立枯磷可湿性粉剂，或 15％三唑酮可湿性粉剂 1kg，加细土 100kg，混匀后，均匀撒在病株根茎处，效果良好。

⑤ 药剂灌根　发病初期，可选用 70％敌磺钠可湿性粉剂 400～500 倍液，或 20％甲基立枯磷乳油 800～1000 倍液、20％三唑酮乳油 1500～2000 倍液等灌根颈部，每株灌 0.3～0.5kg 稀释药液，隔 7～10d 再灌一次，连灌 2～3 次。

必要时，还可结合喷洒药液防治（即喷、灌结合），可用 20％三唑酮乳油 1500～2000 倍液，或 20％甲基立枯磷乳油 800～1000 倍液，效果更明显。喷、灌结合防治，可一人先灌根，另一人喷洒药液。

（22）黄瓜斑点病（彩图 2-36）　在 4～5 月份温暖、多雨天气易发病。发病初期，可选用 70％甲基硫菌灵可湿性粉剂 1000 倍液＋75％百菌清可湿性粉剂 1000 倍液喷雾防治，或 50％退菌特可湿性粉剂 500～1000 倍液、75％百菌清可湿性粉剂 600 倍液、40％氟硅唑乳油 1000 倍液、56％嘧菌酯·百菌清悬浮剂 800 倍液、40％多·硫悬浮剂 500 倍液、20％氟硅唑·咪鲜胺水乳剂 500 倍液，每隔 7d 一次，连喷 2～3 次。

3. 瓜类蔬菜主要虫害防治技术

（1）地老虎

① 撒施毒土、毒沙　用 50％辛硫磷乳油 0.5kg 加水适量，喷拌在 125～175kg 细土上；也可用 1 份 20％氰戊菊酯乳油拌 2000 份细沙撒施。或用 2.5％敌百虫粉，每亩 1.5～2kg，拌细土 10kg 左右，撒在心叶里。

② 毒饵诱杀　用 90％晶体敌百虫 0.5kg 加水 3～4kg，喷在 50kg 碾碎炒香的棉籽饼或麦麸上；或用 50％辛硫磷乳油每亩 50g，拌棉籽饼 5kg（或铡碎的鲜草）撒施。也可在种植前把新鲜菜叶浸在 90％敌百虫晶体 400 倍液中 10min，傍晚施入诱杀。毒饵或毒草在傍晚撒到幼苗根际附近，每隔一定距离一小堆，每亩用药 15～20kg。

③ 药剂灌根　在虫龄较大时，可用下列药液灌根：90％敌百虫晶体 1000 倍液，或 50％辛硫磷乳油 1500 倍液，或涂植株茎秆防治，安全间隔期 5～7d。

④ 化学防治　可选用 2.5％溴氰菊酯乳油，或 20％氰戊菊酯乳油 2000～3000 倍液、50％辛硫磷乳油、90％晶体敌百虫 1000 倍液等药剂，在防治适期内地面喷洒，也可用 2.5％敌百虫粉每亩 1.5～2kg 喷粉。

（2）种蝇　成虫发生初期开始喷药，可选用 2.5％溴氰菊酯乳油 2000 倍液，或 5％高效氯氰菊酯乳油 1500 倍液、5％顺式氰戊菊酯乳油 2000 倍液、80％敌百虫可溶性粉剂或 90％敌百虫 1000 倍液等喷雾防治，7～8d 一次，连续喷 2～3 次，药要喷到根部及四周表土，注意轮换用药。还可用 2.5％敌百虫粉剂，每亩 1.5～2kg 喷粉。

也可选用 50％辛硫磷 1200 倍液，或 90％晶体敌百虫、80％敌百虫可溶性粉剂 1000 倍液、40％乐果乳油 1500～2000 倍液等灌根防治。隔 7～10d 再灌一次，药液以渗到地下 5cm 为宜，注意轮换用药。

（3）瓜蚜（彩图 2-37）　用银色膜避蚜，覆盖或挂条均可，还可起预防病毒病的作用。保护地种植的黄瓜，可选用药剂烟熏的办法，如 10％杀蚜烟剂，每亩每次用药 400～500g，分散 4～5 堆，用暗火点燃，冒烟后密闭 3h。或喷 1％防蚜粉尘或 0.5％灭蚜粉尘，每亩每次喷 1000g，防治时不加水，2～3min 即喷完毕，可在早上或傍晚喷，隔 10d 喷一次，连喷 2～3 次。

也可选用 20％氰戊菊酯乳油，或 2.5％溴氰菊酯乳油 3000 倍液、2.5％高效氯氟氰菊酯乳油 3000 倍液、25％噻虫嗪水分散粒剂 3000～4000 倍液、1％印楝素水剂 800 倍液、40％乐果乳油 1000～1500 倍液等药剂喷雾；也可用 10％吡虫啉可湿性粉每亩 25g 加水喷雾；或选用 2.5％鱼藤精乳油 600～800 倍液，烟草水 1∶（30～40）喷雾。注意不同类型药剂要轮换使用。喷洒时应注意喷头对准叶背，将药液尽可能喷到瓜蚜体上。

（4）瓜实蝇（彩图 2-38）　设置"黏蝇纸"，把它固定于竹筒（长约 20cm、直径 7cm）上，然后挂在离地面 1.2m 高的瓜架上，15～20m² 挂 1 张，每 10d 换纸 1 次，连续 3 次，防效显著。人工保护幼瓜，为了防止瓜实蝇产卵危害，可在受害前将幼瓜套上纸袋，丝瓜在开花后 3～5d 花谢前套袋，苦瓜在瓜长 4cm 前套袋，防止瓜实蝇产卵。或幼瓜用草覆盖，防止成虫产卵。在成虫初盛期，选中午或傍晚及时喷药，药剂可选用 90％晶体敌百虫 1000 倍液，或 2.5％溴氰菊酯乳油等菊酯类农药 3000 倍液等喷雾防治。药剂内加少许糖，效果更好。3～5d 喷一次，连续 2～3 次，注意药剂应轮换使用。对落瓜附近的土面喷淋 50％辛硫磷乳油 800 倍液稀释液，可以防蛹羽化。

（5）瓜亮蓟马（彩图 2-39）　注意在蕾期和初花期，当每株虫口达 3～5 头时及时用药。可选用 50％辛硫磷乳油，20％复方浏阳霉素 1000 倍液等喷雾防治。4～6d 一次，连防 2～3 次。喷药的重点是植株的上部，尤其是嫩叶背面和嫩茎。上述杀虫剂防效不高时，还可选用 10％吡虫啉可湿性粉剂 2000 倍液，或 10％虫螨腈乳油 2000 倍液、1.8％阿维菌素乳油 4000～5000 倍液、10％噻虫嗪水分散粒剂 5000～6000 倍液、0.36％苦参碱水剂 400 倍液等喷雾。5～7d 一次，共喷 2～3 次，注意药剂要轮换使用。此外，选用 40％鱼藤精 800 倍液，或烟草石灰水液（1∶0.5∶50）喷雾，也有良好效果。

（6）瓜绢螟（彩图 2-40）　药剂防治应掌握 1～3 龄幼虫期进行，可选用 0.5％阿维菌素乳油 2000 倍液，或 50％辛硫磷乳油 2000 倍液、20％氰戊菊酯乳油 4000～5000 倍液、2％阿维·苏可湿性粉剂 1500 倍液等喷雾防治。注意在安全间隔期前喷雾，交替用药，防止害虫产生抗药性。印楝素对瓜绢螟具有多种生物活性，主要表现为幼虫的拒食、成虫产卵的忌避、生长发育的抑制和一定的毒杀活性。

（7）斜纹夜蛾（彩图 2-41）　采用黑光灯、频振式灯诱蛾。在幼虫初孵期，用复合病毒杀虫剂斜纹夜蛾核型多角体病毒制剂 1500 倍液喷雾。最佳防治期是卵盛孵期至 2 龄幼虫始盛期。可选用 10％虫螨腈悬浮剂 1500 倍液，或 0.8％甲氨基阿维菌素乳油 1500 倍液、15％茚虫威悬浮剂 4000 倍液、5％虱螨脲乳油 800 倍液、2.5％多杀霉素悬浮剂 1200 倍液等喷雾防治。

（8）斑潜蝇　黄板诱杀。保护地，发生高峰期可用灭蝇灵（棚内 200g/亩，露地 300g/亩），或 22％敌敌畏烟剂，每亩用药 400g 熏杀成虫 2～3 次。药剂喷雾，关键是抓住叶片虫道数剧增前施药防治，最好只喷叶、不喷果实部分。可选用1.8％阿维菌素乳油2000倍液喷雾，或5％顺式氰戊菊酯乳油1500倍液喷雾、20％甲氰菊酯乳油1000倍液、20％氰戊菊酯乳油2000倍液、75％灭蝇胺可湿性粉剂3000倍液、5％氟啶脲乳油2000倍液、5％氟虫脲乳油1000倍液、40％辛硫磷乳油1500倍液、25％噻虫嗪水分散粒剂3000倍＋2.5％高效氯氟氰菊酯乳油1500倍液等喷雾防治。注意药剂轮换使用。用30％氯虫·噻虫嗪水分散粒剂1500倍液淋灌秧苗治虫效果更好。

(9) 黄守瓜 (彩图2-42) 可将茶籽饼捣碎，用开水浸泡调成糊状，再掺入粪水中浇在瓜苗根部附近，每亩用茶籽饼20～25kg。也可用烟草水30倍浸出液灌根，杀死土中的幼虫。移栽前后至5片真叶前，消灭成虫和灌根杀灭幼虫是保苗的关键。可选用40％氰戊菊酯乳油8000倍液，或0.5％楝素乳油600～800倍液等防治成虫。或选用90％敌百虫晶体1500～2000倍液、50％辛硫磷乳油1000～1500倍液等灌根防治幼虫。注意药剂要轮换使用。

(10) 烟粉虱 将1m×0.2m废旧纤维板或硬纸板用油漆涂成橙黄色，再涂上黏油，每亩设置30块以上，置于行间，与植株高度相同，诱杀成虫。当板面粘满虫时，及时重涂黏油，一般7～10d重涂一次。也可选用25％噻嗪酮可湿性粉剂2000倍液，或1.8％阿维菌素乳油3000倍液、10％吡虫啉可湿性粉剂1500倍液、25％噻虫嗪水分散粒剂7500倍液等喷雾防治。

(11) 温室白粉虱 (彩图2-43) 可采用穴灌施药 (灌窝、灌根)，用强内吸杀虫剂25％噻虫嗪水分散粒剂，在移栽前2～3d，以1500～2500倍的浓度喷淋幼苗，使药液除叶片以外还要渗透到土壤中。平均每平方米苗床用药2g左右 (即2g药对1桶水喷淋100株幼苗)。农民自己的育苗秧畦可用喷雾器直接淋灌，持续有效期可达20～30d，有很好的防治粉虱类和蚜虫类害虫的效果，还可有效预防粉虱和蚜虫传播病毒病。

在温室内设置黄板、覆盖防虫网。每年5～10月，在温室、大棚的通风口覆盖防虫网，阻拦外界白粉虱进入温室，并用药剂杀灭温室内的白粉虱。纱网密度以50目为好。

田间零星点状发生时，应立即喷药防治，可选用25％噻嗪酮可湿性粉剂1500倍液，或25％噻嗪酮可湿性粉剂1000倍液和少量拟除虫菊酯类杀虫剂 (如联苯菊酯、高效氯氟氰菊酯、氰戊菊酯、溴氰菊酯等) 混用，早期喷药1～2次。高峰期，可选用1.8％阿维菌素乳油2000倍液，或25％噻虫嗪水分散粒剂2000～5000倍液、25％噻虫嗪水分散粒剂3000倍液＋2.5％高效氯氟氰菊酯乳油1500倍液、2.5％高效氯氟氰菊酯乳油2000倍液、20％氰戊菊酯乳油2000倍液、10％吡虫啉可湿性粉剂4000倍液、5％高效氯氰菊酯乳油1500倍液、40％乐果乳油1000倍液、0.3％印楝素乳油1000倍液等喷雾防治。由于在成虫和若虫体上都有一层蜡粉，因此在以上药剂中应混加2000倍的害立平增加黏着性。注意药剂应轮换使用。

(12) 朱砂叶螨 当花叶率达1％～2％，或每片叶有3头虫时喷药为宜。药液防治应选用高效、低毒、低残留的农药或优先选用生物农药防治。可选用73％炔螨特乳油2500倍液，或5％噻螨酮乳油1500倍液、5％氟虫脲乳油1000～2000倍液、15％哒螨灵乳油3000～4000倍液、20％复方浏阳霉素乳油1000倍液等均匀喷雾。注意轮换使用农药，视害螨情况考虑喷药次数，一般每隔10～14d喷1次，连喷2～3次。

在发生初期即大部分卵孵化前，可选用20％四螨嗪悬浮剂3000倍液，或5％噻螨酮乳油1500倍液等喷雾，杀卵效果好，持续时间长，但不杀成螨。

（13）茶黄螨　及早发现及时防治，喷药的重点是植株的上部幼嫩部分，尤其是顶端几片嫩叶的背面。可选用73%炔螨特乳油1000～1200倍液，或25%灭螨猛可湿性粉剂1000～1500倍液、15%哒螨灵乳油2000倍液、50%溴螨酯乳油1000倍液、5%噻螨酮乳油2000倍液、25%噻嗪酮可湿性粉剂2000倍液、5%氟虫脲乳油1200倍液等喷雾防治。注意药剂要交替使用。

（14）大造桥虫　虫量发生较多时，可结合防治其他害虫，选用90%晶体敌百虫800～1000倍液，或50%杀螟硫磷乳油1000倍液、92%杀虫单可湿性粉剂1000倍液、20%氰戊菊酯3000～4000倍液等喷雾防治。

第二节　冬　瓜

一、冬瓜生长发育周期及对环境条件的要求

1. 冬瓜各生长发育阶段的特点

冬瓜整个生长发育过程100～140d，可以分为以下四个时期。

（1）种子发芽期　种子萌动至子叶开展为种子发芽。冬瓜种皮厚，吸水困难，而且发芽所需温度高，因此发芽期一定要保证冬瓜所要求的温度和水分条件。一般在40～50℃温水中浸种3～10h，然后在30℃左右温度下催芽，3～4d便大部分发芽。催芽后播种至子叶开展需5～10d，直播需7～15d。

（2）幼苗期　子叶开展至6～7片真叶发生，开始抽出卷须为幼苗期。在气温20～25℃时需25～30d，15℃左右生长缓慢，需40～50d。此期叶、根、茎生长量加大，雄花、雌花、卷须、腋芽均于幼苗期开始形成。要加强管理，必须保持疏松肥沃的床土，控制适宜的土温、气温和土壤湿度，并施以腐熟的、易分解吸收的肥料，同时加强通风透光管理，增加光照强度和延长光照时间，提高光合作用效率。

（3）抽蔓期　幼苗具6～7片真叶时，开始抽出卷须至植株现蕾为抽蔓期。早熟品种现蕾节位低，只有很短的抽蔓期。大型冬瓜在10节以上才现蕾，抽蔓期一般需10～30d。此期特点是扩大叶面积，分化新生叶片和侧蔓，加快营养体的生长速度，根系吸收的营养元素以氮肥为最多。如果氮素不能满足需要，则植株表现瘦弱，叶面积小、叶质薄、叶色黄绿，光合作用效率低，积累养分少，妨碍雌花的分化或现蕾。即使已形成小果，也会黄化脱落。应特别注意调节好生殖生长与营养生长的关系。

（4）开花结果期　自植株现蕾（彩图2-44）至果实成熟为开花结果期。开花结果期间生殖生长与营养生长同时进行，这个时期的长短因坐果迟早与采收标准而异。大型冬瓜坐果后需30d以上才能逐渐成熟，小型冬瓜一般需20～30d。此期需吸收大量养分和水分，同时也需要大量光合产物，维持适当的叶面积对冬瓜生长有利，保证肥水供应是优质高产的保证。

2. 冬瓜对环境条件的要求

（1）温度　冬瓜是喜温耐热蔬菜，在较高温度下生长发育良好。种子发芽适温为30℃左右，20℃以下发芽缓慢。幼苗能忍受稍低温度。在15℃左右生长慢，稍长时间的10℃以下或在10℃左右，光照弱，湿度大时容易受冻。以在20～25℃时生长良好。

25℃以上高温生长迅速，但较纤弱，容易感染病害。蔓叶生长和开花结果都以25℃左右为适宜。果实对高温烈日的适应性因品种的不同而异，有白蜡粉的品种适应性较强，无蜡粉的青皮品种适应性较弱。

（2）光照　冬瓜属短日照植物，但大多数品种对光照要求不严格。幼苗期在温度稍低和短日照时可以促进发育，雌、雄花的发生节位提早。在南方3月后播种的冬瓜，一般在10节以上才发生雄花，雌花发生节位更迟。但在冬春播种，播种后温度多在15℃左右，光照约为11h，常常在第五六节便发生雌、雄花，有时甚至先发生雌花。冬瓜在正常的栽培条件下，每天有10~12h的光照，才能满足需要。光照弱，光照时数少，特别是连续阴雨天气，对冬瓜茎叶生长和开花结果都很不利。因为这种天气使叶的同化功能降低，有机物质积累少，茎蔓变细，叶色变淡，叶肉薄，果实增长缓慢，容易感染病害，影响产品质量。但光照过强、温度过高时，果实又容易发生日灼病和生理障碍，从而影响产品质量。蔓叶生长和授粉坐果以温度在25℃左右的晴朗天气为宜。

（3）水分　冬瓜根系发达，吸收土壤水分的能力强，但蔓叶繁茂，蒸腾面积大，果实大，消耗水分多，因此不太耐旱。随着冬瓜的生长发育，对水分的需要逐渐增加，至开花结果期，蔓叶迅速生长，特别是坐果以后，果实不断发育，需要水分最多，还需要较高的空气湿度，气温较高和湿度较大等条件有利于坐果，空气干燥、气温低或降雨多时则坐果差。果实发育后期特别是采收之前，水分不宜过多；否则，会降低品质，不耐贮藏。

（4）土壤养分　冬瓜的肥料吸收量是幼苗期少，抽蔓期也不多，而开花结果期，特别是果实发育前期和中期吸收量大，后期吸收量又减少。冬瓜的生长期较长，且根系的吸收能力强，能很好地利用土壤养分。根据瓜农的经验，施用肥效长的有机肥料，有利于冬瓜的健壮生长，增产效果较好，并且可提高果实的品质和耐贮性。偏施氮肥，特别是偏施速效性矿质氮肥，则茎叶易于徒长，影响坐果，且容易引起多种病害。

二、冬瓜栽培季节及茬口安排

冬瓜栽培茬口安排见表2-10。

表2-10　冬瓜栽培茬口安排（长江流域）

种类	栽培方式	建议品种	播期/(月/旬)	定植期/(月/旬)	株行距/(cm×cm)	采收期	亩产量/kg	亩用种量/g
冬瓜	春小拱棚	白星101、黑冠	1/下~2/上中	3/中	33×40	6~10月	4000~5000	150~250
	春露地	青皮冬瓜、粉皮冬瓜、白星	3~5	4~6	(100~120)×(180~200)	7~10月	4000~5000	150~250
	春露地搭架	广东黑皮冬瓜、衡阳扁担冬瓜	3/中下	4/中下	700~800株每亩，株距50~60cm	7~10月	4000~5000	800粒
	早秋露地	广东青皮冬瓜、春丰818迷你冬瓜	6/上~7/上营养土块育苗	6/下~7/下	1000~1200株架栽	9月收贮至2月	4000	50~100

种类	栽培方式	建议品种	播期/(月/旬)	定植期/(月/旬)	株行距/(cm×cm)	采收期	亩产量/kg	亩用种量/g
迷你冬瓜	春露地	春丰818、黑仙子1号、2号、甜仙子	3～4	4～5	(60～80)×(120～150)	5～10月	2500	600粒
	秋延后大棚	春丰818、甜仙子、黑仙子	8/上	8/底	(40～50)×(60～80)	9月下旬～11月下旬	4000	600～1000粒

三、冬瓜育苗技术

1. 冬瓜早春温床育苗技术要点

(1) 精选种子　选择新鲜的种子，种子表面洁白而具光泽，发芽率高，筛选种子时应清除杂籽、秕籽及虫蛀、带病伤的种子，选留籽粒饱满、完整的种子，一般每亩用种量 150～250g。种子质量应符合表 2-11 的最低要求。

表 2-11　冬瓜种子质量标准（摘自 GB 16715.1—2010）　　单位：%

种子类别	品种纯度不低于	净度(净种子)不低于	发芽率不低于	水分不高于
原种	98.0	99.0	70	9.0
大田用种	96.0		60	

(2) 种子处理　包括种子消毒和催芽处理。

① 种子消毒　播种前种子消毒可以预防多种病虫害的发生。可用 50% 多菌灵可湿性粉剂 200～500 倍液浸种 1h，捞起用清水洗净，或用 40% 甲醛 100 倍液浸种 15min，捞起后用湿纱布盖好闷 2h，或用 0.1%～0.2% 的高锰酸钾浸种 4h，或用 25% 甲霜灵可湿性粉剂 800 倍液浸种 2h，药剂浸种后，再用清水洗净放在温水中浸种 24h，捞起即可催芽。

② 浸种催芽　冬瓜发芽需较高的温度，应控制在 30～32℃ 的温度下催芽。浸种时间较长的发芽较快、较整齐，一天半至两天时间，便大部分发芽；浸种时间较短，发芽势较差。种皮光滑无缘的种（如青皮冬瓜种子），由于种皮通透性差，催芽时容易引起缺氧烂种，发芽率低。因此，对这类种子催芽，须先用细沙擦洗种皮，除去黏附物，并放在 28～30℃ 恒温条件下催芽。未发芽前，每天早晚分别用清水漂洗种子一次，并及时将水分滤干，再继续催芽。若没有恒温设备，浸种后直播到育苗袋或苗床上较为安全。

由于冬瓜种子种皮厚，具角质层，同时组织较松，不易下沉吸水，即使吸水，因内种皮透水性差，易在内外种皮间形成水膜而影响透气性，所以，它是蔬菜中最难发芽并易于出现问题的种类之一。正因为它吸水困难，发芽慢而不整齐，在浸种催芽中管理不当，氧气供应不足，就会产生"闷籽"现象而不发芽；另外在发芽时，强烈呼吸的情况下，排出的二氧化碳聚积在种子堆内，也会引起种子窒息中毒，甚至造成"沤种"现象，所以促使种子快速发芽尤其重要。生产中常采用快速催芽法，方法是：催芽前，先把瓜籽磕开（裂缝），注意别破坏生长点，放在消过毒的毛巾里，保持适当的水分，不用浸种，在 30℃ 的恒温下，4d 基本发芽，而且比较整齐。也可在播种前先用冷水泡半小时，洗净搓掉黏液，再倒入 60～70℃ 的热水，随倒随搅拌，待水温降至 35℃ 时停止搅拌，放在 25～28℃ 的地方，泡 20～30h，然后捞出晾干，用棕皮或纱布包好，置于 26～30℃ 处催芽，一周左右出芽，即可播种。用 100～150mg/L 赤霉酸浸种，可使发芽迅速且整齐。

（3）播种　早春冬瓜在棚室内铺有加温电热线的苗床上育苗。播种方法有分苗播种法和不分苗播种法两种。

① 分苗播种法　将育苗场地施好基肥，平整好苗床，浇足底水，浇水量以水深 6～9cm 为宜，待水渗下后，撒上 0.5～1cm 厚的过筛干细土，将催芽种子密播在苗床上，种子间的距离为 2～4cm。播后覆盖过筛细土 3～5cm 厚，用塑料薄膜盖严，保持温度 30～35℃，经一周左右即可出苗。当 70%～80% 的幼苗顶出土面时，即可开始通风，白天撤去薄膜，晚上再盖上，待第一片真叶显现时即可分苗。分苗前，先将苗床土喷湿，湿土深度为 5～8cm，然后按约 3cm×3cm 规格切坨起苗移栽。移栽的株行距为 9cm×10cm，栽植深度以幼苗土坨与地表面相平为宜。

② 不分苗播种法　即播种后不再进行分苗，在原地长成适于定植的壮苗。一般用于播期晚、气温高、生长快、苗龄短的晚熟栽培冬瓜育苗，其整地、作畦、浇水等同分苗播种法。在畦面上按（9～10）cm×（9～10）cm 规格切成方格，或用规格为 10cm×10cm 的营养钵进行育苗（彩图 2-45），每格（钵）点播 1 粒已催出芽的种子。播后用过筛的细土覆盖，使种子上成土堆状，土堆高 3～5cm。全部点播完毕后，再在全畦普遍撒一层土，使土堆面的厚度大体一致。定植前一周左右先浇足水，以防止起苗散坨，切坨后加强保温、炼苗，促进根系恢复后定植。

（4）苗期管理

① 温度管理

（a）播种至子叶充分扩展阶段，应控制适宜的土温，一般白天保持 30～35℃，夜晚不低于 13℃。覆盖苗床保温的塑料薄膜应扣严密，不留通风口，及时揭去苗床遮盖物，使苗床接受更多的阳光，提高床温，黄昏时及时盖覆盖物保温，当天气寒冷或来寒流时，应采取多层覆盖的方式保温。

（b）移苗至缓苗期　白天控制适宜床温为 30℃ 左右、夜间 13～15℃。

（c）缓苗后至 2 叶 1 心阶段　控制床温白天 25～28℃、夜间 10～15℃。对苗床内温度偏高的部位，可适当开口透气通风，降低温度，抑制幼苗徒长，每天早晚揭盖覆盖物可适当提前和延后，争取增加光照时间。

（d）2 叶 1 心至定植前　白天控制温度在 22～26℃，夜间控制在 10～13℃。在晴朗无风天气，可逐步将覆盖的薄膜全部揭去，加强通风，夜间仍盖覆盖物，但可留出通风小口，以后随着天气逐渐变暖而不断加大通风气孔。到定植前 2～4d，覆盖物备而不盖，以促幼苗进行耐寒性锻炼，提高适应能力。

② 水分管理　播种前或分苗时浇足水分后，一般在正常情况下，可不再浇水，主要采取分次覆土保墒的办法，保持土壤水分，将过筛的潮细土撒于床面，填补土壤裂缝，防止土壤水分蒸发，每次覆土厚度为 0.5cm 左右。

③ 光照管理　当幼苗出土后，特别是在 2～4 片叶阶段，在保证适宜的温度条件下，尽可能早揭晚盖覆盖物，让幼苗得到充足的光照，每天有更长的光照时间和更强的光照强度。

④ 中耕松土　在浇过播种水或分苗水后，土壤不发黏时，要及时中耕松土，中耕

深度为 4～6cm，以近根处浅、离根远处深和不松动幼苗根系为原则。

⑤ 幼苗锻炼　一般在定植前 1 周停止浇水和施肥，除去覆盖物，使幼苗在不良环境中得到锻炼。即先浇一次水，使根群土层湿透，然后切坨起苗，摆回原苗床并在周围用细土盖严，白天让阳光充分照射，夜间也不覆盖，使幼苗在低温、干旱环境中进行锻炼，提高其适应能力和抗逆能力。

(5) 冬瓜播种时出现"戴帽"现象的防止措施　如果冬瓜种子品质低劣，播种前底水未浇足，播种后覆土太薄，温度低，出苗时间长等常造成种子"戴帽"出苗。

另外，瓜类种子播种时平放或竖直放对"戴帽"发生程度关系甚大，实践证明平放的种子受土壤挤压力大，有利于种皮脱落，"戴帽苗"少；将种子竖直插入土壤中，受土壤挤压力小不利于种皮脱落，"戴帽苗"发生多。

防止"戴帽"现象的方法是：选用优质良好的种子，播前底水要足，播后覆土要适当，提高温度缩短出苗时间等措施可大大减少种子"戴帽"出苗。

对已发生"戴帽"的瓜苗，可在早期利用喷雾器向苗床内少量喷水，以增加苗床内的湿度，使种皮变软，然后用竹签将种皮轻轻除去。瓜类种子的壳较大用手揭除较为方便。

2. 冬瓜嫁接育苗技术要点

(1) 成品苗标准　砧木与接穗子叶完好，具有 2 叶 1 心，节间短，叶色正常、肥厚，无病斑、无虫害；砧木下胚轴长 4～6cm，接穗茎粗壮，直径 0.4～0.5cm，株高 10～15cm；根坨成形，根系粗壮发达。苗龄 30～35d。

(2) 设施设备消毒

① 日光温室消毒　高锰酸钾＋甲醛消毒法：每亩温室用 1.65kg 高锰酸钾、1.65L 37%福尔马林、8.4kg 沸水消毒。将福尔马林加入沸水中，再加入高锰酸钾，分 3～4 个点产生烟雾反应。封闭 48h 消毒，待气味散尽后即可使用。

② 穴盘、平盘消毒　用 37%甲醛 100 倍液浸泡苗盘 20min，捞出后在上面覆盖一层塑料薄膜，密闭 7d 后揭开，用清水冲洗干净。

(3) 穴盘选择　使用黑色 PS 标准穴盘，砧木播种选用 50 孔穴盘，标准尺寸为 540mm×280mm×80mm（长×宽×高）。接穗播种选用平底育苗盘，标准尺寸 600mm×300mm×60mm（长×宽×高）。

(4) 品种选择

① 砧木品种选择　所选品种应与接穗嫁接亲和力强、共生性好，抗冬瓜疫霉病、根腐病等根部病害，对接穗品质无不良影响，如黑籽南瓜。

② 接穗品种选择　应选择植株长势强、产量高、品质好，符合市场需求，耐热性强、抗病毒病的品种。

(5) 育苗

① 播种时间　春季栽培从 1 月中下旬至 2 月中下旬播种，秋延迟塑料大棚栽培一般 7 月播种，具体时间根据生产需要而定。

② 设施选择　早春育苗在加温设备的日光温室中进行。秋季育苗在有遮阳、降温设备的日光温室或连栋温室中进行。

③ 浸种催芽　砧木种子催芽前先晾晒 3～5h，后将种子置于 70℃的热水中烫种，水温降至常温浸种 10～12h；或用 50%多菌灵可湿性粉剂 500 倍液，在常温下浸种 30min，然后用清水连续冲洗几遍，直到无药味为止，沥干水分后浸种 10～12h。接穗

种子晾晒 3～5h 后，用清水搓洗种皮外黏液，然后倒入 55℃ 温水中，水降至常温后浸泡 24h。

在铺有地热线的温床上或催芽室内进行催芽。将浸种后的砧木种子摊放在装有湿沙的平盘内，覆盖一层湿沙，再用地膜包紧。催芽温度控制在 30～32℃，有 50％ 的种子露白时停止加温待播。接穗种子置 25～30℃ 下催芽，催芽期间每天早晚用清水搓洗一次，待超过 70％ 种子露白时播种。

④ 播种　早春季砧木比接穗早播 5～7d。砧木种子胚芽长 1～3mm、出芽率达到 85％ 时即可播种。将催好芽的砧木点播在装有基质的 50 穴标准穴盘内，播后覆盖 1～1.5cm 消毒蛭石，淋透水，覆盖地膜。接穗种子播于装有消毒基质的平盘内，每盘播 3000 粒，用洁净的细沙覆盖 1.5～2.0cm，覆盖地膜。

⑤ 播种后管理　砧木播种后白天保持苗床温度 28～32℃，夜间 18～20℃。50％～70％ 幼苗顶土时揭去地膜，白天温度降至 22～25℃，夜间 16～18℃。早春接穗苗盘放置在铺有地热线的温床上或催芽室内。控制地温 20～25℃。70％ 的种子顶土时去掉地膜，逐渐降温，白天 22～25℃，夜间 16～18℃，地温 18～20℃。

(6) 插接法嫁接

① 砧木、接穗形态标准　砧木第一片真叶露心，茎粗 3～4mm，苗龄 7～15d。接穗子叶变绿，茎粗 1.2～1.5mm，苗龄 2～3d。

② 嫁接前处理　嫁接前一天砧木、接穗都淋透水，同时叶面喷 60％ 百菌清 600 倍液杀菌。嫁接工具用 100℃ 的沸水高温消毒 5～10min。

③ 插接步骤　将砧木真叶和生长点剔除。将竹签紧贴任一子叶基部的内侧，向另一子叶基部的下方呈 30°～45° 角插入，深度约 0.5～0.8cm；取一接穗，在子叶下部 0.5cm 处呈 30° 角斜切一刀，刀口长 0.5～0.8cm；再从另一侧呈 25° 左右角斜切一刀，使下胚轴呈不对称楔形，长度与砧木插孔的深度相同；然后从砧木上拔出一刀，使下胚轴呈不对称楔形，长度与砧木插孔的深度相同；然后从砧木上拔出竹签，迅速将接穗插入砧木的插孔中，注意砧、穗子叶伸展方向呈十字形，嫁接完毕。

(7) 嫁接苗管理

① 湿度　苗床盖薄膜保湿。嫁接后前 3d 苗床空气相对湿度保持 90％～95％，每日上、下午各向苗床地面上喷 1 次水；3d 后只在中午前后喷水，直至幼苗中午不再出现萎蔫时停止，同时逐渐增加换气时间和换气量。7～10d 后，去掉薄膜，空气湿度保持 50％～60％。

② 温度　嫁接后苗床白天保持 25～28℃，夜间 18～20℃，土温 25℃ 左右。6～7d 后白天保持 22～28℃，夜间 16～18℃。

③ 光照　在棚膜上覆盖黑色遮阳网，晴天全日遮光，2～3d 后逐渐增加见光时间，直至完全不遮光。若遇久阴转晴天气要及时遮阴，连阴天须增加补光措施。

④ 肥水管理　嫁接苗成活后视天气状况，5～7d 喷一次肥水，可选用磷酸二氢钾等优质肥料，浓度 0.02％～0.05％ 为宜。结合肥水还可加入甲壳素等植物抗逆诱导剂。

⑤ 其他管理　及时剔除砧木长出的不定芽。成活嫁接苗分级管理，对长势较差的嫁接幼苗以促为主，长势好的幼苗进入正常管理。

⑥ 炼苗　嫁接苗定植前 3～5d 开始炼苗。主要措施有：降低温度、减少水分、增加光照时间和强度。温度控制白天为 15～22℃，夜间 8～12℃。定植前仔细喷施一遍保护性药剂。

（8）病虫害防治　嫁接苗在苗床上发生的病害主要有猝倒病、立枯病等，虫害主要有蚜虫、白粉虱等，应及时防治。

四、冬瓜主要栽培技术

1. 冬瓜小棚早熟栽培技术要点

冬瓜塑料薄膜小棚早熟栽培，设施建造简单，用材灵活，适合当前菜区的经济条件和生产水平。缺点是塑料小棚矮小，操作管理不便，故仅能栽培茎蔓短的小瓜型冬瓜。

（1）品种选择　选用生育期短、早熟性强、雌花着生节位低、植株生长势较弱、叶面积小、耐低温、耐阴性较强、适宜于密植的品种。

（2）培育壮苗　塑料小棚栽培早熟冬瓜，应于1月底至2月上中旬在棚室内铺有加温电热线的苗床上育苗。

（3）适时定植　定植前搞好整土作畦，按配方施肥要求施足基肥。在塑料小棚内栽培早熟冬瓜，应在3月中旬左右，当冬瓜幼苗长到3叶1心至4叶1心时，选晴天中午定植。

定植的密度为33cm×40cm，每亩栽苗约5500株。定植栽苗深度，以土坨与畦面持平为宜。定植后立即浇水，夜间加强防寒保温，尽可能加盖双层草帘，防止寒流冻害。

（4）田间管理

① 温度管理　温度主要是通过揭盖薄膜、通风透光等手段来控制和调节。定植至缓苗，应尽可能地提高棚内的气温和地温，增加光照，使棚内气温白天保持28～32℃、夜间12～15℃。直到缓苗后，新的心叶发生，可选在晴天逐步开始通风，中午适当降温。

开花坐果期，要求白天25～28℃、夜间15～18℃。如果温度过高，特别是夜温过高，会使幼苗徒长而过多地消耗营养，影响开花授粉，必须加大通风量，必要时可在中午揭开薄膜，傍晚延迟覆盖。

瓜发育膨大期，要加强光照强度，延长光照时间，保证光合作用所需的适温，白天28～30℃、夜间15～18℃。白天可全部揭去覆盖物，夜间如达到适温范围便可不盖，造成昼夜明显的温差，以利于光合产物的积累，促进瓜充分膨大。

② 水肥管理　定植缓苗后根据土壤墒情第一次浇水。第一次浇水后便中耕蹲苗，中耕深度以3～5cm为宜，以不松动幼苗根部为原则，近根处浅些，距根远处可深些，达到5～10cm。控制植株徒长，在正常情况下可持续到开花坐果后，此间一般不进行中耕，但要及时拔除杂草。果实膨大期浇第二次至第四次水。在施足基肥的基础上，随第一次浇水增施粪稀，到果实膨大期再追1～2次催瓜肥，每亩用复合肥15～20kg。

③ 插架整枝　当植株长出5～7片大叶，开始爬蔓时，用竹竿插架，并将经过盘条的瓜蔓逐步引上架，植株发生的侧枝，应及时清除掉。当主蔓伸长到13～16片大叶时摘心，不宜放秧过长。

④ 留瓜定瓜　早熟冬瓜品种，第一朵雌花分化的节位一般是第四至第六节，间隔2～3片真叶再分化雌花，有时2～3朵雌花接连出现。留瓜时，要兼顾高产与早熟两个方面。一般选留第二至第三朵雌花结的瓜。开花时每天上午8～10时进行人工授粉。可在最上的小果上方4～5片叶处摘心，每株可只保留15～20片叶，不宜让瓜蔓生长过长。瓜坐住后，到弯脖开始迅速膨大时，根据需要每株选留1～3个子房膨大、茸毛多

而密、果形周正的果实,其余的果实均摘除。

⑤ 采收 保护地早熟冬瓜栽培的目的,在于提早上市,所以,一般以采收嫩瓜为主,当果实长到 1～2kg 时便开始,同时还应采取多留瓜的办法,以兼顾产量和经济效益的提高。

2. 冬瓜春露地爬地栽培技术要点

爬地冬瓜(彩图 2-46),即冬瓜植株始终爬在地面上完成生长、开花、结瓜全过程,不需搭支架,适于缺架材、劳力少、雨量小、栽培面积大的地方采用。栽培需有栽培畦和爬蔓畦两部分,以方便间作套种。在早春低温季节,可先在爬蔓畦内间作小白菜、小油菜、茼蒿等速生蔬菜,或先移栽莴笋、芹菜、油菜等,待气温上升,冬瓜苗大小适宜时,再定植到栽培畦上。

(1) 品种选择 选择植株生长势较好,叶片较少,分蔓能力较差,特别是抗日烧病能力强,瓜面被白色蜡粉的中熟或晚熟大瓜型品种。一般青皮冬瓜抗日烧病的能力低,不适宜于爬地栽培。

(2) 整地作畦 选择地势高燥,排水良好,土壤疏松的地块。定植前根据冬瓜配方施肥要求施足基肥,如果肥量多,可先满田撒施,然后在定植沟里条施;如果肥量少,只集中在定植畦条施。然后整地作畦。爬地冬瓜的栽培畦,一般由定植畦和爬蔓畦两部分构成,定植畦与爬蔓畦间隔排列。作畦方法分为单向畦与双向畦两种。

① 单向畦 按畦宽 83cm,南北两畦并列为一组,北畦为栽培畦,南畦为爬蔓畦,要求北边畦埂筑得高一些,畦面略向南倾斜,以阻拦北风防寒。爬蔓畦可留空等待,也可先播种或栽植速生菜,在瓜蔓延伸到畦边时收获腾地,让瓜蔓继续伸长。

② 双向畦 按东西延长方向作 1.3～1.5m 宽的栽培畦,再在其南旁和北旁各作 1 个平行的爬蔓畦,畦宽为 83cm 左右。在栽培畦中线处开沟条施基肥,在基肥上定植南行和北行两行冬瓜,以后南行向南伸延,北行向北延伸。

(3) 田间定植 定植时间必须在当地春季晚霜过后,定植深度以埋没瓜苗土坨为宜。定植方法分为普通栽法和水稳苗法两种。

① 普通栽法 在栽培畦内,按 60～66cm 挖定植穴,将苗轻轻放入穴内,同时用花铲填土埋没土坨,然后浇定根水。

② 水稳苗法 即在栽培畦内先开出一条深 13～16cm、宽 20cm 左右的浅沟,往沟内浇水,待水渗下约一半时,将带土坨的冬瓜苗按株距要求摆放入沟内,待沟水全部渗下后,即行培土封沟。

(4) 田间管理

① 中耕培土 浇过定植水后,进行中耕,以不松动幼苗基部为原则,在中耕过程中适当地在幼苗的基部培成半圆形土堆。如果土壤墒情好,可在中耕 2～3 次后再浇水。

② 盘条、压蔓 当茎蔓伸长到 60～70cm 时,应进行有规则的盘条和压蔓,即沿着每一棵秧根部北侧先开出一条半圆弧形的浅沟,沟深 6～7cm,然后将瓜蔓向北盘入沟内,同时埋上土并压实。压蔓时要注意使茎先端的 2～3 片小叶露出地面,不能把生长点埋入土内。盘条的半圆弧形沟的大小,应根据植株茎的长度来确定,茎蔓长的盘条沟的弧度可大些,茎蔓短的则可小些。通过盘条可控制植株的生长方向一致,使同一畦内的植株生长整齐一致,叶片分布均匀合理。当茎蔓继续向前伸长 60～70cm 时,可用同样方法在南侧开浅沟,进行第二次盘条、压蔓。一般每棵植株每隔 4～5 叶节压蔓一次,在整个生长期可压 3～4 次。每次盘条、压蔓时,都要注意将多余的侧蔓、卷须、雄花

摘除干净。盘条压蔓，最好选在晴天中午以后进行。一般对生长势旺的植株，压蔓宜深些，压蔓的间隔距离可近些，也有的将茎拧劈后再压入土中；对生长势弱的植株，压蔓宜浅些，压蔓的节位距离应远些。压蔓的位置，应与果实着生的位置隔开1~2个节位，不宜接近果实，更不宜将着生雌花的节位压入土中。

③ 选瓜定瓜　从节位上应选留第一雌花出现后的第二至第五朵雌花坐果，选留具有品种特征、形状正常、发育快、果型大、茸毛多的幼果。当果实"弯脖"、单瓜重为0.3~0.5kg时进行定瓜，从每株中选留1~2个发育最快、个最大、最壮实的瓜，其余瓜全部摘除。

④ 翻瓜垫瓜　定瓜后要进行翻瓜，使果实各部分受光均匀，发育匀称，皮色一致，品质提高。翻瓜时轻轻地翻动约1/4，瓜与瓜柄、瓜蔓一起翻动，不要扭伤或扭断茎叶。一般每隔5~8d翻一次。翻瓜时间最好选晴天中午或下午。由于瓜贴地生长，容易给地下害虫和病菌侵染造成可乘之机，特别是在高温、高湿条件下，易造成腐烂，应给每个瓜铺一个草垫圈，使瓜与地面隔离。作草垫圈以不易长霉腐烂的麦草、稻草等为宜。草圈的大小应与瓜的大小相当。垫圈时，若发现瓜裸露曝晒严重，可用摘除的瓜蔓、黄叶或枯草等加以遮盖，可防止晒伤瓜皮，或造成表皮细胞组织坏死，引起黑霉和腐烂病菌感染。

⑤ 肥水管理　在施足基肥的基础上，爬蔓畦一般不必进行特别的浇水和追肥，可根据间作套种作物的要求进行。栽培畦的浇水和追肥可同时结合进行。在瓜蔓生长前期，可在幼苗前方南侧开一条20cm左右深的沟，先在沟内撒施农家肥，每沟施10kg左右，然后引水灌溉，待水渗下后每沟再施化肥1kg左右。一般在晴天上午浇灌，经过半天晒沟可促使地温回升，下午封沟。茎蔓布满畦面，不再开沟浇水追肥，可根据土壤墒情和天气情况浇灌栽培畦，并根据需要随水浇灌一些化肥或稀粪水。在久旱无雨的情况下，一般5~10d浇灌一次。雨季不浇水，并要及时排水防涝。

3. 冬春地膜覆盖栽培技术要点

（1）培育无病壮苗　选择高产、抗病、商品性好的广东青皮冬瓜、本地冬瓜等，于4月上旬在阳畦中育苗，苗龄40~50d。苗期温度掌握在日温25~30℃，夜温16~18℃，后期要降温炼苗。浇水应掌握"见湿见干"的原则，中后期要适当控水，以防幼苗徒长。追肥根据幼苗长势可结合防治蚜虫进行叶面喷肥。

（2）整地作畦　要求地要平，土要细，肥要足，墒要好，畦要高。于5月中旬进行整地，一般在整地前首先清除前茬秸秆和地里的砖瓦石块、碎膜等杂物，然后施足有机肥，一般每亩撒施农家肥5000kg、过磷酸钙40kg、磷酸二铵15kg，1/3撒施，其余2/3集中沟施。翻耕土地，使肥与土充分混合，再将土壤耙细整平，开好排灌渠沟，浇灌一次透水，在表土不发黏时即起垄作畦。早熟品种作高10~15cm、宽60cm、沟宽40cm的高畦，覆盖幅宽90cm的透明地膜；中熟品种作高10~15cm、宽40~45cm、沟宽55~60cm的高畦，覆盖幅宽80cm的透明地膜。培成畦中央略高、两边呈缓坡状的"圆头形"，千万不可做成直角形，畦做好后，要轻度镇压1~2次，使表面平整。

（3）铺盖地膜　在铺膜前先喷布适量的除草剂，然后扣膜，要求拉紧铺平，使薄膜紧贴土壤表面，不留空隙，并用土将四周压平、压实，以达到最佳的土壤增温效果。畦沟不盖膜，留作灌水追肥之用。

（4）及时定植　定植方法有两种：一种是先铺膜后栽苗（彩图2-47），铺膜质量较好，速度较快，但栽苗困难而麻烦，对部分散坨的冬瓜苗，缓苗受影响；另一种是先栽苗后铺膜，栽苗方便，速度快，省工省时，容易保证栽苗的质量，但在盖膜时易损伤冬瓜苗，也不易铺平压严。可根据自己的实际情况选用。栽苗的深度要均匀一致，必须将定植的冬瓜苗土坨埋没，并保持完整不散坨。要求薄膜裂口不宜太宽，秧苗周围的薄膜要用土压实。

（5）水肥管理　作畦前应施足底肥，以后可随浇水追施一些化肥或粪稀，必要时也可叶面喷肥。一般在浇过缓苗水后，在沟中松土、灭草、控水蹲苗，促进根系充分发育，直到坐瓜后开始膨大时，才结束蹲苗，沟浇 2～3 次，可一次随水浇稀粪水 2000～2500kg，一次随水浇化肥 10～15kg，浇水时防止大水漫灌，但要浇足水。

（6）整枝留瓜　一般早熟品种在第十叶节以后保留 3～4 个瓜，中晚熟品种在第十五叶节以后保留 3～4 个瓜，待长成弯脖迅速膨大后，选定 1～2 个发育快、个儿大的瓜，其余均除去。定瓜时注意使瓜坐落在高畦上的适当位置，以防止虫蛀和水泡烂瓜。早熟品种留 15～18 片叶摘心，中晚熟品种留 20～25 片叶摘心。主蔓上所有的侧枝要及时摘除，防止枝叶过茂而密闭，以减少养分的浪费。地膜覆盖栽培冬瓜一般不需压蔓。其他栽培管理如育苗、品种选择、收获，可参考露地栽培。

4. 冬瓜早春搭架栽培技术要点

冬瓜搭架栽培（彩图 2-48）比爬地冬瓜和棚架冬瓜，具有商品性好、品质优、产量高、耐贮藏、效益好的特点。

（1）品种选择　架冬瓜宜选择生长势强，茎粗叶大，耐热、耐涝、耐旱、耐肥、抗病性强，皮厚、肉紧、大小适中、瓜形匀称，市场适销对路的晚熟或中熟大果型品种。

（2）种子处理　播种前选晴天晒种 3～4h，以增强种子活力。可干播或湿播，湿播可用 55℃ 温水浸种 6h 左右，也可用杀菌剂处理或催芽后播种。

（3）苗床准备　苗床位置应选择背风向阳、排灌方便和靠近瓜田的地方，表土必须肥沃，每亩大田备足苗床 $10m^2$，苗床宽约 1.3m。在制钵前 2～3d 将苗床挖松，按每 $10m^2$ 苗床施入苗床专用复合肥 5kg，浅锄，将肥土混合再撒入多菌灵 50g 或其他杀菌剂。先将土用水调到手捏成团，距地面 1.2m 高落地自然散开为宜，然后用直径 8cm 的制钵器制钵。将制好的钵子排列于苗床上，每亩大田制足 1200 个钵子。苗床四周用细土或细砂填平围好，随后播种，或用薄膜盖好备用。

（4）播种育苗　在 3 月上旬至 5 月上旬抢晴天播种，每钵原则上只播 1 粒种子，播后覆盖拌和了多菌灵的盖籽土，厚度 1～2cm。盖土后不能施用苗床除草剂（易对瓜苗产生药害）。播种后先覆盖一层平膜，在上面再架一层拱膜。播种至出苗，膜内以保温保湿为主，严格密封。出苗达 60％～70％ 时揭去平膜，只留拱膜，如遇晴天气温过高，膜内温度超过 35℃，应在拱膜上覆盖遮阳网，四周揭开通风降温，傍晚密封。出真叶后开始揭膜炼苗，遇阴雨天应继续盖膜保温护苗，但两端不能封闭，确保膜内通风，减少病菌繁殖。苗期病虫害主要有蚜虫、菜青虫和立枯病。

（5）翻耕整土　冬瓜根系发达，宜选择地势较高、土层深厚、排灌方便、疏松肥沃的砂壤土作瓜地。前作收获后及时用旋耕机灭茬碎土，分厢开沟，厢宽（包沟）2.2～2.4m。翻耕分厢后，在厢中央开沟条施基肥。施肥整平后，在土厢上用 1.2m 宽的黑膜覆盖，每厢两线，盖后用泥土压实。

（6）移栽定植　4 月至 5 月下旬，瓜苗 2 叶 1 心时，选晴好天气移栽。每厢栽 2 行，行距 80～100cm，株距 60～70cm，每亩定植 800 株左右。移栽时先用移苗器在黑膜上打洞，再选生长整齐一致的瓜苗移栽，不栽病苗、弱苗和散钵苗，大小苗和高矮不一致的要分类移栽，栽苗深度以钵面稍低于土面为度，栽后培土，随即浇足定根水。

（7）田间管理

① 苗期管理　移栽后及时查苗，发现病株、死苗或弱苗，随即补苗或换苗。同时，疏通畦沟、腰沟、围沟，做到沟沟相通，防涝排渍。瓜苗返青活棵后，看苗施肥，每亩用复合肥 8～10kg 或尿素 5～6kg，对水浇施，弱苗多施，壮苗少施或不施。

② 立桩搭架　冬瓜搭架主要采用"一条龙"架式，瓜苗活棵后，顺行距 20cm 处用直径为 6cm、深度为 35cm 的打洞器打洞立桩，每隔 4 桩搭个人字桩，"人"字方向与桩行方向垂直。在桩高 90～100cm 处绑一横杆，连接各桩，做成单篱瓜架。绑缚瓜架不能用纤维带，易断裂散架，可用旧衣旧裤撕成布条，既节约成本，又经久耐用。

也有的地方搭成三（四）星鼓架。即用三根竹竿搭成"品"字形插入土壤，在 1.3～1.5m 高处捆扎起来，形成一个鼓架。通常是一株一个鼓架，如竹竿较细，也可用四根竹竿搭成四星鼓架，鼓架之间用横竹竿连贯。

③ 瓜蔓整理　当瓜蔓长到 1m 左右时，抹除所有已萌发的侧枝，只留主蔓。主蔓长到 2m，蔓茎在 1.5cm 以上即可上架，全田 90% 的瓜蔓达到上架标准时统一上架。因为瓜蔓上架后出现顶端生长优势，瓜蔓迅速生长，蔓茎增粗缓慢，所以蔓茎粗度达不到标准的不能上架，以免影响坐瓜和瓜的大小。为使全田上架和坐瓜时间一致，在苗期要采取促控措施，使瓜苗生长整齐，个别生长过快的可推迟上架时间。上架时将主蔓下部 1.2～1.5m 盘在地上，主蔓上部绕在瓜架上，可使瓜叶充分接受阳光，增强光合能力，同时也可遮住直射到瓜面的阳光，防止日灼病。瓜蔓上架的方向必须正确，东西向的瓜田，蔓尖上架后应朝西生长，南北向的瓜田，蔓尖上架后应朝南生长。

④ 留瓜护瓜　瓜蔓长到 18 节左右开始着生第一朵雌花，以后每隔 4～6 节着生一朵雌花，而此时蔓茎粗度不够，坐瓜不稳，幼瓜应全部抹掉。待第二或第三朵雌花开，根据幼瓜生长健壮情况开始留瓜，蔓粗的可适当降低节位早留，蔓细的可适当上升节位迟留。定瓜应在横杆近立桩一侧。

幼瓜从开花到终花期间如遇 20℃ 以下的低温，易出现畸形瓜，应及时摘除，再留上面的瓜。但有时考虑天气和瓜蔓的生长情况，也可将畸形瓜进行改造，用布片缠住冬瓜的膨大部分，2～3d 后等细小部分膨大到一样大再松开布片，即可正常生长。

当果实渐渐停止膨大时，应及时套瓜。一般常用绳子做成网袋，套住冬瓜果实（彩图 2-49）。网袋上端系在横杆上，使果实的重量落在草绳上，而不是瓜柄上。有的地方也用绳子进行吊瓜，将绳子做成"8"字形，套在瓜柄上，"8"字交叉点在瓜柄弯曲处的底部，上端系在横杆上。

及时用瓜叶、稻草、麦秸等材料遮阴，避免暴露在阳光下的果实被太阳直射引起日灼。

⑤ 追肥管理　冬瓜生长期是冬瓜一生中肥水需求最大的时期。在幼瓜 1～2kg 时，可在植株旁挖 5～8cm 的浅沟，每亩条施饼肥 50kg 左右或 48% 复合肥 10kg，一周施一次，连续施 2～3 次。下大雨前不要追肥。最好是一次肥水一次清水相间施用，有利于充分发挥肥效。

⑥ 浇水管理　定植后立即浇第一次水，加速缓苗。如果土壤过于干旱，或因大风、高温等影响出现土壤水分不足时，可接着再浇第二次水。待表土不黏时，进行中耕松土，保温保墒。此后如果土壤墒情合适，可不必浇水，进入蹲苗期即停止浇水。在正常条件下，蹲苗期为 15～20d。

茎叶营养生长期，应结合引蔓、压蔓浇一次透水。浇水后要及时进行第二次或第三次中耕，防止植株过分疯长。

开花期一般不浇水或少浇水，避免化瓜。

当瓜重达 0.5～1kg 时，及时浇催瓜水，浇水可结合追肥进行。

瓜旺盛膨大时期，是冬瓜需水、肥最多的时期，应根据具体情况浇水。在雨季，如雨量适中，可不必浇水，如雨量大或暴雨多，高温、高湿，病害较重，应排涝。如久旱无雨，土壤干旱，气温、土温均高，应及时在早晚浇水，可浇泼或沟灌，沟灌水深应控制在畦高的 1/3～1/2。

瓜成熟时，需水肥少，以排涝、防病、治虫为重点。若土壤干旱，土壤相对湿度在 70% 以下时，需适当浇水。收获前 7～10d 停止浇水。

（8）采收

① 嫩瓜上市　嫩瓜采收没有明确的标准，7 月上中旬，坐瓜 40d 以上，单瓜重在 10kg 以上的可采摘鲜瓜上市，采摘时瓜柄前后各留 8～10cm 瓜蔓，可延长保鲜期。

② 老瓜采摘　大部分中熟品种和晚熟品种，均收获老熟瓜。老熟瓜的标准比较严格，需充分成熟才能收获，特别是贮藏用的冬瓜，必须达到生理成熟度（瓜内种子成熟）。从生育期上看，从开花授粉至果实生理成熟，中熟品种要 45～55d，晚熟品种要 50～60d。从瓜上看，青皮类型冬瓜皮上的茸毛逐渐减少，稀疏，瓜皮硬度增强，皮色由青绿色转为黄绿色或深绿色。粉皮类型冬瓜，成熟时瓜皮上明显出现白色粉状结晶体，称为"挂霜"。在正常情况下，挂霜经历三个阶段：首先是在果蒂周围出现白圈；随后进一步在整个果实表面形成一薄层白粉，称之"挂单霜"；在挂单霜的基础上，最后白粉层逐渐加厚，显现纯白美观的厚粉霜，称为"挂满霜"，表明已充分成熟。成熟后的瓜可在蔓上一直留到 10 月中下旬霜冻来临之前采摘，采摘前一天瓜上喷施多菌灵＋2,4-滴进行消毒，采摘时要轻拿轻放，不伤瓜皮，瓜柄剪齐，以免贮运时刺伤其他瓜。收获时机以晴天露水干后为宜，雨天、雨后或阴湿天气不宜收获，尽可能避开高温烈日的中午收获。

5. 冬瓜早秋栽培技术要点

早秋冬瓜于 6 月上中旬播种，选用抗病耐热、皮硬耐藏的高产良种，如广东青皮、湖南粉皮冬瓜、青杂 1 号等，采用高 0.6～1m 的矮棚（彩图 2-50）结合地膜覆盖栽培，效益相当可观。

（1）培育壮苗

① 床土准备　选地势高，排水良好的砂壤土作苗床。用 40% 的菜园土打碎过筛、60% 腐熟有机肥、1%～2% 的过磷酸钙和 1% 复合肥混合拌匀作营养土。营养土消毒可用甲醛 100 倍液喷洒，1000kg 培养土需甲醛 0.2～0.25kg，喷后拌匀堆置，盖塑料膜闷 2～3d 揭开，一周后，待土中药气散尽后使用。或 1000kg 培养土用 50% 多菌灵可湿性粉剂 25～30g 溶于水中喷洒，拌匀后覆盖薄膜，2～3d 后揭开，药气散尽后使用。

② 催芽播种　一般每亩大田需播种子 50～100g。先将种子放入 50～55℃ 的温水中，维持 15min，然后自然冷却至 30℃ 左右，继续浸种 12～14h。把浸种后的种子揉搓洗净，用湿纱布包好，置 30℃ 左右催芽。每天翻动种子 2 次，并用温水冲洗种子一次，晾干。约 2～3d 后，种子露白即可播种。将营养土装入规格（9～10）cm×13cm 的营养钵中，每钵播催芽籽一粒，覆土，轻浇水。也可先播种后浇水。

③ 苗期管理　播种至子叶充分展开，白天气温 30～35℃，夜晚高于 15℃。第一片

真叶露心到两片真叶展开，白天 25～28℃，夜间 10～15℃。温度高时，可在中午前后在小拱棚上覆盖遮阳网。两片真叶到三四片真叶，逐步将遮阳网揭去，白天温度 20～30℃，夜晚 15～20℃。播种前后要浇足水，雨后及时清沟排水，久晴不雨要勤浇水，保持土壤湿润，浇水宜在清晨或傍晚进行。幼苗前期可施用 0.2%～0.3% 的尿素水溶液，或加入 0.1%～0.2% 的磷酸二氢钾水溶液，施后应淋些水。播种后约 30d，3～4 片真叶时定植。

（2）整土定植 每亩撒施腐熟有机肥 4000kg、过磷酸钙 50kg、花生麸 50kg、复合肥 20kg，耕翻后整平地面，浇一次透水。待水下渗后做成畦高 0.25m、宽 2m 高畦。盖透明地膜或黑色地膜，拉平、压严。每畦种两行，株距 0.7～0.8m，用细土盖好定植穴，浇足定根水。

（3）田间管理

① 追肥管理 4～5 片真叶期，距瓜苗 8～10cm 处扎 10cm 深的洞或沟进行追肥，亩施人粪尿 250～300kg，或尿素 3～4kg，土壤水分充足时用土将洞口封严，如缺水，施肥后每洞灌 0.5kg 水，待水渗完后封口。伸蔓期后，距瓜苗约 50cm 处开深 15cm 的施肥沟，亩施花生饼肥 30kg、有机肥 1000kg。坐瓜后追施催瓜肥。

② 浇水管理 定植后即浇足定根水，天气晴朗应每天浇一次水，直至缓苗。开花期前通过灌水保持土壤湿润即可。开花期一般不浇水或少浇水，坐果后应及时浇催瓜水。果实迅速膨大期，遇涝及时排水，遇旱及时灌溉，灌水在早晚进行。果实成熟时期应减少灌水。

③ 整蔓 冬瓜主要靠主蔓结果，整蔓方式有四种：一是坐果前摘除全部侧蔓，坐果后侧蔓任其生长；二是坐果前摘除全部侧蔓，坐果后留 3～4 条侧蔓，其余侧蔓摘除，主蔓打顶或不打顶；三是坐果前后均摘除全部侧蔓，坐果后主蔓不打顶；四是坐果前后均摘除全部侧蔓，坐果后主蔓保留若干叶数后打顶。

④ 引蔓 及时引蔓，一种为两棵植株交叉引蔓，将瓜蔓引向对方的棚架，呈交叉式；另一种为每棵植株在自己的株距范围内环形引蔓。引蔓的同时应及时绑蔓。

⑤ 授粉 在雄花开放的当天早晨或前一天傍晚取下，贮藏在纸箱或小竹篮中，于早晨取花粉涂在当天开放的雌花上。套上硫酸纸袋防雨。

⑥ 留瓜 一般大型冬瓜每株只留 1 瓜，留瓜雌花以第二至第四个为宜。应在瓜未坐稳前让第二至第四个雌花能坐果的就坐果。若几个瓜都坐住后，选长势旺的留下，其余的摘除。

6. 小冬瓜（节瓜）栽培技术要点

小冬瓜，又叫节瓜（彩图 2-51）、毛瓜，为葫芦科冬瓜属中的一个变种，以食嫩瓜为主，风味品质优于冬瓜。老瓜也可食用，且耐贮藏，供应期较长。

（1）品种选择 节瓜的优良品种较多。从瓜形上分为短圆柱形和长圆柱形两种；从果实表皮看有被蜡粉与无蜡粉两类；从适应性上分为比较耐低温、适宜于早春栽培，比较耐炎热、适宜于夏季栽培，以及适应性较广、春、夏、秋三季均可栽培的 3 种；从熟性上分为早熟种与迟熟种两种。

（2）育苗

① 春早熟栽培育苗 一般在保护地育苗，2 月上中旬至 3 月上旬育苗。种子在 40～50℃ 温水浸种 4～5h，在 30℃ 催芽，播种在穴盘内，基质用草炭、蛭石（体积比为 2:1），温度保持 25℃ 左右，4～5d 发芽，育苗期保证温度白天 25℃ 左右、夜间不低于

15℃。定植前7～10d降温炼苗，白天保持20℃左右、夜间10～15℃，苗龄40d。

② 夏、秋（晚夏）季育苗　可采用露地育苗，育苗场地要选择较高燥的地块作畦。为防止暴雨冲刷，育苗畦上应用小竹竿插成半圆形小拱棚架，架顶上盖薄膜，周围留空，以利于通风散热。为防止烈日暴晒，在防雨棚架上覆盖稀疏的苇帘或遮阳网，使幼苗在烈日下有一个阴凉的小环境。在露地育苗的环境变化剧烈，雨水过多过急时，易冲刷幼根或造成沤根，要及时排涝；在久晴无雨或烈日暴晒时，又可能过于干旱，要及时浇水，保持畦土或苗钵内的土壤湿润，以保证苗全苗齐。出齐苗后要根据苗情和墒情，用小水轻浇。若遇暴雨冲刷，使幼苗根系露出地面时，要及时覆盖一薄层过筛的细土。及时间苗和分苗。

（3）定植　定植前先整地，根据冬瓜配方施肥要求施足基肥，然后做成高畦。一般畦宽150cm，每畦栽2行，株距33～50cm。春早熟栽培为了提高效益应越早越好，一般大棚加小棚宜在3月上中旬定植为好。

（4）田间管理

① 温度管理　春早熟栽培定植后，闭棚保温，白天保持28～32℃、夜间在15℃以上；缓苗后白天保持25℃左右、夜温13℃左右；开花坐果期白天保持25～28℃、夜温15～18℃，防止40℃以上高温而造成灼伤，要及时通风降温；果实膨大期，白天保持28～30℃、夜间15～18℃。

② 肥水管理　节瓜的营养生长旺盛，结瓜多，收获期长达1～2个月，需肥水较多，特别是在开花结果期需要量更大。一般在缓苗后、抽蔓期、坐果后，每亩施复合肥15～20kg。保护地栽培早春气温低，应适当少浇水，缓苗后松土蹲苗，果实迅速膨大期要及时供应水分。

③ 植株调整　瓜蔓上架前进行一次中耕除草，中耕后适当向植株基部培土，瓜蔓上架后不必再进行中耕，以免弄伤茎叶。当苗期结束，出现卷须时，要及时插架引蔓。节瓜架多采用人字架，也可用直排或搭棚架，人字架抗风性能比较好，多风地区和季节宜采用人字架。节瓜主蔓、侧蔓都能结果，但以主蔓结瓜为主，占全部产量的4/5。所以，在结果以前，摘除全部侧蔓，保证主蔓结果，选留中部以上的3～5条侧蔓结果，第一朵雌花如早期温度低，叶片少，易出现畸形果，可留第三、四雌花结果，雌花授粉后，在早上一个花的上方留4～5片叶摘心，全株保留12～14片叶子。

④ 人工授粉　开花期最好进行人工辅助授粉，特别是多雨或授粉昆虫少时，人工辅助授粉在上午7：00～9：00进行，摘取早上新鲜的雄花，在刚刚开放的雌花的柱头上轻轻涂抹，要在柱头的3个瓣上涂抹均匀。

（5）及时采收　节瓜以采收嫩瓜供食为主，一般自开花后7～10d，皮色略带光泽，基本符合该品种的商品瓜特征时，便可采收。不同消费市场对节瓜产品的要求也略有差异，出口短身节瓜通常要求瓜重250～300g，而一些长身类型节瓜则可稍迟采收，一般瓜重500g左右。节瓜通常每天清晨采收，收获要及时，采收不及时不仅影响产品质量，还会降低以后的坐果率而使产量下降。

秋季栽培的，也可采收老瓜，一般每株留1～2个瓜形正、发育快、无病虫害的瓜，让它充分成长，待达到生理成熟标准后采收，此时瓜肉增厚，种子饱满，品质风味佳，且耐贮藏和运输，可存放到秋、冬淡季供应。

7. 高山栽培冬瓜技术要点

高山栽培冬瓜在4月下旬至6月上旬播种育苗，用塑料育苗棚或遮阳覆盖育苗效果好。当秧苗具3～4片真叶时定植，7～10月份采收上市。此时早春栽培的早冬瓜已下市，可填补市场空缺，种植效益高。

（1）品种选择 选择耐热、抗逆性强、适应性广、耐贮运的优质丰产品种。冬瓜小果型品种和中果型品种，一般属早熟和中熟，大果型品种中熟或迟熟，在生产上可根据栽培需要，选择适宜的品种。

（2）育苗 冬瓜育苗多采用营养钵（块）或穴盘育苗。由于冬瓜苗株型大，要选用10cm×10cm规格的营养钵，或32孔或50孔规格的穴盘。冬瓜种子壳硬且厚，吸水慢，发芽迟缓，要进行人工破壳后播种。

（3）整土施肥 定植田块要早耕深耕，每亩撒施充分腐熟有机肥2000～3000kg，然后沟施生物有机肥100～150kg，或复合肥50～75kg于畦中央，整地作畦，并盖上薄膜。

（4）及时定植 当秧苗长到3～4片真叶时定植，定植前5～7d，要进行炼苗处理，施好送嫁肥和送嫁药，可用50%多菌灵可湿性粉剂800倍液和5%稀薄粪水一并浇施，以带药带肥移栽。

选择晴天下午或阴天进行定植。定植时，苗子要尽量多带土，带肥带药移栽，以利于缩短缓苗期。定植行株距为(1.2～1.4)m×(0.7～0.9)m，每畦栽一行。中小果型品种每亩栽800～1000株，大果型品种500～700株，栽后浇施稀粪水定根。

（5）田间管理

① 肥水管理 根据冬瓜伸蔓前期植株小、生长慢、需肥少，进入坐果期生长旺盛后边开花、边结果，肥水需求量大的生长特点，在施肥上要采取"促、控、重"的策略。

苗期要薄施肥水提苗促生长，每15d左右浇一次肥水，用量为每亩施用腐熟人畜粪水200～300kg，加尿素3～4kg，进行浇施。

进入始花阶段，要控制肥水的施入。

当幼瓜达到1kg左右（小果型品种0.5kg）大小时，可重施肥水，隔10～15d每亩用复合肥10～15kg，穴施于植株基部附近。

以后视苗情追肥。在冬瓜上粉褪毛时，可用磷酸二氢钾进行叶面喷肥。

冬瓜在结果期要求土壤湿润，特别是在夏秋季栽培时需水量大。若土壤干旱，则要在早晚灌半沟水，以湿润土壤。在旱季到来之前，可在畦面上铺草，进行防旱保湿与防草。

② 植株调整 冬瓜多采用爬地式栽培，不需搭架。植株调整因品种和长势而定。早熟品种宜多果，中晚熟品种宜结大果。其植株调整方法因栽培方式而异。

地冬瓜的整枝方法是：坐果前选留强壮的侧蔓2～3条，将其余侧蔓摘除，利用主蔓和侧蔓结果。坐稳果后，侧蔓可任其生长，但要理顺瓜蔓，使其分布均匀。

架冬瓜的整枝方法是：坐果前摘除全部侧蔓，引蔓上架。坐稳果后，侧蔓可任其生长。

③ 人工辅助授粉 在不良的天气条件下，对冬瓜植株采取人工授粉措施，能提高坐果率。

（6）采收 冬瓜从开花至商品瓜成熟，所需时间一般为：小果型品种21～28d，大果型品种35～40d。成熟标准是冬瓜表皮茸毛稀少，色深绿。

五、冬瓜生产关键技术要点

1. 冬瓜配方施肥技术要领

（1）冬瓜需肥特点　冬瓜对养分氮、磷、钾三要素的要求，以钾最多、氮其次、磷最少。每生产1000kg冬瓜，需要吸收氮1.29～1.36kg、磷0.5～0.61kg、钾1.46～2.16kg，其养分吸收比例为2.36：1：3.23。冬瓜生育过程中，以发芽期、幼苗期养分吸收量最少，抽蔓期开始增加，开花后显著增加，果实生长发育期达到高峰。

冬瓜根系强大，并且容易产生不定根，吸收养分的能力很强。尤其是开花坐瓜期，蔓和叶的生长量大，对水肥的需求量很大，并且需肥时间也长。

（2）基肥　冬瓜要求氮、磷、钾养分均衡的优质腐熟有机肥。一般每亩施用优质圈肥5000kg以上，施基肥应与整地相结合，也有的采取整畦后沟施。

冬瓜的基肥施入量多，特别是有机肥一定要充分腐熟，以免伤害根系。基肥较少的，可沟施或穴施，基肥较多的，最好一半撒施，另一半穴施。

（3）追肥　追肥对冬瓜的生长和产量形成也十分重要。南方追肥多用稀粪水，北方用充分腐熟的优质厩肥和速效化肥。一般到果实采收前，要追肥3～4次。

在瓜苗长有5～6片真叶时，开沟施肥，每亩施粪干500～750kg，或优质腐熟圈肥1500kg，混入过磷酸钙25～30kg、硫酸铵10kg，施肥后盖沟浇水。植株雌花开放前后要控制水肥，水肥太大容易落花落瓜。抽蔓结束摘心定瓜后，果实开始旺盛生长，需要加强追肥。

追肥的原则是前轻后重，先稀后浓。追肥的种类主要是人粪尿，或每亩施用硫酸铵15～20kg，或尿素7～9kg。冬瓜采收前7～10d，应停止追肥浇水。

2. 冬瓜营养生长期压蔓覆草技术要领

压蔓、覆稻草在地冬瓜栽培上极为重要。这是因为冬瓜需要较多的养分，只靠主根所构成的根群吸收尚感不足。应利用冬瓜蔓节的发根性，施行压蔓，形成副吸收根群，以补充肥分的吸收。压蔓适期在第一次追肥后，主蔓伸长约60cm时，在主蔓节第六至第七节处，将畦面掘凹3～4cm，再用土壤覆压主蔓。经两周后覆盖的第六至第七节开始发生新根，逐渐形成新的根群。压蔓能起到固秧防风作用，并增加养分吸收能力，使瓜蔓生育良好，果实大，产量高。

在压蔓前先行一次根际覆草，压蔓后经过第三次追肥，实施全畦覆稻草，以减少水分、肥分蒸发和杂草丛生。

压蔓应在晴天中、下午进行，每株应间隔4～5片叶压蔓一次，全生长期压蔓3～4次。压蔓处应与瓜着生的位置隔开1～2个节位。

地冬瓜多采用单蔓整枝；将侧蔓全部摘除。坐瓜后在其前端留7～10片叶时摘心，并压蔓一次。有的地方在坐瓜后，保留2～3条侧蔓生长。

3. 冬瓜授粉技术要领

冬瓜的花多数为单性花，即在同一植株上分别长有雌花和雄花，部分品种为两性花，也有少数品种为雌雄同株同花的。一般先发生雄花，后发生雌花。雌雄花开放的时间，均在每天上午露水干后，晴天在7～9时，如遇阴雨天，湿度大或温度低则延迟到10时以后开放。开花期较短，一般24h后花冠自然凋谢，柱头变褐，逐步失去发芽授粉能力。在花药开放前一天，花粉粒就已有发芽的能力，可以进行授粉受精。受精能力最强时期，是盛开的鲜花时期。在进行人工授粉或杂交时，必须掌握好这一良机。

冬瓜在结果期间常有落花落果现象，造成的原因很多，如受精不良、开花时夜间温度高、植株徒长、第一个瓜没有及时采收，或整蔓、打杈、摘心不及时等。防止落花落果的办法是人工授粉，提高坐果率，增加产量。冬瓜在开花着果期，气温在 20℃ 以上时，可任由蜜蜂传播花粉，如果气温在 18℃ 以下时，蜜蜂活动少，须用人工授粉。人工授粉以早晨 9：00 以前为宜，人工授粉不仅可以使坐瓜率高，而且瓜长得快，均匀，籽粒整齐饱满。

授粉时应小心，不可擦伤幼瓜的茸毛，以免影响瓜果发育。茸毛受伤后，冬瓜发育中途会发生黄萎而落果。

4. 让冬瓜结大果的技术措施

让冬瓜结成大果，是大型冬瓜获得高产的需要，可从如下几个方面努力。

(1) 坐果节位要适当　坐果节位与果实大小有很大关系。一般利用主蔓上第三至第五个雌花坐果，结大果的可能性较高。由于各个雌花是在不同的营养生长基础上分化发育的，所以它们所得的营养状况就有差别，不同的节位坐果，果实发育程度不同。第三至第五个雌花坐果及其后的果实发育过程，都有强健的营养生长基础和良好的营养状况，因而容易结大果；在第一二个雌花坐果时，植株刚开始旺盛的营养生长，坐果后抑制营养生长，所以植株的营养生长始终不能充分发展，因而不能不限制果实的充分发育；至于在第六个雌花以后坐果的，那时植株的营养生长基础虽然较好，但长势开始转弱，坐果以后就进一步加速转弱过程，因此，结大果也比较困难。

(2) 主蔓打顶，提高叶的光合效能　在通常情况下，植株叶数多，结果较大。但是植株叶数较少而光合效能较高，也能结大果。在生产实践中，采用不同的植株调整方式，如主蔓不打顶、摘除侧蔓与主蔓打顶、摘除侧蔓等，虽然植株叶数不同，却都可以结大果。但是主蔓不打顶，植株叶数较多，后期叶的生长很不充实，叶小而薄，总叶量虽大而效能较低；主蔓由于打顶，叶数较少，但每叶能充分生长，叶较大较厚，总叶量较少而效能较高。因此，通过主蔓打顶，是提高叶的光合效能的一个办法。通过主蔓打顶，还可以促进坐果；还有利于适当密植，提高产量。此外，打顶也应该因地区和品种而异。总之，应在强健的营养生长基础上坐果，果实发育过程又有个良好的营养生长系统。

(3) 提供良好的水肥条件　冬瓜坐果以后，果实迅速发育，蔓叶继续旺盛生长，因此需要大量的营养和水分。对于大型冬瓜，在果实发育的四五十天内，坐果后 15～20d 是供水的重要时机，这时供足肥水，为果实发育打下基础。如缺肥缺水，轻则影响果实的充分发育，降低果重，重则变成化瓜。果实发育中期，即坐果后 20～35d 应继续供足肥水，如肥水不足或不及时，植株的蔓叶生长迅速变弱变坏，使果实的长势变慢甚至停止。果实发育后期，即坐果后 35d 以后，如植株蔓叶生长正常，一般不再施肥，保持土壤湿润便可。

(4) 足够的温度条件　温度是冬瓜果实发育的重要气候条件，要求有 20℃ 以上的温度，以 25℃ 左右又有一定的日夜温差为适宜。气温在 15℃ 以下果实发育缓慢，难以结大果。所以秋季低温来得早的地区，要避免播种太迟，使果实发育时受低温影响而降低产量。

欠缺上述条件，就会结畸形果。畸形果有三种：一是果实顶部萎缩不发育，变成上大下小；二是果实中部萎缩不发育，变成两头大中间小；三是果实基部萎缩不发育，变成上小下大。这三种畸形果中以第一种出现多。主要是由于刮北风、气温骤降和降雨，土壤瘠薄，基肥不足，施肥灌溉不匀等引起的。只要提供上述结大果的条件，就可以少发生或不发生畸形果的。

5. 冬瓜（节瓜）化瓜原因与防止措施

（1）发生症状 长到一定大小的冬瓜、节瓜的幼瓜，朽住不长，逐渐变黄萎缩，最后干枯或脱落，称为化瓜（彩图 2-52）。

（2）发生病因

① 温室或露地栽培的冬瓜、节瓜，遇有早春气温低、大棚后期温度过高，造成花粉发育不良。当温度高时，花粉也不易散出，雌花受精受阻，不能形成种子，也就不能合成足够的生长素，从而造成化瓜。

② 肥水跟不上，造成植株徒长，植株的营养生长和生殖生长不平衡时，人工授粉未能跟上，错过了最佳的授粉时机，也易造成化瓜。

③ 土壤中缺氮缺磷时也易造成化瓜。

（3）防止措施

① 采用配方施肥技术，保证氮磷供给均衡，但也不宜过多，防止徒长发生。适时摘除侧枝，注意摘除难以坐住的瓜。弱株尽量早采收，徒长株适当晚采收。

② 于开花期的每天上午 9 时前后摘取雄花，去掉花瓣，把花药上的花粉涂抹到雌花柱头上，防止化瓜效果好。

③ 采用化学药剂涂（喷）花，每天上午 9 时左右，用毛笔蘸 30～40mg/kg 的 2,4-滴涂雌花基部。或使用 15mg/kg 的赤霉酸喷果。

6. 冬瓜裂瓜的发生原因与防止措施

（1）发生症状 夏季栽培的冬瓜，经常发生裂瓜，不仅影响外观，且影响品质，失去商品价值。此外，裂瓜还可引起病菌侵入瓜内繁殖，造成果实局部变质或腐烂，影响贮藏和运输。裂瓜按发生的部位和形态，通常分三种类型：一是放射状裂瓜，以果蒂为中心向果肩部延伸，呈放射状深裂；二是环状裂瓜，呈环状开裂；三是条状裂瓜。此外，在一个果实上也有环状或放射混合裂瓜，还有侧面裂瓜或裂皮现象。

（2）发生原因 裂瓜系生理病害，夏季高温、烈日、干旱、暴雨、浇水不均等不利条件是引起冬瓜裂瓜主要原因，特别是遇阵雨和暴雨，引起根系生理机能障碍，且妨碍对硼素正常吸收或运转，经 3～6d，即产生裂瓜；在果实发育过程中，前期由于土壤或空气干旱，果实内的水分，由叶面大量蒸发散失，表皮生长受抑，这时遇有突然降雨或灌水过量，果皮生长赶不上果肉组织膨大产生膨压，致果面发生裂口，由于水分过多，裂口会增大和加深。因此，生产上在果实膨大期，遇有干湿变幅大，是发生裂果的主要原因。此外，烈日直射果面，果面温度升高或果实成熟过度、果皮老化也可发生裂果。

裂果程度主要与下列因素有关：一是与果实表皮强度和伸张性有关，即受果实表皮薄壁细胞厚度制约，与果实硬度、果肉中果胶酶活性关系不明显；二是与瓜果种类和品种有关；三是与栽培技术有关。生产上管理好的瓜园植株生长旺盛，营养生长和生殖生长比较协调裂瓜少；植株生长差、茎叶、根系、植株营养状况不良到采收后期普遍裂果。棚室栽培用氯吡脲蘸花时，氯吡脲中不要加入赤霉酸，否则易产生裂瓜。

（3）防止措施 选择抗裂品种。在多雨地区或多雨季节，采用深沟高畦或起垄及搭架栽培法。生长期间注意均衡供应水分是防止裂瓜的关键，增施有机肥，增加土壤透水性和保水力，使土壤供水均匀，根系发达，枝繁叶茂，及时整枝使果实发育正常，可减少裂果。冬瓜果实顶端和贴地部位果皮厚壁细胞层较少，栽培中可翻转促进果实发育。适时采收，减少裂瓜数量。必要时在果实膨大期喷洒 0.1% 的硫酸锌或硫酸铜可提高抗热性，增强抗裂能力。此外，在花瓣脱落后喷洒 15mg/kg 赤霉酸或吲哚乙酸或 30mg/kg 萘乙酸，隔 7d 一次，连续 2~3 次，也可防止裂果。

7. 冬瓜弯瓜的发生原因与防止措施

（1）发生症状　冬瓜出现弯瓜和一头大一头小的现象（彩图 2-53），有些还弯得非常严重，头尾大小差别很大，商品价值低。

（2）发生原因　冬瓜，特别是长条形的冬瓜出现上述的情况，有多种因素造成。包括苗期，生长期营养不良，光照不足，温度过高或过低，水分养分供应不均匀，花期病虫为害等等因素。尤其花期遇高温或昼夜温差过大或过小的情况下，由于同化的碳水化合物消耗过大，会造成雌花子房发育不良而表现出弯曲状态，随幼果长大，弯曲加重。此外，营养供给或水分供给不均衡造成授粉受精不充足，瓜果发育过程呈波动状态，造成了瓜果头大头小的现象。因此，在露地栽培冬瓜，较难达到有比较理想的条件，但尽量采取合理的措施可在一定程度上改善冬瓜的外观品质，提高果实的商品价值。

（3）防止措施

① 施足基肥　由于冬瓜高产，生长期较长，需要有足够的养分源源不断地向植株输送，以满足植株生长中各个时期基本养分的均衡供给。因此，要施足基肥，一般每亩用鸡粪 1000kg 或猪粪 2000kg 加入 30kg 过磷酸钙拌匀腐熟在畦中央开沟条施。

② 适期播种　适期播种应使冬瓜不在苗期或开花期遇上较高温的天气，影响植株的生长。冬瓜虽然是喜温耐热植物，幼苗期生长适温为 20~25℃，如果苗期在 25℃ 以上时，生长速度过快，造成蔓纤弱徒长，则容易感染病害。如果花期（特别是青皮冬品种）遇上超过 30℃ 以上的高温，往会影响花质授粉受精的质量，影响雌花子房发育，使子房变形而瓜条弯曲。

③ 合理的肥水管理　冬瓜虽然是一种较为粗长的植物，但如果要获得高品质的冬瓜，务必要注意土壤的润湿。缓苗过程晴天阳光猛烈中午前后给予遮阳网适当遮阴，每天傍晚或早上淋水。苗成活后，可适当减少淋水次数。进入抽蔓期，根系开始强大，根系伸长很快，吸水能力强，可以通过灌水保持土壤湿润。开花期一般不浇水或少浇水，否则对坐果不利，到坐果后则要及时浇水，促进果实膨大。果实迅速膨大期是植株需水肥最多的时期，做到涝及时排水，旱及时灌水，在傍晚时注意观察植株叶片边缘或茎的生长点，发现有发软、下垂时，最好在早晨或傍晚灌水。

在整个冬瓜生长期，除施足基肥外，要进行适当追肥，生长前期氮肥不宜过多，否则茎叶繁茂，造成徒长，坐果困难。定植缓苗后，如瓜苗长势弱，叶色淡或发黄，可结合浇水适当追施 30% 的人粪尿或 0.2%~0.3% 的尿素溶液 1~2 次，或叶面喷施腐植酸液肥或氨基酸液肥约 500 倍液。如果瓜苗长势好，土壤肥力充足的，可只浇水不施肥。植株雌花开放前后要控制肥水，肥水过多时易落花落果，但可以使用 0.02mg/kg 浓度的芸苔素内酯，及时用植物生长调节剂及中微量元素，提高雄性花药活力及雌花柱头的容受能力，提高授粉受精质量，以及提高植株的抗病，耐高温的能力，从而使子房发育健全。1~2 个瓜坐果后，应重施追肥，结合浇水每亩用尿素约 15~20kg，施后覆土，以后每隔 15d 追施 0.1% 复合肥（15:15:15）溶液，但采收前 7~10d 停止浇水施肥。

④ 采用冬瓜上架 由于冬瓜平面生长，植株生长粗放，病虫害防治困难。果实膨大期间容易受物理性条件限制，难以使果实舒展生长，在一定程度上会引起瓜果弯曲。因此采取引蔓上架，将坐果后的瓜垂直吊生，从膨大期开始，经常转动瓜的向阳面，使瓜受光均匀，这是减少弯瓜的措施之一。

8. 冬瓜日灼果的发生原因与防止措施

（1）发生症状 向阳面果实的果皮呈黄白色或黄褐色，形状不规则，斑面略皱缩，后期呈皮革状，病部略向下陷，果实仍坚硬不腐烂（彩图 2-54）。

（2）发生原因 田间果实缺少叶片覆盖，太阳光直接照射在果面上而引起。

（3）防止措施 高温常发生冬瓜日灼的地区应因地制宜换种抗耐病品种。管理好肥水，适时适度浇灌水，以满足果实发育所需，防土壤过旱，结合管理，注意绕藤时用生长旺盛的主蔓叶片或稻草遮阳护瓜。可适时适度喷施叶面营养剂加新高脂膜 800 倍液有助于提高植株抗逆性，并在冬瓜开花前、幼果期、膨大期喷施壮瓜蒂灵能使瓜蒂增粗，强化营养定向输送量，促进瓜体快速发育，瓜型漂亮，汁多味美，防止或减少果实日灼。与甜玉米等高秆作物间作，避免阳光直接照射在果实上。可用瓜叶覆盖。在高温干旱天气条件下，每亩用芸苔素内酯 15mL 加惠满丰活性肥液 100mL，对水 50kg 喷雾。

9. 冬瓜采后处理技术要领

冬瓜中、早熟品种通常先采收嫩瓜供应市场，最后再收获老熟瓜，并贮藏起来，逐渐上市以延长供应期。冬瓜晚熟品种则以收获老熟瓜为主。收获时要选择晴天，用剪刀剪下，保留果柄，要轻摘、轻运、轻放，避免碰撞和造成伤口。

冬瓜在果菜类中属于耐贮藏的蔬菜。露地霜冻前采收的冬瓜，如充分成熟，而且贮藏的环境条件适宜，可贮藏到春节。

冬瓜未采收时，蒸腾的水分，可以由植株不断补给；采收后果实仍在蒸发水分而得不到补给，水分消耗后不但要减轻重量，而且水解酶的活性加强，使有机物分解为可溶性糖类，为呼吸作用提供了更多的基质，可提高呼吸强度。成熟度越低水分蒸发量越大，充分达到生理成熟度的冬瓜，果皮角质化程度高，呼吸和水分蒸发作用较低。因此，贮要采收无病虫害且带果柄的充分成熟冬瓜，贮运过程中严防机械损伤；贮存环境要求温度较低、空气湿度较高，无直射光且有良好的通风条件。

六、冬瓜主要病虫害防治技术

（1）冬瓜猝倒病 是冬瓜苗期的常见病害，在早春育苗中，常引起大片的幼苗死亡，导致毁苗重播，主要为害幼苗。种子出土前发病，造成烂种。防治方法参见黄瓜猝倒病。

（2）冬瓜沤根 沤根又称烂根，是育苗期常见病害，主要为害幼苗根部或根茎部。选用耐病品种，施用酵素菌沤制的堆肥或充分腐熟有机肥。畦面要高，严防大水漫灌。加强育苗期的地温管理，避免苗床地温过低或过湿，正确掌握放风时间及通风量大小。采用电热线育苗，控制苗床温度在 16℃ 左右，一般不宜低于 12℃，使幼苗苗壮生长。发生轻微沤根后，要及时松土，提高地温，待新根长出后，再转入正常管理。必要时可喷增根剂。发生沤根后及时喷洒惠满丰多元素复合液体肥料，每亩用量 320mL，稀释500 倍液，隔 5～7d 一次，共喷 2～3 次。

（3）冬瓜枯萎病（彩图2-55）　又称蔓割病、萎蔫病等，在整个生长期均能发生，以结瓜期发病最盛，主要为害茎基部。苗期和成株期均可发病。防治方法参见黄瓜枯萎病。

（4）冬瓜根腐病　冬瓜定植后始见发病，发病初期晴天中午出现暂时性萎蔫，初期还能恢复，后终因不能恢复而枯死。拔出根茎部可见水浸状褐色病变，剖开病根茎腐烂部已变色，严重的仅留下丝状输导组织，茎蔓内维管束一般不变褐，别于枯萎病。防治方法参见黄瓜根腐病。

（5）冬瓜疫病（彩图2-56）　整个生育期都可发病，主要侵害茎、叶、果各部位，开花结果期间盛发。降雨多的年份发病重。防治方法参见黄瓜疫病。

（6）冬瓜病毒病（彩图2-57）　又称花叶病。在蚜虫大发生时较重，南方秋瓜较春瓜发病重。防治方法参见黄瓜病毒病。

（7）冬瓜炭疽病（彩图2-58）　为害子叶、真叶、叶柄、瓜等部位，以瓜的症状最明显，危害性也大。防治方法参见黄瓜炭疽病。

（8）冬瓜蔓枯病（彩图2-59）　主要发生于茎、叶、果等部位。防治方法参见黄瓜蔓枯病。

（9）冬瓜白粉病（彩图2-60）　是冬瓜的一种重要病害，主要为害叶片、叶柄和茎蔓，果实受害少。防治方法参见黄瓜白粉病。

（10）冬瓜霜霉病（彩图2-61）　主要在夏秋季冬瓜结果期和露水多、雾气重的季节发生，主要为害叶片。防治方法参见黄瓜霜霉病。

（11）冬瓜细菌性角斑病（彩图2-62）　主要为害叶片、叶柄和果实，有时也侵染茎。苗期至成株期均可受害。防治方法参见黄瓜细菌性角斑病。

（12）冬瓜绵疫病（彩图2-63）　俗称"烂冬瓜"，是冬瓜上的一种主要病害，主要为害近成熟果实、叶和茎蔓。发病初期，可选用30%碱式硫酸铜悬浮剂300～400倍液，或1：（0.5～1）：240波尔多液、77%氢氧化铜可湿性微粒粉剂500倍液、72%霜脲·锰锌可湿性粉剂800～1000倍液、50%甲霜铜可湿性粉剂800倍液、72.2%霜霉威水剂600～800倍液、58%甲霜·锰锌可湿性粉剂400～500倍液、64%恶霜灵可湿性粉剂500倍液、69%烯酰·锰锌可湿性粉剂1000倍液、56%氧化亚铜水分散微颗粒剂700～800倍液等喷雾防治。采果前7d停止用药。此外，于夏季高温雨季浇水前每亩撒96%以上的硫酸铜3kg，后浇水，防效明显。棚室保护地也可选用烟熏法或粉尘法，即于发病初期用45%百菌清烟雾剂，每亩250～300g，或5%百菌清粉尘剂，每亩1kg，隔9d左右一次，连续防治2～3次。喷药时，要重点保护果实。

（13）冬瓜菌核病（彩图2-64）　是冬瓜的一种常见病害，主要为害果实和茎蔓。塑料棚、温室或露地冬瓜、节瓜，苗期至成株期均可染病。南方2～4月及11～12月适其发病，北方3～5月及9～10月发生多。防治方法参见黄瓜菌核病。

（14）冬瓜褐斑病（彩图2-65）　又称冬瓜靶斑病，主要为害叶片、叶柄和茎蔓。防治方法参见黄瓜褐斑病。

（15）冬瓜灰斑病（彩图2-66）　为害叶片。多雨季节，容易引起病害的发生和流行。防治方法参见苦瓜灰斑病。

（16）冬瓜叶斑病（彩图2-67）　一种是黄瓜壳二孢引起的叶斑病，病斑圆形或近圆形，深褐色，直径10mm以上，病斑上有淡淡的轮纹，生长后期病斑上生出黑色小粒点；另一种是葫芦科叶点霉菌的叶斑病，发病初期叶片上产生圆形至不规则形的病斑，灰白色或较浅，病斑上生有黑色小粒点。温暖多湿有利于发病。防治方法参见黄瓜叶斑病。

（17）冬瓜黑斑病（彩图 2-68）　坐瓜后遇高温、高湿的条件，容易发病，田间管理粗放、肥力差，发病重。防治方法参见黄瓜黑斑病。

（18）冬瓜白绢病　是冬瓜的一种常见病害，长江流域以南各地发生较多，为害茎基部或果实。连作地、酸性土或砂性地发病重。防治方法参见黄瓜白绢病。

（19）冬瓜软腐病（彩图 2-69）　主要为害果实。阴天或露水未落时整枝打杈，虫害伤口多，发病重。防治方法参见黄瓜软腐病。

第三章 ▶▶▶

豆类蔬菜

第一节 豇 豆

一、豇豆生长发育周期及对环境条件的要求

1. 豇豆生长发育周期

豇豆的生长发育周期，指从种子萌发至嫩荚或籽粒收获的全过程，可分为发芽期、幼苗期、抽蔓期（只限蔓生种）和开花结荚期四个生长发育阶段。

（1）发芽期 从种子萌动到第一对基生叶展开为发芽期。此期需要充足的水分，种子吸收萌发，胚根伸入土中，随着下胚轴伸长，子叶包着幼芽拱出地面。发芽所需的水分为种子干重的 50%，水分不足，则发芽迟缓，出苗慢，不整齐；水分过多则容易烂种、烂芽。发芽期的长短主要因温度而异，温度适宜时一般为 6~10d，温度低则时间延长，如在冬春季保护地栽培条件下则需 14~16d 才能完成。

（2）幼苗期 从第 1 对真叶展开到出现 4~5 复叶（矮生种到 3 片复叶展开，蔓生种则到开始抽蔓）为幼苗期。适宜条件下，此期 15~20d。在 2~3 片复叶展开时，幼苗开始进行花芽分化。如果花芽分化期间温度、光照及肥水等条件适宜，可提早花芽分化，增加花芽数目。此期以营养生长为主，生殖生长逐渐加强。

（3）抽蔓期 又称伸蔓期，从第 4~5 复叶展开到开花前为抽蔓期。初花是抽蔓期结束的标志，一般为 20~25d。此期内，植株节间明显伸长，生长旺盛，主蔓迅速伸长，伸蔓发生较快，花芽不断分化、发育，营养生长速度在初花期达到最大。抽蔓期也是花芽分化的重要时期，应注意保持较高温度、良好光照和适宜的土壤湿度。温度高于 35℃ 或低于 18℃，或阴天过多造成光照不足，则会造成花数减少。土壤湿度过高，则不利于根系发育和根瘤的形成。开花前需适当控水，防止植株徒长及造成落花落荚。

（4）开花结荚期（彩图 3-1） 从开始开花到收获结束或种子发育成熟为开花结荚期，是形成产量的重要时期。此期一般为 50~60d，少数品种可达 80~120d。从开花到

嫩荚采收大约15d。此期，开花结荚与茎叶生长同时进行，茎叶生长与开花结荚之间、花与花之间均存在养分竞争，并对环境条件反应敏感。若营养生长不良，茎叶长势弱，则会因植株早衰而缩短开花结荚期；若植株生长过旺，则会延迟抽生花序，并减少花芽量或引起落花落荚。因此在栽培管理上要注意采取促控相结合的技术措施，保证良好的温度、光照和肥水条件，适当调节植株营养生长和生殖生长的平衡。从播种到开花所需的天数以及采收期的长短，与品种、栽培方式、播种期、土壤肥力条件及管理水平等有关。之豇28-2品种春季从播种到收获需70d左右，采收时间可维持2个月；夏季则45d左右即可采收，采收期仅1个月左右。对于一般品种来说，春季栽培从播种到开花所需的天数约为65d，开花到采收荚果一般为12～15d，采收期一般可持续2个月左右。

2. 豇豆对环境条件的要求

（1）温度　豇豆喜温，耐热，不耐霜冻。种子发芽适宜温度为25～30℃；根系生长适温为18～25℃，13℃以下停止生长；植株生长发育的适宜温度为20～25℃，15℃以下生长缓慢，0℃时茎叶枯死。一般早熟品种比晚熟品种的耐低温能力强。开花结荚期适温25～28℃。植株对35～40℃范围的高温具有一定的忍受能力，但温度高于35℃时，植株开花结荚能力下降，植株易早衰，落花落荚增多，豆荚变短或畸形，品质变劣，产量降低。

（2）光照　豇豆较喜光，开花结荚期要求有充分的光照条件，不过也有一定的耐荫能力。因此豇豆在生产中既可以单独种植，也可以与高秆粮作物进行间作套种。但当光照过弱时，则会引起落花落荚。豇豆对日照长短的反应大致可分为两类，一类对日照长短要求不严格，这类品种的豇豆在长日照或短日照条件下均能正常生长结荚，因而南北各地可以互相引种，但短日照有提早开花、降低开花部位和提高产量的作用；另一类则对日照长短要求比较严格，适宜在短日照条件下栽培，若在长日照条件下栽培往往发生茎蔓徒长，开花结荚延迟或减少的现象。另据研究，日照长短对豇豆分枝习性和着花节位有一定影响。短日照能促进主蔓基部叶节抽生侧蔓，降低第一花序的着生节位；而长日照则能延迟侧蔓抽生并导致主蔓上第一花序的着生节位显著升高。

（3）水分　豇豆根系发达，吸水力强，叶片有较厚的蜡质，蒸腾量小，因而比较耐旱。种子发芽期土壤不宜过湿，以免降低种子发芽率。幼苗期需水较少，要注意控水蹲苗，促进根系生长，防止植株徒长或沤根死苗。初花期对水分特别敏感，水分过大极易造成徒长，引起落花落荚。结荚期需水量增大，如果干旱缺水同样会引起落花落荚。此期如果遇上连续阴雨天气或田间积水，导致土壤湿度过大而透气性差，则不利于根系生长和根瘤菌活动，严重时根系腐烂，叶片枯黄脱落。豇豆生长期适宜的空气相对湿度为55％～60％，超过80％时，抗病能力下降，易发生病害。

（4）土壤　豇豆对土壤的要求不十分严格，但以土层深厚、土质疏松、排水良好的中性（pH值6.2～7.0）壤土或砂壤土栽培为好。豇豆能忍受稍碱性土壤，但若土壤过于黏重或酸性过强，根系生长和根瘤菌的活动及固氮能力会受到抑制，影响植株的生长发育。

（5）营养　豇豆对磷、钾肥要求较多，在基肥和追肥中应偏重于磷、钾肥料。由于豇豆植株生长旺盛，生育期长，而本身的固氮能力又较弱，故对氮肥的需求量比其他豆类蔬菜稍多，栽培中也应适当施用氮肥。氮肥最好以复合肥的形式掺在基肥中，作追肥时宜在开花结荚后追施，施用过早或过多，容易引起茎叶徒长，造成田间通风不良，结荚率下降。结荚后要及时追施氮肥，以防植株早衰，影响二次结荚。在开花结荚期要注意增施磷钾肥，以促进根瘤菌的活动，并能起到以磷增氮的作用，使豆荚充实，产量提高，品质改善。

矮生豇豆生育期短，发育快，从开花盛期起就进入吸收养分旺盛期，栽培上宜早熟追肥，促进开花结荚。蔓生豇豆生育比较迟缓，嫩荚开始伸长时才大量吸收养分。因此，栽培中应根据不同类型豇豆的需肥特点，掌握好追肥时期，防止植株脱肥早衰，才能延长结荚期，增加产量。

二、豇豆栽培季节及茬口安排

1. 豇豆播种期的选择方案

有些菜农认为，冬春季节有了大棚等设施遮风挡雨，保温防寒，夏秋季节有了遮阳网降温遮光，豇豆想什么时候种就什么时候种，这是不正确的。在生产上常有春季过早播种，因地温低、湿度大而烂种，或因出苗后受到晚霜危害而造成缺苗或冻死，因而不得不进行二次育苗的现象。过迟播种，植株生育期推迟，后期遇初霜冻死，提前罢园，达不到理想的产量要求。

这是由豇豆对温度的要求决定的。豇豆是喜温作物，耐热性强，但不耐低温和霜冻，植株生长适宜温度为 $20\sim25℃$，$20℃$ 以下茎蔓细，伸蔓期延长，不分枝。$15℃$ 以下生长缓慢，$10℃$ 以下生长受到抑制，$5℃$ 以下植株受害，$0℃$ 时叶茎枯死。种子发芽适宜温度为 $25\sim30℃$，发芽最低温度 $8\sim10℃$，开花结荚期适温为 $25\sim28℃$。温度高于 $35℃$ 时，植株易早衰，落花落荚增多，豆荚变短或畸形，品质变劣，产量降低。

一般来说，豇豆播种期为 $3\sim7$ 月，不宜盲目提早延后。在江浙一带早春栽培一般在 3 月中下旬播种或定植，华南地区可提早到 2 月。长江流域秋豇豆栽培于 7 月中旬播种或定植，华南地区一般在 7 月下旬。采用塑料大棚栽培，长江流域春播可提前到 3 月上旬播种或定植，秋延后可到 8 月上旬播种。

2. 豇豆栽培茬口安排

豇豆栽培茬口安排见表 3-1。

表 3-1　豇豆栽培茬口安排（长江流域）

种类	栽培方式	建议品种	播期 /(月/旬)	播种方式	株行距 /(cm×cm)	采收期 /(月/旬)	亩产量 /kg	亩用种量/g
豇豆	冬春季大棚	天宇 399、纤手、早生王、宁豇三号、黄晶、瑞祥龙须豇	2/中～3/中	直播	(20～25)×(50～60)	4/下～7	1500	2500
	春露地	之豇 28-2、宁豇四号、正豇 555、高产四号	3/中～4	直播	(20～25)×(55～60)（双株）	5/中～7	1500	2500
	夏露地	之豇 28-2、头王特长 1 号、湘豇 4 号	5/中～8/上	直播	25×60（双株）	7～10 月	1500	3000
	夏秋大棚	之豇 28-2、天宇 801、天宇 9 号	6～7/下	直播	25×60（双株）	8/上～10	1500	3000
	秋延后大棚	早熟 5 号、正源 8 号、杜豇	7/中～8/上	直播	25×60	9/上～12/上	1500	3000

三、豇豆育苗技术

1. 豇豆直播技术要点

豇豆栽培以直播为主，但以育苗为好。豇豆的根系较发达，主根可入土80cm左右，根群主要分布在15～18cm深的耕作层内，有较强的吸水吸肥能力，比较耐旱和耐瘠薄，为深根性作物。但根部容易木栓化，侧根稀疏，再生能力弱，因此栽培上大多采用直播。

（1）种子处理　播种前精选种子，并晒种1～2d，一般采用干籽直播，也可用25～32℃温水短暂浸种，当大多数种子吸水膨胀后，捞出晾干表皮水分后播种。

（2）播期　豇豆直播适宜于春露地栽培，播种期宜在当地断霜前7～10d，地下10cm地温稳定在10～12℃时进行，不宜过早。

（3）整地作畦　一般每亩施腐熟有机肥3500～4500kg，过磷酸钙60～80kg，硫酸钾30～40kg或草木灰120～150kg。北方多做成平畦，畦宽1.3m；南方多作高畦，畦宽1.3m，沟深25～30cm。

（4）播种　一般采用穴播，土壤墒情不好，可在播种前浇水润畦，待湿度适宜时播种，或播种时先开沟浇水，待水渗下后播种，每畦播两行，蔓生种行穴距(50～65)cm×(20～25)cm。矮生种行穴距(40～50)cm×(20～25)cm，每穴播4～5粒种子，播后盖2～3cm厚土。

（5）查苗补苗　当真叶出现后应及时查苗补苗，一般每穴留2～3株健壮苗，发现缺苗或断垄现象，及时补苗，补栽用的苗子，最好在温室、温床等设施内提前育好。及时拔除病株、残株。

2. 豇豆早春设施育苗技术要点

豇豆生产虽然以直播为主，但目前生产上主张采用育苗移栽。这是因为豇豆在直播情况下容易徒长，而育苗移栽可抑制营养生长过旺，促进开花结荚，降低结荚节位。早春大棚豇豆若采用直播，由于苗期外界气温仍较低，遇寒流、大风等天气时易发生冻害，因此一般采用育苗移栽，可使幼苗避开早春低温和南方多阴雨的环境，从而使幼苗健壮，发棵快，提早抽蔓、分枝、开花结荚，早期产量和总产量都有较大幅度提高。利用大棚多层覆盖提前培育壮苗，也是实现豇豆早熟高产的重要措施。

值得注意的是，采用育苗移栽，必须重视根系的培育和保护，豇豆根系适温18～25℃，低于15℃速度明显变慢，13℃以下停止生长。因此，早春露地栽培和冬春季保护地栽培要注意提高地温，防止地温过低植株生长受阻，造成植株提早老化，同时还要防止大水漫灌，以免土壤板结，影响土壤通透性，在低温条件下造成沤根死苗。最好采用营养钵进行护根育苗。其育苗技术要点如下。

（1）播种时期　长江中下游地区一般3月下旬至4月上旬播种育苗，第一复叶开展前移植。如用营养钵育苗（彩图3-2），可延迟至具有2～3片复叶时移栽，于4月中、下旬定植。如果采用温床育苗、营养钵育苗、地膜覆盖栽培，则可于2月中旬播种，3月上、中旬定植。

（2）苗床　在保护地内建苗床，高畦，畦宽1.2m，长10～15m。畦内排放规格为8cm×8cm或10cm×10cm的塑料钵或纸钵。内装腐熟猪粪渣、无病虫园土1∶1配制的培养土，每立方米培养土可加复合肥 0.5～1kg，或过磷酸钙 5～6kg、尿素 0.5～1kg，或加入磷酸二铵 1～2kg、草木灰 4～5kg。为了增加床土的透气性，可以适当掺入一些细炉渣。将营养钵装好营养土，紧密摆放在整平、踏实的育苗畦内。为节省开支，也可用纸袋代替营养钵。如果利用营养土方育苗，直接在育苗畦内铺垫 10cm 厚的营养土，播前浇透水，水渗下去后按 10cm×10cm 规格在畦面上切划方格。每亩大田需育苗床 40～60m²。

(3) 播种　播种前要精选种子，并晒种 1～2d。为利于发芽和杀死种子表面的病原菌和虫卵，要采取高温烫种，即先把种子放在盆中，再另准备两个容器，一个盛少量 90℃左右的热水，另一个盛冷水（冷水量应为热水的 2 倍以上）。操作时先将热水倒入盛种子的盆中，然后再迅速倒入冷水，并不断搅拌降温，当温度降至 25～30℃左右时停止搅拌，保持水温，浸泡种子 2h，沥去多余水分后即可播种。由于豇豆的胚根对温度、湿度比较敏感，为避免伤根，一般不进行催芽。播种前，先将营养钵（或纸袋或营养土方等）内的营养土浇透，水渗后，每钵放 3～4 粒种子。盖细土 2～3cm 厚，用手稍稍压实，苗床上盖地膜和塑料拱棚，增温保湿。

(4) 苗床管理　播种初期苗床保持较高的温度，白天 25～28℃，夜间 20℃。

幼芽拱土后揭去地膜，再盖 0.3cm 厚的过筛消毒细土，苗床温度降至白天 20～25℃，夜间 15～18℃。加强光照，保持每天 10～11h 的充足光照，空气湿度以 65%～75%为宜，土壤湿度 60%～70%。注意防止苗期低温多湿。

苗出齐后要开始通风排湿，防止幼苗下胚轴过度伸长而发生徒长，放风要掌握由小到大的原则，否则容易造成"闪苗"，当白天外界气温达 17℃以上时放大风，夜间气温 15℃以上时，可不覆盖。苗期一般不追肥、不浇水，但营养钵或纸袋育苗土壤易干燥，可在中午前后发生轻度萎蔫时浇透水，小水勤浇易徒长，应防止。

定植前 3～5d，除去保护地的各种覆盖物，使苗进行低温锻炼，白天不超过 20℃，夜间降到 8～12℃。塑料钵育苗，在定植前还要浇一次透水，以利于脱钵。经过 20～25d 的苗期，此时秧苗第一片复叶已充分展开，第二片复叶初现，可以准备定植。

(5) 秧苗生育诊断　豇豆第二片复叶开始吐心，株高 15cm 左右为适宜苗龄苗，应适龄定植。苗床光照弱，则子叶提前脱落，茎细长，叶色淡绿且薄，叶柄长，为徒长苗。苗床干燥，子叶也提前脱落，基生叶小，第一复叶展开慢，叶小、茎矮，生长受抑制。苗床温度高时，叶呈卵圆形，温度低时，叶趋细长。

(6) 苗期病害防治　主要是豇豆基腐病（立枯病），未出土前为害种子、种芽和子叶，导致病部变褐腐烂；子叶染病，在子叶上产生近椭圆形红褐色病斑，后病斑逐渐凹陷；茎基部和根部染病产生椭圆形至长条形红褐色凹陷斑，绕茎一周后干缩或龟裂，病苗生长缓慢或干枯而死。未出土前种子在土温低、在土中持续时间长易发病，育苗或播种前遇寒潮、阴雨，或覆土过厚均不利其出苗，浇水过多、苗床湿度大、通风透光不良、幼苗瘦弱或徒长发病重。

可选用排水良好、高燥、向阳地块育苗，苗床选用无病菌新土，育苗前床土充分晾晒；施用石灰调节土壤呈微碱性，用量每亩施生石灰 50～100kg；苗期做好保温，防止低温和冷风侵袭，浇水要根据土壤湿度和气温确定，严防湿度过高。浇水应在上午进行；撒施拌种双或甲基立枯磷药土。

四、豇豆主要栽培技术

1. 豇豆塑料大棚早春提前栽培技术要点

（1）品种选择　选用早熟、丰产、耐寒、抗病力强，鲜荚纤维少、肉质厚、风味好，植株生长势中等、不易徒长、适宜密植的蔓生品种。

（2）整地施肥　早耕深翻，做到精细整地。春季在定植前15～20d扣棚烤地，结合整地每亩施入腐熟有机肥5000～6000kg，过磷酸钙80～100kg，硫酸钾40～50kg或草木灰120～150kg，2/3的农家肥撒施，余下的1/3在定植时施入定植沟内，定植前1周左右在棚内作畦，一般做成平畦，畦宽1.2～1.5m。

也可采用小高畦地膜覆盖栽培，小高畦畦宽（连沟）1.2m，高10～15cm，畦间距30～40cm，覆膜前整地时灌水。

（3）播种育苗　早春豇豆直播后，气温低，发芽慢，遇低温阴雨，种子容易发霉烂种，成苗差。因此，早春大棚豇豆栽培多采用育苗移栽，可使幼苗避开早春低温和南方多阴雨的环境，并且可有效抑制营养生长过旺，但豇豆根系易木栓化，不耐移栽，宜采用营养钵育苗。

在南方，播种期最早在2月中下旬，播种过早，地温低，易出现沤根死苗，苗龄过大，定植时伤根重，缓苗慢；播种过迟达不到早熟目的。采用营养钵育苗。

（4）及时定植　一般在2月底至3月上中旬，苗龄25d左右，当棚内地温稳定在10～12℃，夜间气温高于5℃时，选晴天定植，行距60～70cm，穴距20～25cm，每穴4～5株苗。

（5）田间管理（彩图3-3）

① 温湿度管理　定植后4～5d密闭大棚不通风换气，棚温白天维持28～30℃，夜间18～22℃。当棚内温度超过32℃以上时，可在中午进行短时间通风换气。寒流、霜冻、大风、雨雪等灾害性天气要采取临时增温措施。缓苗后开始放风排湿降温，白天温度控制在20～25℃，夜间15～18℃。加扣小拱棚的，小棚内也要放风，直至撤除小拱棚。进入开花结荚期后逐渐加大放风量和延长放风时间，这一时期高温高湿会使茎叶徒长或授粉不良而招致落花落荚，一般上午当棚温达到18℃时开始放风，下午降至15℃以下关闭风口。生长中后期，当外界温度稳定在15℃以上时，可昼夜通风。进入6月上旬，外界气温渐高，可将棚膜完全卷起来或将棚膜取下来，使棚内豇豆呈露地状态。

② 查苗补苗　当直播苗第一对基生真叶出现后或定植缓苗后应到田间逐畦查苗补棵，结合间苗，一般每穴留3～4株健苗。由于基生叶生长好坏对豆苗生长和根系发育有很大的影响，基生叶提早脱落或受伤的幼苗也应拔去换栽壮苗。

③ 植株调整　大棚内不宜过早支架，但过迟蔓茎相互缠绕，不利于搭架。一般到蔓出后才开始支架，双行栽植的搭人字架，将蔓牵至人字架上，茎蔓上架后捆绑1～2次。豇豆每个叶腋处都有侧芽，每个侧芽都会长出1条侧蔓，若不及时摘除下部侧芽，会消耗养分，严重影响主蔓结荚；同时侧蔓过多，架间郁闭，通风透光不好，引起落花而结荚少，所以必须进行植株调整。调整的主要方法是打杈和摘心。

打杈是把第一花序以下各节的侧芽全部打掉，但打杈不宜过早，第一花序以上各节的叶芽应及时摘除，以促花芽生长。摘心是在主蔓生长到架顶时，及时摘除顶芽，促使中、上部的侧芽迅速生长，各子蔓每个节位都生花序而结荚，为延长采收盛期奠定了基础。至于子蔓上的侧芽生长势弱，一般不会再生孙蔓，可以不摘，但子蔓伸长到一定长度，3～5 节后即应摘心。豇豆的整枝方式见图 3-1。

④ 水肥管理　浇定植水后至缓苗前不浇水、不施肥，若定植水不足，可在缓苗后浇缓苗水，之后进行中耕蹲苗，一般中耕 2～3 次，甩蔓后停止中耕，到第一花序开花后小荚果基本坐住，其后几个花序显现花蕾时，结束蹲苗，开始浇水追肥。

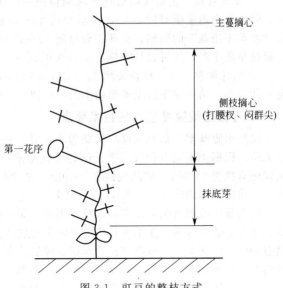

图 3-1　豇豆的整枝方式

追肥以腐熟人粪尿和氮素化肥为主，结合浇水冲施，也可开沟追肥，每亩每次施人粪尿 1000kg，或尿素 20kg，浇水后要放风排湿。大量开花时尽量不浇水，进入结荚期要集中连续追 3～4 次肥，并及时浇水。一般每 10～15d 浇一次水，每次浇水量不要太大，追肥与浇水结合进行，一次清水后相间浇一次稀粪，一次粪水后相间追一次化肥，每亩施入尿素 15～20kg。到生长后期除补施追肥外，还可叶面喷施 0.1%～0.5% 的尿素溶液加 0.1%～0.3% 的磷酸二氢钾溶液，或 0.2%～0.5% 的硼、钼等微肥。

⑤ 及时采收　播种后 60～70d，嫩豆荚已发育饱满、种子刚刚显露时采收。豇豆每花序有 2 个以上花芽，起初开 2 朵花、结 2 条荚果，以后的花芽还可以开花结荚，因此采收时不能损伤剩下的花芽，更不能连花序一起摘下。一般情况下每隔 3～5d 采收一次，在结荚高峰期可隔一天采收一次。

2. 豇豆小拱棚加地膜覆盖栽培技术要点

(1) 品种选择　应选择早熟、耐低温、高产、抗病、适宜密植的品种。

(2) 整地作畦　结合耕翻整地，每亩施入腐熟农家肥 1500～2000kg，草木灰 50～100kg。整平耙细，作小高畦。畦高 10～15cm，宽 75cm，畦沟宽 40cm。作畦后立即在畦上覆盖地膜，地膜宜在定植前 15d 左右铺好。

(3) 育苗移栽　宜利用大棚多层覆盖提前培育壮苗，适宜苗龄为 20～25d，苗高 20cm 左右，开展度 25cm，茎粗 0.3cm 以上，真叶 3～4 片。

(4) 及时定植　豇豆定植的适宜温度指标为棚内 10cm 地温稳定通过 15℃，棚内气温稳定在 12℃ 以上，定植前 10d 扣棚烤地，定植时先揭去小拱棚膜，在小高畦上按株行距 15cm×60cm 或 20cm×60cm 挖穴。

可用暗水定植，即先在穴内浇水，待水渗下去一半时摆入苗子，每穴 2～3 株，然后覆土平穴，用土封严定植孔。也可采用先栽苗后浇水的明水定植方法，但定植后一定要浇小水。全田定植结束后即行扣棚。

(5) 田间管理

① 温度管理　定植后 3～5d 内不通风，棚外加盖草苫，闷棚升温，促进缓苗。随后逐渐揭去棚上两侧的草苫，并开始通风降温，棚内气温白天保持 25～30℃，夜间不

低于 15～20℃，当外界气温稳定通过 20℃时，撤除小拱棚。

②水肥管理　定植缓苗后视土壤墒情浇一次小水，此后控水蹲苗。现蕾时浇一次水，随水每亩追施硫酸铵 20kg，过磷酸钙 30～50kg。以后每隔 10～15d 浇水一次，掌握"浇荚不浇花"的原则。从开花后每隔 10～15d 叶面喷施一次 0.2%磷酸二氢钾。为了促进早熟丰产，还可根外喷施浓度为 0.01%～0.03%的钼酸铵和硫酸铜。

③植株调整　豇豆植株长到 30～35cm 高时及时搭架，主蔓第一花序以下萌生的侧蔓一律打掉，第一花序以上各节萌生的叶芽留一片叶打头。主蔓爬满架后及时打顶。

3. 春豇豆地膜覆盖栽培技术要点

(1) 重施基肥　基肥应以有机肥为主，混拌适量化肥。春季可提高土温，早发根，早成苗。根据土壤肥力和目标产量确定施肥总量。施前深翻 25～30cm，畦中开沟，每亩埋施有机肥 1500kg，碳酸氢铵 30～40kg，过磷酸钙 20～25kg，硫酸钾 20～25kg，缺硼田每亩应加施硼砂 2～2.5kg，然后覆土。

应根据土壤肥力配方施肥，豇豆不耐肥，如土壤肥沃，基肥可适当少施；如土壤贫瘠，基肥应适当多施。在早春栽培豇豆时应特别注意多施有机肥。基肥中氮素化肥少用硝态和铵态氮化肥，应该用有机质氮肥、酰胺态氮肥（尿素）。氮素基肥中，供给作物氮量的 70%作基肥，30%作追肥。磷肥应全数作基肥。基肥中钾肥不宜太多。

(2) 土壤消毒　通过水旱轮作或与非豆科作物轮作。用 50%多菌灵与 50%福美双可湿性粉剂混合拌土，杀灭病菌，或每亩施石灰 25kg、硫黄 2kg 随基肥施入消毒土壤，以克服连作障碍。

(3) 适时定植　整地应在定植前 7～10d 进行，畦面宽（连沟）1.3～1.4m，高 25～30cm，龟背形，浇足底水，盖严地膜，两边用土压实。每畦 2 行，穴距 25～30cm，行距 65cm，每穴 3～4 粒，出苗后间去弱小病苗，每穴留 2～3 株。

(4) 田间管理（彩图 3-4）

①追肥管理　总的原则是前期防止茎叶徒长，后期防止早衰。地膜覆盖种植，基肥充足，在开花结荚前可不施追肥。第一次追施在结荚初期，以后每隔 7～10d 追一次，追肥 2～3 次，每次每亩施氮钾复合肥 15～20kg，用水量为 400～500kg。生长早期，可追施硝态氮肥，但末次追肥应改用氮钾复合肥或尿素。从开花后可每隔 10～15d 喷 0.2%磷酸二氢钾进行叶面施肥。采收盛期结束前的 5～6d，继续给植株以充足的水分和养分，促进翻花。为促进早熟丰产，可根外喷施浓度为 0.01%～0.03%的钼酸铵和硫酸铜。

②水分管理　开花前适当控制水分，防止水分过多引起徒长。第一花序开花结荚时结合追肥浇一次足水，然后又要控制浇水，防止徒长，促进花序形成，直到主蔓上约 2/3 的花序出现时，保持土壤湿润。雨水过多时，应及时排水防涝。

4. 豇豆夏秋栽培技术要点

(1) 选用耐热品种　夏秋豇豆栽培正处于高温多雨季节，生产上宜选用耐热、耐湿、抗病、早熟、丰产的品种。一般 5 月中旬至 6 月中旬播种，7 月中旬至 8 月上旬始收，可采收到白露前。

(2) 采用直播（彩图 3-5）　夏秋两季由于气温高，光照条件好，豇豆幼苗生长速度快，一般幼苗期 15～20d 即可完成。如果采用育苗移栽，定植时地温高，幼苗容易萎蔫，不易成活，即使采用一定的护根措施，由于缓苗时间长，也易造成幼苗老化，影响产量，因此，夏秋豇豆种植大都采用直播方法。

（3）高畦稀植　种植田块宜选用地势高燥、通风凉爽、排灌方便的场所，作高畦或小高畦。播前土壤灌水造墒，使底水充足，防止种子落干。按每亩腐熟鸡粪 2000kg、过磷酸钙 50kg、硫酸钾型复合肥 25kg 混合施入种植沟并覆土整平畦面，然后覆盖黑色或银色地膜。

播种密度较春豇豆稀些，一般 1.2m 宽的畦播 2 行，行距 60cm，穴距 20～25cm，每穴留苗 3 株，每亩用种 3kg。

（4）田间管理

① 及时上架　夏季豇豆生长快，必须及时插架并引蔓上架，防止茎蔓匍匐地面。在株高 20～30cm 时，用粗细、长短合适的竹条或木条搭建"人"字形或"H"形架，架高 2m 为宜，不宜太高，否则不便采摘。另外要求插架必须牢固，以防雨后出现塌架。豇豆开始抽蔓时，每天或隔天下午进行引蔓，引蔓时将藤蔓按逆时针方向绕蔓，必要时用塑料绳按"8"字结固定。

加强中耕除草，一般在定植后、插架前后、开花结荚初期和盛期，共中耕除草 5～6 次。

② 植株调整　豇豆引蔓上架后及早打掉 6～7 叶以下的基部侧芽，保持主蔓生长优势。主蔓第一花序以上侧枝留 2～3 叶后尽早摘心，促进侧枝早形成花序。主蔓长到 2～2.5m 时要打顶，趁早晨或雨后，用小竹竿打主蔓伸长的嫩头，一打即断，速度很快。生长过旺时，摘除部分叶片，抑制营养生长，及时摘除老、病、枯叶。

③ 控制用水　豇豆耐旱怕涝，水分多，会引起植株贪青徒长甚至造成烂根。因此，水分管理在抽蔓前保持畦面干爽，盛花结荚期保持畦面湿润。

夏秋季雨后田间积水常使土壤缺氧，豇豆植株发生沤根和盛荚期大量落叶，严重影响产量。因此，大雨过后要及时排水，排水后再浇一次清水或井水以降温补氧。

夏秋茬豇豆行间铺 5～6cm 厚的秸秆或草，可防止土壤板结、降低地温，防止一般情况下大雨后出现死棵现象。

如出现久旱未雨的天气，除及时浇灌外，还应在植株上方喷水降温增湿。

④ 及时追肥　夏秋季高温多雨，田间肥料容易被雨水淋失，使植株出现脱肥现象。因此，可以采用条沟集中施足底肥的方法，并及时分次追肥，适当增加氮肥用量，促使短期内形成强大植株，减少落花落荚，提高抗逆能力。夏秋豇豆结荚期正值 8 月伏天，植株更易出现"伏歇"现象，应及早增施肥料。

轻施提蔓肥，重施盛花结荚肥。提蔓肥可淋施沤熟花生麸液（按 1：20 比例对水）或 0.1% 复合肥（N：P：K＝15：15：15）溶液；开花前 3～5d，每亩施用复合肥（N：P：K＝15：7：22）15～20kg；第一次采摘后，每亩施用复合肥（N：P：K＝15：7：22）15kg，以后每隔 10d 施 1 次。

⑤ 促进"翻花"　豇豆每个花穗上的 2～3 对花芽通常只有 1 对结荚，但在良好的土壤、水肥等栽培条件下，可以促进其余花芽继续开花结荚。因此，在豇豆栽培过程中，应调控用水，保障根系活力；施足基肥，确保后劲；重施开花结荚肥，协调营养生长和生殖生长的平衡；注意病虫害防治，延长植株根、茎、叶的功能寿命；正确采摘豆荚，在不要损伤花柄和花蕾等措施的基础上，重施"翻花"肥，在采摘完主蔓最顶部的花穗上第 1 对豆荚时，每亩施用复合肥 25kg，尿素 5kg；结荚后期用磷酸氢二钾 500 倍

液或天丰素植物生长调节剂 1500 倍液进行根外追肥，以激活豇豆腋芽和每个花穗上其余第 2、3 对花芽分化萌发，促进翻花，延长采收期，增加产量。

⑥ 防止落花落荚　豇豆落花落荚主要由于营养生长与生殖生长失调、高温干燥、干旱涝害、病虫害等因素导致。防止落花落荚主要措施是在培育壮苗，合理施肥，协调营养生长与生殖生长平衡；通过科学灌溉和增湿措施，保持土壤湿润，改善田间小气候；加强病虫害防控等措施基础上，在开花期喷施 5～15mg/L 萘乙酸溶液、2～3mg/L 对氯苯氧乙酸溶液或 20～30mg/L 赤霉素溶液等植物生长激素；在盛花期喷施 0.2% 硼砂溶液 1～2 次，以防止落花落荚。

⑦ 加强病虫防治　夏秋季气温高、湿度大，主要病害有根腐病、疫病、病毒病、锈病、叶斑病、枯萎病，主要虫害有豆荚螟、斑潜蝇等，要特别注意防治。

5. 夏秋豇豆利用防虫网覆盖栽培技术要点

由于夏季豆野螟、斜纹夜蛾、斑潜蝇等害虫发生严重，用一般化学农药防治，易导致害虫抗药性增强，农药残留超标，而采用防虫网覆盖栽培的方式生产夏秋豇豆，可实现无（少）农药栽培，但要注意如下几点。

(1) 加强苗期管理　在夏季高温季节采用防虫网覆盖，棚内作物根际温度会明显提高，地温过高会导致种子出芽率降低，故应选用耐热性好的品种，播种前地面须浇足底水，尽可能降低棚内地温，播种后种子覆土要达 2cm 厚。

(2) 施足基肥　基肥一定要施足，每亩施腐熟有机肥 3000kg，同时施用高效三元复合肥 30kg。在植株营养生长期尽量少施氮肥，在生殖生长期追施磷、钾肥，并配合施用多功能叶面肥。

(3) 合理密植　要较露地适当降低 5%～10% 的播种密度，大行距为 80cm，小行距为 60cm，株距为 25cm。

(4) 合理选择防虫网　利用防虫网覆盖栽培，由于光照减弱，植株节间加长，茎细叶色淡，有徒长现象，开花结荚期比同期种植的露地豇豆稍迟。因此，选择防虫网时，网目不能过密，一般宜选择 18～22 目，颜色以银灰色或白色为宜，一般在 6 月上旬梅雨到来之前盖网，不能过迟，网纱四周压严实并及时清除周边杂草。

(5) 盖网前杀虫　在覆盖防虫网前，要杀灭棚内害虫卵，可用频振式杀虫灯杀虫，并辅以化学防治，可选用 80% 敌敌畏乳油 800 倍液喷洒地面，喷药后可加盖地膜，待苗刚一出土，及时破膜引出幼苗，并在孔周围压湿土。

(6) 加强网室管理　生产期间网室要密封好，网脚压泥要紧实，网顶压线要绷紧，防止夏季强风掀开，隔出口网室要随手关门，经常检查防虫网有无破洞、缺口，一旦发现及时修补，确保生长期间无害虫侵入。

(7) 及时防治病虫害　用防虫网覆盖，并非不需防虫杀病，只是虫害大大减轻。由于虫卵的世代交替，一旦发现虫害应及时防治，如 6 月底至 7 月初蚜虫发生高峰期，用吡虫啉等药剂治蚜。7 月中旬至 8 月中旬重点防治豆荚螟，选用 2.5% 氯氟氰菊酯乳油 3000 倍液，重点喷花荚和嫩荚。采用防虫网覆盖，网内水分蒸发量小，且网内空气流动性差，雨后易导致网内较长时间保持较高湿度，与露地相比更易发生病害。6 月中旬至 7 月中旬以防治锈病为主，可用 20% 三唑酮乳油 2000 倍液或 70% 甲基硫菌灵可湿性粉剂 1500 倍液，隔 7～10d 喷 1 次，轮流用药，共喷 2～3 次。6 月底至 7 月底在治蚜的基础上，注意防治病毒病，可用盐酸吗啉胍·铜或盐酸吗啉胍 800～1000 倍液喷雾防治。

6. 豇豆高山栽培技术要点

豇豆是豆类中适应性最强的蔬菜，其播种期也较长，农谚说"干豇豆湿黄瓜"，说明豇豆喜温、耐热，但在南方一些炎热地区夏季栽培仍然存在一定困难。除了采用防虫网栽培降温防虫外，在海拔 800~1500m 的高山地区栽培，利用高山地区凉爽的气候条件可降低温度，并通过海拔差调整播期达到陆续上市，供应 7~9 月份蔬菜秋淡市场，效益较好。

（1）品种选择　选用抗病、丰产、优质、耐热、植株长势中等、叶片小而少，适于密植的早、中熟品种。

（2）播期确定　在海拔 800~1200m 的地区，一般 5~7 月排开播种，7~9 月分批采收上市，最迟采收期可延至 10 月上中旬，刚好接上露地秋豇豆茬口。

（3）播种育苗　一般采用露地直播，按行距开两条沟，先浇水，再按穴距播种，每穴播种 3~4 粒，播种深度不超过 5cm，播后盖土平畦。当秧苗长到 4 片复叶时，进行间苗，每穴留苗 2~3 株。也可育苗移栽，苗龄达到 20~23d 时，定植到大田，每穴定植 2 株。

一般行距 50~60cm，穴距 30~35cm。畦宽 80~90cm，沟宽 40cm。

（4）整地施肥　选择坡度平缓、土层深厚、土质肥沃、向阳、不渍水的田块，施足有机肥，每亩施农家肥 4000~5000kg，三元复合肥 50kg 或过磷酸钙 60~80kg、硫酸钾 30~40kg 或草木灰 150~200kg 作基肥。翻土起垄整平，海拔 1000~1200m 地带采用地膜覆盖栽培效果更好。

（5）田间管理　定植后，因植株本身固氮能力弱，幼苗要少量勤施人粪尿作追肥接苗，当幼苗根系扎至基肥后，停止追施肥料。开花结荚期和结荚盛期各追肥一次，每亩施人粪尿 2000kg 或尿素 15~20kg，生长后期，可每隔 10~15d，叶面喷施尿素、磷酸二氢钾等，防止脱肥早衰。如遇长期干旱，应适当浇水保湿。不覆盖地膜的田块，应及时中耕除草。

当幼苗长至 8 片复叶时，及时插杆搭"人"字形架，及时引蔓上架，引蔓应在晴天中午或下午进行，不宜在雨后或早晨进行。在第一花序坐荚后摘掉以下的侧芽，第一花序以上的侧枝一般打去，当主蔓长到 2.0~2.5m 时，及时打顶摘心，促使侧枝发生及花芽形成。

高山栽培常因花期阴雨连绵、湿度过大而授粉不良，易落花落荚，可于花期每隔 4~5d 向花部喷洒 4~5mg/L 的对氯苯氧乙酸一次。

及时防治锈病、煤霉病、叶斑病、豆野螟等病虫害。

鲜食豇豆一般在开花后 20d 及时采收，注意采收时不要伤花序上的花蕾。采收后，包装预冷或直接装车入市销售。

7. 秋季露地豇豆栽培技术要点

（1）品种选择　应选用耐热的中晚熟品种。

（2）整地作畦　选择地势较高、排水良好，2 年未种过豆科作物的中性土壤或砂质土壤种植。在整地时应起深沟高畦，畦土要深翻晒垡，深翻 30cm。

（3）播种　秋豇豆大多选择直播，长江中下游地区播种期一般为 6 月上旬至 8 月初，每亩播种量 2.0~2.5kg，行株距与春豇豆相同。每穴播 3~4 粒种子，播后盖 3cm 厚细土，浇足出苗水。

（4）田间管理　由于秋豇豆生长期较短，前期正值高温，生长势不如春豇豆，所以，搭架不必太高。豇豆出苗后及时施提苗肥，可用淡粪水，也可用少量化肥浇施。以后应适当控制肥水，抑制植株营养生长，如果幼苗确实生长太弱，可薄施1～2次尿素或粪水。

豇豆开花结荚期需肥水较高，应浇足水，及时施重肥，每亩可追施复合肥30kg、过磷酸钙10kg、氯化钾5kg，每周再喷施微肥一次。豆荚生长盛期，应再追一次磷肥，以减少落花落荚。盛荚期后，若植株尚能继续生长，应加强肥水管理，促进侧枝萌发，促进翻花。

由于秋豇豆生长盛期正值高温、干旱、暴雨季节，要特别注意水分的协调，浇水或灌水最好在下午4时以后进行，切忌漫灌。遇多雨气候时，要及时排干沟内积水，防止涝害。

及时插架、引蔓。当幼苗开始抽蔓时应搭架，搭架后经常引蔓，引蔓一般在晴天上午10时以后进行。

8. 豇豆塑料大棚秋延后栽培技术要点

（1）选用良种　豇豆秋延后栽培，宜选用秋季专用品种或耐高温、抗病力强、丰产、植株生长势中等、不易徒长、适于密植的春秋两用丰产品种。

（2）播种育苗　播种时间宜在当地早霜来临前80d左右。长江中下游地区一般在7月中旬至8月上旬播种，过早播种，开花期温度高或遇雨季湿度大，易招致落花落荚或使植株早衰；晚播，生长后期温度低，也易招致落花落荚和冻害，产量下降。大棚秋豇豆也可采用育苗移栽，先于7月中下旬在温室、塑料棚内或露地搭遮阳棚播种育苗。播种前用55℃温水加0.1％高锰酸钾浸种15min，洗净后再浸泡4～5h，然后洗净晾干播种。

（3）适时移栽　苗龄15～20d，8月上中旬定植，由于秋延后栽培生长期较短，可比春提早栽培适当缩小穴距，穴距以15～20cm为宜，以增加株数和提高产量。

（4）田间管理

① 浇水追肥　豇豆秋延后栽培，苗期温度较高，土壤蒸发量大，要适当浇水降温保苗，并注意中耕松土保墒，蹲苗促根。但浇水不宜太多，要防止高温高湿导致幼苗徒长，雨水较多时应及时排水防涝。幼苗第一对真叶展开后随水追肥一次，每亩施尿素10～15kg。开花初期适当控水，进入结荚期加强水肥管理，每10d左右浇1次水，每浇2次水追肥1次，每亩冲施粪稀500kg或施尿素20～25kg。10月上旬以后应减少浇水次数，停止追肥。

② 植株调整　植株甩蔓时，就要搭架，便于蔓叶分布均匀，也可用绳吊蔓。避免植株茎叶相互缠绕，有利于通风透光，减少落花落荚，常用的架形为"人"字形架，豇豆分枝性强，枝蔓生长快，整枝打杈调节生长与结荚的平衡。一般主茎第一花序以下的侧蔓应及时摘除，促主茎增粗和上部侧枝提早结荚，中部侧枝需要摘心。主茎长到18～20节时摘去顶心，促开花结荚。

③ 防止落花落荚　用2mg/L的对氯苯氧乙酸，或赤霉酸喷射茎的顶端，可促进开花，增加结荚数量。

④ 保温防冻　豇豆开花结荚期，气温开始下降，要注意保温。初期，大棚周围下部的薄膜不要扣严，以利于通风换气，随着气温逐渐下降，通风量逐渐减少。大棚四周的薄膜晴天白天揭开，夜间扣严。当外界气温降到15℃时，夜间大棚四周的薄膜要全

封严，只在白天中午气温较高时，进行短暂的通风，若外界气温急剧下降到15℃以下时，基本上不要再通风。遇寒流和霜冻要在大棚下部的四周围上草帘保温或采取临时措施。当外界气温过低时，棚内豇豆不能继续生长结荚，要及时将嫩荚收完，以防冻害。

五、豇豆生产关键技术要点

1. 春豇豆定植后出现黄叶落叶的原因与防止措施

春豇豆在定植后，易出现幼苗叶片发黄、重者叶片脱落的现象。

（1）发生原因

① 温度过低 长江中下游地区栽培春豇豆，前期低温多雨，为解决播后烂种及提早采收，大都采用育苗移栽方法。4月定植后，如较长时间处于10℃以下的低温条件下，根系吸收受到影响，因而出现幼苗发黄、叶片脱落现象，生长受到抑制。当气温升高后，幼苗虽能恢复生长，但产量已受到影响。

② 营养不足，子叶脱落 豇豆的子叶没有菜豆的发达，幼苗出土后子叶随即脱落，苗期不像菜豆那样可以从子叶获得养分，因此，当遇到低温威胁时，叶片就容易脱落。

③ 定植质量低 如在农事操作过程中伤根过重，或对苗坨压的过于紧实，或定植后（冬、春季）大水漫灌，导致土壤湿度过大而透气性差，不利于根系生长而沤根，或（秋季）浇水不够，或缓苗期过长等。

④ 病害导致 有的是幼苗本身的病害引起黄叶落叶。

⑤ 定植后遇不良天气，未及时缓苗，不发新根，也易黄叶落叶。

（2）防止措施

① 适时播种，培育壮苗 根据栽培季节和日照条件，选择适宜品种。根据当地气候条件，选择直播或育苗。采用营养钵，或纸袋，或穴盘，或苗床土方育苗，营养面积为10cm×10cm，苗床土以中性的砂壤土为好。播种前先浇温水造墒（在阳畦内育苗需先阳光烤畦），每钵（或每袋）播3～4粒种子，覆土2～3cm厚，上覆盖塑膜保温、保湿。温度白天30℃、夜间25℃左右时，播后7d发芽，出苗率达到85%后就要注意通风降温（防徒长）。温度在白天23～28℃、夜间25～18℃时，10d左右出齐苗。土壤相对湿度保持在70%左右。幼苗子叶展平，初生的真叶张开后及时间苗，每钵（或袋或土方）内留3株幼苗为宜。在定植前7d，降温炼苗，白天20～25℃、夜间13～15℃。用苗床土育苗（切割土方），一般在幼苗第一片复叶展开时定植；用营养钵育苗，可在幼苗有2～3片复叶展开时定植。选用无病苗定植。

② 施足基肥 北方采用平畦栽培，南方采用深沟高畦（垄）栽培。合理施用基肥，避免偏施氮肥。每亩施腐熟猪、牛粪2500～5000kg，或腐熟人粪尿1000～1500kg，或腐熟鸡粪300～400kg，或饼肥100kg，再加过磷酸钙30～40kg、硫酸钾20～30kg。

③ 加强定植管理

（a）保护地定植管理 需在播种或定植前10d左右扣棚膜烤地，棚内10cm地温稳定在15℃以上、气温稳定在12℃以上可播种或定植。若采用小拱棚加地膜覆盖、夜间盖草苦时，定植适期为终（晚）霜前15d左右，直播适期为终（晚）霜前15～20d，掌握在温度回升后较为稳定的情况下定植，并保证定植后一个星期的晴好天气，促进缓苗生根。按行距1.2m开沟，或按大行距1.4m、小行距1m开沟，在沟内施肥浇水后起15cm高垄，在垄上按20cm打穴，每穴放1个苗坨，浇温水，或带药（多菌灵等）浇定植水，水渗下后覆土封严。定植后3～5d内关闭风口保温缓苗，缓苗后温度白天25～

30℃、夜间 15～20℃。在缓苗期，冬春茬和春提早茬再按穴浇 2 次水，秋冬茬和秋延后茬连浇 2 次水，待缓苗后沟浇 1 次水，进入中耕蹲苗期。当春季外界温度稳定通过 20℃时，再撤除棚膜，转入露地生产。

（b）露地定植管理　露地栽培，若春季直播栽培，一般北方在清明至小满，南方在惊蛰至谷雨期间播种，按行距 66cm，株距 33cm 穴播，播种深度为 4～6cm，每穴播种 3～6 粒（出苗后每穴间苗留 2 株），每亩种 3000 穴。若种适宜密植品种，可增至 4000～5000 穴。若春季育苗栽培，需根据定植期和育苗苗龄来决定播种育苗期。一般在终（晚）霜过后定植，按行距开沟，其深度以苗坨不高出地面为宜，按株距摆放苗坨（要避免散坨），然后轻浇水，让苗坨充分吸水，待水还没有渗入土中即覆土合沟，并施粪土，适时中耕，待新蔓长出后，再浇水，然后中耕蹲苗。

④ 采取防寒措施，避免春季低温或霜冻造成的危害。后期易遇高温干旱，植株容易出现落叶早衰现象，应注意开沟排水。

⑤ 加强中后期的肥水管理　出现黄叶落叶现象后，喷施一次生根剂或天达-2116，有一定的促根缓苗作用。

2. 春豇豆遇上"倒春寒"的管理办法

豇豆在气温 15℃以下时，植株生长缓慢；在 10℃以下，明显影响根系的吸收能力；5℃以下，植株表现出受害症状；在接近 0℃时，茎蔓枯死。

露地春豇豆在遇上"倒春寒"时，会出现不同程度的寒害症状，植株根部发红，叶色深绿、叶片增厚，根系吸收能力较弱。幼苗生长缓慢，迟迟不能甩蔓。有时会发生冻害，由于部分表皮细胞死亡使叶片及幼茎发白。幼苗受到寒害或冻害后，对以后的花芽分化、花器发育及生长势，均带来极为不利的影响。

主要原因是播种或定植过早，使幼苗遇上低温期，因寒流来临，使幼苗遭遇降温。

预防春豇豆倒春寒，一是以最低气温稳定在 15℃以上播种为宜，根据当地气候条件和栽培方式（如采用小拱棚栽培或地膜覆盖栽培等），选择适宜的播种期或定植期；二是注意观察田间温度，加强（夜间）保温覆盖；三是若寒流来临，需提前做好防降温措施。

当春豇豆遇到倒春寒伤害后，可采取适时中耕松土，提高地温，临时搭小拱（环）棚保温等措施。

3. 豇豆栽培促控管理促进开花结荚技术要领

豇豆生产上，常常发现有的豇豆藤蔓长势很好，但就是花开得少，或花不坐荚，或落花落荚严重，而那些长势一般，甚至长势很差的，倒是只看见豆荚。这是什么原因呢？

豇豆植株从 4～5 片复叶展开至现蕾为抽蔓期，一般需 20～25d。在此期间，植株节间显著伸长，茎蔓生长迅速，并孕育花蕾，根系迅速萌生根瘤菌。此期植株容易出现营养生长过旺的现象，应促使根系下扎，防止茎蔓徒长和开花结荚延迟。

从幼苗开始开花至结荚终止的这一段时间为开花结荚期，此期是形成产量的关键时期。豇豆在开花结荚期，一方面抽出花序，开花、结荚；另一方面继续进行茎叶生长、发展根系和形成根瘤菌。由于生长量大，生长迅速，茎叶生长和开花结荚的相互关系比较复杂，既会因茎叶生长不良，影响开花结荚，又往往容易因为茎叶生长茂盛而延迟抽生花序，少发生花序，或者引起落花落荚。因此在栽培管理上要注意采取促控相结合的技术措施，保证良好的温度、光照和肥水条件，适当调节植株营养生长和生殖生长的平衡。豇豆促控管理主要通过浇水追肥来进行。

直播苗出齐后或定植缓苗后，可视土壤墒情浇一次水。此后要严格控水控肥，以中耕保墒蹲苗为主。这一时期如肥水过多，茎叶生长过旺，就会使植株开花结荚部位升高，花序数目减少，往往造成中下部空蔓，植株早衰，产量下降。

插架前浇一次水，有利于促进生长和方便插架。结合这次浇水可在行间沟施有机肥或追施尿素（每亩 10kg 左右）。植株现蕾时，若干旱可再浇一次小水。初花期不浇水，防止落花。当第一花序坐住荚，第一花序以后几节的花序显现时，浇一次大水；到植株中下部的豆荚伸长、中上部的花序出现时，再浇一次大水。以后一般每隔 5～7d 浇一次水，经常保持土壤见干见湿。

植株进入开花结荚期后浇水时结合追肥，每次每亩追施硫酸铵 15kg 或尿素 10kg，硫酸钾 5kg，一次清水、一次肥水交替施用。若底肥中磷肥不足，可追施过磷酸钙，每亩每次 5kg，或用复合肥，每次 5～8kg。7 月以后雨量增加，注意排除田间积水，延长结荚期，防止后期落花落荚。

此外，还可通过合理整枝，调节豇豆营养生长与生殖生长的矛盾，促进开花结荚。

4. 豇豆结荚节位升高的发生原因与预防措施

豇豆是以主蔓结荚果的品种，第一花序着生的节位，早熟品种一般为 3～5 节，晚熟品种一般为 7～9 节，如果豇豆植株的第一花序着生的节位上升，则会使开花结荚期推后，影响产量。

（1）造成豇豆结荚节位升高的原因 一般中晚熟品种结荚节位较高，但早熟品种在苗期徒长，初花期生长过旺时也会使结荚节位升高；豇豆苗期，在 1～3 片复叶正值花穗原基开始分化时，如遇过低温度，其花序分化受阻，影响基部花穗形成；定植过密，易造成生长中后期茎叶郁闭，影响通风透光，不利于下部侧枝上正常开花结荚，造成节位高；开花结荚前，尤其是苗期、初花期，对水分特别敏感，如肥水过多，特别是氮肥过多，使蔓叶生长旺盛，开花结荚节位升高，延迟开花结荚；一些南方的地方品种，引入北方地区种植，也会造成推迟开花。

（2）预防豇豆结荚节位升高的措施

① 培育壮苗 选择适宜品种，早春育苗要搞好种子、苗床土的消毒，加强保温防寒，避开低温期，及时防治苗期病虫害，培育壮苗。育苗时或幼苗定植后，需加强保温措施，维持苗床内或棚室内的适温。

② 合理密植 根据豇豆的品种特性及不同的种植季节合理安排。若定植过密，容易造成豇豆生长中后期田间郁蔽，影响通风透光，特别不利于下部侧枝上豇豆的正常开花结荚。若生长期间郁蔽，可采取摘叶的方式，改善田间通风透气性，提高光合作用的利用率。可根据田间情况，适当摘除植株 1/4～1/3 的叶片，摘叶同时还有控制植株旺长的功效。

③ 调节温度 豇豆定植时，从幼苗定植后，浇好定植水和缓苗水，及时中耕蹲苗，保墒提温。可用多菌灵等药水定根，预防根部病害。定植缓苗后，设施栽培的应加大通风，将温度控制得偏低一些，以利于形成壮苗，可控制白天温度在 20℃ 左右，夜温 15℃ 左右。温度过高则易造成节间过长，秧苗徒长，影响前期产量。秧苗锻炼 20～25d，可使节间变短，叶片增加，利于产量提高。

④ 合理使用植物生长调节剂 1 叶 1 心时，可用甲哌鎓 1500 倍液喷雾，以防下胚

轴拔节过高。从第三组叶片形成后，豇豆节间明显拉长，茎蔓生长速度加快，可喷施甲哌鎓 1000～1500 倍液。株高 100cm 左右，茎蔓生长旺盛期，可喷施甲哌鎓 750～1000 倍液。但是，若豇豆在低温冬季定植，因温度低，植株生长缓慢，所以在上述时期不应喷用调节剂进行控制，以防出现僵化苗。

营养生长向生殖生长转化期，当茎蔓长到 180cm 左右，可喷施一次 750 倍液的甲哌鎓或矮壮素 1500 倍液混加硼砂 600 倍液，控秧促花。营养生长与生殖生长同步期，可喷施 6000 倍的复硝酚钠（爱多收）混加 600 倍的芸苔素内酯，协调植株生长的平衡关系。若植株旺长，可喷用 15～25mg/kg 的萘乙酸混加 750 倍的甲哌鎓进行控制，以防止旺长，防止落花落荚，促进营养生长向生殖生长转化。

⑤ 加强肥水管理　追肥浇水应做到促控结合，要合理使用氮肥，早期不偏施氮肥，现蕾前少施氮肥，增施磷、钾肥，以防茎叶徒长，造成田间通风透光不良，结荚率下降。结荚期和生长后期必须追施适量的氮肥，以防早衰。一般从出现花蕾后，可浇小水后中耕，初花期不浇水。在第一花序坐住荚、后几节的花序显现、叶片变厚、节间短、根系下扎、茎蔓长 1m 左右时，在干旱时应浇水，以促茎叶生长和荚的发育。待植株中下部豆荚均明显伸长肥大、上部花序也出现叶色变深时，再浇一次水。随水每亩施尿素 10～15kg 或硝酸铵 20～30kg，过磷酸钙 30～50kg。此后进入结荚期，荚的生长和茎叶生长都很旺盛，需水量大增，应增加浇水次数，保持地面湿润。但浇水量不宜过大，以土壤见干见湿为度。雨后注意排除田间积水。

⑥ 科学整枝　在植株有 5～6 片叶时就要插架，在晴天中午或下午引蔓上架。在主蔓第一花序以下的侧芽长至 3cm 左右时，及时彻底除掉。在主蔓第一花序以上各节位上的侧枝，留 1～3 叶摘心，保留侧枝上的花序，增加结荚部位。第一次产量高峰过后，叶腋间新萌生的侧枝（俗称二茬蔓）也同样留 1～3 叶摘心（俗称打群尖）。对侧蔓结荚品种（不宜用作早熟栽培），侧枝可按品种特性适当选留，第一花序以上的侧枝，也留 1～3 节摘心，留多少叶视密度而定。当主蔓有 15～20 节长达 2m 以上，摘心封顶，促进形成侧枝花芽。对于矮生品种也可在主枝高 30cm 时摘心，促进侧枝发生和早熟。在生长盛期，可分次剪除下部老叶、黄叶。

5. 豇豆植株调整技术要领

豇豆生产中，菜农很少对豇豆进行整枝摘心等植株调整，而是通过减少用种量，加大株行距和定植密度来达到改善通风透光条件，这样做产量当然大打折扣。实践证明，豇豆通过植株调整，可进行密植栽培，实现高产高效的目的。

（1）豇豆植株调整的好处　豇豆蔓性种的分枝能力较强，主蔓第一花序以下节位均可抽生较强的侧蔓，但蔓性种一般是以主枝结荚为主，可以进行密植，并适当整枝。矮生种豇豆一般株高 35～50cm，茎长至 4～8 节后顶端即形成花芽，并发生侧枝，成为分枝较多的枝丛，矮生种以分枝结荚为主。半蔓性种的生长习性近似蔓性种，但茎蔓较短，也呈丛枝状，栽培时不需要支架，但也必须及时整枝摘心。采取整枝可控制茎蔓开花坐荚，如主枝生长到一定长度摘顶，可促使分枝，坐荚增多，也有摘除基部分枝，促使主枝发育的。

早春棚室环境条件优越，侧蔓抽生快，容易造成丛生，如不及早整理则会影响植株下部通风透光，造成落叶、落花、落荚现象，因而也需要进行植株调整。

通过整枝可以调节豇豆营养生长与生殖生长的矛盾，减少养分消耗，改善通风透光，促进开花结荚，实现早熟丰产。

（2）豇豆植株调整方法　植株调整一般可采以如下办法：蔓生豇豆要及时插架引蔓。当植株长出5～6片叶开始伸蔓时，及时用竹竿插"人"字形架，每穴插一根，当植株蔓长30cm以上时，及时引蔓于架上。引蔓要在晴天中午或下午进行，以免折断嫩头。大棚栽培，也可采用尼龙绳牵引的方法，即在棚架上顺畦的方向拉铁丝，畦面上拉绳或插小木棍，将尼龙绳的上端固定在铁丝上，下端固定在畦面的绳上或小木棍上，茎蔓随绳缠绕向上生长。

矮生豇豆一般当植株一出现侧枝时即进行打顶（保留2～3片叶），这样可显著提高坐荚率。

蔓生豇豆整枝的措施主要有以下四点：一是抹底芽，主蔓第一花序以下的侧芽长至3cm左右时及时抹去，以促使主蔓粗壮和提早开花结荚；二是打腰杈，主蔓第一花序以上各节位的侧枝在早期留2～3叶摘心，促进侧蔓第一节形成花芽；三是闷群尖，植株生育中后期主蔓中上部长出的侧枝，见到花芽后即闷尖（摘心）；四是主蔓摘心，主蔓长15～20节，达2～2.3m高时摘心，以促进下部节位各花序上副花芽的形成和发育，也有利于采收豆荚。

大棚豇豆秋延后栽培的整枝方式基本同上，但主蔓摘心的时期要早一些，一般在蔓长2m时摘心。因为后期开放的花即使能结荚，也会由于生长的环境条件不适宜而达不到商品成熟，早摘心，可去掉一部分花序，减少养分的消耗。

6. 豇豆追肥技术要领

豇豆进入采收期，豆农往往忽视了对豇豆的田间管理，特别是忽视追肥，导致后期植株提早衰败，豇豆鼠粒尾多，产量不高。也有的不懂豇豆需肥特性，盲目追肥，导致豇豆疯长，营养生长和生殖生长失调，推迟结荚，影响效益。

（1）需肥特性　豇豆在开花结荚之前，对肥水要求不高。如肥水过多，蔓叶生长旺盛，开花结荚节位升高，花序数目减少，侧芽萌发，形成中下部空蔓，因此前期宜控制肥水，防止茎蔓徒长。当植株开花结荚以后，就要增加肥水，促进生长，多开花，多结荚。豆荚盛收开始，需要更多肥水量，如缺肥缺水，就会落花落荚，茎蔓生长衰退，因此后期要适时、适当追肥，避免早衰。

（2）追肥时期和数量　一般在生长前期根据豇豆生长情况适当追施有机肥。第一次追施在结荚初期，以后每隔7～10d追一次，追肥2～3次，每亩每次施氮钾复合肥15～20kg，用水量为400～500kg。豇豆生长早期，可追施硝态氮肥，但末次追肥应改用氮钾复合肥或尿素。

（3）追肥方法

① 浇施　把人畜粪肥渗水或化肥泡水溶化后浇施。种植密度大时，全园浇施。种植密度小时，可用条施、环施、穴施，注意肥料尽量不要施在叶片上。

② 根外追肥　根外追肥适用于容易被土壤固定及淋失的肥料和春季长期下雨土壤过湿时应用。根外追肥用的肥料溶液的浓度，因作物及外界条件的差异而不同，一般为千分之几至百分之一。根外追肥最好在傍晚或早晨露水干后9点前进行，因为这时叶片气孔张开，有利于植株吸收。根外追肥后需要4h内不雨，否则效果很差。

氮肥的根外追肥宜选用有机氮肥，如奥普尔、氨基酸复合微肥等。须在采收前10d使用。磷肥根外追肥宜选用磷酸二氢钾或过磷酸钙。从开花后可每隔10～15d，叶面喷施0.2％磷酸二氢钾溶液。如用过磷酸钙，须经过滤，即按1:（50～80）的比例加水泡浸一昼夜，然后过滤液体喷洒。钾肥宜用氯化钾或硫酸钾，须泡水成0.3％～1.0％浓度后使用。为了促进早熟丰产，还可根外喷施 0.01%～0.03% 的钼酸铵或硼肥。

7. 豇豆膜下滴灌水肥一体化技术要领

（1）播种期肥水管理

① 施足基肥　基肥以有机肥为主，配比一定量的化肥。原则上每亩施用有机肥 1500kg、高氮低钾复合肥 40kg 和过磷酸钙 30kg。

② 打透底墒　充足的底墒一方面可满足种子萌发时的水分需要；另一方面会均衡从出苗到枝蔓生长再到开花结荚这段时期的土壤水分和空气湿度，一旦底墒不足以支撑到花期，而通过滴灌补充水分，极易导致落花落荚，造成严重减产，同时推迟上市期。但土壤水分过多也会造成透气性差，直播后遇到高温或持久的低温天气，容易出现烂种缺苗问题。

（2）苗期及花期肥水管理　苗期主要是"控"，控制营养生长，促进生殖生长。苗期控水要根据植株生长的状况来灵活掌握，如果出苗后遇到持久高温干旱天气，底墒蒸发量大，再不补水就要危及植株生长，这时要通过滴灌系统适量补一次水，补水量以垄部土壤持水量的 50%～60% 为宜。同时，畦间可浇灌跑马水，水过地面湿润即可，通过增加空气湿度，减少蒸发量，保障植株正常生长。

（3）结荚期肥水管理　以"促"为主，持久均衡地补足水，施足肥。进入开花结荚盛期后，每 7～10d 补一次肥水，补水补肥通过滴灌系统同时进行，通过在恰当的时期补充恰当的肥料，促进荚条生长，防止枝叶早衰，尽量延长结荚期。

① 结荚初期　播种后第一次补肥补水，一般在主蔓花穗 70% 左右开花后，通过滴灌系统，每亩施用高效水溶性低氮低磷高钾的三元复合肥 10～15kg。春播豇豆，结荚期高温干旱，初期枝叶尚未长成，田间空气干燥，不利于结荚挂荚，因此，除上述措施外，在结荚初期可结合畦间灌跑马水增加空气湿度，保障结荚。但夏播豇豆结荚期空气湿度较大，此时要完全依靠滴灌系统补充肥水，避免畦间漫灌，有效降低空气湿度，减少病虫害的发生。在操作膜下滴管系统时应注意，每次冲肥前，先打开滴灌系统补水，使垄土持水量达到 50% 后开始冲肥，冲肥后继续灌水，直到垄土持水量达到 80%～100%。在 2 次冲施水肥之间，可结合叶面喷施 0.1% 磷酸二氢钾液补充钾肥。

② 结荚盛期　在大量补充钾肥的同时，要加大氮肥的比例，以充分供应枝叶生长，防止早衰的发生，此期要选择高氮低磷高钾的复合肥冲施，每次采摘后，每亩冲施量为 15～20kg，并足水滴灌。

③ 结荚后期　第一次产量高峰后，此时期植株生长进入衰败期，如果此时补充充足的氮肥和水分，植株会从中下部的叶腋处发出侧蔓并抽出新的花穗，植株原来潜伏的花芽也能发育成新的花蕾，并大量开花结荚，形成第二次产量高峰。此期应选择高氮含量的多元水溶复合肥进行冲施，每亩冲施量为 15～20kg，并足水滴灌。

此外，结荚后期一旦遇到雨季，要做好排涝工作。

8. 豇豆缺素症的识别与防止措施

（1）缺氮症

① 症状识别　植株缺氮，长势衰弱。叶片薄且瘦小，新叶叶色为浅绿色，老叶片黄化、易脱落。荚果发育不良，弯曲，籽粒不饱满。

② 防止措施　植株缺氮时，每亩穴施或撒施尿素 15kg 或硫酸铵 30kg 并浇水，或叶面喷洒 0.3% 尿素溶液。

（2）缺磷症

① 症状识别　植株缺磷时生长缓慢，叶片仍为绿色。其他症状不明显。

② 防止措施　在播种或定植前，每亩沟施或穴施磷酸二铵 30kg 作基肥。若生长期缺磷，每亩穴施磷酸二氢钾 10kg 或叶面喷施 0.3% 磷酸二氢钾溶液。

（3）缺钾症

① 症状识别　植株缺钾时下位叶的叶脉间黄化，并向上翻卷，上位叶为浅绿色。

② 防止措施　植株缺钾时，每亩穴施或沟施 50% 硫酸钾 10kg 并浇水，或叶面喷洒 0.3% 磷酸二氢钾溶液。

（4）缺钙症（彩图 3-6）

① 症状识别　植株缺钙时一般为叶缘黄化，严重时叶缘腐烂。顶端叶片表现为浅绿色或浅黄色，中下位叶片下垂呈降落伞状。籽粒不能膨大。

② 防止措施　每亩施过磷酸钙 40～50kg 作基肥，或叶面喷洒 0.3% 氯化钙溶液。

（5）缺镁症

① 症状识别　植株缺镁时生长缓慢矮小。下位叶的叶脉间先黄化，逐渐由浅绿色变为黄色或白色，严重时叶片坏死、脱落。

② 防止措施　叶面喷洒 0.3% 硫酸镁溶液。

（6）缺硼症

① 症状识别　植株缺硼时生长点坏死，茎蔓顶干枯，叶片硬、易折断，茎开裂，花而不实或荚果中籽粒少，严重时无粒。

② 防止措施　每亩施硼砂 1kg 作基肥（与有机肥混施），或叶面喷洒 0.5% 硼砂溶液。

9. 豇豆的"伏歇"现象及防止措施

露地栽培的豇豆在第一次产量高峰过后，如果基肥不足，肥水管理不及时，进入生长后期，由于大量结荚，营养消耗多，再加上夏季高温的影响，植株往往生长缓慢，叶片发黄脱落，开花、结荚稀少，到后期很难出现第二次产量高峰期，由于这种现象多发生在伏天，所以称为"伏歇"现象。"伏歇"现象一般在春豇豆栽培中发生，夏秋露地栽培的豇豆，结荚期正值 8 月伏天，植株也易出现"伏歇"现象。

容易诱发"伏歇"的原因有以下几点。一是播种过晚，在第一次产量高峰期过后抽出的一些花枝结荚少，生长受到抑制；二是在第一次产量高峰期消耗大量养分，没有及时施肥浇水，造成脱肥早衰；三是在生长中后期遇热雨，或大风、热风、田间积水、干旱等造成植株根系受损、落叶等；四是没有及时整枝摘心，使侧枝的萌生量减少。

防止"伏歇"，主要应加强预防。一是选择分枝能力强的、生长势旺盛的品种；二是根据当地气候条件适期播种或育苗定植，使结荚期在较长时间处在温度适宜的季节里，减轻高温的影响；三是合理密植，适时整枝、摘心、摘叶，促生侧枝，在第一次结荚高峰期过后，在植株顶部 60～100cm 处对已经开过花的节位上发出的侧枝进行摘心，促进植株"翻花"；四是前期适当控制水分进行蹲苗，促进生殖生长，以形成较多的花序，为丰产打好基础，蹲苗期间，加强中耕，及时防除杂草，防止杂草与豇豆植株争肥，摘除病叶、黄叶、枯叶；五是施足基肥，及时追肥，在结荚盛期要确保水肥供应，促使产生较多的侧蔓花序，封顶前，结合灌水，每亩每次追施 15～20kg 速效氮肥，以后根据长势每 7～10d 追肥一次，通过加强肥水管理，缩短"伏歇"时间，防止早衰；六是及时采收荚果；七是遇有害天气，积极采取防范措施，以减轻为害；八是注意防治枯萎病、锈病、煤霉病、棒孢叶斑病、豆荚螟、甜菜夜蛾、斜纹夜蛾等病虫害，保护叶片。

一旦出现了"伏歇"现象，应加强管理，多次除草，适时浇水追肥。或叶面喷肥，促使植株恢复正常生长。但在保护地豇豆秋冬茬或秋延后茬由于播种过晚，在第一次产量高峰过后环境温度降低，不可能出现第二次产量高峰。

10. 豇豆生理性黄叶的发生原因与防治方法

（1）发生与为害　该病主要是由寒害、大水灌溉、极端温湿条件造成的生理性病害（彩图 3-7）。主要表现为处于幼苗期或开花期的豇豆植株新叶皱缩黄化，其与病毒病的区别主要是黄绿斑驳不明显，且叶片皱缩，受叶脉限制。

（2）防治方法　使用天达 2116、芸苔素或氨基寡糖素等生长调节剂或增抗剂，结合喷施苯醚甲环唑等广谱性杀真菌的药剂防治。

11. 豇豆"水发"或"水黄"现象的发生原因与防止措施

长江流域露地春豇豆在生长初期遇梅雨期，易发生"水发"或"水黄"现象。雨水多的季节，出现茎、叶生长旺盛，长势衰弱的现象，称为"水发"。发生"水发"的植株，再遇上阴雨连绵天或大雨滂沱天，在雨后 3～5d，原本葱绿的叶片会出现变黄大量脱落，造成遍地黄叶的现象，称为"水黄"。

"水发"是因施氮肥过多或偏施氮肥，遇气温偏高雨水大时，引起的豇豆植株徒长。"水黄"是因田间积水，出现涝害，造成叶片变黄脱落。

防止豇豆的"水发"或"水黄"现象，应选择地势较高的地块（以砂壤土为好）作为豇豆种植田。在整地时做到由"三畦"（高畦、短畦、窄畦）和"三沟"（畦沟、腰沟、围沟）组成的耕作排水系统。在基肥中，适量控制氮肥用量，适量增施磷、钾肥。在生长前期，适当控制水肥，促根发育。在进入雨季前疏通排水渠道，力争做到随降雨随排水。

出现"水发"或"水黄"现象后，可采取措施降低土壤湿度，降雨期间早排积水，要防止植株生长瘦弱。

12. 豇豆落花落荚现象的发生原因与防止措施

豇豆进入开花结荚期后出现落花落荚现象（彩图 3-8），重者造成空蔓。其主要原因有以下几点：播种期偏迟；幼苗生长初期（花芽分化期）遇到低温，影响花原基分化；在开花结荚前期没有很好蹲苗或植株生长过旺；开花结荚后，若植株生长状况差，营养不良，尤其是豆荚开始盛收植株却脱肥脱水；初花期湿度过大；结荚期高温干旱；田间积水土壤湿度过大；不及时防治蓟马、豆荚螟、甜菜夜蛾、斜纹夜蛾等为害花器的害虫；幼苗生长初期，花芽分化遇到低温；开花期遇到过低或过高的温度，空气或土壤的湿度过大或干旱、光照太弱等。

防止豇豆落花落荚，要从培苗开始，搞好管理。培育壮苗，合理密植，植株现蕾前后，要适当控制蔓叶生长，进入开花结荚期后，将保护地内温度维持在 25～28℃、空气相对湿度为 55%～60%，注意采取增加光照的措施。露地种植则通过选择适宜播种期和品种，使开花结荚期处在气候条件最适宜的月份。结荚以后，要连续重施追肥，一般每采摘荚果 2～3 次，追肥一次。每亩追施腐熟的稀人粪尿 1500kg 或尿素 15kg，硫酸钾 15kg，或氮磷钾复合肥 10～15kg。开花期喷施少量生长调节剂，一般喷施 5～25mg/kg 萘乙酸或 2mg/kg 对氯苯氧乙酸，在一定程度上可防治落花落荚，提高成荚率。及时采收，当荚果长成粗细均匀，荚内豆粒已开始生长、但豆粒处的荚面不鼓起时，为商品嫩荚果最佳采摘期，宜在傍晚采摘。一般盛果期每天采摘一次，到后期可隔天采摘一次。采摘时不要伤及花序枝及花蕾，不要遗漏长成的嫩荚果。若发现有漏摘的荚果后需及早摘掉。开花期及时防治豇豆螟、甜菜夜蛾、蓟马、枯萎病、棒孢叶斑病等病虫害，掌握"治花不治荚"的原则，在早晨豇豆闭花前喷药防治。

13. 豇豆鼠尾现象的发生原因与防止措施

豆荚远离果梗一端，与豆荚其他部位相比呈明显细小状的现象称为鼠尾现象（彩图3-9）。一般发生在植株上部豆荚，在开花结荚后期，植株同化能力下降，根系活力衰退，豆荚间竞争养分加剧，造成鼠尾。授粉受精时环境温度过高，造成远端受精不良，种子发育不良，生长量降低，也易造成鼠尾。一些挂荚较多的早熟品种如之豇28-2等在肥水不足和高温时较易发生鼠尾。

防止办法是在开花结荚后期，加强肥水管理，即防鼠尾，又可促进翻花现象，提高产量。

14. 豇豆二氧化硫危害症状与防止措施

早春小棚栽培豇豆，若一次性施入大量的生鸡粪和化肥作基肥，当出现连续晴暖天气时，如果棚室密闭或者通风换气不良，施入的肥料会分解产生大量的二氧化硫，导致豇豆发生二氧化硫毒害。

（1）症状表现　在春豇豆小棚栽培中，植株较小（3～6片真叶）时，当连续几天晴朗天气后，棚内二氧化硫挥发加快，在棚室密闭或通风换气不良时棚内二氧化硫集聚，浓度升高，豇豆的二氧化硫毒害随即发生。棚室栽培豇豆幼苗期二氧化硫毒害成熟的幼叶，未成熟的幼叶不易受害；受害叶片在气孔及其周围出现斑点，严重时整个叶片呈水浸状，叶色褪绿变黄，叶缘逐渐卷曲，最终全株失水干缩而死。

（2）发生原因

① 施肥不当　小棚豇豆发生二氧化硫毒害的主要原因是菜农在豇豆播种前施用了分解时易释放二氧化硫的生鸡粪等畜禽粪肥，同时生鸡粪等畜禽粪肥施用过量或施肥深度过浅等，豇豆出苗后生长时期若出现连续晴暖的天气时，棚室内产生的大量二氧化硫集聚在高温的棚室不易排出。二氧化硫主要通过叶片的气孔进入豆苗的叶片，转化为亚硫酸和硫酸，导致豇豆苗中毒而出现叶片褪色发黄等症状。

② 气候因素　温暖湿润、光照充足、水分供应良好时，有利于气孔的开放，使二氧化硫容易进入叶内，也有利于二氧化硫转化为亚硫酸和硫酸，豇豆最易发生二氧化硫毒害；干旱、光照不足的气候条件，增强了豇豆对二氧化硫的抗性，豇豆二氧化硫毒害较轻。一般是经历连续几天晴暖天气后，棚内二氧化硫挥发加快，此时如果棚室密闭或通风换气不良，棚内二氧化硫会集聚，浓度升高，二氧化硫毒害随即发生。豇豆对二氧化硫比较敏感，一般情况当棚室内空气中二氧化硫浓度达 $0.2\mu L/L$ 时，经 3～4d，毒害症状就可出现；达到 $1\mu L/L$ 时，经 4～5h 毒害症状就明显出现。

（3）防止措施

① 科学施肥　无论施基肥或追肥，施用的有机肥必须充分发酵腐熟；深施肥料，切忌地面撒施；不盲目增加施肥量，特别是基肥的施肥量，追肥也宜少量多次，追肥后适当换气；保持土壤湿润，使肥料能及时分解。

② 二氧化硫毒害的预防及补救　针对棚室内豇豆已发生或可能发生二氧化硫毒害

时，可采取以下方法。一是及时通风换气，加大空气流通，尽量减少棚内有害气体的积累；二是畦面覆土和浇水，遏制二氧化硫挥发，降低土壤肥料浓度，但浇水时要控制浇水量，以防棚内湿度过高诱发病害，最好是采用滴灌浇水，降低土壤中肥料浓度；三是在豇豆叶片背面喷施碳酸钡、石灰水、石硫合剂或 0.5％合成洗涤剂溶液。

15. 豆类蔬菜田杂草防除技术要领

豇豆、菜豆、菜用大豆、芸豆、扁豆、豌豆、蚕豆等豆类蔬菜，直播或育苗移栽生长期均较长，杂草多，发生量大。主要杂草有马唐、狗尾草、牛筋草、反枝苋、凹头苋、马齿苋、铁苋、藜、小藜、灰绿藜、稗草、双穗雀稗、鳢肠、龙葵、苍耳、繁缕和早熟禾等。有些地膜覆盖的，杂草刺破地膜，失去了地膜覆盖的作用，可采用密植栽培、水旱轮作等农业措施，化学防除杂草效果较好。

（1）豆类蔬菜播种期杂草防除　豆科蔬菜大多采取直播，且播种有一定深度，从播种到出苗一般有 5～7d 的时间，比较适合施用芽前土壤封闭性除草剂。生产上较多选用播前土壤处理或播后芽前土壤封闭处理。

① 播前土壤处理　于播前 5～7d 土壤处理，可防除多种一年生禾本科杂草和阔叶杂草，选用 48％氟乐灵乳油 100～150mL，或 48％仲丁灵乳油，对水 40L，均匀喷施，施药后及时混土 2～5cm，该药易于挥发，混土不及时会降低药效。

氟乐灵能防除马唐、稗草、千金子及小藜、牛繁缕、马齿苋等杂草。仲丁灵能防除稗草、马唐、狗尾草及苋、藜、马齿苋等杂草。该类药剂比较适于墒情较差时土壤封闭处理，但在冷凉、潮湿天气时施药易于产生药害，应慎用。

② 播后芽前土壤处理　可选用 48％甲草胺乳油 150～250mL，或 33％二甲戊灵乳油 100～150mL、50％乙草胺乳油 100～200mL、72％异丙甲草胺乳油 150～200mL、72％异丙草胺乳油 150～200mL、96％精异丙甲草胺乳油 40～50mL，对水 40L，均匀喷雾，可有效防除多种一年生禾本科杂草和部分阔叶杂草。

对于覆膜田、低温高湿条件下应适当降低药量。药量过大、田间过湿，特别是遇到持续低温多雨条件下菜苗可能会出现暂时矮化，多数能恢复正常生长。但严重时，会出现真叶畸形卷缩和死苗现象。

（2）生长期茎叶除草　前期未用化学除草或除草失败的豆类蔬菜田，应在田间杂草基本出苗且杂草处于幼苗期时及时用药。

部分豆类蔬菜田，马唐、狗尾草、马齿苋等一年生禾本科杂草和阔叶杂草较多时在豇豆苗期、杂草基本出剂且处于幼苗期时施药，可选用 5％精喹禾灵乳油 50mL＋48％苯达松水剂 150mL，或 10.8％高效氟吡甲禾灵乳油 20mL＋25％氟磺胺草醚乳油 50mL，对水 30L，均匀喷施，施药时视草情、墒情确定用药量。

（3）注意事项

① 除化学除草外，合理密植，可控制豆类蔬菜田杂草为害。根据当地实际情况播种短期矮秆作物，如青菜等绿叶类蔬菜，可增加收入，减少杂草为害。有条件的还可采用水旱轮作。

② 使用茎叶处理剂时，要求喷雾机的雾点要细，以增加药液与杂草叶面接触的时间，提高防效。且如果在用药后 4h 之内遭受下雨，则需补喷。

③ 乙草胺除草，必须在杂草出土前施药，最迟不能超过禾本科杂草 1 叶 1 心期。乙草胺的药效与土壤湿度、温度有较大关系，在气温较高、土壤湿度大的情况下，用推荐的低剂量施药，反之用高剂量。

乙草胺用于豇豆播后芽前除草，遇到低温高湿条件可能出现的药害症状表现为豇豆出苗缓慢，心叶皱缩，低剂量处理对生长影响较小，而高剂量处理豇豆，真叶发生困难、子叶肿大、脆弱、生长受影响较大。

④ 乙氧氟草醚除草，必须在有光的条件下才能发挥杀草作用，用药后不能混土。喷雾时要注意压低喷头，避免药液飘移到邻近作物而造成药害。乙氧氟草醚在湿度大时，应使用推荐的低剂量，反之用高剂量。用了乙氧氟草醚后，若遇大暴雨，土中药液被雨水溅到豆叶上会造成菜豆受害，所以在使用时要特别注意，最好不用乙氧氟草醚除草。

在豇豆播后芽前，亩用24％乙氧氟草醚20mL，田间杂草防治效果较好，对豇豆生长基本无影响。用量较大时对豇豆有一定的影响。用量在40～60mL/亩时多数后期能够恢复生长，用量在60mL/亩时可能出现的药害症状为：苗后真叶出现严重褐斑、皱缩、部分叶片枯死，生长可能受到严重的抑制。

⑤ 在豇豆田超剂量使用扑草净（如亩用50％扑草净可湿性粉剂超过100g），可能出现的药害症状为苗后叶片失绿、枯黄，重者逐渐死亡，出现缺苗断垄现象。在豇豆播后苗前遇持续低温高湿条件高剂量（如用12％噁草酮乳油200g/亩），可能出现的药害为苗后茎叶发黄、出现黄斑、心叶皱缩，叶片上有黄褐斑，长势较差。因此，使用除草剂要严格控制用量。

⑥ 以土壤处理剂为首选。用过二氯喹啉酸的田不可种豆类蔬菜。

⑦ 收获前60d禁止使用除草剂。

16. 豇豆生产上应用植物生长调节剂技术要领

（1）促进生长　施用三十烷醇可提高豇豆结荚率。应用三十烷醇处理豇豆之后，可使结荚率提高。特别是春季遇低温影响结荚时，用三十烷醇处理之后，能提高结荚率，有利于早期高产，增加经济效益。据对豇豆之豇28-2试验，在始花期和结荚初期，各喷施0.5mg/L的三十烷醇溶液一次，豇豆增产12％。掌握在豇豆始花期和结荚初期，全株喷施三十烷醇0.5mg/L浓度溶液，每亩喷50L。对豇豆施用三十烷醇，要掌握好使用浓度，防止浓度过高。在喷施时可与农药和微量元素混用，但不能与碱性农药混用。

（2）调节株高　矮生豇豆出苗后，用10～20mg/kg的赤霉酸液喷洒，每5d喷一次，共喷3次，能使其茎节伸长，分枝增加，开花、结荚提早，采收期提前3～5d。蔓生豇豆生长中期喷施矮壮素、多效唑或丁酰肼，能控制株高、减少郁闭和减少病虫害发生。使用浓度，矮壮素为20mg/kg，多效唑为150mg/kg，丁酰肼为500mg/kg。还可以使用100mg/kg三碘苯甲酸控制蔓生豇豆的株高，以提高产量。

（3）促进再生　为促进豇豆在生长后期萌发新芽，可用20mg/kg赤霉酸溶液喷洒种株，一般每5d喷一次，喷2次即可。

（4）减少脱落　豇豆开花结荚时温度过高、过低均会使豇豆落花落荚加重。在豇豆的花期，喷施5～15mg/kg萘乙酸溶液，或6～12mg/kg对氯苯氧乙酸，或12～25mg/kg赤霉酸溶液，均能减少落花落荚，并能提早成熟。由于结荚数增加，必须增施肥料，才能取得高产。

（5）抑制光呼吸　作物的光呼吸会消耗大量同化物质，因此抑制光呼吸能大幅度提高作物产量。亚硫酸氢钠是豆类作物的光呼吸抑制剂。豇豆使用亚硫酸氢钠以盛花期至结荚期为宜。如果植株长势较弱，可以提前到花期使用。一般使用浓度为30～60mg/

kg。浓度过高，反而会降低光合强度而导致减产。

（6）延长保鲜　豇豆采后存在着明显的营养物质再分配现象。可用80mg/L的2,4-滴溶液浸泡10min，取出风干，贮藏于9℃左右的加湿气流系统中，发现豇豆经2,4-滴处理后豆荚的干重/鲜重比、可溶性蛋白质的含量下降比对照缓慢，豆粒的干重/鲜重比、可溶性蛋白质含量的增加比对照减少，表明2,4-滴处理部分地阻抑了豇豆营养物质由豆荚向豆粒的运输。同时，2,4-滴处理也延缓了豇豆豆荚的叶绿素含量的下降，2,4-滴处理在抑制豇豆营养物质转运的同时，也延缓了豇豆的衰老。

17. 豇豆采后处理技术要领

（1）采收　豇豆采收一般在开花后10~15d，嫩荚发育充分饱满，荚肉充实、脆嫩，荚条粗细均匀，种子显露而微鼓，荚果由深绿色变为淡绿色，并略有光泽时采收（彩图3-10）。采收过早，荚太嫩产量太低；采收过晚，豆荚里籽粒已充分发育时，豆荚纤维化、变坚韧，食用品质变劣。

采收时，不要损伤其他花芽和小豆荚，更不能连花序一齐摘掉，应按住豆荚基部，轻轻向左右扭动，然后摘下。在豇豆的采收期一般2~3d采收一次，盛荚期可每天采收一次。采收嫩荚一般在下午或傍晚进行，采收期要严格执行农药安全间隔期。

（2）预冷　采收的豆荚应尽快除去田间热，采后立即预冷，使豆温降至8~10℃。方法可采用自然冷却、风冷、人工冷库降温或真空冷却等。一般菜农在产品少时，多采用自然冷却，或用鼓风机通风冷却。有条件的蔬菜基地或大批量生产的单位可建立人工冷库进行预冷，速度快，效果好。

（3）分级　预冷后对产品进行挑选、分级和包装。豇豆以色正条匀、肉厚籽小、色不黄、无虫咬为佳品。其分级标准见表3-2。

表 3-2　豇豆分级标准

基本要求	特级标准	一级标准	二级标准
新鲜洁净，无异常气味或滋味，不带不正常的外来水分，细心采摘，充分发育，具有适于市场或贮存要求的成熟度	具有品种固有的形状及色泽，豆荚均匀、幼嫩，无擦伤、无软化、无凋萎，无折断及病虫害、药害及其他伤害	豆荚正常，具有品种固有色泽，基本幼嫩，无擦伤、无软化、无凋萎、无折断及病虫害	同一品种，次于一级，但仍保持本品种果实的基本特征，仍有商品价值

（4）包装　豇豆的包装（箱、筐）应牢固，内外壁平整，包装容器保持干燥、清洁、无污染，塑料箱应符合GB/T 8868的要求。每批报验的豇豆其包装规格、单位净含量应一致，逐件称量抽取的样品，每件的净含量不应低于包装标识的净含量。豇豆可用塑料筐或瓦楞纸箱包装，每筐（箱）装至容量的3/4即可，筐上部覆盖一层纸，然后放在冷凉条件下等待运输或贮藏。包装上的标志和标签应标明产品名称、生产者、产地、净含量和采收日期等，字迹应清晰、完整、准确。

小包装是商品进入市场的包装材料，不仅要求有利于豆荚保鲜，并且卫生无毒，而且要求外形和印刷精美，并尽可能让顾客看清豆荚的情况，一般采用无毒塑料制成。包装时注意轻拿轻放，戴手套，尽量防止对产品造成新的机械损伤。

（5）贮运　豇豆收获后应尽快整修，及时包装、运输。运输时要轻装、轻卸，严防机械损伤。运输工具要清洁卫生、无污染、无杂物。短途运输要严防日晒、雨淋。长途运输要注意采取防冻保温或降温措施，防止冻害或高温霉烂。

临时贮存应保证有阴凉、通风、清洁、卫生的条件。防止日晒、雨淋、冻害以及有毒、有害物质的污染。堆码整齐，防止挤压等造成损伤。

短期贮存应按品种、规格分别堆码，要保证有足够的散热间距，豇豆贮藏温度不能太低，以5～7℃为宜，空气相对湿度85%～90%。在自然条件下，豇豆只能贮藏一周左右，在适宜的温湿度条件下可贮藏2～3周。

六、豇豆主要病虫害防治技术

1. 豇豆主要病害防治技术

（1）豇豆立枯病（彩图3-11） 又名豇豆基腐病，属苗期病害，主要为害幼苗，引起幼苗成片枯死。床土和土壤湿度过大，容易发病。

① 药土处理 苗床或育苗盘可单用40%拌种双可湿性粉剂，也可用40%拌种灵与福美双1∶1混合，每平方米苗床施药8g。选用80%代森锰锌或50%多菌灵或70%甲基硫菌灵可湿性粉剂1份+50份干细土充分拌匀，猝倒病、立枯病单独发生或混合发生时，撒施于幼苗根部周围，效果较好。如果地下害虫较多，也可在药土中加入适量杀虫剂。

② 生物防治 有条件的施用5406抗生菌肥料或SH土壤添加物（主要成分为甘蔗渣、稻壳、贝壳粉、尿素、硝酸钾、过磷酸钙、矿灰等）。发病初期，可用5%井冈霉素水剂1000～1500倍液，采用喷灌结合，隔7d一次，连续2～3次。

③ 铜铵合剂防治 发病初期，可用硫酸铜20g+碳酸氢铵1100g，混匀后，置容器内，密闭24h，然后喷铜铵合剂400倍液，隔7～10d再喷一次。

④ 化学防治 苗期喷洒植宝素7500～9000倍液或0.1%～0.2%磷酸二氢钾，可增强抗病力。施用95%恶霉灵原粉3000倍液，能促进根系对不利气候条件的抵抗力，能从根本上防治立枯病的发生和蔓延。

发病初期，可选用50%福·异菌可湿性粉剂1000倍液，或20%甲基立枯磷乳油1000倍液、15%恶霉灵水剂450倍液、50%根腐灵可湿性粉剂800倍液、10%立枯灵水悬剂300倍液、5%百菌清可湿性粉剂500倍液等喷灌，隔7d喷灌一次，连喷2～3次。喷后土壤过湿可施上草木灰，既当作肥料又可降低土壤湿度。

立枯病和猝倒病混合发生时，可选用45%恶霉灵水剂450倍液，或80%代森锰锌可湿性粉剂600倍液、72.2%霜霉威水剂800倍液+50%福美双可湿性粉剂800倍液等药剂喷淋，每平方米2～3L。

（2）豇豆病毒病（彩图3-12） 又叫豇豆花叶病、坏死花叶病，从苗期至成株期均可被害，该病主要由豇豆花叶病毒和黄瓜花叶病毒侵染引起。

带毒的种子可用10%磷酸三钠液浸种20～30min后捞出，用清水反复冲洗干净，然后播种。也可用50～52℃温水浸种10min后播种。采用黄板诱杀有翅蚜，或铺盖银灰膜和挂银灰膜条，可起到避蚜作用。发现蚜虫时，可喷韶关霉素水剂200倍液，加上0.01%洗衣粉喷洒，10d喷一次，连喷2～3次。也可选用25%噻虫嗪水分散粒剂6000～8000倍液，或70%吡虫啉水分散粒剂10000～15000倍液、5%啶虫脒乳油2500～3000倍液、25%唑蚜威可湿性粉剂2000倍液等轮换喷雾，隔10d喷一次，连喷2～3次。

生物防治，可选用磷酸二氢钾250～300倍液、高锰酸钾1000倍液进行预防，或选用10%混合脂肪酸水剂100倍液、0.5%菇类蛋白多糖水剂300倍液等轮换喷雾防治，隔7～10d喷一次，连喷3～4次。并注意浇水，可减轻损失。

化学防治，可选用20％盐酸吗啉胍·铜可湿性粉剂500倍液，或20％病毒K可湿性粉剂500倍液、5％菌毒清水剂250倍液、8％宁南霉素水剂200倍液、1.5％植病灵乳油1000倍液等轮换喷雾，隔10d喷1次，连喷3～4次，可有效控制病毒病的扩展。

（3）豇豆枯萎病（彩图3-13） 是豇豆生产上的一个重要病害，在整个生育期都可以被豇豆枯萎病菌为害，通常在5月中下旬至6月上中旬开花结荚期发病最多。

药剂土壤消毒，播种或定植前，用50％多菌灵可湿性粉剂1000倍液淋洒，或做成药土施入播种沟或定植沟内。或每亩用70％敌磺钠可湿性粉剂1kg，加干细土100kg，拌匀后均匀施入播种沟内。再撒上一层薄薄的细土，然后播种。

保护地栽培可选用10％腐霉利烟剂、45％百菌清烟剂。

定植后用50％多菌灵可湿性粉剂1500倍液作定根水灌根。或刚刚开始发病时，用50％甲基硫菌灵可湿性粉剂400倍液，每千克水加2％嘧啶核苷类抗菌素水剂100mg灌根，或选用50％多菌灵可湿性粉剂500倍液、60％多菌灵盐酸盐可湿性粉剂600倍液、70％敌磺钠可湿性粉剂600～800倍液、50％多·硫悬浮剂500～600倍液、47％春雷·王铜可湿性粉剂500倍液、60％琥·乙膦铝可湿性粉剂500倍液、70％恶霉灵可湿性粉剂1000～2000倍液、20％噻菌铜悬浮剂500～600倍液、10％苯醚甲环唑水分散粒剂300～400倍液等轮换灌根，隔7～10d再灌一次，每株灌根250mL药液。

（4）豇豆根腐病（彩图3-14） 是典型的高温高湿型病害，主要为害主根及根茎部。一般出苗后7d就开始发病，但早期症状不明显，直到开花结荚期才显症。

本病与枯萎病容易混淆。不同之处在于：本病根表皮先变褐，继而根系腐烂，木质部外露，病部腐烂处的维管束变褐，但地上茎部维管束一般不变色，别于枯萎病。湿度大时病株根茎部出现粉红色霉病征（分生孢子梗及分生孢子）。

豇豆连作地在翻耕整地后播种前5～7d，选择阴天或晴天傍晚，每亩用99％恶霉灵原药125g和25％咪鲜胺乳油1250mL混用对水1000～1200kg，或用99％恶霉灵原药200g和45％敌磺钠可溶性粉剂2000g混用对水1000～1200kg，均匀喷洒畦面消毒土壤。

重病地区提倡药土营养钵育苗，直播或移苗时药土护种（苗）。如播种前7～10d，选择阴天或晴天傍晚，用青之源床土调理剂130倍液处理土壤。也可播种时选用70％甲基硫菌灵可湿性粉剂或50％多菌灵可湿性粉剂1份对细干土50份，充分混匀后沟施或穴施，亩用药1.5kg。没有条件轮作的，在豇豆出土后，苗长到5～10cm时，每亩地用3kg复合微生物肥料100倍液灌根，预防效果较为理想。

发病初期，选用50％甲硫悬浮剂600～700倍液，或50％多菌灵可湿性粉剂500倍液、78％波尔·锰锌可湿性粉剂600倍液、3％多抗霉素水剂600～800倍液、20％络氨铜水剂400倍液、15％恶霉灵水剂450倍液、70％敌磺钠1500倍液、50％根腐灵1000倍液等药剂，轮换喷淋或浇灌，最好是在出苗后7～10d或定植缓苗后开始灌第一次药，不管田中是否发病。每亩60～65L，或每株灌对好的药液200～250mL，隔10d左右一次，连续防治2～3次。

（5）豇豆锈病（彩图3-15） 多发生在生长中后期，春季4～5月，秋季8～11月，主要为害叶片，但叶柄、豆荚等有时也可被害。常使叶片干枯，引起提早罢园。

用种子重量0.4％的多菌灵或福美双可湿性粉剂拌种消毒。病害刚发生时，用2％嘧啶核苷类抗菌素水剂150倍液，隔5d喷一次，连喷3～4次。发病初期，可选用25％丙环唑乳油3000倍液，或12.5％烯唑醇可湿性粉剂4000倍液、75％百菌清可湿性粉剂600倍液、40％氟硅唑乳油8000倍液、50％硫黄悬浮剂200倍液、30％固体石硫合剂

150 倍液、50％咪鲜胺锰盐可湿性粉剂 1500～2500 倍液、20％咪鲜胺乳油 1500～2000 倍液、20％噻菌铜悬浮剂 500～600 倍液、25％嘧菌酯悬浮剂 1000～2000 倍液、10％苯醚甲环唑水分散粒剂 1500～2000 倍液、50％醚菌酯干悬浮剂 3000 倍液、15％三唑酮粉剂 1000 倍液、70％甲基硫菌灵可湿性粉剂 1000 倍液、62.25％腈菌唑·锰锌可湿性粉剂 600 倍液、12.5％烯唑醇可湿性粉剂 2500～3000 倍液、43％戊唑醇可湿性粉剂 3000～4000 倍液、30％氟菌唑可湿性粉剂 2000～2500 倍液、12％松脂酸铜乳油 800 倍液、40％敌唑酮可湿性粉剂 4000 倍液等轮换喷雾，每隔 7～10d 喷一次，连续 2～3 次。

（6）豇豆煤霉病（彩图 3-16） 又叫叶斑病、叶霉病、煤污病等，主要为害叶片，有时也为害茎蔓和豆荚。苗期基本上不发病或发病很少，一般到了开花结荚期才发病。长江中下游地区发病盛期在 5～10 月，常年豇豆在 5 月下旬始发，6 月上中旬进入盛发期；秋豇豆在 8 月上旬始发，8 月下旬进入盛发期。

对下部、中部叶子及时喷磷酸二氢钾 150g＋糖（红糖或白糖）500g＋水 50kg，早上喷，喷在叶子背面上，隔 5d 喷 1 次，连喷 4～5 次。保护地种植的还可喷 6.5％硫菌·霉威粉尘，每亩每次喷 1kg，早上或傍晚喷，隔 7d 喷一次，连续喷 3～4 次。

发病初期，可选用 50％多菌灵可湿性粉剂 500～600 倍液，或 50％混杀硫悬浮剂 500 倍液、30％联苯三唑醇乳油 1000～1500 倍液、80％代森锰锌可湿性粉剂 600 倍液、50％甲基硫菌灵可湿性粉剂 500～1000 倍液、47％春雷·王铜可湿性粉剂 800 倍液、40％多·硫胶悬剂 500 倍液、78％波尔·锰锌可湿性粉剂 500～600 倍液、80％多·福·锌可湿性粉剂 700 倍液、50％腐霉利可湿性粉剂 1000 倍液、77％氢氧化铜可湿性粉剂 1000 倍液、14％络氨铜水剂 600 倍液等喷雾防治，隔 7d 一次，连喷 3～4 次。前密后疏，药剂交替用药，一种农药在一种作物上只用一次。

（7）豇豆炭疽病（彩图 3-17） 是豇豆的重要病害之一，从幼苗期到收获期都可发生，地上部分均能受害。感病流行期为 4～5 月和 8～11 月。

播种时用种子重量 0.4％的 50％多菌灵或福美双可湿性粉剂拌种。药土营养钵育苗（75％百菌清可湿性粉剂：70％硫菌灵可湿性粉剂：肥土＝1：1：500 配成）或穴播时药土护种（苗），或移苗时药土护苗（穴施药土）。出苗后至抽蔓上架前，喷施上述药剂 1000～1500 倍液，或 25％咪鲜胺乳油 1000 倍液、10％苯醚甲环唑水分散粒剂 1000 倍液、60％唑醚·代森联可分散粒剂 1000 倍液等喷雾防治 2～3 次，隔 7～10d 一次。

可选用 80％多·福·锌可湿性粉剂 600 倍液，或 5％井冈霉素水剂 1000 倍液、2％嘧啶核苷类抗菌素水剂 120～150 倍液等喷雾防治。还可选用波尔多液 1：1：200、0.5％蒜汁液、铜皂水液 1：4：（400～600）倍防治。

在发病初期即开始喷药预防，苗期防治两次，结荚期防治 1～2 次，每次间隔 5～7d。可选用 25％咪鲜胺乳油 1000～1500 倍液，或 70％代森锰锌可湿性粉剂 500 倍液、70％代森联干悬浮剂 600～800 倍液、50％醚菌酯干悬浮剂 3000～4000 倍液、20％噻菌铜悬浮剂 500～600 倍液、80％炭疽福美可湿性粉剂 800 倍液、25％嘧菌酯悬浮剂 1000～1500 倍液、78％波尔·锰锌可湿性粉剂 600 倍液、70％丙森锌可湿性粉剂 600～800 倍液、25％溴菌清可湿性粉剂 500 倍液、10％苯醚甲环唑水分散粒剂 1000～1500 倍液、75％百菌清可湿性粉剂 600 倍液等轮换喷雾防治，每隔 7～10d 喷一次，连续防治 2～3 次。

（8）豇豆茎枯病 又称茎腐病、炭腐病，是豇豆的一种常见病害。田间高温多湿、地势低注及土壤湿度大，有利于发病。发病时，可选用 30％碱式硫酸铜悬浮剂 400 倍液，或 50％琥胶肥酸铜可湿性粉剂 500 倍液、80％代森锰锌可湿性粉剂 600 倍液等喷雾防治，10d 喷一次，连续防治 2～3 次。

(9) 豇豆菌核病（彩图 3-18）　主要在开花后发生。播种前，要进行温汤浸种。利用地膜阻挡子囊盘出土，要求铺严。发病时喷药，可选用 50％乙烯菌核利可湿性粉剂 1000 倍液，或 50％异菌脲可湿性粉剂 1000～1500 倍液、50％腐霉利可湿性粉剂 1500～2000 倍液、40％菌核净可湿性粉剂 800～1000 倍液、50％混杀硫悬浮剂 500 倍液、50％多·霉威可湿性粉剂 1500 倍液、65％硫菌·霉威可湿性粉剂 1000 倍液等喷雾防治，隔 10d 左右喷一次，防治 2～3 次。

(10) 豇豆灰霉病（彩图 3-19）　降低棚室湿度，提高棚室夜间温度，增加白天通风时间。定植后出现零星病株即开始喷药防治，可选用 65％硫菌·霉威可湿性粉剂 1500 倍液，或 50％腐霉利可湿性粉剂 1500～2000 倍液、50％异菌脲可湿性粉剂 1500 倍液、50％乙烯菌核利可湿性粉剂 1000～1500 倍液、50％异菌脲可湿性粉剂 1000 倍液＋90％三乙膦酸铝可湿性粉剂 800 倍液、45％噻菌灵悬浮剂 4000 倍液、50％混杀硫悬剂 800 倍液、75％百菌清可湿性粉剂 600～800 倍液、50％多·霉威可湿性粉剂 800 倍液等喷雾防治，隔 7～10d 喷施一次，连续防治 2～3 次。

喷药时，应在上午 9 时之后，叶面结露干后进行，一定不要在下午 3 时以后喷药，否则将增高棚内湿度，降低防治效果。阴天时，也可使用烟剂防治，每亩使用 10％腐霉利烟剂 200～250g，或 45％百菌清烟剂 250g，于傍晚闭棚时熏烟。也可于傍晚喷施粉尘剂，每亩可使用 10％灭克粉尘剂，或 5％百菌清粉尘剂、10％杀霉灵粉尘剂、6.5％甲霉灵粉尘剂 1kg，每 7d 一次，连续使用 2～3 次。由于灰霉病菌极易产生抗药性，因而各种药剂应交替使用，切不可连续使用同一种药剂。

(11) 豇豆斑枯病（彩图 3-20）　发病前或发病初期，可选用 75％百菌清可湿性粉剂 1000 倍液＋70％甲基硫菌灵可湿性粉剂 1000 倍液，或 75％百菌清可湿性粉剂 1000 倍液＋70％代森锰锌可湿性粉剂 1000 倍液、40％多·硫悬浮剂 500 倍液、50％复方硫菌灵可湿性粉剂 800 倍液、25％咪鲜胺乳油 1000 倍液、40％嘧霉胺悬浮剂 1000～1500 倍液、65％霜霉威水剂 600～1000 倍液、10％苯醚甲环唑水分散粒剂 800～1200 倍液、25％嘧菌酯悬浮剂 1000～1200 倍液、50％异菌脲可湿性粉剂 1000～1500 倍液、40％氟硅唑乳油 8000～10000 倍液、12.5％烯唑醇可湿性粉剂 2000 倍液等喷雾防治，10d 左右喷一次，连续 2～3 次。保护地栽培可用 45％百菌清烟剂熏烟，每亩 250g，也可用 5％百菌清粉尘剂喷粉，每亩 1kg。

(12) 豇豆红斑病（彩图 3-21）　又称灰星病、叶斑病，是豇豆的一种常见病害，主要为害夏播豇豆。高温高湿有利于该病发生和流行，以秋季多雨连作地或反季节栽培地发病重。发病前或发病初期，可选用 50％多·霉威可湿性粉剂 1000～1500 倍液，或 75％百菌清可湿性粉剂 600 倍液、50％混杀硫悬浮剂 400 倍液、30％碱式硫酸铜悬浮剂 400 倍液、1∶0.5∶200 倍波尔多液、70％甲基硫菌灵可湿性粉剂 1000 倍液、14％络氨铜水剂 300 倍液、50％多·霉威可湿性粉剂 1000～1500 倍液等喷雾防治，7～10d 喷一次，连续防治 2～3 次。

(13) 豇豆灰斑病（彩图 3-22）　主要为害叶片，有时也为害茎和荚。发病前或发病初期，可选用 50％多菌灵可湿性粉剂 500 倍液，或 75％百菌清可湿性粉剂 700 倍液、50％苯菌灵可湿性粉剂 1500 倍液等喷雾防治。

(14) 豇豆褐斑病　又称褐缘白斑病。在土壤持水量高时最容易发病，当高温多雨、栽培过密、通风不良、偏施氮肥时，发病重。发病前或发病初期，可选用 50％多·霉威可湿性粉剂 1000 倍液，或 5％百菌清可湿性粉剂 600 倍液、50％复方硫菌灵可湿性粉剂 800 倍液、50％苯菌灵可湿性粉剂 1500 倍液等喷雾防治，10d 喷 1 次，连续 2～3 次。

（15）豇豆疫病　是土传病害，仅为害豇豆。植株苗期和成株期均可发病，以生长后期为盛，主要为害茎蔓和叶片，有时也能为害豆荚。露地栽培感病流行期为 6～7 月，保护地栽培为 3～5 月。

种子可用 25％甲霜灵可湿性粉剂 800 倍液浸种 30min 后催芽。能轮作的重病地，可在"三夏"高温期间进行处理。拉秧后，每亩施石灰 100kg，加碎稻草 500kg，均匀施在地表上。深翻土壤 40～50cm，起高垄 30cm，垄沟里灌水，要求沟里处理期间始终装满水，覆盖地膜，四周用土压紧，处理 10～15d。

病害刚刚发生，可选用 80％三乙膦酸铝可湿性粉剂 400 倍液，或 70％乙膦铝锰锌可湿性粉剂 400 倍液、25％甲霜灵可湿性粉剂 500～600 倍液、50％甲霜铜可湿性粉剂 600 倍液、58％甲霜·锰锌可湿性粉剂 500 倍液等喷雾防治。

发病比较多时，可选用 64％恶霜灵可湿性粉剂 400～500 倍液，或 72％霜脲·锰锌可湿性粉剂 600～800 倍液、68％精甲霜·锰锌水分散粒剂 600～800 倍液、25％嘧菌酯悬浮剂 1000～2000 倍液、43％戊唑醇悬浮剂 3000～4000 倍液、10％氰霜唑悬浮剂 2000～3000 倍液、65.5％恶唑菌酮水分散颗粒剂 800～1200 倍液、52.5％恶酮·霜脲氰水分散颗粒剂 2000～3000 倍液、70％丙森锌可湿性粉剂 500～700 倍液、70％敌磺钠可湿性粉剂 1000 倍液、72.2％霜霉威水剂 600～800 倍液、69％烯酰·锰锌可湿性粉剂 1000 倍液等喷雾防治。隔 6～7d 喷一次，农药交替使用，连续喷 3～4 次。除喷叶、荚之外，重点喷茎蔓部。

（16）豇豆白粉病（彩图 3-23）　在我国南方发生比较普遍，主要为害叶片，但叶柄、茎、荚也可受害，感病生育盛期为开花和挂荚期。雨量偏多的年份，一般病害发生较轻，雨量偏少的年份发病比较重，感病流行期为 3～5 月和 10～12 月。用 50％多菌灵可湿性粉剂按种子重量的 0.4％拌种，或用 40％福美双可湿性粉剂按种子重量的 0.4％拌种，或 35％甲霜灵拌种剂按种子重量的 0.4％拌种。发病前或病害刚发生时，可喷 27％高脂膜乳剂 100 倍液，隔 6d 喷一次，连喷 3～4 次，效果良好。或选用 2％嘧啶核苷类抗菌素水剂 150～200 倍液，或 1％武夷菌素水剂 150～200 倍液，7d 喷一次，连喷 3～4 次。

发病初期，可选用 25％咪鲜胺乳油 1000～1500 倍液，或 40％嘧霉胺悬浮剂 1000～1500 倍液喷雾。注意大棚用药后应通风，否则叶片可能有褐色斑点。也可选用 72.2％霜霉威水剂 600～1000 倍液，或 10％苯醚甲环唑水分散颗粒剂 800～1200 倍液、25％嘧菌酯悬浮剂 1000～1200 倍液、62.25％腈菌唑·锰锌可湿性粉剂 600 倍液、47％春雷·王铜可湿性粉剂 800～1000 倍液、40％氟硅唑乳油 8000～10000 倍液、30％氟菌唑可湿性粉剂 2000 倍液、25％三唑酮可湿性粉剂 1500 倍液、40％多·硫悬浮剂 500 倍液、12.5％烯唑醇可湿性粉剂 2000～3000 倍液、30％戊唑醇悬浮剂 5000 倍液、50％醚菌酯干悬浮剂 3000～4000 倍液、10％苯醚甲环唑水分散粒剂 1000～1500 倍液、70％硫黄·锰锌可湿性粉剂 500 倍液、65％氧化亚铜水分散粒剂 600～800 倍液等喷雾防治，隔 7d 喷一次，连喷 2～3 次。前密后疏，交替喷施。

（17）豇豆轮纹病（彩图 3-24）　是豇豆的一种常见病害，多在开花结荚后发生，主要为害叶片，也为害茎和豆荚。高温高湿的天气及栽植过密、通风透光差、连作地、低洼地、植株生长衰弱、缺肥，易诱发本病。发病初期，可选用80%代森锰锌可湿性粉剂600倍液，或50%甲基硫菌灵可湿性粉剂、50%咪鲜胺锰盐可湿性粉剂1500~2500倍液、20%咪鲜胺乳油1500~2000倍液、20%噻菌铜悬浮剂500~600倍液、25%嘧菌酯悬浮剂1000~2000倍液、77%氢氧化铜可湿性粉剂500倍液、40%多·硫悬浮剂500倍液、40%氟硅唑乳油6000~8000倍液、70%丙森锌可湿性粉剂600~800倍液、65%代森铵可湿性粉剂500倍液、45%百菌清可湿性粉剂800~1000倍液、47%春雷·王铜可湿性粉剂800倍液等喷雾。每10d喷药一次，共2~3次。

（18）豇豆细菌性疫病（彩图3-25）又称叶烧病。高温高湿、雾大露重或暴风雨后转晴的天气，最易诱发该病。发病前或发病初期，可选用72%硫酸链霉素可溶性粉剂3000~4000倍液，或77%氢氧化铜可湿性微粒粉剂500倍液、14%络氨铜水剂300倍液、65%代森锌可湿性粉剂500倍液、47%春雷·王铜可湿性粉剂800倍液、50%琥胶肥酸铜可湿性粉剂500倍液、新植霉素4000倍液等喷雾防治，隔7~10d一次，连续2~3次。

2. 豆类蔬菜主要虫害防治技术

（1）美洲斑潜蝇（彩图3-26）在成虫始盛期至盛末期，每亩设置15个诱杀点，每个点放置1张诱蝇纸，3~4d更换一次，或把诱杀卡揭开挂在斑潜蝇多的地方，每10~15d换一次。利用成虫对黄色有较强趋色性这一特点，在大棚内作物叶片顶端略高10cm处每隔2m吊1片黄板，黄板上涂凡士林和林丹粉的混合物，诱杀成虫。在受害豆类叶片上有5头幼虫，且虫道很小时，选择在成虫高峰期至卵孵化盛期用药或在初龄幼虫高峰期用药。可选用1.8%阿维菌素乳油2000~3000倍液，或5%氟虫脲乳油1000倍液、25%灭幼脲悬浮剂1000倍液、6%百部·楝·烟水剂1000倍液喷雾。

应急时，可选用10%氯氰菊酯乳油2000~3000倍液，或10%吡虫啉可湿性粉剂1500~2000倍液、75%灭蝇胺乳油5000倍液、1.8%阿维菌素乳油3000~4000倍液等喷雾防治。防治时间掌握在成虫羽化高峰的8：00~12：00时效果好。喷雾隔4~6d喷1次，连续防治4~5次，以上药剂应交替使用，防止产生抗药性。

（2）豇豆荚螟（彩图3-27）在菜田设置黑光灯诱杀成虫。生物防治，可选用苏云金杆菌喷雾，配制药液时宜加入0.1%的洗衣粉，并选择气温高于15℃的阴天、多云天施用，或在晴天下午4时后施用。也可选用苏云金芽孢杆菌制剂（HD-1）500倍液，或25%灭幼脲悬浮剂1500倍液、20%杀铃脲悬浮剂8000倍液、1.8%阿维菌素乳油5000倍液等轮换喷雾。化学防治，由于幼虫钻入豆荚后，很难防治，必须在蛀入豆荚之前把它们杀灭，即从现蕾后开花期开始喷药（一般在5月下旬至8月喷药），重点喷蕾喷花。严重为害地区，在结荚期每隔7d左右施药一次，最好只喷顶部的花，不喷底部的荚，喷药时间以早晨8时前花瓣张开时为好，或夜晚7~9点喷，隔10d喷蕾、花一次。可选用"80%敌敌畏乳油800倍液或2.5%氯氟氰菊酯乳油2000倍液或10%氯氰菊酯乳油1500倍液"+"5%氟啶脲乳油1500倍液或5%氟虫脲乳油1500倍液或5%除虫脲可湿性粉剂2000倍液或25%灭幼脲悬浮剂1000倍液"混合喷雾，效果较好。

也可选用70%吡虫啉水分散颗粒剂10000~15000倍液，或2.5%高效氯氟氰菊酯乳油1500~2000倍液、0.36%苦参碱可湿性粉剂1000倍液、25%多杀霉素悬浮剂1000倍液、24%甲氧虫酰肼悬浮剂2500~3000倍液、15%茚虫威悬浮剂3500~4000倍液等轮换喷雾。从现蕾开始，每隔7~10d喷蕾、花一次，连喷2~3次，可控制为害。如需兼治其他害虫，则应全面喷药，药剂应交替使用，以防产生抗药性。喷药至少3d以后才能进行采收。喷药时一定要均匀喷到豆科蔬菜的花蕾、花荚、叶背、叶面和株干至湿润有滴液为度。

（3）茶黄螨 生物防治，可用 20%复方浏阳霉素乳油 1000 倍液喷雾防治。化学防治，及早发现及时防治，在茶黄螨发生初期进行，喷药的重点是植株的上部幼嫩部分，尤其是顶端几片嫩叶的背面，并尽量减少农药的使用。可选用 73%炔螨特乳油 1000～1200 倍液，或 35%哒螨灵乳油 1000 倍液、25%灭螨猛可湿性粉剂 1500 倍液、1.8%阿维菌素乳油 3000 倍液、2.5%氯氟氰菊酯乳油 2000～3000 倍液、2.5%高效氟氯氰菊酯乳油 1500～2000 倍液、25%噻虫嗪水分散颗粒剂 6000～8000 倍液、20%双甲脒乳油 2000 倍液、5%噻螨酮乳油 2000 倍液等喷雾防治，每隔 10～14d 喷一次，连续喷 3 次。

（4）红蜘蛛 在加强田间害螨监测的基础上，在点片发生阶段进行挑治。可选用 73%炔螨特乳油 1000～1500 倍液，或 25%灭螨猛可湿性粉剂 1000～1500 倍液、5%氟虫脲乳油 1000～1200 倍液、2.5%联苯菊酯乳油 1500 倍液、10%哒螨灵乳油 2000 倍喷雾、25%复方浏阳霉素乳油 1000 倍液、9.8%喹螨醚乳油 3000 倍液、1.8%阿维菌素乳油 3000 倍液、2.5%氯氟氰菊酯乳油 2000～3000 倍液等轮换喷雾。喷药时注意重点喷叶背面，应尽量减少农药的使用。

（5）豆蚜（彩图 3-28） 用黄板涂凡士林加机油、诱蝇纸或黄板诱虫卡诱杀。保护地还可采用高温闷棚法。豆蚜为害时多在叶背面和幼嫩的心叶上，打药时一定要周到细致，最好选择同时具有触杀、内吸、熏蒸作用的安全新农药。可选用 10%吡虫啉可湿性粉剂 2000 倍液，或 5%百部·楝·烟 45mL/亩、25%抗蚜威水溶性分散剂 1000 倍液等交替喷雾。

（6）夜蛾类害虫（彩图 3-29、彩图 3-30） 夜蛾类害虫有斜纹夜蛾、甜菜夜蛾、银纹夜蛾等。用黑光灯、频振式杀虫灯和性诱剂诱杀成虫。生物防治，可选用 100 亿孢子/g 杀螟杆菌粉剂 400～600 倍液，或苏云金杆菌可湿性粉剂 1000～1500 倍液、100 亿孢子/g 青虫菌粉剂 500～1000 倍液等喷雾防治，气温 20℃以上，下午 5 时左右或阴天全天喷施。化学防治，利用害虫 3 龄前具有群聚性这一习性，在 3 龄前，选择晴天，于日落后进行防治，着重于叶背和植株基部。可选用 70%吡虫啉水分散颗粒剂 10000～15000 倍液，或 2.5%高效氟氯氰菊酯乳油 1500～2000 倍液、5%虱螨脲 1000～1500 倍液、24%甲氧虫酰肼悬浮剂 2500～3000 倍液、15%茚虫威悬浮剂 3500～4000 倍液、1%阿维菌素乳油 2000～3000 倍液、5%氟虫脲乳油 1000～2000 倍液等轮换喷雾。

（7）温室白粉虱（彩图 3-31） 在温室内设置黄板或黄皿，颜色以橙黄色最好，在白粉虱成虫发生期，将黄板或黄皿设在田内，诱杀成虫。方法是利用废旧的纤维板或硬纸板，裁成 1m×0.2m 长条，用油漆涂为橙黄色，再涂上一层黏油（可使用 10 号机油加少许黄油调匀），每亩设置 32～34 块，置于行间可与植株高度相同。当白粉虱沾满板面时，需及时重涂黏油，一般可 7～10d 重涂 1 次。要防止油滴在作物上造成烧伤。

化学防治，可选用 25%噻嗪酮可湿性粉剂 1000～1500 倍液杀若虫（对粉虱特效）、2.5%联苯菊酯乳油 1500～2000 倍液（可杀成虫、若虫、假蛹，对卵的效果不明显）。也可选用 10%吡虫啉乳油 2000～3000 倍液，或 2.5%溴氰菊酯乳油 1000～1500 倍液、25%灭螨猛乳油 1000 倍液（对粉虱成虫、卵和若虫皆有效）、20%吡虫啉浓可溶液剂 4000 倍液、20%甲氰菊酯乳油 2000 倍液等喷雾防治。如果 25%噻嗪酮可湿性粉剂与 2.5%联苯菊酯乳油混合使用，防效更好。要掌握在 4 龄前，喷洒药液时尽量做到喷雾均匀、周到。白粉虱成虫密度较低时是防治适期，成虫密度稍高，喷雾量和浓度可适当提高。采用化学防治法，必须连续几次用药或用缓释剂。

(8) 小地老虎（彩图 3-32）　利用成虫对黑光灯的趋性，设立黑光灯诱杀成虫。毒饵诱杀，用 90％敌百虫晶体 150g，加适量水配制成药液，加入经过炒香的麦麸 5kg，拌匀制成毒饵，在靠近地面幼苗嫩茎处施上毒饵，每亩 2～2.5kg，傍晚进行。也可以在种植前把新鲜菜叶浸在 90％敌百虫晶体 400 倍液中，时间 10min，傍晚施入田间诱杀小地老虎。药剂灌根，可用 90％敌百虫晶体 1000 倍液，或 50％辛硫磷乳油 1500 倍液灌根，每株灌 250mL 药液。撒颗粒剂，10％噻唑膦颗粒剂 1.5～2kg/亩，或 90％敌百虫晶体 1.5kg/亩，以上任何一种颗粒剂 1 份＋干细土 20 份混匀，在为害时期撒施根茎周围，或作土壤处理剂。喷雾防治，在 3 龄前的小幼虫抗药能力差，又群集在叶上，是防治的有利时期。可在为害时喷施地面，可选用 90％敌百虫晶体 1000 倍液，或 2.5％溴氰菊酯乳油 3000 倍液、20％氰戊菊酯乳油 3000 倍液等喷雾防治。

(9) 蝼蛄（彩图 3-33）　药剂拌种，50％辛硫磷乳油 50～100 倍液，再加入适量防病药剂拌种。挖卵灭虫，在蝼蛄产卵盛期，根据蝼蛄在洞口地面形成一小虚土堆的特点，易被发现。先用锄铲去土表，发现产卵洞口后，往下挖 10～18cm 即可挖到卵，再往下挖 8cm 左右，便可发现雌蝼蛄，一起消灭。利用蝼蛄趋光性强的习性，设置黑光灯诱杀成虫。撒颗粒剂，选用 310％噻唑膦颗粒剂 1kg/亩，与干细土 20 份混匀，在播种前、定植前的土壤处理剂或为害时撒施于植物根茎周围。地面喷施，可用 50％辛硫磷乳油 1000 倍液喷施地面。

(10) 蓟马（彩图 3-34）　在幼苗期、花芽分化期，发现蓟马为害时，防治要特别细致，地上地下同时进行，地上部分喷药重点部位是花器、叶背、嫩叶和幼芽等。可选用 2.5％多杀霉素水乳剂 70～100g/L 60L 喷雾，或 10％噻虫嗪水分散粒剂 5000～6000 倍液、24％螺虫乙酯悬浮剂 3500 倍液、15％唑虫酰胺乳油 1100 倍液、40％啶虫脒水分散粒剂 4000～6000 倍液、6％乙基多杀霉素悬浮剂 1000 倍液、24.5％高氯·噻虫嗪混剂 2000 倍液、4.5％高效氯氰菊酯乳油 2000 倍液、1.8％阿维菌素乳油 2500～3000 倍液、2％甲氨基阿维菌素苯甲酸盐乳油 2000 倍液、10％烯啶虫胺水剂 1500～2000 倍液、2.5％联苯菊酯乳油 2500 倍液、5％高效氟氯氰菊酯乳油 3000 倍液、10％吡虫啉可湿性粉剂 1000 倍液、10％氟啶虫酰胺水分散粒剂 3000～4000 倍液、10％吡丙·吡虫啉悬浮剂 1500～2000 倍液、20％毒·啶乳油 1500 倍液等喷雾防治，每隔 5～7d 喷一次，连续喷施 3～4 次。对药时适量加入中性洗衣粉或 1％洗涤灵或其他展着剂、渗透剂，可增强药液的展着性。对蓟马已经产生抗药性的杀虫剂要慎用或不用，以避免抗药性继续发展。

第二节　菜　豆

一、菜豆生长发育周期及对环境条件的要求

1. 菜豆生长发育周期

菜豆的生长发育周期可分为发芽期、幼苗期、抽蔓期（或发棵期）和开花结荚期四个时期。

（1）发芽期　从种子萌动到一对基生叶展开为发芽期，长短因播种后的条件而异。一般来说，春季露地播种为12～15d，夏秋露地播种为7～9d，温室播种为10～12d。种子在适宜的条件下，吸收水分后12h左右开始萌发，2～3d内可长出幼根，5d左右子叶露出地面，至9d一对初生叶展开，至第12d初生叶长至最大。

菜豆发芽期是由异养向自养过渡的阶段，基生叶未出现之前，主要由贮藏在子叶中的养分供给胚各器官生长所需要的物质，若子叶受损或发芽期过长而子叶早枯，则菜豆的初期生长将受到抑制。第一对基生叶出现并展开时，幼苗生长所需的养分开始由初生叶光合作用来供给。基生叶是菜豆开始独立生活的重要同化器官，若受损则幼苗生长缓慢，植株生长势弱。

（2）幼苗期　蔓生菜豆从第一对展开出现到抽蔓前为幼苗期，此期长20～25d。矮生菜豆则为到第4片复叶展开时为幼苗期，此期长10～20d。

幼苗期的生长以营养生长为主，此时基生叶已能进行光合作用，并对幼苗生长和初期根群的形成起重要作用。初生叶残损的幼苗生长缓慢，长势较弱。此期根茎开始木栓化，根瘤也开始出现。

幼苗期主要进行根、茎、叶的生长，营养体不断扩大，同时，花芽分化开始。矮生菜豆于播种后20～25d在基生叶的叶腋处开始花芽分化，以后各节都可以分化花芽，并且随着植株叶面积的扩大，花芽分化的速度明显加快，主、侧枝的花芽短时间内即可分化完毕。蔓生菜豆常因植株营养生长旺盛，花芽发育缓慢，而致基部的花芽不能充分发育和成花，第4～5片复叶后的花芽才能正常开花结荚。苗期温度、光照和营养条件适合时，花芽分化可提早进行，花朵数也较大。

此期的菜豆已进入独立生活期，要求营养充足，温度、水分和日照要适宜，才能长成壮苗。生产中，应注意控制浇水，及时松土，提高地温，促进根系生长并锻炼幼苗，防止徒长或沤根；同时调节好温度，促进花芽分化。设施栽培中，因为菜豆幼苗对日照长短不敏感，在揭盖草苫（或草帘）等不透明覆盖物上，要以有利于调节适宜温度为主。还应注意，结合基肥早施追肥，尤其是氮肥，有利于促进花芽分化。

（3）抽蔓期　又称发棵期，对于矮生菜豆来说，指从第4～5片真叶展开到开花前，大约10d；对蔓生菜豆来说，则指从开始抽蔓到开花前，大约15d。初花是抽蔓期结束的标志。此期内，根系迅速扩展，根群基本形成，并着生大量根瘤，节数和叶面积迅速增加，营养生长速度在初花期达到最大。主茎节间开始伸长，形成长蔓，开始缠绕生长，株高达到全生育期的一半。矮生菜豆发生大量侧枝，株高达到最大，株丛基本形成。此期也是菜豆花芽分化的重要时期，正常开放的花绝大多数在此期完成分化。

栽培生产中，此期应加强肥水管理，改善温光条件，促使秧壮棵大，并增加花芽数。因根瘤固氮能力仍较弱，故仍需适当追施氮肥，以促进植株生长。开花前需适当控水，防止植株徒长及造成落花落荚。

（4）开花结荚期（彩图3-35）　从开始开花到结荚终止或种子发育成熟为止。此期的长短因品种类型和栽培条件而异。春播矮生菜豆播后40d左右开始开花，开花结荚期为30d左右；蔓生菜豆播后50d左右开始开花，开花结荚期50d左右，少数品种达到80d。从开花到嫩荚采收大约15d。此期内开花结荚和茎叶生长同时进行，茎叶生长与开花结荚之间、花与花之间均存在养分竞争，并对环境条件反应敏感。

矮生菜豆开花早且开花顺序无规模，多数品种的主茎和侧枝下部的花同时早开，然后逐渐向上开放；部分品种由植株顶部逐渐向下部开花；少数品种茎顶部的花先开，再从茎下部向上部逐渐开放。蔓生菜豆则主茎和侧枝都是由下向上陆续开花。

蔓生菜豆的开花结荚期根据生长进度还可细分为初期、中期和后期。

初期：从开花到第一花序坐住荚。此期营养生长很旺盛，因养分不够充足，易出现落花。生产中应适当控水，以促进坐荚。

中期：从第一花序坐住荚到进入盛花期。此期营养生长趋于平缓，并达到最大值。此期花与花、花与荚和荚与荚之间的养分竞争很明显，同时对环境条件反应敏感，容易出现落花落荚，并出现不完全荚。生产中应注意加强肥水管理，改善条件，并注意防治病虫害，以减少落花、落荚。

后期：从开花结荚数量明显下降到采收结束。此期茎叶生长极其缓慢，开花结荚数量极少，条件允许时可加强肥水管理，促进侧枝的第二次发生，延迟采收期，增加产量。

2. 菜豆对环境条件的要求

(1) 温度　菜豆为喜温性蔬菜，不耐低温和霜冻。矮生菜豆比蔓生菜豆稍耐低温。生长适宜温度为20℃左右，最适温度为18～20℃，低于15℃或高于30℃时生长发育不良，易落花落荚。2～3℃时叶片暂时失绿，但温度回升到15℃经过2～3d可恢复正常；0℃时生长停止，-1℃时即受冻害。生长极限最低地温为13℃。

从各生育时期来看，菜豆种子发芽适宜温度为20～30℃，最低为10℃左右，40℃以上不能正常发芽。幼苗对温度的适应性较高，但对温度变化反应敏感。幼苗生长的适宜温度为白天20～25℃，夜间15～18℃，最低地温要求不低于13℃。抽蔓期适温白天为20～25℃，夜间为15～18℃。高于30℃则影响花芽分化，并造成发育不良。开花结荚期的适温为18～25℃，低于15℃时花粉萌发率低，授粉受精不良，10℃以下则开花不完全；高于35℃时，影响授粉而造成落花落荚严重。当温度过高时，植株体内同化物质积累少而消耗多，豆荚即使坐住也会生长发育不良，豆荚变短或畸形。有些品种豆荚荚壁的中果皮早期增厚，纤维增多，从而降低豆荚品质。雌蕊授粉后，若遇10℃以下低温，花粉管伸长速度迟缓，妨碍子房内的胚珠受精，致使豆荚数及豆荚内的种子数量都减少。如果此时再光照不足，则坐荚数还要减少，产量就显著降低。

生产中，对于一般的菜豆品种，设施内温度高于28℃时要及时开始通风，通风量可小；高于30℃时要加大通风量，以利于降温；气温降至25℃时可减少通风量，低于23℃时即可关闭通风口。

(2) 光照　根据对日照时间长短的反应不同，可将菜豆分为短日型、中间型和长日型三类。多数菜豆品种对日照长度要求不严格，光周期反应属中间型，在较长或较短光照下都能开花，少数品种表现为长日型（每天光照12～14h以上才能促进开花）和短日型（每天光照12～14h以下才能促进开花）。通常蔓生菜豆和半蔓生菜豆中短日型较多，在短日照条件下能较好地促进花芽分化，而矮生菜豆多为中间型。我国目前所栽培的菜豆，大多数品种是经过长期选育和栽培形成的，其适应性较强，对光周期反应一般属中间型，南北各地可互相引种，春、秋两季均可栽培。但有些秋季栽培的品种对短日照的要求较严格，不适宜在北方春夏长日照条件下种植。严格短日照品种在长日照下栽培或长日照品种在短日照下栽培，均可引起植株营养生长加强而延迟开花，降低结荚率。

菜豆对光照强度的要求较高，仅次于茄果类等喜较强光照的蔬菜。在适宜条件下，光照充足则植株生长健壮，茎的节间短而分枝多，叶片光合能力强，不仅开花结荚比较多，而且有利于根部对磷肥的吸收。当光照强度弱时，植株易徒长，不仅茎的节间长，分枝少，叶片数和干物重减少，而且植株同化能力降低，开花结荚数少，易落花落荚。轻度遮光对生长影响不大。光照过强时，植株容易徒长，分枝减少，同化能力降低，开花结荚数减少，不完全花和落蕾量增加。故生产中要注意栽培密度以及不透明覆盖物的使用。

（3）水分　菜豆种子发芽对水分的要求比较严格。喜中度湿润土壤条件，有一定的耐旱力，不耐涝。播种后如果土壤干旱，则种子不能萌发；如果土壤水分过多而使土中缺氧时，则含蛋白质丰富的豆粒会腐烂而丧失发芽能力。实际栽培播种时，浸种时间不可太长（不宜超过4～6h），否则种子内的营养物质会因外渗而损失掉。这不仅会影响种子的顺利发芽和以后幼苗的发育，而且外渗物质易引起细菌活动使种子发生腐烂。长时间的浸种，也容易使种子内的幼胚断裂而不能发芽，因而生产上最好短时间浸种或不浸种。

发芽期种子需吸收种子重量100%～110%的水分，出苗时要求土壤含水量为16%～18%为较适宜。播种时土壤墒情不足，则种子不能发芽，土壤过湿，则出苗延迟且不整齐，甚至烂种。

菜豆根系较发达，侧根多，可从土层较深处吸收水分，所以能耐一定程度的干旱，但喜中度湿润土壤条件，要求水分供应适中，不耐涝。菜豆植株生长适宜的田间土壤持水量为60%～70%，适宜空气相对湿度为80%。如水分过多或田间积水，则土中缺氧，不仅会使根系生长不良，减弱对肥料（特别是磷）的吸收能力，还会使植株茎基部的叶子提早黄化脱落，出现落花落荚现象。严重时地下根系腐烂，植株死亡。土中含水量过低时，也会使根系生长不良，地上部开花、结荚减少，荚内种子多发育不全，造成豆荚产量大大降低。

开花结荚期对土壤水分和空气湿度要求较严格，其适宜的空气相对湿度为60%～90%。在菜豆的花粉形成期，如果土壤干旱且空气干燥，则花粉发育出现畸形、不孕或死亡现象，开花数减少，产量降低。菜豆花粉的耐水性很弱，开花时如遇大雨或田间有积水，空气湿度高，则不利于花粉萌发。降雨也会降低雌蕊柱头上黏液的浓度，使雌蕊不能正常授粉而使落花落荚增多。土壤水分过多和空气相对湿度过大，还易引起菜豆炭疽病、疫病、根腐病、枯萎病、灰霉病等病害的发生。结荚期遇高温干旱天气，嫩荚生长减慢，荚内中果皮的细胞膜硬化，内果皮变薄，品质粗硬。而且高温干旱条件下，植株易受蚜虫、蓟马和病毒病等为害。因此，生产中应注意开花初期适当控水，中期供应充足的水分，后期注意及时调节水肥。

（4）土壤　菜豆要求土层深厚、土质疏松、排灌良好、通气性好的壤土或砂壤土，这对根系生长和根瘤菌发育都有利。黏重土和低湿土，由于排水不畅，通气不良，根系吸收机能受影响，会导致根系发育不良，植株不旺盛，并容易诱发炭疽病等病害，甚至引起落叶、落花、落荚而减产。菜豆的根瘤菌适宜在中性至微酸性的土壤中活动，因此栽培菜豆的土壤pH值以6.2～7.0最适宜。在酸性土壤（pH<5.2）中种植菜豆则植株矮化、叶片失绿，可以在土壤中酌量施入石灰进行改良。菜豆是豆类蔬菜中耐盐能力最弱的一种，尤其不耐氯化盐的盐碱土，当土壤含盐量达1000mg/L时，植株就会表现生长发育不良、矮化，根系生长状况差。所以在选择栽培菜豆的地块时，不仅要注意土质，还要注意土壤的酸碱度。

菜豆忌连作，应注意实行2～3年轮作。

（5）营养　菜豆生育过程中吸收钾肥和氮肥较多，其次是磷肥和钙肥，微量元素钼和硼对豆荚的生长有利。

菜豆在生育初期茎、叶生长时对钾肥需要最多，这与许多蔬菜相同，此时菜豆对缺钾很敏感。结荚期随着豆荚的发育，植株吸收钾肥的量逐渐增加。直到豆荚内种子发育时，吸收量才减少并维持在一定水平。由于菜豆的根瘤菌不如其他豆类的发达，特别是在菜豆生长前期，根瘤菌的固氮活动能力较弱，适当施用氮肥可促进植株早发秧，增加开花和结荚数量。当缺乏氮肥时，菜豆植株矮小，生长不良，叶小色浅，不易发秧。菜豆在生长初期和结荚期对磷肥的吸收量较大，磷对根瘤菌的发育、植株的生长发育、花芽分化、开花结荚和种子的发育等均有影响。缺乏磷肥时菜豆嫩荚和种子的产量、品质都会降低。土壤缺硼时，根系不发达，对无机磷的吸收减缓，根瘤菌固氮能力下降。钼能提高植株对氮肥的利用率，增强植株体内无机磷转变为有机磷的能力，同时对叶绿素和根瘤菌的形成也有作用。一般偏碱的土壤易缺硼，酸性土壤或外界光照强度过低时易缺钼。用 0.3％～0.5％硼砂或 0.01％～0.05％钼酸铵溶液喷洒叶面可以补充植株体内硼或钼的不足。

矮生菜豆和蔓生菜豆不同生育时期的需肥量和重点追肥期有所不同。矮生菜豆生育期短，发育早，卉花期也早且集中，从开花盛期就进入养分的大量吸收期。因此栽培上除用腐熟的农家肥作基肥外，还应早熟速效的氮、磷、钾肥，以促进植株生长健壮，开花结荚早而多。嫩荚开始伸长时，茎、叶中的部分氮、磷、钾等无机养分向嫩荚中转移。荚果成熟期，对磷的吸收量逐渐增加，而对氮的吸收量日趋减少，栽培上只需追施少量磷肥。而蔓生菜豆的整个生长发育期比较长，大量吸收养分的开始时间比矮生品种迟，要到嫩荚开始伸长时才旺盛吸收养分。另外在果荚伸长期间，其茎、叶中无机养分向荚果的转移量比矮生菜豆要少，到生长后期还需吸收较多的氮肥。所以对蔓生菜豆应重视中后期追肥，一方面促使结荚优良；另一方面可防止植株早衰，延长结荚期以增加产量。

二、菜豆栽培季节及茬口安排

1. 菜豆播种期确定原则

生产上，常有菜农在早春盲目提早播种菜豆，受低温冷害导致烂苗毁种而不得不进行二次育苗的现象；也有在秋季盲目延后播种，初霜来临时，冻死叶片，提早罢园而达不到理想产量；也有的在夏秋季节没有安排合适的播种期，使开花坐荚期在高温干旱时段，以致落花落荚严重，或不开花坐荚，甚至怀疑这是种子问题。

菜豆喜温暖，但不耐高温和霜冻。矮生菜豆比蔓生菜豆稍耐低温。

菜豆种子发芽的适温为 20～25℃，40℃以上的高温和 10℃以下的低温则种子不易或不能发芽，若播种后长期处于较低温度下，种子发芽天数长，发芽后幼根生长缓慢，子叶长期不能露出土面甚至腐烂。

幼苗生育适宜的气温为 18～20℃，10℃以下生育不良，2～3℃叶片失绿，0.5～1℃则受冻死亡。地温低于 13℃根量少，几乎不生根瘤，当地温在 23～28℃时，利于发根且根瘤生长良好。

菜豆花芽发育的适宜气温为 20～25℃。菜豆开花结荚期的最适宜气温为 18～25℃，低于 15℃或高于 30℃均易发生落花落荚现象。同时，菜豆从播种到开花需要 700～800℃以上的积温，低于这一有效积温，菜豆植株即使开花，也不会结荚，所以在春季早熟栽培中，播种期不能过早。当温度过高时，植株体内同化物质积累少而消耗多，豆荚即使坐住也会生长发育不良，豆荚变短或畸形。有些品种豆荚荚壁的中果皮早期增厚，纤维增多，从而降低豆荚品质。

菜豆适宜的栽培季节是月平均气温 10～25℃，而以 20℃ 左右最为适宜，因此，在我国南北各地春、秋两季均可进行露地栽培，并以春播为主，夏播菜豆只在少数无霜期很短、夏季也比较凉爽的高寒地区才有栽培。

菜豆早春露地直播，最早只能于断霜前数天，土层 10cm 温度稳定在 10℃，而且有几个连续晴天时才能进行露地直播。东北地区一般在 4 月下旬至 5 月中旬，华北和西北地区多在 4 月上旬至 5 月，华南地区可在 2 月中下旬。矮生菜豆耐寒性略强于蔓生菜豆，可比蔓生菜豆提早 3～5d 播种。在棚室里采用育苗移栽，因棚室的保温防寒作用，播种期可在此基础上提前 10～20d。

利用大棚进行春提早栽培，只有当早春棚内气温不低于 5℃，10cm 深处地温在 10℃ 以上，并稳定一周左右时才可在棚内定植，从当地定植的安全期向前减去苗龄天数，长江流域的育苗时间最早只能在 2 月上旬。北方地区一般为 3 月中下旬，华北中南地区为 2 月下旬。

菜豆秋播适宜的直播播种期，一般可从当地历年的平均初霜期向前推算 100d 左右。如北方矮生品种可于 7 月中下旬播种，蔓生菜豆为 6 月下旬至 7 月上旬；南方矮生菜豆播种期为 8 月上中旬，蔓生品种 7 月下旬至 8 月上旬。华南地区可于 8 月上旬至 9 月上旬播种。而种植秋延后菜豆，由于能利用大棚的后期保温作用，播种期可在此基础上适当延迟。

2. 菜豆栽培茬口安排

菜豆栽培茬口安排见表 3-3。

表 3-3 菜豆栽培茬口安排（长江流域）

种类	栽培方式	建议品种	播期/(月/旬)	定植期	株行距/(cm×cm)	采收期/(月/旬)	亩产量/kg	亩用种量/g
菜豆	冬春季大棚	西宁菜豆、一尺莲、天马架豆	2/中～3/上	3 月上中旬	(20～25)×(50～60)	4/下～7/上	1500	5000
	春露地	特选西宁菜豆、泰国架豆王、优胜者	3～4	直播	(20～25)×(55～60)	5/下～7/上	1500	5000
	秋露地	绿龙架豆、四季无筋、优胜者	7/下～8/上	直播	(20～25)×(55～60)	9/下～11/上	1000	5000
	秋延后大棚	特选西宁菜豆、优胜者	8/下～9/上	直播	(20～25)×(50～60)	10/上～12/上	1500	5000

三、菜豆育苗技术

1. 菜豆直播育苗技术要点

菜豆根系发达，生长迅速，地下部能较早形成稠密的根群，分布广，吸收力强，抗旱能力较强。成龄植株主根深入地下可达 80cm 以上，但主侧根粗度相近，主根不明显，侧根分布直径可达 60～80cm，主要吸收根群分布在地下 15～40cm 的土层内。菜豆根系易木栓化，侧根再生能力弱，因此，在栽培上常以直播（彩图 3-36）为主。

（1）选种 选择有光泽、粒大饱满、具有本品种特性的种子。淘汰有病斑、变色、有机械伤的种子。

（2）浸种催芽 早熟栽培中可用冷床催小芽播种。即先在苗床中铺沙 3.3～6.7cm 厚，然后撒播豆种，每平方米约 1.5kg，稍加镇压后再覆沙 3.3cm 左右，然后充分喷水并覆盖薄膜，且用草帘防寒，以后见沙干时就喷水，3d后，当芽长1cm左右而未发生侧根前播种。

菜豆虽然具有根瘤，能够固氮，但菜豆幼苗期根上的根瘤菌少，固氮能力也很弱，由根瘤固定的氮素一般占全生育期总吸收量的30％左右，因此，供给适量的氮肥有利于增产和改进品质，但没有必要比其他蔬菜施用更多的氮肥。

菜豆如采用根瘤菌接种技术，即播种前用根瘤菌拌种，就能提高小苗根部根瘤菌的数量和固氮能力，增产效果较好。

首先制作根瘤菌剂，可在上年拉秧的菜豆老根上选取根瘤大而多的根珠，剪下其根瘤和细根并装入袋中，然后在避光处用清水冲洗土，置于30℃以下的避光处使之阴干，待其干燥后捣碎成粉末状，便成为根瘤菌剂。在干燥、避光处贮藏，有效期一年左右。接种时将种子表面和根瘤菌剂喷少量清水使之湿润，然后将二者混拌均匀，根瘤菌剂的用量以每亩50g左右为宜。

（3）直播　对春菜豆采用先盖膜后播种方法，用铲刀在薄膜上切成一个十字，深度约3～4cm，点种后其上覆土2～3cm，但要注意播种穴不可过深。露地播种土壤墒情好的情况下，可以直接开沟播种，沟深3～5cm，点种后覆土2～3cm，覆土后成一个小垄，土壤干燥时可播前开沟浇水后播种。蔓生品种每亩用种量5～6kg；矮生品种6～7kg。蔓生种行距60～70cm，穴距15～25cm，每穴播种2～3粒；矮生种行距40～50cm，穴距24～30cm，每穴播种2～3粒。蔓生种每亩栽7000～10000株；矮生种每亩栽10000～12000株左右。大棚延后栽培菜豆，可适当密植，120cm畦种植2行，穴距15～18cm，每穴2～3株。

2. 菜豆早春保护地护根育苗技术要点

虽然菜豆栽培以直播为主，但近年来，常提倡育苗移栽。这是因为我国南方早春经常出现低温阴雨天气，菜豆露地直播容易造成烂种死苗。为了防止这种情况的发生，在南方，早春菜豆露地栽培常在保护地内提前育苗，然后定植到露地。在北方许多地区，为了使菜豆春季露地栽培能提早嫩荚上市和延长采收供应期，保证苗全、苗齐、苗壮，也常采用育苗移栽等方法。

菜豆春季露地育苗移栽可以早熟、高产，嫩荚上市时间比直播栽培提早7～10d。塑料大棚春提前栽培菜豆多采用育苗移栽，因为棚内冬末春初温度低，直播难以发芽成苗，且育苗移栽能比直播提早产品上市期，获得高产高效的目的。早春菜豆地膜覆盖栽培及大棚秋延后栽培，既可直播，也可育苗移栽，视情况而定。但菜豆秋季露地栽培，因苗期短，温度高，移栽难以成活，以直播为好。

由于菜豆根系再生能力弱，为不耐移栽的蔬菜，育苗移栽时，宜采用营养钵、纸筒或营养土块等保护根系的方法育苗。且必须在1～2片复叶展开前带大土坨进行移栽，以防伤根而影响成活。

菜豆早春保护地护根育苗技术要点如下。

（1）播种时期　根据早春不同的栽培方式，长江中下游地区一般于2月中旬至3月上旬采取塑料大棚营养钵冷床育苗，可用于大棚早熟栽培或小拱棚加地膜覆盖栽培。

（2）营养土配制　选用直径8cm×8cm营养钵，营养土由6份疏松、肥沃无病虫园土，3份腐熟粪肥或厩肥，1份草木灰，适量过磷酸钙、硝酸铵等，打碎过筛，充分混匀制成。将配好的营养土装入营养钵中，土面距钵口3cm，然后将营养体放入做好的凹畦（阳畦）内挤紧，凹畦深度以放入做后距畦面3～5cm为准。打透底水，等待播种。

（3）催芽播种　播前一周选晴天晒种 2～3d，剔除已发芽、有病斑、虫伤、霉烂、秕籽、杂粒的种子。一般以干籽播种。也可采用浸种催芽，先用冷水浸没种子，然后用开水烫种，边倒开水边搅动，直至水温降至 35℃ 左右，再浸泡 2h，取出沥干水分，用湿毛巾或湿纱布包好，置于 25～28℃ 条件下催芽，每天用清洁温水淘洗种子包 2 次，2d 即可发芽。

播种时应选晴暖天气，一般上午 10 时后当床温达 10℃ 以上时播种，播种前浇透水，每个容器内播 3～4 粒，盖疏松肥沃细土 2～3cm 厚，不能过薄，播后畦面塌地盖薄膜，同时加盖小拱棚，闭严大棚膜升温。

（4）苗期管理

① 温度管理　白天温度控制在 18～22℃，夜间 12～15℃。在管理方法上主要是早揭晚盖不透明覆盖物。根据床内温度状况掌握通风时间和通风量，特别要注意夜间床内温度的变化，幼苗前期防止夜温偏低、中后期防止夜温偏高。菜豆苗期各阶段适宜温度管理指标见表 3-4。

表 3-4　菜豆苗期各阶段适宜温度管理指标　　　　　　　　　单位：℃

时期	日温	夜温
播种至齐苗	20～25	12～15
齐苗至炼苗前	18～22	10～13
炼苗	16～18	6～10

② 光照管理　在冬、春季育苗期间，往往阴雨（雪）天较多，更要重视秧苗的光照管理。具体做法是：根据天气情况掌握揭盖覆盖物的时间，尽量争取早揭晚盖。晴天早上及时揭苫；下午在温度适宜的情况下盖苫要晚一点，延长光照时间。阴雨（雪）天要隔一块揭一块草苫，让棚室进入一些散射光。育苗期间要经常清扫温室、大棚的棚膜，使棚膜保持清洁，让更多光照透过薄膜。

③ 肥水管理　采用"以促为主，适当控制"的方法。一般施肥与浇水结合进行。育苗床土是比较肥沃的营养土，幼苗在苗期生长量小，秧苗基本上不会缺肥，所以苗期很少施肥。但是可视苗情进行根外追肥，一般在幼苗定植前追施，浓度不宜过高，可喷施 0.1％～0.3％磷酸二氢钾或尿素溶液。追肥时应注意：一是不要把粪肥沾在秧苗的茎叶上，以防烧伤秧苗而感染病害；二是施肥时间要严格掌握，最好是在晴天的中午前后进行；三是施肥或浇水要根据天气和床土湿度情况灵活掌握。

④ 通风降湿　育苗期若遇阴雨天气空气湿度较大时，要特别注意棚室内的湿度。除棚室四周开深沟排水降低苗床的地下水位外，还应经常通风换气，降低棚室内的湿度，以防止秧苗的徒长和病害的发生。棚室通风时要注意，不能让冷风直接吹到秧苗，而应在棚室的肩部通风，才不会使秧苗着凉。

（5）生育诊断　苗期管理中若苗床光照弱，子叶提前脱落，茎细长，叶色淡绿且薄，基生叶尖心脏形，叶柄长，为徒长苗，应保持棚膜清洁，及时揭盖棚膜和草帘等覆盖物，尽量增强光照，培育壮苗。

若苗床干燥，子叶提前脱落，基生叶小，色深绿，第一复叶展开慢，叶小，茎矮，育苗时应浇足底水，营养钵育苗不易扯到土壤中的水分，若干燥，也应在晴天中午一次性浇足水，不要小水勤浇。

若苗床温度高，叶呈圆形；温度低，叶趋细长。育苗期间温度管理是关键，应根据秧苗生长发育温度，及时调控好。菜豆育苗期短，只要配床土育苗，一般不会产生缺素症状。

四、菜豆主要栽培技术

1. 菜豆大棚早熟栽培技术

(1) 品种选择　适合大棚早熟栽培的菜豆品种要求早熟、耐寒、结荚集中、植株矮小紧凑、叶片较小，豆荚性状满足消费者的需要。相对而言，矮生菜豆比蔓生菜豆更适合大棚栽培。

(2) 播种育苗　播种前选粒大、饱满、有光泽、无病虫害和机械损伤的种子，选晴朗天气晒种 1～2d。播种前用硫菌灵 500～1000 倍液浸种 15min 预防苗期灰霉病，或在播种前用 1% 甲醛溶液浸种 20min，再用清水冲洗后播种，预防炭疽病。经药剂处理的种子应晾干后再播种，不宜湿种子播种。也可用 50% 福美双可湿性粉剂拌种，用量为播种量的 0.3%～0.5%。最好在播种前再用 0.5% 硫酸铜水溶液浸种 1h，以促进根瘤菌的发生。

春季早熟栽培的菜豆必须采用育苗移栽的方法，可撒播育苗，也可营养钵育苗。可采用大棚内温床或冷床育苗，长江流域播种期一般在 2 月中旬至 3 月上旬。在播种前10～15d 制作苗床，播种时如果床土干湿适宜，则不必浇水，若床土过干，可适当洒水，但用水量切忌过多。

撒播的，播种时将种子均匀撒播于苗床，播后覆土 2cm，铺一层稀疏稻草，然后覆盖薄膜保温，夜间要盖草帘保温。营养钵育苗的，每钵播种 3～4 粒，播后覆盖保温。

播种后，如果棚温能保持 20～25℃，3～4d 可出苗，当有 30% 种子出苗后，揭去覆盖的稻草和薄膜，子叶充分展开后，适当降低温度，白天保持在 15～20℃，夜间保持在 10～15℃，以防徒长。苗期一般不浇水，定植前 4～5d，通风降温炼苗。

(3) 整地施肥　选择排水良好、富含腐殖质、土层深厚的壤土或砂壤土种植。尽早整地，定植前 10～15d 扣棚盖膜，定植前一周，施足基肥，对酸性或缺钙土壤，播种前应施适量生石灰改良。施基肥翻地的同时，每亩需施用 50% 多菌灵可湿性粉剂 1.5kg，掺土 30kg 撒施，以防治菜豆根腐病。定植前 3～4d，精细整地，深沟高畦，畦面成龟背形，畦宽（连沟）1.3～1.5m。作畦后即覆盖地膜。

(4) 定植　采用大棚栽培（彩图 3-37）的菜豆，定植期可在晚霜前 10～15d，或 10cm 地温稳定在 10℃ 以上时定植。在长江中下游地区，适宜的定植时间为 3 月上中旬，选子叶展开、第一对真叶刚现时的幼苗，在冷尾暖头的晴天定植，采用营养钵育苗的苗龄可稍大。起苗前苗床应浇透水，定植时剔除秧脚发红的病苗和失去第一对真叶的幼苗，及时浇定植水。矮生菜豆每畦种 4 行，行株 33cm，穴距 30cm，每穴种 2～3 株。蔓生种每畦种 2 行，行距 65cm，穴距 20cm，每穴 3 株。

(5) 田间管理

① 保温　定植后扣严大棚，保持棚温白天 25～30℃，夜间 15℃ 以上，1～2d 内密闭不通风，促缓苗，但如遇到中午棚内气温在 32℃ 以上时可通风降温。定植后如有强冷空气来临，应搭建小拱棚，夜间加盖草片、遮阳网等保温。缓苗后，棚温白天保持 20～25℃，夜间不低于 15℃，棚温高于 30℃ 时要通风降温。气温达 20℃ 以上时，可撤去小棚。进入开花期，白天棚温 20～25℃，夜间不低于 15℃，在确保上述温度条件下，

可昼夜通风。

② 补苗　定植后及时检查，对缺苗或基生叶受损伤的幼苗应及时补苗。

③ 浇水　缓苗后到开花结荚前，要严格控制水分，一般定植后隔 3～5d 浇一次缓苗水，以后原则上不浇水，并加强中耕，每 6～7d 一次，先深后浅，结合中耕向根际培土。初花期水分过多，会造成植株营养生长过旺，养分消耗多，使花蕾得不到足够养分而引起落花落荚。底层 4～5 荚坐住后，植株转入旺盛生长，需水量增加，一般应在幼荚有 2～3cm 时或第一次嫩荚采收后开始浇水，以后每隔 5～7d 浇水一次，但要防雨后涝害。

④ 追肥　一般秧苗成活后追施一次提苗肥，以 15％～20％ 的腐熟人粪尿为好，结荚后追肥一次，以后每隔一周追施一次。菜豆生长后期，可连续重施追肥 2～3 次，一般每隔 10d 一次，最好用三元复合肥，每亩每次用量为 10～15kg。据介绍，在结荚期，每亩喷 6.6L 水＋硫酸锌 1kg 配成的溶液，能使菜豆增产 22％～23％。生长期，叶面喷洒 1％ 葡萄糖或 1μL/L 的维生素 B_1，可促进光合作用，早熟增产，后期用 0.5％ 的尿素结合防病加代森锌叶面喷洒，效果好。

⑤ 搭架　蔓生菜豆应在植株开始"甩蔓"时搭架引蔓，可用 2～2.5m 长的竹竿搭人字架，或用塑料绳引蔓（图 3-2）。即在栽植行顶部顺行向，架设吊绳用的铁丝，每穴一根吊绳，吊绳的下部既可拴在畦面的绳上，也可直接拴在幼苗的茎蔓上。生长后期应将下部老叶打掉。

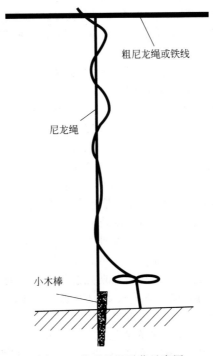

图 3-2　菜豆吊绳引蔓示意图

⑥ 植物生长调节剂保花保荚　花期可用 1～5mg/L 的对氯苯氧乙酸喷洒植株，也可用 5～25mg/L 的萘乙酸溶液喷洒。矮生菜豆在盛花期喷洒一次，隔 7～10d 再喷一次

即可；蔓生菜豆开花一批处理一批，需多次喷洒。在花、荚期用 10～20mg/L 增产灵喷洒 1～2 次。在结荚后用 10～20mg/L 的赤霉酸喷荚，可促进荚果生长，提高产量。

菜豆常见病害有锈病、灰霉病、菌核病、炭疽病，虫害主要是蚜虫等，应及早防治。菜豆定植后 30～40d 即达始收期，菜豆在开花后 20d 左右即达商品成熟期，应适时采收，采收过早，产量低；采收太迟，豆荚易老化。

2. 菜豆早春大棚育苗地膜覆盖栽培技术

菜豆早春采用大棚培育健壮苗，10cm 地温稳定在 10℃以上时，采用地膜覆盖加小拱棚定植（彩图 3-38），可较露地或露地加地膜覆盖提早上市 10d 左右，抢早上市，经济效益较好。

（1）品种选择　应选择较耐低温、优质高产的菜豆品种。

（2）培育壮苗　营养土由 6 份肥沃无病虫园土加 4 份腐熟堆肥充分混匀。播前一周选晴天晒种 2～3d，一般以干籽播种。晴天上午 10 时后当大棚内床温达 10℃以上时播种，播前浇透水，每个容器内播 4～5 粒，盖细土 2～3cm 厚，播后塌地盖薄膜，加盖小拱棚，闭严大棚膜升温。播种至出苗前以保温为主，不通风，夜间要加盖草帘等防寒保温，一般不浇水，保持畦温 20～25℃，2～3d 可齐苗。出苗后揭去地膜，用 75％百菌清可湿性粉剂 600 倍液喷雾，防猝倒病。温度降到白天 15～20℃，夜间 10～15℃，晴天温度升到 20℃以上时，逐渐通风，30℃以上时逐渐揭开棚膜，下午 4 时前后盖膜，阴天在中午前后也应揭膜通风降温。10～15d 内，苗出齐后间苗，每个容器内留 3～4 株苗，直至第一复叶充分展开时，温度提高到白天 20～25℃，夜间 15～20℃。定植前 10d，降温炼苗，白天棚温 10～15℃，夜温不低于 5℃。一般苗龄 20～25d。第二片复叶开始吐心，株高 15cm 左右定植。

（3）及时定植　蔓性菜豆，选择排水良好的砂壤土，深翻 25～30cm，地膜覆盖栽培应在定植前一周整土，每亩施有机肥 3000～4000kg，过磷酸钙 20～25kg，草木灰 50～100kg。深沟高畦，畦宽 1.2m，作畦后浇透底水，用 50％多菌灵可湿性粉剂 500 倍液喷洒畦面消毒，再喷敌草胺除草剂后盖地膜升温。

定植前营养钵应浇水。矮生种行距 30～50cm，穴距 20～30cm；蔓生种行距 50～60cm，穴距 30～40cm。用营养钵育苗，地膜覆盖定植的，定植时按株行距在膜上打孔，去掉容器后，连土坨一起将苗放入，覆细土，稍压实，浇定根水。

定植后，用 20％甲基立枯磷乳油 1000 倍液或敌磺钠 1000 倍液淋蔸，每株灌 250～300mL。然后盖严小拱棚，密闭 5～7d 促缓苗。

（4）田间管理　矮性菜豆不需搭架，蔓性菜豆开始抽蔓后，应及时搭架引蔓。

定植后至开花前一般不浇水，追肥应掌握花前酌施，花后勤施，盛荚期重施。抽蔓期，可酌施 1～2 次粪水提苗，现蕾至初花期控制肥水。盛花期后每亩施硫酸铵 10～15kg 或人粪尿 1500～2000kg，以后每采收 2～3 次追肥一次。

矮性品种，移植成活后 5～6d，每亩追一次稀淡人粪尿 500～750kg 提苗，隔一周后施第二次追肥，开花结荚期每亩施人粪尿 1500～2000kg，并喷雾 0.3％磷酸二氢钾，每隔 6～7d 一次。也可采用 2mg/kg 的对氯苯氧乙酸，或吲哚乙酸 15mg/kg，或 5～25mg/kg β-萘氧乙酸喷花序，或用 5～25mg/kg 的赤霉酸喷射茎的顶端。

（5）主要病虫害防治　主要病虫害是根腐病、炭疽病、锈病、细菌性疫病、斜纹夜蛾、蚜虫等，病害要从早进行预防才能取得较好的效果，发现虫害要及时防治。

3. 菜豆春露地栽培技术

（1）整地施肥　选用 2～3 年内未种过豆类蔬菜的地块，提早深翻。整地的同时，施足基肥，一般每亩施腐熟农家肥 4000～6000kg，过磷酸钙 10～50kg，钾肥 10～15kg，耙细整平，作 1.2m 宽的平畦或高畦。北方多用平畦，南方多高畦深沟。畦高 10cm，畦沟宽 40cm。

（2）浸种直播　选用籽粒大、整齐、饱满充实、有光泽、未受病虫侵害的优良种子，晒 1～2d 后，用种子重量 0.3% 的 1% 甲醛溶液浸种 20min，可防炭疽病。浸药后的种子，用清水冲洗干净后，再播种。也可用温水浸种，但浸种时间不要太长，最多不超过 4～6h，以大部分吸水膨胀，少数种子皱皮时，捞出播种。

春露地栽培一般多用直播，选晚霜前数天，土层 10cm 地温稳定在 10℃，而且未来几天天气晴朗时直播。菜豆最忌"明水"，应在播种前时适当浇水润畦，浇水不可太多，以免烂种。蔓性菜豆宜按行距开沟条播，沟深 3～5cm，也可穴播，矮生菜豆宜穴播。一般每畦两行，蔓性菜豆行距 65～85cm，穴距 20～26cm，每穴播种 4～6 粒；矮生菜豆行距 30～40cm，穴距 15～25cm，每穴播种 3～6 粒，播种后覆土 3～5cm。

为了保证苗全苗壮也可采用育苗移栽法，但必须采用塑料钵或纸钵或做成营养土方，在棚室里育苗，可比直播提早成熟 7～10d。

（3）田间管理（彩图 3-39）

① 查苗补苗　菜豆播种后，一般 10d 左右可出苗。开始出苗时，要及时进行划锄，以填补顶土出苗时的畦面裂缝。露地栽培一般结合地膜覆盖，出苗时破开地膜，将幼芽引出，以防灼伤。出现一对基叶时，应查苗补苗，一般每穴保留 3 苗，对缺苗、基生叶受伤苗、病苗和基生叶提早脱落的苗，应及时补换。补换所需幼苗，可在穴间相互调剂，也可用提前 2～3d 专门播种的后备苗补换，补苗后及时浇小水，不宜浇大水。

② 中耕除草　菜豆露地栽培的生长季节正处于植株生长的适宜时期，杂草生长旺盛，应及时中耕除草。苗期在雨后或施肥前除草 1～2 次，保持土壤疏松、透气。中耕时结合除草及时培土，促进不定根发育，促进植株旺盛生长。

③ 适量浇水　菜豆对水分要求较为严格，前期应适当控制水分，多次中耕。定植苗或补换的苗，应在 3～4d 后浇一次缓苗水，然后中耕细锄。春季直播苗应勤中耕松土，防止因地温低、湿度大而出现沤根现象和叶片发黄。开花初期，如不过于干旱一般不浇水，过于干旱，也只宜在临开花前浇一次小水。一般到幼荚 2～3cm 长时才开始浇第一水，以后每 5～7d 浇一水，保持土壤湿润。高温季节可采用轻浇勤浇、早晚浇水和压清水等办法，降低地表温度。

④ 适时追肥　菜豆在苗期便进行花芽分化，矮生菜豆播种后 20～25d、蔓生菜豆大约 25d 时，植株营养生长加快，应及时追肥，尤其是氮肥，促进花芽分化数量增加、分枝节位及坐荚节位降低。但苗期施氮过多，也会使植株茎叶柔嫩、易感病虫害。直播的一般在复叶出现时第一次追肥，育苗移栽后 3～4d 施一次活棵肥。每亩施腐熟粪水 1500kg，最好加入过磷酸钙 25kg。

当植株进入开花结荚期后，需肥量增加，此时应重施追肥，适应荚果迅速生长的需要。每亩施腐熟人粪尿 2500～5000kg，每 7～8d 施一次，矮生品种施 1～2 次，蔓生品种施 2～3 次。如配合施用 2% 过磷酸钙，或 0.5% 尿素作根外追肥，可有效减少落荚，增加荚重。

⑤ 引蔓搭架　蔓性菜豆在抽蔓后要及时搭架，并定期人工引蔓上架，可用竹竿搭

"人"字形架，在畦两端应多插 1～2 根撑竿以加固支架，防止倒伏。也有采用铁丝上吊塑料绳绑蔓栽培。

⑥ 采收　春季蔓性菜豆播种后 60～70d，即可开始收获嫩豆荚。

4.菜豆夏季高山栽培技术

菜豆既不耐寒又不耐热，夏季高温期栽培菜豆，高温易引起落花，而利用高山地区夏季凉爽的气候满足菜豆生长发育对温度的要求，能使其正常生长，不失为高山地区农民致富的一个好途径。其技术要点如下。

（1）土地选择　应选择海拔在 500～1200m 的高山区，海拔较低的，选择坐北朝南背风地块，具有上午晴下午阴的气候。不宜选择冷水田、排灌条件差的低温地块种植。要求土层深厚、疏松肥沃、排灌方便、2～3 年内未种过豆科作物的中性砂壤土或壤土为好。

（2）播种期选择　高山菜豆采收上市时间应在平原地区春季栽培菜豆采收已结束，秋季栽培菜豆尚未采收上市前，即在 6 月底至 9 月下旬。高山菜豆栽培季节是在高温季节，菜豆生长发育速度快，从播种到采收约 45～50d，采收期约 40～60d。在海拔高的地区，9 月中旬后降温快，会严重影响产量；若在海拔低的地区，播种过早，会遇到 7 月至 8 月中下旬的高温危害，引起落花落荚。因此，播种期应安排在 5 月下旬至 7 月上旬，分期播种。海拔高的地块，播种期适当提前；海拔低的，播种期相应推后。

（3）整地作畦　土壤深翻后，蔓生种做成 1～1.1m 宽的畦，矮生种做成宽 1.3m 的畦，一般每亩施入腐熟农家肥 2500kg，过磷酸钙 15kg，硫酸钾 10kg 或复合肥 15kg，草木灰 50kg，并撒施石灰 50～70kg，畦整成龟背形，整平畦面。

（4）播种　一般采用直播，在播种前，需把菜豆种子在太阳下晒 1～2d，将菜豆种子放入 50% 多菌灵可湿性粉剂 500 倍液中浸 20～30min，用清水把种子药液洗净后播种。每穴播 3～4 粒种子，播种深度不超过 5cm，播后覆盖 2cm 厚细土。蔓生种每畦栽 2 行，行距 80cm，穴距 12～15cm，矮生种行穴距一般为 20cm×25cm。菜豆播种后不可浇水，否则容易烂种子，如果土壤干燥，应在播种前 2d 左右浇水，待水分充分渗入土中后方可播种。出苗后及时间苗，每穴留 2～3 株。

在长江流域早春阴雨低温天气多，为避免烂种和死苗，半高山地区也可采用冷床或温床育苗，每亩蔓生菜豆用种量 3kg，矮生菜豆 4～5kg，播后覆土 2cm 厚，在第一对真叶展开前定植，采用营养钵育苗效果更好。

（5）地膜和铺草覆盖　高山菜豆早播或在梅雨季节时播种，应采用地膜覆盖栽培，在出梅后高温季节应采用铺草栽培。地膜覆盖要掌握在播种后整平畦面，再覆盖地膜，苗刚出土时，要及时用刀片把地膜剖开成十字形，使苗向上正常长出，并在秧苗四周用土封严压牢，封土要求高出畦面。夏季（出梅后）高温时，在地膜上盖泥土或铺草，防止高温伤根。高山菜豆栽培铺草时间，可在苗出齐后或植株封行前，用山区野草或稻草在畦面铺草。

（6）田间管理

① 查苗补苗　高山菜豆从播种至第一对真叶露出，约需 7～10d，此时要进行查苗补苗，并及时作好间苗。对缺株和已失去第一对真叶或已受损伤的苗及病苗，要进行移栽补苗。选用胚轴粗壮、无病害的苗带土移栽。补苗移栽时间宜在阴天或晴于傍晚进行，栽植深度以子叶露出土面为宜，栽后要及时浇定根水，以利早缓苗成活。及时间苗，拔除细弱苗和病苗，每穴留健壮苗 2 株。

② 搭架引蔓 蔓生种蔓长 10cm 左右时及时搭架，架竿长 2.2～2.5m，采用"人"字形搭架方式，人工引蔓 2～3 次。在晴天下午人工按逆时针方向引蔓上架。因高山地区风大，夏秋多暴雨，为了防止菜豆架材倒伏，可在架畦两头和行中间每隔 10m 左右用较粗竹竿或小木棍作支柱加固。

③ 中耕松土 出苗后，利用山草或稻草覆盖畦面可降温保湿，在插架前及开花初期分别中耕一次，以后因下雨或浇粪、浇水土壤板结，也需中耕，并将杂草盖在畦面上，结合中耕进行培土，蔓生菜豆搭架后停止中耕。

④ 整枝摘叶 及时摘除老叶和病叶，并集中深埋或烧毁。若菜豆植株出现生长过旺、疯秧、只开花不结荚等现象，可采取疏掉部分叶子，提高结荚率。当菜豆蔓已超过架顶即蔓长到约 2.3m 以上，可进行主蔓打顶（摘心）。

⑤ 浇水追肥 中耕后及时浇水施肥。一般在初生叶展开后，每亩追施一次 10%～20% 的稀薄人粪尿 800～1000kg，或复合肥 3～5kg，搭架前再用同量肥料追施一次。结荚中期追施一次速效肥，每亩施尿素 5～10kg 加钾肥 5kg，以后每隔 7～10d 施一次，并可结合病害防治喷施 0.2% 的磷酸二氢钾 500 倍液或其他叶面肥。夏季雨水多，应注意清沟沥水，高温干旱时可适当浇水保持土壤湿润。

⑥ 病虫害防治 高山菜豆病虫为害较重，及时防治根腐病、炭疽病、锈病、蚜虫、豆荚螟等。

⑦ 再生栽培 高山菜豆栽培，可进行再生栽培。在菜豆盛收后期，进行摘心，摘去病叶和衰老叶；重施追肥 1～2 次，每次每亩施尿素 8～10kg 或复合肥 12～15kg，进行根外追施，保持土壤湿润，做好病虫害防治、雨后及时排水等措施，可增产 10%～20%。

⑧ 及时采收 一般花后 10d 左右可采摘上市，每隔 1～2d 采收一次。由于高山菜豆产地距市场距离较远，从采摘到上市需 1～2d，因此采摘豆荚时应适度偏嫩，采摘后进行分级包装。

5. 夏秋露地菜豆栽培技术

夏秋露地栽培（彩图 3-40），一般 9 月末至 10 月初上市，供应秋淡，价格较高，效益好，因后期气温低，病虫为害少，容易栽培。要特别注意播种期的安排，不宜过早过迟，过早，气温高，雨水多，培苗难，病虫害重，开花坐荚困难；过迟，后期温度低，提早罢园，达不到理想产量。菜农看到在某些暖冬年份，到 12 月都能开花结荚，结果盲目推迟播种期，到开花坐荚时遇霜冻而无收成的现象时有发生。

（1）品种选择 应选择耐热、抗锈病和病毒病、结荚比较集中、坐荚率高、对光的反应最好不敏感或短日照的品种。

（2）播期确定 秋菜豆的播种期应根据当地常年初霜期出现时间往前推算，架豆到初霜来临应有 100d 的生长时间，矮生菜豆应有 70d 以上的生长时间。一般北方地区播种期宜在 7 月中旬至 8 月初；南方地区宜在 7 月底至 8 月上旬。

（3）适当密植 秋菜豆生育期较短，长势较弱，株小，侧枝少，单株产量也较低，应加大密度，可采用行距不变，适当缩小株距，每穴多点 1～2 粒种子。

（4）整地作畦 在前茬罢园拉秧后应马上深翻灭草，每亩施基肥 2000～2500kg，做成 10～15cm 小高畦。

（5）播种 秋菜豆宜直播，播种时应有足够的墒情，最好在雨后不粘土时播种或浇水润畦后播种。如播后遇雨，土稍干时要及时松土。播种不能过深，以不超过 5cm 为宜。与小白菜等套、间作，可降低地温和维持较好的水分状况。

（6）中耕蹲苗 秋菜豆出苗后气温高，水分蒸发量大，应适当浇水保苗，蹲苗期宜短，中耕要浅。中耕多在雨后进行，以划破土表、除掉杂草为目的。

（7）肥水管理 秋菜豆生长期短，应从苗期就加强肥水管理，一般从第一片真叶展开后要适当浇水追肥，施追肥要淡而勤，切忌浓肥或偏施氮肥。开花初期适当控制浇水，结荚之后开始增加浇水量。雨季及时排水，热雨后还应浇井水以降低地温，俗称"涝浇水"。随着气温逐渐下降，浇水量和浇水次数也相应减少。追肥可在坐荚后进行，每亩追施三元复合肥 10kg 左右。

注意及时防治病毒病、枯萎病、甜菜夜蛾、红蜘蛛、豆荚螟等病虫害，一般从 9 月中下旬开始采收，10 月下旬早霜来临前收获完毕，暖冬条件还可延后。

6. 菜豆大棚秋延后栽培技术

（1）播期确定 选用适应性强，前期抗病、耐热，生长后期较耐寒，丰产、品质好的品种。南方地区，由北而南，播种期从 7 月中下旬至 8 月上中旬，其标准是在初霜期以前 100d 左右。北方矮生品种可于 7 月中下旬播种，蔓生菜豆为 6 月下旬至 7 月上旬。播种过早，易受高温、干旱或台风暴雨天气影响，且结荚期提前，达到个延迟米收的目的；播种太迟，有效积温不足，产量下降。

（2）整地播种 菜豆秋季栽培一般采用直播。如果土壤比较干燥，播种前 5d 左右灌水，待水下渗后整地作畦，如果土壤干湿适宜，在整地后应立即播种，不需浇水。整地前施足基肥，精细整地，深沟高畦，畦面成龟背形，畦宽（连沟）1.3～1.5m。穴播，每穴 3～4 粒种子。矮生菜豆每畦种 4 行，穴距 30cm；蔓生种每畦种 2 行，穴距 20～25cm，每穴播种 4～5 粒。播种后覆土 2～2.5cm，并在畦面上覆盖稻草降温保湿。在前茬作物拉秧很晚而不能播种的情况下，可用育苗移栽，但必须采用营养钵。

（3）定苗 一般播种后 3～4d 即可出苗，出苗后清除秧苗上方的稻草，子叶展开，真叶开始显现时间苗，每穴留苗 2～3 株。发现有缺株，应在阴天或晴天傍晚补苗，并浇水保苗。育苗移栽的，在子叶展开后即可定植，边定植边浇水，畦面盖稻草，并在大棚上覆盖遮阳网。

（4）田间管理 夏秋季雨水较多，土壤易板结，杂草生长快，在出苗后或浇缓苗水后封垄前应分次中耕除草，结合中耕每 7～10d 培土一次。在开花前追施一次薄肥，进入开花期后，当第一批嫩荚长 2～3cm 时轻追一次肥，进入盛荚期，重施追肥。植株开花时，应控制浇水，幼荚伸长肥大后，可每隔 7～10d 浇水一次，保持土壤湿润。进入10 月中旬霜降以后，棚内温度降低，应停止追肥，减少浇水。蔓生菜豆在植株抽蔓后应及时搭架引蔓。生长期间，及时防治锈病、煤霉病、棒孢叶斑病、病毒病、菌核病、蚜虫、蓟马、红蜘蛛等。

进入 10 月中下旬以后，气温下降，应及时覆盖薄膜保温，白天保持 20～25℃，夜间不低于 15℃。如果白天温度超过 30℃时，应及时通风。11 月中旬以后，矮生菜豆采用大棚内搭建小拱棚，可维持较适宜的温度条件，延长采收期。10 月上旬，菜豆进入始收期，应及时采收。

五、菜豆生产关键技术要点

1. 菜豆出苗期常见异常症状的表现与防止措施

菜豆种子播入土中，条件适宜时过 7～9d 后即可出苗。种子发芽最低温度为 10～

12℃。发芽后长期处于11℃时，幼根生长缓慢、出土慢。地温在13℃以下，不利于发根，根小而短，不见根瘤。

(1) 菜豆出苗期常见异常情况　一是菜豆种子播入土中后出苗延迟（如播种后15d以上）；二是幼苗出土后生长衰弱；三是幼苗出土后子叶残缺；四是种子在土壤中霉烂。

(2) 诱发菜豆出苗期异常的原因　一是播种时底墒不足或土壤湿度偏大或土温偏低；二是施用没有腐熟的有机肥作基肥；三是播种深度过浅（小于3cm）或偏深（大于5cm）；四是浸种不当，如水温过高或浸种时间过长，使种子营养物质外渗到种皮表面；五是过干的菜豆种子（包括其他豆类种子，其含水量低于9%），急剧吸水会使子叶、胚轴等处产生裂纹；六是播种后浇水（蒙头水）；七是播种后遇降温天或连续阴雨天；八是土壤板结；九是根蛆为害。

(3) 防止措施

① 选择富含有机质、排水良好、土壤pH值为6.2～7，土层深厚的壤土或砂壤土地块种菜豆，不宜在土质黏重地、低洼湿地、盐碱地（特别是以氯化钠为主）等地块种菜豆。

② 一般每亩施腐熟有机肥3000～5000kg、过磷酸钙35～75kg、草木灰100kg作基肥，开沟深施（为使种、肥隔开），或撒施后浅翻地（深度为15～17cm）使土肥混均匀。

③ 春季当10cm地温稳定在8～10℃时干籽播种。

④ 选择籽粒饱满，表面有光泽的新种子。每亩用种子4～6kg，先晒种1～2d，播前把种子用清水喷湿，用50g根瘤菌制剂拌种，阴干后播种。

⑤ 在播种前十几天，需查看土壤墒情，当表层土壤用手握成团不易散开时（土壤相对含水量在70%以上），宜整地播种。若土壤墒情差，需浇水造墒（砂壤土提前4～6d，黏壤土提前15d左右），或播种前2～3d浇水润地，或开小沟后浇小水播种（用浸泡过的种子或带小芽的种子）。

⑥ 作平畦或起垄种植。如土质偏沙或土壤水分多，播种小沟可稍深些，覆土4～5cm；如土质偏黏或土壤水分多，播种小沟可稍浅些，覆土3～4cm。按行距开小沟、按株距点种，每点播3～5粒种子后覆土，待表土层稍干后镇压。在田间酌情修建风障，或采用地膜覆盖种植。

⑦ 把河沙或蛭石或锯末等装在木箱、浅筐、花盆等物中，浇水充分湿透，再把种子分层播入，保持温度20～25℃，出芽前检查烂种情况，并保持一定湿度。待出小芽后（芽长0.5～1cm，没有出现侧根），直接栽入土方（纸袋或营养钵）中，或直接播入播种沟内（把带小芽种子贴在沟坡上）。在连阴雨天多的地区适宜采用该方法。

⑧ 采用苗圃床土育苗，也可使用纸袋或营养钵育苗，在配制苗床土时，不宜施用人粪尿。对蔓性菜豆每钵种3～4粒种子，对矮生菜豆每钵种4～5粒种子，覆土3cm。保持温度20～25℃。当子叶充分展开后，白天15～20℃，夜间10～15℃，注意使幼苗见光。苗龄一般为15～25d，株高5～8cm，有1～2片真叶（育大龄苗要注意护根）。育成幼苗可供定植或田间（直播）缺苗时补栽。

⑨ 注意采取措施防治根蛆。

2. 菜豆配方施肥技术要领

菜豆全生育期每亩施肥量为农家肥2500～3000kg（或商品有机肥350～400kg），氮肥（N）8～10kg，磷肥（P_2O_5）5～6kg，钾肥（K_2O）9～11kg。有机肥作基肥，氮、钾肥分基肥和 2 次追肥，磷肥全部作基肥。化肥和农家肥（或商品有机肥）混合施用。一般中等肥力田，每亩目标产量 1500～2000kg，可按如下方案基施和追施肥料。低肥力田在此基础上略增加，高肥力田适当减少用量。

（1）基肥　可施用农家肥 2500～3000kg（或商品有机肥 350～400kg），尿素 3～4kg，磷酸二铵 11～13kg，硫酸钾 6～8kg。

（2）追肥　抽蔓期每亩施尿素 6～9kg，硫酸钾 4～6kg；开花结荚期每亩施尿素 5～7kg，硫酸钾 4～6kg。

（3）根外追肥　结荚盛期，用 0.3%～0.4% 磷酸二氢钾或微量元素肥料叶面喷施 3～4 次，每隔 7～10d 施一次，设施栽培可补充二氧化碳气肥。

3. 通过加强水肥管理来调控菜豆植株促进结荚技术要领

（1）菜豆对水分要求比较严格　适宜的土壤湿度为田间最大持水量的 60%～70%。菜豆的根系多而强大，能从土壤深处吸收水分，所以能耐一定程度的干旱，而且对土壤干旱的忍耐力比对空气干旱的忍耐力强。但如果土壤干旱、水分不足，菜豆植株就会生长迟缓，发育不良，开花结荚延迟，产量降低，品质变劣；反之，如果浇水过量，土壤中水分过多或空气相对湿度过大，则会使植株生长过旺而出现"疯长"现象，造成营养生长与生殖生长不协调，不仅会引起落花落荚，而且易引发病害。

（2）开花结荚前一般不浇或少浇，以蹲苗为主　一般直播菜豆出齐苗后或育苗移栽的菜豆缓苗后浇一次水，及时中耕 1～2 次，并控制浇水。蔓生菜豆开始抽蔓时浇一次水，随后中耕、培土、插架，以后在第一花序结荚至半大前一般不浇水，进行蹲苗。只有当土壤墒情不足，过于干旱和植株生长细弱时，在临开花前可浇一次小水。正常情况下，到菜豆第一批花凋谢以后，所结的小豆荚长达 3～4cm，即豆荚开始生长发育时才结束蹲苗，开始浇水。矮生菜豆生长发育比蔓生菜豆快，花序发生早，生长期短，蹲苗时间要比蔓生菜豆缩短 10～15d，否则易引起植株早衰，影响产量。

（3）坐荚后开始追肥浇水，保持土壤湿润　当菜豆坐荚以后，植株进入旺盛生长时期并陆续开花、结荚后，应重点浇水追肥。结荚初期，应每隔 5～7d 浇水一次，结合浇水追肥。以后浇水量逐渐加大，经常保持畦面不干，使土壤水分稳定在田间最大持水量的 60%～70%。高温季节应采用勤浇、轻浇、早浇和雨后引井水灌溉等办法降低地表温度。

（4）矮生菜豆追肥应早，蔓生菜豆追肥从中后期开始　矮生菜豆由于发育早，生育期短，从开花盛期即进入养分旺盛吸收期，应在结荚前早施追肥。蔓生菜豆要到幼荚开始伸长时才大量吸收养分，从生育中后期才开始追肥。在菜豆植株生长前期，根系上根瘤菌的固氮能力较弱，适量施用氮肥可促进植株早发秧。如植株长势旺盛，应控制施用氮肥，以防植株营养生长过旺而引起落花落荚和延迟结荚。

（5）追肥并结合叶面喷施提高结荚率　菜豆开花结荚以后可将氮、磷、钾肥料适量配合追施（以腐熟的人、畜粪水较好，每次每亩施 500～700kg），两次清水一次肥水。除了根部施肥外，还可用 0.2% 的磷酸二氢钾叶面喷施。在菜豆花期选用萘乙酸 5～20μL/L，或对氯苯氧乙酸 2μL/L，或吲哚乙酸 15μL/L，喷洒在花序上，可减少落花，提高结荚率。

4. 防止菜豆植株徒长的技术措施

菜豆植株徒长，在不同生长阶段表现各异。菜豆幼苗出土后，胚轴生长过长（长成高脚苗）。植株节间长、茎秆细，叶片黄，开花少，结荚少。

诱发菜豆植株徒长的因素有：菜豆幼苗出土后没有及时降温，使幼苗长成高脚苗；苗期施氮肥过多；在植株开花前，因降雨或浇水造成土壤中水分过多；保护地内光照不足、湿度大；保护地内温度高。

要防止菜豆植株徒长，主要应加强栽培管理，提早预防。一是在幼苗出土后，适时降温见光，避免幼苗长成高脚苗。二是苗期要控制氮肥用量，直播幼苗在复叶（第三片真叶）出现时或在幼苗定植后 3～4d，第一次追肥和浇水，每亩追施 20％～30％腐熟稀人畜粪尿约 1500kg（并加入硫酸钾 2.5kg 和过磷酸钙 2.5kg）。应中耕除草并培土 2～3次（每隔 10d 左右一次），锄地深度逐步增加，控水蹲苗。蹲苗期一般不浇水，如土壤干旱时应浇小水，避免过度控苗，影响正常生长。三是蔓生菜豆在甩蔓后，及时插架或吊蔓。四是在第一花序上的嫩荚长 3～5cm 时，再追肥浇水，每亩施用 50％的人畜粪尿 2500～5000kg，或硫酸铵 15～20kg，或尿素 10kg，或硫酸钾 10～15kg。花前少施肥，花后适量，结荚期重施，追肥 1～3 次。在结荚盛期，可叶面喷洒 0.01％～0.03％钼酸铵溶液。以后每采收一次浇水一次，每次浇水量少而勤，保持土壤见干见湿（土壤含水量为 60％～70％），掌握"干花湿荚"的浇水原则。五是在保护地冬春茬、春提早、春早熟等栽培时，注意采取通风、遮光等措施，防止温度过高。在生长前期白天 19～23℃（阴天 14～16℃），夜间 13～15℃；开花结荚期白天 20～25℃，夜间 15～18℃，最低不低于 13℃。在返秧期（在主蔓上的豆荚快收完、主茎下部萌生侧蔓时），温度可降低 1～2℃。六是适时采摘嫩荚（开花后 10～15d）。

一旦出现徒长现象，要针对原因采取相应措施，在株高 80cm 左右时打顶（掐尖），使茎蔓粗壮，促生侧枝。在株高 30cm、50cm、70cm 时，分别喷洒 100mg/L 甲哌鎓和 0.2％磷酸二氢钾混合溶液、200mg/L 甲哌鎓和 0.2％尿素混合溶液、200mg/L 甲哌鎓和 0.2％磷酸二氢钾混合溶液。

5. 防止菜豆落花落荚的技术措施

菜豆花为蝶形花，矮性品种在主枝的花数极少，85％～100％着生在侧枝上。蔓性品种主枝与侧枝的花数大体相同，以侧枝稍多一些。菜豆开花，从夜间 2～3 时开始，至次日 10 时左右结束，以 5～7 时最多。菜豆开花较多，但成荚率仅 20％～30％，最多 40％～50％，因此，菜豆落花落荚现象比较普遍，增产潜力大。

（1）影响开花结荚的因素

① 温度过高过低　菜豆为喜温蔬菜，不耐霜冻，可在 10～25℃下生长，20℃左右最适，花粉发芽适温为 20～25℃，低于 10℃或高于 32℃失去活力。开花结荚期较高温度可促进发育，提早开花，但超过 30℃时，落花落荚增多，豆荚变短，以昼夜高温影响最大，高夜温影响其次。

② 湿度过大　一般菜豆花粉的发芽和花粉管的伸长以温度 20～25℃，湿度 94％～100％为适，但菜豆花粉的耐水性非常弱，在多雨季节，湿度大，同时降低了柱头黏液浓度，不利于花粉的发芽和正常授粉，引起落花。

③ 光照过弱　每日光照时数少于 8h、光照强度为自然光的 30％，易落花落荚。密度过大或搭架不合理，光照弱，植株易徒长，着蕾少，落蕾数增加，开花结荚数减少，特别是光度为露地的 30％时影响显著。

④ 土壤水分过干过湿　菜豆在土壤湿度较大时，生育旺盛，开花数多；反之开花数少，荚数少。但菜豆的根又需较多的氧，土壤过湿会引起茎叶黄化或脱落，造成落花

落果。

⑤ 肥水过多或缺磷　前期肥水过多，结荚盛期脱水脱肥或施用氮肥过多均会引起徒长落花。缺磷，则菜豆生育不良，开花数和结荚数少，故氮、磷、钾要适当配合施用。

⑥ 病虫害为害　虫害中豆荚螟、蓟马、斜纹夜蛾、甜菜夜蛾等为害花、荚，引起落花落荚，锈病、棒孢叶斑病等为害叶片，减弱光合作用以至提早枯萎，影响开花结荚。

(2) 防止落花落荚措施

① 适时播种　根据当地气候条件适时播种，争取有较长的适于菜豆开花结荚的生长季节。春播应掌握避开霜期和不在最炎热时期开花结荚。如春菜豆，在北方 3 月下旬至 4 月上旬播种育苗或直播。长江流域在 2 月中旬至 3 月上旬播种育苗，3 月中下旬移栽定植。春菜豆播种后常遇低温多雨，直播易烂种死苗，可采取育苗移栽，早熟菜豆应采用温床或营养钵护根育苗。秋播应掌握避开前期高温和后期低温。

秋菜豆播种过早过迟均影响结荚，一般在北方早霜来临前 90～100d 直播，长江流域在 7 月下旬至 8 月上旬直播。有条件的可在 10 月上旬盖棚，防止霜冻。

② 合理密植　适当密植并采用适当的搭架方式，或与矮生作物间作，创造良好的通风透光环境。秋播生长期短，植株生长量较小，密度比春播稍大。露地采用南北行种植。每穴的株数和株距，矮生菜豆 4～5 株和 33cm×（33～45）cm，蔓生菜豆 2～3 株和（30～40）cm×（50～60）cm。每穴内留的株数多，株、行距可适当大些。与露地相比，保护地内的株行距应大一些，每穴内留的株数应少些。对蔓生菜豆在甩蔓前后，选用 2.5m 长的细竹竿插架，每穴用 1～2 根细竹竿，将 4 根竹竿顶部绑在一起，引蔓上架。

③ 加强管理　做好肥水管理，在施肥上，花前少施，花后适量，结荚盛期重施；在肥料种类上，不偏施氮肥，增施磷钾肥。合理灌溉，保持土壤湿润而又不过湿渍水，在夏季宜于傍晚浇水，热雷雨后用井水串浇。降雨前要整修排水沟渠，保证雨停后田干。秋菜豆追肥要淡而勤，切忌浓肥或偏施氮肥。

加强温度管理，菜豆开花坐荚期适宜的温度条件是白天 22～24℃，夜间 15～18℃。棚室栽培棚内温度超过 25℃时要及时通风降温，尽量控制温度不超过 25℃。坐荚后可适当提高棚温促进豆荚发育。

在生长中后期摘除植株下部的枯黄老叶，酌情疏掉植株上部过多的小花朵。在保护地栽培的，在开花结荚期要保持适宜的温度、光照（光强照度为 1500～30000lx，每日 8～10h）及空气相对湿度（94%～100%）。在茎蔓接近棚顶时，适时放蔓或打顶。酌情叶面喷施 1% 葡萄糖溶液或 0.5% 尿素溶液。

④ 施用硼肥　基施硼肥，可在菜豆定植前随底肥一起施用，每亩可施硼砂 1.5kg。为防止豆类盛花期缺硼，可在盛花前 7d 喷施硼砂 600 倍液或速乐硼 1200～1500 倍液，补充硼肥效果较好。

⑤ 植物生长调节剂喷花　用 2mg/kg 的对氯苯氧乙酸，或 5～25mg/kg β-萘氧乙酸喷于花序上，对防止落花、提高结荚率有一定效果。或用 5～25mg/kg 的赤霉酸喷射茎的顶端，能促进开花和增加结荚数量，种子成熟提早 7d。用豆类植保素在开花盛期喷雾，有保花保荚，兼防病害的作用。用植物生长调节剂处理花朵后，荚果的颜色较深绿，成熟也较早较整齐。若在环境条件适宜时处理花朵，荚果会重些和长些；若在高温

干热条件下处理花朵，荚果可能要小些、但结荚果数增多。

⑥ 防治病虫害　重点防治豆荚螟、蓟马、夜蛾类害虫、锈病、棒孢叶斑病等病虫害。

6. 菜豆花期科学补硼防止落花落荚的技术措施

菜豆落花落荚一直是困扰菜豆高产的一个难题，而缺硼则是导致菜豆落花落荚的主要原因之一。补硼能提高菜豆的开花坐荚率，但多数菜农都把补硼安排在了花期补喷是不科学的。

实践证明，花期补硼并不能达到理想的效果。硼缺乏会严重影响花芽分化，但花芽分化从菜豆幼苗期就开始了，在花期喷硼后并不能改变菜豆前期缺硼造成的花芽分化差的问题。而且花期喷硼肥时，溶液容易把花柱头喷湿，会直接影响菜豆授粉，更容易导致落花落荚。

菜豆补硼正确的方法是：从菜豆定植缓苗后就应该开始补硼，从前期就可以满足花芽分化需要，增加花粉数量，促进花粉粒萌发和花粉管生长，使菜豆开花坐荚率明显提高。为了从根本上解决缺硼问题，应该在底肥中补充硼肥，每亩可施硼砂 2kg；作追肥时，可在缓苗后喷施硼砂 600 倍液或速乐硼 1200～1500 倍液，每隔 15d 喷一次，连续 2～3 次，效果较好。另外，土壤过于干旱会导致植株根系吸肥能力受阻，所以在菜豆生长期要注意及时浇水，保持土壤湿润。

7. 菜豆缺素症的识别与预防措施

(1) 缺氮　观察植株叶片从心叶还是从下部叶开始黄化，如从下部叶片开始黄化，则是缺氮。种植前施用未腐熟的作物秸秆或有机肥，短时间内会引起缺氮。缺氮时，植株生长弱，叶片薄、瘦小，叶色淡，下部叶片先老化变黄甚至脱落，后逐渐上移，遍及全株。豆荚生长发育不良，不饱满、弯曲。下部叶叶缘急剧黄化（缺钾），叶缘部分残留有绿色（缺镁）。叶螨为害呈斑点状失绿。

预防措施：施用新鲜有机物（作物秸秆或有机肥）作基肥时，要增施氮素或施用完全腐熟的堆肥。应急时，每亩追施尿素 5kg 左右，或用 1%～2% 尿素溶液叶面喷施，每隔 7d 左右喷一次，共喷 2～3 次。

(2) 缺磷症　是否缺磷，应根据不同的生育阶段和不同季节低温温度及土壤酸碱反应进行判断，如果温度低，即使土壤中磷素充足，也难以吸收充足的磷素，易出现缺磷症。菜豆缺磷时，苗期（菜豆苗期特别需要磷）叶色浓绿、发硬，植株矮化；结荚期缺磷，下部叶呈暗绿或暗紫色，上部叶叶片小，稍微向上挺。在生育初期，叶色为深绿色，后期下位叶变黄出现褐斑。保护地冬、春或早春易发生缺磷。

预防措施：菜豆苗期特别需要磷，要特别注意增施磷肥。施用足够的堆肥等有机质肥料。应急时，每亩追施过磷酸钙 12～20kg，或用 2%～4% 过磷酸钙溶液喷洒叶面，每隔 7d 左右喷一次，共喷 2～3 次。

(3) 缺钾　菜豆缺钾时，下部叶易向外卷，下部老叶叶尖叶缘开始呈块状黄化，然后叶脉间变黄，顺序明显，继而叶缘褐变枯焦，严重时遍及全叶。上部叶表现为淡绿色，叶缘和叶脉间出现褐色坏死，小叶卷曲呈杯状向下生长。荚果稍短。注意叶片发生症状的位置，如果是下部叶和中部叶出现症状可能缺钾；生育初期，当温度低，保护地栽培时，气体障碍有类似的症状，要注意区别；同样的症状，如出现在上部叶，则可能是缺钙。

预防措施：施用足够的钾肥，特别是在生育的中、后期不能缺钾。应急时，可每亩追施硫酸钾 10～15kg，或用 0.1％～0.2％磷酸二氢钾溶液喷洒叶面，每隔 7d 左右喷一次，共喷 2～3 次。

（4）缺钙　菜豆缺钙时，植株矮小，未老先衰，茎端营养生长缓慢；侧根尖部死亡，呈瘤状突起。上部叶片近叶柄处坏死，叶脉间淡绿色或黄色，幼叶卷曲，叶缘变黄失绿后从叶尖和叶缘向内死亡。中下部叶下垂，叶缘出现黄色或褐色斑块，叶片呈降落伞状，幼荚生长受阻。植株顶端发黑甚至死亡。仔细观察生长点附近的叶片黄化状况，如果叶脉不黄化，呈苞叶状则可能是病毒病；生长点附近萎缩，可能是缺硼。但缺硼突然出现萎缩症状的情况少，而且缺硼时叶片扭曲。

预防措施：多施有机肥，使钙处于容易被吸收的状态。土壤缺钙，就要充足供应钙肥，如普通过磷酸钙、重过磷酸钙、钙镁磷肥和钢渣磷肥等。避免一次用大量钾肥和氮肥。实行深耕，多灌水。应急时，可喷面喷洒 0.1％～0.3％氯化钙水溶液，每 5～7d 喷一次，连喷 2～3 次。

（5）缺镁症　菜豆缺镁时，下部叶叶脉间先出现斑点状黄化，继而扩展到全叶变黄，后除了叶脉、叶缘残留点绿色外，叶脉间均黄白化。缺镁严重时，叶脉间均黄白化，叶片过早脱落。缺镁的叶片不卷缩。缺镁症状与缺钾症状相似，区别在于缺镁是从叶内侧失绿；缺钾是从叶缘开始失绿。

预防措施：提高地温，在结荚盛期保持地温 15℃以上，多施有机肥。土壤中镁不足时，要补充镁肥。避免一次施用过量的钾、氮等肥料，镁肥最好与钾肥、磷肥混合施用。应急时，可喷洒 0.5％～1.0％硫酸镁溶液，5～7d 喷一次，连喷 2～3 次。

（6）缺铁　幼叶叶脉间组织褪绿呈黄白色，上部叶的叶脉残留绿色，叶脉呈网状。严重时全叶变黄白色，后干枯，但不表现坏死斑，也不出现死亡，叶缘正常，不停止生长发育。

预防措施：增施铁肥，将硫酸亚铁与有机肥混合施用，既可条施，也可穴施。有机肥与硫酸亚铁混合比例以（10～20）∶1 为宜，混合发酵一周即可施用。尽量少用碱性肥料，防止土壤呈碱性。注意土壤水分管理，防止土壤过干、过湿。应急时，将易溶于水的无机铁肥或有机络合态铁肥配制成 0.5％～1％溶液与 1％尿素混合喷施。

（7）缺锰　植株上部叶的叶脉残留绿色，叶脉间淡绿到黄色。有时出现在幼茎或根上，籽粒变小，甚至坏死。

预防措施：增施锰肥，每亩用硫酸锰或氧化锰 1～2kg 混入有机肥或酸性肥料中施用，可以减少土壤对锰的固定，提高锰肥效果，也可采用其他难溶性锰肥作基肥。增施有机肥。科学施用化肥，宜注意全面混合或分施，勿使肥料在土壤中浓度过高。应急时，可用 0.01％～0.02％硫酸锰溶液喷洒叶面。

（8）缺锌　菜豆缺锌，从中位叶的叶脉间开始褪色，与健康叶比较叶脉清晰可见，随着逐渐褪色，叶缘从黄化变成褐色。生长点附近节间变短，茎顶簇生小叶，株形丛状，叶片向外侧稍微卷曲，不开花结荚。幼叶叶脉间逐渐发生褪绿，后蔓延到整个叶片，致使看不见绿色叶脉。缺锌症与缺钾症类似，叶片黄化。缺锌多发生在中上部叶，缺钾多发生在中下部叶；缺锌症状严重时，生长点附近节间短缩，坏死组织从缺绿区掉落。

预防措施：防止土壤缺锌可施用硫酸锌，撒施、条施均可。撒施时要结合耕耙，播种或移栽前是土壤施锌的最佳时间。一般每亩施用 1～1.5kg 硫酸锌。不要过量施用磷肥。应急时，用硫酸锌 0.1%～0.2% 溶液喷洒叶面。

（9）缺硼　菜豆生育变慢，生长点萎缩变褐干枯。新生叶芽和叶柄变为浅绿色，叶畸形、发硬、易折断，叶脉间呈块状黄化，嫩茎扭曲。上位叶向外侧卷曲，叶缘部分变褐。仔细观察上位叶的叶脉时，有萎缩现象。茎尖分生组织死亡，芽顶端坏死，不能开花。有时茎节粗糙开裂。豆荚种子粒少，严重时无粒。侧根生长不良。荚果表皮出现木质化。缺硼症状多发生在上部叶，叶脉间不出现黄化，植株生长点附近的叶片萎缩、枯死，其症状与缺钙相类似；但缺钙叶脉间黄化，而缺硼叶脉间不黄化。

预防措施：土壤缺硼要预先施用硼肥。为了防止施硼过多或施硼不均匀，可施用溶解度低的含硼肥料或硼、镁肥等，以减缓硼释放速度。一般硼在土壤中残效较小，需年年施。要适时浇水，防止土壤干燥。多施腐熟有机肥，提高土壤肥力。注意平衡施肥。应急时，每亩用硼砂 0.3kg 或硼酸 0.2kg 与氮、磷、钾肥混合追施，或每亩用硼砂 150～200g 或硼酸 50～100g，对水 50～60L 做叶面喷施。一般在菜豆苗期、始荚期各喷施一次。

（10）缺钼　植株缺钼，长势差。多发生在上部（幼）叶，叶色褪绿淡黄，生长不良，表现出类似的缺氮症状，叶缘和叶脉间的叶肉呈黄色斑状，叶缘向内部卷曲，叶尖萎缩。严重时中脉坏死，叶片变形，常造成植株开花不结荚。

预防措施：改良土壤，防止土壤酸化。在酸性土壤上施用钼肥时，要与施用石灰、土壤酸碱度一起考虑，才能获得最好的效果。应急时，每亩喷施 0.05%～0.1% 钼酸铵溶液 50L，分别在苗期与开花期各喷 1～2 次，应在无雨无风天的下午 4 时以后，把植株功能叶片喷洒均匀即可。

8. 菜豆生产上植物生长调节剂的使用技术要领

（1）2,4-滴　用 1mg/L 的 2,4-滴溶液及 50mg/L 的铁、锰、铜、锌、硼盐类的水溶液，喷施生长 2 周的菜豆植株，可显著增加茎高、叶面积和根、茎、叶的鲜重，提高豆荚产量和豆荚维生素 C 的含量。叶部施用 0.5mg/L 或 1mg/L 的 2,4-滴溶液，并加硫酸铁溶液，产量显著增加，单用 2,4-滴溶液，产量也可增加 20%。

菜豆采后，用 80mg/L 的 2,4-滴溶液浸泡 10min，取出风干，贮藏于 9℃ 左右的加湿气流系统中，可延缓叶绿素含量的下降，延缓菜豆衰老。

（2）赤霉酸　用 10～50mg/L 赤霉酸溶液，在矮生菜豆出苗后连续喷洒 3～5 次，5～7d 一次，可促进茎、枝伸长，分枝增多，提早开花结荚，提前 3～5d 采收。用较高浓度处理，可延长生育期，陆续结荚，总荚数可增加 50%，产量提高 30% 以上。

在结荚后用 10～20mg/L 赤霉酸溶液喷荚，可使菜豆、扁豆等保荚增产。

（3）矮壮素　对菜豆用 250mg/L 矮壮素溶液土壤浇灌，或用 500～1000mg/L 矮壮素溶液喷洒叶片，可减少蒸腾，提高抗旱性。

（4）对氯苯氧乙酸　用 2mg/L 的对氯苯氧乙酸溶液喷洒菜豆全株，可防止菜豆开花时气候炎热、干燥所引起的落花落果，促进荚果增大。在不利的气候条件下应用效果最明显。由于菜豆开花时间长达几周，需在 10～14d 后再处理一次。

用 5mg/L 对氯苯氧乙酸溶液处理菜豆幼荚，可促进坐果，增加豆荚持水力，正常采摘后在常温下贮藏，可延长保绿保鲜时间，而且豆荚中能保持较高的维生素 C 含量。如在收获前 4d，用 400mg/L 对氯苯氧乙酸溶液喷施豆荚，能使豆荚内保持大量水分，延长货架期。

（5）萘乙酸　早春低温和夏季高温、干旱等不利环境条件，都会引起菜豆落花、落荚。用 15mg/L 萘乙酸溶液，或 5～25mg/L 萘氧乙酸溶液喷洒花序，可防止落花。

（6）复硝酚钠　在菜豆的幼苗期和始花期，喷施 1.4％复硝酚钠水剂 5000～6000 倍液，每亩喷 40～50L，相隔 7～19d 喷施一次，共喷 3～4 次。可分别增产 27.36％和 25.9％，同时使采收期提早 8～10d，最适施用期为始花期，施后有利于保花增荚。

（7）三十烷醇　在菜豆始花期，喷施 0.5％mg/L 的三十烷醇溶液，隔 7～10d 一次，共喷 2～3 次，每次喷 50L，可使菜豆增产 10％左右，特别是增加早期产量。以 6 月下旬播种的菜豆施用三十烷醇增产效果最好。三十烷醇可与农药和微量元素混用，特别是与磷酸二氢钾混合施用效果更好，但不可与碱性农药混用。

9. 菜豆适时采收技术要领

适时采收菜豆是保证豆荚品质鲜嫩的重要措施。

当嫩荚充分长大，荚两缝线处粗纤维少或没有粗纤维，荚壁肉质细嫩，纤维极少、未硬化而含糖分多，荚内已有小种子，其种粒大小只占有豆荚宽度的 1/3 左右，为嫩荚的采收适期（彩图 3-41）。

一般春露地蔓生菜豆播种后经 60～70d 开始采收嫩荚，矮生菜豆在播后 50～60d 就可开始采收嫩荚了。具体的嫩荚采收适期还要根据菜豆品种的早、中、晚熟性和栽培地区、栽培生长季节的气候等情况灵活掌握。另外，采收时期因嫩荚食用方法的不同而有所不同，例如以嫩荚供鲜食的，可在花谢后 10d 左右采收；供速冻保存和罐藏加工的，由于产品规格要求严格，在花谢后 5～6d 即采收嫩荚；以种子供食用的，则在开花后经过 20～30d，荚内种子完成发育后才采收豆荚。

蔓生菜豆开花结荚是陆续进行的，故其采收期较长；矮生菜豆结荚比较集中，故采收期较短。

10. 菜豆采后处理技术要领

（1）采收　长途运输或作贮藏用菜豆应选择肉厚、纤维少、种子小、锈斑轻、适合秋茬栽培的品种。食荚菜豆的采收时间应在花谢后 10d 左右，此时豆荚已发育到相当程度，豆粒尚未突起，荚壁没有硬化，菜豆品质要求应符合行业标准 NY 5080—2002。菜豆因开花坐荚期长，应分多次采收，一般每隔 3～4d 采收一次，蔓生种可连续采收嫩荚 30～45d 或更长，矮生种可连续采收 25～30d。

（2）清洗　鲜菜豆上市，无需清洗，用于加工的商品需要清洗。洗涤水需进行沉淀除杂等处理，必要时可加入适量的对人无毒的消毒剂，清洗后应达到去污、除虫、减少农药残留的目的。

（3）预冷　采收后的菜豆要及时预冷，并进行防腐保鲜处理。一般在产地采用自然通风预冷即可。

长途运输或贮藏的产品需采用其他预冷方式。强制通风预冷或差压预冷是在冷库内用高速强制流动的空气，强制通过容器的气眼或堆码间有意留出的孔隙，迅速带走菜豆中的热量；冷库预冷是将新鲜菜豆直接放入贮藏冷库中预冷，但预冷速度较慢；真空预冷是利用水在减压下的快速蒸发，吸收菜豆中的热量迅速降温，效率较高，但成本太高，且需一边预冷一边补充蔬菜中的水分。

无论采用哪种方法，经预冷后，应迅速将菜豆品温降至（9±1）℃，选用杀菌效果好的防腐保鲜剂如仲丁胺等对产品进行 24h 密闭熏蒸，有利于贮藏和运输。

（4）分级（表 3-5）

表 3-5 菜豆分级标准

商品性状基本要求	大小规格	特级标准	一级标准	二级标准
同一品种或相似品种；完好、无腐烂、变质；清洁，不含任何可见杂物；外观新鲜；无异常的外来水分；无异味；无虫及无病虫害导致的损伤	长度/cm 大：>20 中：15～20 小：<15	豆荚鲜嫩、无筋、易折断；长短均匀，色泽新鲜，较直；成熟适度，无机械伤、果柄缺失及锈斑等表面缺陷	豆荚比较鲜嫩，基本无筋；长短基本均匀，色泽比较新鲜，允许有轻微的弯曲；成熟适度，无果柄缺失，允许有轻微的机械伤、锈斑等表面缺陷	豆荚比较鲜嫩，允许有少许筋；允许有轻度机械伤，有果柄缺失及锈斑等表面缺陷，但不影响外观及贮藏性

(5) 包装 包装和分级一般同时进行。包装材料应牢固，内外壁平整，疏木箱缝宽适当、均匀。包装容器保持干燥、清洁、无污染，并具一定的透水性和透气性。

销售中的小包装一般采用塑料薄膜或保鲜膜，运输或贮藏用的大包装有麻袋、网袋、瓦楞纸箱、塑料箱、竹筐等。竹筐比较牢固，不怕湿，价格也比较便宜，装筐前应在筐内衬几层报纸或牛皮纸，以免筐壁磨损豆荚。纸箱可折叠，弹性好，可以缓冲运输途中受到的冲击力，同时便于机械装卸和印刷商标，但怕水、怕湿。塑料编织袋价格低廉，来源方便，又有较好的透气性，适于包装小型荚。塑料箱应符合行业标准 GB/T 8868 的要求。每批报验的菜豆其包装规格、单位净含量应一致。包装上的标志和标签应标明产品名称、生产者、产地、净含量和采收日期等，字迹应清晰、完整、准确。

(6) 贮藏 可采用冷库贮藏、土窖或通风窖贮藏、水窖贮藏以及速冻贮藏等。贮藏前对菜豆用克霉灵按每千克菜豆 1mL 的剂量熏蒸可减轻锈斑的发生。

菜豆冷库贮藏容易失水萎蔫，可采用规格 30cm×40cm，厚度为 0.03mm 的聚乙烯塑料薄膜小袋包装，每袋装约 1kg，折口装入塑料筐或码到菜架上，码放不能太紧，每层菜架只能码放 1～2 层。也可在塑料筐或木板箱内衬垫塑料薄膜，薄膜要足够长，能将菜豆完全盖住，每筐（箱）装八成满，内衬塑料薄膜上应打 20～30 个直径为 5mm 的小孔，均匀分布在四壁和底部。为防止二氧化碳积累过多，可在筐内四角放入适量用纸包成小包的消石灰。菜筐码放要与四壁、地面、库顶留有空隙，库温控制在（9±1）℃，高于 10℃，豆荚易老化，贮期缩短，低于 8℃ 易发生冷害。

每隔 4～5d 检查一次，贮藏后期增加检查次数，发现有腐烂、锈斑、膨粒现象后及时处理，挑选后销售。经常使用氧、二氧化碳分析仪测定袋内气体浓度，氧气浓度控制在 2%～5%，二氧化碳浓度低于 5%。

(7) 运销 运输时，无论用什么运输工具，均应及时、迅速地运送，运输中达到保鲜的质量标准，要经济实惠，并保持相对湿度在 90% 以上。短途运输要严防日晒、雨淋；长途运输要考虑在寒冬盖草苫、棉被、帐篷等，保持温度在 8～10℃，使其不受冻害。炎夏应在冷藏车或在箱内放置冰瓶或冰袋，或用冷藏车，保持温度在 10℃ 以下，防止温度过高发生腐烂损失。为防止冰瓶或冰袋在接触菜豆的部位造成菜豆冷害，应将冰瓶或冰袋用双层报纸包裹起来，运输中最好的办法是快装快运，运输工具要清洁卫生、无污染、无杂物。

货架保鲜，可将菜豆用微孔膜和塑料托盘做成的小包装形式进行包装，塑料袋和黏着膜上可打几个直径为 5～8mm 的孔，以利于换气。高档菜豆的销售，一般需在有冷藏设备、恒温设备的超级市场里进行，使高档菜豆产品处在低温条件下贮藏，可保证其销售质量。

六、菜豆主要病害防治技术

（1）菜豆猝倒病（彩图3-42）　又叫绵腐病、卡脖子、小脚瘟，主要为害未出土和刚出土的幼苗。

苗床应选在地势高燥、地下水位较低、排水良好的地方。苗床应建在未种过同类作物和未育过苗的生茬地上，不要建在老苗床上。在老苗床上建苗床，必须更换病菌较少的大田土，或者进行土壤消毒。施用肥料必须腐熟，防止带入病菌。

可采用电热温床、人工控温等加温育苗，苗床的温度条件适宜，秧苗生长健壮，病害发生就较少。利用旧苗床育苗，应进行土壤消毒，可用甲醛消毒，在播种前2～3周，将床土耙松，按每平方米苗床用甲醛50mL，加水18～36g（加水量按土壤干湿来决定），均匀浇在苗床上，然后用塑料薄膜覆盖在床土上。3～5d后，再除去覆盖物，耙松床土。约经2周后，待药液充分挥发干净再播种。或用50%多菌灵可湿性粉剂或50%硫菌灵可湿性粉剂，按每平方米用药8～10g，或70%敌磺钠原粉，按每亩用药500g，再加细干土20～25kg，于播种前使用。播种前，种子用48～49℃的温水浸种10～15min。或用50%福美双可湿性粉剂，或65%代森锌可湿性粉剂拌种，用药量为种子重量的0.3%。或用2.5%咯菌腈种衣剂10mL，对水100mL加5kg种子拌种。

发现病苗后，应先清除病株，再及时喷洒药剂，可选用75%百菌清可湿性粉剂600倍液，或25%甲霜灵可湿性粉剂800倍液、72.2%霜霉威水剂600倍液、64%恶霜灵可湿性粉剂500倍液、70%代森锰锌可湿性粉剂500倍液、70%敌磺钠原粉1000倍液等喷雾防治，每7～10d一次，连喷2～3次。喷药应在上午进行，中午温度高时应排风降低苗床湿度。

（2）菜豆灰霉病（彩图3-43）　是菜豆的一种常见病害，多在温室、大棚等保护地栽培中发生。高湿时，菜豆茎、叶、花及荚均可染病，苗期和成株期均可为害。

定植前，用7%百菌清粉尘剂，每亩用药1kg，或50%异菌脲可湿性粉剂800倍液、50%腐霉利可湿性粉剂1000倍液，对棚膜、地面、墙面进行喷粉、喷雾灭菌。

发病前或病害刚刚发生时，可喷2%武夷菌素水剂200倍液，隔4～5d喷一次，连喷3～4次。

保护地栽培，发病初期，可用10%腐霉利烟剂，或3.3%噻菌灵烟剂，每亩每次250g，傍晚进行，分放4～5点，用火点燃冒烟后，密闭烟熏，直至次日早晨开棚进入，一般每7d熏一次，连熏3～4次。还可选用6.5%硫菌·霉威粉尘剂，或5%百菌清粉尘剂、5%福·异菌粉尘剂，每亩每次喷1kg，早上或傍晚关闭棚室时喷撒，喷雾时需戴口罩防护，喷头朝上（不能直接对准作物喷），把粉尘喷在作物上面的空间，让粉尘自然飘落在作物上，一般每7d喷一次，连喷3～4次。

发病初期，可选用50%腐霉利可湿性粉剂1000～1500倍液，或72%霜脲·锰锌可湿性粉剂1000倍液、50%乙烯菌核利可湿性粉剂1000～1500倍液、50%异菌脲可湿性粉剂1000～1200倍液、30%恶霉灵水剂1000倍液、65%硫菌·霉威可湿性粉剂600～800倍液、50%福·异菌可湿性粉剂600～800倍液、50%多·霉威可湿性粉剂600～800倍液、50%烟酰胺水分散粒剂1500～2500倍液、40%嘧霉胺悬浮剂1000倍液、25%啶菌恶唑乳油2500倍液、40%木霉素可湿性粉剂600～800倍液等喷雾防治，隔7d喷一次，连喷3～4次。喷药要选晴天进行，重点喷花和豆荚，农药要交替使用。采收前3d停止用药。

（3）菜豆根腐病（彩图3-44）　为菜豆露地栽培和保护地栽培常见病害之一，在小拱棚地膜覆盖栽培中每年均可发生，尤其是连作地和低洼地为害严重，春菜豆到5月中下旬，植株开花结荚期，地上部才有明显症状。

① 苗床处理　用新苗床或用大田土或泥炭土育苗。也可用50％多菌灵可湿性粉剂，或50％苯菌灵可湿性粉剂、75％敌磺钠可湿性粉剂，每平方米8g消毒苗床。

② 大田消毒　（直播）播种前或定植前，每亩用50％多菌灵可湿性粉剂，或75％敌磺钠可湿性粉剂、60％多菌灵盐酸盐可湿性粉剂2kg，或每亩用50％苯菌灵可湿性粉剂1.5kg，加细土50kg，拌匀后把药土施入播种沟或定植穴内，再撒一层薄薄的细土，然后播种或定植菜苗。

③ 喷雾防治　病害刚发生时，可选用70％甲基硫菌灵可湿性粉剂1000倍液，或75％百菌清可湿性粉剂600倍液、40％多·硫悬浮剂800倍液、77％氢氧化铜可湿性粉剂500倍液、14％络氨铜水剂300倍液、50％多菌灵可湿性粉剂1000倍液＋75％百菌清可湿性粉剂1000倍液、70％恶霉灵可湿性粉剂1000～2000倍液、20％噻菌铜悬浮剂500～600倍液喷雾防治，7～10d一次，共喷2～3次，重点喷茎基部。

④ 灌根　也可用上述药剂，或12.5％治萎灵水剂200～300倍液、60％多菌灵盐酸盐可湿性粉剂500～600倍液、50％多菌灵可湿性粉剂500倍液、70％敌磺钠可湿性粉剂800～1000倍液、32.5％锰锌·烯唑可湿性粉剂1000倍液、10％混合氨基酸络合物水剂200倍液、70％甲基硫菌灵可湿性粉剂500倍液、20％甲基立枯磷乳油1000倍液、12％松脂酸铜乳油300倍液、30％苯噻氰乳油1000倍液等灌根，每株（窝）灌250L，10d后再灌一次。

（4）菜豆枯萎病（彩图3-45）　又称萎蔫病、死秧，是土传病害，主要为害根、茎和叶片，多在初花期开始发病，结荚盛期植株大量枯死，如果病地连作，土壤中的病菌越积越多，为害越来越严重。北方春露地菜田枯萎病发病时间一般在6月中旬，7月上旬为发病高峰；长江中下游地区发病时间提早约半个月；华东地区4月上中旬的初花期开始发病，5月中下旬的盛花至结荚期发病最多。

保护地可利用"三夏"高温期间，先清洁田园，拉秧后将病残体、病根等一并清除出田外烧毁。每亩施石灰50～100kg，使土壤变为碱性土，施碎稻草（切碎）500kg，均匀施在地表上。深翻土壤60～66cm，起高垄30～33cm，然后灌水，使沟里的水呈饱和状态，渗下去继续灌水，早上、下午、傍晚都浇水，使沟里在处理期间始终保持有水。然后铺盖地膜和密闭棚室10～15d。

土壤病菌多或地下害虫严重的田块，在播种前撒施或沟施灭菌杀虫的药土。选用萎锈灵或百菌清或硫菌灵或多菌灵可湿性粉剂1份＋硫线磷颗粒剂1份＋干细土50份充分混匀，播种后用药土覆盖种子，移栽前5～7d，用药土围根，移栽时在定植穴穴施适量药土。

保护地可选用10％腐霉利烟剂或45％百菌清烟剂熏烟。

田间发现有个别病株时，马上灌药液防治。可选用50％甲基硫菌灵悬浮剂500倍液，或50％多菌灵可湿性粉剂500倍液、25％萎锈灵可湿性粉剂1000倍液、96％恶霉灵粉剂3000倍液、50％咪鲜胺锰盐可湿性粉剂500倍液、43％戊唑醇悬浮剂3000倍液、60％唑醚·代森联可分散粒剂1500倍液、10％苯醚甲环唑可分散粒剂1500倍液、70％琥胶肥酸铜可湿性粉剂500倍液、12.5％治萎灵水剂200～300倍液等灌根。每株灌250mL，7～10d再灌一次。关键是要早防早治，否则效果差。采收前3d停止施药。

（5）菜豆腐霉病　在播种前15～20d，苗床用40%拌种双＋50%福美双按1:1比例混合，每平方米取药8g混入40kg细干土中，拌成药土。播种前先浇透底水，待水渗下后，取1/3拌好的药土撒在床面上，然后把催好芽的种子播好，最后将余下的2/3药土覆盖在种子上。发现病苗立即拔除，并及时喷69%烯酰·锰锌可湿性粉剂1000倍液，或58%甲霜·锰锌可湿性粉剂800倍液、72.2%霜霉威水剂400倍液。

（6）菜豆炭疽病（彩图3-46）　为菜豆生产中最常见的病害，主要为害叶、茎及豆荚，特别是潮湿多雨的地区，为害严重，保护地和露地栽培均有发生，各生育期及采收贮运过程中均能发生，多在开花前后开始发生。

种子消毒可用种子重量0.3%～0.4%的50%多菌灵可湿性粉剂，或50%福美双可湿性粉剂拌种，也可用60%多菌灵盐酸盐超微粉剂600倍液，或用40%多·硫悬浮剂600倍液浸种30min后捞出，清水洗净后再催芽播种。

每株用50%多菌灵可湿性粉剂1000倍液250～300mL灌根，每10d灌药1次，连续灌药2～3次。

保护地菜豆，发病初期，可喷5%百菌清粉尘剂，或6.5%硫菌·霉威粉尘剂，每亩每次喷1kg，傍晚进行，隔7d喷一次，连喷3～4次。在播种或定植前用45%百菌清烟剂熏烟，每亩用药250g，预防效果好。

开花后发病初期，选用80%炭疽福美可湿性粉剂700～800倍液，或70%甲基硫菌灵可湿性粉剂700～800倍液、65%硫菌·霉威可湿性粉剂700～800倍液、75%百菌清可湿性粉剂600倍液、50%胂·锌·福美双可湿性粉剂、80%代森锰锌可湿性粉剂800倍液、25%溴菌清可湿性粉剂500倍液、50%福美双可湿性粉剂500倍液、20%噻菌铜悬浮剂500～600倍液、25%嘧菌酯悬浮剂1000～2000倍液等喷雾防治，结荚期5～7d喷一次，连喷3～4次。药剂要交替使用，采收前3d停用用药。

（7）菜豆锈病（彩图3-47）　是菜豆生长中后期的常见病害，为气传病害。主要为害叶片，严重时也可为害叶柄、茎蔓、豆荚等，最适感病期为开花结荚到采收中后期。长江中下游地区发病盛期在5～10月。

病害刚刚发生时，可用2%嘧啶核苷类抗菌素水剂150倍液，隔5d喷一次，连喷3～4次。发病初期，可选用43%戊唑醇悬浮剂4000～6000倍液，或15%三唑酮可湿性粉剂1000～1200倍液、40%氟硅唑乳油6000倍液、50%硫黄悬浮剂300倍液、50%萎锈灵乳油800～1000倍液、50%多菌灵可湿性粉剂800～1000倍液、40%多·硫悬浮剂400～500倍液、2%武夷菌素水剂150～200倍液、75%百菌清可湿性粉剂600倍液、70%代森锰锌可湿性粉剂400倍液、25%丙环唑乳油3000倍液、12.5%烯唑醇可湿性粉剂4000倍液、40%敌唑酮可湿性粉剂4000倍液等喷雾防治，隔7～10d喷一次，连喷2～3次。

（8）菜豆细菌性疫病（彩图3-48）　又叫火烧病、叶烧病，是菜豆最常见的病害之一。高温（30℃左右）多湿，雾大露重或暴风雨后转晴，最易诱发该病。长江中下游地区主要发病盛期为4～11月。

在菜豆苗期、甩蔓至结荚期及时拔除弱苗、病苗，并用药预防2～3次，可选用37.8%氢氧化铜悬浮剂750倍液，或56%氧化亚铜水分散粒剂600倍液、20.67%酮·氟硅唑乳油2000倍液等喷雾。

发病初期，可喷72%硫酸链霉素可溶性粉剂3000～4000倍液，或90%新植霉素可湿性粉剂3000～4000倍液、2%中生菌素水剂150～200倍液，隔6～7d喷一次，连喷

2～3 次。也可选用 50％琥胶肥酸铜可湿性粉剂 500 倍液，或 47％春雷·王铜可湿性粉剂 800 倍液、1∶1∶200 的波尔多液、14％络氨铜水剂 300 倍液、53.8％氢氧化铜可湿性粉剂 2000 倍液、88％水合霉素粉剂 1500 倍液＋25％氯溴异氰尿酸可湿性粉剂 600 倍液、78％波尔·锰锌可湿性粉剂 500 倍液、77％氢氧化铜可湿性粉剂 500～600 倍液、75％百菌清可湿性粉剂 500～600 倍液、20％噻菌铜悬浮剂 500 倍液等喷雾防治，隔 7d 喷一次，连喷 2～3 次。采收前 3d 停止用药。

（9）菜豆白绢病（彩图 3-49）　主要发生在南方高温、多雨、湿度大的地区。主要为害茎基部、根部或果荚。病地可结合整地，根据土壤酸性程度，每亩施 50～100kg 消石灰，把酸性土调节为中性土或微碱性土。发现病株及时拔除，带出田外深埋或烧毁，同时，在病穴和周围地上撒上一些消石灰。发病初期，可每亩用哈茨木霉菌 1kg，加上干细土 100kg 拌匀后，均匀施在病株茎基部。还可用 5％井冈霉素水剂 1000 倍液灌根，每株灌 500mL。

发病初期，可在病株茎基部及其四周土壤上面撒施药土，或选用 50％甲基立枯磷可湿性粉剂，或 50％苯菌灵可湿性粉剂、15％三唑酮可湿性粉剂，每亩用药 1kg，加细土 100kg 拌匀配制成药土，效果良好。或用上述药剂进行营养钵育苗或药土穴施护苗。

化学防治，可选用 20％三唑酮乳油 1500～2000 倍液，或 70％恶霉灵可湿性粉剂 500～1000 倍液、50％混杀硫悬浮剂 500 倍液、36％甲基硫菌灵悬浮剂 500 倍液、20％甲基立枯磷乳油 1000 倍液、75％敌磺钠可湿性粉剂 500～600 倍液，进行灌根和喷洒周围地面，每株灌药 250～500mL，隔 8～10d 再灌一次。或用哈茨木霉生物制剂（1kg/亩）配成毒土撒施病穴及周围土面，封锁发病中心。

（10）菜豆菌核病（彩图 3-50）　在老菜区和设施栽培中发生普遍，露地栽培较少发生。主要为害根茎基部，尤其在茎基部或第一分枝的茬口处易感染，也可为害豆荚等。

重病田与粮食作物轮作 3 年。不能轮作的病田，利用"三夏"高温期间，收获后灌水淹地 20～30d，可杀死土壤中的绝大部分菌核。对旧架杆，应在插架前用 75％百菌清可湿性粉剂 700 倍液喷淋灭菌。当种子中混有菌核及病残体时，在播种前用 10％盐水浸种，再用清水冲洗后播种。或用 40％甲醛 200 倍液浸 30min，然后冲净晾干后播种。也可用种子重量 0.3％的 50％福美双粉剂拌种。

药土营养钵育苗并带土移栽，或穴播时药土护种（苗），选用 50％腐霉利可湿性粉剂，或 50％异菌脲可湿性粉剂，或 40％三唑酮·多菌灵可湿性粉剂，按 1∶500 配成药土。

保护地种植的菜豆，发病前或病害刚发生时，可用 3.3％噻菌灵烟剂，或 10％腐霉利烟剂熏烟，每亩每次 250g，傍晚进行，先关闭棚、室，分放 4～5 点，用火点燃冒烟后密闭烟熏防治，隔 7d 熏一次，连熏 3～4 次。或用 5％福·异菌粉尘剂，或 6.5％硫菌·霉威粉尘剂，每亩每次 1kg，早上或傍晚进行，隔 7d 一次，连喷 4～5 次。

如果茎部发病，可用 50％腐霉利可湿性粉剂 50～100 倍液，用毛笔蘸药液涂抹病斑或被害处，然后喷洒药液防治。

另外，发病初期，可选用 50％腐霉利可湿性粉剂 1000～1500 倍液，或 50％乙烯菌核利可湿性粉剂 1000～1200 倍液、40％菌核净可湿性粉剂 1000～1500 倍液、40％噻菌灵悬浮剂 600～800 倍液、70％甲基硫菌灵可湿性粉剂 1500 倍液、50％苯菌灵可湿性粉剂 1000～1500 倍液等，于盛花期喷雾，每亩喷对好的药液 60L，隔 7～8d 喷一次，连喷 3～4 次。采收前 3d 停止用药。

(11) 菜豆病毒病（彩图 3-51） 是常见的病害，整株系统发病，幼苗至成株期均可被害。及时防蚜，可用种子量 0.5％灭蚜硫磷可湿性粉剂拌种。喷雾可选用 25％噻虫嗪水分散粒剂 6000～8000 倍液，或 10％吡虫啉可湿性粉剂 800～1000 倍液、5％啶虫脒乳油 2500～3000 倍液等防治。

种子用 10％磷酸三钠溶液浸泡 20～30min，然后用清水冲洗干净后催芽播种。若播种了带毒种子，出苗后应及时拔除病株。

发病初期，可选用 20％盐酸吗啉胍·铜可湿性粉剂 500 倍液，或 1.5％植病灵乳油 1000 倍液、3.95％三氮唑核苷可湿性粉剂 700 倍液、5％菌毒清可湿性粉剂 500 倍液、0.5％菇类蛋白多糖水剂 300 倍液等喷雾防治，隔 10d 喷一次，连喷 3～4 次。也可用 2％宁南霉素水剂 250 倍液＋0.04％芸苔素内酯水剂 1000 倍液，或 10％混合脂肪酸水剂 50～80 倍液，于发病前或初期施药，兼有促进生长、增加产量的作用。植株感病后，最好将抗病毒剂与磷、钾肥等结合施用，可提高植株的抗病力。

(12) 菜豆白粉病（彩图 3-52） 以植株开花结荚后、生长中后期渐趋严重，并由下而上逐渐往上发展。发病重的田块，播种后用药土覆盖种子，发病后用药土围根，可选用百菌清或硫菌灵或多菌灵可湿性粉剂 1 份＋硫线磷 1 份＋干细土 50 份充分混匀。

发病初期，可选用 2％武夷菌素水剂 200 倍液，或 30％碱式硫酸铜悬浮剂 300～400 倍液、20％三唑酮乳油 2000 倍液、10％丙硫·多菌灵胶悬剂 1000 倍液、6％氯苯嘧啶醇可湿性粉剂 1000～1500 倍液、10％苯醚甲环唑可湿性粉剂 3000 倍液、25％丙环唑乳油 4000 倍液、40％氟硅唑乳油 9000 倍液、25％咪鲜胺乳油 2000 倍液、5％亚胺唑可湿性粉剂 800 倍液、30％苯甲丙环唑乳油 4000 倍液、50％醚菌酯干悬浮剂 3000 倍液、62.25％腈唑·锰锌可湿性粉剂 600 倍液、12.5％烯唑醇可湿性粉剂 2000～2500 倍液、47％春雷·王铜可湿性粉剂 600 倍液、30％氟菌唑可湿性粉剂 2000 倍液等喷雾防治。7～10d 喷一次，连续 3 次，药剂交替使用。采收前 7d 停止用药。

也可选用以下几种配方药剂：12.5％烯唑醇粉剂 2000～3000 倍液＋1.8％复硝酚钠水剂 5000～6000 倍液，或 12.5％烯唑醇粉剂 2000～3000 倍液＋0.5％几丁聚糖水剂 2000～3000 倍液喷雾，每 7～10d 喷药一次，连喷 2～3 次。

(13) 菜豆细菌性叶斑病（彩图 3-53） 又称细菌性褐斑病，为菜豆的一种常见病害，主要为害叶片和豆荚。发病初期，选用 72％硫酸链霉素可湿性粉剂 3000～4000 倍液，或 60％新植霉素 4000 倍液、14％络氨铜水剂 350 倍液、30％碱式硫酸铜悬浮剂 400 倍液、41％氯霉·乙蒜乳油 2000～2500 倍液等喷雾防治，隔 7～10d 喷一次，连续喷 2～3 次。

(14) 菜豆细菌性晕疫病（彩图 3-54） 是菜豆的一种危险性病害，冷凉、潮湿的地区易发病。发病初期，可选用 72％硫酸链霉素可溶性粉剂 4000 倍液，或 50％琥胶肥酸铜可湿性粉剂 500 倍液、77％氢氧化铜可湿性粉剂 500～600 倍液等喷雾防治，7～10d 喷一次，防治 1～2 次。

(15) 菜豆斑点病 主要为害叶片。通常温暖、多湿的天气发病重，地势低洼、种植过密、植株郁闭的田块发病重。发病初期，可选用 78％波尔·锰锌可湿性粉剂 600 倍液，或 77％氢氧化铜可湿性粉剂 500～600 倍液、40％多·硫悬浮剂 500 倍液、70％甲基硫菌灵可湿性粉剂 600 倍液、10％苯醚甲环唑水分散粒剂 1000 倍液、12.5％腈菌唑乳油 2000 倍液、50％复方硫菌灵可湿性粉剂 1000 倍液等交替喷雾防治，7～10d 喷一次，连续防治 3～4 次。

（16）菜豆黑斑病（彩图 3-55）　是菜豆的一种常见病害，多发生在生长后期。早春多雨或梅雨来得早、气候温暖空气湿度大；秋季多雨、多雾、重露或寒流来早时易发病。

可选用百菌清或硫菌灵或多菌灵可湿性粉剂 1 份＋硫线磷 1 份＋干细土 50 份充分混匀，播种后用药土覆盖种子。

发病初期，可选用 78％波尔·锰锌可湿性粉剂 600 倍液，或 80％代森锰锌可湿性粉剂 600 倍液、50％恶霜灵可湿性粉剂 1000 倍液、50％腐霉利可湿性粉剂 1500 倍液、64％异菌脲可湿性粉剂 500 倍液、75％百菌清可湿性粉剂 500 倍液、58％甲霜·锰锌可湿性粉剂 500 倍液、25％咪鲜胺乳油 1500 倍液、50％多菌灵可湿性粉剂 500～1000 倍液等喷雾防治。每 10d 喷药一次，共 2～3 次。

（17）菜豆红斑病（彩图 3-56）　高温高湿条件下易发生，尤其是秋季多雨的连作地，发病最重。发病前或发病初期喷药，可选用 75％百菌清可湿性粉剂 600 倍液，或 50％混杀硫悬浮剂 500～600 倍液、14％络氨铜水剂 300 倍液、1∶1∶200 波尔多液。每隔 7～10d 喷施一次，连续防治 2～3 次。

（18）菜豆角斑病（彩图 3-57）　一般在秋季发生重。发病初期，可选用 77％氢氧化铜可湿性微粒剂 500 倍液，或 64％恶霜灵可湿性粉剂 500 倍液、60％琥·乙膦铝可湿性粉剂 500 倍液等喷雾防治，隔 7～10d 喷一次，防治 1～2 次。

（19）菜豆褐纹病（彩图 3-58）　又称叶煤病、褐纹病、污煤病，是菜豆的一种严重病害，高温多雨季节易发病。发病初期，可选用 50％多·霉威可湿性粉剂 1000 倍液，或 75％百菌清可湿性粉剂 600 倍液、80％代森锰锌可湿性粉剂 800 倍液、70％代森联干悬浮剂 500～600 倍液、75％百菌清可湿性粉剂 1000 倍液＋70％甲基硫菌灵可湿性粉剂 1000 倍液、50％复方硫菌灵可湿性粉剂 800 倍液、50％苯菌灵可湿性粉剂 1500 倍液、40％多·硫悬浮剂 500 倍液等喷雾防治，隔 10d 喷一次，连续 2～3 次。棚室栽培，可撒施 10％乙霉威粉尘剂或 5％春雷·王铜粉尘剂，每亩每次 1kg；或用 45％百菌清烟剂等熏治，用量为每亩大棚每次 250g，傍晚闭棚点燃，第二天早晨开棚通风，每隔 10d 熏 1 次，连续熏蒸 2～3 次。

第四章 ▶▶▶

白菜类蔬菜

第一节　大白菜

一、大白菜生长发育周期及对环境条件的要求

1. 大白菜各生长发育阶段的特点

大白菜的世代生长可分为营养生长阶段和生殖生长阶段。其中营养生长阶段包括发芽期、幼苗期、莲座期、结球期和休眠期。生殖生长阶段包括抽薹期、开花期和结荚期。

（1）发芽期　从播种到出苗后第一片真叶显露为发芽期，需 4～6d，依温度条件而定。主要靠种子贮藏养分生长，种子吸水，胚开始萌动，胚根突出形成主根，子叶出土。当子叶完全展开，两个基生叶显露时，俗称"破心"，这是发芽期结束和幼苗期开始的临界期。大白菜在破心之前，自己并不能制造养分，而是消耗种子中贮藏的养分。因此，种子质量的好坏，直接影响到发芽和幼苗生长情况，甚至对大白菜结球状况也有显著的滞后效应。

（2）幼苗期　从第一片真叶出现到幼苗长出一个叶环为幼苗期，需 16～22d，早熟品种需 14～16d，晚熟品种需 18～22d。播种后 7～8d，基生叶生长达与子叶大小相同并和子叶互相垂直排列成十字形，这一现象称为"拉十字"，接着胚芽的生长锥上陆续发生叶原基，这些叶原基逐渐生长发育长成第一个叶环的叶子。这些叶子按一定的开展角规则地排列而成圆盘状，俗称"开小盘"或"团棵"，这是幼苗期结束的临界特征。

（3）莲座期（彩图 4-1）　从第一个叶环结束到第三个叶环的叶子完全长长，植株开始出现"包心"时为莲座期，需 20～30d。在莲座后期所有的外叶全部展开，全株绿色面积接近最大，形成了一个旺盛、发达的莲座叶丛，为叶球的形成准备充足的同化器官。莲座期发生新的叶原基并长成幼小的顶生叶（球叶）。在莲座叶全部长大时，植株中心幼小的球叶按褶抱、叠抱或拧抱的方式抱合而出现卷心现象，这是莲座期结束的临界特征。在莲座前期应促进莲座叶的生长，后期要适当控水，抑制莲座叶的生长，以促

进球叶的形成。

（4）结球期　从开始卷心到叶球完全膨大充实为止的生长时期，这实际上就是顶生叶形成叶球的时期。早熟品种25～30d，晚熟品种40～60d。从田间群体来看，约有80％的植株开始卷心时，栽培上就要开始进行结球期的管理，以促进顶生叶的生长，继而形成叶球。结球期又分为前、中、后三期。栽培中首先要把结球期安排在最适宜的生长季节里，并加强肥水管理和病虫害防治。

（5）休眠期　大白菜结球后期遇到低温时，生长发育过程受到抑制，由生长状态被迫进入休眠状态。大白菜的休眠不是生理休眠，而是强迫性休眠，当遇到适宜的条件可不经过休眠，直接进入生殖生长阶段。在休眠期大白菜生理活动力很弱，没有光合作用，只有呼吸作用，外叶的部分养分仍向球叶输送。在休眠期内继续形成花芽和幼小花蕾，为转入生殖生长做准备。

（6）抽薹期　经休眠的种株在次年初春花薹在植株内开始缓慢生长，定植后逐渐恢复生长并抽生茎叶和一级分枝，开始开花为抽薹期的临界特征，需20～25d。

（7）开花期　从开始开花起到种株基本谢花为开花期，需15～20d。随着全株的花先后开放，花枝也迅速生长，第二、三级分枝也相继长出。

（8）结荚期　花谢后，果荚生长、种子发育、充实至成熟为结荚期，需25～30d。结荚期要防止植株过早衰老，也要防止种株贪青晚熟，当大部分花落，下部果荚生长充实时，即可减少浇水，并中止施用氮肥，直到大部分果荚，特别是上部的果荚变成黄绿色时即可收获。

2. 大白菜对环境条件的要求

（1）温度　大白菜属于半耐寒性蔬菜，适合于温而凉爽的气候条件，而不耐高温和寒冷。最适合生长的平均温度为10～22℃。平均温度高于25℃或低于10℃，都会使它生长不良；温度在5℃以下时，便停止生长；在30℃以上时，则不能适应。大白菜在各个时期中，对温度的要求是不同的。它在发芽期的适温为18～22℃，如果温度低，发芽时间就会延长；温度高，发芽时间就会缩短，但芽苗瘦弱。

大白菜属于种子春化感应型的作物，萌动的种子在3～13℃的低温条件下，经过10～30d即完成春化阶段。所以，春季进行大白菜育苗时，切忌温度过低，以免给生产造成损失。它在幼苗期的适温为22～25℃，如果温度高于25℃而气候干旱，幼苗就容易引起病毒病；大白菜在莲座期的适温为17～22℃；在结球期的温度条件以12～22℃为宜；在休眠期要求0～2℃的低温；在生殖生长阶段，则要求温暖的气候条件，平均气温以15～22℃为宜。随着育种事业的发展，国内外相继培育出了一批耐春季低温和夏季高温的新品种或一代杂种，打破了原来的温度要求界限。

关于温度对大白菜生长发育的影响，既要考虑到温度的强度，又要注意到温度的作用时间，这就是积温。大白菜从播种到结球收获，所需的温度总和因品种而异。一般早熟品种的积温为1000～1200℃，中熟品种为1400～1600℃，晚熟品种为1800～2000℃。同一品种，在温度较低季节，其生长期较长；在温度较高季节，其生长期则较短。

每天的昼夜温差（日较差），对大白菜生长有重要的影响。在适宜的温差范围内，白天温度较高，能加强光合作用，制造较多的养分；夜间温度较低，能减弱呼吸作用，减少养分消耗。我国北方地区秋季昼夜温差大，是大白菜优质高产的重要原因之一。

（2）光照　大白菜光照补偿点为1500～2000lx，饱和点为40000lx。超过饱和点，不但植物的光合作用强度不再增加，而且对植物的生长也不利。大白菜属中等光照强度的作物。

光照强度和结球也有密切关系。强光易使叶片展开，因为强光下叶柄正面细胞分裂比背面细胞分裂快；弱光使叶片直立，因为弱光下叶柄背面细胞分裂快。大白菜的莲座叶是光合作用的主要器官，受光后趋于展开。外层球叶受光较弱，趋于直立；内层球叶受光更弱，故向内卷而形成叶球。

日照长短对于大白菜结球也有影响。短日照促进叶片直立，但短日照下同化量减少，叶片柔弱徒长。一般认为，既能促进叶片直立，又能得到充分同化量的最低日照长度，大约是8h。大白菜生殖生长则需要12h左右的较长日照。

（3）水分　大白菜质地柔嫩，含水量高达94％左右。它叶子多，叶片面积大。土壤水分充足，可以促进种子萌发和出土，促进植株生长和结球。大白菜在不同生育时期，所需水分的情况是不同的。发芽期由于种子小，覆土薄，播种层的温度变化异常剧烈。在干旱条件下，大白菜出芽后会因水分不足而形成"芽干"死苗现象。因此，大白菜在发芽期要求较高的土壤湿度，土壤相对湿度一般应达到85％～95％。在无雨的情况下，要及时浇水降温，加速出苗。幼苗期植株小，幼苗少。但这时叶片蒸腾量大，土壤蒸发量也大，而地面温度又高，故对作物根系生长极为不利，还容易发生病毒病。这一期间，土壤湿度需保持在80％～90％。如遇高温干旱，应注意勤浇、轻浇，及时中耕保墒。大白菜在莲座期叶片分化数量多，叶面积迅速扩大，根系向纵深方向发展。此时，也是霜霉病流行时期。因此，应使土壤含水量保持相对稳定，使土壤的透气性能处于良好状态。此时，土壤湿度以控制在75％～85％为宜。必要时，可适当采用"蹲苗"措施。结球期是大白菜球叶迅速扩大的时期，也是需水量最大的时期。这时，如果缺水，就会造成大幅度减产，但水分过多又会招致软腐病的发生。因此，要防止大水漫灌，土壤湿度以保持在85％～90％为宜。

（4）营养　大白菜以叶为产品，对氮素的供给情况反应最为敏感。氮素供应充足，则外叶叶绿素增加，制造的碳水化合物亦随之增多，促进叶球生长，产量提高；但是，如果氮素过多而磷、钾肥不足，则植株徒长，叶大而薄，结球不紧实，品质下降，抗病力减弱。

磷能促进叶原基的分化，使叶片发生快，促进根系发育，加速叶球的形成。

钾可使大白菜叶球充实，产量增加，并提高养分含量，从而提高品质。

钙是大白菜细胞壁的重要成分之一。大白菜吸收钙以后，钙随蒸腾流进入莲座叶内，几乎不能再向球叶运输，因此钙的移动很差。而同部球叶由于被莲座叶和外部球叶包被，蒸腾受到限制，这种不良的环境条件使其造成生理缺钙，极易形成干烧心病，严重影响大白菜的品质。因此，钙也是大白菜不可缺少的营养物质。

（5）土壤　大白菜对土壤的物理性状和化学性状有较严格的要求。沙土及砂壤土，大白菜根系在其中发展迅速，有利于幼苗期和莲座期白菜的生长，但它保肥力和保水力弱，大白菜到结球时所需的大量水分和养分得不到满足，因而会造成结球不实，产量偏低。而黏重的土壤，大白菜根系在其中发展缓慢，不利于幼苗期和莲座期大白菜的生长，在结球期大白菜还往往会发生严重的软腐病。大白菜生长最适宜的土壤，是天然肥沃、物理性状良好的粉砂壤土、壤土和轻黏壤土。

二、大白菜栽培季节及茬口安排

1. 大白菜播种期的确定方法

编者曾临田鉴定过一个大白菜种子案例，该农户的播种期为先年10月下旬，年前大白菜未充分结球，经过当年一月份的长期冰雪灾害后，开春温度升高，多数大白菜未结球或结球不紧实，因而提早抽薹。在这里，播种过迟是导致大白菜不结球或结球不紧实的关键因素。其实，大白菜要获得高产优质，适期播种是关键。

（1）过早过迟弊端　一般来说，在正常年份，只要提高栽培技术，有效地防止病虫害的发生，提前播种是获得高产的重要措施。但秋大白菜播期过早，由于光照强、温度高，病毒病、霜霉病和软腐病三大病害接踵而来，会使产量大幅度下降，病害重的年份甚至绝产。晚播虽然可以减轻或避免病害的发生，产量比较稳，但由于生长期短，积温不够，叶球小、包心不实，影响产量。

（2）影响播期因素

① 气候条件　根据当地的气象预报，如在当年播种期的旬均温均近于或低于常年，可适当早播，否则适当晚播。

② 品种　进行秋季和冬春贮藏供应的地区，多用生长期长的品种，应适当晚播；如果提前上市或收获后直接上市，可利用早熟品种，既可早播，又可晚播。

③ 土壤　砂质土壤发苗快，生长迅速，可适当晚播；黏重土壤发苗慢则应适当早播。

④ 肥力　土壤肥沃，肥料充足，大白菜生长快，可适当晚播，否则适当早播。

⑤ 病虫害　历年病虫严重的地区适当晚播，否则可早播。抗病性强的品种可适当早播，否则晚播。

⑥ 品种的耐藏性　不同品种的耐藏性有一定的差异，秋季进行贮藏栽培的应选用较耐贮藏的品种，但同一品种不同播种期对贮藏性有很大的影响，早播的外叶脱落多，易早衰，不利于贮藏；适当晚播者，包心虽然稍差，但不易早衰，损耗少，有利于延长供应。

⑦ 栽培技术　如果当地的栽培技术水平高，土壤肥力、田间设施等条件较好的，对不良条件和病虫害的发生有较强的应付能力，可以发挥早播高产的优势；反之，应适当晚播。

（3）播期确定方法　确定大白菜适宜播种期一般采用生育期法，即根据所用品种的生育期长短进行确定，各地可根据所用品种的生育期长短和本地区严霜期到来的时间来推算播种期，并根据发病情况加以调整。也有根据生产经验和农谚来确定的经验法，或根据大白菜历年病害、结球、产量情况与气象指标的关系，再根据群众多年的经验来确定不同年份的播种期。

（4）播种适期　在湖南，适宜秋播的大白菜适播期为8月下旬至9月上旬，最迟不得迟于9月中旬，否则难以包心，得到理想产量，一般11~12月收获。总之，大白菜的播期应因地区、年份、品种等条件不同而灵活掌握。

2. 大白菜栽培茬口安排

大白菜栽培茬口安排见表4-1。

表4-1　大白菜栽培茬口安排（长江流域）

种类	栽培方式	建议品种	播期/（月/旬）	定植方式	株行距/（cm×cm）	采收期/月	亩产量/kg	亩用种量/g
大白菜	春露地	阳春、强势、春夏王、春大将、春晓	2/中~3/下	直播或育苗	(35~40)×50	5~6	1250	150~250

种类	栽培方式	建议品种	播期/(月/旬)	定植方式	株行距/(cm×cm)	采收期/月	亩产量/kg	亩用种量/g
大白菜	夏露地	夏丰、早熟5号、早熟6号、夏阳白、热抗白45d	6~8/中	直播或育苗	30×40	8~10	2500	200~250
	夏秋大棚	早熟5号、夏阳白、超级夏抗王	7~8	直播或育苗	(40~50)×(44~50)	9~10	2500	200~250
	秋露地	改良青杂3号、丰抗80、鲁白六号	8	直播或育苗	(40~50)×(50~60)	10~11	4000	100~250

三、大白菜育苗技术

1. 大白菜直播育苗技术要点

大白菜进行育苗移栽，有利于集中管理，抵抗自然灾害的侵袭，提高土地利用率，便于合理安排茬口，比直播省种子1/3~1/2，可缓解大白菜集中播种时劳力紧张的矛盾。但育苗移栽时伤根较多，要经过一个缓苗期，延长了生长期和延迟了供应期，且较直播的病害重，产量较低。大白菜育苗应把握如下几个要点。

(1) 选好育苗床　育苗床最好选地势高燥、排灌方便、土壤肥沃的地块，前茬不宜栽培十字花科蔬菜。苗床的宽度1.0~1.5m，每栽1亩大白菜需苗床面积30~40m²。作畦时充分施肥，亩施腐熟厩肥3000~4000kg，使土壤松软肥沃，施粪干1000~1500kg（或硫酸铵20~25kg）、过磷酸钙及硫酸钾10~20kg（或草木灰50~100kg）。肥料与床土充分混合均匀达15cm的深度。床面要平坦，最好预先充分浇水一次，使土壤自然沉落后再耙平，表土要细碎。播种期要比直播提早2~3d。

(2) 种子处理　在播种前对大白菜种子进行处理有利于苗全、苗壮。根据各地病害发生情况和种子带菌情况，播种前应因地制宜选择不同方法和不同药剂进行种子处理。

① 选种　要选用整齐、籽粒饱满、千粒重大、生活力强、发芽率高的种子播种。可用直径1.1mm的筛子对种子进行筛选加工，使种子纯度达98%以上，千粒重可达2.8g左右。

② 晾晒　为提高种子发芽势，在播种前可以将种子晾晒2~3d，每天2~3h，晒后放在阴凉处散热，此法可提高长期贮藏后种子的活力。

③ 温汤浸种　为了防止种子带菌可以进行温汤浸种。即将种子在冷水中浸泡10min，再放于50~54℃的温水中浸种30min，立即再移入冷水中冷却，然后捞出放于通风处晾干待播。

④ 药剂拌种　防治霜霉病、黑腐病等种子带菌的病害，可用种子重量的0.3%~0.4%的甲霜灵、福美双或代森锰锌等药剂拌种。防治软腐病，可用种子重量1%~1.5%的中生菌素，或种子重量0.2%的70%琥胶肥酸铜可湿性粉剂拌种。

(3) 苗床播种　可用条播或撒播法，每亩苗床播种量200g左右。先浇水使苗床土壤透达15~20cm，待水渗下后播种。为使撒播均匀，将种子与5~6倍筛过的细湿土均匀拌和再播。撒后再覆盖细土0.8~1cm厚。也可在平整好畦以后按株距8~10cm划1cm深的浅沟进行条播，覆土踏实后再浇水。最好支棚覆盖芦帘或用其他方法遮阳和防雨。覆盖银灰色薄膜既可防雨，又可防蚜。

（4）苗期管理（彩图4-2）　若土壤水分充足或播种前已充分浇水，在发芽期内最好不浇水，以防冲坏幼苗及造成土壤板结现象。如发芽期内天气高温干旱，仍需小水勤浇或喷灌，以降低土面温度。幼苗出土后应分次间苗，一般间苗二次，第一次在1～2片真叶时进行，苗距3cm×3cm。第二次间苗在3～4片真叶时进行，苗距(8～10)cm×(8～10)cm。苗龄一般15～20d为宜。在移栽时一定要在第一天浇足水，第二天切成土坨移栽，要避免伤根，缩短缓苗期。

2. 大白菜简易护根育苗技术要点

大白菜采用护根育苗措施，可以不伤根或少伤根，目前生产上常用的简易护根育苗措施有营养土块、纸钵、营养钵育苗。

（1）营养块育苗法（彩图4-3）　营养土的配制：用腐熟的厩肥1份、黏土2份、砂土0.5份，每1000kg营养土中加过磷酸钙（或骨粉2～3kg）、硫酸铵1～2kg，充分混合均匀，再用石磙压紧，最好压成12cm厚的大土块，并充分浇水。次日待营养土块湿度适宜时，用刀将其切成长宽各8cm的方块，即成营养土块。在每一营养土块中心用小木棒插一小穴，深1cm，每穴播种子2～3粒，上盖0.3cm厚的薄土，播后2d即可出苗，以后间苗2～3次，每穴留苗一株，待幼苗有5～6片真叶时将幼苗连同营养土块铲起定植于大田。

（2）纸钵育苗　纸钵的做法：用旧报纸裁成16开大小，如一张《新华日报》可裁成8小张，将每小张卷成一筒状，再用糨糊糊成高10cm、直径5cm的纸钵待用。营养土的配方为：熟菜园土3份，充分腐熟的厩肥或粪干1份，每1000kg营养土加过磷酸钙3kg、草木灰5kg。将以上土、肥充分混合拌匀后装入纸钵中，浇透水后播种，每钵播种子2～3粒。移栽时连同纸钵一起栽下。栽后覆土、间苗，以及定植时的幼苗大小等要求与营养土块育苗相同。

（3）营养钵育苗

① 配制营养土　选用60%园田土，加入过筛腐熟的25%细猪粪、15%人粪干。每立方米培养土中，再加入充分腐熟鸡粪30～50kg，氮磷钾复合肥1kg（或加入硫酸铵和磷酸二氢钾各1～1.5kg，但不能用尿素、碳酸氢铵代替，也不宜用质量低劣的复合肥育苗，因为这些化肥都有较强的抑制菜苗根系生长和烧根的作用），50%多菌灵可湿性粉剂200g，50%辛硫磷乳油200mL，充分混匀，堆好后用塑料薄膜捂盖严实，堆放7～10d后再开始装钵育苗。

② 装钵　因大白菜苗较大，可选用直径7～8cm的塑料营养钵，先装钵高1/3，稍压实，撑圆钵底，然后稍装满，压实，至倾斜时不散土为宜，每定植1亩需育2300～2400个苗钵，外加200个备用。

③ 播种　育苗期通常为25～30d，播种期应根据栽培方式而定。春季塑料大棚栽培的播种期在3月上旬；塑料小棚栽培播种期在3月中旬；地膜小拱棚栽培播种期在3月中下旬；地膜覆盖栽培播种期在4月上旬。播种时，在每钵中心孔扎0.5～1.0cm深空穴，孔围稍大一点，每穴选播2～3粒种子，盖土0.5～1.0cm厚，盖种土可用百菌清或多菌灵消毒。播种后出苗前可用50%辛硫磷乳油1200～1500倍液喷洒床面，防止虫害。

④ 苗期管理　在3～4叶期每穴留2株，5～6叶期留苗1株，如果菜苗拥挤，可分苗一次，扩大育苗面积。夜间注意保温，通常夜温不得低于10℃。

3. 大白菜穴盘育苗技术要点

（1）苗床准备与播种　大白菜育苗移栽可节省用种量，一般秋播为8月中下旬，气候炎热，应选择四面通风、排水良好、灌水方便的场地，做好防雨降温，最好配备遮阳网。早春育苗播种期为1～3月，在保护地注意保温。

播种前应检测发芽率，选择种子发芽率大于90％以上的优质种子。播前每千克种子用35％甲霜灵可湿性粉剂混拌均匀后播种，可预防霜霉病和黑腐病。播种深度以0.5～1.0cm为宜。播种后用蛭石覆盖，覆盖蛭石不应超过盘面，各格室应清晰可见。

（2）穴盘及基质配制　大白菜育苗多选用128孔苗盘。育苗基质配比可按草炭∶蛭石＝2∶1或3∶1，或草炭∶蛭石∶废菇料1∶1∶1。配制基质时每立方米加入有机无机微生物肥7kg，50％多菌灵可湿性粉剂100g，或75％百菌清可湿性粉剂200g，将肥料、杀菌剂与基质混拌均匀后使用，对培育壮苗非常有利。

（3）苗床管理（彩图4-4）　播种覆盖作业完成后，将育苗盘喷透水（水从穴盘底孔滴出），从播种到出苗水分含量为最大持水量的85％～90％；子叶发足到2叶1心，水分含量为最大持水量的75％～80％；3叶1心至商品苗销售，水分含量应保持在70％～75％。由于夏季温度高，蒸发量大，需要1～2d喷1次水。大白菜生长的适宜温度为20～25℃，为防止高温危害，晴天中午用遮阳网覆盖2～3h。定植前3～5d不进行遮阳网覆盖，使菜苗处于自然条件下进行适应锻炼。

2叶1心后，结合喷水进行1～2次叶面喷肥，可选用0.2％～0.3％尿素和磷酸二氢钾液喷洒。

苗期主要病害是病毒病、霜霉病；虫害是蚜虫、菜青虫、小菜蛾及菜螟等。应及时防治。

（4）成苗标准　128孔苗播后18～20d，苗子长到4～5片真叶时即可定植。

四、大白菜主要栽培技术

1. 春大白菜栽培技术要点

春大白菜（彩图4-5）是在早春或春末播种育苗，4～6月上市，克服春末夏初蔬菜供应淡季，增加蔬菜花色品种的栽培方式。春大白菜栽培需要特殊的栽培技术，主要是解决早春低温及长日照引起的抽薹以及后期高温造成不包球和病虫害严重等现象。

（1）品种选择　春大白菜适宜的生长季节较短，生长前期温度较低，生长后期温度较高，应选用冬性强、早熟、耐热抗病、高产、优质的春季专用品种。

（2）适时播期　春大白菜播种时气温低，生长后期却越来越高，这与大白菜的生长习性是不一致的，由于适合它生长的气候条件有限，播种期过早，前期温度低容易通过春化，出现未熟抽薹，并有幼苗受冻危害，如果幼苗在5℃以下，则持续4d就可能完成春化，如果在15℃以下，则持续20d左右，也可能造成春化；播种过晚，虽然不易抽薹，但夏季温度高，超过日均温25℃以上，就难以形成叶球，而且雨季来临后软腐病严重，有全田毁灭的危险。因此，适宜的安全播种期要求苗期的日最低气温在13℃以上，可以避免春化和早期抽薹现象的发生，而结球期应在日最高温未到25℃以前，叶球生长的速度超过花薹生长的速度，才能保证获得优良的叶球。

目前，在大面积推广春大白菜前，需经严格的播期试验，应以温度为指标，不可为单纯追求高效益而盲目提早播种。为了适当延长春大白菜供应期，在适期内，可以采取不同的栽培方式分期播种，排开上市，获得更好的效益。在长江中下游地区，一般定植在塑料大棚栽培的播种期为2月上旬，用加温温室育苗，露地小拱棚定植或小拱棚内覆膜直播的播期为2月中下旬，露地地膜覆盖直播或露地育苗栽培的播期为3月中下旬至4月上旬，天气暖和可适当提前，遇到倒春寒天气可适当晚播。

（3）播种育苗　可直播，又可育苗移栽。大白菜一般进行直播，其优点是方法比较简便，可以避免育苗移栽时的大量用工。另外由于直播不用移栽，不伤根，无缓苗期，根系发育好，生长势旺，生长速度快，同时由于根部无伤口，所以不易发生病毒病、软腐病等病害。但直播的缺点是占地时间长，土地利用率低，不利于茬口的安排。播种以后如遇大雨，种子易被冲掉或造成土地板结不易出齐。此外，在幼苗期由于幼苗分散面积大，不利于管理。

直播有条播、穴播（也称点播）、断条播三种方法。

① 条播　条播既可人工播种，又可机械播种。人工播种是在垄（高畦）顶部的中央划深0.6～1.0cm的浅沟，如用平畦栽培，可在平畦中划同样规格的沟，然后将种子均匀地播在沟中，覆土平沟，可进行适当镇压，使种子与土壤密切接触。也可以播种后直接在垄底浇水，使水沿毛细管上升，既能湿润土壤，又起到一定的镇压作用。人工播种量一般为每亩150～170g。播种面积大的也可以用大白菜播种机播种，特别是在播种期较为集中的地区，机械播种可节约播种量，每亩需75～100g，密度均匀，深浅一致，出苗整齐，幼苗间距大，平均苗距5cm左右，幼苗不拥挤，生长健壮。条播较省工，但播种量较多，定苗时株距不甚整齐。

② 穴播　又称点播，是按已经确定的行距和株距在垄（或平畦）上挖穴点播。挖深0.6～1.0cm、长5～8cm、宽3～4cm的浅穴，将种子均匀播在穴中，覆土平穴。为保证顺利出苗，播种后应及时浇水，并掌握"足墒浅种"的原则。穴播虽费工，但播种量小，每亩需种量100～150g，株距较均匀，幼苗顶土能力强，植株营养面积均匀。但间苗不及时易造成徒长苗，病虫害严重或土地不平的地块，再加之管理不良时易造成缺苗。

③ 断条播　也称"一"字形播种法，即根据行株距要求，在一定的株距位置上，顺行划7～10cm短沟，然后进行播种。每亩用种量100～150g，比较容易控制株距，便于间苗和定苗。

如果在大白菜播种时前茬作物腾不出茬口来，就应育苗移栽。育苗移栽可采用营养钵、营养块或穴盘育苗。

（4）整地施肥　选择疏松肥沃土壤，要求向阳、高燥、爽水。采用深沟、高畦。每亩施有机肥3000kg或复合肥50kg左右作基肥，一般畦宽1m，畦高10～15cm，畦沟宽25～30cm，每畦种2行。结合整地撒施或按确定株行距开穴施基肥，还可用人畜粪渣淋穴，日晒稍干后锄松，然后定植。配合有机肥的施用，还可施用少量氯化钾、过磷酸钙。

（5）适时定植　定植期应视其生长环境的气温和5cm地温确定，当两者分别稳定通过10℃和12℃，方可安全定植，定植时适宜苗龄为25d左右，适宜生理苗龄为4～5片真叶。定植时，选择无风的下午进行，先在畦中覆盖地膜，四周压实，按照株距扎孔定植，要带土坨定植，以利缓苗。一般株行距（35～40）cm×50cm，每亩栽3500～4500株。定植后立即浇水。直播的还要早间苗、早定苗。

（6）田间管理　大棚栽培的，应注意棚膜昼揭夜盖，早春晚上保温，天晴时通风降湿。进入 4 月中下旬可去掉裙膜，只留顶膜。

注意加强排水，雨后施肥防病相结合，不宜蹲苗，要肥水猛攻，一促到底，促进营养生长，抑制植株抽薹，使莲座叶和叶球的生长速度超过花薹的生长速度，在花薹未伸出前长成紧实的叶球。追肥应尽早进行，缓苗后追肥，每亩穴施尿素 10~15kg，莲座初期结合浇水重施包心肥，每亩追施磷酸二铵 30kg、尿素 20~25kg、硫酸钾 10kg，此期还可采用 0.2% 的磷酸二氢钾叶面喷肥 2~3 次。结球中后期不必追肥。

苗期覆膜后一般不浇水、不中耕，结球期小水勤浇，保持土壤见干见湿，土表不见白不浇水，浇水以沟灌为宜，不能漫灌或大水冲灌，以减少软腐病发生。

（7）病虫害防治 春大白菜主要病害有霜霉病、病毒病、软腐病等，虫害主要为蚜虫、菜青虫等，要以防为主，综合防治。

（8）适时采收 春大白菜一般定植后 50d（直播 60d）左右成熟，此时一定要及时采收供应市场，以防后期高温多雨，造成裂球、腐烂或抽薹，降低食用和商品价值。可根据市场行情分批采收、适当早收。

（9）春大白菜栽培过程中的注意事项

① 不是所有的早熟品种都可以春播 春季有利于大白菜生长的时间短，一般以早熟品种为主。春季前期温度低，后期温度高，而且气温变化较剧烈。但不是早熟性好的品种春季都能播种，因大部分早熟品种为弱冬性品种，气温在 13℃ 以下，超过 15d，即可抽薹开花。而耐抽薹品种，冬性强，短时低温对其春化没有影响，适宜春季种植。

② 要根据温度条件确定适宜播期 由于春季适宜大白菜生长的时间短，为了赶早上市，有些种植户往往不顾栽培设施条件和品种特性就早育苗。大白菜属种子春化型作物，苗期在 2~10℃ 条件下经过 10~15d 即可通过春化，10~15℃ 时通过春化缓慢，气温在 13℃ 以下，耐抽薹品种经 25d 以上也可能抽薹。因此，春季大白菜播种期要根据育苗农户现有设施内的温度条件和品种特性来确定适宜的育苗期，保证苗期温度不低于 13℃ 是避免早抽薹、获得高产的关键。

③ 加强苗期温度管理 春季大白菜多采用育苗移栽，出苗后棚内温度不能超过 30℃，如果棚内温度过高，高温加剧大白菜的呼吸作用，叶片变薄，定植后蒸腾快，从而造成萎蔫甚至失水死亡。在晴天，即使外面气温低也应注意棚室通风降温。另外，棚室内通风不够，空气湿度大，易使大白菜感染病害。在定植前一周，调节苗床条件使其尽量与定植地条件相接近，加大通风炼苗。

④ 设施不同播种期不同 春季大白菜栽培以小拱棚为主，投资少，见效快。如果采用大棚和日光温室种大白菜成本会加大。我国中部地区主要以地膜覆盖栽培为主，大棚、日光温室仅在育苗时采用。一些地区为提早上市，可在前期定植在小拱棚内。采用不同的设施，播种时间也不同，设施条件好的可以适当提早 5~7d 播种。

⑤ 加强肥水管理防止抽薹开花 春季大白菜抽薹开花主要与品种、播种期、苗期管理、定植的田间管理等有关。定植后的管理上应注意的问题是水肥要跟上，促使春大白菜营养体生长，养分供应充足，叶片生长速度快，超过中心花芽分化的速度，就能形成叶球。干旱和缺肥，都会加快大白菜花芽的生长和分化。因此，在春季大白菜管理中，水肥充足供应最为重要。另外，春季大白菜收获越迟，越有可能抽薹，应仔细观察短缩茎的伸长情况，在未抽薹或虽轻微抽薹但不影响食用品质前尽早收获。

2. 夏大白菜栽培技术要点

采用遮阳网覆盖栽培夏大白菜（彩图 4-6），生长期短，价格高，效益好。由于夏大白菜在盛夏及初秋的高温炎热季节种植，具有株型紧凑，耐热、抗病等特点，在播种期、种植密度、肥水管理等栽培措施上与秋冬大白菜有所不同。

（1）整地作畦　选前茬未种过白菜等十字花科蔬菜、土壤肥沃疏松、排灌方便的地块，最好以瓜果为前作。前茬收获后及早腾地，清洁田园，土壤经烤晒过白后，开好畦沟、腰沟、围沟，结合整地，每亩施腐熟有机肥4000～5000kg、饼肥100kg、磷酸二铵15～20kg。施肥后深耕细耙整平，按畦高0.3～0.4m，畦宽1～1.2m做成高畦窄畦，沟宽0.3m。

（2）播种育苗　夏大白菜从5月份到8月份均可分期、分批播种，最适期为6月初至7月底，可直播也可育苗移栽。育苗时注意播种后及时覆盖遮阳网，定植前一周以上撤掉遮阳网炼苗。苗龄15～20d。选晴天下午和阴天定植。取苗前苗床先充分浇水，待水完全下渗，床土湿润时带土起苗。栽后浇足压蔸水，盖遮阳网缓苗至成活。株行距30cm×40cm，每亩栽3500～4000株。

直播应在下午或傍晚进行，常用穴播（点播）。播种密度要求株行距40cm×50cm，每亩定植3000株左右。播后覆盖遮阳网至3～4片真叶时，视土壤湿润程度浇水。及时间苗和定苗。间苗分两次进行，在"拉十字"时一次，4～5片真叶时第二次间苗，苗距6～7cm，6～7片真叶时按预定株距定苗。夏季地老虎、蝼蛄等地下害虫活动猖獗，播种后应不隔夜撒毒谷（麦麸炒熟或用开水烫后加敌百虫的10倍液拌匀）。如遇大雨，雨后应重撒，最好在定苗前撒毒谷2～3次。

（3）田间管理　田间管理要一促到底，不宜蹲苗，特别要加强前期肥水管理，并且要从夏季高温的田间小气候出发，减少施肥的次数。可采取以基肥为主，生长期间利用水分调节的施肥原则。

① 浇水管理　由于夏季气温高，苗期需要多浇水、勤浇水以保持土壤湿润，降低土壤温度，减轻病毒病的发生。从播种至出苗，每隔1～2d浇一次水，出苗后每隔2～3d浇一次水。浇水应在早晨或傍晚地温较低时进行，中午气温高时浇水易造成寒水冷根，导致萎蔫。垄干沟湿即需浇水，确保土壤见干见湿。进入结球期后应保持土壤见湿不见干。遇到连续高温天气，可在中午通过叶面喷水来降低气温。夏季降雨集中，大雨或暴雨过后，应及时排水，严防积水，并尽快浅锄，适时中耕、培土。

② 追肥管理　一般苗期不追肥，如果降雨过多，脱肥严重，可追施以人粪尿为主的提苗肥，勤施薄施，以浓度10%～20%为宜。定植缓苗后应追开盘肥，一般每亩施人粪尿1000～1500kg，或尿素10～15kg（或硫酸铵15～20kg），并配合施用少量磷钾肥。开始包心时施人粪尿1000～1500kg，或尿素15kg（或硫酸铵20～25kg）、氯化钾10kg。在叶球外形大小基本确定后，再追肥一次，每亩施粪水500～1000kg。结合追肥浇水保持土壤湿润。开始结球后，可用浓度为0.3%的尿素、硫酸铵或磷酸二氢钾分别喷洒，进行根外追肥。

③ 中耕、除草　夏季大白菜生长期间多处于高温多雨季节，不仅土壤容易板结，而且此时极易发生草荒。因此，缓苗后待土壤见干见湿时要经常中耕松土，通常中耕1～2次。第一次在定苗后，清除杂草时就可中耕，及时追水肥；第二次在莲座期长满前，只宜浅耕，不能损伤植株。中耕时以晴天为好。封垄后停止中耕划锄。

（4）适时采收　夏大白菜的结球期正处于高温、多雨的季节，植株很容易感染病害，而且叶球也容易开裂。因此当大白菜包心达七成以上就应该分批采收上市，以减少损失。具体采收时间还可根据市场情况而定，争取在大白菜价格高时采收上市，以便取得较高的经济效益。

（5）夏大白菜栽培过程中的注意事项

① 必须采用育苗移栽　夏季雨水多，育苗地容易积水，要选地势较高、排涝方便的地块作育苗畦。如果用撒播方法育苗，易导致出苗不匀，浪费种子。应采用营养土块或营养钵育苗，采用点播方法。这样不仅便于苗期管理，也不易造成苗大小不一的现象。夏季气温高，采用育苗畦育苗可以覆盖黑色遮阳网，以降低苗畦的温度，同时可以减缓暴雨对叶片的冲刷。一些农户盖上遮阳网后不注意在阴天或夜间掀开，也容易造成幼苗长势弱。如果定植前一周不掀开遮阳网炼苗，定植到大田后幼苗生长环境突然改变而不适应，将延长缓苗期，进而影响产量。

② 加强灾害性天气后的管理　一些种植户在遇到暴雨后，对田间受伤的幼苗放任不管，致使大白菜幼苗长势细弱，更易受病虫害侵害。采用棚室栽培，可以在暴雨来临前将旧塑料薄膜盖上防雨。暴雨后及时排水，并浇灌井水降温以利于菜苗生长。对根部冲出土的苗应及时覆土、扶正，并用清水喷洒受泥污的叶片等，使大白菜幼苗尽快恢复生长。

③ 加强田间管理防止不包心　夏季种植大白菜，由于气温高，包心速度慢，一些品种或一些单株不容易包心或包心期延迟。一些种植户错误地认为是品种问题，其实包心与否与播种期的选择、田间肥水管理等都有很大关系。有时播种期过早，10℃以下气温时间超过15d，夏季大白菜通过春化抽薹，也造成不包心。或包心期气温连续超过35℃一周以上，也会严重影响包心。合理施肥，在大白菜包心期，要增施磷、钾肥和有机肥，控制氮肥的用量，以抑制植株疯长，一般亩施腐植酸有机肥25kg、三元复合肥25kg，在大白菜种植25d后开始增施磷、钾肥，每隔10～15d施一次，每次每株施磷酸二氢钾25～30g，或用沤制腐熟的人畜粪水稀释成80～100倍液后淋施，连施2～3次。科学供水，在大白菜包心期，水分供应要均匀、充足，切忌时多时少，时干时湿，以防止大白菜的叶片卷曲萎蔫。天气干旱时，除早、晚各淋一次清水，每次每株淋1.5～2kg外，还要用麦秸或其他杂草将畦面覆盖，以减少水分损失，保持土壤湿润。

④ 注意防治病虫害　一般夏季大白菜的病虫害较为严重，常见的有霜霉病、病毒病、软腐病、白粉病、蚜虫、菜青虫等。如果预防措施不当，易导致大白菜营养生长不良，也会引起大白菜不包心。所以，在大白菜包心结球期间，要注意检查叶片，及时防治。

3. 早秋大白菜栽培技术要点

早秋大白菜是相对秋冬大白菜来说的，播种期介于夏大白菜和秋大白菜之间，具有一定的抗热性。生育期55～60d，于国庆节前后上市，此季是蔬菜供应淡季，鲜菜品种少，收益较高。早秋大白菜生长前期处于高温、干旱季节，易发生病毒病、干烧心病，后期易感染软腐病，虫害发生严重，防病、治虫是早秋大白菜栽培的关键所在。

（1）品种选择　早秋大白菜可在兼顾抗病、早熟、耐热等综合性状的同时，选择单球重比夏大白菜稍大、生育期稍长的品种，因为秋早熟大白菜生长后期，气温已经下降，利于大白菜的生长和包心。另外春播品种和夏播品种也可以作为早秋大白菜栽培。

（2）整地施肥　要求早备地、翻耕，做好播前准备，以防遇到阴雨天不能及时整地而耽误播期。并尽可能选择前茬非十字花科作物、排灌良好的肥沃地块。根据早秋大白菜生育期短、生长速度快等特点，要选择地势较高、土层深厚、肥沃、通气性好、富含有机质的地块。播种或定植前施足基肥，基肥以优质有机肥为主，一般亩施优质腐熟农家肥 4000kg，饼肥 100kg，磷酸二铵 30kg，钾肥 15kg。然后进行深翻、细耙、作垄，垄高 15cm 左右，并做好排水沟和灌水沟。

（3）适期播种　适期早播是早秋大白菜高产的关键措施之一。如片面追求早上市，不根据当地当年气候条件，盲目提早播种，往往会因病害发生严重而导致绝收。早秋大白菜耐热性、熟性、结球性介于夏大白菜和秋冬大白菜之间。因此，播种过早易造成结球不实，病害严重；播种过晚，达不到早上市、丰产高效的目的。一般 7 月底至 8 月初播种为宜。早秋大白菜可以采用育苗或直播两种方式进行栽培，育苗移栽可做苗床或营养钵育苗。可撒播，也可点播，育苗移栽每亩播种 20～50g，播后盖土 1cm 厚。及时间苗。另外，还要适当掌握苗龄，大白菜苗龄过大，定植时缓苗时间长，叶子损伤多，不利于中后期生长。一般早熟种苗龄 18～20d，中晚熟品种苗龄 20～25d 为宜。

直播可在垄上每隔 45～50cm 划斜线，深 1cm，每穴 8～10 粒籽，盖土后轻微镇压，播完后顺垄沟浇水。播种时注意天气预报，防止暴雨拍打，影响出苗。播种时要注意播种质量和播后管理，确保苗全、苗齐、苗壮。要特别注意土壤墒情，如底墒不足，应播种覆土后立即浇水，翌日再浇一次水。

（4）种植密度　早秋播种的大白菜多为株型紧凑、开展度小的早熟品种，同时由于病虫害较重缺苗率较高，所以合理密植是获得丰产的重要因素。一般行距 44～50cm，株距 40～50cm，每亩种植 2700～3000 株。

（5）间苗定苗　一般间苗 3～4 次，齐苗后开始间苗。一般在"拉十字"期进行第一次间苗，以防幼苗拥挤，每穴留 4～5 棵苗；幼苗长到 2～3 片真叶时进行第二次间苗，每穴留 2～3 棵苗；幼苗长到 5～6 片真叶时定苗，同时可进行补苗。

（6）中耕除草　结合间苗和降雨情况进行中耕培土，及时清除田间杂草。一般在第一次间苗、定苗和莲座期封垄前进行中耕 3～4 次。中耕时要注意浅锄垄背，深锄垄沟，既能保墒、透气，又不伤根。当叶片长满封垄后停止中耕，以免伤根损叶，使植株生长不良和病菌侵入。

（7）水肥管理　早秋播种期早，发芽期和幼苗期尚处于高温多雨季节，所以注意浇水以利于降温出苗，同时还要防涝，促进幼苗生长。若天气多雨积涝，应及时排水，并中耕散墒，改善土壤通气性能。天气干旱时，则需要小水勤浇，补充水分和降低地表温度。植株定苗后要肥水齐攻，不必蹲苗。一般定苗后，每亩追施尿素 15kg。团棵期及莲座期分别追施尿素 20～25kg，一般随水冲施，也可撒施，平畦栽培可在行间划沟撒施后浇水，垄栽可在垄两侧撒施后浇水。

（8）病虫害防治　苗期害虫活动猖獗，为防治重点期。及时防治地老虎、蝼蛄、蚜虫、菜青虫、小菜蛾、菜螟等害虫。病害主要是病毒病、软腐病等，应及时防治。

（9）及时收获　及时收获是提高早秋大白菜经济效益的关键。一般在播种后 50d 左右，结球紧实后即可采收上市，采收过迟，经济效益降低，而且由于天气炎热，遭受病虫害的机会增加，腐烂风险大。采收时，切除根茎部，剔除外叶、烂叶，净菜分级装筐上市。在切除根茎部剔除外叶时，保留叶球外侧的 2～3 片叶，以保护叶球。

4. 秋大白菜栽培技术要点

秋大白菜（彩图 4-7）是我国广大农村传统的栽培方式，大白菜喜凉爽气候，叶球生长期间要求气温在 12～18℃，这一栽培季节的环境条件与大白菜的习性吻合，生育前期处于温度较高的季节，结球期在冷凉季节，收获后即在寒冷季节，适于贮藏。

（1）茬口安排　不宜连作，也不宜与其他十字花科蔬菜轮作，前茬最好为洋葱、大蒜、黄瓜、西葫芦、豇豆等，其次为番茄、茄子、辣椒等。

（2）品种选择　应根据当地生产习惯、消费习惯、市场需求选用品种，以优质抗病、丰产、耐逆、适应性强、商品性好的中晚熟品种为宜。

（3）整土施肥　选用地势平坦、排灌良好、疏松、肥沃的壤土或轻黏土，前茬作物腾茬后，立即清除田间病残组织及杂草，清洁田园。种植前深翻土地，每亩施腐熟农家肥 4000～5000kg、过磷酸钙 30kg、硫酸钾 15～20kg（或草木灰 100～150kg）。撒均匀后深翻 20～25cm，犁透、耙细、耙平，一般作小高垄，垄底宽 40cm，垄高 15～20cm。

（4）播种育苗　秋播大白菜主要生长期都在月均温为 22～25℃的时期，选择适宜的播种期非常重要。秋播太早，天气炎热，幼苗虚弱，易染病。播种过晚又因缩短了生长期，以至包心松弛，影响产量和品质。在长江中下游地区，一般播种期宜 8 月中旬左右为宜，早熟品种可适当早播。直播或育苗移栽，播后盖 0.3cm 厚薄土，及时间苗留苗，高温天气通过浇水遮阴等措施降温，播种出苗后，每隔 2～3d 浇一次水，保持地面湿润。

（5）间苗定苗　为防止幼苗拥挤徒长，要及时间苗，一般间苗 2～3 次。第一次间苗在第一对基生叶展开即"拉十字"时进行，拔除出苗过迟、子叶形状不正常、生长弱小和拥挤的幼苗；过 5～6d 长出 2～3 片幼叶时进行第二次间苗，选留叶片形状和颜色与本品种特性一致的幼苗，剔除杂苗；第三次间苗在幼苗具 5～6 片叶时进行，苗间距应达到 10cm 左右。直播的大白菜在团棵期定苗。在高温干旱年份适当晚间苗、晚定苗，使苗较集中，遮盖地面，以降低地温和减少病毒病的发生。每次间苗、定苗后应及时浇水，防止幼苗根系松动影响吸水而萎蔫。

（6）合理密植　根据不同品种特性合理密植，一般花心品种株行距（40～45）cm×（50～60）cm，每亩约 2500 株；直筒型及小型卵圆和平头型品种株行距（45～55）cm×（55～60）cm，每亩 2200～2300 株；大型卵圆和平头型品种株行距（60～70）cm×（65～80）cm，每亩 1300 株左右。选下午 4 时后进行移栽。此外，秋季大白菜种植密度因地区、土壤肥力、栽培方式等条件而异。秋播条件下，早播的收获期早宜密植，晚播的宜稀植；土壤肥沃，有机质含量高，根系发育好，土壤能充分供应肥水，植株生长健壮，叶面积大，为减少个体之间相互遮阴应适当稀植，反之密植；宽行栽培时可缩小株距，大小行栽培时可增加密度。

（7）追肥　幼苗期若子叶发黄，每亩施硫酸铵 5～7kg，或腐熟人粪尿 200kg 加水 10 倍追施提苗。莲座期，每亩追人粪尿 500～1000kg（或硫酸铵 10～15kg）、过磷酸钙 7～10kg，沿植株开 8～10cm 深的小沟施入。包心前 5～6d，每亩施人粪干 1000～1500kg（或硫酸铵 15～25kg）、硫酸钾和过磷酸钙 10～15kg（或草木灰 100kg）。结球后半个月，每亩施人粪尿 1000kg 或硫酸铵 10～15kg。追肥应结合浇水进行，浇水方法以缓水漫灌为好。还可用 1% 的磷酸二氢钾、硫酸钾或尿素进行叶面追肥，于莲座期和结球期共喷 3～4 次，可增产。

（8）浇水　在大白菜发芽期，生长速度较快，吸收水分虽不多，但根系很小，水分供应必须充足，要注意防止发生"芽干"现象。幼苗期植株的生长量不大，但由于根系尚不发达，吸收水分的能力弱，而此时气温、土温较高，蒸发量大，土壤容易干旱，需多次浇水降温，小水勤浇，保持地面见干见湿，防止大水漫灌。在莲座期大白菜对水分的吸收量增加，充分浇水、保证莲座叶健壮生长是丰产的关键，但同时浇水要适当节制，注意防止莲座叶徒长而延迟结球，土壤以"见干见湿"为宜。结球前中期需水最多，每次追肥后要接着浇一次透水，以后每隔5～7d浇水一次，保持土壤见湿不见干。浇水还应结合气象因素，连续干旱应增加浇水次数，遇大雨应及时排水。高温时期选择早晨或傍晚浇水，低温季节应于中午前后浇水。浇水还要结合追肥。结球后期需水少，收获前5～7d停止浇水。

（9）中耕除草　整个生长期需中耕2～3次，按照"头锄浅、二锄深、三锄不伤根"的原则进行。第二次间苗后开始第一次中耕，此时幼苗小，根系浅，浅锄2～3cm，以锄小草为宜，锄深了易透风伤根，幼苗容易死亡；定苗后锄第二次，以疏松土壤为主，深锄5～6cm，将松土培于垄帮，以加宽垄台有利于保墒；第三次在莲座期后封垄前，浅锄3cm，把培在垄台上的土锄下来，有利于莲座叶往外扩展，防止植株直立积水引起软腐病的发生。封垄后不再中耕。

一般在播种后灌水前，每亩用48%氟乐灵乳油100～200mL加水50～100L均匀喷洒地面，除草效果可达90%以上，对菜苗无影响。

（10）病虫防治　大白菜叶片柔嫩，含水量高，易受病虫害侵害，幼苗期尤为严重。因此，种植户往往较注意前期的虫害防治，认为后期植株已逐渐长大，抵抗力较强，减少或忽视了虫害防治。由于年际间虫害发生规律不一样，在高温干旱年份，蚜虫繁殖快，为害重，甚至侵害到大白菜叶球内层叶片，进而影响大白菜商品外观和食用品质。

大白菜主要病害有霜霉病、软腐病、病毒病、黑斑病、根肿病等，主要虫害有蚜虫、菜青虫、小菜蛾、小地老虎、黄曲条跳甲、猿叶虫等，在一般年份，病害发生较少，应重点防治虫害。要特别注意结球前的病虫害防治，否则结球后很难防治。要及时发现，早防早治。

（11）适时采收，不宜过晚　因为温度相对较低时有利于大白菜结球，许多种植户认为秋季延迟采收可增加产量。事实上，大白菜最低生长温度是10℃，如果温度低于10℃，大白菜停止生长，即使再晚采收，也不能提高产量。大白菜能耐受短时－3～0℃的低温，如果遇上寒流，气温降至－5℃，大白菜就会受冻。在南方部分地区，大白菜可以露地越冬；在中部地区，选用耐寒品种加上简单的捆菜或覆盖技术，可延缓采收时间；在北方大部分地区，要在寒流到来前采收，否则大白菜受冻，叶片组织失水，失去食用价值。

因此，大白菜在叶球包紧，达到商品成熟度时应及时采收。收获叶球时削平根，剥去外叶，去除泥土及污染物，清洁上市。冬贮品种可适当延迟收获，在低于－2℃的寒流侵袭之前收获。收获时，连根拔起，堆放在田间，球顶朝外，根向里，以防冻害。晾晒数天，待天气转冷，再入窖贮藏。

（12）秋大白菜栽培过程中的注意事项

① 不是播种时间越早越好　大白菜的播种期从南到北有很大的差异，而且同一个地区，由于小气候差异，山区与平原、阴地与阳坡、同一省内的南北播种期都要相差5～7d。一些种植户为能提早上市，不顾当时、当地的条件，任意提前播种，以为早播能早上市，实际上播种过早病虫害加重，气温高则大白菜生长缓慢，反而没有正常时间播种的大白菜上市时间早。

② 不是所有品种都适于秋播　由于秋季是一个大茬，气候条件好，适宜种植的品种多。在秋季选种上要考虑到市场销售和整体效率以及冬季贮存等情况，建议使用在65d以上至90d以内成熟的品种，一些早熟品种不耐贮藏，易裂球，影响到经济效益。晚熟品种叶球大，耐贮藏，上市时间长，在大白菜集中上市期间可适当贮藏一段时间，

能够缓解上市压力，也有利于大白菜后期的销售。

③ 应合理施肥，重施有机肥　从大白菜的养分需求来看，氮、磷、钾的吸收比例为2：1：3。大白菜是叶菜类蔬菜，需氮肥较多，磷肥需求较少，而钾肥对运送养分起着关键作用。因此，施用基肥中要有一定的磷、钾肥及其他微量元素，以保证大白菜生长发育的需求。在生产中应多施有机肥，不仅使土壤结构及根系微生物环境得到改善，为大白菜提供更好的生长条件，使植株长势旺盛、健壮，不易受病害的侵染，还使产品的营养含量增高，提高了产品质量，口感良好。

④ 深耕翻晒土壤，不宜热茬播种　所谓热茬地，即前茬作物拉秧后，土地不经过翻晒而直接播种。一些种植户为了赶茬口、赶季节，前茬番茄、豇豆、茄子、辣椒等果菜类蔬菜刚清园，就整地种大白菜，结果造成大白菜幼苗越长越黄，甚至死苗。这是因为果菜类的残根落叶在土壤中被分解、发热，加上一些有害物质，影响大白菜生长。因此，在种植前，一般要将地块深耕翻晒10～15d，然后才能种植大白菜。

⑤ 适时间苗，不宜太迟　大白菜从播种到定苗，中间要经过"拉十字"期（2片叶）、团棵期（8～10片叶），直到封垄前（莲座期），一般需1个月的时间。由于幼苗不断生长，需要间苗3～4次。在种植前期虫害较多，一些种植户害怕间苗后造成断垄，加上幼苗小，长势显得柔弱，怕苗不够，而往往在后期间苗时，幼苗已长成高脚苗。而且由于密集生长，叶片薄，叶色较浅，更易受病虫害侵害，造成包心晚、产量低，即使后期加强管理也已经无法弥补。因此，间苗要分多次进行，尽早间苗。

⑥ 合理密植，不宜太密　秋大白菜株型一般都比较大，包头型比直筒型棵大，每亩种植的密度要小些。大白菜的产量是由单株重和种植的总株数来决定的。因此，获取单株重和种植株数的最大化是高产的关键。单株重与品种特性、土壤肥力、当年气候条件及肥水管理等因素有关，有的种植户认为选定了品种和种植地块，单株重因素就变得不重要了，要高产就应种得密一些。在发挥品种特性的基础上，适当密植确实可以提高产量。但如果过度密植，植株间通风透光不好，将影响养分的制造和供应，叶球长得小而不紧实，株间空气不流通，病害加重，单株重降低，总产量也会下降。

⑦ 加强幼苗期水分管理　大白菜幼苗根系浅，"拉十字"期幼苗根系长2～3cm，吸收水分能力较差，中期以后根系逐渐发达，才能逐渐吸收较深土壤的水分。因此，幼苗期的水分管理十分重要，一般中午时幼苗萎蔫，即可判定为缺水，如缺水时间长，幼苗枯死。因此前期要求小水勤浇，根据天气情况在定苗前浇3～5次水。

⑧ 适时追肥，不宜太迟　大白菜包心期需肥量大，生长速度快，要求增加养分供应。如果追肥太晚，后期气温低，大白菜生长速度慢，不利于养分吸收。有些种植户往往到了包心后才开始追肥，错过了秧苗最佳追肥时间。或者是往往到了出现明显缺肥症状时才施肥，影响了正常生长。在生产中应根据地力、基肥施用情况、秧苗长势等各方面综合考虑，前期少量多次使用追肥，可使植株生长旺盛，有利于结球。

5. 散叶大白菜栽培技术要点

散叶大白菜（彩图4-8）即大白菜生长至结球（包心）前期就上市，其产品包括幼苗（鸡毛菜）至结球前期的半成株。主要栽培季节为春末至秋初，3月上旬至8月均可陆续分期分批排开播种，分期上市。8月以后上市的产品，主要为直播后的间苗，或市场叶菜供应紧张时，将未结球的大白菜提前上市，可增加秋淡蔬菜品种花色，填补市场空白，价格好，能获得良好的经济收益。

（1）整地作畦　选用土壤肥沃疏松，排灌方便，前茬未种过十字花科蔬菜的地块。

土表 3～5cm 的土壤须耙细。畦宽 1.1～1.5m，高畦栽培。

（2）播种间苗　多撒播，部分穴播。播种前应在畦中充分浇水，播后盖一层厚 0.5～1.0cm 的土，也可在播后再浇一层腐熟浓粪渣。播种后如天气干燥，可覆盖遮阳网，也可与瓜果菜间作套种。幼苗出土日期依温度而定，春季 6～8d 出土，夏季 3～4d。春季播种幼苗成活率高，每亩播种 1～1.5kg；夏季天气炎热，幼苗死亡率很高，每亩播种 2～2.5kg。出土后 10～12d，1～3 片真叶时第一次间苗，株距 6～7cm。5～6 叶时第二次间苗，株距 12～15cm。每次拔除的苗都可作为产品上市。

（3）肥水管理　散叶大白菜生长期短，基肥和追肥都应施用速效性肥料。肥料尤以含氮量高者为好。多用浓厚的人畜粪泼在畦面，待干后锄松翻入土中作基肥，每亩用 1000～1500kg。生长期间从 1～2 片真叶起，结合浇水将人粪尿对水追肥。浓度随大白菜的长大而增加，最初为 10%，渐增至 30%。天气干热时，增加施用次数降低浓度；天气冷凉多雨时，则减少施用次数而增加浓度。夏季天气炎热干旱时不能缺水，应在早晚浇肥水，不能在中午进行。中耕和除草结合间苗时进行。

（4）病虫防治　散叶大白菜生长期多在高温干旱季节，病虫发生比较严重，用药要早，出苗后或害虫幼虫 1～2 龄时须及时喷药；用药要准，对症下药，尽量使用生物农药，禁止使用高毒、高残留农药；用药要巧，在早晚气温较低时喷药，使用农药后还没有超过安全间隔期，其产品不得上市。

6. 迷你型大白菜栽培技术要点

（1）品种选择　选择个体小、极早熟、可高度密植、品质优良、品质脆嫩、风味好的迷你型品种。夏季栽培，还应具有较强的耐热性和抗病毒病能力。

（2）直播或育苗移栽

① 冬春育苗移栽　冬春季栽培要求育苗，栽培温度在 13℃ 以上。若采用育苗移栽方式，可采用 288 孔穴盘育苗，播种期较定植期提前 1 个月。一般露地栽培 2 月下旬至 3 月上旬于日光温室或大棚加小棚设施育苗。温度一般控制在 20～25℃，当幼苗有 70% 出土时，白天温度应控制在 20～22℃，夜温 13～16℃ 比较合适，以防夜温过低春化抽薹。苗龄 25～30d，3 月下旬至 4 月上中旬定植，5 月中旬至 6 月上旬收获。大棚栽培可比露地栽培提早 1 个月播种、定植。温室栽培又可比大棚栽培再提早 1 个月播种、定植。若采用直播栽培方式，北方播种期可参照育苗移栽的定植期进行，其他地区应根据当地气候条件提早或推迟播种。

② 夏秋直播或育苗移栽　秋露地直播，播种期为 8 月下旬至 9 月中旬。育苗移栽的，一般选择 128 孔穴盘。秋季育苗处在高温期，最好采用黑色遮阳网覆盖。夏季选择通风干燥、排水良好的地块，建立育苗床，高温季节有条件的可在保护地设施顶部喷井水，使其形成水膜，既可降温，又可提高空气湿度。一般在定植前 5～7d 进行变光炼苗，将遮阳网全部撤去，并浇一次大水，使秧苗适应露地环境，根据天气灵活掌握。

（3）整土施肥　选择透气好、耕层深、土壤肥力高、排灌方便的壤土、砂壤土地种植，pH 值 6.5～7.5 为宜。施足基肥，一般每亩施土杂肥 2000kg、复合肥 50kg。

（4）及时定植　春季作宽 1m 的小高畦，沟宽 40cm、深 20cm，选择宽 1.2m 的地膜覆盖，每畦种 4 行，株行距均为 25cm。定植后，用地膜加小棚覆盖。

9 月下旬育苗栽培时要覆盖地膜。作 50cm 宽小窄高畦，每畦 2 行，行间植株错开；或作 1.0～1.2m 宽平畦或高畦，每畦 4～5 行，宜密植栽培，行距 25cm，株距 20cm，每亩种植 12000～13000 株。采用穴盘育苗的可在移栽前连盘带苗在配有链霉素、多菌灵等杀菌剂的药水池中浸泡一下再移栽。

（5）田间管理

① 温度管理　采用温室、大棚栽培，夜间温度尽可能保持在 13℃ 以上。生长前期白天在保温的基础上每天小放风除湿，以减少霜霉病发生。生长中后期夜间保温，白天要特别注意通风降温和除湿，待夜间最低气温升至 13℃ 以上时充分打开周边棚膜，昼夜通风，白天最高气温维持在 25℃ 左右。

② 追肥管理　莲座期适当控制肥水，不宜大肥大水。追肥分 2 次进行，缓苗后每亩可追尿素 10kg，进入结球期后，每亩再随水追施硫酸铵或复合肥 20kg。结球期间，最好在阴天或晴天下午 4 时后叶面喷施磷酸二氢钾 2～3 次。

③ 浇水管理　早春需水量少，缓苗后几乎不浇水。当叶面积逐渐大时，生长速度加快，根系加深，对水分要求比幼苗期大得多，但莲座期水分不能过多，以免徒长，而且易感染病害，只在干旱时酌情浇少量水，直至结球才浇水，结球后期应控制水分。收获前 7d 停止浇水。

④ 其他管理　及时中耕除草，清除老叶病叶，同时要注意虫害，特别是蚜虫的防治。

⑤ 采收　生产上应分期播种，分期采收，均衡上市。80% 包心时开始采收，否则叶球过大或过于紧实，失去商品价值。采收时，将整棵菜连同外叶运回冷库预冷，包装前再按商品标准大小剥去外叶，每包装入 3～4 个小叶球。包装和运输应在 0℃ 冷藏条件下进行。

7. 高山栽培大白菜技术要点

高山栽培大白菜的播种期，要根据高山的海拔高度不同以及市场供应状况来确定。若播种过早，有可能由于前期低温而造成先期抽薹，导致栽培失败。因此，高山大白菜的播种期以 3 月中旬至 6 月份为宜。在海拔 500～800m 的山区，播种期为 3 月中旬至 4 月下旬。前期用薄膜棚覆盖保温育苗，从 5 月中旬至 6 月中旬开始采收上市。海拔 800～1200m 的山区，播种期可在 5～6 月份，从 7 月中旬至 8 月上旬始收。

（1）品种选择　选择冬性强、抽薹晚的品种。

（2）播种育苗　可以直播，也可育苗移栽。直播栽培根系发育好，生长快，但前期管理比较费工。育苗移栽，种子用量小，苗床面积小，便于集中管理，可保证全苗和壮苗，而且还可克服前作不能及时采收的季节矛盾。在 3～4 月份播种育苗的，要用塑料薄膜中、小棚覆盖，进行保温避雨育苗。5～6 月份播种育苗时，温度渐高，可用薄膜中小棚加遮阳网双层覆盖，或用防雨棚覆盖，或搭荫棚覆盖等，进行遮阳、降温和避雨育苗。育苗床可用高畦冷床或营养钵，或机制营养块，或基质穴盘进行育苗。

播种前对苗床浇足底水，然后将种子播于苗床上，进行营养钵育苗时，每钵（穴）可播种 2～3 粒，盖籽后再用薄膜或稻草覆盖畦面，盖好育苗棚保温保湿。2～3d 出芽后应及时揭去畦面上的覆盖物，1～2 片真叶时间苗，拔除弱苗和杂株苗。2～3 片真叶时定苗，每钵（穴）留一株。每次间苗后，可追施浓度为 0.2%～0.3% 的尿素肥水，促进幼苗生长。早期播种处在低温天气条件下，要盖好薄膜育苗棚，进行保温与避雨。由于棚温提高，可避免由低温引起的早薹现象。后期气温较高时，再开棚两头通风。夏季播种气温高，而且高温多雨，要注意遮阴防雨，并可防止雨水冲击和曝晒。当幼苗长到 3～4 片叶时定植。

（3）大田移栽或直播

① 定植　选择地势平坦、土壤疏松肥沃和保水保肥性能好的田块定植，施足基肥，每亩施充分腐熟的农家肥2000~2500kg、复合肥40~50kg、石灰50~100kg，然后整地作畦。用山坡地种植的，畦宽（包沟）1.6m，沟深25cm，可栽3行。如果雨水较多，为便于排渍，可做成小高畦，畦宽（包沟）1.2m，栽2行，株距0.3~0.35m。选择在阴天或晴天的下午定植，定植后，及时浇定根水，继续用遮阳网覆盖10d左右，促进返苗。

② 直播　直播田块可按小高畦的规格进行整地作畦与播种。每亩用种150~200g，每穴播种2~3粒，覆土1.5~2.0cm厚。畦面稍微修整后，用96%精异丙甲草胺乳油60mL，对水60L，喷雾畦面除草。然后用遮阳网对畦面进行浮面覆盖，出苗后及时揭去。直播时要求有足够的水分才能播种。早期播种的气温尚低，可在雨水或人工浇水后墒情转好时播种。在夏季播种的，也要在雨后或人工浇水后播种。有灌溉条件的，可在畦沟内灌半沟水湿润土壤，促进出苗。出苗后要及时间苗，每穴留1株健壮苗。

（4）田间管理

① 中耕除草与灌溉　在封行前，要中耕除草2~3次。中耕时应先远后近，远处宜深，近处宜浅，一般掌握为锄破地皮即可，并结合培土进行清沟。有条件的可在植株周围覆盖茅草，以降温保湿，并防止暴雨冲刷。

夏大白菜处于炎热的夏天，气温高，水分蒸腾量大，需水量也大。如果水分不足，则容易造成叶球松散，但又不能湿度过高，否则易引起病害。因此，要结合肥水管理，进行田间浇水。干旱时，一般要求每隔3~4d于早晚浇水一次，暴雨时注意迅速排灌。

② 施肥　高山大白菜从定植到采收为50~60d，没有明显的莲座期，除施足基肥外，生长期间要适度追肥，一促到底，不蹲苗，追肥以速效肥为主。前期要薄施勤施，在幼苗期每隔5~7d浇一次稀薄肥水，如浓度为10%~20%的腐熟人粪尿水，或0.2%的复合肥水。进入莲座期应重施一次肥，可每亩浇施复合肥30~35kg，或稀粪水2000kg。进入结球期，每亩可用15kg复合肥+20kg氯化钾，配成肥液浇施。同时，还可用磷酸二氢钾、硼肥等进行叶面喷施。施肥时，不要将肥液浇施于植株上，特别是叶球上，而应旁施于畦中间。

③ 采收　手压叶球顶部，有坚实感，即表明已达到成熟度，可以将大白菜采收上市。采收宜在傍晚进行。

8. 高山迷你型大白菜栽培技术要点

高山气候优越，生产的迷你型大白菜明显优于平原地区。要选择在海拔600m以上的区域栽培，播种期在4月上旬至8月上旬。可直播栽培，也可育苗移栽。播后或定植后45~65d上市，满足6~10月份的蔬菜淡季市场供应。

（1）品种选择　选择个体小、株型优美、早熟、抗热、耐抽薹、适宜密植，并且抗病力强的品种。

（2）直播或育苗移栽

① 育苗与移栽　可采用苗床育苗，或营养钵（块）与穴盘育苗。育苗时，每亩大田需种子50~60g，苗床面积65~70m²。苗床宽1.2~1.5m，按8~10cm的行距划沟播种，播后用细土盖籽1cm厚，并间苗1~2次。当进入3叶期时进行定苗，苗距8cm左右。用营养钵（块）或基质穴盘育苗，每穴播种子1粒，播后用细土盖籽0.5~1cm厚。一般具有5~6片叶时可定植。

定植大田，每亩应施充分腐熟的农家肥2500~3000kg、复合肥35~45kg、石灰

50～100kg。施后翻耕整地，耙细整平，做成畦宽（包沟）1.5m。定植行距20～25cm，每行栽5穴（株），每亩栽10000穴（株）左右。栽后及时浇水定根。

②直播栽培　直播田施肥与整地作畦方法、直播规格同移栽大田。每亩大田需种子120～150g。直播时按照行距20～25cm，开好直播沟（或直播穴）。每畦5穴，每穴播种3～4粒，播后盖籽，畦面稍作修整后，再用96％精异丙甲草胺除草剂喷雾。畦面上用遮阳网浮面覆盖，出苗后即及时揭去。出苗后15d左右，有2～3片真叶时间苗，并查苗和补苗。5～6片叶时定苗，每穴留1株健壮苗。每亩留足10000穴（株）左右。

（3）田间管理　高山迷你型大白菜的整个生长期均不宜大肥大水，以免引起植株徒长，一般以田间保持湿润为好。直播在3片叶时，可适量施用速效性氮素肥料提苗，促进植株生长，之后可视苗情进行追肥。没有喷施除草剂的田块，还要进行中耕除草，并结合进行追肥。此外，还可用浓度为0.3％磷酸二氢钾＋0.3％～0.5％的尿素水溶液叶面喷施2～3次。

（4）采收　当大白菜具有八成熟时便可收获。即叶球坚实，心叶合抱即可，叶球过大或过紧，容易降低商品价值。包装前应按大小规格，分开包装，剥去外叶，每包装3～4个小叶球。

五、大白菜生产关键技术要点

1. 大白菜品种选择方法

（1）选择正规品牌良种　科研院所和种子公司为了加强对品种的保护，都注册有品牌商标。品牌良种具有分量足、发芽率高、种子纯度高、种后技术服务周到的优点。尽管同名品种很多，但只有商标受到法律保护。选时既看品种名称也看商标，是保证选对良种的首要步骤。正规的种子繁育经销单位技术力量强、信誉好，种子质量有保证，是购种的首选目标。种子质量应符合表4-2的最低要求。

表4-2　大白菜种子质量标准（摘自 GB 16715.2—2010）　　　　单位:％

种子类别		品种纯度不低于	净度(净种子)不低于	发芽率不低于	水分不高于
常规种	原种	99.0	98.0	85	7.0
	大田用种	96.0			
亲本	原种	99.9	98.0	85	7.0
	大田用种	99.0			
杂交种	大田用种	96.0	98.0	85	7.0

（2）根据种植季节选种　大白菜品种繁多，种植季节也由原来的秋播逐渐扩大到多季节多茬次播种，加上贮运方便，大大延长了供应期。大白菜的主播季节为秋播，其次为早秋播、春播、夏播。在南方气候温和的地方一年四季均可播种，北方部分地区春夏季气候冷凉，也适宜大白菜生长。因此，播种茬次要因地制宜，春播选耐抽薹、低温下不易春化的品种，夏播选耐热性好、高温结球性好的品种，早秋播选抗病性好、早熟性好的品种，秋季要选生育期略长、品质好、丰产、抗病、耐贮运的品种。

（3）根据上市时间选种　尽管现在大白菜栽培技术和设施日趋完善，已基本上实现了四季生产，周年供应，但由于自然条件的影响，市场供应也有明显的淡、旺季差别。在春末夏初、国庆、中秋节前后以及8～9月份淡季正是叶菜少、上市价格较高的季节，应合理利用当地气候土地资源，调整播种时间，选择种植早熟、耐抽薹、耐热的大白菜品种。

（4）根据各地消费习惯选种　不同地区大白菜需求不同。大白菜根据包球方式分为叠抱、合抱、拧抱 3 种类型。叶球形状有圆球形、炮弹形、倒卵圆形、圆柱形、高桩筒形等。南方喜欢幼苗叶色浅绿、无茸毛、叶球兼用型大白菜品种；北方喜欢圆筒形品种。因此，应根据当地消费习惯选用主栽品种，量少的作为搭配品种种植。

（5）根据市场需求选种　市场需求较多的品种应作为首选品种，特别是远郊及农村应根据当地自然条件，调整种植结构，适量发展外运菜，形成有特色的蔬菜生产基地，生产适宜外销的品种。

（6）根据品种特性选种　大白菜品种特征特性主要是生育期、植株形状、叶球形状、单球重、产量、抗病性、抗逆性、适宜播种时间等。春夏及早秋要选择生育期短的品种，秋季要根据当地霜冻来临的时间，计算大白菜生长天数，播种时间晚，生长期长的品种不易结球紧实。一般大白菜极早熟品种为 45～55d，早熟品种为 55～65d，中熟品种为 65～75d，晚熟品种为 75～85d 等。叶球形状主要看是否适宜当地消费习惯及市场需求，选择在相同管理条件下单球重、产量高的品种。抗病性强的品种丰产稳定性好，同一品种抗性在不同年份也会有一些变化，但抗病与感病品种间的差异较大，抗逆性主要与耐抽薹、耐热性等有关。

（7）先试种后推广　引进一个新品种，必须先经过 2～3 年的试种，确认没有因气候、土壤等原因造成的毁灭性病害发生后再扩大面积推广。了解选种一个新品种是否适宜当地气候，种植前景如何，市场销路怎样，才能确定种植规模及种植面积，在种植前应多咨询，多听取专业技术人员或当地种菜能手的意见。每个品种都有其优势，也有其不足，在栽培过程中利用适当的管理方法、恰当的防治措施，扬长避短，才能取得较好的产量和收益。

2. 夏秋培育大白菜壮苗应把握的几个管理措施

夏秋培育大白菜秧苗无论是直播苗，还是苗床中育的苗，都要认真管理，以培育壮苗，为丰产奠定基础，这是大白菜高产栽培中非常重要的一环。第一，幼苗期是相对生长速度最快的时期，此期管理的好与坏事关将来能否获得高产；第二，苗期是防治大白菜病虫害的关键时期，历来各地苗期发生的病虫害较多，如霜霉病、病毒病、软腐病等，特别是病毒病很易在苗期发生，发生病毒病后又促进了霜霉病、软腐病等其他病害的发生；第三，苗期也有干旱，给管理上带来不少困难；第四，苗期是农事繁忙季节。要培育大白菜壮苗需做到如下几点。

（1）浇水　浇水时要注意避免用工业有毒的废水灌溉，供水要均匀，浇到、浇足，不要大水漫灌，垄沟内的水浸过并冲坏垄背后，使幼苗根系裸露地面，造成幼苗东倒西歪，要使全垄土壤湿润，使进水口和出水口水量相当。当发现冲坏垄背时，要及时培垄，维护垄面整齐。

（2）排水　大白菜幼苗期正值雨季，常有暴雨，应事先挖好排水沟，当暴雨来临时，使雨水能顺利排除，防止沤根。在排水后要及时中耕，疏松土壤，增强透气性。

（3）查苗补苗　播种后由于种子发芽率低、播种量小、底墒不足、缺乏浇水或浇水不均、播种沟深浅不一致、浇水过大或暴雨冲刷造成垄面损伤、地下害虫为害、人畜操作损伤幼苗等，造成缺苗断垄现象。当幼苗出土 4～5d 后，要及时查苗，发现有缺苗断垄的地方，及时补苗，以达到苗齐、苗壮。补苗不宜过迟，补苗方法和定植方法基本相同。

（4）间苗　当苗子的子叶和真叶相互搭肩时就应及时间苗 2～3 次，第一次间苗在"拉十字"时进行，条播及床播时株距 5～7cm 留苗 1 株，穴播每穴留苗 3～4 株。第二次间苗在 3～4 片叶时，条播每 7～10cm 留苗 1 株，穴播每穴留苗 2～3 株。床播的在这次间苗后移栽。每次间苗以及定苗时淘汰弱苗、病苗和被害虫为害的幼苗。每次间苗以及定苗后都要浇小水，如有缺苗现象应在 5～6 叶前进行补苗。直播大白菜在团棵时定苗。条播按预定株距留苗 1 株，穴播每穴留苗 1 株。

（5）中耕　播种初期高温多雨，杂草多，土面易板结，应及时中耕除草。幼苗初期宜浅锄，深约 3cm，以划破土面，达到疏松土表和铲除杂草的目的。定苗后，中耕深度 5～6cm。

（6）除草　主要草害有野苋菜、马齿苋、铁苋菜、马唐、千金子等，应及时除去，也可用化学除草剂除草。丁草胺：播后苗前处理，用 60％丁草胺乳油，50～60g/亩，将药剂对水 50～60kg 喷雾，土壤干旱时，用水量可加大，喷雾后灌水，保持土壤湿润，药效期 20～25d。禾草丹：播前苗后使用，用 50％禾草丹乳油 100～120mL/亩，对水 50～60kg 喷雾，或用 10％禾草丹颗粒剂 1000g/亩施于土表层，或拌细土 15～20kg 均匀撒施，施后喷水保持土壤湿润，药效期 20～25d。

（7）防病虫　病毒病，主要做好防蚜工作，可喷施 1.5％植病灵Ⅱ号乳剂 1000 倍液，或 20％盐酸吗啉胍·铜可湿性粉剂 300 倍液等；霜霉病，可喷雾 75％百菌清可湿性粉剂 500 倍液，或 64％恶霜灵可湿性粉剂 500 倍液等；软腐病，可用 72％硫酸链霉素可溶性粉剂 3000～4000 倍液，或新植霉素 4000 倍液，或 47％春雷·王铜可湿性粉剂 700～750 倍液等喷雾。

3. 在大白菜生产上施用沼肥促增产技术要领

大白菜施用沼气肥，除具有生长快、产量高、成熟早、品质好等特点外，还有明显的防病作用。其使用技术如下。

（1）作基肥　播种时每亩用 1500kg 沼渣作基肥，生长期再用沼液作追肥。

（2）苗期施肥　用 40％的沼液进行穴施，或者按每亩 800kg 的沼液用量顺垄浇施，但浇施后必须立即浇水，以免烧苗。

（3）莲座期施肥　将沼液对清水穴施或顺垄浇施，也可再用 30％的沼液进行一次叶面喷施，效果更佳。

（4）结球期施肥　每亩用 1000kg 沼液，结合浇水分 3 次施入。

（5）成熟期施肥　每亩用 400kg 沼液，结合浇水分次施入。

4. 大白菜配方施肥技术要领

大白菜全生育期每亩施肥量为农家肥 2000～2500kg（或商品有机肥 300～350kg）、氮肥 13～18kg、磷肥 5～8kg、钾肥 10～14kg。有机肥作基肥，氮钾肥分基肥和二次追肥，磷肥全部作基肥，化肥和农家肥（或商品有机肥）混合施用（表 4-3、表 4-4）。

表 4-3　大白菜推荐施用量　　　　　　单位：kg/亩

肥力等级	目标产量	推荐施肥量		
		纯氮	五氧化二磷	氧化钾
低肥力	4000～5000	15～18	7～9	12～14
中肥力	5000～6000	13～16	5～8	10～12
高肥力	6000～7000	12～15	4～7	8～10

表 4-4　大白菜配方施肥推荐量　　　　　　　　　　单位：kg/亩

基肥推荐方案			
肥力水平	低肥力	中肥力	高肥力
产量水平	4000～5000	5000～6000	6000～7000
有机肥　农家肥	2500～3000	2000～2500	1500～2000
有机肥　或商品有机肥	350～400	300～350	250～300
氮肥　尿素	4～5	4～5	3～4
氮肥　或硫酸铵	9～12	9～12	7～9
氮肥　或碳酸氢铵	11～14	11～14	8～11
磷肥　磷酸二铵	15～20	11～17	9～15
钾肥　硫酸钾(50%)	7～8	6～7	5～6
钾肥　或氯化钾(60%)	6～7	5～6	4～5

追肥推荐方案					
施肥时期	低肥力		中肥力		高肥力
	尿素	硫酸钾	尿素	硫酸钾	尿素	硫酸钾
莲座期	11～14	9～10	10～12	7～9	10～12	5～7
包心初期	11～14	9～10	10～12	7～9	10～12	5～7

（1）基肥　大白菜生长速度快，生长量大，需要施用大量的有机肥作基肥，一般每亩施农家肥 2000～2500kg（或商品有机肥 300～350kg）、尿素 4～5kg、磷酸二铵 11～17kg、硫酸钾 6～7kg、硝酸钙 20kg。基肥的施用方法有撒施、沟施和穴施三种。

① 撒施　在翻耕前将肥料均匀地撒在畦面，翻耕时将肥料埋入土层中。此法使整个耕作层都有养分供根系吸收。但在肥料少时不宜采用此法，以免肥料分散，不能获得良好的效果。

② 沟施　在翻耕后，于大白菜的种植行中间开沟，将肥料埋入沟中，再盖上土，这样养分集中，在施肥量少时效果较好。

③ 穴施　在播种或定植的位置上开穴，将肥料施入，此法较为麻烦，如肥料施得过浅或过多，常会发生"烧根"现象，故应用得很少。

（2）追肥

① 莲座期　定苗后植株有 10 片真叶时，结合培土在畦中间埋施肥料，一般每亩施人粪尿 2500kg 或复合肥 30kg 加尿素 10kg，或尿素 10～12kg、硫酸钾 7～9kg。这是一次关键性肥料，为促进莲座叶生长和形成大叶球打下基础。

② 结球期　为植株生长量快速增长时期，需吸收大量养分，若脱肥则叶球松、产量低。这一时期除需大量氮肥外，更需钾肥，以促进叶片养分的制造、运输和积累，促使叶球充实。一般在结球前期于行间每亩埋施尿素 10～12kg，加复合肥料 20kg 或硫酸钾 7～9kg 以供应充足的氮肥和钾肥。此时植株已封行，生长快，抗软腐病能力已逐渐减弱，不宜施人粪，以免碰伤叶子和带入病菌引起软腐病。结球中期，再根据生长情况酌情补充追肥一次，每亩施尿素 7.5kg。

（3）根外追肥　在生长期喷施 0.3％氯化钙溶液或 0.25％～0.5％硝酸钙溶液，可降低干烧心发生率。在肥力较差的土壤上，在结球初期喷施 0.5％～1％尿素或 0.2％磷酸二氢钾溶液，可提高大白菜的净菜率，提高商品价值。

（4）注意事项

① 追肥次数不宜过多，一般 3 次，多的 4 次，以避免多次追肥造成机械伤口。

② 追肥的关键时期是莲座期和结球前期。这两个时期增加追肥量，增产效果最好。

③ 用养分完全的三要素复合肥，再配合一些尿素作追肥最为理想，从莲座后期开始不宜追施人粪尿，更忌施生粪、浓粪。

④ 追肥方法应提倡埋施，将复合肥料和尿素埋施于株行间，但不可堆施于植株根茎边以免造成"烧根"，干旱时也可与浇水结合施用。切忌把人粪尿往菜上浇。

5. 大白菜缺素症的识别与防止措施

（1）缺氮症　大白菜早期缺氮，植株矮小，叶片小而薄，叶色发黄，茎部细长，生长缓慢；中后期缺氮，包心期延迟，叶球不充实，叶片纤维增加，品质降低。

防止措施：施足腐熟有机肥作基肥。提倡施用酵素菌沤制的堆肥或充分腐熟的有机肥。在施基肥或作种肥时，用长效碳酸氢铵或涂层尿素等缓释肥料。田间发现症状后，每亩追施尿素 7～8kg，或碳酸氢铵 15～20kg，或叶面喷洒 1％～2％尿素溶液。

（2）缺磷症　大白菜缺磷，叶色变深，叶面和叶背往往发紫，叶小而厚，叶毛刺变硬扎手，叶背的叶脉发紫。植株矮化，生长速度变慢，结球迟缓，生长发育受到较大影响。外部叶片逐渐变黄，内部叶片深绿色，根部发育细弱。

防止措施：每亩用过磷酸钙 20～30kg，与基肥混均匀后施用。在生长后期或田间发病初期，每亩叶面喷洒 0.2％～0.5％磷酸二氢钾溶液或 0.5％～1％的过磷酸钙水溶液 50L。

（3）缺钾症　大白菜缺钾，植株生长缓慢，外叶叶缘变黄，甚至枯脆易碎，下部叶缘变褐枯死，并逐渐向内侧或上部叶片发展。下部叶片枯萎，叶片易脱落，抗软腐病及霜霉病的能力降低。进入成株期缺钾时，下部叶片的叶尖开始发黄，后沿叶缘或叶脉间形成黄色麻点，叶缘逐渐干枯，向内扩至全叶为灼烧状或坏死状。叶片从老叶向新叶或从叶尖端向叶柄发展，植株易失水，造成枯萎，明显减产。

防止措施：在缺钾的地块上，每亩用草木灰 50～80kg 混入基肥施用，或在苗期将硫酸钾 10kg 与细土拌匀穴施；或追施磷酸钾 5～10kg，或追施草木灰 100kg，或叶面喷洒 0.2％～0.5％磷酸二氢钾溶液。

（4）缺钙症　大白菜缺钙症状及防止措施可参照大白菜病害"干烧心"。

（5）缺铁症　大白菜缺铁，外叶绿色，内叶逐渐变黄，以后新叶明显为黄白色，植株变小。缺铁严重时，叶脉也会黄化。缺铁症状与缺镁相似，但缺铁失绿症状总是出现在幼叶。

防止措施：适时增施腐熟有机肥作基肥。铁肥多用硫酸亚铁，因为硫酸亚铁在土壤中很快转化成不溶性高价铁而失效，所以目前多采用喷施。叶面喷施浓度为 0.2％～0.3％硫酸亚铁溶液 2～3 次，间隔 7～10d。

（6）缺硼症（彩图 4-9）　大白菜缺硼，开始结球时心叶多皱褶，外部第五至第七片幼叶的叶柄内侧生出横的裂伤，维管束呈褐色，后外叶及球叶的叶柄内侧也生裂痕，并在外叶叶柄的中肋内、外侧发生群聚褐色污斑，球叶中肋内侧表皮下出现黑点呈木栓化。植株矮，叶片严重萎缩粗糙，结球小而坚硬。

防止措施：硼砂和硼酸属水溶性速效硼肥，可作基肥、种肥、种子处理和根外追肥。土壤施肥一定要均匀，避免局部区域浓度过高，引起毒害，一般每亩用硼砂 0.5～1kg 配合基肥施入。叶面喷洒，用 0.2%～0.4% 硼砂（酸）溶液 2～3 次，每次间隔 10d，每亩喷溶液 50～60L。

（7）缺锰症　大白菜缺锰，植株叶片首先从边缘逐渐出现干枯黄化，顶部外翻，病健组织分明，叶脉黄褐色。在石灰性土壤常见此病害。

防止措施：常用硫酸锰，属水溶性速效锰肥，施用到中性或碱性土壤中，很容易转化成难溶性形态。采用根外追肥、浸种或拌种等施肥方法，最好与硫酸铵等生理酸性肥料或过磷酸钙等酸性肥料以及有机肥混合施用，以减少土壤固定。叶面喷施浓度为 0.1%～0.5%，每亩用 0.3kg。

6. 大白菜浇水管理技术要领

（1）大白菜对水分的要求　水分是大白菜生长发育所必需的，大白菜叶面积大，蒸腾量很大，需水量较多。大白菜体内的水分含水量约为 95%，但不同品种及同一品种的不同部位有所不同。一般叶柄的含水量较高，为 94%～96%；叶片的含水量较低，为 91%～93%；根部的含水量最低，为 80%～87%。

土壤水分的多少直接影响植株的光合作用，进而影响产量，适宜大白菜光合作用和生长的适宜土壤含水量为 80%。同样，土壤含水量的多少也影响大白菜的群体光合速率，适宜大白菜群体光合速率的土壤含水量约为 80%。因此，生长期间及时浇灌，保持土壤一定的湿度，才能保证大白菜新陈代谢的正常进行。

（2）大白菜生长发育的各个阶段对水分的要求

① 出苗期　要求较高的土壤湿度。土壤干旱，萌动的种子很易出现"芽干"死苗现象。所以播种时要求土壤墒情要好，播种后应及时浇水，此期土壤相对湿度应保持在 85%～90% 为宜。

② 幼苗期　此期正值高温干旱季节，为了降温防病，浇水要勤，一定要保持土表湿润，通常要求是"三水齐苗、五水定棵"。此期土壤相对湿度以 80%～90% 为宜。

③ 莲座期　此期大白菜生长量增大，对水肥吸收量增加，为了促进根系下扎，需根据品种特性和苗情适当控制浇水，此期土壤相对湿度以 75%～85% 为宜。蹲苗以后，因土壤失水较多，蹲苗前又施了较多肥料，需连续浇二次水。

④ 结球期　此期生长量为全重的 70%，需水量更多，一般每 7d 左右浇一次水，应保持地皮不干，要求土壤相对湿度为 85%～94%。此期如果缺水不但影响包心还易发生"干烧心"。但也不宜大水漫灌，否则积水后易感染软腐病。

（3）大白菜生育期内的水分管理

① 浇足底水　播种前根据土壤墒情浇一次底水造墒，同时可降低土壤温度，有利于种子发芽，降低病毒病和霜霉病发生概率。

② 苗期浇水　幼苗期植株小，叶面积不大，蒸腾作用不强，需水量少，但根系不发达，不能利用土壤深层水分，而此时气温尚高，常久晴不下雨，因此，必须在干旱时勤浇小水，使土壤湿润，这样既能满足幼苗对水分的需要，又能局部降低地温。一般苗期浇水实行"三水齐苗、五水定棵"，是避免病毒病发生、培育壮苗的有效措施。即在播种 24h 后第一次浇水；幼苗刚有少量出土时第二次浇水；等幼苗完全出齐后第三次浇水；幼苗长到"拉十字"期，间苗后第四次浇水；真叶出现到 10 片左右，再浇一次定苗水。同时注意苗期排涝，以减少后期黑腐病、软腐病的发生。

③ 莲座期浇水　莲座叶是将来在结球期大量制造光合产物的器官，莲座期植株逐渐长大，生长速度加快，根系也随着加深，对水分的需要量比幼苗期大得多，必须给以足够的水分。但同时要注意水分不能过多，以免莲座叶徒长而使结球期延迟。一般在施用发棵肥后随即充分浇水，以后在莲座期内保持土壤见干见湿。若植株在莲座生长后期有徒长现象，须采取蹲苗措施。具体做法是在结球前 7～10d 浇一次大水，然后停止浇水，直到叶片颜色变为深绿、厚而发皱、中午微蔫、植株中心叶边呈绿色时为止。蹲苗结束后浇水不宜过多，以防叶柄开裂。

④ 结球期浇水　结球期为植株生长最快时期，需要大量水分，常采用沟灌或浇水来增加土壤水分，灌水或浇水的次数可根据气候和土壤水分状况来决定。长期无雨或土壤干燥就应灌水，以保持土壤湿润为标准。经常下雨或土壤具有"夜潮"特性，土表较潮湿就不必浇水，更不应灌水。一般在蹲苗结束浇过第一次水后，要待土壤黄墒前，紧接着第二次浇水。浇过第二次水后，一直到收获前 7～8d，每隔 7～8d 浇一次水，浇水要均匀一致，保持土壤湿润。

7. 大白菜束叶技术要领

大白菜秋冬栽培在结球末期气温已明显下降，光合作用已很微弱，叶球已基本长成，但只要温度在 0～5℃，外叶中的营养物质就会不断地向球叶运转，因此宜采取"束叶"（俗称"捆菜"）措施（彩图 4-10），提高土壤温度，促进外叶养分转移到叶球充实增重。此外，"捆菜"还具有防止叶球受冻、便于收获搬运等优点。

大白菜在早霜到来时进行束叶，具体做法是在收获前 10d 左右，扶起外叶，包裹叶球，用浸软的麦秆、稻秆或甘薯蔓等材料将叶球上部束缚住。

但束叶后外叶光合效率大大降低，不利于叶球的充实，更不能达到促进结球的目的，所以，束叶不宜过早。

8. 大白菜高温干旱的防止措施

大白菜种子发芽最适温度为 25℃，幼苗生长最适温度为 20～25℃，高温主要发生在秋季大白菜的幼苗期及夏季大白菜的整个生长期。在秋季，幼苗经常遇到强光、高温、干旱，有时高温多雨，特别是在高温、干旱条件下，幼苗易发生芽干和出苗不齐的现象，整地不平、浇水不足的地块更严重。幼苗出土后，叶片浓绿而皱缩，叶面积小，根尖发育不正常，变为黄褐色，整个生理功能衰弱，群众称为"旱孤丁"。另外，高温干旱本身易诱发大白菜的病毒病，温度越高，病毒病就越重，其防止措施如下。

(1) 选用耐热或耐湿品种。

(2) 科学掌握播种时间　最好控制在傍晚或夜间出苗，不致使种子刚出土就受到高温的危害。

(3) 经常灌溉　苗期高温干旱年份要注意播前播后浇水，尤其是复水要适时适量，及时降温，保持土壤湿度。必要时再浇第三、四次水，保持适宜的土壤湿度。砂壤土易缺水，尤其要注意加强苗期水分管理。

(4) 抗旱锻炼　在大白菜苗期适当控制水分，抑制生长，以锻炼其适应干旱能力，即为"蹲苗"。在移栽前拔起让其适当萎蔫一段时间后再栽称作"捆苗"。通过以上处理，大白菜根系发达，保水能力强，叶绿素含量高，干物质积累多，抗逆能力强。

(5) 化学诱导　用化学试剂处理种子或植株，可产生诱导作用，增强植株抗旱性。如用 0.25％氯化钙溶液浸种，或用 0.05％硫酸锌喷洒叶面，均有提高抗旱性的功效。

（6）使用生长延缓剂与抗蒸腾剂　脱落酸可使气孔关闭，减少蒸腾失水，矮壮素、丁酰肼等能增加细胞的保水能力，合理使用抗蒸腾剂也可降低蒸腾失水。

（7）根外追肥　在高温季节，用磷酸二氢钾溶液、过磷酸钙及草木灰浸出液连续多次叶面喷施，既有利于降温增湿，又能够补充蔬菜生长发育必需的水分及营养，但喷洒时必须适当增加用水量，降低喷洒浓度。

（8）人工遮阳　在菜地上方搭建简易遮阳棚，上面用树枝或作物秸秆覆盖，可使气温下降 3～4℃。采用塑料大棚栽培的蔬菜，夏秋季节覆盖遮阳网遮阳，可降温 4～6℃，并能防止暴雨、冻雹及蚜虫直接危害蔬菜。

9. 大白菜低温与冻害的防止措施

低温的危害包括两个方面：一是低温危害，又称冷害，主要发生在秋大白菜结球的中、后期，当气温低于 10℃ 时，大白菜的生长速度非常缓慢，低于 5℃ 时生长几乎停止。在北方地区由于寒流提前，温度迅速下降，热量不足，常会造成结球不实，产量和质量不高的现象。二是冻害，我国北方地区在 11 月上、中旬；东北、西北高寒地区在 10 月中、下旬；长江中、下游在 11 月下旬至 12 月上、中旬，在秋大白菜收获前两周，突然有寒流或降雪，温度降至 0～3℃，此时大白菜尚未来得及适应，再加之含水量较高，较低的温度往往使细胞间隙结冰。当温度缓慢回升时，水分还可以回到细胞质中，使细胞恢复正常的膨压。如果温度突然降至 0℃ 以下，叶片受冻则难以恢复，造成严重的冻害（彩图 4-11）。长江中、下游大白菜可以露地越冬的地区，由于空气湿度大，温度变幅小，其受害程度往往比北方轻，通常温度降至 -8℃ 时才形成严重的冻害。大白菜的冻害表现首先从外叶开始，随着温度的持续降低和时间的延长，逐步扩展到球叶，严重时直至菜心。由于寒风可以加速蒸发，并带走大量的热量，使冻害加重，且难以恢复。大白菜的含糖量越高冰点就越低。防治冻害与低温的措施有如下几点。

（1）苗期炼苗　春季育苗栽培时在幼苗出齐后，苗床要通风，并随天气转暖逐步加大通风量，对幼苗进行低温锻炼，以提高秧苗抗寒能力，适应室外低温环境。

（2）增加保护设施　一是架设风障，风障对冷空气有阻挡作用，在风障群区可形成特有的小气候阻止地表进一步降温，风障间应保持较密的距离，一般为风障高度的 2 倍左右为宜；二是开沟栽植，覆盖地膜，早春蔬菜定植时，可采用开沟栽植方式，沟深要求超过菜苗高度，再在沟上覆盖地膜即可，但应注意覆膜不可压住菜苗，否则菜苗顶端仍会受到冻害；三是可将秸秆、树叶、谷壳、草木灰等铺在大白菜行间或覆土 3～5cm 把心叶盖住，翌春揭除。

（3）临时加温　保护地生产，在寒流来临时，可在育苗棚或生产棚搭建简易煤炉进行临时加温，以提高棚内温度，防止冻害。但不能采用明火，以免引起火灾。

（4）浇水　一般华北地区在 11 月上中旬，东北、西北地区在 10 月中下旬，长江流域在 11 月下旬至 12 月上中旬，在较强冷空气过后，天气晴朗，夜间无风或微风，而气温迅速下降，特别是当地表温度降至 0℃ 以下出现霜冻时，可在地面大量浇灌井水，以大幅度提高地温，此法可使地面温度由 0℃ 上升至 8℃ 左右，避免霜冻出现。

（5）重施腊肥　冬前把猪牛粪或土杂肥 1000～2500kg 施于大白菜行间，土温提高 2～3℃，同时可起冬施春用的作用。

（6）熏烟　在霜冻之夜，在田间熏烟可有效地减轻或避免霜冻灾害。但要注意一是烟火应适当密些，使烟幕能基本覆盖全园；二是点燃时间要适当，应在上风方向，午夜至凌晨 2～3 时点燃，直至日出前仍有烟幕笼罩在地面。

（7）喷水　在霜冻发生前，用喷雾器对植株表面喷水，可使植株温度下降缓慢，而且还可以增加大气中水蒸气含量，水汽凝结放热，以缓和霜害。

（8）中耕　在霜前进行中耕，可减轻霜害程度。因为春季气温逐渐升高，畦土锄松后，可较好地吸收和存贮太阳热量，一旦霜害降临，土壤中已积存一部分热量可缓解霜冻。

（9）喷抗寒剂　每亩用植物抗寒剂或抗逆增产剂 100～300mL，对水稀释后喷洒。或喷洒 27％高脂膜乳剂 80～100 倍液。

防治大白菜冻害主要靠大白菜采收前冻害预测，大白菜收获期间有无较强冷空气侵入，当气温有可能降至－5℃时，提前做好准备，及时采收。

10. 大白菜湿害与涝害的防止措施

大白菜湿害与涝害都是由于水分过多对大白菜造成危害而减产。涝害常因大雨或暴雨时间过长，土壤积水而形成，涝害严重时大白菜根系在较短的时间内因缺氧而窒息死亡（彩图 4-12）。湿害是由于水涝后土壤长期排水不良，或是由于阴雨天气使土壤水分持续处于饱和状态而形成的。湿害主要是因长时间缺氧而损害根系，而且其危害不易被人们所重视。湿害主要多发生在大白菜苗期与莲座期，其表现是根瘦弱而浅，根毛尖端呈褐色，吸水肥能力逐渐减弱，进而造成地上部叶片生长速度减缓，叶片颜色变黄，叶片徒长，造成产量下降，结球不紧实。

防止措施：实行高垄、高畦栽培，可迅速排除畦面积水，降低地下水位，雨涝发生时，雨水及时排出。灾害发生过程中，要利用退水清洗沉积在植株表面的泥沙，同时要扶正植株，让其正常进行各种生理活动，尽快恢复生长。灾害过后，必须迅速疏通沟渠，尽快排涝去渍，还要及时中耕、松土、培土、施肥、喷药防虫治病，加强田间管理。如农田中大部分植株已死亡，则应根据当地农业气候条件，特别是生长季节的热量条件，及时改种其他适当的作物，以减少洪涝灾害造成的经济损失。

11. 大白菜空心和焦边的防止措施

大白菜空心，也称空球，是指叶球内部的叶片变小而弯曲，结球松散，不充实。原因主要是缺钾，外叶中的养分不能充分转运到嫩叶以供其生长。缺钙也会造成空心。如果氮肥严重不足，也会造成叶的生长量小，叶球不紧实。因此，栽培时要增施有机肥，保证氮、钾等的均衡、足量的供应。

大白菜焦边也称"烧边"（彩图 4-13），是叶球内部叶缘褐变而卷缩。焦边往往发生在大白菜结球前期，原因大都认为与缺钙有关。另外，叶片过嫩，又遇大风和干燥、火炕的天气也容易出现焦边的现象。防止办法是加强水分供应，保证土壤湿润，供肥均衡，多施有机肥。

12. 十字花科蔬菜除草防除技术要领

白菜、萝卜、甘蓝、菜薹、菜心、芥菜、花椰菜、青花菜等十字花科蔬菜，一年四季均有种植，多采用直播方式，甘蓝、花椰菜、青花菜多采用育苗移栽，草害发生重，主要有马唐、狗尾草、牛筋草、反枝苋、凹头苋、马齿苋、铁苋、藜、小藜、灰绿藜、稗草、双穗雀稗、鳢肠、龙葵、苍耳、野西瓜苗、繁缕、早熟禾、画眉草和看麦娘等。杂草与蔬菜争地、争水、争肥对蔬菜生长、发育十分不利，一般可减产 30％～50％，有的甚至发生草荒而绝收，应采取防除杂草措施。

（1）播前清园处理　每亩 41％草甘膦水剂 50mL，或 50％草甘膦钠盐可湿性粉剂

150g，加水 50L，晴天喷雾。施药后 5～7d 田间杂草即枯死，然后翻地播种。值得注意的是，以上灭生性除草剂，一年内最多使用 1 次。

（2）育苗田或直播田杂草防除　十字花科蔬菜苗床或直播田墒情较好，土质肥沃，杂草危害重，可在播后芽前，选用 33％二甲戊灵乳油 75～120mL，或 20％萘丙酰草胺乳油 120～150mL、72％异丙甲草胺乳油 100～150mL、72％异丙草胺乳油 100～150mL、96％精异丙甲草胺乳油 30～50mL，对水 40L 喷雾，可防除多种一年生禾本科杂草和部分阔叶杂草。播种后应浅混土或覆薄土。药量过大、田间过湿，特别是遇到持续低温多雨条件下会影响蔬菜发芽出苗，严重时，会出现缺苗断垄现象。

（3）移栽田杂草防除　白菜、甘蓝等育苗移栽，宜采用封闭性除草剂，一次施药保证整个生长季节没有杂草危害。

① 对于墒情较好的地块，一般于移栽前 1～3d 喷施土壤封闭性除草剂，移栽时尽量不要翻动土层或尽量少翻动土层。可选用 33％二甲戊灵乳油 150～200mL，或 20％萘丙酰草胺乳油 200～300mL、50％乙草胺乳油 150～300、72％异丙甲草胺乳油 175～250mL、72％异丙草胺乳油 175～250mL、96％精异丙甲草胺乳油 50～70mL，对水 40L，均匀喷施。

② 对于墒情较差的地块或砂土地，可选用 48％氟乐灵乳油 150～200mL、48％仲丁灵乳油 150～200mL，施药后及时混土 2～3cm，该药易于挥发，混土不及时会降低药效。

③ 对于长期施用除草剂的老菜地，铁苋、马齿苋等阔叶杂草较多，可选用 33％二甲戊灵乳油 100～150mL＋25％恶草酮乳油 75～120mL，或 20％萘丙酰草胺乳油 200～250mL＋25％恶草酮乳油 75～120mL、50％乙草胺乳油 100～150mL＋25％恶草酮乳油 75～120mL、72％异丙草胺乳油 150～200mL＋24％乙氧氟草醚乳油 20～30mL，对水 40L，均匀喷施，可有效防治多种一年生禾本科杂草和阔叶杂草。生产中应适当加大喷药水量，均匀施药，不宜随意增加药量，否则易发生药害。

（4）生长期茎叶处理　防除一年生禾本科杂草，如稗、狗尾草、牛筋草等，在禾本科杂草 3～5 叶期，可选用 10％精喹禾灵乳油 40～75mL，或 10.8％高效氟吡甲禾灵乳油 20～40mL、10％喔草酯乳油 40～80mL、15％精吡氟禾草灵 40～60mL、10％精恶唑禾草灵乳油 50～75mL、12.5％烯禾啶乳油 50～75mL、24％烯草酮乳油 20～40mL，对水 30L，均匀喷雾，可防除多种禾本科杂草。该类药剂没有封闭除草效果，施药不宜过早，特别是在禾本科杂草未出苗时施药没有效果。

在禾本科杂草较多较大时，应适当加大药量和施药水量，喷透喷匀，保证杂草能均匀受药，可选用 10％精喹禾灵乳油 50～125mL，或 10.8％高效氟吡甲禾灵乳油 40～60mL、10％喔草酯乳油 60～80mL、15％精吡氟禾草灵乳油 75～100mL、10％精恶唑禾草灵乳油 75～100mL、12.5％烯禾啶乳油 75～125mL、24％烯草酮乳油 40～60mL，对水 45～60L 喷雾。施药视草情、墒情确定用药量，可防除多种禾本科杂草。天气干旱、杂草较大时死亡时间相对缓慢。杂草较大、杂草密度较高、墒情较差时适当加大用药量和喷液量。否则，杂草接触不到药液或药量较小，影响除草效果。

（5）注意事项

① 在十字花科蔬菜种植过程中，采用地膜覆盖栽培技术，可有效地控制杂草的发生与危害。水旱轮作可改变杂草的生态环境，控制杂草发生。间套混种，可减弱或抑制杂草的发生。有机肥必须腐熟。结合间苗、定苗、中耕进行人工除草。

② 除草剂土壤处理，白菜对 2,4-滴丁酯比较耐药，但进行茎叶处理比较敏感，误施或药液飘移到白菜植株上易造成药害。茎叶处理，白菜对麦草畏敏感，误施或药液飘移到白菜植株上造成药害。无论是土壤处理或茎叶处理，白菜对莠去津、氯嘧磺隆等除草剂均敏感，土壤中残留、误施或药液飘移到白菜植株上都会产生药害。土壤处理，白菜对乙草胺、异丙草胺等比较耐药，但施药量过大会产生药害，遇内涝等不良条件也会产生药害。

③ 茎叶除草剂施用时，如干旱季节施药，应在药后 7d 内坚持浇水，保持土表湿润。避开高温用药。

④ 十字花科蔬菜田一般不提倡用除草剂，如果一定要用，应选用播后苗前作土壤处理，施药后尽量不翻动土壤。

⑤ 十字花科蔬菜的前茬或周围不可用磺酰脲类除草剂。用过二氯喹啉酸的田不可种植十字花科蔬菜。收获前 30d 禁用。

⑥ 许多蔬菜对除草剂很敏感，所以凡使用除草剂以后的喷雾器和容器，一定要用清水冲洗干净，以免在给其他作物喷药时发生药害。

13. 大白菜未熟抽薹现象的发生与防止措施

大白菜是半耐寒性植物，适应温和而凉爽的气候，大多数品种不耐高温和寒冷。最适宜大白菜生长的平均温度为（17±5）℃，大多数品种当平均温度高于 25℃ 则生长不良，低于 10℃ 生长缓慢，低于 5℃ 则停止生长，短期的 $-4 \sim -3$℃ 低温不至于使大白菜受冻。大白菜的不同生长发育阶段，对温度有不同要求，营养生长前期（苗期至莲座期）能适应较高的温度，而后期（结球期）需在温和的环境中，才能形成叶球，适应性较前期窄。因此，对品种结球的早晚和结球期的长短，必须灵活掌握。

（1）大白菜的抽薹　大白菜抽薹期，是当大白菜进入结球期时，茎端生长点已经开始孕育花芽，到结球中期，幼小的花芽已经分化出来，当有适宜的温度时，花薹迅速抽出，即进入抽薹期。大白菜是低温长日照植物，在秋播情况下，于冬前形成叶球，植株呈休眠状态，在南方可以露地越冬，而于冬季通过春化，花芽分化，当第二年春天温度回升，日照延长时抽薹开花，是一种正常抽薹现象。

（2）大白菜的"未熟抽薹"现象　大白菜的"未熟抽薹"现象（彩图 4-14），主要是针对春大白菜而言的，大白菜在低温条件下通过春化阶段，然后在长日照条件下抽薹开花。大白菜在幼苗期最适宜温度范围是 21~27℃，生产上往往不能满足幼苗期的温度需要。大白菜是"种子感应型"作物，即当种子萌动后随时都能在低温条件下接受春化，它所要求的低温并不严格，大多数品种在 10℃ 以下的温度条件下经 25d 均能通过春化阶段。

秋大白菜虽在冬前都已通过春化阶段，但因为天气逐渐寒冷，花芽被包在叶球内部越冬，当年并不抽出。而春大白菜不一样，若播种时间掌握不当，由于春季气温低，幼苗期处于低温时间，如果在早春过于提早播种，又不采取保温、加温育苗，在苗期就能通过春化阶段，随着日照加长，气温升高，菜苗会直接进入生殖生长阶段而抽薹开花不再形成叶球，这种现象叫早期抽薹，又叫"未熟抽薹"。

此外，在南方秋冬播种、早春收获的大白菜，如播种太晚，生长前期温度太低，则易发生"未熟抽薹"现象，故宜适当早播。

（3）影响大白菜未熟抽薹的因素

① 播种期过早　近年来，由于经常出现暖春气候，使农户产生麻痹思想，春大白

菜播种期越来越早。春大白菜播期要求严格，早播，温度低不但容易通过春化，出现未熟抽薹，而且幼苗有遭受冻害的危险。春大白菜栽培适当晚播，有良好的防止未熟抽薹的作用，但是播种过晚，后期温度高，不能形成紧实的叶球，而且雨季来临，易发生软腐病，严重影响产量。所以春大白菜一定要严格控制播种期。

② 品种选择不当　在品种方面，大白菜在萌动的种子阶段就能感应低温，通过春化作用，春季栽培大白菜过程中很容易遇到低温使大白菜顺利通过阶段发育，引起未熟抽薹，从而造成减产甚至失收。此外，陈旧的种子发芽势弱，幼苗生长迟缓，先期抽薹现象较严重。

有些菜农甚至把夏季或秋季生长良好的品种放在春季种植，也是不妥的。一是夏播品种往往抗热性强，而抗抽薹性差，一旦春季种植，大部分过早抽薹；二是秋播中晚熟品种，虽然抗抽薹能力较强，但生长发育期长，春季后期温度过高，不能形成正常的叶球。

③ 田间管理不善　没有加强苗期的保温工作，在大棚内未套小棚，夜间未盖草苫，从而使幼苗长期处于 10℃ 以下的低温。有些定植后长期不施肥水，致使返苗期过长，营养生长不良，不能正常结球，造成未熟抽薹。

(4) 防止春大白菜未熟抽薹的技术措施

① 选用适宜品种　针对南方春季短、气温低、雨水多、夏季早的特点，宜选择不易抽薹、生育期 60d 左右、冬性强、早熟、耐热抗病的品种，并选用 1～2 年的新种。不能选择夏大白菜或秋大白菜品种。

② 适宜播种　在春早熟栽培中，播种定植越早，幼苗处于低温的时间就越长，造成未熟抽薹的风险就越大，所以应适当晚播。此时外界气温相对较高，可避免幼苗通过春化阶段，有利于防止未熟抽薹现象的发生。一般而言，春大白菜播种期因气候条件及育苗、栽培方式不同而不同，在长江中下游地区，大棚栽培育苗宜在 2 月上旬，中小拱棚栽培育苗宜在 2 月中下旬，露地地膜覆盖栽培育苗宜在 3 月上中旬，露地地膜直播栽培播期为 3 月下旬至 4 月上旬。

③ 保温育苗　利用保护地条件，如温室、大棚、日光温室或阳畦育苗。温室育苗，利用人工加温，对于早春防止苗期通过春化，效果较好，但成本较高，一般以采用大棚加小棚育苗方式或日光温室育苗技术。为缩短秧苗移栽后的缓苗期，最好采用营养钵育苗，或泥块育苗、纸套育苗和营养土块育苗等形式，因地制宜选用。育苗温度白天 20～25℃，夜间不低于 13℃。一般苗龄以 25～30d，当气温稳定在 13℃ 以上时才可定植。

④ 地膜覆盖定植　当外界气温稳定超过 13℃ 时，夜间最低温度仍会低于 10℃，大白菜还会进行春化，引起抽薹，如定植后用地膜覆盖，温度就可提高 2～5℃，能有效地减少大白菜的早期抽薹率。同时覆盖地膜后，可减少后期田间杂草的危害，并能降低生长后期田间温度，有利于大白菜形成紧实的叶球。定植密度，株行距以 30cm×45cm 为宜，每亩 3500～4000 株左右。

⑤ 加强田间管理　生长期内缺水干旱、施肥量不足、盐碱地等易造成未熟抽薹现象，应选用土壤良好的地块，适当追施肥料，这样有利于减轻未熟抽薹现象。基肥多施有机肥，每亩可撒施 4000kg 腐熟的有机肥，作垄时条施磷酸二铵 50kg。定植后可采用地膜覆盖以提高地温。定植后要立即浇水，但水分不宜过多。定植 2～3d 后，可轻浇一次水，浇水时间以中午为宜。进入莲座期后每亩要追施尿素 10kg 左右，并注意浇水。

适当蹲苗。球叶增长的前中期加强肥水管理。结球初期，可每亩施 10kg 左右的尿素，并浇一次水。结球后期注意浇水，浇水不足，土壤干燥，地温增高，影响根系吸收，但浇水过多，易导致软腐病的蔓延。此期要求土壤见干见湿，即土表不见白不浇水，浇水方式以沟灌为宜，不能漫灌或大水冲灌。浇水时间以选择凉爽的早晨或傍晚为宜。

⑥ 使用植物生长调节剂　在花芽分化以前使用吲哚乙酸、萘乙酸等植物生长调节剂可推迟花芽分化。在花芽分化以后使用抑芽丹、三碘苯甲酸等植物生长抑制剂可以推迟或抑制抽薹。

⑦ 及时收获　春大白菜收获越迟，越易抽薹，应在未抽薹或轻微抽薹但不影响食用品质前尽早收获。如果不慎选用了夏大白菜品种，或育苗时经过了较长时间低温，移栽后会造成未熟抽薹现象，则这样的苗不宜定植，也可以嫩苗上市，减少损失。

14. 在大白菜生产上应用植物生长调节剂的技术要领

(1) 赤霉酸　当不结球白菜长到 4 片真叶时，用 20~75mg/L 的赤霉酸药液处理 2 次，20d 后，叶片的长、宽均较对照增大，可增产 40% 左右。

(2) 抑芽丹　温暖地区 9 月播种越冬到早春上市的大白菜，存在裂球和抽薹问题。在包心或成球期，花芽形成，但尚未伸长前的 11 月下旬至 12 月上旬，使用 1000~3000mg/L 浓度抑芽丹药液，每亩喷洒 50L。喷后抽薹受到抑制，裂球减少。该药对心叶发育生长有些影响，使包的叶球有不紧之感，但不影响外观。

春季栽培的大白菜，从播种到出苗，幼苗始终处在低温条件下，也常发生抽薹现象。可用 1250~2500mg/L 抑芽丹溶液，在花芽分化初期喷洒叶面，每棵菜约喷 30mL 药液，可抑制花芽分化和抽薹开花，促进叶的生长和叶球形成，提高产量和品质。

(3) 2,4-滴　在大白菜采收前 3~7d，用 25~50mg/L 的 2,4-滴药液喷洒植株外叶，可防止大白菜脱帮。喷洒时，不必喷到所有的叶子上，喷洒量以大白菜外部叶片喷湿为止，每株喷 30~50mL。收获后用 2,4-滴浸根，或 0.005%~0.01% 萘乙酸液或再加 0.15%~0.20% 硫菌灵溶液，混合浸蘸或喷洒根茎部，也可延长保鲜期。

(4) 萘乙酸

① 促进生根　在用大白菜的叶、芽扦插时，用 2g/L 的萘乙酸液快速浸蘸（或 2g/L 吲哚乙酸），以砻糠灰、沙、珍珠岩作扦插基质，经过 10~15d 可以生根及发芽。每个叶球有多少叶片，就能繁殖多少株，充分利用就可以节省叶球用量。

② 减少脱帮　在收获前用 50~100mg/L 萘乙酸喷其基部，或入窖前用 50~100mg/L 萘乙酸浸大白菜根部，以减少脱帮。

③ 防干烧心病　由于钙在植株体内移动性小，难于转移，采用 0.3%~0.7% 的氯化钙溶液+50mg/L 的萘乙酸溶液在大白菜结球初期喷用，可以明显提高施钙效果，防止大白菜干烧心病。

(5) 细胞分裂素　给大白菜施用细胞分裂素，可促进生长，采用拌种结合叶面喷施同时进行。拌种时，先用一份细胞分裂素与两份大白菜种子拌匀后播种，在大白菜的苗期、莲座期和包心初期，分别用 600 倍的细胞分裂素液叶面喷施，每亩喷药液 50~70L。

在叶面喷施时，每亩喷施药液量要根据植株大小决定，苗小少喷，苗大多喷。可与尿素、磷酸二氢钾等混用，具有增效作用。应用细胞分裂素之后，对减轻病害的发生程度有一定的作用，但不能代替正常的病害防治工作。

(6) 三十烷醇　在大白菜幼苗期、莲座期和包心初期用 0.5~1mg/L 浓度的三十烷醇药液各喷一次，每亩喷 50L。植株生长势强，叶色鲜嫩，抗病性增强，可提早成熟，增产。最适浓度为 0.5～1.0mg/L，以下午 3 时以后喷施为宜。喷施三十烷醇后，要加强肥水管理和病虫害防治工作。三十烷醇可与农药混用（碱性农药不能混用），也可以与微量元素、稀土肥、叶面肥等混用。

（7）生根粉（ABT）　用 ABT5 号增产灵 10～20mg/L 药液，叶面喷洒 2 次，可刺激根系生长，增加根长和根条数，扩大对养分的吸收，增加一、二级菜的株数，提高抗逆性和抗病性。待白菜"拉十字"期开始，喷第一次，间隔 10d 后再喷第二次。喷药要均匀，防止漏喷。

15. 大白菜保鲜包装贮运技术要领

不同品种的大白菜耐贮藏性差异较大，中熟、晚熟品种比早熟品种耐贮藏，一般青帮类型比白帮类型耐贮藏，青白帮介于二者之间。低温是大白菜贮藏中减少损耗的主要条件，调控好中等湿度条件（85％～90％）对控制腐烂损耗也相当重要。因大白菜栽种量大，商品价值相对较低，目前我国很少采用气调库或冷库贮藏大白菜。在自然冷源充沛的地区，一般以通风库贮藏大白菜的居多。近年来，冷库贮藏大白菜的数量也日益增多。

（1）贮藏保鲜　采用通风库贮藏，因库温较高，大白菜自身呼吸强度大，包装后更不利于热量散发，不适宜采用薄膜小包装或大帐贮藏。采用冷库贮藏，可控制适宜的贮藏温度，所以贮藏期间损失低，贮藏时间长。可选择质量良好，外叶新鲜的结球白菜，经过充分预冷，使菜体内温度达 0℃时，使用 0.01～0.015mm 厚的低密度聚乙烯膜进行单棵包装，堆码厚度以 2 层以下为宜。

（2）运输保鲜

① 采收　大白菜的生长期一般为 55～60d。当大白菜结球紧实、形如炮弹时，即可在天气晴朗的上午 9：00 以后，露水风干时采收，如果雨天则应等待天气晴稳、大白菜上雨水风干时采收。采收时选无病虫、无腐烂脱帮的大白菜，保留靠近地面的老叶、黄叶，用快刀整齐砍下，砍下的大白菜一般保留 3～4 片外叶，在田间晾晒 1～2d，待外叶萎蔫变软后集中装车运回处理。大白菜装车堆放时应轻拿轻放、首尾相对、水平摆放。

② 挑选　将从田间转运回来的大白菜进行挑选，剔除黄帮烂叶及在转运过程中挤压破损严重和有病虫为害的大白菜。

③ 整理　按照保留 1～3 片外叶的标准，用快刀切去多余的外叶，保持切口光滑整齐，尽量不用手指触摸切口。

④ 包装　将经过挑选、整理的大白菜用卫生纸或黄表纸按照只包中间，露出根部和顶部的标准，将大白菜逐个呈卷筒状包好，整齐地水平排放装进厚度为 0.5mm 带孔的聚乙烯透明塑料薄膜袋中，每袋装菜 15kg，袋口用胶带粘封。

对贮运质量要求高的销售地（如出口贸易、大型超市、特供场所等），运输外包装要用纸箱包装，内包装可以用纸包装，也可用 0.01～0.015mm 厚的低密度聚乙烯膜垫衬覆盖包装（彩图 4-15）。

⑤ 真空预冷　将包装好的大白菜整齐摆放在真空预冷箱内进行预冷，真空预冷箱容量为 7～8t。预冷过程自关闭箱门开启电源至箱体中心位置大白菜的温度达到—2～0℃需要 70～90min。真空预冷过程中，大白菜的水分损失率为 10％～12％。经过真空预冷的大白菜，如果不是直接装车运走，应立即将真空预冷箱中的产品搬进冷库贮藏。

搬入冷库的大白菜，以平置的方式堆码，堆码的层数不宜过高，一般以5层为宜。产品的堆放应成列、成行整齐排列，行、列之间要留有30cm左右的间隙，以便气流交换、观察及操作。冷库的贮藏温度应保持在0～1℃，相对湿度保持在95％以上。为了有效地利用冷库空间，提高冷库使用面积，可用钢或木质材料将其分隔成两层，这样可使冷库的容量成倍增长。

⑥ 运输　先在车厢底部垫一层长18m，宽13m的PVC薄膜，薄膜上平铺一层棉被，棉被上再放一层与底层相同规格的PVC薄膜。然后，将从真空预冷箱或冷库内贮藏的袋装大白菜平放、整齐堆放至与车厢上沿相平（不要超高，每车装载25t左右），用胶带封好内层PVC薄膜，起运。一般情况下，只要不开启密封，可保持大白菜3～5d不变坏。

用上述方法进行采后处理的产品，由于缺少规范的物流过程和销售的冷链环节，产品的货架期一般仅为48～50h，直发大白菜的货架期仅20h左右。

而对于普通批零市场的运输，由于大白菜属于大宗廉价蔬菜，可以不加包装直接堆码，并根据运输季节和运距长短，使用一定量冰瓶分散夹在菜堆内。

（3）货架保鲜　根据卖场的需要，必要时大白菜可采用单棵紧缩膜包装，以提高商品性。

六、大白菜主要病虫害防治技术

1. 大白菜病虫害综合防治技术

（1）农业措施

① 合理轮作　选在2～3年未种过大白菜的地块进行。栽培大白菜时，周围大田尽量不种其他十字花科作物，避免病虫害传染。多数害虫有固定的寄主，寄主多，则害虫发生量大；寄主减少，则会因食料不足而发生量大减。

② 减少育苗床的病原菌数量　忌利用老苗床的土壤和多年种植十字花科蔬菜的土壤作育苗土。利用3年以上未种过十字花科蔬菜的肥沃土壤作育苗土，可减少床土的病原菌数量，减轻病虫害的侵染。如果育苗床土达不到上述要求，应预先进行消毒处理：在日光下翻耕曝晒，掺入多菌灵等药剂消毒，苗床施用的肥料应腐熟，有条件时也应加入药剂消毒。

③ 深耕翻土　前茬收获后，及时清除残留枝叶，立即深翻20cm以上，晒垡7～10d，压低虫口基数和病菌数量。

④ 清洁田园　大白菜生长期间及时摘除发病的叶片，拔除病株，携出田外深埋或烧毁。田间、地边的杂草有很多是病害的中间寄主，有的是害虫的寄主，有的是越冬场所，及时清除，烧毁也可消灭部分害虫，特别是病毒病的传染源，及时清理残株，深埋或烧毁，可减少田间病原菌，还可消灭很多害虫，减少虫口密度。

⑤ 适期播种　害虫的发生有一定规律，每年都有为害盛期和不为害时期。根据这一规律，调节播种期，躲开害虫的为害盛期。秋大白菜应适期晚播，一般于立秋后5～7d播种，以避开高温，减少蚜虫及病毒病等为害。春大白菜适当早播，阳畦育苗可提前20～30d播种，减轻病虫害。

⑥ 起垄栽培　夏、秋大白菜提倡起垄栽培，夏菜用小高垄栽培或半高垄栽培，秋菜实行高垄栽培或半高垄栽培，利于排水，减轻软腐病和霜霉病等病害。

⑦ 覆盖无滴膜　棚、室内由于内外温度差异，棚膜结露是不可避免的，普通塑料

薄膜表面结露分布均匀面广，因而滴水面大，增加空气湿度严重。采用无滴膜后，表面虽然也结露，但水珠沿膜面流下，滴水面小，增加空气湿度不严重。

⑧ 加强管理　苗床注意通风透光，不用低湿地作苗床。及时间苗定苗，促进苗齐、苗壮，提高抗病力。播种前、定植后要浇足底水，缓苗后浇足苗水，尽量减少在生长期浇水，特别是白菜越冬栽培中整个冬季一般不浇水，防止生长期过频的浇水降低地温、增加空气湿度。生长期如需浇水，应开沟灌小水，忌大水漫灌，浇水后及时中耕松土，可减少蒸发，保持土壤水分，减少浇水次数，降低空气湿度，田间雨后及时排水。用充分腐熟的沤肥作基肥，根外追施 0.2% 磷酸二氢钾有防止病害发生的功效。酸性土壤结合整地每亩施用生石灰 100～300kg，调节土壤酸碱度至微碱性。

（2）种子消毒　无病株留种，并在播种前用种子重量 0.3% 的 58% 甲霜·锰锌可湿性粉剂拌种可防治白菜霜霉病；用种子重量 0.4% 的 50% 多菌灵可湿性粉剂拌种，或用种子重量的 0.2%～0.3% 的 50% 异菌脲可湿性粉剂拌种可防治白菜黑斑病；采用中生菌素，按种子量的 1%～1.5% 拌种可防治白菜软腐病。

（3）土壤消毒　即利用物理或化学方法减少土壤病原菌的技术措施。方法有：深翻 30cm，并晒垡，可加速病株残体分解和腐烂，还可把病原菌深埋入土中，使之降低侵染力；夏季闭棚提高棚内温度，使地表温度达 50～60℃，处理 10～15d，可消灭土表部分病原菌；定植前喷洒 50% 多菌灵可湿性粉剂 500 倍液，或撒多菌灵的干粉，每亩 2kg。

（4）棚、室消毒　在播种或定植前 10～15d 把架材、农具等放入棚、室密闭，每亩用硫黄粉 1～1.5kg、锯末屑 3kg，分 5～6 处放在铁片上点燃；或用 5% 百菌清烟剂 250g 点燃，可消灭棚、室内墙壁、骨架等上附着的病原菌。

（5）物理防治　蚜虫具有趋黄性，可设黄板诱杀蚜虫，用 40cm×60cm 长方形纸板，涂上黄色油漆，再涂一层机油，挂在行间或株间，每亩挂 30～40 块，当黄板粘满蚜虫时，再涂一次机油；或挂铝银灰色或乳白色反光膜拒蚜传毒；有条件的在播种后覆盖防虫网，可防止蚜虫传播病毒病；田间设置黑光灯诱杀害虫。

（6）生物防治　用苏云金杆菌（2000 国际单位/g）乳剂 150mL 可湿性粉剂 25～30g 对水喷雾，可防治菜青虫、菜螟、小菜蛾等；用 2% 宁南霉素水剂 200～250 倍液喷雾，可防治病毒病；用 1% 武夷菌素水剂 150～200 倍液喷雾防治大白菜白粉病、霜霉病、叶霉病。用 72% 硫酸链霉素可溶性粉剂 4000～5000 倍液，或 2% 中生菌素水剂 200 倍液，或氯霉素 200～400mg/kg 防治软腐病、黑腐病；用 100 万单位新植霉素粉剂 4000～5000 倍液喷雾防治软腐病、黑腐病；用 0.9% 或 1.8% 阿维菌素乳油每亩 20～40mL 防治菜青虫、小菜蛾、红蜘蛛、蚜虫等。

（7）植物灭蚜　用 1kg 烟叶加水 30kg，浸泡 24h，过滤后喷施；小茴香籽（鲜品根、茎、叶均可）0.5kg 加水 50kg 密闭 24～48h，过滤后喷施；辣椒或野蒿加水浸泡 24h，过滤后喷施；蓖麻叶与水按 1：2 相浸，煮 15min 后过滤喷施；桃叶浸于水中 24h，加少量石灰，过滤后喷洒；1kg 柳叶捣烂，加 3 倍水，泡 1～2d，过滤喷施；2.5% 鱼藤精 600～800 倍液喷洒；烟草石灰水（烟草 0.5kg，石灰 0.5kg，加水 30～40kg，浸泡 24h）喷雾。

（8）人工治虫　蔬菜收获后，要及时处理残株败叶或立即翻耕，可消灭大量虫源；菜田要进行秋耕或冬耕，可消灭部分虫蛹；结合田间管理，及时摘除卵块和初龄幼虫。

2. 大白菜主要病害防治技术

（1）大白菜猝倒病（彩图4-16）　主要发生在大白菜幼苗期。苗床低洼、播种过密不通风、浇水过量床土湿度大、苗床过热易发病，反季节栽培或夏季苗床遇有低温高湿天气或时晴时雨发病重，南方气温高、雨量多的地区或反季节栽培该病易流行。

播前晒种，提高发芽率、发芽势。在播种前进行种子消毒处理，用0.2％的40％拌种双粉剂拌种，或用0.2％～0.3％的75％百菌清可湿性粉剂、70％代森锰锌干悬粉剂、60％多菌灵盐酸盐超微可湿性粉剂拌种处理。

播种前进行土壤消毒处理，育苗移栽时做新床或进行苗床土消毒。每平方米苗床施用50％拌种双粉剂7g，或25％甲霜灵可湿性粉剂9g+70％代森锰锌可湿性粉剂1g对细土4～5kg拌匀。施药前先把苗床底水打好，且一次浇透，一般17～20cm深，水渗下后，取1/3充分拌匀的药土撒在畦面上，播种后再把其余2/3药土覆盖在种子上面，即上覆下垫。如覆土厚度不够可补撒墒土使其达到适宜厚度，这样种子夹在药土中间，防效明显，药效可达1个多月。

播种后应盖层营养土，浇足水后盖膜保温、保湿，出苗后喷施0.2％～0.3％的磷酸二氢钾2～3次，增强抗病力，必要时可喷洒25％甲霜灵可湿性粉剂800倍液。直播时应采取高畦栽培，密度适宜，施足腐熟粪肥，精细播种，早间苗。

科学灌水，雨后及时排水，降低田间湿度。一旦发病，及时拔除病苗并清除邻近病土。

药剂防治，可选用72.2％霜霉威可湿性粉剂500倍液，或30％恶霉灵可湿性粉剂800倍液、64％恶霜灵可湿性粉剂600～800倍液、70％甲基硫菌灵可湿性粉剂1000倍液、50％多菌灵可湿性粉剂800倍液、58％精甲霜·锰锌水分散剂1500～2000倍液喷施处理，每隔7～10d施用一次，连续施用2～3次。必要时还可以用69％烯酰·锰锌可湿性粉剂900倍液进行浇灌，每蔸0.3～0.5L药液。

（2）大白菜立枯病（彩图4-17）　主要为害幼苗，发病时会导致成片死亡。一般发生在7～8月，土壤温度过高过低、土质黏重、潮湿等均有利于病害发生，高温、连阴雨天气多、光照不足、幼苗抗性差或反季节栽培易发病。

种子进行消毒处理或包衣处理。可用种子重量0.3％的45％噻菌灵悬浮剂黏附在种子表面后，再拌少量细土后播种。也可将种子湿润后用干种子重量0.3％的75％萎锈·福美双可湿性粉剂，或40％拌种双可湿性粉剂，或50％甲基立枯磷可湿性粉剂，或70％恶霉灵可湿性粉剂拌种。

发病初期立即喷药，可选用70％敌磺钠可湿性粉剂600～800倍液，或20％甲基立枯磷乳油1200倍液、5％井冈霉素水剂1500倍液、10％恶霉灵水剂300倍液、64％恶霜灵可湿性粉剂600倍液、72％霜霉威水剂600倍液、50％多菌灵可湿性粉剂600倍液、69％烯酰吗啉可湿性粉剂3000倍液、80％代森锰锌可湿性粉剂600～800倍液、1.5％多抗霉素可湿性粉剂150～200倍液、50％异菌脲可湿性粉剂1000倍液等喷雾防治，一般每亩喷45kg药液，7～10d喷雾一次，连续2～3次。

当猝倒病混合发病时，可用72.2％霜霉威水剂800倍液+50％福美双可湿性粉剂800倍液混合喷施，也可用5％井冈霉素水剂1500倍液或1.5％多抗霉素可湿性粉剂200倍液喷施。

（3）大白菜病毒病（彩图4-18）　又叫白菜抽疯病、孤丁病，是大白菜三大主要病害之一。苗期和成株期均可发病，以苗期受害损失较重。病毒主要靠蚜虫传播，一般高温干旱利于发病，苗期 6 片真叶以前容易受害发病，进入莲座期后，也有发病的可能。

适期晚播种，使大白菜的生育期避开高温季节，避开秋季蚜虫为害高峰时期，气温转低蚜虫减少，可减轻病毒病的发生。不管是直接大田行播或者是育苗移栽，都应把播期适当推迟一些。一般在立秋前后 5～3d 播种为宜。

加强苗期水分管理，做到"三水齐苗、五水定棵"。满足大白菜出苗时对水分的需要，更重要的是降低地温，防止病害发生。据观察，在高温条件下，大白菜浇水后可使地表 5cm 深范围内的地温下降 6～8℃。苗期小水勤灌，天旱时，不要过分蹲苗，除掉弱小病苗。

及时防蚜，播种或定植时，施用防蚜颗粒剂，或出苗不久马上喷乐果等药剂防治蚜虫，隔 7d 喷一次，连喷 2～3 次，而且地头、地边及周围的杂草等蚜源植物上也要喷上药。也可挂银灰色反光膜条，驱避蚜虫。

化学防治，苗期可喷高锰酸钾 1000 倍液，或 0.5％盐酸吗啉胍可湿性粉剂 200 倍液，隔 8～10d 喷一次，连喷 2～3 次。发病前或发病初期，可选用 20％盐酸吗啉胍·铜可湿性粉剂 500 倍液，或 5％菌毒清水剂 300～400 倍液、0.5％菇类蛋白多糖水剂 300 倍液、10％混合脂肪酸 100 倍液、0.5％香菇多糖水剂 300 倍液、1.5％植病灵乳剂 800～1000 倍液、31％吗啉胍·三氮唑核苷可溶性粉剂 800～1000 倍液、2％宁南霉素水剂 500 倍液等喷雾，以钝化病毒，防止蔓延，一般隔 7d 喷一次，连喷 3～4 次。

在定植后可喷洒植物生长营养液（天达 2116）水剂 1000 倍液＋20％盐酸吗啉胍悬浮剂 1000 倍液，或 7.5％g 毒灵水剂 1000 倍液、0.5％菇类蛋白多糖水剂 300 倍液等喷雾防治，隔 10d 一次，连续防治 3～4 次。

（4）大白菜软腐病（彩图 4-19）　又叫烂疙瘩、烂葫芦、水烂、腐烂病、脱帮等，为大白菜三大病害之一。发生普遍，为害严重，有时在一场大雨过后可造成毁灭性损失。一般从莲座期到包心期开始发病，且发病严重。

播种前均应进行种子处理，可用种子重量 0.4％的福美双可湿性粉剂或 50％琥胶肥酸铜可湿性粉剂拌种，也可用 45％代森铵水剂 400 倍液浸种。也可按每 50g 种子用 4～6 支注射用氯霉素加少量的高锰酸钾浸种 4～5h，捞出种子晾干后即可播种。

抗菌素拌种，用 1％中生菌素水剂 200 倍液 30mL 拌 400g 种子，或用丰灵 100g 拌 150g 种子，也可以种子包衣剂处理。

在播种沟内，用 1％中生菌素水剂 1000g，拌 30kg 细土，拌匀后均匀施在每垄沟上，然后浇水。或发病初期每平方米用生石灰和硫黄（50∶1）混合粉 150g 进行土壤消毒。

大白菜苗期或发病初期，用丰灵可溶性粉剂 150g，加水 50kg，在白菜根部浇灌药液。或者浇水时，随水加入 1％中生菌素水剂，每亩 1～2kg。

发病初期，可选用 72％硫酸链霉素可溶性粉剂 3000～4000 倍液，或新植霉素可溶性粉剂 3000～4000 倍液、1％中生菌素水剂 200 倍液等喷雾防治，隔 10d 喷一次，连喷 3～4 次。病害刚刚发生时，在大白菜软腐病患处先用水喷湿，然后施上干草木灰。喷药时可配入磷酸二氢钾每亩 200g。软腐病菌喜偏碱环境，在防治时每亩可加入食醋 500～800mL，有利于提高植株的抗病能力。用白菜防腐包心剂每 15g 对水 15～20kg，在白菜生长期及结球期各喷洒一次，能增强其抗寒、抗旱、抗病能力，同时对白菜的软腐病、黑腐病、霜霉病、病毒病等病害有显著的预防作用。

进入结球期，此时叶片上只要出现黄褐色斑点，即应采取药物防治，可用 70％敌磺钠可湿性粉剂800～1000倍液灌根，每株灌根500mL药液，隔7～10d再灌一次，连灌2～3次。也可选用50％代森铵水剂1000倍液，或60％琥·乙膦铝可湿性粉剂500～600倍液、40％细菌灵1片（0.5g）加水4kg、抗菌剂"401"500倍液等喷雾防治，做到喷灌结合，重点喷软腐病株及其周围菜株地表或叶柄，使药液流入菜心，效果更好。采用敌磺钠加尿素防治大白菜软腐病，效果甚佳，具体做法是：在该病初发期或大白菜莲座后期到结球始期，用1～2kg尿素加敌磺钠原粉，对100kg水淋苑，10d一次，连灌2～3次，每次每亩用药液1500kg，防病效果达95％以上。

从幼苗期开始，经常检查，及时防治种蝇、蝼蛄、蛴螬、地老虎等地下害虫，菜青虫、菜蛾、菜螟、大猿叶虫、黄曲条跳甲等地上害虫。视虫害发生情况，每隔7～10d喷一次，可收到良好效果，但一定要选择使用高效低毒的农药。

大白菜软腐病菌侵染时间长，往往一二个防治措施不理想，应采取多种措施进行综合防治，才能有良好效果。选用药剂时，应慎用或不用络氨铜、氢氧化铜、甲霜铜、波尔多液等无机铜制剂。

（5）大白菜霜霉病（彩图4-20）　又叫跑马干、霜叶病、枝干、白霉病、龙头病，苗期、成株期均可发生，以叶片发病为主，为大白菜三大主要病害之一。长江流域多发生于春、秋两季，华北多发生在4～5月和8～9月间。

种子消毒，可用种子重量0.4％的25％甲霜灵可湿性粉剂，或70％三乙膦酸铝·锰锌可湿性粉剂、75％百菌清可湿性粉剂等药粉干拌种子。

发病前（在子叶期和结球期中期、后期）喷2％嘧啶核苷类抗菌素水剂200倍液，隔7d喷一次，连喷2～3次。或用生防制剂1.5亿活孢子/g木霉菌可湿性粉剂每亩267g对水50L喷雾，每5～7d喷一次。

一般在大白菜的苗期、莲座末期及结球初期进行防治，可选用80％或90％三乙膦酸铝可湿性粉剂500倍液，70％三乙膦酸铝·锰锌可湿性粉剂400倍液，50％甲霜灵可湿性粉剂500～1000倍液喷雾防治。

发病重时或出现中心病株时，可选用72％霜脲·锰锌可湿性粉剂600倍液，或75％百菌清可湿性粉剂600倍液、64％恶霜灵可湿性粉剂500倍液、58％甲霜·锰锌可湿性粉剂500倍液、78％波尔·锰锌可湿性粉剂600倍液、1.5亿活孢子/g木霉菌可湿性粉剂200～300倍液、72.2％霜霉威水剂800倍液、68％精甲霜·锰锌可湿性粉剂1000倍液、52.5％恶酮·霜脲氰水分散粒剂2000～3000倍液、25％烯肟菌酯乳油1000倍液、70％丙森锌可湿性粉剂700倍液等药剂喷雾防治，隔7～10d一次，连续防治2～3次。

霜霉病、白斑病混发时，可选用40％三乙膦酸铝可湿性粉剂400倍液＋25％多菌灵可湿性粉剂400倍液。

霜霉病、黑斑病混发时，可选用90％三乙膦酸铝可湿性粉剂400倍液＋50％异菌脲可湿性粉剂1000倍液，或90％三乙膦酸铝可湿性粉剂400倍液＋70％代森锰锌可湿性粉剂500倍液，兼防两病效果优异。

对上述杀菌剂产生抗药性的，可选用72％霜脲·锰锌可湿性粉剂600～700倍液，或69％烯酰·锰锌可湿性粉剂900～1000倍液。喷药后如天气干燥、病情缓和，可不必再用药，如遇阴天、多雾或多露，应每隔5～7d喷一次，喷药时，要将叶子正反面都喷上药液。

（6）大白菜菌核病（彩图4-21）　是大白菜的主要病害之一，在大白菜各生育期及储藏期均可为害，但以种株开花、抽薹、结荚期被害最重。

苗床消毒。方法1：每平方米用50％腐霉利可湿性粉剂8g，加5kg细土充分拌匀后撒在苗床土壤里；方法2：在播种前，用40％甲醛150倍液浇透床土，并覆盖地膜5～6d，然后揭膜翻晾床土，放风透气，隔2～3d翻土一次，10～12d后播种；方法3：苗床上埋地热线，在播前把床温调到55℃，处理2h。

发病初期，可选用40％噻菌灵悬浮剂2000～2500倍液，或70％甲基硫菌灵可湿性粉剂800～1000倍液、50％腐霉利可湿性粉剂1000～1500倍液、50％异菌脲可湿性粉剂1000倍液、50％福·异菌可湿性粉剂600～800倍液、25％乙霉威可湿性粉剂1000倍液、50％乙烯菌核利可湿性粉剂1000倍液、40％多·硫悬浮剂500～600倍液、40％菌核净可湿性粉剂1000倍液、20％甲基立枯磷可湿性粉剂1000倍液等喷雾防治，每7d一次，连续防治2～3次，重点喷植株基部和地面，注意药剂轮换使用。也可用5％氯硝胺粉剂每亩2～2.5kg与细泥粉15kg配成药土，均匀撒在行间地面上并覆土。

保护地种植，可用3.3％噻菌灵烟剂，每亩每次用250g，傍晚进行，分放4～5点，点燃密闭烟熏，隔7d熏一次，连熏3～4次。

（7）大白菜链格孢叶斑病（彩图4-22）　又称黑斑病、黑霉病或轮纹病，是大白菜的一种常见叶部病害。多发生在外叶或外层叶球上，子叶、叶柄、花梗和种荚也可被害。秋播大白菜初发期在8月下旬至9月上旬。

发现病株及时喷药，在植株下部叶片出现病斑时开始用药最好，可选用70％代森锰锌可湿性粉剂500～600倍液，或75％百菌清可湿性粉剂500～600倍液、50％异菌脲可湿性粉剂1200倍液、50％腐霉利可湿性粉剂1000～1500倍液、50％敌菌灵可湿性粉剂500倍液等喷雾防治。每亩一般用药液量45～60kg，多种药剂交替使用，每隔7～10d用药一次，连续用药2～3次即可。同时在进行药剂防治时还可加入0.2％磷酸二氢钾或叶面宝8000倍液等，以提高作物长势，增强抗病性。

若与霜霉病混发，可选用70％三乙膦酸铝·锰锌可湿性粉剂500倍液，或58％甲霜·锰锌可湿性粉剂500倍液、72％霜脲·锰锌可湿性粉剂800倍液、10％苯醚甲环唑水分散粒剂2000倍液等喷雾防治，每隔7～10d一次，连防3～4次。

（8）大白菜假黑斑病　在全国各白菜区均有发生，近年有日趋严重之势，成为生产中的重要病害。

播前每平方米苗床用40％拌种灵粉剂8g与40％福美双可湿性粉剂等量混合拌入40kg堰土，将1/3药土撒在畦面上，播种后再把其余2/3药土覆在种子上。

发病初期，可选用75％百菌清可湿性粉剂500～600倍液，或64％恶霜灵可湿性粉剂500倍液、70％代森锰锌可湿性粉剂500倍液、58％甲霜·锰锌可湿性粉剂500倍液、50％异菌脲可湿性粉剂1000倍液、40％灭菌丹可湿性粉剂400倍液、60％多·福可湿性粉剂600倍液、40％多·硫悬浮剂500～600倍液等喷雾防治。

在假黑斑病与霜霉病混发时，可选用70％乙铝锰锌可湿性粉剂500倍液，或60％琥·乙膦铝可湿性粉剂500倍液、72％霜脲·锰锌可湿性粉剂800倍液、69％烯酰·锰锌可湿性粉剂1000倍液等喷雾防治，每7～10d喷一次，连续2～3次。

（9）大白菜细菌性角斑病（彩图4-23）　是大白菜上普遍发生且为害严重的细菌病害，主要为害叶片。发病初期，可选用50％甲霜铜可湿性粉剂600倍液，或77％氢氧化铜可湿性微粒粉剂600倍液、58％甲霜·锰锌可湿性粉剂500倍液、75％百菌清可湿性粉剂500倍液、50％福·异菌可湿性粉剂800～1000倍液、60％琥·乙膦铝可湿性粉剂 700 倍液等喷雾防治。但值得注意的是，有些大白菜品种对铜敏感，为了防止药害产生，要慎重使用，一是使用浓度比正常浓度低，二是先做试验，先喷几株，观察几天，看有无药害产生，如果没有药害，才可大面积应用。较安全的药剂是选用 72％硫酸链霉素可溶性粉剂 3000 倍液，或新植霉素可湿性粉剂 4000 倍液、1％中生菌素水剂 100～150 倍液等喷雾防治，每 7d 喷一次，连喷 3～4 次。

（10）大白菜灰霉病（彩图 4-24）　主要在棚室中或贮藏期发生。加强田间管理，合理密植，适时灌溉，露地种植注意清沟排渍，勿浇水过度，防止田间湿度过大；施足底肥，增施磷钾肥，避免偏施氮肥，提高植株抗病力；发病病株及时拔除，收获后清除病残体，减少来年发病；加强窖藏管理，注意窖内卫生，及时清出发病大白菜，减少再传染，窖温宜控制在 0～5℃，防止持续高温。及时喷药控病，发病前或发病初期，可选用 50％乙烯菌核利可湿性粉剂 1000～1500 倍液，或 50％异菌脲可湿性粉剂 1400～1500 倍液、50％腐霉利可湿性粉剂 1500～2000 倍液、50％乙霉灵可湿性粉剂 800～900 倍液、50％异菌·福可湿性粉剂 800～900 倍液等喷雾防治，2～3 次，隔 7～10d 一次，交替施用。

（11）大白菜白粉病（彩图 4-25）　是大白菜的一种普通病害，雨量偏少年份发病重。发病初期，可选用 15％三唑酮可湿性粉剂 2000～2500 倍液，或 30％固体石硫合剂 150 倍液、40％多·硫悬浮剂 600 倍液、2％武夷菌素水剂 150～200 倍液、3％多抗霉素可湿性粉剂 600～900 倍液、33％多·酮可湿性粉剂 1000 倍液、40％氟硅唑乳油 8000～10000 倍液、12％松脂酸铜乳油 500 倍液等喷雾防治，隔 7～10d 一次，防治 1～2 次。

（12）大白菜小黑点病　是近几年出现的一种新的生理病害，并且有越来越严重的趋势。选用抗病品种，合理施用氮肥，少施铵态氮肥，多施硝态氮，增施磷、钾肥可减轻小黑点病的发生。及时采收，一般早熟品种收获期气温较高，容易发病，应及时采收，在叶球八成紧实时就可开始陆续收获上市，以免遭受损失。中晚熟品种可适当延后采收，收获后冷藏储运时温度不宜过低以防止或减轻小黑点病的发生。

（13）大白菜叶腐病　又称叶片腐烂病，主要为害叶片。此病不仅在白菜生长后期直接造成危害，而且在北方秋菜储藏期间仍可继续扩展，加剧为害，导致后续损失。

用 3％多抗霉素可湿性粉剂 600～900 倍液，或 5％井冈霉素水剂 500～1000 倍液、25％嘧菌酯悬浮剂 1500 倍液喷施，隔 5～7d 一次，连续 2～4 次。发病初期可用 14％络氨铜水剂 350 倍液，因白菜类蔬菜对铜制剂敏感，要严格控制用药量，防止产生药害，炎热中午不宜喷施药液。还可用 20％叶枯唑可湿性粉剂 1000 倍液，或 35％福·甲霜可湿性粉剂 900 倍液喷雾防治，每隔 7～10d 喷一次，连续 2～3 次。

（14）大白菜黑腐病（彩图 4-26）　别称"半边瘫"，是为害大白菜的一种主要病害，可造成大面积减产，发生严重的地块甚至绝收。大白菜各个时期都会发病，露地和保护地都可发病，以夏秋高温多雨季节发病较重。黑腐病往往与软腐病同时发生，形成两病的复合侵染，加重对大白菜的为害。发病初期，可选用 72％硫酸链霉素可溶性粉剂或新植霉素 100～200mg/L 或氯霉素 50～100mg/L，或 45％代森铵水剂 900 倍液、20％噻菌铜悬浮剂 500 倍液、10％苯醚甲环唑水分散粒剂 2000 倍液、47％春雷·王铜可湿性粉剂 800 倍液、70％敌磺钠可溶性粉剂 1000 倍液、50％氯溴异氰尿酸可溶性粉剂 1200 倍液、12％松脂酸铜乳油 600 倍液、50％琥胶肥酸铜可湿性粉剂 700 倍液、77％氢氧化铜可湿性粉剂 500～800 倍液、1∶1∶（250～300）波尔多液、14％络氨酮水剂 350 倍液等喷雾防治。

（15）大白菜黑胫病（彩图 4-27） 可为害茎、根、种荚和种子。早春多雨或梅雨季节早来，或是秋季多雨、多雾、重露或寒流来早时易发病。

用种子重量 0.4％的 50％琥胶肥酸铜可湿性粉剂或 50％福美双可湿性粉剂拌种。

苗床用 40％拌种灵粉剂 8g/m² 与 40％福美双可湿性粉剂等量混合后拌入 40kg 细土，配成药土，将 1/3 药土撒在畦面上，播种后将其余部药土覆盖在种子上。

发病初期，可选用 60％多·福可湿性粉剂 600 倍液，或 40％多·硫悬浮剂 500～600 倍液、70％百菌清可湿性粉剂 600 倍液、50％腐霉利可湿性粉剂 1000 倍液、72％硫酸链霉素或新植霉素可湿性粉剂 4000 倍液、50％敌枯双可湿性粉剂 1000 倍液、70％敌磺钠可湿性粉剂 500～1000 倍液、47％春雷·王铜可湿性粉剂 800～1000 倍液、20％噻菌铜悬浮剂 500～600 倍液、50％多菌灵可湿性粉剂 500～800 倍液、70％甲基硫菌灵可湿性粉剂 800～1000 倍液等喷雾防治，隔 7～10d 喷施一次，连续 2～3 次，交替使用。

（16）大白菜褐斑病（彩图 4-28） 在植株进入包心期，最迟于发病初期，可选用 70％甲基硫菌灵可湿性粉剂 700 倍液，或 40％多·硫可湿性粉剂 800 倍液、75％百菌清可湿性粉剂＋70％硫菌灵可湿性粉剂（1∶1）1000～1500 倍液、80％代森锰锌可湿性粉剂 800 倍液、50％福·异菌可湿性粉剂 1000 倍液、80％炭疽福美可湿性粉剂 800 倍液、50％多·霉威可湿性粉剂 1000 倍液、40％三唑酮·多菌灵可湿性粉剂 1000 倍液、45％三唑酮·福美双可湿性粉剂 1000 倍液等喷雾防治，每 7d 一次，连续防治 2～3 次。

（17）大白菜细菌性褐斑病（彩图 4-29） 在连阴雨、田间湿度大、气温高时，病害扩展迅速，能造成为害。发病初期，可选用 72％硫酸链霉素可溶性粉剂 3000～4000 倍液，或新植霉素 4000 倍液、47％春雷·王铜可湿性粉剂 900 倍液、30％碱式硫酸铜悬浮剂 400 倍液等喷雾防治。每隔 10d 左右防治一次，连续防治 2～3 次。

（18）大白菜褐腐病（彩图 4-30） 是大白菜的一种主要病害。棚室和露地都有发病。

种子消毒，用 0.1％～0.3％高锰酸钾消毒处理，或用种子量 0.4％的 50％异菌脲可湿性粉剂、70％甲基硫菌灵可湿性粉剂、50％甲基立枯磷可湿性粉剂拌种。

发病初期，可选用 72.2％霜霉威水剂 600 倍液，或 78％波尔·锰锌可湿性粉剂 500 倍液、56％百菌清可湿性粉剂 700 倍液、12％松脂酸铜水剂 600 倍液、40％拌种双粉剂 500 倍液、69％烯酰·锰锌可湿性粉剂 600 倍液、50％甲霜铜可湿性粉剂 600 倍液、72％霜脲·锰锌可湿性粉剂 600～800 倍液、50％烯酰吗啉可湿性粉剂 1500 倍液、58％甲霜·锰锌可湿性粉剂 500 倍液、70％甲基硫菌灵可湿性粉剂 1000 倍液、15％恶霉灵可湿性粉剂 500 倍液等喷雾防治，每 7d 喷药一次，连续防治 2～3 次。

（19）大白菜根肿病（彩图 4-31） 是一种土传病害，在白菜幼苗和成株期均可发生，只为害根部，植株矮小，生长缓慢。

喷施 EM 原液。在施完基肥后，在垄沟内喷施 300 倍液的 EM 原液，然后合垄。播种后在播种穴内喷施 300 倍的 EM 原液，使白菜种子一萌发即在有益菌的影响范围内，出苗后，苗 3 叶 1 心时，用 300 倍液喷施第三次，重点向根中喷施。

叶面喷施美林高效钙。在白菜结球期开始，每袋高效钙（50g）对水 15kg，叶面喷施 2 次，间隔 15d。

施石灰。改良土壤酸碱度，每亩施生石灰 80～100kg，将土壤 pH 值调至微碱性。施用方法：可在定植前 7～10d 将石灰均匀撒施土面后作畦，也可定植时穴施。一般在移苗时，每穴约施消石灰（熟石灰）50g，防病效果较好，也可用 15％石灰乳浇灌根部，每株用液 250mL。病害发生后，可用 2％石灰水充分淋施畦面，以后隔 7d 再淋一次，可大大减轻此病为害。

土地消毒。播种前 20d，用 40％甲醛 30mL 加水 100mL 喷洒床土，然后用塑料薄膜覆盖 5d，揭开后晾 2 周再播种。

化学防治。对于发病重的地块，在移栽时用 10％氰霜唑悬浮剂 800 倍液浸菜根 20min，或用 50％多菌灵可湿性粉剂、70％甲基硫菌灵可湿性粉剂、50％苯菌灵可湿性粉剂、50％克菌丹可湿性粉剂等药剂 500 倍液穴施、沟施，或药液蘸根以及药泥浆蘸根后移栽大田。

发病初期，选用 53％精甲霜·锰锌水分散粒剂 500 倍液，或 72.2％霜霉威水剂混掺 50％福美双可湿性粉剂 600 倍液、50％多菌灵可湿性粉剂 500 倍液、96％恶霉灵粉剂 3000 倍液、60％唑醚·代森联水分散粒剂 1000 倍液、10％氰霜唑悬浮剂 50～100mg/kg、50％氯溴异氰尿酸可溶性粉剂 1200 倍液灌根，每株 0.4～0.5kg。

(20) 大白菜炭疽病（彩图 4-32） 是早熟大白菜生产过程中的一种重要病害，多雨地区或年份一般为害较重。为害叶片、叶柄和叶脉，也可为害花梗、种荚。夏秋大白菜 6～8 月均有发生，属高温高湿型病害。

病害刚发生，可喷 2％嘧啶核苷类抗菌素水剂 200 倍液，隔 5～6d 喷一次，连喷 2～3 次。发病初期，可选用 40％多·溴·福可湿性粉剂 400～500 倍液，或 70％甲基硫菌灵可湿性粉剂 1000 倍液＋75％百菌清可湿性粉剂 1000 倍液、50％异菌·福可湿性粉剂 800 倍液、80％炭疽福美可湿性粉剂 500 倍液、40％多·硫悬浮剂 700～800 倍液、40％拌种双可湿性粉剂 500 倍液、70％代森锰锌可湿性粉剂 500 倍液、50％咪鲜胺可湿性粉剂 1500 倍液、50％咪鲜胺锰盐可湿性粉剂 1500 倍液、30％苯噻氰乳油 1300 倍液、1％多抗霉素水剂 300 倍液、68.75％恶唑菌酮水分散粒剂 800 倍液、50％混杀硫悬浮剂 500 倍液、25％溴菌腈可湿性粉剂 500 倍液、2％武夷菌素水剂 200 倍液等喷雾防治，用药量一般为每亩 45～60kg，多种药剂交替使用，隔 7～10d 喷一次，连喷 2～3 次。

(21) 大白菜白锈病（彩图 4-33） 是大白菜上的主要病害之一，低温高湿是发病的重要条件，昼夜温差大，或多露水、多雾天气适宜该病的发生。

用种子重量 0.4％的 40％三唑酮·福美双或 75％百菌清可湿性粉剂拌种。

药剂防治，以苗期和抽薹期为重点，选用 40％乙膦铝可湿性粉剂 200～300 倍液，或 25％甲霜灵可湿性粉剂 800 倍液、50％甲霜铜可湿性粉剂 600 倍液、58％甲霜·锰锌可湿性粉剂 500 倍液、64％恶霜灵可湿性粉剂 500 倍液、65.5％霜霉威水剂 700 倍液、72％霜脲·锰锌可湿性粉剂 700 倍液、69％烯酰·锰锌可湿性粉剂＋75％百菌清可湿性粉剂（1：1）1000 倍液、50％复方多菌灵胶悬剂 500 倍液等喷雾防治，一般每亩用药量 45～60kg，交替使用，每隔 10～15d 喷一次，连续喷 2～3 次。

(22) 大白菜白斑病（彩图 4-34） 是大白菜的一种普通病害，此病常与霜霉病并发，加重其危害性。主要发生在冷凉地区，北方盛发于 8～10 月，长江中下游地区春、秋两季均有发生，尤以多雨的秋季发病重。

病害开始发生时，用 2％嘧啶核苷类抗菌素水剂 200 倍液，或 1％武夷菌素水剂 150 倍液，隔 6d 喷一次，连喷 2～3 次。

田间见有零星发病时，可选用 50％多菌灵可湿性粉剂＋5％井冈霉素水剂，按 1：1.5 体积比混合后稀释 600～800 倍液喷雾。也可选用 10％苯醚甲环唑水分散颗粒剂 2000 倍液，或 50％异菌脲可湿性粉剂 1000 倍液、70％甲基硫菌灵可湿性粉剂 800 倍液、75％百菌清可湿性粉剂 600 倍液、60％恶霜灵可湿性粉剂 500～700 倍液、80％炭疽福美可湿性粉剂 800 倍液、50％多菌灵可湿性粉剂 800 倍液、40％多·硫悬浮剂 800 倍液、50％多·福可湿性粉剂 600～800 倍液、50％多·霉威可湿性粉剂 800 倍液、65％乙霉威可湿性粉剂 1000 倍液、80％代森锰锌可湿性粉剂 400～600 倍液、50％乙烯菌核利可湿性粉剂 1000 倍液、50％异菌·福可湿性粉剂 800 倍液等喷雾防治，一般每亩用药量 45～60kg，交替使用，每 10d 喷一次，连喷 2～3 次。在多阵雨季节，露地大白菜在雨后及时喷药，防治效果尤佳。

遇有霜霉病与白斑病同期发生时，可在多菌灵药液中混配 40％三乙膦酸铝可湿性粉剂 300 倍液。每隔 10d 左右喷一次，连喷 2～3 次。

(23) 大白菜细菌性叶斑病（彩图 4-35）　是大白菜的一种重要病害，多雨、多雾、重露时易发病，大白菜莲座期至结球期为感病期。发病初期，可选用 72％硫酸链霉素可溶性粉剂 4000 倍液，或 14％络氨铜水剂 350 倍液、新植霉素 4000～5000 倍液、60％琥·乙膦铝可湿性粉剂 600 倍液、68％精甲霜·锰锌水分散粒剂 600～800 倍液、72.2％霜霉威水剂 1000 倍液、25％嘧菌酯悬浮剂 1000～2000 倍液、43％戊唑醇悬浮剂 3000～4000 倍液、10％氰霜唑悬浮剂 2000～3000 倍液、65.5％恶唑菌酮水分散粒剂 800～1200 倍液、52.5％恶酮·霜脲氰水分散粒剂 2000～3000 倍液、70％丙森锌可湿性粉剂 500～700 倍液、70％敌磺钠可湿性粉剂 1000 倍液等药剂喷雾防治，每 7d 一次，连续防治 2～3 次。在植株进入莲座期病害发生前或最迟于病害始见期，喷施 77％氢氧化铜可湿性粉剂 800 倍液，或 20％喹菌酮可湿性粉剂 1000 倍液、72％硫酸链霉素可溶性粉剂 3000 倍液、新植霉素 4000 倍液，连喷 2～3 次，隔 7～10d 一次。

(24) 大白菜青枯病　主要为害大白菜莲座期至结球期，大白菜苗期不表现症状。多在 7 月上旬发生，8 月份为盛发期。

种子处理，可用 50％福美双可湿性粉剂拌种，也可用 50％百菌清可湿性粉剂 700 倍液或 65％代森锌可湿性粉剂 600 倍液浸泡种子 1h，药剂消毒后要用清水漂洗干净。用 52～55℃温水烫种 5～15min，也能起到很好的效果。

田间发现病株，应立即拔除，于病穴中浇灌 20％石灰水消毒，也可撒施石灰粉。在田间发病初期，或选用 25％枯萎灵可湿性粉剂 600 倍液，或 40％菌核净可湿性粉剂 500 倍液灌根，间隔 10～15d 一次，连续 2～3 次。

(25) 大白菜黄叶病（彩图 4-36）　是大白菜的一种普通病害，在生产中发生的年份较少，但一旦发生，发病率高，有时可导致绝产。药剂防治坚持"早"字当头，发现病株后及时用真菌杀菌剂，可选用 70％甲基硫菌灵可湿性粉剂 800 倍液，或 20％二氯异氰脲酸钠可湿性粉剂 400 倍液、50％混杀硫悬浮剂 500 倍液、12.5％增效多菌灵浓可溶液剂 200～300 倍液、64％恶霜灵可湿性粉剂 600 倍液等灌根或叶面喷雾，每隔 10d 左右防治一次，共防治 1～2 次。叶面杀菌配合用 1.8％复硝酚钠水剂 1000 倍液叶面施肥，增强植株的抗病抗逆能力。

(26) 大白菜根结线虫病（彩图 4-37）　主要由南方根结线虫引起。在临近定植和播种时可采用下列方法处理：在施入底肥、整地耧平的基础上，每亩用 1.8％阿维菌素乳油 400～500mL，掺细沙 25～30kg，均匀撒施于地面，翻地深 10～12cm，把药沙与土混匀。定植或播种时，每亩用保得土壤接种剂 80～100g，掺细土 25kg，均匀撒入定植穴或播种沟（穴）内，再用 80％敌敌畏乳油 1000 倍液浇灌。还可选用 3％氯唑磷颗粒剂 1～1.5kg/亩，均匀施于苗床内或拌少量细土均匀施于定植穴内。苗床和定植穴也可用 1.8%阿维菌素乳油 1500 倍液浇灌，浇施药液 130kg/亩。生长期间发现线虫，用 50%辛硫磷乳油 1500 倍液，或 80%敌敌畏乳油 1000 倍液、90%敌百虫晶体 800 倍液灌根，每株灌药液 200～300mL，灌一次即可。

(27) 大白菜干烧心　又称焦边、夹皮烂，是指发生在白菜叶球心叶部分的一种生理病害。基肥以有机肥为主、化肥为辅，增施充分腐熟的有机肥作基肥，合理施氮肥，增施磷、钾肥，一般每亩施农家肥 3000kg、过磷酸钙 50kg、硫酸钾 15kg。同时要求土壤平整，浇水均匀，土壤含盐量低于 0.2%，水质无污染，避免使用污水灌溉。

苗期及时中耕，促进根系发育，适期晚播的不再蹲苗，应肥水猛攻，一促到底。田间始终保持湿润状态，防止苗期和莲座期干旱，应及时灌水，特别是结球期不能缺水，灌水宜在早晚进行。适当增加浇水次数，以降低土壤溶液的浓度，促进钙离子进入植物体。

在施腐熟粪肥作底肥时，每亩可适量加入石灰 50～100kg，在包心球期可向白菜心叶撒入含有 16%的硝酸钙和 0.5%硼的颗粒剂。也可在莲座期到结球期，在叶面喷 0.7%的氯化钙和 50mg/kg 的萘乙酸混合液，隔 6～7d 喷一次，连喷 4～5 次。喷施锰肥可用 0.7%硫酸锰溶液、70%代森锰锌 500～800 倍液，或 58%甲霜灵·锰锌 200 倍液。

在易发生干烧心病的病区种植大白菜，应避免与吸钙量大的甘蓝、番茄等作物连作。如果在番茄结果期发现脐腐病严重时，说明该地区缺钙严重，秋茬最好不要种植大白菜。

气温高时，结球期开始折外叶覆盖叶球，减少白天过量蒸腾作用，夜间沟灌"跑马水"，提供足够水分保证根系正常吸收养分及体内养分的正常运转。

储藏期大白菜，环境应稳定保持在温度 -1～1℃、湿度 90%～95%的条件下。

3. 大白菜主要虫害防治技术

(1) 蚜虫（彩图 4-38）　关键是抓住初发阶段施药防治，当田间检查发现蚜虫发生中心时，立即施药。第一次可采用插花式喷药方法，即只对发生中心及周围植株喷药，对其他植株不喷药，但在苗期，宜全面喷药。以后视虫情发展，若需再次施药，应全面喷施。可选用 50%抗蚜威可湿性粉剂 3000～4000 倍液，或 10%吡虫啉可湿性粉剂 1000～2000 倍液、2.5%溴氰菊酯 3000 倍液、20%甲氰菊酯乳油 3000～5000 倍液、10%顺式氯氰菊酯乳油 6000 倍液喷雾、40%氰戊菊酯乳油 60000 倍液、2.5%高效氯氟氰菊酯乳油 4000 倍液、40%乐果乳剂 1000～2000 倍液、50%敌敌畏乳油 1000～1500 倍液等喷雾防治。温室、塑料大棚可用烟剂，每亩每次用敌敌畏烟剂 400～500g，分成几小堆，用暗火点燃，密闭 3h。

(2) 菜螟（彩图 4-39）　为害时期大多在 8～10 月。

生物防治，取黄瓜藤 1.2kg，加水 0.5kg，捣烂取汁液，以每份原液加 6 份清水稀释喷洒。也可用苏云金杆菌乳剂 500～700 倍液，或 0.36%苦参碱乳油 1000 倍液、2.5%鱼藤酮乳油 1000 倍液等喷雾。

化学防治，菜田四五片真叶期易受害，要掌握在幼虫初孵期和幼虫 3 龄前用药，如初见心叶被害和有丝网时立即喷药，将药喷到心叶内。可选用 10%虫螨腈悬浮剂 1500～2000 倍液，或 50%辛硫磷乳油 1000 倍液、18%杀虫双水剂 800～1000 倍液、90%晶体敌百虫 1000 倍液、5%氟啶脲乳油 1500 倍液、10%溴虫腈悬浮剂 2000 倍液、2.5%高效氯氟氰菊酯乳油 4000 倍液等喷雾防治。每亩喷药液 50kg，注意施药应尽量喷到菜心叶上。

此外，要注意防治此虫导致的软腐病，间隔 7d 左右每亩用 70％敌磺钠可湿性粉剂 100g 对水 40kg 喷雾防治。视苗情、虫情、天气连喷二三次，前密后疏。软腐病重的田块可先用防病药剂再用防虫药剂。注意药剂应交替使用，并注意农药使用安全间隔期。

（3）菜叶蜂（彩图 4-40）　可选用 20％灭幼脲悬浮剂 2000 倍液，或 5％氟虫脲乳油 1500 倍液、5％氟啶脲乳油 2500 倍液、20％S-氰戊菊酯乳油 3000～4000 倍液、2.5％溴氰菊酯乳油 3000～4000 倍液等在傍晚喷洒防治。

（4）蛞蝓（彩图 4-41）　在菜地沟边、地头及行间撒生石灰带或茶枯粉，每亩约需生石灰 5～7.5kg，或茶枯粉 5kg，保苗效果良好。采用地膜覆盖栽培，可显著控制为害，还有利于蔬菜生产。适时施药防治，关键是抓住为害初期施药防治。当田间检查发现受害株率达 5％以上时，应尽快施药防治。用四聚乙醛配制成含 2.5％～6％有效成分的豆饼（磨碎）或玉米粉等毒饵，于傍晚施于田间垄上进行诱杀。每亩用 6％四聚乙醛颗粒剂 600g 撒于地头行间，每季菜各最多只宜施用 2 次，或 10％四聚乙醛颗粒剂 2000g 撒于地头行间。在成株期施用上述药剂时，要多加小心，注意不要把药剂撒到植株上。

（5）猿叶虫（彩图 4-42）　严重为害期一般为 3～5 月和 9～11 月间。一般不需专门用药防治，只要控制了菜青虫、小菜蛾和黄曲条跳甲等害虫，就可兼治和控制猿叶虫的为害。在幼龄期及时喷药，可选用苏云金杆菌乳剂，每亩用药 100g，或除虫脲、灭幼脲 500～1000 倍液、10％氯氰菊酯乳油 2000～3000 倍液、20％氰戊菊酯乳油 2000～3000 倍液、50％辛硫磷乳油 1500～2000 倍液、90％敌百虫 1000 倍液等喷雾。后两种药剂还可以灌根方式防治落地的幼虫。

（6）夜蛾类害虫　包括甘蓝夜蛾、斜纹夜蛾（彩图 4-43）、甜菜夜蛾（彩图 4-44）、银纹夜蛾等多种，每年以 7～9 月为害最重。利用频振式杀虫灯诱杀，每盏灯能有效控制 30 亩左右。或用糖醋盆诱杀，糖、醋、酒、水的比例为 6∶3∶1∶10，再加入少量敌百虫，盆的位置要略高于植株顶部，盆的上方应设置遮雨罩，盆宜在傍晚放置，第二天上午收回，捞出死虫后，盖好备傍晚再用。

抓住未扩散前的 1～2 龄幼虫期施药挑治。当田间检查发现百株有初孵幼虫 20 条以上时，应尽快对聚集中心（即受害叶较集中的地方）及周围植株施药防治。可选用 5％氟虫脲乳油 2000 倍液，或 5％虱螨脲乳油 1500 倍液、15％茚虫威悬浮剂 3000 倍液、10％虫螨腈悬浮剂 1000～1500 倍液、5％氟啶脲乳油 1000 倍液等喷雾防治。7d 左右一次，连续 2～3 次。喷药时水量要足，植株基部和地面都要喷雾；药剂要轮换使用。

（7）黄曲条跳甲（彩图 4-45）　一年中以 4～5 月份为害最严重，其次是 9～11 月份。利用黄曲条跳甲对黄色具有正趋性的特点，在略高于蔬菜植株的高度放置若干块黏虫黄板进行诱杀。也可利用成虫具有趋光性及对黑光灯敏感的特点，使用黑光灯进行诱杀。还可设置杀虫灯诱杀成虫。有条件的可用防虫网等阻隔成虫。

采用生物杀虫剂茴蒿素 500 倍液，或 2.5％鱼藤酮乳油 500 倍液等喷雾防治。

土壤处理，可用 5％辛硫磷颗粒剂（3kg/亩）处理土壤，对毒杀幼虫和蛹效果好，残效期达 20d 以上。

药杀幼虫，选用 50％辛硫磷乳油，或 18％杀虫双水剂、90％敌百虫晶体 1000 倍液淋根，持效期可达 15d。

药杀成虫，播种 12d 后即开始喷药，可选用 50％敌敌畏乳剂 1000 倍液，或 5％氟啶脲乳油 4000 倍液、5％氟虫脲乳油 4000 倍液、20％氰戊菊酯 2000～4000 倍液等喷雾防治。

根据成虫的活动规律，有针对性地喷药。温度较高的季节，中午阳光过烈，成虫大多数潜回土中，一般喷药较难杀死。可在早上 7～8 时或下午 5～6 时（尤以下午为好）喷药，此时成虫出土后活跃性较差，药效好。在冬季，上午 10 时左右和下午 3～4 时特别活跃，易受惊扰而四处逃窜，但中午常静伏于叶底"午休"，故冬季可在早上成虫刚出土时，或中午、下午成虫活动处于"疲劳"状态时喷药。喷药时应从田块的四周向田的中心喷雾，防止成虫跳至相邻田块，以提高防效。加大喷药量，务必喷透、喷匀叶片，喷湿土壤。喷药动作宜轻，勿惊扰成虫。配药时加少许优质洗衣粉。

(8) 地种蝇（彩图 4-46）　是大白菜根部害虫。

诱杀成虫，将糖、醋、水按 1∶1∶2.5 的比例配制诱集液，并加少量锯末和敌百虫拌匀，放入直径 20cm 左右的诱蝇器内，每天下午 3～4 时打开盆盖，次日早晨取虫后将盆盖好，5～6d 换液一次。

药剂防治，成虫发生初期开始喷药，可选用 2.5％溴氰菊酯乳油 2000 倍液，或 5％高效氯氰菊酯乳油 1500 倍液、5％ S-氰戊菊酯乳油 2000 倍液、80％敌百虫可溶性粉剂 1000 倍液喷雾，7～8d 一次、连续喷 2～3 次，药要喷到根部，及四周表土。

田间发现蛆害株时，可进行药剂灌根，可选用 50％辛硫磷乳油 1200 倍液，或 90％晶体敌百虫或 80％敌百虫可溶性粉剂 1000 倍液、40％乐果乳油 1500～2000 倍液灌根防治。药液以渗到地下 5cm 为宜。

(9) 小菜蛾（彩图 4-47）　南方一般在 3～6 月和 8～11 月发生，呈两个高峰。

生物防治，可选用 5％氟啶脲乳油 1000～2000 倍液，或 5％四氟脲乳油 1000～2000 倍液、5％氟虫脲乳油 1000～2000 倍液、20％灭幼脲胶悬剂 500～1000 倍液等喷雾防治。喷洒后，使菜蛾幼虫因旧皮蜕不下，新皮又长不出来而死亡。使用时，应掌握在害虫的幼龄期施用，且每年内只施用 1～3 次，不能频频施用，以免产生抗性，最好与其他农药交替施用。

细菌杀虫剂防治，如高效苏云金杆菌粉剂，连续防治 2～3 次，每亩用药 50～100g，对水 50kg 喷雾。在施用细菌性杀虫剂时要注意施用剂量不宜过高或过低，要重点防治低龄幼虫，特别是 1～2 龄的幼虫。要避免高温时施药，最好在晴天下午 4 时左右或阴天进行，但低于 15℃时不宜施药，施药部位要喷洒菜叶背面。

化学防治，可选用 2％阿维菌素乳油 2000 倍液＋46％杀·苏可湿性粉剂 1000 倍混合液，或菜青虫颗粒体病毒杀虫剂 1000 倍液＋20％除·辛乳油 1500 倍混合液等喷雾防治。此外，还可选用 50％辛硫磷乳油 1500 倍液，或 10％联苯菊酯乳油 8000 倍液、2.5％高效氯氟氰菊酯乳油 3000 倍液、1％阿维菌素 30～40mL/亩、5％多杀霉素 70～100mL/亩等喷雾防治，连续防治 3 次，轮换用药。重点保护幼苗、心叶，喷射小菜蛾幼虫聚集的叶背。

(10) 菜粉蝶（彩图 4-48）　在常规栽培条件下，应每隔 3～5d 检查一次虫情，苗期发现百株有卵 20 粒或幼虫 15 条以上，或在旺长期、包心后期百株有卵或幼虫 200 条以上，需抓住 1～3 龄幼虫居多时施药防治。

防治初孵幼虫，可选用 20％除虫脲悬浮剂 500～1000 倍液，或 5％氟啶脲乳油 2000 倍液、3％四氟脲乳油 1200 倍液、1.8％阿维菌素乳油 2000 倍液、5％氟虫脲乳油 2000 倍液、25％灭幼脲悬浮剂 750～1000 倍液等喷雾防治。也可选用苏云金杆菌乳剂 700 倍液喷雾，配液时加入0.1%的洗衣粉，选择气温高于15℃的阴天、多云天使用，或在晴天下午4时后施用。

虫口密度大，虫情危急时，可选用2.5%溴氰菊酯乳油2000～3000倍液，或20%氰戊菊酯乳油1500～3000倍液、2.5%高效氯氟氰菊酯乳油1500～2500倍液等喷雾防治，对防治3龄前幼虫防效在90%以上。

(11) 小地老虎 诱杀防治，可用黑光灯、糖醋液、毒饵或堆草诱杀。糖醋液的配制方法是：糖6份、醋3份、白酒1份、水10份、90%敌百虫1份调匀，也可用泡菜水或发酵变酸的食物加适量农药诱杀成虫。堆草诱杀的方法是：在菜苗定植前，选择地老虎喜食的灰菜、刺儿菜、苦荬菜、小旋花、苜蓿、青蒿等杂草堆放田间诱集地老虎幼虫，然后进行人工捕捉，也可以拌入药剂毒杀。

药剂防治，地老虎在3龄前抗药性差，且暴露在寄主植物或地面上，是药剂防治的理想时期。可用50%辛硫磷乳油800倍液，或2.5%溴氰菊酯乳油3000倍液、5%虮螨脲乳油1000倍液、10%溴·马乳油2000倍液、90%敌百虫晶体800倍液等进行喷洒。如发现过晚，幼虫已到3龄以上，则可使用90%敌百虫晶体800倍液进行灌根。

第二节　小白菜

一、小白菜生长发育周期及对环境条件的要求

1. 小白菜各生长发育阶段的特点

(1) 发芽期 从种子吸水后种子萌动开始，胚生长出幼芽的过程为发芽期。胚有胚芽、子叶、胚轴、胚根，子叶的基部有叶原基，分生出真叶。种子吸水膨胀后，在适宜的温度下，16～18h，胚根从珠孔伸出；24h以后种子裂开，子叶和胚轴露出；经35～38h，两个子叶露出地面；70h以后子叶全部展开，同时真叶显露，发芽期结束。

(2) 幼苗期 从真叶显露到形成第一个叶序，为幼苗期。叶数2/5或3/8序排列。第一叶环着生的叶子，最终大小也不能超过莲座叶的大小，这是幼苗期结束的临界特征。

(3) 莲座期 在幼苗生长点分化的叶原基，植株体再展出1～2个叶序，是个体产量形成的主要时期。单株叶数25～30片，构成产量的是第二至第三叶环上的叶片。

2. 小白菜对环境条件的要求

(1) 温度 小白菜发芽温度在4～40℃之间，适温为20～25℃，4～8℃为最低温度，40℃为最高温度，小白菜在江南几乎周年可以播种。种子经2～3d发芽，生长适温在15～20℃，在25℃以上的高温生长不良，易衰老，病毒病发生严重，品质明显下降。只有少数品种耐热性较强，可作夏白菜栽培，是利用苗期适应性强的特点，产量亦低。在-3～-2℃能安全越冬。

小白菜适于春、秋栽培，栽培期月平均温度10～20℃，如温度在5～10℃时生长缓慢。幼根生长的适宜土壤温度为20～26℃，最高为36℃，最低为4℃。叶原基的分化因气温下降而缓慢，气温下降到15℃以下时，经一定天数，茎端开始花芽分化，叶数因而停止增加。

小白菜经低温通过春化阶段。最适温度 2～10℃，在此温度下 15～30d 完成春化。长日照及较高的温度有利抽薹、开花。按其对低温感应的不同，分为冬性弱、冬性和冬性强三类品种。冬性品种在 0～9℃时，经 20～30d 通过春化；冬性强的品种，在 0～5℃时，经 40d 以上通过春化。因此，低温感应是发育绝对必需的条件，如不经过一定低温，均不能抽薹开花。

（2）光照　小白菜属中光植物，虽然要求光照不强，但在营养生长期也要求有较强的光照，如光照不足，易引起徒长，质量差、产量低。小白菜属于长日照蔬菜，采种植株通过春化，给 12h 以上日照条件，温度在 20～30℃时，植株迅速抽薹开花。

（3）水分　小白菜叶片面积比较大，蒸腾作用强，根要不断地从土壤中吸水补充，但是根系浅，吸水能力弱。因此，需较高的土壤和空气湿度。在干旱条件下，生长矮小，产量低，品质差。

小白菜不同生育期对水分要求也不同。发芽期需水量不多，但要求土壤保持湿润，保证种子吸足膨胀水发芽以及幼苗出土对水分的要求。此时水分过大，土壤含水量达到饱和状态，土壤中缺少空气，种子发芽窒息，幼苗易烂根；土壤含水量低，种子不发芽或吊干死苗。幼苗期叶面积比较小，蒸腾量小，因根系浅，吸水力弱，要保持土壤见干见湿。生长旺盛期，叶面积大，蒸腾量大，光合作用强，需水量大，3～4d 灌一次水。冬季在棚室中生产小白菜，要适当地控制水分，保持土壤中有一定的湿度，温度低，蒸腾量小，要提高土壤温度，因小白菜根系活动要求土壤温度较高，如幼苗期根系生长温度要求 20～26℃。土壤温度低，根系活动弱，吸收矿物质营养少，影响地上部生长发育。土壤湿度大，根尖部易变褐色，外叶变黄。

（4）土壤养分　小白菜对土壤的适应性比较强，较耐酸性土壤。但喜疏松肥沃、有机质含量高、保水保肥性强的土壤。小白菜对氮、磷、钾的吸收，氮大于钾，钾大于磷。微量元素硼的不足会引起缺硼症。植株个体对肥料吸收量比较少，单位面积群体植株对肥料的吸收量大，每亩株数达到数万株。由于小白菜对肥料的需求量与植株的生长量几乎是平行的，生长初期植株的生长量小，对肥料的吸收也少；植株进入旺盛生长期，对肥料的吸收量也大。此时期特别是氮肥，关系到产品和质量，如果氮肥不足，叶片变小、变黄，食用率低。所以，在栽培中要多施底肥，改良土壤环境条件，有利根系吸收。及时追施氮肥，移植缓苗后追少量氮肥，进入旺盛生长期速效氮肥追施量要大。磷、钾肥用于底肥。

二、小白菜栽培季节及茬口安排

小白菜（小青菜）主要为露地栽培，按其成熟期、抽薹期的早晚和栽培季节特点，分为秋冬小白菜、春小白菜及夏小白菜。秋冬小白菜多在 2 月抽薹，故又称二月白或早白菜。春小白菜长江流域多在 3～4 月抽薹，又称慢菜或迟白菜，一般在冬季或早春种植，春季抽薹之前采收供应，可鲜食亦可中工腌制，具有耐寒性强、高产、晚抽薹等特点，唯品质较差。按其抽薹时间早晚，还可分为早春菜与晚春菜，早春菜较早熟，长江流域多在 3 月抽薹，因其主要供应期在 3 月，故称"三月白菜"；晚春菜在长江流域冬春栽培，多在 4 月上中旬抽薹，故俗称"四月白菜"。夏小白菜则为 5～9 月夏秋高温季节栽培与供应的白菜，称火白菜、伏白菜，具有生长迅速和抗高温、雷暴雨、大风、病虫等特点。小白菜栽培茬口安排见表 4-5。

表 4-5　小白菜栽培茬口安排（长江流域）

种类	栽培方式	建议品种	播期/(月/旬)	定植期/(月/旬)	株行距/(cm×cm)	采收期/(月/旬)	亩产量/kg	亩用种量/g
小白菜	大棚早春	四月慢、四月白、亮白叶	1/上~2/上	2/上~3/上	(8~10)×(18~20)	2/下~4	1500~2000	1000~1200
	春季	四月慢、四月白、亮白叶	2/上~4/下	直播		3~6	1500~2000	1200~1500
	夏季	矮杂1号、热抗青、热抗白	5/上~8/上	直播		6~9	1500~2000	1200~1500
	夏秋大棚	高脚白、上海青、热优二号	6~8	直播		7~9	1500~2000	1000~1300
	秋冬	矮脚黄、箭杆白、矮脚奶白、乌塌菜	9/中~10/上	10~11	(8~10)×(18~20)	11~翌年2	2000~3000	1200~1500
	秋大棚	矮脚黄、箭杆白、矮脚奶白、乌塌菜	8/下~11/上	直播		11~翌年3	3000~4000	1200~1500

三、小白菜主要栽培技术

1. 春小白菜栽培技术要点

（1）播期选择　在长江流域，春小白菜可于2月上旬至4月下旬分批播种，直播或移栽，以幼苗或嫩株上市。在3月下旬之前播种宜选用冬性强、抽薹迟、耐寒、丰产的晚熟品种，并采用小拱棚覆盖。在3月下旬之后播种，多选用早熟和中熟品种，可露地播种，每亩播种1.2~1.5kg。

（2）选地作畦　选择向阳高燥、爽水地，采取窄畦深沟栽培，亩施腐熟有机肥3000~5000kg作基肥。作畦宽1.5m，要求畦面平整。

（3）播种定植　播种后用40%~50%腐熟人畜粪盖籽，或盖细土1~1.5cm厚，并盖严薄膜，夜间加盖草苫等防寒。以后视天气和畦面干湿情况决定浇水。

为保持一定的营养面积，一般间苗2次，第一次在秧苗2~3片真叶时，使苗距达2~3cm；第二次在4~6片真叶期进行，间苗后使苗距保持4~5cm。栽幼苗时，苗龄15~25d，行距20~25cm，株距15cm。

（4）田间管理（彩图4-49）　春天多雨，土易板结，应及时清沟排水，防止土面积水。对移栽苗要及时浅中耕，清除田间杂草。定植后，可直接用浓度为20%~30%的腐熟粪水定根，注意浇粪水时不要淹没菜心。成活后，每隔3~4d追施一次粪肥。晴天土干，追肥次数要勤，浓度宜小；雨后土湿，追肥次数要减少，且浓度宜适当加大。直播幼苗上市的，只需在出苗后，选晴天追施1~2次浓度为20%~30%的腐熟粪肥。

此外，春小白菜可与瓜类和豆类蔬菜在大棚间作，能保温避霜或避寒，有利缩短生育期，提早上市。

（5）采收　一般在直播后30~50d以嫩苗上市，也可高密度移栽，在定植后25~35d采收。一般嫩苗带根（或去根）用清水洗净泥土，清除枯黄叶扎好（0.5kg左右一把），成株上市时一般去根，并清除枯黄叶再上市。

2. 夏秋小白菜栽培技术要点

（1）播种安排　一般在5~9月分期分批播种，也可与其他夏秋作物套种，基本以幼苗上市，在播后20~30d上市，秋季有极小部分留坐蔸或移栽株以嫩株上市。一般选用抗病、耐热、生长快的早、中熟品种。宜直播，每亩播种 1.2～1.5kg。

（2）选地作畦　选择水源近、灌溉条件好、保水保肥的砂壤土，上茬为早熟瓜果蔬菜的菜地。不宜播种于豆类蔬菜地，以防烧根，生长不良。前作蔬菜出园后，深翻土壤，烤晒过白，每亩施腐熟人畜粪 1000～2000kg，整地时泼施，并施石灰 70～100kg，做成高畦、窄畦、深沟，畦面耙平耙细。

（3）播种　一般直播（彩图 4-50），不行移栽。播种要遍撒均匀，每亩用种量 1～1.3kg。

（4）田间管理　幼苗出土后应保持地表湿润，如果密度过大，可间苗 2 次，齐苗后每天浇水 1～2 次，小水勤浇，禁止大水漫灌，浇水宜在早晚进行，避免在高温天气浇水。遇午时阵雨，应在停雨后用清粪水浇透一次。忌施生粪、浓肥，并及时设置荫棚或覆盖遮阳网来降温和防暴雨冲刷。在采收前 7d 停止浇淡粪水，而改浇清水。在高温干旱季节播种热水小白菜，可利用大棚或小拱棚覆盖银灰色遮阳网，进行全天覆盖。在盛夏由原来的每天浇 2 次水变为每 2d 浇一次水，最短 20d 即可上市，且整个生长过程中不需喷农药。也可以在夏秋小白菜播种或定植后的生长前期晴天和雨天覆盖遮阳网，晴盖阴揭，早盖晚揭，雨前盖雨后揭，能有效提高成苗率和加速缓苗，促进生长。

此外，在定植夏秋黄瓜和豇豆的同时，播种热水小白菜，优势互补，有利于保持菜土湿润，充分利用地力，提高复种指数。

（5）采收　夏季气温高，且虫害发生多，宜在播种后 20～30d，及时采收嫩株上市。

3. 秋冬小白菜栽培技术要点

（1）播种安排　一般 9 月至 10 月上旬分期分批播种，部分幼苗上市，多数定植后成株上市。宜选择耐寒力较强、品质好的中熟品种，每亩播种 1.2～1.5kg。

（2）苗期管理　对于移栽苗床应在苗期间苗 2 次。出苗后 6～10d，幼苗 1～2 片真叶时，第一次间苗，苗距 3cm 左右。隔 5～7d 后，进行第二次间苗，留强去弱，苗距 6cm 左右。每次间苗后，应施一次淡粪水，促苗壮苗。

（3）适时定植　一般株距 15～25cm，行距 20～35cm，10 月份以后栽植可深些，有利防寒，砂壤土可稍深栽，黏土应浅栽。定植前基肥以腐熟人畜粪为主，每亩 1500～2000kg。

（4）肥水管理　定植后及时浇定植水，视气温和土壤湿润情况在早晚再浇一次水，保证幼苗定植后迅速成活。定植成活后每隔 3～4d 浇一次淡粪水，晴天土干宜稀，阴雨后土湿宜浓，生长前期宜稀，后期宜浓。定植后 15～20d，重施一次浓度为 30%～40% 的粪肥。南风天、潮湿、闷热时，追肥不宜多施，否则诱发病害，造成腐烂。凉爽天气，小白菜生长快，可多施浓施。生长期间如遇细雨天气或短时阵雨，需在雨前、雨中或雨后浇湿浇透菜土，避免菜田下干上湿，土表水汽蒸发，形成高温高湿的菜园小气候，致使霜霉病猛然发生（即"起地火"），叶片迅速枯黄脱离。下雨时注意清沟排水，防积水。

4. 小白菜大棚越夏栽培技术要点

夏季气温高，暴雨频繁，还不时有台风影响，这样的天气条件对蔬菜生长非常不利。为了创造一个相对适合蔬菜生长发育的环境，在夏季蔬菜栽培上，可以利用大棚设施进行避雨遮阴栽培，即利用大棚骨架覆盖遮阳网、防虫网栽培。

（1）栽培方式　小白菜实行反季节的夏季栽培，应采用大棚遮阳网栽培，并选抗逆性强、耐热、生长速度快的品种。越夏小白菜以收获菜秧为主，5月上旬至8月上旬可随时播种，不断收获。越夏小白菜有两种栽培方式：一种是适当稀播，经多次间苗至一定苗距后，植株在原地生长至上市，称为原地菜；另一种是播种育苗，秧苗长至一定大小时移栽到大田，称为种棵菜。

（2）撒播栽培　采用深沟高畦，干旱时可在畦沟中经常保持一定的水层以增加湿度，降低土温。夏季小白菜生长迅速，宜稀播，播后随即用耧耙轻搂一遍，使土盖没种子。而后在畦面上踏实一遍，使土与种子紧密接触，减少土壤水分蒸发。这样种子发芽迅速，出苗整齐。接着在畦面上覆盖遮阳网，降温保湿。播种时，如遇干旱，可在播前先行灌溉，待水分渗入土中而土表稍干时，随即整地播种。当出苗至3片真叶时进行第一次间苗，鸡毛菜可上市；植株长至5～6片真叶再间苗一次，原地菜苗株距15～20cm。

（3）育苗移栽　先播种育苗，每亩播种量600g左右，在幼苗1～2片真叶、4～5片真叶时各间苗一次，每次间苗需结合除草和施肥，每亩每次施尿素2kg。待幼苗有8～9片真叶时即可定植。夏播育苗期为20～25d。一般株行距15cm×20cm，每亩栽11000～12000株。

定植不宜过深，将根埋没即可。定植后浇水2～3次，经3～4d即可成活。定植前大棚顶部覆盖遮阳网，以防强光直射，降低棚温。施肥以速效氮肥为主。定植成活后约施3次追肥，每隔5～7d一次，前两次每亩施尿素5kg左右，第三次10～15kg。同时注意水分的供应，若缺乏水分，叶色较深，植株生长缓慢，且易患病毒病害，故必须保持畦面湿润。主要害虫有蚜虫和小菜蛾，应注意做好防治工作。

5. 小白菜大棚早春栽培技术要点

小白菜属半耐寒蔬菜，喜冷凉气候，在大棚生产中，小白菜主要作为早春主栽品种定植前抢早栽培，也有的在主栽品种两侧间套种。

（1）品种选择　春季栽培小白菜，在15℃以下的温度条件下，经过10～40d完成春化过程，在苗端分化花芽，在短日照及温度较高的条件下抽薹开花，影响品质，降低产量，甚至丧失栽培价值。因此，小白菜大棚早春栽培要选用耐寒性强、不易抽薹、抗病丰产的品种。

（2）整地作畦　每亩施腐熟农家肥3000～5000kg、磷酸二铵20～25kg、硫酸钾10～15kg，或45%三元复合肥40～50kg。施肥后深耕，耙平，做成0.9～1.5m宽的高畦。

（3）播种育苗　播种可采用条播、撒播或育苗移栽。南方播种可在1月上旬至2月上旬播种。播种前，将种子放在光照充足的地方晾晒3～4h，然后放入50℃温水中浸种20～30min，再在20～30℃水中浸种2～3h，捞出晾干；或在15～20℃下进行催芽，24h出齐芽进行播种。也可在播种前用种子重量0.3%的25%甲霜灵可湿性粉剂、75%百菌清可湿性粉剂或50%多菌灵可湿性粉剂拌种，可防止病毒病、黑腐病、菌核病等种传病害。清晨或傍晚浇水后，将种子撒入播种畦内，覆土1cm厚。撒播用种量可略多于条播，撒播还可以采用种子干播。播后加强防寒保温，棚内最好盖地膜，播后将地膜直接盖在畦间上即可。出苗后揭去地膜。需及时间苗，促进幼苗健壮生长。一般在1～2片真叶期进行第一次间苗，苗距2cm左右；3～4片真叶时进行第二次间苗，苗距5～6cm。需移栽的，定植前10d左右要进行低温炼苗。

（4）及时定植　一般苗龄30d左右，4～5片真叶，选冷尾暖头的晴天定植，行距

18～20cm，株距 8～10cm，每亩定植约 4 万株。定植后浇足定根水。

（5）田间管理　管理的关键是在播种至收获的整个生育期中，昼夜平均温度不能长时间低于 15℃。因此应加强温度管理，定植以后，缓苗以前，密闭棚室不放风，白天保持温度 25℃，夜间 10℃以上。当新叶初展，白天保持温度 20～25℃，夜间 5～10℃，温度超过 25℃进行通风，室温降至 20℃时关闭通风口。当新叶完全展开（缓苗后 10～15d），开始追肥浇水。生育期最多浇 3 次水即可，结合最后一次浇水（在采收前 7～10d），每亩追施尿素 10kg 或硫酸铵 15kg。有滴灌条件的可进行微喷，没有滴灌设施的可将化肥溶解后随水冲施。

（6）防治病虫　小白菜大棚早春栽培主要病虫害有软腐病、黑腐病、霜霉病、菜青虫、甜菜夜蛾、蚜虫等，应及早防治。

（7）采收上市　播种后 30d 便可间拔收获，10～15d 内分 3～4 次收完。有的是先把主栽品种定植行全部收净，按期进行定植，其余的留作分批间收，可延长生产采收期，增加产量。

6. 小白菜秋大棚栽培技术要点

（1）品种选择　秋季 9～11 月份也是大棚栽培小白菜的最好季节，病虫害较轻，植株生长速度较快，可供选择的品种较多。但为了提高小白菜的商品质量，获得更好的经济效益，以选用商品性好、受市场欢迎的杂交品种为好。

（2）播种　秋季小白菜大棚栽培一般采用直播栽培，播种期为 8 月下旬至 11 月上旬。每亩施入腐熟有机肥 3000kg，然后翻地做成平畦，定植畦宽 1.5m 左右。畦长依大棚长度或宽度而定。播种可采用条播或撒播，条播的行距 15cm 左右，每亩均匀撒200～300g 左右的种子，然后覆土、踩实、浇水。

（3）田间管理　出苗后要及时浇第二次水，待长出真叶后要间苗，剔除病弱苗和畸形苗，9～10 月天气晴朗，大棚内温度较高，要注意通风降温，气温尽量保持在 30℃以下，勤浇水防干旱，有条件可以采用喷灌设备，保持空气和土壤湿润。待植株 4 叶 1 心时，可随水追施速效肥料，如每亩 20kg 硫酸铵，或浇水前划沟每亩施入复合肥 20kg。11 月以后要注意保温防冻，温度低于 -4℃ 将发生冻害，可在凌晨 3～4 时，在大棚内释放烟雾防冻。12 月以后气温持续低于 -6℃ 以后要停止秋大棚栽培。

（4）采收　小白菜采收无严格标准，根据市场需求确定采收期，一般生育期为35～50d。通常外叶叶色开始变淡，基部外叶发黄，叶簇由旺盛生长转向闭合生长，心叶伸长到与外叶齐平，俗称"平心"时即可采收。一般秋冬小白菜亩产 3000～4000kg。采收前不得泼浇粪水，防止病原微生物污染，采收后不得用污水洗菜。

7. 小白菜防虫网覆盖栽培技术要点

小白菜应用防虫网（彩图 4-51）有如下益处：防止菜青虫、斜纹夜蛾、甜菜夜蛾、小菜蛾和蚜虫等成虫飞入网内产卵为害，同时可减少多种病害的发生；保水效果好，对干旱天气施水量比露天少，出苗率高；可减轻夏秋季节暴雨打击，减少叶片的机械损伤，提高蔬菜产量和商品率；减少用药，确保蔬菜质量。

（1）设施选择　目前大面积推广应用的有高架平顶棚、标准钢架大棚、连栋大棚三种类型。高架平顶棚，面积以 3～5 亩为宜，棚架高以 2～3m 为宜。标准钢架大棚，有两种形式：一是全棚覆盖，每亩防虫网用量为 1000m²；二是可采用留大棚顶部棚膜，将棚四周裙膜换成防虫网的避雨栽培模式。连栋大棚，顶部为塑料膜，四周裙膜换成防虫网。防虫网规格：以 20～25 目白色网或浅灰色网为宜，也可采用顶部为浅灰色，两侧为白色的防虫网。

（2）栽培季节　4 月下旬至 11 月上旬以采用防虫网覆盖栽培为宜。高架平顶棚以 4～11 月覆盖栽培为宜；标准钢架大棚既有 4～11 月覆盖栽培的，也有利用现有大棚春夏菜换茬，6 月中下旬至 9 月上中旬采用防虫网覆盖栽培或避雨栽培的。

（3）播种　宜选用品质好、市场适销、抗热或耐热白菜品种。4 月上中旬，在防虫网覆盖之前，及时耕翻土壤，结合整地施足基肥。一般每亩施腐熟有机肥 3000～4000kg，过磷酸钙 50～100kg，然后整地作畦。一般高架平顶棚栽培畦宽以 1.5～1.8m 为宜，标准钢架大棚每棚纵向作 3 条 1.8m 宽的畦，畦高 10cm 左右，同时要求畦面平整或畦中间略高呈微拱形，防止畦面积水烂苗。作畦盖网后，播种前一周，采用高效低毒低残留农药进行喷洒，以降低害虫量。4 月下旬开始播种，选择晴天下午或傍晚播种，每亩播种量 1～1.5kg，春秋季适当增加密度，播种量略多于夏季。为保证播种均匀，可用干细土 1.5～2kg 与种子拌匀后播种。

（4）田间管理

① 水分　播后及时灌水，要求灌匀、透。梅雨季节、夏秋季高温暴雨时节要注意清沟理墒。有条件的 7～8 月可在防虫网顶部加盖一层遮阳网，有较好效果。

② 追肥　一般情况下，每茬小白菜生长期间不施肥，如需要则也可适当少量追肥，结合灌水每亩追施 4～5kg 尿素。

③ 防虫　小白菜生长期间，进出网棚要随手带上门，防止棚外害虫进入。如发现有虫子为害，可人工捕捉成虫或卵。生长期严禁采用农药防治。

（5）适时采收　防虫网栽培小白菜 1 个生产周期以 25～28d 采收为宜。一般根据市场价格与需求确定采收时期。

四、小白菜生产关键技术要点

1. 小白菜品种选择

小白菜的消费特点，一是供应与消费时间长，二是对商品性状要求严格。在南方的很多城市依据当地的气候条件及市场消费习惯形成了一整套能周年生产的品种组合，不宜随意变换，这一点在扩大品种应用范围时要适当注意。而为实现小白菜的周年生产，在不同的季节选用适宜的品种，这是栽培成功的关键。

在选择小白菜品种时，一要考虑品种的发育特性。例如冬春栽培则宜选用冬性强的晚抽薹春白菜品种，若用冬性弱的品种栽培，极易先期抽薹开花，产量极低。但春季平均气温在 12～15℃以上，天气转暖后，则可选用冬性弱的秋冬白菜作小白菜栽培。二要考虑品种的适应性。对病虫害的抗性，品种间差异极大，要注意选择具有多抗性、适应性广的类型品种。要着重选抗高温、暴雨，抗低温、抗病及晚抽薹等品种，并采取相应的遮阳网、防虫网、防雨棚覆盖等农业技术措施，才能确保小白菜的周年均衡生产。三要选用质量合格的种子。小白菜种子质量应符合表 4-6 的最低要求。

表 4-6　小白菜种子质量标准（摘自 GB 16715.2—2010）　　　　单位：%

种子类别		品种纯度不低于	净度（净种子）不低于	发芽率不低于	水分不高于
常规种	原种	99.0	98.0	85	7.0
	大田用种	96.0			

2. 小白菜缺铁症的识别与防治措施

(1) 症状识别　铁在植物体中的移动性较差，缺铁时，叶绿素合成受阻，叶片呈现均匀黄化，病健部交界不明，顶部叶片黄化严重。缺铁时不表现为斑点状黄化或叶缘黄化，否则就可能是其他生理病害。

(2) 发生原因　碱性土壤容易缺铁，磷肥施用过量也容易使叶片黄化，出现缺铁症状。在土壤干燥或过湿及地温低时，根系活力弱，对铁的吸收能力减弱也会导致植株缺铁。

(3) 防治方法　对碱性土壤进行改良，避免土壤呈严重的碱性反应。改良酸性土壤时，石灰用量不要过大，施用要均匀，施用过量反而会使土壤呈碱性。注意定植时不要伤根。如果发现缺铁，可叶面喷施 0.2%～0.5% 的硫酸亚铁水溶液。

3. 小白菜采收技术要领

小白菜的生长期依地区气候条件、品种特性和消费需要而定。长江流域各地秋白菜栽植后 30～40d，可陆续采收。早收的生育期短，产量低，采收充分长大的，一般要50～60d。而春白菜，要在 120d 以上。华南地区自播种至采收一般需 40～60d。采收的标准是外叶叶色开始变淡，基部外叶发黄，叶簇由旺盛生长转向闭合生长，心叶伸长平菜口时，植株即已充分长大，产量最高。秋冬白菜因成熟耐寒性差，在长江流域宜在冬季严寒季节前采收；腌白菜宜在初霜前后收毕；春白菜在抽薹前收毕。收获产品外在质量要求鲜嫩、无病斑、无虫害、无黄叶、无烂斑（彩图 4-52）。

"菜秧"的产量和采收日期，因生产季节而异。在江淮流域，2～3 月播种的，播后50～60d 采收；6～8 月播种的，播后 20～30d 可收获，大多数一次采收完毕。也有先疏拔小苗，按一定株距留苗，任其继续生长，到以后再采收，产量较高。

采收时间以早晨和傍晚为宜，按净菜标准上市。

五、小白菜主要病虫害防治技术

1. 小白菜病虫害综合防治技术

(1) 实行轮作　尽可能选择前茬为小麦、玉米、豆科作物的地块种植小白菜，避免与茄科、瓜类及其他十字花科蔬菜连作。

(2) 种子处理　选用抗病品种。种子消毒用 50℃ 温水浸种 25min，冷却晾干后播种。用"丰灵" 50～100g 拌小白菜籽 150g 后播种，或采用中生菌素，按种子量的1%～1.5% 拌种，可预防软腐病。

(3) 农业措施　施足有机肥，改善排灌系统，夏、秋栽培采用高畦直播，合理浇水，实行沟灌或喷灌，严防大水漫灌。前茬收获后清除病叶、及时翻耕，促进植株病残体腐烂分解。合理密植，适时播种，不宜播种过早。

(4) 生物防治　防治温室白粉虱，在有条件的温室、大棚，可释放丽蚜小蜂。当温室白粉虱成虫平均每株 0.5～1 头时，每株放丽蚜小蜂 3 头，每隔 2～3 周放一次，自第二次起可根据当时白粉虱数量适当增加放蜂量达每株 5 头成峰。一般每株放蜂总数 15头左右，连续放 3 次即可。另外，也可放瘿蚊科昆虫和草蛉科昆虫，也可用白粉虱寄主菌轮枝菌进行防治。还可释放天敌防治蚜虫。

(5) 物理防治　夜蛾类害虫，可利用害虫的趋光性，设置黑光灯或高压杀虫汞灯诱杀成虫，或利用性诱剂诱杀；可挂性诱器诱捕，或用铁丝穿吊诱芯悬挂在水盆上面1cm处，水中加适量洗衣粉；或悬挂自制诱捕罩，每只诱芯诱蛾半径可达100m，有效诱蛾期1个月以上；利用温室白粉虱、蚜虫等的趋黄习性，设置40cm×25cm大小的橙黄色板，每亩设32~34块，板置于行间，与植株高度相平；还可利用糖醋液诱杀蚜虫。

2. 小白菜主要病害防治技术

（1）猝倒病 适宜发病地温为10℃，育苗期出现低温、高湿条件，利于发病。用种子重量0.2%的75%百菌清可湿性粉剂拌种。发病时喷25%甲霜灵可湿性粉剂800倍液。

（2）小白菜立枯病 高温、连阴雨天气多，光照不足，幼苗抗性差，反季节栽培植株易染病，7~8月份是发病高峰期。发病初期喷洒70%敌磺钠可湿性粉剂600~800倍液。

（3）小白菜灰霉病 发病初期喷药，可选用50%乙烯菌核利可湿性粉剂1000~1500倍液，或50%异菌脲可湿性粉剂1400~1500倍液、50%腐霉利可湿性粉剂1500~2000倍液、50%多霉灵可湿性粉剂800~900倍液、60%多菌灵盐酸盐超微粉剂600倍液等喷雾防治，每隔7~10d防治一次，连续防治2~3次。

（4）小白菜黑胫病（彩图4-53） 又称根朽病，潮湿多雨，雨后高温，小白菜最易发病，主要为害茎、根、种荚和叶片。播种前用50%琥胶肥酸铜可湿性粉剂或50%福美双粉剂拌种，用量为种子重量的0.4%。也可采取温汤浸种法进行种子消毒。

每平方米苗床用40%拌种灵粉剂8g和40%福美双可湿性粉剂8g等量混合后拌入40kg细土，配成药土，将1/3药土撒在畦面上，播种后将其余药土覆盖在种子上。发病初期喷药，可选用60%多·福可湿性粉剂600倍液，或40%多·硫悬浮剂500~600倍液、70%百菌清可湿性粉剂600倍液等喷雾防治。每隔9d防治一次，共防治1~2次。

（5）小白菜白锈病（彩图4-54） 低温多湿，发病地连作，偏施氮肥，通风透光不良，植株发病重。发病初期，可选用25%甲霜灵可湿性粉剂800倍液，或50%甲霜铜可湿性粉剂600倍液、58%甲霜·锰锌可湿性粉剂500倍液、64%恶霜灵可湿性粉剂500倍液等喷雾防治，每隔10~15d防治一次，共防治1~2次。

（6）小白菜叶腐病 又称小白菜叶片腐烂病。天气湿闷，多风多雨，地势低洼，种植过密，都易引起小白菜发病。发病中心病株，喷洒14%络氨铜水剂350倍液，隔7~10d防治一次，连续防治2~3次。

（7）小白菜黄叶病 干旱年份当土壤温度过高，引起根系灼伤，使根系逐渐木栓化而诱发黄叶病。用药剂灌根，可选用40%多·硫悬浮剂600~700倍液，或50%甲基硫菌灵可湿性粉剂500倍液、50%混杀硫悬浮剂500倍液、50%苯菌灵可湿性粉剂1500倍液、12.5%增效多菌灵可湿性粉剂200~300倍液等，隔10d左右防治一次，连防1~2次。

（8）小白菜黑斑病（彩图4-55） 又称黑霉病，在多雨高湿、温度偏低的季节，发病早而重。发病初期，可选用64%恶霜灵可湿性粉剂400~500倍液，或75%百菌清可湿性粉剂500~600倍液、50%异菌脲可湿性粉剂1500倍液、50%乙烯菌核利干悬浮剂1000~1300倍液、70%代森锌可湿性粉剂500倍液、58%甲霜·锰锌可湿性粉剂500倍液、50%异菌·福可湿性粉剂800倍液、30%碱式硫酸铜可湿性粉剂300倍液、40%乙·扑可湿性粉剂400倍液、50%双·扑可湿性粉剂800倍液、80%代森锰锌可湿性粉剂500倍液等药剂喷雾防治，6~8d一次，连续防治2~3次。

（9）小白菜假黑斑病　在生长中后期或反季节栽培时遇连阴雨天气，易发病和流行。发病初期喷药，可选用 64% 恶霜灵可湿性粉剂 500 倍液，或 75% 百菌清可湿性粉剂 500~600 倍液、70% 代森锰锌可湿性粉剂 500 倍液、58% 甲霜·锰锌可湿性粉剂 500 倍液、50% 异菌脲可湿性粉剂或其复配剂 1000 倍液等喷雾防治，每隔 7~10d 防治一次，连续防治 3~4 次。

（10）小白菜细菌性叶斑病　当温度为 25~27℃，阴雨连绵时，有利于小白菜细菌性叶斑病的发病或流行。发病初期喷药，可选用 14% 络氨铜水剂 350 倍液，或 72% 硫酸链霉素可溶性粉剂 3000 倍液、新植霉素 4000~5000 倍液等喷雾防治。每隔 7~10d 防治一次，连续防治 2~3 次。

（11）小白菜软腐病（彩图 4-56）　又称烂葫芦、烂疙瘩、水烂等，为细菌性病害，植株在出现伤口后易发病。发病初期，可选用 47% 春雷·王铜可湿性粉剂 400~600 倍液，或 58.3% 氢氧化铜干悬浮剂 600~800 倍液、72% 硫酸链霉素可溶性粉剂 3000~4000 倍液、14% 络氨铜水剂 350 倍液喷雾防治，10d 一次，连续防治 2~3 次。

（12）小白菜白斑病　为低温型病害，长江流域春、秋时的雨季均有发生；北方从 8 月中下旬开始发生，9 月份为发病盛期。植株生长衰弱易发病。发病初期，可选用 50% 多菌灵可湿性粉剂 800 倍液，或 50% 甲基硫菌灵可湿性粉剂 500 倍液、70% 代森锰锌可湿性粉剂 400~500 倍液、50% 多·福可湿性粉剂 600~800 倍液、40% 多·硫悬浮剂 800 倍液、50% 多霉灵可湿性粉剂 800 倍液、65% 万霉灵可湿性粉剂 1000 倍液、50% 苯菌灵可湿性粉剂 1500 倍液、40% 混杀硫可湿性粉剂 600 倍液等药剂喷雾防治，每 7d 一次，连续防治 2~3 次。

（13）小白菜炭疽病　属高温、高湿型病害。秋季多雨有利于发病，并易造成植株软腐，加重为害。发病初期，可选用 70% 甲基硫菌灵可湿性粉剂 600 倍液，或 40% 多·硫悬浮剂 400 倍液、80% 炭疽福美可湿性粉剂 800 倍液、25% 炭特灵可湿性粉剂 500 倍液、33% 粉霉灵可湿性粉剂 1000 倍液、50% 异菌·福可湿性粉剂 1000 倍液等药剂喷雾防治，每 7d 喷药一次，连续防治 1~2 次。

（14）小白菜霜霉病（彩图 4-57）　高湿多雨利于发病。小白菜苗期子叶最易感病，真叶较抗病。菜株叶片开始衰老进入感病阶段，多在生长中后期发病。棚室内湿度大，温度适宜，病害更易发生。主要为害叶片、花和种荚。出现中心病株时应及时喷药保护，老叶背面也应喷到。阴雨天应隔 5~7d 后再继续喷药。可选用 64% 恶霜灵可湿性粉剂 500 倍液，或 75% 百菌清可湿性粉剂 500 倍液、20% 丙硫多菌灵悬浮剂 1000~1300 倍液、1.5 亿活孢子/g 木霉菌可湿性粉剂 200~300 倍液、40% 三乙膦酸铝可湿性粉剂 150~200 倍液、58% 甲霜·锰锌可湿性粉剂 500 倍液、72.2% 霜霉威水剂 600~700 倍液、78% 波尔·锰锌可湿性粉剂 500 倍液、69% 烯酰·锰锌可湿性粉剂 600 倍液、50% 甲霜铜可湿性粉剂 600 倍液、72% 霜脲·锰锌可湿性粉剂 700 倍液、52.5% 恶酮·霜脲氰水分散粒剂 1500 倍液、25% 甲霜灵可湿性粉剂 800 倍液等药剂喷雾防治。6~7d 一次，连续防治 2~3 次。

（15）小白菜黑腐病（彩图 4-58）　为细菌性病害，高温、高湿利于发病。连作地，肥水管理不当，偏施氮肥，缺肥早衰，植株伤口多，发病重。

种子用 50℃ 温水浸种 25min，或用 45% 代森铵水剂 300 倍液浸种 15~20min，或用硫酸链霉素 1000 倍液浸种 2h，用清水洗净后晾干播种。也可用种子重量的 0.4% 的 50% 琥胶肥酸铜可湿性粉剂拌种。

要重点保护苗期不受侵染，一旦发病及时喷药，可选用72%硫酸链霉素可溶性粉剂3000～4000倍液，或90%新植霉素可溶性粉剂4000倍液、14%络氨铜水剂350倍液、氯霉素50～100μL/L、12%碱式硫酸铜乳油600倍液等喷雾防治。6～7d一次，连续防治2～3次。

(16) 小白菜菌核病（彩图4-59） 又称菌核性软腐病，为真菌性病害。多雨季节易发病；病地连作，地势低洼，排水不良，偏施氮肥，发病重。

在播前筛去菌核，用10%食盐水漂种，除去浮在水面的菌核和杂质，反复2～3次，再行播种。发病初期喷药保护，施药重点是茎基部、老叶及地面，可选用65%甲霉灵可湿性粉剂600倍液，或50%乙霉灵可湿性粉剂700倍液、50%腐霉利可湿性粉剂2000倍液、50%乙烯菌核利可湿性粉剂1000倍液、40%多·硫悬浮剂500～600倍液、40%菌核净可湿性粉剂1200倍液、40%嘧霉胺悬浮剂800～1000倍液、45%噻菌灵悬浮剂1200倍液等喷雾防治，7～10d一次，连防2～3次。

(17) 小白菜白粉病 温暖地区全年可发病，雨水偏少的年份发病重。发病初期，可选用40%氟硅唑乳油800～1000倍液，或30%氟菌唑可湿性粉剂5000倍液、15%三唑酮可湿性粉剂2500倍液、40%多·硫悬浮剂600倍液、2%嘧啶核苷类抗菌素水剂或武夷菌素水剂150～200倍液喷雾防治，7～10d一次，连续防治2～3次。

(18) 小白菜褐腐病（彩图4-60） 菜地积水或湿度大，通透性差，栽植过深，培土过多过湿，施用未充分腐熟的有机肥发病重。发病初期，可选用72.2%霜霉威水剂600倍液，或78%波·锰锌可湿性粉剂500倍液、56%百菌清可湿性粉剂700倍液、12%松脂酸铜水剂600倍液、40%拌种双粉剂500倍液、69%烯酰·锰锌可湿性粉剂600倍液、50%甲霜铜可湿性粉剂600倍液、90%三乙膦酸铝可湿性粉剂500倍液、72%霜脲·锰锌可湿性粉剂600～800倍液、50%烯酰吗啉可湿性粉剂1500倍液、58%甲霜·锰锌可湿性粉剂500倍液、70%甲基硫菌灵可湿性粉剂1000倍液、70%乙·锰可湿性粉剂400倍液、15%恶霉灵可湿性粉剂500倍液、30%苯甲·丙环唑乳油3000～3500倍液、43%戊唑醇悬浮剂3000倍液等进行全株喷淋、灌根或喷雾防治，每7d喷药一次，连续防治2～3次。整个生长季每种药剂至多连续施用2～3次，注意药剂交替使用，以延缓抗药性的发生。

(19) 小白菜褐斑病（彩图4-61） 若生长季节遇连阴雨天气或田间湿度大、气温高，病害扩展迅速，极易造成为害。在植株进入包心期，最迟于发病始期，喷施75%百菌清可湿性粉剂+70%硫菌灵可湿性粉剂（1:1）1000～1500倍液，或40%多·酮可湿性粉剂1000倍液、45%唑酮·福美双可湿性粉剂1000倍液、75%百菌清可湿性粉剂+50%退菌特可湿性粉剂（1:1）800～1000倍液，每亩45～60kg药剂，喷施2～3次，隔10～15d一次，交替用药。

3. 小白菜主要虫害防治技术

(1) 小菜蛾（彩图4-62）、菜青虫（彩图4-63） 可选用高效苏云金杆菌粉剂500倍液，或5%氟啶脲乳油2000倍液、10%吡虫啉乳油1500～2000倍液等喷雾防治。

(2) 斜纹夜蛾（彩图4-64）、甜菜夜蛾（彩图4-65） 可选用3%啶虫脒乳油1000～2000倍液，或10%虫螨腈悬浮剂1200～1500倍液、5%氟虫脲乳油1500倍液或氟啶脲乳油2000倍液喷杀。

(3) 蚜虫（彩图4-66） 可选用1.8%阿维菌素2500～3000倍液，或50%抗蚜威可湿性粉剂2000～3000倍液、2.5%溴氰菊酯乳油2000～3000倍液等喷雾防治，6～7d一次，连续防治 2～3 次。

（4）潜叶蝇　可选用 1.8％阿维菌素乳油 2500～3000 倍液，或 40％阿维·敌敌畏乳油 1000～1500 倍液等喷雾防治。

（5）白粉虱　可选用 2.5％联苯菊酯乳油 3000～4000 倍液，或 2.5％噻嗪酮可湿性粉剂 2500～3000 倍液、2.5％氯氟氰菊酯乳油 2000～3000 倍液、20％吡虫啉可溶性粉剂 4000 倍液等喷雾防治。

此外，还有黄曲条跳甲（彩图 4-67）、猿叶甲（彩图 4-68）等为害小白菜，防治方法参见大白菜病虫防治部分。

第三节　菜　心

一、菜心生长发育特点及对环境条件的要求

1. 菜心各生长发育阶段的特点

菜心的生长发育，自种子播种至种子形成止，可分为 5 个时期。

（1）发芽期　种子萌动至子叶展开，为种子发芽期，这一过程，在气温为 25℃左右时，4～5d 即可完成；在 10℃左右时，则需 10d 左右。菜心同小白菜一样，属种子春化感应型的作物，即在种子萌动后即可感受低温影响，通过春化，提早现蕾抽薹，在冬、春期间播后遇冷天并持续一段时间，便会出现早抽薹。

（2）幼苗期　自第一片真叶开始抽出至第五、第六片真叶展开，需 14～18d。此期主要生长幼苗叶及分化出 7～20 片叶。在正常情况下，幼苗具 2～3 片真叶时，即已开始花芽分化，但菜薹发育极为缓慢。早熟品种花芽分化期早，多数在 2 片真叶期，花芽分化发育进程快；中熟品种的花芽分化期与早熟品种相同，花芽分化发育进程稍慢；晚熟品种的花芽分化期迟，多数在 3 片真叶期，花芽分化发育进程慢。

（3）叶片生长期　自第五、第六片真叶展开至第七至第二十片真叶形成，生长点完全转化为花芽，植株现蕾，需 15～21d。一般早、中熟品种的叶片数较少，需时间较短；迟熟品种的叶片数较多，需时间较长。早熟品种如四九菜心，在较高的温度（25～30℃）和充足的肥水条件下，生长快，具 8 片叶左右就开始抽薹开花；迟熟品种如迟心 2 号在正常的低温栽培条件下，植株具 10 片叶以上才能现蕾抽薹。

（4）菜薹形成期　自植株现蕾到主薹采收，这一过程，在气温为 10～15℃时需 20～30d；在 20～25℃时，只需 10～15d。但如果温度过高，菜薹质量不佳。这个时期是产品器官形成期，菜薹开始形成时，节间逐渐拉长，薹叶变细变尖，叶柄变短至无柄叶。菜薹形成初期，仍以叶片生长为主，后来薹的发育加速，薹的生长超过叶片生长，而成为植株的主要部分。在适宜条件下，主薹采收后还可以抽出侧薹。菜薹的产量和品质与其形成期间的温度高低关系最密切，10～15℃条件下，菜薹生长发育良好，品质佳，产量高。

（5）开花结荚期（彩图 4-69）　自植株初花至种子成熟为开花结荚期，初花后花茎开始迅速生长，并从腋芽由下而上相继抽生侧花茎，同时自下而上开花结实直至种子成熟，一般开花期 30 多天，自初花至种子成熟，需 60～70d。此期因品种、气候等条件

的不同而有差异，早熟品种花期较短，晚熟品种花期较长。气温高，花期短，种子成熟快；气温低，花期长，种子成熟慢。开花顺序是先主花序，后侧花序，下部花先开放，然后依次向上开放。

2. 菜心对环境条件的要求

(1) 温度　温度是菜心生长发育的重要条件，其对温度的适应范围很广，在月均温3～28℃条件下均可栽培，生长发育的适温为15～25℃，但不同的生长发育阶段对温度的要求不同。种子发芽和幼苗生长的适温为25～30℃，叶片生长适温要求稍低，为20～25℃，薹形成的适温为15～20℃。当昼温为20℃，夜温为15℃时，20～30d就可形成质量较好的薹；在20～25℃时，薹发育较快，只需10～15d便可收获，但薹细小，质量不佳；在25℃以上时，薹的质量更差。

(2) 光照　菜薹属长日照蔬菜作物，但多数品种对光照周期要求不严格。只要有适当的低温便能通过春化阶段，顺利抽薹开花，但在整个生长发育过程中都需要较充足的阳光，特别在菜薹形成期，光照不足会影响光合作用，导致菜薹纤细、质量差、产量低。

(3) 水分　由于菜心根系浅，主要分布在3～10cm的土层中，既不耐旱又不耐涝，对土壤水分条件要求较高。其根系吸水力弱，而蒸腾作用旺盛，消耗水分多，需经常淋水，保持土壤湿润，但又以不积水为度，以满足生长发育对水分的需求。如果播种后土壤水分不足，空气又干燥，则出苗差，不能保证齐苗，同时出苗后茎叶生长会受阻，造成提早抽薹，菜质差；相反，如果土壤水分过多，易造成土壤通气不良，根系不能很好地发育，生长缓慢，甚至停止生长，引发病害或导致植株死亡。发芽期、幼苗期应注意及时浇水，以满足种子萌发和幼苗生长需要，在炎热季节，浇水更为降温和防病毒病的需要。叶生长期要适当控制浇水，以防止过分徒长。为了获得肥嫩鲜美的薹，菜薹形成期应注意浇水。冬季保护地栽培浇水不宜过多，以防设施内湿度过大而发病。

(4) 土壤和养分　菜心对土壤的适应范围广，只要肥水条件充足就可以获得高产，但以中性或微酸性、土层疏松、排灌方便、有机质含量丰富的壤土或砂壤土为宜。菜心对氮、磷、钾的吸收，以氮最多，钾次之，磷最少，氮、磷、钾的吸收比例为3.5：1：3.4。吸收量随生育过程逐步增加，发芽期微少，幼苗期很少，叶片生长期增多，以薹形成期最多，占总吸收量的大部分。菜薹的需肥量很大，尤其是氮素养分不可缺少，同时需要一定量的磷、钾肥和硼、锌等微量元素。追肥以氮肥为主，应勤施薄施，生长后期对磷、钾的需求明显，可适当追施磷、钾肥，这对根系生长和提高蔬菜品质有明显的促进作用。

二、菜心栽培季节及茬口安排

菜心的品种不同，适宜的栽培季节不同。在长江流域及其以南地区，早熟品种在4～8月均可播种，播后30～45d开始收获，5～10月为供应期。中熟品种9～10月播种，播后40～50d收获，10月至翌年1月为供应期。迟熟品种11月至翌年3月播种，播后45～65d收获，12月至翌年4月为供应期。这样，菜心基本实现了四季生产，周年供应。若将迟熟品种安排在5～9月播种，则因温度太高不能及时通过春化阶段，植株生长弱，难抽薹，菜薹品质差。若将早熟品种安排在11月至翌年3月播种，则由于受低温影响，植株过早通过春化而提早发育、抽薹，营养生长时间短，植株细小，产量低。

北方地区分为露地和保护地栽培两种方式。露地栽培又分为春、秋两季栽培。春季露地栽培，利用早、晚熟品种于3～4月播种，4月下旬至6月初收获；秋季露地栽培利用早、中熟品种，8～9月播种，9～11月收获。保护地栽培则利用晚熟品种，10月至翌年2月播种，播后2个月开始采收。

三、菜心育苗技术

1. 菜心直播育苗技术要点

早、中熟菜心由于生长期短，一般以直播（彩图4-70）为主。

直播是将种子直接撒播于大田，不用移苗，随着幼苗的生长间苗1～2次，同时对缺苗的地方进行补苗，使幼苗保持一定的株距，直至采收结束。这种栽培方法不用移苗，根系不会受到损伤，抗自然灾害的能力强，生长速度快，可以缩短生育期，提早收获，同时直播田间密度大，单位面积株数可以得到保证，容易获得高产。尤其是在6～8月高温多雨播种的早熟菜心或在2～3月低温阴雨天气播种的迟熟菜心，采用直播增产效果明显。

但直播占地时间长，复种指数低，同时菜薹色泽较淡、大小不均匀、叶柄偏长、易空心、抽薹不一致。

播种前用48％甲草胺乳剂或草甘膦喷洒畦面，可以防止或清除田间杂草。同时，淋湿畦面，以防播种时种子掉入土层深处，但不可过湿，否则畦面会板结。

在冬、春季播种时，应预防低温，特别是寒潮低温的影响，避免"冷芽"而导致植株提早发育，引起产量下降。一般应根据天气预报选择晴朗天气或掌握在寒潮即将结束，即冷尾暖头时播种，以促进种子快速发芽。也可进行浸种催芽。通常用50～60℃的温水浸种4h，然后用湿布包起来放在25～30℃的条件下催芽，待种子破皮露芽时播种。夏、秋季播种则应避免在台风暴雨的日子播种，以防大雨冲刷。

播种后用遮阳网或稻草覆盖畦面，并淋足发芽水。采用覆盖措施，在夏、秋季起保温、防雨水冲刷和烈日曝晒的作用；在冬、春季起保温防寒作用。出苗后应迅速揭开遮阳网或稻草，防止幼苗徒长。播种量依季节的不同而不同，在春、夏季，由于气候条件不适，用种量可适当增加，一般每亩播种0.4～0.5kg；在秋、冬季气候适宜的条件下，用种量可适当减少，每亩播种0.3～0.4kg。

2. 菜心育苗移栽技术要点

迟熟菜心由于生长期长，可采用露地或育苗盘育苗。育苗移栽可缩短占用大田的时间，提高土地利用率，增加复种指数，同时易于选择生长势和株型整齐一致的嫩壮苗进行移植。育苗移栽的植株抽薹整齐、菜薹大小均匀、色泽比较好、不易空心、叶柄偏短、商品性和品质较好。但在2～3月和6～8月这两个时期采用育苗移栽技术，因低温和高温等不良天气的影响不易获得高产。

可采用温室（彩图4-71）或简易拱棚进行育苗，冬、春季菜心栽培也可采用防寒保护地育苗，在保持适宜的温度条件下，促进幼苗健康成长。

采用育苗盘育苗，播种前准备好营养土，营养土可选用泥炭土、山上无菌黄土和珍珠岩按3∶1∶1混合，pH5.5～6.5，或采用黄泥、砻糠灰、花生麸等有机肥及少量化肥按一定比例混合而成。播种前可将营养土装入72或128孔育苗盘内，装八成满即可，用清水浇透，每孔播2～3粒种子于育苗盘孔穴中间，有条件的地方可采用播种机播种，可以节省大量的人工，然后覆盖 4～6mm 厚的干基质，播后每天浇水 1～2 次，保持基质湿润。播种后 2～3d 便可全部出苗，菜心齐苗后每隔 3～5d 用 0.5％复合肥水浇施一次，并注意苗期病虫害防治。

四、菜心主要栽培技术

1. 春菜心栽培技术要点

（1）品种选择　栽培春菜心宜选用早、晚熟品种。

（2）育苗　菜心可以直播（彩图 4-72），也可育苗移栽。直播省时省力，但用种量大，生长不整齐。为了节省土地和使植株生长整齐一致，取得高产，最好采用育苗移栽方式。

育苗床应选用壤土或砂壤土地块，应避开前茬为十字花科的作物，因为同科作物具有相同病虫害。每亩应施入充分腐熟优质有机肥 3000kg 以上，肥料施入后，土肥要混匀，耙平，做成平畦。播前育苗畦应充分浇水，水渗后撒播，每亩苗床用种量 250～350g，播后畦面覆土 0.5～1cm 厚。苗出齐后，应立即间苗，从出苗至定植前应间苗 2～3 次，最后苗距保持在 3～5cm，以使幼苗有足够的营养面积，防止因过密而发生徒长。幼苗具 2～3 片真叶后，视生长状况每亩可追施尿素 10kg 或充分腐熟人、畜、禽粪尿 500～1000kg，以促进幼苗生长。苗床土壤湿度应保持见湿见干状态，每 7～8d 浇一次水。当幼苗具 4～5 片叶，苗龄达 18～22d 时，即可定植。

（3）定植　定植地应选疏松肥沃的壤土或砂壤土，前茬没种过十字花科作物地块，每亩施入充分腐熟的有机肥 3000kg 以上，土肥混匀，做成平畦。定植前育苗床先浇小水，以便于起苗。起苗时，应尽量减少根系损伤，以利定植后快速缓苗。定植的行株距，早熟品种为 16cm×13cm，晚熟品种为 22cm×18cm。

（4）田间管理　定植后应及时浇水，以利缓苗。菜心缓苗快，生长迅速，且需肥量大，应及时追肥。追肥以速效性氮素化肥为主，如尿素、硫酸铵、碳酸氢铵等，但不能施用硝酸铵。幼苗定植后 4～5d，应浇缓苗水，结合浇水，每亩追施尿素 10kg，以促进幼苗加速生长。植株现蕾时，再追施尿素 15kg，以促进菜心的充分发育。在大部分主薹采收后，晚熟品种可再施第三次肥料，每亩追施尿素 10kg，以促进侧薹发育。

（5）采收　菜心可收主薹和侧薹。当主薹顶端长到与叶片相平，先端有初花（俗称"齐口花"）时，为主薹的采收适期。如未见"齐口花"即采收，薹虽嫩但产量低；如超过适宜采收期，则薹老质量差。主薹采收后，中、晚熟品种还可发生侧薹。采收时，在主薹基部留 2～3 片叶摘下主薹，使其再萌发 2～3 条侧薹，留叶不能太多，否则侧薹发生太多，薹纤细，质量不佳。优质菜薹的形态标准是：茎粗，节间稀疏，茎叶少而细，顶部初花。

2. 秋菜心栽培技术要点

（1）品种选择　栽培秋菜心宜选用早、中熟品种。

（2）育苗　秋菜心的育苗期正值高温多雨季节，易旱也易涝。因此，育苗地应选择地势高燥、通风凉爽、土地肥沃、易排易灌的壤土或砂壤土地块，也应避开前茬十字花科作物。每亩施入充分腐熟的有机肥 3000kg 以上，并将土肥混匀，耙平，做成平畦。将种子均匀撒入畦面，再用四齿浅划畦面，然后镇压、浇水。为防止太阳暴晒和雨水冲刷，播后畦面最好搭荫棚。为防止畦面板结影响出苗，并降温防病，播后应勤浇小水。

出苗后应及时间苗，防止过分拥挤徒长。还应视生长情况，适当地追施氮素化肥，每亩追施尿素10kg左右。当幼苗具4～5片叶时即可定植。

（3）定植　定植地应选择前茬没种过十字花科蔬菜的壤土或砂壤土地块，每亩施入充分腐熟的有机肥3000kg以上，并将土肥混匀，耙平，做成平畦。为防止涝害，也可做成小高畦，以利于排水。早熟品种定植株行距13cm×16cm，中熟品种15cm×18cm。

（4）管理　定植后应及时浇定植水，2～3d后再浇缓苗水，以后仍应注意勤浇小水，保持土壤湿润。因初秋外部气温高，土壤蒸发量大，植株生长迅速，且易发生病毒病，浇水既是作物生长的需要，也是降温防病的需要。进入九、十月份气温逐渐下降，应逐步减少浇水次数和浇水量，由每6～7d浇一次水过渡到8～9d浇一次水。结合浇水，追施氮素化肥1～2次，每亩追施尿素10kg，但禁用硝酸铵。

（5）采收　秋菜心仅收主薹，因气温渐低，侧薹生长不良，收后即铲除枯株乱叶。

3. 越冬菜心栽培技术要点

（1）品种选择　越冬菜心宜选用晚熟品种。

（2）栽培设施　由于菜心的耐寒性较强，可采用阳畦、改良阳畦、塑料薄膜中小拱棚（可覆盖草苫）和日光温室等，在冬季寒冷季节栽培。塑料薄膜大棚只能用于秋延迟和春提早栽培。

（3）育苗　因育苗期正值寒冬，育苗应在日光温室或改良阳畦内进行，白天保持在15～20℃，夜间保持10～12℃，育苗畦内应尽量避免0℃以下低温，以防冻害。苗期因气温低，蒸发量小，除在播种时浇足底水外，整个苗期不再浇水，而应进行浅中耕，以提高地温。冬季幼苗生长缓慢，苗龄需30d左右，当幼苗有4～5片叶时即可定植。

（4）定植　定植地应避开前茬为十字花科作物，选择壤土或砂壤土地块。定植前每亩施入充分腐熟的有机肥3000kg，土肥混匀，耙平，做成平畦。定植前15～20d在设施外扣严塑料薄膜，夜间加盖草苫，以提高定植地地温。定植应选择晴天，其株行距为18cm×22cm。

（5）田间管理　定植后浇定植水。由于气温低，蒸发量小，设施内空气湿度大，浇水量宜小，次数宜少，只要土壤湿润就不浇水，一般10～15d浇一次水。为了提高地温，水后可行浅中耕，结合浇水，追施2次氮素化肥，第一次在定植缓苗后，每亩追施尿素10kg；第二次在植株现蕾时进行，每亩追施尿素15kg。

（6）收获　越冬菜心的收获标准与春菜心相同，但应考虑经济效益，只要市场价格合适，可以提早或延后收获。

五、菜心生产关键技术要点

1. 根据当地的气候条件和栽培季节选用菜心品种

这是由不同熟性的菜心品种对温度的感应不同所致。在同样的低温条件下，早熟品种容易通过春化阶段；而晚熟品种则需较长的时间才能通过。一般早、中熟品种在3～15℃条件下约需25d便可通过春化阶段；而迟熟品种需35～45d。早、中熟品种对温度反应敏感，发育快，苗期应避免过早发育而先期抽薹；而迟熟品种对温度要求严格，在较高温度条件下虽能花芽分化，但花芽分化延迟，迟迟不能抽薹，因而不宜提早播种。低温能促进菜心的生长发育，如在冬季播种，当种子萌发至第一片真叶期间，若遇上8℃以下的低温，就会促进植株迅速通过春化阶段，引起早抽薹，这对早、中熟品种的作用尤为明显。但如果将迟熟品种安排在 5～9 月播种，则由于温度不能满足其发育的要求，而出现只长叶、难抽薹的现象。因此，在生产中必须根据当地的气候条件和栽培季节选用适宜的品种。

2. 菜心间苗技术要领

菜心单位面积产量由单位面积所种植的株数和单株薹重所构成。因此，合理增加种植株数是获得丰产的一项有效措施。一般早熟品种生长期短、株型较小，可适当密植，迟熟品种生长期长、株型较大，可适当疏植；秋、冬季气候适宜，宜种疏一些，春、夏季高温多雨、生长期短，可适当密一些。当幼苗真叶展开后，应及时间除过密苗和弱苗，保证每株幼苗有 6～7cm² 的营养生长面积，防止幼苗徒长而降低秧苗质量。在幼苗具 3 片叶时可结合补苗进行第二次间苗及定苗，选择生长健壮的幼苗补植在缺苗处，保持适当的苗距。一般早熟品种定苗的苗距为 10～13cm，每亩 35000 株左右；中熟品种定苗的苗距为 13～16cm，每亩 24000 株左右；迟熟品种的苗距为 16～17cm，每亩 18000 株左右。植株现蕾后还要进行最后一次间苗，疏去小苗和生长不良的植株，以增加植株间的通风透光性，提高菜薹的质量和产量。

采用育苗盘育苗，待幼苗长出 1 片真叶时，即进行间苗，每穴留 1 株健壮的幼苗。

3. 菜心施肥技术要领

菜心为速生蔬菜，生长迅速，生长期短，生长量大，再加上根系浅，吸收能力差，种植较密，对肥水的要求非常严格，其需肥量与植株生长量几乎呈正相关，因此，必须加强肥水管理才能获得优质高产。

首先应施足基肥，另外生长期间应及时追肥。在夏、秋季栽培菜心，由于高温多雨，不利于生长期间追肥，要注意基肥的施用，以基肥为主。叶色油绿的菜心品种对肥水的要求较叶色淡绿的品种严格，因此，在栽培这些品种时除施足基肥外，还应掌握在有利的天气条件下适时追肥，以满足其生长发育对养分的需求，保证优质高产。

追肥应掌握勤施、早施、薄施的原则，前期轻，中后期重，一般以速效性氮肥为主，同时适当增施磷、钾肥，以提高产量和品质。在幼苗第一片真叶展开时就应及时追施一次稀薄粪水或每亩施用尿素 3～4kg，进行提苗；在幼苗具 3 片真叶时结合间苗追一次肥，采用育苗移栽的一般在定植后 2～3d 植株发新根时追施一次薄肥；之后，每隔 5～7d 可追施一次速效性肥料，一般每亩可用尿素 5～10kg 和复合肥 10～20kg 混合施用。菜薹形成期肥水条件与菜薹生长关系密切，一般在植株现蕾时，应重施追肥，每次追肥宜在下午气温较低、光照较弱时进行，追施后立即浇水，注意避免肥料落在花蕾上，以免造成烂蕾。在主薹采收后，仍需继续采收侧薹的植株，则应在大部分主薹采收后，再追施一次重肥，以促进侧薹的发育。采收前 7d 喷施 0.5% 钼酸钠或 0.5% 氯化锰，可降低硝酸盐含量，提高菜心品质。

4. 菜心寒害与冻害的防止措施

寒害为菜心一般性生理伤害，各地都时有发生，损失轻重主要取决于受害程度。通常在一定程度上影响菜心的品质。此病为非侵染性生理伤害，因气温低影响叶绿素形成，气温太低则造成植株细胞冻结，破坏叶绿素甚至破坏细胞组织结构。

寒害症状的表现主要受寒害程度的影响，轻度寒害仅表现叶缘扭卷皱缩，叶片呈勺形；寒害较重时，受害叶片叶肉组织初呈水渍状坏死，以后褪绿变白或变褐。受冻轻时形成网状黄化花叶或坏死斑，叶脉和主脉仍保持绿色，或叶缘黄化坏死；严重时外叶坏死瘫倒。

此病一般无须专门防治，寒冷季节生产应注意防冻保暖，避免受冻。

5. 菜心夏秋季遮阳网覆盖栽培技术要领

（1）覆盖方式

① 浮面覆盖　种子播于畦面后，即将遮阳网覆盖其上，并淋足发芽水，这样可起保湿、防雨水冲刷、防烈日暴晒和防土壤板结的作用，同时使种子与土壤密接性好，以利于出苗和齐苗、提高成活率和培育嫩壮苗。出苗后即应揭开遮阳网，以免幼苗徒长。

② 小平棚覆盖　在夏、秋季，由于暴雨的冲击，常造成表土冲刷、土壤板结、根系透气不良，甚至使根系暴露于空气中，特别是雨停后又曝晒，常使叶片烫伤，甚至使整个植株萎蔫死亡。可见，不利的天气条件会严重影响菜心的生长。生产上，通常在种子出苗后将畦面覆盖的遮阳网向上升高1m左右搭建小平棚进行覆盖，也可利用中小拱棚的骨架进行覆盖，这样可防止高温灼伤幼苗和暴雨冲击畦面，并可创造一个较适合菜心生长的小气候环境，有利于植株生长。

（2）遮阳网管理　不同颜色、不同规格型号的遮阳网遮光程度不同，不同的蔬菜种类及其生育阶段光合作用的适宜光照强度也不同，因此，应根据不同的蔬菜种类及其生长发育阶段及覆盖期间的光照强度、天气变化情况灵活选择适宜遮光率的遮阳网，以满足作物生长发育对光照条件的要求。通常，在栽培绿叶类蔬菜时不宜选用遮光率大于40％的遮阳网，同时，在采用黑色遮阳网时也不宜进行全生育期的覆盖，以免因光照不足而导致减产。

生产上，菜心苗期可用黑色遮阳网进行浮面覆盖，出苗后则改用银灰色遮阳网进行小平棚覆盖。管理上应根据天气情况及蔬菜对光照强度和温度要求灵活揭或盖遮阳网。一般应做到晴天盖，阴天揭；大雨盖，小雨揭；晴天中午盖，早晚揭；前期盖，后期揭。切不可因覆盖而轻管。菜心栽培不能进行全生育期的覆盖，一般覆盖15d左右，至幼苗具3片真叶时为止。覆盖者可较未覆盖的增产50％以上，高者可达15％。

6. 菜心采收技术要领

（1）采收时期　当菜薹开放1～5朵小花、高度与植株叶片顶端高度齐平（俗称"齐口花"）或接近时，为适宜的采收期，应及时采收（彩图4-73）。如未及齐口花采收，则太嫩，菜薹小，产量低；过迟采收，产量虽高，但品质变差。适时采收还与天气条件有关。高温干旱时，菜薹发育迅速，容易开花，必须及时采收；而低温潮湿天气菜薹发育较慢，可延迟1～2d采收，对品质影响不大。

（2）采收标准　依不同的市场和需求而定，一般上市销售，采收的高度以20～25cm为宜；如要供应高级宾馆或销售至香港、澳门，采收高度以15～20cm为宜；如要出口东南亚和西欧等地区，需经保鲜长途运输，时间长，则应选菜薹鲜嫩、花蕾未开放、长12～14cm的为宜。

其产量因采收的标准不同而相差很大。一般早熟菜心容易满足发育条件，抽薹较快，生育期短，植株细小，采收后不易发生侧薹，即使发生也不理想，故不采收侧薹，只采收主薹；而中、晚熟菜心可以在采收主薹后发生侧薹，主侧薹兼收。从栽培季节来看，夏季高温多雨，植株生长发育较快，抽薹也较快，不利于营养物质积累，菜薹组织不充实，且易发生病害，故多数只收主薹；而秋季气候温和，昼夜温差大，光照充足，植株生长健壮，有利于营养物质的积累及侧薹的发育，可主侧薹兼收。采收时可在主薹基部留 2～3 节进行采摘,使其发生侧薹。留叶过多,侧薹发生多而细,质量不高。

7. 菜心保鲜包装贮运技术要领

(1) 采收　菜心可收主薹和侧薹,一般早熟种生育期短,主薹采收后不易萌生侧薹,中晚熟种在主薹采收后,还可发生侧薹。主薹采收适期为菜薹长到叶片顶端高度,顶端有初花时,俗称"齐口花"。如未及齐口花采收,则薹嫩,影响产量;如超过适宜采收期,则薹变老,质量降低。优质菜薹应是薹粗,节间稀疏,薹叶少而细,顶部初花。早熟种只采主薹时,采收节位应在主薹的基部;中晚熟主、侧薹兼收品种,采收时应在主薹基部留 2～3 片叶,以便萌发侧薹。如留叶过多,则侧薹萌发过多,造成侧薹纤细,质量下降。用于保鲜包装的菜心应是当日早晨刚收获的"齐口花"菜心,此时质量较好。

(2) 预冷　根据菜心的销售要求和产地设备条件,可选用不同的预冷方式。出口产品最好选择真空预冷和差压预冷。真空预冷控制水分蒸发量在 2%～2.5% 为宜。快速预冷后进行恒温冷藏或运输是应该具备的条件,薄膜包装和包装箱内加冰是最常用的配套方法。

(3) 整理分级　把收获的菜心倒入挑选台,剔除腐烂叶、撕伤叶、萎蔫叶等坏叶,然后进行分级。根据菜心叶的长短、大小可分为不同的等级。分级参考标准见表 4-7。

表 4-7　菜心的分级标准

等级	标准
一级	长>20cm,直径>1.5cm,菜叶≥8 片,且花蕾无绽放,无虫害、无撕伤
二级	长 15～20cm,直径 0.8～1.5cm,菜叶 5～7 片,花蕾稍有绽放,只允许有轻微虫伤
三级	长<15cm,直径<0.8cm,叶片<5 片,花蕾绽放少量,不得有重虫害

(4) 包装保鲜　将分好级的菜心在捆扎台上按级别捆扎好,放入筐中,定量,最后经过快速预冷。将预冷后的菜心分别装于聚苯乙烯泡沫箱或带有 0.02～0.03mm 厚聚乙烯塑料薄膜袋作内包装的硬纸箱中,在温度 0.5～1.5℃、相对湿度 90%～95% 的条件下贮藏,菜心可保鲜 20～30d,如需要贮藏更长的时间,在包装前还要用允许在蔬菜采后使用的杀菌保鲜剂进行防腐保鲜处理。

(5) 运输保鲜　菜心是不耐贮藏的蔬菜,需要远途运输时,无论是公路、海运、还是空运,都应保持在低温下进行。最传统的预冷方法是:整齐地将菜心码放在筐内,放到 1～3℃ 的恒温室内,空气相对湿度保持在 95% 以上,预冷 24h 左右,品温基本恒定在 2～3℃,如需短期存放后再运输,也可以存放在 1～3℃ 的恒温库内。如运输已在贮藏库中贮藏了一段时间的菜心,则品温应该为 0.5～1℃。最好采用冷藏车,且装卸时间越快越好。如果采用保温车运输,应采用泡沫箱加冰袋或冰瓶包装;在无冷藏设备的短期运输时,泡沫塑料包装箱内必须加冰袋或冰瓶控制温度。

(6) 货架保鲜　常温货架下菜心失水、黄化和老化均很快,聚乙烯薄膜覆盖或微孔袋包装均有助于延长货架期,保持产品品质。

六、菜心主要病虫害防治技术

1. 菜心主要病害防治技术

(1) 菜心炭疽病　是早熟菜心生长过程中的主要病害之一,在每年的 4～9 月高温多雨季节易发生，长江流域受害较重，北方仅夏秋露地种植的局部地块或少数棚室发病较重。在发病初期，可选用80％代森锰锌可湿性粉剂600倍液，或40％氰菌唑可湿性粉剂3000倍液、50％异菌脲可湿性粉剂1000倍液、50％咪鲜胺可湿性粉剂1000～1500倍液、80％炭疽福美可湿性粉剂500倍液、75％甲基硫菌灵可湿性粉剂600～800倍液、50％百菌清可湿性粉剂800倍液等喷雾防治，每隔5～7d喷一次，连续2～3次。

（2）菜心软腐病　为菜心常发性病害，露地种植零星发病，棚室内高温高湿发病普遍，属细菌性病害。发现病株及时清除，并在病穴及四周撒少许石灰消毒，灌溉时忌骤干骤湿，发病初期适当控制土壤湿度，不可过湿。发病初期，可选用72％硫酸链霉素3000倍液，或77％氢氧化铜可湿性粉剂500～800倍液、70％敌磺钠可湿性粉剂500～1000倍液、新植霉素4000～5000倍液、2％宁南霉素水剂300倍液等进行防治，交替使用，每隔7～10d喷一次，连续2～3次。

（3）菜心霜霉病　为菜心的常见病，保护地、露地均有发生。保护地多发生在春秋两季，在南方地区主要于晚秋或早春梅雨季节后发生流行。发病初期及时喷药控制病害蔓延，重点喷施叶背。可选用80％代森锰锌可湿性粉剂600倍液，或75％百菌清可湿性粉剂500倍液、40％乙磷铝可湿性粉剂200～250倍液、58％甲霜·锰锌可湿性粉剂500倍液、72.2％霜霉威水剂600～800倍液、64％恶霜灵可湿性粉剂500倍液、50％异菌脲可湿性粉剂1000倍液、70％霜脲·锰锌可湿性粉剂600～800倍液、60％百菌通可湿性粉剂800～1000倍液、25％甲霜灵可湿性粉剂750倍液、52.2％恶酮·霜脲氰水分散粒剂2000～3000倍液、69％烯酰·锰锌可湿性粉剂500～600倍液、25％吡唑醚菌脂乳油2000倍液等喷雾防治，交替进行，每隔7～10d喷一次，连续2～3次。

保护地种植，可选用5％春雷·王铜粉尘剂，或5％百菌清粉尘剂、5％霜霉清粉尘剂，每亩1kg喷粉防治。

（4）菜心尻腐病　是菜心的重要病害，露地和保护地种植都有发病。重病地块进行土壤处理，可选用50％甲基立枯磷可湿性粉剂，或70％恶霉灵可湿性粉剂、95％敌磺钠可湿性粉剂、50％多菌灵可湿性粉剂等药剂，每亩3～5kg拌细土20～60kg均匀撒施在种植沟内。

发病初期，可选用45％噻菌灵悬浮剂800倍液，或5％井冈霉素水剂1000倍液、30％苯噻氰乳油1200倍液、50％乙烯菌核利可湿性粉剂1500倍液、50％异菌脲可湿性粉剂1000倍液、10％多抗霉素可湿性粉剂600倍液、40％菌核利可湿性粉剂500倍液等喷雾防治，7～10d防治一次，连续防治2～3次，病情严重时还可用药液喷浇根茎。

（5）菜心白锈病　是菜心的重要病害，保护地和露地种植都可发病。低温高湿是发病的重要条件，昼夜温差大，或多露、多雾适宜发病。发病初期，可选用72.2％霜霉威水剂600～800倍液，或72％霜脲·锰锌可湿性粉剂600～800倍液、69％烯酰·锰锌可湿性粉剂800～1000倍液、40％溶菌灵可湿性粉剂600～800倍液等喷雾防治，仔细喷洒叶片正面和背面，7～10d一次，视病情防治1～3次。

（6）菜心白斑病　主要在春秋两季造成为害。菜心生长期低温多雨或在梅雨季后，发病普遍。发病初期，可选用50％敌菌灵可湿性粉剂400～500倍液，或50％多菌灵可湿性粉剂600～800倍液、40％氟硅唑乳油6000～8000倍液、70％甲基硫菌灵可湿性粉剂500～600倍液、80％代森锰锌可湿性粉剂500～600倍液、40％多·硫悬浮剂500～600倍液、2％春雷霉素水剂600～800倍液等喷雾防治，10～15d防治一次，根据病情防治1～3次。

（7）菜心黑斑病　是菜心常见病，露地、保护地种植都零星发病。发病初期，可选用50％异菌脲可湿性粉剂1000倍液，或65％多果定可湿性粉剂1000倍液、50％乙烯菌核利可湿性粉剂1200倍液、50％敌菌灵可湿性粉剂500倍液、2％嘧啶核苷类抗菌素水剂200倍液、50％克菌丹可湿性粉剂400倍液、80％代森锰锌可湿性粉剂800倍液等喷雾防治，结合防治细菌性病害，还可选用47％春雷·王铜可湿性粉剂600～800倍液喷雾，10～15d防治一次，根据病情防治1～3次。

（8）菜心黑腐病　为菜心主要病害，保护地、露地都常年发病，以夏、秋高温多雨季发病较重。选用无病种子或进行种子处理，干种子60℃干热灭菌6h，或用55℃温水浸种15～20min后移入冷水中降温，晾干后播种，也可选用种子重量0.3％的47％春雷·王铜可湿性粉剂或50％多菌灵可湿性粉剂进行拌种。发病初期，可选用47％春雷·王铜可湿性粉剂800倍液，或77％氢氧化铜可湿性粉剂500倍液、25％噻枯唑可湿性粉剂800倍液、30％络氨铜水剂350倍液、硫酸链霉素5000倍液等喷雾防治，10～15d防治一次，视病情防治1～3次。

（9）菜心绵腐病　为菜心的一般性病害，保护地、露地种植都可受害，露地以夏秋雨后发生较重，保护地高温高湿管理即引起发病。发病初期，可选用72.2％霜霉威水剂600倍液，或72％霜脲·锰锌可湿性粉剂600倍液、40％溶菌灵可湿性粉剂600倍液、69％烯酰·锰锌可湿性粉剂1000倍液等喷浇根茎和叶柄，7～10d防治一次，连续防治1～2次。

（10）菜心菌核病（彩图4-74）　春茬结束将病残落叶清理干净，每亩撒施生石灰400～500kg或碎稻草或小麦秸秆400～500kg，然后翻地、作埂、浇水，最后盖严地膜，关闭棚室闷7～15d，使土壤温度长时间达60℃以上，杀死有害病菌。定植前在苗床可喷洒40％氟硅唑乳剂8000倍液，或25％三唑酮可湿性粉剂400倍液。发病初期，先清除病株病叶，再选用65％甲霉灵可湿性粉剂6000倍液，或50％乙霉灵可湿性粉剂600倍液、40％菌核净可湿性粉剂1200倍液、40％菌核利可湿性粉剂500倍液、45％噻菌灵悬乳剂800倍液喷雾，重点喷洒茎基和基部叶片。有条件的地区最好选用粉尘剂进行防治。

（11）菜心病毒病　为菜心的主要病害，又称花叶病，主要由烟草花叶病毒和黄瓜花叶病毒侵染引起，传染媒介主要是蚜虫。选用抗病品种，一般早熟品种比迟熟品种抗病。播前清除前作残株和杂草，避免连作，及时拔除病株烧毁或深埋，手接触病株后要及时消毒，防止人为传病。培育壮苗，施足基肥，加强肥水管理，增施磷钾肥，培育健壮植株，高温干旱季节勤浇水，可减轻发病程度。控蚜防病，重点在防治蚜虫，苗期覆盖银灰色遮阳网或悬挂银灰色薄膜条驱蚜或利用黄板诱杀蚜虫，并注意及时用药防治蚜虫。发病初期，可选用20％盐酸吗啉胍·铜可湿性粉剂500倍液或1.5％植病灵乳油1000倍液等进行防治。

（12）菜心根肿病（彩图4-75）　幼苗至成株期均可发生，一般在低洼地或水田改旱田后发病重。选用无病土育苗，生产上育苗时要选择未受侵染的地块作苗床，将苗床土消毒后育苗，或用草炭、塘泥、稻田土等无病土育苗。根肿菌适宜在偏酸性土壤中生长，可施用消石灰提高土壤的pH值至中性，降低根肿病发病率。雨后及时排出田间积水，发现病株及时拔除并携出田外烧毁，病穴四周撒消石灰灭菌。病区播种前用种子重量0.3％的40％拌种双粉剂拌种。每亩也可用药3～4kg，加40～50kg细土，定植时把药土撒入定植穴内。发病初期浇灌15％恶霉灵水剂500倍液，或70％甲基硫菌灵可湿性粉剂 600 倍液，隔 7d 一次，连灌 2～3 次。

2. 菜心主要虫害防治技术

(1) 黄曲条跳甲（彩图 4-76） 可选用 50％辛硫磷乳油 1000 倍液，或 90％晶体敌百虫 800 倍液、18％杀虫双水剂 300～400 倍液、80％敌敌畏乳油 1200 倍液等进行防治，交替使用。

(2) 小菜蛾（彩图 4-77） 可利用小菜蛾趋黄特性，用特制黏性黄板诱杀或利用性引诱剂诱杀，或利用频振式杀虫灯或黑光灯诱杀成虫。药剂防治可选用 6％乙基多杀霉素悬浮剂 1000～1500 倍液，或 5％氟啶脲乳油 1000～1500 倍液、5％氟虫脲乳油 2000倍液、20％甲氰菊酯乳油 2000 倍液、1.8％阿维菌素乳油 2000 倍液等喷雾防治，交替使用，喷药的重点是心叶及叶背。

(3) 菜青虫 可选用 6％乙基多杀霉素悬浮剂 1000～1500 倍液，或 2.5％溴氰菊酯乳油 1500～2000 倍液、5％氟啶脲乳油 2000 倍液、1.8％阿维菌素乳油 2000 倍液、2.5％溴氰菊酯乳油 2000 倍液、5％茚虫威乳油 3000 倍液、5％氟虫脲乳油 2000～3000倍液等喷雾防治，交替使用。

(4) 斜纹夜蛾、甜菜夜蛾（彩图 4-78） 利用趋光性和趋化性，用频振式杀虫灯或黑光灯或性引诱剂诱杀成虫，也可用菜叶拌敌百虫毒饵诱杀。药剂防治可选用 6％乙基多杀霉素悬浮剂 1000～1500 倍液，或 5％氟啶脲乳油 2000～2500 倍液、5％氟虫脲乳油2000～2500 倍液、10％虫螨腈悬浮剂 1500～2000 倍液、20％虫酰肼悬浮剂 1500～2000倍液等喷雾防治。

(5) 蚜虫 利用蚜虫对黄色、橙黄色的趋集性，而对银灰色的负趋集性，苗期覆盖银灰色遮阳网或悬挂银灰色薄膜条驱蚜，能有效拒避蚜虫，或用频振式杀虫灯、黑光灯诱杀。药剂防治可选用 10％吡虫啉可湿性粉剂 1500 倍液，或 40％乐果乳油 800～1000倍液、50％抗蚜威可湿性粉剂 2000 倍液、2.5％高效氯氟氰菊酯乳油 4000 倍液、2.5％溴氰菊酯乳油 2000 倍液等喷雾防治，交替使用。

(6) 美洲斑潜蝇 利用灭蝇纸诱杀成虫，在成虫始盛期至盛末期，每亩置 15 个诱杀点，每个点放置 1 张杀蝇纸诱杀成虫，3～4d 更换一次。药剂防治可选用 25％斑潜净乳油 1500 倍液，或 1.8％阿维菌素乳油 3000 倍液、5％氟啶脲乳油 2000 倍液、5％氟虫脲乳油 2000 倍液等喷雾防治。

第五章 ▶▶▶

甘蓝类蔬菜

第一节 结球甘蓝

一、结球甘蓝生长发育周期及对环境条件的要求

1. 结球甘蓝各生长发育阶段的特点

结球甘蓝为二年生蔬菜，第一年形成叶球，完成营养生长，经过冬季春化过程，第二年春夏季开花结实，完成生殖生长，由营养生长开始到生殖生长结束，即完成一个生育周期。其中营养生长阶段包括发芽期、幼苗期、莲座期、结球期，甘蓝叶球进入冬季储藏或直接露地越冬，营养生长阶段停滞，处于休眠状态，在长达100～120d的休眠期内，植株在孕育着花芽，翌年春季定植后则进入生殖生长阶段，包括抽薹期、开花期、结荚期。

（1）发芽期 由播种到第一对基生叶展开的时期为发芽期，需8～10d。此期主要靠种子自身贮藏的养分生长。

（2）幼苗期 从第一对基生叶开始，到第一叶环形成（需8片叶）而达到团棵时为幼苗期，需25～30d。此期根系不发达，叶片小，根吸收能力和叶片光合能力很弱，要加强肥水管理、温光控制，培育壮苗。

（3）莲座期（彩图5-1） 从第二叶环到第三叶环形成的时期（16～24片叶），早熟品种需20～25d，中晚熟品种需30～35d。此期叶片和根系的生长速度快，要加强田间管理，创造茎叶和根系生长最适宜条件，为形成硕大而坚实的叶球打下基础。

（4）结球期 由心叶开始抱合到叶球形成，早熟品种需20～25d，中、晚熟品种需30～50d。此期为营养生长时期的高峰，生长量最大，应提供充足的肥水和温和、冷凉的气候条件，有利于叶球充实。

（5）抽薹期 种株定植至花茎长出为抽薹期，需35～40d。

（6）开花期 从始花到终花为开花期，需40～45d。

（7）结荚期 从谢花到荚果黄熟时为结荚期，需40～50d。

由于各地气候和栽培季节的不同，甘蓝各生育时期的天数差异较大。如某一品种，进行早春和晚秋两季栽培时，它的生育期就有很大差异。由于冬季低温，早春栽培时的发芽期和幼苗期较长，春季定植后，随着温度的回升，莲座期和结球期的温度适宜，植株生长较快，因此，莲座期和结球期的天数缩短；相反，晚秋栽培的发芽期和幼苗期较短，莲座期和结球期较长。

2. 结球甘蓝对环境条件的要求

（1）温度　结球甘蓝喜温和气候，比较耐寒，其生长温度范围较宽，一般在月平均温度 7～25℃ 的条件下都能正常生长与结球。但它在生长发育不同阶段对温度的要求有所差异。种子在 2～3℃ 时就能缓慢发芽，发芽适温为 18～20℃。刚出土的幼苗抗寒能力稍弱，幼苗稍大时，耐寒能力增强，能忍受较长期的 −2～−1℃ 及较短期 −5～−3℃ 的低温。经过低温锻炼的幼苗，则可以忍受短期 −8℃ 甚至 −12℃ 的寒冻。叶球生长适温为 17～20℃，在昼夜温差明显的条件下，有利于积累养分，结球紧实。气温在 25℃ 以上时，特别在高温干旱下，同化作用效果降低，呼吸消耗增加，影响物质积累，致使生长不良，叶片呈船底形，叶面蜡粉增加，叶球小，包心不紧，从而降低产量和品质。叶球较耐低温，能在 5～10℃ 的条件下缓慢生长，但成熟的叶球抗寒能力不强，如遇 −3～−2℃ 的低温易受冻害，而其中晚熟品种的抗寒能力较早、中熟品种强，可耐短期 −8～−5℃ 的低温。

（2）湿度　结球甘蓝的组织中含水量在 90% 以上，它的根系分布较浅，且叶片大，蒸发量多，所以要求比较湿润的栽培环境，在 80%～90% 的空气相对湿度和 70%～80% 的土壤湿度中生长良好。其中尤以对土壤湿度的要求比较严格。倘若保证了土壤水分的需要，即使空气湿度较低，植株也能生长良好；如果土壤水分不足再加上空气干燥，则容易引起基部叶片脱落，叶球小而疏松，严重时甚至不能结球。因此，结球期的及时灌溉，供给充足的水分是争取甘蓝丰产的关键之一。

（3）光照　结球甘蓝属于长日照作物。在植株没有完成春化过程的情况下长日照条件有利于生长。但它对于光照强度的要求，不如一些果菜类要求那样严格，故在阴雨天多光照弱的北方都能良好生长。在高温季节常与玉米等高秆作物进行遮阴间作，同样可获得较好的栽培效果。

（4）土壤营养　结球甘蓝对土壤的适应性较强，以中性和微酸性土壤较好，且可忍耐一定的盐碱性。结球甘蓝是喜肥和耐肥作物。对于土壤营养元素的吸收量比一般蔬菜作物多，栽培上除选择保肥保水性能好的肥沃土壤外，在生长期间还应施用大量的肥料。甘蓝在不同生育阶段中对各种营养元素的要求也不同。早期消耗氮素较多，到莲座期对氮素的需要量达到最高峰；叶球形成期则消耗磷、钾较多。整个生长期吸收氮、磷、钾的比例为 3∶1∶4。在施氮肥的基础上，配合磷、钾肥的施用效果好，净菜率高。

二、结球甘蓝栽培季节及茬口安排

1. 结球甘蓝主要栽培季节

① 春甘蓝　春甘蓝是指冬季播种，春季定植，夏季收获的一类甘蓝品种。一般选用耐寒性强的早熟品种。东北、华北北部、西北等单主作区，2 月上旬温室内播种育苗，分苗到冷床或塑料拱棚内育成苗，4 月下旬至 5 月初定植于露地。华北、济南等双主作区 1 月底至 2 月初在阳畦播种育苗，或 2 月上旬在温室内播种育苗，分苗到阳畦。

南方地区，10月中、下旬在露地播种育苗，11月下旬到12月上旬定植，第二年4～5月开始收获。

②夏甘蓝　指春、夏季育苗，夏、秋季收获上市的一类甘蓝品种。选用耐热、耐湿、抗病性强的品种。多在5月上、中旬播种，6月上、中旬露地或在遮阳网、防虫网设施下定植，8月上、中旬至9月初上市。不但生产成本较低，而且能解决伏天蔬菜供应短缺问题。

③秋甘蓝　指夏末育苗，秋初定植，秋末冬初收获上市的一类甘蓝品种。多在6月中、下旬至7月上、中旬播种，7月中旬至8月中旬定植，10月上、中旬至11月中、下旬收获上市。产量高，对解决冬天蔬菜淡季供应起一定的作用，经济效益高，是结球甘蓝主要的栽培方式之一。选用耐热、抗病的早熟品种，或耐热、耐湿、抗病、高产、耐寒的中晚熟品种。

④冬甘蓝　指夏、秋季育苗，秋、冬季定植，冬季至早春收获的一类甘蓝品种。选用高产、抗病、耐寒、冬性强的晚熟品种。由于上市时间正值元旦或春节期间，因此价格比较高，效益也非常可观，是满足人们多元化消费需要的一种新型栽培方式。

2. 结球甘蓝栽培茬口安排

结球甘蓝栽培主要茬口安排见表5-1。

表 5-1　结球甘蓝栽培主要茬口安排（长江流域）

种类	栽培方式	建议品种	播期/(月/旬)	定植期/(月/旬)	株行距/(cm×cm)	采收期/(月/旬)	亩产量/kg	亩用种量/g
结球甘蓝	春露地	春丰、金春、寒雅、争春、牛心	10/中	11/中～12/上	40×50	3/下～5月	2000	50
	夏露地	中甘8号、强力50、夏绿55	5/上～6/上	6/上～7/上	40×50	8～9	2500	50
	秋露地	强力50、夏绿55、兴福1号	6/中～7/上	7/中～8/上	40×50	9/下～10	2500	50
	秋露地	西园3号、京丰1号、雅致、比久	7/上～7/下	8/上～8/下	40×50	10/中～12	2500	50
	秋露地	寒春三号、京丰1号、庆丰、新丰	8/中	9/下	40×50	翌年1～4/中	2500	50
	夏秋大棚	强力50、夏绿55、秋怡、秋美	6/上～7/上	7/中～8/上	40×50	9/中～10/中	2500	50

三、结球甘蓝育苗技术

1. 结球甘蓝冷床育苗技术要点

(1) 苗床土准备　选择避风向阳，位置适中，土壤疏松、肥沃，水源方便，便于管理的非十字花科蔬菜田块作育苗床。苗床基施充分腐熟有机肥3000～5000kg，再配以氮磷钾复合肥20～30kg，加少量微肥（例如硼肥），深翻、耙匀、作畦。也可选用肥沃园土2份与充分腐熟的有机肥1份配合，并按每立方米加三元复合肥1kg或相应养分的单质肥料混合均匀，将床土铺入苗床，厚度约10cm。

(2) 床土消毒　用50%多菌灵可湿性粉剂与50%福美双可湿性粉剂按1∶1比例混合，按每平方米用药8～10g与4～5kg过筛细土混合，播种后2/3铺于床面，1/3覆盖在种子上。

（3）种子选购　根据栽培季节选用良种。种子质量应符合表 5-2 的最低要求。

表 5-2　结球甘蓝种子质量标准　　　　　　　　单位:%

种子类别		品种纯度不低于	净度(净种子)不低于	发芽率不低于	水分不高于
常规种	原种	99.0	99.0	85	7.0
	大田用种	96.0			
亲本	原种	99.9	99.0	80	7.0
	大田用种	99.0			
杂交种	大田用种	96.0	99.0	80	7.0

摘自 GB 16715.4—2010 瓜菜作物种子　第 4 部分:甘蓝类

（4）种子处理　甘蓝种子中蛋白质和脂肪的含量较高，很易吸水膨胀，萌发中需要较多的氧气。因此，播种前浸种时间不宜过长，一般以 1h 为宜。如果浸种时间超过 2～3h，种子内的营养物质外渗，降低种子的发芽势；还会因吸水膨胀过度，影响对氧气的吸收，造成种子窒息。浸泡过的种子播在刚浇过透水的苗床上，如果缺氧加上低温，很易发生烂种，影响出苗率。

结球甘蓝正确的浸种催芽方法是：浸种 1h 后，捞出种子，滤去水分，装入通气、透水性好的纱布袋内，并用毛巾包好，置于 18～25℃ 的恒温箱或热炕上进行催芽。催芽期间用 30℃ 左右的温水浸浴 1～2 次，每次 10～15min，同时抖动纱布袋，使种子受温一致。一般催芽 48h 即可露白发芽。

一般情况下，在苗床墒情良好的条件下，无需浸种催芽，可干籽直播。如果苗床干燥，可浇小水，待水渗下后再撒一层干细土后播种。有的品种忌浸种或播种在刚浇过透水的苗床上，那样会严重降低发芽率。

（5）播种技术　播种宜在晴天中午进行。在整平苗床后，稍加镇压，刮平床面，浇透底水后，撒一层细营养土后再撒播种子，播后盖土 1cm 厚，然后盖地膜保温保湿。

（6）苗期管理（彩图 5-2）　在 2 片真叶时分苗一次，若生长过旺则需分苗 2 次，第一次在破心或 1 叶 1 心时进行，第二次在 3～4 片真叶时进行。

在出苗前保护地内白天保持温度 20～25℃，夜间 15℃，幼苗出土后及时放风，以后夜间 13～15℃，白天维持 20～25℃，减少低温的影响，以防未熟抽薹。当秧苗长出 3～4 片真叶以后不应长期生长在日平均 6℃ 以下，可采用小拱棚覆盖增温。在苗床地表干燥时应浇透水，少次透浇，注意防治菜青虫。

2. 结球甘蓝穴盘育苗技术要点

（1）基质准备　基质材料的配制比例为草炭∶蛭石＝2∶1，或草炭∶蛭石∶废菇料＝1∶1∶1。每立方米基质中加入 45% 三元复合肥 2.5～3kg，或每立方米基质加入烘干鸡粪 2.8kg（或者腐熟羊粪 3kg），基质与肥料混合搅拌均匀后过筛装盘。育 2 叶 1 心子苗选用 288 孔苗盘，育 3 叶 1 心苗可选用 200 孔穴盘，育 4～5 叶苗选用 128 孔穴盘，育 6 叶以上的大苗可选用 72 孔穴盘。

（2）播种催芽　甘蓝种子容易发芽，可采取干籽直播。播种时基质的湿度要适宜，基质装盘时松紧要适宜，过松则浇水后下陷，过紧则影响幼苗的生长，松紧程度以装盘后左右摇晃基质不下陷为宜。压孔深度 0.5～1.0cm，播种后用蛭石均匀覆盖，并用木板刮平。播完种后统一浇水，浇水一定要浇透，直至从穴盘下能看到水从下部孔隙中滴出为止，使基质最大持水量达到 200％ 以上。运送到催芽室或温室进行催芽。催芽室或温室的温度控制在白天 20～25℃、夜间 18～20℃，环境湿度保持在 90％ 以上。2～3d 后当 60％ 左右的种子萌发出土时，即可转移到育苗温室进行秧苗培育。

（3）育苗管理（彩图 5-3） 结球甘蓝苗期对温、光条件适应范围较宽，育苗管理相对比较容易。但是由于其根系较为发达且喜低温，所以当幼苗过密和水分较多的条件下容易徒长。结球甘蓝分春、夏、秋季栽培，育苗时间和所用品种都不相同。春、夏甘蓝应选择冬性较强和早熟的品种，当幼苗长出 3～4 片叶以后不应长期生长在日平均温度 5℃ 以下，以防止通过春化。秋甘蓝是在夏季育苗，多采用中晚熟品种，播期则需依据品种特性和栽培时期进行确定，防雨、防病、防虫是秋甘蓝育苗的关键。

冬季育苗温室的温度控制，白天温度掌握在 18～22℃，夜温以 10～12℃ 为宜；当幼苗出齐后开始通风，防止幼苗徒长。水分控制为：从子叶展开至 2 叶 1 心，有效水含量为最大持水量的 70％～75％；幼苗 3 叶 1 心至成苗水分含量应保持在 55％～60％。夏季育苗要注意防雨降温，可加盖遮阳网。苗期的光照条件要保证充足，促进幼苗健壮生长。补苗要在 1～2 片真叶期间进行。

甘蓝幼苗的主要病虫害有灰霉病、黑胫病、蚜虫和斑潜蝇。

（4）甘蓝穴盘育苗的成苗标准 具有真叶 4～6 片，叶片肥大，叶色深绿；下胚轴长度小于 2cm，株高 12～15cm，茎粗 3～4mm；无花芽分化和病虫为害；根系发达并能紧密缠绕成团。苗龄 30d 左右。

3. 结球甘蓝泥炭营养块育苗技术要点

泥炭营养块育苗可采用直播或种子催芽露白播种，播种时床底需平整压实，根据育苗品种、苗龄长短，在苗床上适宜间距摆块。喷水或用小水流缓慢浇灌，以少量多次浇透为原则，直至营养块完全疏松膨胀，将种子平放穴内，上覆 1～2cm 无菌细沙土（禁止使用重茬土）适度按压。注意培育好的壮苗应及时定植，防止出现根系老化和脱肥，育甘蓝苗以促为主，即肥水齐攻。

（1）苗床准备 选择适合场地，作宽度为 1m 左右的苗床，苗床底部压实整平（可用水找平）。苗床不平会影响后期水分管理，造成苗势不齐；冬季育苗要注意采取提高地温的措施。

（2）种子处理 按常规方法处理，包衣种子可不处理。

（3）摆块胀块 苗床上铺一层聚乙烯薄膜（适当打孔），依据作物特点以适宜的间距摆块（块距大于 1cm）；先喷一次小水，使营养块表面浸湿；从苗床边缘用小水流缓慢灌水到淹没块体；水吸干后再浇一次，直到营养块完全疏松膨胀（用细铁丝扎无硬芯），胀好后地膜上尽量无积水；放置 4～8h 后进行播种。块距不要过密，否则会影响通气，对扎根不利。高温育苗或苗龄较长时可先在块间填充约 1/3 块高的无菌土，以便保水护根。胀块过程中水流不能过急、过大，以免冲散，不要移动或按压块。

（4）播种出苗 种子横放在种穴底部。上覆 1cm 左右厚的无菌覆盖土，并适度按压。播完后盖一层白地膜，保水保温，破土 50％ 以上时揭去上层地膜。此期间要加强温度调节，促使种子早发芽。夏季苗床要进行遮阳，避免烫种。冬季若棚温低种子不能很快出芽，每隔 3～5d 在早或晚揭膜透气，并注意补水。

（5）幼苗管理 揭膜后水分可稍干但绝不能缺水，一般需要少量补水。浇水应在早晨棚温上升前进行，绝不能用喷壶喷水，应用小水流从床底缓慢灌水（溜缝），使水分自下而上渗入块体。地温不应低于15℃，棚温采取变温管理，防止徒长。注意灾害性天气管理，灵活进行光照、温度、水分控制，避免阳光突然暴晒与温度骤升骤降，防止水分过干过湿。正常情况下营养块育苗不易感染猝倒病等病害，故不需要药物防治，以免烧苗。

（6）成苗管理　真叶完全展开后幼苗生长加快，此时应注意浇水、通气、增强光照。浇水方法同幼苗管理，原则是见干见湿，可适当发挥以水控苗的作用。根据生长情况，及时倒苗和排稀，把长势一致的种苗调整到一起，统一管理，以利于培育均衡壮苗，其他同常规管理。要适时通风，注意后半夜温度不能过高，注意水分不能控制过于严格，否则易出现老化苗。

（7）炼苗定植　定植前要适时降温，停水炼苗。带块移栽，块不要露出地面，至少盖土1～2cm。定植后一定要浇透水，以利于根系下扎，正常管理无缓苗期。营养块可缩短育苗期，应适当提前定植，并提倡小苗定植。若不能按期定植应采取措施防止出现根系老化和脱肥现象。

4. 结球甘蓝大棚漂浮育苗技术要点

漂浮育苗技术解决了十字花科蔬菜根肿病的土壤带菌问题，缩短了定植以后的缓苗时间，加快了根系恢复，保证了产品质量，提高了商品价值。

（1）品种选择　一般应选择抗逆性强、丰产性好、综合性状表现较好的领先甘蓝、中甘系列、京丰、晚丰等绿甘蓝品种和紫辉、红韵等紫甘蓝品种。

（2）育苗前的准备

① 育苗盘消毒　育苗盘采用聚丙乙烯泡沫塑料盘，长×宽×高为66cm×34cm×7cm的200孔育苗盘。也可用其他规格的苗盘，新使用的育苗盘可以不消毒，但已经使用过的育苗盘一定要消毒。可用0.05%～0.1%高锰酸钾浸泡育苗盘4h，消毒后，用清水洗净。

② 育苗池消毒与施肥　水床膜为聚乙烯黑膜，厚0.08mm。新使用的可以不消毒，但已经使用过的一定要用30%漂白粉1000倍液消毒。将消毒后的水床膜平铺在育苗池内，用卡簧固定在卡槽内，放入干净的清水，水距离池边7～10cm。按每池施肥量（kg）＝每池用水质量（kg）×使用浓度（%），施入浓度为0.1%的烤烟专用配方苗肥（N：P_2O_5：K_2O＝12：10：12），并搅拌均匀。

③ 种子消毒　将选择好的品种种子在阳光下晒1～2d进行消毒，包衣种子可直接播种。

（3）基质选用与加水　采用烤烟漂浮育苗基质。在装盘前，将基质从袋中倒出成堆，用铲子边搅拌边加水，力求均匀，并不时用手捏基质，当基质能手握成团，触之即散或落地即散即可。

（4）播种　采用云南名泽烟草机械有限公司生产的漂浮育苗装盘播种机可将装盘、压穴、播种一次完成。机播过程中注意不时用刷子刷压穴滚筒和播种筒，以免压穴不均和种子堵塞种孔。在播种好的育苗盘上均匀撒盖基质，刮平，基质要将种子完全覆盖，以免螺旋苗发生。然后，将育苗盘放入育苗池中，摆放整齐。

（5）苗期管理

① 温湿度管理　利用温室大棚配备的温光控制系统，播种至出苗期间，将温度控制在25℃左右，出苗以后将温度控制在20～25℃。同时通过开启遮阳网、天窗和两侧棚膜进行控温、控湿和通风换气。如遇连续降雨，卷膜排湿效果差且盘面湿度过大时，

需用竹架在育苗池上进行晾盘，以增加盘面通透性，促进菜苗正常生长。

② 间苗与补苗　提高成苗率需要及时间苗和补苗。甘蓝播种后 3d 即出苗，当苗大部分已经进入"小十字期"（2 片真叶与 2 片子叶呈"十"字形时期）后，要及时拔除多棵苗、螺旋根苗、弱小苗，每穴留一株健苗。发现缺苗时，用细竹片将拔出的健壮苗小心补上。一般间苗与补苗同时进行。

③ 病害防治　苗期主要病害有猝倒病和立枯病，发病初期，用 64%恶霜·锰锌可湿性粉剂 500 倍液或 58%甲霜·锰锌可湿性粉剂 500 倍液喷雾防治。

四、结球甘蓝主要栽培技术

1. 结球甘蓝春季栽培技术要点

长江流域结球甘蓝露地栽培，能充分利用冬闲田，茬口安排灵活多样，一般是在秋豇豆、秋菜豆、秋毛豆、秋玉米、冬瓜、秋瓠瓜、秋黄瓜、秋茄子、秋辣椒、红薯等作物收获罢园后，11 月中旬及时定植，翌年 4 月中旬收获上市，可极大缓解蔬菜"春淡"市场。

（1）品种选择　为避免植株发生先期抽薹，应选择耐低温、冬性较强、抽薹率低、抗病、高产、优质的早熟品种。同时，要特别注意品种不要混杂，否则植株整齐度差，且冬性降低，容易先期抽薹。目前长江流域主栽品种主要有春丰、争春、润春等。

（2）适时播种　严格掌握播种期，播种过早会先期抽薹，过迟又影响产量和品质，结球不紧。播种时期与地域、保护地设施以及所选品种有密切关系，各地可根据气候特点和保护设施性能以及所期望的上市时间进行选择。东北和西北地区早春 3、4 月温室内育苗，苗龄 60～80d；华北地区在前一年的 10 月下旬至 11 月上旬冷床育苗，或在 1、2 月在塑料大棚或改良阳畦内育苗，苗龄 40～50d；南方各省选用中、晚熟品种，于前一年 10～11 月在露地播种育苗，苗龄 40d 左右，也可于 12 月下旬至翌年 1 月上旬阳畦（温床）播种或在温室播种育苗。选择疏松透气、土壤团粒结构较好、排灌方便，且 2 年内未种过十字花科蔬菜的地块作苗床。

（3）及时定植

① 定植时间　北方定植春甘蓝，一般用秋耕过的冬闲地，早春解冻后的 3 月下旬至 4 月下旬，日均温度 6～8℃即可定植。南方在温度较低的 11～12 月内定植。

② 整地施肥　定植前整地地块，选择土质较好、排灌方便的地块，定植前深耕炕地 20d 左右。结合整地每亩施优质有机肥料 3000～5000kg，过磷酸钙 30～35kg，基肥深施、撒施或条施均可，并施入一定量的钼、锌、硼等微肥，并结合整地沟施 12kg 尿素作为提苗肥。北方露地栽培采用平畦，搭盖塑料拱棚，也可采用半高畦；南方雨水多，采用深沟高畦。

③ 合理密植　幼苗长到 5～6 片叶为定植最佳时期，同时还需根据温度条件确定。因为结球甘蓝根系活动最低温度比地上部低，当土壤温度在 5℃以上时，根部就开始活动，而地上部开始生长的温度为 10℃左右。另外，适当提早定植，根系生长良好，有利提早成熟。定植过早或过晚都不利于植株生长。定植过早，可能增加早期抽薹率；定植过晚，影响早熟和丰产。在冷尾暖头气候条件下定植，定植前 3～4d 浇透水。

选择生长健壮、叶片肥厚、色泽深绿、叶柄短而宽、心叶向内卷曲、茎秆粗壮、无病虫害且大小一致的优良壮苗。起苗时淘汰过大苗，尽量使秧苗所带土坨完整，防伤根。起苗时一般采用大小行定植，覆盖地膜，根据品种特性、气候条件和土壤肥力，北方早熟种每亩定植 4000～6000 株，中熟种 2500～3000 株；南方早熟品种每亩定植 3500～

4500 株，中熟品种 3000～3500 株。

定植方法有两种：一种是暗水定植，先按株行距挖好定植穴，再向穴中浇水，等水充分渗入土之后将苗摆进穴中，然后壅土，苗情好，因为根系周围土壤疏松透气；另一种是明水定植，即定植壅土后再浇水。

（4）田间管理（彩图 5-4）

① 追肥管理　一般在定植、缓苗、莲座初期、莲座后期、结球初期、结球中期分别进行追肥。结球期前要形成一定的外叶数，重点在结球初期，施肥浓度和用量随植株生长而增加，天旱宜淡，每亩用 20%～30% 腐熟人粪尿 1000～1500kg；莲座期与结球期，每亩用 40%～50% 人粪尿 1500～2000kg；植株封垄后，每亩用硫酸铵 10～15kg，或尿素 5～7.5kg，酌量增施磷、钾肥。收获前 20d 内不得追施速效氮肥。

② 浇水管理　从定植到翌年 2 月底前，气温低，雨雪天气较多，应及时排除田间积水，保护植株根系活力，减轻田间菌核病、霜霉病等病害的发生，且应严格控制追肥的次数，勿使年前植株营养体因长得过快、过大而通过春化，发生未熟抽薹现象。

结球甘蓝适宜空气湿度为 80%～85%，土壤湿度 70%～80%。定植后 4～5d 浇缓苗水，莲座期通过控制浇水蹲苗，结球期要保持土壤湿润，结球后期控制浇水次数和水量。干旱时应及时灌溉，深度至畦沟 2/3 为度，水在畦沟中停留 3～4h 后排出。

③ 温度管理　北方棚室栽培的，缓苗期要增温保温，通过加盖草苫、内设小拱棚等措施保温，适宜的温度为白天 20～22℃、夜间 10～12℃。莲座期，棚室温度控制在白天 15～20℃、夜间 8～10℃。结球期，棚室栽培浇水后要放风排湿，室温不宜超过 25℃，当外界气温稳定在 15℃ 时可撤膜。

④ 中耕培土　浇缓苗水后，要及时中耕、锄地、蹲苗。一般早熟品种宜中耕二三次，中晚熟品种三四次。第一次中耕宜深，要全面锄透、锄平整，以利保墒，以后中耕进入莲座期，宜浅锄，并向植株四周培土。

⑤ 适时采收　一般采收期是从定植时算起，早熟品种 65d 左右，中熟品种 75d 左右，极早熟品种 55～65d。采收标准是：叶球坚实而不裂，发黄发亮，最外层叶上部外翻，外叶下披，达到这个标准就应及时采收。过早采收虽然售价高，但叶球尚未充实，不但产量低，而且品质也差；叶球一旦充实而不适时采收，很快就会裂球，成为次品。在长江流域，一般在 4 月底至 5 月初开始采收。采收方式最好是分次隔株采收。

2. 结球甘蓝夏季栽培技术要点

结球甘蓝是一种耐寒不耐高温的蔬菜，在炎热的夏季种植难度较大，但效益却很高。在城市郊区，尤其在夏季比较冷凉的山区，适当发展夏结球甘蓝栽培，对丰富淡季蔬菜供应有重要的意义。

（1）品种选择　夏甘蓝生长前期正值多雨季节，中后期又遇高温干旱天气，不利于产品器官形成，也容易多发病虫害，所以应选择耐热性强、抗病、耐涝、适应性强、结球紧实、生长期短、整齐度高的品种。

（2）播种育苗　采用育苗移栽，一般 6 月上旬育苗，7 月上旬定植，8 月下旬至 9 月中下旬收获。北方夏甘蓝一般在 3～5 月冷床播种育苗，5～6 月定植，8～9 月采收。

必须采用凉棚育苗，苗床四周用木料或竹竿打桩作主柱，架高 1.2m 左右，棚架上盖黑色遮阳网等遮阴。播种前苗床要浇足底水，使 8～10cm 深的土层呈饱和状态，最后一次洒水加 40% 辛硫磷乳油配成 1000 倍药水，可以减少地下害虫为害。待底水下渗无积水后，将 25% 甲霜灵可湿性粉剂与 70% 代森锰锌可湿性粉剂按 9:1 混合，按每平方米苗床用药 8～10g 与 15～30kg 过筛细土混合配成药土，撒播种子前将 2/3 药土撒铺于床面，然后将种子均匀地撒播在上面，将另 1/3 药土覆盖在种子上，再在上面覆盖 0.7cm 左右的过筛细土。

撒播种子时畦面应留有余地供搭小拱棚。为有利于出苗，可在覆土后再用双层遮阳网或稻草等覆盖物覆盖畦面以保湿。出苗前，要勤检查，待大部分幼苗出土后，可在傍晚揭去覆盖物。齐苗后，选择晴天中午再次覆土，厚度 0.2cm 左右，以利于幼苗扎根，降低床面湿度，防止苗期病害。幼苗长到 2～3 片真叶时进行分苗，苗距 8cm×10cm。分苗前，播种床应浇足底水，分苗后苗床必须及时浇缓苗水，以缩短缓苗期，有条件的可将苗分植营养钵内，分苗后及时搭棚避雨，并做好遮阴、中耕、防病防虫、水分管理等工作，苗长 5～6 片真叶时定植。

（3）整地定植　选择地势高燥、排水方便的地块栽培。整地前，每亩施腐熟农家肥 5000kg，然后翻地作畦。畦面一定要平，畦宽 1.5m。夏甘蓝育苗苗龄 40～50d，有 5～6 片叶时，应及时安排定植，如幼苗过大，定植后缓苗期长，生长不旺，起苗时应尽量起大土坨，少伤根。定植应在下午 4 点以后或阴天进行，适当密植，按株距 35cm，行距 45cm 定植。定植后浇定根水，第二天上午必须再浇一次活棵水。如有缺苗应及时补苗。

需要强调的是，夏甘蓝栽培定植时必须带土坨。在气温较高的情况下，如果苗床浇水后拔苗定植，缓苗期需 15～20d。这是因为拔苗时，幼苗的大部分根系都拔脱在土壤中，即使看到幼苗根部有一些白色细根，那些白色细根只是脱掉韧皮部的木质部，无吸收水分、养分的功能。必须重新发出新的根系后，才能恢复对幼苗水分、养分的供应，生长才能恢复正常，所以以缓苗期要比带土坨幼苗长 10～15d。

（4）田间管理

① 追肥　缓苗后进行第一次追肥，每亩随水追施尿素 8～10kg 或硫酸铵 10kg。4～5d 后再浇一次，然后中耕一次。由于夏季多雨土壤养分流失多，应当采用少量多施的方法追肥。在第一次追肥后 10～15d，进行第二次追肥，每亩追施 8～10kg 尿素。

② 浇水　夏甘蓝应在早晨或傍晚灌水，以避免高温、高湿带来的不良影响。一般应小水勤浇，5～6d 浇一次水。结球膨大期水肥要供应充足，不能干旱。遇阴雨天气，要及时排渍，达到雨住田干。在下过热（阵）雨后，及时用深井水灌溉，以降低地温，增加土壤含氧量，有利于夏甘蓝根系生长，减少叶球腐烂。

③ 中耕　定植连浇 3 次水后，6～7d 基本缓苗，可中耕一次。浇水和雨后还要注意勤中耕，夏季中耕不宜过深，划破地皮即可。如中耕过深对根系发育不利，雨后积水多，反而有碍植株生长。

（5）及时采收　甘蓝叶球充分膨大时采收，连续阴雨天应适当早收，以免产生裂球和发生病害。成熟度参差不齐的地块，应先采收包心紧的植株。进行远途外运时，一般傍晚采收，夜间放在通风处散热，于清晨装车外运。不可在午间或雨后收获、装筐、外运，以免腐烂。

3. 结球甘蓝秋季栽培技术要点

（1）栽培季节　秋甘蓝是在夏季或初秋播种育苗，于秋末或冬季上市的一种栽培方式，具有适应性好、病虫害少、中后期进入冬季不利于病虫害的暴发、栽培容易等特点。秋甘蓝育苗时间多在 6 月中下旬至 8 月上旬。其中，中晚熟品种多在 6 月中、下旬播种，7 月底至 8 月初定植，10 月下旬至 11 月中旬收获；中早熟、早熟品种多在 7 月上旬至 8 月上旬育苗，8 月上旬至 9 月初栽植，10 月上旬至 11 月初上市。

（2）播种育苗　秋甘蓝育苗期间温度高，秧苗出土生长较为困难，需采用遮阳网进行育苗。

① 苗床准备　选择通风凉爽、土地肥沃、有机质含量高、灌溉条件好的熟土地作苗床，有条件的最好进行营养钵育苗。一般每亩施腐熟人畜肥 1000～1500kg，45% 复合肥 15kg，肥土混匀，起垄耙平，床宽 1.5m，一般每亩大田需苗床 20～25m²。

② 播种　播前先用清水将苗床浇透，适当稀播，播种时采用沙土拌种，便于撒播均匀，种子用 65% 代森锰锌可湿性粉剂拌种可防治立枯病，播后轻盖 0.5～1cm 厚的细土，及时覆盖稻草、树叶或遮阳网，保持床土湿润，用 50% 多菌灵可湿性粉剂浇透垄面，灭菌保湿。出苗后及时揭盖，搭小拱棚覆盖遮阳网，防止阳光直射，一般出苗后于晴天上午 9～10 时盖帘，下午 3～4 时揭帘。注意适量浇水，如床面湿度过大，可撒一层干细土或草木灰降湿，苗初出土时每天浇水一次，以后每隔 1～2d 浇水一次，以保持土壤湿润、土表略干为宜。

当幼苗长到 2～3 片真叶时分苗，分苗床与苗床一样，要求地势较高、通风凉爽、能灌能排的肥沃地块。选阴天或傍晚分苗，苗距 10cm×10cm，栽后立即浇水，最好遮阴 3～4d，浇缓苗水后中耕蹲苗。注意防治蚜虫。

（3）定植　当秋甘蓝苗长到 30～35d，具有 6～8 片真叶时，带大土坨定植。选择土壤肥沃、排水便利、前茬未种过十字花科蔬菜的地块，定植前选择深耕平整土地，每亩施腐熟有机肥 3000～5000kg，加 25kg 复合肥。做成 1m 宽的高畦，选阴天或下午定植，一般栽在垄的阴面半坡，栽 2 行。栽后立即浇水。

若定植后遇干旱，需将定植穴浇透水后再栽苗，栽植后每天早晚浇水，以保证秧苗成活。秧苗宜带土移植，起苗尽量少伤根，适当浅栽，一般早熟品种株行距 35cm×40cm，亩栽 4500 株左右，中晚熟品种株行距为 40cm×50cm，亩栽 3000 株左右。

（4）田间管理

① 浇水管理　秋甘蓝生长前期，由于气温高，蒸发量大，要注意经常浇水。浇过定根水后，第二天再浇一次水，以后隔 1～2d 浇一次，一周后即可活棵。缓苗后适当蹲苗。莲座期和结球期对缺水敏感，干旱时不但结球延迟，甚至开始包心的叶片也会重新张开，不能结球，应根据田间情况，适时浇水，保持土壤湿润。高温期间要在早晨或傍晚进行浇水。叶球生长紧实后，停止浇水，以防叶球开裂。甘蓝虽喜潮湿，但忌渍水，因此，雨水多的地方要做好排涝工作。

② 追肥管理　早、中熟品种一般追肥 2～3 次，晚熟品种追肥 4 次。第一次在定植后一周左右，结合缓苗水，每亩施尿素 5～8kg、磷酸二铵 5kg。第二次在莲座初期，每亩施尿素 20kg 左右，并伴随中耕培土。在莲座末期，追第三次肥，每亩施尿素 15～20kg，施后结合浇水。结球初期再追一次，每亩施尿素 15kg。并适当用 1% 尿素 +0.1%～0.2% 的磷酸二氢钾根外追肥 2～3 次。追肥以株间穴施为佳。

③ 中耕除草　中耕远苗宜深，近苗宜浅。秋甘蓝地内杂草滋生严重，在植株封垄前要进行 2～3 次浅中耕除草，并及时培土，以利排灌。后期应人工拔草。

④ 及时收获　秋甘蓝宜在叶球紧实时采收。判断叶球是否包紧，可用手指在叶球顶部压一下，如有坚硬紧实感，即应采收，以防叶球内部继续生长而开裂。

4. 结球甘蓝高山栽培技术要点

夏季，平原地区由于高温、干旱等恶劣天气的影响，甘蓝生长困难，品质差，在

7～9月份是甘蓝供应的淡季。而利用高山进行栽培，能较好地填补市场空缺。高山播种期一般在4～5月份，5～6月定植，8～9月采收。海拔500～800m的低山区，用塑料小拱棚覆盖育苗，播种期可提前到3月中下旬。海拔800～1600m的中高山地区栽培的甘蓝，由于气候条件优越，生长良好，不仅产量高，而且品质优，市场前景好。

(1) 品种选择　选择生长势强、耐热、抗病、结球性好、扁平球或扁圆球类型的中早熟品种。

(2) 培育壮苗

① 营养土配制　播种前10～15d配制好营养土，配方比例为园土7份、腐熟厩肥3份。还可在营养土中加入适量的砻糠灰和高效液体微肥。配好的营养土充分混合均匀后堆放7～10d备用。

② 播种　选择避风向阳、排灌方便、2～3年未种过十字花科作物的地块，耕翻整平后作苗床，每平方米苗床播种5～10g，适当稀播为宜，播后浇10%稀人粪尿水，再撒一层0.7～0.8cm厚的营养土盖籽。在3～4月播种的，由于前期温度较低，雨水较多，应采用塑料中棚或小拱棚覆盖进行保温避雨育苗。进入5～6月份，则要采用遮阳网覆盖，实行弱光降温育苗。低温季节播种后5～6d出苗，温暖季节2～3d出苗，苗齐后浇一次3%稀人粪尿水。幼苗具1片真叶时即可移入营养钵育苗。

③ 分苗　将配制的营养土装入营养钵，然后进行分苗并浇定根水。苗期以20d左右为宜，当苗具有5～6片真叶时即可定植。

④ 注意事项　苗床的水分管理要适度，土壤过干时，要及时浇水或喷水，保持苗床土壤湿润，防止土壤过干时因幼根吸水能力弱而使植株被吊死。如果水分过多，则易造成幼苗徒长而纤细，并招致病害发生。要科学地管理好育苗设施，以改善育苗地的小气候环境，早期播种的育苗床，要用薄膜棚覆盖，以便保温与避雨，同时，还要加强通风降温，防止闭棚时间过长，湿度增大，病害加重。5～6月份的苗床要用遮阳网覆盖，以防止暴雨和暴晒，并注意增加光照时间，做到昼盖夜揭，提高幼苗素质。同时，要根据苗情，酌情追肥，促进其生长。

(3) 及时定植　以缓坡地定植为宜，深耕后，结合深耕，施足基肥，每亩撒施石灰100～150kg，耕地作畦后，沟施厩肥2000～3000kg、复合肥50～80kg。畦面整平后铺黑色地膜。地膜要紧贴畦面，边角用土密封，畦宽（连沟）1.2m种2行，或1.6m种3行，或2.0m种4行。早熟品种可每亩栽3000～3500株，晚熟品种可栽2500～3000株。

若是覆盖白色地膜，为防止杂草，盖膜前每亩要用50%丁草胺乳油100mL对水50kg喷洒畦面。起苗时剔除病苗、弱苗、杂苗，选择大小一致的壮苗定植。定植时，先在铺好膜的畦面上打定植孔，并将孔中拉出的泥土放在畦背上，然后把生物钾肥和钙镁磷肥施入定植穴内，每亩用生物钾肥2～3kg、钙镁磷肥35～40kg。移栽时，先将定植穴内的生物钾肥、钙镁磷肥与土混拌一下，再将营养钵中的苗倒出栽入定植穴内，并用打定植孔时拉出的土填好定植孔，栽植深度以最下一片叶距地面1～2cm为宜，栽后浇足定根水。定植后，为促进缓苗，还可以用遮阳网进行畦面的浮面覆盖，促进缓苗活棵。

(4) 田间管理　整个栽培期间均不可缺水缺肥，前期雨水多时要做好清沟排水工作，做到田干地爽不积水。进入夏、秋季节，土壤较干时，要结合施肥水及时浇水防旱，或者灌半沟水进行土壤保湿，保持田间土壤的湿润状态。土壤干旱时，植株生长不良，结球将延迟，甚至使已包心的叶片又重新张开不包心。而结球后期应停止浇水，以防止水分过多造成叶球开裂等。

从定植到莲座期，要勤施薄施，以氮素肥料为主，每亩用 20％的人粪尿水或尿素 5～7kg 浇施 1～2 次。莲座期重施一次追肥，每亩用尿素 10kg 加复合肥 3～5kg 浇施。结球后追施 2 次肥，每亩分别用复合肥 15kg、尿素 10kg。还可叶面喷施。及时防治菜青虫、甘蓝夜蛾、小菜蛾等害虫。

5. 结球甘蓝冬季栽培技术要点

（1）播种期　根据品种熟性和上市要求可选择以下两个时段。秋播：7 月 20 日至 8 月 10 日播种育苗，苗龄 30～35d，9 月 15 日前定植，11 月至翌年 3 月份均可采收上市；冬播：9 月 1 日～20 日播种育苗，10 月底定植完毕，翌年 2～3 月份采收上市。

（2）培育壮苗　栽培 1 亩冬甘蓝需育苗畦 40m² 左右，选择条件较好的砂壤土建育苗畦，每亩施入优质土杂肥 5000kg，深耕整平作高畦，畦宽 1.2～1.5m。作畦时取出部分畦土，过筛后堆放一边以备覆土用。

7 月中下旬正值高温多雨季节，露地需设塑料薄膜或遮阳网的遮阴棚，以防热、防雨、防暴晒。遮阴物晴天时上午 10～11 时覆盖，下午 3～4 时揭开。阴天时不盖，让幼苗在露地自然环境下锻炼。浇足底墒水，等水干后，将种子掺土均匀播于苗床，覆土要浅，一般撒 0.5cm。一般 3d 齐苗，2～3 叶时间苗，也可在 4 片叶时按 10cm² 分苗，经过分苗定植期可推迟 7～10d。定植前 5～7d 不要浇水，进行炼苗，并提高成活率促其快缓苗，并注意拔除杂草和防治病虫，确保培育壮苗。

（3）整地定植　选择有水浇条件、土壤较肥沃的地块，及时耕翻整平，每亩施优质农家肥 3000～5000kg、复合肥 50kg，起垄备用。定植宜在阴天或傍晚进行。移栽时将大小苗分类定植，行距 50cm，株距 35cm，定植后立即浇水。

（4）田间管理　定植后 15d 浇第二水，并追施尿素 10kg 左右提苗，20d 后，随浇水追尿素 10～15kg。莲座期随浇水追尿素 15～20kg。莲座后期至包球期，是追肥的关键时期，应重施氮磷钾复合肥 15～20kg。结球后期应停止追肥。莲座期如生长过旺，应适当蹲苗，一般蹲苗 10～15d，当叶片上明显有蜡粉，心叶开始抱球时结束蹲苗。叶球基本紧实，包心达 6～9 成时，应控制浇水，以免生长过旺而裂球和降低抗寒能力。

冬甘蓝在冬前形成半包心，进入冬季时，结球指标必须达到 6～7 成以上。若结球指标达不到，立春易发生抽薹现象；若高于指标，耐寒性降低会出现裂球现象，影响商品价值。冬甘蓝在冬季生长，病虫害发生较轻，不需打药防治，无农药残留，无污染。冬甘蓝的收获期长，要视市场价格因素决定，但应注意必须在 3 月前收获完毕。收获过晚会导致后期裂球、抽薹，影响商品质量。

6. 结球甘蓝小拱棚春早熟栽培技术要点

（1）品种选择　选用早熟、较耐寒、冬性强、定植后 40～50d 即可收获的优良品种。

（2）播种育苗　采用干籽播种，1 月上旬在日光温室内播种育苗。苗床土肥配比为 7∶3，要过筛均匀，耙平床面，并浇透水。一亩大田需用种 100g。播种后在苗床上盖地膜，保湿增温，利于出苗全、齐、快。出苗前，白天温度保持 20～25℃，夜间 12～15℃，即将出苗应及时揭掉地膜，白天保持 20℃左右，夜间 10～13℃。2 叶 1 心期及时分苗一次，分苗床土肥比以 6∶4 为好，分苗苗距 10cm×10cm，用喷壶在小苗的根部四周浇小水。分苗后白天苗床温度控制在 20～25℃；缓苗后适当通风，白天苗床温度控制在 20℃左右，夜间 10～12℃，最好不低于 10℃。秧苗达 4～5 片真叶后，苗床夜温尤其不能偏低，以减少适于春化的低温影响，避免定植后发生未熟抽薹。扎根缓苗后，可再浇一次小水。待地表稍干，用铁丝钩中耕松土，促进生长，培育壮苗。定植前 7d 逐渐降温炼苗，以适应小拱棚内的环境条件。一般苗龄 60～70d，具 6～7 片真叶时定植。

（3）及时定植　3 月上中旬定植。定植前每亩施腐熟的有机肥 4000kg 左右、磷酸二铵 20kg、草木灰 30kg，翻地、整平，做成南北向平畦，宽 1.5m 左右，长 10～13m。早熟品种按（30～33）cm×（30～33）cm，或株距 25～30cm，行距 35～40cm 定植；中熟品种以（40～45）cm×（40～45）cm 定植。栽完后扣小拱棚膜，浇完水后封严薄膜。

（4）田间管理

① 温度管理　定植后密闭棚膜 7～10d，缓苗后开始通风。先在南北两头通风，保持棚内白天温度 20～24℃，最高不超过 25℃；夜间 10～13℃，短时 5℃左右。4 月份，随着外界温度升高，通风量逐渐加大，在棚的两侧支起 30cm 高的通风口，保持适温。如通风量小，则棚内高温高湿，植株易徒长，推迟结球。外界最低温达到 7～10℃时，可昼夜通风。在 4 月中下旬逐渐加大通风量条件下，可把棚膜拿掉或在 4 月中旬左右把棚架、膜扣在相邻的畦地上，定植喜温性蔬菜，做到"一棚两用"。

② 肥水管理　定植后 7～10d 浇一次缓苗水。定植采取"开沟坐水稳苗"的方法，即先在定植沟浇半沟水，然后按株距摆苗并拥土护根，经过 5～7d，在沟内浇缓苗水后再过 1～2d 将定植沟覆平，这样做比平栽后浇水更利于提高沟中土壤温度，促使根系向深处延伸。未铺地膜的，中午揭棚膜进行一次深中耕，促进秧苗及早发根，而后再把棚膜扣上。在定植后 15d 左右，随水进行第一次追肥，每亩追施尿素 10～15kg，促使莲座叶的生长。然后控制浇水，中耕蹲苗。当莲座叶基本封垄，叶球开始抱合时，结束蹲苗，进行第二次追肥，促进叶球生长。一般每亩追施尿素 15kg、硫酸钾 10kg 或草木灰 100kg。以后根据天气情况 5～7d 浇一次水，再追肥 1～2 次。

③ 及时收获　在叶球重量接近 500g，即可根据市场需求进行收获。

7. 结球甘蓝早春塑料大棚栽培技术要点

（1）品种选择　选用早熟或中熟品种。

（2）播种育苗　采用干籽播种，于 12 月中下旬在日光温室播种。1 个月左右时分苗一次，苗龄 60～80d。

（3）及时定植　在 2 月下旬到 3 月初定植。甘蓝定植前进行棚室消毒，每亩设施用 80%敌敌畏乳油 250g 拌上锯末，与 2～3kg 硫黄粉混合，分 10 处点燃，密闭一昼夜，放风后无味时定植。或定植前及生长期间用 5%百菌清烟剂，每亩用 80g 密闭烟熏消毒，可防治甘蓝霜霉病、黑斑病等。

定植前炼好苗，栽培畦施足基肥。每亩施入有机肥 5000kg 左右，过磷酸钙 30～50kg，草木灰 30～50kg，或磷酸二铵等复合肥 30kg，翻地、整平、起垄、作高畦，畦高 10cm，上铺地膜。中熟品种畦宽 40～45cm，沟宽 40cm，株距 28～30cm。穴栽后，在沟中浇水，湿透土坨。缓苗后再浇一次水，中耕沟道，进行蹲苗。植株包心后加强肥水管理。

（4）田间管理（彩图 5-5）　定植后闭棚 7d 左右，棚内白天保持 20～22℃，夜间 10～12℃，促进缓苗发根。必要时可通过加盖草帘，内设小拱棚等措施增温保温。新叶开始生长时，卷起大棚两侧棚膜进行通风，白天维持 15～20℃，夜间 8～10℃左右，短时 5℃以上。外界最低温度达 8℃左右时，加大通风量，昼夜通风。肥水管理同小拱棚春早熟栽培。

8. 结球甘蓝小拱棚秋延后栽培技术要点

(1) 品种选择　一般应选用适于秋季栽培的品种。

(2) 播种育苗　露地作育苗畦，施腐熟的圈肥等有机肥作基肥，每亩 5000～6000kg，氮磷钾复合肥 20～30kg，施肥后深翻、耙平，做成畦宽 1.2～1.5m 的平畦，留出部分畦土过筛备作覆土。播种前，育苗畦浇足底水，水渗下后将种子均匀撒播，每平方米播种量 3～4g，然后覆土 1～1.5cm。出苗后及时进行间苗、除草，干旱时须浇水，并注意及早喷药防治菜青虫等害虫。2～3 叶期进行分苗，苗距 10cm×10cm。如果播种畦面积大，播种时适当稀播，出苗后间苗 2～3 次，最好使苗距达到 6～8cm，也可以不分苗。

(3) 及时定植　定植前，每亩施腐熟圈肥 5000～6000kg，过磷酸钙 40～50kg，磷酸二铵 20～30kg。将肥料均匀撒施，然后深耕 20～30cm，耙平后作畦。畦向一般为东西向，畦宽应考虑所用薄膜的幅宽，如果所选用薄膜的幅宽为 1.6m，则作畦的畦面宽应为 1.1～1.2m（不包括畦埂）。秋延迟栽培甘蓝的定植期为 9 月下旬至 10 月中旬。定植前 5～7d，育苗畦应浇水，切土块，以便于定植时秧苗能带土坨。定植后随即浇水，2～3d 后再浇一次水。缓苗后，中耕松土 1～2 遍。

(4) 田间管理　不论选用什么品种和育苗期的早晚，定植后至 11 月中旬之前，均可按着秋季露地栽培进行施肥、浇水、治虫、防病等管理。田间管理的原则应以促为主，即利用秋末冬初天气尚不寒冷，而且光照较好的环境条件，及时追肥、浇水，前期配合进行 2～3 次中耕，促植株生长，形成良好的莲座叶丛。当白天温度为 15℃，夜间温度 5℃左右时，应扎小拱棚覆盖薄膜。在盖膜前几天，最好每亩追施尿素 15～20kg，随之浇水。盖膜之后，土壤不干不必浇水，以避免小棚内湿度过高。进行覆盖后，小棚内白天的温度控制在 20℃，夜间 10℃左右。这样的温度条件如能维持 20～30d，甘蓝叶球已基本长成。此后温度可逐步降低，白天 8～10℃，夜间 3～5℃即可。此后，根据市场需求，随时收获上市。

五、结球甘蓝生产关键技术要点

1. 结球甘蓝配方施肥技术要领

甘蓝全生育期每亩施肥量为农家肥 2500～3000kg（或商品有机肥 350～400kg）、氮肥 15～18kg、磷肥 6～7kg、钾肥 8～11kg。有机肥作基肥，氮、钾肥分基肥和 3 次追肥，施肥比例为 2：3：3：2。磷肥全部作基肥，化肥和农家肥（或商品有机肥）混合施用（表 5-3、表 5-4）。

表 5-3　甘蓝推荐施肥量　　　　　　　　　　　　　　单位：kg/亩

肥力等级	目标产量	推荐施肥量		
		纯氮	五氧化二磷	氧化钾
低肥力	1500～2000	17～20	7～8	10～13
中肥力	2000～2500	15～18	6～7	8～11
高肥力	2500～3000	13～16	5～6	7～9

表 5-4　甘蓝配方施肥推荐量　　　　　　　　　　　　单位：kg/亩

基肥推荐方案				
肥力水平		低肥力	中肥力	高肥力
产量水平		1500～2000	2000～2500	2500～3000
有机肥	农家肥	3000～3500	2500～3000	2000～2500
	或商品有机肥	400～450	350～400	300～350
氮肥	尿素	5～6	4～5	4～5
	或硫酸铵	12～14	9～12	9～12
	或碳酸氢铵	14～16	11～14	11～14
磷肥	磷酸二铵	15～17	13～15	11～13
钾肥	硫酸钾（50%）	6～7	5～7	4～5
	或氯化钾（60%）	5～7	4～6	3～4

追肥推荐方案					
施肥时期	低肥力		中肥力		高肥力	
	尿素	硫酸钾	尿素	硫酸钾	尿素	硫酸钾
莲座期	8～9	4～5	7～8	3～5	6～8	3～4
结球初期	11～13	6～7	10～12	4～6	8～11	4～5
结球中期	8～9	4～5	7～8	3～5	6～8	3～4

（1）基肥　一般每亩施用农家肥 2500～3000kg（或商品有机肥 350～400kg）、尿素 4～5kg、磷酸二铵 13～15kg、硫酸钾 5～7kg。60% 的有机肥在田间作畦时撒施，40% 的有机肥在幼苗定植时进行沟施或穴施。为了防止雨季发生肥料流失而缺肥，夏季栽培甘蓝，更要重视基肥的施用。

（2）追肥　莲座期每亩施尿素 7～8kg、硫酸钾 3～5kg；结球初期每亩施尿素 10～12kg、硫酸钾 4～6kg；结球中期每亩施尿素 7～8kg、硫酸钾 3～5kg。

（3）根外追肥　在结球初期可叶面喷施 0.2% 磷酸二氢钾溶液及中、微量元素肥料。缺硼或缺钙情况下，可在生长中期喷 2～3 次 0.1%～0.2% 硼砂溶液，或 0.3%～0.5% 氯化钙或硝酸钙溶液。设施栽培可增施二氧化碳气肥。

2. 结球甘蓝浇水管理技术要领

甘蓝是需要水分多的蔬菜，在栽培中必须多次灌溉，依生长时期需水的不同，可分为苗期、莲座期及结球期的浇水。

（1）苗期浇水　一般在播种时要重浇水，出苗以后除养冬秧的要在结冻前浇冻水，分苗时要浇分苗水外，一直到定植挖苗时，才不得不浇挖苗水，这是以水控秧苗徒长的经验。

（2）莲座期浇水　定植秧苗时轻浇 1～2 次缓苗水后，就控制浇水而蹲苗。控制的时间，早熟品种不宜过长和过重，一般以 10～15d 为宜，中、晚熟品种较长，约 1 个月左右或更长些。从栽培季节来说，春、秋甘蓝生长速度快宜短控，夏、冬甘蓝生长速度慢可长控。莲座期的控制浇水，既要掌握有一定的土壤湿度，使莲座叶有充分的同化面积，又要控制水分不宜过多，迫使内短缩茎的节间短，因而能结球紧密而坚实。切忌过分蹲苗，以免叶片短小，结球不大，影响产量。到莲座末期开始结球时，就应重浇水。

（3）结球期浇水 从结球开始重浇水后，球叶生长速度快，需要水分多，根据天气情况水分不可缺少。一般是每隔一定的天数，地面见干时就应重浇水，一直到叶球紧实而开始收获或每次收获后，都应重浇水。但北方栽培秋甘蓝，要运输外销或储藏的，宜在收获前几天停止浇水，以利贮运。

3. 结球甘蓝水肥一体化技术要领

（1）水肥方案

① 基肥 一般每亩施腐熟有机肥 4000kg、三元复合肥 50kg。

② 定植 采用坐水定植法，选择晴天上午在高畦上定植，定植穴位于滴灌孔附近，定植后灌足水，每亩用水量 15m³。

③ 缓苗期 定植后 4～5d 浇缓苗水，每亩用水量 11～12m³，缓苗后蹲苗。

④ 莲座期 莲座期新叶开始合抱时，立即结束蹲苗浇水施肥促进结球。每亩用水量 12～13m³，并随水冲施纯氮 3kg（折尿素 6.5kg）。此后保持根周围土壤湿润，若干旱可追浇一次水。

⑤ 结球期 进入结球期植株本身需水量加大，此期应增加浇水次数和浇水量，一般应根据土壤情况间隔 10d 浇水一次，每亩浇水量 12～13m³，结球前期结合浇水每亩施纯氮 1.6kg（折合尿素 3.5kg），钾肥 1kg（折合硫酸钾 2kg）。叶球紧实后，收获前7～10d 停止灌溉，防止叶球旺长开裂。

（2）注意事项 水肥一体化滴灌系统追施肥料必须为液态或可溶性固态肥，固态肥溶解后有沉淀的要过滤后方可使用，2 种以上肥料混合，要求混合后不产生化学沉淀。且肥料溶液配制后施入时间段位于本次浇水的中间时间段，肥液注入系统内浓度大约为灌溉流量的 0.1%。

4. 结球甘蓝裂球的发生原因与防止措施

结球甘蓝裂球（彩图 5-6），在结球甘蓝栽培中多发生在叶球生长后期。

（1）症状识别 最常见的是叶球顶部呈"一条线"状开裂，也有在侧面呈"交叉"状开裂，从而露出里面的组织。开裂的程度不同，轻者仅从叶球外面的几层叶片开裂，重者开裂可深达短缩茎。甘蓝裂球不仅影响外观品质和降低商品性状，而且因伤口的存在增加了病菌侵染机会，易引起腐烂。

（2）发生原因

① 由于甘蓝叶球组织脆嫩，细胞柔韧性小，一旦土壤水分过多，细胞吸水过多胀裂。

② 甘蓝结球后遇大雨或大水漫灌，造成田间积水的田块易发生裂球，特别是干旱时突降大雨或大水漫灌，更易造成叶球开裂。

③ 因栽培季节和品种熟性不同引起。一般早熟品种在春季生长成熟后，或早、中熟品种在秋冬栽培时，定植过早，不及时采收，都可严重引起裂球。晚熟品种相对较少裂球。

④ 由品种特性和不同球型引起。甘蓝的不同品种抗裂球的能力不同，不同球型出现裂球现象的概率也不相同。

⑤ 过熟的甘蓝易裂球，收获不及时的，裂球增多。

（3）防止措施

① 选择不易发生裂球的品种。甘蓝叶球开裂主要是品种遗传性决定的，不同品种

抗裂球能力也不同，一般尖头类型不容易裂球，在容易出现裂球的茬口栽培一定要选择抗裂球的尖头型品种。

② 施足基肥，多施有机肥，增强土壤保水、保肥能力，以缓冲土壤中水分过多、过少和剧烈变化对植株的影响。甘蓝组织中含水量在90%以上，甘蓝根系分布较浅，叶片大，蒸发量大，在土壤湿度70%～80%时生长最好。若土壤水分不足，则甘蓝结球小，而且不紧实。因此，要经常浇水以保持土壤湿润。

③ 采用高畦栽培，以利雨后及时排水，根据天气预报和土壤墒情适时适量灌水，需要时进行浸灌，避免大水漫灌，叶球生长紧实后，应停止灌水。

④ 适时收获。根据品种特性及植株生长发育情况适时收获，避免因过熟引致裂球。尤其是叶球成熟期在雨季时，一定要在叶球抱合达到七、八成时就开始采收，陆续上市，防止暴雨过后导致大面积叶球开裂。其他季节栽培甘蓝要注意合理安排定植时期。在甘蓝成熟期，如果一旦发现裂球，即使叶球未达到完全成熟，也要立即采收，减少损失。

5. 结球甘蓝不结球的发生原因与防止措施

(1) 症状识别　甘蓝在不正常的条件下，不能形成叶球，或结球松散，因而降低或失去食用价值。有时，在同一地块，有一部分植株不结球或结球松散（彩图5-7），这种现象严重影响产量和食用价值。

(2) 发生原因

① 品种不纯　栽培品种混杂导致包球不实。甘蓝与其变种间极易发生杂交，在育种中未采取有效的隔离措施，容易产生杂交种，杂交种长成的植株一般不结球。

② 播种期过晚　秋播甘蓝播种过晚，至寒冬来临生长期不足，来不及结球，即造成不结球或结球松散现象；春播甘蓝播种过晚，结球期正值炎夏，不利于结球；或是夏甘蓝结球期温度太高，均会造成不结球或结球松散现象。

③ 气候条件不适　秋播甘蓝生长中后期阴雨过多，阳光不足；或气温过低，影响甘蓝的生长发育，均会造成不结球或结球松散现象。夏甘蓝生长期阴雨天多、气温过高等也会发生这一现象。

④ 田间管理差　甘蓝生长期肥水不足，或土壤水分过多、土壤通气不良，都可能出现不结球松散现象。在苗期幼苗徒长或控苗过度形成老化苗，也会导致结球不实现象产生。

⑤ 对病虫害防治不力　害虫咬断植株生长点导致植株不能结球；叶片受害虫为害导致莲座叶面积过小，病毒病、黑腐病等病害引起叶片萎缩，由于叶片光合作用减弱，使叶球松散或不结球。

(3) 防止措施

① 栽培甘蓝时，选用适销对路的纯正种子　甘蓝制种时必须隔离，防止天然杂交，易相互杂交的变种、品种间需进行严格隔离。

② 播种和定植期应适宜　甘蓝播种期和定植期的选定与当地气候有密切的关系，不同地理位置和不同海拔高度，播种和定植期也不相同，可根据栽培地区的特点确定适宜的播种和定植期。

③ 加强管理　施足基肥，多次追肥，特别在莲座叶生长期及结球期，都要有充足的肥水供应。注意氮、磷、钾肥的配合施用，还要注意钙、硼等微量元素的施用量。栽培时还需选择含钙多的土壤，基肥多用有机肥，增施钾肥等是防止结球松散的有效措

施。从播种到采收都要及时防治病虫害。

6. 春甘蓝未熟抽薹的原因与防止措施

（1）春甘蓝未熟抽薹机理　甘蓝是低温长日照植物，春甘蓝在没有通过春化阶段的情况下，长日照有利于叶球的生长，只要不通过春化阶段，春季的长日照条件下就会形成很大的叶球，甘蓝的上市时间就会提前，且获得优质高产。

甘蓝通过春化所需的低温范围一般为 0～10℃，在 2～5℃下，完成的速度更快，多数品种长期在 15.6℃以上的环境条件下，不能通过春化，也不能抽薹开花。而温度过低通过春化较迟缓。

甘蓝由营养生长转向生殖生长的条件与大白菜有所不同。大白菜在种子萌动后就可感受低温作用而完成春化，故称"种子春化型"；而甘蓝必须在植株生长到一定大小时，才能感受低温作用而完成春化，故称"绿体春化型"。甘蓝通过春化植株的大小标准，可依据幼苗茎的粗度、幼苗叶片数等生理苗龄或日历苗龄等指标来判断。一般当甘蓝幼苗长到 12 片叶左右，叶宽 5～7cm，茎基部粗 0.8cm 以上时，遇到 0～12℃低温，经过 50～90d，特别是处在 1～4℃的低温，在长日照适温下，由于它的阶段发育已经完成，营养生长时期也已结束，自然根据甘蓝自身的需要而发生未熟抽薹（彩图 5-8）。

（2）春甘蓝未熟抽薹原因

① 与幼苗大小有关　凡叶片 7 片以上、最大叶宽 5cm 以上、茎粗 0.6cm 以上的大苗，经过一段时间的低温，完成春化阶段的发育，就会发生未熟抽薹现象。苗龄越大，长势越旺，就越容易抽薹。

② 与气候条件有关　甘蓝通过春化需要低温，要在 12℃以下的低温条件下才能进行春化阶段的发育，但很迟缓。因此，如果育苗期间或定植后的气温反常，气温较往年同期暖和，幼苗生长比较快，到 2 月中旬以后气温下降幅度较大，持续低温，使其在低温条件下越冬达到通过春化阶段的条件，容易发生未熟抽薹。

③ 与播期早晚有关　播种愈早，到定植时幼苗往往过大，幼苗处在低温条件下的时间愈长，通过春化阶段的机会愈多，发生未熟抽薹的概率愈大；反之，适当晚播，幼苗还达不到能接受低温的大小，即使遇到低温，也不会发生未熟抽薹。

④ 与苗床温度有关　即使播种不早，如果苗床温度较高，幼苗生长速度较快，很容易长到能接受低温的大小时，定植后遇到低温，也会发生未熟抽薹；反之，如果苗床温度较低，即使播种较早，由于幼苗生长缓慢，到定植时，幼苗还未长到能接受低温的大小时，这样的幼苗定植后，即使遇到低温，也不会发生未熟抽薹。

⑤ 与定植早晚及其以后的管理有关　早熟春甘蓝如果定植太早，特别是定植后受到"倒春寒"的影响，更容易促使发生未熟抽薹。因为早春露地温度比苗床低，定植早，温度低，缓苗慢，幼苗经过低温的时间长，因而未熟抽薹率也高。但是，在遇到低温不敢定植时，幼苗在苗床上继续迅速生长，在满足低温的要求后，也会发生未熟抽薹现象。定植后，如不注意蹲苗，肥水过勤，使植株生长过旺，不仅延迟包球，也易引起抽薹，尤其是定植在塑料小拱棚里的，白天温度高，幼苗生长快，晚上温度低，更容易促成未熟抽薹。

（3）防止春甘蓝未熟抽薹的技术措施

① 选择适当的品种　选择冬性较强、生长期较短且通过春化阶段较慢的早熟品种作为春甘蓝栽培。

② 适时晚播种　在正常的气候条件下，按当地习惯播种期播种，一般不易发生未

熟抽薹。一般播种越早，幼苗越冬前生长越大，发育早，越冬时处在低温下的时间越长，易发生未熟抽薹；相反，适当晚播，越冬的幼苗较小，等达到发育苗龄时，处在低温下的时间短，即使遇到低温也不会大量发生未熟抽薹。黄淮地区露地越冬春甘蓝9月25日至10月15日育苗，苗龄35～40d。长江流域比较安全的播种期为10月15～25日，最迟不要超过10月25日，苗龄40～55d，定植时选择一致性好的壮苗，幼苗应保持在4片真叶左右。

应该指出，即使是播种期选得最合适，也还是有些植株要抽薹的，这是因为即使是同一品种的植株，其冬性的强弱也不尽相同，而且同一品种在同一条件育成的苗子，生长的大小也有不同。因此，即使有极个别植株抽薹也是正常的。

③ 加强苗期管理　即使是适时晚播，如果苗床温度较高，肥水过大，幼苗生长过旺，定植后遇低温也会发生未熟抽薹。故越冬前应控制幼苗的肥水用量，使幼苗健壮而不过大。如遇冬季气温较高，幼苗旺长，则可将幼苗在播后20d左右假植1次，以抑制其生长。

④ 适时定植　秋播早春收获的春结球甘蓝，如果定植太早，早春露地温度比苗床低，缓苗慢，幼苗感受低温时间长，未熟抽薹率较高；如果定植过晚，幼苗在苗床继续迅速生长，在满足幼苗对低温的要求后也会发生未熟抽薹。定植应在幼苗长到6～7片叶定植为宜，除去弱苗，徒长苗，剔除过大的秧苗，使越冬时苗叶不超过7～8片叶。

⑤ 加强定植后的管理　在定植前施迟效性厩肥或堆肥作基肥，一般在越冬时不再追肥。定植在大小拱棚里的甘蓝，白天温度高，幼苗生长快，晚上温度低更易促其未熟抽薹。因此，要注意蹲苗，控制肥水。春甘蓝的主要生长期在3月中旬到5月上旬，这段时间生长迅速，要充分满足其对养分的需要。春季回暖后加强肥水管理，在莲座期、结球期连续猛追肥3～4次，第一次追肥应在结球前每亩施硫酸铵15kg，第二、三次在开始结球后，结合灌水冲施腐熟人粪尿，或复合化肥。结球后每隔4～5d浇一水，保持地见湿不见干，打药治虫1～2次，促使植株尽快结球生长。

7. 甘蓝几种常见缺素症的表现与防止措施

（1）缺锌症

① 发生症状　早春甘蓝定植后，缺锌症植株表现为心叶叶片小而簇生，生长缓慢甚至停滞，小叶边缘褐绿，呈紫红色。

② 发生原因　甘蓝对锌最敏感，锌关系到氮的代谢和生长素的形成，也关系到叶绿素的合成和稳定。土壤中一般不缺锌，而偏碱性土壤易缺锌，温度低，土壤中有效锌降低，因此，早春甘蓝易缺锌。锌与磷有拮抗作用，大量施磷肥易诱发缺锌症。

③ 防止措施　整地前按每亩耕地用2.5～3kg的硫酸锌随粪肥一同作基肥施入。亦可于早春甘蓝出现病症前后喷洒0.1%的硫酸锌溶液2～3次，喷时加入适量的洗衣粉作黏着剂，提高叶片吸附药液的能力，能起到根外补锌的效果。

（2）缺钙症

① 发生症状　植株缺钙时，甘蓝心叶生长发育受阻，叶色缺绿并有白斑，叶稍向内卷，生长点死亡，俗称"叶烧边""干烧心"（彩图5-9）。叶球内部个别叶片干枯、黄化、叶肉呈干纸状，商品价值明显降低。

② 发生原因　一是土壤中钙元素较少；二是由于氮肥施用过多、灌水不足或灌水水质不良，土壤溶液中阳离子浓度过高，出现反渗现象，抑制了钙的吸收，从而形成缺钙现象；三是植株球叶内部缺钙所致，虽然有大量的钙被根吸收，但只有很少一部分输

送到叶球内部叶片中去，特别是高温干燥使钙在植株体内运输较缓慢，或阻碍钙运转到叶球内部叶片的边缘组织，引起生理性缺钙。

③ 防止措施　整地前每亩撒施消石灰 100~150kg，随肥料一同翻入土中。亦可于发病前后，叶面喷洒 0.3% 的氯化钙水溶液（应加黏着剂）2~3 次。对由干旱引起的缺钙，要勤浇水，且水质要好，保证土壤湿度达到 70%。尽量多施有机肥，少施无机肥，增强土壤保水力，改用有机肥进行追肥。追肥时，勿单一或过量追施氮肥，需结合浇水，适量追施磷、钾肥，才能防止干烧心发生。

（3）缺硼症

① 发生症状　中心叶畸形，外叶向外卷，叶脉间变黄。茎叶发硬，叶柄外侧发生横向裂纹，纵切可见中心茎变黑。采种株易出现花发育不全，生长点枯死，果实畸形或木栓化。

② 发生原因　施农家肥少，土壤干燥，碱、酸性土壤，都会影响作物对硼的吸收。

③ 防止措施　耕地前将 2.5~3kg 硼砂随肥料一同施入作底肥，发病前后可用 0.1% 的硼砂溶液作叶面喷肥（喷时应加黏着剂），连喷 2~3 次。

8. 结球甘蓝除草技术要领

结球甘蓝一年可种植 2~3 季，一般采用育苗移栽，以夏秋种植杂草较多，可采用化学防除等多种措施。

（1）苗床或播后移栽前除草

① 48% 仲丁灵乳油　防除稗草、马唐、野燕麦、狗尾草、金狗尾草、臂形草、猪毛菜、藜、芥菜、菟丝子等一年生禾本科和某些阔叶杂草。每亩用药 200~250mL。

② 33% 除草通乳油　防除稗草、狗尾草、早熟禾、看麦娘、马唐、猪殃殃、异型莎草、藜、反枝苋、凹头苋、马齿苋、繁缕、蓼等杂草。直播田及苗床播种前，移栽田移栽前施药。每亩用药 100~150mL，加水 30~50L。

③ 48% 甲草胺乳油　防除稗草、狗尾草、马唐、牛筋草、鸭跖草、马齿苋、藜、蓼、小藜、柳叶刺蓼、反枝苋、龙葵等杂草。直播田苗床播种前，移栽田移栽前施药。每亩用药 150~200mL，加水 30~50L。

④ 50% 敌草胺可湿性粉剂　防除早熟禾、千金子、牛筋草、马唐、看麦娘、稗草、小藜、马齿苋、凹头苋、牛繁缕、鳢肠等杂草。直播苗床播后苗前，每亩用药 75~150g，尽早用药。移栽田整地后、移栽前，每亩用药 90~140g。

⑤ 50% 乙草胺乳油　防除一年生单、双子叶杂草和莎草。移栽田整地时、移栽前，每亩用药 70~100mL。整地后尽早用药。

⑥ 48% 氟乐灵乳油　防除一年生单子叶杂草。移栽田整地时、移栽前，每亩用药 100~150mL，用药后立即混土。

（2）茎叶除草　露地套种小白菜的，为防除马唐、旱稗等杂草，可在禾本科杂草 3~5 叶期，每亩用 10% 喹禾灵乳油 40~50mL，或 35% 吡氟禾草灵乳油 50~60mL，或 10.8% 高效氟吡甲禾灵乳油 50mL，或 5% 高效喹禾灵乳油 50~75mL，加水 50L，在阴雨天或土表湿润时喷施。

（3）注意事项

① 精选种子，剔除杂草种子，施用腐熟有机肥，套种小白菜、芫荽等速生菜，可减少杂草。

② 地膜覆盖除草　喷施土壤处理除草剂后，及时覆盖地膜，然后打洞移栽结球甘

蓝苗，地膜覆盖要盖紧、盖严实。如地膜出现破裂，要及时用土压在地膜破裂处。

③ 除草地膜除草　结球甘蓝应选用含扑草净的除草地膜。千万不可盲目使用除草地膜，以避免造成经济损失。铺除草地膜时一定要将涂有除草剂的一面朝向地面，并拉紧拉平，四周用土压严。畦面要平整，土粒要细碎，否则药滴积于凹处易伤害蔬菜秧苗。对需要先覆膜后定植的蔬菜，其定植孔周围不要再喷施除草剂。若出现杂草，要人工拔除。

④ 直播田及结球甘蓝苗床播种前或移栽田移栽前施药　土壤质地疏松、有机质含量低用低药量，土壤质地黏重、有机质含量高用高药量。施药后随即耙地混土，耙深4～6cm，及时镇压保水。

⑤ 用茎叶除草剂时，喷洒药液尽量不要溅到结球甘蓝茎叶上。

⑥ 喷药后，彻底清洗喷雾器械，施用长残效性除草剂后，应合理安排后茬作物。

⑦ 对于除草药剂的药害应区别对待。有的药害造成减产，应及时采取解救措施；有的药害系化合物本身的特性造成，并不影响产量，随着作物生长，药害自然消失。

⑧ 解救药害的主要措施是：对光合作用抑制剂造成的药害，应及时根外喷施速效性肥料；甲草胺、乙草胺等酰胺类除草剂造成的药害，可以喷施赤霉酸；施用有机肥料、活性炭，以及进行耕翻等，可以消除或减轻除草剂在土壤中的残留活性。

9. 在甘蓝生产上应用植物生长调节剂的技术要领

(1) 三十烷醇　使用0.5mg/L三十烷醇溶液，于甘蓝莲座期至结球期，叶面喷洒3次，5～7d一次，每次每亩喷50L药液，具有促进生长、提高产量、促进早熟和优质的作用。

(2) 石油助长剂　于甘蓝包心始期，使用0.05％石油助长剂，每亩叶面喷洒40L药液，具有增产的作用。

(3) 萘乙酸　甘蓝叶、芽扦插时，用2g/L的萘乙酸溶液快速浸蘸（或2g/L吲哚乙酸），以砻糠灰、沙、珍珠岩作扦插基质，经过10～15d可以生根及发芽。每个叶球有多少叶片，就可以繁殖多少株，可节省叶球用量。

(4) 矮壮素　于甘蓝抽薹前10d，使用4000～5000mg/L浓度的矮壮素溶液，每亩叶面喷洒50L，具有延缓抽薹的作用。当甘蓝长出3片叶时，用2500mg/L矮壮素溶液作叶面喷洒，可减轻甘蓝的秋季霜冻危害。

(5) 2,4-滴　甘蓝在贮藏期间和运输过程中，时有脱帮现象，可在甘蓝收前3～5d，用100～250mg/L的2,4-滴液喷洒植株。贮藏4～5个月后，未经处理的甘蓝叶球，平均每个有11～22片叶子脱落，而经过处理的叶球，平均每个仅脱落1～2片叶子，效果显著。

(6) 6-苄基腺嘌呤　在甘蓝收获后，立即用30mg/L 6-苄基腺嘌呤溶液喷洒或浸蘸，然后贮藏在5℃的环境中。45d后，甘蓝叶绿素含量比对照增加4倍。如果在采收前喷洒植株，同样比对照的产品新鲜。

10. 甘蓝采后处理技术要领

(1) 整修　当甘蓝植株达到商品成熟后（彩图5-10），即可进行收获上市或储存，采收后须进行整修加工。方法是：用刀切除掉非食用部分及残叶和病虫叶，并保护好叶球外层叶，以防在储运过程中受病虫为害。

(2) 挑选分级　甘蓝叶球采收后，应按品种、球形大小、叶球类型不同进行挑选和分级（表5-5），一般挑选和分级同时进行。具体操作时，应在同一品种中按球形大小分级挑选，同一规格大小要基本一致。不同品种的甘蓝或球形不相同的甘蓝叶球，应分别进行挑选和分级。挑选和分级时，操作人员应戴上手套，轻拿轻放，以免造成新的损伤。

表 5-5　结球甘蓝分级标准

商品性状基本要求	大小规格	特级标准	一级标准	二级标准
清洁,无杂质;外观形状完好,茎基削平,叶片附着牢固;无外来水分;外观新鲜,色泽正常,无抽薹,无胀裂,无老叶、黄叶,无烧心、冻害和腐烂	单个球茎 大:直径>20cm 中:直径 15～20cm 小:直径<15cm	叶球大小整齐,外观一致,结球紧实,修整良好;无老帮、焦边、侧芽萌发及机械损伤等,无病虫害损伤	叶球大小基本整齐,外观基本一致,结球较紧实,修整较好;无老帮、焦边、侧芽萌发及机械损伤,允许少量虫害损伤等	叶球大小基本整齐,外观相似,结球不够紧实,修整一般;允许少量焦边、侧芽萌发及机械损伤,允许少量病虫害损伤等

（3）预冷　采收的甘蓝在储运、加工前，应迅速除去田间热，及时将其温度快速冷却到规定温度的过程，称为预冷。预冷的方法有自然降温预冷、冷库预冷、强制通风预冷（压差预冷）、真空预冷、接触加冰预冷等。甘蓝通过预冷，可以防止因呼吸热而造成储藏环境温度的升高，借以降低蔬菜的呼吸强度，从而减少采后损失，有利于储藏。

（4）化学药剂处理　在保鲜方面，主要是使用一些植物激素，对甘蓝的生命活动加以抑制，以推迟其老化和后熟。在防腐方面，常用防腐剂主要有克霉灵。一般情况下，药剂处理应在采收前3～5d叶面喷洒为佳。

（5）包装　甘蓝产品应根据不同的市场需求，采用不同等级的包装材料包装。

① 贮藏保鲜　为防止病害的发生，凡染病的叶球都要严格剔除，并在贮藏前用0.2%的硫菌灵和0.3%的过氧乙酸混合液蘸根。采用厚度为0.03mm的聚乙烯透湿膜装袋贮藏，每袋装量10kg，扎口或扎口后打孔上架贮藏。也可采用0.015mm的聚乙烯膜单棵包装后装箱或装筐贮藏。控制贮藏库温度为（0±0.5）℃。

② 运输保鲜　结球甘蓝属大宗蔬菜，所以运输量大。在主要生产季节，常用大网袋包装、常温运输；在生产淡季价格较高时，单个甘蓝用纸包装后再放入箱或筐内，可明显减少机械损伤。如短距离运输销售，可用聚乙烯薄膜袋包装。如远距离运输销售，可用硬纸箱包装；如甘蓝产品出口时，应按出口国要求标准包装。应注意包装容器必须清洁干燥，牢固美观，无毒无异味，内无尖实物，外无钉头尖刺。纸箱无受潮、离层现象，每箱净含量不超过10kg为宜。甘蓝产品的包装箱体上，除了要有一些彩印的图画以外，还要有品名、级别、品种、净含量、生产厂家和商标等主要信息。如果通过国家无公害或绿色食品生产认证的生产基地，还要印有无公害或绿色食品的标志和认证号码。另外，还应注明堆码层数。高层次的包装，也可以把编号变为条码标志，便于防伪。

③ 货架保鲜　结球甘蓝在货架上多采用裸露销售或单个紧缩膜包装。

六、结球甘蓝主要病虫害防治技术

1. 甘蓝病虫害综合防治技术要点

（1）农业措施

① 实行轮作　应与非十字花科作物轮作3年以上。

② 种子消毒　种子用 50℃ 温水浸种 20min，进行种子消毒，可防治黑腐病。播前用种子重量 0.3％ 的 50％ 福美双或 50％ 多菌灵可湿性粉剂拌种；用种子重量 0.3％ 的 50％ 琥胶肥酸铜可湿性粉剂拌种，可防治甘蓝细菌性黑斑病。

③ 床土消毒　可用 50％ 多菌灵、50％ 福美双可湿性粉剂或多菌灵与福美双等量混合，每平方米取 9～10g，混入 3～4kg 细土中拌匀，播前把药土的 1/3 撒在打好底水的畦面上，播后再将余下的 2/3 药土覆在种子上，做到上覆下垫，使种子夹在药土中间。

④ 棚室消毒　硫黄熏蒸消毒：每亩用硫黄粉 2～3kg 加敌敌畏 0.25kg，拌锯末分堆点燃，闭棚熏蒸一昼夜后放风。操作用的农具同时放入棚内消毒。

日光消毒：保护地栽培可在夏季高温季节深翻地 25cm，撒施 500kg 切碎的稻草或麦秸，加入 100kg 氰胺化钙，混匀后起垄，铺地膜，灌水，持续 20d。

⑤ 加强田间管理　及时清除残株败叶，改善田间通风透光条件。摘除有卵块或初孵幼虫食害的叶片，可消灭大量的卵块及初孵幼虫，减少田间虫源基数。增施腐熟有机肥。加强苗期管理，培育适龄壮苗。小水勤灌，防止大水漫灌。雨后及时排水，控制土壤湿度。适期分苗，密度不要过大。通过放风和辅助加温，调节不同生育时期的适宜温度，避免低温和高温障害。

（2）生物防治　可选用 1％ 苦参碱水剂 600 倍液，或 0.9％～1.8％ 阿维菌素乳油 3000～5000 倍液喷雾防治蚜虫。用 72％ 硫酸链霉素可溶性粉剂 3000～4000 倍液喷雾，或 100 万单位新植霉素粉剂 4000～5000 倍喷雾，可防治软腐病、黑腐病。用 1％ 武夷菌素水剂 150～200 倍液喷雾，可防治霜霉病、白粉病。在平均气温 20℃ 以上时，防治菜青虫、小菜蛾、甜菜夜蛾，每亩用苏云金杆菌乳剂 250mL 或粉剂 50g 对水喷雾。防治菜青虫、棉铃虫，用青虫菌 6 号粉剂 500～800 倍液喷雾。防治小菜蛾、菜青虫用 25％ 灭幼脲悬浮剂 800～1000 倍液喷雾。防治菜青虫、小菜蛾、蚜虫，用 0.9％～1.8％ 阿维菌素乳油 3000～5000 倍液喷雾。在甘蓝夜蛾卵期可人工释放赤眼蜂，每亩 6～8 个放蜂点，每次释放 2000～3000 头，隔 5d 一次，持续 2～3 次，可使总寄生率达 80％ 以上。

（3）物理防治　采用黑光灯及糖醋液诱杀甘蓝夜蛾、菜青虫、小地老虎等的成虫。设置黄板诱杀蚜虫，用 20cm×100cm 的黄板，按照每亩 30～40 块的密度，挂在行间或株间，高出植株顶部，诱杀蚜虫。大型设施的放风口用防虫网封闭，夏季覆盖塑料薄膜、防虫网和遮阳网，进行避雨、遮阳、防虫栽培，减轻病虫害的发生。

（4）人工治虫　对菜田进行秋耕或冬耕，可消灭部分虫蛹；甘蓝夜蛾卵成块产于菜叶上，并且 2 龄前幼虫不分散，极易发现，可结合田间管理，及时摘除。

2. 甘蓝主要病害防治技术

（1）甘蓝沤根　主要是由于苗床低温多湿、光照不足引起。一般在连阴天或雨雪天气，因苗床通风不良，土壤和空气湿度比较大，加之土温低，致使幼苗根系呼吸困难甚至停止呼吸而腐烂。一般苗床选在低洼地、黏土地、排水不良易发生沤根。

多施热性肥料，注意提高苗床温度。选择地势高、土壤质地疏松的地块移苗。加强苗床管理、培育壮苗，及时通风降湿，提高幼苗抗低温能力。有条件的可在育苗床内增加火道或改用温室育苗。

（2）甘蓝黑胫病　又叫根朽病、干腐病、黑根子病、根腐病，是甘蓝的一种重要土传病害，苗期和成株期均可受害，主要为害幼苗，严重时引起死株，影响产量。高温高湿有利于病害发生。

种子消毒，建立无病留种田，采收无病菌种子。带菌种子需种子消毒，可用 50℃

温水浸种 20min 后，再浸到冷水中冷却，然后捞出种子晾干播种。也可用 40%甲醛 200 倍液浸种 20min 后洗净播种。还可用 50%福美双可湿性粉剂，或 70%甲基硫菌灵可湿性粉剂，或 50%琥胶肥酸铜可湿性粉剂拌种，药剂用量为种子重量的 0.4%。

苗床消毒，可选择 3 年以上未种过十字花科蔬菜的地作苗床，或用大田土育苗。旧苗床可用 70%甲基硫菌灵可湿性粉剂，或 50%多菌灵可湿性粉剂，或 40%福美双可湿性粉剂等，每平方米用药 8g，加半干细土 30～40kg，拌匀后将 2/3 药土施入苗床内，1/3 药土盖在种子上。

土壤处理，可用 70%敌磺钠可湿性粉剂或 70%硫菌灵可湿性粉剂 800 倍液，均匀施在定植沟内或定植穴内。也可每亩用 1～2kg 药加 50～100kg 细土，拌匀后，均匀施于地表，然后翻入土壤内。

及时防治地下害虫。种蝇等地下害虫，不仅直接为害植株，而且可造成虫伤口，利于病菌侵入发病。

药剂防治，发病初期，可选用 75%百菌清可湿性粉剂 600 倍液，或 50%异菌脲可湿性粉剂 1200 倍液、70%甲基硫菌灵可湿性粉剂 600 倍液、30%苯噻氰乳油 1000～1500 倍液、70%代森锰锌可湿性粉剂 400～500 倍液、50%代森锌可湿性粉剂 500 倍液、50%多菌灵可湿性粉剂 500～600 倍液、40%多·硫胶悬剂 400 倍液、65%硫菌·霉威可湿性粉剂 600～800 倍液、35%福·甲可湿性粉剂 800 倍液、95%恶霉灵原药精品 3000 倍液等喷雾防治。隔 5～6d 喷 1 次，连喷 2～3 次。喷植株时，要结合喷地面，以提高防效。

（3）甘蓝黑根病　又称立枯病，主要在苗期为害，定植后也能继续发展。过高过低的土温，黏重而潮湿的土壤等，凡不利于寄主生长的土壤温湿度，都能导致病害严重发生。

床土消毒，可每平方米用 95%恶霉灵原药精品 1g 与 15～20kg 过筛干细土充分混匀制成药土，播种时先将苗床底水浇好，把 1/3 的药土作垫土，播种后另 2/3 药土撒于种子上作盖土（使种子夹在药土中间）。

发病初期清除病苗后，可选用 75%百菌清可湿性粉剂 600 倍液，或 60%多·福可湿性粉剂 500 倍液、20%甲基立枯磷乳油 1200 倍液、95%恶霉灵原药精品 3000 倍液、3.2%恶·甲水剂 300 倍液、铜氨混剂 400 倍液、80%多·福·锌可湿性粉剂 800 倍液、30%苯噻氰乳油 1000～1200 倍液等喷雾防治。在晴天上午，往苗床内喷雾，待幼苗上的水迹干后，可往苗床内撒一层干细土降湿。

（4）甘蓝黑腐病（彩图 5-11）　主要为害叶片、叶球或球茎。一般温度高，播种早、管理粗放、害虫防治不及时的田块发病重。高温高湿有利于发病。

苗床用 40%福美双可湿性粉剂 8～10g/m² 与适量细干土掺匀，将 1/3 撒在畦面上，播种后再将余下的 2/3 覆盖在种子上。用 50%代森铵水剂 800～1000 倍液喷湿土壤，或 50%多菌灵可湿性粉剂 800 倍液浇灌苗床。

发病初期及时拔除病株，发病初期和易发病期间，每 15d 用 50%代森铵 1000 倍液喷雾或灌根，可防止并控制病害发生或蔓延。成株发病初期，可选用 14%络氨铜水剂 350 倍液，或 60%琥·乙膦铝可湿性粉剂 600 倍液、27%碱式硫酸铜悬浮剂 100mL/亩、77%氢氧化铜可湿性粉剂 500 倍液、50%琥胶肥酸铜可湿性粉剂 700 倍液、75%百菌清可湿性粉剂 500～800 倍液、40%多·硫胶悬剂 1000 倍液、72.2%霜霉威水溶性液剂 1000 倍液、72%硫酸链霉素可湿性粉剂 4000 倍液、47%春雷·王铜可湿性粉剂 700 倍液等交替喷雾，7～10d一次，连喷2～3次。

（5）甘蓝黑斑病（彩图5-12） 是甘蓝的一种主要病害，甘蓝生长中后期易发病。

发病初期，可选用75%百菌清可湿性粉剂500倍液，或50%异菌脲可湿性粉剂1500倍液、78%波尔·锰锌可湿性粉剂600倍液、40%敌菌丹可湿性粉剂400倍液、70%代森锌可湿性粉剂400～500倍液、47%春雷·王铜可湿性粉剂600～800倍液、50%腐霉利可湿性粉剂2000倍液、40%克菌丹可湿性粉剂400倍液、50%异菌·福可湿性粉剂800倍液、80%代森锰锌可湿性粉剂600倍液等药剂喷雾防治，每7d喷药1次，连续防治2～3次。

（6）甘蓝细菌性黑斑病（彩图5-13） 在甘蓝整个生长季节均能发生。但一般在天气温暖及阴雨高湿的秋季发病严重。

种子用50%福美双、70%代森锰锌或50%琥胶肥酸铜可湿性粉剂（占干种子重的0.2%～0.4%）进行拌种，要注意随拌随用。

发病初期，可选用58%甲霜·锰锌可湿性粉剂500倍液，或14%络氨铜水剂600倍液、77%氢氧化铜可湿性粉剂500倍液、60%琥·乙膦铝可湿性粉剂500倍液、0.5∶1∶100倍式波尔多液、72%硫酸链霉素可溶性粉剂4000倍液、78%波尔·锰锌可湿性粉剂500倍液、50%氯溴异氰尿酸可溶性粉剂1200倍液、60%琥铜·乙铝·锌可湿性粉剂500倍液、47%春雷·王铜可湿性粉剂900倍液等喷雾防治，交替使用，每周一次，严重者3～4d一次。

（7）甘蓝霜霉病（彩图5-14） 是甘蓝的一种重要病害。该病对幼苗、营养体和制种株均可为害，尤以春、秋苗床最为普遍。

发病初期或出现中心病株时，应及时喷药保护，老叶背面也应喷到。露地甘蓝初发病时，可选用12%松脂酸铜乳油600～800倍液，或75%百菌清可湿性粉剂600倍液、72.2%霜霉威盐酸盐水剂600～800倍液、72%霜脲·锰锌可湿性粉剂600～800倍液、69%烯酰·锰锌可湿性粉剂500～600倍液、50%甲霜灵可湿性粉剂1500倍液、80%代森锰锌可湿性粉剂600～800倍液、55%福·烯酰可湿性粉剂700倍液、60%氟吗·锰锌可湿性粉剂700～800倍液、52.5%噁酮·霜脲氰水分散粒剂2000倍液、25%烯肟菌酯乳油1000倍液、58%甲霜·锰锌可湿性粉剂500倍液、40%三乙膦酸铝可湿性粉剂300倍液、66.8%丙森·缬霉威可湿性粉剂600倍液、50%敌菌灵可湿性粉剂500倍液、20%丙硫·多菌灵悬浮剂75～100g/亩、70%代森联干悬浮剂500倍液、70%丙森锌可湿性粉剂700倍液等交替使用，一般7～10d喷一次，连续喷2～3次。

保护地甘蓝发病时，可用45%百菌清烟剂熏烟防治，亩用量为110～180g，均匀分散放入棚室内，于傍晚时密闭棚室，暗火点燃烟剂，熏烟8～12h。一般每7d熏一次，连熏3～4次即可。

（8）甘蓝灰霉病（彩图5-15） 是甘蓝的一种普通病害，苗期、成株期均可发生。温室、大棚等保护地栽培的甘蓝，可于发病初期采用烟雾剂或粉尘剂防治。如每亩施用10%腐霉利烟雾剂200～250g，或喷撒6.5%硫菌·霉威超细粉尘剂或5%春雷·王铜粉尘剂1kg。

露地或保护地栽培的甘蓝田，发病初期，可选用50%腐霉利可湿性粉剂2000倍液，或50%异菌脲可湿性粉剂1000～1500倍液、50%乙烯菌核利可湿性粉剂1000～1500倍液、40%多·硫胶悬剂600倍液、50%福·异菌可湿性粉剂700倍液、65%甲霜灵可湿性粉剂1000倍液、30%克霉灵可湿性粉剂800倍液等喷雾防治，交替使用，7～

10d喷一次，连防2～3次。

(9) 甘蓝菌核病（彩图5-16） 又称菌核性软腐病，主要发生在甘蓝生长后期和采种株上，为害茎基部、叶片、叶球及种荚。

发病初期喷药保护，重点喷撒植株茎基部、老叶及地面。用1∶2的草木灰、熟石灰混合粉，撒于根部四周，每亩30kg；1∶8的硫黄、石灰混合粉，喷于植株中下部，每亩5kg，可在抽薹后期或始、盛花期施用，以消灭初期子囊盘和子囊孢子。亩用5%氯硝铵粉剂2～2.5kg，加细土15kg，拌匀后均匀撒在行间。

发病初期，可选用40%多·硫悬浮剂800倍液，或70%甲基硫菌灵可湿性粉剂500～600倍液、25%咪鲜胺乳油1000～1500倍液、50%氯硝铵可湿性粉剂800倍液、20%甲基立枯磷乳油900～1000倍液、60%多菌灵盐酸盐可溶性粉剂600倍液、50%异菌脲可湿性粉剂1000～1500倍液、50%腐霉利可湿性粉剂2000倍液、50%乙烯菌核利可湿性粉剂1000～1500倍液、40%菌核净可湿性粉剂800倍液等交替喷雾，7～10d喷一次，连喷3～4次。重点喷洒植株茎基部、老叶及地面。

(10) 甘蓝病毒病（彩图5-17） 又称孤丁病，高温干旱有利于病毒病的发生。

播种前用10%磷酸三钠溶液浸种20min，用清水洗净后再播种。或将种子用冷水浸4～6h，再用1.5%植病灵乳油1000倍液浸10min，捞出直接播种。有条件时，可将干燥的种子置于70℃恒温箱内进行干热消毒72h。

加强苗期蚜虫的防治，最好采用防虫网覆盖育苗方式育苗。在畦间悬挂或铺银灰色塑料薄膜可有效地驱避菜蚜，必要时喷药杀蚜，可选用50%抗蚜威可湿性粉剂5000倍液，或20%甲氰菊酯乳油4000倍液、10%氯氰菊酯或5%高效氯氰菊酯乳油2000倍液等喷雾防治。

发病初期，可用60%吗啉胍·乙铜片剂1200～1800倍液，或0.5%菇类蛋白多糖水剂300倍液、1.5%植病灵Ⅱ号乳剂1000倍液、混合脂肪酸100倍液、2%宁南霉素水剂500倍液、5%菌毒清水剂600倍液、20%盐酸吗啉胍可湿性粉剂400～600倍液、24%混脂酸·铜水剂800倍液、7.5%菌毒·吗啉胍水剂500倍液、31%吗啉胍·三氮唑核苷可溶性粉剂800～1000倍液等交替使用，在苗期每7～10d喷一次，连喷3～4次。

(11) 甘蓝软腐病（彩图5-18） 属细菌性病害，易感作物为甘蓝类蔬菜及其他十字花科作物，多在结球期至贮藏期发病，各地均有发生。

田间发现病株立即拔除、销毁，并在穴内撒适量消石灰消毒，填土压紧，特别是雨前和浇水前要检查处理，拔除病株。

用丰灵50～100g拌甘蓝种子150g播种或采用中生菌素按种子量的1%～1.5%拌种。也可用50%琥胶肥酸铜可湿性粉剂或50%福美双可湿性粉剂，均以种子重量的0.4%拌种。或用45%代森铵水剂200～400倍液浸种15～20min，经清水充分冲洗后晾干播种。

及时防治菜青虫、小菜蛾、黄曲条跳甲、菜螟等害虫。苗期可在浇水时随水滴入中生菌素2.5～5.0kg/亩。也可选用72%硫酸链霉素可溶性粉剂3000～4000倍液，或新植霉素4000倍液、14%络氨铜水剂350倍液、47%春雷·王铜可湿性粉剂700～750倍液、50%氯溴异氰尿酸可溶性粉剂1200倍液、25%络氨铜·锌水剂500倍液等交替喷雾，7～10d喷一次，连续防治2～3次，还可兼治黑腐病、细菌性黑斑病等。喷药应以轻病株及其周围的植株为重点，注意喷在接近地面的叶柄及茎基部上。

（12）甘蓝根肿病　与非十字花科作物实行2～3年轮作。发现病株及时拔除携出田外销毁，并用消石灰撒于病穴四周，以防病菌蔓延。发病地块于耕地时撒些消石灰，以调整土壤酸碱度，使土壤呈微碱性，一般每亩可撒消石灰100～150kg，并增施有机肥。要选择晴天定植。深耕土壤，采取高垄畦栽培，避免在低洼积水地块或酸性土壤中种植。雨后及时排水。采用无病土育苗，移栽时加强检查，确保移栽无病苗。如苗床发现病菌，则一同苗床的菜苗都不宜移植，因为这些菜苗可能已经被侵染，但尚未表现症状。

化学防治，可选用70%甲基硫菌灵可湿性粉剂800倍液，或50%硫菌灵可湿性粉剂500倍液、70%甲基硫菌灵可湿性粉剂800倍液喷根或淋浇，每株用药液0.3～0.5kg。

（13）甘蓝枯萎病（彩图5-19）　种植抗病品种是防治甘蓝枯萎病的关键措施。加强种子处理，实行无病土育苗，选择从未种植过十字花科作物或从未发生过甘蓝枯萎病的田块作为苗床，播种前将苗床耙松、耙平，施适量底肥或者撒施适量尿素作基肥，并进行必要的药剂处理。将适量的多菌灵或甲基硫菌灵或30%枯萎灵、恶霉灵和多·福·福锌撒施于苗床土壤表面，混匀后将种子直接播于苗床上，以降低病害发生程度。

必要时喷淋或浇灌12.5%增效多菌灵浓可溶液剂200～300倍液，或50%氯溴异氰尿酸可溶性粉剂、30%苯噻氰乳油1000～1500倍液等药剂，隔10d左右一次，防治1～2次。

（14）甘蓝环斑病　主要发生在结球或结球后期，又称轮纹病。发病初期，可选用75%百菌清可湿性粉剂600倍液，或78%波尔·锰锌可湿性粉剂500倍液、50%多菌灵磺酸盐可湿性粉剂700倍液、45%噻菌灵悬浮剂1000倍液、64%恶霜灵可湿性粉剂500倍液、50%异菌·福可湿性粉剂1000倍液、70%甲基硫菌灵可湿性粉剂800倍液等喷雾防治。

（15）甘蓝煤污病（彩图5-20）　在冬春季节、光照弱、湿度大的棚室发病重，多从植株下部叶片开始发病。露地栽培时，注意雨后及时排水，防止湿气滞留。及时防治介壳虫、温室白粉虱等害虫。发病初期，可选用40%敌菌丹可湿性粉剂500倍液，或50%乙霉灵可湿性粉剂1500倍液、65%甲霜灵可湿性粉剂500倍液等喷雾防治，每隔7d左右喷药一次，视病情防治2～3次，采收前3d停止用药。

3. 甘蓝主要虫害防治技术

（1）甘蓝夜蛾（彩图5-21）　可选用苏云金杆菌制剂的悬浮剂10000国际单位/μL，每亩用量100～150mL稀释喷雾。

（2）蟓科害虫　主要有菜蟓、斑须蟓（彩图5-22）、新疆菜蟓、横纹菜蟓。翌春3月下旬开始活动，4月下旬开始交配产卵。5～9月为成、若虫的主要为害时期。掌握在若虫3龄前可选用90%晶体敌百虫、40%乐果乳油、10%高效氯氰菊酯乳油3000倍液，或40%乙酰甲胺磷乳油、50%辛硫磷乳油、50%杀螟松乳油1000倍液，或90%晶体敌百虫1500～2000倍液、8%阿维菌素乳油3000倍液、5%氟啶脲乳油1500倍液，或2.5%溴氰菊酯乳油、50%辛·氰乳油3000倍液等喷雾防治。

（3）短额负蝗（彩图5-23）　每年发生1～2代，5月下旬至6月中旬为孵化盛期，7～8月羽化为成虫。通常零星发生，田间以人工捉拿为主，不单独采取药剂防治。如果零星发生，可不加防治。为害严重时，可选用50%辛硫磷乳油1500倍液，或5%S-氰戊菊酯乳油3000倍液、20%氰戊菊酯乳油3000倍液、2.5%高效氯氟氰菊酯乳油2000倍液等喷雾防治。

第二节 花 椰 菜

一、花椰菜生长发育特点及对环境条件的要求

1. 花椰菜各生长发育阶段特点

花椰菜为1～2年生植物，生育周期包括营养生长阶段和生殖生长两个阶段，其中营养生长阶段包括发芽期、幼苗期、莲座期，生殖生长阶段包括花球生长期、抽薹期、开花期和结荚期。各阶段的特点如下。

(1) 发芽期 从种子萌动至子叶展开、真叶显露为发芽期。种子在吸水后膨胀，胚根由珠孔伸出，种皮破裂，子叶露出地面，逐渐展开。在发芽适温20～25℃条件下，需7～10d。

(2) 幼苗期 从真叶显露至第一叶序的5片叶展开、形成团株为幼苗期，需25～30d。

(3) 莲座期 从第一叶序展开到莲座叶全部展开为莲座期。所需时间因品种差异较大，一般需25～45d。此期形成强大的莲座叶，后期顶芽进行花芽分化，分化后则根群迅速发育，根重显著增加。

(4) 花球生长期 从花芽分化至花球生长充实适于商品采收时为花球生长期。这一时期的长短依品种及气候条件有差异，一般需20～50d。结球前期叶片生长旺盛，生长速度也快。随着花蕾的膨大发育，干物质优先向花蕾集中，向根群分配的干物质极少，因此，根系迅速老化枯死，吸收水分的能力减弱。到结球后期叶片生长缓慢，花球生长速度增快。早熟品种发育快，如天气温暖，花球生长期短；中晚熟品种发育慢，如天气较凉，花球生长期则长。花球生长期的生长量大，生长速度更快，而且花球的成熟期短，需及时供应水肥。

(5) 抽薹期 从花球边缘开始松散、花茎伸长至初花为抽薹期。一个成熟的花球具有几十个一级侧枝及二级侧枝，随着花枝的生长，花序也逐渐向上生长。花枝的颜色由白变绿，花的原始体颜色由白变黄再变紫、变绿，最后形成黄色的花冠。在温度适宜时，这一时期需时15d左右。

(6) 开花期 从初花至全株花谢，需25～30d，花椰菜的花为复总状花序，花序上的花由下部向上开放，一个花序每天可开放4～5朵花。抽薹开花期最适温度为15～30℃，过高或过低，花粉均不能发芽，导致只开花不结果。

(7) 结荚期 从全株花谢到角果成熟为结荚期，因品种不同一般需20～40d。

2. 花椰菜对环境条件的要求

(1) 温度 花椰菜属半耐寒性蔬菜，喜冷凉气候，既不耐炎热又不耐霜冻，生长发育的适宜温度范围比较窄，为甘蓝类蔬菜中对环境要求比较严格的一种。

① 花椰菜在生长发育的不同阶段所需的温度条件不同。种子发芽期的最适温度为20～25℃，在30℃以上的高温下也能正常发芽，2～3℃的低温下可缓慢发芽，因此在寒冷的冬季也可育苗。在适宜的温度条件下，从种子萌动到子叶展开、真叶露出需7d左右。

幼苗期耐热、耐寒能力较强，生长适宜温度为 15～25℃，温度 25℃以上或日照不足，均会导致幼苗生长过快，胚轴和幼苗细弱，导致徒长。幼苗生长在 15～20℃ 的温度条件下，才能培育健壮秧苗。经过低温锻炼的健壮秧苗，能忍耐 -7～-6℃ 的低温。

叶丛生长与抽薹开花，要求温暖，适宜温度为 20～25℃。25℃以上花粉丧失发芽力，种子发育不良。

② 气温过低不易形成花球，气温过高会导致花萼迅速伸长，使花球失去食用价值。花椰菜在莲座期的适宜温度为 15～20℃，若高于 25℃，叶片光合能力衰退。花球形成期的适宜温度为 15～18℃。若气温低于 8℃，则生长缓慢；气温在 0℃ 以下则花球易受冻害；若气温达到 24℃以上，且气候干旱，花球形成容易受阻，使花球细小，花枝松散并在花枝上萌发小叶，导致品质下降，这种现象从春到夏的栽培中常会发生。

③ 花椰菜品种特性不同，对温度的反应也不一样。早熟品种在花球形成期较耐热，在 25℃以上的温度条件下也能形成花球，但形成的花球松散，品质相对较差；中、晚熟品种花球形成即使在气温 20℃ 的条件下，花球也出现发散现象。

④ 花椰菜必须通过春化阶段才能进行花芽分化。不同特性的品种完成春化的温度和时间都有区别，花椰菜在 5～25℃ 范围内均能通过春化阶段，在 10～17℃ 幼苗较大时通过最快。极早熟品种要求 23℃ 以下的温度；早熟品种幼苗可在较高温度下生长，在 17～18℃ 适温范围内通过阶段发育；中熟品种在 11 或 12 片叶以上时要求 10～12℃ 的适温通过阶段发育，可在较高的温度（15～20℃）下形成花球；晚熟品种幼苗比较耐低温，通过春化最适温度在 5℃ 以下，通过春化阶段时植株比较粗大（茎粗 15mm 以上），其冬性和耐寒性都比较强。而完成春化所需要的低温日数因植株大小和营养状况而异，一般极早熟品种、早熟品种为 15～20d，中熟品种为 20～25d，小株晚熟品种则需较长时间，约为 30d。开花结果期的适宜温度为 15～18℃，温度在 25℃以上则花粉丧失萌发能力，雌花呈畸形，不能形成种子。

针对花椰菜对温度敏感的特性，不同季节栽培、不同设施条件下的栽培应选用适宜的品种，否则将造成减产减收甚至无收。

（2）光照

① 对日照长短要求不严格　花椰菜属长日照植物，也能耐稍阴的环境，对日照时间长短的要求不严格。通过阶段发育（春化）的植株，不论日照长短，都可形成花球。在阴雨多，光照弱的南方地区和光照强的北方地区，都生长良好。所以，决定花球形成的主要因素是温度，而不是日照长短。虽然日照长短对花芽分化的影响不大，但是长日照能促进花芽分化。

② 生长期需要充足的光照　在光照充足的条件下，叶丛生长强盛，能提高同化效率，营养物质积累多，产量高。抽薹开花时期光照充足，对开花、昆虫传粉、花粉萌发、种子发育有利，因此，抽薹开花期需要充足光照。南方夏、秋栽培，光照充足，叶丛生长强盛，叶面积大，营养物质积累多，产量高。

③ 花球形成期需要光照较弱　花椰菜虽然喜欢光照，在花球形成期，如果光照太强，温度过高，则叶片生长受阻，使植株的心叶无法包裹住花球，导致露在外面的部分直接受阳光的照射，使花球变成淡黄色或淡绿色，从而降低品质。因此，花球形成期，适宜日照短和光强较弱，应避免阳光直接照射花球。

（3）水分　花椰菜喜湿润环境，根系较浅，不耐干旱，耐涝能力也较弱，对水分的供应要求比较严格。生长发育最适宜的土壤温度为田间持水量的 70%～80%，最适宜的空气湿度为 85%～90%。在整个生长时期，对水分的要求又不一样。幼苗在高温季节不宜供应过多水分，否则容易影响根系的生长，导致植株徒长，或者发生病害。茎叶生长期，如果土壤水分供应不足，则会使植株的生长受抑制，加快生殖生长，提早形成花球，使花球小且品质差。花椰菜要求排水良好、疏松肥沃的土壤，忌积水，也忌炎热干旱。

二、花椰菜栽培季节及茬口安排

花椰菜栽培茬口安排见表 5-6。

表 5-6　花椰菜栽培茬口安排（长江流域）

种类	栽培方式	建议品种	播期 /(月/旬)	定植期 /(月/旬)	株行距 /(cm×cm)	采收期 /(月/旬)	亩产量 /kg	亩用种量/g
花椰菜	春季大棚	瑞士雪球、荷兰春早	12/中～ 1/初	3/上	35×40	5	1500	50
	春露地	荷花春早、瑞士雪球、日本雪山	1	3/中	35×40	5/下～ 6/中	1500	50
	夏露地	夏雪 50、日本白玉 1 号、中花 45d	4/20～ 5/10	5/15～ 5/20	35×40	7/上～ 8/上	1500	50
	夏秋大棚	科兴 70d、庆一 50d、清夏 50	6/中下	7/中下	35×40	9/中～ 10/中	1500	50
	秋露地	松花 80、韩国一号、韩国二号、雪妃	7/中下	8/下	(46～50)× (53～57)	10/中～ 11/中	1500	50
	越冬露地	龙峰特大 120d、130d、150d 等	6/下～ 7/中	7/下～ 8/中	40×50	12/中～ 翌年 2	1500	50
	越冬露地	晚旺心 180d、日本雪山、慢慢种	7/上～ 8/上	9/上～ 9/下	(50×50)～ 60	翌年 2/ 中～4/中	2000	50

三、花椰菜主要育苗技术

1. 花椰菜设施保温育苗技术要点

（1）苗床准备　营养土用腐熟优质农家肥、草炭、腐叶土、化肥等配制。每平方米园土施腐熟优质堆肥 10～15kg，及少量过磷酸钙或复合肥，充分混匀。播种床需铺配制好的营养土 8～10cm 厚，移植床铺 10～12cm 厚，铺后要搂平，并轻拍畦面。然后覆盖塑料薄膜，7～10d 后即可播种。

（2）播种　播种前应将种子晒 2～3d，然后将种子放在 30～40℃ 的水中搅拌15min，除去瘪粒，在室温下浸泡 5h，再用清水洗干净备播。也可用种子重量 0.4% 的50% 福美双可湿性粉剂拌种。每平方米苗床播种 5～8g，如采用营养方穴播，一般要播所栽株数的 1.5 倍。播种前灌水，使土层达到饱和状态为宜，待底水渗下后，开始播种。播种时先薄撒一层过筛细土。播种可采用撒播，即将种子均匀撒在育苗床上，立即覆盖过筛细土 2～3cm 厚，覆盖薄膜，并用细土将四周封严；也可采用点播，播种前按10cm×10cm 划营养方，在土方中间扎 0.5cm 深的穴，每穴点播 2～3 粒种子。播后覆土、盖膜。也可使用营养钵育苗，即将配置好的营养土装入 10cm×10cm 的营养钵中，浇足水，在苗床上码好，扣棚增温，7～10d 后，在营养钵中央按一个 0.5cm 深的穴，每穴点播 2~3 粒种子。

(3) 苗期管理

① 温度管理 播后白天温度控制在 20~25℃，夜间温度不低于 8℃，促进幼苗迅速出土。苗齐后至第一片真叶显露要适当通风。第一片真叶显露到分苗，尽量保持育苗畦白天温度不低于 20℃，夜间温度不低于 8℃。苗期如果处于较长时间的低温和干旱，营养生长受到抑制，则会变成"小老苗"，容易引起"早期现花"，使花球质量变劣。分苗前 3~5d，适当降低畦内温度炼苗。幼苗拱土、齐苗和间苗后各撒一次细土，厚 0.3cm 左右，以保墒和提高畦温，缓苗后到定植前，要特别注意保温，防止长时间温度偏低，以免提前通过春化阶段而先期结球。

② 间苗、分苗 在子叶展开，第一片真叶显露时各进行一次间苗，定苗距 1.5~2.0cm。分苗在播后一个月左右，幼苗 2~3 叶期时进行。分苗畦的建造与播种畦相同。分苗前一天，育苗畦浇大水以利起苗。分苗间距 10cm×10cm，栽后立即浇水。分苗后立即盖严塑料薄膜，棚内 5~6d 不通风，尽量提高棚温，促进缓苗。缓苗后适当中耕。

2. 花椰菜遮阴降温育苗技术要点

(1) 苗床准备 苗床应选择地势高燥、通风良好、能灌能排、土质肥沃的地块。前茬作物收获后，及早清除杂草和地下害虫，翻耕晒田。按 2.7m 的间距划线作畦埂，在畦埂处挖排水沟，排水沟的两侧为压膜区。根据土壤肥力，每平方米育苗床施过筛的腐熟粪肥 15~20kg。施肥后将床土倒 2 遍，将土块打碎与粪土混匀。整平整细畦面，再用脚把畦面平踩一遍，然后用平耙耙平，做成平整的四平畦，以备播种。

(2) 播种 播种前给苗床浇足底水，翌日在苗床上按 10cm×10cm 规格划方块，然后在方块中央扎眼，深度不超过 0.5cm。然后再用喷壶洒一遍水，水渗下后撒一层薄薄的过筛细土，然后按穴播种，每穴 2~3 粒，使种子均匀分布在穴里，播种后覆盖约 0.5cm 厚的过筛细土。随后立即搭棚。

(3) 搭棚 播种季节日照强烈，常遇阵雨或暴雨，为防止高温烤苗和雨水冲刷，需搭盖遮阳防雨棚，以遮光、降温、防雨、通风为目的。可搭成高 1m 左右的拱棚，上盖遮阳网或苇席，下雨之前要加盖塑料薄膜防雨。如用塑料薄膜搭成拱棚，切忌盖严，四周须离地面 30cm 以上，以利于通风降温。有条件的采用大棚加遮阳网覆盖育苗效果更佳。

(4) 苗期管理（彩图 5-24）

① 遮阴 播种后 3~4d 幼苗出齐，如 4d 后幼苗出齐，应及时灌一次小水，以保证幼苗出土一致。苗出齐后，将塑料薄膜及遮阳网撤掉，换上防虫网。经过搭荫棚遮阳，可降低土面温度 5~8℃，减少幼苗的蒸腾作用，避免幼苗萎蔫，防止地面板结，有利幼苗正常生长。一般幼苗出土到第一片真叶出现，每天上午 10 时至下午 4 时均需遮阳。后期逐渐缩短遮阳的时间，直至不再遮阳。

② 水肥管理 苗期要有充分的水分，一般每隔 3~4d 浇一次水，保持苗床见湿见干，土壤湿度为 70%~80%，以促进幼苗生长。苗期水分管理是关键，绝不能控水，防止干旱使幼苗老化。当小苗长到 3~4 片叶时，应追施少量尿素。浇水和追肥应在傍晚或早晨进行，冷灌夜浇，降低地温。

③ 间苗分苗 子叶展开时及时间苗，每穴只留 1 株。当幼苗具有 2~3 片真叶时，按大小进行分苗。分苗选阴天或傍晚进行，苗距 8cm 左右。分苗床管理与苗床相同。苗龄 30~40d 左右，当幼苗有 6~7 片真叶时即可定植，幼苗过大定植不易缓苗。

3. 花椰菜假植技术要点

假植（分苗）对花椰菜培育壮苗意义重大。这是因为经假植的幼苗根系发达，抗性强，植株健壮，定植后成活率高，缓苗快，生长整齐。假植措施对早熟品种高温季节育苗关系重大。一般播种后 20d 左右当幼苗具有 3～4 片真叶时，按大小分级，进行假植。假植距离约 10cm×10cm。为了使定植后的幼苗迅速恢复生长，可在假植床加施充分腐熟的有机质肥料。假植时行株对齐，有利于定植前在畦上划土块取苗，便于带土移栽。也有的地区应用塑料营养钵或营养盘基质育苗，进行护根栽培，可不需假植。

夏播者于假植时应边移苗、边浇水、边遮阴，这样才易成活。植株恢复生长后应施一次薄肥，促其迅速生长。秋冬播种的幼苗，除假植成活后施一次薄肥外，于定植大田前数天再施一次薄肥，这对定植后迅速恢复生长有很大的作用。

假植的期限，早熟品种一般 10d 左右，以达到 5～6 片真叶时定植为宜，苗龄掌握在 30d 左右，不宜过长。以嫩苗定植成活率高，生长迅速。如苗龄过长，植株老化，定植后生长缓慢，且有"早期结球"形成"小花球"的可能。中晚熟品种以幼苗真叶达到7～8 片时定植，假植时间约 20d 或更长些，视当时气温情况而定，其苗龄约 40～50d或更长些。

四、花椰菜主要栽培技术

1. 花椰菜塑料大棚春季早熟栽培技术要点

（1）品种选择　选用早熟、耐寒、成熟期较集中、品质优良的品种。

（2）播种育苗　12 月中旬至 1 月初在大棚内播种育苗，采用设施保温育苗技术，3月上旬定植于棚内。如棚内设置小拱棚等多层覆盖，可于 2 月下旬定植。

（3）整土施肥　施足基肥，一般每亩施有机肥 4000～5000kg、磷酸二铵 10～15kg、硫酸钾 5kg，加适量硼、镁肥料。深翻 20～25cm，整地作畦，畦宽 1.2～1.5m，畦面上平铺地膜。为了防杂草，可每亩喷洒 48%氟乐灵乳油 80～100g，对水 75～100kg，喷在地表后，把表土翻入 5cm 土层中，以免见光失效，定植前 10d 左右覆盖地膜。

（4）适时定植　当秧苗具 6～7 片真叶时即可定植。定植前要求棚内 10cm 处的地温稳定在 8℃以上，气温稳定在 10℃以上。定植前 20d 左右扣棚，揭盖草帘，尽量提高棚温，进行烤畦。每畦栽 3～4 行，株距 35～40cm。挖好定植穴，认真起苗，带土定植，把带土坨的苗栽于穴中，并埋土于幼苗根部，使根与土密接，促发新根。

（5）田间管理

① 温度管理　定植后 7～10d 内适当提高棚温，白天保持 20～25℃，夜间 13～15℃，不低于 10℃，一般不通风。缓苗后降温蹲苗 7～10d，白天保持 15～20℃，夜间12～13℃。超过 25℃即放风降温，防止高温抑制生长和发生茎叶徒长现象。夜间不能长时间低于 8℃，以免先期结球。结球期温度控制在 18～20℃，当外界夜间最低气温达到 10℃以上时，要昼夜大通风，花球出现后，控制温度不要超过 25℃。

② 水肥管理　定植初期可不急于浇缓苗水。通风时，选晴暖天气中耕，定植 15d后第一次追肥，每亩追施尿素 10～15kg，施肥后随即浇水，并及时中耕，控水蹲苗。出现花球后，隔 5～6d 浇一次水，追肥 2～3 次。小花球直径达 3cm 左右时，应加大肥水，促花球膨大，随水冲施粪稀 1000kg 左右，或硫酸铵 20kg。以后，在整个花球生长期不能缺水，每 5～7d 浇一次水，保持地面湿润。在花球膨大中后期可喷 0.1%～

0.5%硼砂液，每隔 3～5d 喷一次，共喷 3 次，也可喷 0.5%～1%尿素或 0.5%～1%磷酸二氢钾。

③ 保护花球　花球直径长到 10cm 以上时，遮掩不住花球，花球受日光直射，易变黄，影响商品价值，这时可将 1 片心叶折倒，覆盖在花球上或摘 1 片光叶盖在花球上，也可用草绳把上部叶丛束起来遮光。部分品种心叶可以始终包裹花球，自行护花，不需要折叶盖花球。当花球充分膨大，花球表面致密、圆整、坚实、边缘花枝尚未散开时采收。

2. 花椰菜中（小）拱棚早熟栽培技术要点

（1）品种选择　选择抗寒性好、抗病、结球早而整齐，花球洁白而紧实，稳产性好，品质优的早熟品种。

（2）播种育苗

① 播种时间　若小拱棚夜间盖草帘等防寒保温设备，可提前至 12 月上中旬；华北地区一般于 12 月下旬至 1 月上旬，采用阳畦冷床育苗。适宜的定植期为 3 月上中旬。

② 培育壮苗　播种前，每平方米苗床施腐熟有机肥 10kg，播前 10～15d 盖塑料薄膜，夜间加盖草苫保温。选晴天中午，在畦内浇足底水，待水渗下后撒播种子，每平方米苗床用种子 2～3g，播后盖土 1cm 厚，扣严塑料膜，并加盖草苫，出苗前不通风。幼苗有 2～3 片真叶时分苗，行株距（8～10）cm×（8～10）cm，分苗后及时浇水，并扣严薄膜，白天棚内的温度保持在 18～20℃，促进缓苗。缓苗后注意通风，适当降低苗床温度，定植前 5～7d 进行低温炼苗、浇水、切块，此时苗子应具有 4～5 片真叶。也可采用营养钵育苗。

（3）定植　当棚内的表土层温度稳定在 5℃ 以上，选寒流已过的晴朗无风天定植。定植前施足基肥，每亩施腐熟有机肥 3500kg，过磷酸钙 30～40kg，草木灰 20～30kg，以利于花球的形成和发育。施足底肥后翻地、整平。一般做成宽 1.2～1.5m 的平畦，畦面上平铺地膜，每畦栽 3～4 行，株距 35～40cm。定植前挖好定植穴，再把带土坨的幼苗放入穴中；营养钵育苗的可以直接取出营养土，放入定植穴里。定植后浇定根水，随栽随支拱架并盖膜。

（4）田间管理

① 温度管理　定植后，闭棚 7～10d 促缓苗。缓苗后及时通风，控制棚室内温度在白天 20℃、夜间 10℃，不能低于 5℃；3 月下旬至 4 月上旬要逐渐加大通风量，以防止高温下植株徒长，白天维持 18℃ 左右，夜间 13～15℃。当外界最低温达 8～10℃ 时，可进行昼夜通风，逐渐加大通风量直至撤棚，转为露地生产。

② 浇水管理　定植水浇后 7～10d 浇一遍缓苗水。缓苗水后控制浇水，直到长足叶片、株心小花球直径达 3cm。浇水过早，易使植株徒长、结球小和散球；浇水过晚，会导致株型小、叶片少、叶面积小，造成营养体不足，使花球散开而且球体小、质量差。花球直径达 3cm 后，要加强肥水供应，以促进花球肥大。

③ 追肥管理　基肥不足时，可在浇缓苗水时随水冲施粪稀，促进缓苗。花球生长期应及时增加肥水量，结合浇水每亩可随水施尿素或硫酸铵 10～20kg，每隔 10～15d 追肥一次；或随水冲施粪稀，以促进花球肥大和品质鲜嫩。

3. 花椰菜春季露地栽培技术要点

（1）品种选择　花椰菜属幼苗春化型作物，不同品种通过春化阶段对低温的要求不一样，因此，春栽宜选用耐寒性强的春季生态型品种。如错用秋季品种就会发生苗期早现球，降低产量和品质。

（2）播种育苗　为能在高温到来之前形成花球，必须适期播种。播种时间应结合当地气候条件和品种特性选择。中原和华北地区露地栽培一般在 1 月份播种。播种育苗方法同塑料大棚春季早熟栽培育苗方式。

（3）整土施肥　最好选用未种过十字花科蔬菜的秋耕晒垡的冬闲地，前茬作物以瓜类、豆类较好，前作收获后要及时深耕冻垡。栽植地应施足基肥，每亩施优质农家肥 5000kg，复合肥 30～50kg，缺硼、钼地区加施少量硼、钼肥，与土壤混匀耙细后作畦。定植前 10 左右覆盖地膜，以提高地温。

（4）定植

① 定植时间　春花椰菜露地栽培适时定植很重要，如定植过晚，成熟期推迟，形成花球时正处于高温季节，花球品质变劣；定植过早，常遇强寒流，生长点易受冻害，且易造成先期现球，影响产量。一般在地下 10cm 处地温稳定通过 8℃左右、平均气温在 10℃左右为定植适期。当寒流过后开始回暖时，选晴天上午定植。露地栽培定植期一般在 3 月中旬，地膜加小棚的可适当提前定植。

② 定植方法　按畦宽 1.3m，株行距 0.4～0.5m 开挖定植穴，按品种特性合理密植，一般早熟品种每亩定植 3500～4000 株，中熟品种 3000～3500 株，中晚熟品种 2700 株左右。土壤肥力高，植株开展度较大，可适当稀些，反之应稍密些。定植后浇一遍定根水。

（5）田间管理

① 肥水管理　浇过定根水后 4～5d，视土壤干湿状况再浇缓苗水。当基肥不足时，可随缓苗水追肥。莲座期，每亩施尿素 15～20kg，也可冲入充分腐熟的人粪尿，如果此期缺肥，会造成营养体生长不良，花球早出而且易散球。当部分植株形成小花球后追肥一次，10～15d 后再追一次肥。出现花球后 5～6d 浇一次水，收获花球前 5～7d 停止浇水。在花球膨大中后期喷 0.1%～0.5% 硼砂液，0.01%～0.08% 的钼酸钠或钼酸铵，可促进花球膨大，3～5d 喷一次，共喷 3 次。也可喷 0.5%～1% 尿素液或 0.5%～1% 的磷酸二氢钾液。

② 中耕蹲苗　浇过缓苗水后，待地表面稍干，即进行中耕松土，连续松土 2～3 次，先浅后深，以提高地温，增加土壤透气性，促进根系发育。结合中耕适当培土。地膜覆盖的地块不要急于浇缓苗水，以借助地膜升高地温，促使发根。不盖地膜的田块在浇缓苗水后，要适当控制浇水，加强中耕，适度蹲苗。

③ 保护花球　春露地花椰菜生长后期气温较高，日照较强，应采取折叶措施保护花球。一般在花球横径 10cm 左右时，把靠近花球的 2～3 片外叶束住或折覆于花球表面，当覆盖叶萎蔫发黄后，应及时更换。

4. 花椰菜夏季露地栽培技术要点

夏花椰菜的生产季节都处于高温多雨，不利于花椰菜生长，对管理水平要求高。

（1）品种选择　选择耐热、耐湿、早熟的优良品种。

（2）适期播种　宜在 4 月 20 日至 5 月 10 日播种。播种过早，易出现未熟抽薹和产生侧芽；播种过晚，立秋后才能收获，达不到栽种夏花椰菜的目的。黄淮流域此期不能播种，因生长期温度太高，花球不能正常生长。夏花椰菜育苗期间，多遇倒春寒、阴雨和冰雹天气，苗床要选择向阳、地下水位低的地块。育苗前 7～10d 翻土，用清粪水作底肥，栽种每亩要求播种子 50g，播后搭小拱棚覆盖，出现第一对真叶后揭膜。

（3）精细整地　选择前茬未栽过十字花科蔬菜肥沃地块栽种，深耕 20cm，作小高畦，开好畦沟和排水沟，畦高 15～18cm，宽 80cm，沟宽 35cm。每亩施足有机肥 2000kg，复合肥 50kg，采用地膜覆盖栽培。

（4）及时定植　苗龄 20～25d，株高 10～12cm，5 片真叶时，选择茎粗壮、叶深绿、根系发达的健壮苗定植。行株距 40cm，每亩栽 3000 株，选晴天定植，移栽时需要根直，浅栽，压紧根部，并立即浇定根水。

（5）田间管理

① 中耕除草　未采用地膜覆盖的，要求中耕除草 2～3 次，中耕要浅，先远后近，根部杂草用手拔除，不能伤根、叶，到封垄时停止中耕除草。

② 肥水管理　夏花椰菜生长快，需肥量大，一般需追肥 3～4 次。幼苗移栽成活后进行第一次追肥，每亩浇清粪水 1500～2500kg；莲座期每亩浇清粪水 4000kg，尿素 20kg，在莲座初期和后期分 2 次追肥；开花初期重追肥一次，每亩追施清粪水 2500kg，尿素 15kg。遇到伏旱，应注意及时灌水。

③ 覆盖花球　夏花椰菜花球形成时正值炎热夏天，花球在阳光下暴晒易变黄色，影响品质。因此，在开花初期，花球直径达 8～10cm 时，就应折叶盖花，但叶不要折断，以保证盖花期间叶片不萎蔫。

5. 花椰菜秋季露地栽培技术要点

（1）品种选择　花椰菜秋季露地栽培，前期正值高温季节，因此必须选用苗期耐热的适宜品种。一些耐寒性好、冬性强的品种不能在秋季栽培，否则会出现温度条件高，不能通过春化阶段而不能形成花球的现象。

（2）播种育苗　一般华北地区 6 月中下旬，东北、西北地区 5 月中下旬至 6 月初，长江以南地区 6 月下旬至 9 月播种。播种过早，病害严重，而且花球形成早，不利于贮藏；播种过晚，植株生长天数减少，花球小，产量低。采用遮阴降温育苗。

（3）整土施肥　选择地势高、排水好、不易发生涝害的肥沃田块种植，前茬最好为番茄、瓜类、豆类、大蒜、大葱、马铃薯等作物，切忌与小白菜、结球甘蓝等十字花科蔬菜连作。前作应及时腾茬整地。施足基肥，一般每亩施农家肥 3000～4000kg，复合肥 30～50kg，深翻 20cm，耙平。早熟品种以做成高 25～30cm、宽 1.3m 左右的畦为宜，中晚熟品种畦宽 1.5m 左右。

（4）及时定植　早熟品种 6～7 片叶时定植，中熟品种 7～8 片叶时定植，晚熟品种 8～9 片叶时定植。在早晨或傍晚定植，菜苗最好随起随种。可采用平畦或起垄栽培，定植株距 40～50cm，行距 50cm，每亩 2600～3000 株。定植前苗畦浇透水，水渗干后进行切块，带土坨移栽，一般在晴天的下午或阴天移栽，移栽后应立即浇水。

（5）田间管理（彩图 5-25）

① 水分管理　定植 3～4d 后浇一次缓苗水，无雨季节每隔 4～5d 浇一次水。植株生长前期因正值高温多雨季节，所以，既要防旱，又要防涝。花椰菜在整个生育期中，有两个需水高峰期：一个是莲座期，另一个是花球形成期。整个生长过程中，应根据天气及花椰菜生长情况，灵活掌握用水，一般前期小水勤浇，后期随温度的降低，浇水间隔时间逐渐变长，忌大水漫灌，采收前 5～7d 停止浇水。

② 肥料管理　除施足基肥外，花椰菜生长前期，因茎叶生长旺盛，需要氮肥较多，至花球形成前 15d 左右、丛生叶大量形成时，应重施追肥；在花球分化、心叶交心时，

再次重施追肥；在花球露出至成熟还要重施 2 次追肥。每次每亩施尿素 20～25kg 或硫酸钾 15kg，晚熟品种可增加 1 次。肥料随水施入。

③ 中耕除草　高温多雨易丛生杂草，未采用地膜覆盖时，在缓苗后应及时中耕，促进新根萌生。中耕要浅，勿伤植株，一般中耕 2～3 次，到植株封垄时停止中耕除草。显露花球前，要注意培土保护植株，防止大风刮倒。

④ 覆盖花球　在花球形成初期，把接近花球的大叶主脉折断，覆盖花球，覆盖叶萎蔫后，应及时换叶覆盖。有霜冻地区，应进行束叶保护，注意束扎不能过紧，以免影响花球生长。

⑤ 采收　一般秋花椰菜从 9 月中旬开始陆续采收，在气温降到 0℃时应全部收完。

6. 花椰菜塑料大棚秋延后栽培技术要点

(1) 品种选择　宜选用耐热、耐寒、抗病、丰产并适于秋季栽培的品种。

(2) 播种育苗

① 播种时间　选择适宜播种期是关键技术之一。播种不能过早，否则气温高易感病，植株易徒长，花枝细弱，花球松散，严重者会抽枝开花；播种过晚，植株生长天数减少，再加上大棚保温性有限，会造成小花球多，产量低。一般 7 月上中旬播种育苗，8 月上中旬定植。北方可适当提前，南方应略推迟。

② 播种　育苗床应选择地势较高，排水良好、近水源的地块。每 10m² 苗床铺施腐熟、过筛的优质有机肥 50～75kg，翻匀后耙平苗床，育苗畦宽 1.2m，长 6～8m。播种前先浇透底水，待水渗下后，再撒一层 3～4mm 厚的过筛细土，然后把苗床按 8cm 的距离划成方格，每格点播 1～2 粒种子，随即覆盖 0.8～1cm 厚的过筛细土。因为苗龄短，可不分苗。

③ 苗期管理　育苗期间处于高温多雨季节，播种后，要用麦秸或苇帘等平盖苗床，起保墒、降温、防暴雨作用。播后约 3d 小苗出土后，在傍晚撒去麦秸等覆盖物，并视天气情况用清水喷洒苗床。应注意及时撒去覆盖物，不可过晚，否则幼苗易徒长，并与麦秸等缠绕，易损伤幼苗。出苗后，可以用竹竿和透光性差的旧塑料布在苗床上搭高 1m 的遮阴棚，有条件的可利用大棚覆盖遮阳网育苗，起防晒、降温、防雨的作用。

(3) 定植　苗龄 30～35d 即可定植。定植前，每亩施腐熟有机肥 5000kg 左右，并施入过磷酸钙 30～50kg，草木灰 30kg 左右或硫酸钾 5kg 左右。作高垄或高畦，定植行株距 (53～57)cm×(46～50)cm，苗床先浇水，带土起苗，保护根系。定植后浇定根水。

(4) 田间管理

① 水肥管理　定根水浇过后，过 2～3d 再浇一次缓苗水，以保持土壤湿润，并适当浅中耕。缓苗后应及时随水冲施硫酸铵 20kg。花球直径长至 2.5cm 大小时，浇水追肥，保持 5d 左右浇一次水，10d 左右追一次肥，每次每亩施硫酸铵 20～25kg 或尿素 10～15kg。当外界气温下降时，可改为 7～8d 浇一次水。10 月中下旬后基本不再浇水和追肥。

② 温度管理　9 月中旬以前大棚处于开放状态，作物露天生长。气温高时应注意及时搭盖遮阴棚，9 月中下旬后盖棚膜，或把四周棚膜放下，白天打开通风口，保持 18～20℃，夜间 10℃左右。10 月中旬以后，温度逐渐下降，夜间应在大棚四周围上草帘，最低温度要保持 5℃以上。

7. 花椰菜越冬栽培技术要点

越冬花椰菜是在寒冷的冬天，不加任何保护，露地安全越冬，3 月份上市的花椰菜。可调节早春蔬菜淡季市场。

(1) 品种选择　花椰菜性喜温凉，耐寒能力比甘蓝差，幼苗期耐寒力强，温度过低不易形成花球。应选择生育期长、耐寒、2 月中下旬现蕾，3 月中旬收获的品种，无需保护可有效避开寒冬；或 1 月下旬现蕾，2 月中下旬收获的耐寒品种，遇到特殊年份，花球发育期气温过低的情况下，可适当覆膜加以保护，同时应选择心叶自然向中心或扭转，保护花球免受霜害的优良品种。

(2) 培育壮苗　选择地势高燥、排水畅、通风良好、肥沃疏松的地块，畦长 7m，作畦前施腐熟过筛的混合粪肥 100～150kg，复合肥 0.5kg，来回翻倒 2 遍，以利肥土混匀。播种期一般为 7 月下旬至 8 月初，因播种季节高温多雨，阳光强烈，故需在拱棚下育苗。可就地取材，搭成高 1m 左右的拱棚，上盖遮阳网或苇席，以降温保湿，同时可防暴雨冲击幼苗。播前晒种 2～3d，苗床浇足底水，播种时先薄撒一层过筛细土，随即按 10cm×10cm 株行距点播，每穴 2～3 粒种子，播后覆土，封严，每平方米用种 3～4g，播后 3～4d 幼苗出齐，应及时撤去遮阳网换上防虫网，以防小菜蛾等害虫为害。一周后子叶展开，即应间苗，每穴留 1 株健壮苗。每隔 3～4d 浇一次水，保持苗床见干见湿。当幼苗长出 3～4 片真叶时，应追施少量尿素。注意防除病虫草害。

(3) 定植　选地势较高、排水通畅的肥沃园田。前茬收获后，每亩施腐熟农家肥 5000～6000kg，复合肥 50kg，耕翻耙细，做成平畦，畦宽 1～1.5m。当苗龄 30d，幼苗长出 6～7 片真叶时，选阴天或傍晚定植，随即浇定根水。定植行距 50cm，株距 50～59cm，每亩定植 2300～2800 株，要将大小苗分开定植。

(4) 田间管理

① 肥水管理　缓苗后，及时中耕，适当蹲苗，促根系生长，7～10d 后浇一次透水，随水每亩施复合肥 20～25kg。一般每隔一周浇一次水，做到畦面见干见湿，保持土壤相对湿度在 70%～80%。显露花球后每亩追施尿素 10～15kg 和适量钾肥。花球直径达 9～10cm 时进入结球中后期应再次追肥，每亩施尿素 20～25kg。以后每隔 4～5d 浇一次水，直至收获。注意深冬期间不要浇水，早春土壤解冻后及时浇水。

② 临时保温　露地越冬花椰菜正常年份不经保护，可以安全越冬。为防范冬季频繁剧烈变化的恶劣天气，避免意外损失，深冬季节当外界最低气温降到 −10℃ 时，应及时在菜田上浮面覆盖薄膜。当外界气温高于 −10℃ 时，晴天白天应将薄膜两边揭开，以防水汽太重，造成外叶枯黄。注意夜晚盖严四周的薄膜。

③ 覆盖花球　花球在日光直射下，可由白色变成浅黄色，进而变成紫绿色，使花球质地变粗，品质降低。因此在花球直径达 10cm 以上时，可将近花球的 2～3 叶束住或折覆于花球表面，防止日光直射，但不要将叶片折断。

8. 彩色花椰菜栽培技术要点

(1) 栽培季节　秋季露地栽培，7～8 月遮阳育苗，苗龄 30～35d，8～9 月定植，10 月至翌年 2 月上市。春季采用温床育苗，苗龄 60d 左右，花球 4～5 月形成，在高温到来前收获。大面积栽培，可参考普通花椰菜种植。作观赏栽培可采用花盆播种。

(2) 定植　春花椰菜秧苗有 5～6 片叶定植，秋花椰菜有 4～5 片叶定植。垄作或畦作，春天不宜定植太早，严霜可使花椰菜受冻害，低温时间长形成小花球。早熟品种定植行距 53~60cm，株距 40~45cm；中熟品种行距 60~70cm，株距 45~50cm；晚熟品种行距 70~80cm，株距 50~60cm。

（3）盆栽　当幼苗株高 10~12cm，5~6 片真叶时，移栽至直径 20~40cm 的圆盆。盆土用园土 4 份、堆厩肥 3 份、腐叶土 3 份配制，每盆加复合肥 5~10g，栽后浇定根水。将 3~5 盆排成一畦，畦间步道宽 60~80cm，春季温度低，可放在大棚内，夏季温度高，可放在遮阳网防雨棚内生长 1~2 个月。

（4）管理　定植后及时中耕松土和除草，秋季天气热，应及时浇水。土壤缺硼会引起花茎中心开裂，严重时花球变成铁锈色，每平方米土壤用 0.1g 硼砂作基肥，没有施用的，在花球膨大期用 0.2% 硼酸溶液叶面喷施。花椰菜虫害重，可参考普通花椰菜的防治方法。

盆栽花椰菜，成活后每盆施腐熟稀人粪尿 1~2kg，过磷酸钙 3~5g，碳酸氢铵 1~3g。在莲座叶初期及开花初期，每盆追尿素 3~5g 或三元复合肥 5~10g，花球形成期，每盆追 1% 磷酸二氢钾 1~2kg。春季每 1~2d 浇透水一次，夏季每天浇一次水，秋天 2~3d 浇水一次。做好冬季搭棚保温和夏季遮阳降温工作。

秋花椰菜播种晚，严霜到来时花球还很小，可采用假植到温室的办法，盆栽的可移至室内。当花球膨大时，要用下面的老叶盖在花球上，保持花球洁净，不变色褪色，天气变冷时用叶片盖上叶球还能防止冷害，必要时可多盖几层防冻。当花球充分长大，边缘尚未散开，花球紧密时及时采收。

9. 花椰菜高山栽培技术要点

花椰菜对温度条件要求比较严格。因此，要利用高山不同区域的气候特点、品种特性和育苗设施，合理地安排栽培季节。高山花椰菜应安排在海拔 700m 以上的区域栽培，播种期为 3~7 月。在 3~5 月份播种的，要采用塑料薄膜棚覆盖，进行保温避雨育苗，并选用中熟品种种植；在 6~7 月份播种的，要进行遮阳降温育苗，并选用早熟品种栽培。

（1）品种选择　选择耐热性强、抗病虫、抗逆性强、品质优良的早、中熟品种为宜。苗床应选择旱能浇、涝能排的高燥地块，土壤 pH 值 7.0~7.5，播前结合施肥深翻土地，耕后细耙，整平作畦。3~4 月份播种的，要在塑料薄膜大棚内或塑料中小棚内，进行覆盖保温育苗。5~7 月份播种育苗的，应采用遮阳网进行降温弱光育苗。为了培育壮苗，需要进行分苗假植。

也可以用营养钵（块）或基质穴盘进行育苗。营养土配制可用细土 6 份，腐熟农家肥 4 份混合，同时泼浇 50% 辛硫磷乳油 400 倍液、50% 多菌灵可湿性粉剂 800 倍液，经充分拌匀后堆制盖上薄膜闷 2~3d 再晾晒一周后即可，将装好营养土的钵整齐排列在平坦的地面。

播种前，先将苗床浇足底水。每亩大田用种量为 25g，并需播种苗床 10m²。可撒播或条播。条播行距为 6~7cm，株距 1cm。营养钵育苗每钵播种 1~2 粒，播种后用营养土或细土盖籽，土厚 0.3~0.5cm，再用稻草覆盖畦面，并用少量水淋湿，经 3~4d 就可发芽出苗。发芽后，应及时掀去畦面覆盖物。心叶出现后，进行间苗，苗距为 1~2cm。当幼苗长到 2 片真叶时进行分苗假植，假植规格为（8~10）cm×（8~10）cm。定植后要及时浇水定根，并进行设施覆盖，以促进缓苗。缓苗后及时浇施肥水。营养钵育苗在 2~3 片叶时进行间苗，每钵留一株健壮苗。当幼苗达到 5~6 片叶时，可定植到大田。高山花椰菜的育苗期，早熟品种为 30d 左右，中熟品种为 40d 左右。

（2）定植　定植田要选择疏松肥沃、排灌方便的田块，早耕晒白，施足基肥，一般每亩施腐熟农家肥2000～2500kg，复合肥30kg，钙镁磷肥40kg，翻耕后整地作畦。畦宽（包沟）1.5m，每行栽2株，株行距为（40～45）cm×70cm，一般早熟品种2800～3000株，中熟品种2000～2500株。定植后浇定根水，定根水最好每30kg水＋50％辛硫磷可湿性粉剂10mL＋70％敌磺钠可溶性粉剂20g。选择在晴天的下午或阴天进行定植，还可用遮阳网进行畦面的浮面覆盖。

（3）田间管理

① 中耕除草　定植后中耕除草2次左右，中耕除草可以疏松表土，蓄水保墒，促进根系的发育。

② 施肥　高山花椰菜的早熟品种生育期短，在施足基肥的基础上，应及时追肥，促进叶簇适时旺盛生长，一般追肥3～4次。定植活棵后施一次提苗肥，用量为每亩20％腐熟人粪尿＋0.5％尿素浇施于行间，或硫酸钾复合肥15kg。隔7～10d中耕一次，并浇施一次肥，用量可适当加大。在蕾前和蕾后重施追肥，宜大肥大水促进生长。当有15～17片叶即将现蕾时，重施花蕾肥，用量为复合肥15kg＋尿素10kg，浇施。当花球直径达到拇指大小（花蕾初期）时，要重施一次肥，用量同前。及时补充各种微量元素肥料，促进花球生长与发育，如用0.1％～0.2％的硼酸液进行喷施等。

③ 浇水　在叶簇生长旺盛期和花球形成期，需水较多，应及时浇水或灌水满足其需要。高温干旱时可以灌"跑马水"，以湿润土壤。雨后要做好清沟排水工作，防止田间积水。

10. 花椰菜秋季再生栽培技术要点

根据花椰菜生长习性，在花椰菜秋季栽培中，花球收获后，可进行再生栽培。再生后的花椰菜茎秆粗壮，生长速度快，一级花椰菜率提高10％以上，亩产花椰菜2200kg以上，增值100％。既节约了种子又减少了花椰菜育苗栽培过程和劳力投入，调剂了花椰菜淡季余缺，解决了南菜北运花椰菜不新鲜的问题，是一项花椰菜高产高效的栽培新措施。

（1）品种选择与栽培方式　再生花椰菜的品种要求花球坚实，色泽雪白，品质好，生长势强，耐热、抗病、抗逆能力好，再生力强，尤其是对反差性气候适应能力强。采取宽垄双行栽培法，垄宽70～80cm，垄高10～13cm，株行距45cm×50cm，亩栽3000～3500株。

（2）整地施肥　秋茬花椰菜生长强弱，对再生花椰菜是否丰产有着决定作用。秋茬花椰菜应选择有机质丰富，土壤疏松肥沃，活土层较紧，排水方便，保肥力好的地块栽培，土壤pH值6～6.7。秋花椰菜生长期正是夏秋高温多雨季节，应按花椰菜生长期间需肥数量少施勤施，一般每亩施3000～4000kg腐熟鸡粪为基肥；侧芽生长期每亩施碳酸氢铵70～80kg、磷肥40～50kg，钾肥20～30kg；茎叶生长期和花芽分化期每亩施磷酸二铵20kg、钾肥15kg；现球期每亩施尿素15～25kg。

（3）再生方法与管理　秋花椰菜采收后，保持花椰菜外轮叶3～5片，剪去上端部分（一般离地面4～7cm处），用75％百菌清可湿性粉剂600～800倍液等杀菌剂对再生后的花椰菜茎部顶端喷洒一次，以防细菌性病害侵入。隔日用浓度为80mg/kg的赤霉酸喷洒植株茎部，3～5d后补喷一次，促其茎部发芽。20d左右在主根叶轮下分化出不等数腋芽，此时去掉老叶，待腋芽长至2～3片真叶时，每株留粗壮腋芽1个，其余则全部去掉。花椰菜植株再生后，全面深锄，深度以15～20cm为宜，截掉部分老弱根，促使新根系再生。深锄后，在垄背上开深 15～20cm、宽 20～25cm 的壕沟，每亩将 100kg 碳酸氢铵、50kg 磷肥、30kg 钾肥搅拌均匀，施入沟内，埋好耙平。然后在花椰菜幼苗基部培土垒垄，以埋住基部叶片为准。再生后的植株可采取小蹲苗的方法尽快促进再生后的侧芽根系发育，旺盛生长，方法如下。

① 及时盖棚　盖棚时间以霜降前后为宜。把握好棚内温度，合理调节适温。侧芽生长适温 15～25℃；花球生育期 14～18℃。随时加盖草帘，确保化椰菜在适宜的棚温中健壮生长。

② 适时浇水　要求土壤湿度为 70%～80%，空气相对湿度为 85%～90%。

③ 合理施肥　在增加人粪尿施入次数的同时，每亩适量追尿素 15kg，硫酸钾 25kg，整个生育期追肥次数 4～5 次，10d 一次。在追肥同时，可每亩叶面喷施硼砂 80g 或钼酸铵 50g。

五、花椰菜生产关键技术要点

1. 花椰菜品种选择原则

正确选择花椰菜品种是种植成功的关键之一。生产中由于品种选择不当而造成品质变劣，产量降低的现象时有发生。花椰菜品种选择应考虑品种的生态类型、生长地区的气候、土壤和水分等条件，南方的一些早熟品种，秋播品种选用了春播品种，在北方栽培易造成花球抽薹散球。

（1）根据市场需求选种　不同的市场需不同的品种，北方市场要求花球色泽洁白，紧实，花形周整，花蕾细密洁白，蕾枝白色粗短，无茸毛的品种；南方市场要求花球松散型、半松散型、口味好的品种。

（2）根据不同生态型和季节选种　花椰菜属幼苗春化型作物，要求的低温范围相当宽广，不同的品种通过春化阶段对低温的要求不一样，形成了春季生态型、秋季生态型和春秋兼用型及越冬型四个气候类型。花椰菜对温度、光照和肥水条件要求较高，特别是大面积种植时，选种一定要充分考虑当地的物候条件，选择经过试种能适应本地气候条件的优良品种。如华南地区秋、冬季栽培宜选用冬性强、耐寒的大花球晚熟品种。长江流域至黄河流域春花椰菜宜选用冬性强的晚熟品种，秋花椰菜宜选用耐热、冬性弱的早熟品种或中熟品种。北方春、夏花椰菜宜选用冬性强的大花球晚熟品种，秋花椰菜宜选用早熟或中熟品种。

（3）根据品种的适应性选种　花椰菜春季栽培温度低，应选择耐寒性强的品种。夏花椰菜生长期间多高温多雨，应选耐热、耐湿性强的品种。秋季栽培前期高温多雨，病虫害严重，后期降温迅速，适于花椰菜生长的天数少，对秋花椰菜品种的要求更严格，一般以生育期短、耐热性、抗病性、适应性强的品种为宜。冬季栽培，应选用冬性强，耐低温，甚至零下低温的品种。

（4）种子质量要求　花椰菜种子质量应符合表 5-7 的最低要求。

表 5-7　花椰菜种子质量标准　　　　　　　　　　单位：%

种子类别	品种纯度不低于	净度(净种子)不低于	发芽不低于	水分不高于
原种	99.0	98.0	85	7.0
大田用种	96.0			

摘自 GB 16715.4—2010 瓜类作物种子　第 4 部分:甘蓝类

2. 花椰菜配方施肥技术要领

花椰菜全生育期每亩施肥量为农家肥2500～3000kg（或商品有机肥350～400kg），氮肥20～23kg，磷肥6～8kg，钾肥11～14kg。有机肥作基肥，氮、钾肥分基肥和3次追肥，磷肥全部作基肥，化肥和农家肥（或商品有机肥）混合施用（表5-8、表5-9）。

表5-8　花椰菜推荐施肥量　　　　　　　　　　　　单位：kg/亩

肥力等级	目标产量	推荐施肥量		
		纯氮	五氧化二磷	氧化钾
低肥力	1500～2000	22～25	7～10	13～16
中肥力	2000～2500	20～23	6～8	11～14
高肥力	2500～3000	18～21	5～7	10～12

表5-9　花椰菜配方施肥推荐量　　　　　　　　　　单位：kg/亩

基肥推荐方案				
肥力水平		低肥力	中肥力	高肥力
产量水平		1500～2000	2000～2500	2500～3000
有机肥	农家肥	3000～3500	2500～3000	2000～2500
	或商品有机肥	400～450	350～400	300～350
氮肥	尿素	6～7	6	5～6
	或硫酸铵	14～16	14	12～14
	或碳酸氢铵	16～19	16	14～16
磷肥	磷酸二铵	15～22	13～17	11～15
钾肥	硫酸钾（50%）	8～10	7～8	6～7
	或氯化钾（60%）	7～8	6～7	5～7

追肥推荐方案					
施肥时期	低肥力		中肥力		高肥力	
	尿素	硫酸钾	尿素	硫酸钾	尿素	硫酸钾
莲座期	11～12	5～7	10～11	5～6	9～10	4～5
花球初期	15～16	7～9	13～15	6～8	12～14	6～7
花球中期	11～12	5～7	10～11	5～6	9～10	4～5

（1）基肥　早熟品种生育期短，对土壤养分的吸收比中晚熟品种少，但是生长发育很快，对养分需求迫切，因此，早熟品种的基肥应该以速效氮肥为主。中晚熟品种生育期较长，基肥应以厩肥和磷、钾肥配合施用。一般基肥施用，每亩施用农家肥2500～3000kg（或商品有机肥350～400kg），尿素6kg、磷酸二铵13～17kg、硫酸钾7～8kg、硼砂0.5kg。

（2）追肥　追肥应以速效氮肥为主，配合磷、钾肥，可以促进花球的形成与膨大，特别是花球开始产生时，要增加施肥量。一般从定植到收获，需要追肥2～3次。莲座期每亩施尿素10～11kg，硫酸钾5～6kg；花球形成初期每亩施尿素13～15kg，硫酸钾6～8kg；花球形成中期每亩施尿素10～11kg，硫酸钾5～6kg。

（3）根外追肥　土壤缺硼可在花球形成初期和中期对叶面喷施0.1%～0.2%硼砂溶液，土壤缺镁可对叶面喷施0.2%～0.4%硫酸镁溶液1～2次。

3. 花椰菜缺素症的症状表现与防止措施

(1) 缺氮　苗期缺氮，叶小而挺立，无光泽，叶色褪淡并呈现紫红色。植株下部叶片呈淡褐色，生长发育衰弱。

防止措施：增施土壤有机质，培肥地力。提高土壤的有机质含量，促进土壤团粒结构的形成，增加土壤的供肥能力。施用新鲜的有机物（作物秸秆或有机肥）作基肥时要增施氮素或施用完全腐熟的堆肥。对一些土壤比较砂性、蔬菜生长期又长的菜地，氮肥宜少量多次施用，以防氮素流失，造成缺氮或高氮给蔬菜带来的浓度危害。生长盛期重点追氮肥，如尿素、碳酸氢铵等。应急时，可叶面喷施 0.2%～0.5% 尿素液。

(2) 缺磷　叶片硬化，尖角。叶背面呈紫色，因色素沿叶脉表现出来。

防止措施：提高土壤供磷能力，因地制宜地选择适当农艺措施，提高土壤有效磷。有机质贫乏的土壤，应重视有机质肥料的投入。过酸或过碱性的土壤，应改良土壤酸碱度。酸性土可用石灰，碱性土则用硫黄，土壤趋于中性，提高磷肥施用效果。采用保护设施栽培，早春低温采用地膜覆盖和塑料大棚栽培，可以减少低温对磷吸收的影响。合理施用磷肥，磷肥施用时期宜早不宜迟，一般宜作苗床肥或移栽时施用，一次集中施用效果比分次施用效果好。常用量过磷酸钙为每亩施 10～15kg。应急时，可用 2%～4% 的过磷酸钙水溶液进行叶面喷肥，每隔 7d 左右喷一次，共喷 2～3 次。

(3) 缺钾　花椰菜外叶边缘皱缩、枯焦，脉间发生不规则的浅绿或皮肤色的斑点，这些斑点相连而失绿，并逐渐往上部叶发展，引起早期脱落。花球发育不良，球体小，不紧实，色泽差，质地比较轻，品质变劣。

防止措施：施用足够的钾肥；出现缺钾症状时，应立即追施硫酸钾等速效肥，亦可叶面喷施 1%～2% 的磷酸二氢钾水溶液 2～3 次。

(4) 缺钼　幼苗缺钼，新叶的基部侧脉及叶肉大部分消失，新叶顶部仅剩的一小部分叶片卷曲成漏斗状，严重的侧脉及叶肉全部消失，只剩主脉成鞭状，叶片狭长条状，甚至生长点消失，严重的不结球。

大田花椰菜缺钼，主要发生在新叶上，初时叶片中部的主脉扭曲，整张叶片歪歪的向一边倾斜；缺钼进一步加重时，新叶的侧脉及叶肉会沿主脉向下卷曲，且主脉向一侧扭曲，幼叶和叶脉失绿，称为"鞭尾症"，此时为严重缺钼，即使及时补充钼肥（钼酸铵），也已经有一部分的生长点消失，无法结成花球。

防止措施：改良土壤，防止土壤酸化，施用石灰中和土壤酸度，提高土壤中钼的有效性，一般石灰用量为每亩 50～100kg。施用钼肥，主要有钼酸钠和钼酸铵，可以直接施入土壤，用量为每亩 10～50g。叶面喷施，用 1 小包 10g 装的钼肥加水 15kg 喷洒，隔 5d 再喷一次即可。要防止花椰菜缺钼，可在幼苗长出新叶后，结合治病防虫喷一次 0.05%～0.1% 的钼酸铵水溶液 50kg，花椰菜移植大田后结合治病防虫再喷一次即可。科学施肥，多施有机肥，增施磷肥，多用碱性肥料和生理碱性肥料，尽量少施酸性和生理酸性肥料。合理灌溉和排水，调节土壤的水分和通气状况，提高土壤供钼水平和根系吸钼能力。

(5) 缺镁　缺镁症状表现在老叶上，叶片上的叶肉失绿黄化，后呈鲜黄色，严重的变白，而叶片上的主脉及侧脉不失绿，这样形成了网状失绿，而叶片不增厚。

防止措施：土壤诊断若缺镁，在栽培前要施用足够的含镁肥料，一般用硫酸镁等镁盐，每亩用量2～4kg。许多化肥如钙镁磷肥都含有较高的镁，可根据当地的土壤条件和施肥状况因地制宜加以选择。避免一次施用过量的、阻碍对镁吸收的钾、氮等肥料，大棚内施氮钾，最好少量分次施用。应急时，用0.1％～0.2％的硫酸镁溶液叶面喷施，严重的隔5～7d再喷施一次，缺镁症状几天后可解除。

（6）缺硼　缺硼时花椰菜根系生长慢，不发达，叶片较短，肥厚，茎叶僵硬易折，顶叶生长受阻，叶向外卷，从下叶开始变黄，腋芽较多。花期缺硼，则引起茎部中空（短缩茎内部腐烂，导致髓部中空）。有时叶脉内侧有浅褐色粗糙粒点排列，花球上出现褐色斑点，花枝上有浅褐色粗糙粒点排列，花球质地变硬，带有苦味。

防止措施：① 增施硼肥　在基肥中适当增施含硼肥料，可每亩用1～1.5kg硼砂，也可以在苗期或现蕾期喷施0.2％的硼砂溶液2～3次。出现缺硼症状时，及时用0.1％～0.2％硼砂水溶液叶面喷施（硼砂不易溶解，要用开水溶解后稀释），隔一周后再喷施一次，或在浇水时每亩用1～1.5kg硼砂同时浇施。

② 增施有机肥料　有机肥中营养元素较齐全，尤其要多施腐熟厩肥，其含硼较多，且可使土壤肥沃，增强土壤保水能力，缓解干旱为害，促进根系扩展，并促进对硼的吸收。

③ 改良土壤　为预防保护地内土壤酸化或碱化，可采用掺入黏质土壤的方法来改良土壤。

④ 合理灌溉　植株的水分供应不足，土壤干旱或过湿，均会影响根系对硼的吸收。

（7）缺钙（彩图5-26）　缺钙时植株矮小，茎和根尖的分生组织受损。花椰菜缺钙症状表现明显时期是开始结球后，结球苞叶的叶尖及叶缘处出现翻卷，叶缘逐渐干枯黄化，从上部叶开始焦枯坏死。由于缺钙，幼叶畸形似"爪"。

防止措施：增施腐熟有机肥，合理施用化肥，氮、磷、钾肥配合使用，避免偏施氮肥。在整地时每亩均匀地施入75kg生石灰，既可增加土壤中的钙质，又可调整土壤的pH值。及时、适量灌水，严防苗期、结球期干旱，干旱时不蹲苗或避免蹲苗过度。喷施0.7％氯化钙液＋0.7％硫酸锰液，或用0.2％的高效钙叶面喷施，严重的隔5～7d再喷1次。

（8）缺铁　上部叶片叶脉间变为淡绿色乃至黄色。

防止措施：改良土壤，降低土壤pH，提高土壤的供铁能力。在碱性土壤上通过施用硫黄粉等酸性物质来降低土壤的pH，增加土壤铁的有效性；增施有机肥料，通过有机质对铁的螯合作用提高铁的有效性。施用铁肥，目前主要有硫酸亚铁和硫酸亚铁铵及尿素铁肥等。叶面喷施浓度为0.2％～0.5％（尿素铁浓度为0.5％～1％），其中尿素铁肥效果优于硫酸亚铁等，但目前还没有一种理想的防治缺铁症的铁肥品种。地势低洼、易积水地块采用开沟排水、高畦栽培等办法，以减少对铁吸收的影响。

（9）缺锌　生长差，叶或叶柄可见紫红色。

防止措施：不要过量施用磷肥；缺锌时可以施用硫酸锌，每亩用1.5kg；应急时，可用硫酸锌0.1％～0.2％水溶液喷洒叶面。

4. 花椰菜黄化性药害的表现与防止措施

（1）症状表现　叶片呈块状或斑点状黄化，一般靠近叶缘或叶尖处黄化严重，小苗可能全株黄化，但可长出不黄化的心叶。叶片黄化时不增厚，且主侧脉处也能黄化。

（2）发病原因　花椰菜对硫酸链霉素、新植霉素较敏感，在较高浓度喷施这类药剂时，就会发生黄化性药害，使整个生育期延缓。

（3）防止措施　尽量少用或不用硫酸链霉素、新植霉素类农药，如果一定要用时，浓度要低，且要在早晨或傍晚喷药。加强肥水管理，待新叶长出后，黄化会逐渐消失。

5. 花椰菜遮护花球的技术要领

花椰菜花球的采收期比较长，要分批采收。从花球出现到成熟，在适宜温度 17～18℃条件下一般需要 20～30d。如果温度偏高，在 24～25℃环境条件下则对形成花球不利。如果花球受太阳强光照射，色泽则会由纯白变成淡黄，有时还会长出黄毛和小叶，降低品质。所以，当小花球出现（花球形成初期）后，要束叶盖花防晒。束叶盖花方法有以下两种。

一是束花法，将植株中心的几片外叶用稻草等松拢绑起来。由于叶片全被束缚，影响光合作用的进行，不利花球继续生长，同时也费工，还需准备稻草等材料，所以此种方法应用不多。主要在寒冷地区采用，露地栽培宜采用束叶方法。因折叶覆盖叶易断折干燥，折叶过多还会影响植株生长。

二是折叶盖花法（彩图 5-27），此法又分两种：一种是折断一片外叶，盖在花球上遮阴，这种方法遇高温多雨天时，盖在花球上的叶片很容易腐烂沾污在花球上，所以，盖几天后还要换一片叶覆盖，比较麻烦。春季多低温阴雨且湿度大，因此不能将叶直接盖在花球上，盖叶与花球间应有 1～2cm 的间隙，否则易发生黑色霉菌和似水烫伤状的腐烂。另一种是当花球长至直径 3cm 大小时可将靠近花球的一二片外叶轻轻折弯（即"藕断丝连"），搭盖在花球上。由于叶柄未全折断，还可吸收少量水分，几天内叶片一直处于萎蔫状态，不会很快腐烂污染花球。棚内栽培，虽然不被阳光照射，但棚膜表面凝聚的水滴一旦滴落在花球表面，易使花球变褐腐烂，所以也必须采取折叶或束叶覆盖花球表面的措施。折叶覆盖操作要精细，不要把覆盖花球的叶片的叶柄折断。

6. 春花椰菜散球的发生原因与防止措施

花椰菜花球散花（彩图 5-28），也叫"散球"，在花椰菜生产中常有发生。在春花椰菜生产中，有的花球没长多大，花枝便提早伸长，花球边缘会散开，致使花球疏松，花球表面凹凸不平；有的花球顶部呈现紫绿色绒花状（实际是微小的花蕾），过一段时间，抽出的花枝可见到明显花蕾，整个花球呈鸡爪状，这种现象叫"散球"。导致产品质量严重降低，几乎失去食用价值，减产减收。

（1）散球原因

① 品种选择不适当　花椰菜品种较多，在南方栽培较好的一些早熟品种，引入北方栽培或秋播品种、冬性弱的品种做早春栽培易通过春化阶段，还没有长到一定的营养面积就抽薹散球。特别是福建的一些早熟品种，只需 10 多天的低温就可以通过春化阶段，所以，在北方栽培绝大多数表现为散球。

② 幼苗生长控制过度　春花椰菜花球形成必须有足够的叶面积。苗期营养面积太小，分苗次数太多，幼苗生长弱，形成散球。如果苗期受干旱或较长时间的低温影响，生长受到控制，形成老化苗，定植后易出现散球。

③ 定植期不合理　花椰菜叶片生长适温为 8～24℃，定植过早受低温、霜冻影响，而延长缓苗期，甚至被冻坏，叶片长不起来，花球很小，导致散球。花球生长的适温为

15～18℃，定植过晚，到花球生长期温度高，花枝会迅速伸长而散球。

④ 肥水不足　花椰菜喜湿，只有花椰菜的莲座叶生长良好，形成一个较大的营养体，才能长成一个好的花球。如果肥水不足，叶片生长瘦小，导致花球小而散球。现花后，如果土壤干旱，也会散球。

⑤ 光照过强　高温、强光直射，也易导致散球。

⑥ 采收不及时　在适宜的温度条件下，优良的花椰菜品种形成洁白、光滑、坚实的幼嫩花球，应及时采收。否则，花球边缘会散开，特别是温度过高（24℃以上）时，花球表面易凹凸不平。

（2）防止措施

① 选用不易散花、对低温不太敏感、冬性强的春栽品种，从外地引入的品种，应经引种试验，然后才大面积推广栽培。

② 营养钵或塑料袋育苗　营养钵或塑料袋直径不宜小于 8cm。苗期温度白天保持 13～15℃，夜间 10～12℃，防止干旱，育成七八片叶、叶面较大较厚、茎粗节短、根系发达、株高 15～18cm 的壮苗。

③ 适期定植　春花椰菜多用中、晚熟品种，于 10～11 月播种，1～2 月定植到露地。定植不可过密，以每亩 3000 株左右为好，及时松土。最好采用地膜加小拱棚覆盖栽培，晴好天气注意小棚的通风管理。

④ 加强肥水管理　施足有机肥，氮、磷、钾肥配合施用，定植前每亩施 2000～3000kg 优质农家肥，定植时每亩施 10kg 硫酸铵。浇足定根水，缓苗后浇一次缓苗水，随即中耕蹲苗，在花球直径 2～3cm 大小时结束蹲苗，经过 10d 再浇一次小水，保持土面湿润。现花后，结合灌水追两次肥，每次每亩追 15kg 硫酸铵或 1000kg 人粪尿。

⑤ 遮盖花球　在花球直径长到 6～7cm 时，及时捆叶或折叶遮光，可防止花球松散。

⑥ 适时采收　在花球充分长成，表面圆整，边缘尚未散开时应及时采收。

7. 花椰菜花球变黄老化的原因与防止措施

春花椰菜和秋花椰菜，在花球收获前后，有的花球表面变黄、变紫、老化，降低了商品质量，尤以秋栽早熟品种发生较重。

（1）发生原因

① 花椰菜栽培中缺肥少水，叶丛生长较弱，花球不大，即使不散球也是个"小老球"，质地不鲜嫩。

② 花球生长期在阳光直射下，几天就可由白色变成黄色，进而变成紫绿色，并生出小叶，球质变硬。特别是植株有向南倾斜的生长特性，使花球更易受阳光照射。

③ 采收过早则花球小，影响产量；但采收过晚，容易变黄老化，花球松散，品质差。

（2）防止措施

① 在花椰菜生长期间要加强肥水管理，生长期间施肥以氮肥为主，进入花球形成期，适当增施磷钾肥。

② 当花球长到拳头大以前的几天，用叶片遮光软化。

③ 适时收获花球。适宜采收的标准是：花球充分长大，色洁白，表面平整，边缘尚未开散为佳。一般在现花后 18d 左右为收获适期，不要等花球长得过熟已变黄老化时

收获。即使是采取叶片盖花遮光软化的花球，也不要收获过晚。采收时应留 3～4 片嫩叶，以保护花球在运输过程中免受损伤和污染。

8. 花椰菜毛花的发生原因与防止措施

花椰菜花球的顶端部位，花器的花柱或花丝非顺序性伸长形成毛状物，使花球表面不光洁，降低了商品价值，有时花球表面特别是边缘产生小苞片，使表面呈绒毛状，称为"毛花"。苞片带青色者称青花（彩图 5-29），带紫色者称紫花（彩图 5-30）。有时，花椰菜花球上有较大的叶片突出生长，也属毛花现象。

（1）发生原因

① 结球期出现持续高温　花球形成时期需较低温度，早熟种一般 20℃ 以下为宜，中、迟熟一般 10℃ 以内为好。花椰菜花球形成后，遇到高温干旱天气很易形成毛花。如早秋花椰菜在 9 月中旬花球形成后连续出现高温易毛花。春花椰菜，开始形成花球后，遇到暖春，也常出现毛花。

② 未适时播种　早熟花椰菜如果提早到 5 月下旬至 6 月上旬播种，若花球形成后遇到高温天气，容易出现毛花。推迟播种，会缩短生长期，也易出现毛花。

③ 田间管理差　花椰菜耐旱耐涝能力都比较弱，水分不足，植株长得慢，提早形成花球，球小品质差。水分过多会影响根系生长，特别是暴雨、洪水易使根受伤腐烂，经阳光照射引起凋萎，提早形成花球，并易出现毛花。在气温条件不适的情况下，花芽中间的无数小叶片迅速生长，到一定程度，如果没有用叶遮严，花球表面小叶片的顶端经阳光照射后会形成青花。

④ 品种问题　有的花椰菜品种对温度比较敏感，如果播种过早，或即使在正常季节播种，花球临近成熟期遇到骤然降温、升温或重雾天；采收过迟或遇到较高温度而引起花芽进一步分化，促使花柄伸长、萼片等花器形成，容易出现毛花。

幼苗茎呈紫色的品种，在花球形成后突遇寒流降温较易产生紫花。

（2）防止措施

① 了解天气变化特点，掌握适宜播种期　秋花椰菜用早熟品种一般于 7 月上、中旬播种；中、晚熟品种则于 7 月中旬到 8 月上旬播种。春花椰菜多用中、晚熟品种，于 10～11 月播种。

② 加强肥水等的管理　发现花球出现了毛花，要抓紧追肥。早熟花椰菜一般可追肥 1～2 次，中、迟熟一般可施 2～3 次，第一次施肥后过 5d 左右施第二次，每次每 50kg 水＋尿素 1kg 左右。用量视天气情况而定，晴天用量增多浓度低些，长期晴旱要增加水分。雨天或雨后地湿，用量减少浓度增加。形成花球后要多施氮肥，也可增施适量人粪尿。花球形成后经阳光照射没有凋萎的植株要重施，稍有凋萎的要适当追肥。

③ 及时摘叶遮花，把花球遮严。

④ 选择不易产生毛花的优良品种。引种时，必须进行连续两年以上的试验，掌握正确的栽培技术，如播种期、密度等，才可大面积推广。

⑤ 适时采收。

9. 花椰菜早花的发生原因与防止措施

在春、秋种植的花椰菜上，常常会发现有些花椰菜植株所形成的花球只有鸡蛋大小，甚至只有纽扣大小，这种现象叫作花椰菜"早花"，菜农又称其为"纽扣花菜"。

（1）早花原因

① 早熟品种播种过迟，管理未能及时跟上，植株尚幼小时过早地遇到低温刺激，诱导花球早分化与形成。在秋花椰菜栽培上最为常见。

② 苗龄太长，或僵苗定植。营养生长不正常，或在尚未具有足够的生长量时花球开始形成，于是就产生小花球。在春花椰菜栽培上常见。早熟品种在高温、干旱或水涝受灾以后及苗龄过长，也会出现早花，造成营养期缩短。

③ 肥水等管理未跟上。缺氮，或水分不足，会抑制植株上部生长，造成提前形成花球、球小品质差。缓苗后未及时蹲苗，如蹲苗期短，浇水过早，植株易"疯秧"；或蹲苗期长，浇水过晚。

④ 品种熟性不一致。留种过程未能按品种天数进行选择，致使冬性强和冬性弱的品种混收。或品种选用不当，将秋季栽培品种用于春季栽培时，由于秋型品种春化较快，叶面积较小时即能产生花球，导致早期现球。

⑤ 种植密度过大，花椰菜营养生长得不到充分发育，土壤贫瘠。

（2）防止措施

① 选择耕层深厚、富含有机质、疏松肥沃的壤土栽培，施足基肥，莲座期蹲苗后和花球形成期及时追肥浇水。

② 掌握好品种特性。特别是新品种大面积种植应在试种成功后才可推广。

③ 适时播种。在湖南，早熟品种可以提早到 6 月下旬播种，中熟品种一般在 7~8 月播种，春花椰菜用晚迟熟品种，以 8 月下旬为宜。

④ 适时定植。早熟品种严格控制苗龄在 20d 左右（假植期控制在 10d），真叶 5~6 片时定植，中晚熟品种真叶 7~8 片时定植。定植株行距，早熟品种宽行 60cm，窄行 40cm，株距 26~33cm；中晚熟品种宽行 80cm，窄行 50cm，株距 40cm 左右。

⑤ 加强苗期及定植后的肥水管理。提前定植的需进行短期拱棚覆盖，避免低温时间太长。早秋花椰菜定植后应能较快缓苗。

10. 花椰菜不结花球的原因与防止措施

（1）症状表现　花椰菜是以花球为产品器官的蔬菜，但在栽培过程中有些植株出现只长茎、叶，而不结花球的现象（彩图 5-31），导致绝产或大幅度减产。

（2）发病原因

① 秋播品种播种过早，气温高，花椰菜幼苗未经受低温环境通过春化阶段，故长期生长茎、叶而不结花球。

② 春播品种用于秋播。春播品种较耐寒，冬性强，通过春化阶段要求的温度条件低，如用于秋播，则难以通过春化阶段而导致不结花球。

③ 春播品种播种过晚，幼苗未经过低温春化。

④ 田间管理不到位，营养生长期氮肥过多，没有蹲苗，造成茎、叶徒长，大量的营养用于茎、叶生长，致使花球不能形成，或过早解体。

（3）防止措施　根据栽培茬次正确选用品种，把握适宜播种期，避免播种过早或过晚，创造花椰菜顺利通过春化阶段的条件，保证花球正常形成。莲座期适当追施磷、钾肥，以使营养生长及时转入生殖生长。进行蹲苗。

11. 花椰菜出现小花球的原因与防止措施

（1）发生症状　在收获时花球很小（彩图 5-32），产量低，质量差，达不到商品要求，或达不到品种特性要求的大小。

（2）发生原因

① 种子混杂　春季育苗时，床土中混有少量的秋播品种种子，定植后会出现少量小花球。秋播时，如果不使用早熟品种，而是使用的中晚熟品种，但其中混有少量早熟品种种子。这些早熟品种较早地通过春化阶段开始结球，植株较小，而中、晚熟种株体较大，茎叶茂盛，早熟植株被压抑、遮阴，生长不良，往往形成小花球。

② 用错种子　如果在春季播种时全部使用秋播种子，则会出现大量小花球，这是由于秋播品种多为早中熟品种，它们的冬性弱，通过春化阶段要求的温度较高，时间较短，故春播时迅速通过春化阶段，植株很小的时候就开始结球，营养面积小，因而花球较小。

③ 播期过晚　秋播早熟种，如播种过迟，叶丛未来得及充分成长，即通过适宜花球形成的温度条件，于是很快形成花球，由于营养体小，花球也小。春季播种过早，植株通过春化阶段后，开始形成花球，但由于植株生长期太短，形成的营养体过小，制造的光合产物过少，导致产品器官过小。

④ 利用陈种子进行生产，或种子质量差，有病害等。用这样的种子播种后，种子发芽期长，培育的幼苗生长势弱，茎叶不旺盛，通过春化阶段时植株过于弱小，形成小花球。

⑤ 定植的密度（行株距）太大，营养面积不足，影响植株生长，花球结不大。

⑥ 底肥施农家肥太少，生长期追肥没有跟上，营养不足，造成叶片小，花球也小。

⑦ 移植时将小苗、弱苗或散坨苗也一块栽植到田间，这些小、弱苗缓苗慢，发育差，生长一直落后于大苗、壮苗，在大苗、壮苗的挤压下，只能结出小花球。

⑧ 肥水跟不上，个别畦受涝或干旱，或个别畦漏掉追肥，造成花球太小。

此外，土壤盐碱化，病虫为害等因素均会导致植株形成小花球。

（3）防止措施　选用纯正适宜的种子。苗龄不应过短，要适期播种，培育适龄壮苗。定植前要选苗，淘汰小苗、弱苗和病苗，保证有完整苗坨定植（苗坨不散），最好采用营养袋或营养钵育苗。定植前施足基肥，定植后要松土，适期追肥。莲座期加强栽培管理，形成强大的营养体，为花球奠定基础。植株开始现球后追速效化肥，促叶片和花球生长。根据品种特性确定适宜的株行距，一般秋花椰菜品种的株行距要大于春花椰菜品种。选择疏松、肥沃的壤土进行栽培，植株发生病虫害要及时防治，把危害降到最低。

12. 花椰菜裂花与黑心的发生原因与防止措施

（1）发生症状　以夏花椰菜发生较多。一般裂花即花球内部开裂，主要症状为花枝内呈空洞状，花球表面常出现分散的水浸状褐色斑点，食之味苦，花球周围小叶发育不健全，叶缘卷曲，叶柄发生小裂纹，生长点萎缩等。黑心表现为花球内部萎缩、变黑。

（2）发生原因　裂花主要是由于土壤缺硼所致。土壤中缺钾则易造成花椰菜黑心。

（3）防止措施　花椰菜定植前，采取氮、磷、钾配方施肥，推广应用有机肥、无机复合肥作基肥，同时每亩基肥中施硼砂或硼酸 $0.25\sim0.50$kg。生长期间发现植株或花球表现缺硼或缺钾症状时，可叶面喷施 $0.2\%\sim0.3\%$ 的硼砂（或硼酸）液或 0.2% 的磷酸二氢钾溶液，隔 $5\sim7$d 喷 1 次，连续喷 3 次即可。

13. 花椰菜污斑花球的发生原因与防止措施

花椰菜在田间生长过程中，经常会出现花球变黄、变褐、污斑等现象，影响花球的品质，降低生产效益。

（1）发生原因

① 灰尘污染　花椰菜生产田距离公路、厂矿、烟囱等较近，灰尘落在花球上造成污染。

② 光线太强　春花椰菜结球期太阳直射，光照强度太强，使花球表面沉积色素，变成黄色或褐色。

③ 病害　花椰菜感染的病害主要有黑斑病、霜霉病、菌核病。其中黑斑病、菌核病危及花球时，使花球产生褐色病斑。

④ 缺肥　有时缺乏某些矿质营养，如缺硼，会使球周围小叶异状，球内茎横裂成褐色湿腐；有时花球表面呈水浸状，严重时初期顶芽坏死，如缺钾，会产生黑心病。

（2）防止措施

① 花椰菜生产田应远离尘土、烟尘污染源。

② 折叶或束叶保护。在花球生长期可把植株中心的几片叶子围拢护球，用稻草等轻轻捆扎一圈。或把1～2片叶折断覆盖在花球上，使阳光不直射花球，落不上灰尘，保持花球洁白细嫩。

③ 及时防病　在花椰菜生长期间，发病初期及时针对病害喷药。喷药用水要用清水，防止污水污染花球。

④ 及时增施微量元素。

14. 花椰菜冷害的症状表现与防止措施

（1）发生症状　从叶缘开始表现症状，叶肉坏死，叶片上出现不规则形坏死斑（彩图5-33），植株萎蔫，甚至枯死。

（2）发生原因　露地栽培时收获不及时，遇到霜冻。

（3）防止措施　正确确定播种期，不要播种过晚，对于初冬气温降低时仍未长成的花椰菜，可进行假植，使其继续生长，直至能够出售。

15. 在花椰菜生产上应用植物生长调节剂的技术要领

（1）赤霉酸　当花椰菜6～8片叶，茎粗0.5～1cm时，喷施100mg/L赤霉酸液，可使花球提早形成，提前采收，对晚熟品种效果更好。用500mg/L赤霉酸溶液，滴花椰菜的花球，每隔1～2d滴一次，可促进花椰菜花梗生长和开花。

（2）抑芽丹　在花椰菜花芽分化后、花芽尚未伸长时，用2000～3000mg/L的抑芽丹溶液喷洒，每亩用药50L左右，可抑制薹的伸长，使裂球减少，健全无损的花椰菜增加。

（3）三十烷醇　在90d中熟花椰菜团棵期和初花期，用0.5～1.0mg/L的三十烷醇溶液叶面喷洒，在上述各期各喷叶两次，各次之间相隔一周，可显著提高花椰菜花球产量。

（4）ABT　用10mg/L的ABT5号增产灵溶液，于花椰菜移栽时浸根20min，可缩短移栽缓苗期，使其根茎粗壮，叶片数增多，增产20%～30%。

（5）矮壮素　花椰菜抽薹前10d，用4000～5000mg/L的矮壮素溶液叶面喷洒，每亩用药50L，可抑制花椰菜抽薹，使花球保持较好的品质。

（6）2,4-滴　采收前2～7d，把100～500mg/L的2,4-滴溶液喷洒到花椰菜的外叶上，处理时只喷洒叶片，不喷洒花球，可大大延长花球贮藏期，也不脱叶。采前处理操作方便，而且比采后处理效果好。

（7）萘乙酸甲酯 把萘乙酸甲酯先喷到纸条上，然后把这些纸条与花球一起贮藏，每 1000 个花球用萘乙酸甲酯 50～200g。除萘乙酸甲酯外，还可使用 2,4-滴甲酯，每 1000 个花球用 50～100g，也同样有效，可延长贮藏期 2～3 个月。

（8）6-苄基氨基嘌呤 在临采收前用 10～20mg/L 6-苄基氨基嘌呤溶液田间喷洒，或采收后用 10～15mg/L 6-苄基氨基嘌呤溶液，浸一下花球后再晾干，贮藏在 5℃与 95％相对湿度的条件下，可延长贮藏期 3～5d，延缓衰老和小花萼片变黄。如采收前用 10mg/L 6-苄基氨基嘌呤液＋50mg/L 2,4-滴液混合处理，贮藏保鲜效果更好。

（9）石油助长剂 在花椰菜播种前，用 0.005％～0.05％的石油助长剂溶液浸种 12h，可提高花椰菜种子发芽率。用 0.05％石油助壮剂溶液，于花椰菜包心期叶面喷洒，每亩用药 40L。可提高产量，使花球干重增加 8.9％，维生素 C 增加 7.1％，可溶性糖增加 13.2％，纤维素降低 18.6％。

（10）整形素 用 1000mg/L 整形素药液，在花椰菜展开 12～14 片叶时均匀喷洒，可使花椰菜提早成熟，提早采收 5～7d。

16. 花椰菜的采收技术要领

（1）采收时期 花椰菜自出现花球至采收的天数，因品种而异。早熟品种在气温比较高时，花球形成快，20d 左右便可采收。中晚熟品种在晚秋和冬季常需 1 个月左右才可采收，而春季收获的晚熟种则自现花球至采收需 20d 以上。花椰菜采收期较短，应在花球充分肥大、白嫩、尚未散开、变黄之前及时采收。采收过早影响产量，采收过晚影响质量。

（2）采收标准 花球充分长大，表面圆正洁白，边缘尚未散开者为佳。也可用检查花球基部的方法判断适时采收期，即检查花球的基部，如果基部花枝稍有松散，即为采收适期，这时花球已充分长大，产量较高，品质也好。

（3）采前处理 花椰菜采收前 2～3d 不可浇水，成花期要用叶片盖花。为提高花椰菜的贮藏保鲜效果，采收前 1～2d 用 10～50mg/kg 的 6-苄基氨基嘌呤溶液喷洒植株或喷 50mg/kg 的 2,4-滴。

（4）采收方法（彩图 5-34） 选择充分长大、表面圆正、边缘花蕾尚未散开的花球，每个花球带 4～6 片小叶，这样可保护花球，又便于包装运输。花椰菜的花球柔嫩，含水量较多，没有保护组织，因此要轻拿轻放，严防造成机械伤。一般在下午 4～5 时采收，白花球下留 2～3 轮叶片处割下，要特别注意有的农户在收割时由于留叶过少，而出现割伤花蕾的现象。如用于假植贮藏，要连根带叶采收。雨天不宜采摘。

17. 花椰菜采后处理技术要领

（1）整理 花椰菜采收后，要经严格挑选，剔除老化松散、色泽发暗变黄、有病虫害和机械损伤等不宜贮藏的花球，并及时将从田间采收带来的残枝败叶、泥土等清除，以减少贮藏中病害的传播源。如果把这些残枝败叶带到贮藏环境中去，这些已接近坏死的部分，遇到较高湿度等不利的环境，极易发霉腐烂。

（2）分级 适宜贮藏的花球标准是：花球直径 15cm 左右，重量 0.5～0.8kg 的中等花球，花球致密、洁白、无虫害、无病害、无损伤、无污染。操作人员应戴手套，在挑选时，要轻拿轻放，以免造成机械损伤。在符合基本要求的前提下，花椰菜分为以下 3 个等级（表 5-10）。

表 5-10　花椰菜分级标准

项目	等级		
	特级	一级	二级
品种	同一品种		同一品种或相似品种
紧实度	各小花球肉质花茎短缩,花球紧实	各小花球肉质花茎短缩,花球尚紧实	各小花球肉质花茎略伸长,花球紧实度稍差
色泽	洁白色	乳白色	黄白色
形状	具有本品种应有的形状		基本具有本品种应有的形状
清洁	花球表面无污染		花球表面有少许污物
机械伤	无	伤害不明显	伤害不严重
散花	无	无	可有轻度散花
绒毛	无	有轻微绒毛	

（3）清洗　清洗的目的主要是除去黏附着的污染物，减少病菌和农药残留，提高商品价值。清洗使用的洗涤水一定要干净卫生，可加入适量的杀菌剂，如次氯酸钠。入贮前必须除去游离水分，防止贮藏中使花球霉烂。

（4）预冷　采收后的花椰菜，在贮运、加工前应迅速除去田间热，及时将其温度快速冷却到规定温度的过程称为预冷。通过预冷降低呼吸强度，减少产生的呼吸热，从而减少采后损失。目前普遍采用冷库预冷，也可采用自然降温预冷，但此法受当时的外界温度制约，效果较差。

（5）防腐　在清洗过程中，只能除去表面的污染物，容易影响贮藏的时间和质量。为了比较彻底的杀菌，采后可用 0.2%～0.3% 的多菌灵溶液等喷洒，以防止贮藏过程中花球的表面生霉。同时，由于保护叶在贮藏中容易老化或脱落而腐烂，影响贮藏质量。因此，可在贮藏前用 50mg/kg 的 2,4-滴溶液蘸根，然后在阴凉处晾半天，使外叶水分适当蒸发变软，方可装箱。在入贮前必须保证花球无游离水分，而且贮藏库也要事先进行消毒。此外，在贮藏期间可在贮藏室内放置适量的高锰酸钾来吸收乙烯，以减少花椰菜的衰老，有利于延长贮藏时间。

（6）包装　用于同规格花椰菜包装的容器（箱、筐等）应大小一致、整洁、干燥、牢固、透气、美观、内壁光滑；无污染、无异味、无虫蛀、无霉烂和霉变现象。塑料箱应符合 GB/T 8868 中有关规定。产品应按等级、规格分别包装，同一包装内的产品需摆放整齐。每一批次花椰菜其包装规格、单位净含量应一致。每件包装的净含量不得超过 10kg，误差不超过 2%。每件包装的净含量或数量应一致，不应低于包装外标志的净含量或数量。确定所抽取样品的规格，并检查与包装外所示的规格是否一致。

（7）运输和贮存　花椰菜收获后应就地整修，及时包装（彩图 5-35）、运输。运输时做到轻装、轻卸，严防机械损伤。运输工具应清洁、卫生、无污染。采收后尽快强制预冷或放到阴凉处。运输的适宜温度为 0～3℃，空气相对湿度为 90%～95%，运输过程中注意防冻、防雨淋和通风散热。

贮运时应按品种、等级、规格分别存放。装箱（筐）时花球应朝上；用聚乙烯薄膜冷藏时花球应朝下，以免袋内产生的凝结水滴在花球上造成霉烂。贮存库应有通风放气装置，保证温度和空气相对湿度的稳定、均匀。贮存温度为 0～3℃，贮存空气相对湿度为 90%～95%。

（8）货架保鲜　目前花椰菜货架常温下销售较多，聚乙烯薄膜覆盖、微孔袋包装或紧缩膜包装，均有助于延长货架期，保持产品品质。

六、花椰菜主要病虫害防治技术

1. 花椰菜主要病害防治技术

（1）花椰菜猝倒病

① 种子处理　选用抗病品种，选用无病、包衣的种子，如未包衣则种子须用拌种剂或浸种剂灭菌。用种子重量0.2%～0.3%的75%百菌清可湿性粉剂，或70%代森锰锌干悬浮剂，或60%多菌灵盐酸盐超微可湿性粉剂拌种。

② 化学防治　可使用70%代森锰锌可湿性粉剂500倍液、50%多菌灵可湿性粉剂500倍液喷雾，或用70%敌磺钠可湿性粉剂1000倍液、铜氨合剂400倍液、70%甲基硫菌灵可湿性粉剂800～1000倍液、75%百菌清可湿性粉剂1000倍液、30%恶霉灵可湿性粉剂800倍液、50%福美双可湿性粉剂500倍液等喷洒病苗周围土壤，以控制蔓延。苗床内施药后湿度增加，可撒少量干土或草木灰，以降低床土湿度。

（2）花椰菜黑根病　又称立枯病（彩图5-36），成株期称褐腐病，是花椰菜的重要病害。苗期造成死苗，成株期多造成生长不良，对产量影响较大。

① 种子处理　用种子重量0.2%的40%拌种双拌种，或用种子重量0.4%的50%异菌脲可湿性粉剂或75%百菌清可湿性粉剂拌种，或种子重量0.1%的2%戊唑醇干拌剂拌种，也可用50%多菌灵可湿性粉剂500～600倍液，或70%甲基硫菌灵可湿性粉剂800～1000倍液浸种。

② 化学防治　苗床出现病情后应立即剔除病菌，并及时喷药保护。可选用10%恶霉灵可湿性粉剂500倍液，或70%敌磺钠可湿性粉剂800倍液、75%百菌清可湿性粉剂600倍液、75%代森锰锌可湿性粉剂500倍液、25%甲霜灵可湿性粉剂800倍液、5%井冈霉素水剂1500倍液等喷雾防治。注意敌磺钠易光解，要现配现用。

用70%甲基硫菌灵可湿性粉剂或50%多菌灵可湿性粉剂或70%敌磺钠可湿性粉剂1份＋干细土30份混匀，做播种后的盖籽土或发病时撒施于根部，效果较好。猝倒病、立枯病混合发生时喷淋72.2%霜霉威水剂800倍液＋50%福美双可湿性粉剂800倍液。

（3）花椰菜黑腐病（彩图5-37）　又称细菌性黑腐病，苗期、成株期均可发病，是造成秋花椰菜减产的主要病害。每年7月下旬至8月下旬为发病高峰期。高温、高湿条件，叶面结露、叶缘吐水，利于病原侵入。

① 种子消毒　用50～55℃温水浸种20min，或用1∶200的甲醛溶液浸种20min，用50%代森铵水剂200倍液浸种15min，然后洗净，晾干播种。用相当于种子重量0.4%的50%福美双可湿性粉剂或50%琥胶肥酸铜可湿性粉剂拌种，可预防苗期黑腐病的发生。

② 土壤消毒　夏季翻土晒白，用40%乙酸铜可湿性粉剂500倍液进行消毒。定植前每亩用50%多菌灵可湿性粉剂4～5kg喷洒地面，翻入地下10cm处。中心病株拔除，四周用77%氢氧化铜可湿性粉剂800倍液喷雾。或用50%福美双可湿性粉剂1.25kg，或65%代森锌可湿性粉剂0.5～0.75kg，加细土10～12kg，沟施或穴施入播种行内，可消灭土中的病菌。

③ 化学防治　发病初期，可选用1∶1∶200倍波尔多液，或50%多菌灵可湿性粉剂500～600倍液、75%百菌清可湿性粉剂600～800倍液、72%硫酸链霉素可湿性粉剂4000倍液、77%氢氧化铜可湿性粉剂500倍液、14%络氨铜水剂350倍液、50%腐霉利可湿性粉剂1000倍液、70%甲基硫菌灵可湿性粉剂800～1000倍液、20%噻菌铜悬浮

剂 500 倍液、10％苯醚甲环唑水分散粒剂 2000 倍液、50％福·异菌可湿性粉剂 800 倍液、70％敌磺钠可湿性粉剂 500～1000 倍液、50％福美双可湿性粉剂 500 倍液、47％春雷·王铜可湿性粉剂 600～800 倍液等喷雾防治，7～10d 一次，连防 3 次。

（4）花椰菜病毒病（彩图 5-38） 是花椰菜的一种主要病害。高温、干旱有利于蚜虫发生，也有利于病毒病发生流行。在花椰菜 6～7 片叶以前的幼苗期易染病，莲座期以后感病减少。

① 种子处理 种子经 78℃干热处理 48h 可去除种子传染病毒。

② 化学防治 发病初期，可选用 20％盐酸吗啉胍·铜可湿性粉剂 500 倍液，或 0.5％菇类蛋白多糖水剂 300 倍液、1.5％植病灵乳剂 1000 倍液、8％宁南霉素水剂 800 倍液、混合脂肪酸 100 倍液、植物双效助壮素 800～1000 倍液、7.5％菌毒·吗啉胍水剂 700 倍液、5％菌毒清可湿性粉剂 500 倍液等喷雾防治，7～10d 一次，共 2～3 次。蚜虫是病毒病传播媒介，要及时用吡虫啉等加以防治，彻底切断病源。

（5）花椰菜霜霉病（彩图 5-39） 俗称"烘病"、"跑马干"等。主要为害叶片，其次是茎、花梗、种荚。自幼苗至成株期均可发病，发病高峰期在 9 月份。发病初期开始喷药，特别是花球在现蕾后遇连续阴雨天气更需喷药。可选用 75％百菌清可湿性粉剂 500 倍液，或 58％甲霜·锰锌可湿性粉剂 500～600 倍液，72.2％霜霉威水剂 600 倍液、72％霜脲·锰锌可湿性粉剂 700 倍液，78％波尔·锰锌可湿性粉剂 500 倍液、64％恶霜灵可湿性粉剂 500 倍液、50％甲霜铜可湿性粉剂 600 倍液、40％福美双可湿性粉剂 800 倍液、40％三乙膦酸铝可湿性粉剂 200 倍液等喷雾防治，隔 7～10d 一次，连防 2～3 次。为减缓病原产生抗药性，以上药剂最好交替使用。喷药时应注意老叶背面应喷到。对霜脲·锰锌、甲霜·锰锌产生抗药性的可改用 69％烯酰·锰锌可湿性粉剂 1000 倍液等。采收前 15d 停止用药。

保护地栽培最好用 45％百菌清烟剂熏烟，每次用药 200～250g，傍晚密闭棚室熏烟，隔 7d 熏 1 次，连熏 3～4 次。

（6）花椰菜灰霉病（彩图 5-40） 在苗期、成株期均有发生，主要为害叶片、花序。棚室或露地发病应及时喷洒 50％腐霉利可湿性粉剂 2000 倍液，或 50％异菌脲可湿性粉剂 1000～1500 倍液、50％乙烯菌核利可湿性粉剂 1000～1500 倍液、40％多·硫悬浮剂 600 倍液，每亩喷药液 50～60L，每隔 7～10d 防治一次，连续防治 2～3 次。棚室栽培，发病初期每亩每次用 10％腐霉利烟雾剂 200～250g，或喷撒 6.5％硫菌·霉威超细粉尘剂或 5％春雷·王铜粉尘剂等药剂 1kg。

（7）花椰菜细菌性软腐病（彩图 5-41） 俗称"烂菜花"，主要为害花椰菜的花球、花梗、叶柄以及茎部。夏季栽培发生严重，发病高峰期在 7 月下旬至 8 月中旬。发病初期拔除病株，病穴及四周撒少许石灰消毒。夏秋季栽培采用遮阳网覆盖。

① 种子消毒 用 50℃温水浸种 20min；也可用 72％硫酸链霉素可溶性粉剂 1000 倍液浸种 2h，稍微晾干后播种。

② 化学防治 可选用 72％硫酸链霉素可溶性粉剂 3000～4000 倍液，或 20％噻枯唑可湿性粉剂 600 倍液、2％春雷霉素水剂 500 倍液、60％琥胶肥酸铜·乙磷铝可湿性粉剂 1000 倍液、90％新植霉素可溶性粉剂 4000 倍液、47％春雷·王铜可湿性粉剂 700 倍液、20％噻菌铜悬浮剂 500 倍液、78％波尔·锰锌可湿性粉剂 500 倍液、30％氯氧化铜悬浮剂 800 倍液、53.8％氢氧化铜干悬浮剂 1000 倍液、50％代森铵可湿性粉剂 1000 倍液、30％碱式硫酸铜悬浮剂 400 倍液、50％消菌灵可溶性粉剂 1200 倍液、14％络氨铜

水剂350倍液等喷雾或灌根，7d一次，共2～3次，采收前3d停止用药。另外，要及时防治小菜蛾、菜青虫、蚜虫和地下害虫等。

(8) 花椰菜黑斑病（彩图5-42） 是花椰菜的一种普通病害，在整个生长期均可发生。花椰菜黑斑病有两种：细菌性黑斑病和真菌性黑斑病。生产中经常发生的大多是真菌性黑斑病，又称黑霉病。主要为害叶片、叶柄、花梗和种荚。南方多发生在3月份及10～11月份；北方多发生于5～6月份及秋季。

① 土壤消毒　选择通风、向阳、排灌方便的前三年未种过十字花科蔬菜的地块，在种植前每亩用福美双或代森铵0.8～1kg拌细土沟施，或每亩用50％多菌灵可湿性粉剂0.5kg与50％福美双可湿性粉剂0.5kg按1：1混合后拌细土穴施，或每亩用石灰粉60～80kg撒施，进行土壤消毒。

② 化学防治　发病初期，可选用75％百菌清可湿性粉剂600倍液，或58％甲霜·锰锌可湿性粉剂600倍液、70％代森锰锌可湿性粉剂400～500倍液、47％春雷·王铜可湿性粉剂600～800倍液、50％福·异菌可湿性粉剂800倍液、69％烯酰·锰锌可湿性粉剂600倍液、50％甲霜铜可湿性粉剂600倍液、72％霜脲·锰锌可湿性粉剂700倍液、50％烯酰吗啉可湿性粉剂1500倍液、52.25％恶酮·霜脲氰水分散粒剂1500倍液、2％嘧啶核苷类抗菌素水剂200倍液、50％腐霉利可湿性粉剂1500～2000倍液、50％异菌脲可湿性粉剂1500倍液等喷雾防治，7d一次，连防3～4次。采收前7d停止用药。

(9) 花椰菜黑胫病　又称根朽病、干腐病，苗期、成株期均可受害，主要为害幼苗的子叶和茎。

① 床土消毒　用大田或葱、蒜地表土作苗床。如使用旧苗床土育苗，在播种前，每平方米苗床用50％多菌灵可湿性粉剂8～10g，掺细干土1～1.5kg拌成药土，均匀撒在苗床上，然后播种。

② 化学防治　病田土壤可用70％敌磺钠可湿性粉剂800倍液，或70％硫菌灵可湿性粉剂800倍液，均匀地施入定植沟中。发病初期，可选用60％多·福可湿性粉剂600倍液、40％多·硫悬浮剂500～600倍液、70％甲基硫菌灵可湿性粉剂1000倍液、50％多菌灵可湿性粉剂500～600倍液、70％百菌清可湿性粉剂600倍液等喷雾防治，隔7d一次，防治1～2次。

(10) 花椰菜白斑病　发病初期，可选用50％多菌灵可湿性粉剂500倍液、50％硫菌灵可湿性粉剂500倍液、40％多·硫悬浮剂可湿性粉剂500倍液、80％代森锰锌可湿性粉剂600倍液、50％多·霉威可湿性粉剂1000倍液等喷雾防治。

(11) 花椰菜黄萎病　发现病株立即挖出，并在病穴撒石灰，防止病情发展。发病初期，可选用50％多菌灵可湿性粉剂500倍液、80％多菌灵盐酸盐可湿性粉剂600倍液、10％高效烯唑醇可湿性粉剂250倍液、72.2％霜霉威水剂600～700倍液、72％霜脲·锰锌可湿性粉剂700倍液、78％波尔·锰锌可湿性粉剂500倍液、56％百菌清可湿性粉剂700倍液、69％烯酰·锰锌可湿性粉剂600倍液、60％氟吗啉可湿性粉剂750～1000倍液、40％福美双可湿性粉剂800倍液等灌根，每株200mL，每7d一次，连续防治1～2次。

(12) 花椰菜根肿病（彩图5-43） 发现少数病株，及时清除，随之用15％石灰水浇灌病穴。在低洼地或排水不良的地块栽培花椰菜，要采用高畦或垄的栽培形式。在根肿病发生较重的田块采用化学农药进行土壤消毒，每亩用氰氨化钙60～80kg，能在一定程度上降低根肿病的发病率。发病初期，可选用50％硫菌灵可湿性粉剂500倍液，或 50％多菌灵可湿性粉剂 500 倍液灌根，每株用药液 300mL。

（13）花椰菜环斑病　使用无病种子或进行种子消毒。实行轮作，及时发现病株，摘除病叶。发病初期，可选用 50％异菌脲可湿性粉剂 1500 倍液、80％代森锰锌可湿性粉剂 600 倍液等药剂防治，每 7d 喷药一次，连续防治 2～3 次。

（14）花椰菜褐斑病　一般生长中后期，遇连续阴雨易于发病。发病初期，可选用 50％异菌脲可湿性粉剂 1500 倍液、80％代森锰锌可湿性粉剂 600 倍液、50％腐霉利可湿性粉剂 2000 倍液、50％福•异菌可湿性粉剂 1000 倍液、75％百菌清可湿性粉剂 600 倍液、47％春雷•王铜可湿性粉剂 800～1000 倍液、40％敌菌丹可湿性粉剂 500 倍液等喷雾防治，每 7d 喷一次，连续防治 2～3 次。采收前 7d 停止用药。

（15）花椰菜菌核病（彩图 5-44）　多发生在秋延后或春提早反季节栽培的保护地内，主要为害茎基部、叶片及花球，低温高湿有利于该病害发生。发病初期，可选用 50％腐霉利可湿性粉剂 1000 倍液，或 50％乙烯菌核利可湿性粉剂 1000 倍液、50％异菌脲可湿性粉剂 1000 倍液、50％硫菌灵可湿性粉剂 1000 倍液喷雾，每 7～10d 喷一次，连续 2～3 次，重病田可适当增加 1～2 次。

（16）花椰菜细菌性黑点病　发病初期，可选用 25％络氨铜水剂 500 倍液、60％琥•乙膦铝可湿性粉剂 500 倍液、30％碱式硫酸铜悬浮剂 400 倍液、0.5∶1∶100 波尔多液喷雾。

2. 花椰菜主要虫害防治技术

（1）菜青虫（彩图 5-45）

① 生物防治　棚室内栽培的，或大面积栽培的地区，可释放天敌或喷施生物制剂进行防治。可用苏云金杆菌乳剂 1000 倍液、青虫菌 6 号液剂 800 倍液，再加入 0.1％洗衣粉喷雾防治。或采用昆虫生长调节剂，如国产除虫脲或灭幼脲的 20％或 25％悬浮剂 500～1000 倍液。但此类药剂作用缓慢，通常在虫龄变更时才使害虫致死，故要提早喷药。

② 化学防治　要把幼虫消灭在 3 龄以前。可选用 90％敌百虫原粉 1000 倍液，或 50％敌敌畏乳油 1000 倍液、50％辛硫磷乳油 1000～1500 倍液、5％氟啶脲乳油 4000 倍液、5％氟虫脲乳油 1500 倍液、20％氰戊菊酯乳油 3000～4000 倍液、2.5％氯氟氰菊酯乳油 1000 倍液、10％虫螨腈乳油 1000 倍液等喷雾防治，或每亩用 9％辣椒碱•烟碱微乳剂 50～60g，加水喷雾一次。

（2）斜纹夜蛾（彩图 5-46）、甜菜夜蛾（彩图 5-47）　在幼虫初孵期，用斜纹夜蛾核型多角体病毒杀虫剂 1500 倍液喷雾。采用黑光灯、频振式杀虫剂诱蛾，灯具高度 1.2～1.5m，7～9 月份每晚开灯 9h。幼虫 3 龄前为点、片发生阶段，可结合田间鉴定，进行挑治，不必全田喷药。4 龄后夜出活动，施药应在傍晚前后进行。药剂可选用 10％氯氰菊酯乳油 1500 倍液、10％高效氯氰菊酯乳油 1000～1500 倍液、5％定虫隆乳油 1000 倍液、25％除虫脲可湿性粉剂 1500 倍液、15％茚虫威胶悬剂 3500 倍液、20％抑食肼可湿性粉剂 1000 倍液、5％氟虫脲乳油 1000～1500 倍液等喷雾防治，每隔 10d 喷施一次，共防治 2～3 次。

（3）小菜蛾　在成虫发生期，可采用频振式杀虫灯、黑光灯等诱杀成虫，减少虫源。

① 生物防治　可利用性诱剂诱杀，或用杀螟杆菌 800～1000 倍液、苏云金杆菌 500～800 倍液等进行防治。

② 化学防治　掌握在卵孵化盛期至 2 龄前喷药。可选用 10％氯氰菊酯乳油 2000～5000 倍液，或 4.5％高效氯氰菊酯乳油 1500 倍液、2.5％氟氯氰菊酯乳油 1000～1500 倍液、2.5％联苯菊酯乳油 3000～4000 倍液、20％甲氰菊酯乳油 1000～2000 倍液、5％氟啶脲乳油 1200 倍液、5％氟虫脲乳油 1500 倍液、2.5％多杀霉素悬浮剂 1000～1500 倍液等喷雾防治。小菜蛾常与菜青虫同时发生，用药种类相似，二者可兼治。喷药时要周到细致，并以喷叶背、心叶为主。

（4）菜螟　应掌握在幼虫孵化盛期或初见心叶被害和有丝网时即开始喷药防治，重点喷心叶。可选用 90％晶体敌百虫 600 倍液，或 50％辛硫磷乳油 1000 倍液、80％敌敌畏乳油 1200 倍液、20％氰戊菊酯乳油 3000 倍液、20％甲氰菊酯乳油 2000 倍液、2.5％溴氰菊酯乳油 3000 倍液、2.5％高效氯氟氰菊酯乳油 4000 倍液等喷雾防治。喷药时间以晴天的傍晚或早晨，幼虫取食时效果最佳。如果虫口密度大，为害严重，可每隔 5～7d 用药一次，连续防治 2 次。

（5）黄曲条跳甲　发现有虫及时防治，可选用 90％敌百虫原粉 1000 倍液，或 10％氯氰菊酯乳油 2000～3000 倍液、20％氰戊菊酯乳油 2000～3000 倍液、2.5％溴氰菊酯乳油 2500～4000 倍液、50％辛硫磷乳油 1000～1500 倍液等喷雾防治。也可用烟草粉 500g＋草木灰 1.5kg 混合均匀后，于清晨撒在叶面。喷药时应先由菜地四周喷起，渐至田中间，以防止成虫逃到相邻田块。发现根部有幼虫为害时，还可用 90％晶体敌百虫 1000 倍液，或 2.5％鱼藤酮乳油 800～1000 倍液均匀撒施根部。

（6）菜蚜　利用有翅蚜对黄色、橙黄色有较强的趋性，可使用黄板诱杀有翅成虫。利用银灰色对蚜虫有驱避作用，防止蚜虫迁飞到瓜田内，用银灰色薄膜代替普通地膜覆盖，而后定植或播种。每隔一定距离挂 1 条 10cm 宽的银膜，与畦平行。也可在棚室周围的棚架上与地面平行拉 1～2 条银膜。

化学防治，为害初期，可选用 25％联苯菊酯乳油 2000 倍液，或 2.5％高效氯氟氰菊酯乳油 4000 倍液、20％甲氰菊酯乳油 2000 倍液、10％吡虫啉可湿性粉剂 1000～2000 倍液、40％乐果乳油 1000～2000 倍液等喷雾防治，各种农药要交替使用，以防蚜虫产生抗药性。喷药要周到，尤其心叶及叶背面要多喷些，为增强药液的展着力，可在药液内加入 0.1％洗衣粉。保护地栽培，也可每亩用 22％敌敌畏烟雾剂 20g，或 10％氰戊菊酯烟雾剂 35g 等进行烟熏。

（7）烟粉虱　可选用 20％噻嗪酮可湿性粉剂 1500 倍液，或 2.5％氟氯氰菊酯乳油 2000～3000 倍液、20％甲氰菊酯乳油 2000 倍液、10％吡虫啉可湿性粉剂 1500 倍液等喷雾防治。由于同一时期有 3 种虫态，目前还没有对各种虫态均有效的药剂，因此需连续用药，同时应在同一片菜园采取联防联治，提高总体防治效果。

（8）温室白粉虱　利用成虫的强趋黄性，设置黄板诱杀成虫，在棚室整个生产期间可一直使用。当被害植物叶片背面平均有 10 只成虫时，进行喷雾防治。可选用 25％噻嗪酮可湿性粉剂 2500 倍液，每隔 5d 喷一次，连喷 2 次。用 10％吡虫啉可湿性粉剂 1000 倍液喷洒叶面，对成虫和若虫有胃毒和触杀作用，可长时间防止为害。用 0.3％印楝素乳油 1000 倍液，每隔 3d 喷一次，连喷 3 次，既可杀灭成虫，对天敌又无害，对环境也安全。或用 5％噻虫嗪水分散粒剂 5000～7500 倍液均匀叶面喷雾。在喷雾前，结合黄板一起使用，效果更好。棚室栽培的，还可用 35％吡虫啉烟雾剂熏蒸大棚。

（9）美洲斑潜蝇　成虫始盛期至盛末期，每亩设置 15 个诱杀点，每个点放置 1 张诱蝇纸诱杀成虫，每 3～4d 换一次。当受害叶片有幼虫点片发生时，2 龄前可选用

1.8％阿维菌素乳油 3000～4000 倍液，或 25％杀虫双水剂 500 倍液、10％吡虫啉粉剂 1500 倍液、20％甲氰菊酯乳油 1000 倍液、20％氰戊菊酯乳油 1000 倍液等喷雾防治。

（10）蝼蛄　药剂拌种，用 50％辛硫磷乳油拌种，用药量为种子重量的 0.1％，堆闷 12～24h，药剂拌种时用药量力求准确，拌药要均匀。毒饵诱杀，将麦麸、豆饼、秕谷等炒香，拌入 90％晶体敌百虫 30 倍液，以拌潮为度。每亩用毒饵 2kg 左右，于傍晚在播种后的苗床上成堆放置，可诱杀蝼蛄，也可用马粪作饵料拌敌百虫诱杀。

（11）蛴螬　选用碳酸氢铵、腐殖酸铵、氨水、氨化过磷酸钙等化肥，散发出氨气，对蛴螬有一定的驱避作用。

① 药剂拌种　可参照防治蝼蛄的方法。

② 灌根防治　开始发现蛴螬为害时，用 90％晶体敌百虫 800 倍液灌根，每株灌 0.1～0.2L。

③ 喷杀成虫　用 2.5％敌百虫粉，或 90％晶体敌百虫 1500～2000 倍液，于成虫主要栖息地和其活动、取食场所，进行地面喷施，效果也较好。

第六章 ▶▶▶

根茎类蔬菜

第一节　萝　卜

一、萝卜生长发育周期及对环境条件的要求

1. 萝卜各营养生长期特点

（1）发芽期　从种子萌动开始到第一片真叶显露，适温 20～25℃，需要 5～6d。发芽期主要靠种子内贮藏的养分和外界的温度、水分、空气等条件进行种子萌发和子叶出土，因而种子的质量、贮藏条件和贮藏年限，都影响种子发芽率及幼苗生长。发芽期需要较高的土壤湿度和 25℃ 左右的气温，在此温度下播种后 3d 左右即可出苗。这个时期主要是萝卜的子叶和吸收根的生长，栽培上应创造适宜的温度、水分和空气等条件，保证萝卜顺利出苗。

（2）幼苗期　从萝卜的真叶显露到根部破肚并且具有 5～7 片真叶，适温 15～20℃，需要 15～20d。大中型萝卜一般已出现 4～7 片真叶。要求较高的温度和较强的光照，幼苗才能充分发育，此时期需 15d 左右。幼苗具 5～6 叶时，由于次生生长，根的中柱开始膨大，而表皮和初生皮层不能相应膨大，从下胚轴部位破裂，称"破肚"，又称"破白"。大中型萝卜一般 5～7 片叶龄开始破肚。破肚历时 5～7d，破肚结束即幼苗期终结，对肥水的需求量逐渐增加。在播种前已施足底肥的，此时无需追肥。如果水肥过量，就会促使叶片徒长。在此期间，切忌使幼苗过度拥挤，要及时间苗、中耕、定苗、培土，并注意防病灭蚜。以后肉质根的生长加快。这个时期，萝卜幼小的吸收根不断生长，吸收土壤中的水分和养分，真叶也展开进行光合作用，使幼苗从依靠种子内营养物质生长逐步转向自己制造光合产物的"自养生长"阶段。这个时期的根和叶同时生长，而叶片生长占优势；根系主要是纵向生长，并开始横向加粗生长。必须防止幼苗拥挤徒长，要及时间苗、定苗。用地膜覆盖栽培每穴播种 1 粒，不需间苗，但应培土。

（3）肉质根形成期

① 肉质根生长前期　又称莲座期或叶部生长盛期，从根部"破肚"到"露肩"的

叶片生长盛期，需要 20～30d。露肩指的是根头部开始膨大变宽。这个时期叶片数目不断增加，叶片的面积迅速扩大，肉质根延长生长和加粗生长同时进行。地上部的生长量仍然超过地下部的生长量。在栽培上，应增施水肥，以便形成较大的莲座叶，但须适当控制水肥，以免地上部徒长。

② 肉质根生长盛期　从露肩到收获，大中型萝卜需要 40～60d。这个时期地上部生长逐渐缓慢，大量的同化产物运输至肉质根贮藏积累，因而肉质根生长迅速。到肉质根生长的末期，叶片占肉质根重量的 20%～50%，此期肉质根的生长量为肉质根总体积的 80%，并表现出品种的特征。这时土壤中要有大量的水肥供应，并需要 13～18℃ 的较低温度，以利于肉质根的肥大。氮、磷、钾肥的施肥量为总量的 80% 以上。吸收量以钾为最多，其次为氮，磷最少。此期吸收的无机营养有 3/4 用于肉质根的生长，因此必须有充足的肥水供应。在肉质根充分生长的后期，仍应适当浇水，保持土壤湿润，避免土壤干燥引起空心而降低商品质量。

(4) 休眠期　秋冬萝卜肉质根形成后，因为气候转冷被迫休眠。

2. 萝卜对环境条件的要求

(1) 温度　萝卜起源于温带地区，是半耐寒性蔬菜，萝卜种子发芽最适宜的温度是 20～25℃，开始发芽需 2～3℃。幼苗期可耐 25℃ 的较高温度，也能忍耐短时间 −3～ −2℃ 的低温。萝卜属于低温敏感型的作物，在生产中为了让萝卜开花结籽，在萝卜制种阶段要对它进行春化处理。所谓春化处理，就是对萝卜的种子或植株进行低温处理。试验表明，大多数萝卜品种在萌动期间经过 3～5℃ 处理 10d，就可以完成春化处理。叶片生长的适宜温度为 18～22℃，肉质根最适生长的温度为 15～18℃，高于 25℃ 植株生长弱，产品质量差，所以萝卜生长控制温度要前期高、后期低。目前，选用韩国耐寒品种适应范围比较广，前期温度略低，只要不低于 10℃，生长和品质也都不受影响。夏秋季白天温度高，晚上温度低，也有利于营养积累和肉质根的膨大。此外，不同类型和品种的萝卜适应的温度范围是不一样的。如四季萝卜肉质根生长适应的范围较广，为 9～23℃。冬萝卜类的生长能适应的温度范围较小，尤其在高温条件下难以形成肥大的肉质根，也容易感染病毒病。

(2) 光照　萝卜属长日照作物，在通过春化阶段后，需 12h 以上长日照及较高温度条件，萝卜植株成熟后就能开花结籽了。因此，萝卜春播时容易发生未熟抽薹现象。萝卜同其他根菜类蔬菜一样，需要充足的光照，日照充足，植株健壮，光合作用强，物质积累多，肉质根膨大快，产量高，产品质量也好；光照不足则生长衰弱，叶片薄而色淡，肉质根形小、质劣。如果在光照不足的地方栽培，或株行距过密，杂草过多，植株得不到充足的光照，碳水化合物的积累就少，肉质根膨大慢，产量就降低，品质也差。播种萝卜要选择开阔的菜田，并根据萝卜品种的特点，合理密植，以提高单位面积的产量。

(3) 水分　水分是萝卜肉质根的主要组成成分，在萝卜生长期中，如果水分不足，不仅产量降低，而且肉质根容易糠心、味苦，糖分和维生素 C 的含量降低，品质粗糙。如果水分过多，土壤透气性差，影响肉质根膨大，并易烂根。水分供应不均，易使根部开裂。只有在土壤相对湿度 65%～80%，空气相对湿度 80%～90% 的条件下，才能获得优质高产的产品。地膜覆盖栽培可以节水保水，土壤湿度大，可提高萝卜肉质根的品种。但是，土壤水分不能过多，否则空气缺乏，不利于根的生长与吸收，也容易引起表皮组织粗糙，根痕处生有不规则的突起，影响品质。萝卜在不同生长时期的需水量有较大差异。发芽期，按"三水齐苗"的原则浇水，就是播种后浇水一次，以利于种子的发芽；种芽拱土时浇水一次，以利于出苗；齐苗后再浇水一次，以利于幼苗生长。幼苗期由于幼苗的根系较浅，需水量小，要少浇勤浇。叶片生长期，萝卜上部植株的叶数不断增加，叶面积逐渐增大，肉质根也开始膨大，需水量迅速加大，要适量勤浇。肉质根膨大盛期，需水量最大，要勤浇水，保持土壤湿润状态，以免缺水造成肉质根裂根。

（4）土壤　栽培萝卜应选择土层深厚疏松、排水良好、肥力好的砂壤土。土层过浅，心土紧实，易引起直根分枝。土壤过于黏重的排水不良，容易引起土壤表皮不光洁，会影响萝卜的品质。黏重壤土不利于萝卜肉质根膨大。一般要求土壤以中性或偏酸性为好，即 pH 为 5.3～7。四季萝卜对土壤酸碱度的适应范围较广，即 pH 值为 5～8。种植萝卜需要深翻土地，才能满足萝卜肉质根深入土中的需要。

（5）养分　萝卜吸肥能力强，施肥应以迟效性有机肥为主，并注意氮、磷、钾肥的配合。萝卜对土壤肥力要求很高，在全生长期仍需充足的养分供应。在生长初期，对氮、磷、钾三要素的吸收较慢。随着萝卜的生长，其对三要素的吸收也加快，到肉质根生长盛期，吸收量最多。在不同时期，萝卜对三要素吸收情况是有差别的。幼苗期和莲座期正是细胞分裂、吸收根生长和叶片面积扩大时期，需氮较多。特别是进入肉质根生长盛期，增施钾肥能显著提高品质，除了肥料三要素外，多施有机肥、补充微肥也是增加萝卜必要的营养成分措施之一。萝卜在整个生长期中，对钾的吸收量最多，其次为氮，磷最少。所以，种植萝卜不宜偏施氮肥，而应该重视磷、钾肥的施用。一般在耕翻土地时，要施有机肥作为基肥。一般在播种前 10～15d 每亩施腐熟基肥 4000～5000kg，施肥后深翻、耙平、作垄或畦。

二、萝卜栽培季节及茬口安排

1. 萝卜的主要栽培季节

根据萝卜生长发育期对温度的不同要求，按照当地气候条件选择最适宜萝卜生长，尤其是适于肉质根膨大的时期来种植萝卜。萝卜为半耐寒性蔬菜，种子在 2～3℃时开始发芽，适温为 20～25℃。幼苗期能耐 25℃左右的较高温度，也能耐－3～－2℃的低温，这是安排种植季节的主要依据。萝卜叶丛生长的温度为 5～25℃，生长适温为 15～20℃。而肉质根生长的温度范围为 6～20℃，适宜温度为 18～20℃。所以萝卜营养生长期的温度以由高到低为好，前期温度高，出苗快，形成繁茂的叶丛，为肉质根的生长奠定基础。此后温度逐渐降低，有利于光合产物的积累和贮存，当温度逐渐降低到 6℃以下时，植株生长微弱，肉质根膨大已渐趋停止，即至采收期。当温度在－1℃以下时，肉质根就会受冻。其主要栽培季节如下。

① 春夏萝卜　指春种春收和春种早夏收，俗称春萝卜或春水萝卜。一般生育期 45～70d，产量低，供应期短，长江流域多采用。这一栽培季节温度由低到高，前期温度较低，极易满足萝卜的春化要求，栽培不当易抽薹，后期温度较高，又是长日照，符合萝卜生殖生长对温度和光照的要求。应选择冬性强、前期较耐低温、生育期短、生长快的品种。在长江中下游地区，一般 2～3 月播种，4～6 月上旬收获。

② 夏秋萝卜　包括早夏种晚夏收或夏种秋收的萝卜品种，俗称夏萝卜、伏萝卜。品种的特点是夏季高温、干旱、暴雨、病虫害多发季节能正常生长，抗逆性较强，多为耐热、抗病性强、生长速度较快的早中熟品种，但品质相对较差。生育期 50～80d，我国大部分地区可选择这一栽培季节。在长江中下游地区，一般 5～7 月播种，7～9 月

采收。

③ 秋冬萝卜 立秋前后播种，秋冬采收，立秋前种通称早秋萝卜，一般俗称秋萝卜。我国所有萝卜品种都可在此季节栽培，主要供应冬季市场。因为萝卜是低温长日照作物，营养生长期内只要有适度的低温，每天有13h以上的长日照就可以从营养生长转入生殖生长，抽薹开花。而在秋季，萝卜生长期内正好是由高温到低温，且日照渐短，所以无论春萝卜、夏秋萝卜、四季萝卜在秋天都能正常生长。生长期60～110d。多选用中晚熟大中型品种，产量高、品质好、耐贮藏、供应期长，是各类萝卜中栽培面积最大的一类。在长江中下游地区，一般8月中下旬播种，10月中下旬至12月采收。

④ 冬春萝卜 南方栽培较多，秋末冬初播种，保护地或露地越冬，春季采收，俗称冬萝卜，耐寒性强，不易空心，抽薹迟，是解决当地春淡的主要品种。温度不高，光照时间较短，选用对温度反应迟钝、耐寒性强、对光照需求不严格、生长期较长的中晚熟品种。在长江中下游地区露地栽培，一般9月上旬至10月上旬播种，12月至翌年2～3月收获；采用大棚加小棚加地膜覆盖栽培，11月至翌年1月播种，3～4月收获。

⑤ 四季萝卜 肉质根小，生长期短，只有30～40d，较耐寒，适应性强，抽薹迟，四季皆可种植。春季栽培，表现为抽薹晚、较耐寒、抗病性较强、生育期短，其他季节也易栽培。选择萝卜肉质根较小，生长速度快，冬性强的品种。在长江中下游地区，一般10～12月播种，大棚栽培，12月至翌年3月采收。

由于我国各地纬度、海拔高度差异大，气候极为复杂，因而同一栽培季节各地萝卜的播种适期也不相同，全国主要地区、不同类型萝卜的栽培季节见表6-1。

表6-1 全国主要地区、不同类型萝卜的栽培季节

地区	萝卜类型	播种期/(月/旬)	生长天数/d	收获期/(月/旬)
上海	冬春萝卜	2/中～3/下	50～60	4/上～6/上
	夏秋萝卜	7/上～8/上	50～70	8/下～10/中
	秋冬萝卜	8/上～9/中	70～100	10/下～11/下
南京	冬春萝卜	2/中～4/上	50～60	4/中～6/上
	夏秋萝卜	7/上～7/下	50～70	9/上～10/上
	秋冬萝卜	8/上～8/中	70～100	11/上～11/下
杭州	冬春萝卜	9/中～10/上	90～120	12/上～3/下
	夏秋萝卜	7/上～8/上	50～60	8/下～10/上
	秋冬萝卜	9/上	70～80	11/上～12/上
武汉	冬春萝卜	2/上～4/上	50～60	4/下～6/上
	夏秋萝卜	7/上	50～70	8/下～10/中
	秋冬萝卜	8/中～9/上	70～100	11/上～12/下
重庆	冬春萝卜	10/下～11/中	100～110	2/中～3/下
	夏秋萝卜	7/下～8/上	50～70	9/中～10/上
	秋冬萝卜	8/下～9/上	90～100	11/上～1/下
贵阳	冬春萝卜	9/中	120	2/中、下
	夏秋萝卜	5/上～7/下	50～80	6/下～9/下
	秋冬萝卜	8/中～9/上	90～110	11/中～12/下
长沙	冬春萝卜	9/上～10/上	140	2/上～3/下
	夏秋萝卜	7/上～8/下	40	8/中～10/下
	秋冬萝卜	8/下～9/下	100	11/上～1/下
福州	冬春萝卜	9/上～11/上	90～140	1/上～3/下
	秋冬萝卜	7/下～9/上	60～80	9/下～12/下

地区	萝卜类型	播种期/(月/旬)	生长天数/d	收获期/(月/旬)
南宁	冬春萝卜	10/上～11/中	90～100	2/下～3/下
	夏秋萝卜	7/下～8/上	70～80	9/下～10/下
	秋冬萝卜	9/下～9/中	70～90	11/上～12/下
广州	冬春萝卜	10/上～12/下	90·100	1/上～3/下
	夏秋萝卜	5/上～7/下	50～60	7/上～9/下
	秋冬萝卜	8/上～10/下	60～90	11/上～12/下
东北	秋冬萝卜	7/中、下	90～100	10/中、下
西北	秋冬萝卜	6/下～7/上	100～130	10/中～11/上
河北	秋冬萝卜	7/下～8/上	90～100	11/上～11/中
山东	秋冬萝卜	8/上～8/中	90～100	10/下～11/上
	春夏萝卜	3/下～4/上	50～60	5/下～6/上
河南	秋冬萝卜	8/上	90～100	10/中～11/上
云南中部	冬春萝卜 水萝卜	10/上～11/下		1/上～2/下
	三月萝卜	11/上～2/下		3/上～5/下
	夏秋萝卜	4/上～7/下		5/上～9/下
	半截红萝卜(自四川引进)	6/上～8/下		8/上～11/下
	秋冬萝卜	8/上～10/下		10/上～11/下
哈尔滨	秋冬萝卜	7/中～7/下	90～100	10/中～10/中
长春	秋冬萝卜	7/下	80	10/中
沈阳	秋冬萝卜	7/下～8/上	80～90	10/中～10/下
乌鲁木齐	秋冬萝卜	7/下～8/上	80～90	10/中～10/下
呼和浩特	秋冬萝卜	7/中	80	10/上
兰州	秋冬萝卜	7/下	90	10/下
西安	秋冬萝卜	7/底	110	11/上～11/中
太原	秋冬萝卜	7/中～7/下	110	10/下
北京	秋冬萝卜	7/中～7/下	90～100	10/中～10/下
郑州	秋冬萝卜	8/上～8/中	90～110	11/上～11/中

2. 萝卜的主要栽培模式

萝卜的栽培季节在不同地区差别很大。就露地栽培而言，长江流域及华南地区四季均可栽培；北方大部分地区可春、夏、秋三季种植；东北北部一年只能种一季。近年来随着保护地栽培的发展，利用日光温室、大棚、中拱棚、小拱棚和地膜覆盖栽培，冬季较寒冷的地区也可以周年生产萝卜。目前，萝卜生产的栽培模式主要有露地栽培、设施栽培、间作和套作栽培等。

（1）露地栽培　是利用大自然气候、土地、肥力等条件，根据当地的消费习惯及市场需求，再加以人工管理，以获得萝卜产品供应市场的一种栽培方式。从经济效益来说，露地栽培是最符合经济原则的。各地区应根据当地的气象条件，充分利用生长季节，高度发挥土地潜力，确定萝卜生产基地，进行专业化、规模化、区域化、标准化生产，提高萝卜的商品性。其栽培方式有以下几种。

① 平畦栽培　畦面和田间通道相平的栽培畦形式。即平整地面后不特别构筑畦沟和畦面。适用于排水良好、雨量均匀、不需要经常灌溉的地区。在雨水多或地下水位高的地区，除土地表面有一定倾斜的地块外不宜采用。其优点是土地利用率高，省工省力。

② 低畦栽培　畦面低于畦间通道。畦与畦之间要留有浇水用的水道，一般宽30～50cm。这种畦利于蓄水和灌溉，在少雨的季节，干旱地区应用较为普遍。其优点是保墒能力较强，可减少灌溉次数。

③ 高畦栽培　为了排水方便，在平畦基础上挖一定的排水沟，使畦面凸起的栽培畦形式，适于降水量大且集中的地区应用。其优点是便于排水。

④ 垄作栽培　一种较窄的高畦，其特点是垄底宽上面窄。栽培大型萝卜的垄底宽为50～60cm，垂直高度约20cm，一垄一行或三角形种植两行。优点是土质疏松、排灌方便，更有利于萝卜肉质根的生长。

为了便于播种、浇水、施肥、除草、病虫害防治等管理，低畦和高畦的畦面宽2m左右为宜，畦埂和畦沟宽约30cm，平畦宽一般6～8m。栽培萝卜畦的走向取东西向较多，播种行以南北向为宜，以利于通风和采光。播种方法多采用条播或撒播。垄作栽培多采用穴播，垄长不宜超过20m，防止田间积水和浇水不匀。

（2）设施栽培　是在自然条件不适合萝卜生产的情况下，采用各种农业设施，创造出适宜的小气候条件，进行萝卜生产的一种栽培方式。究竟哪种方式更为优越，不能单纯以构造形式来衡量，主要是以能否满足萝卜生长条件为指标。只要能节约物资、降低生产成本、生产出物美价廉的产品，就是最切合实际的方式。萝卜属半耐寒性蔬菜作物，是以其肥大的肉质根为产品的矮生植物，栽培简单，耐贮存，北方冬、春季节萝卜的供应主要依靠贮藏的方式来解决，在实践中有许多简易、方便、实用的贮藏方法。生产上为解决萝卜供应春、秋淡季市场，春提前、夏季生产及秋后栽培多采用各种拱棚、阳畦及地膜覆盖栽培等保护设施。

萝卜设施栽培主要有春提早栽培、越夏栽培和秋延后栽培3种方式。其主要栽培要点如下。

① 利用当地气候资源优势，选建适宜的设施结构，科学合理选用农膜，创造适宜萝卜生长的环境条件。

② 根据市场需求和栽培季节选择品种。

③ 根据品种特性确定适宜的播种期和播种方式。集中栽培上市的以平畦条播和高垄穴播为主，间作套种的地块依据不同的作物和种植方式隔畦条播或在畦埂上穴播。

④ 合理安排种植茬口，避免连作，以减轻病虫害。在管理过程中，要注重通风，调节拱棚内的温、湿度和气体成分，避免低温高湿或高温高湿，提高光合性能，控制氮素化肥的用量，增施有机肥和实行配方平衡施肥，水分供应要均匀，以免裂根。当肉质根充分膨大后适期收获上市，否则易糠心。

⑤ 应用先进的生产技术，如阳畦及拱棚配套栽培技术、遮阳网覆盖越夏栽培技术、应用薄膜防水滴剂等，改善光照条件，提高萝卜商品性，增强市场竞争力。

⑥ 病虫害防治要严格贯彻"以防为主、综合防治"的方针，采取物理防治、生物防治、农业防治和高效、低毒、低残留化学农药防治相结合的综合控防措施，严格控制产品中农药残留。

（3）间套作栽培　间作、套作是把不同作物在一定时间与空间内组合在一起，科学合理地进行搭配，提高复种指数，以充分利用生长空间和时间，多层次、多茬口地进行作物生产的一种种植制度。合理的萝卜间作、套作的栽培模式，将用地和养地相结合，可以不断地提高土壤肥力，又能提高土地和光能利用率，增加各种作产量，实现生物多样性，改善生态环境。根据各地区的地理、气候条件，将萝卜和各种作物在最适宜的生长条件下，以实现萝卜周年生产、均衡供应。长江中下游地区常见的间套作模式见表 6-2。

表 6-2　长江中下游地区常见的几种间套作模式

作物	播种期/(月/旬)	定植期/(月/旬)	采收期/(月/旬)
冬春萝卜-春早熟丝瓜-延秋菜豆			
萝卜	10/下～11/上	直播	2/下～3/中
丝瓜	2/上～2/中	3/中～3/下	5/上～8/上
菜豆	8/下～9/中	直播	11/上～12/中
冬春萝卜-西瓜-夏芹菜-延秋番茄			
萝卜	10/下～11/上	直播	翌年 2/下～3/中
西瓜	2/上～2/中	3/中～3/下	5/上～6/下
芹菜	5/上	6/下	7/下～8/上
番茄	7/下～8/上	8/下～9/上	11/上～翌年 1/上
春早熟南瓜-夏萝卜-延秋番茄或菜豆			
南瓜	2/上～2/中	3/中	5/中～6/下
萝卜	7/上	直播	8/下～9/中
番茄	7/下～8/上	8/下～9/上	11/上～翌年 1/上
菜豆	9/中	直播	11/上～12/中
冬芹-春大白菜-夏秋萝卜-秋冬黄瓜			
芹菜	7/下～8/中	10/上～11/上	12/中～翌年 2/下
大白菜	2/上～3/上	3/上～3/下	4/下～5/中
萝卜	5/下～7/下	直播	7/上～9/上
黄瓜	8/下～9/上	直播	10/中～12/上
春萝卜-夏甘蓝-延秋番茄			
春萝卜	12/中～翌年 2/中	直播	3/下～5/下
甘蓝	4/下～5/上	5/下～6/上	7/下～8/下
番茄	7/下～8/上	8/下～9/上	11/上～翌年 1/上
春马铃薯-夏芹菜-秋青菜-冬萝卜			
马铃薯	12/上～12/下	直播	翌年 4/下～5/中
芹菜	3/上～4/上	5/中～6/下	7/中～8/上
青菜	7/中～8/中	直播	8/上～9/下
萝卜	8/中～9/下	直播	10/下～翌年 1/中
春辣椒-夏早熟花椰菜-秋冬萝卜			
辣椒	10/中～10/下	翌年 2/上～2/中	5/上～7/下
花椰菜	6/上～6/中	7/上～7/中	9/中～10/上
萝卜	9/中～10/上	直播	12/上～12/下
春樱桃番茄-夏秋萝卜-冬豌豆苗			
樱桃番茄	12/下～翌年 1/上	2/下～3/中	5/上～7/中
萝卜	7/中～7/下	直播	8/下～10/上
豌豆苗	10/上～10/中	直播	11/上～翌年 2/下

春厚皮甜瓜(洋香瓜)-夏生菜或芫荽-秋萝卜			
作物	播种期/(月/旬)	定植期/(月/旬)	采收期/(月/旬)
甜瓜	12/下～翌年1/中	2/上～2/下	4/下～6/中
生菜或芫荽	6/中	7/中,直播	8/中～9/上
萝卜	8/中～9/下	直播	11/下～11/下

小麦-春萝卜-西瓜			
作物	播种期/(月/旬)	定植期/(月/旬)	采收期/(月/旬)
小麦	10/下	直播	翌年6/中
萝卜	2/中下	直播	4/下～5/上
西瓜	4/中	5/中	6～7

莴笋/甘蓝-水稻-萝卜			
作物	播种期/(月/旬)	定植期/(月/旬)	采收期/(月/旬)
莴笋(甘蓝)	10/下	翌年1/上	4/中下
水稻	3/下	5/上	9/下
萝卜	10/上	直播	翌年1/上中

小麦-玉米-萝卜			
作物	播种期/(月/旬)	定植期/(月/旬)	采收期/(月/旬)
小麦	10/中	直播	翌年6/中
玉米	3/下	4/中	7/下
萝卜	8/上	直播	11/中下

3. 萝卜栽培主要茬口安排

长江流域萝卜主要为露地秋冬茬、冬春茬、春夏茬、夏秋茬栽培,冬春季节也可利用塑料大棚进行越冬生产,夏季还可利用海拔1200～1800m的冷凉山地生产。萝卜栽培茬口安排见表6-3。

表6-3　萝卜栽培茬口安排（长江流域）

种类	栽培方式	建议品种	播期/(月/旬)	播种方式	株行距/(cm×cm)	采收期	亩产量/kg	亩用种量/g
萝卜	冬春大棚	白玉春、雪单1号、上海小红萝卜	10/中～翌年2/中	条播或穴播	30×33	翌年1～4月	3000	250～500
	春露地	白玉春、春白玉、长白春、天鸿春	2/上中～4/上	条播或穴播	(20～25)×(30～40)	5～6月	1500～2000	250～500
	夏秋露地	短叶13号、宁红1号、夏抗40、东方惠美、美浓	7～8	条播或穴播	穴播25×(30～35)	9～10月	1500～2000	250～500
	秋冬露地	白玉春、雪单1号、短叶13、南畔洲、黄州萝卜	8/上～10/上	条播或穴播	(30～40)×(40～50)	11月上旬～翌年1月	4000	250～500
	冬春露地	白玉春、春不老、玉长河、长白春、皓胜、春雪莲	10/中下	条播或穴播	30×33	3～4月	3000	250～500
	夏秋大棚	短叶13号、夏抗40、东方惠美	6～8	条播或穴播	30×40	播后40～50d	1500～2000	250～500

三、萝卜主要栽培技术

1. 春萝卜栽培技术要点

春萝卜是春播春收或春播初夏收获类型萝卜,生长期一般为40～60d。对解决初夏蔬菜淡季供应有一定作用。这种方式的栽培技术简单，生长期短，可提高土地利用率，增加单位土地面积的收益。

（1）品种选择　由于生长期间有低温长日照的发育条件，栽培不当易抽薹，应选择耐寒性强、植株矮小、适应性强、耐抽薹的丰产品种。

（2）播期选择　春萝卜播期安排非常重要，播种太早，地温、气温低，种子萌动后就能感受低温影响而通过春化，容易抽薹开花；播种过晚，气温很快升高，不利于肉质根的发育，或使肉质根出现糠心，产量下降。原则上，播种期以10cm地温稳定在6℃以上为宜，在此前提下尽量早播。在长江中下游地区，露地栽培一般3月中下旬，土壤解冻后即可播种，不迟于4月上旬为宜。采用地膜覆盖，还可提早5～7d播种。利用塑料大、中、小棚栽培，可于2～3月间播种，4～6月间收获，正是蔬菜的小淡季，可充实市场花色品种，价格好，效益佳。

（3）整地施肥

① 整地　避免与秋花椰菜、秋甘蓝、秋萝卜等十字花科蔬菜重茬，前作最好为菠菜、芹菜等越冬菜。早深耕、多耕翻、充分冻垡、打碎耙平土地，耕深23cm以上。农谚有"吹一吹（晒垡），足抵上一次灰"，说明对萝卜整地的要求很高。因此，种植萝卜的田块应在前茬作物收获后及早清洁田园，尽早耕翻晒垡、冻垡，最好在封冻前浇一次水，晒地或冻垡时间越长，土壤就晒得越透，冻得酥，有利于土壤的风化与消除病虫，播种后苗齐苗壮，抗逆性强，收获早、产量高、质量好、用药少、安全性好。

② 施肥　春萝卜生育期短，产量高，需肥多而集中，故应施足基肥，一般每亩施腐熟有机肥3000～4000kg、三元复合肥50kg、草木灰50kg、过磷酸钙25～30kg，与畦土掺匀，按畦高20～30cm作畦，畦宽1～2m，沟深40～50cm。注意施用的有机肥必须经过充分腐熟、发酵，切不可使用新鲜有机肥，否则极有可能出现主根肥害、腐烂现象。基肥宜在播种前7～10d施入。偏施氮肥易徒长，肉质根味淡，偏施含氮化肥也易发生苦味。施磷肥可增产，且提高品质，可在播种前穴施。

（4）及时播种　采用撒播、条播、穴播均可。耙平畦面后按15cm行距开沟播种，然后覆土将沟填平、踏实。也可撒播，将畦面耙平后，把种子均匀撒在畦面上，然后覆土。目前在春萝卜生产上，主要采用韩国白玉春系列等进口种子，价格较贵，宜穴播，株距25cm，行距30cm，穴深1.5～2.0cm，每穴3～4粒。播后覆土，稍加踏压，浇一次水，最后加盖地膜。

（5）田间管理（彩图6-1）　幼苗出土后，及时用小刀或竹签在膜上划一个"十"字形开口，引苗出膜后立即用细土封口。当第一片真叶展开时进行第一次间苗，每穴留苗3株；长出2～3片真叶时，第二次间苗，每穴留2株；5～6片真叶时定苗1株。对缺苗的地方及时移苗补栽。间苗距离，早熟品种为10cm，中晚熟品种为13cm。苗期应多中耕，减少水分蒸发。结合间苗中耕一次。

早春气温不稳定，不宜多浇水，畦面发白时可用小水串沟，切忌频繁补水和大水漫畦，以免降低地温，影响生长。破肚后，肉质根开始急剧生长时浇水，以促进肉质根生长。浇水后适当控水蹲苗，时间为10d左右。肉质根迅速膨大期至收获期间要供应充足的水分，此期水分不足会造成肉质根糠心，味辣、纤维增多，一般每3～5d浇一次水，保持土壤湿润。无论哪个时期，雨水多时要注意排水。

春萝卜施肥原则是以基肥为主，追肥为辅。追施氮肥用粪肥和化肥，一般在定苗后结合浇水追肥，如每亩施硫酸铵25kg左右，切忌浓度过大与靠根部太近，以免烧根。

粪肥浓度过大，也会使根部硬化，一般应在浇水时对水冲施；粪肥与硫酸铵等施用过晚，会使肉质根起黑箍，品质变劣，或破裂，或产生苦味。

采用大棚栽培的春萝卜，前期正处于低温季节，要采取高温管理，以阻止其通过春化，后期要加强通风，促进根系膨大，延缓抽薹开花。播种后采取大棚内再扣小拱棚的方法进行密闭管理，确保白天温度在20℃以上，晚上温度能维持5℃以上，一般要求前期夜间最低温度不低于0℃，小苗长至7片真叶时进行间苗，每穴留1株。7叶期以后，白天开始通风换气，温度掌握在20～25℃，进入采收期后，宜实行较低温度管理。

（6）及时收获　收获是萝卜春季生产中的一个关键技术环节，当肉质根充分膨大，叶色转淡时，应及时采收，否则易出现空心、抽薹、糠心等现象，失去商品价值。对白萝卜而言尤其严重，因为白萝卜品种大多松脆多汁，更易糠心。春季萝卜收获越早价值越高，应适时早收，拔大留小，每采收一次，随即浇水。对于先期抽薹的植株，肉质根尚有商品价值者，应及早收获，否则品质下降，失去商品价值。对于肉质根已经没有商品价值的植株也要拔除。

2. 冬春萝卜栽培技术要点

冬春萝卜，又叫越冬萝卜，是初冬至早春利用各种保护地设施分期播种，分期上市，供应冬春市场，或满足人们冬春季节对时鲜萝卜的需要，丰富冬春市场蔬菜供应，具有栽培容易、管理省工、成本低等特点，经济效益较高。

（1）播期选择　萝卜的生长温度是6～25℃，在有草苫覆盖的塑料大中棚栽培，可于9月下旬至12月份随时播种，其中9月下旬至10月上旬也可以采用地膜覆盖进行播种，但后期需采取塑料薄膜等进行浮面覆盖，防止冻伤。

（2）品种选择　萝卜冬春栽培，正值寒冷的冬季，气温低、日照短、光照弱，后期易通过春化阶段而先期抽薹，影响肉质根的形成和膨大，对产量和品质造成影响，故品种选择很重要，应选耐寒、耐弱光、冬性强、单根重较小、不易抽薹的早熟品种。

（3）整地播种　选择土壤疏松、肥沃、通透性好的砂壤土。每亩施腐熟有机肥3000～4000kg，复合肥20～25kg，精细整地。播种前15～20d，把保护设施的塑料薄膜扣好，夜间加盖草苫，尽量提高设施内的温度，使之不低于6℃。

选晴天上午播种，一般用干籽直播，也可浸种后播种，浸种时，可用25℃的水浸泡1～2h，捞出后，晾干种子表面浮水即可播种。小型品种多用平畦条播或撒播。在畦内按20cm行距开沟，沟深1.0～1.5cm左右，均匀撒籽，覆土平沟后轻轻镇压。撒播时，一般是先浇水，待水渗下后撒籽，覆土1.0～1.5cm。肉质根较大的品种，可起垄种植，垄宽40cm，上面开沟播种两行。进口种子价格较贵，一般按株行距采用穴播。

（4）田间管理（彩图6-2）

① 温度管理　生长前期正处于最适宜萝卜生长气候状态，可不必覆盖大棚裙边，11月上中旬后，夜间温度低于10℃左右，应覆盖裙边，关闭大棚适当保温。但白天中午温度较高，宜通风降温。中后期进入冰冻季节，应考虑保温，并在大棚内加入小拱棚防止冻害，夜间可加盖草苫保温，保持室温白天25℃左右，夜间不低于7～8℃。采用地膜覆盖应在后期采取塑料农膜或无纺布等防止初霜造成冻害。

② 及时间苗　凡播种密的，间苗次数多些，以早间苗、晚定苗为原则，一般第一片真叶展开时，第一次间苗，至大破肚时选留健壮苗1株。

③ 合理灌溉　播种时要充分浇水，幼苗期要小水勤浇，以促进根向深处生长。从破白至露肩的叶部生长期，不能浇水过多，要掌握"地不干不浇，地发白才浇"；从露

肩到圆腚的根部生长盛期，要充分均匀供水，保持土壤湿度 70%～80%。根部生长后期应适当浇水，防止空心，雨水多时注意排水。在采收前半个月停止灌水。由于冬季栽培温度低、光照弱、水分蒸发慢，故较其他季节栽培的浇水量和浇水次数少些。

④ 分期追肥　施肥原则以基肥为主，追肥为辅，一般中型萝卜追肥 3 次以上，主要在植株旺盛生长前期施。第一、二次追肥结合间苗进行，每亩追施尿素 10～15kg；破肚时第三次追肥，除尿素外，每亩增施过磷酸钙、硫酸钾各 5kg。大型萝卜生长期长，需分期追肥，追肥应掌握轻、重、轻的原则，追肥是补足氮肥，以粪肥为主，但又切忌浓度过大与靠根部太近，以免烧根，粪肥应在浇水时对水冲施。

⑤ 中耕除草　萝卜生长期间要中耕除草松表土，中型萝卜可将间苗、除草与中耕三项工作同时结合进行。高畦栽培的，还要结合中耕，进行培土，保持高畦的形状。长形萝卜要培土壅根，以免肉质根变形弯曲。到生长的中后期需经常摘除枯黄老叶。

(5) 及时收获　冬春保护地萝卜的收获期不太严格，应根据市场需要和保护地内茬口安排的具体情况确定，一般是在肉质根充分长大时分批收获，留下较小的和未长足的植株继续生长。根据市场需要和价格，10～12 月播种的应尽可能在元旦或春节期间集中收获，以获得较好的经济效益。每收获一次，应浇水一次。

3. 夏秋萝卜栽培要点

夏秋萝卜一般从 4 月下旬至 7 月下旬分期播种，在 6 月中旬至 10 月上旬收获。可增加夏季蔬菜花色品种，丰富 8～9 月蔬菜供应。夏秋萝卜整个生长期内，尤其是发芽期和幼苗期正处炎热的夏季，不论是高温多雨或高温干旱的气候，均不利于萝卜的生长，且易发生病毒病等病害，致使产量低而不稳，栽培难度大，应采取适当措施才能获得成功。

(1) 品种选择　选用耐热性好、抗病、生长期较短、品质优良的早熟品种。

(2) 整地施肥　前茬多为洋葱、大蒜、早菜豆、早毛豆及春马铃薯等，选择富含腐熟有机质、土层深厚、排灌便利的砂壤土，其前作以施肥多、耗肥少、土壤中遗留大量肥料的茬口为好，深耕整地、多犁多耙、晒白晒透。早熟萝卜生长期短，对养分要求较高，必须结合整地施足基肥，基肥施用量应占总施肥量的 70%，一般每亩施充分腐熟的农家肥 4000～5000kg，复合肥 30～40kg，整地前将所有肥料均匀撒施于土壤表面，然后再翻耕，翻耕深度应在 25cm 以上，将地整平耙细后作畦，作高畦，一般畦宽80cm，畦沟深 20cm。

(3) 播种　在雨后土壤墒情适宜时播种。如果天旱无雨，土壤干旱，应先浇水，待2～3d 后播种。在高畦或高垄上开沟，用干籽条播。播种密度因品种而异，小型萝卜可撒播，间苗后保持 6～12cm 的株距；中型品种，一般行距 30cm 左右。播种时一定要采用药土（如敌百虫、辛硫磷等）拌种或药剂拌种，以防地下害虫。

播种后若天气干旱，应小水勤浇，保持地面湿润，降低地温。若遇大雨，应及时排水防涝。如果畦垄被冲刷，雨后应及时补种。播后用稻草或遮阳网覆盖畦面，以起到防晒降暑、防暴雨冲刷、减少肥水流失等作用。齐苗后及时揭除稻草和遮阳网，以免压苗或造成幼苗细弱。幼苗期必须早间苗，晚定苗。幼苗出土后生长迅速，一般在幼苗长出1～2 片叶时间苗一次，在长出 3～4 片叶时再间苗一次。定苗一般在幼苗长至 5～6 叶时进行。

有条件的可采用防虫网覆盖栽培（彩图 6-3），防虫网应全期覆盖，在大棚蔬菜采收净园后，将棚膜卷起，棚架覆盖防虫网，生产上一般选用 24～30 目的银灰色防虫网。

如无防虫网，也可用细眼纱网代替。安装防虫网时，先将底边用砖块、泥土等压结实，再用压网线压住棚顶，防止风刮卷网。在萝卜整个生育期，要保证防虫网全期覆盖，不给害虫入侵机会。

（4）田间管理　萝卜需水量较多，但水分过多，萝卜表皮粗糙，还易引起裂根和腐烂，苗期缺少水分，易发生病毒病；肥水不足时，萝卜肉质根小且木质化程度高，苦辣味浓，易糠心。一般播种后浇足水，大部分种子出苗后再浇一次水。叶子生长盛期要适量浇水。营养生长后期要适当控水。肉质根生长期，肥水供应要充足，可根据天气和土壤条件灵活浇水。注意大雨后及时排水防涝，避免地表长时间积水，产生裂根或烂根。高温干旱季节要坚持傍晚浇水，切忌中午浇水，收获前7d停止浇水。

缺硼会使肉质根变黑、糠心。肉质根膨大期要适当增施钾肥，出苗后至定苗前酌情追施护苗肥，幼苗长出2片真叶时追施少量肥料，第二次间苗后结合中耕除草追肥一次。在萝卜露白至露肩期间进行第二次追肥，以后看苗追肥。

（5）及时采收　夏秋萝卜应在产品具有商品价值时适时早收，可提高经济效益，并减少因高温、干旱造成糠心而影响品质。

4. 秋冬萝卜栽培技术要点

（1）精细整地　种植秋冬萝卜，应选择土层厚、土壤疏松的壤土或砂壤土，土壤、水质、环境要符合无公害生产对产地环境的要求。前茬以瓜类、茄果类、豆类蔬菜为宜，其中尤以西瓜、黄瓜、甜瓜较好，其次为马铃薯、洋葱、大蒜、早熟番茄、西葫芦等蔬菜和小麦、玉米等粮食作物。

深耕、精细整地，耕地时间以早为好，第一次耕地应在前茬作物收获后立即进行。耕地的深度因萝卜的品种而异，肉质根入土深的大型萝卜应深耕33cm以上，肉质根大部分露在地上的大型和中型萝卜耕深23～27cm，小型品种可耕深16～20cm。耕地的质量要好，深度必须一致，不可漏耕。第一次耕起的土块不必打碎，让土块晒透以后结合施基肥再耕翻数次，深度逐次降低。最后一次耕地后必须将上下层的土块打碎。

（2）施足基肥　基肥以肥效完全、迟效速效肥结合及分层施用为好。施用基肥一般在第二次耕地前，每亩施腐熟厩肥2500～3000kg、草木灰100kg、过磷酸钙25～30kg，耕入土中。至第三次耕地前，每亩再施入人粪尿2500～3000kg，干后耕入土中，而后耙平作畦，做到土壤疏松，畦面平整。有机肥未完全腐熟或集中施肥，容易损伤主根，地下害虫增多，萝卜极易形成分杈，成畸形根。

（3）播种育苗

① 播期　秋冬萝卜应在秋季适时播种，使幼苗能在20～25℃的较高温度下生长，但播种期也不宜过于提早，以免幼苗期受高温、干旱、暴雨、病虫等的危害，使植株生长不良，也会影响后期肉质根的肥大，甚至发生抽薹糠心等现象。在长江中下游地区，一般8月中下旬播种为宜。

② 播种　撒播、条播和穴播均可。萝卜播种一般可根据种子价格和数量的多少、不同的作畦方式、不同的栽培季节及根型大小不同而选用不同的方式。秋萝卜一般撒播较多，条播次之，穴播最少。大个型品种多采用穴播；中个型品种多采用条播；小个型品种可用条播或撒播。播种时，必须稀密适宜，过稀时容易缺苗，过密则匀苗费力，苗易徒长，且浪费种子。一般撒播亩用种量500g，点播用种量100～150g，穴播的每穴播种2～3粒。穴播的要使种子在穴中散开，以免出苗后拥挤；条播的也要播得均匀，不能断断续续，以免缺株；撒播的更要均匀，出苗后如果见有缺苗现象，应及时补播。

③ 密度　大型萝卜行距 40~50cm，株距 40cm，若起垄栽培时，行距 54~60cm，株距 27~30cm；中型品种行距 17~27cm；小型四季萝卜株行距为（5~7）cm×（5~7）cm。播种时的浇水方法有先浇水、播种后盖土与先播种、盖土后浇水两种。前者底水足，上面土松，幼苗出土容易；后者容易使土壤板结，必须在出苗前经常浇水，保持土壤湿润，才易出苗。播种后盖土约 2cm 厚，疏松土稍深，黏重土稍浅。播种过浅，土壤易干，且出苗后易倒伏，胚轴弯曲，将来根形不正；播种过深，不仅影响出苗的速度，还影响肉质根的长度和颜色。

（4）田间管理（彩图 6-4）

① 及时间苗　萝卜的幼苗出土后生长迅速，要及时间苗。间苗的次数与时间要依气候情况、病虫为害程度及播种量的多少而定，间苗的时间应掌握"早间苗、稀留苗、晚定苗"的原则。一般在第一片真叶展开时即可进行第一次间苗，拔除受病虫侵害、生长细弱、畸形、发育不良、叶色墨绿而无光泽，或叶色太淡而不具原品种特征的苗。间苗次数，一般用条播法播种的，间苗 3 次，即在生有 1~2 片真叶时，每隔 5cm 留苗1 株；苗长至 3~4 片真叶时，每隔 10cm 留苗 1 株；6~7 片真叶时，依规定的距离定苗。用点播法播种的，间苗 2 次，在 1~2 片真叶时，每穴留苗 2 株；6~7 片叶时每穴留壮苗 1 株。间苗后必须浇水、追肥，土干后中耕除草，使幼苗生长良好。

② 合理浇灌　播种时要充分浇透水，使田间持水量在 80% 以上。幼苗期，苗小根浅需水少，田间持水量以 60% 为宜，要掌握"少浇、勤浇"的原则，在幼苗破白前的一个时期内，要小水蹲苗，以抑制侧根生长，使直根深入土层。从破白至露肩，需水渐多，要适量灌溉，但也不能浇水过多，以防叶部徒长，"地不干不浇，地发白才浇"。肉质根生长盛期，应充分均匀供水，田间持水量维持在 70%~80%，空气湿度 80%~90%。肉质根生长后期，仍应适当浇水，防止糠心。浇水应在傍晚进行。无论在哪个时期，雨水多时都要注意排水，防止积水沤根。

③ 追肥　追肥方式，一般前期追施液肥，可叶面施，中期追肥可穴施或沟施。追肥用量应掌握"轻、重、轻"的原则。一般第一次追肥在幼苗出 2 片真叶时施，这时大型品种和中型品种萝卜进行第一次间苗，可在间苗后进行轻度松土，随即追施稀薄的人粪尿，点播、条播的施在行间，撒播的全面浇施；在第二次间苗后，进行中耕除草后即进行第二次追肥，浓度同上；至大破肚时，再追施一次浓度为 50% 的人粪尿，并每亩增施过磷酸钙、硫酸钾各 5kg。中小型萝卜施用 3 次追肥后，萝卜即迅速膨大，可不再追肥。大型的秋冬萝卜生长期长，待萝卜到露肩时每亩追施硫酸铵 15~20kg，至萝卜肉质根盛长期再追施草木灰等钾肥一次。草木灰宜在浇水前撒于田间，每亩 50~100kg，以供根部旺盛生长的需要。

④ 中耕除草、培土、摘除黄叶　萝卜生长期间必须适时中耕数次，锄松表土，尤其在秋播的萝卜苗较小时，气候炎热雨水多，杂草容易发生，必须勤中耕除草。高畦栽培时，畦边泥土易被雨水冲刷，中耕时，必须同时进行培畦。栽培中型萝卜，可将间苗、除草与中耕三项工作结合进行，以节省劳力。四季萝卜类型因密度大，有草即可拔除，一般不进行中耕。长形露身的品种，因为根颈部细长软弱，常易弯曲倒伏，生长初期宜培土壅根。到生长的中后期必须经常摘除枯黄老叶，以利通风。中耕宜先深后浅，先近后远，至封行后停止中耕，以免伤根。

（5）及时采收　采收前 2~3d 浇一次水，以利采收。采收时要用力均匀，防止拔断。收获后挑出外表光滑、条形匀称、无病虫害、无分杈、无斑点、无霉烂、无机械伤萝卜，去掉大部分叶片，只保留根头部 5cm 的茎叶，以利保鲜。精选后的萝卜要及时清洗，洗净的萝卜放在阴凉处晾干，然后上市销售或送加工厂加工。

5. 樱桃萝卜栽培技术要点

（1）栽培季节　樱桃萝卜（彩图 6-5）可与西葫芦、冬瓜、番茄、辣椒、茄子、黄瓜、结球生菜等间作。大棚栽培于 3 月上中旬播种，4 月下旬上市。小棚或盆栽在 3 月中下旬播种，4 月中下旬上市。夏季遮阳栽培，5～9 月用寒冷纱或遮阳网覆盖防暴雨。秋露地栽培，9 月中旬至 10 月上旬陆续播种，分期收获。温暖地区还可冬露地栽培，10 月至翌年 3 月陆续播种，分期收获。深冬栽培在日光温室作间作栽培，或在保温阳台盆栽，一般初冬播种，春节、元旦上市。

（2）播种育苗　要求土壤疏松、肥沃、通气性好的砂壤土，深耕、晒土、平整细致，土壤中不能有石块、瓦砾等杂物，避免发生肉质根分杈。施足基肥，每亩施入腐熟堆厩肥 2000kg、草木灰 50kg，施用饼肥效果更佳，然后作平畦或高畦，畦宽 1.0～1.2m。盆栽时应选直径 30～40cm 的圆盆，盆土用园土 5 份、堆厩肥 2 份、河沙 3 份配合而成。

根据市场要求选择适宜的品种。种子先在 25℃ 的温水浸种 1h，在 18～20℃ 温度下催芽、约 1～2d 种子即可露白。播种时先浇底水，水量以湿透 10cm 土层为准，待水渗下后条播或撒播种子，条播行距 10cm，株距 3cm 左右，播种深度 1.5cm。播后覆土 1～1.5cm 厚，覆膜保温。

（3）间作套种　由于樱桃萝卜生长期短，植株矮小，非常适合与高秧蔬菜进行间作或套种栽培，间套作的蔬菜可以是爬蔓的西葫芦、冬瓜等，或较直立的番茄、辣椒、茄子等。在瓜类的夹畦中播种，待瓜类长蔓爬至夹畦时，小萝卜已经收获。

（4）温度管理　播种后，白天保持 25℃ 左右，夜间不低于 7～8℃；齐苗后适当通风，白天保温 18～20℃，夜间温度为 8～12℃；2 叶 1 心时适当降温。防止长期低于 8℃ 的低温，通过春化后会发生先期抽薹现象。如果春季气温超过 20℃ 时间太长，萝卜会糠心，苗出齐后在子叶期和 2～3 片真叶期各间苗一次，4～5 片真叶时定苗，盆栽苗距 6～8cm，保护地栽培株距 10～15cm。

（5）肥水管理　自播种至幼苗 4～5 片叶时，土壤不干不浇水，如地面出现裂缝时，可覆 0.5cm 厚的细土，直根破肚后浇破白水，7～10d 再浇一次水，肉质根膨大时，5～7d 浇水一次。盆栽萝卜 3～5d 浇一次水。樱桃萝卜生长期短，以基肥为主，一般无需追肥，也可在定苗时及肉质根膨大时各追肥一次，每亩每次追尿素 10kg 左右。

此外，春季栽培，要注意不要播种过早，防止先期抽薹。夏季栽培，需用遮阳网覆盖，特别注意合理用水，幼苗期保持土壤含水量 70% 左右，少浇勤浇，从直根破肚至露肩供水量适当增加，根部生长旺盛期应充分均匀浇水，保持土壤湿度 70%～80%，且浇水宜在清晨或傍晚进行，切忌中午浇水，特别是深井冷水。秋季栽培，杂草多，应中耕除草，经常保持土面疏松，防止板结。

（6）适时收获　一般生长 25～30d，肉质根美观鲜艳，直径达 2cm 即可收获，收时拔大的，留下小的继续生长，每收获一次，应浇水一次。

6. 萝卜高山栽培技术要点

萝卜具有一定的耐寒和耐高温特性，在高山气候优越的自然条件下，高山萝卜播种期的弹性大，栽培的空间更大。从 4 月上旬至 8 月中旬可择期分期播种，供应市场余缺，效益较好。

(1) 品种选择　4～5 月份播种的萝卜，要选择冬性强、生育期短的品种种植；6～7 月份播种的应选择耐热性强、生育期短的品种栽植。

(2) 耕地选择　耕地应位于海拔 1200m 以上的平坦或缓坡地，产地生态环境好，选择无污染、肥沃、疏松、保水保肥、土壤 pH 值呈微酸性至中性的砂质壤土。地势低洼易涝、排水不良或土质黏重、沙砾过多的土壤，会造成植株徒长，肉质根细小或产生畸形。应尽量避免与十字花科蔬菜连作。土壤及早深耕多翻，充分打碎耙平，使土质疏松，以利于萝卜肉质根的正常生长。

(3) 茬口安排　4 月下旬至 8 月中旬均可播种，一般海拔每上升 100m，播期后延 3d。8～10 月采收，统一海拔大规模种植可排开播种，避免上市期过于集中，但播种不能过早，否则易引起先期抽薹现象。

(4) 整地作畦　深翻耕层达 35cm 以上，同时清除土壤中碎石瓦砾，以减少萝卜叉根、歧根的发生。深翻后整细耙平，每亩施腐熟农家肥 3000～5000kg、复合肥 30～40kg、草木灰 100kg、过磷酸钙 25～30kg 作基肥。基肥每亩增施高含量硼肥 200g，或优质硼肥 1kg，可防止萝卜缺硼引起的黑皮和黑心，也可增施生石灰调酸补钙，减少病害发生。施后进行整地作畦，畦高 25～30cm，畦宽包沟 1.2～1.5m，沟宽 35cm。

做好畦后最好进行土壤消毒，每亩用 50％敌磺钠可湿性粉剂 1kg 对水 50kg 喷洒畦面，或用 40％辛硫磷乳油 200mL 拌成毒土均匀撒施畦面，进行消毒灭菌和毒杀蛴螬等地下害虫。

(5) 播种　高山菜区无灌溉条件，以抢雨播种为宜，5 月中旬以前播种应覆盖地膜，以提高地温，防止先期抽薹。5 月下旬至 8 月播种的可以不覆盖地膜。采用穴播，每穴播 1～2 粒，定株 1 棵，大根型品种的株行距为（20～30）cm×（40～45）cm，中根型品种的株行距为（15～20）cm×（25～30）cm，小根型品种多为撒播。播后盖土 2～3cm 厚，稍作畦面修整，使之平直即可。再用 96％精异丙甲草胺乳油 60mL，对水 60L，对畦面进行喷施，防除杂草。春季可用薄膜覆盖畦面，进行保温保湿，夏、秋季可用遮阳网进行浮面覆盖，以便保湿和防止雨水冲刷等。夏、秋萝卜播种后，如土壤干旱，可在畦沟内灌半沟水，使畦面充分湿润，但水勿上畦面，待水分自然落干后即可，以利于出苗。

(6) 田间管理

① 苗期管理　幼苗生长快，播种 4～5d 后需查苗一次，发现缺苗，及时补种，以保全苗。若采用地膜覆盖播种，出苗后即要破膜放苗。幼苗出土后，应及时间苗，否则易造成幼苗拥挤，纤细徒长。当出苗后第一片真叶展开时进行间苗，将病虫苗、弱苗及杂株苗拔去。第二次间苗在 3～4 片真叶时进行，按行株距的栽植要求，每穴保留一株具有本品种特征的健壮苗，其余的可以全部拔去。

苗期注意防治黄曲条跳甲和小菜蛾，每亩可用 5％氟虫脲乳油 50mL，或 40％乐果乳油 50～100mL 等喷雾防治。

② 追肥　幼苗 2 叶 1 心时每亩追施尿素 3kg，5 叶 1 心时每亩追施尿素 5kg、硫酸钾 5kg，抢雨撒施。在萝卜肉质根破肚前，追施一次速效氮肥，破肚后，每亩可追施复合肥 15～20kg，露肩后，可视长势情况结合灌肥水，随水冲施或撒施复合肥。

因萝卜后期生长旺盛，易引起缺肥，莲座期后，每亩用 0.5％磷酸二氢钾溶液 50kg 喷雾 2～3 次，每隔 7～10d 喷一次，可促进肉质根迅速膨大。

为提高萝卜产量，防止徒长，在肉质根形成初期，还可用 80～120mg/L 的多效唑进行喷施，促进萝卜肉质根的膨大。注意浇施肥水时不要把肥液直接浇于植株上，而应施于行间。采用地膜覆盖播种的一次性施足基肥。

③ 浇水　播种后如果天旱土干须立即浇水，大部分出苗时再浇一次水。幼苗期高温干旱时仍应浇水，并注意排水防涝。叶片生长盛期适当控水，中耕、培土，多蹲苗，抑制浅根生长，诱根深扎，保持田间地表"见干见湿"。肉质根生长盛期需水最多，必须保证水分的充分供应，但又不过量，应保持土壤湿润，防止忽干忽湿，并进行 1～2 次中耕培土，有利于护根，防止"青皮"现象。

7. 萝卜轻简化栽培技术要点

通过萝卜品种筛选、播种机械复式作业、窄畦高垄单行种植、铺设滴灌带和地膜机械化复式作业、水肥一体化等，可实现萝卜轻简化栽培，有利于萝卜可持续发展。该技术适宜油砂土质地区推广应用，目前在湖北等地得到推广应用。

(1) 种植地选择　宜选择四周开阔、地势平坦、排灌方便、交通便利、适合机械作业的区域。土壤要求疏松肥沃的砂壤土，有机质含量达 14.5g/kg 以上、碱解氮含量≥65mg/kg、有效磷≥15mg/kg、速效钾≥70mg/kg，pH 值 7.0～8.0。前茬为大豆、花生等豆科及玉米等禾本科作物的地块，避免与十字花科作物重茬。

(2) 品种选择　宜选择品质优、产量高、肉质根为长柱形的萝卜品种，如特新白玉春、雪单 1 号、雪单 2 号、雪单 3 号、日本新白娘子等。

(3) 整地施肥　整地前 8～10d 使用施肥机械均匀撒施肥料，每亩施生物有机肥500kg、45％硫酸钾型复合肥 50～75kg、硼砂 2kg，同时施入 3％辛硫磷颗粒剂 1.5kg。在晴好天气，选用 2BMQ-6 型萝卜联合播种机（配套功率≥58.5kW）一次性完成旋耕、起垄、播种、覆土四大作业，每次播种 4 行。实行窄畦高垄单行种植，垄距 65cm，垄高 25cm，株距 12cm，每穴播 1 粒种子。

(4) 喷施除草剂　春季和秋季采用地膜覆盖栽培，播种完成后覆膜前，每亩均匀喷雾 96％精异丙甲草胺乳油 50mL。秋季 8 月下旬至 9 月中旬露地种植，播种后出苗前每亩均匀喷雾 96％精异丙甲草胺乳油 80mL。

(5) 铺设滴灌带，覆盖农膜　用功率 6.0～7.5kW 手扶拖拉机一次性完成铺设滴灌带和覆盖农膜作业。滴灌带铺设在垄中央，管径 3.3cm，滴水孔孔距 20cm、孔径0.3mm，农膜选用宽 0.9m、厚 0.014mm 的透明地膜。秋季 8 月下旬至 9 月中旬播种的萝卜，气温和地温较高，出苗和生长较快，不覆盖地膜。

(6) 田间管理

① 出苗前管理　播种后土壤含水量低于 80％时，需及时补水，促进出苗。

② 出苗后管理　当苗高达 1～2cm 时，破膜放苗；缺株及时补栽，每亩确保基本苗8300 株。萝卜生长期间，及时清除田间和四周杂草。

③ 水肥管理　遇天气干旱少雨，及时开启滴灌设备浇水，苗期保持土壤有效含水量 60％以上，肉质根膨大期土壤有效含水量保持在 70％～80％；萝卜生长期施肥 2 次，"拉十字"期按每亩追施硫酸钾、尿素各 2kg，露肩期每亩追施硫酸钾 3kg、尿素 4kg，随灌溉水施入。

④ 病虫害防治　主要害虫有菜螟、菜青虫、蚜虫，主要病害有黑腐病、霜霉病等，及时防治。

(7) 采收　一般春季播种后 56d，秋季 100～120d，当萝卜肉质根膨大生长到 0.5～

0.6kg 时，可采收上市。

8. 叶用萝卜生产技术要点

叶用萝卜（彩图6-6）指专食用其叶部的一类萝卜，根部很小，叶子表面无茸毛，琵琶状、倒长卵或匙形，叶缘呈波状或缺裂，生长强健，全年均能栽培生产。萝卜叶片具有防止血栓、动脉硬化及发胖等功效，耐热、耐湿、生长快速，播种后20～25d即可采收，品质佳，适合夏季栽培，目前日本和中国台湾已大面积推广。

（1）品种选择　可选用绿津、翠津、美绿、全食一号、全食二号等。

（2）整土施肥　选择排灌方便、土质富含有机质的砂质壤土或黏质壤土，土壤pH 6～6.8。全年均可栽培，因栽培时间短，不需太多肥料，需氮素较多，以施腐熟有机质肥料为宜。耕耙土壤，充分混合后整地，畦宽100cm（包沟），在畦面开宽1.5cm深播种沟。

（3）播种培苗　播种距离行距15cm，株距5cm，每畦播4～5行，点播，每穴播1～2粒，也可撒播。播种后一周左右，第一次间苗，3叶时进行第二次间苗，以免植株过密徒长，最终株距10cm左右。

（4）田间管理　由于叶用萝卜是浅根叶菜，土壤过于干燥易引起植株萎蔫，故必须注意灌溉，经常保持土壤湿润，降雨后需迅速排水。如有虫害，宜采用低毒、低残留农药防治，尽量减少施药量。干旱期容易发生黄曲条跳甲，应及时进行防治，并于采收前7d停止施药。

（5）采收与食用　播种至采收适期，一般为21～30d，植株有6～7片叶，株高24～28cm，如过期采收，则纤维较粗，因此宜适期采收，也可视市场行情分期采收。采收后清洗，以7～8株束为一把，重量在150g左右。

叶用萝卜食用方法多，可做蔬菜沙拉，亦可凉拌、煮食或炒食，味道鲜美。可做汤做馅，作为配菜与多种食材同炒，还可与牛蒡、胡萝卜、白萝卜、香菇同煮。

9. 萝卜芽菜生产技术要点

萝卜芽菜又叫娃娃菜、娃娃萝卜菜（彩图6-7），是用萝卜种子催芽生长出的芽苗，其幼嫩的叶子、下胚轴及肥大的肉质根均可食用。其下胚轴长6～8cm，子叶肥厚，在适宜的温湿度条件下，7～10d即可采收。营养丰富，含有多种矿物质、维生素、蛋白质及糖类等，产品柔嫩，味道鲜美且无任何污染，是一种高档的无公害蔬菜。萝卜为半耐寒性蔬菜，幼苗适应温度范围较广，可采用多种设施进行生产，如冬季利用日光温室、改良阳畦等进行生产，夏季可利用遮阳网生产，农家庭院利用空闲房屋、闲散空地、设置栽培架生产，城镇居民可利用阳台、房屋过道等，采用盘栽、盆栽等方式生产。

（1）品种选择　几乎所有萝卜品种都可用于培育萝卜芽，但为保证生长迅速整齐，幼芽肥嫩，宜选用种子千粒重高、价格便宜、肉质根表皮绿色或白色品种的萝卜种子最佳，并注意选用适应高、中、低温的不同品种，以供不同季节、不同设施周年生产。适合用于无土栽培萝卜芽的品种，应具备纯度高、籽粒大、发芽率高、种子产量高等特点。

（2）消毒处理　生产过程中使用的工具都应进行严格消毒。消毒方法：生产场地每平方米用2g硫黄密闭熏蒸10h，栽培容器用0.1％～0.2％漂白粉或0.3％高锰酸钾溶液刷洗消毒，用清水冲洗干净。对感染了病菌的芽菜应及时清除，以防蔓延。应确保所用消毒药品无污染、无残留。

（3）种子处理　种子要通过筛选，除去灰土、杂物，留下饱满、无破损的种子。不能使用带病或者发芽势、发芽率低的种子，否则会降低产量和芽苗质量。经过筛选的种子在室温下浸种1h，使种子充分吸水，以利种子发芽。也可在浸种前用0.2%的漂白粉溶液浸种1min，对种子进行消毒处理。催芽或稍晾干即可用于播种。

（4）播种　萝卜芽生产分地床播种和苗盘播种。

① 地床播种　选用通气性良好的肥沃砂质壤土，采用平畦直播，做成宽1.2～1.5m、长6～8m的畦，要求畦土细碎，畦面平整，先浇透水，然后均匀撒种，每平方米播种200～250g。播后覆盖疏松细土或细沙约1.0cm厚，上面再盖一层草席。

② 苗盘播种　用宽24cm、长60cm、高5cm，底部有小孔的塑料盘。播种前将苗盘冲洗干净，盘底铺1～2cm沙或白纸或无纺布，用水淋湿后将已催芽的种子均匀地撒播在湿纸上。播种的原则是在种子不重叠的前提下尽量密播。播后将苗盘放在黑暗或弱光处的层架上。为便于管理，一般架高1.6m，长1.3～1.5m，宽60～80cm，底层距地面20cm以上，层间距30～40cm，每架设5～6层。

（5）生产管理　萝卜芽喜温暖、湿润的环境，不耐干旱和高温，对光照要求不严格。地床播种的，要严格控制温、湿度，在保护地内生产萝卜芽应保证播种后适宜的温度为15～20℃，相对湿度75%～80%，一般4～5d即可出苗，当幼苗子叶展开时揭去地膜，当温度高于25℃时可进行大通风或揭掉棚膜。

苗盘播种的，播种后育苗盘可摞盘或直接上栽培架，但均需进行遮光处理，保持黑暗环境。一般在采收前3d使之逐步见光，使子叶绿化，胚轴直立、洁白、提高品质。出苗后每天均匀喷水一次，以满足幼苗需要。苗盘生产在播种后，每隔6～8h喷水一次，每天喷水3～4次，浇水采用莲蓬头从上方喷水。4d后子叶长出，再过1d子叶微开，此时可移到光照处进行绿化培养，约需3d，即可采收。绿化培养期间每天喷水5～6次，每次每平方米苗盘面积用水250～300mL。为了使芽苗肥壮、脆嫩，在浇水时，每天可喷一次营养液。营养液中各种营养元素的含量（mg/kg）：氮100.0、磷30.0、钾150.0、钙60.0、镁20.0、铁2.0、硼1.0、锰6.0、钼0.5。

（6）绿化采收

① 地床栽培的，收获时手握满把，连根拔起，清洗掉根部所带泥沙，捆扎包装。

② 苗盘播种的，当苗高长至8～10cm时，将遮光物揭去，使之见光（散射光即可）1～2d，幼苗由白变绿，完成绿化过程。食用标准不同，采收期不同。食用子叶期萝卜芽，一般在播种后7～8d采收。采用2片真叶期苗时，播种后14～17d采收。采收最好在傍晚或清晨温度较低时进行，用小刀齐盘底垫纸处割下，捆扎包装上市。

四、萝卜生产关键技术要点

1. 萝卜品种的选择原则

随着国内品种的发掘改良和国外品种的大量引进，生产上可利用的品种大大扩展，现在一年四季都有可栽培的优良品种，萝卜产量供不应求的矛盾已逐渐被产品质量与市场需求不适应的矛盾所取代。人们不仅要求有充足的萝卜满足周年供应，还要求萝卜风味好、营养价值高、无污染及具有保健功能，对萝卜色、香、味、形和营养品质方面都提出了更高的要求。优良品种都具有高产、稳产、优质、适应性广、抗病虫及抗逆性强等综合优良性状，具有相对稳定的遗传性，在一定的栽培环境条件下，个体间在形态、生物学和经济性状方面保持相对一致性，在产量、品质和适应性等方面符合一定时期内生产和消费者的需要。在栽培过程中，品种的选择对萝卜商品性的影响主要有：萝卜产品的外观，如肉质根形状、大小、色泽、表面特征、整齐度等；风味品质，如肉质是否脆嫩细密，是否有甜、辣、苦味等；营养品质，主要指萝卜中的营养构成，包括维生素、有机酸、矿物质、碳水化合物、蛋白质、脂肪等的含量。其品种选择要考虑以下几点。

（1）根据消费习惯选用品种　因地制宜选择同类型中最优品种为主栽品种。据我国历史上的栽培习惯，长江以北均以红皮白肉类型和绿皮绿肉类型的品种栽培为主，长江以南特别是广东、广西、福建、上海、浙江、湖南等地以栽培白皮白肉品种为主。

（2）根据栽培季节、土壤条件及栽培模式选用品种　春季应选择晚抽薹、生育期短的品种，夏季应选择耐热、抗病的品种。一些肉质根长、皮薄脆嫩的品种宜在砂壤土地上种植，在黏性土壤地区宜选露身或半露身型的肉质根短的品种。保护地栽培选用耐低温、耐弱光，冬性强，不易抽薹的中早熟和早熟品种。

（3）根据产品的用途选用品种　如果以冬贮和远销为目的，就要选用肉质致密、皮厚、含水量较少、耐贮运的品种。如果用于加工，应根据加工产品的要求选择品种。

2. 萝卜间苗定苗技术要领

萝卜幼苗出土后生长迅速，要及时间苗，以防幼苗拥挤，互相遮阴，光照不良，形成细弱徒长苗，影响产量。

间苗的次数与时间要依气候情况、病虫为害程度及播种量的多少等而定。凡播种较密，幼苗受损失的可能性越大，间苗的次数越多。应以早间苗、晚定苗为原则，以保证苗全苗壮。早间苗，由于幼苗尚小，拔苗时对留苗的损伤较轻。由于萝卜不宜补苗，晚定苗可减轻因菜螟等虫害为害可能造成的缺株。

一般在第一片真叶展开时，进行第一次间苗，拔除受病虫侵害及细弱的幼苗、病苗、畸形苗及不具原品种特征的苗，留下生长健壮、子叶肥大、叶色浓绿、心叶嫩及叶色叶形具有原品种特征的幼苗，穴播每穴可留苗3株，条播每5cm留1株；2～3片真叶时，进行第二次间苗，穴播每穴留2株，条播每10cm留1株；5～6片真叶，大破肚时选留具有原品种特征的健壮苗1株，即为定苗，其余拔除。撒播一般匀苗一次，3片真叶时按预定的距离留苗。

3. 萝卜配方施肥技术要领

萝卜全生育期每亩施肥量为农家肥3000～3500kg（或商品有机肥350～400kg），氮肥14～16kg，磷肥6～8kg，钾肥9～11kg，有机肥作基肥，氮、钾肥分基肥和二次追肥，施肥比例为3∶4∶3。磷肥全部作基肥，化肥和农家肥（或商品有机肥）混合施用（表6-4、表6-5）。

表 6-4　萝卜推荐施肥量　　　　　　　　　　　　单位：kg/亩

肥力等级	目标产量	推荐施肥量		
		纯氮	五氧化二磷	氧化钾
低肥力	3000～3500	15～18	7～9	10～12
中肥力	3500～4000	14～16	6～8	9～11
高肥力	4000～4500	13～15	5～7	8～10

表 6-5　萝卜配方施肥推荐量　　　　　　　　　　　　　　　　　　单位：kg/亩

基肥推荐方案				
肥力水平		低肥力	中肥力	高肥力
产量水平		3000～3500	3500～4000	4000～4500
有机肥	农家肥	3500～4000	3000～3500	2500～3000
	或商品有机肥	400～450	350～400	300～350
氮肥	尿素	5～6	5～6	5
	或硫酸铵	12～14	12～14	12
	或碳酸氢铵	14～16	14～16	14
磷肥	磷酸二铵	15～20	13～17	11～15
钾肥	硫酸钾(50%)	6～7	5～7	5～6
	或氯化钾(60%)	5～6	4～6	4～5

追肥推荐方案						
施肥时期	低肥力		中肥力		高肥力	
	尿素	硫酸钾	尿素	硫酸钾	尿素	硫酸钾
肉质根膨大初期	12～14	8～10	11～13	8～9	11～12	7～8
肉质根膨大中期	9～11	6～7	9～10	5～6	8～9	4～6

（1）**重施基肥**　菜农的经验是"基肥为主，追肥为辅，盖子粪长苗，追肥长叶，基肥长头"。在播种前结合深翻，一般每亩施用腐熟农家肥 3000～3500kg（或商品有机肥 350～400kg）、尿素 5～6kg、磷酸二铵 13～17kg、硫酸钾 5～7kg。全层撒施并深耕，翻入土层，耙平作畦。做到土壤疏松、畦面平整、土块细碎均匀。

提倡有机肥与无机肥配合施用，偏施化肥易生苦味。

基肥绝不能使用未腐熟的粪肥，以免损害幼苗的主根。北方地区在施基肥时，增施一定数量的饼肥，可以使肉质根组织充实，贮藏期间不易空心。

（2）**巧施追肥**　在施足基肥的基础上，追肥要掌握"前期少、中期多、后期少"的原则，要求以速效性的氮、钾为主。追肥次数与数量因品种的生长期长短而异。对于基肥充足而生长期短品种，可以少追；生长期长的品种需分期追肥，浓度由小到大，应在地上部旺盛生长的前半期追施完，追肥过晚或氮素浓度过大，会引起叶片徒长，肉质根产量降低。

在追肥时要做到"三巧一看"，即"看天、看地、看作物"，在"巧"字上狠下功夫，合理施肥，选择适宜的施肥时间。南京菜农的经验是"破心追轻，破肚追重"。追肥量除看植株大小外，还要看天气，菜农有"天干浇透不浇稠，天阴浇稠不浇透"的经验。如果追肥浓度过大会烧根，并使肉质根硬化，品质变劣。追肥的种类有厩肥粪水、过磷酸钙和硫酸钾。

第一次追肥通常在肉质根膨大前期进行，追肥要求轻施，每亩追施尿素 11～13kg、硫酸钾 8～9kg。开沟条施或穴施。

第二次追肥，在肉质根膨大中期，每亩追施尿素 9～10kg、硫酸钾 5～6kg。氮、钾肥应分开施或施在不同的位置。

大型秋冬萝卜生长期长，待萝卜露肩时每亩追施硫酸铵 15～20kg，露肩后每周喷一次 2%～3% 的过磷酸钙，有显著增产效果。

（3）**微肥**　在新垦地和酸性土壤上种植萝卜，要适量施用石灰，且每 $1000m^2$ 全面撒施 1～1.5kg 硼砂，深耕入土，防止发生缺硼症。在萝卜生长过程中，如遇土壤干旱，土壤盐分浓度过大，过量施用氮钾肥等，容易出现缺素症，最好用 0.5% 以下的硝酸钙溶液，0.2%～0.3%的硼酸或硼砂溶液进行叶面喷肥，共喷二三次，以防缺钙、缺硼。同时，可叶面喷施0.2%磷酸二氢钾溶液以提高产量和品质。

（4）注意事项

① 硼素对萝卜的营养生长有重要作用，缺硼时，肉质根表面粗糙，发生小的龟裂，有时在生长点发生腐烂，根的中心部变黑或褐色或产生空洞状，且带苦味，甜味差，品质变劣，产量下降。这时，要及时调节土壤水分和肥料的施用，对叶面喷施硼肥。

② 缺钙时，生长点受损，心叶枯卷，根尖枯死，而易产生歧根。为了避免萝卜产生缺钙，可以减少后期氮肥的施用量，调控土壤湿度，防止土壤干燥。肉质根膨大期和盛期，追施钙肥会使萝卜品质改善，提高其还原糖含量，不至于发生"糠心"现象。

③ 如果生产中单纯使用氮肥过多，会造成氮肥过多而缺少磷肥，萝卜就会有辣味及苦味。但幼苗期缺氮，对肉质根影响最大，降低产量。后期氮素过量，会引起肉质根中的 V_C 含量下降，品质低劣，食用价值低。

④ 缺钾时，叶色浓绿，从外叶边缘发黄或呈黄白色枯死，肉质根膨大受阻，产量降低；钾素过量会抑制钙、镁、硼等元素的吸收。

⑤ 切忌追肥浓度过高或离根部太近，以免烧根。收获前2～3周不能追施人粪尿，否则会使叶片徒长，肉质根开裂，品质变劣。

4. 萝卜合理浇水技术要领

萝卜的叶面积大而根系软弱，故抗旱力较差，要求适时适量供给足够的水分。尤其在根部发育时，如遇气候干燥、土壤缺水则会使根部瘦小、粗糙、木质化、辣味增加、易空心降低品质；如果水分过多，叶部徒长，则肉质根的生长量也会受到影响，并且水多易引起病害，氧气减少，抑制肉质根的发育，根表皮粗糙，侧根基部突起。如果水分供应不匀时，如肉质根形成初期，土壤干旱，肉质根生长不良，组织老化，质地较硬，生长后期营养和供水条件好时，木质部细胞迅速膨大，使根部内部的压力增大，而皮层及韧皮部不能相应地生长而产生裂根现象。有时初期供水多，随后遇到干旱，以后又遇到多湿的环境，也会引起肉质根开裂。因此，必须根据生长情况，进行合理灌溉。

（1）发芽期 播种时要充分浇水，保持土壤湿润，才能发芽迅速，出苗整齐。这时如果缺水或者地面板结，就会出现"芽干"现象，或者种子出芽的时候"顶锅盖"而不能出土，造成严重缺苗。所以，一般播种后应立即浇一次水，保证种子能够吸收足够的水分，以利于发芽。

（2）幼苗期 幼苗期因为苗小根浅，需求的水分不多，所以浇水要小。如果当时天气炎热、外界温度高、地面蒸发量大，要适当浇水，以免幼苗因缺水而生长停滞，发生病毒病。一般为防止徒长，土壤湿度宜低，土壤含水量以60%为宜，要掌握"少浇勤浇"的原则，以保证幼苗出土后的生长。在幼苗破白前的一个时期内，要少浇水，进行蹲苗，以抑制浅根生长，而使直根深入土层。此外，要注意排水防涝。

（3）叶部生长盛期 从破白至露肩是叶部生长盛期，这一时期，根部也逐渐肥大，需水渐多，要进行适量的灌溉，以保证叶部的发育。但也不能浇水过多，以防叶部徒长及对根部的不利影响。同时，营养生长太旺盛，也会减少养分的积累。所以，这个时期应采取蹲苗的办法来控制植株地上部的生长，一般是蹲苗以前浇一次足水，然后中耕、蹲苗。蹲苗期一般为15～20d，要根据植株表现而定。菜农的经验是"地不干不浇，地发白才浇"。

（4）肉质根生长盛期 在肉质根生长期，萝卜植株需要充分均匀的水肥，要保持土壤湿润，维持土壤湿度在 70%～80%，空气湿度在 80%～90%，直到采收以前为止。若此时受旱，会使萝卜的肉质根发育缓慢和外皮变硬，以后遇到降雨或大量浇水，其内部组织突然膨大，容易裂根和引起腐烂。后期缺水，容易使萝卜空心、味辣、肉硬，降低品质和产量。

（5）采收前一周应停止浇水　为提高肉质根的品质和耐运输、耐贮性能，必须在收获前一周停止浇水，控制萝卜地上部的生长，利于同化产物的转化和积累，降低肉质根的含水量，使肉质根的表皮变得紧密有韧性，便于采收，减少机械损伤，提高商品性，延长贮藏时间。

（6）浇水时间和方法　浇水的时间，早春播种的萝卜，因气温低宜在上午浇水，浇后经太阳晒，夜间土温不致太低。伏天种的萝卜最忌中午浇水，因这时天热、地热、水热，浇水后上晒下蒸，嫩时易焦枯，根易腐烂。伏天最好傍晚浇水，可降低土温，有利叶中养分向根部积贮。如果用人工降雨法灌溉，对降低土温、防止干旱，效果更好。但无论在哪个时期，雨水多时要注意排水。

5. 萝卜田杂草防除技术要领

萝卜可四季栽培，多采用穴播、点播或撒播种植方式，生长期较长，特别是夏秋萝卜田杂草较多，影响产量，可采用化学防除办法。

（1）播前或播后苗（芽）前土壤处理

① 48%氟乐灵乳油　防除马唐、牛筋草、稗草、狗尾草、千金子、藜、蓼、苋等杂草，对莎草和多种阔叶杂草无效。播种前 5～14d，每亩用药 100～150mL，加水 30～40L 喷雾地面，混土 5～7cm 深。

② 33%二甲戊灵乳油　防除稗草、马唐、狗尾草、早熟禾、藜、苋等杂草。播种前 5～14d，每亩用药 150～300mL，加水 30～40L 喷雾地面，也可于播后苗前施药（用量减半）。喷药后不必混土。

③ 48%甲草胺乳油　防除一年生禾本科杂草及部分阔叶草。播种前，每亩用药 150～200mL，加水 40～50L 喷雾，浅混土后播种。

④ 72%异丙甲草胺乳油　防除牛筋草、马唐、狗尾草、稗草、凹头苋、马齿苋、小藜、牛繁缕等杂草。播种前土壤处理，每亩用药 100～150mL，干旱时施药应适当增加剂量，浅混土。

⑤ 50%乙草胺乳油　防除一年生禾本科杂草和凹头苋、小藜、牛繁缕等杂草。播种前土壤处理，每亩用药 75～150mL，干旱时施药适当增加剂量，浅混土。也可于播后苗前施药，每亩用量不超过 50mL，墒情好时用 30mL。

⑥ 60%丁草胺乳油　防除一年生禾本科杂草和凹头苋、小藜、牛繁缕等杂草。播种前土壤处理，每亩用药 100～150mL，干旱时施药适当增加剂量，浅混土。

⑦ 20%草枯醚乳油　防除一年生禾本科杂草和部分阔叶杂草。对马齿苋、莎草、马唐、三棱草等无效。每亩用药 350～400mL，播种后立即施药处理土表。出苗后施药效果差，且易产生药害。

⑧ 50%禾草丹乳油　防除稗草、牛毛草、三棱草、马唐、狗尾草、牛筋草、看麦娘、蓼、繁缕、马齿苋、藜等杂草。播后芽前喷雾法处理土壤，每亩用药 100～150mL。

（2）茎叶处理除草　防除稗草、牛筋草、马唐、狗尾草等，对阔叶杂草无效。萝卜出苗后，禾本科杂草 3～5 叶期，每亩用 10%喹禾灵乳油 50～80mL，或 35%吡氟禾草灵乳油 50～80mL，或 10.8％高效氟吡甲禾灵乳油 20～35mL，或 20％烯禾啶乳油 75～100mL，加水茎叶喷雾。

(3) 注意事项

① 深翻暴晒，平整田块，合理密植。套种速生性小白菜、茼蒿等，可减少或控制杂草的为害与发生。

② 结合间苗和定苗进行中耕除草，第一次在幼苗 2～3 片真叶时，近苗处浅锄，远苗处深锄；第二次是在苗长到 3～4 片真叶时，深锄 4～6cm，同时拔净田间杂草。定苗后再细致中耕一次，同时根部培土护垄，封垄后停止中耕。

③ 土壤处理时，不要破坏药土层。氟乐灵等易光解、挥发，降低药效，喷施后立即用齿耙耙入土中 2～3cm。使用地膜覆盖的，用量较露地用减少 1/4～1/3，并注意盖膜质量。

④ 喷雾时应在晴朗无风条件下进行。用过二氯喹啉酸的田绝不可种萝卜。萝卜对利谷隆敏感，易产生药害，不能使用。

⑤ 一定要注意严格按照除草剂农药的标签及说明书的技术要点和注意事项严格使用，避免造成药害事故。

6. 采用挖心的方法缓解萝卜先期抽薹的技术要领

萝卜先期抽薹（彩图 6-8）主要针对冬春或早春栽培的萝卜而言，先期抽薹严重地影响产量。采用挖心的方法来抑制过早进入生殖生长阶段即抽薹开花，从而延长营养生长期，使萝卜肉质根发育充分，获得高产。挖心后能使供应生长点的营养转移到肉质根的膨大生长上，大大提高萝卜产量。

(1) 挖心时间和方法　在白萝卜正常收获期前 40～50d，即白萝卜长到 250～500g 重时即可挖出生长点。挖生长点应选择晴天进行，用小刀尖插入萝卜心叶中央，将生长点挖出来，如挖出来的心叶不散就证明已挖到了生长点。挖后 5～7d，待伤口愈合后追肥，每亩追粪水 2000～2500kg，每 50kg 粪水加尿素 100～150g，淋施在萝卜侧面，不要把粪水淋到萝卜上，以免感染病菌而腐烂，以后每隔 10d 检查一次。如生长点未挖去仍在生长，可进行第二次挖心。到收获前一个月左右，即萝卜长到 0.75～1.0kg 时，进行第三次检查。如未把生长点挖干净或有侧芽长出来，再进行一次补挖，同时用手抹去侧芽。挖心的主要目的是控制不再增加叶片，使营养转移到萝卜肉质根的生长上。白萝卜挖心能延长营养生长期，使营养更多地提供给肉质根，提高白萝卜产量。

(2) 注意事项　挖心主要是针对因特殊的天气状况可能会导致萝卜先期抽薹现象才采取的措施，如在萝卜播下去后，苗期在较长时间遇到了 10℃ 以下低温，而通过了春化阶段，导致可能先期抽薹而影响产量。一般正常播种的秋萝卜不需采用。

有的农户往往在萝卜已经先期抽薹了才采取掐掉心薹的方法，一则掐薹对延迟抽薹的影响不大，二则掐薹受伤大，难以愈合，加上春雨多，雨水通过掐断的薹心灌入后，还会导致萝卜腐熟变质。因此，萝卜挖心应掌握适当的时期和方法，才能取得预期的效果。

此外，对冬春和早春栽培的萝卜，在根据当地的气候条件，采取适当的栽培措施才是解决问题的关键。如大棚栽培或地膜覆盖加小拱棚栽培或地膜栽培，使苗期稳定通过 10℃ 以上的温度，这样可以避免先期抽薹现象。

7. 萝卜湿涝危害的产生原因与解决办法

(1) 发生症状　萝卜在土壤水分过多达到饱和时所受到的不利影响称为湿害。积水淹没萝卜局部或全部，影响其生长发育称之为涝害。

（2）产生原因

① 湿害发生时，土壤孔隙全部充满水分而使其缺乏氧气，致使萝卜根系呼吸困难，对肥水的吸收受阻，萝卜肉质根皮孔加大，影响外观品质。土壤缺乏氧气，一方面使土壤中的好气性细菌如氨化细菌、硝化细菌和硫化细菌等的正常活动受阻，影响矿质营养的供应；另一方面嫌气性细菌如丁酸细菌等特别活跃，增大土壤溶液的酸度，影响萝卜对矿质元素的吸收，同时还产生一些有毒还原产物，如硫化氢、氨气等，直接影响根部生长。

② 涝害发生时，轻则影响萝卜正常生长，重则引起植株死亡。涝害的生理伤害表现为：土壤缺氧抑制有氧呼吸，大量消耗可溶性糖而积累酒精，光合作用下降甚至停止，分解大于合成，使作物生长受阻，产量降低。涝害发生严重时，造成蛋白质分解，原生质结构破坏而使植株死亡。

（3）解决办法

① 搞好排水系统　排水主要有地面明沟排水和暗管排水。地面明沟排水系统包括田间排水沟形成的排泄系统和容泄区两个部分，其布置应充分考虑到地形、地貌、水文状况和地面倾斜度、径流等因素，作好排灌系统的田间布局。畦沟、田沟、腰沟、围沟配套成网。

② 菜田及时排水　在北方，排水沟与灌水沟相统一，常设置为两灌一排或一灌一排。在南方，排水要求更严格，菜田耕作采用高畦，在畦间留出畦沟，每排畦间留出腰沟，在田块的四周再设置围沟，排水沟的沟底应比畦底面低 10cm 左右，排水沟的倾斜度应保持在 0.005° 左右。

8. 防止萝卜糠心的技术措施

萝卜糠心（彩图 6-9）又称空心，是萝卜生长中的常见现象，生长期和贮存期均能发生。它不仅使肉质根重量减轻，而且使淀粉、糖分、维生素含量减少，品质降低，影响加工、食用和耐藏性。肉质根重量减轻，手敲有中空感，切开后可见薄壁组织绵软，有空隙。糠心现象主要发生在肉质根形成的中后期和贮藏期间，由于输导组织木质部的一些薄壁细胞因水分和营养物质运输困难所致。最初表现为组织衰老，内含物逐渐减少，使薄壁细胞处于饥饿状态，开始出现气泡，同时还产生细胞间隙，最后形成糠心状态。

（1）发生原因

① 水分失调　萝卜糠心的直接原因是水分失调。在肉质根生长盛期，细胞迅速膨大，如果温度过高，则植株呼吸作用和蒸腾作用旺盛，水分消耗过大，肉质根中部分薄壁细胞便会缺乏营养和水分而处于饥饿状态，细胞间产生间隙，因而出现糠心。播种过早、水分供应不当也容易使萝卜糠心。浇水不均匀也会造成糠心，特别是肉质根膨大初期，土壤湿度过大，到膨大后期又过于干旱，而造成糠心。

② 土壤与肥料条件不适　施肥过量，特别是氮肥过多，萝卜生长旺盛，地上部分与地下部分比例失调，地上部分生长迅速，消耗养分多，不能有大量的光合产物输往肉质根，造成肉质根中糖分不足而形成糠心。如果肥水不足，地上部和地下部生长缓慢，反而不易糠心，但萝卜肉质紧实，口感发硬。土壤中缺钾也导致糠心。土壤缺硼，不仅影响萝卜根叶的生长发育，更能影响花的发育特别是引起糠心。栽培在轻砂土的萝卜会比在半泥砂土、壤土中栽培的萝卜早出现糠心。

③ 光照与温度　一般较高的日温和较低的夜温比较适宜萝卜的生长，不易发生糠心现象。如果日夜温度均高，特别是夜间温度高，会消耗大量的同化产物，容易引起糠心。在较短的日照条件下有利于肉质根的形成，有些品种在长日照下往往会出现糠心现象。在肉质根形成期间如果光照不足，同化物减少，茎叶生长受到限制，也容易发生糠心现象。

④ 品种不当　凡肉质根松软、生长快、细胞中糖分含量小的大型品种均易糠心；肉质根生长缓慢、淀粉含量较多、可溶性固形物的浓度较高的小型品种，不易形成糠心。早熟品种出现机会多于迟熟品种。

⑤ 贮藏不当　贮藏时，覆土过干，坑内湿度过低，促使萝卜蒸腾作用加强从而造成薄壁组织脱水而糠心。或贮藏在高温场所，机械损伤等都可促进呼吸，使水解作用旺盛，养分消耗增大，造成萝卜糠心。贮藏时间过长，顶芽萌发，肉质根水分和养料消耗多，常造成糠心。

⑥ 密度过小　当萝卜栽植的株行距过大，土壤肥力充足，肉质根生长旺盛，地上部迅速生长时，萝卜易糠心；而当株行距较小，合理密植时，萝卜糠心较少。

⑦ 先期抽薹　先期抽薹也是引起糠心的原因之一，由于抽薹后，营养向地上部转移，肉质根由于缺乏营养而出现糠心现象。

⑧ 采收过迟　如收获过早，则造成产量低；如收获过晚，萝卜再次生长，将肉质根中储藏的养分输送到叶部或花薹中，供给开花用，萝卜便容易糠心。

(2) 防止措施

① 选择肉质紧密、干物质含量高、不易糠心的品种。掌握适宜的播种期，合理密植。

② 加强水肥管理　以基肥为主、追肥为辅，重点增施钾肥，促进根发育，防止因氮肥过多致使叶片生长过旺。不使土壤过湿或过干，土壤湿度保持在 70%～80%，在萝卜生长后期，干旱时应适当浇水，浇水宜选在傍晚时进行。

③ 补施硼肥　硼是萝卜生长发育重要的微量元素之一，为防止因缺硼引起的糠心，在底肥施用上，要加 1.5～2.5kg 硼砂，最好和有机肥一起堆沤后使用。在追肥上，即在肉质根膨大前期，最晚至肉质根膨大中期，喷 0.2%～0.4% 的硼砂或硼酸溶液，每 3～5d 喷一次，连续喷 3～4 次，效果较好。

④ 合理密植　特别是大型的品种，适当增加栽植密度，抑制地上部生长，使根部有充足的营养，从而减少糠心。

⑤ 适期播种　根据当地气候条件，选择适宜的播种期，使肉质根的膨大期处于昼夜温差较大的寒冷季节。

⑥ 适时收获　在收获前 5～7d 要停止浇水，或少量浇水，以免浇水过晚或水分过大、土壤太湿不便于作业延误了正常的收获期。萝卜适时收获的标准是：肉质根充分膨大，肉质根的基部已经圆起来，叶色较淡，开始变为黄绿色时。收获后削去根顶部，使之不能抽薹，也可防止贮藏期抽薹糠心。

⑦ 搞好贮藏　贮藏期最适温度为 1～3℃，空气相对湿度 85%～90%。若挖沟贮藏，则盖土不宜过干。贮运时轻拿轻放，勿使萝卜造成机械损伤。

⑧ 药剂防治　在肉质根形成初期，还可喷洒 50mg/kg 萘乙酸溶液 2 次，每次间隔 10～15d，既不影响肉质根生长，又能防止糠心，延迟成熟。若在喷洒萘乙酸时加 5% 的蔗糖溶液或 5mg/kg 的硼砂溶液效果更好。

用活力素 500 倍液泡种 3～5h 后播种，或在萝卜 3～4 片时用活力素 1000 倍液＋0.1％～0.2％的尿素喷 2～3 次。根部膨大期用活力素 500～600 倍液喷 2～3 次，可使萝卜发育健全，根部饱实。

9. 防止萝卜裂根的技术措施

萝卜裂根（彩图 6-10）即萝卜本身裂成大小不一、深浅不等、有横有纵的裂纹，是生产中常出现的问题。萝卜裂根有几种现象，有的沿着肉质根纵向开裂，有的在靠近叶柄处横向开裂，也有的在根头处呈放射状开裂。萝卜肉质根纵向开裂一般在开始破裂时，破裂部分呈龟裂状，以后龟裂部分逐渐增大。开裂的肉质根易生软腐病，不耐贮藏。

肉质根的破裂与土壤水分有关，是肉质根生长过程中土壤忽干忽湿，水分供应不均造成的。肉质根最外部是皮层，向内依次为韧皮部、形成层和木质部。木质部特别发达，占肉质根的绝大部分，由大量薄壁细胞构成。在萝卜破肚后，肉质根开始膨大时，若遇上高温干旱天气，土壤水分蒸发量大，土壤含水量降低，水分供应不足，且持续时间较长，使肉质根膨大受到抑制，周皮层组织硬化。生长后期营养和供水条件好时，或突然降大雨或浇大水，内部薄壁细胞急骤膨大，使根部内部的压力增大，而已经硬化的周皮层细胞不能相应膨大而开裂，造成肉质根的破裂。有时初期供水多，随后遇到干旱，以后又遇到多湿的环境也会引起开裂。

水是萝卜生长发育必不可少的条件之一，在萝卜生长发育过程中，特别是在肉质根膨大生长过程中，水分起着重要的作用。当水分适宜时，萝卜肉质根的细胞不断分裂生长，形成膨大的肉质根；当土壤水分干旱，水分供应不足时，肉质根的细胞便不能很好地分裂生长；当土壤水分过多时，破坏了肉质根内的水分平衡，细胞便在过高的水分条件下膨胀，细胞之间的间距过分增大，造成外观萝卜的开裂。因此，要掌握合理浇水，在肉质根形成期间均匀供水，使土壤保持均匀的湿润状态，不要过干过湿、忽干忽湿。特别是蹲苗结束后开始浇水时，不要浇得过多。生长前期温度高，干旱时要及时浇水。另外，在肉质根迅速膨大期要均匀供水，防止先旱后涝。

在缺硼和钼的土壤里增施钾肥，早施氮肥，可保持组织的柔软性，有效地防止裂根。选肉质根含水量小、肉质致密的品种种植，适时采收，尤其在夏季高温多雨期收获更应及时。

10. 萝卜分杈和弯曲的发生原因与防止措施

萝卜的肉质根在发育过程中，侧根在特殊条件下发生膨大使根尖部产生数量不一、大小不等、深浅不同的根杈（彩图 6-11）。分杈的发育情况有所不同，有的主根与几个侧根同时肥大；有的则是主根仍较发达，侧根稍有肥大；也有的主根被几个肥大的侧根所代替，影响了萝卜的商品性状。有些萝卜长长的却弯弯曲曲，有些菜农怀疑是种子原因，事实上，萝卜产生叉根是一种生产上常见的生理现象，其发生的原因有许多方面，单个原因即可造成分杈，如果有几种原因综合发生，则分杈现象更为严重。叉根的萝卜在市场上商品性极差，价格低，甚至无人购买，菜农应有针对性地查找原因，避免在以后的种植过程中出现同样情况。

（1）发生原因

① 品种原因　某些肉质根较大的品种，稀植的比密植的容易发生分杈和弯曲。长形品种较短形或圆形品种易产生分杈弯曲。长形的肉质根在不适宜的土壤环境下，一部

分根死亡或者弯曲，因此便加强了侧根的肥大生长。另外对长形露身的品种而言，未培土护根也容易产生分杈和弯曲的肉质根。

② 土壤原因　萝卜适宜栽培在排水良好的砂质土壤中。耕作层浅而坚硬的地块，直根生长受阻，促使侧根发育，肉质根易分杈弯曲。种植在土壤理化性状差、质地黏重粗糙土壤中的萝卜，由于透气性较差，生长容易受阻，肉质根易分杈弯曲。整地不精细，土壤中混有坚硬的土块、砂砾、碎石、砖、残根或农膜等异物，肉质根不能下扎，致使肉质根生长受阻，阻碍肉质根的正常膨大。长势强的植株可以绕开阻碍物继续生长形成弯曲根；长势弱的可能长出许多侧根，形成分叉根。

③ 肥料原因　施用未腐熟、不细碎的有机肥料、农家肥或浓度过大的尿素、碳酸氢铵等肥料，也易引起萝卜畸形根的发生。这是由于有机肥、浓度较大的牲畜尿液或化肥在土壤中发酵分解释放的热量损伤了主根的生长点，使其不能继续伸长生长，这种情况下，侧根就由吸收根变为贮藏根，从而引起肉质根弯曲或分杈。另外，基肥施得不均匀，造成局部浓度过高，也同样会阻碍主根伸长而产生畸形根。施肥方法不当，如将肥料直接施于种子下面而伤及主根，种子播在粪块上或与化肥直接接触而使主根生长点受到损伤等，均可引起肉质根分杈。肉质根膨大期追施氮素化肥过多，造成叶丛繁茂，不利于肉质根的膨大，也容易使侧根膨大或主根弯曲，形成叉根或弯曲根。

④ 种子原因　种子贮藏过久，特别是贮藏在高温高湿条件下，其活力较弱，发育不良，影响到幼根先端生长点的生长和伸长，使主根生长势减弱，侧根长势强或胚根尖端遭到破坏而产生分杈或弯曲，从而形成分杈和弯曲的肉质根。

⑤ 栽种距离过宽或过密　夏秋萝卜分杈较少，而秋冬或冬春萝卜分杈较多，原因是这些季节的天气特别有利于萝卜生长。如果栽种的密度过于宽疏，叶子制造光合产物就特别多，使部分侧根发育，自然也出现更多分杈的现象；而播种过密，间苗不及时，萝卜根部拥挤，使主根弯曲，则导致侧根生长旺盛而形成分杈。

⑥ 管理不当　栽培管理中由于移栽、中耕、锄草等农事操作碰伤幼苗下胚轴的一侧，往往形成轻度曲根等；不注意损伤了萝卜的直根系，造成肉质根生长点破坏不能继续伸长，引起侧根不正常膨大而导致根部分杈形成叉根。

⑦ 地下病虫害　如蚯蚓、蛴螬、蝼蛄、黄曲条跳甲幼虫等。由于土壤翻晒不够，其他管理措施不到位，导致害虫过多，主根受损，侧根自然产生，也会出现分杈。

⑧ 温湿度不适　春萝卜大棚、小拱棚栽培，播种期一般在1月中下旬，气温、地温都低，特别是耕作层15cm以下很难人为提高地温。若连续灌水，土壤空隙度降低、土层紧实，容易形成硬土层、冻土层，导致萝卜破肚后主根下扎不良，影响中、下部肉质根膨大，造成畸形根而分杈。萝卜主根膨大要求土壤通气性好，含氧量高，若肉质根膨大期雨水多、高温干旱时灌水过多或土壤含水量过高造成土壤板结，通气性不良，加之物理挤压，就会使主根受损，增加肉质根分杈和弯曲的概率。而肉质根膨大后期土壤通气条件稍有改善时则侧根膨大，形成"胡须状"侧根。

（2）防止措施

① 选择优质品种及新种子　选择生命力强、短圆或圆形、入土较浅的露身优良品种。在土壤黏重或土层浅、土壤中石砾和砖瓦碎块多时，选择直根系入土浅的露身品种。选用当年经过筛选的粒大、饱满、发育完全、生活力强的新种子播种，如用陈年种子，应先做好发芽试验及种子生活力测定，防止因发芽率低、出苗慢而导致肉质根弯曲率和叉根率增加。

② 科学选地　栽培时应选用地势高爽、土层深厚、疏松、肥力中等、有机质含量高、保水保肥力强、能灌能排的良好砂质壤土或轻壤土，尽量不要在土质黏重的土地及低洼地种植。由于萝卜忌连作，栽培应注意轮作，选择无病地种植，与非十字科蔬菜进行 2～3 年以上轮作。种植萝卜应选择耗肥少、剩留有机物多、无同种病虫害的作物为前茬，要避开十字花科蔬菜作前茬，否则易导致病害发生。茬口以菠菜、芹菜、瓜类、茄果类、豆类、葱蒜类及大田作物为好。

③ 精耕细作，深翻暴晒，消除砖头瓦块　萝卜的根系是直根系，入土深度达 1m 深，播种萝卜的地须深耕早翻，深耕的深度大型萝卜须达 33cm 以上，中型品种耕深在 25～30cm，小型萝卜在 15～20cm。耕后充分冻垡晒垡，打碎耙平，而后作畦。畦面要耙平、耙细，做到土壤疏松、畦面平整，土壤细碎均匀，不留坷垃。在耕地耙地的过程中，要认真翻捡地里的碎石头、砖头、木块、废旧塑料等杂物、硬物，防止肉质根在成长过程中因耕作浅、耕作层板结及耕作层中有硬杂物而产生萝卜分杈。

④ 施足基肥　因萝卜的根系发达，需肥较多，可根据"基肥为主，追肥为辅，基肥长头，追苗长叶"的原则，一般亩施充分腐熟的有机肥料 2000～3000kg、草木灰 25～50kg、过磷酸钙 30～50kg，有条件的可施充分腐熟人粪尿 1000～1500kg。基肥量 70% 撒施地表，随耕地随耕入土中，余下的 30% 作畦后沟施。要注意在基肥中，不要掺进尿素等氮素化肥，氮肥可以在中后期追肥。在追肥中，尤其在追施尿素时，应避免尿素与萝卜的根直接接触。

⑤ 及时追肥　把握"轻-重-轻"的原则，并注意营养元素的配合施用。幼苗期需肥量小，应以氮肥为主，轻施为宜。莲座期是追肥的关键时期，需肥量大，宜重施，以氮肥为主，加大磷钾肥的比例。肉质根膨大期，以磷钾肥为主，配以适当氮肥，宜轻施。

⑥ 加强病虫害防治　采用农业综合防治措施，从增强植株抗性、减少发病环境入手，治虫应严格按无公害蔬菜生产的要求用药。在播种前施用土壤杀虫剂。

⑦ 把好播种关　采用直播，不进行育苗移栽。播种方法分为平畦和高垄 2 种。平畦为撒播，高垄为条播和点播，点播、条播或撒播都要均匀。确保播种量，点播的一般每穴 5～7 粒，并使种子在穴中散开，以保证定苗时有 1 株健壮苗。一旦出现缺苗现象，应及早补播，不要移栽。萝卜的品种繁多，应按照市场的需要及品种的特性，特别是熟期早晚，选择在最适宜的季节播种。同时按照各品种要求，采用最适宜的株行距，防止过密和过稀，合理密植，一般行株距的标准为：大型品种行距 50～60cm，株距 25～40cm；中型品种行距 40～50cm，株距 15～25cm；小型品种间距 10～15cm，播种深度 1.5～2cm。冬季温度较低，可适当密植；夏秋高温季节，要适当稀植。此外，要适时间苗、定苗，防止地下根系过分拥挤，间苗时一定要注意间去病苗、弱苗、畸形苗、并生苗和不具有原品种特征的幼苗，一般在一片真叶展开时第一次间苗，2～3 片真叶时第二次间苗，大破肚时选留 1 株健壮苗定苗。定苗后用行间细土或是专配的细肥土小心培苗，以避免伤根，不使苗子弯曲，防止倒苗。倒伏苗及时扶正培土。长形萝卜生长初期应培土壅根，使其直立生长。

⑧ 均衡供水　不同生育期的供水（需水）原则不同。发芽期，应充分浇水，保持土壤相对湿度在 80% 左右，促使快速、整齐出苗。幼苗期少浇、勤浇水，保持土壤相对湿度 60%，促进主根，抑制侧根。肉质根膨大期，均匀供水，保持土壤相对湿度 70%～80%、空气湿度 80%～90%。地膜覆盖栽培是解决水分不均匀的好方法之一。早春萝卜宜在上午浇水，伏天萝卜最好傍晚浇水，雨水多时要注意排水。

11. 萝卜苦味、辣味的发生原因与防止措施

(1) 苦味产生原因　萝卜的苦味是由苦瓜素积累造成的。苦瓜素是一种含氮的生物碱。气温过高，氮肥过量而磷肥不足，会使肉质根中的苦瓜素含量增加而出现苦味。

(2) 辣味产生原因　萝卜的辣味是由于肉质根中辣芥油（4-甲硫基-3-丁烯异硫氰酸盐）含量过高所致。当其在榨汁中的含量达到 100μmol/100mL 以上时，一般人感觉较辣，但不影响萝卜的生食；当含量超过 200μmol/100mL 时，人们就感觉非常辣，不适合生食。辣味物质的含量除与品种有关外，还与环境条件有关。如果气候炎热，播种过早，肥水不足，土壤瘠薄，过度干旱及发生病虫害等，使萝卜植株生长不良，肉质根不能充分肥大，则辣芥油含量增加，辣味就浓。

(3) 防止措施

① 加强管理　在栽培管理上，根据土壤中养分含量合理施肥，氮、磷配合施用，就可以减少苦瓜素的形成，从而减轻萝卜的苦味。在栽培管理上要精耕细作，合理施肥浇水，及时防治病虫害，创造良好的生长条件，保证植株生长健壮，减少辣芥油的形成和积累。

② 选用优良品种　在防止措施上首先应选用优良品种，一般生长速度快的白皮种和杂交一代绿色品种及一些生食品种的辣味较轻。萝卜强弱品种间的辣味差异很大，有的品种味甜，有的较辣。

③ 适期播种　同一品种栽培季节不同辣味也不一样。一般夏季播种的萝卜，由于在高温条件下生长，几乎所有品种都有辣味。秋季栽培时适当晚播，辣芥油含量低、品质好。

12. 萝卜黑皮（黑心）的发生原因与防止措施

(1) 发生症状　又叫黑匝。在肉质根侧根及根原基着生处的表皮上产生黑褐色、具龟裂的长梭形横纹，其不深入内部，也不影响萝卜的内在品质。但因黑褐色横纹的存在，使萝卜的商品性明显降低。有的发生黑心，失去食用价值。

(2) 发生原因　施用未充分腐熟的有机肥；或土壤板结、坚硬、通气不良；或生长期灌水太多，产生沤根，部分组织缺氧；土壤缺硼；地下害虫如黄曲条跳甲的幼虫咬食过根部外皮，会使根部表皮留下一些小痕迹，加上有害物质作用而留下难看的黑纹；黑腐病的为害也可造成黑皮（黑心）（彩图 6-12）。

(3) 防止措施

① 施用充分腐熟的有机肥　种植萝卜不仅要求肥力较高而且要求含丰富有机质的土壤，肥料不仅要丰富，而且质量要较高。在施用的有机肥中，一定要施完全腐熟的优质有机肥，不仅能为土壤提供充足的有机质源，还能防止萝卜产生黑皮或黑心。如施用未充分腐熟的有机肥，有机肥在分解过程中，土壤微生物活动加强，需要消耗土壤中较多的氧气，使萝卜根部窒息，部分组织会缺氧而造成黑皮及黑心的发生。

② 增施硼肥　可每亩施用 1kg 硼肥，同其他肥料作基肥一起施入，或在萝卜生育中期喷施 0.2%～0.3%硼酸溶液 1～2 次。

③ 适时适量浇水　种植萝卜要求的土壤条件是坷垃细碎、土地平整、上松下实，这不仅利于根系的下扎，更有利于根系在下扎过程中吸收氧气，不造成空气窒息。同时，在浇水的过程中，切勿大水漫灌，更不要勤浇大水，避免因浇水过大、过多、过勤，萝卜消耗水又比较缓慢，而把土壤中的空气挤走，使土壤缺乏空气，根系呼吸因得

不到空气而使部分组织死亡变成黑皮和黑心。因此，在整地时，要深耕细耙，整碎整细，浇水适时适量。

④ 避免与十字花科蔬菜连作。

⑤ 适时防治黑腐病　种子处理，50℃温水浸种 30min，或 60℃干热灭菌 6h，或用种子重量 0.4%的 50%的琥胶肥酸铜可湿性粉剂或 35%甲霜灵拌种。播种前进行土壤消毒，播种前每亩穴施 50%福美双可湿性粉剂，或 40%五氯硝基苯粉剂，取上述药剂 750g，对水 5kg，拌入 100kg 细土后撒入穴中。发病初期，可选用 72%硫酸链霉素可湿性粉剂 3000~4000 倍液，或 14%络氨铜水剂 300 倍液喷雾，隔 3~7d 喷施一次，连喷 3~4 次。

13. 萝卜烧根的原因与防止措施

（1）发生症状　在收获的萝卜中发现外皮变黄、变黑或变褐，影响品质。

（2）主要原因　施肥浓度过大，不均匀，靠根部太近。

（3）防止措施　萝卜的生长发育虽然绝大部分来自于光合产物的积累，但施肥不仅能形成一定的产量，还对萝卜的生长发育的优劣起着重要作用。萝卜生长不仅需要有机肥，还需要化肥及微肥等。在施肥时，如果施肥不匀，不但造成土壤肥力存在人为差异，对萝卜生产带来不利影响，而且还会产生因土壤溶液浓度不均匀（高的土壤溶液浓度产生烧根），影响萝卜的正常发育。所以在施用有机肥时，一要使用充分腐熟的优质有机肥；二要把肥料撒匀。在施用化肥时，一要在施用肥料时做到少而精；二要撒匀；三要在撒后结合浇水，以避免烧根的发生。

14. 萝卜肉质根表面粗糙和白锈的产生原因与防止措施

（1）发生症状　萝卜肉质根表面粗糙（彩图 6-13），是在不良生长条件下，尤其生长期延长，叶片脱落后使根痕增多，形成粗糙表面。"白锈"是指萝卜肉质根表面，尤其是近丛生叶一端发生白色锈斑的现象。

（2）主要原因　这是萝卜肉质根周皮层的脱落组织，这些一层一层的鳞片状脱落，因不含色素而成为白色。表面粗糙和白锈现象与品种、播种期关系较大。播种期早发生重，晚则轻；生长期长则重，短则轻。土壤水分过多或过于黏重，通气不良，抑制了根系的发育，造成侧根基部突起，表皮粗糙。使用了未腐熟的有机肥，地下害虫多，咬破表皮造成粗糙。

（3）防止措施　对症下药，针对白锈和粗皮产生的原因，寻找相应的解决方法。适期播种或适当晚播，特别是对秋栽萝卜；选择通透性好的壤土或砂壤土种植萝卜，让主根充分发育膨大；施用充分腐熟的有机肥；及时防治地下害虫；及时采收。

15. 萝卜缺素症的识别与防止措施

（1）缺氮

① 发生症状　土壤碱解氮含量低于 100mg/kg，叶片含氮量低于 2%为缺氮。植株矮小，地上部生长缓慢，叶小而薄，叶柄窄，叶色发黄，先老叶后新叶逐渐老化，下部老叶黄色，叶脉发红，中部叶从叶缘开始褪色。肉质根短、细、瘦弱、不膨大，多木质化，辣味增加。红皮萝卜其根由鲜红变白红色。块根小，纤维物质多，品质差。

② 发生原因　砂土地下水多，土壤瘠薄、有机质少，施用有机肥不足或管理粗放，杂草多，过多施用钾肥。

③ 防止措施　增施有机肥，提高土壤有机质含量，增强土壤的供氮能力。早施追

肥，砂性土壤要少量多次追施氮肥，旺长期注意追施氮肥，搞好排灌。应急时，亩追尿素 7.5～10kg 或用人粪尿 200kg 加水 300kg 浇灌，或喷 0.2%～0.3% 的尿素溶液 1～2 次。

（2）缺磷

① 发生症状　土壤速效磷含量低于 10mg/kg，叶片中磷含量低于 0.1% 为缺磷。下部老叶开始变黄或变紫色或红褐色，植株矮小，叶小皱缩，呈暗绿色且无光泽，叶背呈红色或紫色，上部叶仍保持绿色。地下部肉质块根不膨大，常呈一条筋，侧根发育不良。

② 发生原因　土壤酸性过强或偏碱性，红黄壤类水田改菜地，石灰性较强的滨湖盐土，大量施用氮肥，或镁肥不足，低温等易缺磷。

③ 防止措施　增施有机肥并沟施过磷酸钙或磷酸二铵作基肥。应急时，亩用磷酸二氢钾 100～150g 对水 50kg 喷施。5～7d 一次，共喷 2～3 次。

（3）缺钾

① 发生症状　土壤速效钾含量低于 50mg/kg，叶片钾含量低于 0.3% 为缺钾。老叶尖端和叶缘变黄变褐，沿叶脉呈现组织坏死斑点，生长差，叶片中部呈深绿色，叶缘呈淡黄至褐色并卷曲，下部叶片和叶柄呈深黄至青铜色，叶片增厚，肉质根不正常膨大。

② 发生原因　红黄壤类土壤黏、酸、瘦，土壤有效钾含量低，积物母质发育的泥砂土、泥质土类，海沉积母质发育、砂质土壤，有机肥、钾肥少或施用过量氮肥常易缺钾。

③ 防止措施　亩追氯化钾或硫酸钾 5～8kg。生长中后期叶面喷 0.5%～1% 的氯化钾或硫酸钾溶液或 2%～3% 的硝酸钾或草木灰溶液 50kg。

（4）缺钙

① 发生症状　土壤代换性钙小于 50mg/kg，叶片钙含量低于 0.2% 为缺钙。新叶的生长发育受阻，叶缘变褐枯死。

② 发生原因　花岗岩、正长岩和硅质砂岩发育的土壤，盐基饱和度小于 25%，土壤盐分含量高、干旱，偏施氮肥，老菜园、有机质含量低的土壤易缺钙。

③ 防止措施　酸性土壤应施用含钙碱性肥料，石灰性土壤施用石膏等调节土壤 pH 值。氮钾肥不宜一次过量施用，以防耕层盐分过高，及时灌溉，保持土壤湿润。应急时，用 0.3%～0.5% 氯化钙或硝酸钙，加萘乙酸 50mg/kg 混匀后喷施，隔 7～10d 喷一次，连喷 2～3 次。

（5）缺镁

① 发生症状　土壤有效镁含量小于 100mg/kg，叶片全镁低于 0.2% 为缺镁。从老叶开始，叶裂比较明显，叶缘开始黄化，接着叶脉间发黄，有多种色彩斑点，斑点逐渐向全叶发展。初发时对光看叶片呈透明状，进而出现褐斑，但组织不出现坏死，同一片叶前半部较重。有的品种叶裂不明显，整张叶片均匀褪绿黄化，叶脉绿色，呈现网目状花叶。

② 发生原因　含有机质少的砂质土壤，施较多氮、钾、镁肥时易缺镁，一般多在生长中后期发生。

③ 防止措施　防止过量施用氮肥和钾肥，最好少量多次使用氮肥和钾肥。每亩用硫酸镁等镁盐 2～4kg。酸性土壤用镁石灰 50～100kg，既补镁，又改良土壤酸性。应急时，每亩喷施 0.1%～0.2% 的硫酸镁或硝酸镁液 30～50kg。每隔 5～7d 喷一次，连喷 3～5 次。

（6）缺硫

① 发生症状　土壤有效硫低于 10mg/kg，植株含硫低于 0.2％为缺硫。与缺氮症状类似，而缺氮老叶先出现症状。当氮充足时，缺硫症状发生在新叶；氮不足时，缺硫症状发生在老叶。幼芽先变黄色，心叶失绿黄化，茎细弱，根细长、暗褐色、白根少。

② 发生原因　气温高，雨水多，有机质少，砂质土易缺硫。

③ 防止措施　每亩用石膏 1～2kg 或硫黄 2～3kg 与基肥一起撒施，尽量与土壤混匀。严重缺硫时，可叶面喷 0.5％～2％硫酸盐溶液。

（7）缺硼（彩图 6-14）

① 发生症状　土壤有效硼含量小于 0.5mg/kg，叶片硼含量低于 10mg/kg 为缺硼。植株低矮，叶片黄化，叶呈鞭状，茎顶死亡。肉质根细长，膨大受阻，根体呈淡黄色半透明状，无光泽，表面不光滑，呈粗皮状，重者变褐，组织脆而龟裂，根内部变色、变质，呈褐色心腐病，整个组织被破坏。

② 发生原因　土壤酸化，硼被大量淋失，或施用过量石灰都易引起硼缺乏。十字花科蔬菜连作时吸收大量硼，硼在植株体内移动性小，生长期长的作物生育后期容易出现缺硼。土壤干旱，微生物活性弱，有机肥施用少，也容易导致缺硼。钾肥施用过量，可抑制对硼的吸收。在高温条件下植株生长加快，因硼在植株体内移动性较差，往往不能及时、充分地分配到急需部位，也会造成植株局部缺硼。

③ 防止措施　土壤缺硼，应在基肥中适当增施含硼肥料。出现缺硼症状时，应及时叶面喷布 0.1％～0.2％硼砂溶液，7～10d 一次，连喷 2～3 次。也可每亩撒施或随水追施硼砂 0.5～0.8kg。有机肥中营养元素较为齐全，尤其要多施腐熟厩肥，厩肥中含硼较多，而且可使土壤肥沃，增强土壤保水能力，缓解干旱为害，促进根系扩展，并可促进植株对硼的吸收。要预防保护地内土壤酸化或碱化。一旦土壤出现酸化或碱化，要加以改良，将土壤酸碱度调节至中性或稍偏酸性。砂质土壤可用掺入黏质土壤的方法加以改良。保证植株的水分供应，适时浇水，提高土壤可溶性硼含量，以利植株吸收。防止土壤干旱或过湿，否则均会影响根系对硼的吸收。

（8）缺钼

① 发生症状　土壤有效态钼含量小于 0.15mg/kg，叶片钼含量低于 0.1mg/kg 为缺钼。下部老叶的叶脉较快黄化，顺序扩展到嫩叶，叶片的叶肉组织不发达，复叶的裂片变小，新叶瘦长、螺旋状扭曲，脉间组织慢慢失绿黄化，呈浅黄绿至黄色，并逐渐扩大，叶缘向上卷曲，呈杯状或近似匙状，严重时灼伤焦枯。有时失绿症状只发生在叶片基部和叶缘部分，幼龄叶或成叶最终表现为黄化。

② 发生原因　湖滨冲积土壤，红壤等酸性土壤等易缺钼。

③ 防止措施　增施有机肥和磷肥，强酸性土壤应施用石灰，防土壤酸化，每亩基施钼肥 10～15g。应急时，每亩叶面喷施 0.02％～0.05％钼酸铵溶液 50kg，连续 2～3 次。

（9）缺锌

① 发生症状　土壤有效锌低于 0.6mg/kg，叶片含锌量低于 10mg/kg 为缺锌。新叶出现黄斑，小叶丛生，黄斑扩展至全叶，顶芽不枯死。新叶的叶脉间多发生褐色小斑点，以后逐渐枯死。

② 发生原因　土壤呈弱酸至强酸性。砂质和碱性土壤瘦瘠，有机质缺乏，过量施用氮磷钾钙肥，或镁、铜元素不足。

③ 防止措施　增施有机肥，改良土壤，每亩基施硫酸锌 0.5～1kg。应急时，每亩喷 0.05％～0.1％硫酸锌溶液 50～75kg，连续 2～3 次，喷施浓度切忌过高，以免产生药害，同时在肥液中加入 0.2％的熟石灰水，效果更好。

（10）缺铜

① 发生症状　土壤有效铜含量低于 0.2mg/kg，叶片含铜量低于 4mg/kg 为缺铜。与缺铁症相似，植株衰弱，新叶发黄，叶尖枯死，叶柄软弱，柄细叶小，中上部叶脉间褪绿黄化，老叶叶缘黄化枯死。叶色呈现水渍状，主根生长不良，侧根增多，肉质根呈粗短的榔头形。

② 发生原因　花岗岩、钙质砂岩、红砂岩及石灰岩等母质发育土壤，盐碱和砂性土壤，石灰性或中性土壤，施磷、氮过多均易缺铜。

③ 防止措施　增施有机肥，改良土质，亩基施硫酸铜 1～2kg。应急时，每亩叶面喷施 0.02％～0.04％硫酸铜溶液 50kg。

（11）缺锰

① 发生症状　土壤中代换性锰含量小于 2mg/kg，易还原态锰含量小于 100mg/kg，叶片含锰量低于 20mg/kg 为缺锰。产生失绿症，叶肉变成黄绿色，叶脉变成淡绿色，部分黄化枯死。

② 发生原因　pH 值过高或施用石灰的土壤。土壤缺锌、铜、镁、铁元素时易缺锰。

③ 防止措施　酸性砂质土壤增施厩肥或沤制绿肥等有机肥，提高土壤的贮锰和供锰能力。每亩轻质土壤用硫黄 1.3～1.5kg，黏质土用硫黄 2kg 中和土壤酸性，每亩用硫酸锰 1～2kg 均匀撒施或条施，避免发生局部中毒。应急时，每亩叶面喷 0.05％～0.1％的硫酸锰溶液 50kg 2～3 次，每隔 7～10d 喷一次。

（12）缺铁

① 发生症状　土壤有效铁含量低于 5mg/kg，叶片中铁含量低于 10mg/kg 为缺铁。易产生失绿症，顶芽和新叶黄、白化，最初叶片间部分失绿，仅在叶脉残留网状绿色，最后全部变黄，但不产生坏死的褐斑。

② 发生原因　石灰性和盐碱重的土壤较易缺铁。

③ 防止措施　土壤 pH 值保持在 6～6.5，同时避免施用碱性肥料，增施有机肥，多施农家肥，重视平衡施肥，及时排水，保持土壤湿润。应急时，每亩叶面喷施 0.1％～0.2％硫酸亚铁或柠檬酸铁溶液 50kg 2～3kg，每 10～15d 一次。

16. 春萝卜先期抽薹的发生原因与防止措施

种植的春萝卜只抽薹开花，地下不长萝卜或长不大的现象叫先期抽薹，也叫未熟抽薹。萝卜大多数品种经过 10～20d 的低温就可通过春化，提早抽薹，但不同品种对低温的反应程度很不相同，有要求严格和不严格的差异。

（1）发生原因

① 温度条件与花芽分化　萝卜为二年生植物，第一年进行营养生长，经过冬季低温贮藏，第二年春季抽薹开花。可见，萝卜的花芽分化需要冬季的低温，即低温是花芽分化的必要条件，这种需要低温才能进行花芽分化并导致开花结果的现象就叫春化，进行春化所需要的这段时间叫春化阶段。不同的萝卜品种所需的温度和时间不同，一般北方生态类型和西部高原生态类型的品种要求的温度低，所需的时间长；而南方生态类型的品种所需温度较高，时间也较短。在同一地区和同一季节里，不同春、夏、秋季品种

对低温的要求不一样。一般冬春类型的品种要求的温度低、时间长；夏秋类型的品种在较高的温度下也可通过春化阶段。小型品种的萝卜对春化条件要求严格，相对不易抽薹；大型品种萝卜比小型品种萝卜易抽薹，如在春季播种，即使播种较晚也会有部分植株抽薹开花。

② 光照条件与抽薹开花　萝卜属长日照植株，即长日照条件对花芽的发育和抽薹有促进作用。因此，长日照是萝卜抽薹开花的必要条件。

萝卜抽薹，温度、光照这两个条件缺一不可。所以，春季栽培的萝卜比冬季栽培的萝卜容易抽薹。因为冬季虽然温度低，可能萝卜的生长点已进行了花芽分化，冬季日照时数短，已分化的花芽不能继续发育抽薹。而春季萝卜如果播种过早，前期温度低，正好满足了花芽分化的条件，特别是一些对低温敏感的品种，几天的低温就可能使其通过春化阶段，而生长后期日照时数加长，又满足了抽薹开花对长日照的要求，便加速抽薹。因此，要使萝卜不抽薹，苗期温度必须保证在11℃以上，生长期尽量保持冷凉天气。

（2）防止措施　预防春萝卜先期抽薹，要慎重选用和引进新品种，选择适当的播期，并加强栽培管理。春萝卜正常的栽培管理，如果在元月份播种，应采用大棚加小拱棚覆盖，并保证棚温稳定在11℃以上。

① 慎重选用和引进新品种　要了解不同类型和品种对低温春化的要求，尤其是春季栽培的品种。如北方引进南方的春萝卜型品种在早春播种，就会先期抽薹，如果从比本地区温度更低的地区引种，就不易发生先期抽薹现象。

② 选择适当的播种期　了解所栽品种花芽分化所需要的温度条件，播种时的温度应高于其春化温度，才能使其不抽薹或少抽薹。

③ 采用三重覆盖　春萝卜栽培应采用设施进行三重覆盖，即在拱棚顶膜之上相距15cm，再套一层薄膜，在地面上加覆地膜。换气在拱棚两头，因此畦不可过长，畦幅分135cm和185cm两种，两侧用土封死。播后，发芽期封闭保温不换气，幼苗期开始换气。间苗定苗后，撤除地面覆膜。在整个温度管理上，前期为高温保持期，后期为低温控制期，即在幼苗期高温，以促进种子发芽及幼苗生长，防止遭遇低温通过春化。因此，播期早、晚，须以保温所能达到的效果为准，如保温困难，便须推迟播期。

④ 加强管理　播前土壤须早耕翻，以腐熟有机肥与全量化肥作为基肥。然后整地覆盖地膜，搭拱棚，盖膜，烤棚。待棚温稳定在11℃（日均温）以上时播种。按行距25cm开穴，每穴播籽4～5粒，覆土2～3cm。播后将棚密闭，防止低温。如日中棚温超过25℃时，可适当换气降温。有5～6片真叶时进行间苗定苗，每穴定苗1株。3月后气温逐渐上升，中午加大换气。肉质根开始进入肥大期，保持18～20℃，防止高温（25℃以上）抑制生长。4月断霜后，夜温稳定在10℃以上时，可以撤膜。撤膜后就可开始采收。

如果采用地膜覆盖栽培，栽培方法与露地栽培差异不大，主要是地膜覆盖可明显提高地温2～3℃。可使播种期提前10～15d，这样，相应延长了肉质根肥大期10～15d，从而增加产量，提高品质，基本上可避免低温的影响。地膜覆盖于3月中旬至4月下旬播种，选抽薹晚的品种。要求精细整地，一次施肥，播种密度要大，以后疏拔采收。为求早出苗，种子要浸种催芽后再播种。播前浇足底水，播后盖膜，在间苗时放苗出膜。

17. 萝卜生产上植物生长调节剂的应用技术要领

（1）赤霉酸　对于未经过低温春化而要其开花的，可在萝卜未越冬前用20～50mg/L的赤霉酸溶液滴生长点，使其未经低温春化就可抽薹开花。

（2）2,4-滴　在采前 15～20d，用 30～80mg/L 2,4-滴溶液田间喷洒，或对去叶带顶萝卜在贮藏前喷洒，可明显地抑制发芽生根，防止糠心，增进萝卜品质，具有保鲜作用。2,4-滴处理浓度不宜过高，浓度过高（大于 80mg/L）会影响萝卜的色泽，降低质量，而且在贮藏后期易造成腐烂。它主要用于贮藏前期，2 个月后药力逐渐分解，不仅不起抑制作用，反而会起刺激作用。

（3）6-苄基氨基嘌呤　用 1mg/L 6-苄基氨基嘌呤溶液，浸泡萝卜种子 24h 后播种，30d 后可观察到萝卜鲜重增加现象。萝卜苗期用 4mg/L 6-苄基氨基嘌呤液喷洒叶片，也有同样的效果。4～5 叶期，叶面喷洒 10mg/L 溶液，每亩用药液 40L，可提高萝卜品质。

（4）萘乙酸甲酯　先把萘乙酸甲酯的溶液喷洒到纸屑条上或干土上，然后把布条或干土均匀地撒布到贮藏容器中或地窖中，与萝卜放在一起。用量为每 35～40kg 萝卜用药 1g。在萝卜采收前 4～5d，可用 1000～5000mg/L 的萘乙酸钠盐溶液，对田间萝卜叶面喷洒，也有防止贮藏期间抽芽的作用。

（5）抑芽丹　对萝卜等根类菜，用 2500～5000mg/L 抑芽丹溶液，在采前 4～14d 喷洒叶面，每亩用 50L，可减少贮藏期间水分和养分的消耗，抑制萌发、空心，可延长贮藏期和供应期达 3 个月。

（6）三十烷醇　在萝卜肉质膨大期，每 8～10d 喷施一次 0.5mg/L 的三十烷醇液，亩用 50L，连续喷施 2～3 次，能促进植株生长及肉质根肥大，使品质细嫩。

（7）多效唑　多效唑被一些菜农用于预防萝卜糠心，并收到了较好的效果。施用方法：在萝卜播种后 15～20d，植株 3～5 片叶时，选择无风晴天下午 4 时前后进行。喷施浓度一般为 50mg/kg，即每亩用 15% 多效唑可湿性粉剂 15g 对水 50L。用背负式压缩喷雾器均匀喷洒萝卜叶片，注意避免漏喷和重复喷。如喷后 6h 内遇大雨，需补喷。另外，对施肥水平高和植株生长过旺的地块，可于第一次用药后 7～10d 再用药一次。播种过迟或生长不良的田块切忌施药，以防止植株受抑制而影响正常生长。施用多效唑的萝卜田，在肉质根露肩后，用 0.2% 磷酸二氢钾和 0.02% 硼砂混合液喷洒，间隔 7～10d 再喷一次，对预防萝卜糠心，提高品质，增加产量效果更佳。

也可在肉质根形成期，叶面喷施 100～150mg/L 的多效唑液，每亩用量为 30～40L，能够控制地上部分生长，促进肉质根肥大。注意用药浓度一定要准确，喷雾要均匀。

（8）ABT　用 ABT5 号 5～10mg/L 溶液浸萝卜种 4h，可以促进种子的萌发，使其发芽整齐，也可用浓度 20mg/L 的溶液浸种 0.5h 后播种。

（9）石油助长剂　于出苗后 2 周，使用 0.005% 石油助长剂溶液作叶面喷洒，每亩用药量为 50L，可促进萝卜生长。

（10）矮壮素、丁酰肼　用 4000～8000mg/L 的矮壮素或丁酰肼液喷洒萝卜，连喷 2～4 次，可明显抑制抽薹开花，避免低温的危害。

18. 萝卜冻害的发生原因与防止措施

由冻结造成的伤害叫冻害（彩图 6-15）。萝卜发生冻害后，萝卜的肉质根发硬，呈失水状，不容易煮烂，口嚼不动，品质差。

（1）发生原因

① 主要原因是贮藏不科学。为了抑制萝卜的呼吸作用，减少营养物质的消耗，防止病菌的侵染，在萝卜运输和贮藏过程中要求保持适当的低温。但是如果环境温度低于

萝卜细胞液的冰点（一般在－1℃左右），细胞液冻结，就会产生冻害。冻结对萝卜造成危害，是冰晶对细胞壁的机械损伤以及原生质脱水变性造成的。冰晶在细胞间隙中形成并不断增大，对细胞产生机械压力，引起细胞壁的破裂，使细胞受伤，最后导致死亡。由于细胞内水分不断渗透到细胞间隙，使原生质脱水，造成细胞内部可溶性物质浓度提高，对细胞有毒害作用。一些代谢产物数量增多，都会产生毒害。原生质胶体发生不可逆的变性，一些水解酶的活性也会加强。这些都不利于萝卜贮藏，甚至使萝卜失去食用价值。

② 收获偏晚遭受霜冻而发生冻害。

（2）防止措施

① 适时采收　萝卜为半耐寒性蔬菜，种子在 2～3℃时开始发芽，生长的适宜温度为 20～25℃。幼苗期能耐 25℃的温度，也能耐－3～－2℃的低温。萝卜茎叶生长的温度范围可比肉质根的范围略广，约为 5～25℃，适宜的生长温度 15～20℃。肉质根生长的温度 6～20℃，适宜生长的温度 18～20℃。所以萝卜营养生长期的温度要由高到低，前期温度高，出苗快，形成苗壮的叶丛，为肉质根的生长打下基础；以后温度逐渐降低，又有利于光合产物的贮存。当温度逐渐下降到 6℃以下时，植株生长微弱，肉质根膨大已停止，即到了适宜采收期。若采收过晚，温度持续下降，如果降到－2～－1℃，肉质根就会受冻，严重的肉质根因受冻而结冰。所以当肉质根膨大结束时，要及时采收。此外，因品种的不同，肉质根生长适应的温度范围也不一样，大约在 6～23℃。所以，要求根据不同品种对温度的需求，严格把握各种萝卜的生长发育规律，安排好种植的季节。

② 搞好贮藏　萝卜的贮藏期间要求的温度较低，为 1～3℃，接近于萝卜开始受冻的温度。萝卜含水量又大，达 70％多，在贮藏期间稍不注意，就易使萝卜受冻。因此，在萝卜贮藏期间，要严格把握 1～3℃的温度要求。

19. 萝卜采后处理技术要领

（1）采收期要根据品种、播种期、植株生长状况和收获后的用途而定。当肉质根充分长大时就可随时采收，供应市场。采收期的长短要依据种植品种的成熟期和市场需求灵活掌握。采收冬春萝卜、春夏萝卜，当肉质根横径达 5cm 以上、单根重达 0.5kg 左右时，就可根据市场行情随时采收。

用于贮藏的萝卜应选用秋冬萝卜，选用晚熟品种，采收期要根据当地的气候条件和品种特性来确定，在气温低于－3℃的寒流到来之前采收。为提高肉质根的品种和耐运输、耐贮藏性能，采收前一周应停止浇水。当肉质根充分膨大、茎基部变圆、叶色转淡并开始变黄时采收最为适宜。小型四季萝卜可分多次收获，每次收获大的，留下小的继续生长。

一般为了便于安排工作日程和采后处理流程，多在上午采收、下午或晚上进行采后处理。

（2）整理　采收时，将萝卜肉质根从土中拔起或挖出后要进行整理，剥去泥块，用于就近上市或装车运输供应市场的萝卜，切去叶片，可保留顶部 5～10cm 的少量叶柄，以方便捆扎，去萝卜须根，以保持根部光洁；用于贮藏的萝卜，用刀将叶和茎盘削去。对于小型的四季萝卜，可去除老黄外叶，留取中央新鲜的叶片。再集中堆放在装载的车上，堆放时按照由低到高、由里到外的方法将萝卜根部与根部水平摆放。从田间运回的萝卜先进行初洗，再进行清洗，在进行初初、清洗的过程中，要经常换水。

（3）分选　筛选、分级同时进行。在筛选过程中，剔除分杈、裂根、弯曲、黑斑、有破损和病虫害，及转运过程中破损的萝卜。合格的萝卜应该是单个 0.4～1.0kg，无绿头、偏头，无黑斑、叉根、断根，无创伤、裂痕且叶柄嫩绿、体形匀称、色泽白亮。

分级是根据不同的消费群体、消费地区、市民消费习惯及市场需求，按萝卜肉质根的长短、粗细进行分级，一般分为精品和普通级，做到优质优级，优级优价，减少浪费，方便包装和运输。

销往南京市场的萝卜一般要求长 36cm，直径 5～6cm；广州、深圳市场要求长 30～32cm，直径 3～4cm；福建用于加工的萝卜要求长 28～30cm，直径 4～5cm；精品萝卜要求长约 27cm，直径 5～6cm；无特殊要求的产品，只要萝卜长 20～40cm 即可。

用于出口的萝卜一般分为三等，如表 6-6 所示。

表 6-6　出口萝卜等级规格

等级	品质	限度
一等	①同一品种,形状正常,大小均匀,肉质脆嫩致密,新鲜,皮细且光滑,色泽良好,清洁 ②无腐烂、裂痕、皱缩、黑心、糠心、病虫害、机械伤及冻害	每批样品不合格率不得超过 5%
二等	①同一品种,大小均匀,形状较正常,新鲜,色泽良好,皮光滑,清洁 ②无腐烂、裂痕、皱缩、糠心、冻害、病虫害及机械伤	每批样品不合格率不得超过 10%
三等	①同一品种或相似品种,大小均匀,清洁,形状尚正常 ②无腐烂、皱缩、冻害及严重病虫害和机械伤	每批样品不合格率不得超过 10%

（4）包装　无公害萝卜的包装可用筐、麻袋或编织袋等，多用化纤编织袋包装（彩图 6-16），包装容器要求清洁、干燥、牢固、透气，无污染、无异味、无有毒化学物质，内部无尖突物、光滑，外部无尖刺。纸箱无受潮、离层现象。包装的规格大小和容量要考虑便于堆码、搬运及机械化、托盘化操作。装袋时从下往上将清洗后的萝卜朝同一个方向整齐平放。面向超市和用作精品的萝卜先用网状套套在萝卜中段，再用纸箱包装。用于运输的萝卜产品加包装物的重量一般不超过 20kg。用于出口的鲜萝卜包装，一般应根据客商的要求采用不同的包装材料。包装的原则是：既要保证不擦伤表皮，又要保证包装内透气、"不憋汗"。萝卜包装上应标明产品名称、产品的标准编号、商标、生产单位、详细地址、产地、品种、等级、净含量和包装日期等，标志上的字迹应清晰、完整。

（5）预冷　经过整理包装的萝卜在长途运输前要对产品进行机械预冷处理，迅速除去田间热和呼吸热。机械预冷是在一个经适当设计的绝缘建筑（即冷库）中借助机械冷凝系统的作用，将库内的温度降低并保持在有利于延长贮藏寿命的范围内。预冷时，将整理过的萝卜搬入冷库，以水平方式堆码，堆码的层数不宜过高，一般以 5 层为宜。无论是袋装，还是尚未包装的产品，在冷库堆放时都应成列、成行整齐排列，每两行或两列之间要留有 30cm 左右的间隙，以便于观察和人工操作及气流交换。通常情况下，使萝卜的中心温度达到 2～4℃、表面温度达 -2℃ 的预冷时间大约需要 8h。

（6）贮藏　经过预冷的萝卜，就可倒装在专用的运输车辆上，尽快运往销售目的地。如果不是直接装车运走，应在冷库条件下贮藏，也可利用气调原理，在产品装筐（箱）后堆码成一定大小的长方形垛，然后用塑料薄膜帐罩上，垛底不铺薄膜，处于半封闭状态，贮藏中定期揭帐通风换气，必要时进行检查挑除烂果，然后视需要继续贮藏或出售。也可用 0.04～0.06mm 厚的聚乙烯薄膜袋包装，每袋 20～25kg，折口或松扎袋口。保持 0～3℃的温度、90％～95％的空气相对湿度。如果贮藏温度保持不当，萝卜出库时会变黄、有斑点。临时贮存时，应在阴凉、通风、清洁、卫生的条件下，严防烈日曝晒、雨淋、冻害及有毒物质和病虫害的为害。

（7）运输 萝卜收获后应就地修整，及时包装、运输。运输工具清洁卫生、无污染，从采收到运输、贮藏管理的各个环节，要做到轻装、轻卸，避免或减少机械损伤并尽量减少倒动次数。运输时，严防日晒、雨淋，注意防冻和通风。用于长途运输的萝卜，经过预冷后，在装车前将车厢底面和箱板四周铺上专用保温棉套，然后装车，边装边覆盖棉套，周转筐要上下对齐，装完后检查是否完好。在运输过程中保持低温高湿的环境条件，以免温度升高影响萝卜的商品性。在有条件的情况下，最好使用专用的空调冷藏车运输，以减少损失，提高商品性。运输途中尽量减少颠簸。

（8）销售前处理及销售 产品运达消费目的集散地后，一般多以超市销售和直接批发给经销商的方式销售。上市前要剔除带有黑斑和在物流过程中破损、断裂的萝卜。

五、萝卜主要病虫害防治技术

1. 萝卜主要病害防治技术

（1）萝卜病毒病（彩图 6-17） 加强栽培管理。在栽培管理上一要做到小水勤浇，防止高温干旱，二要培育健壮植株，追肥时加入甲壳丰等可以提高作物免疫力，诱导植物体产生对病原菌的防护，促进根系生长，可有效抑制病毒发生。同时要彻底根除烟粉虱，防止其传播蔓延，把病毒扩散。发病时，叶面喷施 20％盐酸吗啉胍·铜可湿性粉剂 500 倍液，或 1.5％植病灵乳油 600 倍液，混加 2％宁南霉素水剂 300 倍以及促进生长的芸苔素内酯或赤霉酸 30～50mg/kg，7～10d 一次，连喷 2 次。

（2）萝卜猝倒病 萝卜育苗期出现低温、高湿条件有利于猝倒病的发生。播种后用 20％甲基立枯磷乳油 1000 倍液或 50％拌种双可湿性粉剂 300g 拌细干土 100kg 制成药土，撒在种子上覆盖一层，然后再覆土。发病后，可选用 72％霜脲·锰锌可湿性粉剂 800 倍液，或 72.2％霜霉威水剂 500 倍液、15％恶霉灵水剂 400 倍液、69％烯酰·锰锌水分散粒剂 1000 倍液等药剂喷雾防治。

（3）萝卜黑腐病（彩图 6-18） 俗称黑心病、烂心病，主要为害叶和根。土壤处理，用 50％福美双可湿性粉剂 1.25kg，或用 65％代森锌可湿性粉剂 0.5～0.75kg，加细土 10～12kg，沟施或穴施入播种行内，可消灭土中的病菌。早防虫害，及早防治黄曲条跳甲、蚜虫等害虫。发病初期，可选用 72％硫酸链霉素可溶性粉剂 3000～4000 倍液、90％新植霉素可湿性粉剂 10～15g/亩、氯霉素 2000～3000 倍液、47％春雷·王铜可湿性粉剂 700 倍液、77％氢氧化铜可湿性微粒粉剂 500 倍液、12％松脂酸铜乳油 600 倍液、50％琥胶肥酸铜可湿性粉剂 700 倍液、14％络氨铜水剂 3000 倍液、3％中生菌素可湿性粉剂 600～800 倍液、65％代森锌可湿性粉剂 500 倍液、70％敌磺钠原粉 500～1000 倍液、50％克菌壮可湿性粉剂 100～150g/亩、50％多菌灵可湿性粉剂 1000 倍液、50％福美双可湿性粉剂 500 倍液等喷雾防治，交替使用，每 7～10d 喷一次，连喷 2～3 次。

（4）萝卜霜霉病（彩图 6-19） 俗称"烘病"、"跑马干"等。一般秋冬萝卜比夏秋萝卜发病重。苗期至采种期均可发生，主要为害叶片，其次是茎、花梗、种荚。在发病初期或发现中心病株时，摘除病叶并立即喷药防治。喷药必须细致周到，特别是老叶背面更应喷到。喷药后天气干旱可不必再喷药，如遇阴天或雾露等天气，则隔 5～7d 继续喷药，雨后必须补喷一次。

可选用 25％嘧菌酯悬浮剂 1500 倍液，或 2 万亿活孢子/g 木霉菌可湿性粉剂 600～800 倍液、75％百菌清可湿性粉剂 600 倍液、40％乙膦铝可湿性粉剂 150～200 倍液、64％恶霜灵可湿性粉剂 500 倍液、58％甲霜·锰锌可湿性粉剂 500 倍液、70％乙磷·锰锌可湿性粉剂 500 倍液、69％烯酰·锰锌可湿性粉剂 600 倍液、60％氟吗啉可湿性粉剂 700～800 倍液、25％烯肟菌酯乳油 1000 倍液、70％丙森锌可湿性粉剂 700 倍液、55％福·烯酰可湿性粉剂 700 倍液、52.5％恶酮·霜脲氰水分散粒剂 2000 倍液、70％丙森锌可湿性粉剂 700 倍液、40％三乙膦酸铝可湿性粉剂 150～200 倍液、72.2％霜霉威水剂 600～800 倍液、72％霜脲·锰锌可湿性粉剂 600～800 倍液等喷雾防治，每亩喷对好的药液 60L，要均匀喷施叶面，不得重喷或漏喷，每隔 7～10d 一次，连防 2～3 次。

保护地栽培，还可选用 5％百菌清粉尘每亩 1000g，或采用 45％百菌清烟剂每亩 300g，傍晚闭棚后熏烟，至次日早晨通风，隔 7d 熏一次，视病情连续熏 3～6 次。

(5) 萝卜白锈病（彩图 6-20） 常与霜霉病并发，主要为害萝卜叶、茎、花梗、花、荚果，多在春季和秋季发病。经常检查病情，在发病初期或发现发病中心时，及时施药。重点抓住苗期和抽薹期防治。可选用 1∶1∶200 波尔多液，或 25％甲霜灵可湿性粉剂 800 倍液、58％甲霜·锰锌可湿性粉剂 500 倍液、40％甲霜铜可湿性粉剂 600 倍液、64％恶霜灵可湿性粉剂 500 倍液、75％百菌清可湿性粉剂 600 倍液、65％代森锌可湿性粉剂 500 倍液、50％福美双可湿性粉剂 500 倍液、72.2％霜霉威水剂 800 倍液、40％乙磷铝可湿性粉剂 300 倍液、72％霜脲·锰锌可湿性粉剂 600 倍液、69％烯酰·锰锌可湿性粉剂 1000 倍液等喷雾防治，在病害流行时，隔 5～7d 喷药一次，连续喷 2～3 次。

(6) 萝卜白斑病（彩图 6-21） 主要为害叶片，属低温型病害。在长江中下游春、秋两季均可发病，尤以多雨的秋季发病重。发病初期，可选用 10％多抗霉素可湿性粉剂 800～1000 倍液，或 25％多菌灵可湿性粉剂 800 倍液、70％代森锰锌可湿性粉剂 600 倍液、50％多菌灵磺酸盐可湿性粉剂 800 倍液、50％甲基硫菌灵可湿性粉剂 500 倍液、50％混杀硫悬浮剂 600 倍液、40％多·硫悬浮剂 600 倍液、50％苯菌灵可湿性粉剂 1500 倍液、65％硫菌·霉威可湿性粉剂 1000 倍液、50％多·霉威可湿性粉剂 800 倍液、10％苯醚甲环唑水分散粒剂 800～1000 倍液、25％丙环唑乳油 2000～3000 倍液等喷雾防治，每次喷药 50L，间隔 15d 左右一次。其间可视虫情将以上药剂与敌敌畏及拟除虫菊酯类杀虫剂混合喷洒，以减少打药次数。

(7) 萝卜白绢病 在 6～7 月份高温多雨天气，时晴时雨，发病严重。及时拔除病株，集中深埋或烧毁，并向病穴内撒施石灰粉。应在发病初期施药，可选用 40％五氯硝基苯拌细土（1∶40），撒施于植株茎基部，或 25％三唑酮可湿性粉剂拌细土（1∶200），撒施于茎基部，或用 25％三唑酮可湿性粉剂 2000 倍液喷雾或灌根，或 20％甲基立枯磷乳油 1000 倍液喷雾或灌根，每 10～15d 一次，连续防治 2 次。

(8) 萝卜黑斑病（彩图 6-22） 又叫黑霉病。幼苗和成株均可受害，主要为害叶片。适时进行田间喷药，可选用 47％春雷·王铜可湿性粉剂 1000 倍液，或 1∶3∶400 波尔多液、10％多抗霉素可湿性粉剂 1000 倍液、50％乙烯菌核利可湿性粉剂 1000～1500 倍液、75％百菌清可湿性粉剂 500 倍液、58％甲霜·锰锌可湿性粉剂 500 倍液、64％恶霜灵可湿性粉剂 500 倍液、20％噻菌酮悬浮剂 500 倍液、50％异菌脲可湿性粉剂 1000 倍液、50％福·异菌可湿性粉剂 800～1000 倍液、50％福美双可湿性粉剂 500 倍液、70％代森锰锌可湿性粉剂 400 倍液、50％腐霉利可湿性粉剂 1000 倍液等喷雾防治，7d 喷一次，连喷 3～5 次。

（9）萝卜拟黑斑病　属真菌性病害。天气冷凉，高湿时发病较重，偏施、过施氮肥会加重受害。发病前喷药，可选用 64％恶霜灵可湿性粉剂 500 倍液，或 75％百菌清可湿性粉剂 500～600 倍液、70％代森锰锌可湿性粉剂 500 倍液、58％甲霜·锰锌可湿性粉剂 500 倍液、40％灭菌丹可湿性粉剂 400 倍液、50％异菌脲可湿性粉剂 1000 倍液等喷雾防治，每隔 7～10d 防治一次，连续防治 3～4 次。采收前 7d 停止用药。

（10）萝卜软腐病（彩图 6-23）　又称烂葫芦、烂疙瘩、水烂、白腐病等，主要为害根茎、叶柄或叶片。多在高温时期或肉质根膨大期开始发病。及时防虫，害虫所造成的伤口是软腐病菌入侵的主要通道，所以除要注意防治地下害虫外，还应及时防治菜青虫、小菜蛾、甘蓝夜蛾等主要害虫。灌根，用中生菌素或丰灵喷淋，苗期用中生菌素 150mg/kg 喷淋或浇灌 2～3 次，沿根侧挖穴灌入或喷淋。在软腐病发生初期，发现病株，及时彻底清除，可选用 72％硫酸链霉素可溶性粉剂 3000～4000 倍液，或 90％新植霉素可湿性粉剂 3000 倍液、12％松脂酸铜乳油 600 倍液、50％琥胶肥酸铜可湿性粉剂 700 倍液、14％络氨铜水剂 300～350 倍液、30％碱式硫酸铜胶悬剂 400 倍液、50％福美双可湿性粉剂 800 倍液、70％敌磺钠可湿性粉剂 500～1000 倍液、50％代森铵水剂 800 倍液、20％噻菌铜悬浮剂 500 倍液、60％琥·乙膦铝可湿性粉剂 500 倍液等喷雾防治，每 7d 喷一次，连喷 2～3 次。

（11）萝卜褐腐病　各生育期都会发病，为害植株各部位。发病初期，可选用 20％甲基立枯磷乳油 1200 倍液，或 5％井冈霉素水剂 1500 倍液、15％恶霉灵水剂 450 倍液、72.2％霜霉威水剂 800 倍液＋50％福美双可湿性粉剂 800 倍液喷淋，每平方米用量 3L。

（12）萝卜青枯病　主要在南方地区发生，高温高湿有利于病害流行。发现病株及时拔除，并喷药保护，防止病害蔓延。病穴撒消石灰进行消毒，酸性土壤可结合整地，每 1000m² 撒消石灰 75～150kg。可选用硫酸链霉素 100～200mg/L，或氯霉素 200～400mg/L，或 70％敌磺钠原粉 500～1000 倍液等喷雾防治。

（13）萝卜炭疽病　主要为害叶片、叶柄、叶脉，采种株茎、荚也可受害。秋季高温、多雨季节病害易于发生。发病初期，可选用 2％嘧啶核苷类抗菌素水剂 150 倍液，或 2％武夷菌素水剂 150～200 倍液、80％波尔多液可湿性液剂 300～500 倍液、25％溴菌腈可湿性粉剂 500 倍液、50％混杀硫悬浮剂 500 倍液、80％炭疽福美可湿性粉剂 800 倍液、68.75％恶酮·锰锌水分散粒剂 800 倍液、1％多抗霉素水剂 300 倍液、50％甲基硫菌灵可湿性粉剂 500 倍液、50％多菌灵可湿性粉剂 500 倍液、25％咪鲜胺可湿性粉剂 800 倍液、50％多·硫悬乳剂 600～700 倍液等喷雾防治，每 7～8d 一次，连续喷洒 2～3 次。

（14）萝卜褐斑病（彩图 6-24）　一般在温度较高，多雨高湿，叶片重露时发病增多。低湿积水的田块易于发病。发病初期可选用 75％百菌清可湿性粉剂 600 倍液，或 58％甲霜·锰锌可湿性粉剂 500 倍液、64％恶霜灵可湿性粉剂 500 倍液、65％代森锌可湿性粉剂 500 倍液、50％异菌脲可湿性粉剂 1000～1500 倍液、50％敌菌灵可湿性粉剂 500 倍液、70％甲基硫菌灵可湿性粉剂 600 倍液、40％氟硅唑乳油 8000 倍液、50％乙烯菌核利可湿性粉剂 1000 倍液、6％氯苯嘧啶醇可湿性粉剂 1500 倍液等喷雾防治，每隔 7～10d 一次，连喷 2～3 次。

（15）萝卜根肿病（彩图 6-25）　主要为害根部，植株受侵染越早，发病越重。发病重的菜地要实行 5～6 年轮作，春季可与茄果类、瓜类和豆类蔬菜轮作，秋季可与菠菜、莴苣和葱蒜类蔬菜轮作。有条件地区还可实行水旱轮作。适时增施石灰，增施石灰调整土壤酸碱度使之变成微碱性，可以明显地减轻病害。石灰用量应视土壤原来的酸碱度而定，可以在种植前7～10d将消石灰均匀地撒施土面，也可穴施。在菜地出现少数病株时，采用15%石灰乳少量浇根，也可制止病害蔓延。在种菜前每亩撒施60～80kg石灰或在畦面、穴内浇2%的石灰水，后隔10～15d再浇一次，连续浇2～3次，根肿病很少发生。

太阳能消毒土壤，利用地膜覆盖和太阳辐射，使带菌土壤增温数日，可消灭部分病菌，起到减轻发病的作用。一般在高温的夏天进行，先整好地，覆盖薄膜，使土表下20cm处增温至45℃左右，维持20d左右。但高温对土壤中的有益微生物也具有杀伤作用，所以利用太阳能消毒土壤时，要注意土壤类型和消毒时间。

病区播种前用种子重量0.3%的35%福·甲可湿性粉剂拌种，也可用50%氯溴异氰尿酸可溶性粉剂，每亩3～4kg，对细干土40～50kg，于播种时将药土撒在播种沟或定植穴中。如苗床或大田采用增施石灰加福·甲处理土壤，效果更好。必要时也可用上述杀菌剂800倍液灌淋根部，每株灌对好的药液0.4～0.5L。

（16）萝卜黑根病　主要为害萝卜根系，萝卜染病后会丧失食用和商品价值。重点防虫，如果是由根蛆引起的黑根腐烂，在根蛆初发期可用90%晶体敌百虫1000倍液、50%辛硫磷乳油1000倍液、40%乐果乳油1000倍液浇根，每株用药液150～250mL防治。发病初期，可选用20%甲基立枯磷乳油1200倍液，或72%霜脲·锰锌可湿性粉剂1000倍液、72.2%霜霉威水剂400倍液、47%春雷·王铜可湿性粉剂800倍液、15%恶霉灵水剂450倍液等灌根，每株灌药液250g左右，每隔7～10d灌根一次，连续灌根1～2次即可。

（17）萝卜细菌性斑点病　高温高湿利于发病；长期多雨、多雾，田间结露时间长，发病重；管理粗放，土壤贫瘠，发病重。发病初期，可选用47%春雷·王铜可湿性粉剂400～600倍液，或58.3%氢氧化铜干悬浮剂600～800倍液，25%噻枯唑可湿性粉剂800倍液，30%络氨铜水剂350倍液，新植霉素、硫酸链霉素5000倍液等喷雾防治，每隔10～15d防治一次，视病情防治1～3次。

（18）萝卜细菌性角斑病　以夏秋种植受害严重。防治方法参见萝卜细菌性斑点病。

（19）萝卜褐心病　萝卜、甘蓝、大白菜、芹菜、芜菁等需硼量较多的蔬菜，通常易发生缺硼症，引起褐心病。在缺硼的土壤中种植萝卜时，以基肥形式每亩施用硼砂1kg，施硼肥时，一定要施匀，以避免局部硼过剩造成危害。当出现缺硼症状，应及时对叶面喷施0.1%～0.2%的硼砂溶液，7～10d一次，连续2～3次。硼砂是热水溶性的，配制溶液时应先用热水将其溶解，再加水至一定液量。增施有机肥，尤其要多施腐熟厩肥。有机肥营养齐全，厩肥含硼较多，其含有的硼会随有机肥的分解被释放，提高土壤供硼水平和硼的有效性。有机肥还可肥沃土壤，增强土壤保水能力，促进根系生长，增强对硼的吸收利用。合理灌溉，防止土壤过干。保障植株的水分供给及根系对养分的吸收能力，提高土壤中可溶性硼含量，增加对硼的吸收。不过量施用石灰质肥料和钾肥，避免其降低硼的有效性。

2. 萝卜主要虫害防治技术

（1）黄曲条跳甲（彩图6-26）　土壤处理，可用5%辛硫磷颗粒剂（3kg/亩）处理土壤，对毒杀幼虫和蛹效果好，残效期达20d以上，使用一次即可。设置黑光灯或杀虫灯诱杀成虫，还可利用防虫网等阻隔成虫。可选用90%晶体敌百虫1000倍液、25%杀虫双水剂 500 倍液、50％辛硫磷乳油 1000 倍液、70％吡虫啉 10000 倍液等浇根，杀死幼虫，持效期可达 15d。如田间出现成虫应大面积同时进行喷药防治，可选用灭幼脲 1 号或 3 号 500～1000 倍液、40％菊·杀乳油 2000～3000 倍液、20％氰戊菊酯乳油 2000～3000 倍液、90％晶体敌百虫 1000 倍液、2.5％溴氰菊酯乳油 3000 倍液等喷雾防治。

喷药宜于早、晚进行。从田块的四周向田的中心喷雾，防止成虫跳至相邻田块，以提高防效。注意采收前 20d 禁止使用农药。

(2) 菜螟 (彩图 6-27) 生物防治，用含活孢子量 100 亿/g 的苏云金杆菌乳剂、杀螟杆菌或青虫菌粉，对水 800～1000 倍，喷雾防治。在气温 20℃以上时使用，可以收到高效。化学防治，菜螟对多种杀虫剂都很敏感，但因该虫是钻蛀性害虫，钻后又有丝网保持，因此掌握好打药时间是防治的关键。在萝卜幼苗出土后即应检查菜螟卵的密度及孵化情况，保证在幼苗孵化初期和蛀心前喷药。一般喷洒 2～3 次，并注意将药喷到菜心内。可选用 90％晶体敌百虫 800～1500 倍液、5％氟啶脲或氟虫脲或四氟脲乳油 4000 倍液，或 20％除虫脲、25％灭幼脲悬浮剂 500～1000 倍液，或 50％辛硫磷乳油 2000～3000 倍液、2.5％氯氟氰菊酯乳油 4000 倍液、2.5％溴氰菊酯乳油 3000 倍液等轮换喷雾防治，每隔 5～7d 喷一次，共喷 3～4 次。

(3) 菜青虫 (彩图 6-28)、猿叶虫 (彩图 6-29) 生物防治，在菜青虫卵孵盛期用 3.2％苏云金杆菌可湿性粉剂 800 倍液或青虫菌 6 号 (每克含 100 亿个以上孢子) 500～800 倍液、25％或 30％除虫脲或灭幼脲 500～1000 倍液等喷雾，30℃以上时防治效果较好。菜粉蝶主要采用化学防治为主的综合措施进行控制。由于菜粉蝶幼龄幼虫抗药力很弱，及时用药十分重要，幼虫的孵化盛期为最佳施药期。可选用 90％敌百虫晶体 1000 倍液、10％氯氰菊酯乳油 2000～3000 倍液、5％四氟脲或氟虫脲或氟啶脲乳油 4000 倍液、20％除虫脲或 25％灭幼脲胶悬剂 1000 倍液、50％辛硫磷乳油 1000 倍液、25％杀虫双水剂 500 倍液、2.5％溴氰菊酯乳油 3000 倍液、2.5％高效氯氟氰菊菊酯乳油 5000 倍液等喷雾防治。

(4) 菜蚜 (彩图 6-30) 在我国为害萝卜的蚜虫主要有两种：菜溢管蚜 (又称萝卜蚜) 和桃蚜。生物防治，菜蚜有很多天敌，包括多种瓢虫、蚜茧蜂、食蚜蝇、草蛉等。此外，一些寄生菌如蚜霉菌对蚜虫也有一定的抑制作用。防治蚜虫要注意保护这些天敌，以便利用它们控制菜蚜的发生。也可用苏云金杆菌乳剂每亩 600～700g 喷雾，以菌治虫。物理防治，利用蚜虫忌避银色反光的习性，可采用银色反光塑料薄膜或银灰色防虫网避蚜，此外，还可用黄盆或黄板诱杀。化学防治，可选择具有内吸、触杀作用的低毒农药，如 50％抗蚜威可湿性粉剂或水分散粒剂 2000～3000 倍液、2.5％溴氰菊酯 3000 倍液、40％乐果乳油 1000～2000 倍液等交替喷雾防治。喷药时要周到细致，特别注意心叶和叶背面要全面喷到，在用药上尽量选择兼有触杀、内吸、熏蒸三重作用的农药。

(5) 小菜蛾 (彩图 6-31) 生物防治，多采用苏云金杆菌等细菌杀虫剂，使用每克含 100 亿活孢子制剂 500～1000 倍液喷洒。为提高防效，应在日平均气温达到 20℃以上时使用，孢子液中加入 0.1％的洗衣粉，或加入少量的化学农药，或与化学农药配合使用，特别在小菜蛾对化学农药产生抗性时，这样更为有效。性诱剂诱蛾，应用人工合成的小菜蛾性诱剂，每个诱芯含性诱剂 50μg，诱集有效期可达 30d 左右。性诱剂诱杀的方法：用一个口径较大的水盆，盆内盛满水，并加入少量洗衣粉，把诱芯吊在水盆上方，距水面 1cm 左右，每天傍晚放出，清晨收回，一般可使用 20～30d。提倡选用 0.2％苦皮藤素乳油 1000 倍液、0.5％藜芦碱醇溶液 800 倍液、0.3％印楝素乳油 1000 倍液、0.6％苦参碱水剂 300 倍液、25％灭幼脲悬浮剂 1000 倍液、2.5％多杀霉素悬浮剂 1000 倍液等喷雾防治。

化学防治，由于小菜蛾常年猖獗，发育期短，世代数多，农药使用频繁，抗药性发展极快，已成为此虫化学防治的一大难题。可选用除虫脲或灭幼脲 500～1000 倍液、3％啶虫脒乳油 1500 倍液、5％氟啶脲乳油 2000 倍液、5％氟虫脲乳油 2000 倍液、10％氯氰菊酯乳油 3000 倍液、1.8％阿维菌素乳油 33～50mL/亩等，于发生初期均匀喷洒到叶背面或新叶上，每 5d 喷一次，连续喷 3～5 次。对于小菜蛾的化学防治，切忌单一种类的农药常年连续使用。特别应注意提倡生物防治，减少对化学农药的依赖性，必须用化学农药时，一定要做到交替使用或混用，以减缓抗药性产生。

（6）地老虎　毒土、毒砂防治，50％辛硫磷乳油 0.5kg 加水适量，喷拌细土 50kg，或 2.5％溴氰菊酯乳油配成浓度为 45～50mg/kg 的毒砂，上述毒土或毒砂，每亩用 20～25kg，顺垄撒施于幼苗根际附近。

化学防治，及时防治幼龄期幼虫，小地老虎 3 龄以前的幼虫抗药力弱，应及时进行化学防治。可选用 2.5％溴氰菊酯乳油 3000 倍液、50％辛硫磷乳油 1000 倍液、90％敌百虫晶体 800 倍液等喷雾防治。如果发现时幼虫已 3 龄以上，也可用 90％敌百虫晶体 800 倍液灌根杀死潜伏在土壤中的幼虫。

（7）地蛆　注意施用充分腐熟的有机肥，施肥时做到均匀深施，种子和肥料要隔开。也可在粪肥上覆盖一层毒土，或粪肥中拌一定量的药剂。萝卜蝇发生后，不要再追施粪稀，而改用化肥。成虫发生时，可用 2.5％的敌百虫粉剂 1.5～2kg/亩喷粉，或选用 90％晶体敌百虫 800～1000 倍液、2.5％溴氰菊酯乳油 3000 倍液等喷雾，每 7d 喷一次，连续喷 2～3 次。药要喷在植株基部及其周围的表土上。

如果出现了幼虫为害，可选用 90％晶体敌百虫 800～1000 倍液、50％乐果乳油 1500～2000 倍液等灌根。

（8）蝼蛄　药剂拌种，可用 50％辛硫磷乳油，或 40％乐果乳油，按种子重量的 0.3％拌种。利用蝼蛄的趋光性用黑光灯诱杀成虫。人工挖窝灭虫或卵，早春沿蝼蛄造成的虚土堆查找虫源，发现后，挖至 45cm 深处即可找到蝼蛄。或在蝼蛄发生较重的地里，在夏季蝼蛄的产卵盛期查找卵室，先铲去表土，发现洞口，往里挖 14～24cm，即可找到虫卵，再往下挖 8cm 左右可挖到雌虫，将卵和雌虫一并消灭。

（9）蛴螬　防治成虫，在防治适期，用 40％乐果乳油 800 倍液或 90％晶体敌百虫 800～1000 倍液喷洒于成虫的寄主植物叶片上。也可用 90％晶体敌百虫每亩 0.1～0.15kg，加少量水稀释后拌细土 15～20kg，制成毒土，撒在地面，再结合耙或锄地使毒土与土混合。

防治幼虫，一是药剂拌种，用 50％辛硫磷乳油 0.5kg，加水 25～50kg，拌种子 150～500kg，或 2.5％溴氰菊酯乳油，按有效成分 0.00125％～0.01％拌种；二是可用土壤处理，结合播前整地，每亩用 5％辛硫磷颗粒剂 1.5～2.5kg，均匀撒布于田间，浅犁翻入土中或撒入播种沟内。

当田间发现有金龟子幼虫为害时，可用 50％辛硫磷乳油 250mL 拌细土 25～30kg，顺垄条施、穴施，或加水 1000～1500kg 灌根。但用毒土或颗粒剂时，最好趁雨前和雨后土壤潮湿时施下，如天旱不下雨，则需灌溉或松土，可延长药效，提高防治效果。

第二节　胡 萝 卜

一、胡萝卜生长发育周期及对环境条件的要求

1. 胡萝卜各营养生长阶段特点

（1）发芽期　从播种到子叶展开，真叶露心，一般需要 10～15d。不仅发芽慢，而且发芽条件的要求也较其他根菜类严格。在良好的发芽条件下，发芽率为 70%，而在稍差的露地条件下，发芽率有时会降至 20%。因此，这一时期要求从水分到温度上创造良好的发芽条件，保证出苗齐，出苗全。

（2）幼苗期　从真叶露心到 5～6 片叶，一般需要 25d 左右。这一时期的光合作用和根系吸收能力都还不强，幼苗生长比较缓慢，5～6d 或更长的时间才生长出一片新叶，不过在 23～25℃温度下生长较快，温度低时则生长很慢。苗期对于生长条件反应比较敏感，应随时保证有足够的营养面积和肥沃湿润的土壤条件。胡萝卜苗生长很慢，抗杂草能力差，因此，幼苗期及时清除田间杂草，以保证幼苗苗壮成长。

（3）叶生长盛期　又叫莲座期或肉质根生长前期，一般需要 30d 左右。这一时期叶面积扩大，同化产物增多，肉质根开始缓慢生长，但同化产物主要提供给地上部。生长盛期的叶片生长对于光照强度反应比较敏感。当展开 10 片叶以后，下部叶片光照不良，就开始枯黄、落叶。不过叶片枯黄的早晚与植株营养面积和叶片徒长情况有关。营养面积小和叶片徒长，则叶片提早枯黄和脱落，从而影响肉质根的肥大，这个时期的生长也要与萝卜一样，要注意地上部和地下部的平衡生长，肥水供给不能过大，要保证地上部叶子"促而不要过旺"。

（4）肉质根生长期　一般需要 30～50d，占整个营养生长期 2/5 左右的时间。这一时期肉质根的生长量开始超过茎叶的生长量，新叶生长，老叶死亡，叶片维持一定数量，这个时期主要是保持最大的叶面积，创造光合产物供肉质根膨大。所以，要充分满足胡萝卜对肥水的需求，及时追肥浇水，在施氮肥的同时增施钾肥，经常保持土壤湿润，保证地下部的生长。

2. 胡萝卜对环境条件的要求

（1）温度　胡萝卜是半耐寒性的蔬菜，对温度的要求和萝卜很相似，胡萝卜的耐寒性和耐热性比萝卜稍强。营养生长期和生殖生长期对温度的要求不同。种子发芽的最低温度是 4～6℃，最适温度是 21～25℃，6～7d 即可发芽。叶部生长有较强的适应性，生长适宜温度是白天 18～23℃，夜间温度 13～18℃，温度过高或过低都不利于胡萝卜的生长。肉质根膨大期要求白天气温 15～23℃，夜间气温 13～15℃，3℃以下即停止生长。温度长时间高于 25℃会导致肉质根短、颜色浅、尾端尖、产量低、品质差。肉质根胡萝卜素形成的适宜温度为 15～21℃，开花与种子灌浆期适宜的温度为 25℃左右。由于叶丛生，适应性强，而肉质根生长需要较低的温度，所以叶丛生育期可以安排在温度较高的夏季或早春，使肉质根形成期处于冷凉的秋季或初夏。在温度过高的季节，肉质根发育迟缓，产量低，品质下降。胡萝卜植株生长到一定大小后，才能感受低温的影响，易抽薹的品种在苗期 4～5 片真叶时就能感受低温而进行花芽分化，在 5～6 月份播

种或夏播冬收的胡萝卜在8～9月份长日照条件下抽薹开花。一般品种在1～3℃条件下15～20d即可通过春化阶段，而在10℃左右条件下需要长时间才能通过春化阶段。因此，繁种制种田栽培，要掌握好春化阶段的温度，保障植株抽薹开花，达到结实丰产的目的。

（2）光照　胡萝卜是长日照型蔬菜，对光照的要求较高。只有在长日照条件下，才能通过光照阶段，而进入抽薹开花结实的生命历程。充足的光照可使叶面积增加，光合作用增强，延迟叶片衰老，促进肉质根膨大，提高产量。种植密度过大或杂草丛生的生长环境，植株得不到充足的光照，会造成产量下降、品质劣化。繁种制种田胡萝卜需在13h以上的长日照条件下通过光照阶段，然后才能抽薹开花。但其营养生长要求中等日照时数，光照充足。光照不足，则叶片狭小，叶柄细长，影响肉质根的膨大。

（3）水分　胡萝卜根系发达，吸水能力强，叶面积小，叶片蒸发水分比较少，比较耐旱。前期水分过多会影响肉质根的膨大生长。后期应保持土壤湿润，以促进肉质根旺盛生长膨大。播种时保持土壤潮湿，促使种子发芽和出苗整齐。幼苗期和叶生长盛期见干见湿，既要保证地上部正常生长，又要增加土壤透气性，促使直根发育良好。肉质根膨大期需水量最多，要均匀浇水，也要防止灌溉量的剧烈变化造成裂根。胡萝卜一般在肉质根采收前10～15d停止浇水，减少开裂，利于贮运。

（4）土壤　胡萝卜要求土层深厚、肥沃、排水良好的砂壤土。在透气不良的黏土、土壤杂物太多的地块栽培，肉质根颜色淡、须根多、易生瘤、品质低劣。在低洼排水不良的地方，肉质根易破裂，常引起腐烂，叉根增多，会引起歧根、裂根、烂根等现象增多。胡萝卜对土壤酸碱度的适应范围较广，在pH值为5～8的土壤中均能良好生长，在pH值为5以下的土壤中则生长不良。

（5）养分　胡萝卜对氮肥、钾肥的吸收量大，磷肥次之。氮肥不宜过多，否则易引起徒长，使肉质根变细，降低产量。而充足的钾肥能促进根部形成层的活动，有利于肉质根的生长，增产效果十分显著。胡萝卜需磷较少，但必须满足其生理需要，否则就会影响肉质根膨大和品质。胡萝卜喜迟效性有机粪肥，并以畜禽圈粪为佳。施肥应以基肥为主，追肥为辅。每生产1000kg产品约吸收氮3.2kg、磷1.3kg、钾5kg，氮、磷、钾吸收量之比是2.5：1：4。

二、胡萝卜栽培季节及茬口安排

1. 胡萝卜的主要栽培季节

胡萝卜为半耐寒性蔬菜，发芽适宜温度为20～25℃，生长适宜温度是白天18～23℃，夜间温度13～18℃，温度过高、过低均对生长不利。胡萝卜春播一般在2月中旬，秋播在7月上中旬。把处理好的种子，开浅沟将种子沿沟播下，覆土不能太厚，一般不超过1cm，并进行镇压。播后立即浇透水，出苗前要保持土壤见湿不见干，可以确保及时出苗。春播要采用地膜覆盖，温度、湿度都能保持。秋播最好在畦面上覆盖适量的麦草，既可以保墒，又可以防止雨后土壤出现板结现象，以利苗齐苗全。

一般要根据品种的特征、特性、自然条件以及当地胡萝卜的预收期来确定播种时间，过早播种容易出现未熟抽薹现象，过晚播种容易出现生产后期温度过高，影响肉质根的产量和品质。

① 夏秋播 俗语说："七大、八小、九丁丁"，在合适时期播种是取得高产的关键。胡萝卜栽培主要以夏秋种植为主。天气干旱时，最好先将土壤灌湿，再整地播种。在广东、福建等地，8～10月份可随时播种，冬季随时收获。长江中下游地区，8月上旬播种，11月底收获。华北地区，7月上旬至中旬播种，11月上中旬收获。高纬度寒冷地区，播种期可稍提早。北方地区一般在7月上中旬播种，新疆北部地区应于6月上旬播种，10月份收获。全国主要城市夏秋播胡萝卜的播种期与收获期见表6-7。

表6-7　全国主要城市夏秋胡萝卜的播种期与收获期（陈景长）

地区	播种期/(月/旬)	收获期/(月/旬)	生长日数/d
哈尔滨	6/下	9/下～10/上	90～100
长春	6/下～7/上	10/中	100～110
沈阳	7/上～7/中	10/中～10/下	100～110
呼和浩特	6/中～6/下	10/上～10/中	100～110
乌鲁木齐	6/下～7/上	10/上～10/中	100～110
兰州	7/中	11/上～11/中	110～120
太原	7/上	10/下～11/上	110～120
北京	7/中	10/中～11/上	110～120
西安	7/中～7/下	11/上～11/中	110～130
郑州	7/中～7/下	10/中～11/上	120～130
济南	7/中～7/下	10/下～11/上	100～120
上海	7/上～7/下	10/上～11/上	100～140
成都	7/中	11/上～12/上	100～150
广州	7/上～9/下	田间越冬	翌春收获

② 春夏播 胡萝卜也可以春夏种植。在北方地区，春季播种胡萝卜后，生育初期气温较低，易使植株通过春化阶段在夏季先期抽薹。为了防止先期抽薹现象的发生，播种期不宜过早；而播期过晚，则使肉质根的膨大期处在炎热多雨的6～7月份，过高的湿度易引起多种病害的发生，过高的气温严重影响肉质根营养的积累，这都会大幅度地降低产量。因此，胡萝卜的春播时间一定要适宜。一般选择地表下5cm地温稳定在8～10℃时播种。例如，山东、河南等地露地栽培一般于3月20日前后播种，出苗后约10d即度过晚霜期，4月中下旬长至3～4片叶时气温已升高至10℃以上，这样一般不会发生先期抽薹现象。很多地方利用小拱棚栽培胡萝卜，可于3月上旬播种，待4月中下旬逐渐撤去塑料薄膜，转入露地栽培，这种栽培方法也不会发生先期抽薹现象。由于播种期提早，肉质根膨大期提早至冷凉的时间，所以产量较高。此外，京津地区是3月下旬至4月上旬播种，南方地区可适当早播。选择新鲜干籽直播，用量为每亩0.5～1.5kg。

2. 胡萝卜栽培主要茬口安排

长江流域胡萝卜主要是露地秋冬季、春季栽培。胡萝卜栽培茬口安排见表6-8。

表6-8　胡萝卜栽培茬口安排（长江流域）

种类	栽培方式	建议品种	播期/(月/旬)	播种方式	株行距/(cm×cm)	采收期/(月/旬)	亩产量/kg	亩用种量/g
胡萝卜	秋露地	新黑田五寸参、三红胡萝卜	7/中下～8	直播或条播	15×20	11/下～12/上	3000	500～800
	春露地	新黑田五寸、红誉五寸	3/上中	直播	(15～18)×20	6	3000	500～800

三、胡萝卜主要栽培技术

1. 春夏胡萝卜栽培技术要点

胡萝卜春播夏收属于反季节栽培，近年来栽培面积逐渐增加，主要是为满足出口需要。

（1）品种选用　春播胡萝卜对品种的选择十分严格，宜选用冬性强、不易先期抽薹、耐热、抗病的早熟或中熟小型品种，尽量在炎夏到来前，肉质根已基本膨大，达到商品采收标准。出口的胡萝卜，要求为皮、肉、芯柱颜色一致的橙红色品种。

（2）整地施肥　前茬以番茄、甘蓝、白菜、茄子、豆科作物以及越冬菠菜为好。选择土层深厚、肥沃、排水良好的土壤或砂壤土栽培。在冬前进行秋翻晒垡，开春土壤化冻后尽早整地，播种前深耕 30cm 以上，去除土壤或基肥中的砖块或石块等。利用塑料大棚和小拱棚栽培的，播前 15～20d 盖棚膜，以利于提高地温，提早化冻整地，促进播种后及早出苗。每亩施充分腐熟的优质农家肥 3000～4000kg，硫酸铵 10～15kg，草木灰 100～150kg，锌肥 1～2kg。

耕耙整平后，施入辛硫磷或敌百虫杀地下害虫，做成高 5cm、宽 0.8m 的畦，沟宽 20cm，露地栽培最好起垄后覆盖地膜，盖膜前宜用 40％仲丁灵乳油 200g，或 33％二甲戊灵乳油 150～200g，对水 50～60L，均匀喷布在畦面除草。

（3）种子处理　胡萝卜种子果皮较厚，种皮革质，发芽困难。加之种子胚小，发芽期长，消耗养分较多，导致幼苗出土能力差。在大田播种时如遇低温、高温、土壤干燥、覆土过厚等不良条件，其发芽率更低，仅达 30％～40％，直接影响产量和品质。为了提高种子发芽率和消灭种子表面的病原物及虫卵等，一般播种前需进行种子处理。

胡萝卜播种时，一般采用干籽直播。播种前，选晴天晒种 1～2d，可提高种子发芽势和发芽率。如果是毛籽，播种时应先将种子上的刺毛揉搓掉，使种子与土壤能够密切接触，多吸收水分，利于发芽。有时播前还可以进行浸种催芽。胡萝卜种子处理常用方法有如下几种：

① 干热处理　将经过挑选的胡萝卜种子于 60～70℃条件下处理 48～72h，可有效杀灭种子表面的病原真菌、细菌及虫卵等，也能消除种子内部的病原物，且能激发种子的发芽势和生活力。如果无恒温设施进行处理，可在晴天将种子摊开曝晒 2～3d，以太阳光高温杀菌，增强种子发芽能力。经干热处理后，待种子温度降至室温即可播种，亦可继续进行其他常规种子处理。

② 药剂消毒　用 58％甲霜·锰锌可湿性粉剂，或医用硫酸链霉素 2000 倍液浸泡 30～60min，以药物灭杀种子上的病菌。

③ 温汤催种　将搓毛后的种子，放入 30～40℃的温水中浸种 3～4h，捞出后放在湿布中，置于 20～25℃条件下恒温催芽，催芽中要每天冲洗种子 1～2 次，保持种子湿润和有足够的氧气，并使温、湿度均匀一致，待 80％～90％种子露白后，即可拌湿沙播种。

④ 干湿交替法　将胡萝卜种子放入一个容器内，种子量不超过容器的 2/3，倒入种子重量 70％的水，充分搅拌，加盖封闭 24h 后，把种子平铺在报纸或木板上，屋内自然干燥。干湿处理一次约需 2d 时间，如此处理 2～3 次效果更好。如果种子最后一次自然干燥延长 1～2d，贮藏可达 40d。处理后，种子可直接播入大田，种子发芽早，发芽

率高，出苗比较整齐。

⑤ 低温处理　用相当于种子量 90%～95% 的 15～20℃ 的水浸种，4～5d 种子膨胀后放入容器中，上面盖上湿布，放在 0℃ 下处理 10～15d，然后播种。

（4）适时播种　春胡萝卜播种过早容易抽薹，过晚播种导致肉质根膨大处在 25℃ 以上的高温雨季，造成肉质根畸形或沤根。胡萝卜肉质根膨大的适宜温度在 18～25℃，因此，在选用耐抽薹春播品种的前提下，可在日平均温度 10℃ 与夜平均温度 7℃ 时播种。在长江中下游地区，一般春胡萝卜播种适期为 3 月上中旬，利用塑料小拱棚或塑料大棚，播种期还可适当提前，作畦撒播或条播。

无论撒播或条播，播后应覆 1.5cm 左右厚的细土。播种后用耙子耙 2～3 遍，使地表平整，覆盖种子的浮土一定要细，有利于种子发芽。再用铁锹背轻轻地拍打畦面，使种子与土壤紧密结合。

胡萝卜在喷施除草剂后一般出苗比较慢，经过浸种后，从播种到出苗需要 9～10d。为了防止杂草比胡萝卜苗早出土，造成草荒，最好在播种的当天或第二天喷施除草剂。方法是每亩地用除草剂 150～200mL 加水 50kg 喷洒畦面，对主要杂草的防除率可达 80%～90%。

春播胡萝卜，播后在畦面上盖一层地膜，可以达到增温的效果，保持土表湿润，防止下雨的时候土壤板结而出苗困难。播种后 9d 胡萝卜幼苗将要露土之前，把地膜撤掉。

若全程采用地膜覆盖栽培，可在播种时用膜面用直径 3cm 打孔器，开穴点播，株行距均为 16cm，播深 1cm，每穴点籽 5～8 粒，然后覆土盖严。

（5）田间管理　播后出苗前视墒情浇水，保持土壤湿润。条播的，1～2 片真叶时间苗，留苗株距 3cm，3～4 片真叶第二次间苗，留苗株距 6cm。4～5 片真叶时定苗，小型品种株距 12cm，每亩留苗 4 万株左右，大型品种株距 15～18cm，每亩留苗 3 万株左右。每次间苗后要结合中耕松土，防止曲根。间苗时最好采用掐苗的方法，以防间苗时松动土壤，造成根系损伤，引起死苗、叉根，影响产量及品质。此外，还应注意中耕除草，并结合中耕加强培土，防止肉质根顶端露出地面形成青肩。

定苗后及时浇水、追肥，幼苗期应尽量控制浇水，进行中耕蹲苗，防止叶片徒长而影响肉质根生长，原则上只要土壤见干见湿即可。8～9 片叶时，肉质根开始膨大，结束蹲苗。整个生育期要浇水追肥 2～3 次，第一次在定苗后 5～7d 进行，每亩施复合肥 10～15kg，然后小水漫灌。第二次在 8～9 片真叶即肉质根膨大初期进行，结合浇水每亩施复合肥 25～30kg，或每亩用过磷酸钙 3～4kg、氯化钾 3.5kg 对水 1500L 追肥。肉质根膨大期要经常保持土壤湿润，发现旺长时可用 15% 多效唑可湿性粉剂 1500 倍液喷施。4 月中旬可在畦埂上种植 1 行玉米，降低地温。蚜虫发生时，可用 50% 抗蚜威可湿性粉剂 2000 倍液喷雾防治。

（6）适时收获　一般播后 90～100d，可分期分批采收。早熟品种可从 6 月上旬开始收获。6 月下旬气温上升到 30℃ 以上，抑制了肉质根的膨大，影响肉质根的品质，可全部采收。收获后经预冷贮存于 0～3℃ 冷库中，可供应整个夏秋季节。

2. 夏秋播胡萝卜栽培技术要点

夏秋栽培是胡萝卜主要的栽培方式，我国大部分地区胡萝卜栽培主要是夏秋播种，初冬收获。南方冬季气候温和的地区则可秋季播种，田间越冬，翌年春天收获。

（1）整地施肥　选择地势高燥、土层深厚、土质疏松、保水能力强、排水良好、富含有机质的砂壤土或壤土。由于胡萝卜肉质根入土深，吸收根分布也较深，如耕翻太浅或心土硬实，会使主根不能深扎，肉质根易于弯曲，甚至发生叉根，故应深翻25cm以上，剔出瓦砾、玻璃等硬物及废塑料等。整成垄底宽60cm，垄高15～20cm，垄打好后轻轻镇压。

施肥以基肥为主，追肥为辅，肥料需充分腐熟，严禁施用未腐熟的有机肥作基肥。一般每亩施堆肥、厩肥或人粪尿5000kg，进行全层铺施，诱使根系向深层分布，再加过磷酸钙15～20kg、硫酸钾5～10kg，于耕翻整地时掺到农家肥中施入。

（2）播种

① 播期选择　适时播种是获得高产、优质的重要条件之一。根据胡萝卜叶丛生长期适应性强，肉质根膨大要求凉爽气候的特点，在安排播种期时，应尽量使苗期在炎热的夏季或初秋，使肉质根膨大期尽量在凉爽的秋季。秋季冷凉的气候，最适于胡萝卜肉质根的伸长和膨大，故易获得高产。由于胡萝卜苗期的耐旱及耐热力强，为了使肉质根的生长安排在最适宜的温度条件下，必须将播种期适当提早。一般在长江中下游地区，秋播胡萝卜播期最好在7月份，最迟在立秋前；华南地区可延迟到10月中下旬播种；高寒地区可提前至6月至7月上旬播种。

② 播种量的确定　秋栽胡萝卜播种的出苗期正赶上高温干旱季节，高温不利于胡萝卜种子的发芽和幼苗生长，成苗率比春季低，因此，要适当增加播种量并在播种后覆盖遮阳网。每亩播种量条播为250～350g，撒播为350～450g。播种后遮阳物不足的地方，播种量还要增加100～150g。把已经有10%～20%露白的种子均匀拌入适量细土中，再进行播种，有利于播种均匀。

③ 播种培苗　秋季播种时间最好安排在早晨或下午4时以后。选择质量好的新种子，播前要搓去种子上的刺毛，用58%甲霜·锰锌溶液浸泡种子，浸种催芽后播种，胡萝卜常见的播种方式主要有条播和撒播两种。条播按20～25cm行距开深2～3cm的沟，将种子均匀播于沟内，为保证播种均匀，可用适量的细沙与种子混匀后播种，播后覆土2cm，轻轻镇压后浇水。垄作均行条播，每垄播2行。平畦或高畦可以撒播。播种后覆土1.5～2cm厚，镇压、浇水。进口种子可用采用穴播或点播。

如果选择使用开沟、播种、覆土、镇压多功能一体胡萝卜播种机，应该将机器调试行距为15cm，株距为10cm（每穴2～3粒种子），沟深10～12cm，用18kW拖拉机作动力，每床种4行，一次性完成。在开沟后用50%辛硫磷乳油250mL拌谷粒2.5kg，施入播种沟内，可以有效防治地下害虫。用48%氟乐灵乳油200～250g，加水50～60kg稀释，在覆土后覆膜前均匀喷施在床面上，可以控制苗期田间杂草的生长。播种后人穿平底鞋，顺垄踩实，形成自然小垄沟，使种子与土壤紧密接触，有利于胡萝卜出苗。然后覆膜，要拉紧压实，每隔50～100cm用土横向压在膜上，或用塑料袋装土200～300g适当压苗床，防止大风揭膜。

④ 播后管理　播后到出苗要求保持土壤湿润。在播种时掺入2%～5%的小白菜或茼蒿种子，可为出苗后的胡萝卜幼苗遮阳。播种后最好在畦面上覆盖麦秸草等保墒、降温、防大雨冲刷等，有利于出苗，出苗后陆续撤去覆草。

（3）田间管理（彩图6-32）

① 除草　播种后要喷洒除草剂杀灭杂草，每亩用40%仲丁灵乳油200g，或50%扑草净可湿性粉剂100～125g，或50%利谷隆可湿性粉剂100～150g，或33%二甲戊灵乳油150～200g等，对水50～70L喷布土表。也可在第一次间苗后施用除草剂，每亩用50%扑草净可湿性粉剂100g对水60～75mL喷布于地面。

② 间苗　早间苗，稀留苗，是胡萝卜高产的关键。齐苗后要及时间苗。第一次间苗在 1～2 片真叶时进行，苗距 3～4cm；4～5 片叶时进行第二次间苗；长出 5～6 片叶时第三次间苗定苗，苗距为 10～15cm。间苗时应着重拔去叶色特别深的苗、叶片及叶柄密生粗硬茸毛的苗、叶数过多的苗，叶片过厚而短的苗等，这些苗多形成叉根、心柱较粗或肉质根细小等。

③ 灌溉　发芽期要浇 3 次水，三水齐苗，农谚有"七天三水、不出就毁"，经常保持土壤湿润，使土壤湿度保持在 65%～80%。齐苗后，幼苗需水量不大，不宜过多浇水，应使土壤见湿见干，一般每 5～7d 浇一次水，以利发根，防止幼苗徒长。胡萝卜肉质根长到手指粗时，应及时浇水，使土壤经常保持湿润。如果水分供应不足，土壤干旱，就容易引起肉质根木质部的木栓化，使侧根增多，如果浇水过多，则会引起肉质根开裂，降低产品质量。

④ 追肥　追肥应施用硫酸铵等速效肥料，全生长期可分 3 次追肥。肉质根迅速膨大期进行第一次追肥，以后每隔 15d 施一次，共施 3 次，每次每亩结合浇水追施粪稀1500kg 或磷酸二铵 20kg 和硫酸钾 15kg。

⑤ 培土　胡萝卜根一般露出土面不多，但由于受雨水冲刷或土层浅，土质坚实时，上部也会露出土面，受阳光直射而变成青色，组织硬化，影响品质，可结合中耕除草进行培土，以不使肉质根露出土面为宜。

（4）适时采收　胡萝卜自播种至采收，一般早熟种 80～90d，中晚熟种 100～120d。要适时收获，收获过晚，胡萝卜肉质根容易硬化，或在田间遭受冻害而不耐贮藏。一般在 10 月下旬开始收获，陆续供应市场，准备贮藏的秋胡萝卜，可适当迟至 11 月上旬收获。

3. 胡萝卜高山栽培技术要点

胡萝卜高山栽培，从 3 月份到 7 月份均可播种，收获期在 6 月底至 10 月份。高海拔山区播种期可安排在 5 月份，以防止高山低温引起的早期抽薹现象。低山区可在 3～4 月份播种，前期用薄膜覆盖，后期撤膜进行露地栽培。

（1）基地选择　最好选择土壤有机质含量高、光照条件好、耕作层深厚、排灌方便的砂壤土地，最好是经过冬冻的田块。深翻细耙，深度为 25～30cm，有条件的最好用机械翻耕。

（2）品种选择　选择耐热、抗抽薹、品质好和产量高的早中熟优良品种。

（3）整地施肥　结合深耕施基肥，一般每亩施腐熟有机肥 3000～3500kg，复合肥30～40kg，钙镁磷肥 50～100kg。作高畦，畦宽 1.3m 左右，畦高 20～25cm，沟宽 30～40cm。

（4）播种育苗　在日平均气温稳定在 10℃ 左右、夜间平均气温稳定在 7℃ 左右时播种。要进行浸种催芽，使胡萝卜种子早出苗，方法是将种子浸入 40℃ 的温水中 2h，取出后放在 20～25℃ 的温度下，保持稳定的温度，隔几个小时翻动一次，待大部分种子露白时及时播种。播种时采用条播，行距约为 16cm，浇足底水后播种，用筛过的细土进行覆盖，厚约 1cm，覆土后镇压。播种完后，再用 96% 精异丙甲草胺乳油 60mL，对水 60L 喷施畦面，然后盖上地膜或农作物秸秆，苗出土 80% 时揭去覆盖物。

（5）田间管理　出苗后及时间苗，当幼苗具 1～2 片真叶时第一次间苗，苗距 4cm左右；第二次间苗结合进行定苗，在 4～5 片时进行，一般苗距为 （12～14）cm×（12～14）cm。撒播的，苗距可为 （10～13）cm×（10～13）cm。大根型品种，苗距为

（14~18）cm×（14~18）cm。要选留具本品种特征的健壮苗，其余的可以全部拔去。在肉质根膨大前期可培土，将沟间土壤培向根部，使直根没入土中，防止见光转绿，出现"青头"。

胡萝卜生长期较长，应加强肥水管理。在施足基肥的基础上，一般追肥2~3次，第一次追肥在幼苗2~3片叶时进行，可用稀薄的粪水加尿素3~5kg，氯化钾2~3kg，进行浇施。第二次追肥在定苗后5~7d进行，结合浇水每亩施硫酸钾复合肥10kg。当8~9片真叶，肉质根大拇指粗时，结合浇水进行第三次追肥，每亩施尿素7kg，过磷酸钙、硫酸钾各3.5kg。

膨大期要经常保持土壤湿润，以避免土壤水分不足引起肉质根木栓化，侧根增多；但也不能水分过大，以免引起肉质根腐烂，也不能忽干忽湿，造成肉质根裂根。收获前7d左右，要停止灌水，以增进品质。

（6）适时采收　当胡萝卜植株不再长新叶、下部叶片变黄时，选择晴天下午或阴天及时采收。

4. 袖珍胡萝卜栽培技术要点

袖珍胡萝卜是伞型花科胡萝卜属两年生草本植物中的小型品种，近几年来，在日本和西欧风靡一时，我国有少量栽培，主要是为了出口。袖珍胡萝卜根茎小巧玲珑，表皮颜色鲜艳，招人喜爱，单果重仅30g左右，有圆锥形、圆柱形和圆球形三种果形，口感甜脆，适宜生食，成熟早，栽培容易，从播种至采收只需要50~70d。主要供应宾馆、饭店、超市和装箱礼品菜，以鲜食为主。

（1）栽培季节　袖珍胡萝卜可春、秋两季栽培。春季日光温室栽培在2月上旬以后，春大棚在3月上中旬，春露地一般在3月20日后播种；秋露地栽培，一般于7月底至8月中下旬播种。

（2）整地和施肥　袖珍胡萝卜适宜在土层深厚、疏松肥沃、排水良好的砂土地块种植，每亩施用充分腐熟有机肥2000~3000kg、草木灰100kg、过磷酸钙10~20kg。耕深20cm以上，表土要耙细、耙平，将土壤中的石块、砖头、塑料、残根等异物拣出，按1.3~1.5m的间距做成小高畦，畦面宽90~110cm，畦高15~20cm，砂质土壤也可采用平畦的种植方法。

（3）播种　每亩用种量250g左右，直播。播种前晒种一天，可以浸种催芽后再播种，用30℃温水浸种2~4h，捞出后用纱布或软棉布包好置于20~25℃条件下催芽，2~3d后露白时播种。也可干籽直播，条播或撒播，条播行距15~20cm，开沟2~3cm深，播种后覆土1.5~2cm厚，经过浸种催芽的种子，要先浇足底水，等水渗下后再播种覆土。在早春季节播种以后要覆盖地膜，70%出苗时去掉；在风多、干旱地区以及夏秋季节露地种植播种后可覆盖一层麦草，幼苗出齐时撤去。

（4）田间管理

①　间苗除草　在幼苗2~3片真叶时第一次间苗，株距3cm左右，在行间浅中耕松土，并拔除杂草，促使幼苗生长；在幼苗4~5片叶时，结合中耕除草进行定苗，去除过密、弱株和病虫为害株，株距6~8cm，最后定苗时保持行距15~20cm，株距10cm左右，每亩留苗30000株左右。

②　浇水　冬春季节保护地种植，浇足底水后苗期尽量少浇水，以防茎叶徒长；肉质根开始膨大时至采收前7d，应及时浇水，但不要一次浇水过大，以小水勤浇为宜，保持土壤湿润。夏秋季节播种至出齐苗隔1~2d就浇一次水，以利于降低地温，雨后及

时排水防涝。出苗后至肉质根膨大期少浇水，肉质根膨大期隔5～7d浇一次水。

③追肥　种植袖珍胡萝卜整地时，如施用的基肥数量充足可以不必追肥，如施用的基肥数量少应在肉质根膨大初期追肥一次，在行间开沟每亩追施复合肥15～20kg＋硫酸钾10kg。生长期间叶面喷肥2～3次0.3％浓度的磷酸二氢钾。

④温光管理　在保护地种植要随时调节温度和光照，使其在适宜的环境条件下生长，在不同的生育阶段采用不同的温度管理，肉质根膨大期适宜温度为白天15～23℃，夜间13～15℃。冬春季节采取保温措施，经常清扫和擦洗棚膜，以增加棚膜的透光率；夏秋季节上午11点到下午3点棚顶覆盖遮光率60％的遮阳网，以减少日照时数，降低棚内温度。

（5）适期采收　袖珍胡萝卜肉质根较小，10cm以上时即可根据市场需要分批采收。收获要及时，过早、过晚都会影响产品质量和产量。收获过早，产量降低，品质变劣；收获过晚，则肉质根容易木栓化，品质降低。挖出后留3～4cm长的樱，在清水中洗净后用保鲜袋或托盘用保鲜膜包装后出售。一般亩产量1000～1500kg。

5. 胡萝卜膜面覆土栽培技术要点

采用地膜加薄土层的膜面覆土栽培，具有较好的保湿、防涝效果，对控制杂草生长及减轻胡萝卜裂根和软腐病发生效果较好。这是由于地膜上的薄土层屏蔽了阳光，处于地膜下土壤中的杂草种子萌发后得不到阳光照射，不能进行光合作用，当种子中储藏的营养物质被彻底消耗完后，未出土的杂草幼苗便因"饥饿"而死亡；处于地膜以上覆土层中的杂草种子，则因地膜阻断了土壤毛细管水分的上升，得不到生长所需的足够水分，多不能正常萌发和生长；只有播种穴中的杂草种子，能够同时得到充足的水分和阳光萌发和生长，因此，杂草数量大大减少。干旱时地膜可减少土壤水分蒸发，缓解旱情，雨天大量雨水会顺畦面流入畦沟中，最终被排出菜田外，减少了雨水下渗，这样无论雨水多少，土壤水分均能保持相对平衡状态，因此，胡萝卜裂根和病虫害都会减轻。在地膜上覆薄土，还可防止乱大风时地膜被风摧毁。

（1）灌水杀虫　在前茬收获后翻地前3～5d灌一次透水，让水淹没畦面，可杀死菜田中大部分地下害虫。

（2）整地作畦　整地前每亩施腐熟有机肥2500～3000kg，翻地、平整田面后按2.1m宽开沟作畦，畦面宽1.75～1.8m，沟宽30～35cm，沟深25～30cm，畦面成龟背形。每亩用50％辛硫磷乳油150～200mL拌细土15～20kg撒施于畦面，并结合平整畦面耙入表土层，以防地下害虫。

（3）覆膜　播种前，应打透底水后再覆膜，一般用0.006～0.008mm厚的普通地膜，可选用已打好播种孔的地膜进行覆盖，也可先覆膜后打孔。地膜播种孔的孔径以4～5cm为宜。

（4）播种覆土　根据不同季节的气候特点选用适宜品种。将种子点播于地膜的播种孔中央，每孔播种4～6粒。播后从畦沟中取土覆盖在地膜和种子上，覆土厚1.5～2.5cm，要求覆土厚薄均匀一致。

（5）追肥　可将化肥溶于水后打孔灌施，一般追肥2～3次，第一次追肥在破肚期，每亩追施尿素8kg、过磷酸钙8kg、硫酸钾10kg。夏季间隔15d，冬季间隔20～25d后进行第二次追肥，每亩施尿素8kg、过磷酸钙10kg、硫酸钾15kg。以后视生长情况酌情追肥。

（6）灌水　胡萝卜生长适宜的土壤湿度为60％～80％，如土壤过干，则肉质根细小、粗糙，肉质粗硬；土壤过湿，易发生软腐病；若供水不均，忽干忽湿，则易引起裂根。一般施肥后应灌水，平时可根据土壤墒情酌情灌水。肉质根充分膨大后应停止浇水。

(7) 清膜　胡萝卜收获后，应在下茬整地前将地膜彻底清理出菜田，防止对下茬蔬菜生长造成影响和污染环境。

6. 胡萝卜绳播栽培技术要点

绳播技术是利用包衣机对种子进行包衣，再用缠绳机将种子按 3～5cm 的距离裹到种绳内，播种时直接用胡萝卜播种机将种绳播到地里的精量播种技术（彩图 6-33）。可提高胡萝卜播种质量，节约种子和人工间苗成本。该技术在北方得到推广应用。

(1) 种子质量要求　胡萝卜绳播技术对种子质量要求较高，要求种子纯度≥92%，净度≥85%，发芽率≥80%，水分含量≤10%。

(2) 种子处理　每亩种绳用量为 2200m，种子用量为 160～170g。缠绳前需用种子包衣机对胡萝卜种子进行消毒包衣处理。每 100g 种子用多菌灵 50g 稀释 500 倍消毒拌种，然后将拌种消毒后的种子放于包衣机内烘干包衣 15～20min，待种子包衣均匀后取出。

利用气吸式缠绳机对包衣好的种子缠绳，缠绳机需调整好纸带走速和气吸盘转速，不宜过快，缠绳的种子间距以 3～5cm 为宜。

(3) 种绳精量播种　胡萝卜专用播种机可将起垄、播种、覆盖、镇压、喷除草剂、铺设滴灌带一体化进行，用播种机起大垄，2 大垄为 1 组，每组宽 1.25m，组间距 55cm，垄距 45cm，垄高 25cm，每垄上铺设 2 行种绳，行距 15cm，铺设深度 1cm 左右，种绳间埋设滴灌带，滴灌带埋设深度 2.5cm 左右。播种过程中喷施封闭式除草剂氟乐灵或二甲戊灵。

(4) 间苗　待幼苗 5～6 片真叶时进行一次性间苗，隔株去苗，苗距 6～10cm，可结合间苗拔掉杂草，保证幼苗健壮生长。

四、胡萝卜生产关键技术要点

1. 胡萝卜合理密植方法

胡萝卜的产量，是由密度和单株肉质重量构成的。这两个因素协调，才能搭建好高产架子。胡萝卜合理密植要根据栽培品种、产量指标、土壤肥力、管理水平等综合因素确定。

(1) 依品种叶形定密度　胡萝卜的叶形分为直立型、半直立型、平展（葡萄）型三大类型。在三种叶形中，有的品种叶片数多达 17～23 片，有的品种少到 7～9 片。一般品种 10～13 片，功能叶片 7～9 片，叶茎长 15～30cm，叶幅宽 7～15cm；也有一些品种叶片长达 40～60cm。直立型叶片品种，叶片数少、叶茎较短、叶幅较小，田间通风透光性好，耐密性强，可以通过增加群体密度来提高产量；平展叶型品种，叶片数多、叶茎长、叶幅大，容易造成田间荫蔽，引发茎叶徒长，抑制肉质根生长发育，还易引发病虫害，造成生长不良，这类型品种宜稀不宜密，如果种植密度过大，就会降低产量，品质变劣。目前全国新育成和从国外引进推广的胡萝卜品种，多属于半直型和直立型，在确定密度时，可比传统地方品种增加 1/4～1/3。

(2) 依产量指标定密度　因胡萝卜产量是由单位面积群体密度与单株肉质根重共同

决定的，要高产，就要计算出群体指标和个体重量指标，以这两个指标再计算出产量是否与要达到的产量指标相符合。计算的依据：如果肉质根平均重为150g，密度为3万株/亩，那么亩产量能达到4500kg；如果单根重平均为100g，密度仍是3万株/亩，那么亩产量就降到3000kg；如果品种单根产量高，平均能达到200g，那么密度可以降到2万～2.5万株/亩，产量仍能达到4000～5000kg。因此，定好产量指标，根据所栽培品种单株肉质根平均重量，可确定留苗密度。

（3）依土壤肥力定密度　土壤肥力是决定产量高低的重要因素，在确定密度时要测定土壤氮磷钾三大元素含量的高低。通过测定掌握了土壤肥力，就可以肥力定密度，并为配方施肥提供科学依据。一般来说，土壤肥力低的田块宜稀植；土壤肥力高的田块宜密一些；中等肥力田块居中。在生产实践中也不乏土壤肥力低的，通过增加密度获得高产的事例。分析原因，主要是土壤肥力低的地块因肉质根发育差，单根重小，增加密度，平均单根重下降不明显而增加了产量。但也有高土壤肥力因种植过密而引起田间通风透光不良，茎叶徒长，病虫害发生严重而减产的。多数情况下肥力高的地块密一点为宜，土壤肥力低的地块稀一点产量高。

（4）依管理水平定密度　田间管理包括施肥、灌水、促弱控旺、防治病虫草害。如果各项田间管理能及时到位，每亩可增加2000～3000株；如果管理跟不上去，可适当减少密度。

（5）依试验结果定密度　因各地气候条件不同，土壤质地不同，品种特征特性各异，很有必要对栽培的品种作密度试验，以试验结果确定合理密度最为科学。

2. 胡萝卜早出苗、早齐苗技术措施

在生产中，有时胡萝卜种子播下去20～30d了，还未出苗，或出苗不齐、不全。

（1）产生原因

① 种子发芽困难　生长上使用的胡萝卜种子在植物学上为果实，果皮较厚，外面又有刺毛，果皮还含有挥发油，又有革质的种皮，吸水能力差。同时，气体也不易通过果皮和种皮，进一步造成发芽困难。

② 胡萝卜种子发芽率低　因为胡萝卜开花授粉时，受气候影响较大，常常形成无胚或胚发育不良的种子，一般种子发芽率仅为70%左右。

③ 种子营养不足　胚很小，生长势弱，发芽期长，消耗种子养分多，导致幼苗出土能力差。

④ 种子陈旧　北方无霜期较短的地区，胡萝卜种子收获晚，不能供给当年夏播使用，故多用隔年的种子播种，发芽率降至65%左右。一些无霜期长的地区，虽然在夏播前可采收种子，但种子有一段休眠期，也会降低发芽率。

⑤ 播种条件差　夏播时气候炎热，蒸发量大，土温高、易干燥；春播土温低，风大干燥，都不易保持长期的、适于胡萝卜发芽出土的条件。

（2）防止措施

① 种子处理　购种时尽量选用经过处理的光籽，如果是毛籽，播种时先将种子上的刺毛揉搓掉，使种子与土壤密接，多吸收水分，以利发芽。采用浸种催芽，促使胡萝卜早发芽，发芽整齐。

② 选择适宜的土壤　胡萝卜的前作要尽量避开十字花科作物，以防黑腐病、黑斑病和软腐病的发生，最好与葱蒜类蔬菜进行轮作。并选择地势高燥、土层深厚、土质疏松、保水能力强、排水良好、富含有机质、土壤pH值为5.3～7.0的砂壤土或壤土。

③ 施足基肥　有机肥要充分腐熟，每亩施优质有机肥 2500kg 以上，复合肥 50kg 以上，同时防治好地下害虫。

④ 精细整地　深翻松土，并剔出瓦砾、树根，不要有埂块。土壤表面要细碎、平整。在土壤墒情适宜时，耕翻后整成宽 2～2.5m 的畦面，再用免耕条播机免耕一遍，达到泥细。

⑤ 适墒播种　播种时间最好安排在每天上午或下午 4 点之后进行。根据土壤墒情，天旱时最好灌湿涨松后随即播种，以满足胡萝卜种子对水分的需要，播种后用六齿耙浅耙盖种，一般选用当年新种子，亩需种 0.5～0.8kg。

⑥ 套小白菜、茼蒿遮阴　胡萝卜种子出苗慢，小白菜、茼蒿等种子出苗快，播种时可混少量小白菜、茼蒿种子同播，利用小白菜、茼蒿出苗生长快的特点进行遮阴，在胡萝卜种子出苗后及时拔菜上市，既能起到遮阴出苗的作用，又能提高土地利用率，增加收入。混入的小白菜或茼蒿的种子量一般占胡萝卜种子量的 2%～5%。

⑦ 化学除草　胡萝卜一般都是撒播，人工除草比较困难，而且花工多，有时因除草不及时而形成草欺苗。在播种后及时施用化学除草剂，可免去人工除草。每亩用二甲戊灵或敌草胺乳油 100～150mL，在播种后进行土壤处理，防效在 95% 以上。喷药时畦面必须保持湿润，以利于药膜层的形成，有效发挥除草剂的作用。

⑧ 盖草保湿　不管是春播还是夏、秋播，播种后都要充分浇透水，保证种子能吸收到充足的水分而萌发。播种后在畦面覆盖适量的短麦秸草，既可保墒出苗，又可防下雨土壤板结。发芽期间，如果土壤过于干旱，应及时浇水，补充水分，以保持土壤湿润，利于出苗。

3. 胡萝卜配方施肥技术要领

(1) 需肥规律　胡萝卜全生育期每亩施肥量为农家肥 2000～2500kg（或商品有机肥 300～350kg），氮肥 8～11kg、磷肥 5～6kg、钾肥 10～12kg。有机肥作基肥，氮、钾肥分基肥和 2 次追肥，施肥比例为 3：4：3。磷肥全部作基肥，化肥和农家（或商品有机肥）混合施用（表 6-9、表 6-10）。

(2) 基肥　耕前施足基肥。每亩施腐熟厩肥和人粪尿 2000～2500kg（或商品有机肥 300～350kg），尿素 3～4kg、磷酸二铵 11～13kg、硫酸钾 7～9kg。

施肥方法有撒施和沟施，均应与土掺匀。化肥用量多而有机肥用量少时，畸形根比重会增加；增施腐熟有机肥作基肥，可以减少畸形肉质根的形成；若施用未腐熟的有机肥，则易增加畸形根。

(3) 追肥　胡萝卜主要靠基肥，一般不追肥，若基肥不足时，根据苗情，可适量适期追肥。追肥以速效肥为主。第一次在肉质根膨大前期，每亩可追施尿素 6～9kg、硫酸钾 5～7kg；第二次追肥在胡萝卜肉质根膨大中期进行，每亩用尿素 5～7kg、硫酸钾 5～7kg。

追肥方法，可以随水灌入，也可以将人粪尿加水泼施，生长后期和快收获前应严禁肥水过多，否则易造成裂根，也不利于贮藏。

(4) 根外追肥　采收前 25～30d，每亩用磷酸二氢钾 3kg 加水 125kg 进行根外追肥。如果胡萝卜新叶的生长受阻，叶变褐枯死，可用 0.3%～0.5% 的氯化钙溶液喷施叶面，以茎叶都喷湿为度，叶背也要喷到。缺硼会导致根表面粗糙不光滑，降低产品品质，一般可在幼苗期和莲座期、肉质膨大期，各喷一次 0.1%～0.25% 的硼砂或硼酸溶液。喷施应选择在阴天或晴天无风的下午到黄昏进行。缺钼可叶面喷施 0.05%～0.1% 钼酸铵溶液 1～2 次。

表 6-9　胡萝卜推荐施肥量　　　　　　　　　　　　　　单位：kg/亩

肥力等级	目标产量	推荐施肥量		
		纯氮	五氧化二磷	氧化钾
低肥力	2500～3000	10～12	6～7	11～13
中肥力	3000～3500	8～11	5～6	10～12
高肥力	3500～4000	7～10	4～5	9～11

表 6-10　胡萝卜配方施肥推荐量　　　　　　　　　　　　单位：kg/亩

基肥推荐方案				
肥力水平		低肥力	中肥力	高肥力
产量水平		2500～3000	3000～3500	3500～4000
有机肥	农家肥	2500～3000	2000～2500	1500～2000
	或商品有机肥	350～400	300～350	250～300
氮肥	尿素	3～4	3～4	2～3
	或硫酸铵	7～9	7～9	5～7
	或碳酸氢铵	8～11	8～11	5～8
磷肥	磷酸二铵	13～15	11～13	9～11
钾肥	硫酸钾(50%)	8～10	7～9	6～8
	或氯化钾(60%)	7～9	6～8	5～7

追肥推荐方案						
施肥时期	低肥力		中肥力		高肥力	
	尿素	硫酸钾	尿素	硫酸钾	尿素	硫酸钾
肉质根膨大初期	8～9	6～7	6～9	5～7	5～8	5～6
肉质根膨大中期	6～7	6～7	5～7	5～7	4～6	5～6

4. 胡萝卜合理浇水技术要领

在胡萝卜出苗之前需要保持土壤湿润，齐苗后幼苗的需水量不大，浇水坚持"见干见湿"的原则。定苗后浇一次水，浇水后进行深中耕蹲苗，等到 7～8 片叶、肉质根开始膨大的时候结束蹲苗。肉质根膨大期至收获前，为了保持土壤湿润，每隔 15d 左右及时浇水。在胡萝卜迅速膨大期，水分不足容易引起肉质根木栓化，侧根增多；如果水分过多，肉质根易腐烂；如果土壤忽干忽湿，会使肉质根开裂，降低品质。一般幼苗开始拱土的时候浇一次水，出苗后小水勤浇，防止干旱。破肚（5～6 片真叶）的时候浇一次透水，要浇大水，以后到露肩时适当控制浇水。露肩后浇水量加大，经常保持地面湿润，土壤不能忽干忽湿，促使肉质根充分膨大。浇水要均匀，以免造成裂根、卡脖等现象。要做好水肥管理，避免忽干忽湿而裂根。

春胡萝卜生长前期和中期，此时的气温都很适合胡萝卜的生长，因此，春胡萝卜地上部分的生长比较旺盛，容易造成地上部分和地下部分营养分配失调，从而影响产量。这个时候要适当控制水分，进行中耕蹲苗，防止因苗叶部徒长而影响肉质根生长。

肉质根膨大期是胡萝卜生长最快的时期，也是决定产量的关键时期，对水分需求最多，因此必须充分补水，浇水最好在早、晚进行。

5. 胡萝卜田杂草防除技术要领

胡萝卜地杂草以夏、秋季危害为主，部分杂草秋季危害。一般有早熟禾、旱稗、狗尾草、马唐、反枝苋、铁苋、绿苋、牛筋草、千金子、雀舌草、繁缕、辣蓼、小灰藜、香附子等 20 多种。一般 9 月下旬至 11 月下旬是杂草危害盛期。胡萝卜为撒播蔬菜，苗期生长缓慢，易被杂草欺苗。

（1）农业措施除草　胡萝卜地杂草要进行综合防除，田地要深翻干晒，打碎平整，减少土壤中的杂草种子，控制杂草的种群数，施用腐熟的有机肥，减少混在肥料中杂草种子萌发后对胡萝卜的危害。精选和浸泡胡萝卜种子，剔除混在其中的杂草种子。混播小白菜种子可以减少杂草对胡萝卜的危害。在胡萝卜生产中尽量进行人工除草，特别是间苗和定苗时，要结合进行人工除草。

但人工除草除不胜除，应采取多种措施，特别是化学防除。生产中，部分农民不会施用除草剂，或除草剂种类选择和剂量施用不当，导致毁苗严重，甚至绝收。

（2）播种前土壤处理　播种前土壤处理可防除多种一年生禾本科杂草和阔叶杂草，可于播种前5～7d，选用氟乐灵、仲丁灵等药剂。

① 48%氟乐灵乳油　防除马唐、牛筋草、稗草、狗尾草、千金子、藜、蓼、苋等杂草。对莎草和多种阔叶杂草无效。播种前，每亩用药100～150mL，对水40kg进行土壤喷雾处理。

② 48%仲丁灵乳油　防除稗草、牛筋草、马唐、狗尾草及部分双子叶杂草。播种前，每亩用药200～250mL，对水40kg进行土壤喷雾处理。

施药后及时混土2～5cm，该药易于挥发，混土不及时会降低药效。该类药剂比较适合于墒情较差时土壤封闭处理，但在冷凉、潮湿天气时施药易于产生药害，应慎用。

（3）播后苗前土壤处理防除一年生禾本科杂草　胡萝卜多为田间撒播，密度较高，生产中主要采用播后芽前土壤处理。播种时应适当深播、浅混土，生产中可选用如下药剂。

① 20%草灭威水剂　防除马唐、稗草、看麦娘、苋菜、藜、刺儿菜、苦荬菜等杂草。播后苗前土壤处理，每亩用药700～1000mL。

② 50%扑草净可湿性粉剂　对一年生单、双子叶杂草均有防效。播后前，每亩用药100g土壤处理，也可在胡萝卜1～2叶期用药。

③ 50%禾草丹乳油　防除稗草、牛毛草、三棱草、马唐、狗尾草、牛筋草、看麦娘、蓼、繁缕、马齿苋、藜等。播后苗前土壤处理，每亩用药300～400mL。

④ 25%利谷隆可湿性粉剂　播后苗前土壤处理，每亩用药250～400g。

⑤ 20%双甲胺草磷乳油　有机磷类低毒、广谱、内吸传导型土壤处理选择性除草剂，防除马唐、牛筋草、铁苋菜、马齿苋等杂草。在胡萝卜播后苗前或苗后使用，每亩用药250～375mL，加水50L稀释，土壤喷雾处理。

⑥ 72%异丙甲草胺乳油　对胡萝卜地禾本科杂草防效达95%以上，对其他杂草防效也在80%以上，对胡萝卜非常安全，对杂草的控制可一直持续到胡萝卜成熟收获。播后苗前，每亩用药100mL，对水50L喷洒地表，进行土壤封闭。

此外，还可选用33%二甲戊灵乳油150～200mL，或50%乙草胺乳油100～150mL、72%异丙草胺150～200mL、96%精异丙甲草胺乳油60～80mL等，对水40L均匀喷雾，可防治多种一年生禾本科杂草和部分阔叶杂草。药量过大、田间过湿，特别是遇到持续低温多雨条件下会影响发芽出苗。严重时，可能会出现缺苗断垄现象。

（4）播后苗前土壤处理防除一年生禾本科杂草和阔叶杂草　为防治铁苋、马齿苋等部分阔叶杂草，提高除草效果，可选用以下除草剂或配方药：20%双甲胺草磷乳油250～375mL，或33%二甲戊灵乳油100～150mL+50%扑草净可湿性粉剂50～75g、50%乙草胺乳油75～100mL+50%扑草净可湿性粉剂50～75g、72%异丙甲草胺乳油

100～150mL＋50％扑草净可湿性粉剂50～75g、72％异丙草胺乳油100～150mL＋50％扑草净可湿性粉剂50～75g、33％二甲戊灵乳油100～150mL＋24％乙氧氟草醚乳油10～20mL、50％乙草胺乳油75～100mL＋24％乙氧氟草醚乳油10～20mL、72％异丙甲草胺乳油100～150mL＋24％乙氧氟草醚乳油10～20mL、72％异丙草胺乳油100～150mL＋24％乙氧氟草醚乳油10～20mL、33％二甲戊灵乳油100～150mL＋25％恶草酮乳油75～100mL、50％乙草胺乳油75～100mL＋25％恶草酮乳油75～100mL、72％异丙甲草胺乳油100～150mL＋25％恶草酮乳油75～100mL、72％异丙草胺乳油100～150mL＋25％恶草酮乳油75～100mL，对水40L喷雾，可防除多种一年生禾本科杂草和阔叶杂草。对于播种后镇压地块不宜施用，应在播种后浅混土或覆薄土，种子裸露时沾上药液易发生药害。

（5）生长期茎叶除草　禾本科杂草3～5叶期，每亩可选用10％喹禾灵乳油50～70mL，或10％精喹禾灵乳油40～60mL、35％吡氟禾草灵乳油75～125mL、15％精吡氟禾草灵乳油50～60mL、12.5％烯禾啶乳油60～80mL、10.8％高效氟吡甲禾灵乳油20～40mL、10％喔草酯乳油40～80mL、10％精恶唑禾草灵乳油50～75mL、24％烯草酮乳油20～40mL等，加水30L茎叶喷雾。对防除牛筋草、马唐、稗草、狗尾草等禾本科杂草有特效，对阔叶杂草无效。该类药剂没有封闭除草效果，施药不宜过早，特别是在禾本科杂草未出苗时施药没有效果。

（6）注意事项

① 田块要深翻干晒，打碎平整，施用腐熟有机肥，混播白菜种子等，可减少杂草。结合间苗、定苗人工除草。

② 播种前土壤处理防除，药后要混土2～3cm深。

③ 播后苗前土壤处理，出苗后施药效果差，且易产生药害。在土地平整、土壤潮湿的条件下施药效果好，喷雾时应在晴朗无风条件下进行，不要破坏药土层，否则会影响除草效果。高温天气喷药在下午5时以后。播后遇雨，雨停后即可喷药。使用拱棚后，棚内温度会升高，使用扑草净等除草，在温度超过30℃时，应降低用量，以减少药害。

④ 茎叶处理应掌握喷施时期，并避开高温天气施药，以防药害，同时应掌握喷雾方法，尽量不喷到胡萝卜植株上。

⑤ 注意严格掌握使用方法、使用时期和药剂用量，大面积除草，应先在小试验的基础上再使用，防止产生药害。不可用敌草胺。用过二氯喹啉酸的田绝不可种胡萝卜。

⑥ 如果用药不当，胡萝卜幼苗或邻近种植的蔬菜发生了除草剂药害，发现早时，则可以迅速用大量清水喷洒叶面，反复喷洒2～3次，或者迅速灌水，防止药害范围继续扩大，还可以迅速增施尿素等速效肥料，增强胡萝卜或邻近种植蔬菜的生活力，加速其快速恢复的能力。

6. 胡萝卜肉质根分杈的发生原因与防止措施

胡萝卜分杈（彩图6-34）是指主根（肉质根）生长受阻而使侧根膨大。胡萝卜正常的肉质根是直圆柱或圆锥形，肉质根上有4列相对的侧根，只有吸收水分和养分的作用，一般情况下不会膨大。但如果环境条件不适，胡萝卜的主根受到破坏或生长受阻，侧根就会累积养分而膨大，在胡萝卜采收时会见到在侧边又长出1条肉质根，有时1条、2条、3条甚至多条根，这种现象叫分杈，又叫歧根、畸形根。虽然分杈胡萝卜仍可食用，品质不会变差，但外观畸形，影响商品美观。

（1）发生原因

① 土壤原因　胡萝卜在土壤中完成整个生长发育阶段，对胡萝卜后天的生长发育起到关键作用。在砂壤土中，生长旺盛，根形美观，但耐旱性和耐热性弱，品质稍粗、味淡，贮藏性相对较弱。在黏土中栽培，根发育迟缓，侧根、弯根发生多，但耐旱性和耐热性强，肉质细密，贮藏好。土壤中有碎石、砖、瓦块、树根、塑料硬物等硬物，会阻碍主根生长，产生分权。土壤底层过硬不松，又有硬物阻挡，必然影响到主根延伸，因此会促进侧根发生，光合作用产生物质一经积累，主根和侧根同时肥大起来。

② 地下害虫为害　根结线虫严重的地块，分权严重。蝼蛄、蛴螬等地下害虫过多，主根受损，侧根自然产生，日后也会出现分权。

③ 施肥不当　胡萝卜对土壤中肥料溶液浓度很敏感，适宜其正常生长的土壤溶液浓度，幼苗期为 0.5%，肉质根膨大期为 1%，浓度过高肉质根易产生分权。肥料没充分腐熟，未完全腐熟的肥料含有大量的尿酸，一方面灼伤主根，又使侧根受到刺激而长出。基肥施放不均匀，翻入土层不深，也同样损害主根的伸长活动，侧根同样产生。追施化肥过于集中，或离根太近，造成主根烧伤。

④ 营养过剩　栽植太稀时，单株营养面积过大，营养物质吸入过多，可促使侧根肥大，造成分权；在营养面积较小的情况下，营养物质多集中在主根内，分权现象反而较少。当然也不宜过密，以防肉质根细瘦。

⑤ 种子质量　种子的质量直接影响到胡萝卜的品质，一旦选择了质量差的种子，即使后期科学管理，也难以长出品质优良的胡萝卜。一般胡萝卜种子寿命为 2~3 年，但是陈旧的种子生命力和生长势较弱，主根生长点的生长和伸长较慢，遇到较硬土易形成叉根。而且陈种子的生长较弱，发芽不良，会影响到主根生长点的生长和伸长，也可能形成分权。雨季收获的种子由于授粉不良，易形成无胚或胚发育不良的种子，播种这些种子，肉质根易产生分权。

⑥ 管理粗放　中耕、锄草时不注意而损伤了肉质根或生长点，容易产生分权。间苗不及时，使幼苗造成拥挤，影响肉质根的发育。在幼苗破肚期后，还未定苗，生长过挤，也会使主根弯曲，侧根发达，而形成分权。

⑦ 浇水不当　浇水也是影响胡萝卜品质的重要因素之一，特别是在主根膨大期浇水不合理，或者在这个时期遇干旱天气而不浇水，会使土壤过度坚硬，主根下扎不下去而形成分权。在浇水时浇不透水或地势较高处分权现象尤其明显。土壤水分多时，土壤中氧气少，逐渐抑制根的发育，导致根形短、须根多；灌溉不足、土壤上湿下干时，也会使主根生长受阻，促进侧根发生。

⑧ 品种原因　研究表明不同品种之间的叉根率具有显著差异，一般长形品种比短形品种容易产生分权。

（2）防止措施　选择肉质根顺直、不易分权的优良高产品种，一般肉质根短形或圆形的品种较长形品种不易产生分权现象。购种时，要选用新鲜饱满、发育完全的 1~2 年新种子。选择土层深厚、土质疏松、排灌方便、保水性好的肥沃砂壤土，前茬以无相同病虫害的非十字花科蔬菜为好（如前茬种植冬瓜、芋头、菠菜、芹菜、豆类、葱蒜类等蔬菜的地块）。深耕细作，耕深不浅于 25~30cm，纵横细耙 2~3 次，力争土细，高畦栽培，保持土壤疏松，彻底清除石头、树根、瓦片、塑料等硬物。关键时期合理浇水，做到浇透，切记浇"跑马水"。搞好土壤消毒，消灭地下害虫。施用充分腐熟的有机肥，增加土壤肥力，施肥时要力争撒施均匀。促进土壤团粒结构形成，增强土壤的透气性，使土壤松软。施基肥时要撒施均匀，施用腐熟厩肥和三元复合肥，不施用新鲜的厩肥，碳酸氢铵和尿素等铵态氮肥作基肥。生育期间追肥应距离根系 10cm 以上，以防止伤根。及时间苗、定苗，合理密植，使幼苗有适宜的营养面积。

7. 胡萝卜肉质根不着色的发生原因与防止措施

（1）胡萝卜肉质根不同颜色形成原理　胡萝卜肉质根的颜色非常丰富，主要由胡萝卜素、叶黄素、番茄红素、花青素的种类及其含量决定，而且肉质根的表皮、韧皮部、形成层和心柱颜色分别受不同基因遗传控制，主要颜色有白色、黄色、橘色、红色和紫色，另外还有中间颜色，如浅黄色、橘黄色、橘红色、紫红色、黑色等。胡萝卜肉质根中含多种类胡萝卜素，不同颜色品种含有的类胡萝卜素不同，白色类型不含色素，黄色类型主要含有黄色色素，特别是叶黄素，橘色类型主要含有 α-胡萝卜素和 β-胡萝卜素，紫色类型含有多种花青素、α-胡萝卜素和 β-胡萝卜素。同一品种在不同栽培条件下，肉质根颜色深浅不同，商品品质和营养品质也有差异，其着色程度与温度、土壤、肥料等有关。但有时胡萝卜的根颜色变淡、变浅，无光泽，长相差，食用价值偏低，品质稍差。

（2）肉质根着色不良发生原因

① 土壤温度不稳定　温度对胡萝卜的生长发育起着很重要的作用，如种子在 4～6℃时，28～30d 发芽；8℃时，25d 发芽；11℃时，9d 发芽；而在 20～25℃的适温时，5d 左右就可发芽。温度不仅影响着种子发芽的天数，而且也影响着根的颜色的深浅。根的皮色多呈橘红、橘黄，是其所含胡萝卜素所致。在肉质根的生长过程中，温度适合，越接近于成熟，胡萝卜素的含量就越高，其颜色也逐渐加深。一般温度在 21℃ 以上时，胡萝卜素形成不良，所以夏播胡萝卜着色较迟。在 16℃ 以下时，着色也欠佳，决定胡萝卜颜色深浅的温度在 21.1～26.6℃ 范围内。

② 土壤施氮肥偏多、偏重　氮素是叶绿素的组成部分，氮素越多，叶绿色也就越多，颜色就越绿。而胡萝卜的根中几乎没有叶绿素，增施氮肥不但不能增加胡萝卜素的含量，使根的颜色加深，相反，增施氮肥还会抑制胡萝卜素的合成，造成根皮色变浅。

③ 缺钾、铜、镁等　据调查，土壤中钾、镁的含量多时，其胡萝卜素含量也增多。缺铜的土壤也易引起着色不良。

④ 土壤通气性差　胡萝卜肉质根着色与胡萝卜素形成有关，而胡萝卜素的形成又与土壤通气与否有关。土壤中空气较充足时，胡萝卜素形成多，着色良好；反之，在土壤坚实、空气少、排水不良的田块上生长的色泽差。

⑤ 收获过早　随着肉质部逐渐膨大，肉质根着色不断加深，因此提前收获的胡萝卜着色不良。

（3）防止措施

① 搞好温度调控　在生产管理上，要切实控制好播种时期，使根生长的温度在 21.1～26.6℃ 的范围内，这样形成的胡萝卜的根色深、长相好、出售价值高、品质优。

② 不偏施氮肥　胡萝卜对氮的吸收有比较固定的数量，生产 1000kg 胡萝卜，大约吸收纯氮 3.22kg。在给胡萝卜施肥时，要根据以上吸肥量，恰当地施氮肥，使根的氮素供应达到平衡。

③ 补施微肥　如果土壤中缺少微量元素铜，应在施肥时多施入一些含铜的肥料。每亩用硫酸铜种肥 1～2kg，或用硫酸铜 1～2kg 拌种。栽培胡萝卜除施用氮、磷、钾肥料外，应适当增施镁肥。

④ 在适宜时期收获。

8. 胡萝卜先期抽薹的发生原因与防止措施

（1）发生症状　胡萝卜先期抽薹，也称未熟抽薹，即肉质根早期感受到低温的影响，在营养生长期就出现抽薹的现象。先期抽薹会造成胡萝卜肉质根不再膨大，纤维增多，失去食用价值，严重降低产量和品质。

（2）发生原因

① 苗期遇低温　胡萝卜为绿体植物（幼苗期）低温感应型蔬菜，根据不同品种对低温的感应性不同，可分为易抽薹品种、较耐抽薹品种与耐抽薹品种。易抽薹品种在苗期 4 或 5 片真叶甚至 2 或 3 片真叶时就能感受低温而进行花芽分化，以后在 5～6 月份长日照条件下抽薹开花。据研究，当胡萝卜长到一定大小后，遇到 15℃ 以下的低温，经 15d 以上就能通过春化阶段，进行花芽分化。夏秋种植的胡萝卜，生长前期温度较高，生长后期温度较低，都不适于抽薹开花。而春播胡萝卜前期温度低，生育中期温度较高，日照长，容易发生抽薹现象。播期越早，幼苗处于低温时间就越长，抽薹率就越高，反之则低。春季如果发生倒春寒也会造成先期抽薹现象。

② 栽培因素　土壤肥力，施肥水平和氮、磷、钾的比例，都会通过影响胡萝卜的营养生长，间接地影响花芽分化和抽薹。肥沃的土壤，有较高的氮钾素水平，肉质根个体发育大，转入生殖生长迟，花芽分化和抽薹就晚。如磷素高、无农家肥、营养不平衡或遇高温等造成个体发育差，则过早进入花芽分化而抽薹。

③ 遗传因素　抽薹除受环境条件的影响外，还受作物自身遗传因素的控制。反季节胡萝卜迟抽薹，耐抽薹，并非不抽薹，在超过生育期、经过高温长日照的诱导，将会大量抽薹，所以生产上要适时采收。

④ 生长调节物质的影响　吲哚乙酸、萘乙酸、2,4-二氯苯氧乙酸、2,4,5-三氯苯氧乙酸等生长素类物质，可促进抽薹，胡萝卜生产上一定要慎用。三碘苯甲酸、马来酰肼等抗生长素类物质，能阻碍植物体内生长素合成，若在花芽分化后，抽薹初期施用，能延迟抑制抽薹。赤霉酸抑制短日照植物开花，能明显促进长日照植物和低温感应型植物抽薹，所以，胡萝卜生产上应慎用。

⑤ 品种选择不当，种子陈旧，生活力低，长成的幼苗生长势弱，在相同环境中先期抽薹率也会增加。

⑥ 肥水管理不当，尤其是苗期遇到干旱。

（3）防止措施

① 选用耐抽薹品种，并使用新种子。品种的特性直接影响着胡萝卜早期抽薹与否，一般冬性强的品种不容易抽薹，而冬性弱的品种则容易抽薹开花，夏秋栽培的品种在春季栽培容易抽薹开花。因此，生产中宜选用冬性强、适合春播的胡萝卜品种。

② 掌握适期播种。春播胡萝卜播种期要根据当地气候条件，选择适宜的播期，不能过早播种，如果提早栽培，就应采用设施栽培；播种过迟，容易引起肉质根纤维化而降低品质。因此，根据当地的气候特点，适时选择播种期是避免胡萝卜早期抽薹的有效措施。

③ 加强肥水管理，要求土层深厚并为较肥沃的砂质壤土，肥料以农家有机肥为主，以氮、钾肥为主，减少磷肥用量。

④ 使用抑制抽薹的植物生长调节剂，如 0.1%～0.5% 马来酰肼类的植物生长调节物质，能延迟胡萝卜先期抽薹。

⑤ 加强栽培管理，在进入高温天气时应注意采用遮阳、减少日照时间、灌水以降低土温等措施。

⑥ 适时采收。春播胡萝卜一定要及时采收，因为此时正处于夏季高温，延迟采收会致使品质变劣，肉质根木质化，商品性降低，并可能迅速抽薹。

9. 胡萝卜糠心的发生原因与防止措施

胡萝卜糠心，又称空心，即肉质根木质部中心部分发生空洞的现象。

（1）发生原因

① 与品种有关　肉质根薄壁细胞大的品种，肉质根密致程度差，易出现糠心。

② 与土质有关　砂质过重的土壤栽培的胡萝卜比壤土或黏土中栽培的胡萝卜会早出现糠心。

③ 供水不当　生长期间前期水分均匀，但后期干旱，尤其在肉质根形成期，土壤缺水，生长受阻，从而出现糠心。

④ 种植密度不合理　株行距较宽的条件下，肉质根生长过快，叶和根的生长失去平衡，使地上部制造的有机营养不足以供给地下部肉质根膨大生长的需要，容易出现糠心。

⑤ 施肥不合理　特别是后期追肥过迟，用量过多，加之肥料品种搭配不当，氮肥施得多，使胡萝卜地上部生长过于旺盛，块根肥大，而引起糠心。

⑥ 采收过晚或已发生先期抽薹现象。

⑦ 采收、贮运过程中造成裂皮、裂痕等伤口，使呼吸作用增强，养分消耗过大而糠心。

⑧ 贮藏温度过高，胡萝卜贮藏的适宜温度为 1～3℃，超过 3℃易萌芽生长导致胡萝卜糠心。

⑨ 贮藏环境干燥，理想的空气湿度为 90%～95%，低于 90% 时，胡萝卜不断脱水使组织松软而糠心。

（2）防止措施　选择不易糠心、肉质根密致程度高的品种；合理密植；科学施肥，胡萝卜施肥应采取以基肥为主、追肥为辅的原则，注重氮、磷、钾三要素的合理搭配；水分供应要均匀，防止土壤过干过湿，保持土壤湿度为 70%～80%，尤其在胡萝卜生长后期，切忌土壤过干；适时采收；化学控制，一般在采收前半个月，喷洒一次 50mg/kg 赤霉酸溶液（不要喷洒过早，以免抑制肉质根膨大），或喷洒一次 10mg/kg 萘乙酸溶液，既不影响肉质根生长，又能防止糠心，延迟成熟，若在喷洒 10mg/kg 萘乙酸时，加 5% 蔗糖和 5mg/kg 硼砂液，三者混合喷洒，防止糠心效果更好；采收运输中尽量减少破皮、断裂等机械损伤；注意临时贮藏的温度和湿度。

10. 胡萝卜肉质根破裂的发生原因与防止措施

胡萝卜到达采收期，在肉质根表面出现不规则的裂缝，可深裂到髓部，内部组织外露，这些裂缝有粗也有细的，有的在靠近叶柄基部横向开裂或在根头部形成放射状的开裂（彩图 6-35）。它除了降低产量和商品性外，亦使肉质根不耐贮藏，并易导致软腐病。在食用价值上影响不大，但商品美观却大受影响。

（1）发生原因

① 水分供应原因　生长期间土壤水分供应不均匀，胡萝卜在生长前期温度低、土壤干旱，内部细胞分裂缓慢，胡萝卜肉质根的表层的组织逐渐硬化，后期温度升高又大

水猛攻，胡萝卜内部细胞吸水加速分裂和膨大，而已硬化的表皮不能相应地生长，就会出现肉质根开裂现象。

②追肥过量，营养过剩，或间苗时定苗过稀，营养面积过大，肉质根过速生长，也会造成肉质根开裂。

③地下害虫原因　土质过于黏重或过硬的，或者沙粒过粗，地下水位高，或地下害虫咬食过根部外皮，这些环境都会使根部表皮留下一些小痕迹，加上有害物质作用而留下难看的黑纹。

④收获过迟，使胡萝卜肉质根在后期过度生长，加剧裂根现象。

（2）防止措施

①加强肥水管理　选择土层肥沃的壤土，精耕细作；保证整个生长期水分供应均匀，适时浇水，播后保证地表湿润，足墒出苗，7～8叶时控水，并加强中耕防叶部徒长。肉质根指头粗（膨大）时，结合浇水每亩追尿素10kg、硫酸钾10kg，促使肉质根生长，以后保持地面见干见湿，切忌忽干忽湿或前干后湿，暴雨后及时用井水灌溉，临近收获时不再浇水。坚持不施用未经发酵腐熟的生粪。

②合理密植　间苗应分2或3次进行，1或2片真叶期开始间苗，苗距3cm，3或4片叶时再间一次，5或6片真叶期间苗定苗。一般中小型品种株距10～12cm，大型品种株距13～15cm。

③及时防治地下害虫。

④按品种生长期的要求或加工企业对胡萝卜肉质根大小的要求及时收获。

11. 胡萝卜肉质根尖长、中心柱变粗的发生原因与防止措施

（1）发生症状　收获的胡萝卜切开横断面后心柱布满整个内部，质量很差。

（2）发生原因　主要原因是品种退化和品种间差异。优质胡萝卜的肉质根应为近圆柱形，鲜橘红色，心柱较细，表面光滑，长约20cm，直径约5cm，单根重约300g，口感甜脆。而肉质根细长、变尖、变细、中心柱粗，表皮光滑度差，表皮毛根增多，芽眼变深，中心柱开裂，商品性劣化，则是次等品。收获过晚也是中心柱变粗重要原因之一。

（3）防止措施

①选择适合销售地区消费习惯的优质、丰产、抗病、中心柱小的胡萝卜品种。

②及时收获　胡萝卜的主要食用部分是肉质根部分，其内部结构为：中间为心柱，外面为皮层，次生韧皮部特别发达。次生韧皮部为肉质根的主要食用部分，含有丰富的淀粉、糖类及胡萝卜素等营养物质。胡萝卜的中柱部分是次生木质部，颜色浅淡，为近白色或亮黄色。正常生长收获的胡萝卜，心柱较细小，含的营养较少。次生韧皮部的肥厚是优质品种的象征，心柱越小营养价值越高。在收获期正常收获，则质量较好。若收获过早，肉质根膨大还没有结束，甜味淡，产量低；若收获过迟，心柱木质部继续膨大过大，质量降低，品质差。胡萝卜正常收获期的特征是大多数品种表现心叶呈黄绿色，外叶稍有枯黄，有的因直根的肥大使地面出现裂纹，有的根头部稍露出土表。

12. 胡萝卜肉质根表皮变黑、木质化的发生原因与防止措施

胡萝卜肉质根黑皮主要表现在植株前期根系发达，生长点坏死，后期肉质根皮表产生黑褐色，并不深入内部，但降低胡萝卜的商品性状。肉质根木质化主要表现在肉质根变小，水分含量少、口感差。

（1）发生原因　在植株生长过程中，缺硼和钙造成土壤富钾富氮，有机肥缺乏或土壤砂质、缺水是植株缺乏硼、钙元素的主要诱因。

（2）防止措施

① 根据胡萝卜生长发育对矿物质营养的需求和土壤的供肥能力，每亩施优质腐熟农家肥 5000kg、尿素 20kg、过磷酸钙 25kg、硫酸钾 10kg、硼砂 1kg。

② 均匀供水，合理施肥，控制氮肥施用量。

③ 叶面喷雾，植株缺硼时，用硼砂 300～500 倍液或硼酸进行叶面喷雾，用硼酸叶面喷雾时加入半量石灰。植株缺钙时，最好用钙源 2000 倍液喷雾，可补充植株体的钙素营养。

13. 胡萝卜青肩的发生原因与防止措施

胡萝卜青肩，又叫青头、绿顶（彩图 6-36）。

（1）发生症状　胡萝卜肉质根在膨大的后期根皮的颜色渐渐变绿，发生青肩现象，主要表现在肉质根顶部发青，商品性下降。

（2）发生原因　肉质根膨大时，顶部没有及时覆土遮阴，肉质根裸露部分进行光合作用所形成。在土壤耕层浅且土质硬的地块，当肉质根尖端下伸时，就把肩部顶出地面。肉质根膨大期，在浇水或下雨后，畦垄很容易干裂，使肩部露出地面，形成青肩胡萝卜。

（3）防止措施　加深耕作层，使耕层保持在 25～30cm。胡萝卜自 2 片真叶时即可进行中耕，原则是一遍浅、一遍深，一次一次远离根。生长中后期结合中耕，要注意培土，防止胡萝卜青头，以提高肉质根的商品价值。

14. 胡萝卜肉质根苦味的发生原因与防止措施

胡萝卜肉质根苦味主要发生在采收后的贮藏期间。有两类化合物可引起胡萝卜产生苦味：一是绿原酸和异绿原酸类，二是异香豆素和色酮类。绿原酸和异绿原酸类，只分布在胡萝卜的表皮中，只引起表皮苦味；异香豆素和色酮类均匀分布在胡萝卜的所有组织中。加工前，胡萝卜引起苦味的主要原因是贮存期间产生的异香豆素。胡萝卜含有异香豆素时其甜度将下降，随着异香豆素含量增加，胡萝卜加工品的苦味和酸味也随之增加。

（1）发生原因

① 伤害所致　异香豆素是植株在逆境条件和病虫害侵染或采收时受到机械损失等，其机体产生的抵御环境影响的次生代谢物，又称之为植物抗毒素。植物抗毒素含量增加，则糖含量、有机酸含量和可溶性固形物含量随之降低。当微生物侵染田间胡萝卜时，胡萝卜就会产生异香豆素，它能阻止微生物在组织内蔓延，但也能使胡萝卜变苦。粗放搬运和机械伤，都能诱导异香豆素的产生。

② 温湿度不适　胡萝卜的苦味与其生长期间的低温（10℃）和降雨量也相关，因此在雨季应注意除病灭菌。

（2）防止措施

① 加强田间管理　避免干旱及病虫害对植株造成的生理胁迫，减少异香豆素的形成。

② 讲究采收技巧　采收时减少机械损失，采收应在早晨或傍晚温度较低，土壤湿度较大时进行。采收时轻拿轻放，避免表皮伤害，去掉萎蔫、纤维化（带有毛根）、绿

肩和残缺的胡萝卜。采收后及时转移到阴凉处，避免阳光直射。土壤潮湿时采收，可以大幅减少机械伤害的发生。用干净的容器盛放运输，运输时用雨布或胡萝卜叶遮盖肉质根，防止高温脱水，降低品质。

③ 药水清洗　为防止细菌软腐病菌的侵染，可以用含 0.2％次氯酸钠的水清洗（用 2mL 次氯酸钠加到 1L 水中），这样既能减轻软腐病的发生，也能防止其在贮藏期间蔓延。为了避免二次污染，清洗用的水要勤换，即在清洗水没有次氯酸钠味时或水已变得混浊时更换。

15. 胡萝卜出现瘤状根的原因与防止措施

(1) 发生症状　胡萝卜正常生长的根光滑，而有时在肉质根上出现许多瘤状物，成为瘤状根，降低了品质，食用价值差。

(2) 发生原因　一是土质的影响；二是水分变化大，土壤干湿变化快，根表面的气孔突起较大，容易形成瘤状物。

(3) 防止措施

① 选择适宜的土壤　胡萝卜适应性强，栽培容易，对土壤的选择性小，砂壤土、壤土、黏土质均可栽培成活。胡萝卜的肉质根表面上相对四个方向纵列四排须根，细根较多，主根深达 2m 以上，根系扩展 60 多厘米。根的表面有气孔，以便根内部与土壤中空气进行交换。若栽培在土质黏重的土壤里，因该土壤通气情况差，迫使气孔扩大而使胡萝卜表皮粗糙，形成瘤状物，结果使得胡萝卜的肉质根长相太差，质量次、售价低。因此，为提高胡萝卜的外观质量，提高胡萝卜的经济效益，一般不要栽培在土质黏重的土壤中，而应栽在土层深厚、排水良好的壤质土里。前茬作物收后及时清洁田园，施足充分腐熟的有机肥，进行耕翻。先浅耕灭茬，晒垡，而后深耕 20～30cm。

② 加强水的管理　种植胡萝卜不仅要选择土层深厚、肥沃、富含腐殖质的壤土或轻砂壤土，而且在水分的管理上要保持土壤有效含水量 60％～80％。切忌过干过湿，要见干见湿。土壤过干，肉质根细小、粗糙、外形不正，质地粗硬；土壤湿度过大，排水不良。土壤干、湿过快，根表面的气孔凸起较大，形成瘤状物，胡萝卜对水分管理的要求是保持一定湿润，见干见湿。

16. 胡萝卜烂根的发生原因与防止措施

(1) 发生症状　挖出胡萝卜，根已烂掉，严重地影响胡萝卜的生长。

(2) 发生原因　土壤湿度过大。

(3) 防止措施　胡萝卜生长喜好肥沃、富含有机肥的土壤。在对水分的要求上，一不能缺水，若缺水，容易影响胡萝卜的生长，若严重缺水，胡萝卜会停止生长；二也不要使土壤水分过多，如水分过多，浇水过勤，造成土壤中空气稀薄，根处在无氧呼吸的状态，时间长了，将会产生沤根，导致烂根的发生，影响叶的正常生长和肉质根正常膨大。在水分的管理上，自播种后，如果天气干旱或土壤干燥，可适当浇水，以利出苗。幼苗期需水量不大，一般不宜过多浇水，以利蹲苗，防止徒长。从定苗到收获，应根据追肥情况进行浇水，后期应避免浇水过多。可根据土壤墒情确定中耕次数，因胡萝卜根系较浅，中耕不宜过深。

17. 胡萝卜生产上植物生长调节剂的应用技术要领

(1) ABT　用 ABT5 号 5～10mg/L 溶液浸种 4h，或 20mg/L 的溶液浸种 0.5h 后播

种，可促进胡萝卜种子萌发，使其发芽整齐。

（2）三十烷醇　在胡萝卜肉质根肥大期，每8～10d喷施1次0.5mg/L的三十烷醇溶液，每亩用50L，连续喷施2～3次，能促进植株生长及肉质根肥大，使品质细嫩。

（3）多效唑　于肉质根形成期，叶面喷施100～150mg/L的多效唑液，每亩30～40L，能够控制地上部分生长，促进肉质根肥大，注意用药浓度要准确，喷雾要均匀。

（4）石油助长剂　于胡萝卜出苗后2周，用0.005％的石油助长剂药液叶面喷洒，每亩用药50L，可促进生长和肉质根肥大，使品质细嫩，增产10％～20％。

（5）丁酰肼　胡萝卜在间苗后，用2500～3000mg/L的丁酰肼药液喷洒茎叶，可抑制地上部生长，促进肉质根生长。但在水肥条件严重不足的条件下使用，可能会导致大幅度的减产。

（6）绿兴植物生长剂　胡萝卜肉质根形成期，用10％绿兴植物生长剂1000～2000倍液，叶面喷洒，每亩用药液30～40L，喷1～3次，力求喷匀，能促进胡萝卜生长和肉质根肥大，品质细嫩，可增产10％～24％。

（7）抑芽丹　胡萝卜在田间越冬，想晚一点上市时，第二年早春抽薹将成为难题。若用抑芽丹处理，即可抑制抽薹，一直可延迟到4～5月份上市。使用0.2％～0.3％溶液作叶面喷洒，对叶面会有一定的药害，但对根部肥大及产量无影响。

用2500～5000mg/L抑芽丹溶液，在采收前4～14d喷洒胡萝卜叶面，可减少贮藏期间水分和养分的消耗，抑制萌发、空心，延长贮藏期及供应期达3个月。

（8）矮壮素　用4000～8000mg/L的矮壮素或丁酰肼液喷洒胡萝卜，连续2～4次，可明显抑制抽薹开花，避过低温的危害。

（9）赤霉酸　对于未经过低温春化而要其开花的，可在胡萝卜未越冬前用20～50mg/L的赤霉酸溶液滴生长点，使其未经低温春化就抽薹开花。

（10）2,4-滴　胡萝卜采前15～20d，用30～80mg/L 2,4-滴液，田间喷洒，具有保鲜作用。2,4-滴处理浓度注意不要过高，且应主要用在贮藏前期，2个月后药力逐渐分解，反会起刺激作用。

（11）6-苄基腺嘌呤　用5～10mg/L的6-苄基腺嘌呤液处理胡萝卜，能保鲜，提高其商品价值和食用品质。

（12）萘乙酸甲酯　用萘乙酸甲酯处理胡萝卜时，先把萘乙酸甲酯的溶液喷洒到纸屑条上或干土上，然后将纸屑或干土均匀地撒布到贮藏容器中或地窖中，与胡萝卜等放在一起，每35～40kg胡萝卜用药1g。在胡萝卜采收前4～5d，可用1000～5000mg/L的萘乙酸钠盐溶液，作田间叶面喷洒，也有防止贮藏期间抽芽（贮藏在10℃下）的作用。

18. 胡萝卜的采收技术要领

胡萝卜采收的时间对胡萝卜的品质有较大的影响。一是影响营养品质；二是影响贮藏品质；三是收早了也影响产量。适时采收的原则：首先，品质达到最佳；其次，产量最高时采收；再次，市场价位较好。胡萝卜与萝卜一样，其肉质根没有休眠期。采收过早，不但影响产量水平，还会因土温、气温高不能及时下窖贮藏，或下窖后不能使菜堆温度迅速下降，都易使肉质根萌芽或变质；采收过晚，使肉质根木质化增加，品质下降，还可能使肉质根在田间受冻，而没受冻的肉质根贮藏后会大量腐烂。

据研究，胡萝卜播种50d后，其肉质根中胡萝卜素形成的速度较快，在播种后90d，胡萝卜素含量达到高峰值。随着胡萝卜肉质根的生长，葡萄糖逐渐转变为蔗糖，粗纤维和淀粉逐渐减少，甜味增加，营养价值提高。同时，随胡萝卜肉质根不断膨大，单根重增加，产量也会再提高。但当达到一定限度后，粗纤维又会增加，品质变劣，因此必须及时采收。但胡萝卜没有标准的成熟期特征，只要生长停止，营养物质含量达到高峰，单株肉质根较大而鲜嫩时，即可采收，一般秋播冬收的胡萝卜生育期为100~130d。

胡萝卜成熟期只要仔细观察其生理标志，就可以确定最佳采收期。大多数品种在肉质根成熟时，一般表现为功能叶片色泽变暗，心叶片呈黄绿色并停止生长，下部叶片稍有些枯黄色。另因肉质根膨大，地面会出现裂纹，有的根头微露出土表，这些特征都表明胡萝卜从生理上来说到了采收适期。在北方地区，一般7月下旬至8月上旬播种的胡萝卜，以11月上旬开始至12月上旬采收为宜。在南方有些地区，可延续到第二年2~3月份采收。立春以后天气转暖，顶芽萌动，须根增多，甜味减少，品质变差，已接近抽薹期，必须在这之前采收以保品质优良。保护地栽培的胡萝卜只要单根重量适当，市场价高，就可采收上市出售，既可获得好的效益，又可为下茬作物提早腾茬让路。春季栽培胡萝卜，6月上中旬气温已高，应及时分批采收上市，0~3℃的冷库中储藏供应夏季市场。

以肉质根达到长18~20cm、重200~250g、根尖变得钝圆时收获，最为合适。削去青头，轻轻刮去泥土，选择没有叉根、裂根、病虫根和单根重在70g以上的胡萝卜，装袋销售。

肉质根膨大期浇水要均匀，收获前7d左右应不再灌水，收获前20d不再施用速效氮肥，最后一次施药到收获的时间应远大于国标要求的安全间隔期。

19. 胡萝卜采后处理技术要领

（1）整理清洗　胡萝卜采后，要剔除有病虫及机械损伤的胡萝卜，因为受伤的胡萝卜在贮窖中容易变黑、霉烂。入贮时，要削去茎盘，以防止萌芽。但这种处理会造成大伤口，使胡萝卜易感病菌和蒸发水分，并因刺激呼吸而增加养分消耗，反而容易糠心，而只拧缨不削茎又易萌芽，也会促进糠心。因此，宜改用只刮去生长点而不切削的办法，或在下窖时只去缨、到贮藏后期窖温回升时再削顶。胡萝卜贮藏时是否削顶或何时削顶，要根据茎盘的大小、气候条件和贮藏方法等综合考虑其得失而定。采用潮湿土层埋藏法，必须削去茎盘，以防萌芽，留种胡萝卜则不能削顶或刮芽。最好采用当即分级下窖贮藏。如外界温度尚高，则可在窖旁或田间对胡萝卜进行短期预贮，将其堆积在地面或浅坑中，上覆薄土，设通风道通风散热，待地面开始结冻时再下窖。

用于贮藏的胡萝卜为将损伤减到最低，一般不去须根。用于上市的胡萝卜，将叶片剪除，仅在顶部留取2~3cm的叶柄，以减少水分随叶片的散失，去除须根，以保持根光洁。

胡萝卜整理后，再用水清洗，去除表面的泥土污物，然后将胡萝卜在通风的架子上晾干。

（2）分级　胡萝卜进入市场要选出病、伤、虫蚀的直根，并对产品进行分级销售。以出口胡萝卜分级标准（表6-11）为例：

表6-11　出品胡萝卜分级标准

等级	品质
一级	皮、肉、心柱均为橙红色，表皮光滑，心柱较细，形状优良整齐，质地脆嫩，没有青头、裂根、分杈、病虫害和其他伤害
二级	皮、肉、心柱均为橙红色，表皮比较光滑，心柱较细，形状良好整齐，微有青头，无裂根和分杈，无严重病虫害和其他伤害

规格标准分级，胡萝卜的规格大小一般分为 L、M、S 三级，也有 L、M 两级或 2L、L、M、S 四级，或 2L、L、M、S、2S 五级。分级标准因品种不同而异，有按长度的，有按直径的，有按质量的，更多的是结合几项指标综合考虑分级。例如四级标准：S 级为单个胡萝卜重量在 150g 以下，M 级为单个胡萝卜重量 150～200g，L 级为单个胡萝卜质量 200～300g，2L 级为单个胡萝卜重量在 300g 以上。

（3）包装 胡萝卜包装的基本要求是：较长的食品保质期和货架寿命，不带来二次污染，减少原有营养及风味的损失，降低包装成本，贮藏、运输方便、安全，增加美感，引起消费欲望。箱、筐等包装材料应牢固，内外壁平整，包装容器保持干燥、清洁、无污染。包装环境要良好，卫生安全，包装过程安全。

（4）预冷 胡萝卜贮藏和运输的最适温度是 0℃，最适宜的空气相对湿度是 95％，其预冷的原则是在贮藏和运输前通过制冷设备将温度降到其最适温度水平，同时要保证适宜的湿度。胡萝卜产品的预冷可在相对简单的设施下完成，也可采用控温设备来完成。对于 5～9 月份收获的胡萝卜，由于气温较高，预冷相对困难，有条件的可采用制冷设备完成预冷过程，条件差的可采用冰融降温、冷水降温等方式。预冷过程中应注意防止胡萝卜产品的二次污染，在冰融法和水冷法预冷时，需保证用水的洁净，特别是应注意水冷法中的交叉污染与消毒剂禁用问题。

（5）贮藏 入贮前使用 0.05％的异菌脲溶液浸蘸处理胡萝卜，能明显减轻腐烂症状。长期贮藏的胡萝卜要注意不宜直接用清水洗涤，因引起胡萝卜细菌性软腐病的欧氏杆菌易在水中接种于损伤处，可用含活性氯为 25μL/L 的氯水清洗，以防止细菌入侵。

贮藏胡萝卜要求保持低温、高湿、清洁、卫生的环境。贮藏温度宜在 0～5℃，相对湿度为 90％～95％。贮温高于 5℃ 则易发芽，低于 0℃ 便易受冻害。受冻后不但品质下降，而且易腐烂。胡萝卜适于一定程度的密封贮藏，其贮藏方法很多，有塑料袋贮藏、简易包泥贮藏、沟藏、窖藏和冷库气调贮藏等。南方地区多推广用塑料袋包装或冷库气调方法结合低温贮藏，定期开袋放风或揭帐通风换气，一般自发气调结合低温贮藏可使胡萝卜贮期由常温贮藏的 2～4 周延长到 6～7 个月。胡萝卜对乙烯较敏感，贮藏环境中低浓度的乙烯就能使胡萝卜出现苦味，因此胡萝卜不宜与香蕉、苹果、甜瓜和番茄等放在一起贮运。

（6）运输 用于运输的胡萝卜，在收获后应尽快整修，及时包装（彩图 6-37）、运输。运输时要轻装、缺卸，严防机械损伤。运输工具要清洁卫生、无污染、无杂物。短途运输要严防日晒、雨淋。长途运输要注意采取防冻保温或降温措施，防止冻害或高温霉烂。

五、胡萝卜主要病虫害防治技术

1. 胡萝卜病虫害综合防治技术

（1）农业防治 因地制宜选用胡萝卜优良抗病品种。选择适合当地生产的高产、抗病虫、抗逆性强、品质好的优良胡萝卜品种。在田间管理上，要从预防着手，实行包括豆科作物或绿肥在内的至少两种作物进行轮作倒茬。在地下水位高、雨水多的地区采用深沟高畦，利于排灌，保持适当的土壤湿度，对防止和减轻病害具有较好的作用。清洁田园，消除病株残体、病胡萝卜和杂草，予以集中销毁或深埋，以切断传播的途径。采取深翻晒土、床土消毒、种子消毒、合理密植、配方施肥等农业措施，提高植株的抗病能力。高温季节，利用换茬时期覆盖塑料地膜进行土壤消毒，能有效杀灭部分病虫害。

（2）物理防治　采用物理诱杀或驱避害虫，如用黄板诱杀蚜虫和白粉虱，用银灰反光膜驱避蚜虫，用黑光灯、高压汞灯、频振式杀虫灯和糖醋液，诱杀蛾类等。大棚栽培胡萝卜，可于通风口处置防虫网阻隔害虫入室为害，并可防止虫媒病害传入棚室侵染。

（3）生物防治　可以释放害虫和天敌防治害虫，如赤眼蜂可防治地老虎，七星瓢虫可防治蚜虫和白粉虱，还有捕食螨和天敌蜘蛛等。可以利用微生物之间的拮抗作用，如用硫酸链霉素防治细菌性病害，用抗毒剂防治病毒病，用武夷菌素防治枯萎病和炭疽病等。也可以利用植物之间的生化他感作用，如与葱类作物混作，可以防止枯萎病的发生等。还可利用性引诱剂和性干扰剂，有效减少蛾类害虫的虫口。

杀虫剂可选用的生物药剂有苦参碱、苦楝、鱼藤酮、藜芦碱、齐螨素、除虫菊素、油酸烟碱乳油等。如2%印楝素乳油1000～2000倍液可用于防治斜纹夜蛾、黄条跳甲、猿叶虫、斑潜蝇、白粉虱、叶螨等多种害虫，而对人畜、寄生蜂、草蛉、瓢虫等无害，0.3%苦参碱500～1000倍液可防治蚜虫等，苏云金杆菌对鳞、鞘、直、双、膜翅目害虫均有防治效果，鱼藤酮对小菜蛾、蚜虫有特效。

杀菌剂可使用硫黄、波尔多液、硫酸铜等。如用硫黄消毒土壤来防治病害。用1：1：200波尔多液可控制真菌性病害，0.5%辣椒汁可预防病毒病，用增产菌可防治软腐病，用高锰酸钾100倍液可进行土壤消毒，用木醋液300倍液可防治土壤、叶部病害，用96%硫酸铜1000倍液可防治早疫病，用沼液可减少枯萎病的发生，还可防治蚜虫。

（4）化学防治　当生长期间发生病害时，要进行化学防治。禁止使用国家明令禁止的高毒、剧毒、高残留的农药及其混配农药品种，各农药品种的使用要严格按照GB 4286、GB/T 8321（所有部分）的规定执行。常用的有机磷类、拟除虫菊酯类杀虫剂属于神经性毒剂，不仅对人畜天敌有害，并且害虫易产生抗药性，生产中应尽量避免使用。在虫口较高、需要药剂救急时，应选用无毒或低毒、对昆虫具特异性作用、化学结构式源于自然的新类型杀虫剂或强选择性药剂，如昆虫生长调节剂类农药，如除虫脲、氟啶脲、氟虫脲、灭幼脲等，可干扰昆虫的生长发育，从而控制害虫发展，它对人畜无毒、无害，不污染环境，不杀伤天敌，推荐使用。

化学农药要严格控制农药用量和安全间隔期。防治时，要注意对症下药，适时施药，适量用药，适法施药，均匀施药，轮换用药，合理混用农药。防治胡萝卜真菌性病害常用农药有福美双、代森锰锌、恶霜灵、甲霜•锰锌、异菌脲、百菌清和多菌灵等。防治细菌性病害常用农药有硫酸链霉素、络氨铜水剂、代森锌和琥胶肥酸铜等。

（5）综合防治　防治病虫害，不能只依赖农药防治。长期大量或过量使用农药，会杀伤自然天敌，破坏生态平衡，容易导致病、虫抗药性增加，更难防治。要结合当地实际情况，将农业防治和物理、生物、化学防治结合起来，避免不必要的过量用药。

2. 胡萝卜主要病害防治技术

（1）胡萝卜黑斑病　主要为害叶片、叶柄和茎秆，黑斑病可以由种子传播。播种前采用50℃温水浸种20min，或用种子重量0.3%的50%福美双可湿性粉剂，或40%拌种双粉剂，或70%代森锰锌、75%百菌清、50%异菌脲可湿性粉剂拌种。发病初期，可选用86.2%氧化亚铜可湿性粉剂1500倍液，或10%混合脂肪酸水乳剂100倍液、0.5%菇类蛋白多糖水剂150倍液、90%新植霉素可溶性粉剂2000倍液、78%波尔•锰锌可湿性粉剂500倍液、10%多抗霉素可湿性粉剂1000倍液、75%百菌清可湿性粉剂600倍液、50%乙烯菌核利可湿性粉剂1000～2000倍液、50%腐霉利可湿性粉剂1500～

2000 倍液、50％多菌灵可湿性粉剂 800 倍液、58％甲霜·锰锌可湿性粉剂 400～500 倍液、70％代森锰锌可湿性粉剂 600 倍液、30％醚菌酯悬浮剂 2000 倍液、40％克菌丹可湿性粉剂 400 倍液、72.2％霜霉威水剂 600～700 倍液、64％恶霜灵可湿性粉剂 600～800 倍液、50％异菌脲可湿性粉剂 1000 倍液等喷雾防治，7～10d 喷一次，连续防治 2～3 次。

（2）胡萝卜黑腐病（彩图 6-38）　在苗期到采收期或贮藏期均可发生，主要为害肉质根，也为害叶片、叶柄及茎。我国华北地区一般在 7 月中旬开始发病，8 月中下旬病情达到最高峰。发病初期，可选用金霉素 500mg/L，或 14％络氨铜水剂 300 倍液、65％代森锰锌可湿性粉剂 600～800 倍液、50％福美双可湿性粉剂 500～800 倍液、65％代森锌可湿性粉剂 600～800 倍液、75％百菌清可湿性粉剂 600 倍液、40％戊唑醇悬浮剂 16.7mL/亩、10％苯醚甲环唑水分散粒剂 66.7g/亩、64％恶霜灵可湿性粉剂 600～800 倍液、50％异菌脲可湿性粉剂 1500 倍液、50％多菌灵可湿性粉剂 800 倍液、58％甲霜·锰锌可湿性粉剂 600 倍液、40％克菌丹可湿性粉剂 300～400 倍液、69％烯酰·锰锌可湿性粉剂 600 倍液、60％氟吗·锰锌可湿性粉剂 750～1000 倍液等喷雾防治，7～10d 喷一次，连喷 2～3 次。

（3）胡萝卜灰霉病　收获前及时清除病残体，收获、运输、入窖时防止造成机械损伤。入窖前晾晒几天，剔除有伤口和腐烂的肉质根，提倡采用新窖，如用旧窖应在贮藏前半个月灭菌，每平方米用硫黄 15g 熏蒸，或甲醛 100 倍液喷淋窖壁，密闭一天后通风换气，备用。胡萝卜肉质根入窖前应晾晒 2～3d，入窖时严格检查，剔除伤、病肉质根，绝对避免病肉质根混入窖内。贮藏期间，窖温应控制在 13℃ 以下，相对湿度保持在 90％左右，严防窖顶滴水。有条件的采用冷藏法，控制贮藏环境的温度在 1～3℃，及时通风，降低湿度，效果更好。必要时喷洒 50％异菌脲可湿性粉剂 1500 倍液或 50％腐霉利可湿性粉剂 2000 倍液，也可用噻菌灵烟剂，每 100m³ 用量 50g 或 15％腐霉利烟剂每 100m³ 60g 熏烟，隔 10d 左右再熏一次。

（4）胡萝卜花叶病毒病　及时防治蚜虫，减少传毒机会。可选用 2.5％高效氯氟氰菊酯乳油 3000～4000 倍液，或 2.5％联苯菊酯乳油 3000 倍液、20％甲氰菊酯乳油 2000 倍液、10％吡虫啉可湿性粉剂 1500 倍液等喷雾防治。除用药杀蚜外，还可挂镀铝聚酯反光幕或银灰塑料膜条避蚜。发病前，可选用 1.5％植病灵乳剂 1000 倍液，或 20％盐酸吗啉胍·铜可湿性粉剂 500 倍液、1:（20～40）的鲜豆浆低容量喷雾。发病较重时，喷施 0.1％的医用高锰酸钾水溶液（严禁加入任何杀菌剂、杀虫剂或激素），每隔 7d 喷一次，连喷 3～4 次。

（5）胡萝卜根结线虫病　主要发生在根部。可用 50％除线特粉剂，按每 1000m² 用药 2.3～3.8kg 与细土 30～37.5kg 配成药土，撒于播种沟内，然后播种、覆土。也可在播种或定植前，每亩用 3％氯唑磷颗粒剂 4～6kg，或 10％苯线磷颗粒剂 5kg，拌细干土 50kg 进行撒施、沟施或穴施。发病初期，用 1.8％阿维菌素乳油 1000 倍液，或 50％辛硫磷乳油 1500 倍液灌根，每株灌 250～500mL，每 10～15d 灌根一次。

（6）胡萝卜细菌性软腐病　俗称烂根病、臭萝卜病，在胡萝卜生长期和贮藏期均可发生，造成肉质根腐烂。主要为害肉质根，其次为害茎叶。发病初期，可选用 14％络氨铜水剂 300 倍液、72％硫酸链霉素可湿性粉剂 4000 倍液、氯霉素 0.02％～0.04％溶液、抗菌素 "401" 500～600 倍液、3％中生菌素可湿性粉剂 800 倍液、77％氢氧化铜可湿性微粒剂 500 倍液、50％琥胶肥酸铜可湿性粉剂 500 倍液、硫酸链霉素·土霉素

150mg/L、47％春雷·王铜可湿性粉剂 800 倍液、12％松脂酸铜乳油 500 倍液、14％络氨铜水剂 300 倍液、45％代森铵水剂 1000 倍液、56％氧化亚铜水分散微粒剂 800 倍液、10％苯醚甲环唑水分散粒剂 1500 倍液、50％代森锌可湿性粉剂 500～600 倍液、敌磺钠原粉 500～1000 倍液等喷雾防治，喷施到胡萝卜茎基部，每隔 10d 喷一次，连喷 2～3次。胡萝卜生长后期，采用喷灌结合施药、病虫兼治、综合防治。

（7）胡萝卜菌核病（彩图 6-39）　在田间和贮藏期均可发生，主要为害肉质根。发病初期，可选用硫酸链霉素或新植霉素 2000 倍液，或 50％甲基硫菌灵可湿性粉剂 500倍液、50％腐霉利可湿性粉剂 1000 倍液、50％乙烯菌核利可湿性粉剂 1000 倍液、50％异菌脲可湿性粉剂 1000 倍液、40％菌核净可湿性粉剂 800 倍液、50％氯硝铵可湿性粉剂 1000 倍液、80％代森锌可湿性粉剂 600～800 倍液、80％福美甲胂可湿性粉剂 1000倍液等喷雾防治，着重喷洒植株基部，7d 喷一次，连喷 2～3 次。贮藏期间可选用 50％异菌脲可湿性粉剂 1000 倍液、50％腐霉利可湿性粉剂 1500 倍液喷洒，或每 100m³ 用噻菌灵烟剂 50g 熏烟。

（8）胡萝卜白粉病　常发生于 5～6 月和 9～10 月降雨少的干燥年份。发病初期，可选用 2％武夷菌素水剂 200 倍液，或 2％嘧啶核苷类抗菌素水剂 200 倍液、12％松脂酸铜乳油 600 倍液、47％春雷·王铜可湿性粉剂 600 倍液、40％多·硫悬浮剂 500 倍液、15％三唑酮可湿性粉剂 1500～2000 倍液、50％多菌灵可湿性粉剂 500 倍液、70％甲基硫菌灵可湿性粉剂 800 倍液、30％氟菌唑可湿性粉剂 2000 倍液、40％氟硅唑乳油8000～10000 倍液、30％双苯三唑醇乳油 1000～2500 倍液、12.5％烯唑醇可湿性粉剂2500 倍液、25％丙环唑乳油 1500～3000 倍液、25％咪鲜胺乳油 2000 倍液等喷雾防治。采用 10％苯醚甲环唑水分散粒剂 3000 倍液与 75％百菌清可湿性粉剂 500 倍液混用效果好。每 7～10d 喷药一次，连喷 2～3 次。

（9）胡萝卜斑点病　在胡萝卜生产上，遇有连阴雨、大雾、重露或灌水过量易发斑点病。一般连阴雨后 10～20d，出现发病高峰。发病初期，可选用 40％百菌清悬浮剂500 倍液，或 50％甲·硫悬浮剂 800 倍液、80％代森锰锌可湿性粉剂 600 倍液、90％三乙膦酸铝可湿性粉剂 500 倍液、70％乙·锰可湿性粉剂 400 倍液、72％霜脲·锰锌可湿性粉剂 700 倍液、50％烯酰吗啉可湿性粉剂 1500 倍液、58％甲霜·锰锌可湿性粉剂 500倍液、72.2％霜霉威水剂 600 倍液、52.5％恶酮·霜脲氰水分散粒剂 1500 倍液等药剂，每 7～10d 一次，连续防治 3～4 次。

（10）胡萝卜斑枯病　又称叶斑病，主要为害叶片、叶柄、肉质根等。一年在 9 月中旬开始发病，9 月下旬为发病高峰期。初发病时，用 72％甲霜·锰锌可湿性粉剂 800倍液，或 15％三唑酮可湿性粉剂 600 倍液、40％五硝·多菌灵可湿性粉剂 750 倍液、75％百菌清可湿性粉剂 600 倍液、70％代森锰锌可湿性粉剂 500 倍液、40％敌菌丹可湿性粉剂 500 倍液、40％多·硫悬浮剂 500 倍液、77％氢氧化铜可湿性微粒粉剂 800 倍液、1∶1∶（160～200）波尔多液喷雾，每 7～10d 喷一次，连续 2～3 次。

（11）胡萝卜褐斑病　主要在秋季发生，为害叶片、叶柄和茎，致胡萝卜枝叶枯死，明显影响胡萝卜生产。胡萝卜生长期温暖潮湿、多雨多露，发病重。发病初期，可选用75％百菌清可湿性粉剂 600 倍液，或 58％甲霜·锰锌可湿性粉剂 400～500 倍液、50％敌菌灵可湿性粉剂 500 倍液、70％甲基硫菌灵可湿性粉剂 600 倍液、70％代森锰锌可湿性粉剂 600 倍液、6％氯苯嘧啶醇可湿性粉剂 1500 倍液、50％异菌脲可湿性粉剂 1500倍液、40％多·硫悬浮剂 500 倍液等喷雾防治，每隔 10d 左右施药一次，连续防治 3～4

次。采收前 7d 停止用药。

(12) 胡萝卜根腐病　多在土壤温度较低，且含水量高时引发病害。一旦发病，应及时把病株及邻近病土清除，并在病穴及其周围喷洒 0.4％的铜铵合剂。同时，可喷洒 25％甲霜灵可湿性粉剂 800 倍液，或 64％恶霜灵可湿性粉剂 500 倍液、75％百菌清可湿性粉剂 600 倍液、40％乙磷铝可湿性粉剂 200 倍液、70％甲呋酰胺·锰锌可湿性粉剂 600 倍液等药剂，防止病害蔓延。

(13) 胡萝卜丝核菌根腐病　在连作地易发生，一般春播胡萝卜发病重，特别是 5 月中旬至 7 月中旬多雨年份，病害常暴发成灾。选地势较高燥、排水良好的地块种植。深耕、细耙，施足充分腐熟的粪肥，高畦或高垄栽培。春播胡萝卜应适时早播，种植密度不要过高。及早间苗、定苗，及时除草。重病地应与粮食作物进行 3 年以上轮作，最好水、旱轮作，初见零星病株，及时拔除。可用 50％多菌灵可湿性粉剂 500 倍液，或 50％硫菌灵可湿性粉剂 500 倍液、5％井冈霉素水剂 1500 倍液、20％甲基立枯磷乳油 1500 倍液、15％恶霉灵水剂 500 倍液等药剂喷雾或灌根，每 7d 防治一次，连续防治 2～3 次。

(14) 胡萝卜白绢病　主要在南方部分地区发生为害，保护地、露地都可发病，以保护地内发病重。在 6～7 月份高温多雨天气，时晴时雨，发病严重。气温降低，发病减少。酸性土壤，连作地、种植密度高，发病重。实行轮作，播种前深翻土壤，南方酸性土壤可每亩施石灰 100～150kg，翻入土中。施用腐熟有机肥，适当追施硝酸铵。及时拔除病株，集中深埋或烧毁，并向病穴内撒施石灰粉。应在发病初期施药，可选用 40％五氯硝基苯拌细土（1∶40），撒施于植株茎基部，或 25％三唑酮可湿性粉剂拌细土（1∶200），撒施于茎基部。此外也可用 50％甲基立枯磷可湿性粉剂，按每平方米 0.5g 的用量与少量细土混匀，撒于土表，或用 20％甲基立枯磷乳油 900 倍液喷雾，均有较高的防治效果。还可用 40％多·硫悬浮剂 500 倍液，或 50％异菌脲可湿性粉剂 1000 倍液、15％三唑酮可湿性粉剂 1000 倍液喷雾或灌根，每 10～15d 一次，连续防治 2 次。

(15) 胡萝卜绵腐病　保护地和露地都有发生。清沟沥水，高畦栽培，防止雨后畦面积水。适当增施钾肥，发现病株及时清除。苗期发病前或发病初期，可选用 72.2％霜霉威水剂 600～700 倍液，或 68％精甲霜·锰锌水分散粒剂 300 倍液、72％霜脲·锰锌可湿性粉剂 800 倍液、69％烯酰·锰锌可湿性粉剂 1000 倍液、10％多抗霉素可湿性粉剂 800～1000 倍液、64％恶霜灵可湿性粉剂 500 倍液、70％乙膦·锰锌可湿性粉剂 500 倍液。生长中期，可喷施 18％甲霜胺·锰锌或 47％春雷·王铜可湿性粉剂 800～1000 倍液，隔 10d 喷一次，连续喷 2～3 次。采收前 5d 停止用药。

3. 胡萝卜主要虫害防治技术

(1) 微管蚜　可选用 1％印楝素水剂 800～1000 倍液，或 3％啶虫脒乳油 1000～2000 倍液、50％抗蚜威可湿性粉剂 2000～3000 倍液、2.5％高效氯氟氰菊酯乳油 4000 倍液、2.5％联苯菊酯乳油 3000 倍液、40％氰戊菊酯乳油 6000 倍液、40％乐果乳油 1000～2000 倍液等喷雾防治。

(2) 茴香凤蝶（彩图 6-40）　可选用 90％敌百虫晶体 1000 倍液、苏云金杆菌乳剂或青虫菌 6 号 500～800 倍液、2.5％高效氯氟氰菊酯乳油 5000 倍液等喷雾防治。

(3) 甜菜夜蛾　在田间用黑光灯诱杀成虫。春季 3～4 月间清除杂草，消灭初龄幼虫。化学防治，对初孵幼虫可选用 0.3％印楝素乳油 1000 倍液，或 5％氟啶脲乳油

2500～3000 倍液、10％虫螨腈乳油 1500 倍液、2.5％多杀霉素水剂 500 倍液等喷雾防治。晴天时在傍晚用药，阴天可全天用药。也可每亩用 4.5％的高效氯氰菊酯 25mL＋灭幼脲 25～30mL，对水 30L，于上午 9 时以前、下午 5 时以后害虫出来活动时，喷雾防治。

（4）胡萝卜蝇　肉质根收获后，及时清理带有幼虫的肉质根，深翻土地，将越冬幼虫、蛹翻出土面冻死，或让天敌捕食。化学防治，可选用 50％辛硫磷乳油 1000 倍液，或 90％敌百虫晶体 1000 倍液、3.3％阿维·联苯菊乳油 1000 倍液等灌根，每亩用药 0.5～1kg。成虫发生时，可选用 75％灭蝇胺·杀单可湿性粉剂 5000 倍液，或 10％灭蝇·杀单可湿性粉剂 1000 倍液，每隔 7d 一次，连防 2～3 次。

（5）蛴螬　不施用未腐熟的有机肥，防止招引成虫产卵，避免将幼虫和虫卵带入畦土内。人工捕杀，施有机肥时把蛴螬幼虫筛出，或发现幼苗被害时挖出根际附近的幼虫。利用成虫的假死性，在其停落时捕杀。药剂防治，在蛴螬发生较重的地块，可选用 50％辛硫磷乳油，或 80％敌百虫可湿性粉剂 800 倍液等灌根，每株灌药液 150～250mL。

（6）蝼蛄　蝼蛄对香甜物质、马粪有强烈趋性，可施用充分腐熟的粪肥，每亩用 5％辛硫磷颗粒剂 1～1.5kg 混细土 20～30kg，在播种后撒于条播沟内或畦面上，然后覆土，有一定预防作用。已发生蝼蛄为害时，用毒饵诱杀效果好，将豆饼、麦麸 5kg 炒香，用 90％晶体敌百虫或 50％辛硫磷乳油 150g 对水 30 倍搅匀，每亩用毒饵 2～2.5kg 于傍晚撒于田间。

（7）金针虫　上冻前翻地把越冬成虫、幼虫翻出地面冻死，或让天敌捕食。施用腐熟有机肥，防止成虫、幼虫混入田间。用黑光灯诱杀成虫，或用毒土杀成虫，方法为：2.5％敌百虫粉 1.5～2kg，拌干细土 10kg，撒于地面，整地作畦时翻于土中，在幼虫大量发生的田块用药液灌根。

第七章 ▶▶▶

葱蒜类蔬菜

第一节　韭　菜

一、韭菜生长发育周期及对环境条件的要求

1. 韭菜生长发育特点

韭菜为多年生宿根蔬菜，栽培周期一般在 4～5 年以上，因此其生育周期具有多年生蔬菜的特点，并大致可分为营养生长期、生殖生长期、老衰期等时期。

（1）营养生长期　包括发芽期、幼苗期、营养生长盛期、越冬休眠期。

① 发芽期　从种子开始萌动至幼芽伸出并长出第一片真叶为发芽期。韭菜种子发芽出苗时子叶是依靠胚乳里贮藏的养分来生长的。整个发芽出土过程一般品种约需 10d。一些粒大口紧或播种偏深的种子，发芽缓慢，在田间种植时，出苗期可长达 12～15d，有的甚至更长。韭菜的种子细小，种皮坚硬，吸水力差，种子内部贮存的营养物质少，出土慢。幼芽出土时，上部倒折，先由折合处顶土成弓形出土，故称"顶鼻"，全部出土后子叶伸直时称"直钩"。这一时期如果土壤水分不足，幼苗易枯死，所以，为了提高播种质量，播种前要精心整地，覆土时不宜过深，土壤要保持湿润，这样才可保证出苗全和齐。

② 幼苗期　从第 1 片真叶显露到有分株能力的时期为幼苗期。此期共长出 8～10 片叶，10～15 条根。一般品种需 70～80d，生长快的品种约需 60d。此期韭菜地上部生长相对缓慢，以根系生长为主。在管理上要结合浇水，施肥 1 次，促使幼苗健壮生长，并加强除草，防止杂草滋生，以免杂草影响幼苗的正常生长。如果采用育苗移栽的韭菜，定植时应充分长大，尚未发生分株的植株，一般当幼苗高度达到 18～20cm 时即可定植。

在发芽期和幼苗期，所需时间的长短，主要取决于当时的气候条件，而不在于韭菜种类和品种的不同。

③ 营养生长盛期　从茎盘生长点具有分株能力起，即进入营养生长盛期，开始发

生分株。分株是韭菜植株进行自我更新的重要手段。生长期韭菜 1 年中分株次数和分株多少是和品种特性及栽培条件有很大关系的。一般窄叶品种分株能力强，营养充足时 1 年可分株 4～5 次，由 1 个植株可分生为十余个单株。宽叶韭分株能力差些，一般每年分株 2～3 次。植株密集到一定程度时，单株光合物质积累少，营养不足时，一般不能或很少发生分株。

在营养旺盛生长期，韭菜会完成花芽分化的准备工作。韭菜是低温长日照蔬菜，花芽分化要求植株经过一定时间的低温条件，再经过一定时间的长日照条件，而后才可抽薹开花。有些早春播种的韭菜，一部分经过了低温春化阶段，而后又经夏季的长日照，当年秋季可抽薹开花；大部分要在当年的冬季进入休眠，第二年春季经过低温春化，夏季经过长日照，开始花芽分化，进入生殖生长阶段，秋季抽薹开花。对于以叶为产品的韭菜，抽薹开花消耗大量的营养物质，对植株是不利的，应在开花之前将花苞摘除。

④ 越冬代眠期　因韭菜种类和品种不同而不同。在营养生长盛期和越冬休眠期，其植株开始进入分蘖的时期。分蘖次数、进入休眠期的早晚（入冬前地上部枯萎的早晚）、入冬后的抗寒能力以及早春返青的早晚等，则在不同种类和品种间存在较大的差异。而正是这些差异，导致不同种类和品种韭菜在休眠期的长短、抗寒性的强弱、熟性的早晚、丰产性的优劣等方面产生了显著的差异。

休眠是韭菜适应不良环境条件的特殊性能。由于种类和品种的不同，休眠方式也有差异，概括来讲有以下三种方式。

（a）根茎休眠　在北方广大地区，进入冬季后，随着温度的下降，韭菜叶片和假茎中的养分逐渐回流到地下鳞茎和根茎中贮存起来，当外界气温下降到 $-7～-5℃$ 时，地上部逐渐枯萎，植株遂进入休眠状态。到翌年春天，气温回升，土壤化冻，解除休眠，重新萌发生长，即所谓的"起身"返青。北方地区韭菜品种都具有这一特性。

（b）假茎休眠　植株生长期间，当日均气温降到 7～10℃ 时，生长趋于停滞状态，并有少量叶片干枯，但整株还表现青绿，收割后经过整理仍有商品价值。这类韭菜品种，在北方进行保护地设施栽培，可填补深秋初冬的空白。

（c）整株休眠　在休眠时，养分继续保留在植株内各个部分，叶片不发生干枯，只是在低温时生长暂时有所停滞或减缓。当经历一定低温和时间后，温度适宜即可旺盛生长。具有这一特性的大多为南方地区韭菜品种。

（2）生殖生长期　韭菜的生殖生长期指韭菜的抽薹期、开花期和种子成熟期。

① 抽薹期　从花芽分化到花薹长成，花序总苞破裂为抽薹期。韭菜需要在有一定生长量的基础上，经低温和长日照后，在夏季才能进行花芽分化，属于绿体春化型。抽薹期早在 7 月下旬，晚者在 9 月上旬。抽薹时营养集中用于花薹生长，暂停分株，瘦弱和营养不良的植株不能抽薹。对于温室等冬季扣膜栽培的韭菜应尽早地掐去花薹，有利于集中养分养好根，以保证扣膜后有充足的养分供应其生长。

② 开花期　从总苞破裂到整个花序开花结束为花期。韭菜花序较小，花期较短，一般为 7～10d。但各株间抽薹期可相差 15～20d，开花期也不一致。所以，种子很难同时成熟，要分期采收。

③ 种子成熟期　从开花结束到整个花序种子成熟为种子成熟期，韭菜从开花到种子发育成熟约需 30d。种子的采收期一般是 8 月下旬至 9 月下旬。种子采收后，植株又转入分株生长，到第二年夏季再转入生殖生长。

（3）老衰期　韭菜虽为多年生蔬菜，但不能无限期地生长。一般播种或定植 5～6 年后，其分蘖力开始减弱，生长势逐渐衰退，植株即进入衰老阶段。

2. 韭菜对环境条件的要求

（1）温度　韭菜属于耐寒性蔬菜，对温度的适应范围较广，在我国各地均可进行越冬和越夏栽培，为多年生宿根蔬菜。韭菜不同生育期对温度要求不同，发芽期为种子萌动到幼芽伸出并长出第一片真叶，种子发芽适宜温度为 15～18℃，发芽天数由地温决定，一般约 10～20d；幼苗期为第一片真叶伸出到定植，约 40～60d，生长适温为 12～24℃，25℃ 以上生长不良，茎叶生长的最适温度为白天 12～24℃；抽薹开花期对温度要求较高，一般为 20～26℃。

在保护地栽培中，由于保护地内湿度大、光照弱、温度稍高，也不会降低韭菜品质，一般白天不超过 23℃，以后各刀可比前一刀提高 3～5℃，最高不超过 30℃；适宜夜温 7～8℃，昼夜温差 10℃ 左右，温差过大，韭菜易叶面结露，引起病害发生。

韭菜生育期内植株有较强的耐寒能力，叶丛能耐 −5～−4℃ 的低温，但当温度在 −7～−6℃ 时，叶片即枯死；韭菜具有较强的耐热能力，在 25～30℃ 的气温下，叶片尚能正常生长，但温度高于 30℃，则其品质下降。另外，韭菜属于绿体春化作物，只有当植株达到一定大小时，方能感受低温，并通过春化阶段。

（2）光照　韭菜是长日照作物，只有通过低温春化后，植株在长日照条件下才能抽薹、开花，其花芽分化也需要较长的日照，在短日照下韭菜不能进行花芽分化。但在自然光照条件下，韭菜叶片的发生与生长几乎不受日照长短的影响。韭菜叶片生长对光照强度的要求比较严格，光照过强或过弱均不利于叶片生长。一般在 20000～40000lx 的光照强度下，韭菜的生长较为正常。在适温条件下，光强适中，有利于碳水化合物的形成和积累；光照不足，光合作用减弱，积累的同化产物减少，造成叶片瘦小，分蘖少，生长缓慢，产量降低。春秋两季是韭菜光合作用最盛时期。

在微光或无光条件下，可进行韭菜的软化栽培，生产韭黄（即韭芽），但这种韭黄是在具有一定叶片生长基础上才培育的，而叶片的生长必须有良好的光照条件。韭黄产品中，纤维素、叶绿素和维生素 C 含量均降低，而叶黄素含量增多。因其生长的主要营养是来自贮藏在地下短缩茎里的养分，所以，要进行软化栽培，必先养好韭菜的根。韭菜的产品器官形成期，不同品种对光照的强弱反应不同，由南方引进的青韭和韭黄兼用品种，在冬季温室弱光的条件下生产，生长速度快，这可能与它们在系统发育中所形成的对光照利用和适应能力不同有关。

（3）水分　韭菜喜湿，但不耐涝。尽管韭菜叶片狭长，表皮蜡质层较厚，但韭菜是须状根系，分布浅、吸收能力较弱，所以，韭菜对土壤水分要求严格。由于根系吸水能力弱，因此，要求土壤经常保持湿润，且忌土壤水分过量。如缺水干旱，则生长缓慢，产量、质量均受到影响；土壤水分过量，容易发生涝害，使韭菜根系窒息，地上部萎蔫死亡。若空气湿度过高，容易诱发灰霉病等病害。一般以土壤含水量介于 70%～90% 之间，空气湿度以 60%～70% 较为适宜。

（4）土壤和营养　韭菜对土壤适应能力较强，砂土、黏土均可，但因韭菜根系较小，吸收能力较弱，最好选择土层深厚、疏松、有机质丰富、保水和排水较好的肥沃壤土。黏土保水、保肥力强，但排水不良，容易缩短韭菜的生长寿命；砂土地土质疏松，透气性好，但保水、保肥力差，不易满足韭菜营养生长需要。

韭菜对盐碱土壤有一定的适应能力，适宜的土壤酸碱度为 pH5.6～6.5，酸碱度过强均不利于生长。韭菜的成株可在含盐量 0.25% 的土壤上正常生长，幼苗只能适应 0.15% 的含盐量，当含盐量在 0.2% 以上时，影响出苗。因此，在育苗时，要选择含盐量低的地块。

韭菜连作后，首先种子发芽率明显降低，其次是长势差，产量低，病虫害严重，但在大量增施有机肥后，会减慢连作障碍的发生。因为施用有机肥，一方面补充氮、磷、钾和微量元素；另一方面可改良土壤，促进根系生长。正因为如此，对于贫瘠土壤、砂土种植韭菜要想获得高产，必须改良土壤、施足基肥、提高土壤肥力，同时在韭菜不同生育期及时追肥，并适当轮作可提高产量，减少病虫害的发生。

由于韭菜的生长期长，收割次数多，需肥量较大。从三元素来说，氮肥充足有利于叶片肥大；增施磷肥有利于促根系生长，提高品质；增施钾肥，有利于促进养分的运输。只有营养充足，才能有助于有机物质的制造和积累，促进根系生长发育。韭菜在不同生长发育期对肥料的需求量是不同的，营养生长旺盛时期，需肥量最多。

（5）气体　韭菜进行呼吸作用必须有氧的参与。大气中的氧完全能够满足植株地上部的要求，但土壤中的氧依土壤结构状况、土壤含水量多少而发生变化，进而影响植株地下部即根系的生长发育。如土壤松散，氧气充足，根系生长良好，侧根和根毛少；如土壤渍水板结，氧气不足，致使种子霉烂或烂根死苗。因此，在栽培上应及时中耕、培土、排水防涝，以改善土壤中氧气状况。

二、韭菜栽培季节及茬口安排

1. 韭菜的播种期和播量确定方法

（1）播种期确定　从土壤解冻到秋分都可随时播种，但一年之中韭菜有两个适播期：一个是春夏播，时间主要集中在 4 月至 6 月中旬；另一个是秋播，播种时间可从当地早霜前的 50d 左右开始，至早霜前的 20d 左右结束。炎夏季节由于温度过高，种子发芽受到抑制，播种很难成功，多数地区一般不播种。

① 春夏播　春夏播种持续的时间比较长，可以说从土地消冻返浆就可以开始，其后大约历时近 3 个月。韭菜种子在 3℃ 左右即可萌动，但温度低时生长极为缓慢，温度高些则萌发生长才快。但是，播期也会因情况不同而异。

适期播种：韭菜种子发芽出苗的适温是 15～18℃，所以春季播种是在地温稳定达到 10～15℃ 时为最适播期，但由于各种原因可能使播种期提早或推迟。一般春播可从 3 月上旬至 5 月上旬，最适 3 月下旬至 4 月上旬，6 月下旬至 7 月上旬定植。翌年春季定植，应在 6 月中下旬播种。

早播：播种提早有两种情况，一是胶泥地种韭菜，胶泥地的特点是"干了硬，湿了泞，不干不湿弄不到"。为了克服这一不利条件，多采用早春返浆期进行播种。二是无霜期短的地区为了抢时培育根株，利用小拱棚等覆盖，可比一般露地提早 10～30d 播种。

迟播：迟播也分两种情况。一是茬口晚，比如在两季作区播种韭菜的地块要等小麦等夏收作物收获后才可腾出来。棚室生产的冬春茬作物结束较晚的，要在腾茬后才可播种。对于推迟播种的要本着"晚中求早，以早促好"的原则，抢时进行播种。第二种情况是一些农户怕播种早了入夏时植株长得过大，入伏后发生倒伏，常有意推迟播期。但须知播期晚了根株培育不好，扣棚后很难获得高产。防韭菜倒伏应在栽培管理上下功夫，切不可靠延晚播期来解决。

② 秋播　秋播可以为下一个生产年度提早培育根株。秋播须掌握两个指标：一是需要等到天气冷凉（日平均气温降至 22℃ 左右）才可播种；二是韭菜越冬前（温度降至 3℃）要有 50～60d 的生长期。有这样株龄的苗子才能够安全越冬。

（2）播种量的确定　适宜的播种密度对于培育壮苗非常重要，播种过密会造成秧苗营养面积过小，不利于幼苗发育，到中、后期秧苗生长细弱，容易倒伏，而且由于"自疏"作用，使得许多种子虽然能够萌芽，但不久就自行死亡，不能最后长成成品苗，造成种子浪费。播种过稀则会浪费人力和土地，而且苗床容易滋生杂草，增加管理困难。一般情况下，每亩苗床播种量掌握在 4～5kg，即每千克种子可播 11～13 个 10m×1.5m 大小的苗床。每平方米苗床育出的秧苗，如果进行单株定植，可栽植 6～7m²；如果进行小丛定植，则可栽植 4～5m²；如果进行大丛定植，则可栽植 2～3m²。土壤肥力高时可少播些，肥力差时多播些。播种当年早定植的，可以播密些，播种第二年春天定植的，可以适当少播些。温室内进行直播倒茬栽培的播种量一般为每亩 2.66kg 左右。

2. 韭菜栽培主要茬口安排

韭菜自播种后一般可采收多年，可以用种子春播或秋播，以春播较多，以后每年还可分株繁殖，韭菜植株在生长期间，有薹品种一般每年均会在 7～8 月抽薹开花，长日照和高温是其花芽分化和抽薹开花的必要条件。韭菜栽培茬口安排见表 7-1。

表 7-1　韭菜栽培茬口安排（长江流域）

种类	栽培方式	建议品种	播期	定植期	株行距	采收期	亩产量	亩用种量/g
韭菜	春播	改良 791、雪韭 4 号、平韭 4 号、日本冬韭、四季薹韭	3 月下旬～4 月上旬	6 月中旬～7 月上旬	小丛密植，每丛 6～8 株，宽行 14～17cm，窄行 8～10cm，丛距 10～12cm	2～3 年后多次收割	青韭：3000～4000kg/年　韭薹：200kg/年	2000～3000
	秋播		8 月 8 左右	翌年 4 月 4 日左右				

三、韭菜育苗技术

1. 韭菜直播育苗技术要点

韭菜种子发芽慢、发芽困难，再遇到春季低温，很难齐苗。但春季早播有利于韭菜分蘖、蘖多、蘖壮，可通过以下几项技术提高韭菜出苗率。

（1）种子处理　可采用以下两种方法之一。

① 药剂拌种消毒　常用五氯硝基苯、多菌灵等杀菌剂和敌百虫等杀虫剂拌种消毒，用药量为种子重量的 0.2%～0.3%。方法简易，最好是干拌，即药剂和种子都是干的，种子沾药均匀，不易产生药害。

② 药剂浸种消毒　使用时必须严格掌握药液浓度和浸种时间，否则易产生药害。药剂浸种前，先用清水浸种 3～4h，然后放入药液中，按规定时间捞出种子，再用清水反复冲洗至无药味为止。常用 40% 甲醛 100 倍水溶液浸 10～15min，捞出冲洗，或 1%

硫酸铜水溶液浸种 5min，捞出冲洗，或 10% 磷酸三钠或 2% 氢氧化钠水溶液，浸种 20min，捞出冲洗。

（2）浸种催芽　韭菜种皮厚而坚硬，具有蜡质层，吸水困难，发芽较慢。为了早出苗，出齐苗，最好在播种之前 4d 左右进行浸种催芽。具体方法是：将种子用尼龙编织袋装好，留出 1/5～1/4 空隙扎紧口，放在 40℃ 左右的温水中翻动几次，使所有种子都能浸水，水温也随之下降，浸泡 20～24h 后捞出，控去明水，放到 20℃ 左右的地方进行催芽。催芽期间每天用清水冲洗种子一次，控去明水，等大约 1/3 种子露白时，即可播种。催芽时间不可过长，否则，芽伸长后容易折断。播种之前一定要先将种子摊开，使种子表面明水风干，这样便于播种操作。干种子播种一般要 10～20d 左右出苗，而催过芽的种子播种一般提前 4～5d 出苗。

（3）施足基肥　韭菜比其他大多数蔬菜喜肥，播种前必须施足底肥。为了防止秧苗后期徒长造成倒伏，底肥不应以速效氮肥为主，应该以农家肥和磷肥为主，一般每平方米苗床施用腐熟农家肥 15kg 左右，磷酸二铵 20g 或过磷酸钙 90g，还可以加少量速效氮肥，如尿素。肥料要在苗床上普遍撒施，之后进行耕翻，一般深度要达到 20cm，使肥料与土混合均匀。

（4）精细整地　韭菜幼芽出土能力较弱，播种前精细整地是保证全苗的关键。春播时最好用冬闲地，冬前深翻。春季解冻后，打碎地表坷垃，施肥以后反复用铁耙子扒搂，将育苗地块四边四角搂平，再按照 35～40cm 沟距开沟，沟深大约 15～20cm，随后顺沟浇一次透水。地皮发干后趁土壤潮润将整块育苗地用土埂和灌水沟划调成若干个长10m、宽 1.5m 的畦，土埂要调直踩实拍平，畦的长边应该与水沟垂直。苗床畦里面要用耙子搂平推细，等待播种。

（5）播种方法　韭菜播种分为撒播和条播两种方法。条播一般只在直播时采用，没有撒播用的普遍。撒播之前，先从苗床畦上起出一部分表土，过筛后准备用作覆土，然后将畦面搂平。底水最好分两次浇，第一次底水渗下后浇第二次，这样水量足而均匀。等水完全渗下后，最好先撒一薄层细土，免得种子沾泥影响呼吸。随后将种子均匀撒下，再均匀覆盖细土 1.5cm 左右。早春播种时可加盖地膜进行保墒、保温，待有 30% 以上种子出苗后，及时揭去地膜，以防烧苗。5 月份以后播种时可覆盖遮阳网或草秸进行保墒，苗出齐以后再撤掉。

用干种子播种时，可以采取上述方法进行，也可以在整好的苗床上按行距 10cm 开成长 10cm、宽 1.6cm 深的浅沟，将干种子撒入沟内，然后用扫帚轻轻将沟扫平再踏实，随即浇一遍水。2～3d 后再浇一次，这样直到出苗要保持土壤处于湿润状态。这种方法出苗率稍微低些。

（6）加强播后肥水管理　韭菜苗期很长，一般要经过 80d 以上的幼苗生长，才能培育成优质壮苗。整个苗期的肥水管理要掌握"先促后控"的原则。幼苗出土以前以及出土以后的 30～40d 内要保持土壤湿润，这期间一般要保证 3～4d 浇一次水，每次水量不宜过大，但在盐碱地育苗时水量又不能太小，否则引起盐碱上返为害幼苗。出齐苗以后可结合灌水追施腐熟粪稀或硫酸铵、尿素等速效氮肥 2～3 次，每次 10m² 畦面施硫酸铵 250g 或尿素 150g 左右。当幼苗长到 12～15cm 以后，就要控制灌水进行蹲苗，这样可以防止幼苗徒长，避免夏季倒伏烂秧，同时促进韭菜根系下扎，提高秧苗适应能力，有利于壮苗的培养。生长后期一般根据土壤墒情，每 7～10d 浇一次水。

（7）加强灾害性天气管理

① 寒冷的冬天培育早韭菜苗，有时怕秧苗受冻而不敢揭草帘，或者连阴天认为没有阳光就不揭草苫。这样使秧苗长期见不到阳光，使体内营养物质消耗过多，长势柔弱，严重时叶绿素消失，叶色由绿变黄。当天晴太阳出来时，打开草苫子就会造成秧苗萎蔫枯死。

另外由于天冷阴天长时间不放风，使秧苗不能进行正常的气体交换，造成苗床内有机肥料分解，秧苗呼吸所排出的有害气体积累过多，导致秧苗死亡。长期低温多湿，秧苗生长衰弱，抗病力降低，使苗期病害发生蔓延。因此即使在连阴天也要在中午打开草苫子，使秧苗见些散射光。时间的长短可根据天气情况来决定，但夜间应增加防寒设备，确保秧苗生长适宜的最低温度。

② 连雨天或雪水融化，都会造成草苫、纸被等覆盖物损坏影响使用寿命。所以，降雨时要把草苫卷起来，以避免湿透，已经湿了的一定要及时晾晒，防止纸被破损，草苫卷放不便。

连雪天或特大雪天，要保证边降雪边清除，避免积雪太多，造成灾害。特别是夜间，更应特别注意巡视，绝不能粗心大意，造成不应有的损失。

③ 我国地域广大，各地气候不一样，有些地区，特别是北方内陆，每年春季都会有干热风，有时风力很大，气温很高，在这种情况下，苗床很不好管理。不放风，温度太高，容易伤幼苗；放风，又怕风吹坏覆盖物，伤害秧苗。

④ 防止低温冷害。韭菜苗高长到20cm时，抗低温能力已接近成株。苗高在10cm以下时对低温较敏感，突遇低温会造成低温冷害。因此，浇水应在中午进行，最好浇20℃温水，保持土壤温度，也可叶面喷肥，提高植株的抗寒能力。可喷施1.8%复硝酚钠水剂等叶面肥，每隔5~7d喷一次，共喷2次。若喷洒27%高脂膜乳剂80~100倍液，或蔬菜防冻剂150倍液也有一定防冻作用。还盖花苫缓慢升温，避免因忽冷忽热造成韭菜组织坏死。

2. 韭菜穴盘育苗技术要点

韭菜采用穴盘育苗不仅出苗率高，生长整齐一致，而且移栽时起苗、栽苗操作简便易行。

(1) 设施准备　4~5月育苗可直接露地建育苗床，6~7月育苗最好利用早茬结束后的温室或大棚，揭除拱架上的四周棚膜，保留顶膜，并覆盖遮阳网降温，以利于齐苗。苗床采用地床或架床均可，采用地床时地面应铺设地膜，使穴盘与地面隔开，避免根系长入土中。基质可选用草炭∶蛭石=1∶1，或草炭∶蛭石∶珍珠岩=3∶1∶1，按照体积比配制。每立方米基质加25kg膨化鸡粪，100g多菌灵或200g百菌清，搅拌均匀，用于基质消毒。

(2) 播种

① 穴盘规格　采用人工播种方式，播种前，应根据计划每穴播种粒数和需育秧苗的大小选择所用穴盘规格。一般每穴播种14~15粒，育4~5片叶苗时，选用288孔苗盘；每穴播种20~25粒，育5~6片叶苗时，选用128孔穴盘为宜。旧盘重复使用时，应注意消毒。

② 种子处理　播种前检测韭菜种子发芽率，要求种子发芽率在85%以上。韭菜种子种皮坚硬，吸水困难，播种前一天，可将种子放入40℃温水中搅拌至室温，浸泡24h后，清除秕籽，捞出晾干后即可播种，也可催芽后播种。

③ 播种要求　要求将韭菜种子均匀撒播在装有基质的每个穴孔内，播种深度1.0~

1.5cm。播种后覆盖蛭石或配制好的基质，然后浇水，看到有水从穴盘底孔流出即可。

（3）育苗管理

① 温度管理　韭菜种子发芽适温为 15～18℃，幼苗生长适温为 15～25℃。幼苗生长要求较低的空气湿度和较高的土壤湿度，一般空气湿度为 60％～70％，土壤湿度 80％～95％为宜。韭菜生长要求光强适中，光照过强对生长不利。高温期间应注意遮阴降温。

② 水分管理　韭菜从播种至出苗对湿度要求严格，在出苗之前，要保持基质湿润。整个出苗期要经常观察种子的萌动、穴盘中培养基质的干湿和日照的强烈程度等。出苗后，适当减少浇水次数，保持床面见干见湿。夏季一般不控水，可早晚浇水一次，穴盘的边缘部分容易出现漏浇、少浇，缺水现象，发现基质过干、发白，应及时点浇补水。

③ 肥料管理　苗高 10～12cm 时，叶面追施 0.1％的尿素 1～2 次。定植前 7～10d，叶面喷施 0.2％磷酸二氢钾液一次。

④ 病虫害防治　韭菜苗期遇雨容易发生疫病和灰霉病，应注意及时防治。

（4）成苗标准　成苗一般苗龄 60～70d，苗高 18～20cm，每株 5～6 片真叶；根系紧密缠绕，形成完整根坨，无病虫害。定植时，128 孔的穴盘苗适宜的行穴距为 30cm×15cm，288 孔的穴盘苗适宜的行穴距为 20cm×10cm。栽植时，覆土以不埋住叶片与叶鞘的连接处为宜。

四、韭菜主要栽培技术

1. 韭菜周年栽培技术要点

（1）品种选择　选择耐寒耐热、分蘖力强、叶鞘粗壮、质地柔嫩的品种。

（2）播种育苗　春播可从 3 月上旬至 5 月上旬，最适 3 月下旬至 4 月上旬，6 月下旬至 7 月上旬定植。翌年春季定植，应在 6 月中下旬播种。每 10m² 播种 75g 左右。采用条播或撒播。为防地蛆，可在韭菜出苗后每隔 10～15d 随水冲灌一次敌百虫药液，每次每亩用药 0.5～1kg。韭菜地芽前除草剂可选用 33％二甲戊灵乳油，每亩 100～150mL 对水 50kg 喷雾，或 8％仲丁灵乳油每亩 200mL 对水 50kg 喷洒地面，施药后浅中耕，使药土混合，除草剂有效期过后，仍需进行芽后除草。苗高 15～18cm 时，适当控制肥水，蹲苗。根据墒情每 7～10d 浇 1 水。

（3）及时定植　选择土层深厚、肥沃疏松、排灌自如的壤土。畦面略低于地面，前茬选择茄果类、瓜类、叶菜类及马铃薯等蔬菜，忌与葱蒜类蔬菜连作。每亩施入腐熟农家肥 5000～7000kg，过磷酸钙 100～150kg，腐熟饼肥 200～300kg，碳酸氢铵 50～60kg。掺匀细耙，整平作畦。

一般苗龄 75d 左右，秧苗 6～8 片真叶，即可定植。定植前 1～2d 对苗畦浇一次水，定植时将苗掘起，选择根茎粗壮、叶鞘粗的壮苗，移栽时，将根茎放在 70％甲基硫菌灵可湿性粉剂 1000 倍＋50％辛硫磷乳油 1000 倍的混合液中浸蘸一下，预防病虫害。采用单株宽窄行密植，宽行 13～14cm，窄行 5～7cm，株距 4cm；或小丛密植，每丛 6～8 株，宽行 14～17cm，窄行 8～10cm，丛距 10～12cm。栽植时开沟条植，沟深 10～15cm。定植时深栽浅埋，以叶鞘与叶片交接处同地面平齐为度，覆土 6～7cm，覆土后仍留 3～4cm 的定植沟或定植穴。栽后及时浇水。

（4）定植当年的管理（彩图 7-1）　以养根为主。定植后 10 余天，及时中耕松土，不干不浇水，降雨后或灌水后浅锄。立秋前一般不追肥水，不收割。8 月中旬以后，亩追施腐熟饼肥100~200kg，均匀撒在韭行间，浅锄，使肥土混匀，踩实；也可在行间开沟撒施肥料，然后盖土，施肥后浇一大水，以后每5~7d浇一次水。9月中下旬结合中耕亩施尿素20kg或碳酸氢铵50kg，碳酸氢铵可随水冲施，追肥后每隔2~3d浇一次水，连浇2次。10月上旬减少浇水次数，保持土表见干见湿，下旬开始停水停肥，入冬前应在土壤夜间封冻中午融化时结合浇冻水，亩施1000~2000kg人粪尿或30~40kg硫酸铵。

定植缓苗后注意中耕除草，及时清除地上部枯叶。定植当年，一般培土2~3次，第一次在苗高50cm、叶鞘长10cm左右进行，培土高度不超过叶片与叶鞘相连杈口，第二次在叶鞘杈口高出地面7~10cm时进行，以后杈口高出地面7~10cm时再培土，直至定植沟整平。一般培土与重施追肥相结合。

（5）第二年以后的管理

① 春季管理　春季返青前及时清除畦面上枯叶，然后在行间深松土，韭菜萌发后，亩追一次稀粪水500~1000kg，3~4d后中耕松土一次。一般不浇水，土壤墒情好的可以收第一刀后浇水，以后维持土表见湿见干。每次浇水后，要中耕松土。每次收割后3~4d追肥1~2次，亩施尿素10kg或碳酸氢铵25kg，过磷酸钙10kg，草木灰40kg，随水施入或沟施。韭菜收割后把草木灰均匀地撒在上面。

3年以上的植株每年都要培土，在早春土壤解冻、新芽萌发前，选晴天的中午，把土均匀撒在畦面。此外，在早春韭菜萌发前，应进行剔根，将根际土壤挖掘深、宽各6cm左右，将每丛中株间土壤剔出，深达根部为止，露出根茎，剔除枯死根蘖和细弱分蘖。发现韭蛆，应在剔根后用1000倍辛硫磷药液灌根，每亩100kg。春季低温阴雨，宜采用盖棚栽培，并注意通风排湿和清沟排水。

② 夏季管理　夏季一般不收割，高温多雨应及时排涝。大暑后陆续抽生花薹，在抽薹后花薹老化前，摘除所有花薹，此时应连续打薹，从叶鞘上部同叶的连接处把嫩薹掰断。适量追施化肥或稀粪水，每次每亩尿素5kg。高温季节应采用遮阳网覆盖。

③ 秋季管理　增加肥水供应，减少收割次数，及时治蛆。处暑以后，维持地面不干，一般7~10d浇一次水，随水追施氮素化肥1~2次，亩用尿素或硫酸铵10~15kg，寒露以后控制浇水，维持地表见湿见干，停止追肥。从处暑到秋分，收割1~2刀，及时施肥浇水，秋分后停止收割。封冻前应适时灌冻水。冬季严寒，应采用薄膜覆盖，施用草木灰等，保护叶片不受冻。

（6）及时收获　一般每年收割4~5次。当年不收割，收割以春韭为主。收割的时间，要按当地市场行情和韭菜生长情况而定，一般植株长出第七片心叶，株高30cm以上，叶片肥厚宽大可采收。市场价格好时可提早到5叶时收割，春季每隔20~30d，采收1~3次，炎夏一般只收韭菜花。秋季每隔30~40d，采收1~2次。收割时留茬高度以鳞茎上3~4cm、在叶鞘处下刀为宜，每刀留茬应较上刀高出1cm左右。

2. 夏秋季韭菜软化栽培技术要点

夏秋季韭菜软化栽培于8月初至9月下旬均可进行，但以8月底至9月中旬间覆盖的产量最高，覆盖应在韭菜抽薹前或采薹后进行。亩产量可达1000~1500kg，国庆前后上市，效益好。

选择畦宽2.4m的韭菜地，在畦两边各留0.5m空地，以便取土。每畦种植4行，行距 33～40cm，穴距 17～25cm。

需进行软化的韭菜最好是二三年生的，春季收过青韭后，施足肥料，每亩施入粪肥 3000kg、复合肥 5～10kg，土壤干燥应结合施肥浇足水。在韭菜软化前防治好灰霉病、白粉病、韭蛆、蓟马等病虫害。

培土时每亩需先施复合肥 40kg，再浇一次水，并结合施肥浇水用 1000 倍液敌百虫等泼浇根部防韭蛆。及时清除田间杂草和老黄叶。培土分 2 次进行，苗高 5cm 时第一次培土，10d 左右后割去上部青韭第二次培土。前后培土要求在 20cm 厚。

青韭收割后，当韭苗长到 10cm 高时在畦上建棚架，覆上黑色薄膜，再盖一层秸草，盖草厚度以不漏光为度。

软化期间应保证棚架不透光和不淋雨，经常检查，防止薄膜破损、秸秆和薄膜被风吹掉，如雨水过多淋入棚架内，会引起韭黄腐烂，造成产量和品质的下降。

一般经过 20d 栽培，韭黄长到 35cm 以上、顶端开始出现枯萎时就可收割韭黄。收割时揭去草帘，将韭黄叶片扶向一侧，把土扒开至露出韭根时，离地面 1.5cm 平直收割。割后如遇雨，根部要覆盖地膜。

3. 冬春季用电热线生产韭黄技术要点

电热线生产韭黄是韭畦内土下铺设电热线，利用电热线加温提高土壤温度而生产韭黄的一种新方法。具有操作简单、易控温度、生长迅速的优点，但生产成本相对较高。

(1) 培育好根株　选用 2 年生以上健壮根株。秋季要加强水肥管理，每隔 10d 左右，结合浇水追肥一次，每亩追施腐熟人粪尿 1500～2000kg，或尿素 15～20kg，连续二三次。9～10 月份用 50% 的辛硫磷乳油 2000 倍灌根防治韭蛆一次。秋季不收割。

(2) 准备囤韭畦　囤韭畦最好选在背风向阳处，功率 1000W 的电热线，可铺设一个长 10m、宽 1.4m 的韭畦。

(3) 铺设电热线　电热线应铺在韭畦的底部并顺畦向铺设。1m² 畦床功率 70W 时，土温可达 20℃；100W 时可达 22～24℃。如利用塑料拱棚栽培，其四周温度低，电热线可适当密些；中间温度高，电热线可适当稀些。先在畦床底部铺 3～5cm 厚的谷壳或马粪作隔热层，在隔热层上面再铺 2～3cm 厚细土，平整后稍加镇压，最后铺设电热线。

(4) 挖根囤韭根　电热线铺好后，再铺上 3～4cm 厚细土。12 月上、中旬将地上部的枯萎韭株及杂草清除干净，轻轻挖出韭根，尽量保存完整根系，每 10 株捆成一把。囤韭前蘸用 1:3 的粪和土与 1:4:800 的辛硫磷、尿素、水调成的泥浆。囤时根部要摆平，把与把之间要挤紧，最后盖一层 2cm 厚的细砂壤土。

(5) 扣棚与管理　囤韭后先浇一次透水，待水渗下后，将露出的根系盖严，畦上搭小拱棚，棚上加盖草苫等遮光，控制温度在 15～20℃。20～30d 可收割一茬。

4. 薹韭保护地栽培技术要点

(1) 选用良种　薹韭生产并不是单一生产韭薹，而是以韭薹作为主要产品，同时收获青韭或韭黄。普通韭菜品种虽然也能出产一定量的韭薹，但其产品和品质以及采收时间都不如那些专用或兼用于韭薹生产的品种。薹韭生产应选择专用或兼用于韭薹生产的品种，如四季薹韭、中华韭薹王、寿光薹韭 1 号、寿光薹韭 2 号、铜山早薹韭、平韭杂

1 和平韭杂 2 等品种。

(2) 培育壮苗

① 播种　用于韭薹生产的韭菜一般不作直播，而是采取育苗移栽的方法。亩施有机肥 5000kg、过磷酸钙 25kg 左右。3 月中下旬，当地温稳定通过 10℃时适期早播，每亩苗床用种 4～5kg，单株定植可栽种大田 5000m²；小丛定植，可栽种 3500m²；大丛定植，可栽种 2000m²。播后盖 1.5～2cm 厚细土，再在畦面上每亩用 50％扑草净 10～15g 对水 7.5～10kg 喷雾除草。

② 苗期管理　幼苗出土后至苗高 15cm 前小水勤浇，结合浇水追施腐熟粪肥二三次，每亩顺水冲施一次辛硫磷或敌百虫 0.5～1kg。苗高 15cm 后控苗，及时剔除病、弱苗。

(3) 适时定植

① 整土施肥　每亩施腐熟有机肥 5000kg、过磷酸钙 50kg、硫酸钾 20kg、尿素 10kg，加辛硫磷或敌百虫粉剂 1.5kg 防治地下害虫。深翻 30cm，整平耙细，作 2m 宽平畦。

② 定植　苗龄 80d 左右，苗高 20cm，5～6 片叶时，按行距 40cm，穴距 l8～20cm，每穴 4～5 株栽植，栽后浇透水。夏季高温高湿，韭苗易腐烂，要随挖随栽。栽前要选苗分级，用乐果浸根杀灭潜入根茎的韭蛆。

(4) 田间管理

① 春夏管理　定植缓苗以后，立秋之前，一般不追肥浇水和收割，要适当蹲苗，防止幼苗过高过细和入伏后倒伏。热雨后及时浇水降温防烂根。

② 秋季管理　8 月中旬以后要重施肥，每亩施腐熟优质粪干 1000kg、过磷酸钙 100kg，施肥后连续浇水 2～3 次。方法是将充分腐熟的粪干撒在行间，并且喷药防治韭蛆，划锄使土肥混匀后再浇水。9 月上旬至 10 月上旬，随水追肥 2 次，每亩施氮肥 50～60kg；草木灰要单施，每亩 100～200kg。10 月中旬以后停止追肥浇水。

③ 冬季管理　若韭苗生长健壮，肥水充足，当年就可扣棚；若当年移植的韭菜苗生长量小，宜露地越冬，在叶片枯萎回韭后，浇足冻水。

④ 第二年春季管理　及时上土防韭菜跳根。方法是在春季选晴天中午把土均匀地撒在畦面，也可结合上土掺施部分土杂肥。

⑤ 第二年夏秋季管理　夏季管理的中心是培养"葫芦"，积累养分，措施是排水防涝、及时除草、摘除花薹、适当追肥。秋季管理要增加肥水供应，减少收割次数，及时防韭蛆。秋末冬初如不进行露地越冬，即可及时扣棚，转入保护地生产。

⑥ 第二年冬季保护管理

(a) 扣棚　适宜的扣棚时间应从移栽的第二年 12 月上旬后开始。一般第一刀收割前，分别在青韭长到 7～8cm 及 15cm 左右时各培土一次。第二刀青韭培土应在收割前 4～5d 进行。

(b) 追肥　基肥充足时，从扣棚到第一刀收割不需要追肥，第一刀收割后，苗高 10cm 左右每亩顺水追磷酸二铵 50kg，出薹期间每 7～8d 浇 1 水，并随水追硝酸铵 30～35kg。韭菜 40cm 左右高时，用竹竿加拉绳支架，防止倒伏。

(c) 温度管理　扣棚初期以保温增温为主，一般不通风。在第一刀收割后，温度达到 25℃以上时，可先从棚两端通风。第二刀收割后放风量应逐渐加大。

(5) 采收韭薹　薹韭有韭菜早割早出薹、多割早出薹、晚割晚抽薹、少割少抽薹、不割晚抽薹的特性。因此，用于韭薹生产的韭菜，要适当早割、多割，不要不割。一般在覆盖保护的条件下，凡当年栽植的韭菜春节前后只收割一刀，多年生可在春节前后收割二刀，以后便停止收割青韭。采薹时应根据品种特性和栽培条件灵活掌握。一般幼薹露出叶鞘8～12d，韭薹基部与叶鞘结合处为浅绿色，手捏韭薹基部感到不过软、不顶手时，即可采薹。采薹应在早晨为好，采下的薹含水分多、鲜嫩、产量高、商品性好。采薹应在叶鞘近端采断，采薹过低伤其叶鞘，采薹过高影响产量。收割后养根壮苗促韭薹生长。采薹要及时、细致，如果采过嫩韭薹，会影响产量，采过老韭薹，则降低品质。因此，采韭薹时，既要保证产量，又要保证质量。

一般4月份开始出薹，5月份采收。保温性能良好的棚室设施可提早到3月份前后出薹，4月份采收。出薹盛期，每2d可采收一次，至9月下旬结束。采后按0.5kg左右扎成1把，再扎成大捆，浸入水中保鲜，次日清晨出售。

5. 大棚韭菜春提早栽培技术要点

韭菜采用大棚栽培，当地温回升到2～3℃时，地上部就开始生长，气温在10℃以下时，生长较慢，但叶质充实，叶肉厚，达到12～24℃时，生长旺盛，产量高。大棚在低温时可通过人工保温增温措施提高温度，在高温时可通过人工放风措施降低温度，使室内温度维护在适宜韭菜生长的范围。韭菜旺盛生长期维持较高的湿度，不仅产量高，而且品质好，可以填补蔬菜上市淡季，丰富元旦、春节市场。

（1）品种选择　选用返青早、生长速度快、植株长势旺、叶宽、耐寒耐热、丰产性好的品种。

（2）整地施肥　选择土层深厚、富含有机质、排灌方便的土壤。结合整地，每亩施腐熟厩肥5000～6000kg、腐熟饼肥180～200kg、过磷酸钙50kg、硫酸钾15kg，黏重的土壤还应增施土杂肥、草木灰等。深翻30cm，精细整地，作高畦，畦宽1.5～2m（包沟），沟宽35cm，畦高15～20cm。

（3）培育壮苗　韭菜应在5cm地温达到10℃以上时播种，在长江流域，一般在3月中下旬至4月上旬采用拱棚育苗。采用新种子播种，播种前将种子晾晒2～3d，然后进行浸种催芽，将种子放入30℃温水中浸泡24h，捞出用湿布覆盖，放置于15～20℃条件下催芽，每天用清水洗2～3次，经3～4d露白后播种。一般按30～35cm的行距、20～24cm的穴距挖穴，在浇足底水后播种，每穴播种50～70粒，要求种子在10cm左右的穴内均匀撒播。播种后覆盖1～1.5cm厚细土，再覆盖稀疏稻草和地膜，搭竹拱并盖膜。

播种后，一般在出苗前不浇水。出苗前拱棚温度达到25℃时放风，若温度适宜，播种后6～9d即可出苗，出苗后及时揭去地面覆盖物，并随气温升高撤去拱棚。苗期浇水要轻浇、勤浇，经常保持土壤湿润，当苗高10～15cm时，可结合浇水追施尿素10kg左右，以后酌情再追肥1～2次，并结合中耕除草进行培土。如果是育苗后再进行移栽的，在7月下旬后即可定植。

（4）越夏管理（彩图7-2）　一般上半年不收割青韭，夏季的管理重点是养根，伏雨来临前必须将韭菜架离地面，以通风透光、降温降湿，方法是在两行韭菜之间架小拱竿或拉铁丝使韭菜叶伏在上面。梅雨季节及秋季台风暴雨季节应及时清沟排水，确保雨住田干，干旱季节则需要经常浇水，保持土壤湿润。越夏时注意防治葱蓟马、斑潜蝇等的为害，可选用10%吡虫啉可湿性粉剂1000倍液、2.5%溴氰菊酯乳油1500～2000倍液、20%氰戊菊酯乳油1500～2000倍液等药剂喷雾防治。

（5）秋冬管理

① 清洁田园　进入初霜期后，地上部分植株逐渐枯死，植株的养分集中于地下根茎中，这时应及时清除枯叶，以减少病菌虫卵。

② 扣棚　9月下旬至10月中旬搭建大棚，11月中下旬开始，在我国南方自南而北覆盖大棚膜，进行覆盖栽培。

③ 温湿度管理　11月中旬后，覆盖大棚膜，先不放风，使棚内温度尽快上升，当温度超过20℃时，应通风降温，下午温度降到20℃就要收风，放风要逐渐加大，一般不能放底风，保持白天17～21℃，不要超过25℃，夜间12～15℃。第一次采收后，搂出植株残体，搂平畦面，关闭塑料棚不放风，促进韭菜萌发。二刀韭菜长有7～9cm高时开始放风，白天温度控制在25℃以下，夜间16～18℃。寒冷天气注意采用多层覆盖，大棚内再搭建成小拱棚，甚至在夜间覆盖不透明保温材料，阴雪天也要进行短时间通风降湿；开春后，外界气温逐渐回升，应逐渐加大通风量、延长通风时间，进入3月底、4月初后可拆除小拱棚，4月下旬可拆除大棚裙边、顶膜，进入露地栽培。大棚内的空气湿度保持在70%左右，如果湿度太高，需要通风降湿，土壤水分过高，则可撒干的草木灰。

④ 肥水管理　在清除枯叶杂草而未覆盖薄膜前，在畦面行间开沟施肥，一般每亩施充分腐熟的人粪尿2000～3000kg、饼肥180kg。覆盖薄膜后，随着大棚内温度的上升，韭菜开始萌发，待株高6～7cm时，每亩再施浓粪水1500kg。第一次采收后，每亩穴施草木灰300～450kg。新韭菜萌发长有3～4cm高时，开始浇水，结合浇水每亩施硝酸铵20～25kg或稀淡粪水1000kg，韭菜收割前7d左右，再浇一次水。以后每采收一次，浇浓粪水、淡粪水各一次。

有条件的，在盖棚膜后，当韭菜长到3cm高时，可开始施二氧化碳气肥，每刀韭菜连续施放10d，在晴天日出揭棚膜1h后进行，每天施2h，增产幅度达20%左右。

此外，从苗期就可以使用磷酸二氢钾溶液处理幼苗，增强幼苗长势，提高综合抗性，使用浓度为500倍液。从苗期到产品生长期均可施用复硝酚钠，苗期喷2次，相隔7～10d，可促进发根，对正在生长的韭菜可10d喷一次，每次每亩用10mL。当韭菜长到8～10cm高时开始喷施光合肥（光呼吸抑制剂），7d后再喷一次，每亩每次用药粉10g，对水50kg，可降低韭菜光呼吸强度，减少呼吸消耗，增加有效积累，提高产量。

（6）采收　一般元旦前后即可开始采收。当韭菜植株高达25cm左右时即应收割上市，以后每隔15～20d采收一次，可连续收割5～6次。每亩可收青韭1800～3000kg。

（7）采收结束后的管理　一般于4月上旬结束冬春季韭菜的采收，并拆除大棚薄膜，进入下一轮的栽培管理工作。采收结束后，每亩施腐熟饼肥180～200kg、过磷酸钙50kg、硫酸钾15kg，畦面再铺盖4500～7500kg的腐熟土杂肥，浇一次透水，以利跳根生长。进入第二个生长周期后，夏季应适当控制植株的长势，并注意培土，进入7月份后，可采收韭菜薹。一般种一茬韭菜可连续利用4～5年，再重新播种，并另选田块栽培，不宜在同一田块内栽培。

6. 韭菜基质盆栽技术要点

（1）盆栽容器选择　韭菜等可以不断采割的蔬菜可以用适宜大小的塑料盆（彩图7-3）或泡沫塑料箱（彩图7-4），穴距和行距一般均为5～8cm，每穴定植6～8株。

（2）配制基质　目前常用的栽培基质有草炭、菇渣、秸秆、腐叶土、锯末、稻壳等，并与河沙或沙土、珍珠岩、蛭石、煤渣等混合配制成盆栽营养基质。基质要求孔隙度合适、容重较小，具有较好的保水性和透气透水性，养分含量适中而全面，pH 值以 6.2～7.0 为宜。根据保水性和肥力要求的不同按比例配制，由于草炭的容重较小易于搬运且营养含量高，因此草炭的比例尽量大些，菇渣、秸秆等的含氮量较多且肥力持久性较强，可以适量提高比例。

常用的基质配比，草炭 50％～80％，菇渣、秸秆等 10％～30％，珍珠岩、蛭石等 10％～20％为宜。配制好的营养基质加入适量尿素（45g/m³）、磷酸二铵（30g/m³）、硫酸钾（45g/m³）或有机肥（腐熟粪为主）混合均匀、过筛，用水湿透至含水量约 80％，用手握成团，松开即散，感觉潮湿，没有水渍时，装入盆中。

(3) 基质消毒　基质是病虫害传播和越冬的主要场所，使用前需要彻底消毒，使用后再次利用前也要彻底消毒。方法有在阳光下暴晒、蒸汽消毒、石灰粉消毒、药剂消毒等。一般运用日光暴晒和药剂消毒相结合的方法即可，具体操作是将配好的基质均匀铺在水泥地面上，暴晒 5～15d 即可杀死病菌孢子、菌丝、虫卵以及成虫，然后加入适量多菌灵、百菌清、甲霜灵等，与基质拌匀。

(4) 茬口安排　一般选用不休眠品种，如久星 10 号。在大田中育苗，一般可于 4 月露地播种培育韭菜根，当年的韭菜根生长势较弱，最好选择 2 年以上、培养好的韭菜根，根据需要可以随时移植。从地里挖出的韭菜根，不要伤根剪齐须根和韭叶，留下宿根茎，晾晒一天后整理成 10～15 株一撮栽到室内盆栽箱内。栽后用清水浇透基质，以促进新根发生。

(5) 育苗　在容积较大的泡沫箱中装满营养基质，浇足底水，直到容器下面有水流出为止，把韭菜种子均匀撒播到营养基质上，上面均匀覆盖一层干燥的细土。注意观察土壤墒情，缺水时用小的喷壶洒一点水，保持土壤湿润，12～16d 种子就会发芽，待幼苗长到 2cm 左右时间苗除去弱苗。也可以直接用大田里的韭菜进行移栽定植，省去育苗时间。

(6) 定植　当韭菜幼苗长到 10cm 左右时，进行移栽，将幼苗挖出，由于基质很疏松用手挖出即可，选取 6～8 株定植在一起，穴距 5～8cm，定植完成后，浇足定根水即可。

(7) 管理　韭菜生长期较长，根系发达，浇水时切忌一会一点，要么不浇要么浇透，否则根易腐烂。因为韭菜可以多次收割，所以要特别注意营养的供应问题，虽然定植时加入了基肥，但由于时间较长，后期还需要施肥。否则第一茬韭菜生长旺盛，第二茬生长弱矮且发黄，第三茬会出现参差不齐甚至不长的现象。因此，每次收割后都要在韭菜根部施一次肥，施肥量与基肥同等。同时浇灌一些微量元素营养液，主要含有铁、锰等微量元素。

(8) 采收　当韭菜大部分叶片长到 18～20cm，叶尖变得圆润时，开始收获，收割后的茎要稍微高出土壤表面，否则不利于下一茬生长，易造成生长不齐等。

(9) 分株与更新　韭菜长期在一个地方生长，植株会长得非常密集，根部相互缠绕，从而影响生长。每年把根挖出来，将弱株、病株剔除，将健壮株选出来，重新定植，可以使韭菜重新恢复生机。

(10) 注意事项

① 及时浇水　基质栽培要注意水分的浇灌，根据墒情及时浇水，要么不浇，要么浇透，切忌反复浇、不浇透，这样易造成烂苗。

②　及时施肥　由于基质的保肥力不如土壤，基质中的营养常会随着浇灌的水流走，因此要注意及时补肥，每一个月左右一次，主要以氮肥和微量元素为主。其次可以将每次浇灌后流出的水收集起来，作为营养液回浇，可以有效减少养分的浪费。

③　及时除草和疏松透气　由于基质的生长环境优越，极易生长杂草，要及时清除；而且要不定期地用小木棍等划拨透气，有利于根系生长。

④　再利用时要彻底消毒　基质是可以循环利用的，但必须做好消毒处理，预防病虫害。

五、韭菜生产关键技术要点

1. 韭菜新陈种子的区分要点

韭菜的果实为蒴果，倒卵形，有三棱，黑色。果顶有缝合线，内有 3 片间膜隔着，分为 3 室，每室可产 1～2 枚种子。成熟后，果皮呈苍黄色，从果实缝合处开，露出黑色种子。一般大室为 2 粒种子，小室有 1 粒种子。韭菜种子较扁，盾形，凸出的一面是背面，凹陷的一面是腹面。无论背面、腹面，表皮皱缩均细密，脐面突出，这和大葱、洋葱的种子迥然不同。韭菜种子皮厚且坚硬不易渗水，因此发芽缓慢。千粒重 4～6g，一般宽叶型韭菜种子大而重，窄叶型韭菜种子小而轻。

韭菜种子的寿命较短，一般不超过 2 年。存放 2 年以上的种子大部分失去发芽能力，即使能发芽，出苗后长到约 5～7cm 时，也会枯死，其成活率仅能达到 15% 左右。所以在韭菜生产中对新、陈种子的鉴别与区分是非常重要的。

一看：新的韭菜种子发黑发亮，有光泽；陈种子颜色暗淡发乌，无光泽。新种子脐部发白；而陈种子脐部呈黄褐色或褐色。

二摸：新种子手感比较滑，而且柔软有弹性；陈种子则比较涩并且相对较硬。

三砸：将新种子砸断后，如果横断面的胚乳淀粉是面粉状则是陈种子；如果呈和面状（即有黏性）为新种子，用牙咬后不碎的就是新种子。

四闻：新种子有辛辣味；而陈种子辛辣很淡或没有。

2. 韭菜种子发芽率低的原因与预防措施

当播种的韭菜种子发芽率低于 65% 时可出现以下两种情况：一是可造成出苗率低；二是因播种量大、播幅窄、播种后种子密集，加上出土时间长，不能发芽的种子在土壤中霉烂，反而引起好种子也烂掉或不出芽。

（1）种子发芽率低的原因　新种子在成熟和采收过程中，受到自然灾害的影响而形成的种子质量差，或一刀切的采收方式使花球上部分种子成熟度极低，或种子本身受到"热伤"（采收后的花球堆放过厚而发热，或为防雨覆盖塑膜后发热，或存放种子本身含水量过高而发热）等，均可使种子发芽率降低或丧失；在新种子中掺有发芽率极低的种子，或陈旧种子，或坏种子等；种子混杂退化；在韭菜种子中掺有其他煮熟风干后的葱类种子。

（2）预防措施　要按照国家标准，三级、二级、一级韭菜种子的发芽率分别不低于80%、85%、87%。应使用发芽率高于 65% 的种子，在生产中不能使用 2 年以上的种子。在播种前一定要测韭菜种子发芽率，用不超过 40℃的温水浸泡韭菜种子 24h，再充分搓洗干净。取两块用清水充分浸湿的新黏土砖，数出一定数量的种子（如 100 粒）均匀地摆放在一块湿砖上，在种子上放另一块湿砖，然后置两块浸湿砖于 15～20℃处，缺水时可往砖上浇些清水。过 6d 数发芽的种子数（为发芽势），再过 3d 数发芽的种子数，将 2 次的数值相加，即为种子发芽率。对一些粒大口紧、休眠重的种子可等到 12d 左右测发芽率。发芽势高的种子出苗快，对发芽率偏低的种子不宜使用。

（3）补救措施　更换种子，再测发芽率。

3. 韭菜水分管理技术要领

韭菜属于较耐旱的植物，其叶部结构能忍耐干旱条件，短时间缺水不会影响生长。其根系吸收能力很弱，需要湿润的土壤条件才能正常生长，加上韭菜产品只有水分含量多，才能保持其固有的姿态和新鲜度，由于细胞含有大量水分才能维持细胞的紧张度，而使韭菜茎叶挺立，提高其感观品质。水分缺乏则组织粗硬，纤维增加，降低食用价值。因此，栽培中应保证适当的水分供应。

（1）韭菜对水分的要求　韭菜的吸水力弱，叶面蒸腾作用小，很忌土壤水分过量，如水分过量，很容易发生涝害，使根系窒息，地上部萎蔫死亡。韭菜对水分的要求，随着不同的发育阶段而有差异。由于韭菜种子皮厚且有蜡质，不易渗水，发芽期间要求的土壤含水量较高，以土壤相对含水量达 70％ 为宜，水分才能透过种皮的角质层使种子吸水膨胀，所以播种时底墒要好，幼苗出土必须保持地皮湿润。幼苗期，由于幼苗出土时种芽显"门鼻"样拱土，顶土能力较弱，只有地表土壤不干才有利于出苗。苗期根系吸收能力很弱，土壤缺水会出现幼苗"吊死"现象，所以，苗期根系不能缺水。在营养生长初期，土壤宜见干见湿，土壤相对含水量在 70％～90％ 之间。在营养生长盛期，同化作用强，生长量大，要想保证产品含水量多、品质柔嫩、纤维少，必须有充足的水分供应，要求土壤含水量为 80％～95％。韭菜收获以春、秋两季为主，夏季雨水较多，所以应在春、秋季加强浇水管理。韭菜叶片适宜的空气相对湿度为 60％～70％。空气湿度过低，叶片粗硬，纤维增加，品质降低；空气湿度过大，尤其是叶面有结露现象时，易发生病害。特别是培土时湿度过大，易引起腐烂。

（2）苗期浇水　种子发芽需水量大，土壤含水量达到 70％ 以上时水分才能透过种皮的角质层。幼苗出土前畦面宜保持湿润，防止土面板结，致使幼苗出土困难。幼苗出土后，根小且浅，浇水过多幼苗易徒长；浇水过少地面易板结，幼苗干枯。应轻浇勤浇，经常保持地面湿润，以促进幼苗生长。当苗高 12～15cm 时，进行控水蹲苗。根据土壤湿润情况及时浇水，如果秧苗生长健壮可以不追肥，以利于蹲苗，防止幼苗徒长倒伏。在降水多的年份注意防涝排水。

（3）成株期浇水　移栽后，春季割头刀韭菜前不浇水。收割 3d 以后，刀口愈合，待韭菜长出地面再浇水，水量根据土壤湿度而定。立秋后，气温条件正好适合韭菜的生长，是培养根系生长和植株粗壮的有利时机，但浇水一定要掌握好数量，应根据秋季降水的大小、多少来决定。因为韭菜秋季怕涝，不旱不要浇水，如果降水过多，一定要做好排水防涝的工作，防止韭菜沤根、烂叶，造成减产。立冬前后，回秧型的韭菜地上部分已枯死，注意浇封冻水。如果秋雨大，土壤含水量高，也可不用冬灌。

4. 韭菜配方施肥技术要领

不同的栽培年限，韭菜的需肥量有很大差异。一年生的韭菜，植株尚未充分发育，需肥量不大。在一年中，秋季是施肥的重要季节。只有秋季肥料充足，促进植株生长旺盛，才能有更多的营养积累于根部，翌春才能有丰收的基础。

韭菜需肥量大，正确选用和使用肥料十分重要，不仅可以减轻病虫害发生，降低农药使用量，而且有助于提高产品的产量和品质。韭菜需氮肥量最大，只有氮肥充足，叶片才能长大，纤维少，品质柔嫩。磷肥能促进根系发育及抽薹。钾肥可提高抗病性，但施肥过量，易使纤维变粗，品质变劣。每形成 100kg 的产量，需氮 0.2～0.4kg、五氧化二磷 0.08～0.12kg、氧化钾 0.3～0.5kg、氧化钙 0.15～0.25kg、氧化镁 0.03～0.07kg。

(1) 基肥施用　结合整地，每亩撒施优质腐熟有机肥 6000kg、氮肥（N）2kg（如尿素 6.6kg）、磷肥（P_2O_5）6kg（如过磷酸钙 60kg）、钾肥（K_2O）6kg（如硫酸钾 12kg）。基肥施用要注意以下 2 点：一是有机肥要充分腐熟，因韭蛆是腐食性害虫，成虫喜欢群聚在发臭的粪肥等上产卵、繁殖，造成长期为害。若有机肥未充分腐熟，可在每平方米肥料中掺入 5～10kg 辛硫磷颗粒剂或敌百虫粉剂，充分混匀后密闭堆放 7～10d 再使用，这是预防韭蛆的关键。二是混合肥料要深翻入土，结合整地深翻，深度以 30～50cm 为宜，耕后整平耙细。

(2) 苗期追肥　幼苗出土后，应先促后控。促苗的目的是加速发根长叶，使幼苗尽快长成营养体；控苗的目的是防止徒长，使幼苗生长健壮。韭菜幼苗小且根浅，结合浇水追施腐熟的粪稀或硫酸铵、尿素等速效氮肥 2～3 次，每亩施 5～10kg，或施硫酸铵 10kg，促进幼苗生长。当苗高 10～15cm 后，控水中耕除草；如果秧苗健壮，可以不追肥，以蹲苗壮秧、防止倒伏烂秧。

(3) 成株追肥

① 定植后，当新叶长出变绿、结束缓苗时，应浇水追肥促发新根、长叶，每亩随水追施尿素 20kg，及时中耕培土，促进植株生长。

② 立秋后天气渐凉，正是韭菜叶片生长的适期和旺期，分蘖力较强，是韭菜生长的重要时期，应加强肥水管理。结合浇水追肥 3 次，前 2 次每亩施尿素 15～20kg；最后一次施稀粪水，以满足韭菜生长发育所需，使植株健壮，增加养分积累和耐寒力，便于安全越冬。一般每 10d 左右浇一次水。结合浇水，每亩追施腐熟有机肥 500kg 或磷酸二铵 30～50kg 加草木灰 100～200kg，有条件的可追施饼肥 200kg。

(4) 第二年后施肥

① 春季　春季是韭菜生长的第一高峰期，叶片生长速度快，植株长势旺盛，在此期间，田间管理水平对鲜韭的产量有直接的影响。因此，在韭菜返青前要及早耧去和清除田间的枯叶杂草。当日平均气温达 0℃、地表解冻、韭菜开始萌动生长时，就要抓紧深耕一次，将冬前覆盖的有机肥翻入土中，施肥后深锄保墒，增加土壤通透性，提高地温，促使植株快速生长。同时耧平畦面，整畦埂。一般经 40～45d 的生长可收割第一刀韭菜。收割 3～4d 后，韭菜伤口愈合、新叶出土 2～3cm 时，还应及时进行追肥，每亩施尿素 20kg，在管理好的情况下，一般一刀后 28～30d 收割第二刀，二刀后 25～28d 收割第三刀。

② 夏季　夏季一般不收割韭菜，只进行培根壮秧管理。夏季高温、高湿季节应适当施肥，减少浇水。

③ 秋季　秋季是韭菜年生长周期中的第二次旺盛生长时期，也是肥水管理的关键时期。在此期间不仅要收割青韭，还要为冬季休眠准备充分的养分。因此，除韭菜收割后"刀刀追肥"外，在韭菜枯萎前 40d 左右停止收割。进入 10 月中旬每 10d 左右追肥一次，每次每亩施 1000kg 腐熟人粪尿或追施 15kg 尿素，连续追肥 2～3 次，培肥韭根。为减少越冬虫源，追肥后结合浇水每亩用 1kg 敌百虫灌根，可有效地防治韭蛆。然后停

止施肥浇水，使植株自然枯萎，也叫"回劲"。这样可使叶部的养分逐渐转移到根茎中，提高根茎细胞溶液的浓度，增强植株越冬抗寒能力。

（5）追施微肥　微量元素不足可引起韭菜干尖黄叶，如缺钙心叶黄化，部分叶片枯死；缺镁引起外叶黄化枯死；缺硼引起中心叶黄化，生理受阻。由于采用土壤施肥，养分需要一定的时间才能被吸收，出现缺素症时，最好于阴天或晴天下午及时喷施韭菜专用的叶面肥。

（6）撒施草木灰　韭菜生长期内每亩在地面顺沟撒施草木灰 $100\sim200kg$，利于韭菜发根、分蘖，可明显增产，降低灰霉病发病率，对韭菜根蛆有防治作用。但需注意，草木灰属于碱性肥料，在盐碱土中不能使用，且不可与氨态氮肥混用，以免降低肥效，此外，忌与沼液、人粪尿等有机肥一起使用。

5. 韭菜缺素症的识别与防止措施

因韭菜多年在同一块田块内生长，一般在老韭菜田可发生植株缺素症。

（1）缺氮症　韭菜缺氮，植株矮小、生长缓慢，比正常植株分蘖少。通常叶片较少，而且叶子会变黄，这种发黄首先出现在老叶上，以后随缺氮加重而出现在新叶上。缺氮导致种子和植物营养器官的蛋白质含量低，植株提早开花。应及时追施氮肥。

（2）缺磷症　韭菜缺磷，植株矮小，叶片形状可能扭曲。严重缺磷时，叶片、茎秆上可能出现坏死区。缺磷时老叶先受影响，特别是低温时，缺磷植株常见发紫或发红。肉眼可见的缺磷症状通常不如缺氮或缺钾症状清晰，所以缺磷不易察觉。在韭菜的一些生长阶段，缺磷可导致植株呈深绿色。基肥施足磷肥，应急时可叶面喷施磷酸二氢钾。

（3）缺钾症　韭菜缺钾表现为沿叶缘的灼伤症状。灼伤症状最初出现在老叶上，植株生长缓慢，根系发育差。茎秆脆弱，常出现倒伏。种子小且干瘪。植株对病害的抗性低。可叶面喷洒磷酸二氢钾。

（4）缺钙症　植株缺钙时，中心叶黄化，部分叶尖枯死。可用 $0.3\%\sim0.5\%$ 氯化钙溶液喷洒。

（5）缺镁症　植株缺镁时，外叶黄化枯死。可用 $0.1\%\sim0.2\%$ 硫酸镁溶液喷洒叶面。

（6）缺硫症　植株呈淡绿色，一般先显现在较幼嫩的叶片上，但整个植株也可能呈现淡绿色、辛辣味变淡。

（7）缺硼症　植株缺硼时，一般在出苗后 $10d$ 左右出现症状，多发生在老茬韭菜上，茬口越老发病越重。发病时，整株失绿，症状重时叶片上出现明显的黄白两色相间的长条斑，后叶片扭曲、组织坏死，生长发育受阻。可叶面喷洒 0.5% 硼砂溶液。

（8）缺锰症　韭菜叶片条斑状失绿，并伴随有小坏死点的产生，失绿会先出现在嫩叶上。可叶面喷洒硫酸锰。

（9）缺锌症　与正常植株相比叶片变小、变厚，扭曲变形，叶片失绿，出现花白叶，失绿症状先出现在老叶上。可叶面喷洒硫酸锌。

（10）缺铜症　植株缺铜时，一般在出苗后 $20\sim25d$ 开始出现症状。多出现在老茬韭菜上，出现症状前生长正常，当韭菜长到最大高度时，在顶端叶片 $7cm$ 以下的部位出现 $2cm$ 长的失绿片段、酷似干尖症状。可叶面喷洒 0.14% 硫酸铜溶液。

（11）缺铁症　韭菜缺铁一般在低洼潮湿地或盐碱含量较高的板结地块发生较重

（新老茬韭菜没有差异）。植株缺铁时，一般在出苗后 10d 左右出现症状，叶片失绿、呈鲜黄色或浅白色，失绿部分的叶片上无霉状物，叶片外形无变化。可适时增施腐熟的有机肥，或叶面喷洒 0.2％硫酸亚铁溶液。

6. 韭菜田杂草防除技术要领

韭菜在苗期和养根期，随着苗的生长杂草也迅速生长，不及时除草会造成"草吃苗"现象，影响韭菜生长发育，导致植株细弱甚至死亡。韭菜人工除草又是一件十分艰苦而费时的工作，目前较好的方法是喷用化学除草剂。但过量使用除草剂，容易引起韭菜植株生长迟缓，植株低矮，叶片变小，分蘖力降低，韭菜发黄、萎蔫，鲜韭感官品质下降，净菜率下降。韭菜农药残留增大，内在品质下降。

（1）农业综合防治　采用深翻整地，将表土层草籽压入深层土中，并拾除草根，可减少杂草的种类和数量。进行水旱轮作、粮蒜轮作、棉蒜轮作可减轻杂草种类。在地面覆盖麦秸、稻草，或覆盖除草膜、黑色地膜等，也可人工除草。

对于一、二年生的杂草，浅耕灭茬是有效的除草方法。即提前 1～2 周整地、作畦、浇水，当杂草萌发时再浅锄，而后再平畦播种或栽植韭菜，就可消灭大部分一、二年生杂草。此外，这些杂草多以种子繁殖，如在杂草开花结籽前拔除，下一年危害就会大量减少，对于以根茎越冬的宿根性杂草和大草必须除根，只能用人工来拔除。

（2）育苗韭菜田除草

① 播种前施药　可于播前 5～7d，每亩选用 48％氟乐灵乳油 50～100mL，或 48％仲丁灵乳油 50～100mL、72％异丙甲草胺乳油 50～100mL、96％精异丙甲草胺乳油 30～40mL，对水 40L，均匀喷施。施药后及时混土 2～5cm，特别是氟乐灵、仲丁灵易于挥发，混土不及时会降低药效。但在冷凉、潮湿天气时施药易于产生药害，应慎用。

② 播后苗前除草　在韭菜播种后应适当混土或覆薄土，勿让种子外露，播后苗前施药，每亩可选用 33％二甲戊灵乳油 75～100mL，或 72％异丙甲草胺乳油 75～100mL、96％精异丙甲草胺乳油 30～40mL、72％异丙草胺乳油 75～100mL、48％仲丁灵乳油 200mL、50％扑草净乳油 100～150mL，均须加水 40～50kg，地面喷洒，可有效防治多种一年生禾本科杂草和部分阔叶杂草。必须在播后第一次浇水后的 2～3d 里施用。严格控制用量，药量过大会杀死韭菜苗，过小则不起作用。砂土地用量应更少些。喷药应均匀、周到、细致，不重喷、不漏喷，药要溶化均匀。喷药后地面有一层药膜，喷后不要轻易踏入。

也可使用混剂以提高对阔叶杂草的防除效果，如选用 33％二甲戊灵乳油 50～75mL＋50％扑草净可湿性粉剂 50～70mL，或 20％敌草胺乳油 75～100mL＋50％扑草净可湿性粉剂 50～70g、72％异丙甲草胺乳油 50～75mL＋50％扑草净可湿性粉剂 50～70g、72％异丙草胺乳油 50～75mL＋50％扑草净可湿性粉剂 50～70g，对水 40L 喷雾，可防除多种一年生禾本科杂草和阔叶杂草。施药时严格控制药量，喷施均匀，否则，韭菜叶片黄化，发生不同程度的药害。

（3）新移栽韭菜田除草　可于移栽前、后使用封闭性除草剂，移栽时尽量不要翻动土层或尽量少翻动土层，以移栽后使用为好，可防除多种一年生禾本科杂草和阔叶杂草。

① 播前 5～7d 施药　可选用 48％氟乐灵乳油 100～200mL，或 48％仲丁灵乳油

100～200mL、72％异丙甲草胺乳油 150～200mL、96％精异丙甲草胺乳油 50～80mL，对水 40L，均匀喷施。施药后及时混土 2～5cm，特别是氟乐灵、仲丁灵易于挥发，混土不及时会降低药效。

② 移栽后施药　以移栽后使用为好，可选用 33％二甲戊灵乳油 150～200mL，或 20％敌草胺乳油 150～200mL、72％异丙甲草胺乳油 100～175mL、96％精异丙甲草胺乳油 50～80mL，对水 40L 喷雾。

对于墒情较差的地块或砂土地，可选用 48％氟乐灵乳油 150～200mL，或 48％仲丁灵乳油 150～200mL，施药后及时混土 2～3cm，该药易于挥发，混土不及时会降低药效。

(4) 新移栽韭菜田苗后再次除草　韭苗出土前的除草剂喷洒后，残效期为 20～50d，出土后仍应再次用药。其方法有以下几种。

① 土壤处理　在播后芽前处理所用药剂的药效期已过、田间杂草可能再次萌发时，使用 33％二甲戊灵乳油，亩用量 125mL；或 48％仲丁灵乳油 200mL；或 48％氟乐灵乳油 100～150mL。此法对已出土的草无效，施药前应进行一次人工除草。用药时加水 50kg 地面喷洒。注意氟乐灵怕光，喷药后要浅耕深 1cm 左右使之与土混合。

② 茎叶处理　苗前没有使用除草剂，或第一次使用的除草剂药效期已过，人工来不及除草，杂草大量滋生已成草荒时，可使用茎叶处理药剂。于 3～5 片叶期间，亩用 20％烯禾啶乳油 65～100mL，或 50％利谷隆可湿性粉剂 150g，加水 50kg 进行茎叶喷雾。以烯禾啶最佳，药害较少。

(5) 老韭菜田除草　在停止收割养根期间，尤其在高温多雨季节，杂草生长迅速，影响韭菜生长发育，除灌水及雨后及时拔草外，也可应用除草剂除草。每收割一刀要喷一次药。但收割后要清除田间杂草并松土，等到韭菜伤口愈合后长出新叶时浇一次水，然后再喷施除草剂。可亩用 48％氟乐灵乳油 100～120mL，喷后浅锄与土混合，或用 50％扑草净可湿性粉剂 100～150g、24％乙氧氟草醚乳油 50mL、33％二甲戊灵乳油 100～200mL、45％仲丁灵乳油 200mL 等喷雾。

老根韭菜田，对于田间较多禾本科杂草和阔叶杂草混生田块，收割时把刀口入地面深 0.5～1cm，收割后及时对杂草喷洒药剂进行封闭处理，可选用以下配方药：33％二甲戊灵乳油 50～75mL＋50％扑草净可湿性粉剂 50～70g、20％敌草胺乳油 75～100mL＋50％扑草净可湿性粉剂 50～70g、72％异丙甲草胺乳油 50～75mL＋50％扑草净可湿性粉剂 50～70g、72％异丙草胺乳油 50～75mL＋50％扑草净可湿性粉剂 50～70g、33％二甲戊灵乳油 100～150mL＋25％恶草酮乳油 75～100mL、72％异丙甲草胺乳油 100～150mL＋25％恶草酮乳油 75～100mL、96％精异丙甲草胺乳油 40～50mL＋25％恶草酮乳油 75～100mL、72％异丙草胺乳油 100～150mL＋25％恶草酮乳油 75～100mL，对水 40L 喷雾，可有效防治多种一年生禾本科杂草和阔叶杂草。施药时要严格控制药量，喷施均匀；否则，韭菜叶片黄化或斑点性黄斑，发生不同程度的药害。一般加强肥水管理可以恢复生长，施药时一定要先试验后推广。

老韭菜田易生长香附子、田旋花、蒲公英等多年生杂草，生产上一般施用的对韭菜生长安全的土壤处理和茎叶处理除草剂，如用来防治老韭菜田的多年生杂草，其作用小、效果差、不除根。而用 30％草甘膦水剂 330～500mL/亩，对水 30～40L，均匀喷洒杂草茎叶，不但能除去地上部杂草的茎叶，而且还能根除地下部杂草的茎根。施用方法有 2 种：一是先收割韭菜，收割时把刀口入地面深 0.5～1cm，并注意把杂草留下，收割后及时对杂草喷洒药剂作茎叶处理，停 5～7d，当杂草茎叶枯黄时，再中耕、施肥、浇水。用此方法除草时，不要把韭菜茬露出地面，以免喷上药剂受到危害。二是在韭菜生长期，用加罩喷头在行间定向喷洒杂草茎叶，喷药时应选无风天气，以免药剂喷到韭菜叶片上受到危害。

（6）不同种类杂草的防除

① 禾本科草　韭菜播后苗前，每亩用 48％氟乐灵乳油 200～250mL，或 33％二甲戊灵乳油 200～250mL，或 50％敌草胺乳油 120～140g，对水 40～60L 均匀喷洒。

或在禾本科草 3～5 叶期，每亩用 10％精喹禾灵乳油 40～80mL、15％精吡氟禾草灵乳油 50～100mL、12.5％烯禾啶机油乳剂 50～100mL、10.8％高效氟吡甲禾灵乳油 20～50mL，对水 20～30L，配成药液均匀喷洒到杂草茎叶。在气温较高、雨量较多地区，杂草生长幼嫩，可适当减少用药量；相反，在气候干旱、土壤较干地区，杂草幼苗老化耐药或杂草较大，要适当增加用药量。防治一年生禾本科杂草时，用药量可稍减低；防治多年生禾本科杂草时，用药量应适当增加，如禾本科杂草超过 4 叶，用药量要增大。

② 莎草科草　韭菜播后苗前，每亩用 50％莎草隆可湿性粉剂 450～800g 对水 50L 均匀喷雾，或在播前喷莎草隆可湿性粉剂＋扑草净悬浮剂混合药液，可扩大杀草谱且增效，地膜田禁用。

③ 阔叶杂草　韭菜播前苗后，每亩用 50％扑草净可湿性粉剂 80～100g，对水 30～50L 均匀喷洒，防除牛繁缕、猪殃殃、婆婆纳、大巢菜等（墒情要好），用量加大也可防除禾本科和莎草科草，但安全性差。在小旋花苗 6～8 叶期（避开韭菜 1 叶 1 心至 2 叶期），每亩用 25％恶草酮乳油 120mL，或 24％乙氧氟草醚乳油 50mL，或 40％氧氟乙草胺乳油 100mL，对水 50～60L，均匀喷洒。在繁缕等石竹科杂草子叶期，每亩用 24％乙氧氟草醚乳油 66mL，或 40％氧氟乙草胺乳油 100mL，对水 40～50L 均匀喷雾。韭菜播后苗前，每亩用 50％异丙隆悬浮剂 200～250mL，对水 50L 均匀喷雾。

④ 禾本科杂草和阔叶杂草　韭菜播后苗前，在土表湿润时，每亩用 50％异丙隆悬浮剂 150～200mL，或 50％扑草净可湿性粉剂 80～100g，对水 50L 均匀喷洒。

⑤ 禾本科草、莎草科草和阔叶杂草　韭菜播后至立针期（以禾本科草为主），或韭菜 2 叶 1 心至 4 叶期（以阔叶草为主，不超过 4 叶期），每亩用 40％氧氟乙草胺乳油 100mL，或 24％乙氧氟草醚乳油 48～72mL。韭菜播后至立针期，每亩用 25％恶草酮乳油 100～140mL，对水 40～60L，均匀喷洒，要求土壤湿润。乙氧氟草醚乳油和恶草酮乳油用后，韭叶出现褐色或白色斑点，5～7d 后即可恢复。

⑥ 地膜覆盖栽培的韭菜　在播种洇水时，应待水渗后喷药，每亩用 24％乙氧氟草醚乳油 36～40mL，或 40％氧氟乙草胺乳油 60～80mL，对水 50L，均匀喷洒，喷药后 2～3h 盖膜。喷药后如遇大雨，应立即排水，防止积水流入膜内，天晴后温度突然升高，药液伤害韭菜。

（7）注意事项　韭菜地杂草种类很多，有单子叶杂草、双子叶杂草，有一年生和多年生杂草，所以应选择能兼除几类杂草的除草剂，轮换使用。如果长期使用某种除草剂，会使韭菜地杂草种类和种群发生变化，从而增加除草的难度。目前韭菜地禁用的除草剂有氯磺隆、甲磺隆、百草敌、2 甲 4 氯、灭草松、氯嘧磺隆、苯磺隆、甲草胺、

2,4-滴、乙草胺和西玛津,这些除草剂对人、畜健康有害。

7. 韭菜"跳根"的发生原因与防止措施

韭菜有一种正常的生理现象,叫"跳根"(彩图7-5)。韭菜是多年生蔬菜,在长期的生长过程中,所需的营养和水分都是依靠根系来吸收的。但是,韭菜的须根寿命一般只有一年多,每年都有老根的不断衰亡和新根的不断发生,也就是韭菜根系每年都要推陈出新。韭菜根系着生在植株鳞茎下的盘状茎周围,由于分蘖是在茎盘生长点上位叶腋发生的,因此,每次分蘖发生后,茎盘都要向上延续增生,到第二年逐渐形成新的根状茎。新的根系着生在新茎盘之下及根状茎的一侧,这样新根的位置就在老根的位置之上。如此周而复始,年复一年,根系就逐年向上增生移动,使根系离地面越来越近,这就是所谓的"跳根"现象。

韭菜跳根的高度,与收割次数和分蘖次数的多少有关,一般每年收割4~5刀时,跳根高度为1.5~3cm。由于近地表的土壤湿度、温度变化较大,容易忽干忽湿,温度昼高夜低,不利于韭菜根系生长发育,所以跳根现象不利于生产。因为新的根状茎上移,韭菜的新生须根也必然随之上移,须根的发生和吸收能力便受到限制,同时盘状茎外露,易出现散撮,甚至倒伏,甚至因得不到土壤的保护而干枯,韭菜的生长势随之下降。为了使新根有良好的生长环境,每年应于早春新根未发出时进行培土、剔根等特殊管理。

培土(又叫上土、垫土)是维持韭菜高产稳产、延长寿命和防止倒伏的一项重要措施。无论沟栽或者是畦栽韭菜,每年都要培土。跳根高度是培土厚度的依据,厚约3cm。培土的方法是:在早春土壤解冻、新芽萌发前进行,选晴天的中午,把土均匀撒在畦面,土要在头年准备好,要求土质肥沃,物理性好,并过筛后堆在向阳处晒暖。如果韭畦是黏重土,也可培砂性土以改良土壤,同时结合深锄与原土混合。

为了使韭菜丛株附近表土疏松,提高地温,促使植株生长,应及时进行剔根。剔根在早春韭菜萌发前进行,如表土已呈松散状态,应采取倒扒沟的办法将垄幅剔通;如冬季雪较大,表土呈泥泞状态,应采取"剔坑"的办法。剔根时,用竹签或"四齿"等工具将根际土壤挖掘深、宽各6cm左右,将每丛中株间土壤剔出,深达根部为止,露出根茎,剔除枯死的根蘖和细弱的分蘖,并将挖出的土壤摊于行间晾晒。如发现韭蛆,则可多晾一天,并在剔根后用1000倍辛硫磷药液每亩100kg灌根杀死韭蛆。封撮时,用手把向外开张的韭株根茎拢在一起,并在周围填入细土并按紧,将土壅在韭根附近形成鱼脊状。

排水防涝、及时除草、适当追肥、病害防治等环节也不可忽视,这样定能取得高产。一般5~6年后,必须重新分栽。

8. 韭菜倒伏的发生原因与防止措施

当韭菜播种量过大,秧苗生长高而纤细,或是老根韭菜前期肥水过于充足,夏季温度较高,雨水多,基肥充足,叶片生长迅速,造成假茎纤细柔弱,或叶片肥大,头重脚轻,致使叶片向外倒伏。直播韭菜和移栽养根韭菜都会发生倒伏,以养根韭菜初秋倒伏最为普遍。严重时,叶片杂乱无章伏满地面,韭菜通风透光不良,局部温度上升,使得叶片假茎贴地面变黄、腐烂,诱发疫病,光合作用大大减弱,同时地下土壤通气性能降低,根系活力减弱,吸收肥水的功能下降,整个韭菜植株只能靠消耗贮藏养分维持,影响秋季和来年韭菜产量。防止韭菜倒伏的措施有以下几点。

(1) 适时播种 春季播种时要科学掌握播种量,不可播得过密,一般每亩直播韭菜用种量为3～6kg。根据品种的分株特性、播种期的早晚、种子发芽率的高低,来确定适宜的播种量。品种的分株特性强、播种期早、种子发芽率高时,可适当少播种;反之,可适当多播种。按30～40cm的行距开沟,沟深10cm、宽15cm,踩实沟帮,沿沟浇透水,水渗后把干种子撒在垄沟内,覆盖薄土。在出苗期间,保持土壤湿润(可用薄膜、秸秆、遮阳网等物覆盖)。当韭菜有4～5片叶后,要注意控水,每次浇水或降雨后,适时锄地培土。进入雨季前,在韭菜行间开沟,以利于排水。

(2) 适当稀植 采用育苗移栽,在播种后75～90d、苗高18～30cm、有5～8片叶时定植。采用平畦,行距15～25cm、穴距10～15cm,每穴栽苗10～20株,栽成圆撮或短条状。也可采用沟栽。一般露地栽培分株特性强,种植略稀;保护地栽培分株特性弱,种植略密。

(3) 基肥、追肥要适量 幼苗出土后要按照“前促后控”的原则,控制后期生长,防止秧苗出现徒长。对于老根韭菜,不可过量追施氮肥和浇水,防止植株徒长,雨后及时排水。

(4) 短采韭叶 在雨季到来之前,对韭叶生长过于茂盛的韭田,可将韭叶适当短采,以防止植株倒伏塌地引起腐烂。采叶不可过重,否则会影响韭菜的生长。在夏初发生倒伏时,可将上部叶片割掉1/3～1/2,减轻上部重量,加强通透性,使留下的叶片能直立生长。或在即将倒伏时,从叶鞘上约5cm处全部割下叶片,再松土培垄。

(5) 晾韭 秋季发生倒伏的韭菜,多不能收割,可逐垄用手将下一部分韭菜叶,也可用木棍将韭菜统一挑向一侧,晾晒一侧垄沟和韭菜根部,充分见光。隔四五天再将韭菜翻向另一侧,也使之充分见光和通风,如此交替进行。

(6) 支架防倒 支架是防倒伏的主要措施,支架可在7月下旬大追肥之前,在韭菜畦两端分别钉上木橛4～5个,在对应木橛间拉上铁丝。畦边的两道铁丝每隔3～4m再加一个橛固定,每行间放一小竹竿于铁丝上,并结扎好,叶片可伏在铁丝、竹竿上生长,不致倒伏。

(7) 防病 夏季高温多雨的季节,韭菜易发生疫病。可选用50%多菌灵可湿性粉剂500～1000倍液,或58%甲霜·锰锌可湿性粉剂400～500倍液,或72%霜霉威水剂800倍液灌根或喷雾。雨季用药3～4次,每7～10d一次。

9. 韭菜干尖(干梢)的发生原因与防止措施

韭菜干尖(彩图7-6),又叫干梢。在韭菜生产中,常见叶片生长缓慢、细弱,外叶枯黄,有时嫩叶轻微黄叶,外部叶片黄化枯死,叶尖枯萎,逐渐变褐色,或变为枯白色;有的外叶叶尖变褐,然后渐渐枯死,中部叶片变白。其发生原因有土壤酸化、有害气体危害、高温侵袭、冷害或冻害、微量元素缺乏或过剩、土壤缺水等。

(1) 土壤酸化 韭菜适宜在pH5.6～6.5的微酸性土壤中生长发育,当土壤中大量施用硫酸铵、过磷酸钙、粪稀、饼肥等肥料后,会使土壤酸化而引起酸性危害。韭叶生长缓慢、细弱、外叶干黄。

防止措施:选择土壤酸碱度接近中性的壤土来栽培韭菜。施入足够的有机肥作基肥,每亩施腐熟厩肥量,肥沃菜地为2000～2500kg,一般菜地为4000～5000kg。追施硫酸铵、碳酸氢铵、尿素等化肥,一次用量不要过多,不要地面撒施,防止撒在叶片上。土壤偏酸或偏碱要进行改良,如土壤过酸可亩施石灰粉150～200kg以中和土壤酸碱性。注意保护地不宜用石灰调节土壤酸度，以防产生氨气。

（2）有害气体危害　扣棚前大量施用碳酸氢铵，或扣棚膜后追施碳酸氢铵，或在地面撒施尿素、棉籽饼等，或在含石灰多的土地上施用硫酸铵等，都可能造成棚室内积累过量氨气而造成氨害。当棚内氨气浓度达 5mg/kg 时，韭菜即可受害。表现为叶片呈水渍状、无光泽，后叶尖黄逐渐变褐色，或新老叶片上部均呈灰白色，受害长短整齐一致。若土壤中施用大量硝酸铵等肥料，则阻碍了土壤中的硝化作用，使土壤酸化，易形成亚硝酸气体。当棚内亚硝酸气体浓度达到 2～3mg/kg 时，韭菜即可表现出中毒症状，叶尖变白枯死。

防止措施：扣棚前不要施入直接或分解后可产生氨气的肥料，施肥量不能过多。发现氨气危害，在通风换气的基础上，抓紧在叶面喷用 1％食醋溶液，以减轻危害。发现亚硝酸气危害，同样要通风换气，然后抓紧喷用 800～1000 倍小苏打水溶液。

（3）高温侵袭　韭菜长时间处于 35℃以上高温，持续时间超过 3h，而且空气比较干燥时，就可能造成外叶叶尖开始变成茶褐色，然后叶片逐渐枯死，导致中部的叶片叶尖或整个叶片变白、变黄。

防止措施：在日光温室第一刀韭菜生长期间，温度白天为 17～23℃，夜间为 10～12℃，维持 10～15℃的昼夜温差。在随后的各刀韭菜生长期间，温度可适当提高 2～3℃，但不宜超过 30℃。遇高温时及时通风或浇水。

（4）冷害或冻害　当温度低于 10℃时，韭菜易发生冷害，当温度降至 -3～-2℃易发生冻害。而露地越冬韭菜因土壤不断冻结与融化，使土壤产生裂缝，拉伤（断）韭菜须根。植株受害，叶片白尖或烂叶，受冻韭菜叶尖出现水渍状斑，后变成黑褐色枯死。露地越冬韭菜出现叶枯症状。

防止措施：进入低温季节后，加强温度观测，积极采取覆盖保温措施，避免受冷受冻。露地越冬韭菜叶枯症状，待气温升高后就可自然消失。若发生冷害，积极采取防寒保温措施，提高温度。若发生冻害，需采取断续遮光、缓慢升温等措施，使受冻植株慢慢恢复原状，然后加强管理，促使植株恢复生长。

（5）微量元素缺乏或过剩　微量元素缺乏或过剩，也会引起叶干尖。缺锌，心叶黄化；缺钙，中心叶黄化，部分叶尖枯死；缺镁，外叶黄化枯死；缺硼，中心叶黄化，而硼过剩则叶尖枯死，锰过剩，中心叶轻微黄化，外叶黄化枯死。

防止措施：在基肥施用中，亩施入韭菜专用微肥 5kg，在追肥中要经常配合追施 1～2kg 专用微肥。发现缺乏微量元素，应及时根外喷施。

（6）土壤缺水　土壤中水分不足，时常可起干尖。韭菜的叶片可以表现出耐旱的特征，根系需水较多，空气相对湿度 60％～70％，土壤相对含水量达到 80％～90％的条件下生长良好。在幼苗期吸水能力弱，但也不能缺水，土壤相对含水量以 80％～90％为宜。韭菜叶片生长要求的空气湿度为 60％～70％，所以，韭菜生长期间不能缺水。

10. 韭菜叶枯的原因与防止措施

韭菜从叶尖变黄后整个叶枯萎死亡，其产生的可能原因有高温、高湿，或肥料不足，或收获技术不适应。可采取以下技术措施进行防治。

韭菜喜冷凉气候，耐低温，能抵抗霜害，但对高温反应较敏感。韭菜生长的最适温度是 12～24℃。在这一温度范围内，最适于韭菜叶部细胞的分裂和膨大，生长出来的产品，产量高、品质好。当气温在 2～3℃，韭菜鳞茎就可萌发；发芽后，温度到 6～15℃时，生长速度加快；升到 15～20℃时，生长速度又减缓；超过 25℃以上韭菜生长几乎停止；如温度再升，则出现叶枯。但温室栽培的韭菜可不经光合作用促进新叶生长，而是利用根茎积蓄的养料萌发新叶，所以温度升到30℃生长速度仍然是很快的。在韭菜生产中要避开夏季高温季节生产韭菜，否则，产品质量低，产量不高。

在不同生长发育时期，韭菜的需肥量不同，但每一时期都要供给充足的养分。一年生的幼苗，吸收器官的根系尚未充分发育，需肥量较少，一般亩追尿素10kg或磷酸二铵15kg。三四年生的韭菜是营养生长的盛期，需肥量较高，一般亩追磷酸二铵20～25kg，或氮磷钾三元复合肥25～30kg。五年以上的韭菜，营养生长的高峰期已过，逐渐进入衰老阶段，为了维持韭菜的高产，延长生产年限，一般亩施肥10～15kg。在一年中，春秋两季是施肥的重要时期，光合作用最盛，肥水充足，叶部才能肥嫩，尤其是秋季施肥，其所制造的光合产物更多地向根部运转，为第二年新苗萌发奠定物质基础。因此，为了促进根系发育，不但要施有机肥，而且要施足够的氮、磷、钾肥，尤其是氮肥。如果氮肥施用不足，不仅造成叶部变黄，严重的由黄转为叶枯，影响韭菜的生长发育和产量质量。

韭菜生长不仅需要充足的肥料，还必须供给适宜的水分，同对肥料的要求一样，不同的生育期也要求不同的水分。在种子发育时，土壤的含水量应在22%左右，种子才能萌动发芽，幼芽出土后，到苗高7～10cm，应保持足够的水分，以利幼苗继续生长。韭菜需水的高峰期，应是春秋两季，必须供应充足的水分，才能制造更多的物质。但如果水分供应过多，土壤湿度太大，则容易造成土壤缺乏空气，韭菜干枯死亡。

扣膜前收割的韭菜在温室内最容易表现为叶枯，所以，韭菜在收割前不要扣膜。

11. 韭菜黄撮和黄条的发生原因与防止措施

叶片黄化为黄撮，半绿半黄为黄条。

(1) 发生原因　韭菜植株营养物质供应不足，同化作用难以正常进行，以及叶绿素逐渐消失，相对叶黄素显现较多，均会出现叶片黄化、黄条。其主要原因有以下三种。

① 贪刀　即收割间隔时间过短，根茎的营养物质被大量消耗，而难以完成必要的营养积累，从而影响根系的发育。据调查，黄撮或黄条的韭菜，不但鳞茎细短、植株矮小，而且鳞茎贮藏根中的养分已消耗殆尽，所有这些根系已停止伸长，而且已变为根冠粗硬的木栓化根，基本丧失了吸收营养物质的功能，地上部的同化作用难以正常进行，叶绿素消失，叶黄素相对显现，即形成黄撮或黄条。

② 狠刀　即在收割时所留叶鞘过短，将贮藏养分的叶鞘基部割得太多，损耗的养分增多，造成营养失调，从而抑制了根系的发育，使根系吸收功能减弱。根系的矿物质营养供应不足，就会使光合作用降低甚至停止，必然使叶绿素减少，叶黄素显现，而呈现出黄撮或黄条。

③ 水分供应失调　封冻水浇得过早，冬、春季雨雪少，天气干旱，或在收割期间不适当地浇水，都会使耕作层的土壤水分失调。水分少，土壤中可溶性矿物质营养也少，根系营养补充不足，当鳞茎和贮藏根养分消耗殆尽时，易发生黄撮或黄条现象。

(2) 防止措施　收割时注意留茬高度，第一刀韭菜收割时应留茬1～2cm高，以后随植株长势而定，一般留茬高度3～5cm。收割韭菜时不要"贪刀"或"狠刀"，要边收边养根，收养结合。要注意调节温、湿度，要注意防止温度过高。韭菜发生根腐病、韭蛆伤根或雨季受涝而沤根时，要停止收割，加强管理，促使植株恢复苗壮生长。收割期间应根据土壤湿度情况，适时浇水。

12. 韭菜生产上植物生长调节剂的应用技术要领

(1) 赤霉酸　在韭菜苗高 6～10cm 或收割后 2～3d（喷根茬），用 10～30mg/L 的赤霉酸药液喷洒 1～2 次，可促进生长，提高产量。也可在韭菜收获前的 10～15d 左右，或是韭菜长到 20cm 高时进行。每次每亩用 1g，对水 50kg，另外还可加入硝酸铵 0.5kg 增加肥效，加入中性洗衣粉 50g 增加药液附着力。如果底肥充足，喷后可增产 18% 左右。还可促进已经休眠的韭菜解除休眠。

(2) 三十烷醇　可使韭菜生长加快，肉质鲜嫩，提高食用价值。可在春季韭菜初出土时用 0.5mg/L 的三十烷醇液，按每亩 100L 用量浇根。待韭菜生长到 6～7cm 高时，再用 0.5mg/L 的三十烷醇，每亩用 50L 进行叶面喷施。或用 0.5～1mg/L 的三十烷醇溶液，在韭菜的营养生长期，叶面喷洒 1～2 次，可增加产量，并使韭菜鲜嫩，叶色翠绿，商品率高。

(3) 尿素白糖混合剂　每亩韭菜每次用尿素 0.15～0.2kg，白糖 0.5kg，对水 50kg，配成尿素白糖混合剂喷施，可促进叶色变浓，产量提高。这种混合剂可与其他农药混用。

(4) 磷酸二氢钾　从苗期就可使用磷酸二氢钾溶液处理幼苗，可增强幼苗生长势，提高综合抗性，定植后喷施也有较好效果，使用浓度一般为 500 倍液。可与其他药剂混用。

(5) 复硝酚钠　复硝酚钠属于复合型生长促进剂，从苗期到产品生长期均可使用。苗期喷 2 次，相隔 7～10d，可促进发根，使幼苗苗壮。对温室内正在生长的韭菜可 10d 喷一次，每亩用量为 10mL。也可每亩用复硝酚钠 80mL，对水后灌根，效果很好。

(6) 光合肥　光合肥又叫光呼吸抑制剂（亚硫酸氢钠、光合肥、保险粉），主要用来降低韭菜植物光呼吸强度，从而减少呼吸消耗，增加有效积累，使韭菜产量得到提高。当韭菜长到 8～10cm 高时开始喷施，7d 后再喷一次。每亩每次用药粉 10g，对水 50kg。使用时注意浓度不可过高，用药量不能超出正常剂量。亚硫酸氢钠需用 70℃ 左右的温水溶解。为提高效果，可掺入尿素、磷酸二氢钾等。药液应随配随用。

(7) 叶面宝　叶面宝属于多效生长促进剂。从秋季养根时开始喷施，每隔 16d 喷施一次，每亩每次用 50mL，对水 50kg，进行叶面喷施。露地和保护地栽培都可以使用。

(8) 叶菜早　是一种低温下促进叶菜提早上市的混合促进剂。每亩每次的配用量是：硝酸铵 160g，硝酸钾 50g，硫酸镁 125g，磷酸二氢钾 29g，硫酸钙 30g，赤霉酸 1g，尿素 500g，对水 50L。5d 喷一次，共喷 3 次，可增产五成以上。

(9) 芸苔素内酯　可在韭菜生长期内任何生长阶段喷用，也可在不同地区、不同气候带施用。可以与除碱性农药、肥料之外的任何农药、肥料混用，使农药、肥料的效果倍增，利用率提高。使用浓度 0.1mg/L，每亩用量 0.001～0.003g。施用后能提高种子活力，促进植株根系发育，提高水、肥利用率，增加叶绿素含量，提高光合作用效率。

上述植物生长调节剂不一定同时使用。有的人把多种植物生长调节剂掺和到一起喷施，有时会带来抑制生长的后果，因此要根据韭菜的长势和生产需要酌情使用。

13. 韭菜收割技术要领

韭菜再生力强，生长快，一年多次收割。但为了年年高产、防止早衰，收割的次数应适当控制，处理好收割和养根、前刀和后刀、当年和翌年产量的关系，以保植株生长健壮、连年高产、延长寿命。

(1) 收割次数　应根据植株长势、土壤肥力及市场需求而定。韭菜的越冬能力和翌年长势，与冬前植株积累的养分密切相关。定植当年的韭菜一般不收割，尽量养根，第二年以后正常收割。春季生长旺盛，叶片脆嫩，纤维少，品质佳，风味好，产量高，价格较好，可多次收割。6~8月，品质低劣，不宜收割，可收韭薹和韭菜花上市。但用遮阳网等覆盖栽培，可促进生长，改善品质，可继续采收青韭或韭黄。秋季气候渐凉，适宜韭菜生长，品质转好，价格回升，但因秋季需要养根，应控制收割次数，一般可收割2刀。如冬季生产韭黄，则要少收割，以利于根茎贮藏养分。对于准备淘汰更新的地块，可以连续收割，直至入冬为止。云南等气候温和的地区，只要肥水管理得当，一年四季都可收割。

(2) 间隔天数　春季和秋季连续收割时应根据植株生长状况、气候情况以及市场行情拉开间隔。春季到初夏一般收割3~4刀。春季返青第一刀气温低生长慢，需35~40d才能收割，抗寒性强的品种需要30~35d。第二刀一般需要25~30d，第三刀只需20~25d。早收易早衰，产量低；晚收易倒伏。生长越旺盛，外界温度越高，水肥条件越好，收割间隔天数越少。如肥水不足，每茬生长天数还要延长。

(3) 采收标准　对我国大部分地区而言，韭菜适宜收割的一般标准是株高达到35cm，平均单株叶片5~6个，生长期在25d以上。春季第一刀收获时，为了抢早上市，株高20~25cm，4~6片叶即可收割。收割过早，不仅影响当茬产量，也会因为叶片没有足够的光合作用而减少植株体内营养积累，导致下茬韭菜因养分不足而减产；收割过晚，则不仅影响收割次数进而减低全年总产量，而且植株过大造成品质下降，影响价格。日本非常重视韭菜采收标准，特别是植株的整齐度，株高在35~43cm的韭菜为最高等级，30~43cm的次之，28~45cm的再次之，28~45cm以外的属于低档品。因此，日本的韭菜生长时间都不太长，一般不超过30d。

(4) 收割时间　收割韭菜以清晨最佳，清晨气温低，收割后的韭菜不会因高温而萎蔫或腐烂，而且清晨时植株经过夜露吸收了充足的水分，产品脆嫩。应避免炎热的中午和阴雨天收割。每次收割后宜及时在割口上覆盖一层4~5cm厚的湿润草木灰，有利于后茬生长，尤其在夏季和阴雨天更要注意。

(5) 收割方法（彩图7-7）　韭菜是供鲜食的多次采收的蔬菜，不正确的采收，会给植株带来许多不良影响。如引起植株各部位生理失调、生长不平衡，或采收伤口感染病菌使植株发病等。因此，必须具有正确的采收方法和技术。韭菜采收主要是采用人工采收方法。收割韭菜的铲刀（镰刀）事先要磨锋利，否则容易拉伤韭根。收割时铲刀放平，割茬要整齐，不可忽高忽低。收割深度以离根茎3~4cm为宜，此处割茬一般为米黄色，如果看到割茬为绿色，说明留茬偏高，影响当茬产量和品质。如果看到割茬为白色，说明下刀过深，这样会伤及"葫芦"（鳞茎），减弱下一刀生长势，影响以后产量。以后各刀都要比上一刀的茬口高出1cm左右，以保证以后各刀都能正常生长。韭菜收割后立即抖落土砾，分绑成捆，统一收割完毕，包装上市。

(6) 包装贮藏　包装箱（筐）要求大小一致、牢固，内壁及外表平整，疏木箱缝宽适当、均匀。包装容器应保持干燥、清洁、无污染。每件包装的净含量不得超过10kg。临时贮存，在阴凉、通风、清洁、卫生条件下。短期贮存，应按品种、规格分别堆码，保持通风散热，控制适当温湿度。贮存库（窖）内，菜体温度应保持（0±0.5）℃，空气相对湿度保持在85%~90%。

(7) 收割后整理　收割后及时用耙子把残叶杂物清除，耧平畦面。可以往根茬上撒些草木灰，不但能防治根蛆，避免苍蝇产卵，还能起到追肥作用。2d之内不宜施肥浇水，以免伤害刀口，造成烂根，或感染病菌发生病虫害。3～5d后，伤口已经愈合，新叶快出时浇水施肥，每亩施腐熟粪肥400kg，同时加施尿素10kg、复合肥10kg。注意不要长期只使用化肥，否则容易引起土壤板结。当新叶长到2cm时，根据情况喷施一次杀菌剂预防病害，可用50%异菌脲可湿性粉剂1000倍液或72%霜脲·锰锌可湿性粉剂800倍液茎叶喷雾。从第二年开始，每年需进行一次培土。

14. 韭菜采后处理技术要领

（1）整理（彩图7-8） 将采收后的韭菜下部泥土杂物和干枯损坏的鳞茎叶片去除，使韭菜看上去干净整齐，鳞茎白而长，一般靠纯手工完成。在日本，有专门机械，将韭菜下部递到调整机进风口，依靠强制风力把泥土杂物、枯叶等剥离吸走，可提高工作效率。然后用鲜艳的丝带绑成束，一般每100g绑成一束，一般人工完成，或由自动结束机完成，1h可绑650束，每10束放入一个塑料袋中，每4袋再放入一个包装纸箱。不同等级的韭菜分别包装。

（2）预冷 在日本，韭菜生产者家中一般都建有小型调温库房，韭菜包装后进行预冷，最佳设置温度为5℃，此温度下韭菜包装袋内不结露水，品质可得到较长时间保持。

（3）包装 包装箱（筐）要求大小一致、牢固，内壁及外表平整，疏木箱缝宽适当、均匀。包装容器应保持干燥、清洁、无污染。按同品种、同规格分别包装，每件包装的净含量不得超过10kg，误差不超过2%。临时贮存，在阴凉、通风、清洁、卫生条件下进行。为防止韭菜失水萎蔫，需要采用塑料薄膜包装。每一包装上应标明产品名称、产品标准编号、商标、生产单位名称、详细地址、规格、净含量和包装日期等，标志上字迹清晰、完整、准确。

（4）贮藏 短期贮存，应按品种、规格分别堆码，保持通风散热，控制适当温湿度。贮存库（窖）内，菜体温度应保持（0±0.5）℃，空气相对湿度保持在85%～90%。在贮存前用100mg/L的赤霉酸浸根15min，沥干用吸水纸包好，装入塑料袋，置0℃贮存，可保鲜47d。

（5）运输 韭菜采用0℃低温加塑料袋密封包装措施是短期贮藏和运输的理想条件，但实际过程中还没有完善的冷链系统。如果是在较短途（6～12h）运输，可采用收获后迅速预冷，然后用保冷车运输。

冬季南菜北调，常采用土保温车加冰的方法。先将韭菜装入塑料袋再放到竹筐里，在竹筐中央部位、塑料袋与塑料袋之间放一些冰块。在高帮敞车车厢底部先铺一层约33cm厚的冰，上面码两层菜筐，再放一层冰，再码菜筐，再放冰。车帮内侧挂两层棉被，并在顶部互相搭接，上面再盖一层棉被，这样可在春节前经历7～10d的运输照样保鲜。

运输时做到轻装轻卸，严防机械损伤。运输工具要清洁、卫生、无污染、无杂物。

六、韭菜主要病虫害防治技术

1. 韭菜主要病害防治技术

（1）韭菜霜霉病 在大棚栽培中易发生。药剂防治，可选用50%腐霉利可湿性粉剂1500倍液，或50%异菌脲可湿性粉剂1000倍液、50%多菌灵可湿性粉剂500倍液、

50％乙烯菌核利可湿性粉剂 1000 倍液、70％代森锰锌可湿性粉剂 400 倍液、65％甲霜灵可湿性粉剂 1000 倍液、72％霜脲·锰锌可湿性粉剂 700 倍液、64％恶霜灵可湿性粉剂 500 倍液、72.2％霜霉威水剂 800 倍液等喷雾防治，每隔 7～10d 喷一次，连续 2～3 次。大棚栽培还可用百菌清、腐霉利烟雾剂熏烟。

（2）韭菜枯萎病 俗称"塌韭菜"，多发生在夏季高温季节，雨后暴晴时可能在 2～3h 内突然爆发。发病初期，用 75％百菌清可湿性粉剂 600 倍液，或 50％甲霜灵可湿性粉剂 500 倍液、58％甲霜·锰锌可湿性粉剂 500 倍液、10％双效灵水剂 400 倍液、50％异菌脲可湿性粉剂 1000 倍液等喷雾，间隔 5～7d 施用一次，连续喷 2～3 次。

（3）韭菜疫病（彩图 7-9） 又名烂韭菜，露地、保护地栽培韭菜均可为害，保护地栽培重于露地栽培。露地或棚室栽培，定植时淋灌 25％甲霜灵可湿粉剂 800～1000 倍液作定根水，定植成活后再灌 1～2 次，以后在每次割韭（叶用韭）后最迟于新叶抽出时，喷淋药液预防控病一次。药剂防治，一般在 7 月中旬至 8 月上旬的发病初期，用 58％甲霜·锰锌可湿性粉剂 400～500 倍液，或 25％甲霜灵可湿性粉剂 600～800 倍液、65％琥·乙磷铝可湿性粉剂 600 倍液、64％恶霜灵可湿性粉剂 500 倍液、0.1％～0.2％硫酸铜溶液、60％甲霜铜可湿性粉剂 600 倍液、77％氢氧化铜可湿性粉剂 500 倍液、72％霜脲·锰锌可湿性粉剂 800 倍液、72.2％霜霉威水剂 800 倍液、50％烯酰吗啉可湿性粉剂 2000 倍液、69％烯酰·锰锌可湿性粉剂 1000 倍液、40％乙磷铝可湿性粉剂 300 倍液等灌根或喷雾。每亩喷施药液 40～50kg，间隔 6～8d 喷一次，交替用药，视病情连续喷施 2～3 次。

保护地栽培，还可施用 5％百菌清粉尘剂，每亩 1kg，45％百菌清烟雾剂 0.45g/m³，7～10d 一次，连用 2～3 次。

（4）韭菜锈病（彩图 7-10） 一般露地发病重，春秋两季发病重。发病初期，可选用 20％三唑酮可湿性粉剂 2000 倍液，或 25％丙环唑乳油 3000 倍液、45％微粒硫黄胶悬剂 350～400 倍液、50％萎锈宁乳油 700～800 倍液、97％敌锈钠可湿性粉剂 200～300 倍液、12.5％腈菌唑乳油 1500 倍液、70％代森铵可湿性粉剂 500 倍液、70％代森锰锌可湿性粉剂 1000 倍液等喷雾防治，每隔 7～10d 一次，视病情连续防治 2～3 次。各种药剂轮换使用。

（5）韭菜白粉病 大棚温度适宜、湿度大，很容易发生白粉病。发病初期，可选用 70％甲基硫菌灵可湿性粉剂 1000 倍液，或 2％嘧啶核苷类抗菌素水剂 600 倍液、75％百菌清可湿性粉剂 800 倍液、40％氟硅菌乳油 3000 倍液与 3％多抗霉素水剂 600 倍液的混合液、50％多菌灵可湿性粉剂 600 倍液、50％腙·锌·福美双可湿性粉剂 600 倍液、30％氟菌唑可湿性粉剂 2000 倍液、60％多菌灵盐酸盐水溶性粉剂 1000 倍液、2％武夷菌素水剂 200 倍液、50％硫黄悬浮剂 300 倍液等喷洒叶片，每隔 7～10d 喷一次，连续喷 2～3 次。各种药剂轮换使用。

（6）韭菜菌核病 为韭菜的常见病害之一，露地、保护地均可为害，保护地栽培重于露地栽培。发病时及时清除病叶、病株并带出田外烧毁，病穴施药或施生石灰。发病初期，可选用 50％乙烯菌核利可湿性粉剂 700 倍液，或 5％井冈霉素水剂 1000 倍液、75％百菌清可湿性粉剂 800 倍液、4％嘧啶核苷类抗菌素瓜菜烟草型液 500～600 倍液、50％异菌脲可湿性粉剂 1000～1500 倍液、50％腐霉利可湿性粉剂 1500 倍液、50％多菌灵可湿性粉剂 800 倍液、70％甲基硫菌灵可湿性粉剂 1000 倍液、40％多·硫悬浮剂 500 倍液、65％硫菌·霉威可湿性粉剂 1000 倍液、1％武夷菌素水剂 100～150 倍液、40％

菌核净可湿性粉剂800～1200倍液、43％戊唑醇悬浮剂4000～6000倍液、50％苯菌灵可湿性粉剂1500倍液等喷雾防治，交替使用，每隔7～10d一次，连防1～2次。

粉尘法于发病初期傍晚用喷粉器喷撒5％百菌清粉尘，或60％多菌灵盐酸盐超微粉尘喷粉，或10％多·百粉法，每次每亩用药1000g，隔10d一次。也可每亩用10％腐霉利烟剂250～300g熏一夜。

（7）韭菜病毒病 是露地韭菜的常见病，保护地内一般不发生。及时治蚜。发病初期，可选用1∶40豆浆水，或0.2％磷酸二氢钾、20％吗胍·乙酸铜可湿性粉剂600倍液、20％琥铜·吗啉胍可湿性粉剂600倍液、1.5％烷醇·硫酸铜水乳剂1200倍液、10％混合脂肪酸水剂80倍液、5％菌毒清水剂250倍液、0.5％菇类蛋白多糖水剂300倍液、8％宁南霉素水剂200倍液等喷雾防治，上述药剂交替使用，每隔7～10d一次，防治1～2次。如果第一次喷雾结合根部灌用，效果更好。各种药剂交替使用。

（8）韭菜白绢病 在保护地韭菜生产中较多发生。生物防治，用培养好的哈茨木霉400～450g加50kg细土，混匀后撒覆在病株基部，每亩撒覆1kg能有效地控制病害发展。化学防治，发病初期，可选用15％三唑酮可湿性粉剂1000倍液，或20％甲基立枯磷乳油1000倍液、70％恶霉灵可湿性粉剂500～1000倍液、12.5％腈菌唑乳油1500倍液、40％氟硅唑乳油8000～10000倍液、25％丙环唑乳油3000倍液、50％福美双可湿性粉剂500～800倍液、50％甲硫·福美双可湿性粉剂800倍液、50％苯菌灵可湿性粉剂1500倍液、70％代森锰锌可湿性粉剂1000倍液、70％甲基硫菌灵可湿性粉剂1000倍液、40％多·硫悬浮剂500倍液、50％复方硫菌灵800倍液、4％嘧啶核苷类抗菌素水剂500倍液等喷雾防治，每隔7～10d一次，防治1～2次。各种药剂轮换使用。

（9）韭菜炭疽病 在高温高湿的条件下易发生炭疽病。发病初期，可选用50％多菌灵可湿性粉剂500～600倍液，或40％多·硫悬浮剂600倍液、80％炭疽福美可湿性粉剂800倍液、70％代森锰锌可湿性粉剂500倍液、75％百菌清可湿性粉剂600倍液、64％恶霜灵可湿性粉剂500倍液、58％甲霜·锰锌可湿性粉剂500倍液、40％灭菌丹可湿性粉剂400倍液等喷雾防治，每隔7～10d一次，连喷3～4次。

（10）韭菜细菌性软腐病（彩图7-11） 又叫根腐病，主要在冬季保护地中发生。及时防治害虫，减少虫口。根据发病情况，应当严格防治韭蛆，可用敌百虫或辛硫磷灌根。在防治韭蛆的前提下，发病初期可用77％氢氧化铜可湿性粉剂500倍液，或用高锰酸钾1000倍液、30％琥胶肥酸铜可湿性粉剂300倍液、72％硫酸链霉素可溶性粉剂2500倍液、14％络氨铜水剂300倍液、45％代森铵水剂1000倍液、30％碱式硫酸铜胶悬剂300～400倍液、47％春雷·王铜可湿性粉剂800～1000倍液、88％水合霉素可溶性粉剂1000倍液等灌根防治，5～7d灌根一次，交替使用，连续用药4～5次。保护地栽培，每亩可用5％百菌清烟剂250g熏蒸。

（11）韭菜灰霉病（彩图7-12） 又称白色斑点病，是韭菜的最主要病害，在保护地和露地栽培过程中均可发生，露地仅限于深秋和春季发生，保护地内，则秋、冬、春均可发病，为害时间长达5～6个月，以春季发病最为严重，3～4月为韭菜灰霉病的发生高峰。保护地栽培最好采用烟雾法或粉尘法，可减轻棚室内湿度。使用15％腐霉利烟剂，或15％多·霉威烟剂，或45％百菌清烟剂，或3.3％噻菌灵烟熏剂，每亩每次250g，分放4～5个点。在傍晚从里向外逐一用暗火点燃，密闭棚室，熏3～4h或一个晚上，隔7d熏一次，连熏4～5次。发病初期，喷撒5％百菌清粉尘剂，或5％福·异菌粉尘剂，或5％灭霉灵粉尘剂，或6.5％硫菌·霉威粉尘剂，傍晚进行，每亩每次喷

1000g。用喷粉器，喷头向上，喷在韭菜上面空间，让粉尘自然飘落在韭菜上，7d喷一次，连喷4～5次。

收割后6～8d或发病初期，可选用50％异菌脲可湿性粉剂1000～1500倍液，或50％腐霉利1500～2000倍液、75％百菌清可湿性粉剂700倍液、58％甲霜·锰锌可湿性粉剂500倍液、50％多菌灵可湿性粉剂500倍液、1％武夷菌素水剂100～150倍液、50％乙烯菌核利可湿性粉剂800～1000倍液、40％噻菌灵悬浮剂1000倍液、40％嘧霉胺悬浮剂800～1200倍液、65％硫菌·霉威可湿性粉剂1000倍液等喷雾防治。以上几种药一般间隔7d喷一次，病情加剧时要3～4d喷一次，连续3～4次。喷药剂必须选晴天，遇到阴天或雨天不能喷药液，因为增加了湿度，影响效果。

2. 韭菜主要虫害防治技术

（1）韭蛆　4月下旬至5月上旬是韭蛆为害的一个高峰期，10月上旬是另一个为害高峰期。在成虫羽化盛期（4月中下旬、6月上中旬、7月中下旬、8～10月中旬），用20％溴氰菊酯乳油2000倍液，或2.5％高效氯氟氰菊酯乳油2000～4000倍液喷雾。以上午9～10时施药效果最好。保护地韭菜，可用50％敌敌畏乳油，每亩0.2kg，加入15kg细砂，充分拌匀后，带上塑料手套上午11时之前顺垄撒施，撒完后密闭棚室，2h后放风。毒杀幼虫。在幼虫为害盛期（5月上旬、6月中旬、7月中下旬、10月中下旬），如发现叶尖变黄变软，并逐渐向地面倒伏时，每亩用1.1％苦参碱粉剂2～4kg，对水1000～2000kg，随栽培行灌根。或用50％辛硫磷乳油800～1000倍液，在韭蛆产卵盛期浇灌根部。或用80％敌敌畏乳油0.13kg，拌25kg麦麸撒于行间防治。用90％晶体敌百虫500倍液灌根防治韭蛆，也可拌毒土、浸种、配制毒饵等防治。保护地韭菜栽培，应在扣棚前把韭根扒开，晾晒7d，可杀死部分越冬幼虫。韭菜移栽时，用50％辛硫磷乳油1000倍液浸根，可杀死韭菜所带的幼虫。

（2）葱须鳞蛾　每年4月中下旬即可见幼虫，5月上旬有一次发生小高峰，5月底至6月中旬幼虫数量有所减少，8、9月为幼虫发生盛期，可延续到10月。6月中下旬至10月，各虫态均可见，世代重叠。在田间放置杀虫灯、黄板，配制糖酒液诱杀，有条件的露地和保护地栽培可设置防虫网，防止成虫侵入、为害。对葱须鳞蛾在成虫羽化期进行诱杀，可大量减少落卵量，减少幼虫基数。在成虫为害盛期，可选用2.5％溴氰菊酯或20％氰戊菊酯乳油3000倍液，阿维菌素乳油1500倍液等药剂进行防治；幼虫为害盛期，可选用35％氯虫苯甲酰胺水分散粒剂6000～10000倍液、15％茚虫威悬浮剂3000倍液等药剂防治。

第二节　大　蒜

一、大蒜生长发育周期及对环境条件的要求

1. 大蒜各生长发育阶段特点

大蒜的一生先后要经历萌芽期、幼苗期、花芽和鳞芽分化期、花茎（蒜薹）伸长期、鳞茎膨大期以及休眠期6个生长发育阶段。秋播历时230～270d，春播历时90～110d。

（1）萌芽期　指播种萌芽至基生叶出土。所需时间因品种、播期及地区而异，春播

大蒜历时7～10d；秋播大蒜由于休眠及高温的影响，历时15～20d。贮藏后期大蒜的鳞芽顶部已分化4～5片幼叶，播种后仍继续分化，且不断生根，多达30余条，根最长可达1cm以上，以纵向生长为主。萌芽期生长所需养分主要靠种瓣供给，由于根系生长快，也可从土壤中吸收部分养分与水分。

（2）幼苗期　指第一片真叶展出至花芽、鳞芽开始分化。早熟品种春播幼苗期约50～60d，晚熟品种秋播幼苗期长达180～210d，期末展开叶5～7片。此阶段是叶的生长期，根系的生长和叶片的生长量都大，根的加长生长速度最快，根系生长转入横向生长，同时长出少量侧根，长出的叶数多，约占总叶数的50%，叶面积占总叶面积的40%。此期经历秋冬的寒冷和春季的温暖两个季节，两种不同的气候条件，秋冬季节气温低，生产量小，但叶及假茎的组织柔嫩，可采收作青蒜供应；春暖后气温升高，叶的生长快，加之日照延长，鳞茎开始膨大，至5月上、中旬地上部生长量达最高峰。同时花芽和鳞芽即将分化，需要的养分很多，使种瓣中的养分消耗殆尽，转入自养生长阶段，叶片出现黄尖现象，需要人工追肥予以补充。

（3）花芽与鳞芽分化期　从花芽鳞芽分化开始到分化结束，花芽分化优于鳞芽分化，两者相隔5～7d。花芽分化历时25～30d，鳞芽分化历时5～7d，是大蒜产品器官形成的基础。在幼苗后期，经过一定时间的低温后，又在高温长日照的影响下，花芽开始分化，并在花茎周围形成鳞芽。薹用大蒜花芽若分化不好，会使成薹率降低，独头蒜增多，导致减产严重。此时停止叶芽分化，但继续出生新叶，株高叶面积均加快增长，可为花茎伸长及鳞茎膨大积累养分。

（4）花茎（蒜薹）伸长期　指花芽鳞芽分化结束到花茎采收，历时约50d。此时营养生长与生殖生长并进，但以花茎生长为主。全部叶片展出，植株叶面积达最大值。发生大量新根，原有根系开始老化；茎叶、蒜薹快速生长，植株重量迅速增加，占总重的1/2以上。待蒜薹采收后，由于植株体内养分向贮藏器官鳞茎中转运，植株的鲜重下降，但干重迅速增长。

（5）鳞茎膨大期　从鳞茎分化结束至鳞茎成熟，早熟品种历时50～60d，其中鳞茎膨大盛期是在花薹采收后的20d左右。鳞芽生长最初很慢，至花茎伸长后期才开始加快，花茎采收后鳞茎生长最快，至鳞茎膨大期鳞芽增重占净重的84.3%，此阶段鳞茎的生长好坏是决定鳞茎大小、产量高低的关键。适时采收花茎（蒜薹），有利于鳞茎的生长与增重。

（6）休眠期　大蒜鳞茎成熟后即进入休眠期，苗端及根际生长点都停止活动。不同熟性品种，休眠期长短不一，一般在2个月左右。早熟品种休眠早，休眠期长；晚熟品种休眠晚，休眠期短。

2. 大蒜对环境条件的要求

（1）温度　大蒜是喜好冷凉气候的蔬菜，通过休眠期的蒜瓣，在3～5℃的低温下便可开始萌发。萌发的适宜温度为16～20℃，30℃以上的高温对萌发起抑制作用，所以秋季播种过早时，出苗慢。幼苗期的适宜温度为12～16℃，可耐短时间−10℃和长时间−3～−5℃的低温，冬季月平均最低气温在−6℃以上的地区，秋播大蒜可以在露地安全越冬。

大蒜花芽和鳞芽的分化都需要低温，在蒜头贮藏期间或栽种以后，经受10℃以下的低温1～2个月，除了很小的蒜瓣外，都可以分化花芽和鳞芽。花茎伸长和鳞茎膨大的适温为15～20℃。温度超过25℃，茎、叶逐渐枯黄，鳞茎增长减缓乃至停止。所以，无论秋播还是春播，即使播种期相差较大，而鳞茎的成熟期却相差很小。播种过迟必然导致蒜头产量下降。

鳞茎休眠期对温度的反应不敏感。但以25～35℃的较高温度有利于维持休眠状态；5～15℃的低温有利于打破休眠，促进鳞芽提早萌发。

若春季播种期延迟，不能满足春化所需的低温，就不能形成花芽，以后只可形成独头蒜。秋播大蒜播种过早，当年感受低温而分瓣，在以后的低温下，幼小的鳞芽可再感受低温而通过春化，第二年就会形成复瓣大蒜而降低商品价值。

（2）光照　花茎和鳞茎发育除了受温度的影响外，还与光照时间的长短有关。不同生态型品种对光照时间长短的反应不完全相同。

低温反应敏感型品种，光照时间长短对花芽发育的影响不大，而鳞茎的发育以12h光照为宜。在8h光照下，鳞茎发育稍差。

低温反应中间型品种，在12h光照下，花茎发育良好；在8h光照下，花茎发育不良。鳞茎在13～14h光照下发育良好。

低温反应迟钝型品种，花茎发育需要13h以上的光照。在12h光照下一般不形成鳞茎，鳞茎发育需要14h以上的光照。

大蒜是要求中等强度光照的作物。光照过强时，叶绿体解体，叶组织加速衰老，叶片和叶鞘枯黄，鳞茎提早形成；光照过弱时，叶肉组织不发达，叶片黄化。

（3）水分　大蒜的根系浅，根毛少，吸水范围较小，所以不耐旱，但不同生育期对土壤湿度的要求有差异。

播种后的萌发期要求较高的土壤湿度，促进发根和发芽。

幼苗期要适当降低土壤湿度，防止苗子徒长，促进根系向纵深发展，避免蒜种因土壤过湿而提早腐烂，对幼苗生长造成不利影响。但是，在春播地区常遇春旱，土壤水分蒸发快，地面容易返碱，腐蚀蒜种，这时如土壤湿度低，幼苗生长缓慢，而且叶片易产生黄尖现象，所以要根据当年气候情况灵活掌握。

退母结束以后，大蒜叶片生长加快，水分的消耗增多，需要保持较高的土壤湿度，促进植株生长，为花芽、鳞芽的分化和发育打基础。

花茎伸长和鳞茎膨大期是大蒜生长日趋旺盛的时期，要求较高的土壤湿度。当鳞茎充分膨大，根系逐渐变黄枯萎，鳞茎外面数层叶鞘逐渐失去水分变成膜状时，应降低土壤湿度，防止鳞茎外皮腐烂变黑及散瓣。

大蒜叶片呈带状，较厚，表面积小，尤其是叶表面有蜡粉等保护组织，地上部具有耐旱的特征。因此，大蒜能适应干燥的空气条件，适宜的空气相对湿度为45%～55%。在设施栽培中，因空气湿度大，很易诱发叶部病害。

（4）土壤　大蒜由于根系吸收力较弱，对土壤肥力的要求较高，适宜在富含有机质、透气性好、保水、排水性能好的砂质壤土或壤土中栽培。此外，还需注意选择地势较高、地下水位较低的地段栽培大蒜。如果在地下水位高而且排水不良的土壤上种蒜，抽蒜薹后要在20d之内就挖蒜头，否则易发生散瓣、烂瓣现象，同时由于蒜头膨大期短，产量降低。在地下水位低而且排水良好的土壤中种蒜，抽蒜薹后1个月才挖蒜头，蒜头的膨大期较长，产量也较高。

大蒜喜微酸性土壤，适宜的土壤氢离子浓度约为1000nmol/L（pH值为6）。在碱性大的土壤中种蒜，蒜种容易腐烂，植株生长不良，独头蒜增多，蒜头变小。

（5）肥料　大蒜对富含腐殖质的有机肥反应良好，增产效果显著。全生育期吸收的氮最多，钾次之，磷最少。大蒜出苗期和幼苗期的生长主要靠种瓣中贮藏的养分，从土壤中吸收的氮、磷、钾量很少，所以在使用基肥的基础上一般不需要再施种肥。特别是用碳酸氢铵、硝酸铵、尿素作种肥时，对根系有腐蚀作用。

进入花茎伸长期后，叶片和蒜薹的生长加快，吸收的氮、磷、钾迅速增加，至鳞茎肥大中期达最高峰，所以花茎伸长期是追肥的关键时期。追肥的种类以氮肥为主。鳞茎膨大后期，叶片逐渐枯黄，根系老化，吸收力减弱，吸肥量减少，一般不再追肥，特别要控制氮肥的施用，否则易导致鳞茎开裂和散瓣。

硫是大蒜风味品质成分的构成元素，增施硫肥不仅可以增进风味品质，还可以提高蒜薹和蒜头产量。

二、大蒜栽培季节及茬口安排

大蒜在秋季 9～10 月播种，把蒜瓣直接排种到大田中。以青蒜为目的，播种稍早，可采取剥开蒜瓣或清水浸泡或低温等打破休眠的措施提前到 7～8 月播种，国庆节前后采收上市，也可在 9～10 月播种，翌年 3 月前抽薹收获上市；以蒜头为目的，9 月上中旬播种，翌年 3～4 月采收蒜薹，4～5 月采收蒜头。大蒜栽培茬口安排见表 7-2。

表 7-2　大蒜栽培茬口安排（长江流域）

栽培方式	建议品种	播期 /(月/旬)	播种方式	株行距 /(cm×cm)	采收期	亩产量 /kg	亩用种量 /kg
秋露地	白皮蒜、紫皮蒜	7/下～8/下中	点播	10×10	11～2 月（青蒜）	1500～2000	300
冬露地	白皮蒜、紫皮蒜	9/中下	直播	10×10	12～2 月收蒜苗 3 月下旬收蒜薹 5 月下旬收蒜头	1000 500 750	150～300

三、大蒜主要栽培技术

1. 秋播大蒜栽培技术要点

（1）品种选择　应选择品种纯正、无病虫害、蒜头肥大圆整、外观色泽一致、瓣数相近、大小均匀一致的植株作为留种蒜。蒜种贮藏期间切忌受冻受热。薹蒜贮藏保鲜后上市的，宜选择优质、丰产、耐贮、抗病的品种；蒜薹采收后直接上市的，宜选择早熟、优质的品种；作蒜栽培，宜选用早熟中等大小蒜球作种。

（2）种瓣处理

为了保证出全苗、出壮苗，在蒜种播种前可选择下列一种方式对蒜种进行处理。

① 尿水处理　首先应按清水 70%、人尿 30% 混合均匀后，将大蒜瓣放在水尿中浸泡 2～3d，捞出晾干后播种，这样不但能提早出苗，而且生长得好，叶片阔而浓绿。

② 药液浸种处理

（a）在大蒜播种前，用 50% 多菌灵或代森锰锌可湿性粉剂 500 倍稀释液浸种，可有效地防止大蒜头表面病菌滋生、蔓延，保护母瓣，减少烂瓣，减少病害流行。同时药剂浸种后，种蒜吸收水分，对出苗生根也有促进作用。

（b）先用 500g 生石灰对水 50kg，浸泡蒜种 24h 后捞出，再用 1kg 硫黄粉拌种 50kg，然后将蒜种放在阴凉的地方，盖上细沙，可加速早发。

③ 低温处理　大蒜是耐寒性蔬菜，适宜冷凉的气候条件，蒜种萌芽最适温度 16～

20℃，超过30℃将会强迫蒜种休眠，抑制蒜种萌发。如果采用传统直播方法，夏秋季节出苗较差，产量较低，经济效益差。采用低温处理蒜种培育蒜苗，蒜种出苗整齐，蒜苗产量高、上市较早，经济效益好。

种子进行低温处理是夏秋季节培育蒜苗成功的关键。低温处理使其发芽整齐后播种，可以保证蒜种出苗率高，培育出高产蒜苗，从而获得较好的效益。低温处理蒜种的方法很多，可在山洞、窑洞、井水水面或防空洞等冷凉潮湿处催芽，有条件的可采用保鲜冷柜或冷库控温催芽。

方法一：播前15～20d，将选好的蒜种放在清水中浸泡12～18h，捞出沥干水后放在10～15℃冷凉潮湿的防空洞、山洞、窑洞中，或水井井面上。入窑或洞后把蒜种铺在潮湿地面上，厚7～10cm。催芽时先用70％多菌灵可湿性粉剂1200～1500倍液或75％百菌清可湿性粉剂500～700倍液对窑或洞四周喷洒消毒，然后再均匀喷洒在蒜种上，用量以窑、洞四周及蒜种湿而不滴水为宜。放在井面上催芽的蒜种，先用木板平铺在井面上15～20cm处，然后把种子平铺在木板上，厚10～13cm，适当盖上遮阳物，湿度保持在85％以上。2～3d均匀翻动一次，使蒜种受潮均匀，发根整齐。在冷凉潮湿条件下处理20～25d，大部分蒜瓣发白根时即可播种。

方法二：用保鲜冷柜或冷库催芽。蒜种用清水浸泡8～12h，捞出晒干后放在6～12℃的保鲜冷柜或冷库中，2～3d均匀翻动一次，并适度淋水，处理15～20d，大部分蒜瓣发白根时即可播种。

低温处理蒜种出苗期比传统种植提前15～25d。

④ 采用"潮蒜"方法催芽　播种前15～20d，种蒜蒜瓣分级后在水中浸一下，放在地窖内或塑料棚中，铺在潮湿的地上（铺蒜的土壤湿度以手捏成团、落地即散为宜），厚7～10cm，每3～5d翻一次，保持气温11～16℃，使种蒜受潮均匀，发根整齐。经过15～20d，大部分蒜瓣发出白根时即可播种，经过潮蒜处理的种蒜出苗快。

⑤ 沼液浸种　沼肥除了含有丰富的氮、磷、钾等大量元素外，还含有对蒜生长起重要作用的硼、铜、铁、钙、锌等微量元素，以及大量有机质、多种氨基酸和维生素等，应用沼液浸种不仅能增强种子抗逆性，使病虫害明显减少，而且还能提高蒜的产量品质。

用100％沼液浸种24h，所用沼液为产沼气2个月以上的沼气池（注意：浸种时沼气液需是正常运转使用2个月以上，产气正常的沼气池沼液，pH值为7～7.6的才能用于浸种；沼气池出料间的浮渣和杂物要清理干净；搅动料液几次，让硫化氢等有害气体逸散，以便于浸种；出料间不能进入生水、有毒污水，如肥料、农药等，出料间表面起白色膜状的沼液也不宜用于浸种）。首先将种子选晴好天气晒1～2d，打破休眠，然后将种子装入透水性较好的塑料编织袋内，一般每袋装10～20kg，留出一定空间，以备种子吸水后膨胀，然后扎紧袋口。其次将装有种子的袋子用绳子吊入沼气池出料间中部料液中，在出料间口上横放一根竹棒，将绳子另一端绑在竹棒中部，使袋子悬吊在固定的浸种位置。然后将大蒜浸24h后提出种子袋，沥干沼液，洗干净，然后栽植。浸种处理的种蒜可比不浸种的早出苗2d，整个生长期表现出墨绿、苗壮、抗病性强等特点。经过浸种的可亩增产17％。

⑥ 切顶处理　将选好的蒜瓣放在水中浸泡36h，然后捞起，将每瓣大蒜头用刀切去顶端，注意切时不伤胚芽，每瓣约切去1/4，看见中间有个小孔最为适宜，再按常规均匀地排在畦面上，施足基肥，覆土并盖上一层稻草，3d即可齐苗。这是因为大蒜切顶

前吸足了水分，打破种子休眠期，而且加之切去顶盖，胚芽很容易从子叶小孔内呼吸空气与吸收水分，从小孔中伸出来，且根芽齐全均匀。

(3) 整地施肥　忌连作，也不宜与韭菜、洋葱、大葱等作物重茬连作，应相隔 2～3 年轮作倒茬。豆类、瓜类、薯类、白菜类、根菜类、茄果类均可作其理想的前茬。种植田块应水系配套，旱能灌，涝能排，地势高燥，质地疏松肥沃，有机质含量高。前茬收获后，深翻晒垡，并浅耕 1～2 次。整地前，每亩施入腐熟有机肥 5000kg 以上，播种沟中可拌入饼肥 100～150kg，过磷酸钙 40～50kg、草木灰 50kg、碳酸氢铵 10～15kg，浅翻，细耙，使土肥充分混合后作畦。有机肥要经过高温堆积沤制，进行无害化处理，杀死粪中的病菌、虫卵，以防止未腐熟生粪散发的臭味引诱蒜蛆成虫在株旁产卵，卵孵化后进入土层危害大蒜。

(4) 播种时期　作青蒜栽培，播期可提早到 7 月下旬至 8 月下旬，也可延迟到 10 月播种迟熟品种。多在 8 月中旬播种，当年 11～12 月就可采收青蒜；作蒜头栽培的一般在 9 月中、下旬播种。

(5) 播种方法

① 种瓣方向　由于大蒜叶生长的方向与蒜瓣背腹线的方向垂直，所以在播种时要求将蒜瓣背腹线的方向与播种行向一致，这样出苗后蒜叶就整齐一致地向行间伸展生长。也可采取蒜棱（腹缝线）顺畦摆播，这样播种出来的苗，叶片横向伸展（叶片着生方向与蒜瓣腹背面连线相垂直），便于透光通风。直立栽种一定要将底部朝下，直立插入沟中，切忌斜插；为了使大蒜生长期间能更好地接受阳光，应尽量采用南北畦向，定方位播种。

② 播种深度　大蒜适于浅播，农谚云："深葱浅蒜"，一般播种深度以 3～5cm 为宜。播种过浅易"跳蒜"，出苗时根系将蒜瓣顶出地面，日晒高温，使蒜皮硬化；播种过深，则蒜苗出土晚，幼苗弱，后期蒜头膨大受抑制，产量低。具体的播种深度因种瓣大小、播种季节而不同。因春季土表温度高，所以春播蒜宜适当浅播，而秋播蒜可适当深播。大瓣蒜应适当深播，而小瓣蒜应适当浅播。

③ 播种方法　因作畦方式不同而不同，有平畦播种、高垄播种、地膜覆盖畦播种等。

(a) 平畦播种　有开沟点播和打孔点播 2 种方法，最常用的是开沟点播法。

开沟点播法，就是从畦的一侧按计划行距，用角锄或耧子逐条开 5～6cm 深的浅沟，行距 17cm，先每亩撒入辛硫磷颗粒剂 5kg，然后按株距整齐一致地摆蒜，播后顺手覆土，整畦播完后再用耙子适当镇压，并顺地表耧平。也可先在畦的一侧开第一条沟，摆蒜后，用开第二条沟的土覆盖第一条沟的蒜，如此依次进行，直至结束。要求开沟深浅一致、栽蒜深浅一致、覆土厚薄一致，并且要使种瓣与土密接，不留空隙。所以，栽后要用脚踏实，使种瓣与土壤密接，以便于根系吸收水分，也可避免浇水时把蒜瓣冲出而造成缺苗。

打孔点播法，就是按计划株行距，用"蒜踏"打孔播种。蒜踏齿长 10cm 左右，齿距即是株距，播种时打孔深 6～7cm，孔粗以能顺利播入种瓣为准，播后盖土填实孔眼即可。

(b) 高垄播种　有先作垄后播种和先播种后作垄 2 种方法。

先作垄后播种，即按整地时做的垄，在垄上按行距开 2 条沟，沟内按株距点播后覆土。

先播后作垄，即在整地时只将地面整平不作垄，播种时先按宽、窄行开沟，宽行距离 43cm，窄行距离 20cm，沟深 1.5cm，按株距将种瓣摆在沟中，然后在宽行的两侧取土覆盖蒜种，做成高垄，则原来的宽行变成了垄沟，原来的窄行变成了高垄。

(c) 地膜覆盖畦播种　大蒜采用地膜覆盖栽培，可促进大蒜的生长发育，抽薹期可提前 6～10d，成熟期可提前 5～8d。采用地膜覆盖栽培时，无论是高畦还是平畦，一般有 2 种播种方法：一种是先播种、后盖膜，是常用的方法；另一种是先盖膜、后打孔播种。

先播种后盖膜的，采用开沟点播或打孔点播，然后覆土盖地膜，应注意播后地面要平整，土壤细碎，地膜覆盖要拉紧、铺平、周围压严实，并在萌芽出土时随时检查，及时放苗出膜。一般若盖膜质量好，约 80％的幼苗可自行顶出地膜，不能顶出地膜的应及时用小刀或小竹签破膜放苗，以防灼伤。也可在出苗阶段，每天上午用新扫帚的软梢轻轻拍打膜上畦面，使蒜芽顶破地膜，这样比较省工，而且对地膜的损伤小，膜的完整性好，能更好地发挥地膜的效应。

先盖膜后播种的，先将地膜铺平压好，然后在地膜上打孔播种，播后覆土。

此外，播种时应尽量避免种瓣受损伤。若土壤较疏松，可将蒜瓣轻轻按入土中；土壤板结坚硬或开沟深度不够时，应重新开沟或挖穴播种，再按蒜瓣，切莫捏住种瓣顶部用力往土里按，以免挤压损伤种蒜而影响出苗。秋季栽蒜时，气温、地温均较高，土壤蒸发量也大，栽蒜后要浇明水降低地温，水量可适当大些，但要防止冲刷畦面或将蒜种冲出来。

(6) 田间管理（彩图 7-13）

① 幼苗期　秋播大蒜播种后立即灌水一次，接近出苗时第二次浇水。出苗后酌情浇水，表土见干第三次浇水。长出 2～3 片真叶后中耕松土，适当蹲苗，一般中耕 3 次，土壤封冻前灌越冬水，灌后在畦面盖稻草、落叶等防寒防冻。早春气温回升后结合浇水开沟，每亩追施腐熟有机肥 1000～1500kg 或硫酸铵 15～25kg。

② 返青期　幼苗越冬后日平均气温稳定通过 1～2℃时，及时撤除防寒设施，土壤开冻时中耕松土。地温提高后灌返青水，并随水施入尿素 15kg，或碳酸氢铵 30kg，或人畜粪肥 2000kg，基肥不足时，每亩加施饼肥 50～100kg，开沟集中深施。结合中耕松土及时除草。3 月底至 4 月初重施抽薹肥，每亩沟施尿素 15kg，或碳酸氢铵 30kg，4 月中下旬再追施尿素 15～20kg、硫酸钾 15～20kg，一般 8～10d 浇水一次，保持土壤见干见湿。

③ 抽薹期　每 6～7d 浇水一次，结合浇水每亩施氮肥 15～25kg，适量磷钾肥，抽薹期一般不进行中耕除草。及时拔除田间杂草。采薹前 3～4d 停止浇水，对于直接供应市场的蒜薹，可适量使用植物生长调节剂，在薹尾刚露出时，可喷赤霉酸 20～30mg/kg，或 0.3％磷酸二氢钾，可增产。用于贮藏保鲜的蒜薹则不宜使用生长调节剂。

④ 鳞茎膨大期　保持土壤湿润，5 月上旬蒜薹采收后灌水一次，并追施一次催头肥，最好提前到拔薹前最后一次浇水时施用，每亩追尿素 10kg、钾肥 5kg，还可根外喷施 0.2％磷酸二氢钾和 1％的尿素混合液，隔 5～7d 喷第二次，每隔 4～5d 浇水一次，直至蒜头收获前 5～7d 为止。

(7) 采收　青蒜在 8～9 月播种后，到 11～12 月即可采收，直至翌年春暖以前，亩产量 2000kg；蒜薹于初夏上市，当蒜薹露出叶鞘 5～7cm 时采收；蒜薹采后 18～20d 即可采收蒜头。

2. 春蒜地膜覆盖栽培技术要点

春播主要在东北、华北北部、内蒙古及一些高海拔地区。冬季气温经常在−10℃以下，甚至低到−20℃，致使秋播幼苗难以越冬。播种过早，种瓣易受冻；播种过晚，春季生长时间短，产量低、质量差，甚至形成独头蒜、无薹、少瓣蒜。

（1）选择品种　春播所用的品种要求冬性弱，以便顺利通过春化阶段而进行花芽、鳞芽分化，不致形成不抽薹的独头蒜。春播品种的生长期宜短，以便在高温期来临前，成熟采收。生产中多利用红皮品种。有些白皮的狗牙蒜品种，生长期虽长，但蒜头膨大期适应长期高温条件，也适合于春播栽培。

（2）整地施肥　选用冬季休闲地。前茬收获后，深翻 20cm 左右，晒垡 15d 以上，晒垡期间浅耕 1～2 次。整地前，每亩施入腐熟土杂肥 5000kg 以上，播种沟中可拌入 100～150kg 饼肥、过磷酸钙 40～50kg、草木灰 50kg、碳酸氢铵 10～15kg，浅翻、细耙，使土肥充分混合后作畦。

（3）适时早播　春蒜应尽可能早播，适播期为 3 月上旬。播种晚，易成为独头蒜。早熟紫皮蒜每亩栽 6 万株，狗牙蒜 5 万株左右。整好后，可先盖膜后播种，或先播种后盖膜。

① 先盖膜后播种　先将地膜盖在整好的地上，压紧压严。然后按行株距，用直径 3～4cm 粗的棍棒按穴打洞，或用插孔器插孔，将蒜瓣逐孔插栽进去，覆土 1～2cm。地膜可选择黑色膜或银灰色膜。

② 先播种后盖膜　先将田整平，开沟播蒜后再覆盖地膜，将地膜压紧、压实。大蒜出土后进行人工放苗，或当蒜苗出土 2～2.5cm 顶起地膜时，用竹扫帚拍击地膜进行放苗。

（4）田间管理（彩图 7-14）

① 幼苗期　播种后立即灌一次水，接近出苗时第二次浇水，出苗后酌情浇水，表土见干可浇第三水。气温回升后结合浇水开沟追肥，每亩施腐熟有机肥 1000～1500kg 或硫酸铵 15～25kg。日平均气温稳定通过 1～2℃ 及时撤除防寒设施，待地温提高后灌返青水，并随水施入尿素 15kg 或碳酸氢铵 30kg，或人畜粪肥 2000kg。基肥不足时，每亩加施饼肥 50～100kg，开沟集中深施。

重施抽薹肥，每亩沟施尿素 15kg 或碳酸氢铵 30kg，20d 后再追施尿素 15～20kg、硫酸钾 15～20kg，一般 8～10d 浇水一次，保持土壤见干见湿。

② 抽薹期　一般每 6～7d 浇水一次，并结合浇水每亩施 15～25kg 氮肥，适量磷钾肥。采薹前 3～4d 停止浇水，为促进蒜薹生长，可在薹尾刚露出时，喷赤霉酸 20～30mg/kg，或叶面宝 6mg/kg，或蒜薹宝 20mL 对水 20～30kg，也可用 0.3% 磷酸二氢钾、50% 异菌脲可湿性粉剂 1500 倍液混合喷施。

③ 鳞茎膨大期　保持土壤湿润，蒜薹采收后立即灌水一次，并追施一次催头肥，最好提前到拔薹前最后一次浇水时施用，每亩追尿素 10kg、钾肥 5kg。还可根外喷施 0.2% 磷酸二氢钾和 1% 的尿素混合液，隔 5～7d 喷第二次，每隔 4～5d 浇水一次，直至蒜头收获前 5～7d 为止。

（5）无薹蒜、独头蒜的产生与防止　无薹蒜产生与否完全取决于外部环境条件，如春播太迟，营养条件差，幼苗生长弱，花芽没有分化，环境条件不适，花芽已分化但不发育等。营养不足，不能满足鳞芽分化的需要，就不能形成侧芽，结果只有顶芽最内层鳞片膨大，从而形成独头蒜。种蒜太小，土壤贫瘠，栽植密度过大，肥水不足，叶片数太少，或叶子有病虫为害导致营养物质不足，影响鳞茎的正常分化，也产生独头蒜。解决办法是：选用大瓣蒜作种，适期播种，加强土肥管理，防治病虫害等。

3. 青蒜露地栽培技术要点

露地栽培青蒜以幼嫩叶片和洁白假茎为食用部分，味道鲜美，我国中部地区从 8 月中、下旬到第二年 3 月可随时播种。冬季培育青蒜，需覆盖防冻，通过多茬栽培，青蒜供应期可达 8 个月（10 月至第二年 5 月）。

（1）品种选用　各种大蒜品种的蒜瓣都可用于培育青蒜，但最好选用休眠期短、出苗快、苗期生长快、假茎粗而长、叶片宽大肥厚、黄叶或干尖（叶片上部干枯）现象轻的软叶蒜类型品种。过去多选用小瓣蒜种，小瓣蒜有节省蒜种、成本低的优点，但所生产的青蒜苗纤细、产量低、品质差。目前在各地的实际生产中多采用大瓣蒜种来生产青蒜苗。用大瓣蒜种进行青蒜苗生产时，用种量大，成本稍高，但生产出的蒜苗假茎粗壮，叶片肥嫩，产量高，品质好，综合效益高。

（2）整地施肥　用于青蒜栽培的种植密度是大蒜栽培的 3～4 倍，吸肥量大，且生长期短，要在较短的时间内长成较大的个体，而根系分布浅，养分吸收范围小，要求肥沃的土壤，应结合整地，施足底肥。一般在前作收获后随即浅耕（10～13cm）灭茬，然后犁第二遍，深 17～20cm，进行晒垡，雨后耙糖，碎土保墒。作畦前每亩施腐熟圈粪 5000kg、磷酸二氢铵 40kg、氯化钾 25kg，浅耕使肥料与土壤混合，整平土面后做成宽 1.2～1.5m 的平畦。

（3）种蒜处理　早蒜苗的播种期处于 7～8 月份高温季节，种瓣的休眠期尚未完全结束，田间的高温也对蒜瓣的发芽不利，如果播种前不经过特殊处理，播种后长期不发芽，待温度下降，种瓣发芽出土后，蒜苗生长也不健康，因此应进行种蒜处理。一般用清水浸泡 1～2d 再播种。也可用 50% 多菌灵可湿性粉剂 500 倍液等量浸泡 24h，捞出，晾干表面水分后播种。还可将蒜瓣在 30% 尿水中浸泡 1～2d。有条件的可进行低温处理，即将蒜瓣用纱网吊入深井水中浸 24h，或用冷水浸洗后放在阴凉处，蒜瓣发根露嘴时播种。没有水井的地方，利用地窖、防空洞、窑洞等夏季能够保持冷凉湿润环境的场所，都可以进行种瓣处理。也可将蒜瓣放在 0～4℃低温下处理一个月。

晚蒜苗的播期较晚，种瓣已度过休眠期，田间温度已下降，不需要进行种蒜处理。

（4）播种时期　春蒜 2 月下旬至 3 月上旬播种，4～5 月份上市；伏青蒜在 7 月下旬至 8 月上旬播种，9 月上旬至 10 月可陆续上市；秋冬蒜在 8 月下旬至 9 月下旬播种，10 月下旬至 12 月可陆续上市。

（5）播种密度　青蒜苗种植密度明显高于一般大蒜生产，早蒜苗的密度又比晚蒜苗大。高密度栽培不仅有利于提高产量，而且植株向上生长，假茎增长，组织脆嫩。春蒜开沟条播，株行距为 5cm×10cm 或（6～8）cm×（6～8）cm，伏青蒜株距（2～3）cm×（2～3）cm；秋冬蒜开沟条播，株行距 2cm×11cm 或 3cm×7cm；秋冬青蒜可同大蒜同时隔株播种，株行距为 5cm×16cm，大小瓣间隔播种。

（6）播种方法　播前先将畦面充分浇水，待表土疏松时即播种，播种要浅，以利出苗。青蒜播种方法有两种。

一种是直插播种法：雨后或浇水后，趁土壤湿润时，把蒜种先撒到畦内，然后按一定株行距摆瓣，并将蒜瓣轻轻按入土中，深度以蒜瓣顶端与地面平齐为宜。这种播种方法省工，播种质量高，生长的青蒜顺直，商品性好。

另一种是开沟播种法：用锄头等开沟器按一定的行距开浅沟，将蒜瓣按一定的株距和方向点播在沟中，播后用耙子平沟，覆 2cm 左右的土，浇透水。青蒜栽培一般用种量为每亩 200～350kg。

(7) 田间管理（彩图 7-15）

① 浇水　秋大蒜和秋冬大蒜播种以后，气温较高，气候干燥，土壤中的水分蒸发快，所以，秋大蒜一般每 2～3d 浇一次水，直到蒜苗出齐为止。浇水时间可选在傍晚，也可在清晨 8 时以前进行，这时水凉、地凉，在提高土壤湿度的同时，可降低地温，促进蒜瓣发根。浇水的量要适中，水量过大，土壤过湿，会引起蒜瓣腐烂，蒜苗发黄，影响品质和产量。春大蒜和夏大蒜由于播种时气温低，在浇足底水后，出苗以后只浇一次齐苗水，以后浇水要视土壤墒情而定。

② 追肥　青蒜苗主要依靠种瓣积累的养分生长，如果育苗畦内基肥充足，生长期可不必追肥。蒜苗出齐后，对肥料的吸收量逐步加大，一般当苗高于 3cm 时，即应开始追肥，每亩随水冲施尿素 10kg，采收前 15～20d，也可追施一次尿素。

③ 培土　适当培土可增加青蒜假茎长度，提高产品质量。蒜苗出齐时浇一次透水，水渗下后撒盖一层细土、碎草或马粪，厚 5cm 左右。培土总深度要依青蒜长势而定。如果生长健壮，以后可再培土一次。培土一次青蒜苗假茎长 10cm 左右，培土 2 次假茎长 15cm 左右。以后可根据市场需求陆续上市。

(8) 适时收获　夏季播种的早蒜苗 10 月开始少量收获，11 月进入大量收获期。一般每亩收获 3000 余千克。如若打算延后上市，可在冬前隔畦收获，腾出 1m 宽的背垄（走道）再延后供应。畦上扎拱、覆膜保护越冬，根据市场需要可随时上市。晚蒜苗一般在 3～4 月上市，上市越晚产量越高，但质量变差。一般 4 月初上市者每亩可产 3500～4000kg。

4. 青蒜设施栽培方式

(1) 遮阳网覆盖栽培　7 月底 8 月初播种的伏青蒜，播种时温度很高，必须搭棚遮阴，搭 1m 高的平棚架，上面覆盖遮阳网，白天每天上午 8 点前覆盖，下午 5 点后揭去。

(2) 小拱棚保温栽培　8 月下旬至 9 月上旬播种的秋冬蒜，到了 10 月中下旬天气转寒，应插拱架扣膜。扣棚前浇水、追肥一次，每畦撒尿素 2kg，及时浇水扣棚。扣棚后，棚温白天以 20～25℃ 为宜，超过 30℃ 及时通风。11 月下旬到 12 月初，为防止寒害，则应及时加盖草苫。盖苫前，可酌情浇一次小水，可随时供应市场。

(3) 塑料大棚保温栽培　9 月中旬至 10 月上旬播种，春节上市的，可采用大棚覆盖保温防寒，棚内温度以白天 20～25℃ 为宜，超过 30℃ 及时通风。湿度以蒜苗叶片上没有水珠为宜。浇水是棚栽青蒜成败的关键。先播种，后浇水。除播种时浇足水和收获前 10d 浇一次水外，其他时间一般不浇水。春节后上市的青蒜，中间可视土壤干湿情况，酌情浇一次小水。

(4) 温室栽培　即利用温室前沿温度较低的低矮空间或靠近后墙的地面和立体空间搭架，上摆 10cm 高的塑料平盘进行青蒜苗栽培，以充分利用空间。具体做法是：把蒜整头播种在温室前沿，头头紧挨，空间用小蒜瓣塞满。因为这种密集型青蒜生产完全靠蒜瓣中自身所贮存的营养来完成，所以一般不需要施肥，只要水分充沛，一般 20 余天苗高长到 20～25cm 即可收割头刀，半月后又可收第二刀，收三刀后蒜瓣中营养消耗殆尽、干缩，生产结束。平盘生产为了减轻重量，盘中不需加土，只要把蒜头、蒜瓣挤紧不留空隙，保证水分即可。

（5）室内栽培　冬季利用室内温暖的空间，把已开始发芽或蒜瓣已开始变软、食用价值大大降低的蒜头或蒜瓣整齐紧紧地排在一个外沿高8～10cm的盘子里（也可选用塑料容器），只要盘内经常能保持2～3cm深的水面，温度在20℃左右，20余天苗子长至18～20cm高时，即可收割头刀，半月后还可收二刀，连收三刀后弃之。

5. 蒜黄集约化栽培技术要点

大蒜在无光或弱光、一定温湿度条件下，利用蒜瓣自身的养分，培育出叶片柔嫩、颜色淡黄到金黄、味香鲜美的蒜苗，即蒜黄。蒜黄生产属于高密度集约化栽培，占地面积小，收益高，不施用任何肥料，不喷洒任何农药，是一种鲜嫩、高档、优质无公害蔬菜，市场前景十分广阔。每年从9月开始至翌年4月均可生产蒜黄，每茬仅需20～30d，适宜家庭生产。

（1）栽培方式　大田生产先按常规方法做好宽1m的种植畦，然后用木桩或竹竿在畦上做成高60cm的小型棚架，架上覆盖黑色薄膜或草苫遮光（以覆盖黑色薄膜为好）。室内生产可用草苫等各种不透光的材料覆盖遮光。家庭零星种植，可就地取材，利用各种废旧材料遮光，盆栽还可以利用废旧水桶反扣于种植盆上。

保护地或室内生产还可根据具体情况做成多层床架，每层床架相距80cm，基部高为20cm，床底铺秸秆、废旧薄膜，上面再铺10～12cm的普通菜园土或沙土即可。

（2）品种选择　选用蒜头大、瓣少而肥大的品种，一般以白皮大蒜为好。夏末初秋早期生产时，还要注意选用休眠期短的品种，同时要选用发芽势强、出黄率高，且蒜黄粗壮的一级大瓣，并剔除小瓣和冻、烂、伤、弱、霉变的蒜瓣。

（3）建栽培池　不论何种栽培方式，都需先建栽培池。栽培池可用砖垒起，面积根据生产而定。保温条件好时，只要把池底整平，铺上约6～7cm厚的沙土即可。加温防寒设备不好的，为提高地温，隔绝地面凉气，可将刚刚发酵的马粪平铺在地底，用脚踏实，厚度10～15cm，然后上面铺6～7cm厚的细沙土，整平。

（4）播种　播种前要对种蒜进行处理。剥除鳞茎外皮、基部茎盘以及蒜瓣的部分或全部蒜皮。如8月份播种，还应进行0～4℃的低温处理。此外，播种前用清水浸种24h，使其吸足水。播种时将蒜瓣一个挨一个紧密地排在畦中，尽量不留空隙。一般每平方米用蒜种15～20kg。播后盖细沙3～4cm，拍实压平，浇足水，水渗下后，再覆细沙1～2cm厚。

（5）遮阴　蒜芽大部分出土时，栽培床上盖草苫或黑色塑料薄膜遮光。栽培期间一般不揭开遮阴物透光，但如发现蒜黄呈雪白色，可在收割前几天中午揭开草苫，通过短时间光照改变蒜黄的色泽和品质。

（6）水分管理　栽完种蒜后立即喷水，第一次喷水应充足，一定要淹没蒜瓣。以后每隔2～4d喷一次水，保持蒜床经常湿润。喷水量的大小要根据温度高低而定，一般温度高喷水量大。第一次喷水以后，可改为浇水，苗大和温度高时浇水量相应大些；反之浇水量要小。浇水时不可过猛。用0.1%的磷酸二氢钾溶液或0.2%～0.3%的尿素溶液，每隔7d叶面追肥一次，可促进蒜黄生长。

（7）温度管理　出苗前，温度白天保持在25℃，夜间18～20℃；出苗后至苗高24～27cm时，白天20～22℃，夜间16～18℃；苗高27～33cm时，白天在14～16℃，夜间12～14℃；收割前4～5d，白天10～15℃，夜间10～12℃。收获前要注意降温，温度过高，植株生长快，易倒伏、腐烂。中午温度高时，应放风换气。

（8）收获　播后20～30d，蒜黄高30～40cm时收第一茬，再过20d左右收第二茬。

收割时刀要端平，不能损伤蒜瓣。每次收割待伤口愈合后浇足水，随水施入 0.5％尿素和 0.05％磷酸二氢钾，促进下茬蒜黄生长。浇水施肥后轻盖一层细沙土，养下刀蒜黄，第三茬时连瓣拔起。最后一刀蒜黄收获后，清床铺新沙准备栽下茬。收割后捆成捆，在阳光下晒一会儿，蒜叶转变为鲜亮的金黄色后上市。一般每千克蒜种可产蒜黄 1.2～1.5kg，每平方米可产蒜黄 16～25kg。

6. 独头蒜栽培技术要点

秋播大蒜延误了播期易长成独头蒜，影响产量。通常为提高商品蒜头的产量和品质，要尽量减少独头蒜的数量。南方的大蒜品种大多蒜头小，蒜瓣也小，北方也有一些蒜瓣多而小的白皮大蒜，食用时剥皮比较麻烦，其中除了一部分作蒜苗栽培外，多被当作废物抛弃，如果利用它们生产独头蒜，则可变废为宝。

（1）整地作畦　选择砂壤土或轻壤土，忌连作。前作收获后，每亩施腐熟圈粪 2500kg、过磷酸钙 50kg、硫酸钾 10kg 作基肥。浅耕耙糖后做成宽 1.4m 左右的平畦，要求畦面平整。

（2）品种选择　一般情况下，种瓣越小，形成独头蒜的比例越高，特别是用气生鳞茎作种时，易形成独头蒜。生产独头蒜所用种瓣必须是小蒜瓣，一般多从蒜瓣较多而蒜薹较小的大蒜品种中选择适宜在当地种植、独头率较高、单头重较大的品种。

（3）挑选种瓣　应选择大小适宜的蒜瓣作种蒜。如果种瓣太大，则会生产出有 2～3 个蒜瓣的小蒜头，使独头率降低；如果种瓣太小，则生产出的独头蒜太小，丧失商品价值。一般要求独头蒜的单重达 5～8g。

（4）播种期　独头蒜的适宜播期必须在当地做分期播种试验才能确定。播早了，蒜苗的营养生长期长，积累的养分较多，易产生有 2～3 个蒜瓣的小蒜头；播晚了，独头蒜太小。一般秋播地区较蒜头栽培推迟 40～50d 左右播种为宜，春播也要较正常春播的播种期迟。每亩用种量 100kg 左右。

（5）播前处理　播种前把蒜种先进行分瓣处理，然后按大、中、小分级待用。播前用清凉水浸泡 6～12h，沥干，用 50％多菌灵可湿性粉剂拌种处理，可杀死种子表面可能携带的病菌。多菌灵用量为浸泡种子重量的 0.2％～0.3％，然后即可播种。

（6）播种　种植户可以根据实际情况选择不同的播种方式。

① 点播法　按 4cm×5cm 的株行距，在畦面上用木桩点孔，深度应掌握在 4～6cm 为宜。放入一瓣大蒜，根部向下，点完后畦面上盖 1cm 厚的细土。点播法每亩约栽 8 万～9 万苗。

② 条播法　播种时先按 15cm 行距开沟，沟深约 6cm，然后按株距 3～4cm 播种瓣，注意蒜瓣不能倒置，随即覆土 3～4cm 厚。条播法每亩约栽 6 万～7 万苗。

全畦播完后，均匀撒播小型叶菜，如菠菜、芫荽、樱桃萝卜等种子，播后耙平畦面。如土壤干燥，播完后浇灌一次齐苗水。混播小型种子的目的是利用小型叶菜发芽出苗快的特性，抑制蒜苗的旺盛生长，达到提高独蒜率的目的。

播种后大蒜出苗前 3～4d 内，按每亩用 25％绿麦隆可湿性粉剂 250g 稀释到 500 倍喷雾除草，或每亩用 25％扑草净可湿性粉剂 300g 喷雾。施药后用山草、绿肥、蒿子或稻草等覆盖，有利于保墒保湿，还可抑制杂草的生长。

（7）田间管理

① 小型叶菜收获　小型叶菜出苗后分期间苗，最后将小型叶菜全部收获上市。

② 追肥　独头蒜在不同生育时期，需要不同种类的肥源，总体来说，生长前期侧

重于氮肥，后期则倾向于磷、钾肥。在施足底肥的基础上，还要进行适期追肥。

提苗肥：幼苗长出4～5片叶时，种瓣中的养分消耗殆尽，植株转向于从土壤中摄取养分。若营养供应量不足，常出现短期的"黄尖"或"干尖"现象。应及时按每亩10～15kg的尿素进行追肥并随同浇水灌水。

蒜头膨大肥：植株叶片出现7～9叶时，不分化花芽的独头蒜开始膨大。能抽薹的瓣蒜完成花芽分化并伸长生长，侧芽开始膨大。可按每亩12～20kg硫酸钾追施，并加大灌水量以促使蒜头迅速膨大，注意控制氮素肥料施用。

③ 叶面施肥　结合植株长势，以适当浓度的磷酸二氢钾、大蒜专用多元微肥等进行叶面喷施。

④ 浇水　在蒜头膨大期间要保证水分的充足供应。

（8）收获　秋播地区在翌年立夏前后（5月上旬）当假茎变软、下部叶片大部分干枯后及时挖蒜。收早了，独头蒜不充实；收迟了，蒜皮变硬，不易加工。加工用的独头蒜，挖出后及时剪除假茎及须根，运送到加工厂，要防止日晒、雨淋。作为鲜蒜上市出售的，挖蒜后要在阳光下晾晒2～3d，防止霉烂。一般每亩产量300kg左右，高产者可达500kg。

7. 大蒜高山栽培技术要点

根据海拔越高气温越低的气候特点，高山大蒜栽培区域的海拔越高，越有利于大蒜的生长发育和产量的形成，但生育期也较长。所以，大蒜适宜的栽培区域应以在海拔800m以上为佳。生产青蒜（蒜苗）时，应在5月份至8月中旬播种为宜，在7～10月份采收青蒜上市；以采收蒜头为主时，应于8月下旬至9月份播种，翌年4～5月份采收蒜薹，5～6月份采收蒜头。

（1）品种选择　选择耐热性和抗性较好的品种。

（2）整地施肥　应选择土层深厚肥沃、疏松而且排灌条件较好的田块，并避免与葱、韭菜、洋葱等葱类蔬菜同科栽植，施足基肥。每亩施充分腐熟有机肥2000～3000kg、复合肥40～50kg。酸性较重的土壤，还应增施石灰100kg。耕翻整地和作畦，畦宽（包沟）约2.0m，并做到土壤细碎松软，畦面平整，以利于出苗。

（3）播种　精细选种，剔除肉质变黄、变黑及个头太小的蒜瓣。播种前，剥去蒜头的外层白皮，将蒜瓣作母蒜，然后进行蒜种处理，如可用30%的尿水浸泡一天，使之吸足肥水后再播种。

作蒜头栽培，每亩用种量约130kg，播种行距15cm，株距10cm，每穴一瓣。

作青蒜栽培，行距10～12cm，株距5～6cm，每亩用种量150～200kg。

播种时，蒜瓣顶尖朝上排放，播后覆土盖种。也可采取沟播，即用锄头开深6～8cm的浅沟，播种后把开前一行播种沟的土壤，覆盖在后一行的种蒜上，进行盖种，覆土厚3～4cm。依此类推。然后，将畦面稍微修整平直，再用芽前除草剂如96%精异丙甲草胺乳油60mL，对水60L，喷施畦面。最后用稻草或茅草覆盖畦面。大蒜宜浅栽，播种完毕后，可在覆盖的稻草（茅草）上浇水保湿，促进大蒜出苗。

（4）田间管理

① 施肥　追肥以氮肥为主，磷、钾肥配合使用。作青蒜栽培的，实行"勤水勤肥"，大蒜全苗后到3叶期，结合浇水每亩浇施一次薄粪水1500～2000kg或尿素10kg，以后每隔10d左右浇肥水一次，共浇3～4次。

作蒜头栽培的，越冬前每亩用尿素10kg浇施一次，第二年春季气温回暖后，每亩用尿素 15kg 浇施一次。为促进蒜头肥大，在蒜头膨大期至蒜薹采收前，可追施速效性肥料，每亩用复合肥 5～10kg 进行浇施，还可用 0.2%～0.3% 磷酸二氢钾溶液叶面喷施。

② 浇水　高山大蒜栽培，既要保持土壤湿润，又要注意田间的排渍。上半年雨水较多，田间湿度大，青蒜根系耐渍性差，容易造成根部腐烂，导致蒜叶枯黄。因此，高山春季雨水较多时，应注意田间排水防渍。

进入夏、秋季节，田间较干旱时，应及时灌水或浇水。天气干燥时，每 7～10d 灌一次水，以保持田间湿润。大蒜收获前 5～7d，应停止浇水，以增进品质。

（5）采收

① 采收青蒜　为填补秋淡市场，可根据市场情况，及时采收青蒜应市，采收方法是连根拔起，一般间拔大苗上市。

② 采收蒜薹　一般蒜薹抽出叶鞘，并开始甩弯时收获，采收蒜薹的时间过早或过晚，对蒜薹产量和品质都有很大影响。采薹过早，产量不高，容易折断，商品性差；采薹过晚虽可提高产量，但养分消耗过多，影响蒜头生长发育，而且蒜薹组织老化，纤维增多，商品性差。采收蒜薹最好在晴天中午和午后进行，此时叶片有韧性，不易折断，可减少伤叶。

③ 采收蒜头　采收蒜薹后 20～30d，即可采收蒜头。方法是：起蒜后，经田头晾晒几天后捆绑成束，叶片干燥时，即可堆藏或挂藏。

四、大蒜生产关键技术要点

1. 大蒜配方施肥技术要领

（1）需肥特点

① 需肥比例　每生产 1000kg 大蒜，需吸收氮 5.1kg、磷 1.3kg、钾 1.8kg。

② 不同生育期需肥特点　大蒜不同生育期的养分吸收量，是和植株生长状况相一致的。

在幼苗初期，主要靠蒜瓣内贮藏的养分生长发育，对土壤中的养分吸收较少，故苗期不需施用速效肥料，而用迟效性的农家肥作基肥，以改善土壤的理化性状为主。基肥必须充分腐熟，而且要捣碎、过筛，施用时与土壤充分掺匀。如果基肥中有生粪或没有腐熟，容易"烧坏"蒜母。给大蒜施用磷肥，如草木灰、土杂肥等，都能增产，可在整地时或苗期施入。

随着植株的生长发育，养分吸收量也同步增加，抽薹以后是各种养分吸收的旺盛时期，这个时期一定要肥水供应充足，以保证长得旺，蒜头得以充分发育、膨大。根据大蒜根系弱而需肥多的特点，给大蒜施肥时应勤施薄施，并且肥后跟水，以利根系吸收。

鳞茎膨大后期，茎叶停止生长，根系老化，养分吸收缓慢，茎叶内的各种养分量也减少。

③ 不同元素需求水平　大蒜喜氮、磷、钾全效性有机肥料。增施腐殖质肥料，可提高大蒜产量。从各种养分吸收量来看，氮最多，其他依次为钾、钙、磷、镁。如果把氮的吸收量作为 100，则钾为 80～95，钙为 50～75，磷为 25～35，镁为 6。大蒜对氮、钾的吸收比较均衡，对磷的吸收量要比其他大多数蔬菜高，这是由于鳞茎的膨大和蒜薹的伸长，都需要较多的磷。适量增施磷肥，可以提高产量，并增加大个蒜头的比例。施用钾肥，除了能促进鳞茎膨大外，还可延缓根系衰老，并提高氮肥和磷肥的利用率。

④ 不合理施肥的危害 在干旱季节，大蒜叶片常常产生干尖症状，叶尖干枯，下部叶片黄化，根系发育不好，产量减少，这是养分缺乏的表现，要注意增加有机肥施用量，增施磷肥，并保持土壤湿润。

大蒜新生叶黄化，严重者枯死，植株生长停滞，剖开叶鞘可见褐色小龟裂，这是缺硼症状。

大蒜在贮藏时，蒜头外的鞘衣破裂，蒜瓣外露，这是由于施用氮肥过多、太迟造成的。因此，在大蒜生育后期，要适当控制施用氮肥。

（2）施肥原则 无公害大蒜生产的施肥原则是：以有机肥为主，辅以其他肥料；以多元复合肥为主，单元素肥料为辅；以施基肥为主，追肥为辅。尽量限制化肥的使用，如确实需要，可以有限度、有选择地使用部分化肥，但应注意掌握以下原则：一是禁止使用硝态氮肥；二是控制氮素肥用量，一般每亩不超过25kg；三是化学肥料必须与有机肥配合使用，有机氮与无机氮比例为2∶1；四是少用叶面喷肥；五是最后一次追施化学肥料应在收获前30d。

（3）基肥 大蒜根系浅，根毛少，吸收养分能力弱，对基肥质量要求较高。施用前，要使有机肥充分腐熟，并将其捣碎拌匀，以防止未腐熟的生粪导致蒜蛆为害。常用的农家肥有人粪尿，猪粪尿，鸡、鸭粪和饼肥等，一般每亩施用猪粪尿2500～3000kg。用化肥作基肥的，每亩施硫酸铵30～35kg，或尿素10～15kg，将肥料施入沟中，再覆土盖好。南方酸性土壤，可在基肥中加入适量石灰。

（4）追肥 对秋播大蒜，在幼苗期、越冬前要各追肥一次，施用的肥料可以用人粪尿或化肥等，以促使幼苗在冬前发好根，长好苗。一般每亩施用腐熟人粪尿1000～2500kg，或追施硫酸铵15～20kg，或尿素7～9kg，随水追施。如果大蒜幼苗生长旺盛，可以不追肥，以防止冬前幼苗过旺。

越冬时要覆盖麦草或稻草，撒施土杂肥、塘泥等，每亩施用5000～7000kg，可使第二年植株抽薹早、蒜瓣大、蒜头重。

春季温度上升后，为满足春发阶段对养分的需求，要及时追施一次春肥，可施用人粪尿或化肥。

抽薹时再每亩追施硫酸铵20～25kg，或尿素9～12kg。

施入抽薹肥后一个月，大蒜的鳞芽进入发育旺盛期，需要养分量较大，这时要追施一次速效性肥料，每亩可施用猪粪尿3000～4500kg，或硫酸铵18～20kg，或尿素8～10kg，可促使大蒜早抽薹，提高蒜薹和蒜头的产量与质量。大蒜施肥时，要注重两个关键期的施肥，一是催苗肥，以促进大蒜叶片生长；二是催头肥，以促进大蒜鳞茎的膨大。

2. 大蒜浇水管理技术要领

（1）大蒜各生育期对水分的需求 大蒜叶片属耐旱生态型，但根系入土浅，吸收水分能力弱，所以在营养生长前期，应保持土壤湿润，防止土壤过干。特别是在花茎伸长和鳞茎膨大期，应保持土壤湿润，防止土壤过干。到鳞茎发育后期，应控制浇水，降低土壤湿度，以促进鳞茎成熟和提高耐藏性，以免因高湿、高温、缺氧引起烂脖（假茎基部）散瓣，蒜皮变黑，从而降低品质。

（2）大蒜浇水管理办法

① 播种出苗前 要保证水分供应，才能出苗整齐。如果栽蒜的地块耕得浅，水分不足，致使土壤下层坚硬，并且播种时覆土又过浅，蒜母就要"跳瓣"，造成缺苗，这

是由于大蒜发根时成束着生，蒜母被"顶"出土面，可因根际缺水干旱而死。这时就要浇一次水，将蒜母重新栽入土中，再覆一次土。

② 幼苗期　要注意保证土壤水分的供应，否则，早春由于干旱，土壤水分大量蒸发，造成缺水妨碍幼苗生长，致使大蒜第一至第四片叶提前黄尖。因此，播种后应及时覆盖一层稻草，浇水保湿。但幼苗期也不要浇水过多，以免引起蒜母湿烂。以见干见湿为好，以减少地下害虫为害，并防止因干旱致叶片黄尖抑制幼苗生长。

③ 叶片旺盛生长期　需要较多水分，要多浇水，催秧快长，以促进植株和鳞茎生长。

④ 鳞茎发育期　需供大量的水分催头快长，鳞茎较少承受土壤压力，养分才能顺利地运输到产品器官中去。

⑤ 收获时　在鳞茎已经充分膨大即将收获时，需节制供水，以促进蒜头老熟，提高蒜头的质量和贮藏性。起蒜时，浇一次水以便起蒜。

3. 大蒜"二次生长"现象的发生原因与防止措施

大蒜的二次生长（彩图 7-16）是指侧芽在形成蒜瓣的过程中，不经过休眠，顶芽萌发生长出许多细长丛生叶的现象，又称为次级生长、复瓣蒜、蒜瓣再生叶薹、分杈蒜、马尾蒜、胡子蒜、分株蒜、叉头蒜、多瓣蒜等。多在抽薹前后发生，是一种生理异常现象，一般减产 30%～40%。严重影响蒜薹和蒜头产量和质量，降低商品性。

（1）二次生长的表现　二次生长可分为外层鳞芽型、内层鳞芽型、气生鳞茎（天蒜）型 3 种。

① 外层鳞芽型　又称为外层型二次生长、背娃蒜、母子蒜。正常的鳞芽膨大成鳞茎后就进入休眠，外层叶片叶腋中萌生 1 个或数个鳞芽。萌生的鳞芽延迟进入休眠期，继续分化和生长，在鳞茎的外围附生一些小蒜瓣或小蒜头。使蒜瓣排列混乱，蒜头畸形，形成复瓣蒜（由蒜瓣再生叶蔓长成的次一级蒜瓣，使蒜头形成复瓣蒜，复瓣蒜的蒜瓣很小，无商品价值），收获时外层蒜瓣容易分离散落在土中，对产量和商品性影响较大。

② 内层鳞芽型　又称为内层型二次生长。正常分化的鳞芽进入休眠后，鳞芽外围的保护叶继续生长，从植株的叶鞘口伸出，形成多个分杈。有的分杈发育成正常的蒜瓣，有的分杈发育成分瓣蒜，其中有少数分瓣蒜还形成花薹。轻度的内层型二次生长对蒜头的外形影响不大，发生严重时，蒜薹变短，薹重降低，蒜瓣排列松散，蒜头上部易开裂，所形成的分瓣蒜外观酷似一个肥大的正常蒜瓣，常被选作蒜种，但播种后由一个种瓣中长出 2 株至多株蒜苗，从而影响所生蒜头的产量和质量。

③ 气生鳞茎型　又称为顶生型二次生长。蒜薹总苞中的气生鳞茎延迟进入休眠，继续生长成小植株，甚至再抽生细小的蒜薹，蒜薹多短缩在叶鞘内或突破叶鞘，丧失商品性价值，使蒜头变小或形不成蒜头。

（2）二次生长的原因

① 品种　大蒜二次生长类型及发生的严重程度与品种遗传性有关。

② 蒜种贮藏期间的温度和湿度　大蒜贮藏期或鳞芽分化期遇到低温（0～5℃）和冷凉温度（14～16℃）条件下外层型和内层型二次生长均大幅度增加。春播地区蒜头收获后要贮藏到第二年 3～4 月份播种，为了使蒜头不致受冻，贮藏场所的最低温度多控制在 0℃左右，在长达 7～8 个月的贮藏期间以及早春露地播种后的一段时间，都具备诱发二次生长的低温和冷凉条件。蒜种贮藏场所除温度对二次生长有影响外，空气相对

湿度也有影响，而且温度与空气相对湿度之间有互作用关系。

③ 播种期　播种期与二次生长的关系因品种、蒜种休眠程度、蒜种贮藏环境、播种后出苗快慢以及土壤湿度的不同而异，而且播种期早晚对同品种的二次生长类型的影响也不相同。播种过早（在8月份）或过晚易出现二次生长现象。

④ 蒜瓣大小　蒜瓣大小与二次生长间的关系，因播种前蒜种贮藏条件和种植密度不同而有所不同。在室温下贮藏的蒜种，大蒜瓣比小蒜瓣易发生外层型二次生长，而蒜瓣大小对内层型二次生长的发生没有显著影响。种植密度对外层型二次生长的发生没有显著影响，但对内层型二次生长的影响很显著。

⑤ 灌水　灌水时期和灌水量对大蒜二次生长的发生有重要影响。全生育期，特别是鳞芽分化以后，灌水次数多，每次的灌水量又大，土壤相对含水量为80%～95%时，对外层型二次生长和内层型二次生长的发生都有促进作用。土壤相对含水量为50%时，外层型二次生长和内层型二次生长都不发生，但蒜薹和蒜头产量降低。

⑥ 施肥　过量施用氮施，特别是氮肥施用过多，冬前植株长势旺，脆嫩，抗冻性下降，年后过早追施氮肥，植株生长过快，遇倒春寒天气，缺磷、钾或过量施磷、钾可诱发二次生长。

⑦ 覆盖栽培　大蒜覆盖栽培有两种方式，一种是地膜覆盖栽培，另一种是塑料拱棚覆盖栽培。生产实践证明，大蒜地膜覆盖栽培有增产增收的效果，但有时会出现二次生长增多，蒜头形状不整齐，蒜瓣数增多，蒜薹短缩、发育不正常等现象，究其原因是与地膜覆盖后土壤温、湿度及养分的变化有关。

⑧ 气候　大蒜二次生长发生的程度，在不同年份往往有很大的差异。秋播地区冬季温暖，植株生育迅速，早春气温回升快，花芽和鳞芽分化早，分化后日照较短，如果遇连续降温和降雨天气，土壤湿度大，温度低，鳞芽再次感应低温，再次分化出鳞芽和花芽，以后在长日照高温条件下形成二次生长植株。

（3）二次生长的防止措施

① 选择不易发生二次生长的优良品种，并根据品种发生二次生长特点制定相应的控制技术措施。如果目前所种的主栽品种属于二次生长易发型，可以通过引种确定后进行换种。

② 蒜种贮藏时掌握好温度和湿度　冷库中贮藏的保鲜大蒜只能作为食用商品蒜，不能作为以收获蒜头为主的种用蒜。大蒜收获后进入夏季，只要存放环境干燥，放在室内挂藏或装入网眼袋中堆藏即可。也可在室外搭建防雨、防晒棚，在棚下堆藏或挂藏。保持20℃以上的温度和75%以下的空气相对湿度，不能将蒜种进行低温处理后提早播种，也不要放在窖洞或甘薯窖中存放。

③ 适时播种　不能盲目提早，尤其是不可为了促进播种后快出苗而将蒜种进行低温处理。应根据不同大蒜品种二次生长的特点，经过不同年份的田间试验，确定适宜播种期范围。正常年份露地栽培一般于9月下旬至10月上中旬播种，株行距15cm×(16～17)cm。不宜用过大的蒜瓣播种，以单瓣重5～6g为宜，蒜种要分级，种瓣要均匀，不种露芽蒜。培育适龄壮苗，越冬前要有5～6片叶，假茎粗0.6～1.0cm，苗高20cm左右。种植深度要求6～7cm，覆土后蒜尖以上盖土2～3cm厚。

④ 合理密植　根据不同品种的二次生长特性、不同的生产目的，选择大小适宜的蒜瓣播种，并采用适宜的种植密度。

⑤ 科学配方施肥　多施有机肥，适当配施氮、磷、钾、硫肥，适量控制氮肥，用

速效性氮肥追肥时，忌多次多量施用，特别是返青期要少施或不施速效性氮肥。积极推广测土配方施肥技术。耕翻土地前每亩施入腐熟鸡粪 $2\sim3m^3$，或优质腐熟厩肥 $4\sim5m^3$。肥力中等土壤每亩可按硫酸钾复合肥 $75\sim100kg$，或尿素 15kg、磷酸二铵 25kg、硫酸钾 30kg、生物有机肥 80kg 施入。若不施用有机肥，还应加豆饼 50kg 或棉籽饼 100kg。另外，每亩可加施硫酸锌及硼砂各 1kg。

⑥ 加强春季管理　春季返青后施氮肥不宜过早，于 3 月下旬浇水并每亩追施尿素 20kg、硫酸钾 10kg。防治蒜蛆每亩用 1.8％阿维菌素乳油 $30\sim60mL$，或用 50％辛硫磷 0.5kg 灌根。同时注意除草。进入蒜薹及蒜头形成期，视植株长势每亩再施入 $10\sim15kg$ 尿素，并浇水。

⑦ 地膜覆盖不要过早　秋播区覆膜的要比不覆膜的在适宜播种期内向后推迟 $5\sim6d$，防止苗期生长过旺，鳞芽、花芽分化过早，翌春遇低温产生二次生长；也可不推迟播期，改播种后立即盖膜为晚盖膜，待蒜苗已经全部出土齐苗后，天气已开始转凉，于 10 月中、下旬采取一次性集中盖膜掏苗。另外，地膜覆盖的返青后要控制氮素化肥用量。

⑧ 加强病害防治　大蒜叶枯病、疫病、叶斑病等在生长中后期发生，腐败病在中后期多雨多湿年份发生，这些病害发生后常增加二次生长的发生。可选用 70％甲基硫菌灵可湿性粉剂 800 倍液，25％代森锰锌可湿性粉剂 400 倍液，75％百菌清可湿性粉剂 500 倍液，50％异菌脲可湿性粉剂 1000 倍液，50％腐霉利可湿性粉剂 500 倍液等药剂喷雾防治。

4. 洋葱型大蒜的发生原因与防止措施

洋葱型大蒜为大蒜鳞茎异常生理变态所形成的类似洋葱鳞茎结构的大蒜，其鳞茎主要由肥厚的叶鞘基部及鳞芽的外层加厚鳞片所构成，无肉质鳞片或肉质鳞片极不发达，可形成蒜薹或无蒜薹分化。外观与一般大蒜无异，只是重量较轻，待成熟晒干后，用手一捏，如面包一样干瘪，没有食用价值，俗称"气包蒜"、"面包蒜"、"洋葱状蒜"，对产量影响极大。一旦发生，无任何补救措施，失去了商品价值及食用价值。只能在大蒜栽培管理中做好全程控制工作。

（1）主要类型　面包蒜可分为全部鳞芽未发育、部分鳞芽发育不完善、部分鳞芽未发育 3 种类型。

① 全部鳞芽未发育　鳞芽分化完善，但未发育，被肥厚的鳞片充实着，收获后，鳞片脱水成为膜状，整个鳞茎用手捏时感觉松软，似捏面包，无食用价值。此类型发生较多，约占面包蒜总量的 1/2。

② 部分鳞芽发育不完善　鳞芽分化完善，部分鳞芽发育较好，部分鳞芽外层鳞片中的营养物质向内层鳞片中转移较少，因此内层鳞片发育较小，晾晒后形成一个由数层蒜皮包被着的小鳞芽。

③ 部分鳞芽未发育　鳞芽分化完善，部分前期长势强的鳞芽发育较好，与普通鳞芽相同，部分鳞芽未发育，被肥厚的鳞片充实着，收获后鳞片脱水成为膜状，这些鳞芽用手捏时，感觉更为松软，这种类型发生较轻，所占比例较小。

（2）形成原因　洋葱型大蒜的形成受土壤、水分、施肥及品种的影响。土壤黏重、地下水位高、土壤长期含水量过高、过量偏施氮肥和磷肥等都可诱发洋葱型大蒜的形成。

① 蒜种选用不当　盲目引种外地生长表现良好的品种，却不适宜当地种植，易产

生异常生长现象。

② 蒜种贮藏的条件不当　若蒜种在播种前30d在14～16℃或0～5℃，空气相对湿度75％～100％的环境中贮藏，低温加上高湿将会使二次生长和面包蒜的产生株率增加。

③ 播期不当　大蒜播种过早或过晚，均会诱发异常生长现象。大蒜播种过早，由于温度高，蒜瓣发芽慢，出苗期长，出苗率低，幼苗在冬前生长过旺，发育进程加快，抗寒性下降，植株早衰，减弱了大蒜鳞茎肥大期的光合作用和养分的积累，不能正常接受低温长日照的春化；播种过晚，大蒜生育进程不正常，较正常发育植株延迟发育，越冬时苗小，营养生长期短，接受春化时间也不足，积累的养分相对减少，抗寒性下降，容易受冻害，导致蒜头小、蒜瓣数量减少。这些可导致大蒜鳞芽分化发育异常，从而产生面包蒜。

④ 气候因素　气候因素与面包蒜的形成有密切关系。特殊的气候现象影响大蒜的生长发育，强暖冬与倒春寒等气候现象可使大蒜正常春化受破坏，分化发育受影响，导致面包蒜严重发生。面包蒜发生严重的年份，一般有特殊的气候现象。严重的秋冬旱与强暖冬，冬旱无雨雪与暖冬且气温忽高忽低，秋冬旱与倒春寒等气候现象的共同作用，导致面包蒜严重发生。

⑤ 追施氮肥过多　春季追肥随着追氮肥量的增加、时间的提前，面包蒜发生率随之提高。返青期如果追肥在3月下旬以前进行，并且追施的氮肥量超过20kg，易促进大蒜叶片生长，及早抑制蒜瓣的分化，造成面包蒜发生。

⑥ 施用有机肥不足　在大蒜主产区，由于人力物力的制约，蒜农往往施用未腐熟的有机肥，易导致地蛆的发生，增加生产成本，致使许多蒜农少施或不施有机肥，这是面包蒜产生的重要因素。

⑦ 底肥中氮、磷、钾的配比不合理　底肥中氮、磷、钾配比不合理，氮肥含量较高，或重施偏施氮肥，磷、钾肥相对缺乏，施肥比例失调是导致面包蒜发生的主要原因之一。据试验，当每亩地氮肥、五氧化二磷的施用量均达到或超过40kg时，可诱发洋葱型大蒜的大量出现。

⑧ 土壤含水量过大　大蒜的适应性较强，但在生长过程中对环境条件、水分都十分敏感，管理过程中的大肥大水，土壤含水量过大，都会造成面包蒜的产生。田间调查发现，地势低洼的大蒜地块，面包蒜发生较普遍。据试验，春季随着浇水量的增加，不仅产量降低，而且面包蒜发生率直线上升。

（3）防止措施

① 选择适宜的种植土壤　大蒜种植应选择在地势较高、排水良好的地段，其中以土壤肥沃、保水排水性能强、有机质含量在1.71％的壤土或者轻黏壤土种植为好。及早耕翻晒垡，活化土壤，以增加土壤的通透性。

② 选择适宜种蒜　种蒜宜选择当年产大蒜，自然条件贮存，种瓣的选择要从蒜头收获后在田间就开始进行，从收获的大蒜植株中选择单瓣重在4～6g，叶片无病斑，蒜头外皮色泽一致，肥大圆整，外层蒜瓣大小均匀的单株留种贮藏，去除带有伤残、病斑的蒜瓣及一些过小蒜瓣。

③ 合理施用基肥　播种前应结合整地一次性施足基肥，施用基肥应采用配方施肥方法。秋种时，每亩施优质圈肥5000kg、氮肥20kg、五氧化二磷10kg、氯化钾15kg。

④ 适期早播　以9月下旬至10月上旬为适宜播种期。播种时，用开沟器按行距

17cm 的标准开出播种沟，沟深和沟宽均保持在 5cm 左右。开沟要深浅一致，把蒜种均匀撒在沟面上，然后再播入沟中。播后覆土 1.5～2cm，然后浇水，将地块充分浇足浇透。

⑤ 合理密植　播种时株距保持在 15～16cm 左右，一般每亩地保持在 25000 株左右。

⑥ 加强管理　越冬前及越冬期，冬季气温降低，易发生冻害，应特别注意保护地膜完好，防止被风刮起，这一时期，不要追施任何肥料。3 月下旬至 4 月上旬，进入返青期，应及时浇水，浇水时间最好不要早于 3 月 25 日。结合浇水追施一次速效化肥，每亩可冲施尿素 20kg、硫酸钾 10kg。

⑦ 保护功能叶　采薹时尽量保护功能叶，尤其是最上部的 1～2 片叶，此时生理功能最强，对蒜头的膨大影响最大。蒜头膨大期是决定蒜头产量和商品性的关键时期，也应尽量延长后期功能叶和根系的寿命，促进蒜头膨大。另外，防治好叶部病害，也能起到减少洋葱型大蒜的发生。

5. 大蒜品种退化的原因与防止措施

大蒜为无性繁殖，难以充分利用丰富的遗传多样性进行品种改良。大蒜感染病毒后，病毒在植株体内积累，并随蒜种传播蔓延，容易产生品种退化现象，品种退化是大蒜生产上存在的主要问题之一。

（1）退化表现　植株矮小，假茎变细瘦弱，叶片变小，叶色变淡，薹细，蒜头变小，抗逆性和抗病虫害能力降低，小瓣蒜、面包蒜和独头蒜等异常生长现象增多，提早枯黄植株增多，产量逐年降低，品质低劣。造成大蒜生产效益低，市场竞争力弱。

（2）主要原因

① 大蒜长期用蒜瓣进行无性繁殖，不经过有性世代，这是引起品种退化的主要原因。无性繁殖不会发生杂交变异，无论繁殖多少代都是同一世代，这一代就易衰老而呈现退化现象，所以，无性繁殖是大蒜退化的内在因素。

② 播种时不进行严格选种，盲目引种，串换种等，导致品种严重混杂退化。

③ 在生产中长期田间管理粗放。如土壤贫瘠，肥料不足，尤其是有机肥不足，土壤理化性状不良，或缺少水肥，高度密植，或采薹方法不当、采薹过迟或过早，茎叶损伤，均会引起大蒜品种退化。

④ 大蒜品种感染病毒病，大蒜体内普遍存在病毒，当病毒积累到一定程度后，种性就明显退化。在华北及南方地区，大蒜鳞茎膨大期正值高温干燥的气候，有利于病毒的传播与流行，当大蒜体内的病毒积累到一定程度后，也会引起明显的退化。大蒜病毒病主要是大蒜花叶病，病毒主要吸附在鳞茎上越冬，并成为初侵染源。播种带病毒的鳞茎，出苗后幼苗即可染病，并通过蚜虫、汁液接触或田间管理的农事操作传染至健康的寄主植物上，造成蒜头产量下降，品质变劣，种性退化。

（3）防止措施

① 异地建立大蒜留种田　如北方向南方引种，或山区向平原引种，在一定程度上可避免大蒜品种退化。

② 选择疏松肥沃不连茬的地块作为留种田，适时播种，合理稀植（如行距 20～25cm、株距 12～16cm），培育壮苗，加强肥水管理，适时收薹收蒜，妥善保存，对控制品种退化有良好作用。

③ 大蒜收获时应从田间开始选种，一是在留种田内选择具有品种形态特征、叶片

落黄正常、无病虫害表现的植株；二是在这些植株中，选择蒜头肥大而圆，底平无贼瓣（夹瓣），无损伤，（蒜皮或蒜肉的）的颜色一致，蒜瓣数量适中、蒜瓣大小均匀，符合品种形态特征的蒜头作种蒜；三是将选好的蒜头晾干，扎成小捆或编辫后在阴凉通风条件下单独收藏；四是在播种前，剔出受冻、受热、受伤、发芽过早、发黄、失水干瘪的蒜头，用洁白肥大的蒜瓣（称为种蒜或蒜母）播种。

④ 换种　选择地区差异和栽培条件差异大的地方进行换种，如山区与平原、粮区与菜区换种，通过 2～3 年即可恢复生活力，有一定的复壮增产效果。

⑤ 用气生鳞茎繁殖　在大蒜抽薹后，不采收蒜薹，延迟蒜头收获期 15～20d，待蒜薹变黄、气生鳞茎发育成熟时采收，选直径大于 0.4cm 的气生鳞茎贮藏过夏。9 月上中旬在平畦上开沟条播或撒播，每亩苗数在 12 万～15 万株，覆土厚约 2cm，镇压后浇水，以后管理与蒜瓣播种的大蒜相同。一般在第一年长独头蒜，将独头蒜收藏好，秋天种下去就可长成正常蒜头，蒜头明显增大，具有明显的复壮效果。连续种植 2 年，可加速良种繁殖，并降低病毒积累量，提高品种生活力。

⑥ 选用脱毒蒜　利用大蒜茎尖无病毒的特性脱毒快繁，培育出无病毒植株，这种茎尖脱毒组织培养育成的大蒜可增产 40%～50%，蒜头也显著增大，但脱毒蒜成本较高。

6. 大蒜抽薹不良的原因与防止措施

大蒜的抽薹性主要取决于品种的遗传性，有完全抽薹、不完全抽薹及不抽薹品种之分。但有的原来是完全抽薹的品种，却出现大量不抽薹或不完全抽薹的植株，这是由于环境条件不适或栽培措施不当造成的。贮藏期间已解除休眠的蒜瓣，或播种后的萌芽期和幼苗期，在 0～10℃低温下经 30～40d 以后就可以分化花芽和鳞芽，然后在高温和长日照条件下便可发育成正常抽薹和分瓣的蒜头。

如果秋播或春播播种时间晚了，幼苗感受低温的时间不足，就遇到高温和长日照条件，花芽和鳞芽不能正常分化，就会产生不抽薹或不完全抽薹的植株。而且也影响鳞芽发育，蒜头变小，蒜瓣数减少，瓣重减轻。秋播地区将低温反应敏感型品种或低温反应中间型品种放在春季播种时，便会出现这种情况。

秋播或春播时间过晚，低温感应不足，植株瘦弱，营养生长不良时，不分化花芽。或种瓣太小、土壤贫瘠、肥水太少、过分密植、植株徒长、叶数又少，导致植株营养物质严重不足，也影响鳞芽发育。以上两种情况下都会产生大的种瓣而形成不抽薹的分瓣蒜，小的种瓣则形成不抽薹的独瓣蒜。病毒病、叶枯病危害也会发生抽薹不良的现象。

防止措施：应选择适宜品种，适期播种。发生病害及时清除被害叶和花梗，并用菌毒清防治病毒病，用异菌脲或氢氧化铜防治叶枯病。

7. 大蒜苗黄尖的发生原因与防止措施

（1）发病症状　大蒜幼苗长到 4～6 片叶时，母蒜养分已耗完，而此时植株根系吸收的养分已不足，致使叶片出现黄尖。秋种大蒜容易出现。

（2）发生原因

① 重茬、蒜蛆等害虫为害，可加重黄尖的发生（湿烂）。

② 土壤湿度偏高或土壤返碱，通气不良也会引发黄尖。

③ 烂母也可造成黄尖。大蒜生长前期营养从母瓣中获取，退母期后通过根系从土壤中获取，由于气温回升快，地温较低，根系吸收能力弱，不能满足生长需要，出现干

尖黄尖现象。

④ 大蒜疫病或叶部病害为害。

（3）防止措施

① 实行轮作　大蒜忌连作，也不要与其他葱蒜类蔬菜作物重茬。

② 加强管理　播种前结合整地施足基肥，出苗后结合浇水，亩施尿素 5kg。

③ 防治蒜蛆和疫病等病虫害　当发现大蒜出现黄尖或黄叶时，应扒开大蒜的根部，检查大蒜的鳞基是否有蒜蛆钻入。如发现有蒜蛆钻入。可用药液灌根的方法来防治，可选用 50％辛硫磷乳油 1000 倍液、80％敌敌畏乳油 1000 倍液、90％晶体敌百虫 1000 倍液、50％乐果乳油 1000 倍液等灌根。及时防治疫病。

④ 如果是烂母造成，这是大蒜栽培后的一种正常生理现象。它标志着种蒜贮藏营养消耗完毕，花薹和蒜瓣开花，植株进入旺盛生长期，对肥水的需要显著增加。因此，在播种后 30～40d 的"退母"前，每亩追施尿素 20～25kg、硫酸钾 15～20kg，或磷酸二铵 25～30kg、硫酸钾 15～20kg、大蒜专用复合微肥 3～5kg，有条件的可追施腐熟的优质有机肥 2000～2500kg。如果蒜田干旱，应立即浇一次水，可避免或减轻黄尖，对促进花薹和蒜瓣分化也有一定的作用。

8. 独头蒜的发生原因与防止措施

（1）发病症状　独头蒜主要是蒜苗过于瘦弱，不具备分瓣的营养条件，大蒜不分化鳞瓣、不抽花茎、每头仅一圆球状蒜瓣的现象。独头蒜产量低、无蒜薹，一般不是特殊要求，应尽量减少独头蒜的产生。

（2）发生原因

① 播期不当　播期过早或过晚，都会影响蒜的生长发育。春播时间太晚，气温高，不能满足植株通过春化阶段所需的低温及时间等原因，导致花芽分化所需的叶数还没有长够，就遇到了鳞茎膨大的适宜条件，花芽分化受到抑制，顶芽变为贮藏叶，从而形成独头蒜。

② 种蒜瓣太小　若选用的蒜头小、蒜瓣瘦的蒜种，播种后幼苗生长弱，吸肥能力差，严重影响鳞盘分体，易形成独头蒜。

③ 土壤贫瘠　土壤瘠薄或连茬种过大蒜的地块，受土质和肥料不足的影响，致使幼苗弱、鳞盘发育差不能分瓣而成独头蒜。

④ 密度过大　密度大破坏了个体应占的面积，出现了单位面积上蒜株争夺养分的现象，造成肥料不足和空间的限制而形成独头蒜。

⑤ 管理不当　大蒜适应性较强，但在生长过程中对环境条件、养分和水分都十分敏感，管理过程中常因肥水、病虫草害造成个体生长不良，出现鳞盘不易分芽或个体不能膨大而形成独头蒜。此外，叶数太多、叶片小、光照、土壤的 pH 值过大，也易形成独头蒜。

但独头蒜作为大蒜的一种异常生理现象，在大蒜生产中也有可利用之处，独头蒜方便食品和加工利用，在一些地区可生产出横径 4～6cm 的独头蒜，深受国内外消费者的欢迎。

（3）防止措施

① 施足基肥　秋播大蒜在前茬收获后立即耕翻土地，耕深 28cm 以上，精耕细耙，整平作畦。畦宽 1.5～2m 为宜，畦长一般不要超过 30m，为了浇水方便，以 20～25m 为好。春播大蒜要在冬前深翻细耙，作畦，规格同秋播大蒜，封冬前灌水，保持底墒。

大蒜为浅根系作物，根系浅，吸肥力弱，对基肥质量要求较高，要选择全效的有机肥料，一次施足。大粪忌用生粪，施用前要充分腐熟，捣碎倒匀，以防在田间发酵，引起蒜蛆为害，影响幼苗生长发育。一般施入充分腐熟的优质有机肥 5000～6000kg 和过磷酸钙 40～50kg、硫酸钾 25～30kg、大蒜专用复合微肥 5～10kg。对于酸性土壤，在耕地前施入 100～150kg 生石灰以中和酸。

② 种蒜选择　种蒜是大蒜幼苗期的主要养分来源，而大蒜的幼苗期长达 160～180d，所以种蒜的大小好坏对产品质量的优劣影响也很大，即种瓣愈大，植株长势愈壮，而形成的大蒜也愈重。因此，在收获时要根据品种的特征特性，先在田间进行株选，播种前再次选瓣，挑选洁白肥大、无病无伤的蒜瓣作种蒜。一般选择每 500g 蒜瓣在 70～130 瓣之间，这样的蒜瓣贮藏养分多，在相同的栽培条件下株高、叶数、鳞芽数、蒜薹和蒜头重量均高于小瓣蒜，而且用这样的蒜瓣作种，不容易出现独头蒜。

③ 严格选择播种期　大蒜栽种时必须因地、因种严格选择播种。农谚"中秋不在家，端午不在地"和"春蒜不出九，出九长独头"，即秋蒜应在秋分节到寒露播种，春蒜应在土壤 5cm 深处开始化冻，大约在 3 月中旬以前（不出数九）播种。在北纬 38°以南地区以秋播为主，也可春播；在北纬 38°以北地区春播为主。

④ 合理密植　一般白皮蒜行距为 16cm、株距为 10cm，而红皮蒜行距为 10cm、株距为 8cm。

⑤ 加强肥水管理　在幼苗期，要控制浇水、松土保墒，防止徒长和提早褪母。秋播大蒜在临冬前浇一次大水（夜冻日消时），封冻前可在地面覆盖稻草、杂草、马粪或立风障等物，翌年春暖及时揭开覆盖物，2 月下旬至 3 月上旬浇好返青水，进入 3 月中旬应加强中耕以利保墒提高地温。为防干旱低温，春播大蒜可采用坐水栽蒜、两次封沟，或浇明水，或用地膜覆盖等方法播种，可提高出苗率。

褪母结束前，浇水追肥。在鳞芽膨大期（在蒜薹成熟后），每亩追施尿素 10～15kg，每隔 3～5d 看天浇一次水，保持地面不干，并可叶面喷洒 0.15%～0.2%磷酸二氢钾溶液，收获前 5～7d 停止浇水。适时除草，及早防病治虫。

⑥ 大蒜要栽种在中性土壤，pH7.0 左右对大蒜生长最为适宜，否则，土壤过碱即pH 值过高，独头蒜多。

9. 大蒜散头的发生原因与防止措施

（1）发病症状　散头蒜又称散瓣蒜。常见的有以下几种类型。

① 蒜头上的鳞芽尖向外开放，蒜瓣分裂，外皮裂开。

② 包被蒜头的叶片数少，蒜瓣肥大时将叶鞘胀破。

③ 叶鞘破损、腐烂，蒜瓣外部压力减小。

④ 蒜头的茎盘发霉腐烂，蒜瓣与茎盘脱离。

（2）发生原因

① 种植的大蒜品种，其蒜头的外皮薄而脆，很容易破碎。

② 在地下水位高、土质黏重的地块种植大蒜，因排水不良、土壤湿度大，使叶鞘的地下部分容易腐烂，造成裂头散瓣。

③ 播种过早，在蒜头（鳞芽）膨大盛期植株早衰，下部叶片多枯黄，使蒜头外围的叶鞘提前干枯，蒜头肥大时易将叶鞘胀破。播种过晚，花芽分化时的叶片数少，蒜头膨大时也容易将叶鞘胀破。

④ 覆土过浅，蒜头外露，风吹日晒致叶鞘受损。

⑤ 在农事管理过程（如锄地）损伤蒜皮。或多次过量追施氮肥。

⑥ 过早抽取蒜薹或抽蒜薹时蒜薹从基部断裂，造成蒜头中间空虚。

⑦ 收获过迟，后期浇水过晚、过多，土壤积水，茎盘在土中腐烂。

⑧ 蒜头收获后遇连阴雨或潮湿环境，造成茎盘易霉烂。

（3）防止措施

① 选种蒜头的外皮不易破碎的品种。

② 地下水位高，土质黏重的地方可采用高畦栽培或选择地下水位较低的壤土或砂质壤土栽培。

③ 适期播种，在秋季播种不宜过早（在越冬前不要有一段低温时期）。

④ 保证肥料供应　大蒜最喜氮、磷、钾全效肥料，增施腐殖质肥料，可提高大蒜的产量和质量。施用腐殖质的大蒜，增产率在 15%～60%。幼苗期主要靠种蒜中贮藏的养分，花茎伸长期和鳞茎膨大期，根茎的吸收和同化机能进入盛期，总的吸肥量达到最高值。到鳞茎膨大后期，植株趋向成熟，茎叶逐渐干枯，根系老化，对土壤肥料的吸收能力相应减弱。在鳞茎膨大期，应适量追施氮肥，如过多过晚追肥，容易导致鳞茎散头。一般在提薹前 3d 到提薹后 2d，每亩追施尿素 15～25kg，追施后及时浇水。

⑤ 加强浇水管理　为促进蒜头的膨大，在提薹后要供应充足的水分，提薹后立即浇水，4～5d 后可根据天气情况与土壤湿度及土壤类型，相继浇水 3～5 次，以保持土壤的湿度。在收获前 5～7d 应停止浇水，以防湿度过大，不便于采收，以及不耐贮藏和造成散头。

⑥ 正确采收蒜薹　当总苞变白叫作"白苞"，为蒜薹采收适期（此时蒜薹基部柔嫩、顶生叶的出叶口不紧）。在晴天下午或露水干后的阴天，以食指和拇指捏住白苞下部，缓缓垂直向上提，使蒜薹从基部断裂，就可把蒜薹抽出；或在距离地面约 15cm 处用粗铁针或竹签横穿蒜茎，截断蒜薹，一只手捏住蒜薹基部，另一只手用力抓住薹茎轻轻向上抽出。采薹后随手折倒 1 片叶盖在叶鞘露口处，防雨水淋入。

⑦ 适时收获　大蒜的收获期应根据成熟度决定。收获适期是：大蒜叶片大都干枯，上部叶片由褐色到叶尖干枯慢慢下垂，植株处于柔软状态，不容易折断假茎。一般在蒜薹收获后 20d 左右为蒜头收获适期。收获早了蒜头皮薄发亮，不散头，但对产量有一定影响；收获晚了，容易散头还不易保存。

⑧ 加强收获后的管理　收获蒜头后应及时将须根剪去，留在茎盘上的残根干燥后可对茎盘起保护作用。蒜头收获后遇连阴雨天，可在室内蒜头朝上摆放在地上晾干。如量多时可将蒜头朝下摆在秫秸架上，上面用苫席、或防雨布、或塑料遮盖，周围挖排水沟，或将 20～30 株捆为一束，晾在空地上，遇雨垛起来（下垫木杆等物），垛上遮盖防雨物，当雨停后立即揭物晾干。蒜头晾干后移至室内贮藏时，要注意通风防潮。

10. 跳蒜的发生原因与防止措施

（1）发病症状　跳蒜，又称跳瓣、蹦蒜。指大蒜在播种后扎新根时，有时会把蒜瓣（蒜母、种瓣）顶露出土面或离地面很近的现象。容易使蒜瓣因干旱逐渐枯死而造成缺苗断垄，或不枯死蒜头也会早期发红、蒜皮硬化，影响蒜头的生长发育。或到生长后期，外层蒜皮干缩并逐步向内扩展，使蒜头形成皮蒜。或发生裂头散瓣，而影响产量。

（2）发生原因　大蒜发芽期须根未长出，并以纵向生长为主。如果整地质量差，耕得比较浅，播种时覆土过浅或踩不实，浇水量小，使土层下层较硬，上层松，容易产生跳蒜。近年来，拖拉机旋耕作业有工作方便、灵巧，适于在狭小的地区翻耕等长处，但旋耕犁的翻地深度一般不超过 10cm，远远达不到大蒜根系发育的要求，因而跳蒜现象越来越严重。特别是春季栽蒜过晚、地温升高、发根过快，成束、立着长的蒜根（30多条须根）把蒜母顶出地面而造成的。此外，带着盘踵（干缩的茎盘）播种，也易出现跳蒜。

（3）防止措施

① 选择不重茬，光照条件好、富含有机质疏松肥沃的中性砂质壤土地块种大蒜，深翻地，创造下松上紧的土壤条件。在整地时深翻细耙，播种时再浅翻一次，覆土后及时镇压，使土壤上硬下软，下松上实，但覆土不可过厚。如果是垄作，可采用厚覆土并及时镇压的方法，以后通过中耕松土，可把较厚的土锄到沟里。秋播的大蒜除采用精细整地、覆土镇压的方法外，播种以后要浇水，以利于大蒜根系下扎。每亩施腐熟优质有机肥 4000～5000kg 作基肥（有机肥要捣碎倒匀），过磷酸钙 30～50kg，硫酸钾15～30kg。

② 对于酸性土壤，在耕地前施入 100～150kg 生石灰，以中和酸性。

③ 播种前除去蒜瓣上的盘踵和蒜皮。若在盐碱地上栽培大蒜，则不剥皮去踵，以防返碱腐蚀蒜瓣，造成烂种。

④ 开播种沟（春播底墒要好），酌情可向沟内施些种肥，按蒜瓣大小分别栽种，使蒜瓣直立，其上端深度保持一致。播种深度为 6～7cm（蒜瓣高约 3cm），覆土厚 3～4cm 并耙平，待表土干后沿蒜行踏实。秋播大蒜在播后浇一次透水，过 4～7d 快出苗时浇第二次水，雨后注意排水。

⑤ 发现跳蒜后可采取如下措施。一是一旦发生跳根现象应立即浇水，再把蒜瓣栽入土中后覆土，并浇一次水；二是结合松土，往种植行两侧稍培土，然后用双脚在苗的两侧踩一遍，要注意不要碰（踩）伤蒜苗。地面不宜干旱，及时浇一次水，以免蒜瓣干枯。

11. 大蒜烂脖的发生原因与防止措施

（1）发病症状　大蒜收获前，假茎茎部发生腐烂，并造成大蒜烂脖，导致散瓣。

（2）发生原因　生长后期灌水过大、过多、过勤，造成土壤缺氧。

（3）防止措施　大蒜植株在提完蒜薹以后，鳞茎的膨大进入盛期，蒜头的重量有一半是在采收完蒜薹以后形成的，平均每天增重 1g，尤其在采薹后 8d 内，是鳞茎的膨大盛期，每天增重 1.4g 左右。这时气温已上升到 21～24℃，蒸发量大。为了保护蒜头的正常发育生长，保护根系，防止早衰，延长叶片的功能时间，促进干物质的积累，采收完蒜薹后应立即浇水，4～5d 后视天气情况和土壤湿度相继浇水 1～2 次，促进蒜头生长。土壤黏重不宜多浇水，沙土和砂壤土可多浇水。在收获前 5～7d 应停止浇水，以防土壤湿度过大引起烂脖，导致散瓣。

12. 大蒜管状叶的发生原因与防止措施

正常大蒜叶下部为闭合型叶鞘构成假茎，上部为狭长的扁平带状叶身。但生产中经常发现一些不正常株，即在靠近蒜薹的第一至第五片叶处出现闭合式如同大葱叶的管状叶，这是大蒜分化中的一种异常现象。在大蒜产区，管状叶现象时有发生，发生株率一般在 20% 左右，严重的地块达 30% 以上。

（1）发病症状　管状叶多在蒜薹外围第二至五叶上发生，以第三至四叶发生概率最高。1 个植株上一般发生 1 个管状叶，多的也可能发生 2 个或 3 个。由于管状叶发生后，位于其内部的叶和蒜薹都不能及时展开和生长，而是被套在管状叶中，直至随着其生长和体积的增大，才能逐渐部分地胀破管状叶的基部，但叶尖和蒜薹总苞的上部仍被套在管状叶中，所以这些叶片和蒜薹总苞都被压成为皱折的环形，叶片不能展开，蒜薹不能伸直，严重影响叶的光合作用。因而，管状叶发生的位置越是靠外，被套在管状叶中的叶片数越多，对生长和产量的影响越大。管状叶的发生使蒜薹长度减少、重量降低，使蒜头直径减小、重量降低，使内层型二次生长株率和指数增加，蒜薹中干物质、总糖、维生素 C、有机酸和可溶性蛋白的含量降低。

（2）发生原因　管状叶的发生与品种和多种栽培因素有关，还与蒜种贮藏温度、种瓣大小、播期和土壤湿度等栽培因素有关。蒜种在 5～15℃下贮藏，管状叶发生株率分别比在 25℃ 下贮藏提高 70.7% 和 33.4%；大种瓣管状叶发生株率较高，蒜瓣重为 3.75～5.75g 的大种瓣，管状叶发生株率比重 1.75g 的小种瓣高 1 倍多；播种期早，管状叶发生株率高；土壤缺硼、偏施氮肥也易出现管状叶。

（3）防止措施　针对目前已知的大蒜发生管状叶现象的原因，栽培上首先应采取相应的管理措施，减少管状叶现象。如选用性状相近而不发生管状叶现象的优良替代品种，秋播地区蒜薹和蒜头生产要避免蒜种冷凉处理。不要用特大的蒜瓣作种，宜选用中等大小的蒜瓣播种，适期晚播，看墒情浇水，保持适宜的土壤湿度，避免土壤干旱等。

生产中一旦发现管状叶，目前没有理想的解救方法，只能采用人工的方式破筒，以助大蒜顺利出薹，减少损失。操作时取大号缝衣针 1 枚，对准大蒜管筒植株用针刺入管状叶的底部（掌握刺入深度以不伤蒜薹为宜）从下向上平行滑动，剥开管状叶使蒜薹出薹顺利。蒜薹和鳞茎的生长与正常植株差异不显著。

13. 大蒜瘫苗的发生原因与防止措施

大蒜未达收获期，植株假茎便变软，叶片枯黄，瘫伏在地上，称为"瘫苗"，也叫"瘫秧"。这是一种早衰现象，严重影响大蒜的产量和品质。

产生瘫苗的原因有品种因素，也有各种因素引起的营养不良。重茬地病虫害严重，地下害虫为害根系，使植株吸水吸肥能力减弱；葱蓟马及葱潜叶蝇为害叶片使植株营养不良，引起植株早衰；肥水管理不当，秧苗营养不良，或过量施用氮肥使秧苗徒长，都容易引起瘫苗。

防止大蒜瘫苗的产生应及时进行病虫害防治，加强肥水管理，使大蒜苗生长健壮，以避免植株早衰而引起瘫苗的产生。

14. 大蒜早衰的发生原因与防止措施

（1）发病症状　在采蒜薹前，先是植株叶片普遍发黄，继而下部叶片和上部叶片的叶尖逐渐干枯。根系的根尖色泽发暗，重者变褐死亡，使根系吸收水肥的能力大大下降。植株提前倒伏，蒜头小、品质劣，重者蒜薹变短变细甚至不抽薹。这种大蒜早衰的现象在地膜覆盖栽培中容易出现。

（2）发生原因

① 长期种植单一品种，造成种性退化。或外引的品种不适应当地的气候条件。

② 未合理施用肥料。表现在大量施用氮素化肥和磷肥，忽视有机肥、钾肥及中量元素肥料，造成土壤中养分不均衡，速效氮含量快速上升，而有机质、速效钾及中量元素等的含量呈下降趋势；或是一次施化肥量过大，造成烧根（浇地入水口处或低洼处）；或是施用伪劣假冒肥料，造成植株中毒；或是基肥不足。

③ 连茬种植。

④ 播种过早，幼苗发育早，冬季易受冻害。

⑤ 种植过密，植株长得细高易倒伏。

⑥ 管理措施不到位。如使用旋耕机造成土壤耕层变浅，或田间遗留大量植株残体，或生长中后期揭膜过迟或不揭膜，造成地温偏高（达到28℃），或不能正确采薹，造成假茎倒伏或染病。

⑦ 4～5月份有病虫为害。

（3）防止措施　种植脱毒大蒜优良品种；每亩施腐熟厩肥4000～5000kg及腐熟饼肥100～150kg、大蒜配方肥100kg、硫酸锌2～3kg、硼砂0.4kg等作基肥，在返青期和鳞茎膨大期分别随水追施尿素10～15kg和15～20kg，采薹后叶面喷施1%磷酸二氢钾溶液2次（间隔5～7d）；合理采薹；适时揭地膜；注意防治各类病害；清理残株。

15. 大蒜叶片黄叶、干枯的发生原因与防止措施

（1）发病症状　受害植株叶尖变成紫红色，沿叶脉逐渐向叶鞘发展，失绿变黄，严重时整片叶干枯死亡。根系发育不良易死亡。植株明显矮化，蒜薹细短，重者不能抽薹。蒜头直径多在5cm左右。一般在2月底至3月初显症，初期黄叶点片发生，连茬2～3年后全田都发生黄叶。

（2）发生原因　偏施化肥，忽视施用有机肥和微肥，积水溶液浓度过大，造成烧根影响吸收；耕作层太浅，用拖拉机旋耕犁翻地深度在10cm以内，土壤下层板结，下雨或浇水后，水渗不下去，在地表积存，致使黏土中的化肥不能及时渗透到地下层去，在大蒜根系附近溶液浓度过高造成烧根。沙土地由于渗透性较好，大量的化肥渗到土壤下层，降低了土壤溶液浓度，很少有烧根现象。连作地块，不仅土壤溶液浓度过高，而且也有根腐病、枯萎病等病害为害，导致叶片发黄。冬季气温偏高、降水少，造成土壤墒情差，或土壤湿度偏高；多次寒流降温，使植株受冻；病虫为害；植株缺钙、镁等元素；在大蒜播种后出苗前使用除草剂（如乙草胺）过量，上述因素均易造成黄叶、干枯症状。

（3）防止措施　选择无伤无病、单粒重5g以上的洁白蒜瓣作种蒜。最好与小麦、玉米、瓜类、豆类、茄果类、马铃薯等作物实行3年轮作。合理施用基肥，深耕土地25～30cm。如果用旋耕犁翻耕，可在播种前用免深耕土壤调理剂100g，加水100kg，用喷雾器喷布1亩地面，喷后20d内，土壤50cm深度都能疏松通透，大大提高渗水和持水能力，防止积水涝害。化肥施用应采取少量多次的原则，翌年春季返青后，在蒜薹及蒜头形成期，及时结合浇水追肥。在日平均气温20～22℃时播种，覆盖地膜大蒜播期较露地播期再推迟7～10d，越冬前幼苗要达到壮苗标准。土壤湿度大时，中耕散墒。发生叶片发黄后，应立即浇灌冷凉的地下水，一方面降低地温，防止高温损伤根系；另一方面冷凉的地下水中含氧量较高，可减少根系窒息的危害，同时，可降低土壤溶液浓度。重茬地播种前，每亩撒施多菌灵或甲基硫菌灵5～6kg消毒杀菌。早春返青时喷施天然芸苔素，增强叶绿素的光合作用，促进植株养分的生产。

16. 大蒜冻害的症状与防止措施

大蒜为耐寒性蔬菜，短时间能耐-5℃低温，一般较少发生冻害，但温度过低时也

会产生冻害。大蒜遭受冻害后，轻者造成不同程度减产，严重时植株全部冻死，导致绝收。

(1) 危害症状　一般上部叶片受害较重。叶片受冻害后，产生黄白色病斑，病斑沿叶缘、叶尖向内扩展。田间常均匀分布，没有中心病株。

(2) 发生特点　叶肉组织细胞因受冻而死亡，失去叶绿素后叶肉变为黄白色。

(3) 防止措施　冷空气来临前及时灌水，增加土壤湿度，提高抗寒能力。降温前，及时施叶绿壮浓缩叶面肥 3000～4000 倍液。密切注意天气变化，及时做好防冻保暖工作，可在大蒜上覆盖稻草或遮阳网保暖。

17. 大蒜生产上植物生长调节剂的应用技术要领

(1) 赤霉酸

① 促进抽薹　当蒜苗长到 9 叶和 12 叶期时，各喷洒一次 20～30mg/L 的赤霉酸溶液，每亩用 50L，促进抽薹，增加蒜薹的长度和粗度，减少不抽薹植株的数量，提高产量，提早采收。但切忌使用过早和浓度过高，以免造成抽薹过早，蒜薹细弱，商品价值降低。

② 贮藏保鲜　采收后，用 50mg/L 的赤霉酸药液浸泡蒜薹基部 10～30min，取出后贮藏于冷库中，库温 3～15℃，可抑制营养物质向上运输，贮藏期可达 3～4 个月。如果在产地采后立即处理，并用塑料薄膜包装后贮藏，贮藏的温度更低（5℃以下），效果更好，贮藏期更长。

将蒜薹基部放在浓度为 40mg/L 的赤霉酸溶液中浸 5min 左右，再将薹梢放在 40% 噻菌灵或 50% 异菌脲可湿性粉剂 600 倍液，或 50% 腐霉利可湿性粉剂 1000 倍液中浸 1～2min，可防止霉菌侵入，抑制蒜薹的蒸腾作用和呼吸作用，延长保鲜期。

③ 打破休眠　将蒜种用清水洗净后，再用 3～6mg/L 的赤霉酸浸种 10min，晾好后，在阴凉通风处的沙床上催芽。沙床宽 1m，下铺 3～4cm 厚的沙子，将蒜瓣摆好后，上盖 3～4cm 厚的沙子，可连续摆 5～7 层。上床后前 3d 不必洒水。3d 后沙子变白可洒一次水，水量以浸透上层沙子为宜，一般经 5～7d 左右芽的长度可达 1～2cm，即可栽种。栽后覆沙，再盖 4～5cm 厚的麦秸或草苫，待全苗后，可揭掉草苫。此法可于 6 月 20 日前后栽种，国庆节前上市蒜苗。

(2) 三十烷醇　在蒜苗生长期用 0.5mg/L 的三十烷醇喷洒植株，能促进生长，提高产量。

(3) 丰产素　在大蒜开始进入旺盛生长期和蒜头膨大初期，用 1.4% 丰产素 5000～6000 倍液分别喷施，每亩喷 50～75L，7～10d 喷一次，共喷 2～3 次，可促进植株增高、蒜头增大、增重。在药液中加入少量洗衣粉可增加展着性。

对大蒜施丰产素，应根据利用目的来决定喷施时期和次数。若以利用蒜叶为目的，应在植株开始进入旺盛生长期喷施；若以采收蒜头为目的，可在前期喷施的基础上，在蒜头膨大初期，隔 7d 后再喷第二次。要严格控制使用浓度，采用两次稀释用药，喷丰产素时，若有病虫为害，可与农药混用，但不能与碱性农药混用，喷施丰产素的田块，要加强肥水管理。

(4) 2,4-滴　以 5mg/L 的 2,4-滴药液浸泡大蒜种瓣 12h 后播种，株高和单株重都比对照增加，蒜头增产 37%。

(5) 绿兴植物生长剂　在大蒜生长期及蒜头形成初期，喷施 10% 绿兴植物生长剂 1000 倍液 1～3 次，亩喷洒 50L，可促进生长，叶绿，减少病害，促进蒜头肥大，增产

20％以上。

（6）生根粉（ABT）　应用 ABT6 号、ABT7 号、ABT8 号 20mg/L 浸泡蒜种，然后点播，均能促进蒜苗提前 2～3d 发芽，大大促进蒜叶增宽加长，蒜秆增长加粗，从而促进蒜头产量的提高，ABT6 号增产率为 31.79％，ABT7 号增产率为 33.8％，ABT8 号增产率为 52.3％，增产效果显著。

（7）萘乙酸钠盐　在大蒜采收前 15d 左右，用 3000mg/L 的萘乙酸钠盐药液，在田间进行叶面喷洒，能抑制鳞茎贮藏期间发芽，延长休眠期。

（8）抑芽丹　应用抑芽丹抑制大蒜鳞茎萌芽，效果显著且稳定。但必须在采收前喷洒，而不能在采收后处理。在采收前 15d 左右，即蒜头 3～5cm 粗，外边 2～3 片叶已枯萎，而中间的叶子尚青绿时，对茎叶喷洒抑芽丹 2500mg/L 的药液，每亩喷洒 60～75L，可抑制细胞分裂和萌发。如果喷施过早，则会抑制鳞茎膨大生长，降低产量；如果喷施过迟，叶片干枯，则会失去吸收和运转抑芽丹的能力，无抑制效果。喷药时加 0.2％的洗衣粉作为展着剂。喷雾要均匀周到，经过处理的大蒜采收后，应适当晒干，但不能淋雨，不能在烈日下暴晒，以免鳞衣、鳞片和叶片干燥。对留种用的大蒜，不得喷洒抑芽丹。

18. 大蒜的缺素症和营养元素过剩症的识别与防止措施

（1）缺氮　氮素供应不足，大蒜的生长受到抑制，叶先从外部失绿发黄，重则枯死。在蒜头膨大前，大蒜进行营养生长，为蒜头的膨大打基础，因此，对氮素的要求较高，也是供氮的关键时期。否则蒜头膨大以后，氮供应不足，会使蒜头膨大受阻。所以应在蒜头膨大前施足氮肥。

（2）缺磷　幼苗期缺磷，株高降低，叶数增加受抑，根系发育不良，蒜头膨大期缺磷会减产。出现缺磷症状以后，再向土壤中追施磷肥已于事无补。必须在基肥中配加磷肥，也可用磷酸二氢钾液进行叶面喷肥来急救。

（3）缺钾　苗期缺钾，当时并无明显的症状，但对以后蒜头膨大产生很大的影响。如在蒜头膨大期间缺钾，易感染心腐病、白腐病。一般当大蒜长到一定高度，要控制氮肥，增施钾肥。

（4）缺钙　大蒜缺钙，叶片上出现坏死斑，随着坏死斑的扩大，叶片下弯，叶尖很快死亡。影响根系和生长点的发育，使蒜头膨大受阻，产量降低，品质下降并诱发心腐病。可喷洒 0.2％的硝酸钙应急。

（5）缺硼　营养生长不良，叶片弯曲，嫩叶黄绿相间，质地也变脆，蒜头疏松。发病后可在叶面喷 0.1％～0.2％的硼酸溶液。在土壤中每亩施 1kg 硼砂，但不要过量，否则烧根。

（6）缺镁　嫩叶顶部退绿变黄，继而向基部扩展，严重时全株枯死。发现缺镁，即在叶面喷 1％的硫酸镁溶液，每隔 5～7d 喷一次，连喷 2～3 次可以急救。

（7）氮素过剩　氮素吸收过剩，叶色深绿，发育进程迟缓，地上部分"贪青"生长，大蒜成熟晚。氮素供应过多，蒜头内的氮积累过多，易诱发心腐病。

（8）磷过剩　磷吸收过剩时，可表现缺钙、缺钾、缺镁等症状，易诱发心腐病。

19. 大蒜田除草技术要领

秋播大蒜种植多在 9 月中下旬，此时气温适宜各种杂草生根发芽。杂草出苗后随着气温的下降，生长缓慢，冬前危害不大，但春季返青后多数杂草生长速度超过大蒜，如若不及时处理后患无穷。但由于大蒜行株间距都较窄,给人工锄草带来一定困难,尤其在地膜覆盖下,膜下温度和湿度适宜杂草的生长,杂草发生特别严重,常常顶破地膜,失去了覆膜作用,其更大的危害是与大蒜争夺养分。因此,搞好大蒜田的除草是高产栽培的一个重要环节。

(1) 农业措施除草 施足基肥是地膜大蒜高产的一项关键措施,也为除草打下了良好基础。深翻可以将表土层及种子翻入20cm深以下,抑制出草。药膜形成情况与土壤墒情直接相关,土壤过湿、过干都不利于药膜形成,故在采用化学除草时,应造好墒,好墒标准是抓一把土放开形成土块散潮。播种前要对蒜种进行分级选种,一般以质量4~5g的单瓣作种。合理密植,每亩种植3万~3.3万株(行距20cm,株距10cm,深度2.5~3.0cm),创造一个有利于大蒜生长发育而不利于杂草生存的环境。

覆膜时只要膜面绷得紧,四周压得严,出芽孔用土堵住不跑风,晴天膜下的温度足以把嫩草芽灼伤杀死。蒜田盖5~7cm厚麦秸或稻草也可起到防草效果。利用黑色地膜种植大蒜在日本已经非常普遍,它的增温效果没有透明膜高,但它的保湿防草作用非常好。

(2) 化学除草

① 春栽蒜田 春栽大蒜一般栽种较早,栽时温度尚低,杂草一般还未发芽,因此,要掌握在大蒜出苗前,杂草刚萌发时适时用药。栽后出苗前土壤处理,每亩可用48%氟乐灵乳油100~150mL,或84%环庚草醚乳油100g、50%扑草净可湿性粉剂100g、12%恶草灵乳油150mL、25%除草醚可湿性粉剂750g、50%利谷隆可湿性粉剂75g、48%仲丁灵乳油200~250mL,喷雾处理土壤。

② 秋栽蒜田

(a) 播后芽前防除一年生禾本科杂草 大蒜播后芽前是杂草防治最有利的时期,可选用33%二甲戊灵乳油250~300mL,或72%异丙甲草胺乳油250~400mL、72%异丙草胺乳油250~400mL、96%精异丙甲草胺乳油60~90mL,对水40L喷雾,可有效防除多种一年生禾本科杂草和部分阔叶杂草。

(b) 播后芽前防除一年生禾本科杂草和阔叶草 为提高对阔叶杂草的防除效果,可选用下列配方除草剂:33%二甲戊灵乳油150~200mL+50%扑草净可湿性粉剂50~75g、72%异丙甲草胺乳油150~200mL+50%扑草净可湿性粉剂50~75g、96%精异丙甲草胺乳油60~90mL+50%扑草净可湿性粉剂50~75g、60%丁草胺乳油200~300mL+50%扑草净可湿性粉剂50~75g、72%异丙草胺乳油150~200mL+50%扑草净可湿性粉剂50~75g、33%二甲戊灵乳油150~200mL+24%乙氧氟草醚乳油20~30mL、72%异丙甲草胺乳油150~200mL+24%乙氧氟草醚乳油20~30mL、96%精异丙甲草胺乳油60~90mL+24%乙氧氟草醚乳油20~30mL、60%丁草胺乳油200~300mL+24%乙氧氟草醚乳油20~30mL、72%异丙草胺乳油150~200mL+24%乙氧氟草醚乳油20~30mL、33%二甲戊灵乳油150~200mL+25%恶草酮乳油100~150mL、72%异丙甲草胺乳油150~200mL+25%恶草酮乳油100~150mL、96%精异丙甲草胺乳油60~90mL+25%恶草酮乳油100~150mL、60%丁草胺乳油200~300mL+25%恶草酮乳油100~150mL、72%异丙草胺乳油150~200mL+25%恶草酮乳油100~150mL,对水40L均匀喷雾,可有效防除多种一年生禾本科杂草和阔叶杂草。生产中有一些大蒜采用露播,或苗后施药时,用扑草净、乙氧氟草醚、恶草酮均会发生严重的药害。扑草净施药量不宜过大，否则对大蒜会产生药害。乙氧氟草醚、恶草酮施药后遇雨或施药时土壤过湿，易对大蒜产生药害。

(c) 栽后苗前土壤处理 每亩可用25％绿麦隆可湿性粉剂300g或12％恶草灵乳油150mL、84％环庚草醚乳油50～150mL，喷雾处理土壤。效果好，安全。也可每亩用48％氟乐灵乳油100～150mL，喷雾处理土壤，施药后及时混土，深度1～5cm。也可每亩用48％甲草胺乳油200～250mL，或50％扑草净可湿性粉剂100g、35％除草醚乳油500mL、23.5％乙氧氟草醚乳油200～250mL、48％仲丁灵乳油200～250mL、50％利谷隆可湿性粉剂75～100g，喷雾处理土壤。除利谷隆有轻微药害外，其他药剂对大蒜安全，除草效果比较好。

(d) 生长期茎叶处理 生长期如有稗草、狗尾草、牛筋草、野燕麦、早熟禾、硬草等禾本科杂草，应在禾本科杂草3～5叶期，选用12.5％氟吡甲禾灵乳油50～75mL，或15％精吡氟禾草灵乳油50mL、10％喹禾灵乳油50～80mL、10％精喹禾灵乳油40～60mL、10.8％高效氟吡甲禾灵20～40mL、10％喔草酯乳油40～80mL、10％精恶唑禾草灵乳油50～75mL、12.5％烯禾啶乳油50～75mL、24％烯草酮乳油20～40mL，对水30L进行茎叶处理。该类药剂没有封闭除草效果，施药不宜过早，特别是禾本科杂草未出苗时施药没有效果。视杂草大小调整药量。

(3) 不同杂草类型的化学防除 针对不同的杂草情形，也可采用如下办法分别对待。

① 禾本科杂草 播后苗前，每亩用48％氟乐灵乳油200～250mL、或33％二甲戊灵乳油200～250mL、或50％敌草胺可湿性粉剂120～140g、或200mL绿麦隆与80mL氟乐灵混合对水40～60kg均匀喷雾。其中氟乐灵要浅混土2cm。超过4叶期应加大药量。

② 莎草 播后苗前，每亩用50％杀草隆可湿性粉剂450～800g，对水50kg喷雾；或在播前喷药，混土5cm后再播大蒜。杀草隆不能在地膜大蒜上应用，也不能同扑草净混用。较适合多年生莎草特别严重的田块。

③ 阔叶草 阔叶草（旋花科、石竹科除外）为主的蒜田播后苗前，每亩用50％扑草净可湿性粉剂80～100g，对水30～50kg喷雾。用量加大也可防除禾本科杂草及莎草，但安全性差，特别是砂质土蒜田易发生药害。

④ 小旋花草 6～8叶期，应避开大蒜1叶1心至2叶期，每亩用25％恶草酮乳油120mL、或24％乙氧氟草醚乳油50mL、或40％乙·乙氧（旱草灵）乳油100mL、或37％恶草酮·乙草胺（抑草宁）乳油170mL，对水50～60kg喷雾。

⑤ 石竹科杂草 如繁缕、卷耳、麦篮草等，在子叶期每亩用24％乙氧氟草醚乳油66mL、或40％乙·乙氧乳油100mL，对水40～50kg喷雾，注意避开大蒜1叶1心至2叶期施药。

⑥ 禾本科杂草、阔叶草混生 播后苗前，每亩用50％异丙隆可湿性粉剂150～200g、或25％绿麦隆可湿性粉剂300g，对水50kg喷雾，要求土表湿润。若绿麦隆每亩大于400g，对大蒜和稻蒜轮作区的后茬水稻均有药害。

⑦ 地膜蒜田杂草 在播种、泅水并待水干覆土后，每亩可用33％二甲戊灵乳油150～200mL、24％乙氧氟草醚乳油36～40mL、或37％乙·乙氧乳油60～80mL、37％恶草酮·乙草胺乳油90mL，对水50kg均匀喷雾，然后盖膜。

(4) 注意事项

① 覆草蒜田用药量同露地蒜，但需适当加大水压和水量，喷粗雾；地膜蒜田用药量减少为露地蒜的 2/3，加水量同露地蒜，并在盖膜（草）前施用。

② 喷药时要退着喷，边退边喷边盖膜，注意脚不要踩着喷过药的地面，以免破坏药膜形成，影响除草效果。铺膜时要将地膜拉平、拉紧，两边用土压实，让地膜紧贴地面，以利于大蒜出苗。在大蒜生长中期行间出现杂草，可先把大棵拔掉，然后在喷雾器喷头上安一圆形定向罩，在行间喷洒时可限制雾滴的扩散面积，防止对周围作物产生药害，因雾滴集中也大大提高了除草效果。喷头除带定向防护罩外，喷时要选择无风天，喷头压低，尽量离畦面近些，防止药液漫无边际地向四周飘移扩散。

③ 乙氧氟草醚、恶草酮、乙·乙氧喷施后不必混土，否则除草效果差。乙氧氟草醚和恶草酮用后蒜叶出现褐色或白色的斑点，但 5～7d 即可恢复。

④ 蒜田禁用的除草剂有：麦草畏（百草敌）、氯氟吡氧乙酸·异辛酯、2 甲 4 氯、灭草松（苯达松）、2,4-滴及绿磺隆、甲磺隆、苯磺隆（巨星）或嘧磺隆等磺酰脲类除草剂。

⑤ 蒜田不提倡使用的除草剂有：甲草胺、乙草胺和西玛津。

⑥ 长期单用某种除草剂，蒜地杂草种类及群落组成都会变化，且易形成抗药性。为了防止大蒜地杂草向不利于防除的方向转化，应使用对某种草类交替使用可兼除几类杂草的除草剂。加强草害综合防除，逐步减少对除草剂的依赖性。

20. 蒜薹的正确采收方法

采收蒜薹（彩图 7-17）的时间和方法不但关系到蒜薹和蒜头的产量和品质，而且对大蒜的种性也有一定程度的影响。采薹过早或过晚，将影响蒜薹的产量和品质，采薹过早，不仅蒜薹产量低，而且残留在根茎中的花薹继续生长，消耗养分，对蒜头肥大不利；采薹过迟，过多消耗植株养分，蒜薹组织老化，纤维增多，降低蒜薹的质量和食用价值，且降低蒜头产量。及时采薹，对调节大蒜的养分运输途径，促进鳞茎发育膨大和提高蒜头产量有重要作用。据试验，及时采薹，鳞茎的鲜重较不采薹的增加 1/3 左右。

（1）采薹时期　蒜薹从花芽分化到采收需 40～45d，前期生长缓慢，甩缨后迅速伸长，蒜薹从出口到采收约 15d，具体的采薹时期应根据栽培目的和品种特性灵活掌握。以提早蒜薹上市期为目的时，可在蒜薹（不包括总苞部分）高出最后一片叶的叶鞘口 7cm 左右、上部尚未弯曲时采收；以提高蒜薹产量为目的时，可在蒜薹高出最后一片叶的叶鞘口 15cm 左右、上部向下弯曲（"打弯"）时采收。

（2）采薹方法　蒜薹采收前 3～5d 停止浇水，选择在晴天中午以后采薹，因为这时植株经过上午的蒸腾失水后有些萎蔫，韧性增加，脆性减少，蒜薹容易采出而不易折断。采收蒜薹的方法有以下几种。

① 拉抽法　即提拉采抽法，蒜薹长成后，在晴天中午前后至下午 3 时采薹。一手捏住蒜薹上部距假茎口 3～5cm 处，斜向往上拉直蒜薹，用力要均匀，待蒜薹在假茎中断裂，发出轻微响声时，迅速抽出蒜薹。这种采薹法适用于假茎口较松（"口松"）、蒜薹细的早熟品种，或播期晚、蒜薹细小的大蒜。

拉抽法效率高、省工，对假茎和叶及蒜薹的损伤小，薹基老化轻，贮藏后损失少，适于长期贮藏。采下的蒜薹适宜贮藏，可减轻入库时和入库后整理的工作量，也有利于蒜头的进一步肥大。但如果遇到阴雨天气，空气及土壤湿度大时，断薹较多，采收的蒜薹长短不一，商品整齐度差，蒜薹产量降低。

②夹抽法　用一根直径为1～1.5cm、长40～50cm的新鲜竹竿，削平节部突起，用火将竹竿中部烤软，对折，固定2d，做成有弹性的夹子，俗称"增值夹子"。也可以用新鲜柳树枝或桑树枝，从中段削去一部分木质部，将两头对折成有弹性的夹子。采薹时一只手捏住薹的上部，另一只手用夹子将地面2～3片叶间的假茎处用力夹一下，把蒜薹夹扁，使蒜薹断裂而假茎不断，然后将植株上部两片叶的叶鞘口撕开，徐徐抽出蒜薹。

夹抽法的断薹率较抽薹法低，蒜薹产量较高，且蒜薹上无损伤，适合贮藏。但蒜薹粗长而且下粗上细的品种，断薹率仍偏高，而且采薹后植株易从夹薹部位倒伏。一般多用于晚熟、口松的白皮蒜。

③扎抽法　将竹筷子的细头或木条的先端用刀削成尖锥形，也可以将竹筷或木条先端一侧削一凹口，在凹口中心处钉入一个半截大针，针的断面一端烧红砸扁成铲状，宽约2mm，长1cm，凹口处针头部露出2～3mm。采薹时，一只手握住总苞下部，将蒜薹拉直，另一只手拿筷子尖或针铲，向假茎离地面5～7cm处横向垂直扎入，切断蒜薹，即可将蒜薹抽出。少数难抽的，可用原工具凹口处的针尖，从有叶身的一侧（俗称"小里面"）将假茎上部两三个叶鞘顶端划开，便可抽出。

扎抽法的优点是：蒜薹肥嫩，无划伤，断面齐，采薹后假茎不倒伏，叶片较完整，蒜头产量高，且上市早，所以商品价值也高。此法适用于稀植、假茎短粗且上下部粗度差异小、采薹期较早的早熟品种。

④划抽法　采薹工具为一根直径约1.5cm、长约15cm的木棍，一端约3cm处横划一个半圆形的槽，在槽的中央钉一个短而尖的钉子或一个半截针，针尖外露2～3mm。采薹时一只手握住总苞上部，将蒜薹拉直，另一只手将木棍的槽子对准距地面3～4叶处假茎无叶身的一侧（俗称"大里面"），使针尖刺入假茎内，并迅速向上划至梢部。叶鞘全部划开后再用手将蒜薹从基部折断。

划抽法的优点是采薹速度快，不易断薹，蒜薹较长，产量高。但由于采下的蒜薹上多带有一道纵向伤痕，易腐烂，不耐贮运。另外，由于采薹时叶鞘被完全划破后植株倒伏，叶片很快干枯，鳞茎肥大期叶片的光合作用严重减弱，导致蒜头产量下降。此法适用于蒜薹难抽的品种。有的地方采用扎抽和划抽相结合，即先将针尖刺入下部假茎内，然后向上在假茎长叶身的一侧（"小里面"）的叶鞘口处，用钉尖划开，将蒜薹抽出。由于叶鞘部分是间断被划破，抽出蒜薹后植株可基本保持直立状态，叶片可较长时间保持绿色，因而对鳞茎肥大的影响较小。用于贮藏时，可在采收后、贮藏过程中或出库时将划伤部分去掉。

⑤铲抽法　南方产区采用。用一个一端削成锋利且带弧形缺口的竹片，长约50cm，左手提住蒜薹，右手拿竹片，顺着蒜薹连续铲上部的三片叶子，沿垂直方向用力挤压蒜薹，左手同时上提即断。

铲抽法的优点是工作效率高，适于收蒜薹口紧、根系不发达的大蒜。但薹基老化严重，贮藏过程中基部易失水皱缩腐烂，而且出库时需要加工，增加损耗。适宜降雨、气温较低、难抽薹的田块。收购此类蒜薹，应在入库后加工，去掉基部老化和机械伤的部分；如果贮藏期短也可在出库时再加工。

（3）捆把方法　为了便于运输，采后的蒜薹可采用如下方法进行捆把。

①普通捆把法　1～2kg为1把，用草绳、线绳在薹中段捆上。这种方法较粗

放，是我国目前普通捆把方法，这种方法捆把时薹梢没有受到损伤，所以贮藏后薹梢较好。

② 精捆把法　以 1kg 左右为 1 把，将薹苞基部对齐或薹茎基部对齐后，把薹苞基部用线绳捆成小把，也有的在蒜薹薹茎基部和薹苞基部各扎一下。这种方法一般不需要整理蒜薹，可直接入库预冷贮藏。

③ 薹梢打结捆把法　以 1kg 左右为 1 把，将蒜薹的薹梢打结索在一起，采收较方便。但此捆把方法对薹梢有机械伤，因此，入库后的蒜薹梢易变黄、死亡或腐烂。为防止此现象，在入库时可直接将薹梢剪去。

（4）注意事项　无论采用何种采薹方法，采薹前 3～5d 停止浇水，中耕一次，减少土壤湿度和植株吸水。采薹均应选择在晴天中午或下午进行，这时植株体内水分较少，质地较软，弹性增加，薹不易被扎断。若在雨天或雨后采收蒜薹，植株已充分吸水，蒜薹和叶片韧性差，极易折断。

采薹时尽量保护叶片，根据蒜薹的成熟程度，在适当部位折断。如果采收部位高，则蒜薹嫩，产量低；采收部位低，产量高，但蒜薹纤维多，品质差，而且易把假茎折断、夹烂，使采薹后蒜秧倒伏，影响植株后期的光合作用和鳞茎产量。

蒜薹拔出以后，折倒上部的第一片叶子，覆盖住露口，防止雨水进入叶鞘内，使伤口腐烂，影响植株的生长和蒜头的膨大。

同一地块大蒜生长情况不同，蒜薹甩尾时间有早有晚，蒜薹不可能一次采完，应在 2～3d 内连续采收，而后立即进行浇水追肥，切勿延误植株的生长。

21. 蒜头的采收方法

（1）采收时期　一般在蒜薹后 20～30d，即夏至前后，当蒜叶色泽开始变为灰绿色，底叶枯黄脱落，植株上部尚有 3～4 片绿色叶片，假茎变软，外皮干枯，蒜头茎盘周围的须根已部分萎蔫时便可采收。适时采收的蒜头，最外面数层叶鞘失水变薄，在收获时和收获后的晾晒过程中多半脱落，里面 3～4 层叶鞘较厚，紧紧将蒜头包蔽，因此蒜头颜色鲜亮，品质好。

如果收获太晚，全部叶鞘都变薄干枯，而且茎盘枯朽，蒜头开裂，采收时易散瓣；如果收获太早，蒜头外面的叶鞘厚，水分多，遇阴雨天易发霉，同时由于蒜头未充分成熟，晾晒后失水多，蒜头产量降低，且不耐贮藏。蒜头的收获适期也可以从蒜薹采收期推算，一般在蒜薹采收后 25d 左右就可以采收蒜头。留种用的蒜头，更需及时采收。但作腌盐蒜、糖醋蒜的蒜头，应提前几天采收，可保护脆嫩品质。

（2）采收方法　土质黏重的地区，选晴天早晨当土壤较湿润时挖蒜，如土壤较干，拔蒜时容易脱头，要用铁锹等工具挖松根际泥土，然后再拔；土质疏松的地块可用手拔出。挖出蒜头后就地将根系剪掉。如果是扎把贮藏，则应同时剪梢，留 10～15cm 长的叶鞘；如果是编成蒜辫贮藏，则不用剪梢。收获时要轻拿轻放，不磕不碰，以免蒜皮、蒜瓣受到机械损伤，降低商品价值和耐贮性。收获后最好将根剪掉，便于茎盘部分充分干燥。

（3）采后处理　修整之后，将蒜头向下，蒜秆向上，一排排摆放，后一排的蒜秆盖在前一排的蒜头上，只晒蒜秆，不晒蒜头，以免蒜头被烈日暴晒后，内部组织呈烫伤状，即所谓的"糖化瓣"，或者蒜皮变绿，在贮藏中易腐烂。晾晒过程中要注意翻动数次，使蒜头晾晒均匀。还要注意天气变化，准备薄膜、席子等防雨用品。大规模生产时，要有通风干燥设备，让大蒜在 50℃ 干燥 12h，可提高蒜头贮藏质量。

大蒜充分晾晒后，便可选种、编辫。叶鞘短的早熟品种多采用扎捆贮藏，晒 3～5d，蒜秆已充分干燥后扎成小捆，堆在阴凉处，待凉透后移至贮藏室。叶鞘长的品种多采用编蒜辫贮藏，将蒜秆晒至快干时，于早晨带露水运到阴凉处，将蒜头向外，蒜秆向内，堆成高 2m 左右的圆堆，使蒜秆回潮变软以便编辫。一般 50 头一辫，两辫一挂，不合规格的可散装或另行编辫，以便于上市或食用。编好的蒜辫背向上、蒜头向下，晾晒 3～4d，使蒜秆充分干燥。如果蒜秆未晾干就贮藏，易造成发霉、腐烂，致使蒜瓣脱落。

22. 蒜薹采后处理技术要领

（1）采收期　收贮蒜薹以成熟度适中、健壮为好，偏嫩、偏老均不适。紫皮蒜薹一般于 5 月上旬采收，白皮蒜薹则在 5 月 20 日以后，一种蒜薹在某一产区的采收期只有 3～5d，以 3d 中前 1～2d 采收的耐藏性最强。采收过晚，蒜苞偏大，质地偏老，贮藏效果也不好；采收过早，蒜薹短小，尚未长足，产量低，品质差。

（2）采收　采收时间应避开不利的天气如雨天、雾天等，选晴天下午，不易折断。采收时用提薹法以减少伤口面积，不能用刀割。采收的蒜薹长度在 30cm 以上，但不能太长，过长会影响蒜头生长；也不能过短，否则蒜薹的产量和质量会受影响。蒜薹采收后应立即装入易通风的包装容器中，或捆成捆，集中在地头或集散地，地头或集散地要设有凉棚，尽快使蒜薹降温，避免雨淋、日晒，减少微生物污染。

（3）分级　采收的蒜薹应去掉抱薹叶鞘，剪去基部纤维化部分，剔除伤、烂、薹苞过大、过细的蒜薹。然后按照不同产地、不同批次、不同等级（表 7-3）打捆，打捆时薹苞对齐，用塑料绳在距薹苞 3～5cm 的薹茎部位捆扎，每捆重 0.5～1.0kg。有的采用把薹根对齐、小把捆扎的打捆方法，这样做美观，但却不利于贮藏。加工时，左手戴线手套，右手用无锈、清洁的剪刀剪去总苞前面多余的苞片（梢片），剪刀要注意用 75% 酒精消毒或用二氧化氯溶液（含 ClO_2 2%）稀释到 200 倍浸泡 10min，防止病菌互相感染。加工时，薹梢已变黄失水的部分应剪去，根据蒜薹的质量，剪去薹梗基部出现纤维化和黄化的部分。

表 7-3　蒜薹等级规格要求（NY/T945—2006）

商品性状基本要求	大小规格	特级标准	一级标准	二级标准
外观相似的品种；完好、无腐烂、变质；外观新鲜、清洁、无异物；薹苞不开散；无糠心；无害虫；无冻伤	长度/cm 长：>50 中：40～50 短：<40	质地脆嫩；成熟适度；花茎粗细均匀，长短一致，薹苞以下部分长度差异不超过 1cm；薹苞绿色，不膨大；花茎末端断面整齐；无损伤、无病斑点	质地脆嫩；成熟适度；花茎粗细均匀，长短基本一致，薹苞以下部分长度差异不超过 2cm；薹苞不膨大，允许顶尖稍有黄绿色；花茎末端断面基本一致；无损伤、无明显病斑点	质地较脆嫩；成熟适度；花茎粗细较均匀，长短较一致，薹苞以下部分长度差异不超过 3cm；薹苞稍膨大，允许顶尖发黄或干枯；花茎末端断面基本整齐；有轻微损伤，有轻微病斑点

（4）装袋　捆好把后装袋。装袋要整齐、美观，装袋时注意蒜薹方向，不要弯曲。不同等级的蒜薹不可混装。装袋前注意检查袋子密封性，硅窗口是否剪好。装袋时，薹

梢处尽量多留部分空间。装袋、摆放时要防止袋子划破，摆放要牢固整齐，袋口离开架子外沿 10～15cm（便于扎口，开袋透气等操作）。此时袋口仍然敞开，待库内温度稳定后再扎口，扎口时要用粗线绳，既易扎口、开袋，又不发滑，扎口必须紧实，袋口边缘全部对齐再扎牢，防止漏气。

（5）预冷　蒜薹采后应立即运至冷库，运输过程中，为减少雨淋、日晒，车上要盖苫布，但要保证通风，以防车内蒜薹温度升高，造成迅速老化。在 24h 内将温度降到 0℃，堆内温度与设定贮藏温度相差 0.5～1℃即可。蒜薹最好就地生产就地贮存，尽量避免长途运输。

（6）贮藏　蒜薹的贮藏方法主要有小包装气调贮藏、塑料大帐气调贮藏、硅窗袋贮藏和气调库贮藏。贮藏前应将贮藏及包装用具放在库房内，用过氧乙酸、硫黄或甲醛等密闭熏蒸 24～48h，然后开库通气排除残药及刺激性气味，即可使用。

五、大蒜主要病虫害防治技术

（1）大蒜叶枯病（彩图 7-18）　主要为害叶片和蒜薹。早播的蒜田，8～9 月气温高，正值降水高峰期，易发病。在大蒜叶枯病常发重发区，发病高峰期到来之前 10～15d，每亩用 80％代森锰锌可湿性粉剂 600 倍液均匀喷雾，10d 一次，连续 3 次，即可有效地预防大蒜叶枯病，保产效果明显。在发病始盛期，可选用 75％百菌清可湿性粉剂 600 倍液，或 50％甲基硫菌灵可湿性粉剂 500～600 倍液、65％代森锌可湿性粉剂 500 倍液、50％异菌脲可湿性粉剂 1500 倍液、64％恶霜灵可湿性粉剂 500 倍液、50％琥胶肥酸铜可湿性粉剂 500 倍液、25％嘧菌脂胶悬剂 1500 倍液、10％苯醚甲环唑水分散粒剂 1500 倍液、25％咪鲜胺乳油 1000 倍液、30％氧氯化铜悬浮剂 600～800 倍液、78％波尔·锰锌可湿性粉剂 500 倍液、40％灭菌丹可湿性粉剂 400 倍液、50％噻枯唑可湿性粉剂 1000 倍液等喷雾防治，隔 7～10d 喷洒一次，共 2～3 次。为增强药液在叶片上的附着力，药液中可加入 0.1％的洗衣粉。

（2）大蒜煤斑病（彩图 7-19）　又称大蒜叶斑病，田间从苗期到蒜头膨大期均可发病。在雨水多或田间湿度大的年份，要早用药预防，或在发病初期及时用药防治，可选用 1∶1∶100 波尔多液，或 65％代森锌可湿性粉剂 500 倍液、58％甲霜·锰锌可湿性粉剂 500 倍液、75％百菌清可湿性粉剂 600～800 倍液、25％三唑酮可湿性粉剂 1500～2000 倍液、50％多菌灵可湿性粉剂 500～1000 倍液、70％代森锰锌可湿性粉剂 800 倍液等交替喷雾防治，5～7d 一次，视病情可连续喷 2～3 次。

（3）大蒜紫斑病（彩图 7-20）　又名黑斑病，一般在苗高 10～15cm 开始发生，常发生在生长后期，主要为害叶片和蒜薹，在贮运期间危害鳞茎。生物防治，发病初期，可喷 2％嘧啶核苷类抗菌素水剂 200 倍液，或 2％武夷菌素水剂 200 倍液，隔 7d 喷一次，连喷 2～3 次。化学防治，发病初期，可选用 75％百菌清可湿性粉剂 500～600 倍液，或 50％多菌灵可湿性粉剂 500 倍液、65％代森锌可湿性粉剂 700～800 倍液、72％霜脲·锰锌可湿性粉剂 800 倍液、58％甲霜·锰锌可湿性粉剂 500 倍液、43％戊唑醇悬浮剂 3000～4000 倍液、70％丙森锌可湿性粉剂 600 倍液、64％恶霜灵可湿性粉剂 500 倍液、50％异菌脲可湿性粉剂 1500 倍液等喷雾或灌根防治，隔 7～10d 一次，连防 3～4 次。为增加黏着力，可在 50kg 药液中加入 1.5kg 大豆浆或 100g 合成洗衣粉或适量的植物油。

（4）大蒜病毒病（彩图7-21）　又名大蒜花叶病，是对大蒜危害性最大、发病率最高的一种病害。应及时防治蚜虫。发病初期，可选用20％吗啉胍·乙铜可湿性粉剂500倍液，或1.5％植病灵乳油1000倍液、10％混合脂肪酸水乳剂100倍液、2％菇类蛋白多糖水剂250～300倍液等喷雾防治，隔10d一次，连防2～3次。

（5）大蒜细菌性软腐病　主要为害蒜头。发病初期，可选用77％氢氧化铜可湿性粉剂500倍液，或72％硫酸链霉素粉剂4000倍液、14％络氨铜水剂300倍液、27％碱式硫酸铜悬浮剂600倍液、30％氧氯化铜悬浮剂800倍液、47％春雷·王铜可湿性粉剂700倍液、78％波尔·锰锌可湿性粉剂500倍液、50％琥胶肥酸铜可湿性粉剂500倍液、40％氟硅唑可湿性粉剂600倍液等喷雾或灌根，每隔7～10d一次，视病情防治2～3次。

（6）大蒜霜霉病　日暖夜凉、多雨或多浓雾露，有利病害的发生。发病初期，选用90％乙磷铝800倍液＋高锰酸钾1000倍液，或25％甲霜灵可湿性粉剂800倍液、58％甲霜·锰锌可湿性粉剂600倍液、75％百菌清可湿性粉剂600倍液、64％恶霜灵可湿性粉剂500倍液、72％霜脲·锰锌可湿性粉剂600倍液，隔7～10d喷一次，连喷3～4次，注意交替喷施。

（7）大蒜灰霉病（彩图7-22）　在棚室发生较多，多发生于植株生长后期和蒜薹贮藏期。棚室栽培大蒜也可采用烟雾法或粉尘法，在发病始期开始施用45％噻菌灵烟剂，每100m³用量50g，或15％腐霉利烟剂，或45％百菌清烟剂，每亩250g，熏1夜，每隔7d一次。也可于傍晚喷撒5％百菌清粉尘剂，或10％氟吗啉粉尘剂，每亩1kg，每隔9d一次，视病情与其他杀菌剂轮换交替使用。采收前7d停止用药。田间发现中心病株后，及时拔除。露地栽培，大蒜发病初期，可选用50％异菌脲可湿性粉剂1000倍液，或50％硫菌灵可湿性粉剂500～600倍液、50％腐霉利可湿性粉剂1500倍液、40％嘧霉胺悬浮剂800倍液、40％多·硫胶悬剂800～1000倍液、50％多·霉威可湿性粉剂600倍液、70％甲基硫菌灵可湿性粉剂800倍液等喷雾防治，隔7～10d一次，连防2～3次。

贮藏期灰霉病，贮藏温度控制在0～12℃，湿度80％以下，及时通风排湿。必要时可选用45％噻菌灵悬浮剂3000倍液，或65％硫菌·霉威可湿性粉剂1500倍液，50％多·霉威可湿性粉剂1000～1500倍液等喷洒。为减少窖内湿度，最好选用45％噻菌灵烟雾剂。

（8）大蒜疫病（彩图7-23）　发病初期，可选用72％霜脲·锰锌可湿性粉剂800～1000倍液，或72.2％霜霉威水剂800倍液、60％琥·乙膦铝可湿性粉剂500倍液、58％甲霜·锰锌可湿性粉剂500倍液、40％三乙膦酸铝可湿性粉剂250倍液、68％精甲霜·锰锌水分散粒剂300倍液、64％恶霜灵可湿性粉剂400～500倍液等喷雾防治。7～10d喷一次，连防2次。对上述杀菌剂产生抗药性时，可选用69％烯酰·锰锌可湿性粉剂1000倍液喷雾防治。

（9）大蒜白腐病（彩图7-24）　是一种危害性极大的土传病害，主要为害叶片、叶鞘和鳞茎。在大蒜4～6片叶时，白腐病开始表现症状，可选用50％多菌灵可湿性粉剂500倍液，或50％甲基硫菌灵可湿性粉剂600倍液、10％苯醚甲环唑粉剂1500倍液、50％异菌脲可湿性粉剂1000～1500倍液、50％腐霉利可湿性粉剂1500～2000倍液、硫酸链霉素800～1000倍液灌淋根茎，隔7～10d一次，连续防治2～3次。叶面喷洒还可用20％甲基立枯磷乳油1000倍液，隔10d一次，防治1～2次。贮藏期也可用上述杀菌剂喷洒，其中以 50％异菌脲可湿性粉剂效果好。

（10）大蒜黑头病　收获前，可选用 75％百菌清可湿性粉剂 600 倍液，或 70％代森锰锌可湿性粉剂 500 倍液、40％敌菌丹可湿性粉剂 400 倍液等喷雾防治。

（11）大蒜锈病（彩图 7-25）　感病生育期为幼苗至成株期，感病盛期为生长后期。发病初期，可选用 15％三唑酮可湿性粉剂 1500 倍液，或 97％敌锈钠可湿性粉剂 300 倍液、25％丙环唑乳油 3000 倍液、40％氟硅唑乳油 8000～10000 倍液、12.5％烯唑醇可湿性粉剂 4000 倍液、25％丙环唑乳油 4000 倍液＋15％三唑酮可湿性粉剂 2000 倍液、70％代森锰锌可湿性粉剂 1000 倍液＋15％三唑酮可湿性粉剂 2000 倍液等喷雾防治，10～15d 喷一次，防治 1～2 次。

（12）大蒜干腐病　是土传病害，在整个生育期及贮运期均可发病，尤以贮运期发病严重。灭杀种蝇，发现种蝇等，可选用 50％辛硫磷乳油 1000 倍液，或 90％晶体敌百虫 1500～2000 倍液等灌根，最好根据种蝇预测预报，把其杀灭在产卵前。采收前 3d 停止用药。搞好贮藏条件，蒜种宜存放在 0～5℃条件下，相对湿度控制在 65％左右。发病初期，及时选用 35％福·甲可湿性粉剂 900 倍液，或 50％甲基硫菌灵可湿性粉剂 1000 倍液、75％百菌清可湿性粉剂 600 倍液、50％多菌灵可湿性粉剂 500 倍液等喷雾防治，每 7d 一次，连续防治 2～3 次。

（13）大蒜叶疫病（彩图 7-26）　主要为害叶片、叶鞘。一般 4 月下旬始发，5 月中旬进入发病高峰期，此期正值大蒜孕薹和抽薹期，若有连续 12mm 以上的降水 3 次以上，日均温 24～28℃，该病可大流行。发病初期，可选用 50％腐霉利或异菌脲可湿性粉剂 1000 倍液，或 60％多菌灵盐酸盐可湿性粉剂 1500 倍液、65％硫菌·霉威可湿性粉剂 1000～1500 倍液、50％多·霉威可湿性粉剂 1000 倍液，隔 10d 左右喷一次，防治 2～3 次，采收前 3d 停止用药。

（14）大蒜红根腐病　生产上遇有低温，不利于根系生长发育，当土温低于 20℃，且持续时间较长时，易诱发此病，为土壤传染型病害。发病初期，可选用 10％双效灵水剂或 12.5％增效多菌灵 200 倍液灌根，隔 7～10d 灌一次，连续灌 2～3 次。也可选用 40％氟硅唑乳油 8000 倍液，或 75％百菌清可湿性粉剂 600 倍液、78％波尔·锰锌可湿性粉剂 500～600 倍液、20％三唑酮乳油 2000 倍液等喷雾防治。

（15）大蒜春腐病　发病初期或蔓延开始期，可选用 47％春雷·王铜可湿性粉剂 700 倍液，或 78％波尔·锰锌可湿性粉剂 500 倍液、50％氯溴异氰尿酸可溶性粉剂 1200 倍液、53.8％氢氧化铜干悬浮剂 1000 倍液等喷雾防治，7d 一次，连防 2～3 次。

（16）蒜薹烂窝病　俗称"窝里烂"，属蒜薹贮藏中的常见病害。提高蒜薹质量，贮藏效果很大程度取决于贮藏前的蒜薹质量。在栽培期间，应多施有机肥，少施化肥，禁止喷洒激素；采前两周不能灌水，以保证蒜薹质量，提高抗病性。

采后迅速入库预冷，采后或入贮前在库外堆放时间的延长，不但会促使蒜薹积热发黄，降低蒜薹质量，还会给病原微生物造成可乘之机。应在采收后 24h 内入库预冷，且预冷要彻底。

及时消毒与杀菌，在蒜薹入库前，对库房及货架都要彻底消毒，所用包装袋也应放入冷库同时进行消毒处理。入库后，要及时进行药剂处理，杀死生长及运输过程中蒜薹表面的微生物。

控制好贮存库环境条件，精确控制冷库中的温度与湿度，避免库温频繁波动，防止结露，造成蒜薹袋内外湿度过高，诱发有害微生物的生长繁殖。

生产上贮藏蒜薹多采用塑料袋和硅窗袋两种包装形式，建议在保证蒜薹不产生二氧化碳气体中毒的情况下，尽量减少开袋通风次数，提高袋内二氧化碳浓度，抑制灰霉菌的生长。

（17）大蒜线虫病　大蒜线虫有大蒜根腐线虫和马铃薯茎线虫两种。播前先用温水浸泡蒜种 2h，后用 90％晶体敌百虫或 80％敌敌畏乳油 1000 倍液浸种 24h；或每亩用 2.5％敌百虫粉剂 1.5～2kg，加细土 30kg，混合均匀后撒入播种沟内，然后播种。

第八章 ▶▶▶

绿叶类蔬菜

第一节　芹　菜

一、芹菜生长发育周期及对环境条件的要求

1. 芹菜生长发育周期

芹菜的生长发育，分为营养生长和生殖生长两个时期。

（1）营养生长时期　所谓营养生长，就是芹菜播种后，经过发芽、幼苗期、叶丛生长初期、叶丛生长盛期和休眠期，形成了强大的根系和同化器官，将养分逐渐转化积累到茎和根中，为生殖生长积累一定量的营养物质。

① 发芽期　即种子萌动到子叶展开，历经 10～15d。种子发芽的适宜温度为 15～20℃，低于 15℃或高于 25℃就会降低发芽率，或延长发芽时间。

② 幼苗期　即从子叶展开到长出 4～5 片真叶。此时期在 20℃左右的温度下，历时 45～60d。幼苗生长较缓慢，但适应性较强，可以忍耐 30℃左右的高温和－4～－5℃的低温。

③ 叶丛生长初期　即从定植到 8～9 片真叶，株高达 30～40cm。此时期在 18～24℃的条件下，需 30～40d。如果遇 5～10℃的低温，并持续 10d 以上，以后再遇长日照条件，则易未熟抽薹。

④ 叶丛生长盛期　即从 8～9 片真叶到 11～12 片真叶，历时 30～60d。此期叶柄迅速肥大，生长速度快，生长量可占植株总重的 70%～80%，为芹菜的适宜采收期。

⑤ 休眠期　采种的植株在低温下越冬（冬藏），植株停止生长，处于休眠状态。

（2）生殖生长时期　所谓生殖生长，就是指芹菜经过花芽分化、花茎抽生、开花结实和形成种子的生长过程。越冬芹菜受低温影响，营养苗端在 2～5℃时开始转化成生殖苗端。春季，在 18～20℃和长日照条件下抽薹，形成花蕾，开花结实。此时期不再有新叶形成，只是将茎、叶、根中的养分物质输入果实和种子中。

2. 芹菜对环境条件的要求

（1）温度　芹菜属于耐寒性蔬菜，要求冷凉湿润的环境条件，在高温干旱条件下生长不良。芹菜在不同的生长发育时期，对温度条件的要求是不同的。

① 发芽期　芹菜发芽最低温度为4℃，最适温度为15～20℃，低于15℃或者高于25℃则会延迟发芽的时间和降低发芽率，当温度在4℃以下或者高于30℃以上时，几乎不发芽。所以，在生产上芹菜发芽期将温度控制在15～20℃最合适，一般7～10d就会发芽。

② 幼苗期　芹菜在幼苗期对低温适应能力较强，能耐-4～-5℃的低温。幼苗在2～5℃低温条件下，经过10～20d可完成春化。幼苗生长最适温度在15～23℃。芹菜在幼苗期生长缓慢，从播种到长成一个叶环需积温1000℃左右，大约60d。因此，生产上多采用育苗移栽方式进行栽培。

③ 定植至收获前　这个时期正是芹菜营养生长旺盛时期，生长最适宜的温度为15～20℃，温度超过20℃则生长不良，品质下降，容易发病。一般芹菜成株最耐寒，能耐-7～-10℃的低温。秋芹菜之所以高产优质，就是因为秋季气温最适应芹菜的营养生长。

另外，在芹菜生长过程中要注意昼温、夜温和地温三者适当地组合，掌握白天的气温适当高些，促进芹菜叶片的增加和叶柄的伸长，而夜晚的气温要低些为宜，这样对叶片增重、叶柄的肥大和根系的发育均有利。地温一般等于或低于气温较为适宜。

（2）光照　芹菜属于低温长日照植物，光照对芹菜生长发育有一定的影响。芹菜种子发芽时就喜光，在有光条件下易发芽，在黑暗条件下发芽就迟缓。幼苗如果通过春化阶段，以后在长日照条件下通过光周期而抽薹开花。

光照强度对芹菜生长也有影响，芹菜光的补偿点为2000lx，光饱和点为45000lx。日本学者对这方面的调查认为：弱光能促进芹菜的纵向生长，即直立发展；而强光可促进横向发展，抑制纵向伸长，即横向展开。由此可知开展度与光照强弱有直接的关系。

芹菜在营养生长时期不耐强光，喜中等光。一般光照强度在10000～40000lx比较适宜。所以，北方冬季，春提前、秋延后生产芹菜可利用日光温室、大中小拱棚、阳畦等保护设施。南方夏季温度高，光照强，可利用纱罩、遮阳网等遮光，从而有利于芹菜生长。在生产上利用芹菜这一特点，适当密植，有利于增产。

（3）水分　芹菜为浅根系蔬菜，吸水能力弱，对水分要求严格，在干旱条件下生长不良，芹菜整个生长过程始终要求充足的水分条件。据有关学者研究，土壤水分在10％以下时，芹菜种子发芽率为零。由此可见，芹菜种子发芽必须以水分条件做保证，生产上播种后床土要保持湿润。芹菜在营养生长盛期更需充足的水分条件。虽然芹菜叶面积不大，但因栽植密度大，叶面部的蒸腾量较大，要求土壤和空气保持湿润状态。在生产上要适时灌水，保持充足的土壤水分条件，这样既能促进叶的同化作用和根系的发育，又能促进叶面积的增大及叶数的增多，使植株更高大。如果在生长过程中缺水，叶柄中厚壁组织加厚，纤维增多，甚至叶柄空心、老化，产量品质均下降。所以，生产上一定要注意始终保持充足的水分条件，从而提高芹菜的产量和品质。

（4）土壤营养　芹菜为浅根系蔬菜，吸收能力弱，对土壤的水分和养分要求都比较严格。芹菜适宜保水、保肥力强，含丰富有机肥的壤土或黏壤土。砂土、砂壤土保水、保肥能力较差，易缺肥水，即肥水流失严重，使芹菜叶柄发生空心，品质下降。由于芹菜起源地的土壤含一定的盐碱成分，故耐碱性比较强，稍逊于菠菜。芹菜对土壤酸碱度适应范围为 pH6.0～7.6。

芹菜要求较完全的肥料。在任何时期缺乏氮、磷、钾都会影响芹菜生育，尤其初期和后期影响更大。初期需磷最多，后期需钾量较多。氮、磷、钾的吸收率本芹为 3：1：4，洋芹为 4.7：1.1：1。在整个生长过程中氮肥始终占主要地位，氮肥是保证叶良好生长的最基本条件，直接影响产量和品质。氮素不足时显著影响分化和形成，叶数分化较少，叶片生长也很差。当土壤含氮浓度为 200mg/kg，叶生长发育最好；高于200mg/kg 时，叶生长发育明显不好，立心期晚，叶柄细长而且较软弱，叶片变宽而易倒伏。因此氮过多和缺乏对芹菜生长都不利。在生产中，只要掌握适量追肥就会提高产量和品质。

芹菜对磷要求一般在苗期较严格。因为磷对芹菜第一叶节的伸长有显著作用，芹菜的第一叶节是主要食用部位，如果此时缺磷，会导致第一叶节变短。所以，芹菜生长磷素不能缺少，尤其是苗期。但是也不宜过多施用，磷素多时，叶易伸长，呈细长状态，而且叶轻、维管束增粗，筋多老化，降低品质，一般土壤中含磷以 150mg/kg为宜。

钾素对芹菜后期生长极为重要，钾不仅对养分的运输有作用，还可以使叶柄贮存更多的养分，抑制叶柄无限度伸长，促使叶柄粗壮而充实。钾还可使叶片、叶柄有明显的光泽，对增强产品的质量有显著效果。在生产上注意芹菜生长后期钾肥的追施，是十分必要的。土壤中含钾一般保持在 80mg/kg 较好，心叶肥大以后再提高到 120mg/kg 较适宜。

芹菜对硼要求虽然数量甚少，但不可缺乏。缺硼时在芹菜叶柄上出现褐色裂纹，下部产生劈裂、横裂和株裂等，或发生心腐病，发育明显受阻。在干燥、氮肥多或钾肥多的情况下，会影响芹菜对硼的吸收。在钙肥过多或不足时，也影响硼的吸收。硼缺乏时，每亩可施用硼砂 0.5～0.75kg。

钙不足时，芹菜会发生心腐病而停止生长发育。即使土壤中有充足的钙，如果过多施用氮和钾，仍然会妨碍芹菜对钙的吸收。高温、低温和干燥等也阻碍芹菜根系的活动，使钙的吸收量减少。

二、芹菜栽培季节及茬口安排

1. 芹菜的主要栽培季节

芹菜栽培季节的确定必须综合考虑芹菜生长发育对环境条件的要求、种植当地的气候条件（包括温度、光照、水分）的特点以及栽培的设施条件等方面，从而选择出最适的播种时期。

（1）露地春芹菜　北方终霜前 70～80d 设施育苗，终霜前 20～30d 定植，春季 15～20℃下生长 70～90d，高温季节来临前采收完毕。南方地区春播以 2～3 月份为播种适期，过早容易抽薹，过迟则影响产量和品质。

（2）露地夏芹菜　长江中下游等南方地区一般 4 月下旬至 5 月上旬露地直播，幼苗度过炎夏，7～9 月份收获。北方等高纬度地区夏芹菜一般在 5～6 月份分期播种，8～10 月份陆续采收。夏芹菜生长盛期正值高温强光照时期，因此，必须在遮阳避雨等设施条件下栽培。

（3）露地秋芹菜　夏季直播或育苗，在秋季冷凉时节生长，生长期 120d 左右。长江流域秋播可从 7 月上旬至 10 月上旬，收获期为 9 月份至翌年 3～4 月份，北方地区多在冬前收获，软化栽培者可延迟至 12 月份，假植储藏者可供应至翌年 1 月份到 2 月上旬。

（4）露地越冬芹菜　芹菜具有一定的耐寒性，冬季平均最低温高于 -5℃ 的地区，芹菜幼苗可以露地越冬；-10℃ 左右的地区，设风障和地面覆草或塑料大棚等保护地可安全越冬；东北和内蒙古大部分、西北北部冬季温度低于 -12℃ 时，芹菜不能露地越冬，但可将秋季芹菜的根株储藏于地窖内越冬，翌年春季解冻后栽培。江苏地区冬芹菜一般 7 月中旬至 8 月上旬播种育苗，9～11 月份定植在塑料大棚，早春 1～3 月份收获。

（5）芹菜设施栽培　芹菜设施栽培以春提前、秋延后、越夏栽培、越冬栽培为主。设施栽培芹菜的栽培时期可参考露地栽培时期做适当调整。

2. 芹菜栽培主要茬口安排

芹菜栽培主要茬口安排见表 8-1。

表 8-1　芹菜栽培主要茬口安排（长江流域）

栽培方式	建议品种	播期/（月/旬）	定植期/（月/旬）	株行距/（cm×cm）	采收期	亩产量/kg	亩用种量/g
春季大棚	春丰、开封玻璃脆、青梗芹	1/上～3/中	3～5	12×20	5～7 月	3000	25
春露地	春丰、开封玻璃脆、青梗芹	2/底～4/上	直播	12×20	6～8 月	3000	25
夏季大棚	津南实芹、白芹、开封玻璃脆	4/中下～5/上中	6～7/上中	12×20	8～9 月	3000	25
秋季	开封玻璃脆、津南实芹、文图拉	5/下～8	7～10	12×20	10 月～翌年 2 月	3000	25
越冬	春丰、开封玻璃脆、实芹 1 号	8～9	9/上～10/上	(6～7)×(15～16)	1 月上旬～2 月	3000	25

三、芹菜育苗技术

1. 芹菜夏秋播遮阴育苗技术要点

（1）苗床准备　选择地势高燥、富含有机质、肥沃、排灌方便的生茬地，深翻，晾晒 3～5d，施入充分腐熟的有机肥，每平方米苗床施入磷酸钙 0.5kg、草木灰 1.5～2.5kg，耙平作畦。

（2）催芽　一般秋芹菜在夏季播种育苗，正值高温季节，芹菜发芽较慢。

① 难发芽原因

（a）芹菜种子发芽最适宜温度为 15～20℃，一般需经 5d 左右才能发芽。25℃ 以上发芽力迅速下降，30℃ 以上几乎不发芽。夏季温度一般高于 25℃，当温度高于 25℃ 时就会降低发芽率和延迟发芽时间。

（b）芹菜种子很小，果皮外皮革质，含有挥发油，透水性很差，发芽慢而不易出齐。

（c）种子发芽时是喜光的，在有光条件下比在黑暗条件下容易发芽，芹菜种子拱土能力弱不宜深播，宜播种在表土层。夏季地温高，易灼伤幼芽，浇水不及时也会把芽晒干、晒死。

(d) 播种后遇上暴雨，造成土壤板结，使种子干枯，失去发芽能力。

② 催芽方法

(a) 低温催芽　在播种前 7～8d 进行浸种，先除掉外壳和瘪籽，用清水浸泡 24h。若用 60～70℃温水浸种，将温水边倒入边搅拌，直到不烫手为止，浸种 12h。浸种后用清水冲洗几次，边洗边用手轻轻地搓，洗掉种子上的黏液，并搓开表皮，摊开晾种，待种子半干时，装入泥盆用湿布盖严，或用湿布包好埋入盛土的瓦盆内，或掺入体积为种子 5 倍的细砂装入木箱中，置于 15～20℃条件下催芽。也可放在室内水缸旁，也可吊在井中距水面 30～40cm 处催芽。每天翻动 2～3 次，3～4d 后每天用清水洗一次，一般 5～7d 即可出齐。也可将种子与湿河沙混合后，置于冷凉处催芽。

(b) 激素催芽　有些品种的种子采收后有 1～2 个月的休眠期，如利用当年采收的新种子催芽，往往出芽困难，出芽时间拖长且不整齐。因此，可用 5mg/L 的赤霉酸，每支 20mL 加水 4kg，浸种 12h，捞出后待播；或用 1000mg/kg 的硫脲溶液浸种 10～12h；也可把种子冷藏处理 30d；也有的采用 800～1600mg/L 高浓度赤霉酸处理种子，可缩短发芽时间，提高发芽率。

(c) 变温催芽　即将种子浸泡好后，放在 15～18℃温箱内，12h 后将温度升高到 22～25℃，后经 12h 后，将温度降到 15～18℃，经 3d 左右出芽，即可播种。

(3) 播种　选阴天或傍晚播种，播种前苗床浇透水，均匀撒播种子，覆土 0.5～1cm 厚。播种后出苗前用 25%除草醚可湿性粉剂 0.5kg，对水 75～100kg，均匀地喷洒苗床畦面上。

(4) 苗期管理

① 遮阴　芹菜出苗缓慢，为防日晒、土壤干旱和大雨冲淋后种芽外露，应采取遮阴措施（彩图 8-1）。遮阴还有降温、保墒的作用。

(a) 秸秆、稻草或苇蒲遮阴　播种后把高粱秸、玉米秸、稻草、苇蒲等搭放在畦面上，也可把麦草铺在畦面上。待幼苗出齐后，陆续把遮阴物撤除干净。或利用原有的大棚地育苗，播种后，在大棚的竹竿上搭玉米秸或遮阳网等覆盖物遮阴。还可采用屋脊式覆盖，即先在 2 个畦中间位置架一道横梁，梁高 50cm，再铺盖玉米秸、竹竿或高粱秸等覆盖物，其一端搭在横梁上，另一端搭在畦埂上成一斜坡。

(b) 塑料薄膜遮阴　利用废旧塑料薄膜和竹竿等支撑物，搭成四周通风的小拱棚，可起遮阴、防雨的作用。即在苗畦上插竹片，作小拱棚的骨架，竹片的两端插在畦埂外侧 20cm 处，拱棚的高度约 1.5m 左右，竹片间隔 1m，覆盖薄膜时，薄膜两端的高度离地面 40cm，便于通风。同时薄膜的宽度应大于两边的畦埂，为防止强光暴晒，可在薄膜上撒石灰乳或稀泥。此法效果较好，但费工费料。

(c) 遮阳网纱拱棚遮阴　利用黑色或银灰色的遮阳纱覆盖，利用竹竿等作支撑物，做成小拱，覆在育苗畦上。这种方法可遮阴、降温，防暴雨拍苗，还可驱避蚜虫，减轻病毒病的发生。

(d) 混播油菜或小白菜遮阴　油菜或小白菜出苗生长快，可为芹菜幼苗遮阴，降低畦面温度，有利于芹菜幼苗生长。

不论用什么方法遮阴，在苗出齐后，应陆续减少遮阴物，待幼苗 1～2 片真叶时，全部撤除所有覆盖物，并立即浇一次小水。

②浇水管理　芹菜幼苗期根系不发达，吸收能力弱，植株细小，同化能力弱，生长相当缓慢。因此，对肥水的要求极为严格。出苗前应保持畦面湿润，如果畦面稍干，由于覆土很薄，很易灼伤幼芽。从播种次日起，至出土前每隔1～2d应浇一次小水。浇水宜早晚进行，水量应小，以防把种子冲出来。有条件的，应用喷灌法。

出苗至第一片真叶展开时，根系细弱，不抗干旱，此时很易造成干旱死苗。如果天气无雨，仍需小水勤浇，每隔2～3d浇一次小水，保持畦面见湿不见干。幼苗2～3片真叶时，如天气干旱，需及时浇水，保持土壤湿润。在第四、五片真叶出现后，可减少浇水次数，保持畦面见干见湿。此时浇水过多，易引起根系发育不良和茎叶徒长，适当少浇水可促进根系发育与加速幼叶分化。大雨后应及时排水防涝，防止根系受损，叶片黄化。热天下过热雨后，应及时用冷凉的井水串灌，以降低地温，补充水中的氧气。

③施肥管理　芹菜苗期对氮肥和磷肥需要较大，除了在作畦时施足基肥外，苗期也应及时追施速效肥。在苗高5～6cm时，结合浇水每亩追施尿素或复合肥10～15kg，也可每隔5～7d叶面喷施0.2%～0.3%的尿素液。秋初季节，雨水多，浇水次数频繁，肥料多随水下渗，而芹菜的根系又浅，吸收能力弱，因此，追肥应少量多次。一般每隔10～15d追肥一次，保证及时供应幼苗的需肥。

④间苗　芹菜苗期应间苗2次。在幼苗1～2片真叶时间去丛生苗、弱苗和病苗，保持苗距1～2cm。约15～20d后，在2～3片真叶时，进行第二次间苗，苗距3cm。这时可把间出的苗定植到大田内。

⑤除草　芹菜幼苗期天气炎热，雨水多，土壤湿润，杂草极易滋生。如未用除草剂处理的苗畦，应结合间苗及时拔草2～3次。芹菜幼苗根系很浅，拔除大草时往往带出幼苗来，所以苗期拔草应做到"拔小、拔早、拔了"。

⑥病虫害防治　苗期病虫害十分严重，特别是蚜虫、斑枯病、斑点病等病虫害发生普遍，危害严重，应及时防治。

2. 芹菜穴盘育苗技术要点

芹菜种子细小，发芽困难，育苗时间较长，经常出现出苗迟缓、出苗不整齐、杂草多、管理困难等问题，因此，国内开始采用穴盘育苗。芹菜穴盘育苗的主要技术如下。

(1)育苗基质和穴盘选择　育4～5片叶选用288孔苗盘。育5～6叶苗选用128孔苗盘。育苗基质可以采用商品育苗基质，采用美式288孔苗盘每1000盘备用基质2.76m³，采用韩式288孔苗盘每1000盘备用基质2.92m³；采用美式128孔苗盘每1000盘备用基质3.65m³，采用韩式128孔苗盘每1000盘备用基质4.57m³。

(2)基质配制

配方1　草炭：蛭石＝2：1

配方2　草炭：蛭石：珍珠岩＝2：1：1

配方3　草炭：蛭石：废菇料＝1：1：1

覆盖料一律用蛭石。配制基质时每立方米加入大三元有机无机生物肥5～7kg，或每立方米基质加入尿素0.2～0.5kg和磷酸二氢钾0.2～0.5kg，肥料与基质混拌均匀后备用。3叶1心后，结合喷水进行2次叶面喷肥。

为了降低育苗成本或在当地无商品基质销售时，可根据各地实际自配基质，如用炉渣 6 份、粉碎并经过发酵的腐熟秸秆 2 份以及牛马粪和菇渣各 1 份，过筛后混合拌匀，栽培 1 亩芹菜需自配基质 100kg 左右。

基质拌匀后，用 50% 多菌灵可湿性粉剂 500 倍液和 50% 辛硫磷乳油 500 倍液均匀喷拌基质，并将基质用塑料薄膜覆盖进行高温灭菌 4～5d，然后打开基质，调节水分后装盘。

（3）种子选购　根据栽培季节选用良种。种子质量应符合表 8-2 的最低要求。

表 8-2　芹菜种子质量标准

单位：%

种子类别	品种纯度不低于	净度(净种子)不低于	发芽率不低于	水分不低于
原种	99.0	95.0	70	8.0
大田用种	93.0			

摘自 GB 16715.5—2010 瓜菜作物种子　第 5 部分：绿叶菜类

（4）种子处理　播种前将种子在清水中浸种 12～14h，然后用清水冲洗，并用手搓洗，搓去表皮，晾干后播种。夏季高温期间，应进行低温处理。有条件的进行变温处理，方法是：在 15℃ 下催芽 16～18h，再在 24～25℃ 下催芽 6～8h，如此进行变温催芽 7～8d 后种子开始发芽。

（5）播种　一般采取撒播方式播种。先将准备好的基质装入穴盘，压盘后摆放在苗床中，用细喷头洒水壶将穴盘内的基质喷透，然后将催芽露白的种子加细沙拌匀撒施穴盘 2～3 遍，再在种子表面覆盖 0.5cm 厚的基质后，反复喷水并覆盖地膜，搭小拱棚覆盖遮阳网。

（6）苗期管理

① 控温保湿　当芹菜幼苗 50% 顶土时揭掉地膜喷水保湿，播种至出苗基质含水量应达到 90% 以上；齐苗到第一片真叶显露应保持基质湿润，含水量维持在 80%～85%，第一片真叶至 2 叶 1 心，水分含量为最大持水量的 75%～80%；3 叶 1 心至成苗期，可减少浇水次数，使基质含水量维持在 70%～75%。苗期白天温度控制在 20～23℃，夜间 18℃；夏、秋季外界气温较高，可以通过覆盖遮阳网等措施尽可能降低苗床温度。

② 肥水管理　幼苗出土以后撒施一薄层基质，有利于起苗生根。芹菜出苗后要适当控水，每天早、晚适量喷水 1～2 次，配合喷水每隔 15～20d 喷施 0.2% 尿素溶液，以利于幼苗生长。

③ 间苗炼苗　为防止幼苗拥挤、徒长和发生根部病害，应结合除草间苗（采用商品基质育苗一般无草害），每穴留苗 3～4 株。当幼苗具 3～4 叶时撤除遮阳网，增加光照，并适当控水炼苗。

（7）成苗标准　选用 128 孔育苗盘的，叶片数为 5～6 片真叶，最大叶长 12～14cm，需 60d 左右苗龄；选用 288 孔育苗盘的，叶片数为 4～5 片真叶，最大叶长 10～12cm，需 50d 左右苗龄。

四、芹菜主要栽培技术

1. 春芹菜栽培技术要点

（1）品种选择　选择不易抽薹、较抗寒的品种。

（2）催芽播种

① 播期确定　大、中、小棚栽培于元月上旬至 2 月中旬采用保护地育苗。露地 2 月底至 4 月直播。

② 催芽播种　用温汤浸种后，于 15～20℃ 条件下催芽后播种。苗床土选择肥沃细碎园土 6 份，配入充分腐熟猪粪渣 4 份，混匀过筛，每平方米床土中施过磷酸钙 0.5kg、草木灰 1.5～2.5kg、硫酸铵 0.1kg，铺在苗床上，厚 12cm 左右。播种时先打透底水，然后将种子均匀地撒播在床面上，覆土厚 0.5cm 左右。

（3）苗期管理　夜间低温可加小拱棚保温，出苗 50% 时撤地膜，喷 40% 除草醚乳粉 160～200 倍液。苗出齐后，白天揭开小拱棚，保持温度白天 15～20℃，夜间 10～15℃。温度升高要撤除小拱棚。苗期保持床面湿润，见干立即浇水。及时间苗、除草，最好移苗 1～2 次，白天温度超过 20℃ 时要及时放风，夜间保持 5～10℃，定植前炼苗，幼苗 60d 左右定植。

（4）及时定植　选择保水保肥力强，含丰富有机肥的壤土或黏壤土。露地在严霜过后，当地日平均气温稳定在 7℃ 以上时定植，在不受冻的原则下尽量早栽。大、中、小棚栽培，当棚内室温稳定在 0℃ 以上，地温 10～15℃ 定植。若在大棚内扣小拱棚，还可提早一周左右。定植前半月整地作畦，每亩施农家肥 5000kg，耙细搂平，畦宽 1m。选择寒尾暖头的晴天上午定植，西芹畦栽 4 行，穴距 30cm，单株，本芹栽 5～6 行，穴距 10～12cm，每穴 4～5 株，边栽边浇水，栽植不能太深，以土不埋住心叶为宜。

（5）田间管理

① 露地栽培（彩图 8-2）　露地定植初期适当浇水，加强中耕保墒，提高地温。缓苗后浇缓苗水，不要蹲苗。灌水后适时松土，植株高 30cm 时，肥水齐攻，每亩施硫酸铵 25kg 或尿素 15kg 左右，追肥后应立即灌水。以后再不能缺水干旱，每隔 3～5d 浇一次水，两次后改为 2d 浇一次水，始终保持畦面湿润。也可适当再追 1～2 次肥。

② 设施栽培　大、中、小拱棚定植初期要密闭保温，一般不放风，棚内温度可达 25℃ 左右，心叶发绿时温度再降至 20℃ 左右，超过 25℃ 要放风，随着外界气温逐渐升高加大放风量，先揭开两端薄膜放风，再从两侧开口放风。外界气温白天在 18～20℃ 时，选无风晴天全部揭开塑料薄膜大放风，夜间无寒潮时开口放风。终霜期过后，选阴天早晨或晚上光照较弱时撤掉小拱棚，白天气温 22～25℃，夜间温度 10～15℃。

植株高达 33～35cm 时肥水齐攻。追肥时要将塑料薄膜揭开，大放风，待叶片上露水散去后，每亩撒施硫酸铵 25kg 左右。追肥后浇水一次，以后隔 3～4d 浇一次水，保持畦面湿润至收获。采收前不要施稀粪。缺硼时，可每亩施用 0.5～0.75kg 硼砂。采收前 15d 用 30～50mg/kg 的赤霉酸叶面喷肥 1～2 次。

（6）病虫防治　注意防治芹菜斑枯病、病毒病、菌核病、软腐病等。

2. 夏秋芹菜栽培技术要点

（1）品种选择　根据当地气候条件和消费习惯，选用抗热耐涝品种。夏芹在日平均气温 15℃ 左右时可播种，长江中下游地区一般在 3 月中下旬至 5 月，多直播，也可育苗移栽。秋芹 5 月下旬至 8 月育苗移栽。

（2）培育壮苗　采用夏秋芹菜遮阴育苗技术培育壮苗。4～5 片真叶时可定植。

（3）适时定植　定植前，前茬收获后立即深翻，晒茬 3～5d，亩施优质有机肥 5000kg，耙细整平作畦。北方多用平畦，南方多用高畦，畦宽 1～1.7m 不等。苗龄 50～60d，选阴天或多云天气定植，定植前浇透水，起苗时带主根 4cm 左右铲断。本芹行株距 15cm×10cm，每穴双株；西芹行株距 40cm×27cm，单株。栽植时以埋住根茎为宜，不要将土埋住心叶。

（4）田间管理

① 夏季栽培　要重视肥水管理，整个生长期要肥水猛攻，不能蹲苗。否则很容易干旱缺肥，影响生长发育，并使纤维增多，降低品质。干旱时，每 2～3d 浇一次水。浇水应在早上、傍晚进行，保持土壤湿润状态，促进芹菜旺盛生长，还有降低地温的作用，造成有利于芹菜生长的小气候，遇大雨应及时排水防涝，遇热雨应及时浇冷凉的井水降温并增加水中的含氧量，防止热雨使植株根系窒息。

整个生长期应及时追肥。追肥应掌握多次少量的原则，每 10～15d 一次，每次每亩施尿素或复合肥 10～12kg，可随水冲施，直到收获前 15～20d 停肥。芹菜生长期忌用人粪尿等农家肥，否则会引起心叶烂心或烂根。生长前期可进行中耕 1～2 次。中耕宜浅，勿伤根系或茎叶。结合中耕应及时拔草，勿使草大压苗。采收前一个月，可每隔 7～10d 左右喷一次浓度为 20～50mg/kg 赤霉酸，使植株高度增加，增产效果明显。

② 秋季栽培　定植后，缓苗初，每隔 2～3d 浇一次水，保持土壤湿润，降低地温，以促进缓苗。芹菜缓苗后，开始缓慢生长，为促使新根下扎和新叶发生，应适当控制水分，进行蹲苗，蹲苗 5～7d，不浇或少浇水，保持土壤地表干燥而地下 10cm 处湿润，旺盛生长期应充分供应水肥，蹲苗结束后，立即随水冲施复合肥，每亩 10～15kg，以后每隔 10d，每亩冲施尿素或复合肥 10kg，共追肥 4 次，于收获前 20d 停止。每隔 3～4d 浇一次水，后期每 5～7d 浇一次水，收获前 5～7d 停水，一直使土壤保持湿润状态。

（5）软化栽培　多在秋季进行，定植时要沟栽，株行距（5～7）cm×（30～40）cm。关键是培土时间要适宜，一般月平均气温降到 10℃左右，株高 25cm 左右时开始选晴天培土，培土前要连续浇 3 次大水。每隔 2～3d 培土一次，共培 4～5 次，每次培土厚度以不盖住心叶为宜，培土厚度达 17～20cm 即可。

（6）主要病虫害防治　要注意及时防治芹菜斑枯病（晚疫病）、芹菜叶斑病（早疫病）、芹菜病毒病、芹菜软腐病、蚯蚓和蝼蛄等病虫害。注意采收前 15d 停止用药。

3. 越冬芹菜栽培技术要点

越冬芹菜一般不需保护措施。最低气温在 -10℃的地区，需地面覆盖或设风障保护，低于 -12℃的地区，则不能露地越冬，须将根株贮藏在暖窖里或者假植在温室里越冬。

（1）品种选择　选用耐寒、冬性强、抽薹迟的品种。

（2）培育壮苗　越冬芹菜多露地育苗，长江中下游地区一般 8 月初至 9 月初播种，苗龄 50～60d。也可采用育苗移栽，播种期提前 15d 左右。选择地势高燥、排水良好、土壤肥沃的生茬地块作育苗床。整地作畦，畦宽 1～1.2m，施入腐熟有机肥，耧平、耙细。选择前 1～2 年的陈种子，适当揉搓种子，去杂，在清水中洗净，浸种 24h，再晾至半干，用湿布包好，置于 15～18℃条件下催芽，每天翻动种子，并用清水淘洗一次，80%种子出芽后播种。播前苗床浇足底水，水渗下后撒下一层薄土，均匀撒播种子，覆土 0.5～1cm 厚。9 月前播种气温较高，须遮阴，9 月以后播种不必遮阴。真叶展开后要追肥，每亩追硫酸铵 10kg 左右，追肥后要及时灌水，保持畦面见干见湿。及时间苗 1～2 次，间苗后轻撒一层细土，浇少量水。结合间苗拔除杂草或在播种后出苗前喷洒除草醚。发现病株，及时清除，并撒50％多菌灵可湿性粉剂1000倍液灭菌。

（3）适时定植　一般前茬为秋白菜等，前作收获后立即整地作畦。每亩施腐熟优质有机肥3000～5000kg或复合肥50kg，混匀、耙平作畦，畦宽1.5～1.8m。行丛距(15～16)cm×(6～7)cm，每丛2～3株。

（4）田间管理　前期如干旱，可在缓苗期覆盖遮阳网，昼盖夜揭，后期天气转晴，可露地栽培。若后期遇冰雪天气要盖膜防霜冻，可进行大棚栽培，在11月下旬早霜到来时盖棚膜，也可覆盖草帘，草帘宽度与畦宽吻合，将草帘盖在畦面上，雪天要清扫积雪。定植后浇定根水，4～5d后，地表见干、苗见心后，第二次浇水，雨水后中耕松土。入冬前浇一次冻水，具体时间应根据本地区当年的气候条件而定，一般在当地夜间上冻、白天化冻的时候浇冻水为宜，早则在立冬前后，晚则在冬至前后，要浇足、浇透，特别是在干旱少雨的年份，要补浇二次水。平均气温回升到4～5℃时，要去掉黄叶，浇返青水，及时中耕培土。旺盛生长期，肥水齐攻，每亩施硫酸铵20～25kg，可随水施入稀粪尿，以后每4～5d浇一次水，采收前7d停止浇水。

（5）主要病虫害防治　要及时防治芹菜斑枯病、叶斑病、菌核病等。

4. 芹菜软化栽培方式

芹菜的软化栽培是改善芹菜品质的一种栽培方式。利用青芹植株中贮存的营养，在无光条件下栽培，产品无叶绿素、软而脆嫩、色佳味美，在市场上很受欢迎，价格要大大高于普通芹菜。其软化栽培方式有如下几种。

（1）培土软化　培土软化栽培多在秋季进行，育苗、定植及田间管理与秋芹菜大致相同。用于培土软化的芹菜栽培行距应拉大到33～40cm，当月平均气温降到10℃左右，植株高度在25cm左右时开始培土。培土前连日充分灌大水3次。5～7d后，用稻草将每丛植株的基部捆扎起来，再松土一次，在植株的两旁培土，拍紧，使土面光滑。第一次培土厚约33mm，隔2～3d再培土一次，连续培土5～6次，至高度约20～25cm，让植株的心叶露出来。培土最好是晴天下午叶面上没露水时进行。所用的土不要混入粪干，以免引起腐烂。土要细碎，不能有土块。约30d后就可收获上市。

（2）套种软化　采用套种软化栽培，可解决芹菜苗期占地时间长，高温下不易出苗的困难。选择搭架的瓜类和茄果类如黄瓜、番茄等作为套作物，采用条播、宽窄行种植。选用产量高、不易空心、纤维少的芹菜品种，适时开沟条播。随时摘除下部老叶。当套作物采收完毕，芹菜苗高约7cm左右，要剪除套作物但不要连根拔除，以免损伤芹菜幼苗和根系，同时拔掉架材。当套作物清除后，要灌一次水，中耕蹲苗2～3周。加强肥水供应，促使芹菜旺盛生长。一般在10月中上旬开始培土，并每隔3～5d培土一次，共培土4～5次，至初霜时基本封满，同时要在培土前浇足水。

（3）围板软化　芹菜栽培行距33～40cm，苗高35cm左右时，将植株扶起来，露出行间土壤。然后用长约1.7～3.5m，宽约13～17cm，厚2～3cm的木板或竹板两块，放在芹菜植株的两边，板的两端用木桩固定。在两板中间培土13～17cm厚，使植株不受外伤，土不落进菜心。早芹菜第一次培土高10～15cm，第二次主要是加高和修补坍塌的培土，第三次培土高度与围板的高度持平，约30d即可收获。晚芹菜培土2～3次后可收获。

（4）自然软化　属密植半遮阴的软化，秋芹菜按7cm×7cm的株、行距丛植，每丛3～4株。如果田块低凹，在畦边四周培土20～28cm高，用稻草或芦苇、茅草等做成草帘围在四周。在植株封行前，中耕 2～3 次，并结合中耕施速效氮肥 3～4 次，每次每亩施 6～7kg，促使植株分蘖，尽早封行，使叶柄在阴凉环境中生长，进行自然软化。

（5）遮阳软化　利用温室或大、中、小拱棚等，前茬收获后不拆除拱棚骨架，在芹菜收获前 25d 左右，采用单层或双层遮阳网覆盖，必要时可外加麦草等遮阳。整体软化效果最佳，且更易管理，是软化栽培的最佳方法。缺点是投入大，如果前茬不是设施栽培，不提倡使用此法。

5. 水芹菜栽培技术要点

（1）品种选择　宜选择优良地方品种。浅水栽培以圆叶类型较好，深水栽培以尖叶类型品种为好。

（2）播种育苗　早熟品种需先行催芽，中晚熟品种可不必催芽。在排种前 15d 采集种茎，在湖南一般于 8 月上、中旬，把种茎从留种田中割取，选取粗壮茎秆作种株。将基部理齐，剪去上部无腋芽的梢部，捆成直径 30cm 圆捆，交叉堆放在靠近水源、通风凉爽的地方，高 1.0～1.5m。种堆周围及上面用稻草覆盖，早晚浇凉水保湿降温，保持堆温 20～25℃，每隔 5～7d 早晚翻堆一次，洗去烂叶残屑，重新堆码。一般经 12～15d，腋芽长达 1cm 以上时排种。

（3）田间管理（彩图 8-3）

① 整地作畦　选择能灌能排、微酸性到中性的水田。种前排干田水，每亩施腐熟厩肥 2000～3000kg、过磷酸钙 50kg、尿素 15～20kg、硼砂 1kg，畦宽 1.2～1.5m，四周开排灌沟，沟宽 0.3～0.4m，深 0.15m。

② 排种栽植　8 月下旬至 9 月中旬，阴天或晴天下午 3～4 时排种，采用田边齐排、田中撒排的方法。即基部朝田外，梢头朝田内，沿大田四周作放射状环形排放，行距 5～6cm，排播两圈后中间部分撒放，并用竹竿挑拨均匀，将种株按平于田土中不使上浮。每亩用种茎 250～300kg。

③ 水分管理　排种后田间应保持湿润无水层，遇雨及时排水。栽后 15～20d，排水搁田 1～2d 使土壤稍干，表面出现细裂纹时再灌水 3～4cm，以后不断灌水到 5～10cm。冰冻或出现寒霜时深水护苗，使水芹顶端层露出水面 3～4cm，气温回升后及时恢复水位。

④ 追肥管理　第一次追肥在搁田后每亩施腐熟稀粪水 2000kg 或尿素水溶液 20～30kg。以后依次间隔 20d 左右追肥 2～3 次，追肥量随植株的生长而不断增加。每次追肥前排去田水，追后一天还水。

⑤ 除草匀苗　排种后 30d 左右，苗高 15～20cm 时结合除草匀苗补缺，使穴间距为 10～12cm，每穴 2～3 株。

⑥ 深栽软化　10 月中、下旬，当植株达到 40cm 高度以上时可深栽软化。栽前放水深 3cm 左右浅水层。拔起田间植株，理齐后成束插入土中 15～18cm。软化期间停止施肥。开始时灌浅水，以后随天气渐凉可逐步加深水层。

（4）适时采收　一般在栽植后 85～90d 采收，从冬季可持续采收至翌年 4 月上旬。一般集中在春节前后采收。

6. 芹菜苗菜栽培技术要点

西芹的可食用部分为叶柄和叶片，西芹叶片的营养元素含量是叶柄的 2 倍，但在人们日常食用过程中，大部分叶片被当作废弃物扔掉，造成了营养损失。针对这种情况，北京地区摸索出芹菜苗栽培。芹菜苗菜栽培是指适当密植，芹菜长到4~5片叶、株高4~6cm时即采收作为商品的生产方式。由于生长时间短，受不良自然灾害的威胁小，病虫为害少，减少了栽培土壤、农药、肥料及大气中有毒物质的污染，因此芹菜苗产品食用更安全，不仅纤维少、味甜可口，而且可全株食用，最大限度地保留了芹菜的营养，是一种新颖独特的蔬菜品种。

（1）品种选择 应选择生长速度快、叶片大、叶柄黄绿的芹菜品种，同时可选用红色、白色叶柄的特殊芹菜品种进行混合栽培。如棚王西芹、红芹1号、香毛芹菜等。

（2）种子处理 芹菜种子具有一定的休眠特性，当年采收的种子不易发芽，特别是在高温下发芽更慢。因此，一般选采后2~3年的种子，播前最好晒种1~2d，然后用55℃温水浸泡烫种，浸泡过程中不断搅拌至常温后再浸种24h；浸种时搓洗2~3次，每次搓洗需换水，捞出种子用清水搓洗干净，再捞出沥干，用透气性良好的纱布包好，放在15~20℃下催芽；每天用清水洗1~2次，后将水沥干，当有一半种子露白即可播种。

（3）穴盘选择及基质配比 一般选无孔或128孔穴盘育苗。按草炭：珍珠岩＝2：1配制基质，每立方米基质加入三元复合肥（20-10-10）2kg，将肥料与基质混拌均匀后备用。育苗基质可以适当使用多菌灵进行处理。

（4）播种及管理 采用穴盘育苗精量播种，每穴4~5粒种子，无孔盘种子距离在0.4cm左右，播后上面覆盖薄薄一层蛭石，浇水后不露种子即可。播种覆盖作业完毕后将苗盘喷透水，使基质达到较大持水量。浇水要根据天气变化进行，一般冬季1~2d浇1次水，夏季温度高、蒸发量大时一般每天要浇水2次。芹菜喜凉爽、湿润的气候条件，冬季棚室内温度不低于5℃，夏季6月中旬至8月要遮阴降温，生长温度控制在15~25℃为宜。2叶1心后，结合喷水进行1~2次叶面喷肥，可选用0.2%~0.3%尿素液和磷酸二氢钾喷洒。

（5）病虫害防控 芹菜苗菜发生病虫害较少，出苗后可喷1~2次75%百菌清可湿性粉剂600倍液对苗床进行消毒，每亩可悬挂50块黄板，风口、门口处最好应用50目以上防虫网覆盖，在蚜虫易发生期注意观察，提早防治。

（6）采收 芹菜苗菜生产播种密度较大易出现徒长趋势，4~5片叶时需及时连根拔起采收，去掉根部及时上市，植株过高叶柄易纤维化，影响口感。

五、芹菜生产关键技术要点

1. 春芹菜先期抽薹的发生原因与防止措施

芹菜为低温感应型蔬菜，幼苗长到3~4片叶以后，遇到10℃以下的低温，历时10~15d，就能通过春化阶段，在长日照下进行花芽分化。处于低温时间越长，抽薹率越高。苗越大，通过春化阶段越迅速。在15℃以上时芹菜不能通过春化阶段。萌动的芹菜种子，也不能通过春化阶段。

春芹菜不论露地栽培或保护地设施生产，不论直播或育苗移栽，通过春化阶段所需的条件都能满足，生长过程中又必然遇到长日照和较高的温度，所以抽薹是不可避免的。因此，芹菜在越冬栽培或春早熟栽培中，育苗后期和定植后，一定要避免低温，防止先期抽薹（彩图8-4）现象的发生，防止措施如下。

（1）品种选择　芹菜品种中抗寒性强的实秆品种，在通过春化阶段时需要的温度较低，而且必须有充足的时间，即它们通过春化阶段比较困难，其冬性较强，这样的品种先期抽薹现象较轻。因此，在选用品种时，应注意选择较抗寒、冬性早、抽薹迟、生长势旺、品质好、适于春播的品种。一般中国芹菜抽薹早，西芹抽薹晚。

（2）选用新种子，或正常留种采种种子　芹菜种子的使用寿命是1～3年。贮藏期超过3年仍有一定的发芽率。当年的芹菜种子，通过休眠期后，具有很强的生命力，其发芽率、发芽势均较高，用这样的种子培育的植株生长旺盛、产量较高。随着种子贮藏年限的增加，种子内营养物质逐渐消耗，各种酶的活性大大降低，其发芽率和发芽势也逐渐下降。用陈种子培育的植株生长势弱，营养生长抑制不住生殖生长，往往是花薹伸长超过叶柄，使芹菜失去食用价值。所以，在进行芹菜春季栽培时，应尽量使用新种子和籽粒饱满的良种。

芹菜正常的留种、采种，是在秋播，以成株越冬，翌春移栽后留种。这样采的种子一般冬性较强，先期抽薹较轻。如果利用冬播或早春播种后的春季栽培芹菜，原地间苗直接留种，这些植株绝大部分是幼苗即通过春化阶段，营养生长不充分，结的种子也不充实，秕粒、空粒很多，加上都是利用先期抽薹的植株留的种子，冬性大大减弱，用这类种子作春季栽培芹菜，不仅产量不高，先期抽薹的危害也大大增加，在生产中应注意避免使用这类种子。

（3）适时播种　一般情况下，采用大棚育苗的芹菜，于1月底至3月初分期播种。露地播种育苗的，在2月底至4月中旬选晴天播种为宜。大棚育苗应提前覆盖膜烤畦，畦内10cm地温达到10℃以上即可播种。

就品种而言，中国芹菜抽薹的临界播种期为谷雨以后，谷雨前播种的易抽薹，安全的春播期在清明以后。西芹温度在15℃以上，定植稍晚，无抽薹现象；如定植过早，则抽薹提早，苗期温度在15℃以下，温度越低，不论定植早晚，抽薹率均高。

（4）培育壮苗　创造有利于营养生长、不利于生殖生长的条件，在育苗期间，特别是真叶展开3～4片以后，尽量控制温度，减少10℃以下的低温时间，供给适宜的氮肥和水分条件，延迟花芽分化，促使多分化叶片。播种后苗床上还要覆盖膜或小拱棚，晚上加盖遮阳网，出苗前畦温可适当偏高，促进快出苗。出苗后，白天注意通风降温，不超过25℃，防止高脚苗和病害发生，夜间最好不低于8℃。

（5）加强田间管理　芹菜春季栽培，幼苗很难不遇低温环境，在低温条件下通过春化阶段是很难避免的。在春季高温、长日照条件下很易先期抽薹，影响产量和质量。因此，定植后应肥、水齐促，不要进行蹲苗，防止水肥不足或蹲苗抑制营养生长而加速抽薹开花。定植前因气温偏低，浇水不宜过多，以免降低地温，影响生长，但要保持畦面湿润，不让其干燥。随着气温升高逐渐增加浇水次数，初期4～5d浇水一次，后期2～3d一次，保持土壤湿润。结合浇水每10～15d追尿素或复合肥一次，每亩施15～20kg。施用大水大肥，会使叶、叶柄旺盛生长。此时即使抽出花薹，由于叶柄粗壮也不会过多影响质量。及时清除田间杂草，如杂草丛生，与芹菜争夺水肥，不仅影响芹菜生长，也能加重先期抽薹。与加强水肥的作用相同，及时防治病虫害，也有利于植株旺盛生长，减轻先期抽薹的危害。

（6）喷施生长调节剂　用4000～8000mg/L的矮壮素溶液喷生长点，可以抑制抽薹开花。也可用50～100mg/L青鲜素溶液喷洒。

（7）及时采收　春芹菜长成后，多数植株已有花薹，收获早的花薹短些，收获越晚花薹越长，因此要及时早收，以免花薹过长，降低品质。一般情况下，春芹菜未进入心叶直立期，生长点已经分化花芽，只能靠徒长的外叶和刚发生的嫩薹为产品，在嫩薹10cm高时一次全株割下。采用劈叶收获，也是防止先期抽薹的措施，在收获期每隔15d劈取芹菜植株外围已长成又未老化的外叶1～3个，随生长随劈收，但不要劈收太过，以免影响植株生长。劈过3～4d及时追肥、浇水，促使幼叶迅速生长，这种收获方法能保持芹菜叶柄幼嫩，而且由于没有花薹，改善了商品的外观形象。

2. 芹菜配方施肥技术要领

（1）苗肥　育苗畦施肥时，可先将畦面表土起出，再施入基肥，每100m³苗床撒石灰25kg、腐熟有机肥40kg、复合肥15kg，然后浅挖土12～15cm，将肥料与土壤充分混匀，耙细整平后即可。播种出苗后根据天气和幼苗生长情况及时浇水，一般2～3d浇水一次，每次必须浇透，以利长根，出苗后10d追一次0.5％尿素液。当长出3～4片真叶时追一次2.5％过磷酸钙液，到苗高6～10cm时即可起苗定植。

采用营养钵育苗时，其营养土配制方法为：用3年内未种过芹菜的园土与优质腐熟有机肥混合，其比例为（3～5）：（5～7），加适量三元复合肥。育苗床土用50％多菌灵可湿性粉剂与50％福美双可湿性粉剂按1：1混合，或用25％甲霜灵可湿性粉剂与70％代森锰锌可湿性粉剂按9：1混合消毒，每平方米用药8～10g与15～30kg细土混合，取1/3撒在畦面上，播种后再把其余2/3药土盖在种子上。当幼苗2～3片真叶时，追施少量化肥。

（2）基肥　生产上以基肥为主，占总施肥量的80％左右，定植前7～10d深翻土壤30cm，晒白后每亩菜田撒石灰50kg，再一次性施足基肥，一般中等肥力土壤按每亩用优质腐熟有机肥3000～5000kg、三元复合肥40～50kg，缺硼地块底施硼砂5～10kg。施肥后再深耕20～30cm。

（3）追肥　定植后的缓苗期间不追肥，缓苗后植株生长缓慢，为了促进新根和叶片的生长，可少施速效性氮肥提苗，每亩开沟追施硫酸铵15～20kg。蹲苗结束后，每隔10d追肥一次，结合浇水，以水冲肥，每次每亩用腐熟人粪尿1000kg，或尿素、硫酸钾各10kg。追肥2～3次。高温多雨季节追肥，应讲究追肥种类，追肥要多用尿素，少用硝态铵态氮肥、人粪尿，以免伤根。

（4）叶面肥　芹菜对硼素很敏感，特别在高温逆境条件下，为防止后期缺硼症，可在生长中期用钙镁磷肥浸出液或0.3％～0.4％的硼砂喷施，可防止叶片叶梗开裂和烂心以及后期的黄化，也极有利植株生长。同时，还要兼顾喷施叶面宝、肥宝等叶面肥。收获前15～20d，可叶面喷施一次浓度为20～50mg/kg的赤霉酸。

（5）气肥　大棚芹菜增施二氧化碳，可使植株增高，茎盘和叶柄增粗，促进产量提高。一般采用稀硫酸与硫酸氢铵发生化学反应，可从缓苗开始，连续施放40～60d（阴雨天停放），每亩保护地内每天一次性增施1～2kg二氧化碳。其浓度晴天不超过$1500\mu L/L$，阴天$500～800\mu L/L$。

3. 芹菜烧心的发生原因与防止措施

芹菜烧心，又叫心腐，多由缺钙引起。开始时心叶叶脉间变褐，以后叶缘细胞逐渐坏死，呈黑褐色，生育初期很少出现，多在11～12片叶时开始发生。高温干旱，氮、钾、镁等肥料施用过多的条件下易发生，越是酸性的土壤发生的越重。可采用以下措施进行防治。

一要注意避免高温干旱。芹菜的一生对温度的要求不高，日平均温度高于 21℃ 时表现生长不良。因此，当芹菜已长到 10 片真叶时，要注意控制温度。保护地栽培的芹菜，如果温度超过 20℃，要及时放风降温，如不及时放风降温，短期的高温对芹菜的生长发育还影响不大，时间长了，不但对芹菜生长发育造成危害，而且极容易造成缺钙。因此，当保护地内的温度达到 20℃，且又是晴天时，要及时放风降温，以防不测。土壤湿度不能过低，应该使土壤保持湿润。过干的土壤，加上难溶于水的钙盐，势必造成土壤中钙溶液的浓度增高，导致钙的倒流，而使芹菜因缺钙产生烧心。芹菜对土壤水分的要求指标是保持土壤湿润，如果干燥，应及时灌水。

二是中和土壤酸性。因芹菜在酸性土壤发生烧心的可能性较大，所以，种植在酸性土壤中的芹菜，要有效地控制芹菜烧心的发生，必须先用石灰中和土壤，增加土壤中钙的含量。一般可每亩施石灰 20～25kg。

三是施氮、磷、钾、镁等肥料要适量。芹菜是绿叶类蔬菜，尽管它是浅根系蔬菜，但它要求完全肥料，整个生育期都要求大量的氮、磷、钾，尤其前期和后期影响更大。一般情况下，土壤中氮的浓度为 200mg/L 时，叶生长发育良好。磷为 150mg/L 时，磷对芹菜第一叶节的伸长有显著促进作用；如果低于 150mg/L 时，会导致第一叶节变短，第一叶节变短则会降低芹菜的食用价值。钾为 80mg/L 时，不但可储存较多的养分在叶柄中，而且可抑制叶柄的无限度伸长，使叶柄粗壮充实。到心叶肥大期，土壤中的钾浓度可提高到 120mg/L。所以，在施氮、磷、钾时，要综合使用，配方施肥。

四是增施钙肥。在施底肥时，磷肥一定要以过磷酸钙为主，一般亩施 30～50kg。条件许可，可与有机肥一起堆沤后施用。在后期追肥时，要补加氯化钙，每次每亩 1～2kg。一旦发生烧心症状，可用 0.3%～0.5% 的氯化钙或硝酸钙水溶液向叶面喷雾，每隔 7d 一次，连喷 2～3 次。

4. 实秸芹菜出现空心的原因与防止措施

一般把芹菜实秸品种在种植过程中出现超乎常规的空心，称为空心现象，芹菜空心是一种生理老化现象，多从叶柄基部开始向上延伸，叶柄空心部位呈白色絮状木栓化组织。多发生在植株生长的中后期，沙性较大的土壤中发生较多；肥分不足或后期脱肥有时发生；产品过熟和久藏失水、过量喷施赤霉酸等，土壤干旱或温度过高、过低，使芹菜受冻也易发生。

一般越冬栽培与秋季栽培的芹菜，以实秸品种为主，实秸品种抗寒性强，品质脆嫩，产量很高。秋冬季只有芹菜实心才好销售，才有较高的经济效益。在生产中常常出现种的是实秸芹菜，却有很多空心现象，影响了销售和经济效益。

芹菜的叶柄发达，有纵向的维管束，其周围是厚壁组织。维管束之间充满含有营养物质的薄壁细胞，这是主要的食用部分。实秸品种的叶柄髓部很小，但亦有很细的空腔，而空秸品种叶柄髓部较大。实秸品种和空秸品种之间没有明确的分界线，很多实秸品种叶柄的中下部也有较大的髓部空腔。通常把人眼能看出的空腔占叶柄长度 1/2 以上的品种称为空秸品种，把空腔占叶柄长度 1/2 以下的品种称为实秸品种。因栽培措施不同，空腔的长短也有变化。但是，一般实秸品种在任何情况下，它的小复叶柄都是实心的，而空秸品种的小复叶柄都是空心的。实秸与空秸品种的划分是相对的，很多中间类型的品种很难区分是实秸还是空秸。

（1）品种选用　由于实秸芹菜种子价格较贵，不法之徒常把低价的空秸品种种子冒称实秸种子出售，以牟取暴利，这是当前生产上种植实秸芹菜而出现空心现象的主要原因。所以，在芹菜越冬栽培或秋延栽培时，一定要采用确为实心的品种。

（2）种子选用　有些优良的实秸芹菜品种，经多年的种植出现退化现象，也会出现空心现象。有的在留种时，与空秸品种留种田隔的距离太近，造成杂交而变成空心，因此，在种植时，一定要选用种性纯、质量好的实秸品种。

（3）栽培技术　在芹菜生长过程中，特别是中后期，如遇高温、干旱、肥料不足、病虫为害等因素，芹菜的根系吸水肥力下降，地上部得不到充足的营养，叶片生理功能下降，制造的营养物质不足。在这种情况下，叶柄中接近髓部的薄壁细胞，首先破裂萎缩，致使髓部的空腔变大，实秸品种的叶柄就成了空心的。高温干旱越严重，空心现象也越严重；不良的环境条件与栽培技术不当是实秸芹菜出现空心现象的重要原因。

为此，在生产中，除了定植后适当蹲苗外，在旺盛生长期前后一定要水、肥猛攻，施足腐熟有机肥，及时追肥，如发现叶色转淡有脱肥现象时，可用0.1%尿素液肥2～3次。特别是要经常浇水，保持土壤湿润。浇水还有降低地温，改善小气候，使之更适于芹菜生长的作用。浇水应坚持不懈，一直到收获前5～6d才能停止。

及时防治病虫害，保持叶片有较强的光合同化能力，充足供应叶柄薄壁细胞所需的营养物质，也是防止空心现象的重要措施。

在盐碱地、黏重地等不良的土壤中，实秸芹菜空心现象严重。因此，选择适宜的地块种植芹菜也至关重要，应避免在沙性过大的土壤上栽培。

赤霉酸有促进芹菜生长的作用，但使用不当会导致芹菜生长细弱，品质变劣，叶柄细长，外观细弱，而且会出现空心现象，导致减产严重。特别是某些半实秸品种，往往形成全部空心。只有在水肥供应充足，管理措施得当，芹菜本身比较粗壮时喷施，才能取得增产的作用。如果上述条件不具备，喷施赤霉酸后，芹菜虽长高，但外观细弱，而且容易出现空心现象。因此，一般在施用时间上，一定要在定植后1个月，进入旺盛生长期、心叶直立向上时，且能保证植株迅速生长需要的肥水供应，植株生长良好时施用。一般在芹菜上施用赤霉酸的浓度为30mg/L，同时加200～300mg/L的尿素溶液，每周喷一次，共喷2～3次。其他管理措施一定要跟上，半实秸品种更应慎用。

（4）收获期　芹菜的收获期不明显，只要长成就应及时收获。如果收获期偏晚，叶柄老化，叶片制造营养物质能力下降，根系吸收能力减弱，这时会因老化、营养不足而使叶柄中的薄壁细胞破裂而形成空心现象。所以，适期收获也是防止实秸芹菜发生空心现象的措施之一。

芹菜在贮藏期间，如干旱失水、受冻后化冻过速、细胞失水等因素也会引起空心现象。为此，在贮藏期根部泥土应一直保持湿润，受冻后不要急于提高温度与见光，应使其在无光的条件下缓慢化冻后再见光。

5. 芹菜缺素症的识别与防止措施

（1）缺氮　下部叶片变为白色乃至黄色，生长差，植株矮小，产量降低，易发生叶柄空心、老化，降低品质。

防止措施：施用氮肥；温度低时施用硝态氮肥；施入优质腐熟厩肥；叶面喷施0.5%～1%的尿素溶液，喷施时间要选在晴天，必要时可以喷二三次，每次间隔

7～10d。

但也要防止过量施氮，当氮浓度超过400mg/kg时，生育明显不好，叶变长，叶节间长度变短，叶柄宽，易倒伏，立心期延迟，则收获期晚。

（2）缺磷 缺磷时，幼苗瘦弱，叶柄不易伸长，成株期中下部叶变黄，嫩叶的叶色变化不明显。火山灰土壤容易发生缺磷；土壤pH值低，土壤紧实易缺磷；低温会严重影响磷的吸收。

防止措施：施入过磷酸钙作基肥；叶面喷施1%～3%的过磷酸钙溶液，喷施时间最好在早晨无露水时或傍晚，使溶液在叶面上停留一段时间，以便于吸收。

但也要防止过量施磷，磷肥过多易影响生长发育，表现为叶易伸长，呈细长状态，叶片重量变轻，维管束增粗，纤维增多，品质下降。适宜的土壤含磷量为150mg/kg。

（3）缺钾 缺钾时，下部叶片发黄，叶脉间出现褐色小斑点，逐渐向上部叶片扩展，生长变差。砂土容易缺钾；果实发育盛期缺钾；使用石灰肥料多影响了植株对钾的吸收；低温寡照植株对钾的吸收能力减弱；镁多对钾的吸收也起抑制作用。

防止措施：增施钾肥，多施有机肥；叶面喷施1%的硫酸钾溶液或1%的草木灰浸出液。但也要防止过量施钾，生长前期适宜的土壤钾浓度为80mg/kg，后期为120mg/kg。

（4）缺硼（彩图8-5） 缺硼时，叶柄异常肥大、短缩，并向内侧弯曲，弯曲部分的内侧组织变褐，逐渐龟裂，叶柄扭曲以至劈裂，幼叶发病，由边缘逐渐向内褐变，最后心叶坏死。一般因土壤中有效硼缺乏所致，或土壤中氮肥等其他营养元素偏多，抑制了对硼元素的正常吸收，在高温干旱的条件下，硼的吸收受阻也易发生。

防止措施：多施有机肥，提高土壤供硼能力；如土壤中缺硼，每亩可施硼砂3～5kg，以补充土壤硼素；中后期要加入0.25～1kg的硼砂或喷0.2%～0.4%的硼砂溶液。发现缺硼症状后，用0.1%～0.3%的硼砂水溶液进行叶面喷雾，于芹菜生长中期喷1～2次。

（5）缺钙 缺钙时，发生心腐病而使芹菜停止发育，中心幼叶枯死，生长点附近新叶顶端叶脉出现白色乃至褐色斑点，斑点逐渐扩大而相连，叶缘枯死。当土壤缺钙，或氮、钾肥过多，阻碍了钙的吸收时，芹菜植株缺钙。当高温、干旱，或地温过低时，根系吸钙受阻，植株也表现缺钙。

防止措施：及时灌溉，防止土壤干旱；施足充分腐熟优质有机肥3000～5000kg作基肥，并掺沤氯化钙5～10kg。如发现缺钙，可迅速喷施0.1%～0.2%的氯化钙溶液以缓解，一般每隔7d左右喷一次，连喷2～3次即可。

（6）缺镁 缺镁时，叶色整个呈淡绿色。施钾过多影响对镁的吸收，植株对镁的需要量大时根系吸收跟不上。

防止措施：补充镁肥，一般可叶面喷施1%硫酸镁水溶液2～3次，每隔7d左右喷一次。

（7）缺铁 缺铁时，嫩叶的叶脉间变成黄白色乃至白色。pH值高的碱性土、石灰性土壤，磷太多影响铁的吸收；土壤过干、过湿易缺铁；低温时根的活力受到影响也缺铁；铜、锰太多时容易与铁产生拮抗作用。

防止措施：当土壤pH值达到6.5～6.7时禁止使用石灰等碱性肥料；磷过多时采用深耕的方法降低磷的含量；叶面喷施0.2%～0.3%硫酸亚铁溶液。

（8）缺锌 缺锌时，叶易向外侧卷，茎秆上可发现色素。pH值大于6的土壤容易缺锌，尤其是石灰性土壤；有机质对锌的螯合作用也会降低锌的有效性；土温较低的土壤，大量施用磷肥或有效磷较高的土壤容易缺锌。

防止措施：施用生理酸性肥料（如硫酸铵、硫酸钾等）；锌肥和生理酸性肥料混合均匀后施用；叶面喷施 0.05%～0.2%硫酸锌溶液。

（9）缺铜　缺铜时，叶色淡绿，在下部叶上易发生黄褐色的斑点。泥炭土、沼泽土的有机质含量高时，铜被有机质固定成稳定络合物，或被有机质紧密地吸附，有效性降低。

防止措施：3～5 年施入一次铜肥；施入生理酸性肥料，防止铜形成氢氧化物沉淀；叶面喷施 0.05%～0.1%硫酸铜溶液。

（10）缺锰　缺锰时，叶缘的叶脉间呈淡绿色乃至黄色。大量施用石灰使土壤 pH 值升高，发生"诱发性缺锰"；大量施用磷肥时易形成硫酸锰沉淀。

防止措施：pH 值高于 6.5 时不要施用石灰；注意控制磷肥不使用过量；用浓度为 0.05%～0.1%硫酸锰溶液叶面施肥。

6. 芹菜田杂草防除技术要领

芹菜田主要杂草有牛筋草、马唐、稗草、马齿苋、野苋菜、藜、小藜、碎米莎草和香附子等 20 多种，大多属一年生春秋季发生型杂草，发生期在 3 月上旬至 10 月下旬。特别是露地栽培的芹菜，尤其育苗地发生较重。据调查，露地栽培芹菜除草用工可占整个栽培管理过程的 40%以上，苗期达 90%。应用化学除草非常必要。

（1）育苗田或直播田杂草防除

① 播种前土壤处理　防除多种一年生禾本科杂草和阔叶杂草，一般于播前 5～7d，选用 48%氟乐灵乳油 100～150mL，或 48%仲丁灵乳油 100～150mL、50%乙草胺乳油 75～100mL、72%异丙甲草胺乳油 100～150mL、96%精异丙甲草胺乳油 40～50mL，对水 40L，均匀喷施。施药后及时混土 2～5cm，特别是氟乐灵、仲丁灵易于挥发，混土不及时会降低药效。但在冷凉、潮湿天气时施药易产生药害，应慎用。

② 播后苗前主要防除一年生禾本杂草　在芹菜播种后应适当混土或覆薄土，勿让种子外露，播后苗前施药，可选用 33%二甲戊灵乳油 150～200mL，或 50%乙草胺乳油 100～150mL、72%异丙甲草胺乳油 150～200mL、96%精异丙甲草胺乳油 40～50mL、72%异丙草胺乳油 150～200mL，对水 40L，均匀喷施，可有效防除多种一年生禾本科杂草和部分阔叶杂草。药量过大、田间过湿，特别是遇到持续低温多雨条件下会影响发芽出苗。严重时，可能会出现缺苗断垄现象。

③ 播后苗前防除一年生杂草兼防阔叶杂草　为提高除草效果和对作物的安全性，特别是为了防治铁苋、马齿苋等部分阔叶杂草时，在芹菜播种后应适当混土或覆薄土，勿让种子外露。播后苗前施药，可选用以下配方药：33%二甲戊灵乳油 100～150mL＋50%扑草净可湿性粉剂 50～75g、50%乙草胺乳油 75～100mL＋50%扑草净可湿性粉剂 50～75g、72%异丙甲草胺乳油 100～150mL＋50%扑草净可湿性粉剂 50～75g、96%精异丙甲草胺乳油 40～50mL＋50%扑草净可湿性粉剂 50～75g、72%异丙草胺乳油 100～150mL＋50%扑草净可湿性粉剂 50～75mL、33%二甲戊灵乳油 100～150mL＋24%乙氧氟草醚乳油 10～20mL、50%乙草胺乳油 75～100mL＋24%乙氧氟草醚乳油 10～20mL、72%异丙甲草胺乳油 100～150mL＋24%乙氧氟草醚乳油 10～20mL、96%精异丙甲草胺乳油 40～50mL＋24%乙氧氟草醚乳油 10～20mL、72%异丙草胺乳油 100～150mL＋25%乙氧氟草醚乳油 10～20mL、33%二甲戊灵乳油 100～150mL＋25%恶草

酮乳油75～100mL、50％乙草胺乳油75～100mL＋25％恶草酮乳油75～100mL、72％异丙甲草胺乳油100～150mL＋25％恶草酮乳油75～100mL、96％精异丙甲草胺乳油40～50mL＋25％恶草酮乳油75～100mL、72％异丙草胺乳油100～150mL＋25％恶草酮乳油75～100mL、20％双甲胺草膦乳油250～375mL＋25％恶草酮乳油75～100mL，对水40L，均匀喷施，可有效防除多种一年生禾本科杂草和阔叶杂草。应在播种后浅混土或覆薄土，种子裸露时沾上药液易发生药害。

育苗芹菜的耐药力强，适应多种除草剂，但小苗刚出土，幼茎尚未直立时易产生药害。

（2）移栽田杂草防除　在移栽前或移栽后，每亩可用48％氟乐灵乳油100～150mL或48％仲丁灵乳油200～250mL，喷雾处理土壤，移栽前施药，药液渗入表土1～5cm，然后移栽；移栽后施药要结合中耕混土。

移栽芹菜还可用：20％除草醚微粒剂1000～1500g，加土20～30kg制成毒土，芹菜移栽缓苗后撒施；25％除草醚可湿性粉剂1000～1250g，加土20～30kg制成毒土撒施，然后浇水；25％除草醚乳油500～625mL，芹菜缓苗后杂草刚出土时喷施等。

（3）生长期杂草防除　对于前期未能采取化学除草或化学除草失败的芹菜田，应在禾本科杂草基本出苗且杂草处于幼苗期时，及时施药防治，可选用10％精喹禾灵乳油40～60mL，或10.8％高效氟吡甲禾灵乳油、10％喔草酯乳油40～80mL、15％精吡氟禾草灵乳油40～60mL、10％精恶唑禾草灵乳油50～75mL、12.5％烯禾啶乳油50～75mL、24％烯草酮乳油20～40mL，对水30L，均匀喷施，可有效防治多种禾本科杂草。该类药剂没有封闭除草效果，施药不宜过早，特别是在禾本科杂草未出苗时施药没有效果。

（4）水芹菜杂草防除　一是每亩用10％苄嘧磺隆可湿性粉剂20～30g拌泥（沙）或肥料15kg，均匀撒施于水芹菜田，保水2d以上；二是每亩用25％恶草酮乳油100～150mL，使用方法同苄嘧磺隆。

（5）注意事项

① 适时用药　土壤处理以播种前或播种后出苗前施药处理效果最佳；茎叶处理要在杂草齐苗后用药，雾滴要细，喷雾要均匀周到。

② 加强管理　土壤处理要求畦面平整，土壤细碎、湿润；茎叶处理要选择气温高、晴朗无风的天气施药。施药后采用地膜覆盖的，用药量可比露地减少20％～30％。

③ 交替使用　需多种药剂交替使用，避免长期使用某一药剂，减少抗药性。

7. 芹菜生产上植物生长调节剂使用技术要领

适用于芹菜的植物生长调节剂和微肥有很多，绝大多数植物生长调节剂和微肥有提高芹菜抗病性、增产、延迟抽薹、改善品质的功效。

（1）赤霉酸　在芹菜采收前2～3周，喷施浓度为20～50mg/L的赤霉酸溶液1～2次，每次每亩喷药液40～50L。可增强抗寒力，使叶色变淡、生长加快、茎叶肥大，使可食用部分的叶柄变长，纤维素减少，产量增加20％左右，提前收获。芹菜喷施赤霉酸时浓度不能过高，以免使植株过于细长，喷施赤霉酸后的1～2d内，要增施肥料，适时采收，防止植株老化。

用5mg/L的赤霉酸，每支20mL加水4kg，浸种12h，可提高发芽率，促进生长，增产20％～50％，早熟、提高品质。用10mg/kg的赤霉酸液点滴每株中心部位，可使芹菜叶柄洁白，提高品质。

（2）三十烷醇　在芹菜定植后，用 0.5mg/L 的三十烷醇溶液，每亩喷 50L，以后每隔 10d 左右喷一次，共喷 3～4 次，在收割前半个月停止喷施。可促进植株生长，增加产量，提高品质。在收获前 15～20d，施用三十烷醇是增产的关键；冬季施用三十烷醇，应注意采取保温措施，使三十烷醇发挥更大的增产效果。

（3）叶面宝　每亩每次用量 5～7.5mL，对水 60kg，10～15d 一次，喷后 6h 遇雨补喷。早晨或傍晚无风时喷雾，促进发芽、长根、开花、结果、抗病、早熟、耐藏，品质提高。增产 8%～30%。

（4）稀土　定植缓苗后，用 500～800mg/L 浓度喷雾叶面，每隔 10d 一次，共喷 3 次。可提高芹菜的商品性状，增产 11%～20%。

（5）"5406"三号剂　定植缓苗后用 600 倍液喷雾，连喷 3 次，可使芹菜株高增高，叶片增多，干鲜重增加，降低发病率，增产 25%～39%。

（6）食醋　生长期用 300 倍液喷雾，5d 一次，每次每亩用食醋 150g，可增强光合作用，促进生长、早熟、抗病增产。

（7）乙烯利　在 1～4 片真叶时，喷 240～960mg/L 的乙烯利，会使芹菜植株生长速度减缓，随后停止生长。

（8）6-苄基腺嘌呤（BA）　产品收获前全株喷洒 5～10mg/L 的 BA，或产品收获后在 10～20mg/L BA 液中浸蘸，可保持芹菜的鲜艳外形及产品的品质，延长产品的贮藏期限。以采收后浸蘸较好，如果结合用薄膜包装及冷藏，则贮藏期可以延长。

（9）喷施宝　每亩每次用喷施宝 5mL，加水 50～60kg，在生长期每 10d 叶面喷雾一次。喷后 6h 内遇雨须补喷，花期不喷，增产 30%～45%。

（10）芸苔素内酯　在芹菜立心期，叶面喷雾芸苔素内酯 0.01mg/L 溶液，可使芹菜植株增高 5%～12%，增重 8%～15%，叶绿素含量提高 0.55%～2.81%，叶色浓绿，富有光泽。如果在收获前 10d 再叶面喷施一次，可提高生理活性和增强抗逆力，适合远途贮运。

（11）石油助长剂　在芹菜生长期喷洒 650～2000mg/L 的石油助长剂 1～2 次，药液用量为 50L/亩，也能显著提高产量。

（12）赛苯隆　将采后的芹菜洗净泥土，晾干多余的水分，用 5～10mg/L 的赛苯隆喷洒全株，或将芹菜放在赛苯隆溶液中浸泡一下，晾干表面水分后，装入保鲜袋中，在 10℃下贮藏，可使芹菜保鲜 1 个月，仍然保持正常的鲜绿状态，失重率极低，保鲜效果良好。

（13）矮壮素　用 4000～8000mg/L 的矮壮素溶液喷雾生长点，可以抑制抽薹开花，提高品质。

（14）青鲜素　用 50～100mg/L 青鲜素溶液喷洒，防止芹菜抽薹。

（15）增产菌　播种前每千克种子拌种用量 20～30mL；定植成活后，每亩用 15～30mL 加水喷雾叶面。移栽时用药液蘸根，每亩用量为 30～50mL。可提高品质，增强抗病性，增产率达 10%～20%。

（16）多效唑　从 4～5 片真叶开始，用 200～500mg/kg 液喷叶面，每 10～15d 喷一次，可促进根、茎、叶的生长，增强光合作用、抗病能力，增产率达 25%～40%。

（17）植物活力素　芹菜旺盛期用 700 倍液喷雾，5～7d 喷一次，连喷 4 次。可增强抗逆性，降低发病率，增产 15%～20%。

（18）腐植酸钠　定植缓苗后用 250mg/kg 的腐植酸钠液，每 7~10d 喷叶面一次，每次每亩用肥液 60~80kg，连喷 4~5 次。采收前 15d 停止喷施。可提高株高，茎、叶肥厚，且抗病、耐贮藏，品质得到改善。

（19）金邦健生素　一号原液 30mL 加水稀释成 500 倍液，浸种 1min；定植后 7~14d 每 10~15d 喷一次，连喷 4~5 次，应在早、晚无风时喷施。可增强光合作用，调节生长，提高抗病力和耐藏性，增产 10%~30%。

（20）邻氯苯氧乙酸　春芹菜栽培时，用 100mg/kg 液，在低温、花原始体未形成时喷施叶面，可延迟抽薹。如果在花的原始体已形成或薹已出现时喷施，则会促进抽薹开花。

（21）马来酰肼　生长后期用 500~1000mg/kg 液喷雾可抑制抽薹。

（22）丰产素　用丰产素 400 倍液，每亩喷施 60kg，8d 喷施一次，共喷 3~4 次。增产率达 38%~39%。

8. 芹菜采收技术要领

由于芹菜播种期、栽培方式和品种不同，采收的要求也不一样。芹菜的采收时期可根据生长情况和市场价格而定，一般定植 50~60d 后，叶柄长达 40cm 左右，新抽嫩薹在 10cm 以下，即可收获。

（1）连根掘收（彩图 8-6）　即在芹菜长到 40~60cm 高，有商品价值时，一次性收获，挖出根部，洗净扎捆、包装上市。此法在收获前，芹菜应灌水，在地面稍干时，早晨植株含水量大，脆嫩时连根挖起上市。此法除早秋播种间拔采收外，其他栽培方式均可采用。

（2）叶柄分批采收　芹菜主要以叶柄供食用，通常芹菜的采收是整株挖取，随着超市及净菜市场需求的变化，目前市场上对成把规格一致的芹菜叶柄需求很大，而芹菜只要管理得当，可以分茬分批采收规格一致的叶柄，余下的继续生长，实现一种多收。即当每簇长出 7~10 支长 40cm 以上叶柄时采收，采收时要用一只手扶住根颈部，用另一只手采下叶柄或用小刀割取，每 15~20d 收一次，一次要采下所有长 40cm 以上的叶柄，一般可收 3~4 次，直至保护设施内温度太低，不能生长时为止。操作要小心，防止折断叶柄，影响商品品质。芹菜采收叶柄后，立即去除所有病、老、黄叶柄，然后喷洒一次杀菌剂，待新出 3~4 片叶时，再酌情施一次肥水。其他管理同常规。此法较适宜于秋延迟栽培和越冬保护地栽培的芹菜，其采收期不严格，由于市场价格是采收越晚价格越高，越接近元旦和春节价格越高，所以应尽量晚采收。

（3）间拔收获　一般早秋播种的芹菜，在田间栽培密度较大时，可分 2~3 次间拔长大的、具有商品价值的成株上市。留下小株继续长大，待长大后间拔上市。芹菜特别是西芹生长时间长，可采用隔行采收。

（4）割收　又叫再生栽培法。在芹菜长成后，用利刀割取地上部分扎捆上市。割茬勿伤及根颈部上的生长点。割后立即拔草，清理枯叶，并进行浅松土。约 3~4d，植株伤口愈合后，新芽长出 9~10cm 高，再培细土，并浇水追肥。通过精细管理，20~25d 后即可连根掘收。

以上 4 种收获方法的选用要根据市场需求而定。如当地蔬菜紧缺，价格较高时，可考虑采用割收、间拔收获或叶柄分批采收的方法；如市场蔬菜多，价格低廉，则以连根掘收为宜。由于春早熟栽培易发生先期抽薹现象，如收获过晚，薹高老化，品质下降，故宜适当早收。且春季芹菜的市场价格是越早越高，适期早收，也有利于经济效益的提高。

9. 芹菜采后处理技术要领

（1）采收 芹菜有实心种（彩图 8-7）和空心种两类。实心色绿的芹菜耐寒力较强，较耐挤压，经过贮藏后仍能较好地保持脆嫩品质，适于贮运；空心类型品种贮藏后叶柄变糠，纤维增多，质地粗糙，不适宜贮藏。芹菜虽喜冷凉环境，但受冻害的芹菜不耐贮运，遭霜后的芹菜叶子就会变黑。一般供贮藏的芹菜都应晚播晚收，但必须赶在霜前收获。收获芹菜要连根铲下，除假植贮藏连根带土外，其他贮藏方法的芹菜带根宜短并清除泥土。

（2）分级 长距离运输销往外地的芹菜，为了求得较好的价格，对品质有一定的要求。标准的商品应具有本品种固有形状、色泽优良，成熟度适宜，质地脆嫩，无萎蔫、无抽薹，清洁、新鲜、无泥土和不可食叶片，无杂物、无腐烂、无病虫害及其他伤害。实心芹菜叶柄不空心，叶柄宽厚，叶色深绿，口感脆嫩。大小规格可以单株质量作为分级依据，分为大（＞400g）、中（300～400g）、小（＜300g）3 级。一般芹菜的分级标准见表 8-3。

表 8-3 芹菜分级标准

商品性状基本要求	大小规格	特级标准	一级标准	二级标准
具有本品种固有形状、色泽优良，成熟度适宜，质地脆嫩	单株重量/g 大：＞400 中：300～400 小：＜300	鲜嫩色正，株高40cm 以上，不空心，去根，洗净，无病虫害	鲜嫩色正，株高 35cm 以上，略有病虫害，加工整修，去根，洗净	新鲜，不过老，无严重病虫害，加工整修，去根，洗净

（3）包装 芹菜以往较少包装或包装粗放，长途运输的芹菜一般都要包装。

① 小束小捆包装 这种保鲜包装是用天然植物藤或塑料绳将芹菜扎成小束或小捆，一般每束（捆）为 1～2.5kg，主要用于短时间的运输贮藏和销售。也有的用牛皮纸或塑料（聚乙烯）薄膜将芹菜装成筒状，这种方式可连叶和茎秆（叶柄）一同捆扎，也可将叶去掉，专捆茎秆（叶柄）。

② 竹筐包装 在放入芹菜之前先在筐底铺上干碎草，芹菜根部朝下竖放其中，在芹菜的顶部也覆干碎草，最后喷洒清水，适于较粗放的运输。

③ 草袋包装 草袋和水浸渍后，再把芹菜整株装入，缺点是支撑力较小而使芹菜易受机械损伤。

④ 塑料袋包装 价格低廉，易保湿，应用较广，但也因支撑力较小而使芹菜遭受机械损伤，也适于较粗放的运输。

⑤ 纸箱包装 常用透气纸箱，每箱 20kg，将去除根、黄叶、病叶、不卫生等不可食用的外叶后的芹菜，按相同品种、相同等级、相同大小规格集中堆置，包装纸箱应有透气孔，适于长途运输的精品包装，一般进行差压预冷宜采用此法。用纸箱包装时，应先用塑料包好，再放入纸箱内。

包装上的标志和标签应标明产品名称、生产者、产地、净含量和采收日期等，字迹清晰、完整、准确。用于芹菜的包装容器应整洁、干燥、牢固、透气、无污染、无异味，内壁无尖突物。每批芹菜所用的包装、单位净含量应一致。

目前较高档的芹菜包装为纸箱、塑料箱、大塑料袋（袋装 10kg 以上）等，高档芹菜均用 200～500g 的塑料袋密封包装，外用纸箱进行大包装。

（4）预冷　一般运输的芹菜，在采收后，摘除黄枯烂叶，打成小捆，置于阴凉处预贮散热。

进行长距离运输的芹菜，宜进行差压预冷，在预冷前，将预冷库温度调控在 0℃，将封好的菜箱在差压预冷通风设备前，使纸箱有孔两面垂直于进风风道，并使每排纸箱开孔对齐。风道两侧纸箱要码平，如预冷菜量少可两侧各码 1 排，如预冷量大可各码 2 排，堆码高度以低于帆布高度为准，两侧顶部和侧面均码齐。依差压预冷通风设备的大小，一次预冷量有所不同，要预冷的菜量大时，可依据设备的大小码到最大量，剩余的再码到另一个设备。菜码好后，将通风设备上部帆布打开盖在菜箱上，注意要平铺不要打折，帆布到侧面要贴近菜箱垂直放下，防止帆布漏风。打开差压预冷系统并将时间继电器调到所要预冷的时间，如码到 1 排可调到 3h，如码放 2 排要调到 4h。到时间后会自动停止通风（如有真空预冷设备可用真空预冷，预冷时间 45min 左右）。

（5）运输　芹菜收获后应就地修整，及时包装、运输。高温季节长距离运输宜在产地预冷，并用冷藏车运输，低温季节长距离运输，宜用保温车，如用卡车宜加盖棉被或其他保温措施，严防受冻。运输工具清洁卫生、无污染。白天运输，运输中间（长途运输）应及时喷水，保持芹菜有充足的湿度，快装快运。

（6）销售　芹菜从田间采收后，即在清洁水池内淋洗，去掉污泥，放室内整理一遍，然后按质量要求，分等级扎成小把，整齐排放入特定的盛器内，随即运送至销售点，保持鲜嫩，及时优价销售。常温下芹菜具有较高的呼吸强度，春夏季节芹菜大量上市，价格较低时，货架上一般不采取特殊包装；严冬季节上市的蔬菜，特别是超市销售，可采取胶带捆把，适当降温、加湿的措施，以延长货架期，保持新鲜度。高档芹菜销售要有一定的条件，一般需在有冷藏设备、恒温设备的超级市场里才行，因为高档商店备有低温设施条件，使高档芹菜产品处在低温条件下贮藏，可保证其销售质量。

六、芹菜主要病虫害防治技术

1. 芹菜主要病害防治技术

（1）芹菜猝倒病（彩图 8-8）　床土处理，如果用旧苗畦育苗，可与无病害的大田换土，或者进行土壤消毒。可用 50％多菌灵可湿性粉剂配成水溶液，按 1000kg 土壤用 25～30g 多菌灵喷洒，喷后把土壤拌匀，用塑料薄膜盖严，2～3d 后即可杀死土壤中的病原菌。也可按照每平方米 8～10g 50％多菌灵可湿性粉剂与少量细土混合均匀，取 1/3 药土作垫层，播种后，其余 2/3 药土作覆盖层。还可按每平方米床土用甲醛 30～50mL，加水 1～3L，配成药液后浇床土，用塑料薄膜覆盖 4～5d，除去覆盖物以后，经过 2 周左右，待药剂充分挥发后再播种。保护地育苗，可选用 45％百菌清烟剂 200～250g 熏烟，5％百菌清粉尘剂 1kg 喷粉。

发病后少量发生时，应及时拔除病株，撒施少量干土或草木灰降湿，并喷药，可选用 75％百菌清可湿性粉剂 700～800 倍液，或 60％多菌灵盐酸盐超微可湿性粉剂 800～900 倍液、36％甲基硫菌灵悬浮剂 500 倍液、50％腐霉利可湿性粉剂 1000 倍液、50％咪鲜胺可湿性粉剂 1000 倍液、25％嘧菌酯悬浮剂 1000～1200 倍液、70％丙森锌可湿性粉剂 500～700 倍液、72.2％霜霉威水剂 600 倍液、10％苯醚甲环唑水分散粒剂 800～1200 倍液、70％敌磺钠可湿性粉剂 1000 倍液、58％甲霜灵可湿性粉剂 1000 倍液、40％三乙膦酸铝可湿性粉剂 500～600 倍液等喷雾，还可用硫酸铜 0.5kg＋碳酸铵 3.25kg 配制的铜铵合剂（将硫酸铜和碳酸铵充分混匀，置于密闭容器内密闭 24h，使用时加水 600～750kg）喷雾防治。

（2）芹菜灰霉病（彩图 8-9） 是近年棚室保护地新发生的病害。可在芹菜生长的各个时期发生，以叶片、叶柄为害较重。发病时及时清除病叶、病株，并带出田外烧毁，保护地芹菜采用生态防治法，加强通风管理。严禁连续灌水和大水漫灌，浇水宜在上午进行，发病初期适当节制浇水，严防过量，每次浇水后，加强管理，防止结露。发病时喷施 2％武夷菌素水剂 150 倍液。保护地栽培，可每亩用 15％腐霉利烟剂 200g，或45％百菌清烟剂 250g 熏 1 夜，隔 7～8d 一次，也可于傍晚每亩喷撒 5％百菌清粉尘剂1kg，隔 9d 一次，视病情注意与其他杀菌剂轮换交替使用。或每亩可用 5％福·异菌粉尘剂 1kg 喷粉。

发病初期，可选用 50％腐霉利可湿性粉剂 1000～1500 倍液，或 65％硫菌·霉威可湿性粉剂 1000～1500 倍液、50％异菌脲可湿性粉剂 1000～1500 倍液、25％甲霜灵可湿性粉剂 1000 倍液、45％噻菌灵悬浮剂 3000～4000 倍液、50％乙烯菌核利可湿性粉剂1000 倍液、10％多抗霉素可湿性粉剂 600 倍液、40％嘧霉胺悬浮剂 800～1000 倍液、60％多菌灵盐酸盐超微粉 600 倍液等喷雾防治，隔 7～10d 一次，共喷 3～4 次。由于灰霉病菌易产生抗药性，应尽量减少用药量和施药次数，必须用药时，要注意轮换或交替及混合施用。

（3）芹菜软腐病（彩图 8-10） 又称腐烂病、腐败病、"烂疙瘩"，为一种细菌性土传病害，主要在叶柄基部或茎上发生。一般在生长中后期封垄遮阴、地面潮湿的情况下容易发病。感病生育盛期为生长中后期，感病流行期为 5～11 月。

在播种沟内，用 2％中生菌素水剂 5kg，或丰灵可溶性粉剂 1kg，加水 50kg，均匀施在一亩的垄沟上。苗期用丰灵可溶性粉剂 500g，加水 50kg，浇灌根部和喷洒叶柄及基部，或在浇水时，每亩随水加入 2％中生菌素水剂 2～3kg。

发现病株及时挖除，并撒上石灰消毒。在发病前或发病初期，可喷 72％硫酸链霉素或新植霉素 3000～4000 倍液，隔 7d 喷一次，连喷 2～3 次。或选用 50％多菌灵可湿性粉剂 500～800 倍液、70％甲基硫菌灵可湿性粉剂 800～1000 倍液、30％琥胶肥酸铜可湿性粉剂 400～500 倍液、77％氢氧化铜可湿性粉剂 600～800 倍液、70％敌磺钠可湿性粉剂 700 倍液、14％络氨铜水剂 300～400 倍液、95％醋酸铜粉剂 500 倍液、47％春雷·王铜可湿性粉剂 800～1000 倍液、20％噻菌铜悬浮剂 500～600 倍液等，喷洒植株和浇灌根颈部，7～10d 一次，连续防治 2～3 次。喷药时，要均匀喷洒所有的茎叶，以开始有水珠往下滴、并渗透入根部土壤为宜。在芹菜生长中后期，叶面喷洒一次0.2％～0.3％磷酸二氢钾和 1000 倍的赤霉酸混合液，能明显增强芹菜植株抗软腐病的能力，提高产量和品质。

（4）芹菜斑枯病（彩图 8-11） 又叫晚疫病、叶枯病，俗称"火龙""桑叶"等，是芹菜上发生最普遍而又严重的一种病害，有大斑型和小斑型两种。感病流行期为 3～5月和 10～12 月。

苗高长到 3cm 后开始注意用药，发病前或病害刚发生时，喷洒 2％嘧啶核苷类抗生素水剂或 2％武夷菌素水剂 100～150 倍液，5～6d 一次，连喷 3～4 次。

保护地栽培，可用 45％或 30％百菌清烟熏剂，或 15％恶霜灵烟剂，每亩每次用200～250g，分放 4～5 个点，早上日出之前或傍晚日落之后进行，冒烟后密闭烟熏 4～

6h，隔 7d 熏一次，连熏 3～4 次。百菌清是保护剂，第一次烟熏时，必须在发病前进行，否则效果差，烟熏时棚、室必须严闭，烟熏剂不要放在植株底下，不宜任意加大用量。或用 5％百菌清粉尘剂，或 7％敌菌灵粉尘剂，每亩喷 1kg（不加水），早、晚喷，隔 7d 一次，连喷 3～4 次。

芹菜苗高 2～3cm 时，就应开始喷药保护，以后每隔 7～10d 喷一次药，可选用 50％福·异菌可湿性粉剂 800 倍液，或 40％多·硫胶悬剂 600～800 倍液、50％甲霜铜可湿性粉剂 500～600 倍液、58％甲霜灵可湿性粉剂 1000 倍液、68％精甲霜·锰锌水分散粒剂 600～800 倍液、72.2％霜霉威水剂 1000 倍液、10％氰霜唑悬浮剂 2000～3000 倍液、65.5％恶唑菌酮水分散颗粒剂 800～1200 倍液、52.5％恶酮·霜脲氰水分散颗粒剂 2000～3000 倍液、64％恶霜灵可湿性粉剂 400～500 倍液、40％氟硅唑乳油 8000 倍液、70％丙森锌可湿性粉剂 500～700 倍液、70％敌磺钠可湿性粉剂 1000 倍液等喷雾，注意药剂轮换使用，要选晴天防治，喷药注意质量，所有叶子均要喷上，重点喷下面叶子，正反面均要喷到药液。采收前 10d 停止用药。

（5）芹菜早疫病（彩图 8-12） 又称叶斑病、斑点病、褐斑病，主要为害叶面，也为害茎和叶柄，从苗床直到收获都可发病，一般以夏、秋季发病较重，保护地芹菜发生较普遍，有时为害严重。发病前，可用 2％嘧啶核苷类抗生素水剂 150 倍液，隔 5～6d 喷一次，连喷 3～4 次。

保护地栽培，可于傍晚用 3.3％噻菌灵烟剂，或 45％或 30％百菌清烟剂，每亩用药 200～250g，冒烟后闭上所有风口和门，密闭烟熏，隔 7d 熏一次，连熏 3～4 次。或选用 5％福·异菌粉尘剂，或 5％百菌清粉尘剂，每亩喷 1kg（喷时不加水）。注意切勿对准植株喷，喷时喷头向上，让粉尘自然飘落在植株上，隔 7d 喷一次，连喷 3～4 次。

芹菜苗高 2～3cm 时就开始喷药保护，以后每隔 7～10d 喷药一次，发病初期，将病叶摘除，可选用 50％福·异脲可湿性粉剂 600～800 倍液，或 50％异菌脲可湿性粉剂 800～1000 倍液、75％百菌清可湿性粉剂 600 倍液、50％多菌灵可湿性粉剂 500～600 倍液、8％精甲霜·锰锌水分散粒剂 600～800 倍液、72.2％霜霉威水剂 1000 倍液、25％嘧菌酯悬浮剂 1000～2000 倍液、43％戊唑醇悬浮剂 3000～4000 倍液、10％氰霜唑悬浮剂 2000～3000 倍液、65.5％恶唑菌酮水分散颗粒剂 800～1200 倍液、52.5％恶酮·霜脲氰水分散颗粒剂 2000～3000 倍液、80％代森锰锌可湿性粉剂 600～800 倍液、70％丙森锌可湿性粉剂 500～700 倍液等喷雾防治，隔 7～10d 喷一次，连喷 2～3 次。注意药剂轮换使用，选晴天喷药效果好，收获前 7d 不得喷药。用高锰酸钾：代森锰锌：水为 1∶1∶800 倍液，发病初期一次，流行期 5～7d 一次，连防 3 次，效果佳。对已发病的田块，用单一药剂常常难以控制，可选用 75％百菌清可湿性粉剂＋60％恶霜灵可湿性粉剂 600 倍液，在暴发流行期每隔 5～7d 防治一次，连续 2～3 次。

（6）芹菜细菌性叶斑病 棚室或田间湿度大，易发病和蔓延。种植密度大的田块发病重。苗期防治是关键，可选用 72％硫酸链霉素可溶性粉剂 3000 倍液，或新植霉素 4000～5000 倍液、14％络氨铜水剂 400 倍液等喷雾防治。以上药剂应交替使用，以免产生抗药性。

（7）芹菜细菌性叶枯病（彩图 8-13） 在气温低、湿度大时，芹菜易发生。发病初期，可选用 72％硫酸链霉素可溶性粉剂 4000 倍液，或 56％氧化亚铜水分散粒剂 600～800 倍液、77％氢氧化铜可湿性粉剂 500 倍液、30％氧氯化铜悬浮剂 800 倍液、30％碱式硫酸铜悬浮剂400倍液等喷雾防治，7～10d喷一次，连续2～3次。

(8) 芹菜菌核病（彩图8-14） 主要为害茎、叶柄、叶片。此病在储藏期可继续发病，损失常重于田间。早春多雨、气候温暖、空气湿度大，秋季多雨、多雾、重露易发病。

保护地芹菜，发病前可选用3.3％噻菌灵烟剂、10％腐霉利烟剂等，每亩每次用药250～300g，傍晚密闭烟熏，隔7d熏一次，连熏4～5次。也可选用6.5％硫菌·霉威粉尘剂，或5％福·异菌粉尘剂、5％氟吗啉粉尘剂等，每亩每次喷粉1kg，隔7d喷一次，连喷3～4次。

化学防治应尽早、及时，选用50％腐霉利可湿性粉剂1200倍液，或50％多·霉威可湿性粉剂600～800倍液、50％异菌脲可湿性粉剂1200倍液、40％菌核净可湿性粉剂1000倍液、50％福·异菌可湿性粉剂600倍液、8％精甲霜·锰锌水分散粒剂600～800倍液、72.2％霜霉威水剂1000倍液、10％氰霜唑悬浮剂2000～3000倍液、65.5％恶唑菌酮水分散颗粒剂800～1200倍液、52.5％恶酮·霜脲氰水分散颗粒剂2000～3000倍液、80％代森锰锌可湿性粉剂600～800倍液、70％丙森锌可湿性粉剂500～700倍液等交替喷雾，7d一次，连喷3～4次，药剂要交替使用。

(9) 芹菜花叶病毒病（彩图8-15） 又称花叶病、皱叶病、抽筋病等，高温干旱年份发病严重。主要为害叶片，从苗期至成株期均可发生。早期灭蚜。生物防治，发病时，可选用8％宁南霉素水剂200倍液，或0.5％菇类蛋白多糖水剂300倍液、高锰酸钾1000倍液等喷雾防治。化学防治，可选用5％菌毒清可湿性粉剂500倍液，或1.5％植病灵乳油1000倍液、20％吗啉胍·乙铜可湿性粉剂500～700倍液等喷雾，最好在苗期或发病前期防治，每隔7～10d左右一次，连喷3～5次，采收前3d停止用药。也可用"5406"细胞分裂素300倍液＋氨基酸铜400倍液＋20％磷酸二氢钾溶液喷雾。用0.1％硫酸锌液，也有一定的防治效果。喷施70％乙酸钠盐溶液（5mg/kg）2～3次，每隔10～15d施一次，对提高植株抗耐病能力有较好效果。

(10) 芹菜心腐病（彩图8-16） 又称黑心病，是芹菜生产上最为严重的毁灭性病害，无论是露地还是保护地栽培的芹菜整个生育期都会遭受为害，甚至地运输期病情还可继续加重，尤以西芹受害更重。生理性缺硼和钙是造成心腐病的主要原因。

① 因缺钙导致的心腐病，应注意控制环境温度，及时通风降温，并保持土壤湿润，适量追施化肥，应注意多种肥料配合施用，不要造成硼和钙的缺乏。酸性土壤要施入石灰，调节土壤酸碱度至中性或偏碱性。如果出现烧心症状，通常于叶面喷施0.30％～0.50％的氯化钙、2％硝酸钙或硝酸钙水溶液，每7d喷一次，连续喷2～3次，一般喷2次即可。喷洒时一定要喷在心叶上，喷在其他叶片上无效。

近年来，出现了一些新型的螯合钙肥，如益妙钙、甘露糖醇有机螯合钙、EDTA钙钠盐等，由于钙的螯合作用加强了钙在植株体内的转运，因而螯合钙肥具有渗透性强、易被植株吸收、化学性能稳定等优点。可喷洒5％益妙钙液态肥1000～1200倍液或甘露糖醇有机螯合钙液态肥1000倍液，每7d喷洒1～2次。还可在发病初期喷洒氨基酸钙600～800倍液或美林高效钙500～600倍液，每10d喷一次，连续施用3～4次，喷后6h内遇雨应补喷。

② 因缺硼导致的心腐病，应多施有机肥，提高土壤供硼能力。每亩可施硼砂1kg左右，以补充硼的不足。当出现缺硼症状时，也可用0.10％～0.30％的硼砂水溶液喷施植株。

低温时要进行适当保温；及时浇水，防止干旱；及时防治病虫害；加强管理，每20d喷施浓度为0.01％的天然芸苔素溶液一次，促进根系生长发育，提高吸收能力。

(11) 芹菜黑腐病（彩图 8-17） 又称基腐病，为害芹菜和根芹菜。发病初期，可选用50％甲基硫菌灵可湿性粉剂500倍液，或77％氢氧化铜可湿性粉剂500倍液、56％氧化亚铜水分散粒剂800～1000倍液、50％多菌灵可湿性粉剂600倍液、50％苯菌灵可湿性粉剂1500倍液、30％氧氯化铜悬浮剂800倍液、30％碱式硫酸铜悬浮剂400倍液、40％百菌清悬浮剂600倍液等喷雾防治，每7～9d一次，连喷2～3次。施药时应注意将药液喷在植株基部。

(12) 芹菜黑斑病（彩图 8-18） 又称假黑斑病。喷粉或烟熏，棚室栽培，在发病前或发病初期，每亩喷撒5％百菌清粉尘剂1kg，或10％腐霉利烟剂200～250g。

露地栽培，可选用80％代森锰锌可湿性粉剂600倍液，或50％异菌脲可湿性粉剂1000倍液、64％恶霜灵可湿性粉剂500倍液等喷雾防治，隔9d防治一次，连续防治3～4次。发病后用药，防治效果不理想。

(13) 芹菜叶点病（彩图 8-19） 又称为叶点霉叶斑病。可选用56％氧化亚铜水分散粒剂800～1000倍液，或36％甲基硫菌灵悬浮剂500倍液、50％多菌灵可湿性粉剂600倍液、60％多菌灵盐酸盐可湿性粉剂800～900倍液、50％苯菌灵可湿性粉剂1500倍液、30％氧氯化铜悬浮剂800倍液、30％碱式硫酸铜悬浮剂400倍液等喷雾防治，隔7～10d喷一次，连续2～3次。

(14) 芹菜根结线虫病（彩图 8-20） 夏、秋季阶段性多雨的年份发病重。土壤熏蒸对线虫的防效是最高的，其中较好的熏蒸剂是威百亩、棉隆，一般处理20cm左右厚的表土层，可以杀死土壤中的线虫、病菌、杂草，大大减轻作物的土传性病害和草害。发病初期，可选用1.8％阿维菌素乳油4000倍液，或50％辛硫磷乳油1500倍液等灌根，每株灌药液250mL，10～15d后再灌一次。也可在播种前或定植前，每平方米沟中施入1.8％阿维菌素乳油1mL，进行土壤消毒，施入后覆土。

2. 芹菜主要虫害防治技术

(1) 白粉虱 培育无虫苗。通风口要增设尼龙纱等，以防外来虫源的侵入。利用白粉虱强烈的趋黄习性，可制黄板诱杀。采用烟熏法时，用80％敌敌畏乳油与锯末掺匀，加一块烧红的煤球将烟剂引燃，每亩用药250g，于傍晚时熏烟。棚膜要盖严，每棚内放4～5点。此法只能防治成虫，以后还需陆续熏烟。药剂防治白粉虱，以早晨喷药为好，喷药时先喷叶片正面，然后再喷背面，每周喷药一次，连喷2～3次即可。可选用25％噻嗪酮可湿性粉剂1500倍液（对粉虱特效），25％灭螨猛可湿性粉剂1500倍液（对粉虱成虫、卵和若虫皆有效），2.5％溴氰菊酯乳油2000倍液，20％氰戊菊酯乳油2000倍液，20％甲氰菊酯乳油2000倍液，10％联苯菊酯乳油2000倍液（可杀成虫、若虫、假蛹，对卵的效果不明显），10％吡虫啉可湿性粉剂每亩用有效成分2g，2.5％氯氟氰菊酯乳油3000倍液等，连续施用，均有较好效果。

(2) 蚜虫 可利用蚜虫的趋黄特性。或利用银灰色反光塑料薄膜驱赶蚜虫，将银灰色薄膜覆盖于地面。或将银灰色反光塑料膜剪成10～15cm宽的挂条，挂于温室周围，可起避蚜作用。在傍晚放草苫前，用花盆盛上锯末或芦苇、稻草等可燃物，洒上敌敌畏，用几个烧红的煤球点燃，使烟雾弥漫全温室。每亩温室面积需80％敌敌畏0.25～0.4kg，灭蚜效果较好。根据蚜虫多生于心叶及叶背皱缩处的特点，喷药时一定要细致、周到。用药要选择具有触杀、内吸、熏蒸三种作用的药剂。可选用50％抗蚜威可湿性粉剂 2000～3000 倍液，或 10％吡虫啉可湿性粉剂 2000～3000 倍液、6％烟·百素水剂 1000 倍液、1.5％联苯菊酯乳油 1000～1500 倍液、2.5％溴氰菊酯乳油 2000 倍液、20％氰戊菊酯乳油 2000 倍液、1％苦参素水剂 600 倍液、1.8％阿维菌素乳油 3000 倍液、40％乐果乳油 1000 倍液、70％灭蚜硫磷可湿性粉剂 2000 倍液、2.5％氯氟氰菊酯乳油 2000～3000 倍液、2.5％高效氟氯氰菊酯乳油 1500～2000 倍液、25％噻虫嗪水分散颗粒剂 6000～8000 倍液等喷雾防治。每隔一周喷一次，连续喷雾 2～3 次，并注意药剂交替使用。采收前 7d 停止用药。

（3）红蜘蛛　加强田间检查，在红蜘蛛有点片发生时即进行防治。若发现新孵化的若虫，则要连续防治。可选用 20％复方浏阳霉素乳油 2000～3000 倍液，或 25％灭螨猛可湿性粉剂 1000～1500 倍液、2.5％联苯菊酯乳油 2000 倍液、10％哒螨灵乳油 2000 倍液、70％炔螨特乳油 2000 倍液、20％双甲脒乳油 2000 倍液、9.8％喹螨醚乳油 3000 倍液、5％氟虫脲乳油 2000 倍液、1.8％阿维菌素乳油 3000 倍液、2.5％氯氟氰菊酯乳油 2000～3000 倍液、2.5％高效氟氯氰菊酯乳油 1500～2000 倍液、75％灭蝇胺可湿性粉剂 5000 倍液等喷雾，注意药剂轮换使用，每隔 10～14d 喷一次，连续喷 1～2 次。

（4）蛞蝓　在早晨蛞蝓尚未潜入土中时（阴天可在上午）进行药剂防治。可用 10％四聚乙醛颗粒剂拌入鲜草中，用药量为鲜草量的 1/10，拌匀制成毒饵，撒在地里，以诱杀野蛞蝓。可用 10％四聚乙醛颗粒剂，每亩用药 2kg 撒于田间。或 6％四聚乙醛颗粒剂与干细土 25 份混匀，播种或移栽时撒施或穴施，成株期撒施于蛞蝓经常出没处。于清晨蛞蝓未潜入土中时，可选用 8％四聚乙醛颗粒剂 800～1000 倍液，或硫酸铜 800～1000 倍液、70％氯硝柳胺 500～700 倍液、氨水的 70～100 倍液、1％食盐水等喷洒防治。也可于傍晚，用 50％辛硫磷乳剂 1000 倍液喷洒防治。

第二节　菠　菜

一、菠菜生长发育周期及对环境条件的要求

1. 菠菜生长发育周期

（1）种子时期　从母体卵细胞受精开始，经过种子形成、种子成熟、种子休眠到种子萌发，为种子时期。种子萌发时所需的能量靠种子本身的贮藏物质，因此种子质量不但关系到种子能否顺利萌发，而且对以后各个时期的生育都有影响。所以，应加强采种植株的田间管理，使之有良好的营养条件，以保证获得健壮的种子。

（2）营养生长期　从种子萌发开始，经过子叶出土，以及第一、第二、第三、第四等各片真叶的陆续出现和生长，直至苗端分化为花芽以前的这一段时期为营养生长时期。从子叶开展到出现两片真叶，春播或夏播约需 1 周；秋播约需 2 周。如果条件适宜，子叶面积和重量以每周 2～3 倍的速度增加，但绝对生长量很小。两片真叶以后，叶数、叶面积、叶重同时迅速增长，为产量形成的主要时期。经过一定时期（因播期及气候条件而异）苗端分化花原基，叶数不再增加。

这一时期的主要特点是光合面积（主要指叶片）的迅速增加和根系的扩展。根系从土壤中吸收水分和养分，绿色叶片通过所含的叶绿素吸收太阳能，将其从空气中吸收的

二氧化碳和从土壤中吸收的水分形成碳水化合物（糖、淀粉），供给根、茎、叶等营养器官的生长和养分的积累。所以，营养生长期的长短、营养器官发育状况的好坏以及养分积累的多少，直接影响菠菜产量和品质的优劣。这一时期的栽培技术目标是延长营养生长期，促进根、茎、叶的生长及养分积累，为高产、优质打下基础。

（3）生殖生长期　从花芽分化到抽薹、现蕾、开花、结籽、种子成熟的这一段时期为生殖生长期。花芽分化是由营养生长过渡到生殖生长的转折点，花芽分化以后，叶数不再增加，但叶面积和叶重继续增长，营养生长仍然占优势，所以生殖生长期与营养生长期有一段重叠的时期。如果以开始抽薹作为菠菜采收的终止期，则在不同播种期之间，重叠时期的长短有很大差异。以采收鲜菜为目的时，栽培技术的要点是：尽量延长重叠期，并加强肥水管理，使叶片能够充分生长，以提高产量，增进品质。如果以采收种子为目的，则要求绝对雄株少，雌株多，营养雄株比雌株少。据研究，外界条件中凡是能加强光合作用和养分积累的因素，一般可使雌性加强；凡是营养不良而且能促进养分消耗的因素，一般可使雄性加强。所以营养生长期的环境条件和栽培管理会影响采种植株的营养状况和雌、雄株的比例。加强营养生长期和生殖生长期的肥、水管理，使雌株增多，而且在雌株抽薹后能发生较多的健壮侧花茎，以利于种子产量和质量的提高。

2. 菠菜对环境条件的要求

（1）温度　菠菜是绿叶菜类蔬菜中耐寒力最强的一种蔬菜，在长江流域以南可以露地越冬，华北、东北、西北用风障加无纺布地面覆盖，也可在露地栽培越冬。菠菜的耐寒力与植株的生长发育、苗龄密切关系，幼苗只有 1~2 片叶和将要抽薹的植株，其耐寒性较差。耐寒力强的品种，4~6 片真叶的中耐短期 $-30~-40℃$ 的低温。种子萌发的最低温度为 4℃，最适温度为 15~20℃，适温下 4d，发芽率达 90% 以上。温度过高则发芽率降低，发芽天数增加，35℃ 时发芽率不到 20%，所以高温季节播种时，种子必须事先放在冷凉环境中浸种催芽。菠菜萌动的种子或幼苗在 0~5℃ 下经 5~10d 通过春化阶段。

（2）光照　菠菜属低温长日照作物，花芽分化主要受日照长短的影响，在长日照或高温下容易通过光照阶段，在长日照下低温有促进花芽分化的作用。花芽分化后温度升高，日照加长时抽薹、开花加快。越冬菠菜进入翌年春夏季，植株就会迅速抽薹开花。菠菜抽薹开花受日照长短影响，抽薹随温度的升高、日照时数的加长而加速。

根据温度和日照时间对菠菜营养生长和生殖生长的影响，确定适宜播种期的原则应当是：播种出苗后，基生叶的生长期尽可能处在日平均温度为 20~25℃ 的温度范围内，争取有较多的叶数和较肥大的叶片；花芽分化后，温度降低，日照时间缩短，使基生叶有较长的生长时期，从而提高单株重量。

（3）水分　菠菜叶面积大，组织柔嫩，气孔阻力小，蒸腾作用旺盛。因此，生长过程中需水量大，在空气相对湿度 80%~90%，土壤湿度 70%~80% 的环境条件下生长最旺盛，叶片厚，品质好，产量高。菠菜在生长过程中需要大量水分，生长期缺水，生长缓慢，叶肉老化，纤维增多，尤其在高温、干燥、长日照下，会促进花器官发育，提早抽薹。但水分过多时，土壤透气性差，易板结，不利根系活动，生长也不良。

（4）土壤　菠菜对土壤的性质要求不严，适应性较广，以种植在保水、保肥、潮湿、肥沃、pH6~7.5 中性或微酸性壤土为宜。在酸性土壤中生长缓慢，过酸时叶色变黄，叶片变硬，无光泽，不伸展。所以，酸度太大的土壤应施用石灰或草木灰中和酸性。在生产实践中常见到用苦水（含钾、钠、钙等盐类的水）浇菠菜时，菠菜生长良好的现象，这是由于酸性大的土壤上浇含碱性盐类的苦水后，酸性降低的缘故。但是菠菜耐碱性的能力也比较弱，在碱性土壤中，生长不良，产量降低。

菠菜对土壤性质的要求不严格，砂壤土、壤土及黏壤土都可以栽培，可根据不同栽培季节选择适宜的土壤。例如，以春季早上市为目的时，可选择砂壤土种植，这样早春地温升高较快，菠菜越冬后返青快，可以早采收；以高产为目的时，可选择保水、保肥力比较好的壤土或黏质壤土。

（5）肥料　菠菜是速生绿叶菜，种植密度大，产量较高，因此生长期需要有充足的速效性养分供给。每亩菠菜吸收氮4.1～9.3kg、磷1.0～3.7kg、钾5.7～19.0kg。氮肥充足时，叶部生长旺盛，不仅可以提高产量，增进品质，而且可以延长供应期；缺氮时，植株矮小，叶片发黄，小而薄，纤维多，易抽薹。目前生产上有忽视磷、钾肥而偏施氮肥的倾向。有人片面地认为氮肥是长叶子的，所以仅用氮肥作追肥。实验证明，仅施氮肥的菠菜，与施氮、磷、钾肥料的菠菜相比，株高降低33.3%，单株重减少43.5%。

在缺硼的田块中种植菠菜，心叶卷曲、失绿，植株矮小，在施肥时配合施用硼砂，每亩0.5～0.75kg，或者对水配成溶液喷施叶面，可防止缺硼现象。

二、菠菜栽培季节及茬口安排

菠菜栽培茬口安排见表8-4。

表8-4　菠菜栽培茬口安排（长江流域）

种类	栽培方式	建议品种	播期/(月/旬)	播种方式	采收期/(月/旬)	亩产量/kg	亩用种量/g
菠菜	春露地	上海圆叶、圆叶菠菜、法国菠菜	2/下～3/上中	直播	4/中～5/中下	1000～1500	3500
	夏防雨大棚	广东圆叶菠菜、明星菠菜	5/中～7/上	直播	6/下～8/下	1000～1500	1000～3500
	秋露地	华菠1号、绍兴菠菜、大叶菠菜	8/上～9/中	直播	10～11	1500	5000
	冬露地	菠杂9号、10号、沈阳大叶圆菠、华菠2号	9/下～11/上	撒播	11/下～4	1500	4000～5000

三、菠菜主要栽培技术

1. 菠菜大棚早春栽培技术要点

（1）品种选择　应选用耐寒、抗抽薹、适于早春大棚栽培的品种。

（2）整地施肥　在秋茬蔬菜收获后，不要去掉棚膜，直接施肥、整地、作畦。一般每亩施充分腐熟农家肥3000～5000kg、磷酸二铵20～25kg、硫酸钾10～15kg，或三元复合肥40～50kg，做成宽1～1.5m的平畦。

（3）适时播种　一般在12月初催芽播种。播种前一天，用凉水泡菠菜种子12h左右，搓去黏液，捞出沥干，然后播种，或在15～20℃条件下进行催芽，3～4d大部分种子露白后即可播种。播种时在平整的畦面上均匀撒上种子，播种深度1～

1.5cm，然后再踩一遍后浇透水。最好采用条播，行距为 8～10cm，一般每亩播种约 4kg。

（4）肥水管理（彩图 8-21） 棚内菠菜浇水较少，播种后至翌年 2 月中旬，以保苗为主，在 12 月下旬浇一次透水，以保墒保苗。翌年 2 月中旬随着外界气温的不断升高，菠菜开始返青生长，应浇一次水，直到 3 月上旬要随追肥浇水。

菠菜追肥多采用撒施化肥，应切忌将化肥撒在心叶里，以免造成烧苗，每次追肥应结合浇水进行。越冬之前，菠菜幼苗高 10cm 左右，需根据生长情况追施一次越冬肥，每亩施尿素 10～15kg、过磷酸钙 10～15kg。春节过后，幼苗开始生长，每亩施尿素 20～25kg，磷、钾肥 15～20kg。10～15d 后进行第三次追肥，每亩施硫酸铵或尿素 15～20kg。

（5）温度管理 菠菜为耐寒性蔬菜，不耐高温。生长期间应注意大棚通风，尽量避免棚温长时间高于 25℃。

（6）及时采收 进入 3 月中下旬要及时收获，否则会影响下一茬的生产。收获前 1～2d 要浇水，早晨叶片上露水多时收获，用镰刀贴畦面留 1～2cm 主根割下，摘掉老叶黄叶，捆成 500g 左右的小把。在菜筐四周衬上薄膜，把菠菜捆码入筐内包严上市。

2. 春菠菜露地栽培技术要点

春菠菜是指于早春播种，春末夏初收获的一种栽培方式，一般为露地栽培，不加设施，4 月中旬至 5 月中下旬应市，对调剂春淡蔬菜供应有重要意义。春菠菜播种时，前期气温低，出苗慢，不利于叶原基的分化，后期气温高，日照延长，有利于花薹发育，所以植株营养生长期较短，叶片较少，容易提前抽薹，产量较低。

（1）品种选择 春菠菜播种出苗后，气温低，日照逐渐加长，极易通过阶段发育而抽薹。因此，要选择耐寒和抽薹迟，叶片肥大，产量高，品质好的品种。

（2）整地施肥 选背风向阳、肥沃疏松、爽水的中性偏微酸性土壤，前茬收获后，清除残根，深翻土壤。整地时每亩施腐熟有机肥 4000～5000kg，撒在地面，深翻 20～25cm，耙平作畦，深沟、高畦、窄垄，一般畦宽 1.2m 左右，并用薄膜将畦土盖好待播种。

（3）播种培苗 开春后，气温回升到 5℃ 以上时即可播种，南方一般宜在 2 月下旬至 3 月上中旬。播种太早，因播种时温度低，播种到出苗时间延长，抽薹提前，反而不利于产量的提高；播种太迟，因生长中后期雨水多，温度高，易感染病害，产量下降。

春菠菜播种时温度仍比较低，如果干籽播种，播种后的出苗期需要 15d 以上，这就使出苗后的叶丛生长时间缩短，导致产量降低。因此，播前最好先浸种催芽，方法是将种子用温水浸泡 5～6h，捞出后放在 15～20℃ 的温度下催芽，每天用温水淘洗一次，3～4d 便可出芽。播种时先浇水，再撒播种子，播后用梳耙反复耙表土，把种子耙入土中，然后撒一层陈垃圾或火土灰盖籽，上面后再浇泼一层腐熟人畜粪渣或覆土 2cm 左右。

（4）田间管理

① 防寒保温 前期可用塑料薄膜直接覆盖到畦面上，或用小拱棚覆盖保温，促进早出苗。直接覆盖时，出苗后应撤去薄膜或改为小拱棚覆盖。小拱棚昼揭夜盖，晴揭雨盖，尽量让菠菜幼苗多见光、多炼苗。

② 追肥浇水 选晴天及时间苗，并根据天气、苗情及时追施肥水。一般从幼苗出土到 2 片真叶展平前不浇肥水，前期可用腐熟人畜粪淡施、勤施，进入旺盛生长期，勤浇速效肥，每亩顺水追施硫酸铵 15～20kg。以后根据土壤墒情，酌情浇水，保持土壤湿润，一般浇水 3～5 次。采收前 15d 要停追施人畜粪，而改为追施速效氮肥。供应充足氮肥，促进叶片生长，可延迟抽薹，是春菠菜管理的中心环节。

③ 适时采收 一般播后 30～50d，抢在抽薹前根据生长情况和市场需求及时采收。

3. 夏菠菜栽培技术要点

夏菠菜，又称伏菠菜，是指于 5～7 月份分期排开播种，6 月下旬至 8 月下旬采收的一茬菠菜。由于夏季高温和强光的不利气候条件，对菠菜种子出苗及植株的正常生长造成不良影响，从而使夏菠菜产量低，品质差，且易先期抽薹，病虫害难以控制，因而栽培难度大，其栽培要点如下。

（1）品种选择 选用耐热性强、生长迅速、抗病、产量高、不易抽薹的品种。

（2）整地施肥 夏菠菜生长阶段正处于高温期，当营养生长受到抑制时，播种后很短的时间内就会抽薹。为了促进营养生长，防止过早抽薹，应供应充足的肥水。要重施基肥，前茬作物收获后，清洁田园，立即施肥整地，每亩撒施腐熟堆肥 3000～4000kg，过磷酸钙 30～35kg，硫酸铵 20～25kg，硫酸钾 10～15kg 作基肥。

（3）播种育苗 5 月中旬至 7 月上旬分期排开播种。种子须经低温处理，可用井水催芽法，即将种子装入麻袋内，于傍晚浸入，次晨取出，摊开放于屋内或防空洞阴凉处，上盖湿麻袋，每天早晚浇清凉水一次，保持种子湿润，7～9d 左右，种子即可播种；也可放在 4℃左右低温的冰箱或冷藏柜中处理 24h，然后在 20～25℃下催芽，经 3～5d 出芽后播种。播种前用 90% 敌百虫晶体 1000 倍液浇土防地下虫卵。

在黏质地块种夏菠菜，因土壤水分不易下渗或蒸发，因此最好用起垄栽培的方式。一般 50cm 起 1 垄，每垄种 2 行，5cm 1 穴，每穴播 2 粒，一般每亩用种 1kg 左右。在砂壤土地块种植夏菠菜，因水分易下渗或蒸发，可用畦栽。一般作 1.5m 宽的畦，其中畦面宽 1.15m，垄宽 35cm，每畦种 9 行，行距 12cm，株距 2.5cm，每亩用种 1.75kg。

（4）田间管理

① 遮阳 全程应采取避雨栽培，出苗后利用大棚或中、小拱棚覆盖遮阳网，晴盖阴揭，迟盖早揭，降温保湿，防暴雨冲刷。遮阳网的遮阳率应达 60%，安装遮阳网时最好距离棚膜 20cm（降温效果显著）并可自由活动。在晴天的上午 10 时以后至下午 4 时以前的高温时段，将大棚用遮阳网遮盖防止阳光直射；在阴雨天或晴天的上午 10 时以前和下午 4 时以后光线弱时，将遮阳网撤下来，既可防止强光高温，又可让菠菜有充足的阳光进行光合作用。有条件的最好在长出真叶后于大棚上加 0.45mm 孔径的防虫网避虫，采收前 15d 去除遮阳网。

② 浇水 要勤浇水、浇少水、浇清凉水，早晚各一次，随着苗逐渐长大，减少浇水次数，保持土壤湿润。切忌大水漫灌，雨后注意排涝。旺盛生长期，需水量大，据土壤墒情及时灌水。

③ 追肥 追肥要掌握轻施、勤施，土壤干燥时施，先淡施后浓施。出真叶后及时浇泼一次 20% 左右的清淡粪水，但采收前 15d 应停施粪肥。生长盛期，应分期结合浇水追施速效肥 2～3 次，每亩用尿素或硫酸铵 10～15kg，或叶面喷施 0.3% 的尿素。每次施肥后要连续浇 5d 清水。

④ 适时采收 一般播后 25d，苗高 20cm 以上时，可开始采收。

4. 秋菠菜栽培技术要点

秋菠菜是指 8 月上旬至 9 月中旬播种，10 月至 11 月收获的一茬菠菜。该茬菠菜在生长期内，温度逐渐下降，日照时间逐渐缩短，气候条件对叶丛的生长有利。该茬菠菜表现产量高，品质优，是菠菜一年中的栽培主茬。

（1）品种选择　秋菠菜播种后，前期气温高，后期气温逐渐降低，光照比较充足，适合菠菜生长，日照逐渐缩短，不易通过阶段发育，一般不抽薹，在品种选择上不很严格。但早秋菠菜宜选用较耐热抗病，不易抽薹，生长快的早熟品种。

（2）整地施肥　选择向阳、疏松肥沃、保水保肥、排灌条件良好、中性偏酸性的土壤。前茬收获后，深翻 20～25cm，清除残根，充分烤晒过白。整地时，每亩施腐熟有机肥 4000～5000kg，过磷酸钙 25～30kg，石灰 100kg，整平整细，做成平畦或高畦，畦宽 1.2～1.5m。

（3）播种育苗

① 播种方式　菠菜一般采用直播，且以撒播为主。早秋菠菜最好在保留顶膜并加盖遮阳网的大、中棚内栽培，或在瓜架下播种。

② 催芽播种　新收种子有休眠期，最好用陈种子。每亩用种 10～12kg。可播干种子，但早秋播种因高温期间难出苗，可催芽湿播，即将种子装入麻袋内，于傍晚浸入，次晨取出，摊开放于屋内或防空洞阴凉处，上盖湿麻袋，每天早晚浇清凉水一次，保持种子湿润，7～9d 左右，种子即可发芽，然后播种；也可放在 4℃ 左右低温的冰箱或冷藏柜中处理 24h，然后在 20～25℃ 的条件下催芽，经 3～5d 出芽后播种。

播前先浇底水，然后播种，轻梳耙表土，使种子落入土缝中，再浇泼一层腐熟人畜粪渣或覆盖 2cm 厚细土，上盖稻草或遮阳网，苗出土时及时揭去部分盖草。幼苗 1.5～2 片叶时间拔过密小苗，结合拔除杂草。

（4）田间管理（彩图 8-22）

① 遮阴　幼苗期高温强光照时，于 10:30～16:30 盖遮阳网，阵雨、暴雨前应盖网或盖膜防冲刷、降湿，雨后揭网揭膜。

② 浇水　幼苗期处于高温和多雨季节，土壤湿度低，要勤浇水、浇小水、浇清凉水，早晚各一次，随着苗逐渐长大，减少浇水次数，以保持土壤湿润为原则，切忌大水漫灌，雨后注意排涝。在连续降雨后突然转晴的高温天气，为防菠菜生理失水，引起叶片卷缩或死亡，应在早晚浇水降温。到幼苗长有 4～5 片叶时，进入旺盛生长期，需水量大，据土壤墒情及时灌水。一般在收获前灌水 3～4 次。

③ 追肥　追肥应早施、轻施、勤施，土面干燥时施，先淡施后浓施。阵雨、暴雨天，或高温高湿的南风天不宜施。前期高温干燥，长出真叶后宜泼 0.3% 的尿素水，天气较凉爽时，傍晚浇泼一次 20% 左右的清淡粪水，以后随着植株生长与气温降低，逐步加大追肥浓度。但采收前 15d 应停施粪肥。生长盛期，应分期追施速效性化肥 2～3 次，每亩追尿素 10～15kg，或硫酸铵 20～25kg。

（5）及时采收　一般播后 35～40d，苗高 10cm，有 8～9 片叶时，开始分批间拔大苗，陆续上市，先将密的及即将抽薹的菠菜采收上市，第一次拔后追肥一次，第二次净园。采收时应去掉枯黄叶，用清水洗净，扎成 250～500g 一把。

5. 越冬菠菜栽培技术要点

越冬菠菜是指于秋季播种，冬前长至 4～6 片叶，以幼苗状态越冬，翌年春季返青继续生长，于早春供应市场的一种栽培方式。一般9月下旬至11月上旬播种，若利用大棚进行越冬栽培，播期可延后到11月中下旬。播种早晚与幼苗越冬能力、收获时间和产量有密切关系，不可过早也不宜过晚。菠菜在冰冻来临前有4～5片叶最好。

（1）品种选择　越冬菠菜栽培，因易受到冬季和早春低温影响，开春后，一般品种容易抽薹。宜选用冬性强、抽薹迟、耐寒性强、丰产的中熟或晚熟品种。

（2）整地施肥　选背风向阳、土质疏松肥沃、排水条件好、中性偏微酸性土壤。前茬收获后，及时清洁田园，结合耕翻土地，施足基肥，一般每亩施5000kg腐熟有机肥，三元复合肥20～30kg。深翻20～25cm，再刨一遍，使土粪肥拌匀。畦面整平整细，做成1.2～1.5m宽的高畦。

（3）播种育苗　露地栽培宜播干籽和湿籽，一般不需播发芽籽。大棚越冬栽培，最好播湿籽，用温水浸泡10～12h，或用冷水浸20～24h，浸种时应经常搅拌，并需更换浸种水。播种时天气干旱，应先打透底水，如天气较湿润，则不需浇底水。均匀撒播种子，再轻梳耙表土，使种子落入土缝，浇泼一层15%～20%的腐熟人畜粪渣盖籽，再覆盖一层疏松的营养土。注意保持土壤湿润至齐苗。每亩用种量为4～5kg左右，晚播的适当增加。

（4）田间管理

① 间苗定苗　若苗过密，到2～3片真叶时第一次疏苗，以后每隔7d左右间苗一次，最后定苗以苗距10cm×10cm为宜，若以小苗上市，在定苗时可增加密度，约5cm左右为宜。

② 保温防寒　露地菠菜在霜冻和冰雪天气，注意及时覆盖塑料薄膜和遮阳网，浮面覆盖和小拱棚覆盖均可。大棚越冬栽培的播期较迟，气温较低，播后应注意保温和保湿，播后覆盖薄膜，保持温度15～20℃，夜间不低于10℃，待幼苗出土，应及时除去薄膜，换成小拱棚。

③ 肥水管理　露地菠菜，在疏苗时，根据苗情和天气，结合灌水追一次肥，每亩施硫酸铵10～15kg。越冬前浇"冻水"，并顺水每亩施大粪稀1000～1500kg。越冬期控肥控水。早春气温回升后，心叶开始生长时灌返青水，对小苗越冬的菠菜，应选晴天及时追施腐熟淡粪促长，防早抽薹。一般在收获以前灌水3～4次，追肥2次，每次每亩追施硫酸铵15～20kg。

大棚菠菜，生长前期以勤施薄肥为好，常用20%人粪尿每隔3～5d于晴天早晚施一次，中后期追施浓度为40%的人粪尿，采收期不宜使用人粪尿，而改用尿素等对水后施用。注意在大棚栽培中不宜使用碳酸氢铵，以免伤（烧）苗。

（5）及时采收　菠菜大小苗均可食用，一般植株长到6～7片叶时，可分次间拔采收，每次采收后，应追施一次肥料。

四、菠菜生产关键技术要点

1. 夏播菠菜种子处理技术要点

菠菜种子是胞果，外面的果皮较硬较厚，果皮内层木栓化的厚壁细胞发达，水分、空气不易透入，种子内含有发芽抑制物质，并且菠菜种子具有明显的休眠特性，尤其是夏、秋季高温、水分等外界环境不适的情况下发芽更困难。据试验，除去果皮的菠菜种子较未去果皮的发芽率和发芽势均有所提高。菠菜种子在高温条件下发芽缓慢，发芽率较低，在 25℃ 发芽率 80%，发芽日数约 4d；30℃ 时发芽率约 70%，发芽日数约 4d；35℃ 发芽率仅 20%，发芽日数 8d。

（1）种子选购　根据栽培季节选用良种。种子质量应符合表 8-5 的最低要求。

表 8-5　菠菜种子质量标准　　　　　　　　　　　　　　　　单位：%

种子类别	品种纯度不低于	净度（净种子）不低于	发芽率不低于	水分不低于
原种	99.0	97.0	70	10.0
大田用种	95.0			

摘自 GB 16715.5—2010 瓜菜作物种子　第 5 部分：绿叶菜类

（2）种子处理

① 剥壳催芽

（a）剥壳　采用镊子和刀片，垫块小木板，逐粒剥切种子果皮，要一边剥一边切，完好取出果皮内的种子。剥好种子可催芽或直接播种。

（b）催芽　对发芽用的器皿、纱布、滤纸用沸腾的热开水进行消毒。采用发芽皿，底层垫脱脂纱布，再铺 4 层滤纸，把剥好的种子均匀排列在滤纸上，上面再盖 2 层滤纸，浇适量水，贴上标签，在 20～25℃ 黑暗条件下发芽。

（c）检查处理　剥壳发芽管理关键在于温度和水分。试验前 3d 温度宜高，在 25℃ 下催芽、20℃ 下恒温发芽较好。芽床水分以保持在手压不出水为宜。发芽开始后要认真检查记录，发现霉烂应立即除掉，防止传染。

② 低温处理　用凉水浸种 12～24h，待果皮发黑时捞出，滤去多余水分，放在 4℃ 的冷库或冰箱冷藏室里处理 24h，而后在 20～25℃ 条件下催芽；也可将浸种后的种子吊在水井的水面上催芽。3～5d 出芽后播种。

③ 过氧化氢溶液处理　过氧化氢浸种能有效去除菠菜种子表皮的胶质层，提高菠菜种子的发芽率，使菠菜播种后出苗快且整齐。

方法是：将过氧化氢溶液按 1：4 比例对水，经充分搅拌配制成 20%～25% 的过氧化氢水溶液。将配制好的过氧化氢水溶液盛于容器中，倒入种子时应边倒边用木棒搅拌，使种子都能均匀吸水。当气温低于 20℃ 时，浸种时间需 100～120min；气温高于 20℃、低于 30℃ 时，浸种时间 60～90min；气温高于 30℃ 以上时，浸种时间 30～50min 即可。种子催芽浸种后将种子从过氧化氢水溶液中捞出，随即用清水冲洗 3～4 次（边冲边滤水），滤水后盛于容器中用湿布巾覆盖催芽。

若种子成熟适度且饱满，一般 5～6d 就有 85% 以上的种子发芽，播种后 2～3d 即可齐苗，比常规播种提前 6～8d 出苗。用过氧化氢水溶液浸种处理前，应把自留的或购买的菠菜种子选择晴天太阳下晒 4～6h，并剔除杂物和不饱满的种子，用百菌清水溶液对已经浸种催芽处理的种子进行灭菌处理。浸种催芽灭菌处理后的种子应及时播种，大田（大棚）土壤要求湿润，播种后覆土 1～1.5cm 并加压，使土壤与种子吻合，再用稻草帘覆盖，待有 10%～15% 的幼苗出土时将草帘掀开。

2. 菠菜配方施肥技术要领

（1）需肥特性　每 1000kg 菠菜需要吸收氮（纯氮）2.48kg、磷（五氧化二磷）0.86kg、钾（氧化钾）5.29kg。一般中等肥力，亩产 2000～2500kg，需纯氮 8～11kg、磷（五氧化二磷）3～4kg、钾（氧化钾）5～7kg，折合农家肥 2000～2500kg、尿素 3～4kg（或硫酸铵 7～9kg，或碳酸氢铵 8～11kg）、磷酸二铵 7～9kg、50% 的硫酸钾 5～

7kg（或 60%的氯化钾 4～6kg）。

（2）春菠菜施肥　北方地区春菠菜整地施肥均在上年秋封冻前进行，早春土壤化冻7～10cm 深即可进行播种，南方地区播种前 7～15d 进行整地施肥。每亩撒施有机肥4000～5000kg，深翻 20～25cm，耙平作畦。每亩随水追施硫酸铵 15～20kg。

（3）夏菠菜施肥　菠菜不耐高温，夏季栽培难度较大，宜选择中性黏质土壤。有机肥和化肥混合撒施作基肥，每亩施有机肥 3000～4000kg、硫酸铵 20～25kg、过磷酸钙30～35kg、硫酸钾 10～15kg，翻地 20～25cm 深，耙平作畦。单株产量形成期，每亩随水施硫酸铵 10～15kg，或叶面喷施 0.3%尿素溶液。

（4）秋菠菜施肥　播种期处于高温多雨季节，整地宜作高畦。每亩施有机肥4000～5000kg、过磷酸钙 25～30kg，翻地 20～25cm 深。幼苗前期根外追肥一次，喷施0.3%尿素或液体肥料；幼苗长有 4～5 片叶时，每亩随水追施硫酸铵 20～25kg 或尿素10～12kg，共 1～2 次，以促进叶片迅速生长。

（5）越冬菠菜施肥　该茬菠菜从秋天播种到翌年春天收，生长期长达半年之久。除选择土层深厚、土质肥沃、腐殖质含量高、保肥保水性能好的土壤外，有机肥的施肥量要多于其他茬次，每亩撒施有机肥 5000kg 和过磷酸钙 25～30kg 为宜，深翻 20～25cm，使土粪肥均匀混合，疏松土壤还可促进幼苗出土和根系发育。南方适宜高畦，北方适宜平畦。

越冬菠菜生长期长达 150～210d，生长期有停止生长过程，追肥管理也分冬前、越冬和早春 3 个阶段。冬前若过密，到 2～3 片真叶时需疏苗，疏苗后结合浇水追一次肥，随水每亩施硫酸铵 10～15kg；越冬前浇好"防冻水"，每亩随水施腐熟粪尿 1000～1500kg；早春当菠菜叶片发绿、心叶开始生长时灌返青水，一般在收获前浇水 3～4 次，追肥 2 次，每亩追施硫酸铵 15～20kg。

3. 菠菜抽薹的原因与防治措施

菠菜抽薹现象（彩图 8-23）在早春栽培、夏季栽培和越冬栽培中均有出现。秋季气候凉爽，日照短，最适宜菠菜的营养生长，产量高，品质也好，一般无抽薹现象。

（1）菠菜抽薹的原因　菠菜不耐高温，营养生长最适温度为 20℃，高于 25℃则生长不良，叶片小而少，质量变劣，易出现抽薹现象。菠菜萌动的种子或幼苗在 0～5℃下经 5～10d 通过春化阶段，菠菜随温度的提高及日照加长，抽薹期提早。

如果菠菜在生长中期缺水，肥水不足，植株生长发育不良，营养面积小，在同样的温度和日照条件下，则易于抽薹。

氮肥不足时，植株矮小，叶发黄易抽薹。

菠菜抽薹有的与种子的纯度有关，根据菠菜植株的性别，可分为绝对雄株、营养雄株、雌株和雌雄同株四种类型。如果菠菜种子不纯，混有绝对雄株型的种子，则会出现抽薹早的现象。

不同的菠菜品种耐抽薹性有差别，有的品种春化作用所需的温度相对较高，容易提早抽薹；有的品种春化作用所需的温度较低，相对不容易早抽薹。

（2）防治措施　选用耐抽薹品种。施用氮磷钾三要素完全的肥料，适量增施氮肥，使叶片生长旺盛。如果出现少量的抽薹现象，可喷施绿芬威 2 号 600 倍液或芸苔素 3000倍液，以促进营养生长，延缓抽薹现象。

4. 利用菠菜的性型除杂去劣技术要领

菠菜为单性花，一般雌雄异株，少数雌雄同株，有时还出现"两性花"，在菠菜未

抽薹前，雌、雄株是难以识别的，同一品种内，雌雄株的比例也是不定数的，但一般为
1:1。一般有刺品种的绝对雄株较多，无刺品种的营养雄株较多。外界条件中凡能加强
光合作用和促进养分积累的因素都能促进雌性加强，凡是促进养分消耗的因素则有加强
雄性的倾向。

(1) 菠菜植株的性型　菠菜植株的性型比较复杂，一般有四种。

① 绝对雄株　又称纯雄株，植株矮小，基生叶较小，茎生叶不发达或呈鳞片状，
只开雄花，抽薹极早，花期短，常在雌株未开花前进入谢花期，不能使雌株充分受
精，且授粉后易引起种性退化，产量低，应尽早拔除。一般有刺种菠菜的绝对雄株
较多。

② 营养雄株　植株较高大，基生叶和茎生叶发达，产量高，仅生雄花。与绝对雄
株比较，抽薹迟，花期较长，并与雌株的花期相近，可使雌株充分受精，是理想的供粉
植株，采种时应加以保留。无刺种菠菜营养雄株较多。

③ 雌株　植株高大，生长旺盛，抽薹较雄株迟，基生叶和茎生叶发达，产量高，
仅开雌花。

④ 雌雄同株　同一植株开雌花和雄花，或开"两性花"，抽薹较晚，花期与雌株相
接近，雌雄比率不一。植株高大，生长旺盛，基生叶和茎生叶发达。

(2) 除杂去劣　在对菠菜进行留种栽培时，根据菠菜植株的性型进行除杂去劣、拔
除雄株。

① 在幼苗返青后，应进行第一次去杂、去劣，拔除返青迟缓、发育瘦弱、株丛较
小、叶片颜色浅、不符合本品种典型性状的植株。

② 当植株达到商品菜收获标准时，应进行第二次去杂、去劣，拔除绝对雄株和全
部抽薹早的雌株及经济性状差的植株。病株、弱株、杂种株等及早拔除，并追肥一次，
以促使种株多发分枝。

③ 在花薹伸长尚未开花前，进行第三次去杂、去劣，主要是拔除抽薹较早的营养
雄株和雌雄同株的植株。

④ 以后还应陆续拔除一部分营养雄株，通常每平方米只需留下 3～5 株与雌株同时
开花的营养雄株便可（供授粉用）。待雌株结籽后，即可把全部营养雄株拔除，以利于
通风透光，增加营养面积，提高种子产量。

当植株茎叶大部分已枯黄，果皮转呈黄绿色时，便可收割种株，齐地面割下。种子
脱粒可用晒打和捂打两种方法。晒打是将割下的种株摊在场上晒 3～4d，充分干燥后打
场脱粒，此法所收种子为淡绿色，有新鲜感，但不易脱粒干净。捂打法是将割下的种株
根部朝外堆成 1m 高的圆堆，后熟 3～5d，然后再进行脱粒、晾干贮藏，此法种子脱粒
较干净，但种子颜色发黄，有陈旧感。

菠菜杂交种子生产，一般宜采用父、母本为 1:4 行的种植方式，但需注意不
断地将母本行中的所有雄株和两性株以及父本行中的雌株和两性株，及时全部拔除
干净。

5. 菠菜生产上植物生长调节剂的使用技术要领

(1) 赤霉酸　用 10～20mg/L 浓度赤霉酸液，在收获前 2～3 周叶面喷洒，或从 4～
5 片叶起，每 7～10d 喷洒一次，连续喷 3 次，可提早一周收获，增产 20% 左右。菠菜
的不同栽培型，均可喷赤霉酸而提早收获出售，地膜栽培可提早 20d 收获，塑料薄膜栽
培可提早 10d 收获。菠菜应用赤霉酸，早春或晚秋在短日照低温条件下，更能提高产

量，提早收获。经赤霉酸处理后，5d便能显著伸长，但肥水条件必须相应跟上。如果施用叶面肥料，则效果更加显著。

也可在菠菜采收前15～20d，用20～50mg/L的赤霉酸溶液喷洒叶面2～3次，间隔时间为6～7d，可增加植株高度，提高产量，增加维生素C的含量。但是，使用赤霉酸后叶柄长度增加较多，粗纤维含量增加，对品质有一定的不利影响；另外，使用赤霉酸后，容易引起抽薹开花，缩短收获期。也可以用20mg/L的赤霉酸液和0.03mg/L的芸苔素内酯液混合使用，在采前30d左右叶面喷施，可增加产量。

（2）石油助长剂　在生长期，叶面喷洒650～2000mg/L的石油助长剂药液1～2次，能显著提高产量。

（3）三十烷醇　在苗期，每亩使用200mg/L的三十烷醇溶液50L喷洒叶面，可提高产量，改善品质。

（4）DA-6（植物龙）　菠菜采收前15～20d，用40mg/L的DA-6叶面喷洒，用量以叶面湿润为度，可明显增加叶片长度，提高产量，提高叶片的可溶性糖和维生素C的含量。

（5）6-苄基氨基嘌呤

① 改变性别　温暖地区的菠菜，抽薹时间早，菠菜性别表现多样，有雄株、雌株和两性株。菠菜雌株具有比雄株产量高、抽薹晚、收获期长等优点，在生产中雌株显然比雄株有利。对田间和温室菠菜，叶面喷施15mg/L的6-苄基氨基嘌呤溶液，可促进植株雌化。此外，用50mg/L的赤霉酸处理，也可增加雌株数，降低雄株数。而如果用200mg/L的乙烯利液处理，反而可以增加雄株数，降低雌株数。

② 贮藏保鲜　刚采收的菠菜，用5～10mg/L的6-苄基氨基嘌呤药液浸蘸或喷洒处理，待稍沥干后贮藏，能抑制呼吸作用，有效地延迟菠菜的衰老，提高食用品质。

在采前，对菠菜全株喷10mg/L 6-苄基氨基嘌呤溶液，或在采后用10～30mg/L的6-苄基氨基嘌呤溶液进行浸泡或喷施，均可有效地保持菠菜的新鲜状态，延长贮藏期。

6. 菠菜田杂草防除技术要领

菠菜的栽培方式主要是直播，杂草危害严重，田间杂草主要有看麦娘、早熟禾、繁缕、雀舌草、猪殃殃等，可采用丁草胺、高效禾草丹等除草剂防除。

（1）芽前除草　菠菜播种前，每亩用90%高效禾草丹乳油110～160mL，或50%丁草胺乳油100～125mL、33%二甲戊灵乳油75～100mL、20%萘丙酰草胺乳油100～150mL、72%异丙甲草胺乳油75～120mL、72%异丙草胺乳油75～100mL，对水40L均匀喷雾。可有效防治多种一年生禾本科杂草和部分阔叶杂草。菠菜种子较小，药后要求及时浅混土或覆薄土。保持表土湿润，是获得满意防效的关键。药量过大、田间过湿，特别是遇到持续低温多雨条件，会影响蔬菜发芽出苗，严重时，会出现缺苗断垄现象。

注意：菠菜不可用乙草胺除草。

（2）茎叶除草　应在田间杂草基本出苗且杂草处于幼苗期时及时用药。防除稗、狗尾草、牛筋草等一年生禾本科杂草，可在杂草3～5叶期，每亩用10%精喹禾灵乳油40～60mL，或10.8%高效氟吡甲禾灵乳油20～40mL、10%喔草酯乳油40～80mL、15%精吡氟禾草灵乳油40～60mL、10%精恶唑禾草灵乳油50～

75mL、12.5％烯禾啶乳油50～75mL、24％烯草酮乳油20～40mL，对水30L，均匀喷雾。该类药剂没有封闭除草效果，施药不宜过早，特别是禾本科杂草未出苗时施药没有效果。

甜菜宁防除阔叶类杂草，在菠菜4～6叶期，杂草2叶期，用16％甜菜宁乳油200～400mL，对水40～50L，可防除苦苣菜、繁缕、马齿苋、荠菜、豚草、荞麦蔓、野芝麻等杂草。注意温度小于8℃时停用。

7. 菠菜采后处理技术要领

菠菜耐寒能力强，能忍受−7℃左右的低温，解冻后仍可恢复新鲜状态。因此，菠菜冻藏就是要求温度降到菠菜冰点以下，细胞中的游离水开始结冻，当外界温度逐渐升高时，细胞的生理活性开始恢复，即要在不致丧失蔬菜组织细胞生理活性的前提下冻结。同时，在这样的低温下，抑制酶的活性和病菌的活动，从而使蔬菜能长期贮藏。

（1）采收（彩图8-24）　一般早秋菠菜播后40～45d开始收获，冬季栽培的要60～70d才可采收。用于贮藏的菠菜要注意控制浇水量，收获前一周停止浇水，减少植株含水量，使植株健壮、不徒长，叶片呈深绿色、厚实。采收宜在晴天进行，雨后过湿不宜采收。

（2）质量检测要求（外观）　同一品种或相似品种，大小基本整齐一致。鲜嫩、翠绿，叶片光洁，无泥土及草，无白斑，无病虫害，无老叶、黄叶、子叶。切根后，根长不超过0.5cm，净菜茎叶5～7根，茎叶全长14～20cm。

出口菠菜原料农药残留必须符合进口国要求，同时应达到的基本要求是新鲜，组织柔嫩，叶片肥大，茎短，肉厚；株型完整，未抽薹，无枯、黄、老叶；无病虫害和机械伤，无腐烂，无黑根；从茎底至叶尖的长度为25～38cm，茎基部粗（直径）大于2cm。

验收原料时，随机抽样检验进行评判。一般按原料总量的5％随机抽样，从中挑出有病虫害、黄斑、抽薹、开花、黄叶、紫叶、紫根、冻伤的样品及砂石杂草等异物称重，计算百分比。良好率在90％以上视为合格原料。

出口菠菜原料可分为以下三等：良质、次质、劣质。

良质：色泽鲜嫩翠绿，无枯、黄、老叶和花斑叶；植株健壮，完整，捆扎成捆；根部无泥，捆内无杂物；不抽薹，无腐烂；无机械伤，无病虫害。

次质：色泽暗淡，叶子软塌，不鲜嫩；根上带泥，捆内有杂物；植株不完整，有损伤折断，无烂叶，无病虫害，外形不整齐，大小不等。

劣质：植株抽薹开花，不洁净，外形不整洁，有机械伤；有泥土或有枯、黄、老、烂叶；有病虫害。

（3）出口菠菜规格标准　不同国家对规格的要求有一定差异，现以日本上市蔬菜为例介绍其规格标准。

① 基本要求　农药残留符合日本要求，有产品固有的形状和色泽，无腐烂变质，无病害和损伤，菜体完整，清洁，无泥土等污染。

② 等级标准　无抽薹，无虫害，适当去除根茎。

③ 规格标准　尺寸标准如表8-6。达到基本标准，但达不到等级标准或尺寸标准要求的称为等外产品。

表 8-6　于日本上市的菠菜的三个等级的长度

规格	L	M	S
体长/cm	28 以上	20～28	20 以下

④ 数量标准　在市场销售时，以 1 束或 1 袋重量 300g 为标准。30 束或 30 袋为一个包装单位。

（4）本地鲜销　菠菜从菜地采收后，在清水池中轻轻淋洗，去掉污泥，即放室内整理一遍，按质量检测要求分成等级，扎成 0.5～1kg 小捆，而后整齐地装入菜筐，运至销售点，保持鲜嫩销售。

（5）采后预处理　用于采后贮藏的菠菜要进行预处理，收获后摘去黄枯烂叶，留部分短根，并处理干净，整理捆把，约 0.5kg 一把，装筐，放置阴凉处预贮降温，或用冷藏设备预冷。

（6）包装与贮藏　菠菜贮藏的适宜温度为 0～2℃，相对湿度为 90%～95%，氧气含量为 11%～12%，二氧化碳含量为 5%～6%，故宜采用塑料薄膜包装或人工气调贮藏。将待贮菠菜进行挑选、整理，剔除病株和单片叶后打捆（每捆以 0.5kg 为宜），然后装入筐内，每筐约装 10kg，在 0～1℃ 条件下预冷 1d。预冷后的菠菜用 0.04～0.06mm 厚的聚乙烯薄膜制成 100cm×75cm 规格的袋子包装，每袋装 7.5kg。装袋时，将菠菜根朝袋的两端，叶对叶码 3 层，每层 8 捆，装袋后，松扎袋口，分层摆放在冷库的菜架上。为保护袋内气体成分稳定，每隔 7～10d 测一次二氧化碳含量。可开袋换气一次，并擦去袋内凝结水。用以上贮藏方法，菠菜可贮 1～2 个月。也可用塑料筐或箱直接包装、堆码，码垛用塑料薄膜大帐覆盖封闭贮藏。

（7）保鲜包装方式　菠菜的保鲜包装方式，主要是袋装和箱装两种。无论是袋装还是箱装，都必须先把菠菜打成捆，每捆重量 200～300g，打捆有利于箱内或袋中热量的散发和气体的流动。

① 袋装　袋装方式多以聚乙烯塑料薄膜袋为多，也有用聚丙烯薄膜袋包装的。一般塑料袋装不宜过于密封，要求有一定的透气性，故对阻隔性过强的塑料包装应设置专门的透气孔。而且每袋的重量不宜太重，通常以 10～15kg 为宜。

② 纸箱　纸箱包装菠菜，一般用 3～5 层瓦楞纸箱，纸箱有专门的规格。每个纸箱的规格，按规定的重量加以限制，各个地区、各个国家不完全相同。

日本纸箱包装菠菜的规格为每一箱装 30～40 捆。菠菜的纸箱包装分有横装和竖装两种。包装材料使用瓦楞纸板箱，其标准如表 8-7 所示。

表 8-7　于日本上市的包装箱标准　　　　　　　　　　　　单位：mm

规格	横装	竖装
长（内尺寸）	460	430
宽（内尺寸）	360	320
高（内尺寸）	145	285

材质为符合 JISZ516A 段 4 种以上标准的外包装用双面瓦楞纸板。在允许变形范围内最大耐压强度为 350kg 以上。允许变形范围：双面瓦楞纸板为 18mm 以内。封箱使用封箱钉，脚长 15mm 以上，宽 2mm 以上，上面固定两处以上，底面固定 4 处以上。封箱带使用符合 JISZ1511 包装用封箱带第一种以上标准或相当于此标准的材料。包装箱外需明显标识商品名称、产地、等级、数量和供应商或商标。

菠菜易于腐烂，在0℃和空气相对湿度为95%～100%的条件下，保鲜期也只有10～14d，一般应控制在0℃左右，并用带透气孔的聚乙烯膜包装出售。

五、菠菜主要病虫害防治技术

1. 菠菜主要病害防治技术

（1）菠菜猝倒病（彩图8-25）　选用地势高燥、排灌方便、无病土的田块作苗床，开好排水沟，降低地下水位，达到雨停无积水；大雨过后及时清理沟系，防止湿气滞留。播种前，清除苗床及四周杂草，集中烧毁或沤肥；深翻地灭茬，促使病残体分解，减少病原和虫源。选用抗病品种，播种前撒施适量的腐熟粪肥、农家肥、酵素菌沤制的堆肥等。播种后用药土覆盖，土壤病菌多或地下害虫严重的田块，在播种前撒施或沟施灭菌杀虫的药土。出苗后，严格控制温度、湿度及光照，棚室栽培的可揭膜、通风、排湿。发病时及时清除病株，并带出田外烧毁，病穴施药或生石灰。

用种子重量0.2%的40%拌种双粉剂拌种，或种子重量0.2%～0.3%的75%百菌清可湿性粉剂、70%代森锰锌可湿性粉剂、60%多菌灵可湿性粉剂等拌种。发病时可选用25%甲霜灵可湿性粉剂800倍液，或72.2%霜霉威水剂600倍液＋68.75%恶唑菌酮·锰锌水分散粒剂1000倍液等喷雾防治。

（2）菠菜炭疽病（彩图8-26）

① 生物防治　发病初期，可喷雾2%嘧啶核苷类抗菌素水剂200倍液，5～6d一次，连喷3～4次，并结合放风排湿。

② 喷尘　保护地可选用5%异菌·福粉尘剂，或硫菌·霉威超细粉尘剂、5%百菌清粉尘剂等喷粉，每亩每次喷1kg，7d一次，连喷3～4次。

③ 化学防治　发病初期，可选用50%福·异菌可湿性粉剂800倍液，或80%炭疽福美可湿性粉剂800倍液、40%拌种双可湿性粉剂500倍液、70%代森锰锌可湿性粉剂500倍液、50%甲基硫菌灵可湿性粉剂500倍液、70%甲基硫菌灵可湿性粉剂1000倍液＋75%百菌清可湿性粉剂1000倍液、40%多·硫悬浮剂600倍液等喷雾，7d一次，连喷3～4次。注意采收前10～15d停止用药。

（3）菠菜霜霉病（彩图8-27）

① 烟熏防治　保护地菠菜用烟剂，便宜、省工、省水、效果好。发病前，可用30%或45%百菌清烟剂，每亩用药200～250g，傍晚棚室密闭烟熏；发病初期，可用15%霜霉清烟剂，每亩用药250g，隔7d熏一次，连熏3～4次。

② 喷粉　棚室栽培，每亩喷施5%百菌清粉尘1kg。

③ 化学防治　发病初期，可选用1∶1∶300波尔多液，或90%三乙膦酸铝可湿性粉剂500倍液、58%甲霜·锰锌可湿性粉剂500倍液、72.2%霜霉威水剂800倍液、72%霜脲·锰锌可湿性粉剂600～800倍液、64%恶霜灵可湿性粉剂500倍液、75%百菌清可湿性粉剂600倍液、52.5%恶酮·霜脲氰水分散粒剂2000～2500倍液等喷雾，隔7～10d左右一次，连续防治2～3次。注意采收前10～15d停止用药，如在生长后期发病，应及时采收上市，不要喷药。

（4）菠菜灰霉病（彩图8-28）

① 烟熏　阴雨天气时，傍晚可在设施内施腐霉利烟剂，每亩每次250g，点燃后密闭通风口，次日早晨通风，连续2～3次效果较好。

② 喷雾　阴雨天气来临前的晴天要及时喷洒保护性杀菌剂，如70%代森联水分

散粒剂 600 倍液，或 70％甲基硫菌灵可湿性粉剂 1000 倍液等喷雾保护。发病初期开始喷药，可选用 65％硫菌·霉威可湿性粉剂 1500 倍液，或 50％腐霉利可湿性粉剂 1500～2000 倍液、50％异菌脲可湿性粉剂 1000 倍液加 90％三乙膦酸铝可湿性粉剂 800 倍液、45％噻菌灵悬浮剂 4000 倍液、40％嘧霉胺悬浮剂 500 倍液、50％乙烯菌核利可湿性粉剂 1000 倍液、70％甲基硫菌灵可湿性粉剂 800 倍液、50％多菌灵可湿性粉剂 600 倍液、75％百菌清可湿性粉剂 600～800 倍液等喷雾防治，每隔 7～10d 防治一次，连续 2～3 次。喷药防治应选择在晴天上午，阴天不宜喷药。由于菠菜植株矮，中下部叶片多匍匐于地，往叶片背面喷药困难，喷药防治时最好加入少量渗透剂，以提高防效。

（5）菠菜斑点病（彩图 8-29）　又称叶霉病，是保护地蔬菜的一种主要病害。可选用 36％甲基硫菌灵悬浮剂 500 倍液，或 50％混杀硫悬浮剂 500 倍液、40％多·硫悬浮剂 600 倍液等喷雾防治。

（6）菠菜白斑病（彩图 8-30）　又叫叶斑病。发病初期，可选用 30％碱式硫酸铜悬浮剂 400～500 倍液，或 50％多·霉威可湿性粉剂 1000～1500 倍液、75％百菌清可湿性粉剂 700 倍液、50％敌菌灵可湿性粉剂 500 倍液、70％甲基硫菌灵可湿性粉剂 600 倍液、6％氯苯嘧啶醇可湿性粉剂 1500 倍液、40％氟硅唑乳油 8000 倍液、25％丙环唑乳油 3000～3500 倍液、20％咪鲜胺·异菌脲悬浮剂 2000～3000 倍液、70％代森锰锌可湿性粉剂 600 倍液等喷雾防治，隔 7～10d 喷一次，连喷 2～3 次。

（7）菠菜黑斑病（彩图 8-31）　发病初期，可选用 70％代森锰锌干悬粉 500 倍液，或 75％百菌清可湿性粉剂 600 倍液、50％异菌脲可湿性粉剂 1500 倍液、64％恶霜灵可湿性粉剂 500 倍液、40％敌菌丹可湿性粉剂 400 倍液等喷雾防治。

（8）菠菜枯萎病　发现病株及时拔除，病穴及四周浇、喷 50％多菌灵可湿性粉剂 500 倍液，或 40％多·硫悬浮剂 500 倍液、10％治萎灵水剂 300～400 倍液、50％苯菌灵可湿性粉剂 1500 倍液等，隔 15d 一次，连喷 2～3 次。

（9）菠菜病毒病（彩图 8-32）　又叫花叶病。及时灭蚜，田间铺、挂银灰膜条避蚜。生物防治，发病前或发病初期，可选用高锰酸钾 1000 倍液，0.5％菇类蛋白多糖水剂 300 倍液，细胞分裂素 600 倍液等喷雾，10d 喷一次，连喷 4～5 次。化学防治，发病前或发病初期，及时选用 20％吗啉胍·乙铜可湿性粉剂 500 倍液，或 1.5％植病灵乳油 800～1000 倍液、5％菌毒清水剂 300 倍液等喷雾，7～10d 一次，连喷 2～3 次。但由于菠菜生长时间短，一般发病后很少用药，关键在于幼苗期治蚜，搞好预防。

（10）菠菜心腐病（彩图 8-33）　发病初期，可选用 36％甲基硫菌灵悬浮剂 500 倍液，或 72.2％霜霉威水剂 400 倍液喷雾、50％异菌脲可湿性粉剂 1000～1200 倍液、40％多菌灵悬浮剂 600～800 倍液、80％代森锰锌可湿性粉剂 600～800 倍液等喷雾防治，每隔 7～10d 喷药一次，连续防治 2～3 次。

（11）菠菜根腐病　播种时用 50％多菌灵可湿性粉剂 300 倍液拌种杀菌，栽培田每亩播前用 50％多菌灵可湿性粉剂 1.5～2kg 与 20kg 细土拌匀后撒施地面，耙细后播种。发病初期，可选用 50％多菌灵可湿性粉剂 500 倍液，或 70％甲基硫菌灵可湿性粉剂 800 倍液、40％氟硅唑乳油 8000 倍液、98％恶霉灵可湿性粉剂 3000 倍液、64％恶霜灵可湿性粉剂 600 倍液、72.2％霜霉威水剂 600～800 倍液、69％烯酰吗啉可湿性粉剂 3000 倍液、80％代森锰锌可湿性粉剂 600～800 倍液、1.5％多抗霉素可湿性粉剂 150～200 倍液、50％多菌灵可湿性粉剂 600～800 倍液等喷淋植株根颈部和根际表土，每 5～7d 一次，连续防治 2～3 次。也可用 77％氢氧化铜可湿性粉剂 700 倍液配合灌根，防效显著。

2. 菠菜主要虫害防治技术

（1）菜粉蝶　采用细菌杀虫剂，如苏云金杆菌乳剂或青虫菌六号液剂 500～800 倍液喷雾防治。可采用昆虫生长调节剂，如灭幼脲一号或 20％、25％灭幼脲三号胶悬剂 500～1000 倍液，此类药剂作用缓慢，通常在虫龄变更时才使害虫致死，应提早喷洒。

在卵孵化高峰期和幼虫 3 龄前喷施，可选用 50％辛硫磷乳油 1000 倍液，或 10％吡虫啉可湿性粉剂 2500 倍液、2.5％高效氟氯氰菊酯乳油 1500～2000 倍液、24％甲氧虫酰肼悬浮剂 2500～3000 倍液、15％茚虫威悬浮剂 3500～4000 倍液等药剂喷雾，隔 10～15d 喷一次，连喷 2～3 次，注意药剂应交替使用，防止抗药性产生。

（2）甜菜夜蛾　在麦田插谷草把或稻草把，每亩 60～100 个，每 5d 更换新草把，把换下的草把集中烧毁。也可在种植田架设黑光灯，诱杀成虫。生物药剂，可选用 100 亿孢子/g 杀螟杆菌粉剂 400～600 倍液，100 亿个/g 青虫菌粉剂 500～1000 倍液，气温 20℃以上，下午 5 时左右或阴天全天喷施。化学防治，可选用 90％晶体敌百虫 1000 倍液，或 5％氟啶脲乳油 3500 倍液、20％除虫脲胶悬剂 1000 倍液、6％烟·百素水剂 1000 倍液、2.5％高效氟氯氰菊酯乳油 2000 倍液、50％辛硫磷乳油 1500 倍液、70％吡虫啉水分散颗粒剂 10000～15000 倍液、5％茚虫威悬浮剂 3500～4000 倍液、5％氟虫脲乳油 1000～2000 倍液等喷雾防治。于 3 龄前，选择晴天、日落前后田间喷药，喷药时务必周到均匀，对于田间及周边杂草较重的田块，还应做到内外、垄上、垄下全面用药，以达到彻底防治的目的。

（3）菠菜潜叶蝇　悬挂 30cm×40cm 大小的橙黄色或金黄色黄板涂黏虫胶、机油或色拉油，诱杀成虫。菠菜生长期短，应考虑农药残留问题，选择残效短，易于光解、水解的药剂，用药应抓住产卵盛期至卵孵化初期的关键时刻。可选用 8％阿维菌素乳油 2500～3000 倍液，或 50％环丙氨嗪乳油 2000 倍液、50％灭蝇胺乳油 4000～5000 倍液、5％氟虫脲乳油 1000～1500 倍液、50％辛硫磷乳油 1000 倍液、10％吡虫啉可湿性粉剂 1500 倍液、5％氟啶脲乳油 2000 倍液、90％晶体敌百虫 1000 倍液、1.8％阿维菌素乳油 2000～2500 倍液等喷雾防治。注意在采收前 10～15d 停止用药，并与防治蚜虫结合，轮换用药。

参 考 文 献

[1] 史宣杰，段敬杰，魏国强，田保明．当代蔬菜育苗技术．郑州：中原出版传媒集团，中原农民出版社，2013.

[2] 梁桂梅，尚庆茂，冷杨．蔬菜集约化育苗技术操作规程汇编．北京：中国农业科学技术出版社，2014.

[3] 李加旺，凌云昕，王际洲，王全．黄瓜栽培科技示范户手册．北京：中国农业出版社，2008.

[4] 张玉聚，苏旺苍，张永超．蔬菜除草剂使用技术图解．北京：金盾出版社，2012.

[5] 王梅等．棚室茄子的营养基质块育苗新技术．长江蔬菜，2008（10）：29.

[6] 罗爱华等．番茄嫁接新方法——斜切针接法．长江蔬菜，2010（9）：18.

[7] 陈乃春等．番茄早春漂浮育苗技术难点解决．长江蔬菜，2011（13）：22～24.

[8] 郭凤领，周明，邱正明．高山大白菜采后处理技术．长江蔬菜，2012（7）：6～7.

[9] 杨怀亮等．越冬茬温室黄瓜水肥一体化栽培关键技术．长江蔬菜，2012（13）：28～29.

[10] 王梅，高志奎，薛占军．设施黄瓜套袋的关键技术．长江蔬菜，2013（3）：28.

[11] 赵映宗．甘蓝大棚漂浮育苗及露地无公害栽培技术．长江蔬菜，2013（7）：28～29.

[12] 陈方等．武汉地区设施番茄熊蜂授粉技术．长江蔬菜，2013（19）：26～27.

[13] 肖东升，姚满昌，刘浩．大棚早春番茄肥水一体化膜下喷灌施肥技术．长江蔬菜，2014（1）：23～24.

[14] 尹相博等．基质盆栽韭菜的栽培管理技术．长江蔬菜，2014（1）：25～26.

[15] 邢光耀．不同植物生长调节剂在黄瓜上的应用．长江蔬菜，2014（9）：55～57.

[16] 庞淑敏，方贯娜．长豇豆膜下滴灌水肥管理技术．长江蔬菜，2015（1）：30～31.

[17] 瞿云明，林文熙．春提前小棚栽培豇豆二氧化硫毒害．长江蔬菜，2015（1）：52～53.

[18] 李亚勇等．利用番茄茎段套管嫁接育苗技术．中国蔬菜，2015（5）：80～82.

[19] 潘永地等．设施番茄生产中的气象灾害及预防措施．长江蔬菜，2016（3）：52～54.

[20] 兰安广等．番茄秋延后栽培扦插育苗技术．长江蔬菜，2016（5）：30～31.

[21] 黄春生等．番茄"四膜"覆盖促早栽培技术．长江蔬菜，2016（9）：26～27.

[22] 宋宝香等．胡萝卜绳播新技术．长江蔬菜，2016（9）：28.

[23] 付祖科等．钟祥市白萝卜轻简化高产栽培技术．长江蔬菜，2016（9）：31～32.

[24] 刘中华等．北京地区芹菜苗菜栽培技术．长江蔬菜，2016（12）：18～19.

[25] 古松等．黄石市大棚辣椒多层覆盖栽培模式及管理技术．长江蔬菜，2016（13）：29～31.